人们所熟悉的天气预报（见图2.1.2）就包含着一个完整的信息处理过程。首先是天气数据采集，通过遍布全球的天气雷达和太空中的气象卫星，对全球气象进行全方位、多层次的观测，并将观测数据迅速汇集到气象中心，供进一步处理。由于气象运动遵循一定的物理定律，根据这些定律就可以计算出天气变化的规律。只要输入当前的大气状况，就可以计算出大气未来的状况。计算机的性能越强，得到的计算结果越精确，可预报天气的时间也越长。最后，把这些计算结果通过广播、电视、网站等发布出去，就成了天气预报。

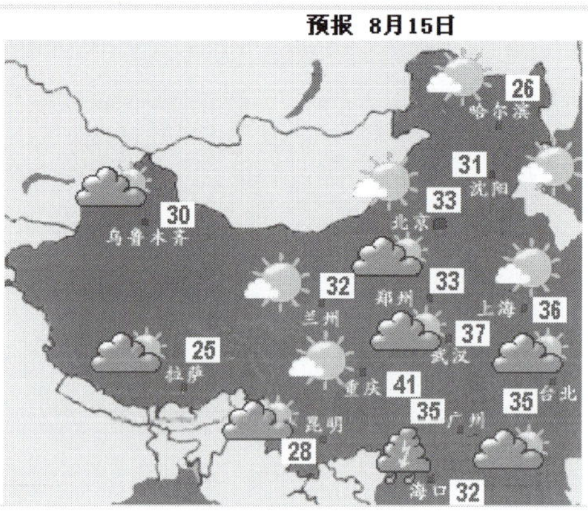

图2.1.2　网上天气预报

可见，信息处理是按照数据输入→数据处理→数据输出的顺序进行的。

各种信息通过载体得以传播。不同载体所传播的信息可以是对同一事物的不同侧面的描述，通过对这些不同侧面信息的综合，就可以构成事物的整体特征。通过对各种信息的综合和处理，就可以产生新的信息，并通过新的载体传播（见图2.1.3），这一过程就是信息的处理。

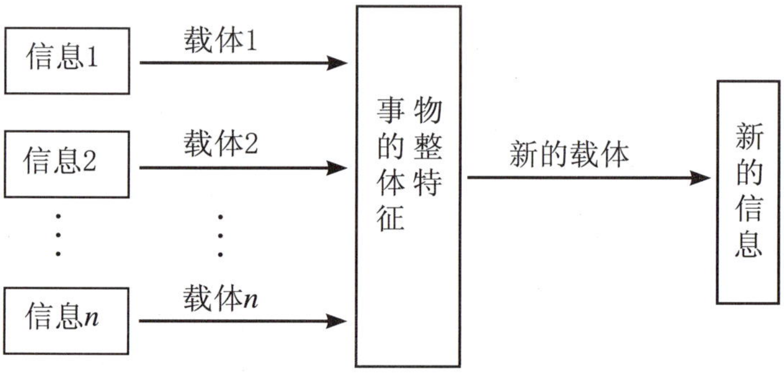

图2.1.3　信息的处理

4.信息的发布

①制作及演示作品。依照定义问题阶段所要求的格式完成作品。

②评价作品。当你完成了最后作品后，与设定的要求进行比对：你的作品是否实现了给定的任务？作品是否完全符合要求？收集的信息是否真实？

2.1.3　知识链接

1. 信息革命与社会发展

人类第1次信息革命——语言的发明

远古时候，人们在共同的社会劳动和生活中，渐渐有了彼此交际的需要，从而决定了语言的产生（见图2.1.4）。这是人类信息传播史上第一个重要的里程碑，人类依靠语言的发明，形成了人类社会的最初形式——渔猎时代。语言极大地提高了人们相互交流沟通的能力，使经验信息得以口耳相传、隔代相传。通过这种方式，后代能够在最短的时间内学习、掌握和继承远祖世世代代的经验信息，极大地推进了人类社会的进程。

图2.1.4　语言的产生

人类第2次信息革命——文字的发明

图2.1.5　甲骨文

文字的出现是人们在长期的社会生活中不断积累、不断总结的必然结果。早在七八千年前，中国先民就开始在龟甲上刻画符号，这就是文字的雏形（见图2.1.5）。经过无数代人的努力实践，经历了漫长的演变（见图2.1.6），形成了真正的文字。从拥有真正的文字算起，最早的古埃及已经有5000多年的历史，中国有3000多年的历史。

文字的出现是人类信息传播史上第2个重要里程碑，它标志着人类原始时代的结束，文明时代的开始。文字的发明被摩尔根称作是人类文明史的起端。人类依靠文字来交流信息，用文字来长久地、准确地存储大量的历史文化信息，使人类社会有了长足发展；文字的发明，更突破了信息传播中时空的局限，大大完善了人类交往传播的手段，使人类文明得以传承。

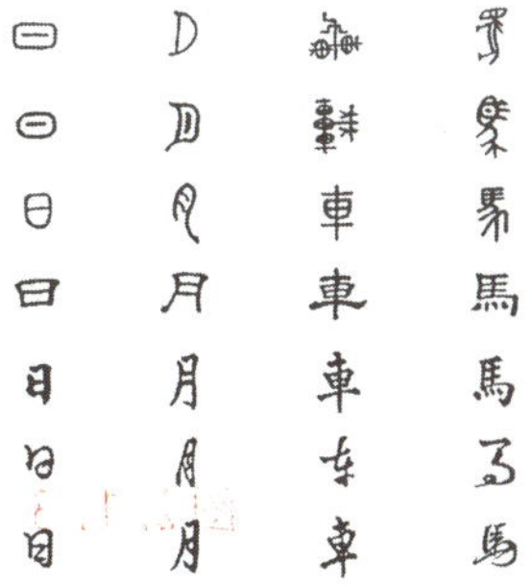

图2.1.6　汉字的演变

人类第3次信息革命——造纸和印刷术的发明

造纸和印刷术同为我国古代四大发明之一。1800多年前，东汉发明家蔡伦以树皮、麻头、破布、破鱼网等为原料，制成“蔡侯纸”。公元7世纪初期（隋末唐初）造纸术开始东传至朝鲜、日本，17世纪传到英

国家科学技术学术著作出版基金资助出版

重庆出版集团
科学学术著作出版基金资助

昆仑植物志

FLORA KUNLUNICA

第一卷

吴玉虎 主编

国家自然科学基金资助项目

№ 30970181

重庆出版集团 重庆出版社

·重 庆·

图书在版编目(CIP)数据

昆仑植物志.第1卷 / 吴玉虎主编;吴珍兰,吴玉虎编;武素功等编著. —重庆:重庆出版社,2014.6
ISBN 978-7-229-07408-1

Ⅰ.①昆… Ⅱ.①吴… ②吴… ③武… Ⅲ.①喀喇昆仑山—植物志②昆仑山—植物志 Ⅳ.①Q948.5

中国版本图书馆CIP数据核字(2014)第003674号

昆仑植物志 第一卷
KUNLUN ZHIWUZHI DIYIJUAN
吴玉虎 主编

出 版 人:罗小卫
责任编辑:叶麟伟 傅乐孟
责任校对:李小君
装帧设计:重庆出版集团艺术设计有限公司·吴庆渝

重庆出版集团
重 庆 出 版 社 **出版**
重庆长江二路205号 邮政编码:400016 http://www.cqph.com
重庆出版集团艺术设计有限公司制版
自贡兴华印务有限公司印刷
重庆出版集团图书发行有限公司发行
E-MAIL:fxchu@cqph.com 邮购电话:023-68809452
全国新华书店经销

开本:787 mm×1092 mm 1/16 印张:40.5 插页:16 字数:862千
2014年6月第1版 2014年6月第1次印刷
ISBN 978-7-229-07408-1
定价:158.00元

如有印装质量问题,请向本集团图书发行有限公司调换:023-68706683

▲问荆 *Equisetum* Linn.

▲祁连圆柏 *Sabina przewalskii* Kom.

▲膜果麻黄 *Ephedra przewalskii* Stapf.

▲川西云杉 *Picea likiangensis* (Franch.) Pritz. var. *balfouriana* (Rehd. et Wils.) Hiller ex Slavin

▲中麻黄 *Ephedra intermedia* Schrek ex Mey.

▲单子麻黄 *Ephedra monosperma* Gmel. ex C. A. Mey.

本书彩色图版之照片均由吴玉虎拍摄。

彩色图版 Ⅱ

▲山生柳 *Salix oritrepha* Schneid.

▲西藏荨麻 *Urtica tibetica* W. T. Wang

▲天山瓦韦 *Lepisourus albertii*（Rogel）Ching.

▲高原荨麻 *Urtica hyperborea* Jacq. ex Wedd.

▲珠芽蓼 *Polygonum viviparum* Linn.

▲尼泊尔蓼 *Polygonum nepelense* Meisn.

▲细叶珠芽蓼 *Polygonum viviparum* Linn. var. *tenuifolium* Y. L. Liu

▲苦荞麦 *Fagopyrum tataricum*（Linn.）Gaertn.

▲细叶西伯利亚蓼 *Polygonum sibiricum* Laxm. var. *thomsonii* Meisn. ex Stew.

▲两栖蓼 *Polygonum amphibium* Linn.

▲沙拐枣 *Calligonum mongolicum* Turcz.

彩色图版Ⅳ

▲ 锐枝木蓼 *Atraphaxis pungens*（Bieb.）Jaub. et Spach.

▲水生酸模 *Rumex aquaticus* Linn.

▲ 柴达木沙拐枣 *Calligonum zaidamense* A. Los.

▲卵果大黄 *Rheum moorcroftianum* Royle

▲皱叶酸模 *Rumex crispus* Linn.

▲鸡爪大黄 *Rheum tanguticum* Maxim. ex Balf.

▲网脉大黄 *Rheum reticulatum* Los.

▲驼绒藜 *Ceratoides latens* （J. F. Gmel.） Reveal et Holmgren

▲丽江大黄 *Rheum likiangense* Sam.

▲平卧轴藜 *Axyris prostrata* Linn.

▲华虫实 *Corispermum stauntonii* Moq.

▲西伯利亚滨藜 *Atriplex sibirica* Linn.

▲沙蓬 *Agriophyllum squarrosum* (Linn.) Moq.

▲藜 *Chenopodium album* Linn.

▲木本猪毛菜 *Salsola arbuscula* Pall.

▲青海猪毛菜 *Salsola chinghaiensis* A. J. Li

▲合头草 *Sympegma regelii* Bunge

▲山卷耳 *Cerastium pusillum* Ser.

▲繁缕 *Stellaria media*（Linn.） Villars.

▲伞花繁缕 *Stellaria irrigua* Bunge

▲囊种草 *Thylacospermum caespitosum*（Camb.） Schischk.

▲细蝇子草 *Silene tenuis* Willd.

▲川赤芍 *Paeonia beitchii* Lynch

▲麦蓝菜 *Vaccaria segetalis*（Neck.）Garchers.

▲青藏金莲花 *Trollius pumilus* D. Don var. *tanguticus* Bruhl

▲矮金莲花 *Trollius farreri* Stapf

彩色图版 X

▲露蕊乌头 *Aconitum gymnandrum* Maxim.

▲高乌头 *Aconitum sinomontanum* Nakai

▲甘青乌头 *Aconitum tanguticum* (Maxim.) Stapf

▲升麻 *Cimicifuga foetida* Linn.

▲伏毛铁棒锤 *Aconitum flavum* Hand. -Mazz.

▲密花翠雀花 *Delphinium densiflorum* Duthie ex Huth

▲毛翠雀花 *Delphinium trichophorum* Franch.

▲三果大通翠雀花 *Delphinium pylzowii* Maxim. var *trigynum* W. T. Wang

▲白蓝翠雀花 *Delphinium albocoerulum* Maxim.

▲蓝翠雀花 *Delphinium caeruleum* Jacq. ex Camb.

彩色图版 Ⅻ

▲小叶拟耧斗菜 *Paraquilegia microphylla* (Royle)Drum. et Hutch.

▲无距耧斗菜 *Aquilegia ecalcarata* Maxim.

▲长柄唐松草 *Thalictrum przewalskii* Maxim.

▲疏齿银莲花 *Anemone obtusiloba* D. Don subsp. *ovalifolia* Bruhl

▲小花草玉梅 *Anemone rivularis* Buch. -Ham. ex DC. var. *flore - minore* Maxim.

▲甘青铁线莲 *Clematis tanguticus*（Maxim.）Korsh.

▲高原毛茛 *Ranunculus tanguticuss*（Maxim.）Ovcz

▲星叶草 *Circaeaster agrestis* Maxim.

▲三裂碱毛茛 *Halerpestes tricuspis*（Maxim.）Hand. - Mazz.

▲水毛茛 *Batrachium bungei*（Steud）L. Liou

彩色图版 XIV

▲匙叶小檗 *Berberis vernae* Schneid.

▲刺檗 *Berberis vulgaris* Linn.

▲细果角茴香 *Hypecoum leptocarpum* Hook. f. et Thoms.

▲桃儿七 *Sinopodophyllum hexandrum* (Royle) Ying.

▲全缘绿绒蒿 *Meconopsis integrifolia* （Maxim.） Franch.

▲红花绿绒蒿 *Meconopsis punicea* Maxim.

▲总状绿绒蒿 *Meconopsis racemosa* Maxim.

▲秃疮花 *Dicranostigma leptopodium* （Maxim.） Fedde

▲宽叶独行菜 *Lepidium latifolium* Linn.

▲红紫桂竹香 *Cheiranthus roseus* Maxim.

▲菥蓂 *Thlaspi arvense* Linn.

▲燥原荠 *Ptilotricum canescens*（DC.）C. A. Mey.

▲直茎黄堇 *Corydalis stricta* Steph. ex Fisch.

▲曲花紫堇 *Corydalis curviflora* Maxim.

FLORA KUNLUNICA

Tomus 1

Editor in Chief: Wu Yuhu

The Project Supported by the National Natural Science Foundation of China, the National Fund for Academic Publication in Science and Technology, and the Chongqing Publishing Group Fund for Academic Publication in Science

CHONGQING PUBLISHING GROUP · CHONGQING PUBLISHING HOUSE

Chongqing, China 400016

内容提要

《昆仑植物志》是我国第一部系统记载喀喇昆仑山-昆仑山地区植物的大型专著。全书分为 4 卷，共收录喀喇昆仑山-昆仑山地区迄今所知的维管束植物 2 600 余种（包括种下类型）。本卷收录蕨类植物门木贼科至槲蕨科 11 科、裸子植物门松科至麻黄科 3 科、被子植物门双子叶植物纲离瓣花亚纲杨柳科至十字花科 14 科植物，总共 28 科 141 属 504 种 4 亚种 69 变种 4 变型。书中除在各属种名下列出其主要相关文献、形态特征、产地分布和生境外，还特别列出附带详细地点的凭证标本号以供查阅。另含属种检索表若干，墨线图版 82 个，彩色图版 16 个；书末附有植物中名索引和拉丁名索引，以及喀喇昆仑山-昆仑山地区范围图和山文水系图。

本书可供植物学，以及自然地理、生态环境、生物多样性、农林牧、中医药、植物资源保护与开发利用等相关领域的科研、教学、生产工作者和大中专院校师生参考。

EDITORIAL COMMITTEE

Authors：

Wu Sugong (*Kunming Institute of Botany*， *Chinese Academy of Sciences*)

Yang Yongchang， Mei Lijuan， Wu Zhenlan， Wu Yuhu

(*Northwest Plateau Institute of Biology*， *Chinese Academy of Sciences*)

Zhai Wei (*Shihezi University*)

Zhang Dejun (*Qinghai University*)

Wei Yan， Zhou Guiling (*Xinjiang Agricultural University*)

Xu Haiyan (*Xinjiang Medical University*)

Zhang Mingli (*Institute of Botany*， *Chinese Academy of Sciences*)

Yang Yongping (*Institute of Tibetan Plateau Research*， *Chinese Academy of Sciences*)

序

喀喇昆仑山、昆仑山从帕米尔高原隆起，横贯东西2 500余千米，草原和荒漠，茫茫苍苍，雪峰高耸，冰川纵横，巍峨神奇。从远古开始，昆仑山就成为中华各民族共同向往的圣地，在中华民族的文化史上具有“万山之祖”的显赫地位。中国古老的地理著作《山海经》、《禹贡》和《水经注》对它都不止一次地提到，其中记述大多与一些神话传说联系在一起。汉代以降，许多边塞诗吟咏的内容均涉及这一区域，然而直到近代，国内外的一些探险考察队进入这一地区，这一地区地理、生物的概貌才逐渐被揭开。

刘慎谔是第一个到喀喇昆仑山和昆仑山考察的中国植物学家。他于1932年（民国二十一年）初，由叶城入昆仑山区，在西藏西北部考察，8月抵克什米尔的列城，采集标本2 500余号（《刘慎谔文集》，科学出版社1985年版）。此后，随着20世纪50年代的新疆考察，1973年开始的青藏高原综合考察，中国植物学者才对这一地区的植物进行了较详细的调查和采集。1975年我由格尔木出发，经西大滩，翻过海拔4 700余米的昆仑山山口，在五道梁、风火山、沱沱河地区进行了路线考察，亲身感受到在这一地区考察的艰辛。这里植物种类虽然较少，但有其特殊性。植物区系中许多中亚高山成分和旱生成分，与塔吉克斯坦、巴基斯坦、阿富汗等邻近国家，以及兴都库什山、帕米尔高原的植物区系都有联系，而与我国其他区域的植物有很大不同。

我很高兴看到《昆仑植物志》由诸多同行编著完成并即将出版。这部著作凝集了中国科学院西北高原生物研究所等单位研究植物分类的同行们的心血，是他们在工作条件和生活条件相对困难的情况下，继完成《青海植物志》之后又一部同心协力完成的力作，难能可贵。《昆仑植物志》的出版，必将促进对这一地区植物的更深入研究，也将为野生植物资源的开发和生态环境的保护提供重要的科学依据。

《中国植物志》已出版了，但《中国植物志》并不能完全替代地方植物志，尤其是一些边远和自然环境特殊地区的植物志。地方植物志针对植物的地区信息，如植物形态上有无变异、有何特殊用途，以及分布地点等的记载更为详尽。这些内容可补全国植物志的不足，也更便于应用。

青海长云暗雪山，孤城遥望玉门关。
黄沙百战穿金甲，不破楼兰终不还。

唐代王昌龄《从军行》（七首之四）概括描绘了当地的风光，展现了保卫边疆的决心。如今，时代不同了，但保卫和建设国家的精神是永远的。

是为序。

吴征镒

九十四岁衰翁

2010 年 3 月 8 日于昆明

前　言

《昆仑植物志》终于就要付梓出版了。这使我倍感欣慰，也使我终于放下了近10多年来一直悬着的心。此时，我也才真正体会到了编书不比著书易。我真诚地感谢所有参加编撰的同人以及为此书提供过帮助和关心的人。

被喻为地球第三极的青藏高原，以其独有的海拔高度，会聚了亚洲许多巨大的山系而成为亚洲主要河流的发源地，是一个独特的自然地理单元。这里由昔日的特提斯大洋不断隆升、崛起，最后演变成今天地球上最高、最大和最具特色的高原。它不仅改变了亚洲和全球的地理面貌，同时也一举改变了亚洲乃至北半球的大气环流以及气候与生态等系统的格局，更因此而成为全球生物多样性的独特区和重点保护区、大型珍稀动物种群的集中分布区、中国气候变化的预警区和亚洲季风的启动区，以及全球变化的敏感区和典型生态系统的脆弱区，成为地球科学的最大之谜。但是，这里同时又被认为是一个全球环境变化研究的天然实验室和解开地球科学之谜的金钥匙，因而亦成为20世纪80年代以来地球系统科学的一个热点和知识创新的生长点，并进而成为当今国际学术界强烈竞争的重要地区。喀喇昆仑山和昆仑山地区更是作为"关键地区"而置身其中。

由国家自然科学基金委员会和中国科学院共同支持的"喀喇昆仑山-昆仑山地区综合科学考察研究"项目自1987年开始野外工作，至1991年该项目结束，历时5个年头。其中参加由武素功研究员任组长的生物组植物专业考察的先后有吴玉虎、夏榆、费勇、大场秀章（H. Ohba）等。野外考察每年从5月中下旬开始至10月上旬结束。考察结束后，由于种种原因（主要是联合资深植物学家和组织编研队伍以及筹集编研经费等），虽历经专业组成员的千辛万苦，资料和标本收获累累，并且都非常珍贵，但却一直未能有一部全面反映本次植物区系考察的专著问世，所采标本也一直被尘封而未作系统研究，从而使得本次综合考察，特别是植物区系考察留下了最大的遗憾。

有关自然地理单元，特别是独特的自然地理单元的植物志书的编撰和出版越来越受到国内外学界同人的欢迎和重视。昆仑山位于青藏高原的西北部，它西起帕米尔高原的东缘，东止于四川西部，绵延约 2 500 千米。它横卧于我国西部，和喀喇昆仑山一起，构成青藏高原西北隅及其北部边缘的高原、高山区。昆仑山脉以其巍峨高峻的山势而闻名于世，素有“亚洲脊柱”之称。这里是高原上极端干旱的地区，却又是大陆性高山冰川集中发育的地方和生物多样性的独特区域。其自然地理单元包括昆盖山、东帕米尔高原、喀喇昆仑山、昆仑山及其东延部分巴颜喀拉山和阿尼玛卿山等。区内有阿尔金山、可可西里和江河源等 3 个国家级自然保护区。这里分布着独特而典型的高寒类型植被和我国最大的野生动物群，但却是自然科学基础研究的相对薄弱区。就植物学研究来说，昆仑山地区地处青藏高原植物区系和中亚植物区系的地理交接地带，植物区系独特。它同时与吉尔吉斯斯坦、塔吉克斯坦、阿富汗、巴基斯坦、克什米尔和印度等多个国家和地区接壤，是多国交界的薄弱研究区，甚至有些地区此前还是野外考察的空白区；在国内，它跨越新疆、西藏、青海、四川、甘肃等西部省区和少数民族地区，地理位置十分重要，国际影响广泛，其重要性不言而喻。

作为我国和世界植物区系研究的薄弱区和部分空白区，对昆仑山地区的（多次）考察，由于涉及的地区偏远，范围广袤，交通不便，进入和开展工作都异常艰难，一般的业务部门和小型考察队都难以到达。所以，中国科学院昆仑山综合科学考察队所采集的植物标本，在世界范围内大多都非常珍贵。而这些珍贵的标本，在此前的近 20 年间竟未发挥应有的作用。不仅相邻各国的植物志书未能涉及这些来之不易的考察成果，就是我国的相关植物志书也未及利用这些标本，以至一些国内外的植物学家在中国科学院青藏高原生物标本馆查阅标本时，对该馆昆仑山地区的标本都表现出了极大的兴趣，包括其中的一些新分类群的标本，同时也对这些标本的未被系统研究而备觉惋惜。

正如我们所熟知的那样，任何植物志书的编写，其最艰巨、最危险的工作和最费时、费力、费钱的工作都在于野外考察。作为一项国家自然科学基金和中国科学院资助的重大项目，当其花费了国家巨额经费的野外考察工作结束，随后的工作就应该是系统地整理和研究所获得的第一手资料。而编研该地区的植物志书正是其中最重要的内容之一。所以，无论是就我国或是世界植物学研究而论，作为以西部独特自然地理单元存在的昆仑山地区的植物学专著——《昆仑植物志》是迟早要编著的。这项工作，现在不做，将来还是要做。我们不做，外国人，特别是相邻的别国就可能去做。那时，就有可能出现 100 多年以前任由外国人代替我们研究昆仑山地区的植物区系的情况，并且是利用我们的考察成果去发表他们的论文或新的分类群，类似的工作日本人近 20 年来一直在积极地进行着。不仅如此，我们还认为，包括《昆仑植物志》编研在内的该地区植物区系地理的研究，不仅对了解昆仑山地区乃至整个青藏高原的生物区系起源与发展及其地质历史等都具有积极作用，而且还涉及该地区植物区系分区的重要性以及国际影响和世界植物科学发展的需要。所以，为着消除国家青藏高原喀喇昆仑山-昆仑山科学考察的遗憾和完善国家重大基金项目的后续工作，以喀喇昆仑山和昆仑山地区这一独特地理单元为范围，编撰一部系统的《昆仑植物志》就尤显重要。

编撰《昆仑植物志》的想法由来已久。我国植物学界的先驱刘慎谔先生曾于1932年就考察过喀喇昆仑山地区的植物。作为第一个在本区进行植物考察的中国人，他早在20世纪50年代就提出要编撰《昆仑植物志》，并先后同中国科学院西北高原生物研究所的研究员郭本兆和周立华两位先生进行过交流。刘老真诚地希望有着地缘优势，并以动物、植物区系分类学起家和发展起来的该所植物研究室能够承担起组织这项工作的责任。但是，由于当时和后来很长一段时间，针对该地区植物区系研究所进行的野外考察不多，所涉及的范围太小，掌握的标本和资料有限等原因，直到刘慎谔先生去世，此事一直都未能提上议事日程。进入20世纪80年代，有我所（中国科学院西北高原生物研究所）参加的喀喇昆仑山和昆仑山地区大型综合科学考察完成以后，周立华和新疆农业大学的安峥皙教授又多次提出过编撰《昆仑植物志》的建议。不过，又由于经费和植物分类学人才短缺，以及跨省区、跨部门协作问题等原因而未能如愿。后来，在1993年2月和1998年初我们又同青海省农业资源区划办公室主任苟新京和副主任赵念农联合筹划过此事，两次希望《昆仑植物志》的编撰能在青海省农业资源区划办公室获得立项资助。为此，当时已经退休多年的安峥皙教授还专程从乌鲁木齐乘火车硬座来到西宁。但是，最终又因编研经费未能及时到位而只能中途作罢。再后来（2003年），我们又试图以“抢救曾经为我所的起家和发展创造过辉煌的植物区系分类学科”和“培养新人并为我所奉献专著类成果”的目的申请“所长基金”，然而，又终因该项目既无法列入所里的“重点学科”而又非考核所认为的“尖端创新类”项目而再一次落空。尽管如此，曾经为中国科学院西北高原生物研究所的创立和发展作出过不灭贡献的几位老先生却一直未能忘怀此事并仍在不断地积极努力。在当时，可以说，《昆仑植物志》虽尚未编写，却呼声已高，并已成为我国几代植物学家所梦寐以求之愿。

在争取《昆仑植物志》编研立项的过程中，最早提出编研《昆仑植物志》的刘慎谔教授已经作古；数次积极筹划编研《昆仑植物志》的周立华和安峥皙等业已退休多年；曾带队进行昆仑山植物区系考察并曾启动过《昆仑植物志》英文版编撰工作的武素功研究员也已退休；而已经答应承担虎耳草科编撰任务的潘锦堂研究员又于2005年底突然去世。还有，曾参加昆仑山植物野外考察工作的年轻植物学家费勇先生在后来的野外考察工作中已不幸以身殉职。这些都给《昆仑植物志》的编研带来不小的损失。失去潘锦堂研究员这样一位资深专家，不仅对《昆仑植物志》的编写来说是一大损失，而且原本可以由其通过编研《昆仑植物志》来对我国年轻一代虎耳草科研究人才进行培养和对其丰富的学识进行抢救的计划也都成为了泡影。必须看到，由于《昆仑植物志》编委会所会聚的和所依靠的都是年事已高的老一辈科学家（这正是由植物志书编研应该以资深植物分类学家为主的研究工作的特点决定的），无论是从编撰《昆仑植物志》本身或是从培养传统基础学科人才的角度出发，对他们丰富学识的抢救都已经到了刻不容缓的地步——包括我所在内的我国植物学经典分类人才队伍日渐萎缩，许多标本馆（当然也包括中国科学院青藏高原生物标本馆在内）的大量馆藏标本（这是植物学研究创新的基础和国家生物学研究的战略资源）未能定名，许多在研的相关课题所采集的凭证标本苦于无人鉴定，而青藏高原区研究薄弱甚至不乏空白区的现状更是呼唤大量经典分类人才。这甚至使得周俊和洪德元两位院士于2008年末先后在《科学时报》上提出“直面传统学科危机”，并疾呼“不要等到‘羊’去‘牢’空”!

中华人民共和国成立以来到20世纪末，我国科学家曾对青藏高原进行过3次大型的综合性科学考察，每次都有植物区系学科人员参加，并有相应的植物分类学专著问世。例如：20世纪70年代对西藏暨喜马拉雅山地区的科学考察后，有了5卷本的《西藏植物志》问世；80年代初对横断山地区的科学考察之后，又有了上、下两册的《横断山地区维管植物》的出版；80年代后期到90年代初，对喀喇昆仑山和昆仑山地区的科学考察是青藏高原综合科学考察的第三阶段。

如今，就国家层面来说，围绕昆仑山和喀喇昆仑山地区的大型综合科学考察工作已经结束，多次植物区系考察中所获得的植物标本也应该可以覆盖整个昆仑山和喀喇昆仑山地区。仅就中国科学院青藏高原生物标本馆的馆藏而言，除了有吴玉虎曾参加过的喀喇昆仑山-昆仑山地区综合科学考察队于1987～1991年采集的约5 000号近1万份标本外，还有1974年潘锦堂带领的由刘尚武、张盍曾等组成的中国科学院西北高原生物研究所新疆-西藏考察队采集的1 450号标本和1986年由黄荣福参加的中、德两国乔戈里峰考察队采集的500余号标本，以及刘海源等于1986年在昆仑山北坡和阿尔金山地区及塔里木盆地南缘所采集的约500号标本。更为重要的是，中国科学院西北高原生物研究所青藏高原生物标本馆自建馆40多年以来，收藏有昆仑山地区特别是东昆仑山地区的植物标本不下数万份。此外，还有中国科学院昆明植物研究所、北京植物研究所和新疆生态与地理研究所，以及新疆农业大学、石河子大学、兰州大学、西北师范大学等标本馆（室）所收藏的该地区1万余份植物标本。所采集和保藏的这些标本，都是国家和地方以及中国科学院历年来多次专项、综合和重大自然科学基金支持的研究项目所产生的宝贵财富。作为科学依据，这些标本已经足以支持和保证《昆仑植物志》编撰研究的需要。

无疑，《昆仑植物志》的编研出版可在填补研究地区空白的同时为国家的高原生物学培养传统学科的研究人才，其后续的补点考察还为独具高原特色的中国科学院青藏高原生物标本馆增加了数千份本区珍贵的植物标本。此外，这类“空白区”和“薄弱区”植物标本的继续收集、保藏，还将对青藏高原生物学及其相关学科的理论研究和学科发展等产生积极的后发效应。这也是我们积极投入《昆仑植物志》的编研并希望得到支持的重要原因。

为了不辜负老一辈植物学家寄予的厚望，我于2003年初开始担当起编撰和出版《昆仑植物志》的组织、协调，以及筹划、申请编撰和出版经费的工作。尽管困难重重，但好在有众多德高望重的老前辈和年轻一辈学人的支持、帮助和鼓励，我始终锲而不舍。经几位不计得失也愿意为编研《昆仑植物志》出力的老专家的真诚建议，也出于对参加《昆仑植物志》编研的资深老专家的学识和经验抢救的紧迫感以及时代赋予我们的责任感，我们在初时未能得到任何经费支持的情况下，提前启动了《昆仑植物志》的编研工作。

令人感动的是，在国内科技界因“一刀切”的简单管理和考评方式而助长浮躁、急功近利之风且负面报道时有出现的情况下，在我国植物区系地理研究和植物系统分类研究等传统学科的发展跌入最低谷的时期，在我国植物区系分类人才遭遇断档危机的情况下，在当时还未能获得任何专项经费支持的困难情况下，本书的编研得到了相关专家的热切响应。有这样一批老科学家，他们本已退休，原本可以心安理得地安享晚年，但是，他们不为名利，不计报酬，只是想发挥自己的余热，为我国的植物分类学研究多作一些贡献，为后人的研究工作多留下一些可供参考的基础性研究成果，哪怕这其中尚有不尽如人意之处。甚至有些老先生还说，只要有人组织，哪怕没有任何报酬我们也愿意干，因为《昆仑植物志》确实值得一做。还有一些年轻的科研人员，在自身工作时间紧、任务重、压力大，并且明知科技创新体制下植物区系分类研究等传统学科已经不再时髦的情况下，不计分文报酬和研究经费，在百忙中挤出各自的工作时间，牺牲业余时间，自筹经费外出查阅标本，以自己的实际行动支持这一工作并亲自加入到《昆仑植物志》的编研中来，认真地鉴定标本、认真地查阅资料、认真地撰写文稿。还有一些老先生，虽然自己未能参加《昆仑植物志》的编研，但却想方设法多方支持这项工作，如中国科学院新疆生态与地理研究所原党委副书记潘伯荣教授曾答应《昆仑植物志》可以通过扫描复制引用《新疆植物志》中的图版；中国科学院西北高原生物研究所已经退休的阎翠兰、王颖等先生答应为《昆仑植物志》的绘图提供他们往年积累下来的所有植物图版底稿或是可以通过扫描引用他们在《中国植物志》、《青海植物志》和《青海经济植物志》等书中的图版。这是我们在感受植物系统分类学和植物区系地理学等传统学科被边缘化的悲哀以及传统学科研究后继乏人的悲哀之时所能享受到的莫大欣慰和鼓舞。没有这样一批老科学家和这样一些年轻科学工作者的奉献精神、积极参与及其严谨的学风和一丝不苟的工作态度，以及对我国植物学科研发展的责任心，《昆仑植物志》的编撰工作就不可能在无任何经费支持的情况下启动，更不可能现在完成。这些都是值得我们倍加珍惜、好好学习并加以弘扬的。在这里，我谨对他们表示深深的敬意和诚挚的感谢。

由于《昆仑植物志》涉及的地域较广，所需鉴定的标本量大，编研人员较多，到多个标本馆查阅标本和资料的出差较多，需要补点考察的地区条件艰苦且耗费较大等，要完成本书近 3 000 种植物的编研，不仅工作量浩大，所需经费亦较高。因此，我们于 2003 年开始撰写申请报告，曾向多方提出申请，希望能够得到经费资助。虽然我们认为这项工作符合《国家中长期科学和技术发展规划纲要（2006～2020 年）》中关于加强对基础研究的支持精神，但前数年的申请都未能如愿。在此后的几年中，我们在提前启动项目的同时，一边继续完善我们的基金申请报告，一边还从 2004 年开始，先后对巴颜喀拉山南坡、沱沱河下游流域、阿尼玛卿山南部和东北部以及布尔汗布达山等标本欠缺的地区有重点地进行了补点考察，共采集标本 8 000 余号。经过多次申请并几经采纳历年专家评委关于申请书的建议，数易其稿，最终申请到了国家自然科学基金的资助。所以，我不但要感谢历年来国家自然科学基金的评委们对我本人的信任、鼓励、帮助和支持，而且还要感谢他们对本项目研究所提出的宝贵意见和建议。

还有必要特别指出的是，在植物系统分类学等传统学科发展艰辛的时期，不仅研究经费有限，而且出版经费更是没有着落，致使《昆仑植物志》在编撰之时还担心完稿后能否及时出版。而在这时，经青海人民出版社科技出版部原主任、编审陈孝全先生协助联系，我们很欣喜地申请到了“重庆出版集团科学学术著作出版基金”的资助，最终使得本书有机会和广大读者见面。在此，我们愿代表所有希望看到本书出版以及希望使用本书的各界人士并以我们自己的名义向相关支持者表示诚挚的感谢和深深的敬意。同时，我们还要感谢在百忙中抽出时间为本书作序和为本书出版基金的申请积极撰写推荐信的中国科学院院士吴征镒研究员、郑度研究员和洪德元研究员，以及中国科学院植物研究所所长马克平研究员；感谢本项目每一位参与者所作出的积极贡献；感谢徐文婷博士欣然应邀为本书精心绘制了地图。

另外，在《昆仑植物志》的编著过程中，除了各科作者和绘图者外，曾先后参加过标本整理、登记、文献查证、计算机录入、审核、校对、编著指导、文献提供和补点考察等工作的还有陈春花、吴瑞华、侯玉花、杨安粒、周静、黄荣福、方梅存、阳忠新、严海燕、祁海花、李小红、田宇、吴蕊洁、杨明、薛延芳、杜兰香、韩玉、熊淑惠、郑林、韩秀娟、杨应销、李炜祯、马文贤、蒋春香、郭柯、周浙昆、常朝阳、李小娟、蔡联炳等，在此也一并致谢。总之，我要感谢所有关心本套志书的编研、出版以及为之提供过帮助和为之做过有益工作的人们。

对于本套志书中难免出现的疏漏和不足之处，恳请读者不吝指正。

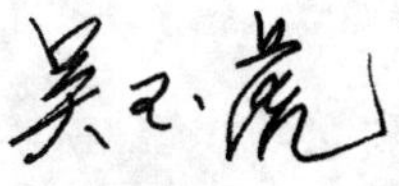

2009 年 10 月

于中国科学院西北高原生物研究所

编写说明

1.《昆仑植物志》分为4卷，共收录我国昆仑山和喀喇昆仑山地区截至目前所知的野生和重要的露天栽培维管束植物87科，仅有栽培种而无野生种的科不收录。其中，第一卷收录蕨类植物、裸子植物和被子植物杨柳科至十字花科，第二卷收录被子植物景天科至伞形科，第三卷收录被子植物杜鹃花科至菊科，第四卷收录被子植物香蒲科至兰科。

2.《昆仑植物志》所收录植物种类的分布范围涉及县级行政区域的有新疆的乌恰、喀什、疏附、疏勒、英吉沙、莎车、阿克陶、塔什库尔干、叶城、皮山、墨玉、和田、策勒、于田、民丰、且末、若羌等县（自治县），西藏的日土、改则（北纬34°以北）、尼玛（北纬34°以北）、双湖、班戈（北纬34°以北）等县（区），青海的茫崖、格尔木、都兰、兴海、治多（通天河以北的可可西里地区）、曲麻莱、称多、玛多、玛沁、达日、甘德、久治、班玛等县（区），四川的石渠县（北纬33°以北的巴颜喀拉山南坡）和甘肃的阿克塞（阿尔金山尾部）、玛曲（阿尼玛卿山的尾部）等县（自治县）。以行政区划名称标示的植物地理分布结果，使得一些分布于山前荒漠地带的种类亦进入收录范围。

3. 本书的系统，在蕨类植物按照秦仁昌（1978年）的系统；在裸子植物，按照郑万钧在《中国植物志》第七卷（1978年）的系统；在被子植物，按照恩格勒（Engler）的《植物分科纲要》（*Syllabus der Pflanzenfamilien*）第11版（1936年）的系统稍作变动，即将单子叶植物排在双子叶植物之后。

4. 所收录植物的科、属、种均列出中文名称和拉丁文名称，并给予形态特征描述；属和种（包括种下等级）均列出其主要文献、检索表；种和种下等级均列出各自的县级产地，凭证标本的采集者、采集号，以及精确到乡镇以下的采集地点，包括海拔高度范围在内的生境和国内外分布区；存疑种并有讨论；重要类群附有墨线图或图版，部分种类附有彩图。

5. 书后附有所有收入正文的植物科、属、种的中名索引和拉丁名索引，以及部分新分类群的特征集要。

6. 本卷收录蕨类植物门木贼科至槲蕨科 11 科、裸子植物门松科至麻黄科 3 科、被子植物门双子叶植物纲离瓣花亚纲杨柳科至十字花科 14 科植物，总共 28 科 141 属 504 种 4 亚种 69 变种 4 变型。有黑白图版 82 个，彩色图版 16 个，地图 2 幅。

7.《昆仑植物志》各卷的编撰除编写规格要求统一之外，采取植物科属（包括文字和图版）作者分工负责制。

8. 按照中国科学院青藏高原生物标本馆（QTPMB）的惯例，凡馆藏有本所（中国科学院西北高原生物研究所）人员参加的联合考察队所采集的植物标本，在采集签上通常将考察队中本所队员的姓名列于考察队名称之后。因此，本套志书中，由中国科学院青藏高原生物标本馆馆藏标本所标记的“青藏队吴玉虎”的所有号标本均指由“喀喇昆仑山-昆仑山综合科学考察队”中以武素功为组长的植物组采集，组员有吴玉虎、夏榆、费勇、大场秀章（H. Ohba）等。所采集的标本，除青藏高原生物标本馆馆藏外，同号标本还同时收藏于中国科学院昆明植物研究所标本馆（KUN）、中国科学院植物研究所（PE）和日本东京都大学博物馆植物研究室（TI）。所采集标本的标签，1987 年采用中文标记，采集人：中国科学院青藏高原综合科学考察队武素功、吴玉虎、夏榆；1988 年采用英文标记为 Expedition to Karakorum and Kunlun Mountain of China，Participants：S. G. Wu，H. Ohba，Y. H. Wu，Y. Fei；1989 年采用英文标记为 Expedition to Karakorum and Kunlun Mountain of China，Participants：S. G. Wu，Y. H. Wu，Y. Fei。另外，还有“可可西里队黄荣福（黄荣福 K.）”、“中德考察队黄荣福（黄荣福 C. G.）”等。“青藏队藏北分队郎楷永”等亦如此。

9. 本书引用了他书部分图版，请尚未取得联系的相关作者主动联系我们，以便致谢。

编 写 分 工

序 ……………………………………………………………………………………………… 吴征镒
前言、编写说明、编写分工、系统目录、中名索引、拉丁名索引 ……… 吴玉虎
蕨类植物门木贼科至槲蕨科 11 科 ……………………………………………… 武素功
松科、柏科、杨柳科、桑科、檀香科、苋科、山柑科 ……………………… 杨永昌
麻黄科 ………………………………………………………………………………… 梅丽娟
桦木科、石竹科 …………………………………………………………………… 翟　伟
荨麻科 ………………………………………………………………………………… 张得钧
蓼科 …………………………………………………………………………………… 吴珍兰
藜科 …………………………………………………………………………………… 魏　岩
毛茛科 ………………………………………………………………………………… 徐海燕
小檗科 ………………………………………………………………………………… 张明理
罂粟科 ………………………………………………………………………………… 杨永平
十字花科 ……………………………………………………………………………… 周桂玲

TABULA AUCTORUM

Preface ·· Wu Zhengyi
Foreword, Illustrate, Authors division of labour, System, Index in
Chinese and Latin ··· Wu Yuhu
PTERIDOPHYTA: Equisetaceae to Drynariaceae (11 Families) ······ Wu Sugong
Pinaceae, Cupressaceae, Salicaceae, Moraceae, Santalaceae,
Amaranthaceae, Cappridaceae ······································ Yang Yongchang
Ephedraceae ··· Mei Lijuan
Betulaceae, Caryophyllaceae ·· Zhai Wei
Urticaceae ··· Zhang Dejun
Polygonaceae ··· Wu Zhenlan
Chenopodiaceae ··· Wei Yan
Ranunculaceae ·· Xu Haiyan
Berberidaceae ··· Zhang Mingli
Papaveraceae ··· Yang Yongping
Cruciferae ··· Zhou Guiling

目　录

昆仑植物志第一卷系统目录

蕨类植物门 PTERIDOPHYTA

一 木贼科 EQUISETACEAE

二 阴地蕨科 BOTRYCHIACEAE

三 中国蕨科 SINOPTERIDACEAE

四 铁线蕨科 ADIANTACEAE

五 裸子蕨科 HEMIONITIDACEAE

六 蹄盖蕨科 ATHYRIACEAE

七 铁角蕨科 ASPLENIACEAE

八 岩蕨科 WOODSIACEAE

九 鳞毛蕨科 DRYOPTERIDACEAE

十 水龙骨科 POLYPODIACEAE

十一 槲蕨科 DRYNARIACEAE

裸子植物门 GYMNOSPERMAE

十二 松科 PINACEAE

十三 柏科 CUPRESSACEAE

十四 麻黄科 EPHEDRACEAE

被子植物门 ANGIOSPERMAE

双子叶植物纲 DICOTYLEDONEAE

离瓣花亚纲 ARCHICHLAMYDEAE

十五 杨柳科 SALICACEAE

十六 桦木科 BETULACEAE

十七 桑科 MORACEAE

十八 荨麻科 URTICACEAE

十九 檀香科 SANTALACEAE

二十　蓼科 POLYGONACEAE

二十一　藜科 CHENOPODIACEAE

二十二　苋科 AMARANTHACEAE

二十三　石竹科 CARYOPHYLLACEAE

二十四　毛茛科 RANUNCULACEAE

二十五 小檗科 BERBERIDACEAE

二十六　罂粟科 PAPAVERACEAE

二十七 山柑科 CAPPARIDACEAE

二十八 十字花科 CRUCIFERAE

蕨类植物门 PTERIDOPHYTA

一　木贼科 EQUISETACEAE

多年生草本。根状茎细长横走，分枝，有节，黑色。气生茎圆柱形，有节，通常中空，单一或偶有分枝，或在节上有轮生的侧枝，常绿，多年生或一年生，含有丰富的硅质。成熟的主茎分 2 种，不育、能育的，能育主茎顶端或侧枝产生 1 个松球形的囊穗；进化较高的种类，能育主茎不含叶绿素，当孢子散落后即枯死；节内具隔膜，节间有纵棱脊，棱脊上常有硅质的疣状突起或具横纹；叶鞘顶部裂成狭齿。孢子囊穗由盾形的鳞片孢叶组成，无柄或有柄，囊穗顶端具或不具尖头；每一孢子叶着生 6～9 个囊状的孢子囊。孢子圆球形，具 4 条细长的弹丝，弹丝“十”字形着生，螺旋状地围绕孢子，遇水湿则弹开散布孢子。原叶体小，绿色。

有 2 属，约 25 种，广布于除大洋洲以外的世界各地。我国有 2 属 12 种，昆仑地区产 2 属 2 种。

分属检索表

1. 能育茎与不育茎异型，前者绿色，分枝多，后者无色或带褐色；气孔不内陷；鞘齿质厚，草质，宿存；孢子囊穗钝头；根状茎表面平滑 ········ **1. 问荆属 Equisetum** Linn.
1. 能育茎与不育茎同型，绿色，不分枝或有少数分枝；气孔内陷；鞘齿薄膜质，脱落；孢子囊穗尖头；根状茎表面粗糙（有硅质疣状突起） ································ **2. 木贼属 Hippochaete** Milde

1. 问荆属 Equisetum Linn.

Linn. Sp. Pl. 1061. 1753.

一年生或多年生草本。根状茎长而横走，表面光滑，无硅质突起。茎有一型或二型，气生茎软草质，绿色，具密的分枝或节上有许多轮生的侧枝，外面棱脊上有横的波状隆起；鞘齿质厚，草质，宿存。二型茎中能育的主茎无叶绿素，淡褐色，不分枝，孢子成熟后孢子囊茎即枯萎。孢子囊穗由六角状盾形的、鳞片状的孢子叶组成，孢子囊穗顶端钝头。

约 15 种，广布于北温带。我国有 8 种，昆仑地区产 1 种。

1. 问　荆　图版 1：1～3

Equisetum arvense Linn. Sp. Pl. 1061. 1753；西藏植物志 1：31. 图 10：3～5. 1983；新疆植物志 1：9. 图版 2：1～6. 1992；青海植物志 1：5. 图版 1：3～5. 1997；青藏高原维管植物及其生态地理分布 7. 2008.

多年生草本。根状茎横走，黑色，具暗黑色球茎。地上茎二型，孢子囊茎春季由根状茎生出，高 10～20 cm，直径 1～5 mm，无叶绿素，淡褐色，具 12～14 条不明显的棱脊；叶鞘筒漏斗状，长 1.0～2.0 cm，鞘齿棕褐色，厚膜质，每 2～3 齿连接呈阔三角形。孢子囊穗长椭圆形，长 1.5～2.5 cm，钝头或微尖，有柄。孢子叶六角盾形，下生长形孢子囊 6～8 个。孢子一型，成熟时孢子囊茎即枯萎，营养茎再从同一根茎生出；营养茎高 6～45 cm，细弱，绿色，中心孔小型，轮生分枝较密，中央具 6～12 条棱脊，棱脊上有横的波状隆起，沟内有带状气孔线 2～4 行。叶鞘漏斗形，长鞘齿披针形，2～3 齿连接呈三角形，黑褐色，边缘灰白色，膜质。

产新疆：乌恰、塔什库尔干、叶城（叶河大桥，刘海源 201）、和田、皮山。生于海拔 1 200～2 000 m 的荒漠戈壁绿洲中的沟渠水边、田边树林下。

青海：兴海（河卡乡河卡山，郭本兆 6231、6351）、玛沁（军功乡尕柯河岸，玛沁队 147；尕柯河电站，吴玉虎 5994；龙穆尔沟，吴玉虎 25686）、称多（歇武乡，苟新京和刘有义 83-470）、久治（智青松多镇两河口，果洛队 43）、班玛（马柯河林场，吴玉虎 26169；马柯河林场烧柴沟，王为义 27593；灯塔乡，王为义 27421）。生于海拔 3 200～3 900 m 的沟谷山地林下、沼泽水沟边、河滩草甸、林缘草甸、河谷山地阴坡高寒灌丛草甸。

分布于我国的西南、西北、东北各省区；北温带，北寒带广布。

2. 木贼属 Hippochaete Milde

Milde in Bot. Zeit. 1866：197. 1866.

本属过去为问荆属的 1 个亚属或组，与前者的区别在于能育茎与不育茎同型，绿色，不分枝或有少数分枝，气孔内陷，外面棱脊上有几行硅质的疣状突起或微刺，或具隆起的波状横纹；鞘齿薄膜质，逐渐脱落。孢子囊穗六角盾形，囊穗顶端具尖头。

约 10 种，广布于世界各地。我国有 4 种，昆仑地区产 1 种。

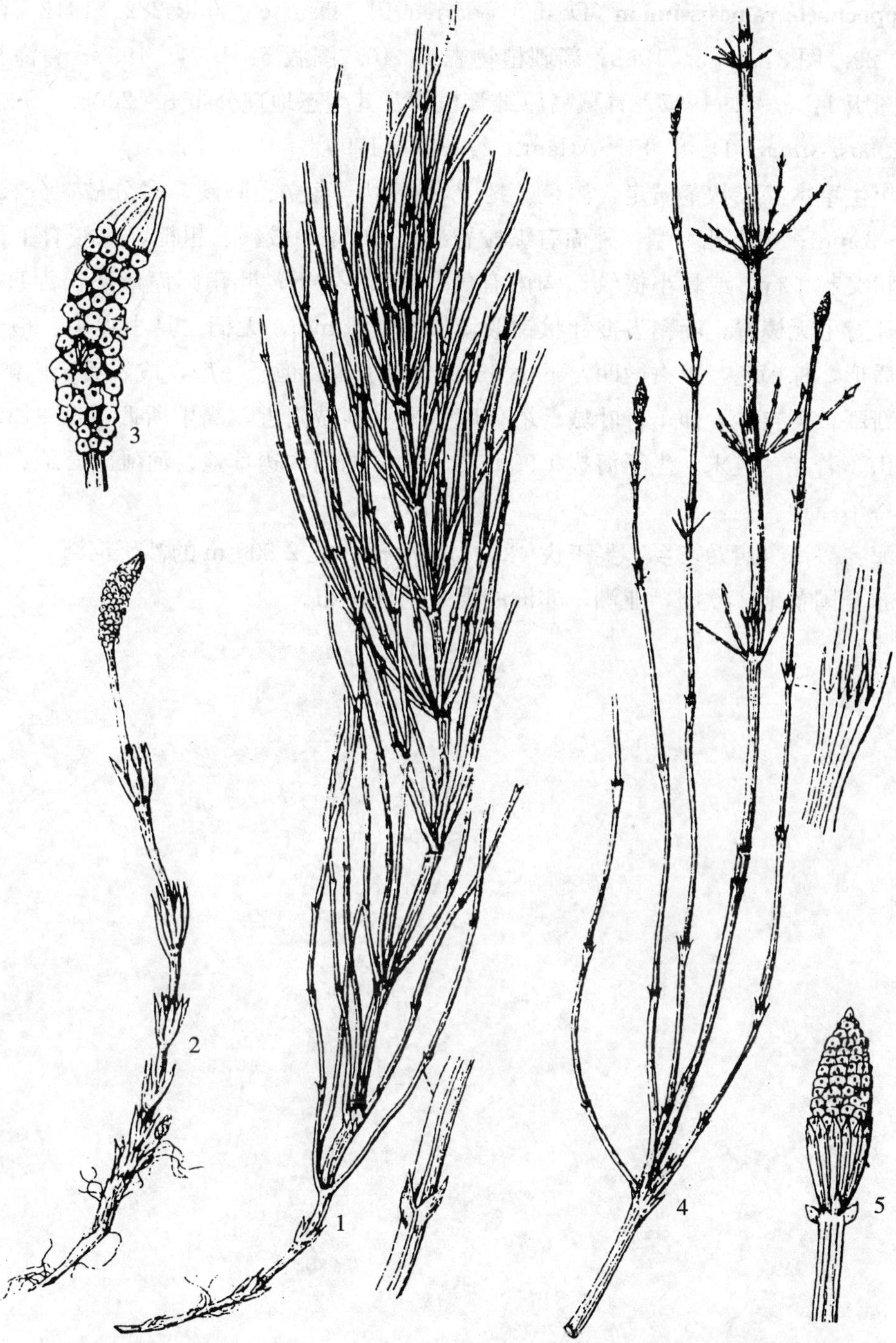

图版1　问荆 **Equisetum arvense** Linn. 1. 营养茎；2. 孢子囊茎；3. 孢子囊穗。节节草 **Hippochaete ramosissimum**（Desf.）Boerner 4. 植株；5. 孢子囊穗。（王颖绘）

1. 节节草 图版 1：4～5

Hippochaete ramosissimum (Desf.) Boerner Pl. Deutsch Volk 282. 1912；西藏植物志 1：29. 图 8：1～3. 1983；新疆植物志 1：16. 图版 5：1～4. 1992；青海植物志 1：5. 图版 1：6～7. 1997；青藏高原维管植物及其生态地理分布 8. 2008. ——*Equisetum ramosissimum* Desf. Fl. Atlant. 2：398. 1799.

多年生草本。根状茎横走，黑色。地上茎一型，直立、坚硬，多分枝，分枝轮生，直径 1～3 mm；中心孔大型，外面有纵棱脊 10～20 条，较狭、粗糙，每棱脊上面有硅质的疣状突起 1 行，或具小横纹，沟内有气孔线 1～4 行；叶鞘圆筒形，长为直径的 2 倍，鞘片背上无棱脊，叶鞘齿披针状钻形，长 5～15 mm，无柄，具小尖头。孢子囊穗六角状盾形，棕褐色，中央微凹，下生 6～9 个孢子囊；孢子一型，成熟后于内侧开裂。

产新疆：英吉沙、莎车、叶城、塔什库尔干（县城附近，高生所西藏队 3132）、和田、皮山、若羌、且末。生于海拔 1 900～3 400 m 的河沟边草地、河滩砾石地、农田地边、山谷沼泽地。

青海：兴海（唐乃亥乡，吴玉虎 42024）。生于海拔 2 800 m 的沙砾河滩。

广布全国各地；欧洲，亚洲，非洲的温带地区广布。

二　阴地蕨科 BOTRYCHIACEAE

中、小型陆生植物。根状茎短而直立，有1簇肉质粗根。叶有营养叶与孢子叶之分，均出自总柄；总柄基部包有褐色、全缘的鞘状托叶。营养叶草质，三角形或五角形，少有羽状披针形，一至四回羽状，叶脉分离，不甚明显；孢子叶出自总柄或营养叶基部或叶轴上，有长柄；孢子囊穗为疏散的复圆锥状；孢子囊球形，无柄，沿小穗轴排列成2行，横裂；孢子圆球状四面形或四面形。

3属30余种，广布于世界温带。我国有3属10余种，昆仑地区产1属1种。

1. 阴地蕨属 Botrychium Sw.

Sw. in Schrad. Journ. Bot. 1801 (2): 8, 110. 1801.

小型植物，高5～20 cm。营养叶长过于宽或几等长，厚草质。植物体遍体光滑无毛，叶芽完全包于叶基部的叶鞘内，原叶体略呈压扁。其余特征同科。

6种，广布于北温带。我国有1种，昆仑地区也产。

1. 扇羽小阴地蕨　图版2：1～3

Botrychium lunaria (Linn.) Sw. in Schrad. Journ. Bot. 1801 (2): 8, 110. 1801；西藏植物志1：33. 1983；新疆植物志1：16. 图版7：1～3. 1992；青海植物志1：7. 1997；青藏高原维管植物及其生态地理分布8. 2008. ——*Osmunda lunaria* Linn. Sp. Pl. 1064. 1753.

植株高5～9 cm。根状茎短而直立，有1簇肉质根。叶单生；总柄长3～6 cm，直径约2 mm，基部具棕褐色鞘状苞片；营养叶片长圆状披针形，自总柄中部或中上部生出，长1.5～2.5 cm，宽0.8～1.1 cm，顶端钝圆，具短柄，柄长3～5 mm，一回羽状；羽片扇形至半圆形，下部的稍大，长约0.6 cm，宽约0.8 cm，全缘或微呈波状，两侧边全缘；叶脉扇状分离，不很明显。叶草质，光滑无毛。孢子叶自营养叶的叶柄基部生出，柄长0.8～2.5 cm；孢子囊穗长0.8～2.0 cm，宽0.5～1.0 cm，狭圆锥形，2～3次分裂，直立，光滑无毛。

产新疆：塔什库尔干、叶城（柯克亚乡阿图秀，青藏队吴玉虎870766）。生于海拔2 950～3 800 m的沟谷山坡砾石质草地、河滩砾石地、河谷砾石隙、河边草甸、河滩石缝。

分布于我国的大部分省区；日本，尼泊尔，不丹，印度，北美洲，澳大利亚，新西兰也有。

三　中国蕨科 SINOPTERIDACEAE

中生或旱生中、小型植物。根状茎短而直立或斜升，少为横卧，内有管状中柱，少为简单的网状中柱，外被鳞片，鳞片披针形或卵状披针形，棕色或中部黑色边缘棕色，透明或半透明。叶簇生，少为远生。柄圆柱形，通常棕色、栗色或栗黑色，少为禾秆色，光滑或被柔毛或被鳞片；叶一型，罕有二型，卵状三角形至五角形或长圆形，少有披针形，二回羽状，或三至四回羽状细裂；草质或纸质，下面绿色或被白色或蜡黄色粉末；叶脉分离或偶为网状，网眼内不具内藏小脉。孢子囊群小，球形，沿叶缘着生于小脉顶端，少有着生于叶边脉，彼此连接或断开；有盖或无，盖为反折的变质叶边所形成，膜质，连续或少有断裂，全缘。孢子球状四面形，表面有疣状突起。

约有 14 属，300 种。我国有 9 属，约 80 种；昆仑地区产 3 属 2 种 1 变种。

分属检索表

1. 叶显著二型 ……………………………………………… 1. **珠蕨属 Cryptogramma** R. Br.
1. 叶一型。
    2. 中生夏绿植物；叶片五角形，下面被薄层白色粉末 ………………………………… ………………………………… 2. **薄鳞蕨属 Lcptolcpidium** K. II. IIsing et S. K. Wu
    2. 旱生常绿植物；叶片长圆状披针形，下面无粉 ……………… 3. **旱蕨属 Pellaea** Link

1. 珠蕨属 Cryptogramma R. Br.

R. Br. in Franklin Narr. Journ. Polar Sea 767. 1823.

小型石生植物。根状茎短而斜升或少为细长横走，内有管状中柱或网状中柱，被棕色、披针形薄鳞片。叶簇生或少为远生，二型，草质或纸质，无毛；不育叶片阔卵形或长圆形，全缘或有齿，各有小脉 1 条，不达叶边，顶端有膨大的水囊，下面常明显下陷；能育叶片二至三回羽状，有长柄，远高出不育叶，末回裂片线形或狭长形；叶脉羽状，单一或分叉。孢子囊群圆形或椭圆形，生于小脉顶端，成熟时向两侧扩展汇合；囊群盖由变质的叶边反折而成，阔线形，几达中脉，不间断；孢子四面形，透明，表面有疣状纹饰。

约 7 种。我国有 5 种，昆仑地区产 1 种。

1. 稀叶珠蕨 图版2：4～5

Cryptogramma stelleri（Gmel.）Prantl in Engl. Bot. Jahrb. 3：413. 1882；新疆植物志 1：18. 图版8：1～3. 1992；中国植物志3（1）：99. 图版29：1～4. 1990；青海植物志1：10. 图版2：1～2. 1997；青藏高原维管植物及其生态地理分布 19. 2008. ——*Pteris stelleri* Gmel. Nov. Co mm. Acad. Pter. 12，159. 1768.

植株高5～16 cm，根状茎细长横走，略被淡棕色、披针形膜质鳞片。叶二型，疏生；不育叶较小，柄长1 cm，禾秆色，叶片卵状长圆形或卵形，顶端圆，长3～4 cm，宽1.0～1.5 cm，一回或二回羽状；羽片3～4对，倒卵圆形，边缘浅波状或偶有浅裂；能育叶的柄长3.5～10.0 cm，棕褐色，叶片披针形或长圆形，长2～6 cm，宽1～2 cm，一回或二回羽状；羽片3～4对，中部以下有柄，基部1对最大，一回羽状；小羽片1～2对，短披针形或长圆形，边缘有波状圆齿，顶端钝或有短尖头，基部楔形，有短柄或几无柄。叶脉羽状分叉或单一，叶干后薄草质，黄绿色，光滑无毛。孢子囊群生于小脉顶部，初时圆形，成熟后彼此会合成短线形；囊群盖黄绿色，由略变质的叶边反折而成，内边缘膜质，啮蚀状。

产青海：久治（上龙卡湖，藏药队771号，果洛队607）、玛沁（大武乡江让，吴玉虎1505）、曲麻莱（巴干乡政府附近，刘尚武和黄荣福913）。生于海拔3 700～4 100 m的山地阴坡石缝中、沟谷山坡石岩下。

分布于我国的新疆、青海、甘肃、陕西、西藏、云南、山西、河北等省区；日本，俄罗斯西伯利亚，北美洲也有。又见于喜马拉雅山地区。

2. 薄鳞蕨属 Leptolepidium K. H. Hsing et S. K. Wu

K. H. Hsing et S. K. Wu in Acta Bot. Yunnan. 1（1）：115. 1979.

夏绿草本。根状茎短而直立，密被鳞片；鳞片棕色，卵状披针形，膜质，边缘疏具小齿或具睫毛。叶柄栗红色至栗黑色，有光泽，光滑，基部疏生鳞片；叶片五角形，尾状渐尖，长宽几相等；下部三回羽状，中部二回羽状，上部一回羽状，分裂度细；侧生羽片5～12对或更多，对生或近对生，无柄或近于无柄，彼此以无翅叶轴分开；羽片长圆形或卵状长圆形，渐尖或钝尖头，基部下侧1片小羽片最大；叶脉分离，羽状，纤细，通常不显；叶干后草质或薄草质，上面光滑，下面沿羽轴被淡棕色茸毛和薄层白色粉末。孢子囊群线形；囊群盖狭，连续、棕色，膜质，全缘。

有5～6种，分布于亚洲温带，北至西伯利亚东部，东至朝鲜、日本，南达喜马拉雅山区。我国有5种，主要分布于我国的西南山地；昆仑地区仅有1变种。

本属与粉背蕨属 *Aleuritopterias* Fee 原为同一属，因其为夏绿植物，叶柄基部鳞片为棕色，卵状披针形，膜质，边缘疏具小齿或具睫毛，背无白粉或少具白粉而分立。

1. 绒毛薄鳞蕨

Leptolepidium subvillosum（Hook.）K. H. Hsing et S. K. Wu in Acta Bot. Yunnan. 1（1）：116. 1979；中国植物志 3（1）：168. 1990. ——*Cheilanthes subvillosa* Hook. Sp. Fil. 2：87，98. B. 1852.

1a. 绒毛薄鳞蕨（原变种）

var. **subvillosum**

昆仑地区不产。

1b. 西藏薄鳞蕨（变种）

var. **tibeticum** Ching et S. K. Wu in Acta Bot. Yunnan. 1（1）：116. 1979；西藏植物志 1：86. 1983；中国植物志 3（1）：169. 图版 44：4～5. 1990.

夏绿草本。植株高 15～20 cm。根状茎短而直立，密被鳞片；鳞片棕色、卵状披针形，先端长钻状，边缘疏具小齿。叶簇生；叶柄长 2～3 cm，直径 1.0～1.5 mm，栗红色到栗黑色，有光泽、光滑，基部疏生鳞片；叶片长圆状披针形，长 15～20 cm，宽 2～4 cm，短尖头，基部略缩短，二回羽裂；侧生羽片 4～6 对，互生，彼此以无翅叶轴分开，基部 1 对近三角形，无柄，基部与叶轴合生，羽状；小羽片有锯齿或浅裂；叶干后草质或薄草质，上面光滑，下面沿羽轴被淡棕色茸毛、薄层白色粉末。孢子囊群线形，沿叶缘疏生；囊群盖干膜质，淡绿色，边缘波状或少有断裂；孢子三角状球形，周壁具拟网状纹饰。

产青海：班玛（马柯河林场宝藏沟，王为义等 27245）。生于海拔 3 300～3 650 m 的沟谷山坡岩石缝。

分布于我国的青海、西藏、四川北部及西部、云南西北部及东北部。

3. 旱蕨属 **Pellaea** Link

Link Fil. Sp. Cult. 48，59. 1941.

小型旱生植物。根状茎短而直立或斜升，被棕色或中间黑色边缘淡棕色、全缘、披针形或钻形的鳞片。叶簇生，一型，罕为近二型；叶柄、叶轴淡棕色或栗褐色，少为禾秆色，圆柱形，有光泽；叶片长圆形或卵状长圆形，二回羽状，羽片对生，有短柄或无；末回小羽片或裂片线状披针形或披针形，全缘；叶脉羽状，分离，单一或 2 叉，不达叶边，表面不明显；叶纸质或革质，光滑或有腺毛或有刚毛。孢子囊群小，圆形，生

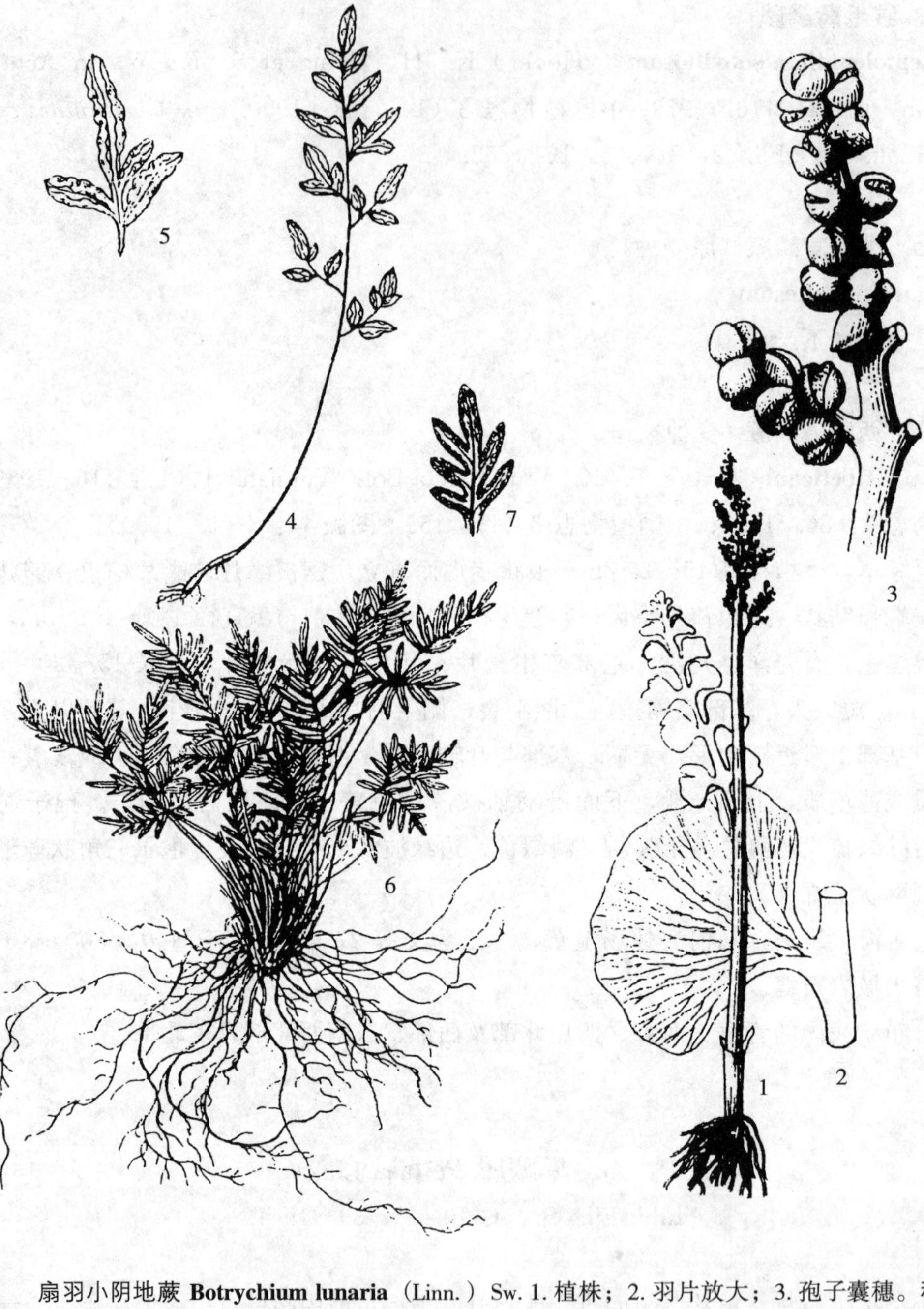

图版2　扇羽小阴地蕨 **Botrychium lunaria**（Linn.）Sw. 1. 植株；2. 羽片放大；3. 孢子囊穗。稀叶珠蕨 **Cryptogramma stelleri**（Gmel.）Prantl 4. 植株全形；5. 能育羽片。禾秆旱厥 **Pellaea straminea** Ching 6. 植株全形；7. 裂片放大示孢子囊群及囊群盖。（1～3. 引自《新疆植物志》，谭丽霞绘；4～7. 王颖绘）

于小脉顶端，在叶边内排列，彼此接近，成熟时往往向两侧扩展，会合成线形；囊群盖线形，由变质的叶边反折而成，全缘或有啮蚀状或有睫毛；孢子球状四面形，表面具粒状或刺状纹饰，少数有褶皱。

有 80 余种。我国现有 10 种，昆仑地区产 1 种。

1. 禾秆旱蕨 图版 2：6～7

Pellaea straminea Ching in Bull. Fan Mem. Inst. Biol. Bot. 2：203. t. 17. 1931；中国植物志 3（1）：131. 1990；青海植物志 1：13. 图版 2：5～6. 1992；西藏植物志 1：89. 1983；青藏高原维管植物及其生态地理分布 21. 2008.

植株高 6～15 cm。根状茎短而直立或斜升，被棕色、披针形鳞片。叶簇生；叶柄长 3～6 cm，直径约 1 mm，禾秆色至棕色，被棕色、狭披针形鳞片，幼时表面有浅沟，成熟时圆柱形，上有许多圆环状的裂痕，干后常整齐的断裂，断后参差不齐的留在根茎上；叶片长圆形到卵状长圆形，长 3～6 cm，宽 1.5～3.0 cm，顶部渐尖，上部一回羽状；中部以下二回羽状；羽片 3～5 对，有短柄或几无柄，基部 1 对略大，长 1.5～2.0 cm，宽 1.0～1.5 cm，长圆形或卵圆形，尾尖，基部无柄，一回羽状；裂片线状披针形，长 6～10 mm，宽约 1 mm，钝头突尖，基部与羽轴合生，全缘；叶脉羽状分叉，主脉在背面隆起，表面凹陷；叶干后纸质，黄绿色，两面光滑；叶轴、羽轴上有钻形鳞片和节状毛。孢子囊群生于小脉顶端；囊群盖线形，由叶边反折而成，宽不达主脉，连续，黄绿色，薄膜质，全缘或多少啮蚀状。

产青海：称多县（歇武乡赛巴沟，刘尚武 2521）。生于海拔 3 500 m 左右的沟谷山地半阴坡、山坡灌丛。

分布于我国的新疆、西藏。

四 铁线蕨科 ADIANTACEAE

中、小型植物，体型变异很大。根状茎短而直立或长而横走，内具管状中柱，外被棕色或褐黑色、质厚、常为全缘的披针形鳞片。叶一型，簇生至远生；叶柄基部无关节，栗黑色或红棕色，有光泽，常细圆，坚硬如铁丝；叶片为一至三回以上的羽状复叶或为一至三回二叉掌状分裂；草质或纸质，常光滑无毛；叶轴及各回羽轴、小羽柄与叶柄同色；末回小羽片形状不一，为不对称形的对开式，或为扇形、团扇形或斜长方形，边缘有锯齿或无，有小柄，有时以关节与小柄相连，干后脱落；叶脉分离，多回二叉分枝伸达叶边。孢子囊圆球形，有短柄，着生在叶片或羽片顶部边缘的叶脉上，由反折的叶缘即假囊群盖覆盖，假囊群盖形状变化很大，圆形、半月形、长圆形等，分离，接近或连续；孢子四方形，淡黄色，透明，光滑。

仅有铁线蕨属 *Adiantum* Linn. 1 属，约 150 种，广布于世界各地。我国有此属，昆仑地区也产。

1. 铁线蕨属 Adiantum Linn.

Linn. Sp. Pl. 1094. 1753.

属的特征同科。

广布于世界各地，我国有 30 种 5 变种 4 变型，昆仑地区产 1 种。

1. 长盖铁线蕨 图版 3：1～3

Adiantum fimbriatum Christ in Bull. Soc. Bot. France 52. Mém. 1：62. 1905；中国植物志 3（1）：205. 图版 52：1～3. 1990；青海植物志 1：14. 1992；青藏高原维管植物及其生态地理分布 22. 2008.

植株高 15～30 cm。根状茎长而横走，密被红棕色或栗褐色、阔披针形有光泽的鳞片。叶近簇生；柄长约 5～15 cm，红棕色至栗色，有光泽，基部疏生鳞片，向上光滑；叶片长圆状卵形至三角状卵形，长 10～18 cm，宽 6～12 cm，顶端渐尖，三回羽状；羽片 5～6 对，互生，有柄，卵圆形至长圆形，基部 1 对较大，二回羽状；一回小羽片 3～4 对，互生，长圆形，长达 2.5 cm，宽约 1.5 cm，羽状或三出；末回小羽片 3～5 片，扇形或倒卵形，宽大于长或几相等，上缘有长而锐尖的锯齿，两侧边楔形，全缘，往往偏斜；叶脉多回二叉分枝，伸达齿端，略明显；叶干后草质，绿色；各回羽轴纤细，略曲折，光滑。孢子囊群长形，有时为圆肾形，每末回小羽片上着生 1～2 枚，横生于上缘的浅凹内；囊群盖长形，膜质，全缘，上边缘平截或略凹。

产青海：班玛（亚尔堂乡王柔，吴玉虎 26253、26259）、玛沁（无采集记录）。生于海拔 3 360 m 左右的河谷山地林缘灌丛。

分布于我国的青海、甘肃、陕西、西藏、四川、云南、山西、河北。

五　裸子蕨科 HEMIONITIDACEAE

中、小型植物。根状茎长而横走，或短而直立，内有管状中柱或网状中柱，外被鳞片或毛。叶远生、近生或簇生；叶柄禾秆色或栗色；叶片一至三回羽状，少为基部心形或戟形的单叶，多少被毛或鳞片；叶脉羽状，分离，少为网状，网眼不具内藏小脉。孢子囊群线形，沿小脉两侧分布，有时着生于小脉上部，无盖；孢子四面形或球状四面形，透明，少为两面形、长圆肾形，表面有疣状突起或条纹状。

有 17 属，270 余种。我国有 5 属 48 种；昆仑地区产 1 属 1 种。

1. 金毛裸蕨属 **Paragymnopteris**（Bernh.）K. H. Shing

K. H. Shing in Indian Fern J. 10：229. 1993

旱生中型植物。根状茎短，横卧或斜升，内有网状中柱，密被棕色、线形或钻形全缘的鳞片，并混生有长柔毛。叶簇生；叶柄、叶轴栗色或栗褐色，圆柱形，有光泽，常密被锈棕色或棕色长柔毛；叶片披针形至长圆披针形，一至二回奇数羽状；羽片多数，多为互生，有柄或无柄；小羽片卵圆形或长圆形，钝圆头，基部圆形或心形，全缘；叶脉羽状，侧脉二至三叉，伸达叶边，分离或在近叶边处连接成狭长网眼；叶纸质或草质，遍体被黄棕色细长绢毛，尤其叶下面最密，有时密被浅棕色、透明的覆瓦状全缘披针形鳞片。孢子囊群线形，沿侧脉全部或上部着生，无盖，但隐没在绢毛或鳞片下；孢子球状四面形，表面有疣状突起。

有 7 种。我国有 5 种，昆仑地区产 1 种。

1. 金毛裸蕨　图版 3：4～6

Paragymnopteris vestita（Wall. ex Presl）K. H. Shing in Indian Fern J. 10：230. 1993. ——*Gymnogramme vestita* Wall. ex Presl Tent. Pterid. 218. 1836. ——*Gymnopteris vestita*（Wall. ex Presl）Underwood in Bull. Torrey Bot. Club. 29：627. 1902；中国植物志 3（1）：223. 图版 56：1～3. 1990；青藏高原维管植物及其生态地理分布 24. 2008.

植株高 20～30 cm。根状茎粗短，横卧或斜升，密被锈黄色长钻形鳞片。叶近生；柄长 10～15 cm，圆柱形，亮栗色或栗褐色，密被淡棕色长柔毛；叶片披针形，长 10～

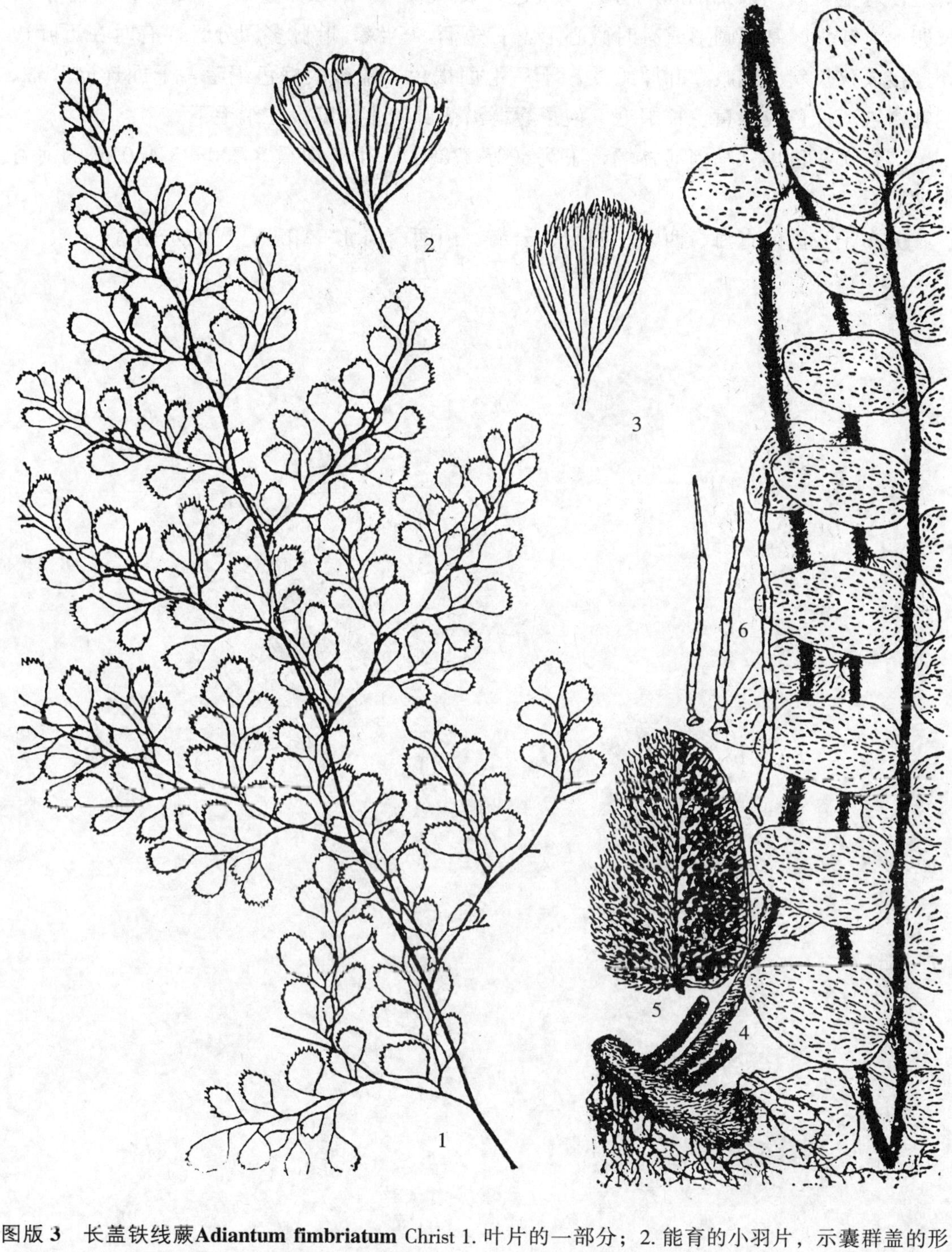

图版 3　长盖铁线蕨**Adiantum fimbriatum** Christ 1. 叶片的一部分；2. 能育的小羽片，示囊群盖的形状×3；3. 不育的小羽片×3。金毛裸蕨 **Paragymnopteris vestita**（Wall. ex Presl）K. H. Shing 4. 植株全形；5. 羽片下面×1.5；6. 叶片下面的毛。（引自《中国植物志》，冀朝祯绘）

15 cm，宽 2～4 cm，顶部渐尖，基部略变小，一回奇数羽状；羽片 10～15 对，开展或斜上，对生，彼此以阔的间隔分开或接近，长 0.5～0.8 cm，宽 0.4～1.2 cm，卵形或长卵形，钝头，基部圆形或有时微心形，有短柄，全缘；叶脉多回分叉，有时在近叶边处连接成狭长斜上网眼；叶厚纸质，干后上面褐色，疏被淡棕色绢毛，下面连同叶轴、羽轴密被淡棕色或棕黄色长绢毛。孢子囊群沿侧脉着生，隐没在绢毛下。

产青海：班玛（马柯河林场，王为义等 27398）。生于海拔 3 200～3 450 m 的河谷山坡岩石。

分布于我国的青海、西藏、四川、云南、山西、河北；印度，尼泊尔也有。

六　蹄盖蕨科 ATHYRIACEAE

中、小型植物。根状茎细长，横走或横卧，或粗而短，直立或斜升，内有网状中柱，外被鳞片。叶簇生或近生或远生；叶柄光滑或疏生鳞片或与叶轴被有多细胞的节状长毛，内有扁平的维管束两条，向上部会合呈“V”形；叶片多为二至三回羽状，少有一回羽状或四回羽裂；小羽片或末回裂片边缘通常有锯齿，尖头，基部对称或不对称，上先出；叶脉羽状或近羽状分离；侧脉单一或分叉；叶干后草质或纸质，两面光滑或各回羽轴、主脉多少被有多细胞节状毛或灰色单细胞短毛；叶轴、各回羽轴及主脉上面通常有纵沟，在分叉点彼此互通。孢子囊群圆形、长圆形、马蹄形或长而顶端呈1钩形，横跨叶脉；有盖，稀无盖。孢子两面形、肾形、长圆肾形或近圆形。

约19属，有500～600种，广布世界各地。我国有19属，约400种；昆仑地区产1属3种。

1. 冷蕨属 **Cystopteris** Bernh.

Bernh. in Schrad. Journ. Bot. 1 (2)：5，26. 1806.

小型植物。根状茎细长横走或短而横卧，无毛或被棕色柔毛，顶部疏生棕色、膜质、卵形或阔披针形的鳞片。叶远生或近生或簇生；叶柄禾秆色或栗色，基部常具鳞片；叶片卵状披针形，卵状三角形或近五角形，二至三回羽状，罕为四回羽状；羽片有短柄，与末回羽轴多少合生或分离；叶脉羽状，侧脉单一或二叉，伸达锯齿顶端或锯齿间的缺刻处；叶薄草质或草质。孢子囊群圆形，背生于小脉上；囊群盖卵形或近圆形，膜质，以基部着生于孢子囊群的下侧边，初时覆盖孢子囊群，以后被成熟的孢子囊群推开，并压在下面，似下位囊群盖；孢子肾形，表面具刺状突起或皱纹，或疣状突起。

有20余种，广布世界温带及寒温带。我国有10种，分布于我国的西南、西北、华北及东北地区；昆仑地区产3种。

分种检索表

1. 叶片五角形，基部1对羽片的下侧小羽片特别伸长 ……………………………………
……………………………………… 1. 高山冷蕨 **C. montana** (Lam.) Bernh. ex Desv.
1. 叶片阔卵形、卵状三角形、卵状披针形或阔披针形，基部1对羽片的下侧小羽片不伸长。

2. 叶柄禾秆色或基部略带棕色 ………………………… **2. 冷蕨 C. fragilis**（Linn.）Bernh.

2. 叶柄栗红色 ……………………………………………… **3. 甘肃冷蕨 C. kansuana** C. Chr.

1. 高山冷蕨 图版 4：1～3

Cystopteris montana（Lam.）Bernh. ex Desv. in Schrad. Journ. Bot. 1（2）：26. 1806；西藏植物志 1：114. 1983；新疆植物志 1：26. 图版 10：6～8. 1992；青海植物志 1：20. 图版 4：1～2. 1997；中国植物志 3（2）：57. 图版 11：1～3. 1999；青藏高原维管植物及其生态地理分布 31. 2008. ——*Polypodium montanum* Lam. Fl. France 1：23. 1778.

植株高 20～35 cm。根状茎细长横走，黑褐色，疏被淡棕色、膜质、全缘的卵形鳞片。叶近生至远生；柄长 12～20 cm，基部栗褐色或红棕色，上部禾秆色或带栗色，偶被鳞片；叶片近五角形，长 9～16 cm，宽 7～10 cm，顶端渐尖，四回羽状；羽片 6～8 对，下部近对生，上部互生，开展，有短柄，基部 1 对羽片最大，长三角状卵形，长 5～9 cm，宽 3～4 cm，顶端渐尖，三回羽状；小羽片 6～10 对，互生或近对生，斜展，有短柄，长卵形或披针形，基部下侧一片小羽片最大，长达 4 cm，其余向上各羽片渐小，二回羽状；二回小羽片长圆形或卵形，互生，无柄，基部下延，小羽轴下侧的较上侧的大，长约 10 mm；末回裂片长圆形，两侧全缘，顶部有 1～3 裂齿，向上渐小；叶脉羽状，侧脉单一或 2 叉，伸达齿端；叶草质。孢子囊群圆形，背生叶脉上，每齿 1 枚；囊群盖膜质，灰黄色。

产青海：久治（龙卡湖边，果洛队 540）。生于海拔 3 960 m 左右的沟谷山地阴坡灌丛。

分布于我国的新疆、青海、甘肃、陕西、西藏、四川、云南、河北、内蒙古、台湾等省区；朝鲜，日本，俄罗斯，印度北部，巴基斯坦东部，欧洲东部，北美洲也有。

2. 冷 蕨 图版 4：4～8

Cystopteris fragilis（Linn.）Bernh. in Schrad. Journ. Bot. 1（2）：26. pl. 2. fig. 9. 1806；西藏植物志 1：112. 1983；新疆植物志 1：26. 图版 10：1～5. 1992；中国植物志 3（2）：45. 图版 9：1～9. 1999；青藏高原维管植物及其生态地理分布 31. 2008. ——*Polypodium fragile* Linn. Sp. Pl. 1091. 1753.

植株高 10～25 cm。根状茎短而横卧，被淡棕色，阔披针形鳞片。叶近生或簇生；柄长 5～12 cm，基部黑褐色，宽 3～6 cm，二回羽状，或三回羽裂；羽片 10～15 对，斜展，彼此远离，长圆披针形，基部 1 对略缩短，第 2 对最大，长 2～5 cm 或稍长，基部宽 0.8～2.5 cm，向上渐尖，具短尖头，一回羽状；小羽片约 5 对，近平展，长圆形或卵形，基部 1 对最大，顶端钝或尖，基部偏斜，下延，以狭翅相连，边缘有粗齿或浅裂，或羽状分裂，其余向上各对渐缩短；叶脉羽状，小脉伸达锯齿顶端；叶干后草质，绿色或黄绿色。孢子囊群圆形，背生于叶脉中部，每小羽片有 2～4 对；囊群盖卵形，

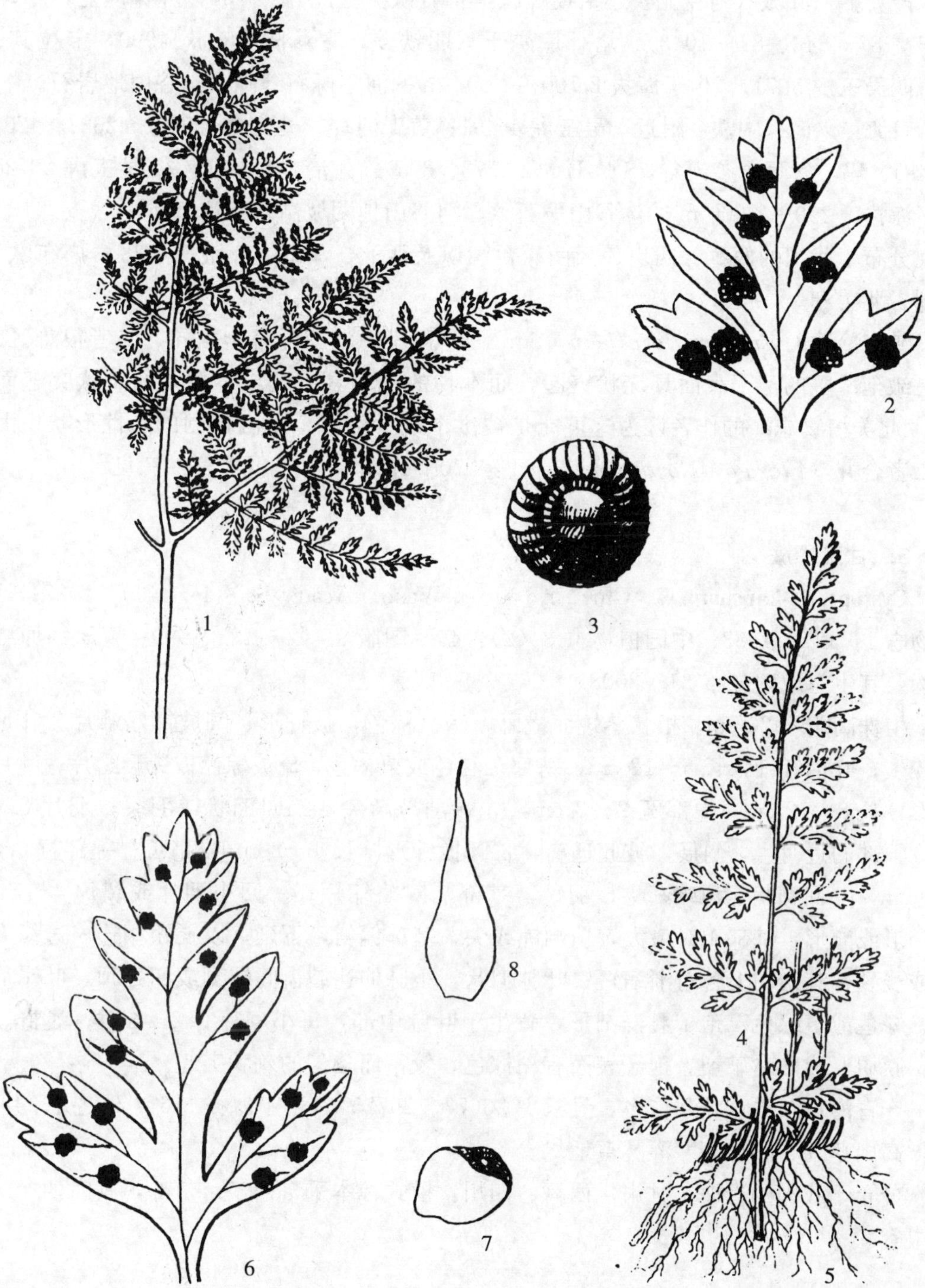

图版 4 高山冷蕨 **Cystopteris montana**（Lam.）Bernh. ex Desv. 1. 羽叶；2. 小羽片放大；3. 孢子囊。冷蕨 **C. fragilis**（Linn.）Bernh. 4. 植株上部；5. 植株下部；6. 小羽片放大；7. 囊群盖全形；8. 鳞片。
（引自《新疆植物志》，谭丽霞绘）

膜质，成熟时破裂；孢子表面有深棕色、较密而均匀的刺状突起。

产新疆：叶城（柯克亚乡还格孜林区，青藏队吴玉虎 87－767；苏克皮亚，青藏队吴玉虎 87－848、87－1063）、塔什库尔干（明铁盖，青藏队吴玉虎 4990；卡拉其古，青藏队吴玉虎 5071）。生于海拔 2 700～4 000 m 的河谷砾石缝隙、沟谷山地岩石。

青海：兴海（中铁乡附近，吴玉虎 45491；黄青河畔，吴玉虎 42548、42622、42629、42648）、玛沁（西哈垄河谷，H. B. G. 273、275）、久治（哇尔依乡，吴玉虎 26725）。生于海拔 3 290～3 700 m 的沟谷山坡石隙、河谷山地阴坡高寒灌丛草甸。

分布于我国的西藏、四川、云南、台湾以及西北、华北、东北等省区；广布欧洲、亚洲、北美洲。

皱孢冷蕨 *Cystopteris dickieana* Sim 的形态几乎与本种完全相同，二者很难区分。只是皱孢冷蕨的孢子表面具疣状突起，而本种的孢子具皱纹或不规则的刺状突起而不同。《北美植物志》的作者认为这可能是被 1 个或少数几个基因控制的隐性形状，因此将二者合并（*Flora of North America* 2：270. 1993)，我们同意这一意见。

3. 甘肃冷蕨

Cystopteris kansuana C. Chr. in Journ. Wash. Acad. Sci. 17：499. 1927；西藏植物志 1：112. 1983；中国植物志 3（2)：49. 图版 9：11～12. 1999；青藏高原维管植物及其生态地理分布 31. 2008.

植株高 15～20 cm。根状茎短而横卧，密被棕色，披针形、阔披针形鳞片。叶近生或簇生；叶柄纤细，长 5～12 cm，基部栗红色或栗褐色，疏被棕色披针形鳞片；叶片披针形，长 8～12 cm，中部宽 2～3 cm，先端羽裂渐尖，二回羽状或羽裂；羽片 8～10 对，下部的近对生，斜展，彼此远离，长圆披针形，长 1～2 cm 或稍长，基部宽 0.8～1.0 cm，一回羽状，顶端渐尖，羽裂，基部 1 对略缩短；一回小羽片或裂片 4～5 对，长圆形或卵形，基部 1 对最大，顶端钝或尖，基部偏斜，下延，以狭翅相连，边缘有粗齿或浅裂，其余向上各对渐缩短；叶脉羽状，小脉伸达裂齿间缺刻或凹处顶；叶干后草质，绿色或黄绿色。孢子囊群圆形，背生于叶脉中部，每小羽片有 2～4 对；囊群盖卵形，膜质，成熟时破裂。孢子表面有深棕色、较密而均匀的刺状突起。

产青海：久治（哇尔依乡，吴玉虎 26677、26725)。生于海拔 3 670 m 左右的河谷山坡高山草甸、阴坡高寒灌丛草地。

分布于我国的青海、甘肃、西藏、四川。模式标本采自西宁市南部，其时西宁隶属甘肃省。

七　铁角蕨科 ASPLENIACEAE

中、小型石生或土生、附生植物，有时攀缘。根状茎横走，斜升或直立，内有网状中柱，外被鳞片。叶远生，近生或簇生，草质，肉质或革质，光滑或疏生小鳞片；叶柄绿色或栗色，基部不具关节；叶有单叶，深羽裂或一至三回羽状细裂，复叶的分枝为上先出，末回小羽片或裂片为斜方形或不等四边形，基部不对称，全缘或有锯齿或撕裂状；叶脉分离或一至多回二叉状分枝。孢子囊群线形或长圆形，沿小脉一侧着生；囊群盖与孢子囊群同形，膜质或纸质，全缘，以一边着生于小脉上，另一边开向主脉或有时相同对开；孢子囊为水龙骨形；孢子两面形，卵圆形或圆形，具周壁，表面有小刺或光滑。

约 15 属，700 余种，广布世界各地，主要产于热带。我国有 8 属 150 种，昆仑地区产 1 属 1 种。

1. 铁角蕨属 **Asplenium** Linn.

Linn. Sp. Pl. 1078. 1753.

大多为石生或附生植物。根状茎短，横走，斜升或直立，被黑褐色或深棕色、全缘或近全缘、披针形的鳞片；鳞片透明，具粗或细密的筛孔，以基部着生。叶远生、近生或簇生；叶柄多为绿色，上面有 1 条纵沟，基部不以关节着生，光滑或疏生小鳞片；叶片单一或一至三回羽状，羽片或小羽片往往沿各回羽轴下延，末回小羽片或裂片基部通常不对称，叶缘具有锯齿或撕裂；叶脉分离，在末回小羽片上为一至多回二叉状分枝，或在末回裂片上仅有 1 条小脉，不达叶边；叶草质至革质，光滑；叶轴顶端或顶部羽片的凹处有时生有芽孢，进行营养繁殖。孢子囊群线形或长圆形，沿侧脉上侧着生，单一；囊群盖棕色或灰白色，膜质，全缘，开向主脉或有时开向叶边；孢子近长圆形，表面具小刺状纹饰或光滑。

约 600 种，广布世界各地。我国有 100 种，昆仑地区产 1 种。

1. 西北铁角蕨　图版 5：1～2

Asplenium nesii Christ in Nuov. Giorn. Bot. Ital. n. s. 4：90. 1897；秦岭植物志 2：124. 1974；青海植物志 1：24. 图版 5：1～2. 1997；中国植物志 4（2）：93.

图版15：1～5. 1999；青藏高原维管植物及其生态地理分布 39. 2008. ——*Asplenium mainlingense* Ching et S. K. Wu 西藏植物志 1：184. f. 43：6～7. 1983.

植株高 6～12 cm。根状茎短而直立，先端密被鳞片；鳞片狭披针形，长约 2 mm，质薄，棕色，有光泽，具透明的粗筛孔，边缘具少数锯齿。叶簇生；柄长 1～4 cm，粗 1～2 mm，下部黑棕色，上部禾秆色，疏被黑棕色纤维状小鳞片；叶片披针形，长 2～7 cm，中部宽 1～2 cm，先端渐尖，下部渐变狭，二回羽裂；羽片 5～9 对，无柄或有短柄，互生或基部的对生，近平展，彼此远离，椭圆形或斜三角状长圆形，中部的较大，长 8～12 mm，宽约 5～7 mm，钝尖头，基部不对称，上侧截形与叶轴平行，下侧楔形，一回羽状或羽裂；小羽片（裂片）3～5 对，互生，斜展，彼此密接，基部 1 对略大，尤以上侧 1 片较大，羽片基部的 1 对小羽片（裂片）上侧浅裂；叶脉两面不显，在小羽片上为 2 叉或单一；叶坚纸质，干后草绿色；叶轴禾秆色，上面有纵沟，疏被褐色小鳞片。孢子囊群椭圆形，每小羽片或裂片各 1 枚，位于小羽片中央，靠近羽轴；囊群盖椭圆形，灰棕色，薄膜质，全缘，开向主轴。

产青海：曲麻莱（东风乡江荣寺，刘尚武和黄荣福 845）、称多县（歇武乡，苟新京和刘有义 83-424）、久治（索乎日麻乡附近，藏药队 401）。生于海拔 3 500～4 250 m 的河谷山地石缝。

分布于我国的新疆、青海、甘肃、宁夏、陕西、西藏、四川；阿富汗，巴基斯坦，印度也有。

八　岩蕨科 WOODSIACEAE

中小型石生、旱生植物。根状茎短，直立或斜升或横卧，有网状中柱，被棕色、膜质、披针形鳞片。叶簇生；叶柄多少被鳞片及节状长毛，具有关节或无；叶片长圆披针形至狭披针形，一回羽状至二回羽裂；叶脉羽状，分离，小脉顶端常有 1 水囊，不达叶边；叶草质或纸质，无毛或多少被透明的节状长毛或粗毛或沿羽轴下面有小鳞片，叶轴下面圆形，上面有浅纵沟，常被与上述同样的毛、鳞片。孢子囊群圆形，着生于囊群托上；囊群盖下位，膜质，碟形至杯形，边缘有流苏状睫毛，或为球形，顶端有 1 开口，或由着生于囊托上的多细胞卷曲长毛构成，或孢子囊群裸露无盖；孢子囊球形，环带纵行，由 16～22 个加厚细胞组成；孢子长圆形、两面形，表面常有皱褶。

约 3 属，50 多种，主要分布于北半球温带、寒带。我国有 3 属 20 多种，昆仑地区产 1 属 3 种。

1. 岩蕨属 **Woodsia** R. Br.

R. Br. Prodr. Fl. Nov. Holl. 158. 1810.

小型石生植物。根状茎短，直立或斜升，被棕色、膜质、边缘流苏状披针形鳞片。叶簇生；叶柄禾秆色至栗色，基部被鳞片，向上被毛或光滑，无关节或有 1 斜形关节，叶片常由此处脱落；叶片披针形，下部常变狭，一至二回羽状；羽片卵形至长圆状披针形，全缘或羽状深裂；叶脉羽状，分离，不达叶边；叶草质或近纸质，光滑或有毛或沿叶脉偶有鳞片疏生。孢子囊群圆形，顶生或背生于小脉上；囊群盖下位，碟形，杯形或球圆形，或退化为卷曲状长毛，膜质，边缘睫毛状，脆弱易碎；孢子囊球圆形，环带由 16～22 个加厚细胞组成，纵行，有柄；孢子两面形、长圆形，表面具颗粒状或刺状纹饰。

约 25 种。我国有 16 种，昆仑地区产 3 种。

分种检索表

1. 叶一回羽状；无囊群盖 ……………………………… 1. **栗柄岩蕨 W. cycloloba** Hand.-Mazz.
1. 叶二回羽裂；有囊群盖。
    2. 叶柄基部具关节；叶片两面光滑 …… 2. **光岩蕨 W. glabella** R. Br. ex Richards.

2. 叶柄基部无关节；叶片两面连同叶轴密被节状长毛 ……………………………
……………………………………………… 3. 蜘蛛岩蕨 **W. andersonii** (Bedd.) Christ

1. 栗柄岩蕨

Woodsia cycloloba Hand. -Mazz. Symb. Sin. 6：19. t. 1. f. 5. 1929；秦岭植物志 2：147. 图版 37：1～3. 1974；青海植物志 1：28. 1997；中国植物志4（2）：191. 1999；青藏高原维管植物及其生态地理分布 42. 2008.

植株高 4～6 cm。根状茎粗短，直立或斜升，被鳞片；鳞片棕色至棕褐色，披针形或钻状披针形，全缘或有稀疏齿牙。叶簇生；柄长 2～3 cm，栗色，质脆易断，下部被与根茎相同的鳞片、棕色节状长毛，上部连同叶轴密被节状长毛；叶片长圆形至长圆披针形，长 2～4 cm，宽 1～2 cm，一回羽状；羽片 4～6 对，对生，平展，无柄或有短柄，卵圆形或长圆形，长 8～10 mm，宽 6～8 mm，顶端圆，基部圆楔形，全缘或微波状；叶脉羽状，侧脉 2 叉，不达叶边；叶草质，上面光滑或略被节状长毛，下面沿叶脉、叶缘被相当多的节状长毛。孢子囊群位于侧脉的分叉处或二叉状分枝的上侧小脉中部，稍近叶边排列，无囊群盖。

产青海：久治（龙卡湖边，果洛队 538）。生于海拔 3 980 m 左右的沟谷山地阴坡灌丛，山坡岩石缝隙。

分布于我国的青海、陕西、西藏、四川、云南。

2. 光岩蕨

Woodsia glabella R. Br. ex Richards. in Franklin Narr. Journ. Polar Sea 754. 1823；青海植物志 1：28. 1997；中国植物志 4（2）：174. 1999；青藏高原维管植物及其生态地理分布 43. 2008.

植株高约 10 cm。根状茎短，直立或斜升，被棕色、膜质、披针形或卵状披针形鳞片。叶簇生；柄长 2～4 cm，基部具不明显的关节，下部栗色，略被棕色鳞片，向上连同叶轴为禾秆色，稀被淡棕色鳞片；叶片狭披针形，长 7～9 cm，宽约 1.5 cm，顶部渐尖，基部略变狭，二回羽状深裂；羽片 15～20 对，互生，平展，近无柄，长圆形或卵圆形，中部较大，长 6～9 mm，宽 4～5 mm，顶端钝圆，基部圆楔形，羽裂；小裂片长圆形，顶端有 1～3 锐齿，两侧全缘或微波状；叶脉羽状，不显，侧脉在裂片上分叉或单一；叶薄纸质，上面光滑，上面偶有棕色披针形鳞片。孢子囊群圆形，每一裂片上着生 1 枚；囊群盖棕色，膜质，浅碟形。

产青海：久治（哇赛乡庄浪沟，果洛队 231；龙卡湖北面山上，果洛队 628）。生于海拔 3 870～4 200 m 的河谷山地岩石缝、沟谷山坡灌丛岩隙。

分布于我国的新疆、青海、甘肃、河北、内蒙古、吉林等省区；广布于亚洲北部、北欧及北美洲。

3. 蜘蛛岩蕨 图版 5：3～4

Woodsia andersonii（Bedd.）Christ in Bull. Soc. Bot. France 52. Mém. 1：45. 1905；秦岭植物志 2：147. 图版 36：4～7. 1974；青海植物志 1：29：图版 5：6～7. 1997；中国植物志 4（2）：189. 图版 32：5～6. 1999；青藏高原维管植物及其生态地理分布 42. 2008. ——*Gymnogramme andersonii* Bedd. Ferns Brit. Ind. Pl. 190. 1866，et pl. 341. 1870，et Handb. Ferns Brit. Ind. Suppl. 100. 1892，pro parte.

植株高 8～15 cm。根状茎粗短，直立或斜升，先端被鳞片；鳞片棕色至棕褐色、全缘、线状披针形。叶簇生；柄长 2～6 cm，禾秆色至棕禾秆色，有光泽，幼时基部与叶轴均被纤维状鳞片、节状长毛，老时仅叶轴被毛；叶片披针形，长 5～10 cm，宽 1.0～2.5 cm，顶部羽裂，钝尖，基部不变狭，二回羽状深裂；羽片 6～8 对，无柄，对生或互生，卵圆形或近菱形，中部较大，长 1.0～1.5 cm，宽 0.8～1.0 cm，顶端钝圆，基部楔形，羽状半裂；裂片椭圆形，顶端有 2～3 个粗齿，两侧全缘或波状；叶脉羽状，侧脉分叉，不达叶边；叶草质，两面密被节状长毛，幼时甚密。孢子囊群圆形，每一裂片上有 1～3 枚；孢子囊群圆形，囊群盖由 8～10 条棕色、膜质、卷曲长毛构成。

产青海：久治（上龙卡湖，果洛队 605）。生于海拔 3 870 m 左右的山地峡谷岩石缝、沟谷山坡灌丛石隙。

分布于我国的青海、甘肃、陕西、西藏、四川、云南；印度东北部（模式产地）也有。

九　鳞毛蕨科 DRYOPTERIDACEAE

陆生。根状茎短而粗，直立或斜升，偶有横卧，内有网状中柱，外被鳞毛。叶簇生，少有近生，有柄；柄内有多条维管束，外常密被鳞片；鳞片大，红棕色或褐色，也有黑色，全缘或有缘毛；叶片一型，一至四回羽状或羽裂，纸质或草质，稀为草质，淡绿色，下面常被鳞片；叶轴或羽轴多少被有鳞片；叶脉羽状，分离或少有联成网状，主脉表面有深纵沟，背面隆起，被纤维状鳞片或鳞毛。孢子囊群圆形，背生或顶生于小脉上；囊群盖棕色圆肾形，以缺刻处着生，或圆形盾状着生；孢子两面形、椭圆形或长椭圆形，表面有瘤状突起或片状突起。

有20余属，1700余种，广布全世界，主要分布于温带及热带地区。我国有14属，约700种；昆仑地区产2属4种。

分属检索表

1. 囊群盖圆盾形，盾状着生；末回小羽片基部不对称，上侧有耳状突起 ……………………………………………………………………………………… **1. 耳蕨属 Polystichum** Roth
1. 囊群盖圆肾形，以缺刻处着生；末回小羽片基部对称，上侧无耳状突起 ……………………………………………………………………………………… **2. 鳞毛蕨属 Dryopteris** Adanson

1. 耳蕨属 Polystichum Roth

Roth in Rŏm. Bot. Zeit. 2 (1)：106. 1799，p. p.；Presl Tent. Pterid. 82. 1836.

陆生植物。根状茎短，直立或斜升，密被鳞片；鳞片多型，披针形，阔卵形至纤维状，棕色、红棕色或褐色，质薄，全缘或有缘毛。叶簇生；叶柄腹面有纵沟，其上被与根茎相同的鳞片；叶片披针形或矩圆形，一至二回羽裂或羽状，少有三回羽裂；末回小羽片常为镰形，钝头或渐尖头，边缘常有芒状锯齿，基部不对称，上侧截形并有耳状凸起，下侧偏斜或有时下延成狭翅；叶脉羽状，分离；叶纸质、草质或革质，常被纤维状鳞片，叶轴、羽轴也多少被有鳞片。孢子囊群圆形，常生于小脉顶端，少为背生；囊群盖圆形或盾形，盾状着生；孢子囊环带由18个或更多的增厚细胞组成；孢子两面形、长圆形或圆形，常有刺或疣状突起。

约300种，广布世界各地。我国有170余种；昆仑地区产2种，均为高山耳蕨组 Sect. *Lasiopolystichum* Daigobo 的成员。

分种检索表

1. 植株较高大，高可达 60 cm；叶片宽 6～10 cm；小羽片背面被纤毛状小鳞片 ………………………………………………………………… 1. **中华耳蕨 P. sinense** Christ

1. 植株较矮小，高约 20 cm；叶片宽 2～4 cm；小羽片背面被披针形或狭披针形小鳞片 ……………………………………………… 2. **穆坪耳蕨 P. moupinense**（Franch.）Bedd.

1. 中华耳蕨

Polystichum sinense Christ in Bull. Soc. Bot. France 52. Mém. 1：30. 1905；秦岭植物志 2：158. 图版 40：1～2. 1974；中国植物志 5（2）：79. 图版 22：6～9. 2001；青藏高原维管植物及其生态地理分布 57. 2008. ——*Aspidium prescotianum* Hook. var. sinense Christ in Bull. Soc. Bot. Ital. 10：289. 1901. ——*Polystichum willsoni* Christ in Bot. Gaz. 51：353. 1911. ——*P. decorum* Ching et S. K. Wu 西藏植物志 1：229. 图 55：7～9. 1983. ——*P. lhasaense* Ching 西藏植物志 1：230. 图 55：4～6. 1983. ——*P. atunzeense* Ching 西藏植物志 1：231. 图 56：1～4. 1983. ——*P. austro-tibeticum* Ching et S. K. Wu 西藏植物志 1：233. 图 56：9～12. 1983.

植株高 20～60 cm。根状茎短，直立或斜升，被深棕色、膜质、长尾尖、边缘有齿牙的狭披针形鳞片。叶簇生；柄长 4～7 cm，下部深棕色，偶为黑紫色，上部禾秆色、被棕色、披针形鳞片；叶片狭披针形，长 18～30 cm，宽 3～4 cm，顶部渐尖，下部变狭，基部宽为中部的一半，二回羽状；羽片 20～30 对，互生，斜展，披针形，中部的羽片较大，长 2～3 cm，宽 0.5～1.0 cm，近无柄，一回羽状；小羽片 5～7 对，互生，斜上，基部上侧 1 片较其他小羽片为大，长达 7 mm，其余向上渐小，长圆形，顶部渐尖，具短芒，边缘有稀疏的尖齿，基部下侧下延成羽轴狭翅；叶脉羽状；叶草质，两面均被鳞毛，叶轴、羽轴密被披针形、纤维状鳞片。孢子囊群成熟后布满叶背；囊群盖浅棕色，膜质，边缘啮蚀状。

产青海：班玛（马柯河林场，王为义等 26809、27143；亚尔堂乡王柔，吴玉虎 26261、26265、26283、26288，郭本兆 474；宝藏沟，王为义 27260、27628；灯塔乡加不足沟，王为义等 27441）。生于海拔 3 200～4 000 m 的沟谷山地阴坡林缘灌丛、山坡针叶林下、河谷高山草地。

分布于我国的新疆、青海、甘肃、陕西、西藏、四川、云南；巴基斯坦，印度西北部也有。模式标本采自陕西秦岭。

本种的叶柄基部通常为棕色，但生于砾石堆中的多年生植株也会变为深棕色或黑紫色。

2. 穆坪耳蕨

Polystichum moupinense（Franch.）Bedd. Handb. Ferns Brit. Ind. Suppl. 42. 1892；横断山区维管植物 上册 142. 1993；中国植物志 5（2）：65. 图版 16：2. 2001；青藏高原维管植物及其生态地理分布 55. 2008. ——*Aspidium moupinense* Franch. in Nouv. Arch. Mus. 10：115. 1887. ——*Polystichum woodsioides* Christ in Bot. Gaz. 51：354. 1911. ——*P. prescotianum*（Wall. ex Mett.）Moore var. *moupinense*（Franch.）C. Chr. in Acta Hort. Gothob. 1：70. 1924.

植株高 12～20 cm。根状茎直立，被深棕色、膜质、卵圆披针形鳞片。叶簇生；叶柄长 1～2 cm，下部为深棕色，偶为黑紫色，上部禾秆色，被棕色或淡棕色、披针形、线状披针形、基部细裂的鳞片；叶片狭披针形，长 10～18 cm，宽 1.5～2.0 cm，顶部渐尖，向基部略变狭，二回羽裂；羽片 15～20 对，互生，近平展，无柄，卵形或近三角形，中部的长 0.8～1.0 cm，基部宽 0.3～1.0 cm，先端钝，基部圆楔形，两侧有耳状突起，有时上侧的略长，一回羽裂；裂片 2～4 对，但仅基部 1（2）对深裂，略斜向上，密接，宽卵形，顶部具短尖，边缘具 2～3 尖齿；叶脉羽状，两面都显；叶草质，上面近光滑，下面被狭披针形鳞片，叶轴、羽轴被披针形鳞片、纤维状鳞毛。孢子囊群位于裂片两侧，成熟后布满叶背；囊群盖浅棕色，膜质，边缘啮蚀状。

产青海：班玛（马柯河林场苗圃，王为义 27080）、久治（哇尔依乡，吴玉虎 26725；龙卡湖东南，果洛队 583）。生于海拔 3 200～4 500 m 的河谷山地高山针叶林下、苗圃地、高山草甸、阴坡灌丛、河谷山地岩石隙。

分布于我国的青海、甘肃、陕西、西藏、四川、云南；印度西北部也有分布。模式标本采自四川穆坪（现宝兴）。

2. 鳞毛蕨属 **Dryopteris** Adanson

Adanson Fam. Des. Plantes 2：20. 551. 1763.

陆生植物。根状茎短粗，直立或斜升，密被鳞片；鳞片为棕色、栗色或黑色，卵形、卵状披针形至狭披针形，边缘有齿牙或全缘。叶簇生，有柄，常被鳞片；叶片卵状披针形、长圆状披针形或披针形，一至三回羽状或四回羽裂，小羽片下先出，边缘有粗钝锯齿，基部对称或近对称，上侧从不为耳状突起；叶脉羽状，侧脉单一或 2～3 叉，常伸至叶边；叶纸质或革质，表面光滑，叶轴、羽轴及叶背面中脉常被鳞片、鳞毛。孢子囊群圆形，常背生于小脉上；囊群盖圆肾形，以深缺刻着生，膜质或纸质，宿存或脱落；孢子囊近球圆形，有柄，环带由 14～20 个增厚细胞组成；孢子两面形、肾形或圆肾形，外表常有疣状突起或刺。

400余种，主要分布于我国的世界温带。我国有250余种，昆仑地区产2种。

分种检索表

1. 叶片二回羽状，小羽片或裂片浅裂；叶轴密被棕色鳞片；囊群盖具锯齿 ………………………………………………………… **1. 近多鳞鳞毛蕨 D. komarovii** Koshinsky
1. 叶片二回羽状，小羽片或裂片全缘或仅有缺刻；叶轴被黑棕色鳞片；囊群盖近全缘 ………………………………………………………… **2. 纤维鳞毛蕨 D. sinofibrillosa** Ching

1. 近多鳞鳞毛蕨 图版5：5～6

Dryopteris komarovii Koshinsky in Hotulae Syst. Herb. Hort. Peteop. 2：1. 1921；中国植物志5（1）：152. 图版23：4～6. 2000. ——*Dr. subbarbigera* Ching in C. Y. Wu Fl. Xizang. 1：260. f. 62：6. 1983；青海植物志1：33. 图版6：5～6. 1997；青藏高原维管植物及其生态地理分布 50. 2008.

植株高20～40 cm。根状茎粗壮，短而直立或长而斜升，密被棕色或红棕色、卵状披针形的大鳞片。叶簇生；柄长5～8 cm，直径3～4 mm，深禾秆色或棕褐色，被棕色、披针形或卵状披针形鳞片；叶片长圆状披针形，长18～30 cm，宽6～10 cm，顶端渐尖，基部略缩短，二回羽状或三回羽裂；羽片10～15对，互生，披针形，中部羽片较大，长4～7 cm，宽1～2 cm，顶端钝尖，无柄，一回羽状；小羽片8～10对，下部对生，上部互生，长圆形，长0.6～1.0 cm，宽4～6 mm，顶端钝圆，具整齐的三角形齿牙，基部与叶轴合生，边缘具圆齿或基部数对为羽状浅裂；叶干后黄绿色，纸质，叶轴、羽轴密被棕色、披针形或线状披针形鳞片，羽片下面被纤维状鳞毛，叶脉羽状，二叉状分枝，两面明显。孢子囊群生于小羽轴两侧；囊群盖棕色，膜质，边缘具锯齿；孢子椭圆形，周壁具瘤状突起。

产青海：班玛（马柯河林场可培苗圃，王为义等27076）、久治（龙卡湖东南面，果洛队594）、兴海（中铁林场恰登沟，吴玉虎45307、45318、45331）。生于海拔3 200～3 700 m的山地林场苗圃地、沟谷山坡林缘、岩石缝隙、山谷林下、河谷水沟边、山地阴坡阔叶林缘灌丛石隙。

分布于我国的青海、甘肃、陕西、西藏、四川、云南、台湾等省区；俄罗斯，印度，尼泊尔，不丹，缅甸也有。

模式标本采自俄罗斯境内的天山。

采自青海久治龙卡湖东南面的峡谷岩石缝的标本（1971年果洛队594号），近于本种，但孢子囊群靠近叶边，叶轴、叶柄鳞片稀少与之不同，暂且存疑。

2. 纤维鳞毛蕨

Dryopteris sinofibrillosa Ching in Bull. Fan Mem. Inst. Biol. Bot. 10：180.

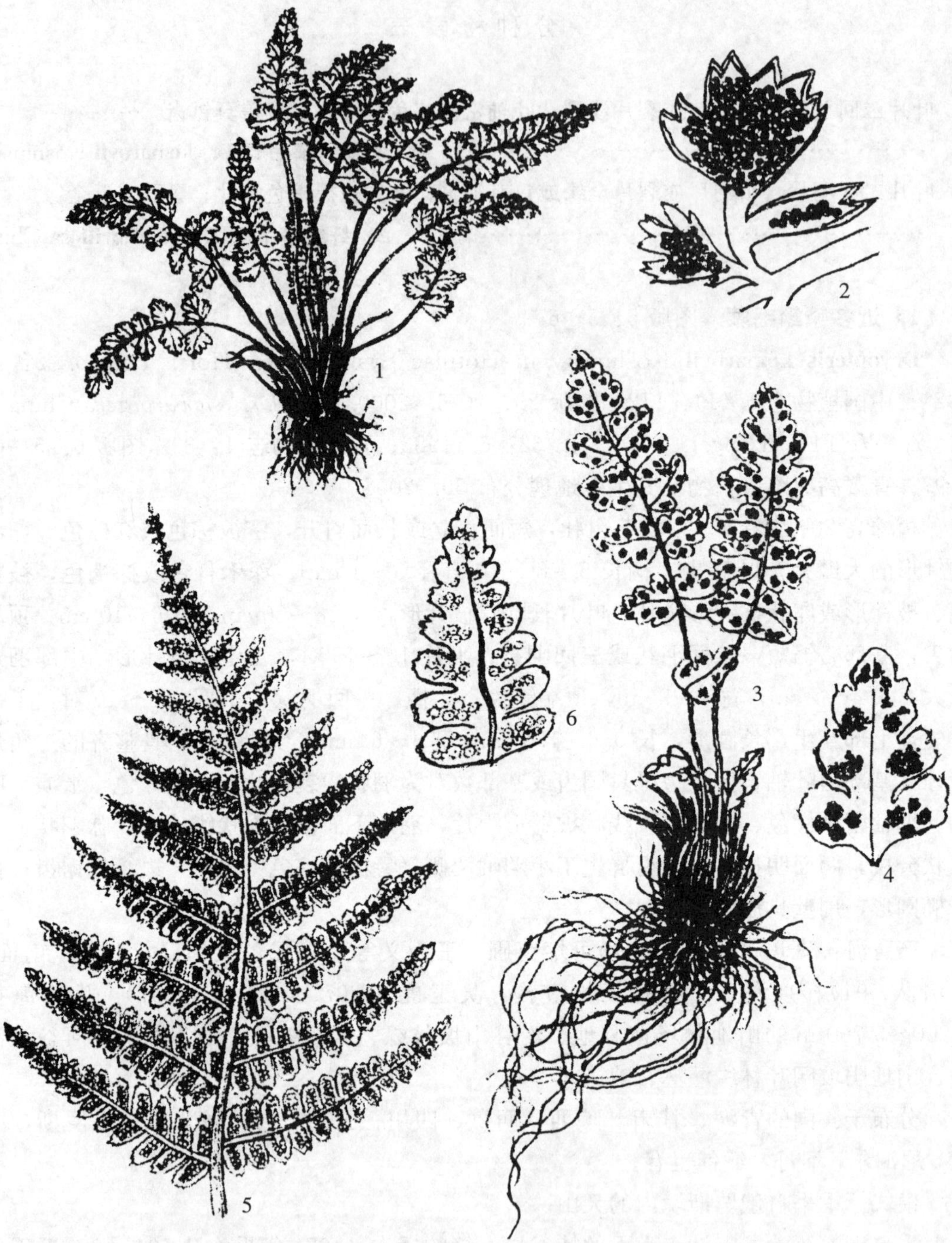

图版 5　西北铁角蕨 **Asplenium nesii** Christ 1. 植株全形；2. 羽片。蜘蛛岩蕨 **Woodsia andersonii**（Bedd.）Christ 3. 植株全形；4. 小羽片。近多鳞鳞毛蕨 **Dryopteris komarovii** Koshinsky 5. 植株；6. 小羽片。

（王颖绘）

1940；西藏植物志 1：256. 图版 60：4～6. 1983；中国植物志 5（1）：140. 图版 22：1～4. 2000；青藏高原维管植物及其生态地理分布 49. 2008.

植株高 40～60 cm。根状茎丛生，连同叶柄基部密被黑棕色、披针形、先端钻状、边缘具锯齿的鳞片。叶簇生；叶柄长 15～20 cm，基部密被与根状茎同样的鳞片及棕色纤维状鳞毛；叶片卵圆披针形或披针形，羽状尖头，基部狭缩，长约 20～30 cm，中部宽约 12～20 cm，二回羽状；侧生羽片约 15～20 对，近水平开展，互生或近对生，披针形，渐尖头，基部最宽，几无柄，中部的长约 7～10 cm，宽约 1.5 cm，向基部数对羽片渐缩短，一回羽状或羽裂；小羽片或裂片 10～15 对，长圆形，钝圆头，基部与羽轴合生，两侧近全缘；叶干后黄绿色，薄纸质，羽片背面、叶轴、羽轴及小羽轴均密被棕色纤维状鳞毛、狭披针形鳞片。孢子囊群圆形，生于叶边、中脉之间；囊群盖肾形，棕色，近全缘。

产青海：班玛（马柯河林场红军沟，王为义等 26947）。生于海拔 3 400～3 800 m 的沟谷山地阴坡林缘灌丛。

分布于我国的青海、西藏、四川、云南；印度，尼泊尔，巴基斯坦，克什米尔地区也有。

十　水龙骨科 POLYPODIACEAE

通常为附生植物。根状茎横走，有网状中柱、厚壁组织，外被盾状着生的粗筛孔鳞片。叶一型或二型；叶柄基部常以关节与根状茎相连；叶为单叶，全缘或分裂，或为一回羽状，革质或纸质，无毛或被星状毛；叶脉为各式网状，少有分离，网眼内通常有分歧的内藏小脉，小脉顶端常有1水囊体。孢子囊群圆形、近圆形、长圆形或线形，有时布满叶下面，有隔丝，囊群盖缺；孢子囊具长柄，环带由12～20个胞壁增厚的细胞组成；孢子两面形，光滑或有各式纹饰。

约有50属，600余种，广布全世界。我国有27属，约150种；昆仑地区产1属2种。

1. 瓦韦属 Lepisorus Ching

Ching in Bull. Fan Mem. Inst. Biol. Bot. 4：56. 1933.

常绿或夏绿小型植物，附生或石生。根状茎横走，密被鳞片；鳞片黑褐色至棕色，卵圆形至卵状披针形，具粗筛孔，全缘或有小齿。叶近生；单叶，披针形至线状披针形，边缘全缘，也有从基部向上边缘波状或至少有耳状突起；中脉明显，侧脉通常不明显，细脉联成网状，网眼内有通常单一的内藏小脉，顶端稍呈棒状；叶多为纸质或草质，光滑，下面多少被鳞片。孢子囊群圆形或椭圆形，少有长形，分离，少有汇生，在中脉与叶边之间排成1行；隔丝棕色或黑色，圆盾形，近三角形或五角形，边缘不规则的细裂，具长柄，覆盖孢子囊群，成熟后脱落；孢子囊圆形或椭圆形，有长柄，环带由14～20个增厚或不增厚的细胞组成；孢子椭圆形，单沟，表面近光滑。

约70余种，主要分布于亚洲东部，少数种分布到非洲。我国约有68种，昆仑地区产3种。

本属植物分为2组，一组多为常绿植物，孢子囊环带的孢壁通常增厚；另一组为夏绿植物，孢子囊环带通常由孢壁不增厚的细胞组成，昆仑地区的植物均为此类型。此类植物曾被单立为宽带属 *Platygyria* Ching et S. K. Wu（《西藏植物志》第一卷），《中国植物志》则仍将其并入瓦韦属。

分种检索表

1. 叶片线状披针形，宽在1 cm以下，干后褐绿色；鳞片黑色，网眼大，长方形，每一鳞片有 2～3（4）行 …………………………………… 1. **天山瓦韦 L. albertii**（Regel）Ching
1. 叶片披针形，宽在 1 cm 以上，干后灰绿色；鳞片棕色，网眼较整齐，近方形，每一鳞片有 4～5 行 ……………………………… 2. **多变瓦韦 L. variabilis** Ching et S. K. Wu

1. 天山瓦韦 图版 6：1～2

Lepisorus albertii（Regel）Ching in Acta Bot. Yunnan. 5（1）：20. 1983；R. J. Johns Ind. Fil. Suppl. 6：196. 1976～1990；青海植物志 1：37. 图版 7：3～4. 1997；中国植物志 6（2）：91. 图版 18：4～6. 2000；青藏高原维管植物及其生态地理分布 64. 2008. ——*Polypodium albertii* Regel in Acta Hort. Petrop. 7：620. 1881. ——*Lepisorus pumilus* Ching et S. K. Wu in Acta Bot. Yunnan. 5（1）：16. 1983；青海植物志 1：36. 1997.

植株高 6～12 cm。根状茎横走，粗壮，直径 3～5 mm，密被鳞片；鳞片褐色或黑色，披针形或卵状披针形，顶端长渐尖，边缘具开展的细长针状齿，筛孔长方形，透明有虹光。叶近生；柄长 1.0～2.5 cm，纤细，禾秆色；叶片线状披针形，长 5～10 cm，宽 3～7 mm，顶端钝渐尖或钝圆，基部下延，楔形，两侧边全缘；叶脉不明显；叶干后为厚纸质，褐绿色，下面淡灰色，光滑或偶有少许黑褐色、披针形小鳞片。孢子囊群圆形，中等大，直径 1～2 mm，靠近中脉着生，彼此相距 2～3 mm；孢子囊环带的孢壁不增厚；隔丝盾形，黑色，边缘具刺状齿。

产青海：久治（哇赛乡庄浪沟，果洛队 232）、玛沁（大武乡德勒龙铜矿沟，H. B. G. 848；西哈垄河谷，H. B. G. 274、337）、曲麻莱（东风乡江荣寺，刘尚武和黄荣福 870）、称多（歇武乡赛巴沟，刘尚武 2467）、兴海（中铁乡附近，吴玉虎 42833、42855；阿明瓦阳山，王作宾 20320）。生海拔 3 600～4 100 m 的山坡岩石缝隙、河谷山地岩石上、峡谷灌丛草甸、山坡阴处岩石缝。

分布于我国的新疆、青海、甘肃、四川、山西、河北；中哈边境地区也有（模式标本采集地）。

2. 多变瓦韦

Lepisorus variabilis Ching et S. K. Wu in C. Y. Wu Fl. Xizang. 1：308. 1983；中国植物志 6（2）：83. 图版 18：1～3. 2000；青藏高原维管植物及其生态地理分布 67. 2008.

植株高 6～12 cm。根状茎横走，粗壮，直径 3～5 mm，密被鳞片；鳞片棕色，披针形或卵状披针形，顶端长渐尖，边缘具开展的细长针状齿，筛孔近方形，透明有虹光。叶近生；柄长 1.0～2.5 cm，纤细，禾秆色；叶片披针形，长 5～10 cm，宽 3～7 mm，顶端钝圆，基部下延，楔形，两侧边全缘；叶脉不明显；叶干后为纸质，灰绿色，下面淡灰色，光滑或偶有少许黑褐色、披针形小鳞片。孢子囊群圆形，中等大，在中脉两侧各有 1 行，不靠近中脉着生；孢子囊环带的孢壁不增厚；隔丝盾形，黑色，边缘具刺状齿。

产青海：玛沁（阿尼玛卿山南坡，吴玉虎 5712）、班玛（马柯河林场加不足沟，王为义等 27374）。生于海拔 3 200～4 150 m 的干旱石质山坡、沟谷山地阴坡灌丛石隙。

分布于我国的青海、西藏、四川、云南。

瓦韦属 *Lepisorus* 中冬季落叶、鳞片具粗筛孔的类型，其形态变化较大，分类困难。昆仑地区的种类还需获得更多的标本再行仔细研究。

十一　槲蕨科 DRYNARIACEAE

大、中型通常附生植物。根状茎粗壮，肉质，横走，内有1圈穿孔的网状中柱，密被棕色至棕褐色、不透明、边缘有睫毛状锯齿、盾状着生的鳞片。叶近生或疏生，无柄或有短柄，基部不以关节着生于根状茎上；叶二型或一型；二型叶中，一种为不育叶，短小，无柄，干膜质，灰棕色或淡黄绿色；一种为能育叶，较大，有柄，羽状或深羽裂，羽片或裂片以关节着生于叶轴，老时脱落或不落；叶坚革质或纸质，常光滑或有疏柔毛；叶脉为槲蕨型，即为四方形网状，粗而隆起，明显，网眼内有少数分离小脉。孢子囊群生于网眼内的分离小脉上或几条小脉的交结点上，在主脉两侧排成整齐的1行或不整齐的数行，无囊群盖或隔丝；孢子囊柄长，环带由12～14个增厚的细胞组成；孢子两面形，光滑或有疣状突起。

有8属，分布于亚洲热带地区，南到澳大利亚的昆士兰州以及非洲。我国有4属，昆仑地区仅1属1种。

1. 槲蕨属 **Drynaria** J. Sm.

J. Sm. in Journ. Bot. 4：60. 1841.

中型或附生植物。根状茎横走，肉质，粗壮，密被鳞片。叶二型，槲叶状的不育叶短小，无柄，黄绿色或棕色，干膜质，浅裂或深羽裂；能育叶长大，有柄，基部无关节，叶片大多为羽状深裂，裂片披针形，边缘有缺刻状的细齿，基部常以关节着生于叶轴上，不易脱落；叶脉在下面隆起，极明显，侧脉结成小方网眼，有内藏小脉；叶纸质。孢子囊群着生于侧脉交结点，圆形，在主脉两侧各排成整齐的1行或不整齐的数行，不具隔丝，无囊群盖；孢子两面形，椭圆形至肾形，孢壁具细刺或平滑。

有16种，主要分布于亚洲至大洋洲。我国有12种，昆仑地区产1种。

1. 秦岭槲蕨　图版6：3～4

Drynaria sinica Diels in Engl. Bot. Jahrb. 29：208. 1900；西藏植物志1：346. 图91：4～6. 1983；青海植物志1：38. 图版7：5～6. 1997；中国植物志6（2）：290. 图版67：1～5. 2000；青藏高原维管植物及其生态地理分布74. 2008.

土生或石生，偶附生树干基部。植株高16～50 cm。根状茎肉质，粗壮，直径1～2 cm，横走，密被鳞片；鳞片棕色至棕褐色，膜质，钻状披针形，边缘有睫毛。叶二

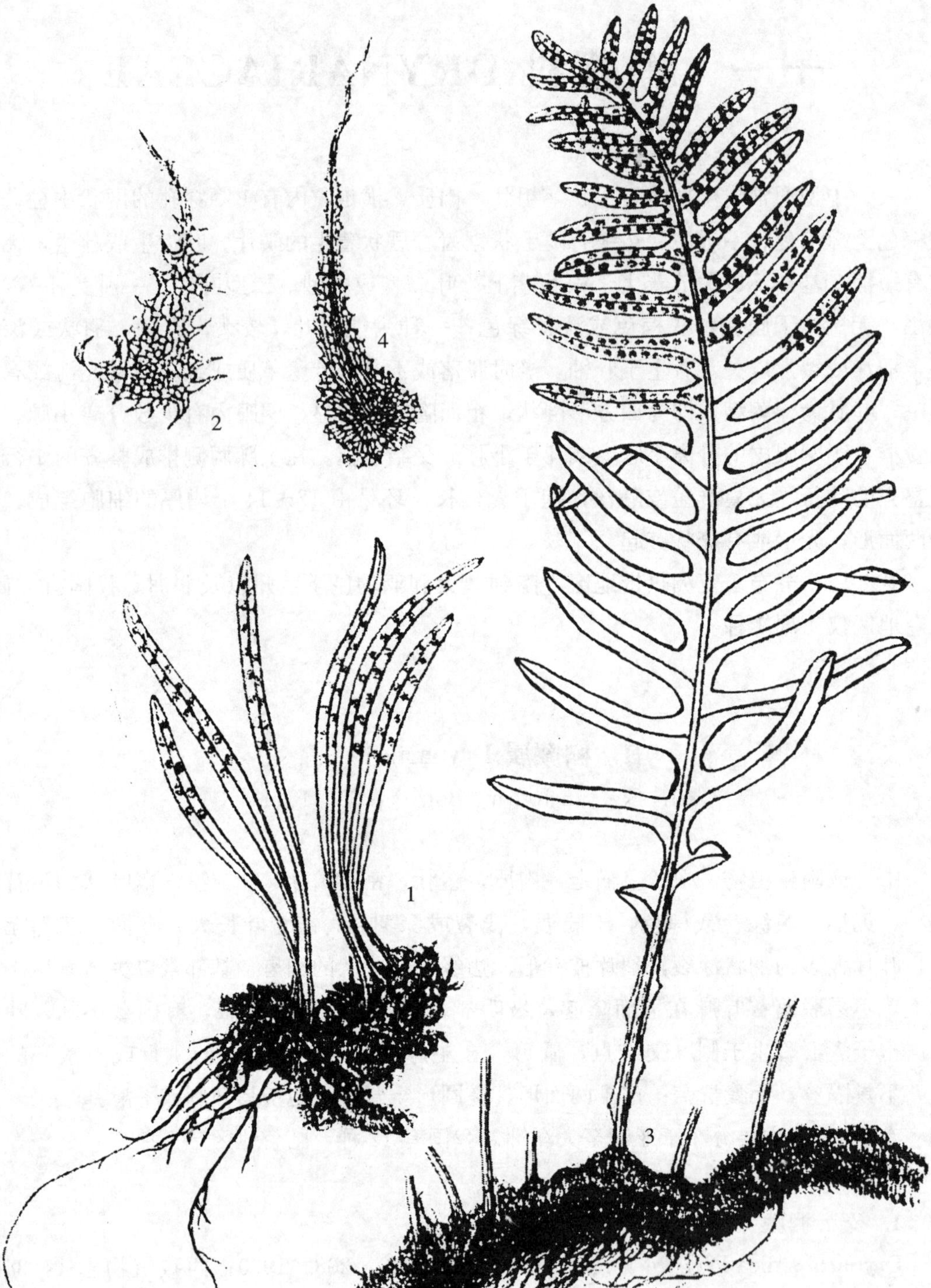

图版 6　天山瓦韦 **Lepisorus albertii**（Regel）Ching 1. 植株；2. 根状茎上的鳞片。秦岭槲蕨 **Drynaria sinica** Diels 3. 植株；4. 根状茎上的鳞片。（王颖绘）

型，不育叶短小，无柄，卵状披针形或长圆披针形，长 12～18 cm，宽 4～5 cm，黄绿色或褐黄色，羽状深裂达羽轴；能育叶长大，柄长 3～8 cm，直径 2～3 mm，深禾秆色，基部被鳞片，向上在柄两侧各有 1 狭翅；叶片狭长或长圆状披针形，顶端渐尖，下部裂片略狭或缩成耳形，长 20～40 cm，宽 4～10 cm，羽状深裂达叶轴；裂片 15～25 对，互生，线状披针形，长 2.5～6.0 cm，宽 0.5～1.0 cm，顶端钝或渐尖，边缘有细齿或缺刻；叶纸质，两面沿叶脉及叶轴疏被白色短毛；叶脉网状，明显，有内藏小脉。孢子囊群圆形，沿主脉两侧各排成整齐的 1 行，靠近主脉。

产青海：班玛（马柯河林场，吴玉虎 26128、26161）。生于海拔 3 300～3 375 m 的沟谷山坡、河谷林缘灌丛、山谷林下。

分布于我国的青海、甘肃、陕西、西藏东部、四川、云南、山西。

裸子植物门 GYMNOSPERMAE

十二　松科 PINACEAE

常绿乔木，稀落叶乔木或为灌木状；枝轮生、对生或互生，一般多为长枝，有的除长枝外兼有生长缓慢的短枝。叶螺旋状排列，簇生或束生；叶四棱状条形、条形、针形或线形，基部不下延，两面常具气孔线。花单性，雌雄同株；雄球花卵形或圆柱形，腋生、顶生或多数集生于短枝顶端，多数雄蕊呈螺旋状着生，每雄蕊具2花药，花粉有气囊、无气囊或具退化气囊；雌球花圆柱形或球形，由多数螺旋状排列的珠鳞或苞鳞组成，每珠鳞腹面基部具2枚胚珠，花后珠鳞增大发育成种鳞。球果直立或下垂，当年或次年成熟，稀第3年成熟，熟时种鳞张开；种鳞扁平，木质或革质，宿存或脱落；苞鳞位于种鳞背面的基部，长于或短于种鳞，有的极短小。种子位于种鳞腹面的基部，每种鳞有2枚种子，位于腹面基部两侧，其上端具1膜质翅，稀无翅或几无翅。

有3亚科，10属，约230种，多产于北半球。我国有10属113种20变种，遍布全国；昆仑地区产3属10种1变种。

分属检索表

1. 落叶乔木；枝条二型，有长枝、短枝之别；叶排列在长枝上螺旋状，在短枝上簇生 …………………………………………………………………… **3. 落叶松属 Larix** Mill.

1. 常绿乔木；枝条一型，全为长枝；叶螺旋状排列。

　2. 球果腋生；种鳞不宿存，脱落；苞鳞大，有的伸于种鳞外；叶扁平，无叶枕，仅有叶痕 …………………………………………………………… **1. 冷杉属 Abies** Mill.

　2. 球果顶生；种鳞宿存，不脱落；苞鳞极小；叶多为四棱状条形，有叶枕 ……… …………………………………………………………………… **2. 云杉属 Picea** Dietr.

1. 冷杉属 Abies Mill.

Mill. Gard. Dict. 1754，pro parte typ.

常绿乔木。树干端直，大枝轮生，小枝对生，稀轮生；冬芽近圆球形、卵圆形或圆锥形，具树脂，稀无，枝顶之芽为3个聚生，腋芽单生。叶螺旋状排列，条形，扁平，先端尖、钝微凹或浅2裂、基部微具短柄，柄基加粗，表面中脉凹下，背面中脉隆起，两侧各具1气孔带，叶内具中生或边生的树脂道，叶脱落后枝上留有圆形的叶痕，无叶枕或叶枕不明显。雌雄同株，球花生于当年枝上的叶腋处；雄球花长圆形或长椭圆形，雄蕊多数，花药2枚，药室横裂，花粉有气囊；雌球花直立，圆柱形，具多数螺旋状排列的珠鳞和苞鳞，珠鳞腹面基部有2枚并列的胚珠。球果当年成熟，圆柱形，有短梗或近无梗；苞鳞露出或不露出，先端有凸尖头；种鳞木质，常为肾形或扇形，上部通常增厚，内曲，基部爪状，腹面基部具2粒种子。种子近长圆形，上部具宽大的膜质长翅，种翅基部包卷种子；球果成熟时，种鳞、苞鳞、种子一同由果实的中轴上脱落，仅残留锥状中轴。

约50种，分布于亚洲、欧洲、北美、中美、非洲北部高山地带。我国有19种3变种，昆仑地区产2种。

分种检索表

1. 种鳞窄扇形或倒三角形，长1.0～1.3 cm，鳞背无毛；球果嫩时紫红色，干后黑色；苞鳞长于种鳞，外露；叶片树脂道中生；一年生小枝色深，棕褐色，二、三年生的小枝暗栗褐色 ………………………………… **1. 鳞皮冷杉 A. squamata** Mast.
1. 种鳞半圆形、扇形或肾状扇形，长约1.5 cm，鳞背密生锈色短毛；球果黄栗色，嫩时黄绿色；苞鳞内藏，比种鳞约短1/3；叶片树脂道边生；一年生小枝色浅，黄褐色，有光泽 ………………………………… **2. 黄果冷杉 A. ernestii** Rehd.

1. 鳞皮冷杉 图版7：1～5

Abies squamata Mast. in Gard. Chron. ser. 3. 39：299. f. 121. 1906；中国植物志7：59. 图版16：1～9. 1978；西藏植物志1：366. 图99：8～14. 1983；青海植物志1：42. 图版8：6～10. 1997；青藏高原维管植物及其生态地理分布77. 2008.

常绿乔木，高约20（～40）m。树干直，树皮裂成薄的方形鳞片；树枝栗褐色，斜展，一年生的小枝被棕褐色且被密的短毛，尤在叶痕间的槽内明显，有时无毛；冬芽卵圆形，有树脂。叶密生，条状，常弧形弯曲成镰刀状或直伸，长1.5～2.0 mm，宽约2 mm，先端急尖，上面绿色，有光泽，中脉处下凹成纵槽，下面中脉突起，两边稍外翻成 2 浅槽，槽内各有多条白色气孔线，横切面树脂道中生。雌雄同株；雄球花未见；球果短圆柱形，卵状圆柱形或长卵形，长 5～6 cm，直径 2.6～3.5 cm，近无梗，新鲜的紫色，干后黑色；种鳞窄扇形或倒钝三角形，长 1.0～1.3 cm，宽约 1.2（～ 1.3）cm，上部边缘浅弧状，稍内曲，鳞背无毛，两侧在种鳞 2/3 处突然收缩，有的 1 侧或有的 2 侧呈浅耳状，边缘无齿；苞鳞呈楔形或倒卵状披针形，长约 1.4 cm，长于种鳞，上端圆或有凹缺，边缘有细齿，中脉稍明显，上部由中间或凹缺处伸出形成小尖头，尖头长 4～6 mm。种子长约 5 mm，种翅长 4～5 mm。

产青海：班玛（马柯河林场，郭本兆 504，王为义等 27087、27538、27721、27722、27744；马柯河林场烧柴沟，王为义等 27522、27584；马柯河林场宝藏沟，王为义 27348；马柯河林场科培苗圃，王为义等 27072：江日堂乡班前寺台下，魏振铎 15）。生于海拔 3 200～3 800 m 的沟谷山坡林缘、河谷山地林中、林缘灌丛。

分布于我国的青海、西藏、四川。

我国特有树种，模式标本采自四川康定。

2. 黄果冷杉 图版 7：6～10

Abies ernestii Rehd. in Journ. Arn. Arb. 20：85. 1939；中国植物志 7：90. 1978；西藏植物志 1：364. 图 98：6～10. 1983；青海植物志 1：42. 图版 8：1～5. 1997；青藏高原维管植物及其生态地理分布 76. 2008.

常绿乔木，高约 20（～40）m。树干通直，皮暗灰色，纵裂成薄块状；树冠尖塔形；大枝平展或斜上伸展；一年生枝黄褐色，有光泽，相间排列的凹槽紧密，无毛或微有毛；冬芽顶生，卵圆形，长约 3 mm，顶钝圆，有树脂。叶在老枝条上脱落，仅残留淡褐色或紫栗色的叶痕；在新枝上密集排列，叶片同向小枝 1 侧弯曲，呈镰刀状弧形，有下部叶片较大顶部叶片较小的趋势；叶片扁平，质厚，条状，长 1～2 cm，宽约 2 mm，先端急尖，基部略窄，干后灰色或黄绿色，上面中脉处稍下陷，下面凸起为中脉，两侧气带不明显，边缘下弯，成 2 条浅槽；横切面两侧的树脂道边生。雌雄同株；雄球花未见；球果圆柱形、椭圆形或卵状长圆形，长 4～7 cm，直径 2.5～4.0 cm，黄栗色带黑色，近无梗，由多数种鳞组成；种鳞近半圆形、扇形或肾状扇形，长约 1.5 cm，宽 1.5～2.0 cm，顶端边缘宽弧形，内曲，两侧的基部短突出，质薄，边有缺齿，基部宽楔形，鳞背露出部分密生锈色短柔毛；苞鳞近匙形，长约 1 cm，短于种鳞近 1/3，匙柄长约 5 mm，宽而扁，匙近圆形或扁圆形，边缘有细锯齿，背部稍显纵脊，脊顶部由匙顶突出成短尖头，尖头长约 1 mm。种子紧贴种鳞内侧基部，斜三角形，长约 5 mm，顶部具宽翅，翅成半个扇形，长约 5 mm，上部边宽约 8 mm，边浅波状。

产青海：班玛（马柯河林场，王为义等 27725、27732、27733）。生于海拔 3 300 m 左右的沟谷山坡、山谷林。

分布于我国的青海、西藏、四川。

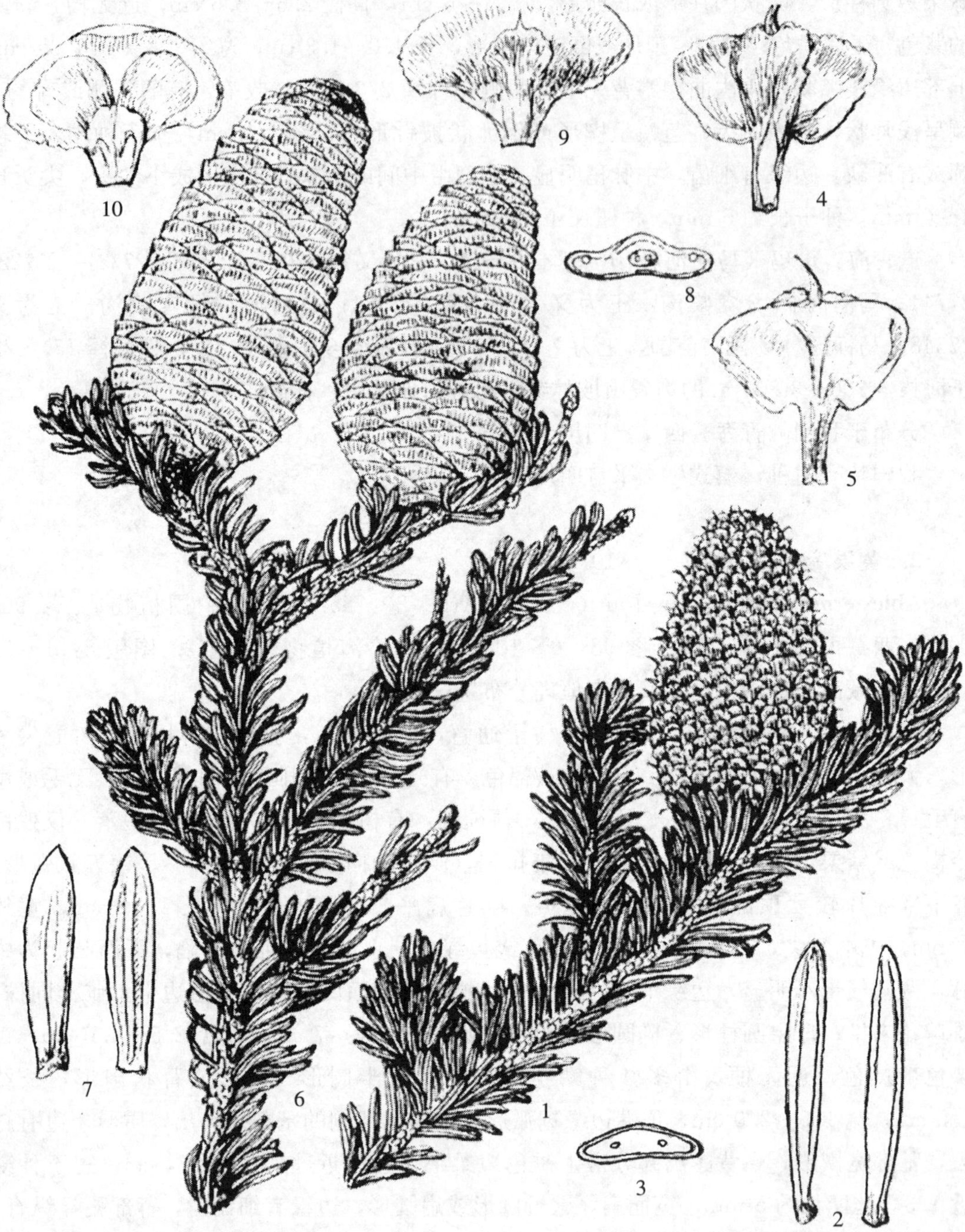

图版 7 鳞皮冷杉 **Abies squamata** Mast. 1. 球果枝；2. 叶下面；3. 叶横切面；4. 种鳞背面；5. 种鳞腹面。黄果冷杉 **A. ernestii** Rehd. 6. 球果枝；7. 叶上、下面；8. 叶横切面；9. 种鳞背面；10. 种鳞腹面。（王颖绘）

我国特有树种，模式标本采自四川康定。

2. 云杉属 **Picea** Dietr.

Dietr. Fl. Gen. Berl. 2：794. 1824.

常绿乔木，树冠塔形。枝条轮生、对生，稀互生，小枝上密生木钉状叶枕，叶枕基部下延，表面有毛或无毛；冬芽卵圆形、圆锥形或近球形，芽鳞覆瓦状排列，有树脂或无，小枝基部有宿存芽鳞。叶四棱状条形、扁棱状条形或线形，直立或弧形弯曲，一般中脉两面隆起，上面有气孔线，有的气孔线两面相等，有的远轴面气孔线少数，有间断或无；横切面方形、菱形或扁菱形；树脂道通常 2 个，边生，稀无树脂道。雌雄同株，雌雄球花单生；雄球花圆柱形或狭椭圆形，腋生，稀顶生，雄蕊多数，螺旋状排列，花药 2 枚，纵裂，药隔边缘有齿，花粉粒有气囊；雌球花单生枝顶，种鳞多数，螺旋状排列；苞鳞短小，不外露；胚珠 2 枚，生于种鳞腹面基部，并列。球果下垂，卵状圆柱形或圆柱形，稀卵圆形，种鳞宿存，薄木质或近革质，卵形、卵状长圆形或倒卵形，边缘全缘，有细齿或波状。种子倒卵形或卵状长圆形，小，上部有膜质长翅。

约 40 种，分布于北半球。我国有 16 种 9 变种，昆仑地区产 6 种 1 变种。

分 种 检 索 表

1. 球果栗褐色、褐色或栗色；种鳞边缘全缘；叶片横切面方形（近方形）或扁方形。
  2. 叶片近轴面气孔线有 5～7 条，远轴面无，横切面为扁棱形 ……………………………………………………………… 5. **麦吊云杉 P. brachytyla**（Franch.）Pritz.
  2. 叶片两面都有气孔线，气孔线两面近相等或不相等，横切面方形（近方形）。
    3. 小枝较细，直径约 1 mm，无毛；叶片线形，宽 1.0～1.5 cm ……………………………………………… 4. **长叶云杉 P. smithiana**（Wall.）Boiss.
    3. 小枝较粗壮，直径超过 1 mm，一般被短毛；叶片宽 1.5～2.5 mm。
      4. 冬芽卵状圆锥形；小枝基部宿存芽鳞通常不反曲或微向外开展 ………………………… 3. **雪岭云杉 P. schrenkiana** Fisch. et C. A. Mey.
      4. 冬芽圆锥形；小枝基部宿存芽鳞通常多少向外反曲。
        5. 冬芽有树脂；小枝一般密被淡褐色短毛，栗褐色；苞鳞先端常为三角形；种子卵圆形，种翅长圆形 ………… 1. **鳞皮云杉 P. retroflexa** Mast.
        5. 冬芽无树脂；小枝一般疏被短毛，褐色或淡栗褐色；苞鳞先端常为圆形；种子长圆形或近长圆形，种翅倒卵状长圆形 ……………………………………………… 2. **青海云杉 P. crassifolia** Kom.
1. 球果暗紫色（有的栗褐色或栗褐色带紫）；种鳞具短齿或波状；叶片横切面菱形或

扁菱形。

6. 球果长 5～8 cm；叶片近轴面有 4～6 条气孔线，远轴面有 1～3 条，树脂道不明显 ………………………………… **6. 丽江云杉 P. likiangensis** (Franch.) Pritz.

6. 球果长 3～5 cm；叶片近轴面有 4～5（～6）条气孔线，远轴面一般无气孔线或有 1～2 条间断的气孔线，树脂道明显，靠近中脉两侧 ……………………………………………………………… **7. 紫果云杉 P. purpurea** Mast.

1. 鳞皮云杉

Picea retroflexa Mast. in Journ. Linn. Soc. Bot. 37：420. 1906；中国植物志 7：128. 1978；青海植物志 1：47. 1997；青藏高原维管植物及其生态地理分布 79. 2008.

常绿乔木，高达约 30 m。树干通直，树皮裂成不规则的块状鳞片；一年生枝深褐色或栗褐色，较粗壮，直径 3～8 cm，二年生枝色较深，一般被淡褐色密毛，有时无毛；冬芽圆锥状，鳞片排列紧密，表面常被密短毛，稀无毛，有树脂，背部有纵肋，小枝基部宿存芽鳞的顶端开展或反曲。叶四棱状条形，长（1.0～）1.3～1.5 cm，宽约 1.5 mm，稍直立或多少弯曲，横断面扁四棱形，四面有气孔线，近轴面 6～7 条，远轴面 4～5 条，先端急尖，渐尖或有小尖头；叶枕有毛。雌雄同株；雄球花未见；球果卵状长圆形，淡栗褐色，长 8～10 cm，宽约 4 cm，幼果窄长圆形，直立或微弧形弯曲，其种鳞背部暗绿色，边带紫色；种鳞倒卵形，长 1.5～1.8 cm，宽约 1.5 cm，上半部质地较薄而脆，先端圆弧形，有时呈微尖状，基部楔形；苞鳞条形，长 3～4 mm，先端为三角状钝尖头。种子倒圆卵形，长 2～3 mm，种翅长圆形，长（包括种子）1.5 cm，宽约 5 mm，先端钝圆。

产青海：玛沁（尕柯河电站，吴玉虎 5977；雪山乡，样方 50－27）、班玛（马柯河林场科培苗圃，王为义等 27046、27489）。生于海拔 3 200～3 700 m 的沟谷山坡林地。还有 1 张标本，采自兴海县（河卡乡羊曲，何廷农 092），可能是栽培的。

分布于我国的青海、四川省。

为我国特有种。模式标本采自四川康定。

本种与青海云杉 *P. crassifolia* Kom. 极难区别，经过对我区标本反复仔细比较，觉得仅有这些性状比较可取，本种：（1）冬芽有树脂；（2）小枝有密的淡褐色毛（有的无毛）；（3）种子卵圆形；（4）种翅长圆形；（5）苞鳞先端呈三角形；（6）嫩枝栗褐色，较深。

2. 青海云杉 图版 8：1～8

Picea crassifolia Kom. in Not. Syst. Herb. Bot. Petrop. 4：177. 1923；中国植物志 7：137. 图版 32：10～17. 1978；新疆植物志 1：59. 1992；青海植物志 1：45. 图版 9：4～6. 1997；青藏高原维管植物及其生态地理分布 79. 2008.

常绿乔木，高达 20 m。树干通直，一年生枝粗，直径（4）5～7 mm，褐色或淡棕褐色，表面疏被短毛，稀稍密，被不明显的白粉或无粉；老枝灰栗色，有的带黑色；冬芽圆锥形，无树脂，芽鳞排列紧密，表面疏被短毛；小枝基部宿存芽鳞顶端开展或反曲。叶螺旋状排列，四棱状条形或近四棱形，长 1.2～2.5 cm，宽 2.0～2.5 mm，直立或弧形弯曲，先端钝或急尖，四面均具气孔线，近轴面 5～7 条，远轴面 4～6 条，横切面近四棱形，近侧棱的下部具 2 树脂道，每边 1 个，叶成熟后脱落；叶枕被疏毛或无，表面带紫色，常有白粉。雌雄同株；雄球花未见；球果圆柱形或近卵状圆柱形，长 6～9 cm，直径 3～4 cm，生于侧枝顶端，嫩时种鳞边缘暗紫色，熟时栗褐色或棕褐色，微有光泽；种鳞倒卵形，质地厚，长 1.5～1.8 cm，宽 1.2～1.3 cm，先端圆形，边缘全缘或微波状，微向内曲，基部宽楔行；苞鳞小，长圆形或近长圆形，长 3～4 mm，先端圆形，有时钝。种子倒卵形、倒卵状长圆形或近长圆形，长约 3 mm，种翅倒卵状长圆形，长（包括种子）1.3 cm，最宽处宽 5～6 mm，淡褐色，先端圆。

产青海：都兰（香日德莫不里沟，青甘队 1269）；兴海（中铁林场恰登沟，吴玉虎 45018、45028、45044、45048、45076；赛宗寺后山，吴玉虎 46415）、玛沁（军功乡，玛沁队 178；军功乡西哈垄河谷，H. B. G. 240）。生于海拔 3 300～3 800 m 的沟谷山坡林地、河谷山坡针阔叶混交林、沟谷山地阴坡林中。

分布于我国的青海、甘肃、宁夏、内蒙古等省区，新疆有栽培。

为我国特有种，模式标本采自青海都兰。

3. 雪岭云杉

Picea schrenkiana Fisch. et C. A. Mey. in Bull. Acad. Sci. St.-Pétersb. 10: 253. 1842; Regel in Acta Hort. Petrop. 6: 485. 1880; 中国植物志 7: 144. 1978; 新疆植物志 1: 57. 图版 16. 1992; 青藏高原维管植物及其生态地理分布 80. 2008.

常绿乔木，高 30～40 m。树干直，树皮暗褐色，呈片状开裂；大枝近平展，小枝黄褐色，粗短，直径 3～5 mm，表面被短毛，微有树脂，幼时鳞片排列紧密，老时开展，小枝基部宿存芽鳞排列疏松，开展。叶四棱状条形，长 1.5～3.0 cm，宽约 1.5 mm，直伸或弯曲，先端急尖或渐尖，四面均有气孔线；近轴面的气孔线 5～6 条，远轴面较少，3～5 条；横切面菱形，树脂道边生，2 个，分布于近轴面近表皮处。雌雄同株；球果圆球形，长 7～11 cm，直径 3.5～4.5 cm，幼时紫色，成熟时栗色；种鳞倒卵状三角形，长 1.5～2.0 cm，宽 1.2～1.7 cm，先端圆形，基部楔形；苞鳞卵形或倒卵形，长约3 mm，先端圆。种子斜倒卵形，长 3～4 mm，种翅长圆形或倒卵状长圆形，先端圆，长 8～13 mm，宽约 7 mm。

产新疆：莎车（喀拉吐孜矿区，青藏队吴玉虎 870724）；阿克陶（阿克塔什，青藏队吴玉虎 870251a、870251b；奥依塔克，青藏队吴玉虎 4855）。生于海拔 2 800～3 500 m的沟谷山坡林地。

分布于我国的新疆；中亚地区各国也有。

4. 长叶云杉

Picea smithiana（Wall.）Boiss. Fl. Orient. 5：700. 1884；中国植物志 7：148. 图版 35. 1978；西藏植物志 1：369. 图 101. 1983；青藏高原维管植物及其生态地理分布 80. 2008. ——*Pinus smithiana* Wall. Cat. n. 6063. 1827. ——*Picea morinda*（Loud.）Link. in Linnaea 15：522. 1841；Hook. f. Fl. Brit. Ind. 5：653. 1888, pro parte.

常绿乔木，高 10 余米。树干通直，树皮褐色，常浅裂成块片；枝平展，幼枝淡褐色，细长，顶端小枝直径约 1 mm，表面无色，有光泽；冬芽卵形，小，栗褐色，表面近于无毛，鳞片排列紧密，外部鳞片具肋，小枝基部宿存芽鳞的先端多少向外开展，有的稍紧贴。叶斜上升，螺旋状排列；叶片线形，扁四棱状，先端渐尖，长 1.5～3.0 cm，宽 1.0～1.5 mm，近轴面气孔线 3（4）条，远轴面 1～2 条，一般内弯，横切面近不规则的椭圆形或近菱形，树脂道位于近轴面并贴近表皮。雌雄同株；雄球花未见；球果圆柱形或卵状圆柱形，长约 8（10）cm，直径 3.5～4.0 cm，栗褐色；种鳞圆状宽倒卵形，长 2.0～2.5 cm，顶宽 1.5～2.0 cm，上边圆形，基部楔形或宽楔形，质厚，坚硬；苞鳞圆卵形或卵形，顶端有突尖（有的似倒卵形），短小，长约 3 mm。种子未见。

产新疆：莎车（喀拉吐孜矿区，青藏队吴玉虎 870725）。生于海拔 3 000 m 左右的沟谷山坡林地。

分布于我国的新疆、西藏；尼泊尔至阿富汗也有。

昆仑地区所产之种，叶、球果均短小；叶片的气孔线细小，且内外两面气孔线数目不同。

5. 麦吊云杉 图版 8：9～16

Picea brachytyla（Franch.）Pritz. in Bot. Jahrb. 29：216. 1901；中国植物志 7：162. 1978；青海植物志 1：47. 1997；青藏高原维管植物及其生态地理分布 79. 2008. ——*Abies brachytyla* Franch. in Journ. de Bot. 13：258. 1899, excl. specim. e Delavay.

常绿乔木，高达 30 m。树干通直，树皮栗灰色，表面常裂成不规则的薄皮；枝条水平开展，侧枝细而下垂，一年生枝淡黄褐色，细瘦，直径约 1 mm，密被多细胞的毛，有时杂有少许或比较多的具柄腺毛；冬芽卵形或卵状圆锥形，芽鳞排列紧密，先端突尖，表面被短毛，栗褐色，有光泽，小枝基部宿存芽鳞紧贴，不向外开展；叶枕明显，基部向下扭曲。叶条状线形，长 1.0～1.5 cm，宽达 1.5 mm，先端急尖或渐尖，稀具小尖头，近轴面每边具 5～7 条气孔线，远轴面绿色，无气孔线，有光泽，横切面扁菱形，树脂道位于叶外表面中脉至边缘中部，贴近下表皮。雌雄同株，未见雄球花；球果

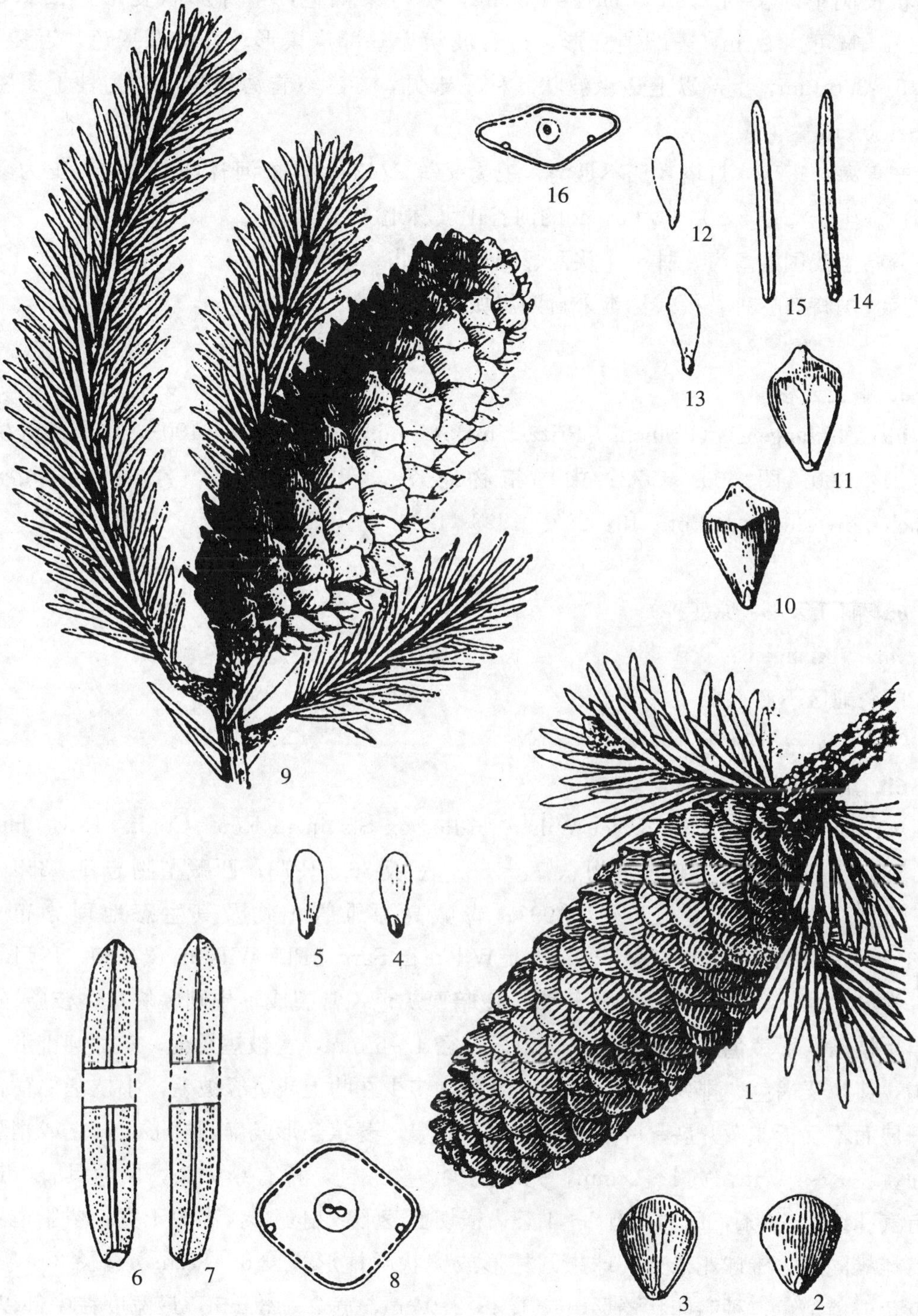

图版 8　青海云杉 **Picea crassifolia** Kom. 1. 球果枝；2. 种鳞背面及苞鳞；3. 种鳞腹面；4～5. 种子背、腹面；6～7. 叶的上、下面；8. 叶的横切面。麦吊云杉 **P. brachytyla**（Franch.）Pritz. 9. 球果枝；10. 种鳞背面及苞鳞；11. 种鳞腹面；12～13. 种子背、腹面；14～15. 叶的上、下面；16. 叶的横切面。

（引自《中国植物志》，吴彰桦绘）

椭圆状长圆形，长约 5 cm，直径约 3 cm，熟时栗褐色，鳞片卵状菱形，长 1.3～1.5 cm，宽可达 1 cm，先端钝圆形，边有波状齿基部广楔形；苞鳞栗褐色，近菱形，长 2.5～3.0 mm，上部以上边缘波状。种子未见，参考《青海植物志》为种子连翘长 0.8～1.0 cm。

产青海：班玛（灯塔乡加不足沟，王为义等 27429；马柯河林场宝藏沟，王为义等 27251）。生于海拔 3 200～3 650 m 的河谷山坡林地。

分布于我国的青海、甘肃、陕西、四川、湖北。

为我国特有树种，模式标本采自四川城口。

6. 丽江云杉

Picea likiangensis（Franch.）Pritz. in Bot. Jahrb. 29：217. 1901；中国高等植物图鉴 1：300. 图 600. 1972；中国植物志 7：151. 1978. ——*Abies likiangensis* Franch. in Journ. de Bot. 13：257. 1899.

6a. 丽江云杉（原变种）

var. **likiangensis**

昆仑地区不产。

6b. 川西云杉（变种）

var. **balfouriana**（Rehd. et Wils.）Hiller ex Slavin in Rep. Conif. Roy. Hoot. Soc. 86～150. 1932；中国植物志 7：153. 图版 36. 1978；西藏植物志 1：369. 图 102. 1983；青海植物志 1：48. 1997；青藏高原维管植物及其生态地理分布 79. 2008. ——*Picea balfouriana* Rehd. et Wils. in Sarg. Pl. Wilson. 2：30. 1914.

常绿乔木，高 15～30 m。树干直，皮暗栗灰色，常裂成不规则厚块片；枝条平展，当年生枝条淡褐黄色或淡灰褐色，短粗，直径 4～6 mm，密被短柔毛；冬芽圆锥形，有树脂，芽鳞栗褐色，排列紧密，外层有纵肋，多少在肋上或边缘被毛；小枝基部宿存芽鳞开展而不反折或微开展。叶螺旋状排列，密集，菱状条形或扁四棱形，直立或稍弧形弯曲，长 8～15 cm，宽 1～2 mm，先端急尖、尖或钝，稀有小尖头，两面具脊，近轴面有气孔线 4～6 条，远轴面有 1～4 条；横切面菱形或扁菱形，高短于宽，树脂道不明显。雌雄同株；雄球花未见；球果圆柱形或卵状圆柱形，长 5～8 cm，直径 3～4 cm，暗紫色或紫栗色；种鳞卵状菱形，长 1.3～2.0 cm，宽 7～13 mm，最宽度在中部以下，中部明显渐窄，先端圆形，边缘有咀嚼状齿；苞鳞卵状长圆形或近卵形，长 2.0～2.5（3.0）mm，暗紫色，边缘有波齿状。种子小，斜倒卵状长圆形或斜椭圆形，长约 5 mm，种翅椭圆形、长圆形或卵状长圆形，长约 8 mm，边全缘或微波状，有微小的紫色斑点。

产青海：班玛（马柯河林场红军沟，王为义等 26807、26945；马柯河林场科培苗圃，王为义等 27048、27189；班前乡照山，王为义等 26939、26951、26977；灯塔乡，王为义等 27488；马柯河林场，王为义等 27723、27725、27727；采集地不详，郭本兆 23880）。生于海拔 3 200～3 800 m 的沟谷山地阴坡林。

分布于我国的青海、西藏东部、四川西部和西南部。模式标本采自四川康定。

昆仑地区该类型标本很多，除川西云杉 *Picea likiangensis*（Franch.）Pritz. var. *balfouriana*（Rehd. et Wils.）Hillier ex Salvin 外，另一相似于川西云杉的类型，其不同性状如下：（1）叶横切面菱形、扁菱形，稀三角形；（2）叶面的气孔线在近轴面多为 4 条，稀 5 或 6 条，远轴面的气孔线多为 0～2 条，稀 3 条；（3）球果多为栗褐色，稀栗褐色带紫色或近紫色；（4）叶片先端尖，长 1.0～1.3（1.5）cm，宽 1.0～1.3（1.5）mm；（5）苞鳞圆形、近圆形或菱形，周围有短齿，长约 2 mm。这一类型的产地，与川西云杉产地相同，全产于青海省班玛县马柯河林场附近，我们认为这一类型与川西云杉不同，可能又是 1 个变种，类型相似的 2 个变种生于相同生态条件下，自然杂交的机遇很大（除非植物间有特殊生理或生殖机能差异），现仍归在川西云杉内，待今后进一步研究。这些标本是：青海：班玛（马柯河林场科培苗圃，王为义和时英 27192；刘兴元，采集号不详；马柯河林场王柔苗圃，王为义等 26740；马柯河林场红军沟，王为义等 26807；马柯河林场，王为义等 27720；班前乡照山，王为义等 26945、26988、26994；灯塔乡加不足沟，王为义等 24739、27394、27436；亚尔堂乡王柔，吴玉虎 26180、26188）。生于海拔 3 200～3 800 m 的沟谷河边林缘、山地阴坡林缘灌丛。

7. 紫果云杉

Picea purpurea Mast. in Journ. Linn. Soc. Bot. 37：418. 1906；中国植物志 7：156. 图版 37. 1978；青海植物志 1：48. 图版 9：7～10. 1997；青藏高原维管植物及其生态地理分布 79. 2008.

常绿乔木，高约 30 m。树干通直，树皮裂成不规则的薄鳞片；一年生枝褐色，枝粗 2～4 mm，表面密被褐色短毛，节间短，老枝黑栗色、黑灰栗色；冬芽卵圆形，芽鳞紧密排列，鳞片圆卵形或卵形，无毛，有光泽，略有树脂，小枝基部宿存芽鳞先端不反曲或开展。叶片四棱形，长 6～12 mm，宽 1.5～2.0 mm，先端钝或急尖，直立常基部微扭曲，横切面扁菱形，两树脂道在下表皮内边，靠近中脉两侧，远轴面一般无气孔线或仅残存间断的 1～2 条气孔线，近轴面有 4～5（6）条气孔线，叶枕处一般基部有毛，上部无毛。雌雄同株；雄球花未见；球果短圆柱状或宽的椭圆形，成熟后常呈紫黑色，长 3～5 cm，直径约 2.5 cm，种鳞展开，不紧密伏贴；种鳞卵状菱形，长约1.3 cm，宽 0.8～1.0 cm，先端钝圆，边浅波状，顶端具小齿，下部楔形；苞鳞倒卵状长圆形，长约 2.5 mm，扁具小齿。种子小，连翘全长 7～8 mm，倒卵形，长约 4 mm；种翅近椭圆形或菱状椭圆形，有紫色小斑点。

产青海：久治（龙卡沟，果洛队 547、637；龙卡湖南岸，藏药队 780）；班玛（马柯河林场科培苗圃，王为义等 27090、27191；班前乡照山，王为义等 26956、26966）。生于海拔 3 200～4 100 m 的沟谷山地阴坡林。

分布于我国的青海、甘肃、四川。

为我国特有树种，模式标本采自四川松潘。

3. 落叶松属 Larix Mill.

Mill. Gard. Dict. 2：2. 1754，sp. no. 3 excl.

落叶乔木。枝条下垂或开展，枝条二型，有长枝、短枝之别；长枝为正常枝条，近对生或对生，短枝生长非常缓慢，上呈矩形或近头形。全部为密的鳞片覆盖；冬芽小，近球形，芽鳞排列紧密，顶端钝。叶多生于短枝上，簇生，叶片线形或窄条形，扁平，柔软，下面中脉隆起，两侧各有数条气孔线，横切面有 2 个边生树脂道。球花单性，雌雄同株，均生于短枝顶端；雄球花具多数雄蕊，螺旋状着生，花药 2 枚，药室纵裂，花粉无气囊；雌球花有多数珠鳞，珠鳞小，螺旋状排列，外托以膜质苞鳞，苞鳞直伸或反折，中脉延长成尖头，胚珠生于珠鳞的腹面基部。球果直立，当年成熟，具极短的短梗；种鳞革质，宿存；苞鳞比种鳞短或较长，露出部分直立或向后弯曲或反折。种子小，隐藏于种鳞腹面基部，上部有膜质长翅，成熟时种鳞张开，种子脱落。

约 18 种，分布于北半球的温带高山、寒温带或寒带地区。我国有 10 种 1 变种，昆仑地区产 2 种。

分种检索表

1. 球果圆柱形或短圆柱形；苞鳞较种鳞长，显著露出；小枝红褐色或淡紫褐色 ……………………………………………………………… 1. 红杉 **L. potaninii** Batalin

1. 球果卵圆形；苞鳞较种鳞短，不外露；小枝淡褐色或淡黄褐色 ……………………………………………………………… 2. 华北落叶松 **L. principis-rupprechtii** Mayr

1. 红　杉　图版 9：1～6

Larix potaninii Batalin in Acta Hort. Petrop. 13：385. 1893；中国植物志 7：179. 图版 43：1～6. 1978；青海植物志 1：49. 1997；青藏高原维管植物及其生态地理分布 78. 2008.

落叶乔木，高达 50 m。树干通直，树皮灰色或灰褐色，纵裂；大枝平展，有长枝、短枝 2 种，当年生枝红褐色或淡紫褐色，直径 1～2 mm，多为长枝，无毛，有光泽；老枝、短枝灰黑色，短枝长 3～4 mm，直径 3～4 mm，生长极缓慢，顶端有淡黄褐色柔

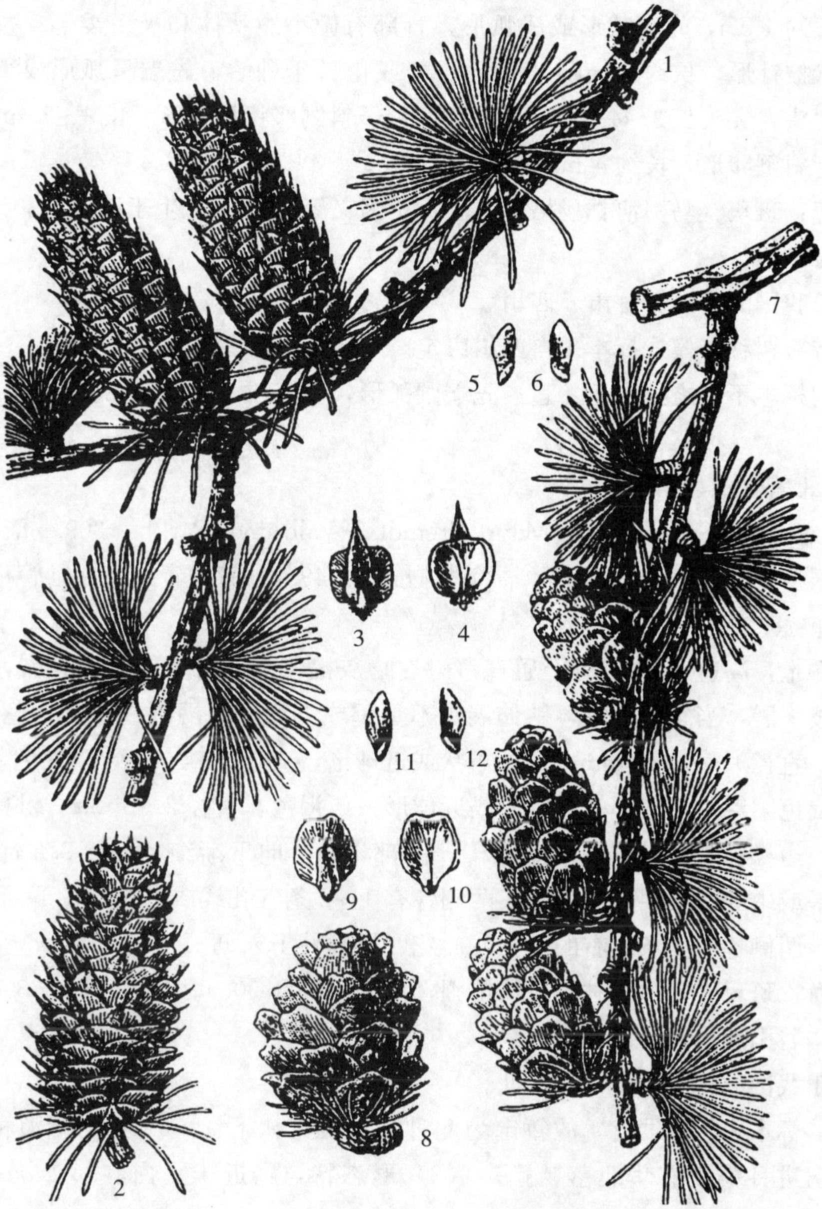

图版 **9**　红杉 **Larix potaninii** Batalin 1. 球果枝；2. 球果；3. 种鳞背面及苞鳞；4. 种鳞腹面及苞鳞上端；5～6. 种子背、腹面。华北落叶松 **L. principisrupprechtii** Mayr 7. 球果枝；8. 球果；9. 种鳞背面及苞鳞；10. 种鳞腹面；11～12. 种子背、腹面。（引自《中国植物志》，张荣厚绘）

毛。叶近线形，多丛生于短枝上，长 1.0～2.5 cm，宽 0.8～1.0 mm，先端急尖或渐尖，上面中脉微凸起，下面凸起明显，边缘稍外翻，两面气孔线均不明显。雌雄同株；雄雌球花未见。球果圆柱形，栗褐色或黑栗色，长 2.5～3.0 cm，直径约 1.5 cm；种鳞方圆形，长约 1 cm，先端截形或浅弧形，背部有微小瘤状体和极短柔毛；苞鳞长圆状或倒长圆状披针形，长约 1 cm，直伸，长于或稍长于种鳞，先端呈弧形或半圆形，突缩形成尾尖头，尖头长 3～4 mm，稍外翻。种子斜倒卵状长圆形，长 2～3 mm，先端具翅，种翅近斜倒卵形，长约 4 mm，宽约 3 mm。

产青海：班玛（马柯河林场格尔赛沟，王为义等 27203）。生于海拔 3 300～4 200 m 的河谷山坡林地。

分布于我国的青海、甘肃、四川。

我国特有树种，模式标本采自四川康定。

我们的标本不同之处在于：苞鳞先端圆弧形，突缩成 3～4 mm 的小尖头。

2. 华北落叶松 图版 9：7～12

Larix principis-rupprechtii Mayr Fremdl. Wald-und Parkb. 309. f. 94 ～ 95. 1906；中国植物志 7：185. 1978；青海植物志 1：49. 1997；青藏高原维管植物及其生态地理分布 78. 2008.

落叶乔木，高达 30 m。树干通直，树皮暗灰褐色，老时呈不规则纵裂，并呈小块片脱落；枝平展，当年生直立，斜伸展，不下垂或下弯，淡褐色或淡黄褐色，有光泽，一般无毛，直径 1.5～2.0 mm；短枝矩状或近球形，直径 3～4 mm，栗褐色，先端具淡锈褐色或褐色柔毛；冬芽小，近卵形或近球形，栗褐色，直径 2～3 mm，芽鳞卵形，先端具尖头，边缘被毛。叶线形或细条形，上部稍宽，向下渐细，长约 2.5 cm，先端急尖，上面平或中脉有不明显的隆起，两侧各有 1～2 条气孔线或不明显，下面中脉隆起，边稍外翻，两侧各有 3 条左右的气孔线。花、果和种子未见。

产青海：班玛（马柯河林场科培苗圃，王为义等 27006）。栽培于海拔 3 200 m 左右或更高的沟谷山地林缘。

分布于我国的青海、山西、河北。

我们的标本无繁殖器官，故暂定为此种，其根据如下：（1）据《青海植物志》记载，青海引进种类仅有华北落叶松；（2）形态特点：近于太白红杉 *Larix chinensis* Beissn. 和落叶松 *Larix gmelini*（Rupr.）Rupr.，前者小枝下垂，短枝直径 3～4 mm，叶下面气孔线多（2～5 条）；后者小枝细，粗约 1 mm，多少被毛。

十三　柏科 CUPRESSACEAE

常绿乔木或灌木，雌雄同株或异株，一般具芳香气味。叶交叉对生或 3 枚轮生，稀螺旋状着生，鳞形或刺形，或具二型叶；刺形叶常出现在幼树上，或全部为刺形叶，近轴面一般有气孔束；鳞形叶远轴面具腺体。球花单性，单生于枝顶或叶腋；雄球花球形至长圆形，珠鳞 6 枚至多数，交叉对生或 3 枚轮生，每枚含 3～6（9）花药，花粉无气囊；雌球花球形、卵形或长圆形，成熟时开裂或全部愈合，二年生，有的一年生或三年生成熟，珠鳞 3～16 枚，交叉对生或 3 枚轮生，胚珠 1 或多数，苞鳞与珠鳞合生。球果的种鳞木质、近革质，薄或厚，扁平或成盾形，熟时张开，或有的肉质合生呈浆果状，熟时不裂或先端微开裂。种子 1 或多数，有翅或无翅。

有 19 属，约 125 种，分布于南北两半球。我国有 8 属，约 46 种（包括引进种）；昆仑地区产 1 属。

1. 刺柏属 **Juniperus** Linn.

Linn. Sp. Pl. 1038. 1753.

常绿乔木或灌木，雌雄同株或异株。直立或匍匐，树皮薄，常为条状或带状剥落，不整齐；冬芽显著或不显著；小枝的横切面圆柱形或四棱形，稀六棱形。叶刺形或鳞形；刺形叶多生于幼树上或抽出条上，通常 3 枚轮生，基部下延，无关节，近轴面有白色的气孔带；鳞形叶交叉对生，稀 3 枚轮生，生于成年树上，稀在老树上与刺形叶共生，一般较刺形叶小，紧密伏贴于小枝上，菱形，叶下面常具腺体；腺体凸起或凹下，有各种形状。球花单性；雄球花黄色，卵形或长圆状球形，小，珠鳞 4～8 枚，交互对生，内含孢子；球果常第 2 年成熟，稀第 3 年成熟，多顶生，稀腋生，球形或卵形，由 4～8 枚交叉对生的种鳞（苞鳞）愈合而成，肉质，不开裂，仅顶部尖端稍分离，内含种子。种子无翅，每球果有种子 1～6 粒（昆仑地区植物常为 1 粒，稀多数），种子表面具棱和树脂槽。子叶 2～6 枚。

约 60 种，分布于北半球。我国有 23 种，昆仑地区产 8 种 1 变种 2 变型。

分种检索表

1. 球果有种子 3～4 枚；种子常呈三角状锥形 ……… **1. 昆仑多子柏 J. semiglobosa** Regel
1. 球果有种子仅 1 粒；种子常呈近球形或卵状球形。

2. 全部叶呈刺形或针形，顶端常出现小尖头 ……………………………………………… 2. **高山柏 J. squamata** Buch.-Ham. ex D. Don

2. 叶两型，有刺形叶和鳞形叶，刺形叶多生于幼树上，有的萌生的抽出条上也有。

3. 腺体在叶的远轴面基部。

4. 小枝四棱形，常向下弯曲；球果小，长 4～8 mm ……………………………………………… 3. **方枝柏 J. saltuaria** Rehd. et Wils.

4. 小枝柱形或近四棱形，直立，稀稍弯曲；球果稍大，长 8～13 mm。

5. 枝条上的分枝向上渐短；鳞形叶卵状披针形或披针形，先端急尖或渐尖，叶上面无蜡质层 ……………………… 4. **塔枝圆柏 J. komarovii** Florin

5. 枝条上的分枝不缩短；鳞形叶卵形或卵状披针形，先端钝或急尖，上面被薄的蜡质层，成熟时蜡层易破裂；腺体圆形、卵圆形或长圆形 ……………………………………………… 5. **祁连圆柏 J. przewalskii** Kom.

3. 腺体在叶的远轴面中部。

6. 最终小枝直径约 1 mm；球果小，长 5～7 mm，直径 5～6 mm ……………………………………………… 6. **密枝圆柏 J. convallium** Rehd. et Wils.

6. 最终小枝较粗，一般超过 1 mm；球果大，长 8～16 mm。

7. 小枝圆柱形，有时微四棱形；球果大，长 10～14 mm，直径 8～12 mm ……………………………………… 7. **大果圆柏 J. tibetica** Kom.

7. 小枝四棱形或近四棱形；球果较小，长 6～12 mm。

8. 鳞形叶灰绿色，宽菱形或卵状三角形，先端钝，紧贴枝上，先端不开展，上面稍被粉或似蜡质沫；球果长 6～10 mm，直径 5～7 mm；种子基部近圆形 ……………… 8. **昆仑方枝柏 J. centrasiatica** Kom.

8. 鳞形叶绿色，卵状菱形，先端稍与枝分离，上面无粉或蜡质沫；球果长 8～12 mm，直径 8 mm；种子基部突缩成尖头或呈短棍状 ………… 9. **新疆方枝柏 J. pseudosabina** Fisch. et C. A. Mey.

1. 昆仑多子柏

Juniperus semiglobosa Regel in Trudy Imp. St.-Pétersb. Bot. Sada 6：487. 1879, et in Acta Hort. Petrop. 6：487. 1879；Fl. China 4：62～77. 1999；Robert P. Adams，*Juniperus* of the World：the Genus *Juniperus*，171. 2004，et ed. 2. 290. 2008. ——*Sabina semiglobosa*（Regel）L. K. Fu et Y. F. Yu Higher Plants of China 3：88. 2000. ——*Juniperus jarkendensis* Kom. in Not. Syst. Herb. Hort. Bot. Petrop. 4（23～24）：181. 1925；新疆植物志 1：85. 图版 23. 1992；Robert P. Adams，*Juniperus* of the World：the Genus *Juniperus* 125. 2004，et ed. 2：209. 2008. ——*Sabina vulgaris* Ant. var. *jarkendensis*（Kom.）C. Y. Yang Fl. Reipubl. Popul. Sin. 7：360. 1978.

乔木或灌木，高 2～6 m 或过之，雌雄异株，稀同株。大树枝灰棕栗色，其分枝棕褐色，直立稀俯垂，小枝深绿色或暗绿色，较稀疏，圆柱形或近四棱形，细，直径 1.0～1.2 mm。叶二型，有鳞形叶和刺形叶 2 种；刺形叶 3 枚轮生于幼树上，长圆形，顶近三角形，长 4～7 mm，贴伏于枝上，直立，先端急尖或近渐尖具硬尖头，背面在中部或中下部具长圆形腺体；鳞形叶小，深绿色，交叉对生，卵形、菱形或卵状菱形，长 1～2 mm 或稍过，紧密贴伏于小枝上，排列密，先端钝或急尖，背部圆拱形，腺体位于叶背中部，长圆形或狭卵形，下凹。雄球花未见；球果倒卵圆形，长 6～8 mm，直径 6～7 mm，黑栗色或暗棕栗色，先端平截且宽，基部圆形，表面被粉尤在凹陷处明显，内含 3～4 粒种子。种子为不规则的三角锥形或近长卵形，长约 5 mm，宽约 3 mm，先端钝尖，基部近圆形，表面肋明显，具槽。

产新疆：莎车（喀拉吐孜矿区，青藏队吴玉虎 870712）；叶城（棋盘乡，青藏队吴玉虎 4711、4723、4725）；皮山（垴阿巴提乡布琼，青藏队吴玉虎 3007）。生于海拔 2 800～2 900 m 的山坡林地、云杉林边缘、山谷灌丛。

分布于我国的新疆、西藏；印度，阿富汗，克什米尔地区，哈萨克斯坦，吉尔吉斯斯坦，塔吉克斯坦，乌兹别克斯坦也有。

有部分标本，其嫩枝黄绿色；球果多为近球形，小，长 5～6 mm，密集，绿栗色、黑栗色。产于新疆叶城柯克亚乡和苏克皮亚地区，海拔可达 3 200 m 左右（青藏队吴玉虎 870873、871032）；这类标本性状变化不大，故暂归本种。

2. 高山柏 图版 10：1～3

Juniperus squamata Buch.-Ham. ex D. Don in Lambest, Descr. Pinus 2: 17. 1824; Fu Liguo, Yu Yongfu et Aljos Farjon Fl. China 4: 62～77. 1999; Robert P. Adams, *Juniperus* of the World: the Genus *Juniperus* 173. 2004, et ed. 2. 295. 2008. ——*Sabina squamata* (Buch.-Ham.) Ant. Cupress. Gatt. 66. t. 89. 1857; 中国植物志 7：353. 图版 81：1～3. 1978；西藏植物志 1：388. 图 112：1～3. 1983；青海植物志 1：53. 图版 10：1～3. 1997；青藏高原维管植物及其生态地理分布 84. 2008.

2a. 高山柏（原变型）

f. **squamata**

灌木，稀乔木，高 1～3 m，雌雄异株。树干直立，暗棕栗色或棕栗色，皮裂成片状剥落，枝条平展或斜伸，新生枝条排列紧密，直立或稍呈弧形。叶绿色、淡绿色、稍带褐色或黄绿色，全部为刺形叶，3 枚交叉轮生，披针形或狭披针形，长 5～8 mm，开展或斜上升，常在枝的顶部稍伏贴于枝尖，先端渐尖，顶端常出现小尖头，基部下延，上面微凹，具白色宽的气孔束，无显著中脉，下面拱圆，有的出现不明显的脊。雄球花未见；球果近球形，黑栗色，长 5～6 mm，直径约 4 mm，具 1 粒种子。种子近球形或卵圆形，长 3～4 mm，先端钝，具突起的两肋，有不明显的槽。

产青海：班玛（马柯河林场王柔苗圃，王为义等 26755；马柯河林场科培苗圃，采集人不详 26997；班前乡照山，王为义等 26907）。生于海拔 3 200～4 000 m 的沟谷山地阴坡林。

分布于我国的青海、甘肃、陕西、西藏、四川、云南、贵州、湖北、安徽、福建、台湾；尼泊尔，不丹，印度，巴基斯坦，阿富汗，克什米尔地区也有。

2b. 香　柏（变型）

f. **wilsonii** Rehd. in Journ. Arn. Arb. 1：191. 1920；Robert P. Adams，*Juniperus* of the World：the Genus *Juniperus* 175. 2004，et ed. 2. 297. 2008. ——*Juniperus squmata* Buch.-Ham. var. *wilsonii* Rehd. in Journ. Arn. Arb. 1：190. 1920. ——*Sabina pingii*（Cheng ex Ferre）Cheng et W. T. Wang var. *wilsonii*（Rehd.）Cheng et L. K. Fu Fl. Reipubl. Popul. Sin. 7：356. 图版 82：4. 1978；青海植物志 1：55. 1997. 青藏高原维管植物及其生态地理分布 83. 2008. ——*Juniperus pingii* var. *wilsouii*（Rehd.）Silba，Phytologia Mem. 7：36. 1984；Fu Liguo，Yu Yongfu et Aljos Farjon Fl. China 4：62～77. 1999.

本变型与原变型的主要区别在于：叶片小，披针形或狭披针形，长 3～4 mm，宽约 1 mm，呈舟状对折，枝先端的叶子具脊，及至基部脊渐变得模糊，无纵槽；果实小，卵形或近球形，长 5～6 mm；新生枝条灰绿色，细而短。

产青海：班玛（马柯河林场，王为义等 27734）。生于海拔 3 300 m 左右的沟谷山坡林缘。

分布于我国的青海、甘肃、陕西、西藏、四川、云南、湖北。

我们的标本与 Robert P. Adams 的描述不同：（1）叶小，长 3～4 mm；（2）果实大，长 5～6 mm；（3）枝条不呈六棱形。

3. 方枝柏

Juniperus saltuaria Rehd. et Wils. in Sargent，Pl. Wils. 2：61. 1914；Fu Liguo，Yu Yongfu et Aljos Farjon Fl. China 4：62～77. 1999；Robert P. Adams，*Juniperus* of the World：the Genus *Juniperus* 166. 2004，et ed. 2. 283. 2008. ——*Sabina saltuaria*（Rehd. et Wils.）Cheng et W. T. Wang，中国树木学 1：257，1961；中国植物志 7：366. 图版 87：1～4. 1978；西藏植物志 1：389. 图 113：4～7. 1983；青海植物志 1：56. 1997；青藏高原维管植物及其生态地理分布 84. 2008.

乔木，高达 10 m，雌雄同株（异株?）。树干通直；树皮裂成狭薄片状剥落，枝条灰黑棕栗色，树枝平展或开展角度大，小枝排列密，弧状弯曲或稍弯曲，末端小枝粗约

1 mm。叶二型，为鳞形叶和刺形叶；刺形叶生于幼枝上，3 枚轮生，菱形或宽菱形，长 3～5 mm，背部拱形，具脊，先端具硬尖头；鳞形叶生于大树上，深绿色或淡绿色，菱状卵形，长 1.5～2.0 mm，先端钝或急尖，稍内曲，背部拱圆或具脊，背部腺体位于叶片基部或近基部，腺体有的不明显，一般呈圆形、卵形或长圆形，凸起或下凹；当年生叶片，卵形～卵状披针形，长 2.0～2.5 mm，先端急尖，腺体在基部多成长圆形。雄球花近球形，长 1.5～2.0 mm，具珠鳞 6～8 枚；球果近球形或卵形，成熟时黑色，长 6～10 mm，内含 1 粒种子。种子卵形或菱状卵形，长约 7 mm，宽约 5 mm，两端尖，具肋、槽。

产青海：玛沁（拉加山，吴玉虎 25651）；班玛（班前乡照山，王为义等 26943；马柯河林场红军沟，王为义等 26942；马柯河林场宝藏沟，王为义等 27259）。生于海拔 3 300～3 800 m 的沟谷山坡林地。

分布于我国的青海、甘肃、西藏、四川、云南。

我国特有树种，模式标本采自四川松潘。

采自青海省久治（龙卡湖畔，果洛队 561、藏药队 714）、班玛（班前乡照山，王为义等 26914；马柯河林场红军沟，王为义等 26194、26843、26873、26929；马柯河林场宝藏沟 27236、27241；马柯河林场王柔苗圃，王为义等 26749；马柯河林场格尔赛沟 27205）的标本与《中国植物志》中本种的描述有以下几点区别：（1）雌雄异株（?）；（2）小枝近四棱形；（3）鳞形叶片常为卵状长圆形或卵状披针形，长 2.0～2.5 mm，先端尖或渐尖；（4）枝条基部叶片（老叶）背部腺体卵形或近圆形，上部叶片（可能为新叶）背部腺体为长圆形、条形或狭卵形，位于叶片中下部，常下凹。

4. 塔枝圆柏

Juniperus komarovii Florin in Acta Hoot. Gothob. 3：3. t. 1. f. 1～3. 1927；Fu Liguo，Yu Yongfu et Aljos Farjon Fl. China 4：62～77. 1999；Robert P. Adams，*Juniperus* of the World：the Genus *Juniperus* 126. 2004，et ed. 2. 211. 2008. ——*Sabina komarovii*（Florin）Cheng et W. T. Wang，中国树木学 1：261. 1961；中国植物志 7：374. 图版 83：2～6. 1978；青海植物志 1：57. 1997；青藏高原维管植物及其生态地理分布 83. 2008.

小乔木，高达 10 m，雌雄异株或同株。树干直，灰棕褐色；树皮交错裂成薄片状脱落；枝条圆形或近方形，下垂或弯曲，顶端的枝条未充分发育，分枝越向顶端越少且越短，最终小枝直径 1.2～1.5 mm。叶有刺形叶、鳞片状叶，在成年植株上常出现 2 种叶混生，叶片灰绿色或黄绿色，刺形叶 3 枚轮生，披针形或宽披针形，长 5～7 mm，先端长渐尖，斜升或宽的开展；鳞片状叶，对生或 3 枚轮生，卵状披针形或披针形，长 2.0～2.5（3.0）mm，先端急尖或渐尖，排列紧密并伏贴在上面叶上；腺体卵形或椭圆形，位于基部或近基部。雄球花球形，栗紫色，2～3 mm，珠鳞近圆形或卵圆形，先端钝或急尖，约 10 枚；球果近圆形长圆形或近卵形，栗褐色或黑栗色，长 8～10（12）mm，含 1 粒种子。种子近圆形，长 6～8 mm，具钝肋，近基部有明显浅槽。

产青海：班玛（马柯河林场格尔赛沟，王为义和时英 27201；马柯河林场宝藏沟，王为义等 27350；马柯河林场红军沟，王为义等 26824、26834、26839、26848；马柯河林场王柔苗圃，王为义等 26751、26757；亚尔堂乡王柔，吴玉虎 26251、26252、26257、26267）。生于海拔 3 000～3 800 m 的河谷山坡林地。

分布于我国的青海、四川。

模式标本采自四川北部。

采自青海玛沁（军功乡，吴玉虎 26788、26968、26985；大武乡江让水电站，王为义等 26693、26695、26697、26698、26699；雪山乡，采集人不详　样方-10；军功乡，区划二组 079；采集地不详，H. B. G. 208、377：尕柯河，玛沁队 114）、兴海（河卡乡阿米瓦阳山，何廷农 417）的标本与《中国植物志》中本种的描述有些不符：叶片蜡质不明显或无，成熟果实大，球形，但其他性状近似本种，暂归本种，有待进一步研究。

5. 祁连圆柏　图版 10：4～7

Juniperus przewalskii Kom. in Not. Syst. Herb. Hort. Bot. Reip. Ross. 5：28. 1924；Fu Liguo，Yu Yongfu et Aljos Farjon Fl. China 4：62～77. 1999；Robert P. Adams，*Juniperus* of the World：the Genus *Juniperus* 157. 2004，et ed. 2. 266. 2008. ——*Sabina przewalskii*（Kom.）W. C. Cheng et L. K. Fu Fl. Reipubl. Popul. Sin. 7：375. 图版 85：6～9. 1978；青海植物志 1：57. 图版 10：7～9. 1997；青藏高原维管植物及其生态地理分布 83. 2008.

5a. 祁连圆柏（原变型）

f. **przewalskii**

乔木，稀灌木状，高 10～20 m，雌雄同株。树干一般直，树皮灰褐色，外层树皮条片状剥落；枝条开展，排列密集，直立或稍弯曲，圆柱形或近四棱形，末端小枝直径 1.0～1.5（2.0）mm。叶有刺形叶、鳞片状叶 2 种，一般灰绿色，有时褐绿色；刺形叶普遍生于幼树上，3 叶轮生，三角状披针形或披针形，长 5～7 mm，开展或斜展，先端渐尖，上面凹，下面突成弧形，肋不明显；鳞片状叶生于大树上，交错对生，卵形或卵状披针形，长 2～3 mm，先端急尖或钝，稍盖覆于上面叶，下面被一层蜡质，嫩时不明显，成熟叶一般蜡层失水在叶面爆裂；腺体圆形、卵圆形或长圆形，常凸起，位于叶下面基部或近基部。雄球花近圆形或宽卵形，长 2～3 mm，褐色，珠鳞宽卵形，近 10 枚，先端钝圆；球果卵圆形或近圆形，暗褐色或黑褐色，稍带光泽，长 8～13 mm，含 1 粒种子。种子近圆形，长 8～9（10）mm，具明显凸起的棱，有不明显的浅沟槽。

产青海：都兰（巴隆乡昆仑山爱屋北坡，吴玉虎 36370、36375；巴隆乡三合村，吴玉虎 36373；沟里乡，杨树枝采集号不详；希里沟都兰寺，青甘队 610；英德尔羊场，杜庆 417；香日德考尔沟，黄荣福 C. G. 81－267；香日德莫不里山，青甘队 1225；诺木洪乡，杜庆 339）；兴海（大河坝乡赞毛沟，吴玉虎 46458；中铁林场恰登沟，吴玉虎 44891、45122、45178、45188、45205、45215、45234；赛宗寺后山，吴玉虎 46328、46355；中铁林场卓琼沟，吴玉虎 45658；阿米瓦阳山，王作宾 20305；大河坝乡，张盍曾 63512）；玛沁（大武乡江让，植被地理组 472、473，吴玉虎 1429、1472；军功乡，黄荣福 C. G. 81－041；采集人不详　样方-10）、久治（龙卡湖出水口，藏药队 793）。生于海拔 3 200～4 200 m 的阳坡、半阳坡、河谷、山脊、沙石滩的林地或石头缝隙、沟谷山地林缘、山地阳坡林。

分布于我国的青海、甘肃、四川。

我国特有种，模式标本采自青海大通河流域。

5b. 垂枝祁连圆柏（变型）

f. **pendula**（W. C. Cheng et L. K. Fu）R. P. Adams et Chu Gelin. in Journ. Esoential Oil Research 6: 17. 1994. ——*Sabina przewalskii*（Kom.）W. C. Cheng et L. K. Fu f. *pendula* Cheng et L. K. Fu in Acta Phytotax. Sin. 13（4）: 86. 1975；中国植物志 7：376. 1978；青海植物志 1：58. 1997；青藏高原维管植物及其生态地理分布 84. 2008.

本变型与原变型的区别为：小枝细长、下垂。

产青海：玛沁（大武乡江让水电站，王为义等 26696、吴玉虎 1471）。生于海拔 3 200～3 600 m 的河谷阳山坡林地。模式标本采自青海东部的西倾山地区。

6. 密枝圆柏

Juniperus convallium Rehd. et Wils. in Sargent, Pl. Wils. 2: 62. 1914；Fu Liguo, Yu Yongfu et Aljos Farjon　Fl. China 4：62～77. 1999；*Juniperus* of the World：the Genus *Juniperus* 92. 2004，et ed. 2. 155. 2008. ——*Sabina convallium*（Rehd. et Wils.）Cheng et W. T. Wang，中国树木学 1：259. 1961；中国植物志 7：372. 图版 86：1～7. 1978；西藏植物志 1：390. 1983；青海植物志 1：56. 1997；青藏高原维管植物及其生态地理分布 83. 2008.

乔木，稀灌木，高约 10 m，雌雄异株稀同株。树干通直，树皮成不规则的片状剥落，枝条灰棕栗色或黑灰栗色，多分枝，枝条直而开展，排列密集或稀疏，末端小枝一般圆柱形或近四棱形，较细，直径 0.8～1.0 mm。叶分鳞形叶、刺形叶 2 种；刺形叶着生在幼树上，3 枚轮生，三角形或长三角形，长 3～6 mm，斜上升或微开展，老叶的先端具硬尖头，背部微凹起；鳞形叶交叉对生，排列紧密，伏贴于上面的叶上，卵状长圆形、长椭圆形或卵状长圆形，长 1.0～1.5（2.0）mm，宽 0.8～1.0 mm，先端钝或微尖，微向内曲，背面拱圆或微显钝脊；腺体条形、长圆形稀卵形，微凹或微凸，位于叶下面的中部或中下部，有的由近基部直至中上部。雄球花近球形或卵球形，长 1.5～3.0 mm，珠鳞 6～8 枚；球果锥状卵圆形或近球形，褐色、栗褐色或暗褐色，有光泽，直径 5～7 mm，无粉，先端有锥状尖头或平圆，内含种子 1 粒。种子球形，长 5～6 mm，先端钝尖或微凹状，边具 2 肋，表面有不规则的浅槽。

产青海：班玛（马柯河林场宝藏沟，王为义等 27228、27248、27332；灯塔乡加定沟，王为义等 27416；马柯河林场科培苗圃，王为义等 27022、27185；灯塔乡加不足沟，王为义等 27370、27452）。生于海拔 3 200～3 700 m 的沟谷山地阳坡、半阳坡林。

分布于我国的青海、甘肃、西藏、四川。

我国特有树种，模式标本采自四川西部。

采自青海省班玛（灯塔乡加不足沟，王为义等 27396、27401、27406、27412、27418、27454、27459、27463、27468；马柯河林场红军沟，王为义等 26805、26817、26850、27659；马柯河林场科培苗圃，王为义等 26998、27018、27294；马柯河林场班前乡，王为义等 26897、26995；马柯河林场宝藏沟，王为义等 27264、27329；马柯河林场格尔赛沟，王为义等 27199、27224；河谷地带，王为义等 27659）、称多（歇武乡赛巴沟，刘尚武 2506）的标本与《中国植物志》中本种的描述有以下不同：（1）末端小枝径较粗，为 1.0～1.5 mm；（2）鳞状叶片较长，为 1.5～3.0 mm；（3）小枝排列一般较稀疏；（4）锥状卵圆形或近球形的果实较大，近球形果实长 8～近 10 mm，锥状卵圆形的果实长 7～8 mm，成熟果实的颜色为黑栗色；（5）近圆球形，略扁，长 5～6 mm，先端有钝或秃尖。

7. 大果圆柏 图版 10：8～10

Juniperus tibetica Kom. in Not. Syst. Herb. Hort. Bot. Reip. Ross. 5：27. 1924；Fu Liguo，Yu Yongfu et Aljos Farjon Fl. China 4：62～77. 1999；*Juniperus* of the World ：the Genus *Juniperus* 181. 2004，et ed. 2. 308. 2008. ——*Sabina tibetica* Kom. in Not. Syst. Herb. Hort. Bot. Reip. Ross. 5：27. 1924；中国植物志 7：370. 1978；西藏植物志 1：390. 1978；青海植物志 1：56. 图版 10：4～6. 1997；青藏高原维管植物及其生态地理分布 84. 2008.

乔木，稀灌木状，高 5～10（30）m，雌雄异株，稀同株。树干通直，栗色、灰栗色或暗褐色，树皮裂成薄片脱落；枝条密集或稀疏排列，一般直立，小枝圆柱形或微呈四棱形，直径 1.0～1.5 mm。叶有鳞片叶或刺形叶；刺状叶常生于幼树上或在幼树上与鳞片状叶共生，3 枚轮生，三角形、锐长三角形或椭圆三角形，长 3～6 mm，先端一般锐尖或呈硬刺状，背部拱凸，斜开展或微开展；鳞片状叶绿色、黄绿色，稀灰绿色，交叉对生，卵状菱形或长卵形，长 1.5～3.0 mm，先端钝，背部圆凸状，紧密贴伏上面叶

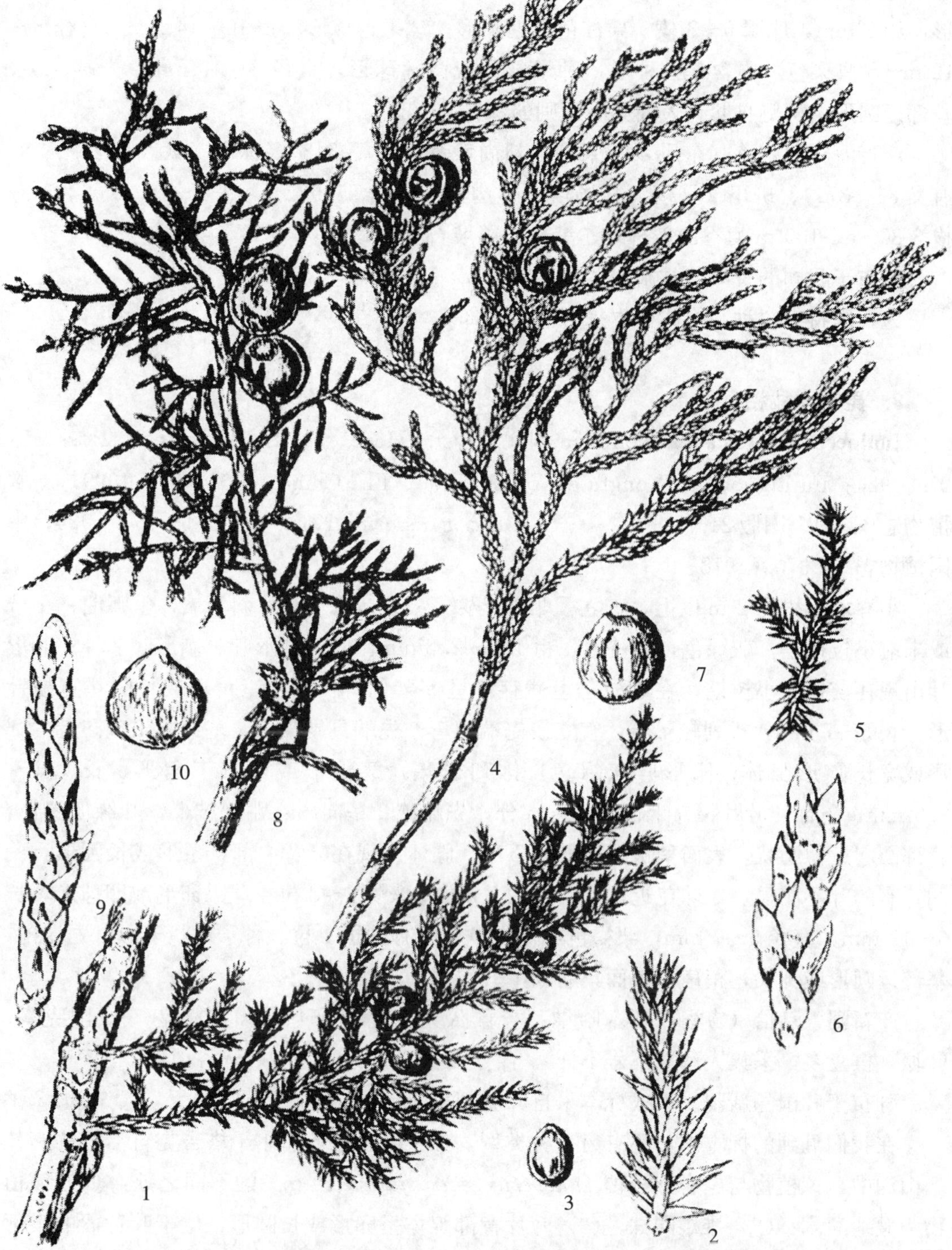

图版 10 高山柏 **Juniperus squamata** Buch. –Ham. ex D. Don 1. 球果刺叶枝及种子；2. 刺叶 1 枝放大；3. 种子。祁连圆柏 **J. przewalskii** Kom. 4. 球果鳞叶枝及种子；5. 刺叶枝放大；6. 鳞叶枝放大；7. 种子。大果圆柏 **J. tibetica** Kom. 8. 球果鳞叶枝及种子；9. 鳞叶枝放大；10. 种子。（王颖绘）

上；腺体长圆形或狭椭圆形，位于叶片背部中部，微凹，明显或不明显。雄球花近球形，约 2 mm，珠鳞 6～8 枚，栗棕色，近圆形；球果近球形，长 10～14 mm，直径 8～12 mm，黑栗色，内含 1 粒种子。种子球形或微扁球形，直径 8～10 mm，先端钝尖，基部近圆形，两侧具肋，表面具不规则的深槽。

产青海：曲麻莱（东风乡江荣寺，刘尚武和黄荣福 842）、称多（歇武乡争托，刘有义 83－371）、班玛（马柯河林场格尔赛沟，王为义 27196、27197、27202）。生于海拔 3 800～4 100 m 河谷山坡林地、灌丛、阳坡石隙。

分布于我国的青海、甘肃、西藏、四川。

为我国特有树种，模式标本采自四川西部。

8. 昆仑方枝柏

Juniperus centrasiatica Kom. in Not. Syst. Herb. Hort. Bot. Reip. Ross. 5：27. 1924；Fu Liguo，Yu Yongfu et Aljos Farjon Fl. China 4：62～77. 1999；新疆植物志 1：81. 图版 21. 1992. ——*Sabina centrasiatica* Kom. i. c. 5：27. 1924；中国植物志 7：370. 1978.

小乔木，树高 2 m 以上，直立，雌雄异株。枝条灰棕栗色，斜开展，常弧曲；小枝或末端小枝密集，灰绿色，四棱形，粗 1.5～2.2 mm。叶有鳞形叶、刺形叶 2 种；刺形叶出现在苗期或小树期，在老枝条上残存，呈棕栗色，长圆状三角形或长圆状宽披针形，长 5～7 mm，排列较稀疏，直立或先端内弯，先端具硬尖头，基部常出现凸起的圆形或宽长圆形腺体；鳞形叶灰绿色，排列密集，宽菱形或卵状三角形，长 1.5～2.0 mm，下面的叶片覆盖上面叶片一部分，先端钝，稍向内弯贴伏枝上，叶缘淡绿色，背部凸起近似肋状，表面稍被粉或似蜡质沫，腺体出现在叶背中部，条形或长圆形，稍凹，有的叶不明显。雄球花近球形，长约 2 mm，珠鳞 6～8 枚；球果卵形或卵球形，长 6～10 mm，直径 5～7 mm，栗褐色或棕褐色，内有种子 1 粒。种子球状菱形，先端钝，基部近圆形或钝尖，稍扁，表面具肋和少数沟槽。

产新疆：乌恰（吉根乡斯木哈纳，青藏队吴玉虎 87054、87055）、莎车、阿克陶、叶城（棋盘乡，采集人和采集号不详）。生于海拔 3 200 m 左右的沟谷山坡。

分布于我国的新疆。模式标本采自叶城县棋盘乡。

在我们见到的标本中，还有另一种类型，产于新疆塔什库尔干塔吉克自治县的麻扎一山沟中，该植物与昆仑方枝柏 *Juniperus centrasiatica* Kom. 的不同之处：（1）该植物为偃地灌木；（2）雌雄同株；（3）叶片背部腺体呈卵形或长圆形，位于叶背面的中部或基部；（4）球果小，长 6～7 mm，污黑色。但其大部性状与昆仑方枝柏相同，故暂定入本种。

此标本又似滇藏方枝柏 *J. indica* Bertoloni，其区别：（1）最终枝条（新生枝条）粗约 2 mm；（2）叶片或小枝为灰绿色，小枝排列较稀疏；（3）叶片腺体仅为叶片全长的 1/4～1/2，位于叶片的中部或基部；（4）果实小；（5）超出分布区以外。该种产于新疆塔什库尔干麻扎，生于海拔 3 900～4 000 m 的山沟。

9. 新疆方枝柏

Juniperus pseudosabina Fisch. et C. A. Mey. in Index Sem. Hort. Petrop. 8：15. 1842；新疆植物志 1：83. 1992.

9a. 新疆方枝柏（原变种）

var. **pseudosabina**

昆仑地区无此种。

9b. 喀什方枝柏（变种）

var. **turkestanica**（Kom.）Silba Phytologia Mem. 7：36. 1984；Fu Liguo，Yu Yongfu et Aljos Farjon Fl. China 4：62～77. 1999. ——*Sabina turkestanica* Kom. in Not. Syst. Herb. Hort. Bot. Reip. Ross. 5：26. 1924. ——*Sabina pseudosabina*（Fisch. et C. A. Mey.）Cheng et W. T. Wang var. *turkestanica*（Kom.）C. Y. Yang，Fl. Reipubl. Popul. Sin. 7：369. 1978. ——*Juniperus pseudosabina* 杨昌友 non Fisch. et C. A. Mey. 新疆植物志 1：83. 1992；Robert P. Adams non Fisch. et C. A. Mey. *Juniperus* of the World：the Genus *Juniperus* 158. 2004，et ed. 2：268. 2008.

乔木或灌木，高 2 m 以上，雌雄异株。枝条圆柱形，灰棕栗色；新的枝条栗褐色，斜上升，直；小枝密集，绿色，四棱形或圆柱形，粗 1.5～2.0 mm。叶有鳞形叶、刺形叶 2 种；刺形叶仅着生于幼树、抽出条上，3 枚轮生，卵状三角形或长三角形，长 4.5～8.0 mm，先端急尖或渐尖，具硬尖头，基部有略明显的、凸出的卵形腺体；鳞形叶紧密排列，卵状菱形，交叉对生，长 1.5～3.0 mm，紧密伏贴在枝上，仅顶端未张开，先端钝，背部腺体位于中部，条形，下凹。雄球花未见；球果黑色或栗色，近球形或宽椭圆形，长 8～12 mm，宽约 8 mm，含种子 1 粒。种子宽椭圆形，略扁，长 8～10 mm，宽 5～7 mm，先端钝，基部突缩成细的短棍状或硬尖头，具明显的肋和浅槽。

产新疆：阿克陶（阿克塔什，青藏队吴玉虎 870206、870207）、叶城（柯克亚乡，青藏队吴玉虎 870872、870874）、皮山（垴阿巴提乡布琼，青藏队吴玉虎 1825；喀尔塔什，青藏队吴玉虎 3613）。生于海拔 2 700～3 600 m 的沟谷山地阳坡灌丛。

分布于我国的新疆；巴基斯坦，阿富汗，哈萨克斯坦，塔吉克斯坦，乌兹别克斯坦也有。

十四 麻黄科 EPHEDRACEAE

灌木，亚灌木或草本状，高 5～250 cm。茎直立或匍匐，分枝多，小枝对生或轮生，绿色，圆筒形，具节，节间有细纵槽纹。叶退化成膜质，在节上交叉对生或轮生，基部联合成鞘状，顶端 2～3 裂，裂片顶端具三角状裂齿，通常黄褐色或淡黄白色。花雌雄异株，稀同株，球花卵圆形或椭圆形，生于枝顶或叶腋；雄球花单生或数个丛生，或 3～5 个组成复穗花序，具 2～8 对交叉对生或 2～8 轮（每轮 3 片）苞片，苞片厚膜质或膜质，每片苞片生 1 雄花，雄花具膜质假花被，假花被圆形或倒卵形，大部分合生，仅顶端分离，雄蕊 2～8 枚，花丝联合成 1～2 束，花药 1～3 室；雌球花具 2～8 对交叉对生或 2～8 轮（每轮 3 片）苞片，仅顶端 1～3 片苞片生有雌花，雌花具顶端开口的囊状草质假花被，包于胚珠外，胚珠有一层膜质珠被，其上部延长成直或弯的珠被管；雌球花苞片随胚珠发育增厚呈肉质，红色或橘红色，稀为干燥膜质。种子 1～3 粒。

仅 1 属，约 40 种，分布于亚洲、欧洲东南部及非洲北部等干旱、荒漠地区。我国有 16 种 2 变种，昆仑地区有 9 种 2 变种。

1. 麻黄属 **Ephedra** Tourn ex Linn.

Linn. Gen. Pl. 321. 1727, ed. 5. 462. 1754.

形态特征等与科相同。

分种检索表

1. 球花的苞片膜质，淡黄棕色；雌球花成熟时苞片增大干燥成半透明的薄膜质，种子 2～3 粒 ………………………………………… **1. 膜果麻黄 E. przewalskii** Stapf

1. 球花的苞片厚膜质绿色，有无色膜质窄边；雌球花成熟时苞片变为肥厚的肉质，红色呈浆果，种子 1～2 粒，稀 3 粒。

  2. 植株通常较高大，高 30～100 cm；灌木或草本状灌木。

    3. 小枝浅灰蓝色，密被蜡粉，光滑 …………………… **2. 蓝枝麻黄 E. glauca** Regel

    3. 小枝淡绿色或黄绿色，粗糙或微光滑。

      4. 雌花的珠被管较短，直立或微弯 ………………………………………………………… **3. 日土麻黄 E. rituensis** Y. Yang, D. Z. Fu et G. Zhu

      4. 雌花的珠被管长而螺旋状弯曲 ………………………………………………

…………………………… **4. 中麻黄 E. intermedia** Schrenk ex C. A. Mey.

2. 植株通常较矮小，高 5～15 cm，铺散地面或近垫状。

5. 花雌雄异株。

6. 小枝较粗壮，直径 1.5～2.0 mm，纵槽纹明显。

…………………………… **5. 山岭麻黄 E. gerardiana** Wall. ex C. A. Mey.

6. 小枝细弱，直径 1 mm 左右，纵槽纹不甚明显。

7. 小枝通常开展；雄球花生于小枝上下各部，有苞片 3～4 对；种子 1 粒，较苞片为长，外露 ……………………………………………………

…………………… **6. 单子麻黄 E. monosperma** Gmel. ex C. A. Mey.

7. 小枝通常向上直伸；雄球花生于小枝上部，有苞片 4～6 对；种子多为 2 粒，较苞片为小，不外露………… **7. 细子麻黄 E. regeliana** Florin

5. 花雌雄同株。

8. 雄球花常生于小枝上部，雌球花生于小枝下部；种子长达 10 mm，紫黑色，常被白粉 ………………………………… **8. 矮麻黄 E. minuta** Florin

8. 雄球花通常生于小枝各部与雌球花混合排列，雌球花多生于小枝中上部；种子长 4～5 mm，深褐色，无白粉 … **9. 雌雄麻黄 E. fedtschenkoae** Pauls.

1. 膜果麻黄 图版 11：1～4

Ephedra przewalskii Stapf in Denkschr Math.-Nat. Kl. Akad. Wiss. Wien 56 (2)：40，t. 1. t. 3. f. 1～6. 1889；中国植物志 7：471. 图版 109：1～6. 1978；中国沙漠植物志 1：9. 图版 3：1～7. 1985；青海木本植物志 53. 图 31. 1987；新疆植物志 1：92. 图版 24：1～6. 1992；青海植物志 1：60. 图版 11：1～4. 1997；中国高等植物 3：113. 图 171. 2000；青藏高原维管植物及其生态地理分布 87. 2008.

1a. 膜果麻黄（原变种）

var. **przewalskii**

灌木，体高 30～100 cm。木质茎明显，基部直径约 1 cm，茎皮灰黄色或灰白色，细纤维状，纵裂成窄椭圆形网眼；老枝黄绿色，纵槽纹不甚明显，当年小枝绿色，小枝节间长 1.5～4.0 cm，直径 1～2 mm。叶对生或轮生，常 3 裂，偶有 2 裂，褐色，膜质，下部 1/2～2/3 合生，裂片三角形或长三角形。球花通常无梗，多数密集成团状的复穗花序，对生或轮生于节上；雄球花褐色，近球形，直径 3～4 mm，苞片 3～4 轮，每轮 3 片，宽倒卵形，膜质，淡褐色，中脉草质，绿色，基部合生，雄蕊 7 枚，花丝大部合生，先端分离，花药有短梗；雌球花近球形，直径 3～4 mm，每球花有苞片 4～5 轮，每轮 3 片，稀 2 片对生，红褐色或淡褐色，薄膜纸，中间增厚，草质绿色，三角状扁卵形，离生，基部增厚窄缩成柄，雌花 2～3 枚，珠被管长 1.0～1.5 mm，伸出苞片之外，直立或弯曲。雌球花成熟时苞片增大成半透明的薄膜状，淡棕色。种子常 3 粒，长卵形，长 4 mm，直径 1.5～2.0 mm，顶端细窄，干后表面常有皱缩纹。

产新疆：叶城（麻扎，高生所西藏队 3376）、若羌（县城，高生所西藏队 2992；红柳沟至茫崖，青藏队吴玉虎 2127；若羌至茫崖途中，青藏队吴玉虎 2936；阿尔金山，刘海源 033）。生于海拔 960～3 800 m 的沙漠、荒漠、戈壁、河边沙砾地、干旱山坡。

青海：格尔木（锡铁山，吴玉虎 22206、22213；三岔河大桥附近，吴玉虎 36751、36754、36761；格尔木河西，郭本兆和王为义 11754；格尔木以东 30 km，高生所西藏队 4411；格尔木以东，杜庆 029；纳赤台南 20 km，青甘队 489；托拉海西昆仑山下，青甘队 131；南昆仑山中，植被地理组 197）、都兰县（诺木洪，吴玉虎 9127、9154、22201、22208；诺木洪工区附近，吴玉虎 36456、36462、36466、36470；诺木洪乡布尔汗布达山北坡，吴玉虎 36500、36563；黄荣福 C. G. 81－290；诺木洪，吴征镒 75－226；郭本兆和王为义 11785；巴隆乡，丁经业 85015；巴隆乡清水河，丁经业 85018）。生于海拔 2 700～3 845 m 的干河滩、砾石地、戈壁、沙丘、荒漠、冲积扇沟谷。

分布于我国的新疆、青海、甘肃、宁夏、内蒙古；蒙古，哈萨克斯坦，吉尔吉斯斯坦，塔吉克斯坦，乌兹别克斯坦，巴基斯坦也有。

1b. 喀什膜果麻黄（变种）

var. **kaschgarica**（Fedtsch. et Bor.）C. Y. Cheng in Acta Phytotax. Sin. 13 (4)：80. 1975；中国植物志 7：473. 图版 109：7～8. 1978；中国沙漠植物志 1：11. 图版 3：8. 1985；新疆植物志 1：93. 图版 24：7. 1992；干旱区研究，10（1）：47. 1993. ——*Ephedra kaschgarica* Fedtsch. et Bor. in Not Syst. Herb. Inst. Bot. Acad. Sci. URSS 13：46. 1950.

本变种与原变种的区别为：雌雄球花均有梗，常 3～4 个（或稍多）轮生节上或集生于节上一点而形成伞形花丛。

产新疆：乌恰、喀什、疏附、叶城、若羌（阿尔金山，刘海源 033）。生于海拔 3 500 m 左右的戈壁荒漠干旱山坡。

分布于我国的新疆；阿赖山和费尔干纳盆地也有。

2. 蓝枝麻黄

Ephedra glauca Regel in Acta Horte Petrop. 6：480，484. 1880；新疆植物志 1：96. 图版 26. 1992；干旱区研究 10（1）：47. 1993.

小灌木，高 20～80 cm。茎基部粗约 1 cm，直立或具斜向上升的小枝；皮淡灰色或淡褐色，条状剥落，小枝几相互平行向上，淡灰绿色，密被蜡粉，光滑，具浅沟纹，节间长 2～5 cm，径 1.5～2.0 mm。叶片 2 枚，长 2～4 mm，4/5 联合成鞘，背部稍增厚，具 2 条几平行而不达顶端的棱肋，裂片狭三角形，顶端钝或渐尖。雄球花椭圆形或长卵形，无柄或具短柄，对生或轮生于节上；基部具 1 对平展或微下弯、背部淡绿色的总苞片；两边各具 1 枚基部联合、边缘膜质、背部淡绿色具棱脊的舟形苞片；雄蕊柱全缘，长 1～2 mm，伸出，具 6～7 对无柄的花粉囊。雌球花含 2 种子，长圆状卵形，无柄或具短柄，对生或几枚呈簇对生；苞片 3～4 对，交互对生，草质，淡绿色，具白膜质边缘，成熟时红色；最下 1 对总苞片呈叶鞘状，中部以下联合；第 2、3 对苞片依次较大，下部联合；最上 1 对苞片最大，中部以下联合。种子 2 粒，不露出，椭圆形，长约 5 mm，宽约 2 mm，灰棕色，背部凸，腹面平凹；种皮光滑，有光泽；珠被管长 2～3 mm，螺旋状弯，顶端具全缘浅裂片。 花期 6 月，果期 8 月。

产新疆：叶城（柯克亚乡高沙斯，青藏队吴玉虎 870907；棋盘乡，青藏队吴玉虎 4717）、于田（种羊场，青藏队吴玉虎 3819）、且末（阿羌乡昆其布拉克，青藏队吴玉虎 2068；阿羌乡府至昆其布拉克牧场途中，青藏队吴玉虎 3878、3879）。生于海拔 2 600～3 100 m 的沟谷山坡石缝、岩石山坡。

分布于我国的新疆、青海、甘肃、陕西、内蒙古；吉尔吉斯斯坦，塔吉克斯坦也有。

3. 日土麻黄

Ephedra rituensis Y. Yang, D. Z. Fu et G. Zhu in Novon 13: 153～155. 2003.

雌雄异株，半灌木，直立，高 50 cm。主茎木质，直立或平伏，浅黄褐色，有时灰色，直径可达 6 mm，分枝斜上升；小枝粗壮，直立或半直立，黄绿色，新枝平滑，老枝具瘤状物，单生，对生或簇生，直径 1.8～2.9 mm，具紫褐色髓，节间具纵向条纹，长 1.4～3.9 cm，直径 1.3～2.9 mm。叶白色膜质状，长 3～4 mm，2 或 3 个生于节上，中间具 2 条紫褐色叶脉，基部 2/3～4/5 合生，联合成圆柱状叶鞘，顶端锐三角形，裂片不外弯；雄球花无柄，单生或对生，长 4～6 mm，卵球形；苞片 3～4 对，卵圆形，顶钝；花粉囊 6～8 个，紧密地聚集在雄蕊柱的顶端。雌球花无柄，单生，对生或簇生，长 5～7 mm，直径 2.8～4.0 mm；苞片 4～5 轮，对生或轮生；最上面的苞片呈宽卵形，顶部钝圆，基部 1/3～1/2 合生，熟时苞片肉质，红色，其他的轮生苞片较小且彼此分离。种子通常 2 或 3 粒，藏于肉质苞片内，紫褐色，卵球形，长约 5 mm，宽 3 mm，光滑，背部隆起，腹面扁平或有棱脊。珠孔管直立或稍弯，长约 2.2 mm，外露。

产新疆：皮山（三十里营房，青藏队吴玉虎 1172）。生于海拔 3 740 m 左右的高山荒漠砾石滩。

西藏：日土（上曲龙，生物所西藏考察队 3506；斑公湖畔，高生所西藏队 3676）。生于海拔 4 300 m 左右的高原湖滩、山坡石缝。

分布于我国的新疆、西藏。模式标本采自西藏日土。

4. 中麻黄 图版 11：5～9

Ephedra intermedia Schrenk ex C. A. Mey. in Mém Acad. Sci. St.-Pétersb.

ser. 6（Sci. Nat.）. 5：278（Vers. Monogr. Gatt. Ephedra 88）. 1864；中国植物志 7：474. 图版 110：1～3. 1978；西藏植物志 1：400. 1983；中国沙漠植物志 1：13. 图版 4：5～8. 1985；青海木本植物志 55. 图 32. 1987；新疆植物志 1：98. 图版 27. 1992；青海植物志 1：60. 图版 11：1～4. 1997；中国高等植物 3：114. 图 172. 2000；青藏高原维管植物及其生态地理分布 86. 2008.

4a. 中麻黄（原变种）

var. **intermedia**

灌木，高 20～80 cm。茎直立或匍匐斜上，小枝绿色被白粉，直径 1～2 mm，节间长 2～6 cm，纵槽纹细浅。叶 3 裂及 2 裂混生，长 4～5 mm，下部 2/3 合生，上部裂片钝三角形至锐三角形，白色或淡黄褐色，薄膜质，叶基淡褐色。雄球花无梗或具梗，数个簇生在节上成团状，稀 2～3 个对生或轮生于节上，具 5～7 轮（每轮 3 片）或 5～7 对交叉对生苞片。苞片卵圆形，成熟后褐色，厚膜质，雄蕊 6～8 枚，花丝合生，花药无梗；雌球花单生，对生或 2～3 簇生于节上，无梗或有短梗，苞片 3～4 轮，最上一轮苞片内有 2～3 雌花，珠被管长 2～3 mm，呈螺旋状弯曲；雌球花成熟时肉质红色，长卵圆形或近球形，长 8～10 mm，宽 5～8 mm。种子在苞片内，不外露，2～3 粒，卵圆形或长卵圆形，长 4～5 mm，宽 1～3 mm。

产新疆：乌恰（县城以东 20 km，刘海源 221；吉根乡，青藏队吴玉虎 87064）、莎车（达木斯乡政府所在地，青藏队吴玉虎 87740）、叶城（苏克皮亚，青藏队吴玉虎 1078；柯克亚乡，青藏队吴玉虎 87907；麻扎，高生所西藏队 3376；麻扎至麻扎达拉，黄荣福 C. G. 86-059）、若羌（县城附近，刘海源 079）。生于海拔 1 200～4 200 m 的山地荒漠河滩砾地、河岸阶地、干旱山坡、山坡砾石地、山坡岩石。

青海：格尔木（市北，杜庆 297；昆仑小南川南 6 km，青甘队 481）、都兰（香日德沟里乡，吴玉虎 36255、36258；诺木洪工区附近，吴玉虎 36450、36462；英德尔羊场东沟，杜庆 398；县城，杜庆 446；香日德托勒山，杜庆 464、467、469；香日德莫柏里山，青甘队 1235；夏日哈，植被地理组 288；香日德，黄荣福 C. G. 81-261）、兴海（河卡乡黄河沿，张盍曾 63541；河卡乡羊曲台，采集人不详 374、丁经业 85009；唐乃亥乡，吴玉虎 22049、22066）、称多（称文乡长江边，刘尚武 2337）。生于海拔 2 800～3 960 m 的干草原、荒漠、沙砾河滩、沙丘、山顶岩缝。

分布于我国的新疆、青海、甘肃、宁夏、陕西、西藏、山西、河北、内蒙古、辽宁、山东；蒙古，俄罗斯，哈萨克斯坦，吉尔吉斯斯坦，塔吉克斯坦，乌兹别克斯坦，巴基斯坦，阿富汗，伊朗也有。

4b. 西藏中麻黄（变种）

var. **tibetica** Stapf in Denkschr. Math.-Nat. K1. Wiss. Wien 56（2）：63. T.

2. t. 15. f. 2，9. 1889；中国植物志 7：475. 1978；西藏植物志 1：400. 图 118：1～3. 1983；新疆植物志 1：100. 图版 28. 1992；干旱区研究 10（1）：43. 1993；青藏高原维管植物及其生态地理分布 86. 2008.

本变种与原变种的区别在于：茎枝较硬直粗壮，小枝直径约 2 mm，纵槽纹较明显。叶多 2 裂，杂以 3 裂，裂片短，占全叶 1/4～1/3。雄花花药常有极短的离生花丝；雌球花苞片 2～3 对，苞片常有较宽的膜质边缘。

产新疆：叶城（麻扎达拉仪力，青藏队吴玉虎 871421；乔戈里峰大本营，青藏队吴玉虎 1493、1495、1510；乔戈里地区莫红滩，黄荣福 C. G. 86－218；依力克其牧场，黄荣福 C. G. 86－111）。生于海拔 3 600～3 950 m 的高山砾石沙地、路边河滩地、山麓及山坡。

西藏：日土（麦卡尼亚格让，青藏队 76－9159）。生于海拔 4 500 m 左右的高原宽谷高山荒漠滩地。

分布于我国的新疆、西藏。模式标本采自昆仑山。

5. 山岭麻黄

Ephedra gerardiana Wall. ex C. A. Mey. in Mém. Acad. Sci. St.-Pétersb. ser. 6（Sci. Nat.）. 5：292（Vers. Monogr. Gatt. Ephedra 102）1846；中国植物志 7：481. 1978；西藏植物志 1：403. 图 118：4～8. 1983；青海木本植物志 56. 图 34. 1987；干旱区研究 10（1）：45. 1993；青海植物志 1：63. 1997；中国高等植物 3：116. 图 177. 2000；青藏高原维管植物及其生态地理分布 86. 2008.

矮小灌木，高 5～15 cm。木质茎直径 1～2 cm，常埋于土中，上部分枝伸出地面，呈粗大结节状，皮红褐色或灰色，纵裂成不规则的条状剥落，小枝绿色，短，硬，直升向上，常具 2～3 个节间，纵槽纹明显，节间长 1～2 cm，直径 1～2 mm。叶 2 裂，长 2～3 mm，基部 1/2～2/3 合生成鞘，裂片钝三角形，上部膜质透明，下部褐色，后期常干落。雄球花单生于节上，较小，近圆球形，长 4 mm，宽 3 mm，苞片 2 对，稀 3 对，雄蕊 8 枚，花丝合生，花药无梗（雄球花仅 1 朵）；雌球花单生，无梗或有梗，具苞片 2～3 对，苞片长椭圆形，基部合生，基部苞片最小，扁圆形，上部 1 对最大，窄椭圆形，雌花 1～2 朵，珠被管短，仅 1 mm。雌球花成熟时肉质红色，仅圆球形，长 5～7 mm。种子 1～2 粒，先端外露，长圆形，长 4～5 mm，宽 3 mm。

产西藏：日土（斯潘古尔附近，青藏队 76－8773）、改则（至措勤途中，郎楷永 10277；县城大滩，高生所西藏队 4324）、尼玛（双湖无人区，青藏队郎楷永 9629）、班戈（色哇区后山，青藏队藏北分队郎楷永 9411）。生于海拔 4 450～5 300 m 的山坡灌丛、山坡岩石缝中。

青海：格尔木（小南川，青甘队 448；西大滩，黄荣福 K－602）、治多（可可西里新青峰南坡，黄荣福 K－358；太阳湖，黄荣福 K－520；乌兰乌拉湖，黄荣福 K－763；

勒斜武担，黄荣福 K-873；库赛湖南部山地，黄荣福 K-464）。生于海拔 4 150～5 000 m 的山坡石缝、冰川下砾石坡。

分布于我国的新疆、青海、西藏；阿富汗，巴基斯坦，印度，尼泊尔，塔吉克斯坦也有。

6. 单子麻黄

Ephedra monosperma Gmel. ex C. A. Mey. in Mém Acad. Sci. St.-Pétersb. ser. 6 (Sci. Nat.). 5：279（Vers. Monogr. Gatt. Ephedra 89）1846；中国植物志 7：484. 图版 112：1～3. 1978；西藏植物志 1：403. 图 119：5～7. 1983；中国沙漠植物志 1：13. 1985；青海木本植物志 58. 图 35. 1987；新疆植物志 1：108. 图版 30. 1992；青海植物志 1：63. 1997；中国高等植物 3：117. 图 178. 2000；青藏高原维管植物及其生态地理分布 87. 2008.

草本状矮小灌木，高 5～15 cm。木质茎短小，多分枝，弯曲并有结节状突起；绿色小枝开展或稍展，常微曲，细弱，节间长 1～2 cm，直径约 1 mm。叶膜质 2 裂，长 2～3 mm，下部 1/3～1/2 合生成鞘状，裂片短三角形，顶端钝或尖。雄球花生于小枝上下各部，单生枝顶或对生节上，多呈复穗状，长 3～4 mm，苞片 3～4 对，宽圆形，中部绿色，两侧膜质边缘较宽，合生部分近 1/2，雄蕊 7～8 枚，花丝完全合生；雌球花单生或对生节上，无梗，苞片 3 对，基部合生，雌花通常 1 朵，稀 2 朵，胚珠的珠被管较长而弯曲，稀较短直，长 1～2 mm。雌球花成熟时肉质红色，卵圆形或长圆状卵圆形，长 5～8 mm，直径 5～7 mm，最上一对苞片约 1/2 分裂。种子外露，多为 1 粒，三角状卵圆形。

产新疆：阿克陶（恰尔隆乡，青藏队吴玉虎 4636）、塔什库尔干（麻扎种羊场，青藏队吴玉虎 404、5043；麻扎种羊场萨拉勒克，青藏队吴玉虎 87351；中巴公路 12 km，高生所西藏考察队 3109）、叶城（岔路口，青藏队吴玉虎 1226；依力克其牧场，黄荣福 C. G. 86-111）、且末（采集地不详，青藏队吴玉虎 2084）、若羌（阿尔金山保护区鸭子泉，青藏队吴玉虎 2296、2647、3915；祁漫塔格山，青藏队吴玉虎 3998；明布拉克东，青藏队吴玉虎 2323、2763、4188、4253、4293；土房子，青藏队吴玉虎 2302）。生于海拔 3 160～4 600 m 的荒漠、沙滩、干山坡、砾石陡坡、山坡石缝。

西藏：班戈（色哇区，青藏队藏北分队郎楷永 9568）。生于海拔 5 300 m 左右的高原沟谷沙砾质山坡。

青海：格尔木（西大滩至五道梁，青藏队吴玉虎 2890；唐古拉山乡姜根曲上游，吴玉虎 16986）、兴海（温泉乡姜路岭，吴玉虎 28810、28828；河卡山开特沟，何廷农 191；河卡乡科学滩，何廷农 244；河卡山，郭本兆和何廷农 6421）、曲麻莱（县城附近，刘尚武和黄荣福 619；考火见，黄荣福 050）、称多（珍秦乡洛玛赛同，苟新京 83-167；浓伍陇巴，苟新京 83-183）、玛多（县城附近，吴玉虎 034、281；扎陵湖乡，吴玉虎 427；鄂陵湖公马岛，吴玉虎 1594；清水乡阿尼玛卿山，吴玉虎等 18200、36425；黑海乡斗错滩，H. B. G. 1431；采集地不详，陈世龙等 514；长石头山以南 40 km 处，刘海源 699；扎陵湖乡二队，青海植被地理组 594）、玛沁（军功一大队塔浪沟，区划二组 004；扎尖扎龙沟口，区划一组 150；大武滩，青海植被地理组 515；大武乡德罗龙曲，H. B. G. 725；东倾沟，H. B. G. 404；县城河对岸，吴玉虎 1515；西哈垄河谷，吴玉虎 5711；雪山乡附近，玛沁队 426；下大武乡，玛沁队 485）、达日（建设乡，吴玉虎 27150；建设乡胡勒安玛，H. B. G. 1157；吉迈乡赛纳纽达山，H. B. G. 063、1204）、久治（索乎日麻乡附近，藏药队 353、果洛队 372；上龙卡沟，果洛队 609；龙卡沟，果洛队 640；白玉乡，吴玉虎 26425、26643）。生于海拔 3 550～4 800 m 的滩地、山谷、沙地、阳山坡、干草原、高山草原、灌丛草甸、高山草甸、山顶石缝。

甘肃：阿克塞（当金山口，青甘队 593、何廷农 3129、黄荣福 3419）。生于海拔 3 550～4 170 m 的戈壁荒漠、干山坡。

分布于我国的新疆、青海、甘肃、宁夏、西藏、四川、山西、河北、内蒙古、黑龙江；俄罗斯，哈萨克斯坦，巴基斯坦，蒙古也有。

7. 细子麻黄

Ephedra regeliana Florin in Svensk. Vet.-Akad. Handl. ser. 3. 12 (1): 17. t. 3. f. 2. 1933. ——*E. fedtschenkoi* auct. non Pauls.: Bobrov in Kom. Fl. URSS 1: 203. 1934；中国植物志 7：486. 1978；中国沙漠植物志 1：12. 图版 4：13～16. 1985；新疆植物志 1：103. 图版 29：1～4. 1992；干旱区研究 10 (1)：41. 1993；中国高等植物 3：117. 图 179. 2000.

草本状小灌木，高 5～15 cm。地上部分木质茎不明显，仅基部有数枝长 1～2 cm、呈节结状的木质枝；主枝常不明显，明显时直径约 1.5 cm；小枝假轮生，通常向上直升，较细短，节间通常长 1～2 cm，稀达 3 cm，直径约 1 cm。叶 2 片对生，膜质鞘状，下部约 1/2 合生，裂片宽三角形，黄白色，基部常带褐红色。雄球花生于小枝上部，常单生侧枝顶端，椭圆形，长 3～5 cm，直径 2～4 cm。苞片 4～6 对，稀达 8 对，基部苞片近卵圆形，上部者较狭，中脉绿色稍厚而呈条带状，两侧膜质部分较宽，苞片约 1/2 合生，假花被较苞片为长，倒卵状楔形，雄蕊 6～7 枚，伸出苞片之外甚多，花丝合生，先端分离，使中央的花药有明显的短梗，但外侧部分花丝分离不多，花药近于无梗；雌球花在节上对生，或数个成丛生于枝顶，苞片通常 3 对，下面两对约 1/2 以下合生，最上一对大部合生，仅先端微裂，雌花 2 朵，胚珠的珠被管短直，通常长不及 1 mm，稀稍长而微曲。雌球花成熟时肉质红色，卵圆形或宽卵圆形，长约 5 mm，直径 3～4 mm，上部苞片约 4/5 合生。种子通常 2 粒，稀 1 粒，藏于苞片内，窄卵圆形，长 2～4 mm，直径 1.5～2.0 mm，有光泽，背部中央具棱状突起。

产新疆：乌恰（吉根乡斯木哈纳，青藏队吴玉虎 87040）、塔什库尔干（麻扎种羊场，青藏队吴玉虎 87404；克克吐鲁克，青藏队吴玉虎 87514)、阿克陶（恰克拉克至木吉途中，青藏队吴玉虎 87587)、叶城（苏克皮亚，青藏队吴玉虎 1111)。生于海拔 3 200～4 500 m 的河滩、山坡沙石地。

分布于我国新疆；哈萨克斯坦，吉尔吉斯斯坦，塔吉克斯坦，乌兹别克斯坦，阿富汗，印度也有。

8. 矮麻黄 图版 11：10～14

Ephedra minuta Florin in Acta Hort. Gothoburg. 3：8. 1927；中国植物志 7：487. 图版 113：1～5. 1978. 青海木本植物志 59. 图 36. 1987；干旱区研究，10（1)：45. 1993；青海植物志 1：63. 1997；中国高等植物 3：118. 图 180：1～5. 2000；青藏高原维管植物及其生态地理分布 87. 2008.

小灌木，高 2～15 cm。木质茎极短，不显著，茎上具结节状突起。小枝直立向上或稍外展，绿色，纵槽纹明显，节间长 1～2 cm，直径 0.8～1.0 mm。叶 2 裂，长 2.0～2.5 mm，下部 1/2 以上合生成鞘，裂片三角形，顶端尖，常向外折曲。雌雄同株，雄球花生于小枝上部或中部，单生或 2 个对生节上，无梗，苞片 3～4 对，基部约 1/4 合生，雄蕊 6～8 枚，花丝完全合生；雌球花生于枝条基部或中下部，单生或对生于节上，无梗或有短梗，长椭圆形，苞片 3 对，下面 2 对基部合生，最下 1 对细小，最上 1 对较大，较中间 1 对大 1 倍以上，1/2～2/3 合生，苞片卵形到长椭圆形，雌花 2 朵，珠被管长 0.5～1.0 mm，直立。雌球花成熟时肉质红色，被白粉，长椭圆形或卵圆形，长 6～8 mm，宽 4～5 mm。种子 1～2 粒，包于苞片内，长圆形，长 5～8 mm，被白粉。

产青海：玛沁（大武乡格曲，H. B. G. 501、571，马柄奇 3199；阿尼玛卿山东北坡，黄荣福 C. G. 81-152；军功一大队塔坨场，区划二组 004)、达日（建设乡胡勒安玛，H. B. G. 028、1107)、久治（扎石山上，果洛队 011；龙卡沟，果洛队 640)。生于海拔 3 600～4 100 m 的河谷、沙砾地、阳坡、石缝。

分布于我国的青海、四川。模式标本采自四川松潘。

9. 雌雄麻黄

Ephedra fedtschenkoae Pauls. in Bot. Tidsskr. 26：254. 1905；中国植物志 7：489. 图版 113：6～9. 1978；新疆植物志 1：109. 图版 30：6～8. 1992；干旱区研究 10（1)：41. 1993；中国高等植物 3：118. 图 180：6～9. 2000.

草本状矮小灌木，高 5～15 cm。木质茎短而不显著，分枝多，绿色小短枝，通常仅具 2～4 个节间，节间长 1～2 cm，直径约 1.5 mm。叶 2 裂，下部约 1/2 合生，裂片三角形，先端钝或急尖。雌雄同株，着生于不同小枝上，或在同一小枝上兼有雄球花或雌球花；雌球花通常单个对生与节上，卵圆形，长 3～4 mm，直径 2～3 mm，苞片 4～

图版 11　膜果麻黄 **Ephedra przewalskii** Stapf　1. 雌株；2. 成熟的雌球花；3. 雄株花枝；4. 成熟的雄球花。中麻黄 **E. intermedia** Schrenk ex C. A. Mey. 5. 雌株；6. 雌雄花；7. 雄株花枝；8. 雄球花；9. 种子。矮麻黄 **E. minuta** Florin 10. 植株；11. 雌球花；12. 雄球花；13. 雄花；14. 种子。（王颖绘）

5 对，雄花具 4～8 枚雄蕊，花丝全部合生，伸出苞片之外很多；雌球花单生，每节生 1～2个，稀 3 个轮生，苞片 3 对，下部一对最大，上部一对最小，基部约 1/3 合生，苞片矩圆状卵形或矩圆状椭圆形，雌花 1～2 朵，珠被管长约 1 mm，直立，稀裂口处卷曲。雌球花成熟时肉质红色，矩圆状卵形，无梗或几无梗，最长一对苞片较其下面一对苞片稍小或近等长，稀稍长。种子 1～2 粒，卵圆形，长 4～5 mm，直径 2～3 mm，深褐色，无白粉。

产新疆：塔什库尔干、叶城、和田、若羌。生于海拔 3 800 m 左右的山地干旱石质山坡石缝。

分布于我国的新疆；哈萨克斯坦，塔吉克斯坦也有。

被子植物门 ANGIOSPERMAE

双子叶植物纲 DICOTYLEDONEAE

离瓣花亚纲 ARCHICHLAMYDEAE

十五 杨柳科 SALICACEAE

落叶乔木或灌木，直立、匍匐或垫状。树皮光滑或开裂粗糙；有顶芽或无顶芽，芽鳞为1至多数。单叶互生，稀对生，边全缘、有锯齿、浅裂或深裂；托叶鳞片状或叶状，早落或宿存。花单性，雌雄异株，葇荑花序，直立或下垂，先叶开放，或与叶同时开放，花着生于苞片与花序轴间；苞片脱落或宿存；无花被片；花盘杯状、碟状，或具腺体；雄蕊2枚或多数，花药2室，纵裂，花丝分离或合生；雌花子房有柄或无柄，有2～4枚心皮合成1室，胚珠多数，着生在侧膜胎座上；花柱明显或不明显，柱头2～4裂。蒴果卵形或披针形，2～4裂。种子微小，多数，种皮薄，胚直立，无胚乳，基部围有多数白色丝状长毛。

有3属，约620多种；分布于寒温带、温带和亚热带。我国3属都有，约320余种，在我国北方诸省和山地分布较为普遍；昆仑地区产2属38种12变种。

分属检索表

1. 有顶芽，芽鳞多数；雌雄花序下垂（葇荑花序）；苞片先端分裂；花盘杯状；叶片大，叶柄较长 …………………………………………………… **1. 杨属 Populus** Linn.
1. 无顶芽，芽鳞1枚；雌雄花序直立或斜展（似穗状花序）；苞片全缘；无杯状花盘，有腺体1或2，单生或稀腺体基部联合；叶片常狭长，叶柄短 …………………………………………………… **2. 柳属 Salix** Linn.

1. 杨属 **Populus** Linn.

Linn. Sp. Pl. 1034. 1753.

乔木。树干通常端直，树皮光滑或纵裂，常为灰白色；芽鳞多数，常有黏脂；枝有长、短枝之分，圆柱状或具棱。叶互生，多为卵圆形、卵圆状披针形或三角状卵形，在不同枝（萌发枝）上常叶形不同，边缘有齿，稀有深浅裂片；叶柄长，圆柱形或侧扁，先端有或无腺点。花先叶开放，多数花组成葇荑花序，下垂；苞片膜质，先端尖裂或条裂，早落；无花被片；花盘杯状或碟状；雄花有雄蕊 4 枚至多数，离生，着生于花盘内；子房的花柱短，柱头 2～4 裂。蒴果 2～4 裂。种子小，多数。

约 100 多种，广泛分布于欧洲、亚洲、北美。我国约 62 种（包括 6 杂交种），广布于西北、华北、东北、西南各省区；昆仑地区产 5 种（包括栽培种），5 变种。

分种检索表

1. 花盘膜质，早落；叶两面近同色，萌发枝上的叶披针形或线状披针形，全缘 ……
…………………………………………………………… **1. 胡杨 P. euphratica** Oliv.

1. 花盘不为膜质，宿存；叶片一面色深一面色浅，萌发枝上的叶分裂或边缘具齿。

  2. 叶片 3～5 掌状分裂，下面和叶柄密被白茸毛 …………… **2. 银白杨 P. alba** Linn.

  2. 叶缘具锯齿，下面不密被茸毛。

    3. 叶缘无半透明的软骨质边缘。

      4. 叶片圆卵形、卵形或长卵形，基部圆形或浅心形；蒴果 3～4 瓣裂；小枝、叶脉被毛、叶柄短 ………………………………… **5. 帕米尔杨 P. pamirica** Kom.

      4. 叶片菱状卵形、菱状椭圆形或菱状倒卵形，基部楔形；蒴果 2 瓣裂。

        5. 蒴果、花序轴、叶片两面沿脉和叶柄明显被毛 ………………………
        ………………………………………… **3. 青甘杨 P. przewalskii** Maxim.

        5. 蒴果、花序轴、叶片两面沿脉和叶柄无毛 … **4. 小叶杨 P. simonii** Carr.

    3. 叶缘有半透明的软骨质边缘。

      6. 叶柄圆柱形；果柄短，长 2～3 mm …………………………………………
      ………………………… **6. 阿富汗杨 P. afghanica**（Ait. et Hemsl.）Schneid.

      6. 叶柄侧扁；果柄细长 ………………………………………………………
      ………………………………………………………………… **7. 黑杨 P. nigra** Linn.

1. 胡　杨　图版 12：1～2

Populus euphratica Oliv. Voy. Emp. Othoman 3：449. f. 45～46. 1807；中国

植物志 20（2）：76. 图版 23：1～2. 1984；新疆植物志 1：125. 图版 32. 1992；青海植物志 1：78. 图版 13：8～9. 1997；青藏高原维管植物及其生态地理分布 93. 2008.

乔木，高 10～15 m，稀灌木状。树皮灰褐色或灰棕色，下部条裂；枝细圆柱形，光滑，无毛；芽卵形，褐色，无毛或有毛，稀边缘有短柔毛。叶形多变化，肾形、近圆形、卵圆形或三角状卵圆形，长 3～5 cm，宽 3～7 cm，两面近同色，先端短急尖或不明显，基部阔楔形、截形或浅心形，边缘有粗齿，两面光滑或有短柔毛；叶柄微扁，长 2.5～3.0 cm，无毛或有短柔毛，先端具 2 腺点；萌发枝上的叶子常呈条状线形，全缘或有稀齿，无毛，叶柄极短，长不到 1 cm，有毛或无毛。雄花序未见；雌花序侧生于当年生小枝上，果序长 6～9 cm，果实稀疏着生，花序轴光滑；苞片早落；花盘在早期脱落或否，浅碗状，膜质，栗色，边缘有疏牙齿、有的裂成 2～3 片。果实卵状锥形，褐色或棕色，长 1.0～1.5 cm，无毛或被短柔毛，成熟时 2～3 瓣裂开；宿存柱头 2～3 裂；基部有果梗，长 3～5 mm。 果期 6～8 月。

产新疆：民丰（至且末途中，青藏队吴玉虎 2055）、若羌（阿拉干，高生所西藏队 3019）。生于海拔 1 000～1 500 m 的荒漠戈壁湿地、河谷低湿处。

青海：格尔木（托拉海，植被地理组 171）。生于海拔 2 800 m 的沙漠或戈壁绿洲、河岸低湿沙地。

分布于我国的新疆、青海、甘肃、内蒙古；蒙古，中亚地区各国，埃及，叙利亚，印度，伊朗，阿富汗，巴基斯坦也有。

2. 银白杨

Populus alba Linn. Sp. Pl. 1034. 1753；Schneid. in Sarg. Pl. Wils. 3：37. 1916；中国植物志 20（2）：7. 图版 1：1～4. 1984；新疆植物志 1：129. 图版 34. 1992；青藏高原维管植物及其生态地理分布 91. 2008.

2a. 银白杨（原变种）

var. **alba**

乔木，高 15～30 m，胸径 60 cm。树皮灰绿色或灰白色，光滑，老树基部黑色粗糙；小枝细圆柱形，灰绿褐色，光滑，萌发枝密被茸毛，后脱落。芽长圆形或卵圆形，长 4～5 mm，密被白茸毛，后脱落，棕褐色，有光泽。叶圆卵形或三角状圆卵形，长 4～6 cm，宽 4.0～5.5 cm，先端钝或急尖，基部阔楔形、圆形、截形或浅心形，边缘 3～5（7）浅裂，中裂片较大，侧裂片钝角开展，裂片边有不明显齿，基裂片的齿有的比较明显，上面绿色、光滑、下面密被白色茸毛（幼时两面被茸毛）；叶柄侧扁，短于叶片，被白色茸毛。雄花序长 3～6 cm；花序轴有毛；苞片膜质，宽卵圆形，长约 3 mm，边缘有不规则的齿和长毛；花盘有短梗，宽椭圆形，歪斜；雄蕊 8～10 枚；雌花序长 5～10 cm，雌蕊具柄；花柱短，柱头 2 个。蒴果细圆锥形，长约 5 mm，2 瓣裂，无毛。果期5月。

产新疆：喀什、和田、若羌（城区，高生所西藏队3010）。栽培于荒漠戈壁绿洲。

分布于我国的新疆、青海、甘肃、宁夏、陕西、山西、河北、辽宁、山东、河南；欧洲，北非，亚洲西部、北部也有。

2b. 光皮银白杨（变种）

var. **bachofenii**（Wierzb.）Wesm. in De. Candolle Prodr. 16（2）：324. 1868；中国植物志 20（2）：8. 1984；新疆植物志 1：131. 1992；青藏高原维管植物及其生态地理分布 91. 2008. ——*P. bachofenii* Wierzb. ex Rochel Banatt. Renise，77. 1838.

树皮灰色或青灰色，光滑。树冠宽阔，枝开展。萌条和长枝叶掌状3～5深裂，基部截形，中裂片常2～3浅裂，先端尖，侧裂片几成锐角开展，基部边缘具短裂片和齿牙；短枝叶基平截，两侧缺刻状齿牙几对称，背面几无毛。

产新疆：南疆昆仑山北坡山麓各县常见栽培。

分布于我国的新疆；中亚地区各国，小亚细亚，西南欧洲也有。

2c. 新疆杨（变种）

var. **pyramidalis** Bunge in Mém. Div. Sav. Acad. Sci. St.-Pétersb. 7：498. 1854；中国植物志 20（2）：9. 图版1：5～6. 1984；新疆植物志 1：131. 1992；青藏高原维管植物及其生态地理分布 92. 2008.

本变种树冠窄圆柱形或尖塔形。树皮灰白或青灰色，光滑少裂。萌条和长枝叶掌状深裂，基部平截；短枝叶圆形，有粗缺齿，侧齿几对称，基部平截，下面绿色几无毛。仅见雄株。

产新疆：昆仑山北坡山麓各县常见栽培。

分布于我国北方省区（栽培）；中亚地区各国，西亚，巴尔干，欧洲等也有。

3. 青甘杨 图版12：3～6

Populus przewalskii Maxim. in Bull. Acad. Sci. St.-Pétersb. 27：540. 1882；中国植物志 20（2）：29. 图版6：1～4. 1984；青海植物志 1：73. 图版13：1～4. 1997.

乔木，高达20 m。树干挺直；树皮灰白色，下部色较暗，有沟裂；小枝细圆柱形，淡灰褐色，嫩枝栗褐色，无毛；芽栗色或深栗色，圆锥形，长6 mm，先端钝尖，有黏质，似无毛。叶菱状椭圆形、菱形或菱状卵形，最宽处在中部，长5.0～6.5 cm，宽2.5～3.5 cm，先端渐尖或长渐尖，基部楔形或宽楔形，边有细锯齿，上面深绿色，无毛，下面淡绿色，主脉基部有毛；叶柄长1～3 cm，上面有槽，细柔，常见叶柄基部有柔毛。雄花序未见；果序长 5～7 cm，花序轴细，栗褐色，有棱，被有稀疏柔毛；苞片早落；宿存花盘圆盘形，边有波状缺刻。蒴果卵状长圆形，长约 6 mm，密被短柔毛，2 瓣裂。 果期 6～7 月。

产青海：都兰县（巴隆乡，魏振译 30041）。生于海拔 3 150 m 左右的山谷林。

分布于我国的青海、甘肃、内蒙古。模式标本采自青海。

4. 小叶杨 图版 12：7～9

Populus simonii Carr. in Rev. Hort. 1867：360. 1867；中国植物志 20（2）：23. 图版 6：5～7. 1984；青海植物志 1：75. 图版 13：5～7. 1997；青藏高原维管植物及其生态地理分布 94. 2008.

乔木，高达 20 m；树皮幼时灰绿色，老叶暗灰色；小枝淡棕褐色，圆柱状，无毛，嫩时栗褐色，细，有角棱，无毛；芽锥状或卵状锥形，细长，先端长渐尖，黑栗色，无毛，有黏质。叶椭圆形、倒卵形或倒宽卵形，长 4～5（6）cm，宽 2～3 cm，中部或上部较宽，先端钝圆，有小突尖，基部楔形或宽楔形，边缘细锯齿，上面绿色或深绿色，下面淡绿色或灰白带绿色，两面无毛；叶柄短，长 3～6 mm，上面有槽，无毛或微有毛；一般长枝上的叶较大、短枝上的较小；有的叶长棱状椭圆形，较大，最宽处在中部，先端渐尖；叶柄长，长 3～4 cm。雄花序长 2～7 cm，花序轴无毛，苞片细条裂，雄蕊 8～9（25）枚；雌花序长 2.5～7.0 cm，苞片淡绿色，裂片褐色，无毛，柱头 2 裂。果序长达 15 cm；蒴果小，近卵形，2（3）瓣裂，无毛。 花期 3～5 月，果期 4～6 月。

产青海：都兰（诺木洪，杜庆 372）、兴海。生于海拔 2 600～2 900 m 的村庄、路边、渠边。

分布于我国的新疆、青海、甘肃、宁夏、陕西，以及东北、华北、华中、西南；欧洲各国多有引种。

在昆仑地区所采到的标本，均无花序，故花序描述引自《青海植物志》。

5. 帕米尔杨

Populus pamirica Kom. in Journ. Bot. URSS 19：510. f. 3. 1934；中国植物志 20（2）：44. 图版 11. 1984；新疆植物志 1：156. 图版 41. 1992；青藏高原维管植物及其生态地理分布 93. 2008.

乔木，高 10～15 m。树冠宽阔，开展；下部树皮灰色，纵裂；小枝细，节间长，淡褐色，圆柱形，嫩枝栗色，有棱角，被茸毛。芽狭卵状长圆形，长 8～9 mm，亮栗色，先端钝尖，被短毛，缘毛明显。叶圆卵形、卵形或长卵形，最宽处在中部以下，长 6～8 cm，宽 4～6 cm，先端短渐尖，稀渐尖，基部宽楔形、楔形或近圆形，边缘具锯齿或不明显的重锯齿，上面绿色，下面淡绿色，脉上被短柔毛；叶柄细圆柱形，长 3～

图版 12　胡杨 **Populus euphratica** Oliv. 1. 果序枝；2.萌枝。青甘杨 **P. przewalskii** Maxim. 3. 枝叶；4. 幼果序；5. 幼果；6. 果（开裂）。小叶杨 **P. simonii** Carr. 7. 果序枝；8. 果（开裂）；9. 萌枝叶。
（引自《青海植物志》，冯金环绘）

6 cm，与叶近等长，上部有槽，被短柔毛。果序长 6 cm，果序轴有毛；蒴果卵圆形，3 瓣裂，长 4 mm，无柄。 花期 5 月，果期 6 月。

产新疆：阿克陶（奥依塔克，青藏队吴玉虎 4858）。生于海拔 2 800 m 左右的云杉林边缘。

分布于我国的新疆；塔吉克斯坦山地也有。

在昆仑地区所采到的标本，均无花序、果序，果序描述引自《中国植物志》。

6. 阿富汗杨

Populus afghanica（Ait. et Hemsl.）Schneid. in Sarg. Pl. Wils. 3：36. 1916；中国植物志 20（2）：69. 1984；新疆植物志 1：141. 1992；青藏高原维管植物及其生态地理分布 91. 2008. ——*P. nigra* Linn. var. *afghanica* Ait. et Hemsl. in Journ. Linn. Soc. Bot. 18：96. 1880.

6a. 阿富汗杨（原变种）

var. **afghanica**

乔木，高达 15 m，树冠宽阔；树皮淡灰色，基部较暗。小枝淡灰棕色，圆柱形，嫩枝褐栗色，微有棱，无毛；芽卵状锥形，长约 5 mm，暗栗色，无毛。叶宽卵形或卵状三角形，长 4～7 cm，宽 4～6 cm，先端渐尖或短渐尖，基部宽楔形、截形或圆形，边缘细锯齿，具软骨质半透明边缘，两边近同色，叶柄稍扁圆形，短于叶长，细弱，无毛或微有毛。雄花序未见，雌花序长 6～7 cm，粗约 1 cm，花序轴无毛，花多数密集；花盘碟形，边缘具微齿，或 2～3 裂；苞片早落。果实卵形，长 4～5 mm，无毛；柱头 2 裂；果柄长 2～3 mm；成熟时果 2 瓣裂。 果期 6 月。

产新疆：皮山（垴阿巴提至布琼，青藏队吴玉虎 2436；布琼，青藏队吴玉虎 1841）。生于海拔 2 600 m 左右的沟谷河边、村边路旁。

分布于我国的新疆；巴基斯坦，阿富汗，伊朗，中亚地区各国也有。

6b. 喀什阿富汗杨（变种）

var. **tadishistanica**（Kom.）C. Wang et C. Y. Yang Fl. Reipubl. Popul. Sin. 20（2）：71. 1984；新疆植物志 1：141. 1992；青藏高原维管植物及其生态地理分布 91. 2008. ——*P. tadishistanica* Kom. in Journ. Bot. URSS. 5：509. f. 2. 1934.

本变种与原变种的区别在于：二年生枝，叶柄及果序轴均有茸毛。

产新疆：喀什（喀什河及其支流沿岸），栽培或野生。

分布于我国的新疆；塔吉克斯坦也有。

6c. 尖叶阿富汗杨（变种）

var. **cuneata** C. Wang et C. Y. Yang Fl. Xinjiang. 1：142，306. 1992；青藏高原维管植物及其生态地理分布 91. 2008.

本变种与原变种的区别在于：叶基部窄楔形。

产新疆：叶城（昆仑山林场，杨昌友 023）。生于海拔 1 500 m 左右的山地河谷。

7. 黑　杨

Populus nigra Linn. Sp. Pl. 1034. 1753；中国植物志 20（2）：63. 图版 20：1～2. 1984；新疆植物志 1：138. 图版 36. 1992.

7a. 黑杨（原变种）

var. **nigra**

昆仑地区不产。

7b. 箭杆杨（变种）

var. **thevestina** (Dode) Bean Trees Shruls Brit. Isl. 2：217. 1914；中国植物志 20（2）：64. 图版 20：3～4. 1984；新疆植物志 1：140. 1992；青海植物志 1：77. 1997；青藏高原维管植物及其生态地理分布 93. 2008. ——*P. thevestina* Dode in Bull. Hist. Nat. Autun 18：210. t. 12：80（Extr. Monogr. Ined. Popalus 52）. 1905.

乔木，高约 30 m，树冠窄圆柱形。树皮灰白色，较光滑；小枝圆形，黄褐色或淡黄褐色，嫩枝有时疏生短柔毛；芽长卵形，顶端长渐尖，淡红色，富黏质。叶三角状卵形，顶端渐尖，基部楔形，长大于宽；萌枝叶长宽近相等；叶柄上部微扁，长 2～5 cm，顶端无腺点。只见雌枝，有时出现两性花；雌花序长 10～15 cm。蒴果瓣裂，顶端尖，果柄细长。 花期 4 月，果期 5 月。

产新疆：塔什库尔干（县城附近，采集人不详）栽培。

青海：都兰有栽培。

我国西北、华北各省广为栽培；欧洲，俄罗斯北高加索地区，小亚细亚，北非，巴尔干半岛等地也有栽培。

可疑种：

王为义先生于 1983 年 7 月在青海省班玛县马柯河农场红军沟 3 400～3 450 m 处采得 1 份标本，采集号 26903，此标本无花无果，且与我国产的杨属其他种描述有些不同，现描述如下。

新生枝条圆柱形，细瘦，紫栗色或棕紫色，无毛；芽小，卵形，栗褐色，无毛，先端钝尖。叶卵圆形、宽卵圆形，长 5.5～7.0 cm，宽 4～7 cm，先端钝尖或急尖，基部宽楔形、截形、圆形或浅心形，边缘有浅圆齿，上面深绿色或绿色，下面淡绿色，主脉或第1级脉稍突起，被稀疏短粗毛，下面的主脉、侧脉基部脉腋间有1丛髯毛，短枝上的叶卵形或长卵形；叶柄细，圆柱形，先端的上面有细的沟槽，长2～3 cm，短枝上的叶柄长约1 cm，幼时有毛后光滑，带紫色或褐色；腺体2个，有或无。

这个标本叶形似 *P. cathayana* Rchd.（青杨）、*P. purdomii* Rched（冬瓜杨），与前者的区别：叶片两面脉上无毛，叶柄无毛；与后者的区别：叶大，长7～14 cm。两个种与该标本共同的不同：无腺点，无紫栗色或紫棕色的小枝和带有紫色的叶柄，芽小。这个标本有些性状像椅杨 *P. wilsonii* Schneid. 其同点是：(1)"*ad costam et nervos primarios sparse pubescentia v. pleraque tantum basi in axillis nervorum barbata*"，(2)"*glandulae ima basi foliorum duae* (*V. interdum nullae*)"，(3)"*petioli purpurascentes supra leviter caniculati*"，(4)"*ramuli…annotini cylindrici, purpurascentes…*"；不同点为：叶型小，叶柄短，叶片先端非钝；小枝细。因标本采集不全，花序未见到；需今后采得完整标本，再进一步研究。

2. 柳属 Salix Linn.

Linn. Sp. Pl. 1015. 1753.

乔木、直立灌木、垫状或匍匐状。枝圆柱形，髓心近圆形；无顶芽，侧芽通常紧贴枝上，芽鳞单一。叶互生，稀对生，通常狭而长，多为披针形，羽状脉，有锯齿或全缘；叶柄短；具托叶，多有锯齿，常早落，稀宿存。柔荑花序直立或斜展，先叶开放或与叶同时开放，稀后叶开放，花序有梗或无梗，梗上有小叶、鳞片或无；苞片全缘，有毛或无毛，宿存，稀早落；雄蕊2枚至多数，花丝离生，部分合成或全部合生；花药小球形，黄色；腺体1～2个；雌蕊由2个心皮组成；子房有柄或无柄；花柱长短不一或缺，单1或分裂；柱头1～2枚，分裂或不裂。蒴果瓣裂。种子小，多暗褐色。

约520种，主产北半球温带地区，寒带次之，亚热带、南半球极少，大洋洲无野生种。我国有260种125变种33变型，各省区均产；昆仑地区产32种7变种。

分种检索表

1. 雄蕊5～7；子房和果实较大，长7～9 mm；叶柄先端有腺点；幼芽有黏质 ……………………………………………………………… 1. **康定柳 S. paraplesia** Schneid.

1. 雄蕊2；子房和果实较小；叶柄无腺点；幼芽无黏质。
  2. 乔木，有明显主干，小枝细长。
    3. 小枝下垂 ……………………………………… 7. **垂柳 S. babylonica** Linn.
    3. 小枝直立或开展，不下垂。

4. 子房无毛或仅部分有毛。

5. 腺体 2；苞片卵形，无毛或基部多数有毛；小枝和嫩叶近无毛………………………………………………………… **2. 旱柳 S. matsudana** Koidz.

5. 腺体 1；苞片披针形，两面有绵毛；小枝有短茸毛，嫩叶上被银白色绢毛……………………………………………………… **3. 白柳 S. alba** Linn.

4. 子房全部有毛。

6. 老枝紫栗色；花柱短，长约 0.5 mm；叶片质地比较薄…………………………………………………………… **4. 巴朗柳 S. sphaeronymphe** Görz.

6. 老枝褐色或棕褐色；花柱长约 1 mm；叶片质地厚。

7. 花序梗长，长 1.0～1.5 cm；花序长 3.0～3.5 cm；苞片淡棕褐色………………………………………… **5. 绢果柳 S. sericocarpa** Anderss.

7. 花序梗较短，长约 0.5 cm；花序短，长约 2 cm；苞片栗黑色……………………………… **6. 班公柳 S. bangongensis** C. Wang et C. F. Fang

2. 直立灌木、匍匐灌木或垫状灌木（枝上生不定根）。

8. 花序有梗或有不明显的梗，梗上生正常叶、小叶或鳞片。

9. 垫状灌木；花序生于当年枝的顶端，有少数花；叶片较小，一般不超过 2 cm，草质。

10. 苞片广卵圆形，淡紫红色；花丝基部有长柔毛；雌花腺体 1；叶片倒卵状长圆形、长圆形或倒卵状披针形……………………………………………………………………… **8. 青藏垫柳 S. lindleyana** Wall.

10. 苞片长圆形，黄绿色；花丝无毛；雌花腺体 1 或 2；叶片椭圆形或卵状椭圆形…………………………………… **9. 黄花垫柳 S. souliei** Seemen

9. 直立灌木；花序侧生于当年生的小枝上，有多数花；叶片较上述种的大。

11. 腺体一般为 2，稀仅有腹腺；叶片较宽、即长宽之比较小；花丝离生。

12. 花序梗有正常小叶；子房（果实）一般有毛。

13. 花序圆柱形，细而长；花序梗长；花柱细长，深裂；叶片大，长 4～9 cm …………… **10. 匙叶柳 S. spathulifolia** Seemen

13. 花序长圆形、头形或短圆柱形，短而粗；花序梗短或极短，稀较长；花柱短，浅裂或不裂；叶片一般较上述种小。

14. 叶片边缘具细腺锯齿。

15. 芽大，长 7～10 mm；花序梗和轴粗，黑色，有白色长毛；苞片倒卵形；果实卵形 ……………………… **11. 吉拉柳 S. gilashanica** C. Wang et P. Y. Fu

15. 芽小，长 3～4 mm；花序梗和轴细，非黑色；苞片卵状长圆形或长圆形；果实卵状锥形。

16. 叶片较小，长 1～3 cm；花序梗较长，含 3～5 小叶；腺体 … **12. 奇花柳 S. atopantha** Schneid.

16. 叶片较大，长3～4 cm；花序梗短，含2～3小叶；腺体 ………… **13. 贵南柳 S. juparica** Görz.

14. 叶片全缘。

17. 腺体其基部联合成盘状；果实常被白色和锈色毛；叶椭圆形或卵状长圆形 ……………………………………………… **14. 山生柳 S. oritrepha** Schneid.

17. 腺体不联合成盘状；果实无锈色毛。

18. 花序狭椭圆形或长圆形；叶片近长圆形。

19. 腺体2；叶片无毛 ……………………………… **15. 硬叶柳 S. sclerophylla** Anderss.

19. 腺体1个；叶片被白色密毛和锈色毛 ………………… **16. 毛坡柳 S. obscura** Anderss.

18. 花序球形或卵形；叶片近倒披针形，被稀疏柔毛；腺体1 …… **17. 新山生柳 S. neoamnematchinensis** T. Y. Ding et C. F. Fang

12. 花序梗无正常小叶，而为鳞片状；果实无毛；托叶小或缺 ………………………………………… **18. 山羊柳 S. fedtschenkoi** Görz

11. 仅有腹腺；叶片狭披针形或条形，长于宽之比较上述种为大；花丝合生。

20. 嫩枝和成叶上有毛。

21. 苞片倒卵状长圆形或近圆形；小枝稍粗有毛；叶片长是宽的5～6倍 …………… **19. 乌柳 S. cheilophila** Schneid.

21. 苞片卵状长圆形或长圆形；小枝细，无毛或有疏毛；叶片长是宽的6倍以上 …………………………………………………… **20. 线叶柳 S. wilhelmsiana** M. B.

20. 嫩枝和成叶无毛或微有毛。

22. 苞片外面有皱纹，果期苞片宿存；叶近全缘 ……………………………………… **21. 密穗柳 S. pycnostachya** Anderss.

22. 苞片外面无皱纹，果期苞片全部脱落或部分脱落；叶缘有细锯齿。

23. 枝栗色；果实正常发育；野生 …………………………………………… **22. 蓝叶柳 S. capusii** Franch.

23. 枝黄色；果实不育；栽培 …………………………………………… **23. 黄皮柳 S. carmanica** Bornm.

8. 花序无梗或梗较短；一般梗上无叶，或有时有叶；腺体1。

24. 花丝离生。

25. 叶椭圆形或近椭圆形，长宽之比较小。

26. 叶片无毛；果实和子房成细圆锥形，有长子房柄。

27. 花丝无毛；果序长 3～4 cm ········ **24. 伊犁柳 S. iliensis** Regel

27. 花丝有毛；果序长 2.0～2.5 cm ································
······ **25. 中国黄花柳 S. sinica**（Hao）C. Wang et C. F. Fang

26. 叶片被绢毛，有光泽；果实、子房卵状圆锥形，子房柄短或无；
花丝无毛 ································· **26. 银柳 S. argyracea** E. Wolf

25. 叶狭椭圆形至条形，长与宽之比较大。

28. 沼生灌木；花序近对生；花柱极短或无；叶片全缘，边缘不反卷
································· **27. 细叶沼柳 S. rosmarinifolia** Linn.

28. 陆生灌木；花序互生；花柱头明显；叶片波状至有锯齿，边缘常
反卷。

29. 叶最宽处在中部以下，边缘波状或具圆齿 ·····················
································· **28. 川滇柳 S. rehderiana** Schneid.

29. 叶最宽处在中部以上，边缘有蜜腺锯齿 ·······················
··································· **29. 密齿柳 S. characta** Schneid.

24. 花丝合生或部分合生。

30. 花丝基部合生，上部分离（未见雄花序）；叶全缘。

31. 叶片两面被白色毛，或白色毛和锈色毛混生；小枝被柔毛 ······
································· **16. 毛坡柳 S. obscura** Anderss.

31. 叶片两面无毛；小枝无毛 ·····································
··········· **30. 杜鹃叶柳 S. rhododendrifolia** C. Wang et P. Y. Fu

30. 花丝全部合生为一。

32. 腺体为条形；叶长 2～4 cm ············· **31. 洮河柳 S. taoensis** Görz

32. 腺体为卵形；叶长 3～6 cm ······ **32. 坡柳 S. myrtillacea** Anderss.

1. 康定柳

Salix paraplesia Schneid. in Sarg. Pl. Wils. 3：40. 1916；西藏植物志 1：456. 1983；中国植物志 20（2）：117. 图版 32. 1984；青海植物志 1：83. 图版 14：1～3. 1997；青藏高原维管植物及其生态地理分布 105. 2008.

小乔木，高 4（7）m。小枝紫栗色或紫褐色，较细长，无毛，节间较长；芽披针形，先端渐尖。叶椭圆状披针形、狭菱形或菱状长圆形，长 5～7 cm，宽 2.0～2.5 cm，先端渐尖或急尖，基部楔形，边缘有明显的细腺锯齿，上面绿色或深绿色，下面淡绿色，两面均无毛；叶柄长 5～10 mm，无毛，柄上有腺点。花序与叶同时开放，着生于侧枝的顶端，果序长 3～4 cm，粗 1.5～2.0 cm，花较紧密；梗长 2.0～2.5 cm，具 3～4 枚正常叶，轴上被长毛；雄花序未见；雌花序的苞片长圆形，长约 2 mm，褐色，先端钝，两面有毛，常脱落；腺体 1 或 2 个，腹腺舌形或长卵形，先端常 2 裂，背腺较

小，基部常联合。果实卵状圆锥形，长7～9 mm，淡栗褐色，无毛，有光泽，基部有长不到1 mm的短柄，宿存花柱长约1 mm；柱头明显，2裂。　果期6～7月。

产青海：玛沁（军功乡，玛沁队195，丁托娅2222、2228）、班玛（马柯河林场、王为义等27671；马柯河林场烧柴沟；王为义等27518、27562；灯塔乡，王为义等27375）。生于海拔3 300～3 800 m的沟谷山地阴坡、山顶的灌丛、云杉林下、河谷地带。

分布于我国的青海、甘肃、宁夏、陕西、西藏、四川、山西。模式标本采自四川康定。

2. 旱　柳　图版13：1～2

Salix matsudana Koidz. in Tokyo Bot. Mag. 29：312. 1915；中国植物志20（2）：132. 图版38：4～6. 1984；新疆植物志1：170. 1983；青海植物志1：86. 图版15：1～2. 1997；青藏高原维管植物及其生态地理分布103. 2008.

乔木，高达18 m，胸径可达80 cm。大枝斜上，树冠广圆形；树皮暗灰黑色，有裂沟；小枝细长，直立或斜展，淡褐黄色或带绿色，后边褐色，无毛，幼枝有毛；芽微有短柔毛。叶披针形，长5～10 cm，宽1.0～1.5 cm，顶端长渐尖，基部窄圆形或楔形，上面绿色，无毛，有光泽，下面苍白色或带白色，边缘有细腺锯齿。花序与叶同时开放；雄花序圆柱形，长1.5～2.5（3.0）cm，直径6～8 mm，多少有花序梗，轴有长毛，雄蕊2枚，花丝基部有长毛，花药卵形，黄色，苞片卵形，黄绿色，顶端钝，基部多少有短柔毛，腺体2个；雌花序较雄花序短，长约2 cm，直径4 mm，基部3～5小叶生于短花序梗上，轴有长毛，子房长椭圆形，近无柄，花柱无或很短，柱头卵形，近圆裂，苞片同雄花，腺体2个，背生或腹生。果序长达2.0（2.5）cm。　花期4月，果期4～5月。

产青海：班玛、都兰。生于海拔2 800～3 730 m的沟谷山坡，或于农田渠岸栽培。

分布于我国除西藏、福建、台湾以外的各省区；朝鲜，日本，俄罗斯远东地区也有。

3. 白　柳

Salix alba Linn. Sp. Pl. 1021. 1753；西藏植物志1：435. 图130：1～5. 1983；中国植物志20（2）：128. 图版34. 1984；新疆植物志1：167. 图版44：1～6. 1992；青海植物志1：85. 1997；青藏高原维管植物及其生态地理分布96. 2008.

乔木，高达20（25）m，胸径达1 m。当年生嫩枝部分被银白色茸毛，后无毛，细瘦，老枝褐色或棕褐色；芽小，贴生。叶披针形、长圆状披针形或倒披针形，长4.5～6.0 cm，宽1.0～1.5 cm，先端渐尖或长渐尖，基部狭楔形，两面无毛，嫩时被银白色绢毛，边缘具细齿；叶柄2～6 mm，无毛；托叶披针形，边缘具腺锯齿，被毛，早落。

图版 13　旱柳 **Salix matsudana** Koidz. 1. 果序枝；2. 雌花。乌柳 **S. cheilophila** Schneid. 3. 果序枝；4. 雌花；5. 雄花；6. 幼叶（放大）。线叶柳 **S. wilhelmsiana** M. B. 7. 果序枝；8. 雄花序枝；9. 雌花；10. 雄花；11. 叶顶端。（引自《青海植物志》，冯金环绘）

花序与叶同时开放，花序圆柱形，长约 4.5 cm，有梗，梗基具叶状小叶，被白色茸毛；雄花未见；雌花苞片披针形，全缘，褐色，内面和外面基部被白色绵毛，具缘毛，花柱短，先端 2 浅裂，柱头 2 裂，腺体 1 个，腹生。果实椭圆形，长约 5 mm，有短柄或近无柄，无毛。　花期 4～5 月，果期 5～6 月。

产新疆：乌恰（城区，刘海源 231）、喀什、塔什库尔干、皮山（垴阿巴提乡布琼，吴玉虎 1886、1887）。生于海拔 1 800～3 100 m 的行道边、田林路边，多为栽培树种。

分布于我国的新疆、青海、甘肃、西藏；伊朗，巴基斯坦，印度，阿富汗，俄罗斯，欧洲也有。

4. 巴朗柳

Salix sphaeronymphe Görz in Bull. Fan. Mem. Znst. Biol. 6：4. 1938；西藏植物志 1：465. 1983；中国植物志 20（2）：145. 图版 40：1～4. 1984；青海植物志 1：87. 图版 14：7～10. 1997；青藏高原维管植物及其生态地理分布 109. 2008.

灌木或小乔木，高可达 8 m。小枝细，节间较长，褐黄色，被短毛，老枝紫栗色；芽黄褐色，扁压，长约 4 mm。叶披针形或倒披针形，长 3～4 cm，先端急尖或渐尖，基部楔形，边缘有腺锯齿，两面无毛，上面深绿色，下面淡绿色，幼时有短柔毛；柄长 1.5～4.0 mm，近无毛；托叶小，披针形，有腺齿。花序与叶同时开放，短梗有 1～3 枚小叶，常脱落，轴上被柔毛；雄花序未见；雌花序短圆柱形，长 2.0～2.5（3.0）cm，粗 7～10 mm，密花，苞片卵状长圆形，棕褐色，被毛，长约 1 mm；花柱长约0.5 mm，先端 2 裂；柱头细条形；腺体 1 个，长条形，扁，长约 1 mm，有的花有背腺，但很小。果实卵状长圆形，长约 4 mm，褐色，被短柔毛，无柄。　果期 7～8 月。

产青海：兴海（大河坝乡，吴玉虎 42587）、班玛（马柯河林场五桑苗圃，王为义等 26788）。生于海拔 3 600 m 左右的沟谷山坡灌丛、河谷山地林缘、山地阴坡灌丛。

甘肃：玛曲（河曲，吴玉虎 32121、32122）。生于海拔 3 340 m 左右的河滩。

分布于我国的青海、甘肃、西藏、四川。模式标本采自四川巴郎山。

5. 绢果柳

Salix sericocarpa Anderss. in Journ. Linn. Soc. 4：43. 1860；西藏植物志 1：462. 图 1～3. 1983；中国植物志 20（2）：147. 图版 40：5～7. 1984；青藏高原维管植物及其生态地理分布 108. 2008.

小乔木，高 6～7 m。小枝较粗，节间较长，紫褐色，被稀疏柔毛，后近无毛，老枝淡棕褐色，略带绿，光滑，略有光泽；芽卵状长圆形，紫栗色，长 4～5 cm，外侧呈弧形，被疏柔毛。叶长圆状披针形，长（4）5～7 cm，宽 1.0～1.2 cm，上面绿色，下面淡绿色且带白色，先端急尖或钝尖，基部楔形，边缘具微腺锯齿，稀近全缘，边缘不明显，幼时具绢状贴伏柔毛，后有疏毛，最后无毛；叶柄长 3～4 mm，被柔毛。花序与叶同时开放，花序圆柱形，长 3.0～3.5 cm，粗约 1 cm，有花序梗，梗长约 1 cm，被短柔毛，基部有 1～3 枚小叶；雄花序未见；雌花序的苞片长圆形，淡栗褐色，两面疏毛，先端钝圆；花柱长 1 mm，先端 2 裂，柱头不裂或 2 裂；腺体条形或长圆形，腹腺大，背腺极微小。果实卵状锥形，长 6～7 mm，近无柄，密被绢毛，成熟后毛渐疏。果期 8～9 月。

产新疆：叶城（乔戈里峰，青藏队吴玉虎 1494）。生于海拔 4 000～4 500 m 的宽谷山地灌丛、农田边、河滩砾石地、水沟、高山草甸。

西藏：日土（尼亚格祖，青藏队 76－9143；曲龙，青藏队 76－8765）。生于海拔 4 200～4 600 m 的沟谷山坡灌丛、河谷灌丛。

分布于我国的新疆、西藏；巴基斯坦，伊朗也有。

6. 班公柳

Salix bangongensis C. Wang et C. F. Fang in Acta Phytotax. Sinica 17（4）：103. t. 3：6～7. 1979；西藏植物志 1：438. 图 139：13～14. 1983；中国植物志 20（2）：145. 图版 40：8～9. 1984；青藏高原维管植物及其生态地理分布 97. 2008.

小乔木，高 2～5 m。老枝灰白色，小枝黄褐色，光滑，较粗壮，节间较长，嫩枝紫栗色，有短柔毛。叶披针形、倒披针形或狭椭圆形，长 3～4 cm，宽约 1 cm，先端急尖，基部楔形，边缘有细腺锯齿，幼叶两面有贴伏的绢质柔毛，后脱落，或仅在叶片主脉基部有柔毛，上面绿色，下面浅绿色，侧脉两面均不明显；叶柄长 2～5 mm，被短毛；托叶小，披针形，具腺锯齿。花序与叶近同时开放，短圆柱形、长椭圆形或宽长圆形，长约 2 cm，粗约 1 cm，有短梗，梗长约 5 mm，具 2～3 小叶，被白色柔毛；雄花未见；雌花苞片倒卵状长圆形或长圆形，长 2～3 mm，黑栗色，外面基部被疏柔毛，内面无毛，苞片先端钝尖或圆形；花柱长约 1 mm，先端微裂，腹腺 1 个，舌形或披针形。幼果卵状锥形，长约 5 mm，褐绿色，被短柔毛，幼果有短柄。果期 7 月。

产新疆：阿克陶（阿克塔什，青藏队吴玉虎 87128）。生于海拔 3 400 m 左右的沟谷山地林中。

西藏：日土（麦卡，高生所西藏队 3638）。生于海拔 4 600 m 左右的河滩。

分布于我国的新疆、西藏。模式标本采自西藏日土斑公湖边。

7. 垂　柳

Salix babylonica Linn. Sp. Pl. 1017. 1753；西藏植物志 1：438. 1983；中国植物志 20（2）：138. 图版 38：1～3. 1984；新疆植物志 1：169. 1992；青海植物志 1：86. 1997；青藏高原维管植物及其生态地理分布 97. 2008.

乔木，高 10～18 m，树冠开展而疏散，树皮灰黑色，不规则开裂。小枝细长，节间长，下垂，淡栗褐色，无毛或嫩枝上稍有疏毛；芽狭披针形，先端钝，被毛。叶狭披针形或线状披针形，长 9～26 cm，宽 0.5～1.5（3.0）cm，先端长渐尖，基部楔形，边缘有锯齿，表上面绿色，下面淡绿色，两面无毛；叶柄长 5～12 mm，无毛；托叶狭披针形，下面有短柔毛，先端渐尖，边缘有腺齿。花序先叶或与叶同时开放；雄花序长 1.5～2.0 cm，有短梗，梗上被毛，雄蕊 2 枚，与苞片近等长，花丝基部有长柔毛，苞片披针形，外面有毛，腺体 2 个；雌花序长达 3 cm，有梗，基部有 3～4 枚小叶，花序轴有毛，子房椭圆形，无毛或下部稍有毛，无柄或近无柄，花柱短，柱头 2～4 裂，苞片披针形，长约 2 mm，外面有毛，腺体 1 个。蒴果长 3～4 mm，绿黄褐色。 花期 3～4月，果期 4～5 月。

产新疆：昆仑山北麓各县均有引种栽培。生长于海拔 1 400～2 000 m 的溪流河边、田林路边。

全国各地均有栽培；亚洲其他地区，欧洲，美洲，大洋洲也有。

8. 青藏垫柳

Salix lindleyana Wall. apud Anderss. in Svensk. Akad. Handl. 1850：499. 1851；西藏植物志 1：451. 1983；中国植物志 20（2）：217. 图版 60：1～4. 1984；青海植物志 1：93. 1997；青藏高原维管植物及其生态地理分布 102. 2008.

垫状灌木，主干匍匐而生根，暗褐色。当年生枝红褐色，斜升，高数厘米，有疏长柔毛或无毛，老枝无毛；芽小，卵球形，黄绿色，无毛。叶倒卵状长圆形、长圆形或倒卵状披针形，长 1.2～1.6 cm，宽 4～6 mm，萌枝叶长达 2.5 cm，宽 9 mm，顶端尖，稀稍钝，基部楔形，上面亮绿色，无毛，中脉明显凹下，下面苍白色，无毛，中脉明显凸起，幼叶两面有稀疏的短柔毛，全缘，常稍反卷；叶柄长 3～6 mm，幼时有短柔毛，后无毛。花序与叶同时开放，卵圆形，每花序仅有数花，着生于当年生枝顶端，基部有正常叶，轴有疏长柔毛或无毛；雄蕊 2 枚，花丝基部有长柔毛，花药广卵形，苞片广卵圆形，顶端圆，淡紫红色，仅有疏缘毛，有背腺和腹腺，近等长，长约为苞片的 1/3；子房卵状圆锥形，近无柄，无毛，花柱粗而短，顶端 2 裂，柱头 2 裂；雌花苞片同雄花，仅有腹腺，约为子房长的 2/3。蒴果有短柄。 花期 6 月中下旬，果期 7～9 月。

产青海：曲麻莱。生于海拔 3 600～4 300 m 的河谷山地高寒灌丛。

分布于我国的青海、西藏、四川、云南；印度东北部，尼泊尔，巴基斯坦也有。

9. 黄花垫柳 图版 14：1～4

Salix souliei Seemen in Fedde Repert. Sp. Nov. 3：23. 1906；西藏植物志 1：463. 1983；中国植物志 20（2）：211. 图版 58：5～7. 1984；青海植物志 1：93. 图版 17：7～10. 1997；青藏高原维管植物及其生态地理分布 109. 2008.

垫状灌木，枝干匍匐地面，节处生根。当年生枝平卧或微上升，短小，淡褐色，无毛；芽小，卵形，先端钝，无毛。叶椭圆形、椭圆状长圆形或卵状长圆形，长 5～

7 mm，宽 2～3 mm，草质，先端钝圆或急尖，基部楔形，全缘，上面绿色或深绿色，下面淡绿色或带苍白色，两面无毛，边缘外卷，主脉在上面下陷，下面主脉稍凸起，网脉不明显；叶柄短，长 4～7 mm，无毛。花叶同时开放，花序长圆形，生于当年生枝端，长 5～8 mm，疏花，下部有花序梗，其上着生数枚小叶，轴无毛或被疏短毛；雄花苞片长圆形，长约 3 mm，褐色，先端钝圆，无毛，雄蕊 2 枚，花丝近等长于苞片或长于苞片，无毛，腺体 2 个，短圆柱形；雌花苞片长圆形或窄椭圆形，较雄花苞片较宽，子房圆锥形，长约 3 mm，无毛，有柄，花柱极短，柱头柱状，2 裂；腹腺 1 个，条形。花果期 7～8 月。

产青海：久治（年宝山希门错湖，果洛队 422；希门错日拉山，果洛队 482；索乎日麻乡扎龙尕玛山，果洛队 154，藏药队 337）。生于海拔 4 400～4 600 m 的沟谷山坡林缘、岩石缝隙。

分布于我国的青海、西藏、四川、云南。模式标本采自四川康定。

10. 匙叶柳

Salix spathulifolia Seemen in Bot. Jahrb. 36（Beibl. 82）：31. 1905；中国植物志 20（2）：243. 1984；青海植物志 1：1，5. 图版 20：1，2. 1997；青藏高原维管植物及其生态地理分布 109. 2008.

10a. 匙叶柳（原变种）

var. **spathulifolia**

直立灌木，高 1～2 m。枝紫栗褐色，嫩时被毛，后无毛，一般节间较短，萌芽枝节间较长；芽长圆状披针形，长 5～6 mm，紫褐色或褐色，先端钝尖，无毛或被短毛。叶狭椭圆形、倒卵状长圆形或近长圆形，长 4～6 cm，宽 1.5～2.5 cm，先端钝尖或急尖，基部楔形，边缘有不规则的细腺锯齿，稀近全缘，上面深绿色，下面淡绿色，初有短柔毛，主脉、支脉明显，网脉不清；叶柄长约 1 cm，幼时被毛。花序圆柱形，长约 3 cm，粗约 1 cm，花序梗短，被柔毛，着生 2～3 枚正常小叶；雄花序未见；雌花序苞片椭圆形或宽长圆形，长约 2 mm，先端圆形，褐色，外面被白色长柔毛，内面近无毛。果实卵状长圆形，长约 5 mm，淡栗紫色，被白色长柔毛；宿存花柱细长，长约 2 mm，先端中裂；柱头不裂或 2 裂，果实无柄；腺体 1 个，条形，长约 1 mm。 果期 7～8 月。

产青海：兴海（河卡乡羊曲，何廷农 87）、玛沁（军功乡黑土山，H. B. G. 207）、久治（龙卡湖畔，果洛队 534）、班玛（马柯河林场，王为义等 26793）。生于海拔 3 300～4 000 m 河谷溪水边、沟谷山坡林下。

分布于我国的青海、甘肃、陕西、四川。模式标本采自陕西户县光头山。

10b. 光果匙叶柳（变种）

var. **glabra** C. Wang et C. F. Fang apud T. Y. Ding Fl. Qinghai. 1：105. t. 20：3～4. Addenda 506. 1997；青藏高原维管植物及其生态地理分布 109. 2008.

本变种与原变种的区别在于：子房仅在腹缝线上稍有短毛，余无毛，果实亦无毛。

产青海：班玛（马柯河林场烧柴沟，王为义等 27516、27529；哑巴沟，王为义等 27167、27172；宝藏沟，王为义等 27226、27305；班前乡，王为义 26962）。生于海拔 3 200～3 800 m 的阴坡。

分布于我国的青海、甘肃、四川。模式标本采自青海乐都。

11. 吉拉柳

Salix gilashanica C. Wang et P. Y. Fu in Acta Phytotax. Sin. 12（2）：196. t. 50：4. 1974；西藏植物志 1：447. 图 134：4～7. 1983；中国植物志 20（2）：234. 图版 65：3～6. 1984；青海植物志 1：97. 1997；青藏高原维管植物及其生态地理分布 101. 2008.

直立灌木或小乔木。小枝粗壮，栗褐色，略带紫色，无毛，稀嫩时有微毛；芽卵状长圆形或卵状锥形，大，长 6～7（10）mm，无毛或有毛。叶椭圆形、椭圆状长圆形或倒卵状长圆形，长（3）4～7 cm，宽约（1）2 cm，先端急尖或近圆形，基部楔形，边缘具微小的腺锯齿，质地厚，两面无毛，或主脉上稍有柔毛，上面深绿色，下面色淡；叶柄 4～10 mm，无毛，紫栗色或褐色带红色。花序圆柱形，长约 2 cm，粗约 8 mm，生于侧枝顶端，花序梗或轴粗，黑色，被密柔毛，较短，具 1～3 枚叶；雄花未见；雌花苞片倒卵形或椭圆形，褐色，先端圆形或近圆形，两面被毛。果实卵形，密被柔毛，褐色，宿存花柱较长，浅裂至中裂；腺体 2 个；腹腺长方形，先端微凹，背腹较小。果期 8～9 月。

产青海：兴海（河卡乡羊曲，何廷农 466）、班玛（莫巴乡，吴玉虎 26330）。生于海拔 3 300～3 650 m 的山坡灌丛。

分布于我国的青海、西藏、四川。模式标本采自西藏。

我们采到的班玛标本略有不同：叶较小；苞片先端钝。

12. 奇花柳 图版 14：5～10

Salix atopantha Schneid. in Sarg. Pl. Wils. 3：43. 1916；西藏植物志 1：437. 图 133：11～13. 1983；中国植物志 20（2）：227. 图版 62：10～12. 1984；青海植物志 1：96. 图版 17：1～6. 1997；青藏高原维管植物及其生态地理分布 97. 2008.

直立灌木，高达 2 m。当年生枝细，栗紫色或棕色，被茸毛，后无毛，有光泽。叶狭长圆形、长圆形或披针形，长 1～3 cm，宽 7～10 mm，先端急尖或渐尖，基部楔形，边缘有不明显的腺锯齿，上面深绿色，幼时被短毛，后仅主脉上被贴伏柔毛，余无毛，下面白色，无毛，侧脉细；叶柄长 2～6 mm，被毛。花与叶同时开放，花序短圆柱形或卵状长圆形，长 1.5～3.0 cm，粗 7～10 mm，具明显花序梗，有 3～5 小叶，小叶两面无毛，边缘具小齿；雄花苞片倒卵状长圆形或长圆形，褐色，顶端带栗色，稍有短柔毛或缘毛，雄蕊 2 枚，花丝在中部以下有柔毛，腺体 2 个，腹腺条形，背腺小；雌花苞片长圆形，褐色，先端钝圆，外面被白绵毛，而上部毛少，内面近无毛，幼果卵状锥形，长约4 mm，被短柔毛，花柱近深裂，柱头 2 裂；腺体 2 个，腹腺条形，先端平截或微裂，背腺较小。　花期 5～6 月，果期 7～8 月。

产青海：兴海（中铁乡附近，吴玉虎 45369；中铁林场恰登沟，吴玉虎 45358）、玛沁（尕柯河电站，吴玉虎 6039；尕柯河岸，玛沁队 144；采集地不详，丁托娅 2225）、班玛（马柯河林场烧柴沟，王为义等 27510；马柯河林场宝藏沟，王为义 27292）。生于海拔 3 200～4 200 m 的沟谷山坡灌丛、河谷山地林缘、河谷山麓阔叶林下灌丛。

甘肃：玛曲（欧拉乡，吴玉虎 32015）。生于海拔 3 310 m 左右的山坡林缘、河滩的灌丛、河谷山地林下。

分布于我国的青海、甘肃、西藏、四川、云南。模式标本采自四川汶川县。

13. 贵南柳

Salix juparica Görz in Journ. Arn. Arb. 13：391. 1932；中国植物志 20（2）：232. 1984；青海植物志 1：98. 图版 18：1～2. 1997；青藏高原维管植物及其生态地理分布 102. 2008. ——*S. rockii* Görz in Journ. Arn. Arb. 13：393. 1932.

13a. 贵南柳（原变种）

var. **juparica**

直立灌木，高 2～3（4）m。当年生枝细瘦，栗褐色，有的带紫色，被疏柔毛，节间较长；芽卵状长圆形，长 3～4 mm，被毛。叶卵状长圆形、卵状披针形或椭圆形，长 2～3（4）cm，宽 1.0～1.5 cm，质薄，先端急尖或渐尖，基部楔形或圆形，边缘具腺细锯齿，上面深绿色，下面淡绿色且显白色，两面无毛，有的仅中脉上被短毛；叶柄长 2～5 mm，有柔毛；托叶小，卵形，早落。花与叶同时开放，花序圆柱形或短圆柱形，长 1.5～2.5 cm，粗 5～9 mm，具明显的花序梗，梗上具 2～3 枚小叶，梗上被柔毛；雄花序未见；雌花苞片长圆形或倒卵状长圆形，长 2 mm，褐色，先端钝圆，两面上半部无毛，下半部被柔毛。蒴果卵状圆锥形，长约 4 mm，被白色短茸毛，宿存花柱长 0.5 mm，2 浅裂，柱头 2 裂；腺体 1 个，腹生，狭卵形。　果期 7 月。

产青海：玛沁（江让水电站，吴玉虎 1474、植被地理组 433；军功乡西哈垄河谷，H. B. G. 243、249，丁托娅 2233、2234）。生于海拔 3 400～3 800 m 的河谷林缘、山坡灌丛、沟谷山地林中。

分布于我国的青海、甘肃、四川。模式标本采自青海贵南县居布日山。

图版 14 黄花垫柳 **Salix souliei** Seemen 1.雄株（一部分）；2. 叶形（放大）；3. 雄花；4. 雌花。奇花柳 **S. atopantha** Schneid. 5. 雌花序枝；6. 雌花序；7. 叶形（放大）；8. 雄花；9. 雌花；10. 苞片内面。（引自《青海植物志》，张桂芝绘）

13b. 光果贵南柳（变种）

var. **tibetica**（Görz）C. F. Fang Fl. Reipul. Popul. Sin. 20（2）：223. 1984；青海植物志 1：98. 图版 18：3. 1997；青藏高原维管植物及其生态地理分布 102. 2008. ——S. *tibetica* Görz in Journ. Arn. Arb. 13：391. 1932.

本变种与原变种的区别在于：子房无毛。

产青海：玛沁（大武乡，王为义 26624）。生于海拔 3 200～3 800 m 的河谷林缘、山坡灌丛、沟谷山地林中。

分布于我国的青海、甘肃、四川。

14. 山生柳 图版 15：1～5

Salix oritrepha Schneid. in Sarg. Pl. Wils. 3：113. 1916；西藏植物志 1：454. 图 133：9～10. 1983；中国植物志 20（2）：225. 图版 62：7～9. 1984；青海植物志 1：100. 图版 19：5～9. 1997；青藏高原维管植物及其生态地理分布 104. 2008.

14a. 山生柳（原变种）

var. **oritrepha**

矮小灌木，高 60～120 cm。幼枝有毛，后无毛。叶椭圆形或宽长圆形，长 1～2 cm，宽 5～10 mm，萌发枝的叶可长达 3 cm，宽达 1.5 cm，先端钝或急尖，基部宽楔形或近圆形，全缘，两面光滑，嫩时有疏柔毛；叶柄长 5～9 mm，无毛。花与叶近同时开放；雄花序短圆柱形，长 1.0～1.5（2.0）cm，粗 5～10 mm，具短花序梗，梗上具 1～3枚小叶，苞片倒卵状长圆形，长 1.0～1.5 mm，全缘，两面有疏柔毛，雄蕊 2 枚，离生，花丝的中下部有柔毛，花药黄色，腺体 2 个，基部常相联结；雌花序卵状长圆形，长 1.0～1.5 cm，有短花序梗和少数小叶，含雌花多数，苞片卵状长圆形或倒卵形，长约 1.5 mm 或过之，被毛，尤在中下部毛密。果实卵状长圆形，有白色或白色、褐色柔毛，长 3.0～3.5 mm，无柄；宿存花柱明显，先端微裂，柱头 2 裂，腺体 2 个，基部联合，先端分裂，形成假花盘状。 花期 6 月，果期 7 月。

产青海：兴海（中铁林场卓琼沟，吴玉虎 45652、45656、45768、45773；赛宗寺后山，吴玉虎 46287、46354、46409；河卡乡河卡山，郭本兆 6373、吴珍兰 128；野龙沟，何廷农 144；阿米瓦阳山，何廷农 427；温泉乡，弃耕地考察队 10）、曲麻莱（东风乡，刘尚武和黄荣福，采集号不详）、称多（城郊，吴玉虎 29267；歇武乡，刘有义 83-404）、玛多（花石峡乡，H. B. G. 1495；黑河乡曲纳麦尔，H. B. G. 1462；黑海乡，杜庆 523）、玛沁（军功乡，H. B. G. 245；江让水电站，植被地理组 433、吴玉虎 18605；黑土山，吴玉虎 18776；拉加乡，玛沁队 228；西哈垄河谷，吴玉虎 5613；大武乡，H. B. G. 552；大武乡石峡煤矿，吴玉虎 27011；雪山乡，玛沁队 411；东倾沟，黄荣福 C. G. 81-166；阿尼玛卿山，黄荣福 C. G. 81-151）、达日（建设乡，吴玉虎27105、27129；达日河，H. B. G. 1038；胡勒安玛，H. B. G. 1180；满掌乡，吴玉虎 26814；吉迈乡，吴玉虎 27068、27073)、甘德（上贡麻乡，H. B. G. 999、1001，吴玉虎25841)、久治（索乎日麻乡，果洛队290；希门错湖，果洛队490)、班玛（马柯河林场烧柴沟，王为义等26281、27493、27567)。生于海拔3 000～4 500 m的河谷山地林缘、山坡林下、高寒山地灌丛、沟谷山地岩隙。

甘肃：玛曲（欧拉乡，吴玉虎31994)。生于海拔 3 300 m左右的沟谷山坡、峡谷、河滩阶地、高山砾石山坡的灌丛草甸或林缘下、冰川前侧、冰碛垅。

分布于我国的青海、甘肃、西藏、四川。模式标本采自四川康定。

14b. 青山生柳（变种）图版15：6

var. **amnematchinensis**（Hao）C. Wang et C. F. Fang Fl. Reipubl. Popul. Sin. 20（2)：225. 1984；青海植物志1：100. 图版19：10. 1997；青藏高原维管植物及其生态地理分布 104. 2008. ——S. *amnematchinensis* Hao in Fedde Repert. Sp. Nov. Beich. 93：74. t. 22：44. 1996.

本变种与原变种的区别在于：叶较大，椭圆状卵形或椭圆状披针形。

产青海：兴海（河卡乡河卡山，吴玉虎28702)、曲麻莱（巴干乡德曲河，刘尚武等904)、玛沁（西哈垄河谷，吴玉虎等5654；大武乡江让，王为义 26628、吴玉虎等18605；拉加乡，玛沁队227；雪山乡，玛沁队400)、玛多（黑海乡，杜庆522)、达日（建设乡胡勒安玛，H. B. G. 1178)、甘德（上贡麻乡黄河边，H. B. G. 997)、久治（康赛乡，吴玉虎26492)、班玛（马柯河林场烧柴沟，王为义等27506、27514)。生于海拔3 300～4 500 m的山地林缘、高山阴坡灌丛草甸。

分布于我国的青海、甘肃、四川。模式标本采自青海西宁。

15. 硬叶柳

Salix sclerophylla Anderss. in Journ. Linn. Soc. 4：52. 1859；西藏植物志 1：461. 图134：8～9. 1983；中国植物志20（2)：230. 图版63：1～3. 1984，青海植物志1：102. 图版18：8～10. 1997；青藏高原维管植物及其生态地理分布107. 2008.

15a. 硬叶柳（原变种）

var. **sclerophylla**

直立灌木，高30 cm，稀达2 m。小枝紫栗色或棕栗色，无毛，幼嫩小枝被短茸毛，后脱落；芽卵状长圆形，褐红色。叶狭椭圆形、长圆形，倒披针形或卵状长圆形，长1.5～3.0 cm，宽8～14 mm，先端急尖，基部楔形，全缘，上面绿色，下面浅绿色，一般无毛，嫩时有疏毛；叶柄长1～2 mm，无毛。花先叶开放，花序椭圆形、卵形或狭椭圆形，长1 cm左右，无花序梗或有短梗，梗基无小叶或有1～2片小叶；雄花序的苞片倒卵状长圆形，先端圆形或圆截形，长约 1.5 mm，褐栗色，被柔毛，雄蕊 2 枚，花丝基部有柔毛，腺体 2 个，背腹小；雌花序的苞片同雄花，有背腺、腹腺。蒴果卵状圆锥形，长 3～4 mm，有柔毛；宿存花柱明显或短，浅裂，柱头 2 裂，无柄或有短柄。 花期 5～6 月，果期 7 月。

产青海：兴海（河卡乡河卡山，吴玉虎 28670）、玛多（黑海乡，吴玉虎 17922、17965；花石峡北侧，植被地理组 357；野马滩煤矿，吴玉虎 1378）、玛沁（当洛乡，区划一组 107；大武乡江让，王为义等 26628；大武乡石峡煤矿，吴玉虎 27008；黑土山，吴玉虎 18584；格曲，H. B. G. 561；雪山乡切木曲，H. B. G. 382）、达日（满掌乡，吴玉虎 26807；吉迈乡，吴玉虎 27068）、甘德（上贡麻乡，吴玉虎 25824）、久治（康赛乡，吴玉虎 26503）。生于海拔 3 400～4 300 m 的高寒山地阴坡、半阴坡、河谷山地灌丛草甸、高山草甸、固定沙丘、冰碛垅、圆柏林缘灌丛。

分布于我国的青海、甘肃、西藏、四川；印度，尼泊尔，巴基斯坦也有。

15b. 近硬叶柳（变种）

var. **sclerophylloides** （Y. L. Chou） T. Y. Ding Fl. Qinghai. 1：102. 1997. ——*Salix sclerophylloides* Y. L. Chou in Acta Phytotax. Sinica 17（4）：103. 1979；西藏植物志 1：462. 图 133：14～15. 1983；中国植物志 20（2）：230. 图版 63：1～3. 1984；青藏高原维管植物及其生态地理分布 109. 2008.

本变种与原变种的区别在于：雌花苞片两面近无毛，仅边缘有疏毛，只有条形腹腺 1 个，无背腺。

产青海：曲麻莱（巴干乡，刘尚武和黄荣福 579；麻多乡扎陵湖，刘尚武等 645）、玛多（花石峡长石头山，吴玉虎 28913；黑海乡红土坡煤矿，吴玉虎 13029）、玛沁（德勒龙沟，玛沁队 48；拉加乡，玛沁队 72；大武乡至军牧场，植被地理组 796；雪山乡，黄荣福 C. G. 81－0042）、久治（门堂乡，藏药队 252、果洛队 93；索乎日麻乡，果洛队 252）。生于海拔 3 800～4 200 m 的阴坡、河谷阶地、河滩柳灌丛草甸。

分布于我国的青海、西藏、四川。模式标本采自西藏昌都地区。

16. 毛坡柳

Salix obscura Anderss. in DC. Prodr. 16（2）：269. 1868；Hook. f. Fl. Brit. Ind. 5：632. 1888；Schneid. in Sarg. Pl. Wils. 3：161. 1916；西藏植物志 1：452. 1983；中国植物志 20（2）：341. 图版 100：5～7. 1984；青海植物志 1：114. 1997；青藏高原维管植物及其生态地理分布 103. 2008.

直立灌木，高 1.5～2.0 m。小枝黑栗色，节间短，有密茸毛，后无毛；芽卵状长圆形，扁压，先端钝，被茸毛。叶长圆形、狭椭圆形、倒卵状长圆形或卵状长圆形，稀披针形，长（2.0）2.5～3.0（4.0）cm，宽（5.0）1.0～1.5 cm，先端钝或急尖，基部楔形，全缘，上面深绿色，下面淡绿色，两面被绢质短柔毛，稍光泽，稀上面脉上密被毛，下面毛密，稀有锈色柔毛，毛少时，网脉较明显；叶柄短，长 3～5 mm，被短柔毛；托叶椭圆形或卵形，先端急尖，密被毛。花序与叶同时开放，密花，花序短圆柱形或椭圆形，长 2.0～2.5（3.0）cm，粗约 1 cm，花序梗短或无，基部有 5 小叶，稀 2～3 小叶，轴上密被毛；雄花序未见；雌花序苞片倒卵状长圆形或长圆形，栗褐色，长约 1.5 mm，先端圆形或急尖，两面被毛；有 1 腹腺，条形。蒴果小，卵形，长 3～4 mm，褐色或栗色，密被毛，无果柄；宿存花柱细，长约 1 mm，柱头小，2 裂。 果期 6～7 月。

产青海：玛沁（大武乡石峡煤矿，吴玉虎 26723）、久治（哇尔依乡，吴玉虎 26671、26723、26741）、班玛（马柯河林场，吴玉虎 26002；马柯河林场烧柴沟，王为义 27508；五桑苗圃，王为义等 26728、26794；班前乡，王为义等 26926）。生于海拔 3 300～4 000 m 的高山草甸、阴坡灌丛。

西藏：班戈（多巴区，青藏队陶德定 10622）。生于海拔 4 700 m 左右的山坡河滩灌丛。

分布于我国的青海、西藏；印度东北部也有。

本定名标本与原描述的不同之处在于：在花序下，有的有小叶；腺体有的有背腹腺体；但苞片与 Sargent 主编的 *Plantae Wilsonianae* 一书的描述相同，即“the braotsare obovata oblong，very obtuse”，而与《中国植物志》描述不同，即“苞片披针形，先端尖或稍钝”。

根据形态，本种应归于 Seet. *Solerophyllae* Schneid. 组中，但在这个组中没有一个种的叶片被锈色柔毛，仅有变种 *S. sclerophylla* Anderss. var. *obtuse*（Wang et Fu）C. F. Fang 的叶片下有褐色柔毛，但其叶形与本种不像。因此，本种有待进一步研究。

17. 新山生柳 图版 15：7～10

Salix neoamnematchinensis T. Y. Ding et C. F. Fang in Acta Phytotax. Sinica 31（3）：279. 1993；青海植物志 1：98. 图版 19：1～4. 1997；青藏高原维管植物及其生态地理分布 103. 2008.

直立灌木，高 40～100 cm。嫩枝细，栗褐色，被短柔毛，二年生枝带绿色；芽卵状长圆形，栗褐色，被疏柔毛。叶长圆形、狭椭圆形或披针形，长 1～2 cm，可达 3 cm，宽 8～12 mm，先端急尖，基部楔形，全缘，上面被毛，下面无毛或仅主脉上被毛；叶柄长 1～3 mm，被毛。花序卵形或短椭圆形，长约 1 cm，有极短的花序梗，基部着生 1～2 枚小叶；雄花序未见；雌花序苞片卵形或卵状长圆形，长 1.5～2.0 mm，先端圆形，外表面仅基部被毛，内面被毛，具缘毛；腺体仅腹腺 1 个，条形或圆柱状，明显。果实长约 5 mm，卵状锥形，常紫红色，被短毛，宿存花柱极短，先端微裂，柱头近头状或 2 裂，基部稍有短柄。 果期 7 月。

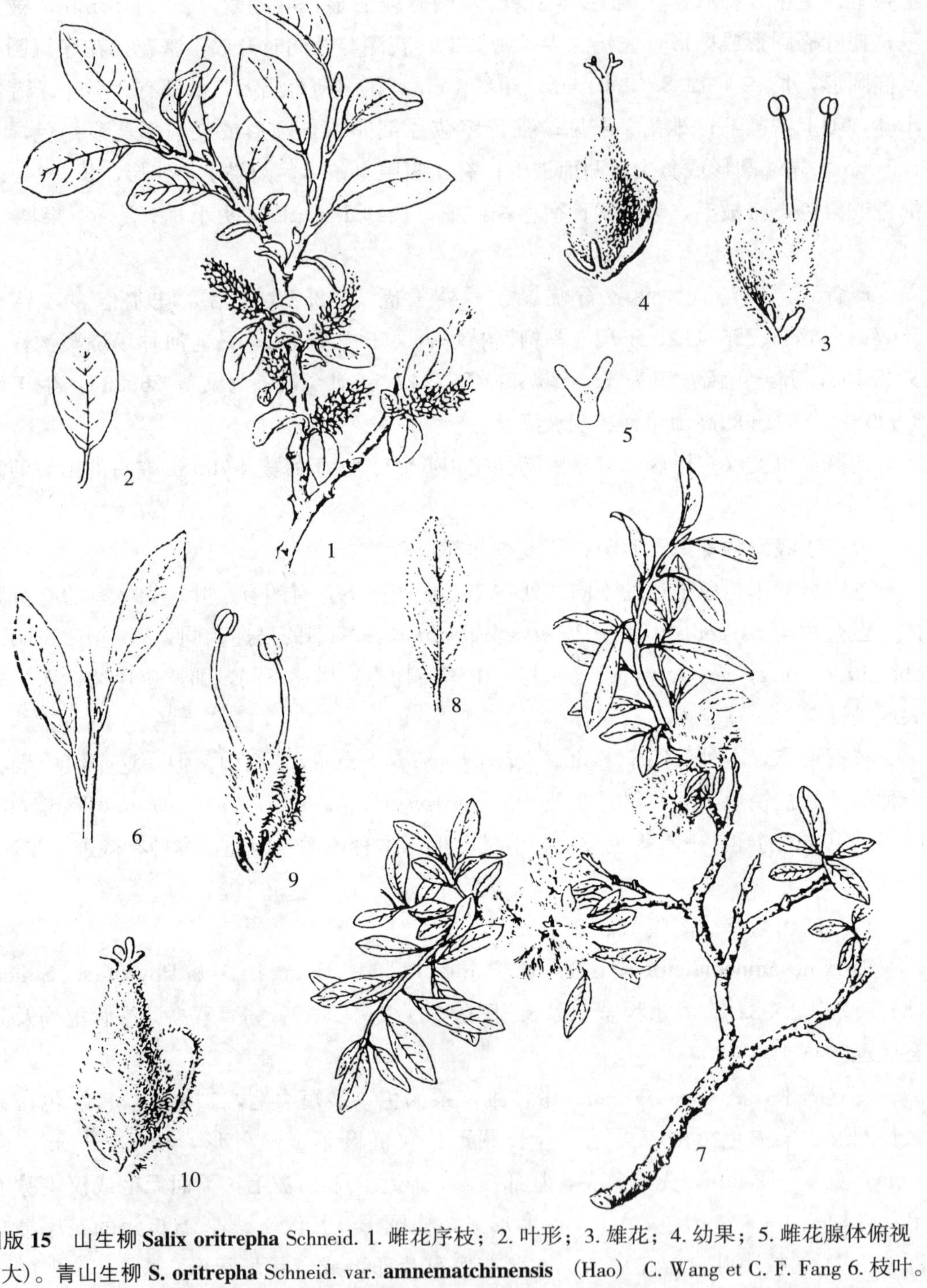

图版 15　山生柳 **Salix oritrepha** Schneid. 1. 雌花序枝；2. 叶形；3. 雄花；4. 幼果；5. 雌花腺体俯视（放大）。青山生柳 **S. oritrepha** Schneid. var. **amnematchinensis**（Hao） C. Wang et C. F. Fang 6. 枝叶。新山生柳 **S. neoamnematchinensis** T. Y. Ding et C. F. Fang 7. 雌花序枝；8. 叶形（放大）；9. 雄花；10. 幼果。（引自《青海植物志》，张桂芝绘）

产青海：玛多（花石峡，王为义等 26584）、玛沁（大武乡格曲，H. B. G. 539、丁托娅 2226；野马滩，植被地理组 379；雪山乡，采集人不详 样方 55-1）、甘德（上贡麻乡，H. B. G. 1003）。生于海拔 3 400～4 300 m 的沟谷山坡高寒灌丛、山地阴坡灌丛、河谷灌丛。

分布于我国的青海。模式标本采自青海大通。

18. 山羊柳

Salix fedtschenkoi Görz Salic. Asiat. 1：21. 1931，et in Fedde Repert. Sp. Nov. 32：121. 1933；中国植物志 20（2）：289. 1984；新疆植物志 1：181. 1992；青藏高原维管植物及其生态地理分布 100. 2008.

直立灌木，高 1.0～1.5 m。小枝较粗壮，节间短，紫栗色，有光泽，嫩枝褐色，老枝灰色带紫色，无毛；芽卵形或长卵形，紫栗色，先端钝圆，无毛。叶卵形、宽卵形、狭椭圆形或狭卵状披针形，长约 2 cm，宽 7～10 mm，先端急尖或钝尖，基部楔形，边缘有细腺锯齿，两面浅绿色，无毛；叶柄短，长 1～3 mm，宽而扁，表面微带紫色，无毛。花序与叶同时开放，花密生，花序细圆柱形，长 2～3 cm，粗约 7 mm，生于小枝顶端，花序下有短梗，梗长约 5 mm，生有正常叶，轴上有长柔毛，粗枝上的花序轴毛尤密；雄花序未见；雌花序苞片细长圆形或长披针形，长约 3 mm，黑色，先端稍窄，被白色长柔毛；腹腺 1 个，条形。果实锥形，长 3～4 mm，稍带紫色，基部具短柄，无毛，先端渐缩成花柱；宿存花柱短，与蒴果顶部几无明显界线，柱头 2 裂。果期 6 月。

产新疆：阿克陶（阿克塔什，青藏队吴玉虎 870136B）。生于海拔 3 500 m 左右的沟谷山坡林缘、河谷阶地。

分布于我国的新疆；中亚地区南部高山（伊朗、阿富汗）也有。

19. 乌　柳 图版 13：3～6

Salix cheilophila Schneid. in Serg. Pl. Wils. 3：69. 1916；西藏植物志 1：440. 图 132：1～3. 1983；中国植物志 20（2）：353. 图版 105：1～4. 1984；青海植物志 1：117. 图版 15：3～6. 1997；青藏高原维管植物及其生态地理分布 98. 2008.

19a. 乌柳（原变种）

var. **cheilophila**

直立灌木，高达 5 m。小枝栗褐色或棕褐色，有时带紫色，初被贴伏柔毛，后无毛；芽卵状长圆形，带紫褐色，先端钝圆，嫩时密被毛，后毛少或无。叶线形或线状倒披针形，长 2.5～3.0 cm，宽 3～5 mm，先端短渐尖，稍有小尖头，基部楔形，边缘外卷，具腺锯齿，上面绿色，被疏柔毛，下面淡绿色，密被绢状柔毛，主脉在下面突起，网脉不明显；叶柄短，长1～3 mm，被柔毛。花序与叶同时开放，花序长圆形、卵形，长1～2 cm，粗约8 mm，密花；花序梗极短，有2～3枚小叶，轴上被毛；雄花序未见；雄花序苞片倒卵状长圆形，长2～3 mm，褐色，先端圆形或浅波状，两面无毛，仅基部略被毛；腹腺1个，狭长圆形。果实卵状长圆形，长约4 mm，褐色，被密毛，无柄，宿存花柱短或无，柱头小。 果期6～7月。

产青海：都兰（诺木洪至香日德，植被地理组229）、玛沁（尕柯河电站，吴玉虎6002、6011）、班玛（马柯河林场，王为义等27736；灯塔乡，王为义等27435；江日堂乡，吴玉虎26055；亚尔堂乡王柔，吴玉虎26251）。生于海拔2 700～3 600 m的沟谷山地高寒灌丛、河谷山坡灌丛。

甘肃：玛曲（河曲军马场，吴玉虎32104）。生于海拔3 340 m左右的河滩、沼泽。

分布于我国的青海、甘肃、宁夏、陕西、西藏、四川、云南、河南、山西、河北。模式标本采自四川小金。

19b. 光果乌柳（变种）

var. **cyanolimnea**（Hance）C. Y. Yang Fl. Reipubl. Sin. 20（2）：355. 1984；青海植物志1：118. 1997. ——*S. cyanolimnea* Hance in Journ. Bot. 2：294. 1882；青藏高原维管植物及其生态地理分布98. 2008.

本变种与原变种的区别在于：子房和蒴果无毛。

产青海：班玛（马柯河林场，王为义等27666、27672）。生于海拔3 300～3 800 m河谷灌丛、山地阴坡高寒灌丛。

分布于我国的青海、四川、云南。模式标本采自青海。

20. 线叶柳 图版13：7～11

Salix wilhelmsiana M. B. Fl. Taur.-Cauc. 3：627. 1919；中国植物志20（2）：356. 图版106. 1984；新疆植物志1：189. 图版54. 1992；青海植物志1：118. 图版15：7～11. 1997；青藏高原维管植物及其生态地理分布111. 2008.

20a. 线叶柳（原变种）

var. **wilhelmsiana**

灌木或小乔木，高5～6 m。小枝细长，末端半下垂，紫红色或栗色，被疏毛，稀近无毛；芽卵圆形，钝，先端有茸毛。叶线形或线状披针形，长2～6 cm，宽2～4 mm，嫩叶两面密被茸毛，后仅下面有疏毛，边缘有细锯齿，稀近全缘；叶柄短；托叶细小，早落。花序与叶近同时开放，密生于上年枝上；雄花序近无梗，雄蕊2枚，联合成单体，花丝无毛，花药黄色，初红色，球形，苞片卵形或长卵形，淡黄色或淡黄绿色，外面和边缘无毛，稀有疏柔毛或基部较密，仅1腹腺；雌花细圆柱形，长2～

3 cm，果期伸长，基部具小叶片，子房卵形，密被灰茸毛，无柄，花柱较短，红褐色，柱头全缘或2裂；苞片卵圆形，淡黄绿色，仅基部有柔毛，腺体1个，腹生。花期5月，果期6月。

产新疆：昆仑山北麓各县。生于海拔1 400～2 600 m的荒漠，沙地、河谷地带尤为普遍。

青海：兴海（中铁林场恰登沟，吴玉虎43127、45110、45127、45140；大河坝乡赞毛沟，吴玉虎47173、47179、47184）。生于海拔3 200～3 620 m的沟谷山地阴坡灌丛、河谷山麓阔叶林缘灌丛。

分布于我国的新疆、青海、甘肃、宁夏、内蒙古；中亚地区各国，伊朗，阿富汗，巴基斯坦，印度，高加索地区，欧洲也有。

20b. 宽叶线柳（变种）

var. **latifolia** C. Y. Yang in Bull. Bot. Lab. Northeast Forest. Inst. Harbin 9：95. 1980；中国植物志20（2）：358；新疆植物志1：189. 1992；青海植物志1：119. 1997；青藏高原维管植物及其生态地理分布111. 2008.

本变种与原变种的区别在于：叶片较宽，枝、叶、果各部无毛或几无毛。

产新疆：且末。生于海拔1 400 m左右的戈壁荒漠的河谷绿洲。

分布于我国的新疆、青海。模式标本采自新疆且末。

21. 密穗柳

Salix pycnostachya Anderss. in Journ. Linn. Soc. 4：44. 1860；Hook. f. Fl. Brit. Ind. 5：636. 1888；中国植物志20（2）：368. 1984；新疆植物志1：191. 1992；青藏高原维管植物及其生态地理分布106. 2008.

21a. 密穗柳（原变种）

var. **pycnostachya**

大灌木，高3～4 m；树皮青绿色。小枝细长，黄褐色并带栗色，节间较长，略有光泽，无毛；芽椭圆形或卵形，亮棕褐色，先端圆形，无毛。叶披针形或披针形，长4～8 cm，宽7～11 mm，先端渐尖，基部楔形，边缘有疏腺锯齿，两面几同色，无毛，嫩叶有毛；叶柄长5～10 mm，无毛。花序与叶近同时开放，花序长2～3 cm，常外倾或下垂，花序梗短，长5～8 mm，有1～3枚小叶，轴上有柔毛；雄花序未见；雌花序圆柱状，细瘦，粗不到1 cm，花密集，苞片淡栗褐色，有的顶部色深，长圆形，长2～3 cm，先端圆形，有皱纹，无毛或基部边缘被毛，腹腺1个，扁，舌形。果实卵状锥形，长约3 mm，褐色，无柄，密被柔毛；宿存花柱短而粗，柱头2裂。果期7月。

产新疆：阿克陶、塔什库尔干（城郊，青藏队吴玉虎870316）、且末。生于海拔

3 100 m 左右的山区河谷或于居民区栽培。

分布于我国的新疆；印度，阿富汗，巴基斯坦，俄罗斯，中亚地区各国也有。

21b. 尖果密穗柳（变种）

var. **oxycarpa**（Anderss.）Y. L. Chou et C. F. Fang Fl. Reipubl. Sin. 20（2）：368. t. 105：5～8. 1984；青藏高原维管植物及其生态地理分布 106. 2008. —— *S. oxycarpa* Anderss. in Journ. Linn. Soc. 4：45. 1860.

本变种与原变种的区别在于：子房多毛；花丝部分合生，无毛；幼时叶两面散生伏柔毛，后近无毛；托叶线形，有锯齿。 果期 7 月。

产西藏：日土（上曲龙，高生所西藏队 3501）。生于海拔 4 360 m 左右的高原山地沟谷谷底高寒灌丛。

分布于我国的西藏西部；印度，阿富汗，巴基斯坦，中亚地区各国也有。

22. 蓝叶柳

Salix capusii Franch. in Ann. Sci. Nat. （Paris），ser. 6. 18：251. 1884；中国植物志 20（2）：366. 图版 108：1～3. 1984；新疆植物志 1：191. 图版 55：1～3. 1992；青藏高原维管植物及其生态地理分布 98. 2008.

大灌木，高 5～6 m，树皮栗灰色。小枝纤细，栗褐色带红色，节间长；嫩枝淡褐色，无毛；芽卵状长圆形或近圆形，褐色，无毛。叶披针形、长圆状披针形或狭到披针形，长 4～6 cm，宽 1.0～1.3 cm，先端短渐尖，基部楔形，边缘有疏细齿，两面近同色，主脉、侧脉明显，无毛，幼时下面被极短茸毛；叶柄长 5～8 mm，无毛。花序与叶近同时开放，花序圆柱形，长 3～4 cm，粗约 8 mm，具花序梗，梗长约 1 cm，基部着生 2～3 枚小叶，轴上具柔毛；雄花序未见；雌花序的苞片长圆形，长 3～4 mm，褐色，无深色先端，外面近无毛，内面被白色长柔毛，腹腺 1 个，扁舌形。果实常早落，卵状锥形，长 4（5）mm，褐色，无毛或被极端柔毛，有果柄，柄长约 1 mm，有柔毛；宿存花柱短而粗，柱头 2 裂。 果期 6～7 月。

产新疆：阿克陶（奥依塔克，青藏队吴玉虎 4847）、塔什库尔干。生于海拔 2 800～3 100 m 的河谷山地云杉林下及林缘。

分布于我国的新疆；中亚地区各国山地也有。

23. 黄皮柳

Salix carmanica Bornm. in Sched. et Bot. Centrabl. Beih. 33（2）：202. 1915；中国植物志 20（2）：368. 1984；新疆植物志 1：193. 图版 55：4～5. 1992；青藏高原维管植物及其生态地理分布 98. 2008.

灌木，高 5～6 m，皮青绿色，光滑。小枝淡黄色，无毛，纤细下垂，有时萌发枝上密被白粉。叶倒披针形，长 3～5 cm，宽 5～7 mm（萌条叶稍大），先端渐尖，基部楔形，边缘有细疏齿，两面近同色，幼叶微有短茸毛，成叶近无毛；托叶线叶，长约 2 mm，边缘有细齿，早落。花与叶近同时开放；雌花序长 1～2.5 cm，花序梗长约 1 cm，有茸毛，具 2～3 小叶片；苞片淡黄绿色，长倒卵形，长 1～5 mm，先端截形而微凹，外面无毛，果熟时脱落；腺体 1 个，细小，腹生；子房细圆锥形，微有毛或无毛，柄长约 1 mm；花柱长约 0.4 mm，柱头 2～4 裂。雄株未见。 花期 5 月。

产新疆：喀什、莎车、叶城、策勒、洛甫、和田、墨玉、皮山等地作庭院栽培。

分布于我国的新疆；伊朗、阿富汗等国的公园也常有栽培。

24. 伊犁柳

Salix iliensis Regel in Acta. Hort. Petrop. 6：464. 1880；中国植物志 20（2）：303. 图版 87：10～12. 1984；新疆植物志 1：184. 1992；青藏高原维管植物及其生态地理分布 101. 2008.

大灌木，树皮深灰色。小枝褐色，较粗，初被短茸毛，后无毛。节间较短；芽卵状长圆形，顶钝，无毛。叶宽椭圆形、倒卵圆形或倒卵状椭圆形，长 4.5～6.0 cm，先端急尖或钝，基部宽楔行，边具不规则小锯齿，上面暗绿色，下面淡绿色，无毛；叶柄 5～7 mm，无毛；托叶肾形，有腺齿。花序先叶或与叶近同时开放；花序圆柱形，长 3～4 cm，粗约 1 cm，有长约 1 cm 的果序梗，梗上生 2～3 枚小叶，轴上被白色柔毛；雄花序未见；雌花序苞片倒卵状长圆形或长圆形，黑色，长 2.0～2.5 mm，先端钝圆，被白色长柔毛；腹腺 1 个。果实卵状锥形，长约 5 mm，褐色，被毛，具果柄，柄长 1.5 mm，宿存花柱短；柱头头状。 果期 6～8 月。

产新疆：阿克陶（奥依塔克，采集人和采集号不详）、叶城（苏克皮亚，青藏队吴玉虎 1003）。生于海拔 3 000 m 左右的沟谷山坡云杉林下和林缘。

分布于我国的新疆；中亚地区各国，阿富汗，巴基斯坦也有。

25. 中国黄花柳 图版 16：1～4

Salix sinica（Hao）C. Wang et C. F. Fang Fl. Reipubl. Popul. Sin. 20（2）：304. t. 88：3～7. 1984；青海植物志 1：110. 图版 26：3～6. 1997；青藏高原维管植物及其生态地理分布 108. 2008. ——*S. caprea* Linn. var. *sinica* Hao in Fedde Repert. Sp. Nov. Beih. 93：91. t. 34：67. 1936.

灌木或小乔木，当年生枝较粗壮，紫栗色，嫩时被疏柔毛，后无毛；芽近卵形，棕褐色，被毛。叶椭圆形、卵状长圆形或椭圆状长圆形或宽披针形，长 5～9 cm，宽 2.5～3.5 cm，先端短渐尖或急尖，基部楔形或宽楔形，边缘有略明显的齿，幼叶有毛，成叶无毛，上面深绿色，下面淡绿色；叶柄明显，长约 5 mm，近无毛；托叶半卵形，无毛，边有数齿。花先叶开放；雄花序无梗，宽椭圆形至近球形，长 2.0～2.5 cm，粗

1.8～2.0 cm，开花顺序，自上往下；雄蕊 2 枚，离生，花丝细长，长约 6 mm，基部有极稀疏的柔毛；花药长圆形，黄色；苞片椭圆状卵形或稍倒卵状披针形，长约 3 mm，深褐色或近黑色，两面被白色长毛；仅 1 腺，近方形，腹生；雌花序短圆柱形，长 2.5～3.5 cm，粗 7～9 mm，无梗，基部有 2 枚具茸毛的鳞片；子房狭圆锥形，约 3.5 mm，柄长 1.2 mm，有毛，花柱短，柱头 2 裂，苞片椭圆状披针形，长约 2.5 mm，深褐色或黑色，两面密被白色长毛；仅 1 腹腺。蒴果线状圆锥形，长达 6 mm，果柄与苞片几等长。 花期 4 月下旬，果期 5 月下旬。

产青海：兴海（大河坝乡赞毛沟，吴玉虎 46434、47081、47142、47151、47174、47185、47186；大河坝乡赛宗寺，吴玉虎 46230、46243）、班玛（马柯河林场，王为义等 27079）。生于海拔 3 200～3 720 m 的沟谷山坡林地、河谷山地林缘灌丛、山地阴坡高寒灌丛。

分布于我国的华北、西北地区。模式标本采自河北蔚县。

26. 银 柳

Salix argyracea E. Wolf in Isw. Liesn. Inst. 13：50，57. 1905；中国植物志 20（2)：316. 图版 91：4～7. 1984；新疆植物志 1：199. 图版 57：1～4. 1992；青藏高原维管植物及其生态地理分布 96. 2008.

直立灌木，高达 5 m。小枝淡栗褐色、褐色或带有紫色，有光泽，较粗，有棱，嫩枝有毛，后无毛；芽长卵形或卵形，长 4～5 mm，紫褐色，无毛，先端钝圆。叶长圆状披针形、倒卵状长圆形或长圆形，长约 4 cm，宽 1.0～1.5 cm，先端渐尖或短渐尖，基部楔形，全缘，上半部有细腺锯齿，上面淡绿色，被短柔毛，下面灰色或淡绿色，密被灰色带淡褐色的长柔毛；叶柄短，长约 4 mm，有柔毛；托叶条状披针形，先端渐尖，被疏毛。花序与叶同时开放，花序圆柱形，长约 3 cm，果期约长 4 cm，粗约 1.5 cm，密花，花序有短梗，长约 1.5 cm，密被灰色且带淡褐色长柔毛，无小叶，轴上密被长柔毛；雄花序未见；雌花序苞片卵形，长约 4 mm，黑栗色，先端钝，边稍有浅波状，密被淡褐色长柔毛，尤其是顶部很密，舌形。果实卵状锥形，长约 7 mm，密被灰色长柔毛，基部无柄或稍有短柄；宿存花柱长约 1 mm，线状柱头 4 枚，等长，长约 1 mm。果期 6～7 月。

产新疆：喀什、阿克陶（阿克塔什，青藏队吴玉虎 870136A ）。生于海拔 3 500 m 左右的河谷山坡、沟谷山地林缘灌丛。

分布于我国的新疆；中亚地区各国也有。

青藏队吴玉虎 870136A 号标本叶形非倒卵形，与《中国植物志》描述不同。

27. 细叶沼柳

Salix rosmarinifolia Linn. Sp. Pl. 120. 1753；中国植物志 20（2)：330. 1984；

新疆植物志 1：196. 图版 56. 1992.

灌木，高 1.0～1.5 m。小枝细长，黑栗紫色，节间长，嫩枝被茸毛，后无毛，略有光泽；芽小，卵形或卵状长圆形，紫栗色，被白色柔毛。叶狭倒披针形、细长圆形，近对生，长 5～6 cm，宽约 8 mm，两端渐狭，全缘，上面深绿色，无毛或仅脉上被短毛，下面苍白色或淡绿色，被白茸毛，嫩时被白色绢状柔毛，有光泽；叶柄带紫色，长 3～4 mm，被短毛。花序先叶开放或同时开放，短圆柱形，长约 3 cm，粗约 1.5 cm，近对生，近无花序梗，有的轴基处着生 2 枚线形小叶，轴上密被灰褐色或淡褐色长柔毛；雄花序未见；雌花序的苞片倒卵形，长约 1.5 mm，黑栗色，先端圆形，被毛；腹腺 1 个，褐色，条形。果实淡褐色，卵状锥形，长约 7 mm，被贴伏白柔毛，基部有长约 1.5 mm 的短柄，宿存花柱无或极短；柱头 2 裂，呈短柱状。 果期 6～7 月。

产新疆：塔什库尔干、叶城（叶阿公路康西瓦段，高生所西藏队 3398）。生于海拔 3 950 m 左右的河滩沙砾地。

分布于我国的新疆、内蒙古、辽宁、吉林、黑龙江；中亚地区各国，俄罗斯西伯利亚，欧洲也有。

28. 川滇柳 图版 16：5～9

Salix rehderiana Schneid. in Sarg. Pl. Wils. 3：66. 1916；西藏植物志 1：460. 1983；中国植物志 20（2）：322. 图版 94. 1984；青海植物志 1：112. 图版 21：7～11. 1997；青藏高原维管植物及其生态地理分布 106. 2008.

灌木，高 2～4 m。枝细长，栗褐色带紫，无毛，嫩时稍有疏短毛；芽卵状长圆形，略扁，褐色，先端钝圆，被短毛。叶披针形或倒披针形，长 4～5 cm，宽约 1 cm，先端钝或急尖，基部楔形，边全缘，有腺状圆齿或波状，两面无毛，仅在主脉上有短毛，嫩时被柔毛；叶柄长 3～4 mm，被柔毛。花序先叶开放或近同时开放，椭圆状长圆形或圆柱形，长 1～2 cm，粗约 1 cm，无柄，轴被柔毛；雄花序未见；雌花序苞片长圆形，长约 1.5 mm，先端钝圆，棕褐色，被长柔毛，腹腺 1 个。果实卵状长圆形，栗褐色，长约 4 mm，近无柄或稍有短柄，近无毛；宿存花柱明显，长约 1 mm；柱头 2 裂。 果期 6～7 月。

产青海：玛沁（拉加乡，丁托娅 2232；军功乡西哈垄河谷，H. B. G. 247）。生于海拔 3 400～3 600 m 的沟谷山地云杉林中。

分布于我国的青海、甘肃、宁夏、陕西、西藏、四川、云南。模式标本采自四川宝兴。

29. 密齿柳

Salix characta Schneid. in Sarg. Pl. Wils. 3：125. 1916；中国植物志 20（2）：320. 图版 92：1～5. 1984；青海植物志 1：111. 1997；青藏高原维管植物及其生态地

图版 16　中国黄花柳 **Salix sinica** （Hao） C. Wang et C. F. Fang 1. 雌花序枝；2. 叶形； 3. 雌花； 4. 雄花。川滇柳 **S. rehderiana** Schneid. 5. 果序枝；6. 叶形；7. 雄花；8. 雌花；9. 苞片。（引自《青海植物志》，冯金环绘）

理分布 98. 2008.

灌木，高 1～2 m。小枝较粗壮，节间较长，紫栗色，一般无毛，幼时微有柔毛；芽卵圆形或卵状长圆形，栗紫红色，被柔毛。叶披针形或长圆状披针形，长 3～5 cm，宽 5～10 mm，两端急尖，或先端渐尖，上面绿色，无毛，仅中脉上被短毛，下面淡绿色带灰，主脉上有毛，边缘向下面微反卷，有腺锯齿；叶柄短，长 1～3（4）mm。花序短圆柱形，长 2～4 cm，无梗或有短梗，轴上被柔毛，花密集；雄花序未见；雌花序的苞片卵状长圆形，栗色，顶端色深，先端急尖，长 2～3 mm，两面被长毛。蒴果褐色，狭卵形，长 3～4 mm，无毛或基部被毛，有短梗，宿存花柱明显，微浅裂，柱头短，腹腺 1 个，条形。　果期 6～7 月。

产青海：都兰（诺木洪，杜庆 355、374；诺木洪南山沟，黄荣福 C. G. 81－301）。生于海拔 2 900～3 400 m 的沟谷河边、沙地、山坡路边、水渠边。

分布于我国的青海、甘肃、陕西、山西、河北、内蒙古。模式标本采自河北小五台山。

30. 杜鹃叶柳　图版 17：1～3

Salix rhododendrifolia C. Wang et P. Y. Fu in Acta Phytotax. Sin. 12（2）：205. t. 54. f. 3. 1974；西藏植物志 1：461. 图 136：7～9. 1983；中国植物志 20（2）：339. 图版 100：8～10. 1984；青海植物志 1：115. 图版 22：5～7. 1997；青藏高原维管植物及其生态地理分布 107. 2008.

灌木，高 1～2（3）m。小枝暗紫色或黑紫色，无毛。叶椭圆形、倒卵状椭圆形，长 1.3～2.5 cm，宽 7～12 mm，顶端钝，圆形或稍尖，基部圆楔形或渐狭，下面通常淡绿色，两面无毛，全缘；叶柄极短，长 1～2 mm，或近无柄。花序先叶开放，长约 2 cm，直径约 1 cm，无花序梗；雄蕊 2 枚，花药紫红色，花丝部分合生或同花序中某些雄蕊的花丝合生，但花药分离，无毛，苞片黑色，密被白色长柔毛，腺体 1 个，腹生；子房卵形或狭卵形，密被柔毛，近无柄或无柄，花柱较短，但明显可见，柱头 2～4 裂，苞片黑紫色，长椭圆形，顶端钝，两面有白色长绢毛，呈灰色，仅 1 腹腺。蒴果具短柄。　花期 5 月下旬至 6 月上旬，果期 6 月中下旬。

产青海：称多。生于海拔 3 100～4 100 m 的沟谷山地高山灌丛、河谷阴坡灌丛。

分布于我国的青海、西藏、四川、云南。

31. 洮河柳　图版 17：4～6

Salix taoensis Görz in Journ. Arn. Arb. 13：401. 1932；中国植物志 20（2）：342. 图版 101：8～10. 1984；青海植物志 1：115. 图版 22：8～10. 1997；青藏高原维管植物及其生态地理分布 110. 2008.

直立灌木，高 1～3 m。小枝细，紫栗色，无毛，有时有白粉，嫩枝被短毛；芽近

图版 17 杜鹃叶柳 **Salix rhododendrifolia** C. Wang et P. Y. Fu 1. 雄花序枝；2. 雄花；3. 雌花。洮河柳 **S. taoensis** Görz 4. 枝叶及未脱落的雄花序；5. 雄花；6. 雌花。坡柳 **S. myrtillacea** Anderss. 7. 枝叶；8. 雌花序枝；9. 雄花；10. 雌花。（引自《青海植物志》，张桂芝绘）

紫红色，卵状长圆形，扁压，先端钝，无毛或近无毛。叶狭椭圆形、长圆形或狭倒卵状长圆形，长 2～3 cm，宽 5～8 mm，先端急尖，基部楔形，边缘有锯齿，上面绿色，下面绿色或稍发白色，两面无毛，仅沿脉上被疏毛；叶柄短，略带紫色。花先叶开放；雄花序长约 1 cm，卵形，无梗，苞片倒卵形或倒广卵形，上部近黑色，下部栗褐色，长约1 mm，先端圆形，被疏长毛，雄蕊 2 枚，花丝合生，无毛，腹腺 1 个；雌花序长圆形，长 1～2 cm，粗 6～9 mm，无梗，苞片卵状长圆形，黑栗色，稍被长毛。果实卵形，长约 4 mm，无柄，密被白色短毛，宿存花柱明显，先端稍 2 裂，柱头 2 裂或不裂，腹腺 1 个，条形。花果期 5～7 月。

产青海：兴海（中铁林场恰登沟，吴玉虎 44909、44945；中铁乡附近，吴玉虎 45377）、玛沁（拉加乡，玛沁队 72、230；军功乡，H. B. G. 249）、久治（门堂乡，藏药队 288）、班玛（班前乡，王为义等 26953；亚尔堂乡王柔，吴玉虎 26262）。生于海拔 3 290～4 000 m 的河谷山坡灌丛中、沟谷河滩、河谷林缘。

甘肃：玛曲（欧拉乡，吴玉虎 31952）。生于海拔 3 320 m 左右的草甸灌丛。

分布于我国的青海、甘肃、西藏、四川。模式标本采自青海省玛沁县拉加寺。

32. 坡　柳　图版 17：7～10

Salix myrtillacea Anderss. in Journ. Linn. Soc. 4：51. 1850；西藏植物志 1：452. 图 136：1～4. 1983；中国植物志 20（2）：341. 图版 100：1～4. 1984；青海植物志 114. 图版 22：1～4. 1997；青藏高原维管植物及其生态地理分布 103. 2008.

直立灌木。小枝栗褐色带紫，细瘦，被短柔毛；芽卵状锥形，先端钝，褐色，无毛或微有短柔毛。叶倒卵状长圆形、椭圆状长圆形、椭圆形或倒卵状披针形，长 3～5 cm，宽 1～2 cm，先端急尖或短渐尖，基部楔形或近圆形，边缘有细锯齿，两面无毛，上面深绿色，下面浅绿色或近绿乳白色，质地较薄；叶柄短，微有短毛；托叶卵形或斜卵形，小，无毛，边有腺齿。花序先叶开放，无花序梗，长 2～3 cm，直径 10～13 mm；雄蕊 2 枚，花药紫褐色，合生为 1 或仅花丝合生，无毛或基部有柔毛，苞片黑色或下部为褐色，椭圆形或卵形，先端短渐尖或急尖，两面有白色长柔毛，通常上部长毛脱落，仅 1 腹腺，短圆柱形，红黄色；子房卵形，密被短柔毛，花柱明显，腹腺 1 个，卵形。　花期 4 月下旬，果期 5～6 月。

产青海：兴海（大河坝乡赞毛沟，吴玉虎 47081、47090；赛宗寺后山，吴玉虎 46300、46353）、班玛（马柯河林场红军沟；王为义等 26858；马柯河林场宝藏沟，王为义等 27290）；玛沁（大武乡江让，王为义等 26624；尕柯河电站，吴玉虎 5982、5999）。生于海拔 2 400～3 720 m 的沟谷山地阴坡灌丛、山谷林、山地稀疏云杉林缘灌丛。

分布于我国的青海、甘肃、陕西、西藏、四川；尼泊尔，印度也有。

采自玛沁县的标本，叶柄较长，其余同描述。有些性状似青皂柳 *Saiix peeudo-wallichiana* Görz，但果实无柄，果形、腺体不同。

十六 桦木科 BETULACEAE

落叶乔木或灌木。单叶互生，叶缘具重锯齿或单锯齿，较少具浅裂，叶脉羽状，侧脉直伸；托叶早落。花单性，雌雄同株；雄花序呈葇荑花序状，顶生或侧生；雄花具苞鳞，每苞鳞内有雄蕊2～20枚，花丝短，花药2室，药室分离；雌花序球果状、穗状、总状或头状，具多数苞鳞，每苞鳞内有雌花2～3朵，雌花通常无花被，而其下具1枚苞片、1～2枚小苞片，子房下位，2室，花柱2枚，宿存。果序球果状、穗状、总状或头状。果为小坚果或坚果，有翅或无翅，外有果苞包被。胚直立，子叶扁平，无胚乳。

6属，100余种，主要分布于北温带，中美洲、南美洲亦有 *Alnus* 属的分布。我国6属均有，昆仑地区产1属3种。

1. 桦木属 **Betula** Linn.

Linn. Sp. Pl. 982. 1753.

落叶乔木或灌木；树皮白色、灰色、黄白色、红褐色、褐色或黑褐色，光滑，呈薄层状或块状剥裂。叶缘具重锯齿，很少为单锯齿，常具腺点。雄花序下垂，每苞鳞内有雄花3朵，花被膜质，基部联合；雄蕊2枚。雌花序圆柱状、矩圆状或近球形，直立或下垂；每苞鳞内有雌花3朵，雌花无花被，子房扁平，2室，每室1胚珠；花柱2枚，分离。果苞革质，鳞片状，具3裂片，内有3枚具翅的小坚果，柱头宿存。

约有100种，主要分布于北温带，少数种类分布到北极区内。我国产29种6变种，昆仑地区产3种。

分种检索表

1. 树皮暗红褐色；叶卵形、长圆状卵形或椭圆形；叶下面脉腋间具密的髯毛；果苞的中裂片长约为侧裂片的2倍 ………………………………… **3. 糙皮桦 B. utilis** D. Don
1. 树皮灰白色、黄白色、淡黄褐色；叶三角状卵形、三角状菱形、卵状菱形或宽卵状菱形，较少卵形、宽卵形；叶下面脉腋间无髯毛；果苞中裂片稍长于侧裂片。
    2. 叶三角状卵形、三角状菱形、三角形，较少卵形、宽卵形，顶端渐尖至尾状渐尖；果苞侧裂片斜展至下弯 ……………………………… **1. 白桦 B. platyphylla** Suk.
    2. 叶宽卵状菱形或卵状菱形，有时卵形，顶端锐尖至渐尖；果苞侧裂片微开展至斜展 ……………………………………………… **2. 天山桦 B. tianschanica** Rupr.

1. 白　桦　图版 18：1～8

Betula platyphylla Suk. in Trav. Mus. Bot. Acad. Imp. Sci. St.-Pétersb. 8: 220. t. 3. 1911；Kuzeneva Fl. URSS. 5：292. t. 14. f. 3. 1936；中国高等植物图鉴 1：388. 图 776. 1972；中国植物志 21：112. 图版 25：1～9. 1979；青海植物志 1：123. 图版 24：1～8. 1997；青藏高原维管植物及其生态地理分布 114. 2008.

乔木，高达 15 m。树皮灰白色，成层剥裂；小枝暗灰色或褐色，具树脂点，有时疏生柔毛。叶三角状卵形、三角状菱形或三角形，少菱状卵形、宽卵形，长 3～7 cm，宽 2～5 cm，顶端渐尖至尾状渐尖，基部截形或宽楔形至楔形，有时微心形或近圆形，边缘具重锯齿，有时具缺刻状重锯齿或单齿，两面被腺点，下面较密，无毛或仅下部边缘被毛；侧脉 5～7 对；叶柄长 1.0～2.5 cm，无毛。果序单生叶腋，圆柱形，通常下垂，长 1.5～4.0 cm，直径 5～13 mm；序梗长 1.0～2.5 cm，密被短柔毛，后期无毛；果苞长 4～6 mm，两面的上部密被短柔毛，成熟时毛脱落，具缘毛，中裂片三角状卵形，顶端钝，侧裂片卵形或近圆形，稍开展、斜展或下弯。小坚果长圆状倒卵形或长圆形，长约 2 mm，宽 1.0～1.5 mm，背面上部疏被短柔毛，膜质翅较果长，与果近等宽。花期 5～6 月，果期 7～9 月。

产青海：玛沁（尕柯河电站，吴玉虎 6040）、班玛（马柯河林场，王为义等 26939、27462、27609）。生于海拔 3 200～3 450 m 的河谷或山坡林带、沟谷山地林缘。

分布于我国的青海、甘肃、宁夏、陕西、西藏、四川、云南、华北、东北、河南；俄罗斯西伯利亚地区，蒙古东部，朝鲜北部，日本也有。

2. 天山桦

Betula tianschanica Rupr. in Mém. Acad. Sci. St.-Pétersb. 7. ser. 14. 4：72. 1867；Kuzeneva in Kom. Fl. URSS. 5：301. 1936；中国高等植物图鉴 1：388. 图 775. 1972；中国植物志 21：117. 图版 26：4～11. 1979；新疆植物检索表 2：72. 1983；新疆植物志 1：208. 图版 61：1～4. 1992；青藏高原维管植物及其生态地理分布 114. 2008.

乔木，高达 12 m。树皮淡黄褐色或黄白色，成层剥裂；小枝褐色或红褐色，密被短柔毛，有时混生长柔毛，有树脂点或无。叶宽卵状菱形或卵状菱形，少为卵形或菱形，长 2.0～5.5 cm，宽 1～4 cm，顶端锐尖至渐尖，基部宽楔形至楔形；幼叶下面沿叶脉被长柔毛或近无毛，上面沿叶脉偶有毛，两面疏生腺点；侧脉 5～7 对；叶柄长 5～12 mm，早期密被短柔毛，有时混生长柔毛。果序圆柱形，直立或下垂，长 1.8～3.0 cm，直径 5～10 mm；序梗长 4～15 mm，密被短柔毛；果苞长 4～5 mm，两面均被短柔毛，成熟后少或无毛，边缘具纤毛，中裂片三角形或长圆形，侧裂片卵形、宽卵状三角形或长圆形，短于中裂片，微开展至斜展。小坚果倒卵形，长约 2.5 mm，上部

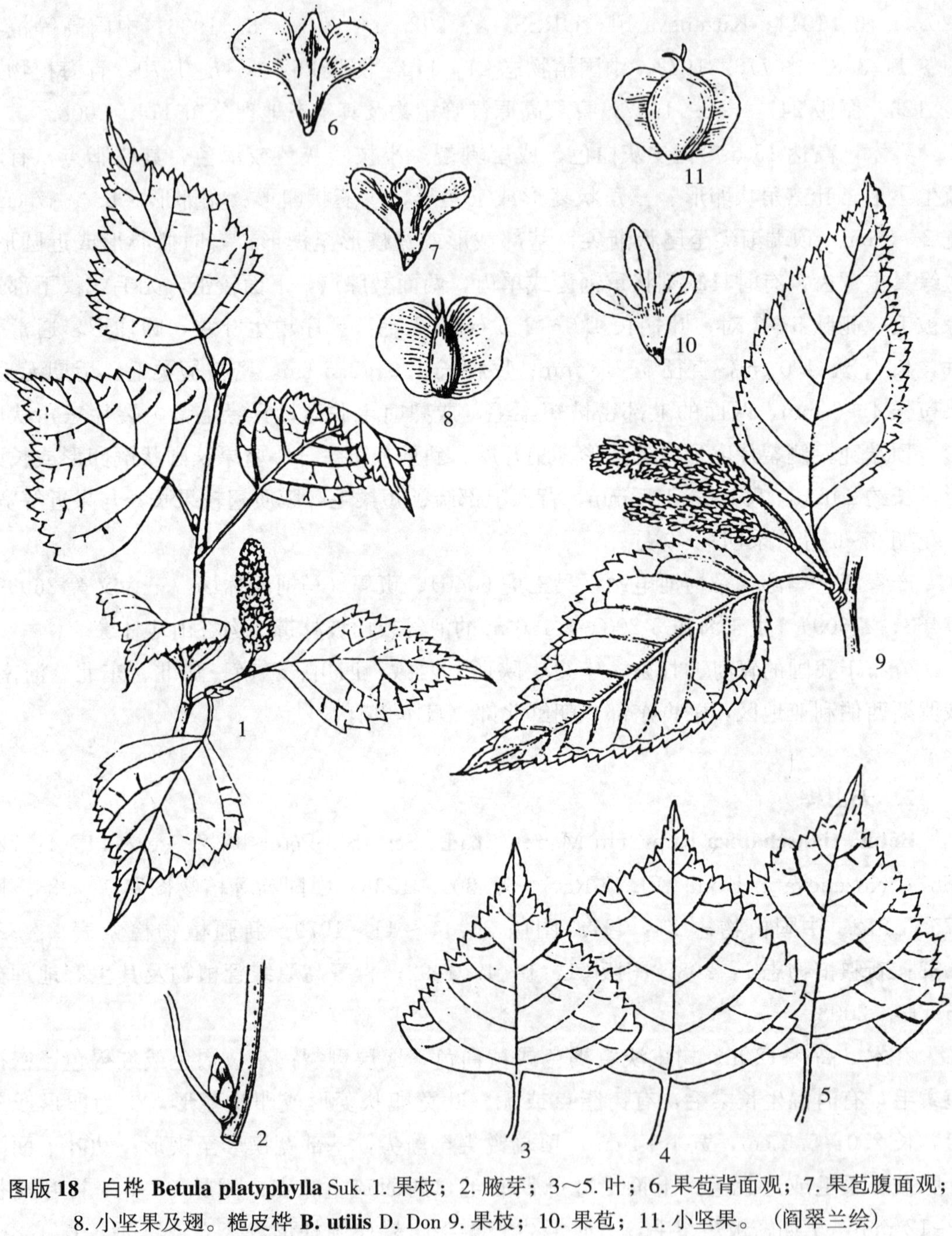

图版 18 白桦 **Betula platyphylla** Suk. 1. 果枝；2. 腋芽；3～5. 叶；6. 果苞背面观；7. 果苞腹面观；8. 小坚果及翅。糙皮桦 **B. utilis** D. Don 9. 果枝；10. 果苞；11. 小坚果。（阎翠兰绘）

密被短柔毛，膜质翅较果宽或近等宽。 果期 7～8 月。

产新疆：阿克陶（奥依塔克，吴玉虎 4798）、塔什库尔干（库科西鲁格，帕考队 5187）。生于海拔 2 800～3 400 m 的山谷林中、沟谷山坡林缘。

分布于我国的新疆；中亚地区各国也有。

3. 糙皮桦 图版 18：9～11

Betula utilis D. Don Prodr. Fl. Nepal. 58. 1825；Hook. f. Fl. Brit. Ind. 5：599. 1888；中国高等植物图鉴 1：390. 图 779. 1972；中国植物志 21：120. 图版 27：1～5. 1979；青海植物志 1：124. 图版 24：9～11. 1997；青藏高原维管植物及其生态地理分布 114. 2008.

乔木，高 5～15 m。树皮暗红褐色，成层剥裂；小枝褐色或红褐色，密被短柔毛、树脂点。叶卵形或长圆状卵形，长 3～7 cm，宽 2～4 cm，顶端渐尖至短尾尖，基部圆形或近心形，边缘具不规则的重锯齿；幼叶上面密被白色长柔毛，后渐脱落，下面密生腺点，沿脉密被长柔毛，脉间具密髯毛，侧脉 8～12 对；叶柄长 8～20 mm。果序 1～2 枚腋生，直立或斜展，圆柱形，长 20～35 cm，直径 7～12 mm；序梗长 8～15 mm，被短柔毛；果苞长 5～8 mm，下面疏被短柔毛，具缘毛，中裂片披针形或线状披针形，侧裂片长圆形或卵形，斜展，长约为中裂片的 1/2。小坚果倒卵形或宽倒卵形，长 1.5～2.5 mm，宽 1～2 mm，上部疏被短柔毛，膜质翅与果近等宽。 花期 5～6 月，果期 7～9月。

产青海：兴海（中铁林场恰登沟，吴玉虎 44977、45030、45062、45068、45080、45087、45108）、玛沁（军功乡，H. B. G. 227）、班玛（马柯河林场，王为义 27735、27737）。生于海拔 3 200～3 300 m 的河谷山坡林下、山谷林中、沟谷山地阔叶林缘。

分布于我国的青海、甘肃、陕西、西藏、四川、云南、山西、河北、河南；印度，尼泊尔，阿富汗也有。

十七　桑科 MORACEAE

乔木或灌木，有的为攀缘藤本，稀草本，植株含乳管，内有乳汁。叶互生，稀对生，全缘，有锯齿或裂片；托叶2枚，早落。花小，单性，雌雄异株或同株，常密集成葇荑头状、穗状花序或隐头花序，有的花序轴增厚，肉质，有的有肥厚的花序托；雄花被片2～4枚离生或基部稍合生，雄蕊与花被片同数而对生，花药2室，纵裂；雌花被片4枚，子房上位、半下位或下位，1～2室，每室有1倒生胚珠，柱头1～2个。果为核果或瘦果，常聚合成各种形状，有的花序轴特别发育，形成大型的聚合果，有的花序托增厚，果生于花序托的内壁，形成无花果。种子小，具胚珠，胚弯曲。

约53属，1 400种；我国有8属150种，昆仑山地区有2属2种。

分属检索表

1. 乔木或灌木，含乳汁；雌、雄花序皆为葇荑状；果为桑葚果，圆柱形 ……………………………………………………………………………… 2. **桑属 Morus** Linn.

1. 草本，不含乳汁；雌、雄花序不为葇荑花序；瘦果包于宿存苞片内，不呈桑葚状 ……………………………………………………………………………… 1. **大麻属 Cannabis** Linn.

1. 大麻属 Cannabis Linn.

Linn. Sp. Pl. 1072. 1753.

单种属，特征同种。

1. 大　麻

Cannabis sativa Linn. Sp. Pl. 1027. 1753；秦岭植物志1（2）：100. 1974；青海植物志2：138. 图版27：6～7. 1997；青藏高原维管植物及其生态地理分布123. 2008.

一年生直立草本，有特异气味。茎高50～100 cm，灰绿色，有纵沟槽，密生柔毛。叶互生或下部对生；掌状复叶，小叶3～7片，披针形或线状披针形，长5～10 cm，顶端渐尖，基部渐狭，边缘具粗锯齿，表面深绿色，具短糙毛，背面淡绿色，有粗毛；叶柄长3～6 cm，被糙毛。雄花序腋生组成圆锥状，雄花黄绿色，花被片长卵形，长约3～4 mm；花丝极短，花药大，纵裂；雌花序短，腋生，球形或短穗状，雌花黄绿色，苞片长圆状披针形，长约 5 mm。瘦果扁球形，直径约 4 mm。 花期 7～8 月，果期9～10 月。

产青海：兴海（中铁乡中铁林场，吴玉虎，采集号不详）。栽培于海拔 3 200 m 左右的田埂、农田或林缘灌丛边，也常逸为野生。

全国各地均有栽培，原产中亚。

2. 桑属 **Morus** Linn.

Linn. Sp. Pl. 986. 1753.

落叶乔木或灌木，树干表皮常裂成鳞片；芽具 3～4 枚覆瓦状排列的鳞芽。单叶互生，不分裂或分裂，常有锯齿，有 3～5 脉；托叶小，披针形，早落。花单性，雌雄异株或同株异序，多花密集组成葇荑花序；雄花被片 4 枚，雄蕊 4 枚，与花被对生，花丝在花蕾中弯曲，常含退化雄蕊；雌花被片 4 枚，结果时增大变为肉质，子房 1 室，花柱线形，顶端 2 裂，多数组成具梗的葇荑花序。果为瘦果，被围以肉质的花被，集合而成卵圆形或圆柱形的聚花果。种子近球形，具膜质种皮，有丰富的胚乳，胚内弯，子叶长圆形。

约 10 种。我国有 9 种，昆仑地区产 1 种。

1. 桑

Morus alba Linn. Sp. Pl. 986. 1753; Schneid. in Sarg. Pl. Wils. 3: 294. 1917; 西藏植物志 1: 520. 图 168: 1～3. 1983; 新疆植物志 1: 220. 图版 64: 2～3. 1992); 青海植物志 1: 136. 图版 27: 1. 1997; 青藏高原维管植物及其生态地理分布 126. 2008; 中国植物志 23 (1): 7. 图版 2: 1～3. 1998.

落叶乔木或灌木，高 3～10 m；小枝黄褐色或淡褐栗色，幼时微有毛，后渐无毛；冬芽小，栗褐色，有细柔毛。单叶互生，卵形、圆卵形或卵状长圆形，长 (4) 5～15 (18) cm，先端尖，边缘具粗钝锯齿或分裂，基部浅心形、截形或圆形，稍偏斜、上面绿色，平滑，有光泽，下面淡绿色，沿脉无毛或微有毛，但脉腋处有簇毛；叶柄长 1～4 cm，被柔毛；托叶小，狭披针形，早落。花单性，雌雄异株，葇荑花序腋生；雄花序未见；雌花序头状、卵圆形或短圆柱形，长 1～2 cm，有密集雌花，总花梗长 6～10 mm，被柔毛；雌花小，直径约 2 mm；花被片 4 枚，宽卵形，无花柱，柱头 2 裂。聚花果长 1～2 cm，红色、暗紫色或紫色，少白色。 果期 4～6 月。

产新疆：皮山（阔什塔什，青藏队吴玉虎 1801）；若羌（县城附近，高生所西藏队 3017）。栽培于海拔 1 200～2 000 m 地带。

我国各地广为栽培；朝鲜，蒙古，中亚地区各国，欧洲也有。

十八　荨麻科 URTICACEAE

草本或亚灌木，稀乔木，通常具刺毛。茎常具纤维。叶为单叶，对生或互生，表皮细胞内有显著的钟乳体；托叶常存在，离生或合生。花绿色，极小，单性，稀两性，雌雄同株或异株；团伞花序排列成各种花序，腋生，稀顶生；雄花花被片4～5枚，覆瓦状或镊合状排列，雄蕊与花被片同数而对生，花丝在芽时内曲，成熟时将花粉弹出，花药2室，纵裂，退化雌蕊常存在；雌花花被片3～5枚，花后常增大，宿存，退化雄蕊鳞片状或无，子房上位，1室，花柱1枚或无，柱头头状、画笔头状，线形、钻形，胚珠1枚，直立。果实为瘦果或核果，种子具直生胚；胚乳常为油质或缺；子叶肉质，宽大。

有47属，约1 300种。我国有25属，约350种；昆仑地区产2属6种2亚种。

分属检索表

1. 植物有刺毛；叶对生，边缘有锯齿或分裂，有托叶 …………… **1. 荨麻属 Urtica** Linn.
1. 植物无刺毛；叶互生，全缘，托叶缺 ……………………… **2. 墙草属 Parietaria** Linn.

1. 荨麻属 Urtica Linn.

Linn. Sp. Pl. 983. 1753.

一年生或多年生草本，稀为灌木，有刺毛。茎四棱形。叶对生，边缘有锯齿或掌状分裂，基出脉3～5（7）条，钟乳体点状或线形；托叶离生或合生。花单性，雌雄同株或异株；花序成对腋生，团伞花序排列成穗状、总状或圆锥状；雄花花被片4枚，覆瓦状排列，内凹，雄蕊4枚，退化雌蕊常杯状，透明；雌花花被片4枚，离生或多少合生，不等大，内面2枚较大，包被子房，花后显著增大，外面2枚较小，常开展，子房直立，柱头画笔头状。瘦果直立，长圆形或卵形，扁平，光滑或有疣状突起，包被于宿存的花被内。

约50种。我国有17种10亚种2变种，昆仑地区产5种2亚种。

分种检索表

1. 雌雄异株；花序圆锥状或聚伞状。

2. 叶下面有螫毛、粗毛，中部叶柄长近叶片的1/2；雌花内面2花被片外面有毛 ………………………………………………………… 1. **异株荨麻 U. dioica** Linn.

2. 叶下面无毛，叶柄短，长5～15 mm，雌花内面2花被片外面无毛 …………………………………………………… 5. **昆仑荨麻 U. kunlunshanica** C. Y. Yang

1. 雌雄同株；花序（至少雌花序）穗状或近穗状。

3. 雌花被在果期干膜质，比果大1倍以上，雌雄花具细长梗；茎密生刺毛；叶柄长2～5 mm ……………………………… 2. **高原荨麻 U. hyperborea** Jacq. ex Wedd.

3. 雌花被在果期草质或近膜质，与果近等大或稍盖过果，雌雄花无梗或具短梗；茎疏生刺毛；叶柄长1 cm以上。

4. 果光滑；雌花被片外面的2枚在果期较内面的2枚为短，仅为其长度的1/8；果序轴纤细，常下垂 ……………………… 3. **西藏荨麻 U. tibetica** W. T. Wang

4. 果有疣点；雌花被片外面的2枚在果期较内面的为短，仅为其长度的1/4～1/3；果序轴粗硬，常直立或开展 ……………………………………… 4. **三角叶荨麻 U. triangularis** Hand.-Mazz.

1. 异株荨麻

Urtica dioica Linn. Sp. Pl. 984. 1753；中国植物志 23（2）：16. 1995；青海植物志 1：140. 1997. 西藏植物志 1：529. 1983. 新疆植物志 1：225. 图版 65：2. 1992；青藏高原维管植物及其生态地理分布 138. 2008.

多年生草本。茎高40～100 cm，常密生带黄色的小刺毛、细糙毛。叶卵形或狭卵形，长5～7 cm，宽2.5～4.0 cm，先端渐尖，基部心形，边缘有锯齿，齿尖略向前弯曲，上面疏生细刺毛，下面生稍密的小刺毛、细糙毛，钟乳体点状，基出脉常5条，上部1对伸达中上部齿尖，或与邻近的侧脉网结；叶柄在茎中部的长为叶片的一半，向上渐变短，密生带黄色的小刺毛；托叶每节4枚，离生，线形，长5～8 mm。雌雄异株；花序圆锥状，长3～7 cm，序轴较纤细，雌花序在果期常下垂；雄花具短梗或近无梗，在芽时直径约1.4 mm。雌花近无梗。瘦果卵形或狭卵形，稍扁，长1.0～1.2 mm，光滑，宿存花被片被细糙毛，内面2枚宽椭圆状卵形，稍盖过果，外面2枚狭椭圆形，下部渐狭。 花期7～8月，果期8～9月。

产青海：曲麻莱、兴海、班玛、称多（采集地不详，刘尚武和黄荣福758)。生于海拔3 300～3 700 m的山坡阴湿处。

分布于我国的新疆、青海、西藏；亚洲西部，欧洲，北非也有。

2. 高原荨麻 图版19：1～3

Urtica hyperborea Jacq. ex Wedd. Monogr. Urtic. 68. 1856；西藏植物志 1：528. 图169：7～8. 1983；新疆植物志 1：225. 图版66. 1992；中国植物志 23（2）：13. 图1：10～12. 1995；青海植物志 1：141. 图版28：1～3. 1999；青藏高原维管

植物及其生态地理分布 138. 2008.

多年生草本，根状茎粗壮。茎高 10～80 cm，上部钝四棱形，节间密，干时麦秆色并带紫色，具稍密的刺毛、疏生微柔毛。叶卵形或心形，长 1.0～7.5 cm，宽 0.6～5.0 cm，顶端渐尖或锐尖，基部心形，两面有刺毛和疏生微柔毛，钟乳体点状，基出脉 3（～5）条；叶柄很短，长 2～16 mm；托叶每节 4 枚，离生，长圆形，向下反折，长 2～5 mm。雌雄同株（雄花序生下部叶腋）或异株；花序短穗状，长 1.0～2.5 cm；雄花具细长梗，在芽时直径约 1.2 mm；雌花具细梗。瘦果卵形，压扁，长约 2 mm，光滑；宿存花被干膜质，内面 2 枚近圆形或扁圆形，比果大 1 倍以上，长 2～5 mm，外面被稀疏的微糙毛，有时在中脉上有 1～2 根刺毛，外面 2 枚卵形，较内面的短 8～10 倍。花期 6～7 月，果期 8～9 月。

产新疆：叶城（县城岔路口，青藏队吴玉虎 1207）、和田（喀什塔什，青藏队吴玉虎 2569）、若羌。生于海拔 4 300～5 200 m 的沟谷山坡、河滩、砾石地。

西藏：日土（上曲龙，高生所西藏队 3495；班公湖，高生所西藏队 3663）、改则、尼玛（双湖区，采集人和采集号不详）、班戈（色哇区后山，青藏队 9410）。生于海拔 3 300～5 400 m 的沟谷山坡、山地草滩、岩石缝隙。

青海：格尔木（西大滩，吴玉虎 36891）、兴海（赛宗寺后山，吴玉虎 46288；黄青河畔，吴玉虎 42633、42658）、玛沁（大武乡格曲俄合玛，H. B. G. 716；江让水电站，吴玉虎 18466；黑土山，吴玉虎 18469）、甘德（上贡麻乡，吴玉虎 25813）。生于海拔 2 900～4 800 m 的河谷山坡草地、山沟草滩、山坡岩石缝隙、沟谷山地阴坡鬼箭锦鸡儿灌丛草甸、河谷山麓石隙、阴坡山地林缘草甸。

四川：石渠（长沙贡玛乡，吴玉虎 29699；新荣乡雅砻江边，吴玉虎 30052）。生于海拔 3 600～4 400 m 的山坡草地、河谷草滩、山地岩石缝隙。

分布于我国的新疆、青海、西藏、四川；印度东北部也有。

3. 西藏荨麻

Urtica tibetica W. T. Wang Fl. Xizang. 1：526. f. 169：4～6. 1983. 中国植物志 23（2）：12. 1995；青海植物志 1：143. 1999；青藏高原维管植物及其生态地理分布 139. 2008.

多年生草本，根状茎木质化，粗壮。茎高 30～100 cm，四棱形，带淡紫色，疏生刺毛和细糙毛。叶卵形或卵状披针形，长 3～8 cm，宽 1～4 cm，先端渐尖，基部圆形或心形，边缘具细齿，上面疏生刺毛和细糙毛，下面被短柔毛和脉上疏生刺毛，钟乳体点状，基出脉 3 条，其侧出的 1 对稍弧曲，伸达中部齿尖；叶柄长 0.8～3.0 cm，疏生刺毛和细糙毛；托叶每节 4 枚，离生，披针形，长约 4 mm。雌雄同株；雄花序圆锥状，生下部叶腋，雄花具短梗，在芽时直径约 2 mm；雌花序近穗状，生上部叶腋，花序长 1～7 cm，多少下垂，序轴纤细，雌花具短梗。瘦果三角状卵形，稍扁，长 1.5～

1.8 mm，顶端锐尖，宿存花被膜质，内面2枚宽卵形，长盖过果，被细糙毛和1～2根刺毛，外面2枚卵形，其长约为内面的1/8。　花期6～8月，果期8～9月。

产青海：兴海（黄青河畔，吴玉虎42625、42666；大河坝乡，采集人不详356）、玛沁（军功乡西哈垄河谷，H. B. G. 281；黑土山，H. B. G. 219）。生于海拔3 400～3 700 m的河谷山坡草地、沟谷山坡林缘、山沟石隙、河谷山麓石隙、山地阴坡高寒灌丛草甸。

分布于我国的青海、西藏。模式标本采自西藏拉萨。

4. 三角叶荨麻　图版19：4～6

Urtica triangularis Hand.-Mazz. Symb. Sin. 7：110. Abb. 2. Nr. 5. 1929；西藏植物志1：525. 图169：1～3. 1983. 中国植物志23（2）：9. 图1：5～8. 1995；青海植物志1：143. 1997；青藏高原维管植物及其生态地理分布139. 2008.

4a. 三角叶荨麻（原亚种）

subsp. **triangularis**

多年生草本，根状茎粗壮。茎高40～100 cm，略带紫色，疏生刺毛和细糙毛。叶狭三角形至三角状披针形，长4～15 cm，宽1～4 cm，上部的叶有时呈线形，顶端锐尖，基部近截形或浅心形，边缘有7～10枚三角形粗牙齿或锐裂锯齿，下部的齿有时为重锯齿，两面均疏生刺毛，钟乳体点状，基出脉3条，其侧出的1对常达中部以下的齿尖；叶柄长1～3 cm，向上渐短，被刺毛、细糙毛；托叶4枚，离生，线状披针形，长约5 mm。雌雄同株；雄花序圆锥状，生下部叶腋，雄花具短柄，芽时直径约1.5 mm，雌花序近穗状，生上部叶腋。雌花小，近无梗。果序轴粗壮，瘦果卵形，稍扁，长约2 mm；宿存花被片在近基部处合生，被细糙毛，内面的花被片卵形，与果近等大，上有1～3根刺毛，外面的卵形，其长为内面的1/4～1/3。　花期6～8月，果期8～10月。

产青海：曲麻莱（东风乡江荣寺，刘尚武和黄荣福878）。生于海拔4 150 m左右的沟谷山坡、河滩草地、沟底、路边。

分布于我国的青海、西藏、四川、云南。模式标本采自四川木里。

4b. 毛果荨麻（亚种）

subsp. **trichocarpa** C. J. Chen in Bull. Bot. Res. Harbin 3（2）：111. 1983；青海植物志1：144. 1997；青藏高原维管植物及其生态地理分布140. 2008.

本亚种与原亚种的不同之处在于：叶卵形，基部常圆形，有时浅心形，顶端锐尖或渐尖，边缘具粗牙齿，侧出1对基脉近直出，伸达上部齿尖。

产青海：班玛（班前乡，王为义26992）。生于海拔3 800 m左右的沟谷山坡林缘。

分布于我国的青海、甘肃、四川。模式标本采自青海祁连山。

4c. 羽裂荨麻（亚种）

subsp. **pinnatifida**（Hand.-Mazz.）C. J. Chen in Bull. Bot. Res. Harbin 3（2）：111. 1983；西藏植物志 1：526. 1983；中国植物志 23（2）：10. 1995；青海植物志 1：143. 1997；青藏高原维管植物及其生态地理分布 138. 2008. ——*U. triangularis* f. *pinnatifida* Hand.-Mazz. Symb. Sin. 7：111. Abb. 2. Nr. 6. 1929.

本亚种与原亚种的不同之处在于：叶边缘除在上部为粗牙齿或锐裂锯齿外，在下部具数对半裂至深裂的羽状裂片，其最下 1 对最大，裂片常在外缘有数枚不规则的牙齿状锯齿（在内缘的较少或无）；雌花被外面的 2 枚狭卵形，常有刺毛；瘦果熟时具较粗的疣点。 花期 6～8 月，果期 8～9 月。

产新疆：喀什（喀什桥，刘海源 394）。生于海拔 3 400～4 000 m 的河谷山坡草甸、沟谷山地灌丛。

分布于我国的新疆、青海、西藏、云南西北部。模式标本采自云南德钦。

5. 昆仑荨麻

Urtica kunlunshanica C. Y. Yang in Acta Coll. Agric. August-1 Xinjiang. 4：26. t. 2. 1981；新疆植物检索表 2：84. 图版 4：1～2. 1983. 新疆植物志 1：227. 1992；青藏高原维管植物及其生态地理分布 139. 2008.

多年生草本，高 40～50 cm。茎直立，四棱形，单一或在中下部分枝，被短毛、螫毛。叶对生，卵形，长 3～4 cm，宽 2～3 cm，先端渐尖，基部心形或圆形，边缘具锯齿，上面深绿色，有短毛、稀疏的螫毛及小颗粒状的钟乳体，叶脉凹陷，下面淡绿色，沿脉有较密的短毛、稀疏的螫毛，叶脉突起，基出脉 5 条；叶柄短，长 5～15 mm，被短毛、稀疏的螫毛；托叶小，长卵形或披针形，长 3～4 mm，分离。花单性，雌雄异株，聚伞花序腋生；雌花被片 4 枚，内面 2 枚花后增大，膜质，灰白色，肾形，长 3 mm，宽 5 mm，宿存，包被果实，背部无毛。瘦果宽卵形，长约 2.5 mm，稍扁，光滑。 花期 7～8 月，果期 8～9 月。

产新疆：策勒（恰哈乡昆仑山克拉希里克，采集人和采集号不详）。生于海拔 3 500 m左右的高山草甸岩石下。

2. 墙草属 Parietaria Linn.

Linn. Sp. Pl. 1052. 1735

一年生或多年生草本，无刺毛。叶互生，具柄，全缘，基出脉 3 支，钟乳体点状；

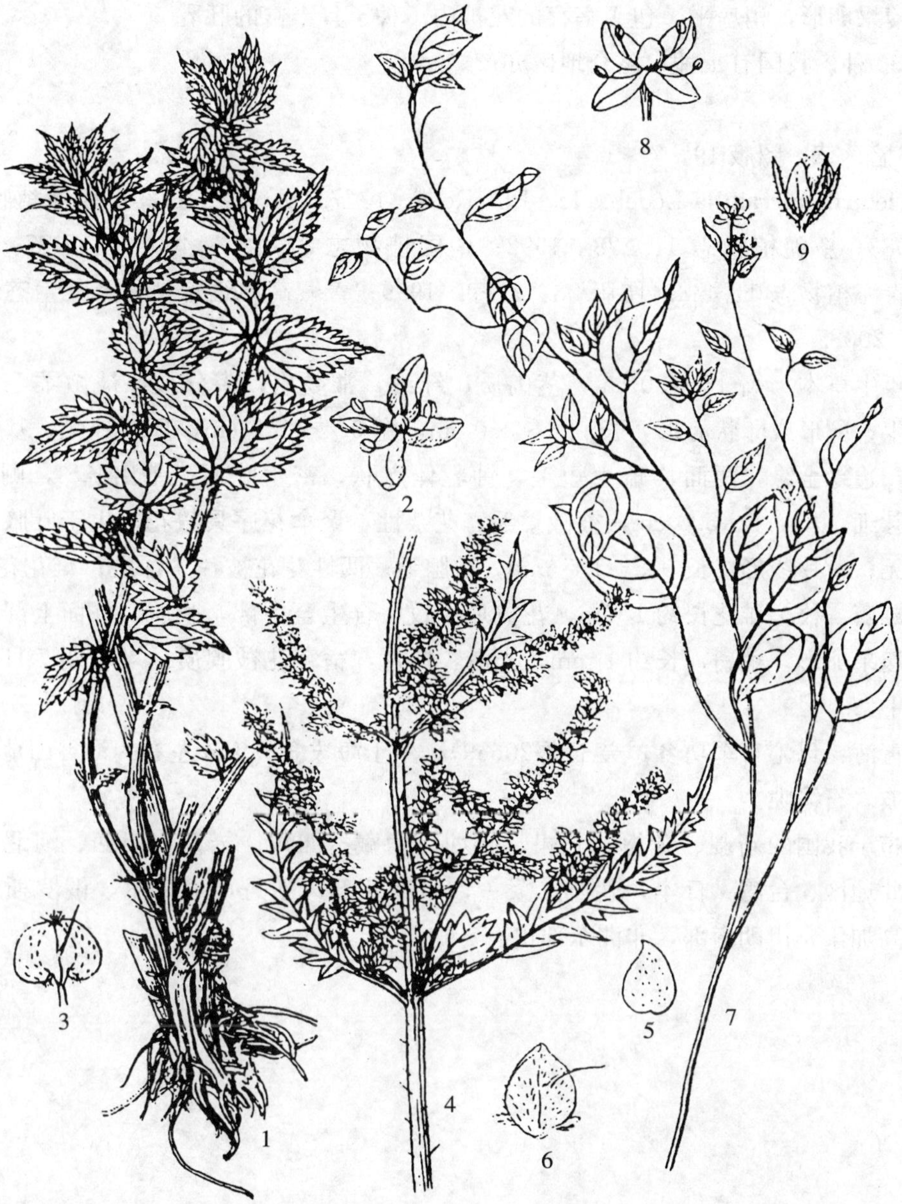

图版 19　高原荨麻 **Urtica hyperborea** Jacq. ex Wedd. 1. 部分植株（果枝）；2. 雄花；3. 在果期的雌花被。三角叶荨麻 **U. triangularis** Hand.-Mazz. 4. 部分植株（果枝）；5. 在果期的雌花被；6. 果实。墙草 **Parietaria micrantha** Ledeb. 7. 部分植株；8. 雄花；9. 在果期的雌花被。（工颖绘）

托叶缺。花杂性，聚伞花序腋生，常密集成簇生状；苞片合生或离生，线形，两性花、雄花花被片（3～）4深裂，镊合状排列，雄蕊4枚，生于花被的基部；雌花花被片4枚，合生成管状，顶端有4裂，子房直立，花柱短或无，柱头画笔头状，下弯，无退化雄蕊。瘦果卵形，稍扁平，包于宿存的花被内。种子具丰富的胚乳。

约30种。我国有1种，昆仑地区亦产。

1. 墙　草　图版19：7～9

Parietaria micrantha Ledeb. Ic. Pl. Ross. 1：7. pl. 22. 1829；西藏植物志1：565. 1983；新疆植物志1：228. 1992；中国植物志23（2）：400. 图版87：1～5. 1995；青海植物志1：144. 图版28：7～9. 1999；青藏高原维管植物及其生态地理分布133. 2008.

一年生草本。高10～30 cm，茎肉质，纤细，常蔓生，多分枝，被微柔毛。叶膜质，互生，卵形或卵状心形，长0.6～3.0 cm，宽0.4～1.5 cm，顶端钝尖，基部圆或浅心形，边缘全缘，两面均疏生短毛，钟乳体点状，密生叶面；基出脉3，侧脉常1对；叶脉细，长0.5～5.0 cm，被微柔毛。花杂性，聚伞花序具数花，生于叶腋，具短总梗或无；苞片线形，长0.5～1.5 mm，被腺毛；两性花花被片4深裂；雄花花被片4深裂，雄蕊4枚，雌花长约1 mm，花被片4枚，合生至中部，膜质，外面上部疏生微柔毛。瘦果卵形，稍扁，长约1 mm，光滑，黑色，宿存花被膜质。　花期7月，果期9～10月。

产青海：玛沁（军功乡，吴玉虎20669）。生于海拔3 200 m左右的沟谷山地阴坡林下、山坡岩石缝隙。

分布于我国的新疆、青海、甘肃、陕西、西藏、四川、云南、山西、河北、内蒙古、东北地区、台湾；日本，朝鲜，蒙古，印度北部，不丹，尼泊尔，俄罗斯西伯利亚、北高加索，伊朗南部，非洲东部也有。

十九　檀香科 SANTALACEAE

乔木、灌木或草本，常有寄生习性。叶互生、单叶、全缘，叶脉不显，无托叶，有时退化为鳞片状。花小，单生或形成多种花序，两性或单性，雌雄异株，稀同株；常具苞片和小苞片；花被1轮，常稍肉质，花被基部合生，顶端裂片3～4枚，稀5～6（8）枚，花蕾时呈镊合状排列；雄蕊与花被裂片同数且对生，常位于基部，花丝丝状，花药基着或近基部着生，纵裂或斜裂；花盘下位或下半位，有时无；子房下位或半下位，1室，花柱长或短，柱头3枚，截平或3～6裂，含胚珠1～3粒。果为核果或坚果，包于花被内。种子1粒，无种皮，胚小，直立，胚乳丰富，肉质。

约30属400种。我国有7属21种，昆仑地区产1属2种。

1. 百蕊草属 **Thesium** Linn.

Linn. Sp. Pl. 207. 1753.

多年生纤细草本，稀呈亚灌木状。叶互生，线形，具1～3脉，全缘，稀成鳞片状。花小，两性，花腋生，常多数形成总状花序、圆锥花序，有时单花或小聚伞花序；苞片通常叶状，小苞片1或对生为2枚；花梗短；花两性，通常黄绿色，花被合生，呈管状、圆筒状、钟状或漏斗状，上部深裂，裂片5（4）枚，镊合状排列；雄蕊5（4）枚，着生于花被裂片基部，花丝短，内藏；子房与花被管联合，下位，子房柄存或不存，花柱长或短，柱头头状或不明显3裂，胚珠2～3粒。果为核果或小坚果，包于花被内，表面平滑或有皱棱。

约300种。我国产14种1变种，昆仑地区产2种。

分种检索表

1. 圆锥花序；花被裂片基部无膜质耳状附属物；无或具短花梗；花序分枝常呈“之”字形弯曲 ………………………………………… **1. 长叶百蕊草 T. longifolium** Turcz.

1. 总状花序；花被裂片基部有膜质耳状附属物；花梗长3～5 mm；花序无分枝 …… ………………………………………………… **2. 藏东百蕊草 T. tongolicum** Hendry.

1. 长叶百蕊草

Thesium longifolium Turcz. in Bull. Soc. Nat. Mosc. 11：99～100. 1838，et 25

(2)：469. 1852；中国植物志 24：82. 1988；青海植物志 1：146. 图版 29：7～10. 1997；青藏高原维管植物及其生态地理分布 142. 2008.

多年生草本，高 15～40 cm。根状茎垂直向下或斜走，疏生少数鳞片；茎多簇生，有明显的纵沟，多直立。单叶互生，线形，长 2.5～7.0 cm，宽 1.0～2.5 mm，先端急尖或渐尖，边缘粗糙或浅细齿，1～3 脉，主脉明显。花序顶生，圆锥状或总状圆锥花序，花序分枝细，常呈“之”字形弯曲；小花顶生或腋生，有短的花梗或无；苞片 1 枚，叶状线形，小苞片 2 枚，线形，等长或稍长于小花，边缘均粗糙；花被钟状，长约 5 mm，绿黄色，先端 5 裂，开裂至中部，裂片长圆形或条形，先端急尖，内弯；雄蕊 5 枚，着生于裂片基部，花丝短，内藏；雌蕊的花柱长过雄蕊，内藏。果实近球形或椭圆形，黄绿色，长 2～4 mm，表面具绿色纵脉，宿存花被片短于果实，有的近等长。 花果期 6～8 月。

产青海：玛沁（拉加乡，吴玉虎 6089、6095B，玛沁队 215）；生于海拔 3 000 m 左右的河谷山地干、旱阳坡。

分布于我国的青海、甘肃、四川、内蒙古、东北地区各省；中亚地区各国，俄罗斯西伯利亚，蒙古，日本也有。

2. 藏东百蕊草

Thesium tongolicum Hendry. in Acta Hort. Bot. Prag. 112. 1926；西藏植物志 1：572. 1983；中国植物志 24：79. 1988；青藏高原维管植物及其生态地理分布 142. 2008. ——*T. longiflorum* Hand.-Mazz. Symb. Sin. 7：157. 1929；青海植物志 1：146. 1997. sphalm. det.

多年生草本，高 10～15 cm。茎直立，柔弱，不分枝或少分枝；根状茎细长，延展，少分枝，淡褐色。叶线形，长 2～3 cm，宽约 1 mm，先端锐尖，具 1 脉，无毛。花单生，绿色或黄绿色，组成总状花序；苞片 1 枚，线形，长 1.0～1.5 cm，小苞片 2 枚，性状同苞片但短小，长约 7 mm；花梗长 3～5 mm；花被管状，长 5～7 mm，分裂几达中部，裂片卵状长圆形，裂片中下部两侧具膜质的耳状附属物，先端内弯；雄蕊内藏，位于管状花被的近喉部，几无花丝；花盘上位；子房似半下位，具长的花柱。果实和种子未见。 花期 6 月。

产青海：久治（门堂乡附近，藏药队 574）；生于海拔 3 600 m 左右的高原宽谷滩地、沟谷山地阳坡。

分布于我国的青海、西藏、四川。模式标本采自唐古拉山。

二十　蓼科 POLYGONACEAE

一年生或多年生草本，稀灌木或小乔木。茎直立、斜升、平卧、攀缘或缠绕，节部通常膨大，稀膝曲，具沟槽或条棱，偶有中空。叶为单叶，互生，稀分裂，具叶柄或近无柄；托叶通常联合成鞘状，膜质，稀草质，顶端截形、偏斜或2裂，宿存或脱落。花序头状、穗状、总状或圆锥状，顶生或腋生；花小型，单被，辐射对称，两性，有时杂性，稀单性，雌雄异株或雌雄同株；苞片膜质，稀草质；花梗通常具关节；花被通常花冠状，3～6裂，覆瓦状排列或成2轮，宿存，果期增大或不增大；雄蕊通常8枚，稀3～18枚，花丝离生或基部贴生，花药背着，2室，纵裂；花盘环状、腺状或缺；子房上位，1室，具1枚直立胚珠，心皮通常3个，稀2～4个，合生，花柱2～3枚，稀4枚，离生或下部合生，柱头头状、盾状或画笔状。瘦果具3棱或呈双凸镜状，被宿存花被包围或外露，稀具4棱，沿棱生翅或刺毛。种子具丰富的粉末状胚乳；胚直立或弯曲，通常偏于一侧。

约50属，1 100多种，主产北温带，少数分布于热带。我国有13属230余种，南北各省区广布；昆仑地区产9属53种3变种。

分属检索表

1. 灌木。
    2. 叶退化为鳞片状；花被片果期不增大；雄蕊9～18；花柱4；瘦果具4棱，棱上有翅或刺毛 ………………………………………… **5. 沙拐枣属 Calligonum** Linn.
    2. 叶发育正常，不为鳞片状；内轮花被片果期增大；雄蕊6或8；花柱2枚或3；瘦果双凸镜状或具3棱，无翅或刺毛 ……………………… **6. 木蓼属 Atraphaxis** Linn.
1. 一年生或多年生草本，稀灌木。
    3. 瘦果具翅。
        4. 花被片4；雄蕊6；花柱2枚，柱头画笔状；瘦果双凸镜状，沿边缘具翅；叶肾形或圆肾形 ………………………………………………… **7. 山蓼属 Oxyria** Hill
        4. 花被片6；雄蕊9；花柱3枚，柱头头状、近盾状或如意状；瘦果具3棱，沿棱具翅；叶非肾形或圆肾形 ……………………………… **9. 大黄属 Rheum** Linn.
    3. 瘦果无翅。
        5. 花被片3；雄蕊3；柱头2；瘦果双凸镜状 ………… **1. 冰岛蓼属 Koenigia** Linn.
        5. 花被片4～6；雄蕊（3）5～8；柱头2～3；瘦果具3棱或呈双凸镜状。
            6. 花被片6，内轮3片果期增大；柱头画笔状 ………… **8. 酸模属 Rumex** Linn.

6. 花被片 5，稀 4，内轮花被片果期不增大；柱头头状。

7. 茎缠绕；花被外面 3 片背部具龙骨状突起狭翅，果期增大…………………………………………………………………… 3. **何首乌属 Fallopia** Adans.

7. 茎直立；花被果期通常不增大。

8. 花被片 5；瘦果具 3 棱，明显比宿存花被长 1～2 倍，稀近等长…………………………………………………… 4. **荞麦属 Fagopyrum** Mill.

8. 花被片 5，稀 4；瘦果双凸镜状或具 3 棱，通常比宿存花被短，稀稍长 ……………………………………………… 2. **蓼属 Polygonum** Linn.

1. 冰岛蓼属 **Koenigia** Linn.

Linn. Mant. 1：35. 1767.

一年生草本。茎细弱，直立或斜升，分枝。叶互生，具叶柄；托叶鞘膜质，短，2 裂。花两性，花被 3 深裂；雄蕊 3 枚，与花被片互生；花柱 2 枚，极短，柱头头状。瘦果卵形，双凸镜状。

本属狭义者有 1 种，分布于北极、亚北极及欧、亚高山地区，南至喜马拉雅山区。我国西北至西南高山地区产之，昆仑地区有分布。

1. 冰岛蓼 图版 20：1～3

Koenigia islandica Linn. Mant. 1：35. 1767；Pavl. in Kom. Fl. URSS 5：704. 1936；Bait. et Fl. Kazakh. 3：178. t. 20. f. 4. 1960；E. Nasir et S. I. Ali Fl. West Pakist. 202. 1972；西藏植物志 1：602. 1983；新疆植物志 1：242. 图版 84：4～6. 1992；青海植物志 1：152. 图版 31：1～3. 1997；中国植物志 25（1）：3. 1998；Fl. China 5：278. 2003；甘肃植物志 2：342. 2005；青藏高原维管植物及其生态地理分布 149. 2008.

一年生草本，高 3～8 cm。茎细弱，通常带紫红色，直立、斜升或平卧，有时下部节处生须根，多分枝，无毛。叶互生，稀上部对生；叶柄上部者短，下部者几与叶片等长；叶片宽椭圆形或倒卵形，长 1.5～6.0 mm，宽 2～5 mm，顶端通常钝圆，基部宽楔形或近圆形，全缘，两面无毛，有细小点；托叶鞘膜质，短而宽，褐色。花小，顶生或簇生于茎和枝的叶腋，呈头状，基部具 1 对圆形的叶状总苞；苞片膜质透明；花梗短，长的 1 mm，关节位于顶端；花被淡绿色，3 深裂，裂片椭圆形或长圆形倒卵形，长约 1.5 mm，不等大，其中较大的 1 片有时先端 2 裂，或深裂至全裂使花被片为 4 枚；雄蕊 3 枚，比花被片短；花柱 2 枚，极短，柱头头状。瘦果卵状长圆形，褐色或暗褐色，双凸镜状，较宿存花被稍长，表面具颗粒状小点，无光泽。 花期 7～8 月，果期 8～9 月。

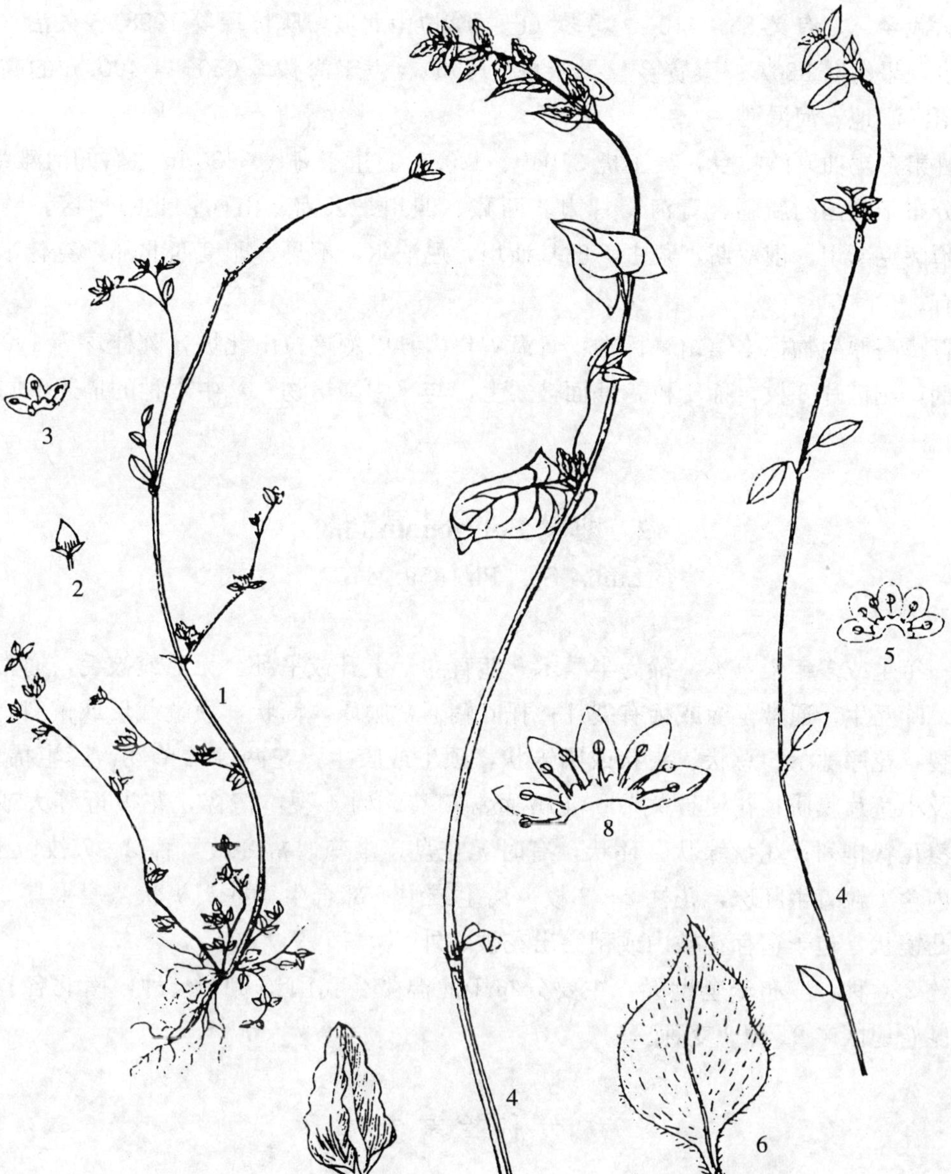

图版 **20** 冰岛蓼 **Koenigia islandica** Linn. 1. 植株；2. 果实；3. 花被展开。细茎蓼 **Polygonum filicaule** Wall. ex Meisn. 4. 植株上部；5. 花被剖展；6. 叶放大。苦荞麦 **Fagopyrum tataricum**（Linn.）Gaertn. 7. 果序枝；8. 花被剖展；9. 果实。（王颖绘）

产新疆：若羌（月牙湾，青藏队吴玉虎 2738；阿尔金山保护区鲸鱼湖，青藏队吴玉虎 4078）。生于海拔 4 900～5 000 m 的山谷草甸、河滩。

青海：兴海（河卡乡，何廷农 360）、曲麻莱（秋智乡，刘尚武和黄荣福 752）、称多（歇武乡，刘有义 83－410）、玛多（巴颜喀拉山北坡，陈桂琛等 1998）、久治（索乎日麻乡，果洛队 320A；康赛乡，吴玉虎 31690）。生于海拔 3 650～4 400 m 的高山草甸、沼泽湿地、河漫滩。

甘肃：玛曲（欧拉乡，吴玉虎 31040、32028）。生于海拔 3330 m 左右的河滩草地。

分布于我国的新疆、青海、甘肃、西藏、四川、云南、山西；北极地区，欧洲北部，哈萨克斯坦，俄罗斯，蒙古，巴基斯坦，尼泊尔，不丹，印度西北部，克什米尔地区也有。

青藏高原生物标本馆馆藏标本：青海省玛多县巴颜喀拉山北坡，陈桂琛等 1998 号，经解剖：花被片 3 枚，稀 4 枚，外面被柔毛，与《中国植物志》中本种的描述不同。

2. 蓼属 **Polygonum** Linn.

Linn. Sp. Pl. 359. 1753.

一年生或多年生草本，稀为半灌木。茎直立、上升或平卧，无毛或被毛，通常节部膨大。叶互生，通常全缘或稀有裂片；托叶鞘通常膜质，筒状，顶端截形或偏斜，全缘或分裂。花序穗状、总状、头状或圆锥状，顶生或腋生；花两性稀单性，簇生稀单生；苞片及小苞片膜质；花梗具关节；花被通常 5 裂，稀 4 裂，宿存，花被近等大或不等大，覆瓦状排列；花盘腺状、环状，有时无花盘；雄蕊通常 8 枚，稀 3～7 枚；子房 1 室，内含 1 粒直生胚珠，花柱 2～3 枚，离生或中下部合生，柱头头状。瘦果具 3 棱或呈双凸镜状，包于宿存花被内或稍突出花被之外。

约 230 种，广布于全世界，主要分布于北温带。我国约 110 余种，南北各省区均有；昆仑地区产 21 种 3 变种。

分种检索表

1. 花簇生或单生，生于叶腋，稀生于茎、枝上部而组成稀疏总状花序；叶基部具关节；托叶鞘顶端急尖或 2 裂，以后撕裂；花丝基部扩大。
   2. 多年生草本；根粗壮，木质化；叶具柄，长 2～5 mm ………………………………………………………………………… 1. 岩蓼 **P. cognatum** Meisn.
   2. 一年生草本；根细弱，不木质化；叶近无柄或叶柄极短。
      3. 叶线形或钻形；托叶鞘银白色，无脉；花近无梗；果双凸镜状 ……………………………………………… 2. 丝茎蓼 **P. molliiforme** Boiss.

3. 叶狭披针形、倒披针形或椭圆形；托叶鞘下部褐色，上部白色，具明显的脉；花具梗；果具 3 棱。

4. 茎平卧、斜升或直立；花遍生于植株的叶腋 …… **3. 萹蓄 P. aviculare** Linn.

4. 茎直立；花生于枝条上部的叶腋，组成细长的总状花序 ………………………………………………………………………… **4. 展枝蓼 P. patulum** M. Bieb.

1. 花序头状、穗状、总状或圆锥状；叶基部无关节；托叶鞘顶端偏斜或截形；花丝基部不扩大。

5. 托叶鞘顶端偏斜，有时易破裂。

6. 花序穗状，紧密，顶生；茎直立，不分枝。

7. 花序细长，长 3.0～10.0（12.5）cm，中下部生珠芽 ………………………………………………………………………… **5. 珠芽蓼 P. viviparum** Linn.

7. 花序较粗短，长 1.5～5.0 cm，不生珠芽。

8. 基生叶基部沿叶柄下延成狭翅；叶椭圆形或椭圆状披针形 ………………………………………… **6. 椭圆叶蓼 P. ellipticum** Willd. ex Spreng.

8. 基生叶基部不下延；叶长圆形或披针形 ……………………………………………………………… **7. 圆穗蓼 P. macrophyllum** D. Don

6. 花序圆锥状，疏松，顶生；茎直立，分枝开展。

9. 半灌木；茎直立，红褐色，具叉状分枝 …… **8. 叉枝蓼 P. tortuosum** D. Don

9. 多年生草本；茎不具叉状分枝。

10. 花单性，雌雄异株；植株不分枝，被长硬毛，具基生叶 ……………………………………………………………… **9. 硬毛蓼 P. hookeri** Meisn.

10. 花两性；植株具分枝，不被长硬毛，无基生叶。

11. 叶基部通常戟形；根状茎细长；茎外倾或近直立 ……………………………………………… **10. 西伯利亚蓼 P. sibiricum** Laxm.

11. 叶基部宽楔形、圆形或心形；无根状茎；茎直立。

12. 叶卵状披针形或椭圆状披针形；圆锥花序大型，分枝开展，被疏柔毛；花梗长约 1.5 mm，无关节；花被白色 ……………………………………… **11. 华蓼 P. cathayanum** A. J. Li

12. 叶卵形或宽卵形；圆锥花序狭窄，分枝短，稀疏，微开展，无毛；花梗长 2～3 mm，中部具关节；花被红色 ……………………………………… **12. 准噶尔蓼 P. songaricum** Schrenk

5. 托叶鞘顶端通常截形，稀偏斜。

13. 穗状花序顶生或腋生，圆柱形；花柱 2 枚；果扁平。

14. 多年生草本，具横走的根状茎；水陆两栖植物 ………………………………………………………………………… **13. 两栖蓼 P. amphibium** Linn.

14. 一年生草本，无根状茎；陆生植物。

15. 花序较粗壮，直立，多花，排列紧密；花被 4 深裂；果扁平，两面微凹；叶面中央通常有黑褐色斑块 ……………………………
…………………………………… 14. 酸模叶蓼 P. **lapathifolium** Linn.

15. 花序细弱，通常下垂，少花，排列稀疏，下部间断；花被 5 深裂；果扁平，两面凸镜状；叶面无色斑 …… **15. 水蓼 P. hydropiper** Linn.

13. 头状花序近球形；花柱 3 枚或 2；果具 3 棱或呈双凸镜状。

16. 花被通常 4 裂。

17. 叶柄明显具翅；花序梗细长，上部被腺毛；花被淡紫色 ………
…………………………………… **16. 尼泊尔蓼 P. nepalense** Meisn.

17. 叶柄无翅；花序梗短，不被腺毛；花被白色或淡绿色。

18. 茎节上疏被柔毛；叶三角状卵形，较大，长 5～15 mm，宽 4～10 mm，两面疏被柔毛；果具 3 棱 …………………………
…………………………… **17. 柔毛蓼 P. sparsipilosum** A. J. Li

18. 茎无毛；叶卵形或倒卵形，较小，长 2～5 mm，宽 2～4 mm，两面无毛；果双凸镜状 ……………………………………
………………………… **18. 青藏蓼 P. fertile** (Maxim.) A. J. Li

16. 花被通常 5 裂。

19. 植株矮小，高 1.5～10.0 cm；茎自基部多分枝，分枝铺散；叶两面无毛；花序梗上部被腺毛 ………………………………
………………………… **19. 冰川蓼 P. glaciale** (Meisn.) Hook. f.

19. 植株较高大，高 10～30 cm；茎细弱，直立或外倾；叶两面被毛。

20. 叶两面疏被柔毛；花被片外面被柔毛；雄蕊 8，花药蓝色 …
………………………………… **20. 蓝药蓼 P. cyanandrum** Diels

20. 叶两面被糙伏毛；花被片无毛；雄蕊 3～7，花药紫色或黄色
………………………… **21. 细茎蓼 P. filicaule** Wall. ex Meisn.

1. 岩 蓼

Polygonum cognatum Meisn. Monogr. Polyg. 91. 1826；Hook. f. Fl. Brit. Ind. 5：25. 1886；Borod. in Pl. Asiae Centr. 9：101. 1989；新疆植物志 1：284. 图版 87：1～3. 1992；中国植物志 25（1）：7. 图版 1：4～6. 1998；Fl. China 5：284. 2003. ——*P. rupestre* Kar. et Kir. in Bull. Soc. Mosc. 14：740. 1841；内蒙古植物志 2：35. 图版 20：1～2. 1978；西藏植物志 1：609. 1983；青藏高原维管植物及其生态地理分布 157. 2008.

多年生草本，高 5～15 cm。根粗壮，木质化，深褐色，直径达 1.5 cm，根皮片状剥落。根颈多头。茎斜升或平卧地面，下部深褐色，常生地下砂土中，木质化。叶长卵形、卵形或长圆状披针形，质地有时稍厚，长 1.0～1.5 cm，宽 4～8 mm，顶端钝圆或具短小尖头，基部狭楔形，边全缘，向下反卷，两面无毛或两面有小突起，下面脉上及

边缘尤显；叶柄长 2～5 mm，基部有关节；托叶鞘白色膜质，透明，先端 2 至数列，渐尖。花几遍生于植株，1～5 朵生于叶腋；苞片膜质，顶端渐尖；花梗长 1.0～3.5 mm，顶端具关节；花被绿色，边缘淡红色或白色，5 裂，开裂至中部，花被片卵形，长 1.5～2.0 mm，大小不等，稍厚，果期背面有明显的脊，脊上有小突起；雄蕊 6～8 枚，较花被短，长短不一，花丝基部扩展，花药紫红色；花柱 2 枚或 3 枚，柱头紫红色，头状。瘦果卵形，双凸镜状或具 3 棱，黑色或褐色（可能未成熟），有光泽，包于宿存花被内。 花果期 6～8 月。

产新疆：乌恰、喀什、塔什库尔干（麻扎种羊场，青藏队吴玉虎 870417；克克吐鲁克，青藏队吴玉虎 870495；明铁盖，青藏队吴玉虎 5049）。生于海拔 1 400～4 600 m 的河滩沙砾地、砾石山坡。

分布于我国的新疆、西藏、内蒙古；塔吉克斯坦，吉尔吉斯斯坦，哈萨克斯坦，俄罗斯西伯利亚，蒙古，克什米尔地区，巴基斯坦，伊朗也有。

青藏高原生物标本馆馆藏标本有 3 号，其中青藏队吴玉虎 870495、青藏队吴玉虎 5049 这两号与另一号青藏队吴玉虎 87041 的不同之处在于：叶顶端钝圆，雄蕊 6 枚，花柱 2 枚，瘦果双凸镜状；而后者叶顶端具短小尖头，雄蕊 8 枚，花柱 3 枚，瘦果具 3 棱。

青藏高原生物标本馆馆藏标本与 Hook. f. 主编的 *Fl. Brit. Ind.*（5：25～26. 1886.）中此种描述"花被很厚，坚果扁平或钝三棱"完全相符。

2. 丝茎蓼

Polygonum molliiforme Boiss. Diagn. Pl. Orient. Nov. ser. 1. 7：84. 1846；Bait. et Pavl. Fl. Kazakh. 3：163. 1960；中国植物志 25（1）：14. 1998；Fl. China 5：286. 2003.

一年生矮小草本，高 2～10 cm。根细，褐色。茎直立，紫红色，纤细，直径 0.2～0.5 mm，光滑，节间长 0.5～1.5 cm，节部略膨大，易折断。叶线形或钻形，长 5～15 mm，宽 0.3～1.0 mm，伸展或稍弯曲，顶端具小突尖，两面无毛，具 3 条脉；托叶鞘膜质，银白色，透明，长约 3 mm，顶端急尖，上部常具刺状细齿，基部稍膨大。花单生于茎、枝上部叶腋，近无梗；苞片膜质，白色透明，较花被长；花被白色，5 深裂，开裂 3/4，花被片膜质，长圆形或椭圆形，顶端钝或急尖，长 1.5～3.0 mm；雄蕊 5 枚，较花被短，花药紫红色；花柱 2 枚，极短，柱头头状。瘦果卵形，双凸镜状，顶端急尖，平滑，有光泽，长约 2 mm，与宿存花被等长或稍超出。 花期 6～7 月，果期 7～8 月。

产新疆：乌恰、阿克陶（阿克塔什，青藏队吴玉虎 870258）。生于海拔 2 420～3 000 m 的河滩沙地、沟谷溪流边砾石地。

分布于我国的新疆；塔吉克斯坦，吉尔吉斯斯坦，哈萨克斯坦，乌兹别克斯坦，土库曼斯坦，亚洲西南部也有。

3. 萹 蓄

Polygonum aviculare Linn. Sp. Pl. 1：362. 1753；Hook. f. Fl. Brit. Ind. 5：26. 1886；Bait. et Pavl. Fl. Kazakh. 3：154. t. 15：2. 1960；西藏植物志 1：609. 1983；新疆植物志1：286. 图版87：4～5. 1992；青海植物志1：167. 1997；中国植物志 25（1）：7. 图版 2：1～2. 1988；Fl. China 5：284. 2003；甘肃植物志 2：307. 图版 62：7～9. 2005；青藏高原维管植物及其生态地理分布 151. 2008.

一年生草本，高 10～45 cm，有时高 3.5 cm 即开花结果。茎平卧或斜升，由基部多分枝，具条纹。叶线状披针形、披针形、倒披针形或长圆形、椭圆形，长 1.0～3.5 cm，宽 2～12 mm，顶端钝圆或渐尖、急尖，基部圆形或楔形，边全缘，两面均无毛，下面侧脉明显；叶柄短或近无柄，基部具关节；托叶鞘膜质，筒状斜形，下部褐色，上部白色，具数条明显脉纹，先端撕裂。花遍生叶腋，单生或 2～5 朵簇生；苞片膜质，约与花梗等长；花梗细，顶部具关节；花被绿色，具紫红色、粉红色或白色边缘，5 深裂，花被片椭圆形或长圆形，长 2.0～2.5 mm；雄蕊 8 枚，较花被短，花丝基部扩展；花柱 3 枚，柱头头状。瘦果卵形，具 3 棱，长 2.5～3.0 mm，黑色或暗褐色，先端渐尖，密被由小点组成的细条纹，无光泽，与宿存花被近等长或稍超过。花期 6～8月，果期 8～9 月。

产新疆：叶城（柯克亚乡，青藏队吴玉虎 870845、870923；棋盘乡，青藏队吴玉虎 4669）、且末（阿羌乡，青藏队吴玉虎 3825）。生于海拔 2 600～3 120 m 的河滩草地、沟谷山坡沙砾地。

青海：都兰（香日德农场，杜庆 454；诺木洪，杜庆 316）、兴海（中铁乡天葬台沟，吴玉虎 45788、45809、45820、45864、45866、47616；赛宗寺后山，吴玉虎 46412；唐乃亥乡，吴玉虎 42119、42421；中铁乡至中铁林场途中，吴玉虎 43053、43080、43139、43166；河卡乡羊曲，何廷农 437；中铁乡附近，吴玉虎 42774、42882、42963）、玛沁（大武乡，吴玉虎 18742；军功乡，玛沁队 187，吴玉虎 18802、21150；拉加乡，吴玉虎 6109）、久治（智青松多乡，果洛队 675；白玉乡，藏药队 659、吴玉虎 26435）、班玛（亚尔堂乡王柔，魏振铎 166）。生于海拔 2 600～3 800 m 的田边路旁、溪流水边湿地、沟谷河滩草甸、弃耕地上、沟谷山地高寒灌丛边、河滩沙砾地。

甘肃：玛曲（大水军牧场黑河北岸，陈桂琛等 1122）。生于海拔 3 400 m 左右的沼泽湿地、沟谷山坡下部草甸。

分布全国各地；欧洲，亚洲，美洲温带地区也有。

4. 展枝蓼

Polygonum patulum M. Bieb. Fl. Taur.-Cauc. 1：304. 1808；Bait et Pavl. Fl.

Kazakh. 3：159. t. 15. f. 7. 1960；Borod. Pl. Asiae Centr. 9：103. 1989；新疆植物志 1：287. 图版 88：1～3. 1992；中国植物志 25（1）：12. 图版 3：3～4. 1998；Fl. China 5：285. 2003；甘肃植物志 2：309. 图版 62：4～6. 2005.

一年生草本，高 20～35 cm。茎单一，直立，通常从基部分枝，分枝向上斜升，具条纹，无毛。叶狭披针形、披针形或倒披针形，长 1.0～3.5 cm，宽 2～10 cm，先端急尖或钝，基部楔形，边全缘，下面主脉微突出，侧脉不明显，两面均无毛，粗糙；叶柄短或近无柄；托叶鞘筒状，膜质，长 3～7 mm，具 6～7 脉，下部红褐色，上部膜质，透明，先端后期撕裂。花着生于枝条上部的叶腋，组成细长的总状花序；苞片漏斗状，通常内含 2～3 花；花梗细弱，长 1.5～2.0 mm，顶端具关节；花被绿色，边缘粉红色或白色，5 深裂，花被片长椭圆形或长圆形，长 1.5～2.0 mm，不等大；雄蕊 8 枚，短于花被，花丝丝状，基部稍扩展；花柱 3 枚，极短，柱头头状。瘦果卵形，具 3 锐棱，长 2.0～2.5 mm，褐色，密生小点，微具光泽，与宿存花被近等长或超过。 花果期 7～9月。

产新疆：乌恰、疏勒、莎车、若羌（县城附近，刘海源 81、85）。生于海拔 1 200～1 400 m 的田边。

分布于我国的新疆、甘肃（山丹）；塔吉克斯坦，吉尔吉斯斯坦，哈萨克斯坦，俄罗斯西伯利亚和远东地区，蒙古，阿富汗，伊朗，欧洲也有。

5. 珠芽蓼 图版 21：1～3

Polygonum viviparum Linn. Sp. Pl. 360. 1753；Hook. f. Fl. Brit. Ind. 5：65. t. 28. 1936；Bait. et Pavl. Fl. Kazakh. 3：172. t. 18：3. 1960；西藏植物志 1：612. 1983；新疆植物志 1：290. 图版 89：1～3. 1992；青海植物志 1：178. 图版 37：5～7. 1997；中国植物志 25（1）：37. 图版 10：1～2. 1998；Fl. China 5：294. 2003；甘肃植物志 2：327. 图版 65：6～9. 2005；青藏高原维管植物及其生态地理分布 160. 2008.

5a. 珠芽蓼（原变种）

var. **viviparum**

多年生草本，高 10～50 cm。根状茎短粗，黑褐色，具残存叶鞘和老叶柄，断面通常紫红色。茎单一或数条自根状茎发出，直立，不分枝，常棕红色，具条纹，无毛或近无毛。基生叶和茎下部叶具长叶柄，叶片长圆形或卵状披针形，长 3～13 cm，宽 0.5～3.2 cm，顶端尖或渐尖，基部圆形、近心形或楔形，两面无毛，全缘，叶脉在边缘增粗使叶缘向下反卷；茎生叶较小，披针形，近无柄；托叶鞘筒状，膜质，淡褐色，顶端偏斜，易破裂，长 1.5～5.0 cm，无毛，具脉纹。穗状花序圆柱形，顶生，单一，长 3.0～10.0（12.5）cm，紧密，中下部生珠芽，珠芽卵形，绿带紫红色，长约 3 mm，有时未脱离母株就发芽；苞片卵形，膜质，淡褐色，具1～2花或珠芽；花梗细弱；花被5深裂，白色或淡紫红色，花被片椭圆形或倒卵形，长2.5～4.0 mm，不等大；雄蕊8枚，不等长，内藏或外伸，花药黑紫色；花柱3枚，下部合生，柱头头状。瘦果深褐色，卵形，具3棱，长2～3 mm，有光泽，被宿存花被包围。花果期6～9月。

产新疆：阿克陶（阿克塔什，青藏队吴玉虎870134；恰尔隆乡，青藏队吴玉虎5105；奥依塔克，青藏队吴玉虎4843）、塔什库尔干（麻扎，高生所西藏队3172；麻扎种羊场，青藏队吴玉虎870348；克克吐鲁克，高生所西藏队3275；红其拉甫，青藏队吴玉虎4909）、叶城（棋盘乡，青藏队吴玉虎4670；柯克亚乡，青藏队吴玉虎870893；苏克皮亚，青藏队吴玉虎871012）、皮山（垴阿巴提乡布琼，青藏队吴玉虎1856）、和田（喀什塔什乡，青藏队吴玉虎2544）、策勒（奴尔乡，青藏队吴玉虎1939、1969、2484）、若羌。生于海拔3 000～4 600 m的云杉林下、山坡草甸、山沟潮湿处、水沟边、山坡草地。

西藏：班戈。生于海拔5 000 m左右的沟谷山坡草地、高山流石坡湿润处。

青海：格尔木（西大滩，青藏队吴玉虎2873、吴玉虎36882）、都兰（香日德，青甘队1281）、兴海（赛宗寺，吴玉虎46191；中铁乡至中铁林场途中，吴玉虎43055、43079；中铁乡天葬台沟，吴玉虎45795、45819、45841、45853、45970；大河坝乡，吴玉虎42463、42483；中铁乡前滩，吴玉虎45375、45419、45459、45477；中铁林场卓琼沟，吴玉虎45605、45655、45739、45778、46676；黄青河畔，吴玉虎42620、42645、42673、42938、42941；中铁乡附近，吴玉虎42917、42949、42986；大河坝乡赞毛沟，吴玉虎46426、46487；赛宗寺后山，吴玉虎46297、46366、46375；中铁林场恰登沟，吴玉虎44886、44908、44917、44921、45060；河卡乡，张珍万2010，王作宾20240，吴珍兰144、176，吴玉虎28678、28709）、曲麻莱（县城附近，刘尚武等721；叶格乡，黄荣福127）、称多（县城郊区，吴玉虎29248、29269；称文乡，刘尚武2334；珍秦乡，吴玉虎29182）、玛多（清水乡，吴玉虎18141、18174、18188；花石峡乡，吴玉虎777；多曲河畔，吴玉虎471A）、玛沁（大武乡，玛沁队258，王为义26667，吴玉虎1458、18478、18527、18538；军功乡，吴玉虎5607、5628、26953、26969，H. B. G. 218）、达日（建设乡，H. B. G. 1132，吴玉虎27115、27122）、久治（索乎日麻乡，果洛队262；哇尔依乡，吴玉虎26709）、班玛（马柯河林场，王为义等26844；亚尔堂乡王柔，魏振铎162；多贡麻乡，吴玉虎25987）。生于海拔3 200～4 600 m的山沟潮湿处、河滩草地、河谷山地阴坡高寒灌丛草甸、山坡林缘草甸、沟谷滩地高山草甸、沟谷砾石山坡、山顶石隙、宽谷滩地高寒杂类草草甸。

甘肃：玛曲（齐哈玛大桥附近，吴玉虎31777；河曲军马场，吴玉虎31882；欧拉乡，吴玉虎31947）。生于海拔3 320～3 460 m的沟谷山地灌丛草甸、山坡高寒草甸。

四川：石渠（红旗乡，吴玉虎2943、29446、29459；长沙贡玛乡，吴玉虎29626、29662、29684；新荣乡，吴玉虎30029）。生于海拔4 000～4 200 m的沟谷河滩草甸、山地灌丛草甸、山坡高寒草甸。

分布于我国的新疆、青海、甘肃、宁夏、陕西、西藏、四川、云南、山西、河北、内蒙古、辽宁、吉林、黑龙江、河南、湖北；塔吉克斯坦，吉尔吉斯斯坦，哈萨克斯坦，俄罗斯，蒙古，巴基斯坦，克什米尔地区，印度，尼泊尔，不丹，缅甸，泰国，日本，朝鲜，欧洲，北美也有。

5b. 细叶珠芽蓼（变种）

var. **tenuifolium** Y. L. Liu in Acta Collegium Normale Boreali-occidentalis 3：45. 1987；Fl. China 5：294. 2003. ——*Polygonum tenuifolium* H. W. Kung in Contr. Inst. Bot. Nat. Acad. Peip. 3：367. t. 36. 1935，non Steph. ex Ledeb. 1850；秦岭植物志 1（2）：161. 1974；青海植物志 1：180. 1997. ——*P. viviparum* Linn. var. *angustum* A. J. Li in Acta Bot. Bor.-Occid. Sin. 11（4）：351. 1991，nom. illeg. superfl.；中国植物志 25（1）：38. 1998；甘肃植物志 2：328. 2005.

本变种与原变种的区别在于：叶片狭细为线形，宽 2～3 mm。

产青海：格尔木（唐古拉山北侧温泉，黄荣福 C. G. 89－181）、兴海（中铁林场卓琼沟，吴玉虎 45647、45680；赛宗寺后山，吴玉虎 46298、46308）、玛多（清水乡，陈桂琛 1867；多曲河畔，吴玉虎 471B）、玛沁（大武乡，H. B. G. 656；雪山乡，H. B. G. 408）、久治（县东 15 km 处，陈桂琛 1615）、曲麻莱（秋智乡，刘尚武等 681；叶格乡，黄荣福 125）。生于海拔 3 600～4 750 m 的高山草甸、沟谷山地灌丛、河边草地、河谷山坡圆柏林缘高寒草甸、阴坡云杉林缘高寒草甸。

分布于我国的青海、甘肃南部、陕西、四川、云南。模式标本采自陕西太白山。

6. 椭圆叶蓼

Polygonum ellipticum Willd. ex Spreng. Syst. Veg. 2：253. 1825；Borod. Pl. Asiae Centr. 9：116. 1989；中国植物志 25（1）：41. 1998；Fl. China 5：295. 2003. ——*P. nitens*（Fisch. et C. A. Mey.）V. Petr. ex Kom. Fl. URSS 5：683，724. 1936；新疆植物志 1：290. 图版 89：4～6. 1992.

多年生草本，高 20～60 cm。根状茎肥厚，弯曲，暗褐色，近地面处具残存叶柄、枯叶鞘。茎通常单一，直立，不分枝，无毛。基生叶椭圆形或椭圆状披针形，纸质，长 8～12 cm，宽 2～3 cm，先端渐尖，基部楔形或近心形，沿叶柄下延成窄翅，全缘，通常沿缘外卷，上面无毛，下面多少被卷曲的伏毛，叶柄长 5～9 cm；茎生叶向上渐狭小，披针形或线形，有短柄或无柄；托叶鞘筒状，膜质，长 1～4 cm，红褐色，顶端偏斜，通常 2 裂，沿脉被乳头状毛，稀无毛。总状花序呈穗状，顶生，长 2～5 cm，直径 1.0～1.5 cm，花密集；苞片宽卵形，淡褐色，膜质，顶端长渐尖或具 3 个锐齿，每苞内具 1～2 花；花梗细，与苞片等长或稍长；花被粉红色，5 深裂，花被片长椭圆形，长2.5～4.0 mm；雄蕊8枚，比花被长；花柱3枚，柱头头状。瘦果卵形，具3棱，暗褐色，有光泽，包于宿存花被内。 花果期6～9月。

产新疆：乌恰、喀什（《哈萨克斯坦植物志》3：174. 1960）。生于海拔1 500～3 200 m的高山草甸、山坡草地。

分布于我国的新疆、吉林；俄罗斯西伯利亚、远东地区，哈萨克斯坦，蒙古也有。

7. 圆穗蓼 图版21：4

Polygonum macrophyllum D. Don Prodr. Fl. Nepal. 70. 1825；西藏植物志1：613. 1983；青海植物志1：180. 图版37：8. 1997；中国植物志25（1）：47. 图版10：3. 1998；Fl. China 5：297. 2003；甘肃植物志2：326. 2005；青藏高原维管植物及其生态地理分布155. 2008. ——*P. sphaerostachyum* Meisn. Monogr. Polyg. 53. 1826；Sam. in Hand.-Mazz. Symb. Sin. 7：172. 1929；秦岭植物志1（2）：162. 图. 138. 1974；湖北植物志1：251. 图344. 1976.

7a. 圆穗蓼（原变种）

var. **macrophyllum**

多年生草本，高3～30 cm。根状茎粗壮，弯曲。茎直立，单一或数条自根状茎发出，不分枝，无毛。基生叶长圆形或披针形，长2～8 cm，宽0.5～3.0 cm，顶端急尖，基部圆形或宽楔形，两面通常无毛，边缘叶脉增厚，外卷，叶柄长3～8 cm；基生叶较小，线形或线状披针形，具短叶柄或近无柄；托叶鞘筒状，膜质，褐色，顶端偏斜，易破裂，长2～3 cm。穗状花序顶生，球形或短圆柱形，长0.7～2.8 cm，直径0.5～1.5 cm；苞片褐色，膜质，卵形，顶端渐尖，每苞内具2～3花；花梗细弱，与苞片近等长或较长，顶端具关节；花被白色或淡红色，5深裂，花被片长圆形或椭圆形，长2～3 mm；雄蕊8枚，较花被长，花药黑紫色；花柱3枚，柱头头状。瘦果卵形，具3棱，长2～3 mm，黄褐色，有光泽，包于宿存花被内。 花期7～8月，果期8～9月。

产青海：都兰（巴隆乡，吴玉虎36305、36312、36331）、兴海（中铁林场卓琼沟，吴玉虎45772A；河卡乡，弃耕地考察队421）、曲麻莱（六盘山，刘海源868；东风乡，刘尚武等839）、称多（县城郊区，吴玉虎29231；称文乡，刘尚武2336；珍秦乡，吴玉虎29200；清水河乡，苟新京83-221）、玛多（花石峡乡，刘海源679、吴玉虎28914；黑海乡，吴玉虎17974）、玛沁（大武乡，王为义等26600、植被地理组456、吴玉虎18505；军功乡，玛沁队138，吴玉虎4623、5691，H. B. G. 340）、久治（县城北面山上，果洛队021；智青松多南山，果洛队060；索乎日麻乡，藏药队408，吴玉虎2645；哇尔依乡，吴玉虎26663）、班玛（县城郊，王为义等26714；亚尔堂乡王柔，魏振铎165、吴玉虎26316；班前乡，王为义等26989；灯塔乡，王为义等27486；多贡麻乡，吴玉虎25961）。生于海拔3 200～5 100 m的沟谷山地阴坡草地、河谷阶地高寒草甸、山坡高山灌丛、山地阳坡圆柏林缘草甸。

四川：石渠（菊母乡，吴玉虎 29814、29885；红旗乡，吴玉虎 29464）。生于海拔 4 200～4 620 m 的沟谷山地高寒草甸、高山流石坡。

甘肃：玛曲（齐哈玛大桥附近，吴玉虎 317824；尼玛乡哇儿玛，吴玉虎 32142）。生于海拔 3 220～3 460 m 的沟谷山坡高寒灌丛草甸、山坡草地。

分布于我国的青海、甘肃、陕西、西藏、四川、云南、贵州、湖北；印度北部，尼泊尔，不丹也有。

7b. 狭叶圆穗蓼（变种）

var. **stenophyllum**（Meisn.）A. J. Li Fl. Xizang. 1：613. 1983；青海植物志 1：181. 1997；中国植物志 25（1）：47. 1998；Fl. China 5：298. 2003；甘肃植物志 2：327. 2005；青藏高原维管植物及其生态地理分布 155. 2008. ——*P. stenophyllum* Meisn. Monogar. Polyg. 52. 1826.

本变种与原变种的区别为：基生叶及茎生叶均为线形或线状披针形，宽 0.2～0.5 cm。

产青海：兴海（中铁林场卓琼沟，吴玉虎 45651、45700、45772B；河卡山，何廷农 016；温泉乡，刘海源 581、吴玉虎 28785）、玛多（花石峡乡，吴玉虎 687）、玛沁（大武乡，H. B. G. 648；阿尼玛卿山东南，黄荣福 C. G. 81-111；雪山乡，黄荣福 C. G. 81-032、81-158；当洛乡，区划一组 038）、久治（门堂乡，藏药队 281；索乎日麻乡，藏药队 501）。生于海拔 3 600～4 300 m 的河谷山地半阴坡草地、河谷阶地高山草甸。

甘肃：玛曲。生于海拔 3 200 m 左右的沟谷山地高寒灌丛草地。

分布于我国的青海、甘肃、陕西、西藏、四川、云南；印度北部，尼泊尔也有。

8. 叉枝蓼

Polygonum tortuosum D. Don Prodr. Fl. Nepal. 71. 1825；Hook. f. Fl. Brit. Ind. 5：52. 1886；西藏植物志 1：622. 图 198：1. 1983；中国植物志 25（1）：83. 1998；Fl. China 5：306. 2003；青藏高原维管植物及其生态地理分布 159. 2008. ——*P. peregrinatoris* Pauls. in Hedin S. Tibet 6（3）：87. t. 2. f. 4. 1922. ——*Acongonum tortuosum*（D. Don）Hara Fl. E. Him. 632. 1966.

半灌木，高 30～50 cm。根粗壮。茎直立，红褐色，密被短柔毛，具叉状分枝。叶卵形，近革质，长 1.5～4.0 cm，宽 1～2 cm，顶端急尖或钝，基部圆形或近心形，两面密被短柔毛或上面仅沿脉有柔毛，其他近无毛，边全缘，具缘毛，有时略反卷，呈微波状；无叶柄。托叶鞘膜质，偏斜，褐色，长 1～2 cm，具数条深褐色脉，沿脉被短柔毛，开裂，脱落。花序圆锥状，顶生，花排列密集；苞片膜质，被柔毛；花梗较粗，比苞片短，无关节，光滑；花被白色，5深裂，花被片倒卵形，长2.5～3.0 mm，大小不相等；雄蕊8枚，较花被短，花药黄色；花柱3枚，短，柱头头状。瘦果卵形，黄褐色，具3棱，长约3 mm，包于宿存花被内。 花期7～8月，果期9～10月。

产西藏：日土（上曲龙，高生所西藏队3496；拉龙山，高生所西藏队3571；斯潘古尔，青藏队76－9166）。生于海拔4 300～4 800 m的山坡草地及沙砾地。

分布于我国的西藏；印度北部，尼泊尔，巴基斯坦，阿富汗，伊朗也有。

中国科学院青藏高原生物标本馆馆藏的标本花药为黄色。

9. 硬毛蓼 图版21：5～8

Polygonum hookeri Meisn. in Ann. Sci. Nat. ser. 5. 4：352. 1866；Sam. in Hand.-Mazz. Symb. Sin. 7：184. 1929；西藏植物志1：625. 图199：2. 1983；青海植物志1：177. 图版37：1～4. 1997；中国植物志25（1）：86. 1998；Fl. China 5：307. 2003；甘肃植物志2：322. 2005；青藏高原维管植物及其生态地理分布154. 2008.

多年生草本，高5～30 cm。根状茎粗壮，深褐色。茎直立或斜升，单一或数条自根状茎发出，不分枝，有时红褐色，具条纹，疏生长硬毛或近无毛。基生叶长圆形、披针形或披针状匙形，长1.5～10.0 cm，宽1～3 cm，顶端钝圆或渐尖，基部狭楔形，两面疏生长硬毛，下面中脉上毛较密，边全缘，密生缘毛；茎生叶较小；叶柄短，长0.5～1.5 cm，密生长硬毛；托叶鞘筒状，膜质，顶端偏斜，密被长硬毛。花序圆锥状，顶生，分枝稀疏，果时俯垂，花序轴被长硬毛，花单性，雌雄异株；苞片小形，狭披针形，每一苞片内含1花；花梗短，长约2 mm；花被深红色，有淡绿色的边缘，5深裂，裂片长圆形，顶端钝圆，具明显突起5条脉纹，长2～3 mm，大小不相等；雄花：雄蕊8枚，较花被短，花药紫红色，无退化雌蕊或有时具退化雌蕊；雌花：花柱3枚，极短，柱头头状，子房卵形三棱形，有时具退化雄蕊。瘦果宽卵形，具3棱，褐色，长2～3 mm，顶端尖，基部缢缩成柄状，有光泽，稍伸出宿存花被外。 花期6～7月，果期7～9月。

产青海：兴海（河卡山，弃耕地考察队408、何廷农268）、曲麻莱（东风乡，刘尚武等821）、称多（县城郊区，吴玉虎29243B；扎朵乡，苟新京83－276；毛哇山垭口，陈世龙等575）、玛多（黄河乡，吴玉虎1188、植被地理组395）、玛沁（大武乡，玛沁队049，H. B. G. 650、685，王为义等26609，区划三组035；军功乡，区划二组023；拉加乡，吴玉虎等5787；阿尼马卿山东南，黄荣福C. G. 81－123；雪山乡至东倾沟乡，黄荣福C. G. 81－177；当洛乡，区划一组035；当项乡，区划一组142）、达日（吉迈乡，H. B. G. 1260）、甘德（上贡麻乡，H. B. G. 897）、久治（康赛乡，藏药队238；县城北山，果洛队24；索乎日麻乡，果洛队355；年保玉则山北坡，果洛队388）。生于海拔3 400～4 700 m的沟谷高山灌丛、山地高寒草甸、山坡草地。

图版 **21** 珠芽蓼 **Polygonum viviparum** Linn. 1. 植株；2. 花；3. 株芽。圆穗蓼 **P. macrophyllum** D. Don 4. 植株。硬毛蓼 **P. hookeri** Meisn. 5. 植株；6. 两性花剖展；7. 雄花剖展；8. 叶放大示毛被。（王颖绘）

甘肃：玛曲。生于海拔 3 400 m 左右的河谷山地高寒灌丛。

四川：石渠（长沙贡玛乡，吴玉虎 29769；菊母乡，吴玉虎 29812、29823、29907、29941）。生于海拔 4 000～4 620 m 的河谷山地灌丛、山坡高寒草甸、高山流石坡。

分布于我国的青海、甘肃、西藏、四川、云南；印度，不丹也有。

10. 西伯利亚蓼 图版 22：1

Polygonum sibiricum Laxm. in Nov. Com. Acad. Sci. Petrop. 18：531. t. 7. f. 2. 1774；Hook. f. Fl. Brit. Ind. 5：52. 1886；中国北部植物图志 5：73. 图版 32. 1936；Bait. et Pavl. Fl. Kazakh. 3：171. t. 19：2. 1960；西藏植物志 1：624. 1983；新疆植物志 1：299. 图版 93：4. 1992；青海植物志 1：177. 1997；中国植物志 25（1）：89. 图版 21：1～3. 1998；Fl. China 5：308. 2003；甘肃植物志 2：323. 2005；青藏高原维管植物及其生态地理分布 158. 2008.

10a. 西伯利亚蓼（原变种）

var. **sibiricum**

多年生草本，高 5～30 cm。根状茎细长。茎外倾或近直立，具条纹，无毛，自基部分枝，分枝密集或开展。叶具短柄；叶片长圆形或披针形，长 3～8 cm，宽 0.5～1.6 cm，顶端急尖或钝圆，基部通常戟形或楔形，边全缘，无毛；托叶鞘筒状，膜质，先端偏斜，易破裂，无缘毛。花序圆锥状，顶生，花簇排列稀疏，通常间断，与叶近等长或短；苞片漏斗状，膜质，无毛，每一苞片内含 5～6 花；花梗长 1.5～3.0 mm，中上部具关节；花被黄绿色，5 深裂，花被片卵圆形，长 2～3 mm；雄蕊 7～8 枚，不等长，稍短于花被；花柱 3 枚，极短，柱头头状。瘦果卵形，具 3 棱，黑色，有光泽，包于宿存花被内。 花果期 7～9 月。

产新疆：阿克陶（恰克拉克至木吉途中，青藏队吴玉虎 870576；恰尔隆乡，青藏队吴玉虎 4621）。生于海拔 2 900～3 400 m 的沟谷河滩草地。

西藏：改则（大滩，高生所西藏队 4287）。生于海拔 4 400 m 左右的沟谷河边高寒草地。

青海：茫崖（阿拉尔以西，植被地理组 113）、格尔木（格尔木河西，郭本兆 11767；纳赤台，青甘队 416，吴玉虎 36682、36697、36704）、都兰（香日德农场，杜庆 453；诺木洪，青甘队 150，吴玉虎 36411、36416、36576）、兴海（赛宗寺，吴玉虎 46251；中铁乡至中铁林场途中，吴玉虎 43042；中铁乡附近，吴玉虎 42915；河卡乡，吴珍兰 097；温泉乡，刘海源 585）、治多（可可西里库赛湖，黄荣福 K－471）、曲麻莱（县城附近，刘尚武 603；曲麻河乡，黄荣福 009、064）、称多（城郊，刘尚武 2260）、玛多（县城东 11 km，陈桂琛 2022；县城西北 10 km，陈桂琛 1831；黑河乡，陈桂琛 751，吴玉虎 1764、1786、1802；扎陵湖乡，吴玉虎 407、黄荣福 C. G. 81－193；黑海乡，杜庆 548、刘海源 653）、玛沁（县城，玛沁队 011；大武乡，吴玉虎 18440、18520；军功乡，吴玉虎 4652、18796；东倾沟乡，吴玉虎 18265；昌马河乡，刘海源 1206；当洛乡，区划一组 044）、达日（建设乡，H. B. G. 1046、陈桂琛 1704、吴玉虎 27156；德昂乡，陈桂琛 1664A）、甘德（上贡麻乡，H. B. G. 891）、久治（智青松多南山，果洛队 062；索乎日麻乡，果洛队 191；门堂乡，藏药队 271）、班玛（班前乡，王为义 26910、26969）。生于海拔 2 780～4 700 m 的农田路边、盐碱土草地、河滩草地、湖岸沙砾地、山地高山草甸、沟谷山地阴坡高山灌丛、河谷山麓砾石地。

甘肃：玛曲（城南黄河南岸，陈桂琛 1057；大水军牧场，陈桂琛 1129；河曲军马场，陈桂琛 1106，吴玉虎 31870）。生于海拔 3 300～3 440 m 的河谷滩地高寒沼泽草甸湿地、沟谷高山草甸。

四川：石渠（新荣乡，吴玉虎 29954）。生于海拔 3 900 m 左右的河谷山地高寒草甸。

分布于我国的新疆、青海、甘肃、宁夏、陕西、西藏、四川、云南、贵州、山西、河北、内蒙古、辽宁、吉林、黑龙江、河南、湖北、山东、江苏、安徽；克什米尔地区，印度，哈萨克斯坦，蒙古，俄罗斯西伯利亚、远东地区也有。

10b. 细叶西伯利亚蓼（变种）　图版 22：2

var. **thomsonii** Meisn. ex Stew. in Ann. Sci. Nat. Bot. ser. 6：351. 1866; Fl. China 5：308. 2003；青藏高原维管植物及其生态地理分布 158. 2008. ——*Polygonum sibiricum* Laxm. var. *thomsonii* Meisn. ex Stew. in Contr. Gray Herb. 88：112. 1930；西藏植物志 2：625. 1983；新疆植物志 1：301. 图版 93：5. 1992；青海植物志 1：177. 1997；中国植物志 25（1）：90. 图版 21：4. 1998.

本变种与原变种的主要区别是：植株矮小，高 1～5 cm；叶极狭窄，线形，宽 1.5～2.5（3）mm；花序短小。

产新疆：疏附、塔什库尔干（慕士塔格，青藏队吴玉虎 87308）、皮山（康西瓦，高生所西藏队 3408）、和田（大红柳滩，青藏队吴玉虎 1184）、于田（普鲁至火山拉克尔湖，青藏队吴玉虎 3706）、若羌（阿尔金山库木库勒湖东南，青藏队吴玉虎 2321；土房子，青藏队吴玉虎 2775；阿尔金山保护区鲸鱼湖，青藏队吴玉虎 3071；阿尔金山保护区鸭子泉，青藏队吴玉虎 3910、3967；明布拉克东，青藏队吴玉虎 4190；依夏克帕提，青藏队吴玉虎 4279）。生于海拔 3 600～4 760 m 的山地沟谷水边、河滩草地、高原湖边盐碱地、河谷阶地高山草甸。

西藏：日土（空喀山口，高生所西藏队 3700；班公湖西段，高生所西藏队 3607；龙木错，青藏队吴玉虎 1269）、尼玛（双湖区，青藏队朗楷永 9652、9731、9779、9914、9963、10007、10020）、班戈（色哇区，青藏队朗楷永 9418）。生于海拔 4 200～5 150 m 的高原宽谷湖边沙砾湿地、沟谷河滩草地、山沟及山坡草地。

青海：茫崖（阿拉尔乡东面，植被地理组 131）、兴海（黄青河畔，吴玉虎 42078、42708、42755；河卡乡卡日红山，郭本兆 6128；温泉乡，吴玉虎 28865）、治多（可可西里乌兰乌拉湖，黄荣福 K-128；西金乌兰湖，黄荣福 K-779；太阳湖，黄荣福 K-360、K-916）。生于海拔 2 856～5 050 m 的高原宽谷河滩、河谷湖滨沙丘、沟谷山地阴坡高寒灌丛草甸。

分布于我国的新疆、青海、西藏；巴基斯坦，克什米尔地区，阿富汗也有。又见于帕米尔地区。

11. 华 蓼

Polygonum cathayanum A. J. Li in Bull. Bot. Res. 15 (4): 417. f. 5. 1995; 中国植物志 25 (2): 95. 1998; Fl. China 5: 310. 2003. ——*P. divaricatum* Linn. 青海植物志 1: 178. 1997. sphalm. det.; 青藏高原维管植物及其生态地理分布 153. 2008.

多年生草本，高 50～120 cm。块根肥大，直径达 20 cm（馆藏标本记录中记载）；根茎由块根端部抽出，深褐色，节部密生须根。茎直立，中空，上部分枝具纵棱，分枝开展，无毛。叶卵状披针形或椭圆状披针形，长 5～13 cm，宽 2.0～2.3 cm，顶端渐尖，基部宽楔形或近圆形，边缘具短缘毛，上面绿色，下面淡绿色，两面被疏柔毛，下面沿脉较密；叶柄短或近无柄；托叶鞘褐色，膜质，偏斜，易破裂，长 2～3 cm，具数条紫褐脉，沿脉被疏柔毛。花序圆锥状，大型，顶生，长 10～18 cm；分枝开展，被疏柔毛；苞片卵状披针形，膜质，褐色，长 2.0～2.5 mm，被疏柔毛，每一苞片内具 2～3 花；花梗短，长约 1.5 mm，无关节，较苞片短；花被白色或乳黄色，5 深裂，花被片长圆形或倒卵形，不等长，长 2.5～3.2 mm；雄蕊 8 枚，较花被短，花药黄色；花柱 3 枚，长约 0.5 mm，柱头头状。瘦果卵形，红褐色，具 3 棱，长 3.0～3.5 mm，有光泽，与宿存花被近等长或稍长。 花期 7～8 月，果期 9～10 月。

产青海：称多（歇武乡，刘尚武 2475）、久治（沙柯河，藏药队 859）、班玛（马柯河林场，郭本兆 484、王为义等 26852、吴玉虎 26107；灯塔乡，王为义等 27470；多贡麻乡，吴玉虎 25956）。生于海拔 3 200～3 900 m 的河边阳坡及林缘灌丛草地。

四川：石渠（国营牧场，吴玉虎 30098、30102）。生于海拔 3 840 m 左右的沟谷山坡草地。

分布于我国的青海、西藏东部、云南及四川。模式标本采自四川大金。

本种与叉分蓼 *Polygonum divaricatum* Linn. 相近似，其区别在于：本种茎分枝部呈叉状；叶卵状披针形或椭圆状披针形，比较宽，宽 2.0～3.2 cm，顶端渐尖，基部宽楔形或近圆形，两面被疏柔毛，尤其下面沿脉毛较密，花序轴、苞片被疏柔毛；花梗较短，无关节；花被片长圆形或卵形。

图版 **22** 西伯利亚蓼 **Polygonum sibiricum** Laxm. 1. 植株上部。细叶西伯利亚蓼 **P. sibiricum** Laxm. var. **thomsonii** Meisn. ex Stew. 2. 植株上部。准格尔蓼 **P. songaricum** Schrenk 3. 植株上部；4. 植株下部；5. 果。（引自《新疆植物志》，谭丽霞绘）

12. 准噶尔蓼 图版22：3～5

Polygonum songaricum Schrenk in Fisch. et C. A. Mey. Enum. Pl. Nov. 1：8. 1841；Bait. et Pavl. Fl. Kazakh. 3：171. t. 19：4. 1960；Borod. Pl. Asiae Centr. 9：115. 1989；新疆植物志 1：299. 图版 93：1～3. 1992；中国植物志 25 (1)：88. 1998；Fl. China 5：307. 2003.

多年生草本，高 20～60 cm。茎直立或斜升，上部稍分枝，常在下部叶腋具短缩枝，被柔毛或无毛，具纵棱。叶卵形或宽卵形，长 5～9 cm，宽 3～5 cm，先端长渐尖，基部宽楔形、圆形或心形，全缘或微波状，上面绿色，无毛或被极稀疏柔毛，下面淡绿色，被疏柔毛，叶缘被毛；叶柄长 2～4 cm，被柔毛；托叶鞘膜质，褐色，长 2～3 cm，具数条脉，沿脉疏被长柔毛，偏斜，易破裂。花序圆锥状，顶生或腋生，狭窄，分枝稀疏，稍开展，果时略俯垂；苞片卵形，膜质，每一苞片内有 1～2 花；花梗细，长 2～3 mm，中部具关节；花被红色，常具白色或淡绿色边缘，5 深裂，花被片椭圆形，长 2.5～3.0 mm，大小不相等，果期增大至 4 mm；雄蕊 7～8 枚，花丝较短；花柱 3 枚，柱头头状。瘦果卵形，具 3 锐棱，长 3.5～4.0 mm，褐色，有光泽，与宿存花被近等长。 花果期 6～8 月。

产新疆：乌恰。生于海拔 2 700 m 左右的沟谷山坡草地。

分布于我国的新疆；塔吉克斯坦，吉尔吉斯斯坦，哈萨克斯坦，蒙古也有。

13. 两栖蓼

Polygonum amphibium Linn. Sp. Pl. 1：361. 1753；Hook. f. Fl. Brit. Ind. 5：34. 1886；Bait. et Pavl. Fl. Kazakh. 3：164. t. 16. f. 1～2. 1960；新疆植物志 1：292. 图版 90：1～5. 1992；青海植物志 1：176. 1997；中国植物志 25 (1)：17. 1998；Fl. China 5：287. 2003；甘肃植物志 2：315. 2005；青藏高原维管植物及其生态地理分布 151. 2008.

多年生草本，根状茎横走。水生者茎漂浮，无毛，节部生不定根；叶长圆形或长圆状披针形，长 4～10 cm，宽 1.5～3.0 cm，顶端钝或微尖，基部圆形或近心形，两面无毛，全缘，具明显的侧脉；叶柄长 0.5～4.0 cm。陆生者茎直立或斜升，单一或数条丛生，不分枝；叶宽披针形，长 5～12 cm，顶端尖，基部圆形，两面被短硬伏毛，全缘，具缘毛；叶柄长 3～5 mm；托叶鞘膜质，筒状，长 1.5～2.0 cm，顶端截形。穗状花序顶生或腋生，圆柱形或卵状圆柱形，长 2.0～2.5 cm，通常单一，稀于花序柄下部侧生 1 较小的花穗；苞片膜质，宽漏斗状，通常内含 2 花，稀 1 花；花梗短粗，基部具膜质小苞片，顶端具关节；花被淡红色或白色，5 深裂，花被片长圆形，长 3～4 mm；雄蕊通常 5 枚，较花被短；花柱 2 枚，较花被长，外露，柱头头状。瘦果近圆形，双凸镜状，直径 2～3 mm，黑色，有光泽，为宿存花被所包围。 花期 7～8 月，果期 8～9

月。

产甘肃：玛曲（河曲军马场，陈桂琛等 1081，吴玉虎 32103、32105、32109）。生于海拔 3 340 m 左右的溪流河谷高寒沼泽湿地、高原河滩高寒草甸。

分布于我国的新疆、青海、甘肃、陕西，以及西南、华北、东北、华中、华东地区；塔吉克斯坦，吉尔吉斯斯坦，哈萨克斯坦，乌兹别克斯坦，土库曼斯坦，俄罗斯，蒙古，日本，朝鲜，伊朗，阿富汗，巴基斯坦，克什米尔地区，印度，尼泊尔，不丹，欧洲，北美也有。

14. 酸模叶蓼

Polygonum lapathifolium Linn. Sp. Pl. 1：360. 1753；Hook. f. Fl. Brit. Ind. 5：35. 1886；Bait. et Pavl. Fl. Kazakh. 3：166. 1960；西藏植物志 1：615. 1983；新疆植物志 1：294. 图版 90：6～10. 1992；青海植物志 1：173. 图版 36：1～4. 1997；中国植物志 25（1）：23. 1998；Fl. China 5：289. 2003；甘肃植物志 2：317. 图版 64：1～4. 2005；青藏高原维管植物及其生态地理分布 154. 2008.

一年生草本，高 15～50 cm。茎红色，直立，具分枝，无毛，节部稍膨大。叶披针形，长 3～5 cm，宽 3～7 mm，先端渐尖，基部楔形，上面绿色，常有 1 个大的黑褐色斑块，叶缘及中脉具短硬毛，下面密生腺点，中脉具短硬毛；叶柄短，被短硬毛；托叶鞘膜质，筒状，长 5～10 mm，褐色，无毛，具多数脉纹，顶端截形，无缘毛。穗状花序顶生或腋生，近直立，花簇紧密，呈圆锥状排列，花序梗被腺点，有时无；苞片漏斗状，顶端截形，具稀疏缘毛；花梗短粗，长 1～2 mm，顶端具关节；花被粉红色，长 2～3 mm，常 4 深裂，稀 5 裂，花被片椭圆形，不等大，外面 2 片较大，各具 3 条凸起的脉纹，内面 2 片较小，各具 2 条凸起的脉纹，脉纹先端 2 叉分枝，外弯；雄蕊通常 6 枚，内藏；花柱 2 枚，近基部合生，柱头头状，伸出花被外。瘦果宽卵形，扁平，两面微凹，长约 2.5 mm，黑褐色，有光泽，包于宿存花被内。 花果期 6～10 月。

产青海：兴海（唐乃亥乡，吴玉虎 42001、弃耕地考察队 242）。生于海拔 2 800 m 左右的河漫滩草地、沙砾滩地。

分布于我国的南北各省区；塔吉克斯坦，吉尔吉斯斯坦，哈萨克斯坦，乌兹别克斯坦，土库曼斯坦，俄罗斯西伯利亚，蒙古，巴基斯坦，印度，尼泊尔，不丹，孟加拉国，缅甸，泰国，越南，菲律宾，马来西亚，印度尼西亚，新几内亚，朝鲜，日本，北非，澳大利亚，欧洲，北美洲也有。

15. 水 蓼

Polygonum hydropiper Linn. Sp. Pl. 361. 1753；Hook. f. Fl. Brit. Ind. 5：39. 1886；Bait. et Pavl. Fl. Kazakh. 3：168. t. 16. f. 7. 1960；西藏植物志 1：615. 1983；新疆植物志 1：296. 图版 91：5～8. 1992；青海植物志 1：175. 1997；中

国植物志25（1）：27. 图版6：3～4. 1998；Fl. China 5：291. 2003；甘肃植物志2：320. 图版64：5～8. 2005；青藏高原维管植物及其生态地理分布154. 2008.

一年生草本，高20～40 cm。茎直立或斜升，通常带红色，多分枝，无毛，节部稍膨大。叶披针形，长3～8 cm，宽0.5～1.5 cm，先端渐尖，基部楔形，边全缘，两面无毛或下面沿中脉及叶缘有短硬伏毛，常有腺点；叶柄短或近无柄；托叶鞘膜质，筒状，无毛，顶端截形，有稀疏的短粗缘毛。穗状花序顶生或腋生，长3～5 cm，花稀疏，下部间断；苞片漏斗状，顶端斜升，绿色，边缘膜质，沿缘疏生短缘毛，每苞内具2～3花；花梗细，伸出苞片外；花被淡红色，5深裂，被黄褐色腺点，花被片长圆形，长约3 mm；雄蕊6枚，较花被短，花丝扁平；花柱2枚，中下部合生，柱头头状。瘦果卵形，双凸镜状，长2～3 mm，黑褐色，密生小点，无光泽，包于宿存花被内。 花果期7～9月。

产新疆：喀什（城郊，高生所西藏队3059）。生于海拔1 400 m左右的田边。

分布于我国的南北各省区；吉尔吉斯斯坦，哈萨克斯坦，乌兹别克斯坦，俄罗斯，蒙古，印度，斯里兰卡，孟加拉国，尼泊尔，不丹，缅甸，泰国，印度尼西亚，朝鲜，日本，澳大利亚，欧洲，北美也有。

16. 尼泊尔蓼 图版23：1～4

Polygonum nepalense Meisn. Monogr. Polyg. 84. t. 7. f. 2. 1826, et in DC. Prodr. 14（1）：128. 1856；中国北部植物图志5：79. t. 35. 1936；西藏植物志1：619. 1983；中国植物志25（1）：61. 图版13：1～6. 1998；Fl. China 5：303. 2003；甘肃植物志2：314. 图版63：6～9. 2005. ——*P. alatum* Buch.-Hamilt. ex D. Don Prodr. Fl. Nepal. 72. 1825, pro syn. Hook. f. Fl. Brit. Ind. 5：41. 1886；青海植物志1：169. 图版34：1～4. 1997；青藏高原维管植物及其生态地理分布150. 2008.

一年生草本，高10～15 cm。茎直立或斜升，自基部多分枝，无毛或在节部密生向下的柔毛及稀疏的腺毛。茎下部叶卵形或三角状卵形，长1.5～2.3 cm，宽1.0～1.7 cm，顶端渐尖或钝，基部圆形或截形，下延至叶柄成狭翅，无毛或有疏柔毛，疏生黄色透明腺点，边缘全缘；叶柄长达7 mm；茎上部叶较小，无柄，抱茎；托叶鞘淡褐色，膜质，筒状，顶端斜截形，具脉纹。花序头状，顶生或腋生，基部常具1密生腺点的叶状总苞片；花序梗细长，上部被紫红色腺毛；苞片卵状椭圆形，膜质，无毛，内含1花；花梗较苞片短，关节位于上部；花被淡紫色，通常4裂，花被片长圆形，长2～3 mm；雄蕊5～6枚，短于花被，花药近圆形，黑紫色；花柱2枚，中部以下合生，柱头头状。瘦果卵圆形，双凸镜状，长约2 mm，黑色，密生洼点，无光泽，完全为宿存花被所包围。 花果期6～9月。

产青海：班玛（灯塔乡，王为义等27480）。生于海拔3 200～3 450 m的沟谷山地林缘。

分布于我国除新疆以外的各省区；阿富汗，巴基斯坦，印度，尼泊尔，不丹，泰国，菲律宾，马来西亚，印度尼西亚，俄罗斯（远东），朝鲜，日本，热带非洲也有。

17. 柔毛蓼 图版 23：5～9

Polygonum sparsipilosum A. J. Li Fl. Reipubl. Popul. Sin. 25 (1): 65. t. 14: 3～5. 1998; Fl. China 5: 305. 2003. ——*P. pilosum* (Maxim) Hemsl. in Journ. Linn. Soc. Bot. 26: 345. 1891；西藏植物志 1：621. 1983；青海植物志 1：168. 图版 34：9～13. 1997；甘肃植物志 2：314. 2005；青藏高原维管植物及其生态地理分布 157. 2008.

一年生草本，高 5～30 cm。茎细弱，直立或斜升，有时紫红色，具分枝，有纵棱，疏被柔毛或无毛。叶三角状卵形或宽卵形，长 5～15 mm，宽 4～10 mm，顶端钝或微尖，基部圆形或截形，通常微下延或不下延，两面被疏柔毛或上面无毛，边全缘，有缘毛；叶柄细弱，长 3～8 mm，无毛；托叶鞘筒状，淡褐色，膜质，先端易破裂，基部密被向下的白色长柔毛。花序头状，顶生或腋生，具叶状总苞；苞片膜质，卵形，与花梗近等长，通常每苞内含 1 花；花梗短或近无梗；花被白色或绿白色，通常 4 裂，偶有 5 裂，花被片长圆形或椭圆形，长约 1.5 mm，大小不等；雄蕊 7～8 枚，通常 2～5 枚发育，较花被片短，花药黄色；花柱 3 枚，极短，柱头头状。瘦果卵形，具 3 棱，长约 2 mm，黄褐色，稍有光泽，完全包于宿存花被内。 花期 7～8 月，果期 8～9 月。

产青海：玛沁（大武乡，吴玉虎 5754；军功乡，吴玉虎 25657；雪山乡，玛沁队 435；当洛乡，玛沁队 560、区划一组 133）、达日（建设乡，H. B. G. 1011、1051，吴玉虎 27140；吉迈乡，吴玉虎 27027）、甘德（上贡麻乡，H. B. G. 933）、久治（康赛乡，吴玉虎 26507；龙卡湖畔，果洛队 578、藏药队 730；索乎日麻乡，藏药队 405、578，果洛队 443；哇尔依乡，吴玉虎 26752、26788）、班玛（灯塔乡，王为义等 27456；多贡麻乡，吴玉虎 25955）。生于海拔 3 100～4 300 m 的林缘灌丛、高山草甸、沼泽草甸、阴湿山坡河滩及沟谷山坡。

甘肃：玛曲。生于海拔 3 200 m 左右的沟谷山地高寒灌丛草地。

分布于我国的青海、甘肃、陕西、西藏、四川、云南。模式标本采自甘肃西部。

18. 青藏蓼

Polygonum fertile (Maxim.) A. J. Li Fl. Reipubl. Poupl. Sin. 25 (1): 67. 1998; Fl. China 5: 304. 2003. ——*Koenigia fertilis* Maxim. in Bull. Acad. Imp. Sci. St.-Pétersb. 19: 418. 1874.

一年生草本，高 3～5 cm。茎细弱，带红色，直立或上升，分枝开展，无毛，下部节处生须根。叶卵圆形或倒卵形，长 2～5 mm，宽 2～4 mm，顶端钝圆或稍尖，基部楔形，两面无毛或下面被疏柔毛；叶柄上部者较短，长1～2 mm，下部者较长，几与叶片等长；托叶鞘膜质，褐色，2裂，顶端急尖，基部具柔毛或无毛。花簇腋生或顶生；苞片膜质透明，淡褐色；花梗短；花被白色或淡绿色，4深裂，也有3裂，花被片椭圆形，长1.0～1.5 mm；雄蕊3～4枚，与花被互生；花柱2～3枚，极短，柱头头状。瘦果长卵形，褐色，双凸镜状，稀具3棱，无光泽，长约2 mm，较宿存花被稍长。花期7～8月，果期8～9月。

产西藏：日土（过巴乡，青藏队吴玉虎1382）。生于海拔4 350 m左右的沟谷山地高寒沼泽草甸。

青海：玛沁（大武乡，吴玉虎18492、18586；雪山乡，玛沁队405）。生于海拔3 800～4 000 m的高寒灌丛草甸、河滩草地。

分布于我国的青海、甘肃、西藏、四川。模式标本采自甘肃西部。

本种与冰岛蓼 *Koenigia islandica* Linn. 极相似，区别仅是前者花被4深裂，后者花被3深裂，而其他性状有交错。但我们馆藏的这类标本，每份经解剖：花被多数4深裂，也有3深裂。未见模式标本，有待进一步研究。

19. 冰川蓼 图版23：10～12

Polygonum glaciale（Meisn.）Hook. f. Fl. Brit. Ind. 5：41. 1886；Sam. in Hand.-Mazz. Symb. Sin. 7：179. 1929；西藏植物志1：619. 图197：2. 1983；青海植物志1：169. 图版35：6～8. 1997；中国植物志25（1）：62. 1998；Fl. China 5：304. 2003；甘肃植物志2：312. 2005；青藏高原维管植物及其生态地理分布153. 2008. ——*P. perforatum* Meisn. var. *glaciale* Meisn. in DC. Prodr. 14（1）：28. 1856.

一年生矮小草本，高1.5～10.0 cm。茎细弱，自基部多分枝，分枝铺散，无毛。叶卵形或长卵形，长0.5～2.0 cm，宽3～13 mm，顶端钝或尖，基部近截形或宽楔形，渐狭成柄，全缘或微波状，有时具1对耳状裂片，两面无毛，有时具小腺点；叶柄与叶片近等长，无毛，上部通常具狭翅；托叶鞘膜质，褐色，筒状，无毛，顶端截形。头状花序较小，直径约5 mm，顶生或腋生，无叶状总苞；花序梗有时长达2 cm多，有时短缩至几无梗，通常被稀疏腺毛；苞片卵形或椭圆形，草质，顶端尖，边缘膜质，背部绿色或红色，被稀疏腺毛或无毛，内含1～2花；花梗短粗，顶端具关节；花被淡绿色或稍带粉红色，5深裂，花被片长圆形或卵形，大小近相等，果期稍增大；雄蕊5～8枚，较花被短，花药紫红色或蓝色；花柱3枚，中部稍下合生，柱头头状。瘦果卵形，具3棱，黑色或黑褐色，长约1 mm，密生小点，无光泽，包于宿存花被内。花期7月，果期8～9月。

产青海：玛沁（大武乡，H. B. G. 614，吴玉虎18743、18783；雪山乡，玛沁队408）、达日（建设乡，H. B. G. 1034）、甘德（上贡麻乡，H. B. G. 993）、久治

图版 **23** 尼泊尔蓼 **Polygonum nepalense** Meisn. 1. 植株；2. 带花被的果实；3. 花被展开；4. 瘦果。柔毛蓼 **P. sparsipilosum** A. J. Li 5. 植株；6. 花；7. 叶；8. 花被；9. 瘦果。冰川蓼 **P. glaciale**（Meisn.）Hook. f. 10. 植株；11. 带花被果实；12. 花序放大。（阎翠兰绘）

(康赛乡，吴玉虎 31707；索乎日麻乡，藏药队 598；白玉乡，吴玉虎 26376)、班玛（江日堂乡，吴玉虎 26018；亚尔堂乡王柔，吴玉虎 26272；马柯河林场，王为义等 26847)、曲麻莱（东风乡，刘尚武等 876)、称多（县城附近，苟新京 83-139；歇武乡，苟新京 83-471；尕朵乡，苟新京 83-332)。生于海拔 3 360～4 300 m 的河谷山地林缘、山坡阴坡高寒灌丛、河谷山沟砾石坡、溪流河滩高寒草地、山坡草地、高寒农田边。

甘肃：玛曲。生于海拔 3 200 m 左右的沟谷山地高寒草滩。

分布于我国的青海、甘肃、陕西、西藏、四川、云南、山西、河北；阿富汗，印度，尼泊尔，印度东北部也有。

20. 蓝药蓼

Polygonum cyanandrum Diels in Not. Bot. Gard. Edinb. 5：257. 1912；Sam. in Hand.-Mazz. Symb. Sin. 7：171. 1929；西藏植物志 1：621. 1983；青海植物志 1：169. 1997；中国植物志 25（1)：65. 图版 14：1～2. 1998；Fl. China 5：304. 2003；甘肃植物志 2：312. 2005；青藏高原维管植物及其生态地理分布 152. 2008.

一年生草本，高 10～30 cm。茎直立或斜升，单一或自基部分枝，具细纵棱，被极稀疏柔毛或近无毛。叶卵形或长圆状卵形，长 0.7～2.5 cm，宽 5～15 mm，先端渐尖或钝，基部近截形，两面疏被柔毛或上面无毛，下面被柔毛，边缘全缘，疏生柔毛；叶柄长 5.0～1.5 cm，无毛；托叶鞘筒状，膜质，褐色，长约 3 mm，疏被柔毛，基部密生向下的柔毛，顶端常破裂，无缘毛。头状花序顶生或腋生；苞片膜质，长卵形；花梗短，顶端具关节，基部具 1 膜质小苞片；花被白色或淡绿色，通常 5 深裂，偶有 4 深裂，花被片卵圆形，不等长，长约 1.5 mm，被柔毛，稀无毛；雄蕊 8 枚，较花被短，花丝短，花药椭圆形在花蕾期蓝色，开花后不为蓝色；花柱 3 枚，极短，柱头头状。瘦果卵形，具 3 棱，褐色（未成熟)。 花期 7～8 月，果期 8～9 月。

产青海：班玛（灯塔乡科培苗圃，王为义等 27030；班前乡，王为义等 26954；马柯河林场宝藏沟，王为义等 27284；亚尔堂乡王柔，吴玉虎 26304、26313)。生于海拔 3 200～3 800 m 的河谷山地林、山坡林缘灌丛。

分布于我国的青海、甘肃南部、陕西南部、西藏、四川、云南、湖北西部。模式标本采自云南丽江。

21. 细茎蓼 图版 20：4～6

Polygonum filicaule Wall. ex Meisn. in Wall. Pl. As. Rar. 3：59. 1832；Hook. f. Fl. Brit. Ind. 5：25. 1886；西藏植物志 1：620. 1983；青海植物志 1：167. 图版 31：10～12. 1997；中国植物志 25（1)：64. 1998；Fl. China 5：304. 2003；青藏高原维管植物及其生态地理分布 153. 2008.

一年生草本，高 15～30 cm。茎纤细，红褐色，常于节部折弯曲，丛生，具细纵条纹，疏生长糙毛。叶卵形或长圆状卵形，长 3～10 mm，宽 3～6 mm，顶端钝或尖，基部楔形、近圆形或截形，边缘全缘，具缘毛，两面被糙伏毛；叶柄长 2～5 mm，被糙伏毛；托叶鞘筒状，褐色，膜质，被糙伏毛，顶端尖，常断折，2 裂，下部近茎节处密被倒生毛。花序头状，簇生叶腋或顶部；苞片膜质，长卵形，每苞内含 1～2 花；花梗长约 1 mm，顶端具关节；花被白色，通常 5 深裂，也有 4 深裂，花被长圆形、卵状圆形或椭圆形，大小不等，长 1.0～1.5 mm；雄蕊 3～7 枚，花丝短，花药紫色或黄色，近圆形；花柱 3 枚，极短，柱头头状。瘦果卵圆形，具 3 棱，顶端尖，长约 2 mm，黄褐色，较宿存花被长。　花期 7 月，果期 8～9 月。

产青海：班玛（马柯河林场，郭本兆 509；马柯河林场烧柴沟，王为义等 27600）。生于海拔 3 300～3 800 m 的山地河谷林缘湿润草地。

分布于我国的青海、西藏、四川、云南、台湾高山地区；巴基斯坦，克什米尔地区，印度西北部，尼泊尔也有。

中国科学院青藏高原生物标本馆馆藏标本仅有 2 号（4 份），花经解剖观察到有 2 个类型：花被 5 深裂多数，也有 4 深裂；雄蕊 3 枚，也有 5～7 枚；花药紫色，也有黄色（多数）。植株形态及叶片被毛情况均符合本种，仅叶片较小。

3. 何首乌属 **Fallopia** Adans.

Adans. Fam. Pl. 2：277. 1763.

一年生或多年生草本，稀半灌木。茎缠绕。叶互生，叶片卵形或心形，具叶柄；托叶鞘筒状，顶端截形或偏斜。花序总状或圆锥状，顶生或腋生；花两性，花被 5 深裂，外面 3 片花被片具翅或龙骨状突起，果期增大，稀无翅无龙骨状突起；雄蕊通常 8 枚；花柱 3 枚，较短，柱头头状。瘦果卵形，具 3 棱，包于宿存花被内。

约 20 种，主要分布于北半球的温带。我国有 7 种 2 变种，分布于我国的东北至西北、西南各省区；昆仑地区仅有 1 种。

1. 卷茎蓼

Fallopia convolvulus (Linn.) A. Love in Taxon 19 (2)：300. 1970；中国植物志 25 (1)：97. 图版 23：1～2. 1998；Fl. China 5：316. 2003. ——*Polygonum convolvulus* Linn. Sp. Pl. 1：364. 1753；中国北部植物图志 5：49. 图 20. 1936；西藏植物志 1：608. 1983；新疆植物志 1：280. 图版 85：1～4. 1992；青海植物志 1：171. 图版 35：1～5. 1997；甘肃植物志 2：333. 图版 66：4～7. 2005；青藏高原维管植物及其生态地理分布 152. 2008.

一年生草本。茎缠绕，长约 1 m，具纵棱，自基部分枝，密生乳头状突起。叶卵形或心形，长 1.5～5.0 cm，宽 1～4 cm，先端渐尖，基部心形，两面无毛，叶脉及叶缘密生乳头状突起，边缘全缘；叶柄细长，长达 4.5 cm，沿棱具乳头状小突起；托叶鞘褐色，膜质，筒状，顶端偏斜，长 3～4 mm，被乳头状小突起。花序总状，腋生或顶生，花簇排列稀疏，下部间断；苞片膜质，卵形或卵状披针形，呈漏斗状，顶端尖，每苞含 2～4 花；花梗细，较苞片长，中上部具关节，果期增长达 4 mm；花被淡绿色或内面 2 片红色，5 深裂，花被片宽卵形，长约 1 mm，边缘白色，外面 3 片呈舟状，背部具龙骨状突起或为狭翅，被乳头状突起；雄蕊 8 枚，花丝极短，内藏；花柱 3 枚，极短，柱头头状。瘦果卵形，具 3 棱，黑色，长约 3 mm，密被小点，无光泽，包于宿存花被内。 花果期 7～8 月。

产青海：班玛（马柯河林场，郭本兆 510）。生于海拔 3 600 m 左右的溪流河谷、高寒灌丛草甸、沟谷山坡高寒灌丛。

分布于我国的西北、西南、华北、东北地区，以及湖北西部、山东、江苏北部、安徽、台湾；哈萨克斯坦，俄罗斯，蒙古，阿富汗，巴基斯坦，印度，尼泊尔，不丹，朝鲜，日本，欧洲，美洲北部也有。

4. 荞麦属 **Fagopyrum** Mill.

Mill. Gard. Dict. Abr. ed. 4. 1. 1754.

一年生或多年生草本，稀半灌木。茎直立，分枝，具细纵棱，无毛或被短柔毛。叶互生，三角形、三角状箭形、心形或戟形；托叶鞘膜质，偏斜，顶端急尖或截形。花两性，花序总状或伞房状，顶生或腋生；花梗多数具关节，稀无；花被 5 深裂，果期不增大；雄蕊 8 枚，排列成 2 轮，外轮 5 枚，内轮 3 枚；花柱 3 枚，柱头头状，花盘腺体状。瘦果具 3 棱，较宿存花被长。

约 15 种，广布于亚洲及欧洲。我国有 10 种 1 变种，有 2 种为栽培种；昆仑地区产 1 种。

1. 苦荞麦 图版 20：7～9

Fagopyrum tataricum （Linn.） Gaertn. Fruct. Sem. 2：182. t. 119. f. 6. 1791；Hook. f. Fl. Brit. Ind. 5：55. 1886；Pavl. in Kom. Fl. URSS 5：703. 1936；Bait. et Pavl. Fl. Kazakh. 3：178. t. 20：2. 1960；E. Nasir et S. I. Ali Fl. West Pakist. 202. 1972；Hara，Enum. Flow. Pl. Nepal. 3：174. 1982；西藏植物志 1：605. 1983；新疆植物志 1：278. 1992；青海植物志 1：164. 图版 31：7～9. 1997；中国植物志 25（1）：112. 图版 27：1～2. 1998；Fl. China 5：322. 2003；甘肃植物志 2：339. 2005；青藏高原维管植物及其生态地理分布 149. 2008. ——*Po-*

lygonum tataricum Linn. Sp. Pl. 364. 1753.

一年生草本，高10～50 cm。茎直立，绿色或微紫色，分枝或不分枝，具细纵棱，小枝具乳头状突起。叶宽三角形，长2～7 cm，宽2～8 cm，两面沿叶脉具乳头状突起，顶端渐尖，基部心形或戟形，全缘或微波状；下部具长柄，上部叶较小，具短柄；托叶鞘黄褐色，长约5 mm。花序总状，花排列稀疏，顶生或腋生；苞片卵形，长2～3 mm，每苞内含2～4花；花梗细，中部具关节；花被淡红色或白色，5深裂，裂片椭圆形，长1.5～2.0 mm；雄蕊8枚，短于花被；花柱3枚，短，柱头头状。瘦果深褐色，长卵形或卵状圆锥形，长4～7 mm，具3棱及3条纵沟，上部棱角锐利，下部钝圆或有时具波状齿。 花期7～8月，果期8～9月。

产青海：兴海（河卡乡，张盍曾 63540；唐乃亥乡，弃耕地考察队 267）、称多（称文乡，刘尚武 2316）、玛沁（军功乡，吴玉虎 6033、25673）、班玛（班前乡，郭本兆 545；灯塔乡，王为义等 27430、27438）。生于海拔 2 800～3 750 m 的沟谷山坡高寒草甸、高原河滩草地。

分布于我国的新疆、青海、甘肃、陕西、西藏、四川、云南、山西、河北、内蒙古，以及东北各省；亚洲其他地区，欧洲，美洲也有。

5. 沙拐枣属 Calligonum Linn.

Linn. Sp. Pl. 530. 1753.

灌木，多分枝。木质枝白色、灰白色、淡黄灰色、灰褐色或红褐色，通常膝曲状弯拐；当年生枝草质，细弱，绿色或灰绿色，具关节。叶互生，退化为鳞片状、锥状、线状，与托叶鞘联合，稀分离；托叶鞘膜质，淡黄褐色，极短。花两性，单生或2～6朵簇生叶腋；花梗细弱具关节；苞片膜质，透明，极小，卵状披针形或三角形；花被裂片通常5（偶6、7）片，不等大，2片较小，3片较大，红色、淡红色或白色，背面中央通常色较深，为暗红色或绿色，果期不增大，宿存，通常向下反折；雄蕊（8）9～18枚，果期宿存，花丝基部贴生，具毛状物；子房上位，具4（偶5）棱，花柱通常4（偶3或5）枚，离生或合生，柱头头状。瘦果通常椭圆形或长圆形，直立或向左、右扭转；果皮木质，坚硬，具4条明显或不明显的肋棱和肋棱间沟槽，每肋棱具翅或刺，稀在翅上生刺，翅全缘或具细齿及牙齿；刺细弱或坚硬，通常分枝，稀于刺的末端具1层膜质的泡状薄膜，包被整个瘦果。胚直立，具白色胚乳。

约35种11变种，主要分布于欧洲南部、非洲及亚洲中部、西部地区。我国有23种，多数产新疆，少数种类分布到青海、甘肃、宁夏、内蒙古；昆仑地区产5种。

本属分种的主要依据是果实。但果实的形态特征变异性非常大，有些性状，在不同的种之间还经常平行显现，加之它们之间常有天然杂交，这样就形成了类群复杂的多型现象，造成种间的界线不清晰，分种困难，致使种的定名较为混乱。作者对昆仑地区采集的大量标本，从花的数目、花被片的性状、雄蕊数目的变化、子房棱上的鸡冠状突起（即刺毛的雏形）的行数等形态特征到果实的形态特征（包括瘦果上肋棱的数目及其上刺的行数和左右扭转的情况）都进行了仔细研究分析，得出昆仑地区产以下5种。文中特将有些标本的变异性状记录下来供研究时参考。

分种检索表

1. 瘦果肋棱上的刺2～3行，刺细，毛发状；雄蕊12～16。
  2. 瘦果肋棱直或向右扭转；果实较小，长8～12 mm；肋棱上刺密集，细弱，质脆，易折断，2～3行 ………………………………… **1. 沙拐枣 C. mongolicum** Turcz.
  2. 瘦果肋棱直或向左扭转；果实较大，长10～18 mm；肋棱上刺较稀疏，细，但不易断落，2行 ……………………………… **2. 柴达木沙拐枣 C. zaidamense** A. Los.
1. 瘦果肋棱上的刺1～2行，刺针刺状，坚硬，末叉短；雄蕊8～12。
  3. 果实大，长13～15 mm；肋棱上的刺2行，刺密集交织成球形；肋棱极向右扭转 ……………………………………………… **3. 塔里木沙拐枣 C. roborovskii** A. Los.
  3. 果实小，长7～11 mm；肋棱上的刺1～2行，刺稀疏不交织；肋棱向左或向右扭转。
    4. 肋棱微向左扭转，沟槽宽 ……………… **4. 若羌沙拐枣 C. juochiangense** Liou f.
    4. 肋棱极向右扭转，沟槽深 ……… **5. 英吉沙沙拐枣 C. yingisaricum** Z. M. Mao

1. 沙拐枣 图版24：1～7

Calligonum mongolicum Turcz. in Bull. Soc. Nat. Mosc. 5：204. 1832；A. Los. in Bull. Jard. Bot. Prin. URSS 26（6）：592. f. 2. 1927；中国沙漠植物志1：312. 图版114：1～2. 1985；新疆植物志1：271. 图版83：5. 1992；中国植物志25（1）：125. 图版31：2. 1998；Fl. China 5：326. 2003；甘肃植物志2：275. 2005；冯缨等，云南植物研究30（1）：47～50. 2008；青藏高原维管植物及其生态地理分布148. 2008. ——*C. potanini* A. Los. l. C. 599. f. 5. 1927. ——*C. dielsianum* K. S. Hao in Contr. Inst. Bot. Nat. Acad. Peip. 2：177. 1934.

灌木，高30～120 cm。木质枝灰白色或淡黄灰色，膝曲状弯拐；当年生枝草质，绿色或灰绿色，簇生，有关节，在关节处呈“之”形弯曲或直立向上开展，节间长0.6～3.0 cm。叶线形或锥形，长2～3 mm，与托叶鞘联合；托叶鞘淡褐色，膜质，顶端截形，长约1 mm。花白色或淡红色，2～4（6）朵生于叶腋；花梗细，有时呈红色，长2～4 mm，中部以下具关节；苞片膜质透明，极小；花被裂片通常5片，偶6或7片，裂片卵圆形，不等大，3大2小，长2.0～3.5 mm，果期通常向下反折，宿存；雄蕊12～16枚，与花被片近等长，花丝基部贴生，具毛状物，果期宿存；子房长圆形，通常具 4 棱，沿棱各具 2 列鸡冠状突起，花柱通常 4 枚，离生，柱头头状。果实（包括刺）宽椭圆形或卵圆形，黄褐色，有时先端伸长，肋棱直或稍向右扭转，沟槽交宽深，每肋棱有 2～3 行刺，通常在 2 行之间的刺发育不好或不发育（有刺的痕迹）；刺等长或长于瘦果，毛发状，较密，细弱，易折断，下部不加宽，中部二至三回叉状分枝，末枝细尖。 花期 5～7 月，果期 7～8 月。8～9 月有第 2 次花果期。

产新疆：若羌（县城附近，高生所西藏队 2993：花 2～5 朵，雄蕊 11、12、13 枚；刘海源 096：花 2～6 朵，雄蕊 13 枚，瘦果肋棱向右扭转）。生于海拔 1 200 m 左右的荒漠戈壁滩沙砾地。

青海：格尔木（铁路北 5 km 处，黄荣福 C. G. 81－317：瘦果长达 12 mm，直，每肋棱有 2 行刺，但 2 行刺之间还有 1 行发育不好的刺；市区以东，杜庆 028：幼果肋棱直或稍向右扭转；去乌图美仁的路上，吴玉虎 37676：幼枝簇生，较粗壮，节间较短，长 0.6～2.0 cm，幼果肋棱直不扭转）、都兰（诺木洪，黄荣福 C. G. 81－291：瘦果肋棱直不扭转；诺木洪去水电站路上，吴玉虎 36477、36479：花被裂片在同一株上有 5 片，也有 6 或 7 片，雄蕊 12、13、14、15、16 枚，幼果肋棱明显向右扭转）。生于海拔 2 800～3 100 m 的砾石戈壁荒漠及沙漠水沟边。

甘肃：阿克塞（当金山口，青藏队 2930：瘦果长达 15 mm，宽达 12 mm，肋棱直不扭转，但 2 行刺之间明显有发育不好的刺 1 行或半行，幼枝节间较短；县北沙漠，黄荣福 C. G. 81－442）。生于海拔 2 650～3 100m 的荒漠沙中。

分布于我国的新疆、青海、甘肃、内蒙古中部及西部；蒙古也有。

2. 柴达木沙拐枣

Calligonum zaidamense A. Los. in Bull. Jard. Bot. Prin. URSS 26（6）：601. 1927；中国沙漠植物志 1：316. 1985；毛祖美等，植物分类学报 24（2）：101. 1986；青海植物志 1：182. 1997；中国植物志 25（1）：128. 图版 31：5. 1998；Fl. China 5：327. 2003；甘肃植物志 2：277. 2005；青藏高原维管植物及其生态地理分布 148. 2008；冯缨等，云南植物研究 30（1）：47～50. 2008.

灌木，高 30～100 cm。木质枝淡灰色或带灰黄色，膝曲状弯拐；当年生枝绿色或灰绿色，细而直立，向上开展，有关节，节间长 2～3 cm。叶线形或锥形，有时呈褐色，长 1～3 mm，与托叶鞘联合；托叶鞘淡褐色，膜质，顶端截形，长约 1 mm。花淡红色或淡黄绿色，稠密，2～6 朵生于叶腋；花梗细，红色，长 2～4（6）mm，中部以下具关节；苞片透明膜质，极小；花被裂片通常 5 片，稀 6 片，裂片卵圆形，中间淡褐色带绿，周围色淡白且近膜质，不等大，长 2～4 mm，果期通常向下反折，宿存；雄蕊 12～16 枚，与花被片近等长，花丝基部贴生，具毛状物，果期宿存，花药深红色至粉红色；子房长圆形，通常具 4 棱，沿棱各具 2 列鸡冠状突起，花柱通常 4 枚，偶 3 或 5 枚，离生，柱头头状。果实（包括刺）宽椭圆形，黄褐色，长 10～18 mm，宽 8～

15 mm；瘦果长卵形，深褐色，肋棱直或向左扭转，沟槽较窄浅不明显，每肋棱有 2 行刺；刺等长或长于瘦果，较稀疏，较细，但不易断落，基部不相接近，中部二回叉状分枝，末枝细尖。 花期 6～7 月，果期 7～8 月。

产青海：格尔木（市区附近，郭本兆等 11752：雄蕊 12～14 枚，果长达 16 mm，宽达 14 mm，肋棱直稍向左扭转，刺 2 行；铁路北 5 km 处，黄荣福 C. G. 81 - 324：雄蕊 12～14 枚，果长 18 mm，肋棱直不扭转；南山口，吴玉虎 37632：雄蕊 12～14 枚，花药红色；纳赤台，黄荣福 C. G. 89 - 002：雄蕊 12～14 枚，果有时具 5 条肋棱，向左极扭转；胡杨林附近，吴玉虎 37638、37642：雄蕊 12～14 枚，果长达 12 mm，宽 12 mm，肋棱直稍向左扭转；格尔木至诺木洪途中，植被地理组 213：花 2～6 朵，花梗长 3～6 mm，雄蕊 13～15 枚，果长达 14 mm，肋棱向左扭转，刺 2 行，稀疏）、都兰（诺木洪，吴征镒 75 - 223、弃耕地调查队 087、吴玉虎 22202；诺木洪去水电站的路上，吴玉虎 36481、36483、36484、36485：花被片 5 片，也有 6 片，雄蕊 14～16 枚，花柱 4 枚，也有 5 枚，幼果肋棱向左扭转；诺木洪工区附近，吴玉虎 36453、36457、36463、36467、36471：花梗长 2～5 mm，花被裂片 5 片，也有 6 片，长达 4 mm，雄蕊 12～16 枚，花柱 4 枚，也有 3 枚，子房每棱具鸡冠状突起 2 列；诺木洪以东 60 km，青甘队 185）。生于海拔 2 700～3 100 m 的荒漠戈壁的河滩砾地、宽谷河边沙丘、沙砾质荒漠。

分布于我国的新疆东部（大红山）、青海、甘肃（安西）。

我国特有种。模式标本采自青海柴达木盆地。

3. 塔里木沙拐枣

Calligonum roborovskii A. Los. in Bull. Jard. Bot. Prin. URSS 26（6）：603. 1927；中国沙漠植物志 1：314. 图版 115：1～2. 1985；新疆植物志 1：274. 图版 83：3. 1992；中国植物志 25（1）：131. 图版 31：12. 1998；Fl. China 5：328. 2003；甘肃植物志 2：278. 2005；冯缨等，云南植物研究 30（1）：47～50. 2008.

灌木，高 30～80 cm。木质枝淡灰褐色或淡黄色，膝曲状弯拐；当年生枝灰绿色，节间长 1.5～3.0 cm。叶互生，锥状，长约 1 mm，与托叶鞘联合；托叶鞘淡褐色，膜质，顶端平截，长约 1 mm 或不及。花淡红色，1～2 朵簇生叶腋；花梗红色，长 2～3 mm，近基部具关节；苞片透明，膜质，极小；花被裂片 5 片，椭圆形，不等大，3 大 2 小，长 2.5～3.5 mm，果期向下反折，宿存；雄蕊 7～10 枚，与花被片近等长，花丝基部贴生，具毛状物，果期宿存；子房长圆形，具 4 棱，沿棱各具 2 列鸡冠状突起，花柱 4 枚，离生，柱头头状。果实（包括刺）宽卵形或宽椭圆形，长（10）13～15 mm，宽 10～14 mm，黄褐色；瘦果长卵形，肋棱向右扭转，肋棱间沟槽深较显著，每肋棱具 2 行刺；刺较稀疏或密，粗壮，坚硬，稍长于瘦果宽度，基部稍扩大，分离或少数稍联合，中部或中部以上二至三回叉状分枝，分枝坚韧，不易折断，末叉短，刺状。 花期 5～7 月，果期 7～9 月。

产新疆：喀什至叶城（途中，黄荣福 C. G. 86-016）；莎车、皮山、和田（县城以南 10 km 处，刘海源 155：花 1～2 朵，雄蕊 7、9、10 枚，果长达 4 mm，瘦果向右扭转，每肋棱具 2 行刺）、于田、民丰、且末、若羌。生于海拔 1 100～1 420 m 的戈壁荒漠。

分布于我国的新疆、甘肃西部。模式标本采自昆仑山北坡民丰县。

4. 若羌沙拐枣 图版 24：8～9

Calligonum juochiangense Liou f. Fl. Deser. Reipubl. Popul. Sin. 1：314. t. 115：3～4. Addenda 522. 1985；冯缨等，云南植物研究 30（1）：47～50. 2008. ——*C. ruoqiangense* Liou f. 新疆植物志 1：272. 1992. nom. superfl.

灌木，高约 50 cm。木质枝淡黄灰色，膝曲状弯拐；当年生枝淡绿色，簇生，节间长 1～3 cm。叶互生，锥状，长约 1 mm，与托叶鞘联合；托叶鞘淡褐色，膜质，顶端平截，长约 1 mm。花粉红色，2～3（5）朵簇生于叶腋；花梗红色，长约 2 mm，近中部具关节；苞片透明膜质，极小；花被裂片 5 片，卵圆形，不等大，3 大 2 小，长约 3 mm，果期向下反折，宿存；雄蕊 9～12 枚，与花被片近等长，花丝基部贴生，果期宿存。果实（包括刺）卵圆形，长 8～10 mm，黄褐色；瘦果长卵形，向左扭转，肋棱明显，肋棱间沟槽宽，每肋棱具 1～2 行刺；刺稀疏，较宽，略长于瘦果宽度，基部宽，稍联合，中部以上二至三回叉状分枝，分枝坚硬，不易折断，末叉短，刺状，不交织。果期 5～6 月。

产新疆：英吉沙至莎车（途中，高生所西藏队 3308：花 1～2 朵，雄蕊 9、10、11、12 枚，瘦果肋棱向左扭转，每肋棱具 1～2 行刺）、墨玉（县城以西 50 km 处，刘海源 185：花 2～4 朵，雄蕊 9、10、12 枚，瘦果肋棱稍向左扭转，每肋棱有刺 2 行）、若羌（县城，高生所西藏队 2989：花 2～5 朵，雄蕊 10 枚、12 枚，瘦果长达 10 mm，肋棱稍向左扭转）。生于海拔 1 200～1 400 m 的荒漠戈壁滩、宽谷河滩沙砾地、荒漠河谷沙丘。

英吉沙沙拐枣 *C. yingisaricum* Z. M. Mao 的模式标本（typus，中国科学院西北高原生物研究所西藏考察队 3308）存放于中国科学院新疆生物土壤沙漠研究所，同号模式标本（isotype）存放在中国科学院青藏高原生物标本馆。作者仔细观察研究了同号模式标本，发现其瘦果肋棱明显向左扭转，而不是向右扭转，所以它应是若羌沙拐枣 *C. juochiangense* Liou f.。

5. 英吉沙沙拐枣

Calligonum yingisaricum Z. M. Mao in Acta Phytotax. Sin. 22（2）：149. t. 3. 1984；新疆植物志 1：274. 图版 83：4. 1992；中国植物志 25（1）：133. 图版 31：10. 1998；Fl. China 5：328. 2003；冯缨等，云南植物研究 30（1）：47～50. 2008.

灌木，高 30～50 cm。木质枝淡黄灰色，直立或膝曲状弯拐；当年生枝灰绿色，节

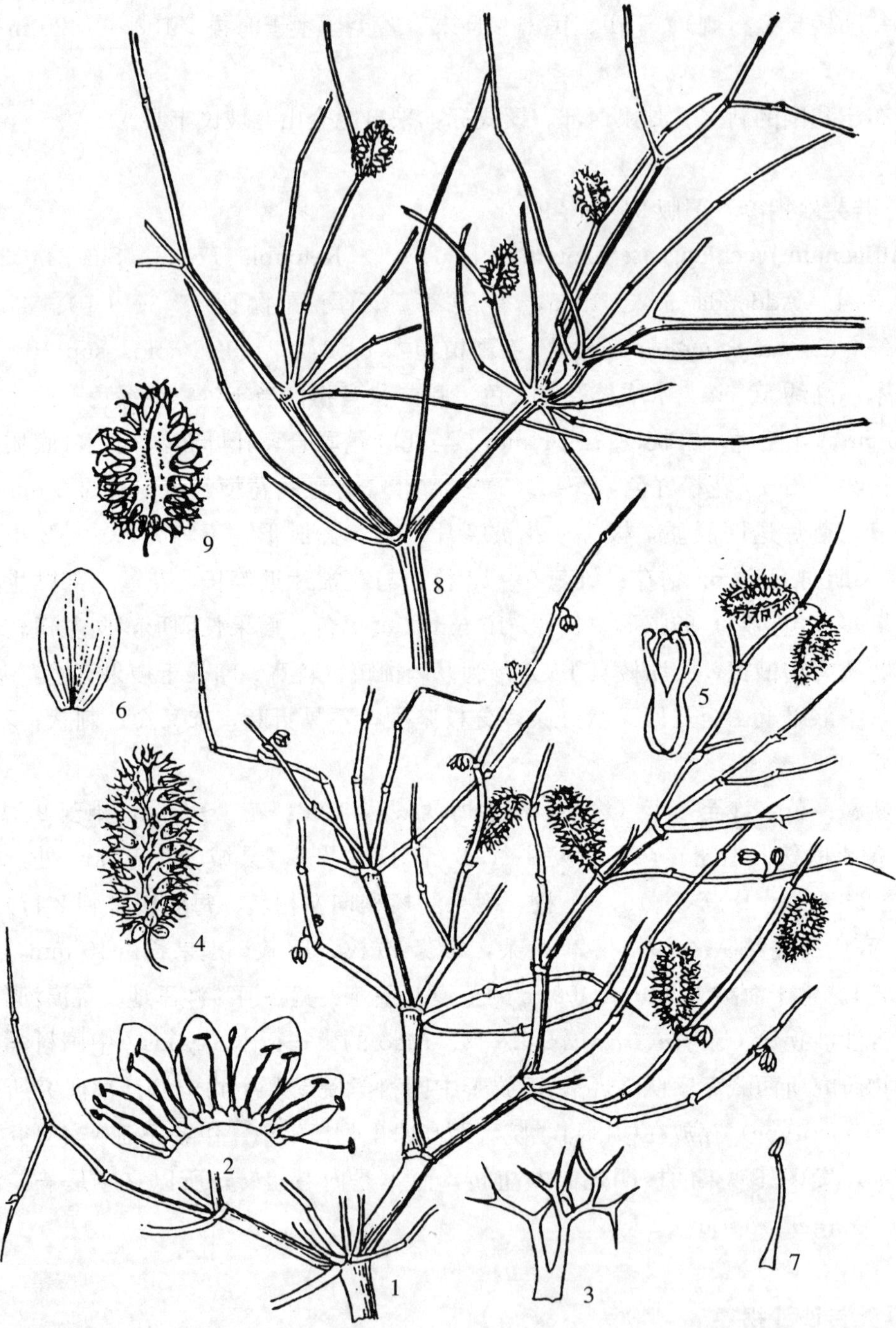

图版 **24** 沙拐枣 **Calligonum mongolicum** Turcz . 1. 花果枝；2. 花被展开；3. 果棱上之分叉刺；4. 瘦果；5. 雌蕊；6. 花被片；7. 雄蕊。若羌沙拐枣 **C. juochiangense** Loiu f. 8. 枝；9. 果。（1～7. 阎翠兰绘；8～9. 引自《中国沙漠植物志》，陶明琴绘）

间长 0.5～2.5 cm，具关节。叶互生，鳞片状，极短，长约 1 mm；托叶鞘淡黄色，膜质，很短。花红色，1～2（4）朵生于叶腋；花梗红色，长约 1 mm，近基部具关节；苞片膜质，透明，极小；花被裂片 5 片，卵圆形，不等大，3 大 2 小，长约 2 mm，果期向下反折，宿存；雄蕊（8）9～12 枚，较花被片短，花丝基部贴生，具毛状物，果期宿存；子房长椭圆形，具 4 棱，沿棱各具鸡冠状突起 1 列或棱上部 1 列而下部 2 列，或 2 列，花柱 4 枚，中部以下合生，柱头头状。果实（包括刺）椭圆形，长 7～11 mm，宽 6～9 mm；瘦果长圆形，具 4 条明显肋棱，肋棱向右扭转，沟槽较深；每条肋棱具 1 行、不完整的 2 行或 2 行刺，刺较宽硬，稀疏，不交织，短于果实宽度，基部稍扁，分离或稍联合，中部 2～3 次 2～3 叉分枝，末叉短，坚硬。 花果期 6～8 月。

产新疆：英吉沙（县城南 60 km，李安仁和朱家柟 9848）、喀什（去叶城途中，黄荣福 C. G. 86-015：枝端节间极度短缩，使单生叶腋的花呈总状花序，雄蕊 8、9、10 枚，瘦果肋棱向右扭转，每肋棱具 2 行刺；黄荣福 C. G. 86-010：雄蕊 9、10、12 枚，瘦果肋棱向右扭转，每肋棱具 1～2 行刺；黄荣福 C. G. 86-013：植株发霉；黄荣福 C. G. 86-003：无花果）、叶城（洛河，高生所西藏队 3311：花 2～4 朵，雄蕊 9、10、11 枚，果长 8～10 mm，瘦果肋棱向右扭转，每肋棱有 2 行刺）。生于海拔 1 100～1 450 m 的洪积扇砾石荒漠、戈壁荒漠。

模式标本采自新疆英吉沙。

6. 木蓼属 **Atraphaxis** Linn.

Linn. Sp. Pl. 333. 1753.

灌木或小灌木，多分枝。木质枝端通常具刺或无刺，当年生枝具条纹或肋棱。叶互生或近簇生，革质，全缘或具不明显的齿；无柄或具短柄；托叶鞘基部褐色，通常具 2 条脉纹，顶端膜质，2 裂。花序总状，顶生或侧生；花梗具关节，果时下垂；花两性，花被片 4～5 片，花瓣状，开展，排列为 2 轮，内轮花被片 2～3 片，直立，通常具网脉，果时增大，包被果实，外轮花被片 2 片，较小，果时通常向下反折；雄蕊 6 或 8 枚，着生花被片基部，花丝钻形，基部结合成环状，花药背着，椭圆形或近圆形；子房卵形，1 室，花柱 2 或 3 枚，短，离生或基部合生，柱头头状。瘦果卵形，双凸镜状或具 3 棱，为果期增大的内轮花被片所包被。种皮薄膜质，胚位于种子侧方，弯曲或近直立，胚乳粉状，子叶线形，胚根向上，直立。

约 25 种，分布于非洲北部、欧洲西南部至喜马拉雅山、俄罗斯（西伯利亚东部）。我国有 11 种 1 变种，主产新疆，在青海、甘肃、宁夏、陕西、内蒙古、辽宁有少量分布；昆仑地区产 6 种。

分种检索表

1. 花被片 4，雄蕊 6，柱头 2；果实双凸镜状 …………… **1. 拳木蓼 A. compacta** Ledeb.
1. 花被片 5，雄蕊 8，柱头 3；果实具 3 棱。
   2. 小枝先端无叶，或针刺状；花序侧生于当年枝条上，花排列紧密；外轮花被片果期向下反折。
      3. 叶绿色；叶柄较长，长 3～6 mm；花梗在中部以下具关节；托叶鞘顶端 2～3 深裂 ……………………………………………… **2. 梨叶木蓼 A. pyrifolia** Bunge
      3. 叶灰蓝色或蓝绿色；叶柄短或近无柄；花梗在中部或中部以上具关节；托叶鞘顶端 2 裂 ………………… **3. 锐枝木蓼 A. pungens** (M. Bieb.) Jaub. et Spach
   2. 小枝先端具叶，不呈针刺状；花序顶生，花排列稀疏；外轮花被片果期平展或向下反折。
      4. 叶草质，鲜绿色，长圆形、椭圆形或倒卵形，当年生枝上部者为披针形；外轮花被片肾状圆形，果期水平开展或向上 …… **4. 沙木蓼 A. bracteata** A. Los.
      4. 叶纸质，灰绿色或灰蓝色，披针形或长圆状倒卵形；外轮花被片卵圆形或近圆形，果期向下反折。
         5. 当年生枝长，从株丛中明显伸出；花序通常分枝；花梗在中部以下具关节 ……………………………………… **5. 长枝木蓼 A. virgata** (Regel) Krassn.
         5. 当年生枝短缩，稍从株丛中伸出；花序通常不分枝；花梗在中部具关节 ……………………………………… **6. 木蓼 A. frutescens** (Linn.) Ewersm.

1. 拳木蓼

Atraphaxis compacta Ledeb. Fl. Alt. 2：55. 1830；Pavl. in Kam. Fl. URSS 5：509. 1936；Bait. et Pavl. Fl. Kazakh. 3：112. 1960；中国沙漠植物志 1：300. 图版 109：1～3. 1985；新疆植物志 1：258. 1992；中国植物志 25 (1)：135. 1998；Fl. China 5：329. 2003.

小灌木，高 10～50 cm。主干粗壮，弯拐，树皮条裂，灰色，自基部分枝，木质枝劲直，水平方向伸展，顶端无叶，具刺，淡黄色，无毛；当年生枝条短缩，生叶或花。叶近簇生，灰绿色至蓝绿色，叶片圆形、宽椭圆形或倒卵形，长 4～8 mm，宽 3～5 mm，顶端钝圆或具钝齿，基部圆形或宽楔形，边缘全缘或具钝齿，两面无毛，下面具明显的网脉；具短叶柄；托叶鞘圆筒状，长 1～3 mm，基部褐色，上部膜质，顶端具 2 个细长的牙齿。总状花序短，花 2～6 朵簇生于去年老枝先端的叶腋，稀生于当年枝的顶端；花梗长约 5 mm，在中部或稍上具关节；花淡红色具白色边缘或白色，花被片 4 片，内轮花被片果期圆状肾形，长 7～8 mm，宽 8～9 mm，具明显的网脉，外轮花被片卵状长圆形，长 2.0～2.5 mm，宽 1.5～2.0 mm，果期向下反折。瘦果宽卵形，双凸镜状，淡褐色，长约3.5 mm，平滑，光亮。 花果期6～8月。

产新疆：若羌。生于海拔1 150 m左右的荒漠戈壁沙砾地、荒漠河谷沙滩地。

分布于我国的新疆；吉尔吉斯斯坦，哈萨克斯坦，俄罗斯，蒙古也有。

2. 梨叶木蓼 图版25：1～3

Atraphaxis pyrifolia Bunge in Mém. Acad. Sci. St.-Pétersb. Sav. Etrang. 7：483. 1852；Pavl. in Kom. Fl. URSS 5：518. 1936；Bait. et Pavl. Fl. Kazakh. 3：114. t. 11. f. 2. 1960；K. H. Reching et H. Schiman-Czeika Fl. Iranica 56：33. 1968；E. Nasir et S. I. Ali Fl. West Pakist. 201. 1972；中国沙漠植物志1：302. 图版110：1～3. 1985；新疆植物志1：263. 图版81：4～6. 1992；中国植物志25(1)：138. 1998；Fl. China 5：330. 2003.

灌木，高1.0～1.5m。主干粗壮，弯拐，树皮灰褐色呈条状剥离；分枝开展，木质枝灰白色，直立或弯拐，顶端无叶，具刺；当年生枝无毛，顶端刺状。托叶鞘圆筒状，基部淡褐色，顶端斜形，膜质，长0.5～1.0 cm，深裂为2～3个披针形或宽披针形的裂片；叶柄长2～6 mm；叶片绿色，宽椭圆形或倒卵形，长12～20 mm，宽8～12 mm，顶端急尖，具短尖，稀圆形或微凹，基部圆形或楔形，边缘全缘或具锯齿，两面均无毛，下面网脉突起。总状花序短缩，花排列紧密，侧生于当年的木质枝上，有花20～40朵；花梗长，约1 cm，中部以下具关节；花淡黄色、黄红色或玫瑰红色，花被片5片，内轮花被片3片，果期增大，宽椭圆形或圆状心形，长6～7 mm，宽7～8 mm，外轮花被片2片，较小，卵形，果期向下反折。瘦果淡褐色，菱状卵形，具3棱，平滑，有光泽。 花果期5～7月。

产新疆：乌恰。生于海拔2 800 m左右的荒漠戈壁地带沙砾质河滩。

分布于我国的新疆；塔吉克斯坦，吉尔吉斯斯坦，哈萨克斯坦，阿富汗，伊朗也有。

3. 锐枝木蓼 图版25：4～6

Atraphaxis pungens（M. Bieb.）Jaub. et Spach. Ill. Pl. Or. 2：14. 1844；Pavl. in Kom. Fl. URSS 5：517. t. 29. f. 3. 1936；Bait. et Pavl. Fl. Kazakh. 3：114. 1960；新疆植物志1：260. 图版81：1～3. 1992；青海植物志1：184. 图版34：5～8. 1997；中国植物志25(1)：137. 图版33：3～4. 1998；Fl. China 5：330. 2003；甘肃植物志2：279. 2005；青藏高原维管植物及其生态地理分布148. 2008. ——*Tragopyrum pungens* Bieb. Fl. Taur.-Cauc. 3：284. 1819.

灌木，高30～70 cm。主干直而粗壮，多分枝，分枝开展，树皮灰褐色呈条状剥离；木质枝弯拐，顶端无叶，呈刺状，当年生枝短粗，白色，无毛，顶端尖，生叶或花。托叶鞘筒状，上部斜形，膜质，顶端具2个尖锐的牙齿；叶互生，具短柄；叶片蓝

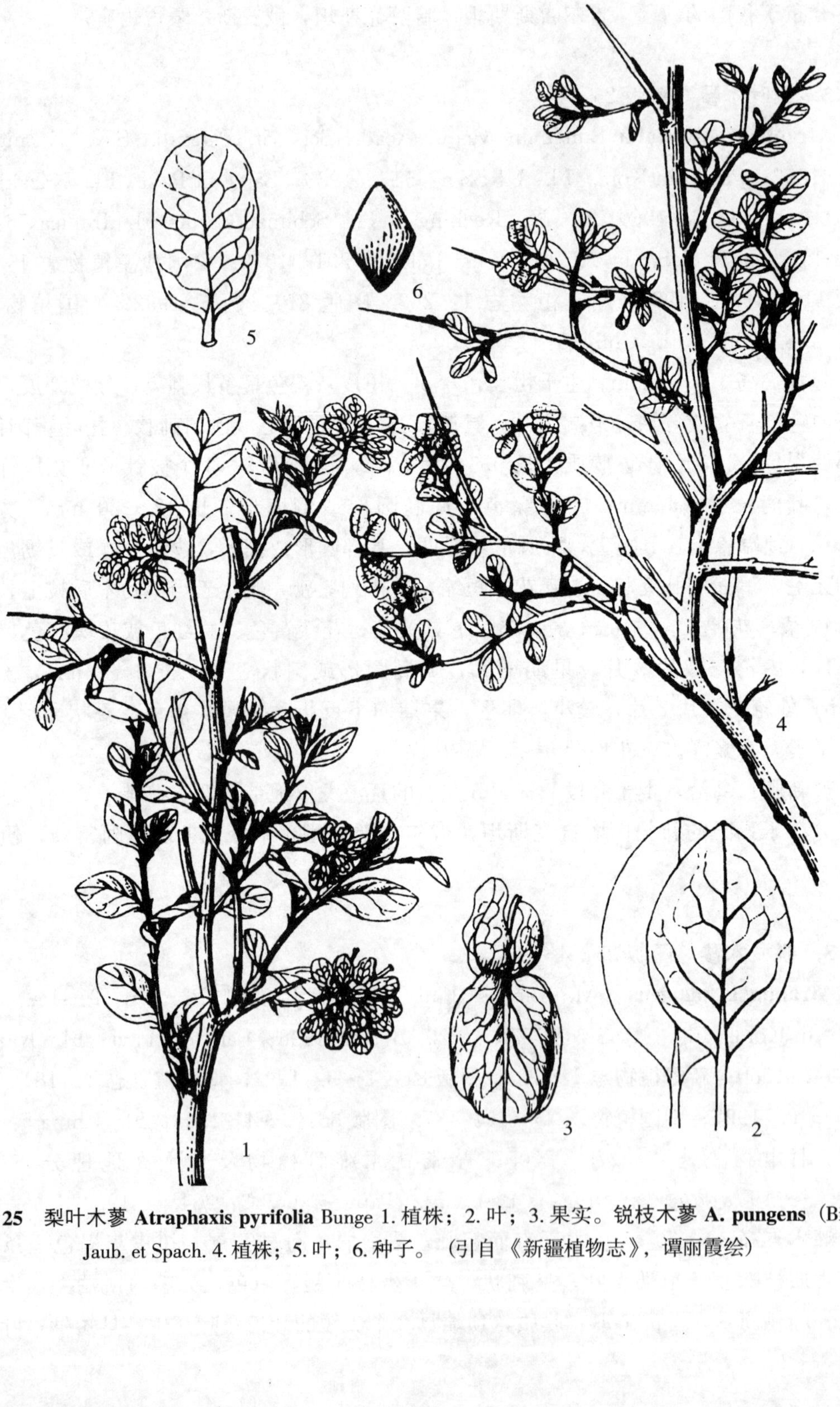

图版 25　梨叶木蓼 **Atraphaxis pyrifolia** Bunge 1. 植株；2. 叶；3. 果实。锐枝木蓼 **A. pungens**（Bieb.）Jaub. et Spach. 4. 植株；5. 叶；6. 种子。（引自《新疆植物志》，谭丽霞绘）

绿色或灰绿色，宽椭圆形或倒卵形，长 1.0～1.5 cm，宽 4～8 mm，顶端钝圆，有时具短尖，基部圆形或宽楔形，两面无毛，表面平滑，下面具凸起的网脉，边缘全缘或有不明显的波状牙齿。总状花序短缩成头状，侧生于当年生枝条上；花梗长 3～5 mm，在中部或稍上具关节；花淡红色带紫或淡绿色，花被片 5 片，内轮花被片 3 片，果期增大，圆形或心状圆形，长 5～6 mm，宽 6～7 mm，具明显网脉，边缘波状，外轮花被片 2 片，较小，宽椭圆形或卵圆形，长约 3 mm，果期向下反折。瘦果卵形，黑褐色，具 3 棱，平滑，有光泽。 花果期 6～8 月。

产青海：都兰（诺木洪，青甘队 178、植被地理组 218）。生于海拔 2 800～2 900 m 的荒漠戈壁滩的路边冲积平原上、沙砾河谷滩地。

甘肃：阿克塞。生于海拔 2 600 m 左右的荒漠戈壁地带干旱砾石山坡。

分布于我国的新疆、青海、甘肃、宁夏、内蒙古；哈萨克斯坦，俄罗斯，蒙古，印度也有。

4. 沙木蓼

Atraphaxis bracteata A. Los. in Bull. Jard. Bot. URSS 26：43. 1927；中国沙漠植物志 1：304. 图版 11：7～8. 1985；新疆植物志 1：264. 1992；青海植物志 1：184. 1997；中国植物志 25（1）：140. 图版 33：1～2. 1998；Fl. China 5：332. 2003；甘肃植物志 2：281. 2005；青藏高原维管植物及其生态地理分布 148. 2008.

灌木，高 30～100 cm。主干粗壮，淡褐色，直立，分枝多，开展，平滑无毛，顶端具叶或花，无刺。托叶鞘圆筒状，膜质，长 6～8 mm，上部斜形，顶端具 2 个尖锐牙齿；叶互生，革质，鲜绿色；叶柄长 1.5～3.0 mm；叶片卵形、长圆形或倒卵形，当年生枝上者披针形，长 1.5～2.0 cm，宽 5～10 mm，顶端渐尖、钝圆或具尖锐头，基部圆形或宽楔形，边缘全缘或具不明显波状浅齿，下卷，两面均无毛。总状花序顶生于当年生枝端，花稀疏；苞片披针形，长约 4 mm，每苞内具 2～3 花；花梗长约 4 mm，在中上部具关节；花淡红色或带淡黄色，花被片 5 片，内轮者果期增大，卵圆形或近圆形，长 5～6 mm，网脉明显，边缘波状，外轮者卵圆形，较小，长约 4 mm，果期平展或向上，不反折。瘦果卵形，黑褐色，具 3 棱，长约 5 mm，平滑，有光泽。 花果期 6～9 月。

产青海：都兰（诺木洪，弃耕地考察队 088、郭本兆和王为义 11782；诺木洪至香日德途中，植被地理组 231）。生于海拔 2 770～2 830 m 的戈壁荒漠砾石滩地、冲积洪积扇地、干旱的河谷堤边。

分布于我国的青海、甘肃、宁夏、陕西、内蒙古；蒙古也有。

5. 长枝木蓼

Atraphaxis virgata（Regel）Krassn. in Scripta Soc. Geogr. Ross. 19：295.

1888；Pavl. in Kom. Fl. URSS 5：522. 1936；Bait. et Pavl. Fl. Kazakh. 3：116. 1960；中国沙漠植物志 1：306. 图版 111：11～12. 1985；新疆植物志 1：264. 1992；Fl. China 5：331. 2003. ——*A. lanceolata* var. *virgata* Regel in Acta Hort. Petrop. 6：397. 1879.

灌木，高 1～2 m。主干粗壮，树皮灰褐色，呈纤细状剥离；多分枝，枝较长，当年生枝明显伸出株丛外，顶端具叶或花，无刺。托叶鞘筒状，膜质，长 2～3 mm，下部淡褐色，向上具 2 个白色三角状披针形的尖齿；叶互生，灰绿色，具短柄；叶片长圆状倒卵形，长 1～2 cm，宽 3～8 mm，先端钝状渐尖或钝圆具长 0.5 mm 的短尖头，基部楔形渐窄成柄，边缘全缘或具波状微齿，两面无毛，下面具不明显羽状脉。总状花序生于当年生枝的顶端，长 5～15 cm，通常分枝，花稀疏，每一苞片内通常只有 2 花；花梗长3～5 mm，中部以下具关节；花淡红色具白色边缘，花被片 5 片，内轮者果期增大，近圆形、宽椭圆形或长圆形，长 5～6 mm，宽 4～5 mm，外轮者比较小，近圆形，果期向下反折。瘦果长卵形，暗褐色，具 3 棱，平滑，有光泽。 花果期 5～9 月。

产新疆：喀什（喀什大桥，刘海源 383）。生于海拔约 1 000 m 的河边砾石地。

分布于我国的新疆；塔吉克斯坦，吉尔吉斯斯坦，哈萨克斯坦，土库曼斯坦，俄罗斯，蒙古也有。

6. 木 蓼

Atraphaxis frutescens（Linn.）Ewersm. Reise von Orenb. nach Buchara 115. 1823；Pavl. in Kom. Fl. URSS 5：520. 1936；Bait. et Pavl. Fl. Kazakh. 3：115. t. 11. f. 3. 1960；K. H. Reching. et H. Schiman-Czeika Fl. Iranica 56：34. 1968；中国沙漠植物志 1：306. 图版 110：9～10. 1985；新疆植物志 1：264. 1992；中国植物志 25（1）：139. 图版 33：5～8. 1998；Fl. China 5：331. 2003；甘肃植物志 2：279. 2005. ——*Polygonum frutescens* Linn. Sp. Pl. 359. 1753.

灌木，高 30～100 cm。主干粗壮，多分枝，树皮淡灰色呈纤细状剥离；木质枝开展，顶端无刺；当年生枝短缩，稍从株丛中伸出，直立或开展，顶端具叶或花。托叶鞘圆筒状，长 2～3 mm，膜质，下部淡褐色，上部白色，顶端具 2 个渐尖的齿；叶灰绿色或蓝绿色，无柄或具短柄；叶片狭披针形、披针形或倒卵形，长 1～2 cm，宽 2～8 mm，先端渐尖或钝，具短尖头，基部渐狭成短柄，边缘全缘，通常下卷，两面均无毛，下面具突起中脉及不明显羽状脉。总状花序生于当年生枝顶端，通常不分枝，长 2～6 cm，花稀疏，每一苞片内有 2～6 花；花梗长，在中部或中部稍下具关节；花粉红色具白色边缘，花被片 5 片，内轮者果期增大，宽椭圆形或近圆形，稀长圆形，长 4～6 mm，外轮者较小，近圆形，果期向下反折。瘦果卵形，黑褐色，平滑，有光泽。花果期 6～8 月。

产青海：格尔木（县城以东 37 km 处，高生所西藏队 4409）、都兰（香日德农场，杜庆 485）。生于海拔 2 700～3 000 m 的荒漠地带山前平地、戈壁砾石滩。

分布于我国的新疆、青海、甘肃、宁夏、内蒙古；哈萨克斯坦，俄罗斯，蒙古，欧洲东部也有。

7. 山蓼属 Oxyria Hill

Hill Veg. Syst. 10：24. 1765.

多年生草本。茎直立。叶片肾形或圆肾形；叶柄细长；托叶鞘筒状。花序圆锥状；花两性或单性，雌雄异株；花被片 4 片，排成 2 轮，外轮 2 片小，伸展或反折，内轮 2 片果期增大，直立；雄蕊 6 枚，比花被片短，花药长圆形，花丝短；子房两侧压扁，花柱 2 枚，柱头画笔状。瘦果宽卵形，两侧压扁，双凸镜状，沿边缘具膜质翅。

约 2 种，分布于欧洲、亚洲及美洲北部的高山地区。我国 2 种全有，分布于我国西北、西南的山区；昆仑地区仅产 1 种。

1. 山　蓼

Oxyria digyna（Linn.）Hill Hort. Kew 158. 1768；Hook f. Fl. Brit. Ind. 5：58. 1886；Hand.-Mazz. Symb. Sin. 7：169. 1929；Pavl. in Kom. Fl. URSS 5：444. 1936；E. Nasir et S. I. Ali Fl. West Pakist. 202. 1972；Hara Ercum. Flow. Pl. Nep. 3：172. 1982；西藏植物志 1：594. 1983；新疆植物志 1：234. 图版 69. 1992；青海植物志 1：154. 1997；中国植物志 25（1）：144. 图版 35：1～2. 1998；Fl. China 5：333. 2003；甘肃植物志 2：281. 图版 59：5～6. 2005；青藏高原维管植物及其生态地理分布 150. 2008. ——*Rumex digynus* Linn. Sp. Pl. 337. 1753.

多年生草本，高 10～20 cm。根状茎通常粗壮，直径 5～10 mm。茎直立，单一或数条自根状茎生出，具细纵沟，无毛。基生叶叶片肾形或圆肾形，长 1～4 cm，宽 1.5～5.0 cm，纸质，顶端钝圆，基部宽心形，边缘全缘或微波状，上面无毛，下面沿叶脉具稀疏短硬毛；叶柄长可达 12 cm，无毛；茎生叶通常无，偶具 1～2 片小叶；托叶鞘膜质，短筒状，顶端偏斜。花序圆锥状，分枝极稀疏，无毛；花 2～6 朵着生在膜质苞片内；花梗纤细，中下部具关节；花被片 4 片，淡红色，边缘白色，排成 2 轮，外轮 2 片较小，反折，内轮 2 片果期增大，倒卵形，直立，紧贴果实；雄蕊 6 枚，花药长圆形，花丝钻状；子房扁平，花柱 2 枚，柱头画笔状。瘦果宽卵形，两侧压扁，连翅呈圆形，直径 4～5 mm，顶端凹陷，基部心形，膜质翅较宽，淡红色，边缘具小齿。 花期 6～7 月，果期 7～9 月。

产新疆：乌恰、阿克陶（阿克塔什，青藏队吴玉虎 125；奥依塔克，青藏队吴玉虎 4796）、塔什库尔干（麻扎种羊场，青藏队吴玉虎 870412）、叶城（棋盘乡，青藏队吴玉虎 4718、5115)。生于海拔 2 800～4 000 m 的高山河边沼泽地、山坡砾石地、沟谷山地林下草地、山坡石缝潮湿处。

分布于我国的新疆、青海、甘肃、陕西、西藏、四川、云南、吉林；塔吉克斯坦，吉尔吉斯斯坦，哈萨克斯坦，俄罗斯（西伯利亚、远东地区），蒙古，阿富汗，巴基斯坦，克什米尔地区，印度，尼泊尔，不丹，朝鲜，日本，西南亚，欧洲，北美也有。

8. 酸模属 **Rumex** Linn.

Linn. Sp. Pl. 333. 1753.

一年生或多年生草本。根通常粗壮，有时具根状茎。茎直立，分枝或仅上部分枝，稀不分枝。叶为单叶，基生、茎生，茎生叶互生，边缘全缘或皱波状；托叶鞘膜质，筒状，斜形，易破裂。花序由多数轮生的花簇组成顶生圆锥状花序；花两性，有时杂性，稀单性，雌雄异株；花梗纤细，具关节；花被片 6 片，排为 2 轮，宿存，外轮 3 片果时不增大，反折，内轮 3 片果时增大，直立，边缘全缘、具齿或具针刺，背部具小瘤或无小瘤；雄蕊 6 枚，排列为 3 对，与外轮花被片对生，花丝短，细弱；子房卵形，1 室，含 1 直生胚珠，花柱 3 枚，柱头画笔状，向外弯曲。瘦果卵形，具 3 锐棱，有光泽，为增大的内轮花被片所包围。

约 150 种，主产北温带，分布于全世界。我国有 26 种 2 变种，各省均产；昆仑地区产 7 种。

分种检索表

1. 花单性，雌雄异株；基生叶及茎下部叶的基部为箭形 ……… **1. 酸模 R. acetosa** Linn.
1. 花两性；基生叶及茎下部叶的基部为楔形、圆形或心形。
  2. 内轮花被片果期全部无小瘤。
    3. 内轮花被片果期长圆状卵形，基部截形；基生叶及茎下部叶长圆形或卵状长圆形，基部心形或圆形 ………………………… **2. 水生酸模 R. aquaticus** Linn.
    3. 内轮花被片果期圆心形，基部心形；基生叶及茎下部叶长圆状披针形或披针形，基部楔形或近圆形 …………………… **3. 紫茎酸模 R. angulatus** Rech. f.
  2. 内轮花被片果期部分或全部具小瘤。
    4. 内轮花被片果期边缘近全缘。
      5. 基生叶长圆形或长圆状披针形，基部圆形或近心形，边缘波状；内轮花被片果期宽心形，部分或全部中脉基部具小瘤（但不完全发育）…………………………………………………………… **4. 巴天酸模 R. patientia** Linn.
      5. 基生叶披针形或狭披针形，基部楔形，边缘皱波状；内轮花被片果期宽卵形，通常全部具小瘤 ………………………… **5. 皱叶酸模 R. crispus** Linn.

4. 内轮花被片果期边缘具钩状刺或针状齿。

6. 一年生较矮小草本，高 20～35 cm；内轮花被片果期边缘具针状齿 ……
…………………………………………………… **6. 齿果酸模 R. dentatus** Linn.

6. 多年生较高大草本，高 60～150 cm；内轮花被片果期边缘具钩状刺 ……
……………………………………………… **7. 尼泊尔酸模 R. nepalensis** Spreng.

1. 酸　模

Rumex acetosa Linn. Sp. Pl. 337. 1753；Hook. f. Fl. Brit. Ind. 5：60. 1886；中国北部植物图志 5：17. 1936；Bait. et Pavl. Fl. Kazakh. 3：94. 1960；西藏植物志 1：602. 1883；Borod. Pl. Asiae Centr. 9：79. 1989；新疆植物志 1：245. 图版 74：1～3. 1992；青海植物志 1：161. 1997；中国植物志 25（1）：151. 图版 36：5～8. 1998；Fl. China 5：335. 2003；甘肃植物志 2：284. 2005；青藏高原维管植物及其生态地理分布 163. 2008.

多年生草本，高 30～90 cm。主根短，具多数条状须根。茎通常单一，直立，具沟槽，一般不分枝，无毛，中空。基生叶和茎下部叶具长柄，约与叶片等长；叶片长圆形、长椭圆形，长 2.5～10.0 cm，宽 1.5～4.0 cm，顶端钝或急尖，基部箭形，具向下的三角形尖锐裂片，有时近戟形，边缘全缘或微波状，上面无毛，下面具乳头状突起；茎上部叶渐小，具短柄或无柄，有时抱茎；托叶鞘膜质，斜形，淡褐色，易破裂。圆锥花序顶生，狭窄，分枝稀疏；花单性，雌雄异株；苞片具乳头状突起；花梗细，中部具关节；花被片 6 片，绿色带紫红色，排为 2 轮；雄花内轮花被片椭圆形，直立，果时增大，长约 3 mm，外轮花被片较小，雄蕊 6 枚，与花被片等长，具极短的花丝；雌花内轮花被片果时增大，近圆形，直径 3.5～4.5 mm，边缘全缘，基部心形，具网脉，基部各具 1 个圆形小瘤，外轮花被片椭圆形，长约 1 mm，反折，花柱 3 枚，柱头画笔状，紫红色。瘦果椭圆形，具 3 锐棱，两端尖，长 1.5～2.0 mm，暗褐色，有光泽，被增大的内轮花被片包围。　花期 6～7 月，果期 7～9 月。

产青海：玛沁（大武乡，吴玉虎 5586；军功乡，吴玉虎 18795、18800）、久治（白玉乡，藏药队 649；康赛乡，吴玉虎 26530、26557、26576、26582、31686、31692）、班玛（马柯河林场，郭本兆 483，王为义 26776、27327；亚尔堂乡王柔，吴玉虎 26016、26190、26280）。生于海拔 3 300～3 800 m 的河谷滩地高山草甸、沟谷山坡林缘高寒灌丛草甸、河滩草地、沼泽草甸。

甘肃：玛曲（齐哈玛大桥附近，吴玉虎 31819，河曲军马场，吴玉虎 31884；欧拉乡，吴玉虎 32025）。生于海拔 3 310～3 460 m 的沟谷山地高寒灌丛草甸、河谷山坡岩石缝隙。

分布于我国的南北各省区；朝鲜，日本，蒙古，俄罗斯，哈萨克斯坦，吉尔吉斯斯坦，欧洲，北美也有。

2. 水生酸模 图版 26：1～3

Rumex aquaticus Linn. Sp. Pl. 336. 1753；中国北部植物图志 5：19. 图版 5. 1936；Bait. et Pavl. Fl. Kazakh. 3：99. 1960；新疆植物志 1：252. 1992；青海植物志 1：162. 图版 33：1～3. 1997；中国植物志 25（1）：154. 1998；Fl. China 5：336. 2003；甘肃植物志 2：285. 2005；青藏高原维管植物及其生态地理分布 163. 2008.

多年生草本，高 20～90 cm。根状茎被残存的枯叶柄。茎通常单一，直立，稀 2～3 丛生于根状茎顶端，具沟槽，绿色或带紫红色，下部有时被紫红色斑点及密毛，上部无毛或疏被毛。基生叶和茎下部叶长圆形或卵状长圆形，长 6～12 cm，宽 2～5 cm，顶端钝圆，边缘波状，基部心形或圆形，两面无毛或下面沿脉有乳头状突起；叶柄长 3～10 cm，无毛或被乳头状突起；茎上部叶较小，披针形或狭长圆形，具短柄；托叶鞘膜质，易破裂。花序圆锥状，狭窄，多数分枝近直立，被短柔毛，下部或基部具线状披针形或披针形的叶；花两性，簇状轮生；花梗纤细，长 2～4 mm，果期增长达 1 cm，关节位于基部；花被片 6 片，红色，排为 2 轮，外轮花被片长圆形，长约 2 mm，呈舟形，内轮花被片长圆形或长圆状卵形，果时增大，长 2.5～5.5 mm，宽约 4 mm，顶端钝圆，基部截形，网脉明显，边缘近全缘，全部无小瘤；雄蕊 6 枚，与外轮花被片对生；花柱 3 枚，柱头画笔状。瘦果椭圆形，两端尖，具 3 锐棱，长 3～4 mm，淡褐色，平滑，具光泽，为增大的内轮花被片所包围。 花果期 7～9 月。

产青海：兴海（河卡山，吴珍兰 201）、玛沁（大武乡，王为义等 26686、H. B. G. 633；军功乡，吴玉虎 18564）、久治（沙柯河，藏药队 879；县城东 15 km 到玛曲公路旁，陈桂琛 1617）。生于海拔 3 500～4 000 m 的沟谷山地高寒灌丛草甸、河滩高寒草甸、山沟水流旁草甸。

甘肃：玛曲（欧拉乡，吴玉虎 32032）。生于海拔 3 330 m 左右的沟谷河滩草甸、山谷溪流边草地。

分布于我国的新疆、青海、甘肃、宁夏、陕西、四川、山西、吉林、黑龙江、湖北西部；日本，蒙古，俄罗斯，哈萨克斯坦，吉尔吉斯斯坦，欧洲，北美也有。

3. 紫茎酸模

Rumex angulatus Rech. f. in Candollea 12：51. 1949；E. Nasir et S. I. Ali Fl. West Pakist. 213. 1972；西藏植物志 1：603. 1983；中国植物志 25（1）：153. 1998；Fl. China 5：336. 2003；青藏高原维管植物及其生态地理分布 163. 2008.

多年生草本，高 40～60 cm。茎直立，紫红色，具沟槽。基生叶长圆状披针形，长 15～20 cm，宽 3～6 cm，顶端尖，基部楔形或近圆形；叶柄长 3～5 cm；茎生叶披针形，较小，具短柄；托叶鞘膜质，筒状，易破裂。花序圆锥状，紧密，顶生，花序轴略呈“之”字形折曲；花两性，成簇轮生；花梗纤细，中下部具关节，关节果时不明显；花被片 6 片，成 2 轮，外轮花被片长圆形，长约 1.5 mm，内轮花被片果时增大，圆心形，顶端钝圆，基部心形，长约 5 mm，网脉明显，边缘近全缘或具不整齐的小圆齿，全部无小瘤。瘦果卵形，具 3 棱，黄褐色，有光泽，长约 3 mm。 花期 6～7 月，果期 7～8 月。

产西藏：日土。生于海拔 4 200 m 左右的水边。

分布于我国的西藏；阿富汗，巴基斯坦，克什米尔地区也有。

4. 巴天酸模

Rumex patientia Linn. Sp. Pl. 335. 1753；Forb. et Hemsl. in Journ. Linn. Soc. Bot. 26：357. 1891；中国北部植物图志 5：23. 图版 7. 1936；Bait. et Pavl. Fl. Kazakh. 3：97. 1960；青海植物志 1：162. 图版 33：1～3. 1997；新疆植物志 1：162. 1997；中国植物志 25（1）：155. 1998；Fl. China 5：337. 2003；甘肃植物志 2：289. 2005；青藏高原维管植物及其生态地理分布 164. 2008. ——*R. patientia* Linn. var. *callosus* F. Schm. ex Maxim. in Mém. Acad. Sci. St.-Pétersb. Sav. 9：228. 1859；东北草本植物志 2：26. 1959. ——*R. patientia* Linn. subsp. *tibeticus*（Rech. f.）Rech. f. in Candollea 12：74. 1949；西藏植物志 1：603. 1983. ——*R. pamiricus* Rech. f. in Fedde Repert. Sp. Nov. 31：258. 1933；新疆植物志 1：252. 图版 77：1～3. 1992. ——*R. rechingerianus* A. Los. Fl. URSS 5：715. 1936；中国沙漠植物志 1：319. 1985；新疆植物志 1：256. 1992.

多年生草本，高（35）80～150（220）cm。根状茎，肥厚，黄褐色，直径可达 3 cm。茎直立，粗壮，具沟槽，通常绿色或带淡紫红色，有时有紫红斑，不分枝或稀分枝。基生叶和茎下部叶长椭圆形或长圆状披针形，长达 30 cm，宽达 10 cm，顶端钝或尖，基部圆形、宽楔形或近心形，有时截形，边缘皱波状或全缘，两面近无毛或下面沿脉粗糙；叶柄粗壮，短于叶片；茎上部叶披针形或线状披针形，渐小，具短柄或近无柄；托叶鞘膜质，筒状，长 2～4 cm，易破裂。圆锥花序大型，顶生或腋生，有时从茎的基部就有花枝，具叶，分枝紧密，直伸，花簇排列很紧密，有时间断；花两性，通常淡绿色，簇状轮生；花梗纤细，长 2～3 mm，果时增长，中部以下具关节；花被片 6 片，排为 2 轮，外轮花被片长圆形，长约 1.5 mm，内轮花被片果时增大，宽心形，长 5～7 mm，红紫色或橘黄色，有时由褐色变火红色，先端钝圆或稍渐尖，基部心形，边缘近全缘，具网脉，部分或全部中脉基部具小瘤；小瘤长卵形，通常不完全发育。瘦果卵形，具 3 锐棱，褐色，有光泽，长 2.0～3.5 mm，为增大的内轮花被片所包围。花期 6～8 月，果期 8～9 月。

产新疆：乌恰、喀什、阿克陶（恰尔隆乡，青藏队吴玉虎 4619）、塔什库尔干、叶城（柯克亚乡，青藏队吴玉虎 870926）、且末（阿羌乡，青藏队吴玉虎 3822）、若羌

（县城附近，高生所西藏队 3016）。生于海拔 1 260～3 120 m 的沟谷山地田边草地、河谷小溪边及山谷湿地。

青海：都兰（香日德，青甘队 1323；香日德农场，杜庆 460；香日德脱土山，郭本兆 11799）、兴海（唐乃亥乡，吴玉虎 42028、42031、42040、42108、42142、42807；河卡乡羊曲，何廷农 439）、玛沁（大武乡，吴玉虎 18706；军功乡，玛沁队 182，吴玉虎 18464）、班玛（亚尔堂乡王柔，吴玉虎 26310）。生于海拔 2 600～4 000 m 的河谷山地农田地边、河谷溪流水沟边、沟谷山坡林缘灌丛、河滩沙砾地、山地阴坡高寒灌丛草甸。

甘肃：玛曲（齐哈玛大桥附近，吴玉虎 31746；河曲军马场，吴玉虎 31906）。生于海拔 3 440～3 460 m 的沟谷山地高寒灌丛草甸。

分布于我国的新疆、青海、甘肃、宁夏、陕西、西藏、四川、山西、河北、内蒙古、辽宁、吉林、黑龙江、河南、湖北、湖南、山东；塔吉克斯坦，吉尔吉斯斯坦，哈萨克斯坦，俄罗斯，蒙古，欧洲也有。

5. 皱叶酸模 图版 26：4～7

Rumex crispus Linn. Sp. Pl. 335. 1753；新疆植物志 1：251. 1992；青海植物志 1：162. 图 33：6～7. 1997；中国植物志 25（1）：156. 图版 37：1～2. 1998；Fl. China 5：337. 2003；甘肃植物志 2：287. 图版 60：1～3. 2005；青藏高原维管植物及其生态地理分布 163. 2008.

多年生草本，高 40～120 cm。根圆锥形，棕黄色，肥厚。茎单一，直立，中空，通常不分枝，具沟纹，无毛。基生叶具柄，短于叶片；叶片长圆状披针形或披针形，长 10～25 cm，宽 1.5～6.5 cm，顶端渐尖，基部楔形，边缘皱波状，无毛，茎上部叶片渐小，狭窄，柄短；托叶鞘白色，薄膜质，易破裂脱落。花序大型圆锥状，分枝多，直立，具狭长叶片；花轮状簇生；花梗纤细，长 2～5 mm，中部以下具关节；花被片 6 片，绿色带紫红色，外轮 3 片椭圆形，长约 1 mm，内轮 3 片卵圆形，果时增大，长约 4 mm，顶端钝圆或钝尖，基部截形或浅心形，网脉明显，边缘微波状或全缘，每片中脉基部具 1 卵形或尖卵形的小瘤；雄蕊 3 对；花柱 3 枚，弯垂，柱头画笔状。瘦果卵状三棱形，长约 2 mm，褐色，有光泽。 花期 6 月，果期 7～8 月。

产青海：都兰。生于海拔 2 700～3 100 m 的沟边湿地、田边、路旁。

分布于我国西北、西南、东北、华北地区，以及山东、河南、湖北、福建、台湾、广西；日本，朝鲜，蒙古，哈萨克斯坦，高加索，俄罗斯西伯利亚、远东地区，欧洲，北美也有。

6. 齿果酸模

Rumex dentatus Linn. Mant. Pl. 2：226. 1771；Hook. f. Fl. Brit. Ind. 5：

59. 1886；Forb. et Hemsl. in Journ. Linn. Soc. Bot. 26：356. 1891；Sam. in Hand.-Mazz. Symb. Sin. 7：168. 1929；中国北部植物图志 5：27. 图版 9. 1936；Rech. f. in Candollea 12：116. 1949；中国植物志 25（1）：161. 图版 39：1～2. 1998；Fl. China 5：339. 2003；甘肃植物志 2：290. 图版 60：4～5. 2005. ——*R. halacsyi* Rech. in Verh. Zool.-Bot. Ges. Wien 49：105. 1899；中国沙漠植物志 1：317. 图版 116：1～2. 1985；新疆植物志 1：247. 1992.

一年生草本，高 20～35 cm。茎直立或斜升，单一或由基部分枝，分枝多而紧密或开展，细弱。叶长圆形、披针形或倒披针形，长 1～5 cm，宽 0.5～1.0 cm，顶端钝圆或尖，基部近心形或楔形，边缘微波状或全缘，两面无毛粗糙；叶柄长 0.5～3.0 cm，细弱；托叶鞘膜质，筒状。圆锥花序顶生，具叶，长约 15 cm，花簇排列稀疏，间断；花两性，黄绿色，成簇轮生；花梗长 2～5 mm，果期稍增大，下部具关节；花被片 6 片，外轮花被片长圆形，长约 1 mm，内轮花被片卵形或长圆形，长 2.0～2.5 mm. 顶端钝，基部圆形，网脉明显，果时增大，长约 4 mm，全部具小瘤，小瘤长约 2 mm，边缘每侧具 3～4 对针状齿，齿长 0.5～1.5 mm。瘦果卵形，具锐棱，长约 2 mm，宽约 1.5 mm，暗褐色，有光泽，被增大的内轮花被片完全包围。 花果期 6～8 月。

产甘肃：玛曲。生于海拔约 3 000～3 600 m 的宽谷河滩高寒草地。

分布于我国的西北、华北、华中、华东地区，以及四川、云南、贵州；阿富汗，巴基斯坦，克什米尔地区，印度，尼泊尔，哈萨克斯坦，欧洲东南部也有。

7. 尼泊尔酸模 图版 26：8～9

Rumex nepalensis Spreng. Syst. Veg. 2：159. 1825；Hook. f. Fl. Brit. Ind. 5：60. 1886；Forb. et Hemsl. in Journ. Linn. Soc. Bot. 26：257. 1891；Sam. in Hand.-Mazz. Symb. Sin. 7：168. 1929；E. Nasir et S. I. Ali Fl. West Pakist. 214. 1972；西藏植物志 1：603. 1983；青海植物志 1：161. 图版 33：4～5. 1997；中国植物志 25（1）：160. 图版 40：1～3. 1998；Fl. China 5：339. 2003；甘肃植物志 2：291. 图版 60：6～7. 2005；青藏高原维管植物及其生态地理分布 164. 2008.

多年生草本，高 60～150 cm。根圆锥状，肥厚；根颈宿存枯残叶柄和托叶鞘。茎直立，通常单一或有时分枝，具沟槽，无毛或被稀疏的乳头状突起，中空。基生叶及茎下部叶具长 3～12 cm 的叶柄；叶片长圆状卵形，长 8～18 cm，宽 3.0～8.5 cm，顶端钝圆或渐尖，基部心形或圆形，边缘微波状，稀全缘，上面无毛或稀散生短柔毛，下面沿叶脉具乳头状小突起，茎上部叶较小，卵状披针形，基部楔形或宽楔形，具长约 1 cm 的叶柄；托叶鞘膜质，褐色，易破裂。圆锥花序顶生，大型，分枝疏展，有叶，被乳头状突起；花两性，簇状轮生；花梗纤细，长 2～5 mm，中下部具关节；花被片 6 片，红色，排列成 2 轮，外轮花被片长卵形，长 1.0～1.5 mm，内轮花被片宽卵形，果时增大，直立，长 5～6 mm，具明显的网脉，顶端钝，基部近截形，边缘通常有 7～11

图版 **26** 水生酸模 **Rumex aquaticus** Linn. 1. 植株下部；2. 花序；3. 花。皱叶酸模 **R. crispus** Linn. 4. 带花序植株一段；5. 花；6. 果实；7. 雌蕊。尼泊尔酸模 **R. nepalensis** Spreng. 8. 果序；9. 果实放大。（王颖绘）

对长短不等的钩状刺，刺长 1.0～2.5 mm，中脉基部通常部分或全部有卵形小瘤。瘦果卵形，深褐色，长约 3 mm，具 3 棱，有光泽，被增大的内轮花被片所包围。 花期 6～7月，果期 8～10 月。

产青海：称多（称文乡，刘尚武 2318）、玛沁（大武乡，吴玉虎等 18697）、班玛（亚尔堂乡王柔，魏振铎 153；班前乡，王为义 26927、27614）。生于海拔 3 200～3 600 m 的高山砾石山坡高寒草甸、沟底田边草地、河滩草甸。

甘肃：玛曲（欧拉乡，吴玉虎 32119）。生于海拔 3 310～3 600 m 的宽谷河滩草地、河谷溪流边草地。

四川：石渠（县国营牧场，吴玉虎 30107）。生于海拔 3 840～4 200 m 的河谷山坡高寒草地、溪流河边高寒草甸。

分布于我国的青海、甘肃、陕西南部、西藏、四川、云南、贵州、湖北、湖南、江西、广西；伊朗，阿富汗，巴基斯坦，克什米尔地区，印度，尼泊尔，缅甸，越南，印度尼西亚，日本也有。

9. 大黄属 **Rheum** Linn.

Linn. Gen. Pl. 371. 1754.

多年生草本。根粗壮肥大，断面黄色；根状茎顶端常残存有棕褐色膜质托叶鞘。茎直立，圆柱形，中空，光滑或被糙毛，节部膨大，或无茎。叶为单叶，基生或基生同时茎生，具长柄或短柄；叶片大型或小型，全缘、皱波状或不同程度的分裂，基出叶脉 3～5条，稀 1 条；托叶鞘筒状，膜质，发达。花小，通常两性，簇生；花序由花簇组成紧密或开展的圆锥状花序或穗状的总状花序；苞片膜质，线形或披针形；花梗纤细，具关节；花被片 6 片，黄白色、淡绿色或紫红色，排成 2 轮，花后不增大，凋存；雄蕊 9 枚，稀 6～8 枚，花丝基部稍扩大成钻形，花药背着，纵裂；心皮 3 个，1 室，内含 1 粒直生胚珠，花柱 3 枚，开展或外弯，柱头头状、盾状或马蹄形。瘦果具 3 棱，棱缘具翅。种子具丰富的胚乳，胚侧生，胚根短，子叶扁平。

约 60 种，分布于亚洲温带及亚热带。我国有 39 种，主要分布于我国西北、西南、华北地区，东北也有少量分布；昆仑地区产 10 种。

分种检索表

1. 圆锥花序；叶基生同时茎生。

 2. 叶片掌状 5～7 深裂，小裂片窄披针形；植株高大，高 1.5～2.0 m ……………………

 …………………… 1. 鸡爪大黄 **R. tanguticum** (Maxim. ex Regel) Maxim. ex Balf.

 2. 叶不分裂；植株通常高不超过 1 m。

3. 圆锥状花序狭窄，具 1 次分枝；果实小，长约 5 mm；植株矮小，高 10～25 cm；根肉质，圆锥状萝卜形 ………………… **2. 小大黄 R. pumilum** Maxim.

3. 圆锥状花序大型，通常具 2～3 次分枝，分枝直立或开展；果实较大，长 5～12 mm；植株较高，高 40～100 cm。

4. 茎光滑无毛；叶片心状卵形或卵圆形，顶端渐尖；花被片边缘紫红色 ……………………………………………………… **3. 光茎大黄 R. glabricaule** Sam.

4. 茎被毛或光滑；叶片卵形、宽卵形或三角状卵形，顶端钝圆；花被片淡绿色、黄绿色或粉红色。

5. 茎、叶片下面、叶柄及花序均密被白色粗毛；花序通常具 2 次分枝（稀 1 次）；叶片卵形、宽卵形或近圆形 ……………………………………………………………… **4. 丽江大黄 R. likiangense** Sam.

5. 茎、叶柄及花序均无毛；花序具 2～3 次分枝；叶片三角状卵形或长圆状卵形 ……………………………… **5. 天山大黄 R. wittrockii** Lundstr.

1. 穗状的总状花序；叶全部基生。

6. 花序自中部以上二歧分枝；叶片卵形、菱状宽卵形或卵圆形；雄蕊通常 9 ……………………………………………………… **6. 歧穗大黄 R. przewalskyi** Losinsk.

6. 花序无分枝（网脉大黄 *R. reticulatum* 偶有小分枝）。

7. 叶片菱形、菱状卵形或菱状椭圆形，下面被乳突；花被片紫红色；雄蕊通常 6（稀 8～11） ………………………… **7. 菱叶大黄 R. rhomboideum** Losinsk.

7. 叶片卵形、卵圆形或三角状卵形。

8. 叶片两面或仅下面密被乳突，通常上端不明显变窄，顶端钝圆；雄蕊通常 9，花药黄色；果实长圆状椭圆形 ………… **8. 穗序大黄 R. spiciforme** Royle

8. 叶片两面无毛或仅下面被乳突，上端渐变窄，顶端钝急尖；雄蕊 6～9，花药紫红色或黄色；果实卵形或宽卵形。

9. 叶片下面被乳突，脉网极清晰，紫红色；花葶多，可达 20 枝，通常不高过叶；果实翅较宽，宽约 2.5 mm ……………………………………………………………………… **9. 网脉大黄 R. reticulatum** Losinsk.

9. 叶片两面无毛；花葶 2～3 枝，与叶等长或稍长；果实翅窄，宽约 1 mm ……………………………… **10. 卵果大黄 R. moorcroftianum** Royle

1. 鸡爪大黄

Rheum tanguticum（Maxim. ex Regel）Maxim. ex Balf. in Trans. Bot. Soc. Edinb. 13（App.）：146. 1879；高作经等，植物分类学报 13（3）：73. 1975；青海植物志 1：155. 图版 32：1～6. 1997；Fl. China 5：345. 2003；青藏高原维管植物及其生态地理分布 162. 2008. ——*R. palmatum* Linn. var. *tanguticum* Maxim. ex Regel in Gartenfl. 23：305. 1874. ——*R. tanguticum* Maxim. ex Regel in Gartenfl.

24：3. t. 819. 1875；A. Los. in Acta Inst. Bot. Acad. Sci. URSS ser. 1. 3：77. 1936；中国植物志 25（1）：184. 图版 47：1～4. 1998；甘肃植物志 2：295. 2005.

多年生高大草本，高 1.5～2.0 m。根粗壮，肥厚，直径达 10 cm，外皮暗褐色，有纵、横皱纹，断面深黄色，具多数星点或排列成环圈。茎直立，粗壮，圆柱形，中空，直径 2～4 cm，节部稍膨大，上部有分枝，光滑无毛或仅上部节处具短糙毛。基生叶和茎下部叶具长柄，叶柄半圆柱形，与叶片等长或稍短，无毛或被乳突及白柔毛；叶片宽心形、近圆形或宽卵形，长（15）30～60 cm，顶端窄长，急尖，基部稍心形，通常掌状 5～7 深裂，最基部 1 对裂片通常简单，中间 3～5 裂片常为三回羽状深裂，小裂片狭长披针形，上面具乳突或粗糙，下面密被白色柔毛或短糙毛，基出脉 5 条，粗壮，于下面明显突起；茎上部叶较小，具短柄；托叶鞘大型膜质，褐色，多破裂，被粗糙短毛。圆锥花序顶生，长 10～25 cm，多分枝，分枝较紧密，向上开展，被乳突及白柔毛；花小，淡黄色至乳白色或紫红色；花梗细，长 2～3 mm，中下部具关节；花被片 6 片，椭圆形或长圆形，长约 1.5 mm，内轮花被片较大；雄蕊通常 9 枚，与花被片近等长或稍短；子房宽圆形，花柱 3 枚，向下弯曲，柱头头状。瘦果椭圆形或长圆状卵形，长 8～10 mm，宽 6～8 mm，具 3 棱，沿棱具翅，顶端微凹陷，基部略呈心形，被凋存花被。种子卵形，黑褐色。 花期 6～7 月，果期 7～8 月。

产青海：兴海（中铁林场卓琼沟，吴玉虎 45216）、玛沁（大武乡，H. B. G. 644，吴玉虎 18386、18388、18390、18394、18707、18709；军功乡，玛沁队 098，吴玉虎 5630、18635、18640、19038、19040、19044，H. B. G. 237）、甘德（上贡麻乡，吴玉虎 25791）、久治（康赛乡，果洛队 545；索乎日麻乡，果洛队 393、396、399，藏药队 485）、班玛（马柯河林场，王为义等 27044）。生于海拔 3 200～4 300 m 的河谷山坡林地、山地阴坡高寒灌丛、高山倒石堆稀疏植被带、宽谷河滩草地、河谷阶地高寒草甸、沟谷山麓阔叶林缘灌丛草甸。

甘肃：玛曲。生于海拔约 3 500 m 的沟谷阴坡高寒灌丛、河滩高寒草甸、河谷阶地草甸。

四川：石渠（新荣乡，吴玉虎 29960、29970、29976）。生于海拔 4 000～4 200 m 的高寒灌丛及高寒草甸。

分布于我国的青海、甘肃、西藏的东部及四川。

2. 小大黄 图版 27：1～5

Rheum pumilum Maxim. in Bull. Acad. Sci. St.-Pétersb. 26：503. 1880；A. Los. in Acta Inst. Bot. Acad. Sci. URSS ser. 1. 3：95. 1936；高作经等，植物分类学报 13（3）：75. 图 3：13～15. 1975；西藏植物志 1：596. 1983；青海植物志 1：596. 1997；中国植物志 25（1）：194. 图版 51：6～10. 1998；Fl. China 5：347.

2003；甘肃植物志 2：299. 图版 61：3～5. 2005；青藏高原维管植物及其生态地理分布 162. 2008.

多年生草本，高 5～25 cm。根粗壮，肉质，圆锥状萝卜形，黄褐色，外皮多横皱纹，直径 1.0～2.5 cm；根状茎单一或具分枝，密被残存叶柄和叶鞘。茎直立，具细纵沟纹，被向下的短糙毛或近无毛。叶多基生，具柄；叶柄半圆柱状，与叶片近等长或稍长，被短糙毛；叶片椭圆形或卵状心形，近革质，长 2.0～4.5 cm，宽 1.5～3.0 cm，顶端钝圆，基部心形或圆形，边缘全缘或微波状，稍下卷，上面无毛，下面沿叶脉被短粗毛，边缘具缘毛，基出脉 3～5 条，中脉发达粗壮；茎生叶 1～2 枚，较小，具短柄或近无柄；托叶鞘褐色，长约 5 mm，膜质，筒状斜形，无毛。圆锥花序顶生，狭窄，具 1 次分枝，分枝直伸，花 2～3 朵簇生，排列紧密，花序梗被短白毛；苞片膜质，鞘状；花梗纤细，与苞片近等长或稍长，关节位于中部以下；花被片 6 片，淡绿色或带紫红色边缘，椭圆形，长 1.5～2.0 mm，外轮 3 片较小；雄蕊通常 9 枚，短于花被片；子房椭圆形，花柱 3 枚，短，柱头头状。果实三角形或三角状卵形，长约 5 mm，具狭窄翅，顶端稍凹，基部近圆形或稍心形，被凋存花被。 花期 6～7 月，果期 7～8 月。

产青海：兴海（中铁林场卓琼沟，吴玉虎 45648、45675、45751、46698、47697；赛宗寺后山，吴玉虎 46374、46381；黄青河畔，吴玉虎 42718、42719；鄂拉山，张盍曾 63097；河卡山，弃耕地考察队 407、王作宾 20195、郭本兆 6366、何廷农 020、吴珍兰 143、吴玉虎 28695；温泉乡，吴玉虎 28794）、曲麻莱（秋智乡，刘尚武等 29243；珍秦乡，吴玉虎 29213）、称多（清水河乡，苟新京 83-64）、玛多（花石峡乡，H. B. G. 1485；清水乡，吴玉虎 18128；多曲河畔，吴玉虎 1077；巴颜喀拉山北坡，吴玉虎 29059、29086）、玛沁（大武乡，区划三组 071，吴玉虎 5771、18579、18587，H. B. G. 519；军功乡，区划二组 028、H. B. G. 297、吴玉虎 18650；东倾沟乡，吴玉虎 18281、18300；雪山乡，黄荣福 C. G. 81-030、071、123，郭本兆 540，王为义等 27712）、达日（满掌乡，吴玉虎 26811）、甘德（上贡麻乡，H. B. G. 964）、久治（县城附近，藏药队 179；索乎日麻乡，藏药队 243、349，果洛队 390）。生于海拔 3 200～4 800 m 的沟谷山地高山草甸、河谷山地高寒灌丛草甸、高山砾石坡、山地阴坡高寒草甸石隙、山谷林缘草甸。

甘肃：玛曲。生于海拔约 3 400 m 的沟谷高山灌丛草甸。

四川：石渠（红旗乡，吴玉虎 29478；新荣乡，吴玉虎 30023）。生于海拔 4 000～4 200 m 的高山草甸及高山灌丛。

分布于我国的青海、甘肃、西藏、四川。

3. 光茎大黄

Rheum glabricaule Sam. in Svensk Bot. Tidskr. 30：714. 1936；高作经等，植物分类学报 13（3）：72. 图 2：17～18. 1936；中国植物志 25（1）：181. 1998；Fl.

China 5：345. 2003；甘肃植物志 2：293. 2005.

多年生草本，高约 1 m。茎直立，中空，光滑无毛，下部直径约 2 cm。叶基生和茎生，纸质，叶片心状卵形或卵圆形，基生叶未见，茎生叶仅见 3 片，最下一片腋部不具花序枝，叶片长约 15 cm，宽约 7 cm，先端渐尖，全缘，基部心形，上面无毛，下面被稀疏短毛，沿叶脉较密，基生脉 5 条，较粗壮；叶柄较叶短，被稀疏短毛。圆锥花序较窄，具 2 次分枝；分枝直立，细长，通常被稀疏短毛，花 1～4 朵簇生；花梗纤细，长 2.5～4.0 mm，中下部具关节；花被片背面淡绿色，边缘紫红色，长圆形，长 2.0～2.5 mm，内轮 3 片较大；雄蕊 9（8）枚，较花被片稍短。果实长圆状卵形，长 5～8 mm（未完全成熟），翅宽约 1 mm，紫红色，顶端凹陷，基部纤细，外被凋存花被。果期 8 月。

产青海：班玛（马柯河林场，王为义等 27021）。生于海拔 3 200～3 700 m 的苗圃。

分布于我国的青海、甘肃、四川。

4. 丽江大黄

Rheum likiangense Sam. in Svensk Bot. Tidskr. 30：720. 1936；西藏植物志 1：598. 1983；横断山区维管植物 上册 352. 1993；青海植物志 1：158. 1997；中国植物志 25（1）：180. 图版 45：5～8. 1998；Fl. China 5：344. 2003；青藏高原维管植物及其生态地理分布 161. 2008. ——*R. ovatum* C. Y. Cheng et T. C. Kao in Acta Phytotax. Sin. 13（3）：80. t. 11：3. f. 1：20～22. 1975.

多年生草本，高 40～100 cm。根粗壮，伸直，常具分枝。茎直立，有时中空，基部直径可达 18 mm，密被白色粗毛，近节处尤密，果期无毛。基生叶 2～6 枚，近革质，叶片卵形、宽卵形或近圆形，长 5～15 cm，宽 5～12 cm，顶端钝圆，基部心形或浅心形，全缘，边缘具微皱波，基出脉通常 5 条，粗壮，在叶下面明显凸起，叶上面近无毛或仅在脉上具粗糙毛，下面密被白色粗毛；叶柄粗壮，半圆柱形，长 2.5～7.0 cm，被短粗毛；茎生叶通常 1～3 片，通常最下部的一片腋部不具花序枝，叶片较窄而小，长卵形，被毛同基生叶片，具短叶柄。圆锥花序，花密集，簇生，通常具 2 次分枝，稀 1 次，被白色粗毛；苞片线形，长 3～13 mm；花梗纤细，长 2.5～3.5 mm，在中下部具关节；花被片粉红色或淡绿色，宽椭圆形或近圆形，长约 2 mm，外轮 3 片较窄小；雄蕊 8～9，较花被片短或近等长，花药黄色；子房长圆形，花柱横展，柱头扁盘状。果实紫红色，卵圆形或宽椭圆形，长 8～9 mm，宽 7.5～8.5 mm，翅宽约 2 mm，顶端近圆形，基部浅心形。种子卵形，宽 3～4 mm。 花期 7 月，果期 7～9 月。

产青海：称多（称多乡长江边，刘尚武 2309；称文乡长江边，刘尚武 2339；称文乡宁格陇，苟新京 83－156；歇武乡，刘尚武 2548）。生于海拔 3 600～3 900 m 的沟谷、阴坡草地、山谷石崖。

分布于我国的青海、西藏东部、四川西南部、云南西北部。

5. 天山大黄

Rheum wittrockii Lundstr. in Acta Horti Berg. 5（3）：23. 1914；Bait. et Pavl. Fl. Kazakh. 3：105. t. 9：1. 1960；E. Nasir et S. I. Ali Fl. West Pakist. 213. 1972；高作经等，植物分类学报 13（3）：72. 图 1：14～15. 1975；新疆植物志 1：236. 图版 72：1～3. 1992；中国植物志 25（1）：175. 图版 44：1～5. 1998；Fl. China 5：344. 2003；青藏高原维管植物及其生态地理分布 163. 2008.

多年生草本，高约 45 cm。根粗，直伸；根状茎被黑褐色残留托叶鞘。茎直立，中空，直径约 8 mm，具细棱槽，无毛。基生叶 2～5 枚，叶片三角状卵形或长圆状卵形，长 10～14 cm，宽约 8 cm，顶端钝，基部心形，边缘微波状或有弱皱褶，基出叶脉 5 条，上面光滑无毛，下面被白色短毛；叶柄半圆柱状，短于叶片或近等长，无毛；茎生叶较小，2～4 枚，上部的 1～2 枚叶腋具花序枝，叶柄亦较短；托叶鞘淡红色，长 1.4～4.0 cm，膜质，抱茎，外面被乳突毛。圆锥花序大型开展，具分枝 2～3 次；花黄绿色，直径约 3 mm；花梗纤细，长约 3 mm，在中下部具关节；花被片通常 6 片，偶 7 片，内轮 3 片稍大，长卵圆形，长约 2 mm；雄蕊通常 9 枚，稀 10 或 12 枚，与花被片近等长，花药黄色；花柱短，横展，柱头大，粗糙。果实未见（根据 1 份标本的野外记录：果实的翅为红色）。 花期 7 月，果期 8 月。

产新疆：乌恰、喀什、阿克陶（恰尔隆乡，青藏队吴玉虎 5036）、叶城（柯克亚乡，青藏队吴玉虎 870950）。生于海拔 2 700～3 400 m 的沟谷山坡石缝、砾石滩地。

分布于我国的新疆；哈萨克斯坦，吉尔吉斯斯坦，巴基斯坦也有。

6. 歧穗大黄 图版 27：6～8

Rheum przewalskyi Losinsk. in Acta Inst. Bot. Acad. Sci. URSS ser. 1. 3：115. 1936；横断山区维管植物 上册 350. 1993；青海植物志 1：158. 图版 32：4～6. 1997；中国植物志 25（1）：203. 图版 55：1～4. 1998；Fl. China 5：349. 2003；甘肃植物志 2：300. 2005；青藏高原维管植物及其生态地理分布 162. 2008. ——*R. scaberrimum* auct. non Lingelsh. 高作经等，植物分类学报 13（3）：78. 图版 12：3. 图 4：9～11. 1975.

多年生低矮草本，无茎。根粗壮，伸长，直径 2～4 cm；根状茎短粗，黑褐色，密被残存的叶柄及托叶鞘，光滑无毛。叶全部基生，叶片革质，卵形、菱状宽卵形或卵圆形，长 10～25 cm，宽 8～16 cm，顶端钝圆，基部近心形、圆形或宽楔形，全缘或微波状，上面黄绿色，下面红色，两面无毛或下面具小乳突，基出叶脉 5 条，在下面明显突起；叶柄粗壮，半圆柱状，常紫红色，长 4～8 cm，近无毛或密被小乳突；托叶鞘膜质，长 2～5 cm，褐色。花葶 1～5 枝，自根状茎顶端抽出，较叶短或近等长，自中部以下二歧分枝，下部直径 3～7 mm；穗状的总状花序，花簇排列较稀疏；苞片褐色，膜质，宽三角形；花梗长约 3 mm，下部具关节；花被片 6 片，黄白色或绿白色，长圆形或宽卵形，长 1.2～2.0 mm，外轮较小，内轮略大；雄蕊通常 9 枚，与花被近等长或稍外露，花丝基部与花盘合生，花药椭圆形；子房宽椭圆形，花柱 3 枚，外弯，柱头盾状。果实卵圆形或长圆状宽卵形，长 7～9 mm，宽 6～8 mm，具 3 棱，沿棱具宽翅，翅宽约 3 mm，紫红色，顶端钝圆，有凹陷，基部略呈心形。种子卵形，宽约 3 mm，深褐色。 花期 6～8 月，果期 7～9 月。

产西藏：日土（多玛乡，青藏队 76-9087）。生于海拔 4 200～4 800 m 的河滩沙砾地上、高寒荒漠沙砾地、宽谷河滩石砾中。

青海：格尔木（小南川，青甘队 457；西大滩附近，青藏队吴玉虎 2872、黄荣福 K-606、吴玉虎 36973）、都兰（诺木洪布尔汗布达山，吴玉虎 36531、36556、36601、36910）、玛多（清水乡，吴玉虎 28994、29001；牧场，吴玉虎 18088；黑海乡，H. B. G. 1436，吴玉虎 18072、18076、18081）、玛沁（下大武乡，玛沁队 499）。生于海拔 3 700～4 500 m 的高山砾石坡、高山石崖缝隙、干旱河滩。

分布于我国的青海、甘肃、西藏、四川西北部。

7. 菱叶大黄

Rheum rhomboideum Losinsk. in Acta Inst. Bot. Acad. Sci. URSS ser. 1. 3: 116. 1936；西藏植物志 1：599. 图 191：4～6. 1983；青海植物志 1：159. 1997；中国植物志 25（1）：203. 图版 55：5～6. 1998；Fl. China 5：349. 2003；青藏高原维管植物及其生态地理分布 162. 2008. ——*R. spiciforme* auct. non. Royle 高作经等，植物分类学报 13（3）：78. 1975. p. p.

多年生铺地矮小草本，无茎。根粗壮，伸直；根状茎膨大，密被多层黑褐色残存托叶鞘。叶基生，叶片近革质，菱形、菱状卵形或菱状椭圆形，长 8～15（20）cm，宽 6～12（19）cm，顶端钝，基部楔形或宽楔形，有时略呈耳状，通常全缘，幼时有皱波，基出脉 5～7 条，下面明显凸出，上面无毛，下面被乳突；叶柄粗壮，近半圆柱状，较叶片短，具乳突或无毛。穗状的总状花序多，可达 12 枝，自根状茎顶端生出，通常短于叶，下部光滑或被短毛；花通常密集，花被片紫红色，长圆状椭圆形，长 1.5～2.0 mm，内轮 3 片较大；雄蕊通常 6 枚，稀 8～11 枚，与花被片近等长，花药紫红色或黄色；花柱 3 枚，外弯，柱头头状。果实宽梯形或近圆形，长 8.5～11.0 mm，宽 8.5～14.0 mm，顶端微凹，基部近心形，翅宽 3.0～4.5 mm，纵脉在翅的中部。种子卵形，宽约 4 mm。 花期 6～7 月，果期 8～9 月。

产西藏：改则（至措勤途中，青藏队藏北分队郎楷永 10269）、班戈（色哇区去尼玛县双湖途中，青藏队藏北分队郎楷永 9421，雄蕊 9～11 枚；色哇区宫位山至雅曲雅士途中，青藏队藏北分队郎楷永 9465）。生于海拔 4 800～5 400 m 的河滩地、山顶岩石上。

青海：治多（可可西里察日错，黄荣福 K-051、K-644；可可西里苟鲁错，黄荣福 K-055）、玛多（黄河沿野牛沟，黄荣福 C. G. 81-210；巴颜喀拉山北坡，吴玉虎 29086B）。生于海拔 4 300～4 800 m 的山坡草地、湖盆及河滩草地、高寒草甸裸地、山麓石砾地。

分布于我国的青海、西藏。

8. 穗序大黄 图版 27：9～12

Rheum spiciforme Royle Illustr. Bot. Himal. 318. t. 78. 1839；Hook. f. Fl. Brit. Ind. 5：55. 1886；Losinsk. in Acta Inst. Bot. Acad. Sci. URSS ser. 1. 3：114. 1936；E. Nasir et S. I. Ali Fl. West Pakist. 212. 1972；高作经等，植物分类学报 13（3）：78. 图 4：1～3. 1975；西藏植物志 1：599. 图 190：1～3. 1983；中国植物志 25（1）：200. 图版 54：1～4. 1998；Fl. China 5：349. 2003；青藏高原维管植物及其生态地理分布 162. 2008.

多年生草本，无茎。根粗壮，直伸；根状茎被黑褐色、多层残留托叶鞘。叶基生，叶片近革质，宽卵形或卵圆形，长 6～9 cm，宽 4～8 cm，通常上端不明显变窄，顶端钝圆，基部近心形或圆形，全缘，边缘微波状，基出脉 5 条，凸出，紫红色，叶上面黄绿色，下面紫红色，两面被乳突或上面无毛；叶柄粗壮，长 4～8 cm，半圆柱状，紫红色，无毛。穗状的总状花序 2～6 枚，自根状茎顶端生出，通常高于叶，有时稍矮，长可达 22 cm，被乳突，果时粗壮，中空；花黄绿色；花梗纤细，长 2～3 mm，中下部具关节；花被片长圆形，长 2.0～2.5 mm，内轮较大；雄蕊 9 枚，稀 8 枚，长于花被片或近等长，花药黄色；子房卵球形，花柱短，柱头大。果实长圆状椭圆形，上部红色，下部黄褐色，长约 9 mm，宽约 7 mm，顶端微凹，基部心形，翅宽约 3 mm。 花期 7 月，果期 9 月。

产西藏：日土（麦卡，高生所西藏队 3640；多玛乡界山达坂，青藏队吴玉虎 1268）。生于海拔 4 600～5 200 m 的宽谷湿沙砾滩地、河谷砾地、高山河滩砾石地。

分布于我国的西藏西部；不丹，尼泊尔，印度，克什米尔地区，巴基斯坦，阿富汗也有。

9. 网脉大黄

Rheum reticulatum Losinsk. in Acta Inst. Bot. Acad. Sci. URSS ser. 1. 3：112. 1936；Bait. et Pavl. Fl. Kazakh. 3：106. 1960；高作经等，植物分类学报 13（3）：77. 图 4：6～8. 1975；新疆植物志 1：242. 1992；中国植物志 25（1）：206. 1998；Fl. China 5：350. 2003；青藏高原维管植物及其生态地理分布 162. 2008.

多年生草本，高达 20 cm。根粗壮，直径约达 5 cm，断面黄白色；根状茎密被多层深棕色或棕褐色、残存的托叶鞘。无茎。叶基生，幼叶极皱缩，叶片革质，卵形或三角状卵形，长 4.5～20.0 cm，宽 3～11 cm，先端渐窄，顶端急尖或稍钝，基部圆形或心形，边缘微波状，基出脉 5 条，与侧脉显著凸起，脉网极清晰，两面无毛或上面无毛，而下面被疏密不等的乳突，紫红色；叶柄紫色或红色，长 2～6 cm，扁柱状，无毛或粗糙。花葶多数，可达 20 枝，自根状茎顶端抽出，高通常不超过叶，中空（果期很明显），有时呈紫红色；花序为穗状的总状花序，花在初期特别密集，通常不分枝，偶有 1～2 枝明显有小分枝；花梗纤细，长 1.5～3.5 mm，在中下部具关节；花黄绿色或黄白色，花被片宽卵形，通常 6 片，稀 5 或 4 片，外轮 3 片稍狭小，内轮 3 片较宽大；雄蕊通常 6～8 枚，稀 9 枚，与花被片近等长，花药黄色或紫红色；子房倒卵状椭圆形，花柱短，柱头近头状。果实宽卵形，长 7～9 mm，宽 6～8 mm，顶端钝或微凹，基部心形，翅宽约 2.5 mm，紫红色。种子卵形。 花期 6～8 月，果期 8～9 月。

产新疆：乌恰、阿克陶（恰尔隆乡，青藏队吴玉虎 4638；阿克塔什，青藏队吴玉虎 870121；恰克拉克铜矿，青藏队吴玉虎 870634）、塔什库尔干（红其拉甫，高生所西藏队 3206；麻扎种羊场，青藏队吴玉虎 870361；卡拉其古，青藏队吴玉虎 5087）、叶城（柯克亚乡，青藏队吴玉虎 870793、870881；棋盘乡，青藏队吴玉虎 4659；阿克拉达坂，黄荣福 C. G. 86－123、青藏队吴玉虎 1461；乔戈里冰川东侧，黄荣福 C. G. 86－208；库地至胜利达坂途中，高生所西藏队 3360；麻扎达坂，黄荣福 C. G. 86－037）、皮山（三十里营房至麻扎途中，青藏队吴玉虎 4501；垴阿巴提乡布琼，青藏队吴玉虎 2422；布琼，青藏队吴玉虎 1930）、于田（普鲁至火山，青藏队吴玉虎 3682）、且末、若羌（喀什克勒河，青藏队吴玉虎 4183）。生于海拔 3 100～4 850 m 的高山砾石山坡、河滩沙砾地、林间砾石地。

青海：茫崖（冷湖镇，青甘队 595）、格尔木（西大滩，黄荣福 K－007）、曲麻莱（县城附近，刘尚武 601）、玛多（黑海乡吉迈纳，吴玉虎 033）。生于海拔 4 100～4 600 m 的高山石缝、碎屑泥质山坡、河滩。

分布于我国的新疆、青海；哈萨克斯坦，吉尔吉斯斯坦，塔吉克斯坦也有。

中国科学院青藏高原生物标本馆馆藏的昆仑地区标本中，有叶片两面均无毛的（生长于林间砾石地）；有花葶多达 16 枝，甚至达 20 枝的；花序中有 1～2 枝明显具小分枝，但绝不是歧状分枝。这些形态特征与《中国植物志》中本种的描述有所不同，但其他特征均符合本种。

10. 卵果大黄 图版 27：13～16

Rheum moorcroftianum Royle Illustr. Bot. Himal. 315，318. 1839；Hook. f. Fl. Brit. Ind. 5：56. 1886；高作经等，植物分类学报 13（3）：77. 1975；西藏植物志 1：600. 1983；青海植物志 1：160. 1997；中国植物志 25（1）：203. 图版 54：5～8. 1998；Fl. China 5：349. 2003；青藏高原维管植物及其生态地理分布 161. 2008.

多年生铺地矮小草本，无茎。根粗壮，圆柱形，伸长，直径 1.5～3.0 cm，断面黄

图版 **27** 小大黄 **Rheum pumilum** Maxim. 1. 植株；2. 花放大；3. 雌蕊；4～5. 果实。歧穗大黄 **R. przewalskyi** Losinsk. 6. 花序；7. 叶；8. 花。穗序大黄 **R. spiciforme** Royle 9. 植株；10. 花放大；11. 雌蕊；12. 果实。卵果大黄 **R. moorcroftianum** Royle 13. 叶；14. 花放大；15. 雌蕊；16. 果实。

（1～5，9～12. 引自《中国植物志》，马怀伟、宗维城绘；6～8，13～16. 王颖绘）

色；根状茎稍细，密被黑褐色、多层残留托叶鞘。叶基生，通常 3～6 片呈莲座状；叶片卵形或三角状卵形，革质，长 5～10 cm，宽 3.5～8.0 cm，稀更大，顶端钝尖，基部近心形，有时略呈耳状心形，全缘或边缘微波状，幼时极皱缩，两面无毛，上面绿色，下面有时呈紫红色，基出脉 5 条，通常紫红色，稍凸起；叶柄粗壮，紫红色，长 2～5 cm，光滑无毛。花葶 2～3 枝，有时稍多，通常与叶等长或稍长，长 5～10 cm；穗状的总状花序，花密集，黄绿色或稍带红色；花梗纤细，长约 2 mm；花被片长圆状椭圆形，有时具紫红色斑点，内轮 3 片较大，长 2～3 mm；雄蕊通常 6 枚，偶 5 或 7 枚，与花被片近等长，花药紫红色。果实卵形，紫红色，长约 5 mm，宽约 3.5 mm，翅窄，宽约1 mm。 花期 7 月，果期 8～9 月。

产青海：格尔木（唐古拉山乡姜根曲，吴玉虎 16976；唐古拉山乡岗加曲巴，吴玉虎 16995；唐古拉山乡雀莫错，吴玉虎 17052）、治多（可可西里马章错琼，黄荣福 K－101；可可西里勒斜武担，黄荣福 K－833、K－844；可可西里太阳湖，黄荣福 K－329）。生于海拔 4 750～5 200 m 的平缓山坡、山谷湖盆及河滩砾石地、高寒草甸石砾裸地。

分布于我国的青海、西藏西部及中部；尼泊尔，印度，巴基斯坦，阿富汗，塔吉克斯坦东部也有。

中国科学院青藏高原生物标本馆馆藏标本（7 份）多是花期标本，仅 1 份是果期标本，其中 4/7 标本的花被片具紫红色斑点。

二十一　藜科 CHENOPODIACEAE

一年生或多年生草本、半灌木、灌木或小乔木。单叶互生，较少对生，扁平或圆柱状及半圆柱状，少数退化成鳞片状，有柄或无柄；无托叶。花小，为单被花，两性，少数为杂性或单性（雌雄同株，极少雌雄异株）；有苞片或无苞片；有时小苞片为 2 枚；花被膜质、草质或肉质（较少雌花无花被），通常 3～5 深裂，花被片果时常增大，变硬，或在背面生翅状、刺状或疣状附属物，较少无明显变化；雄蕊与花被片同数对生或较少，着生于花被基部或花盘上，花丝钻形或条形，离生或基部合生，花药背着，顶端钝或药隔突出形成附属物；花盘有或无；子房上位，1 室，花柱极短，柱头 2 枚，较少 3～5 枚，常具颗粒状或毛状突起；胚珠 1 粒，弯生。果实通常为胞果；果皮膜质、革质或肉质，与种子贴生或离生。种子直立、横生或斜生，压扁、圆形、双凸镜形、肾形或斜卵形；种皮革质、膜质或肉质；有胚乳或无胚乳；胚环形、半环形或螺旋形。

约 100 余属，1 400 多种，主要分布于非洲南部、中亚、北美、南美及大洋洲的干草原、荒漠、盐碱地，以及地中海、黑海、红海沿岸。我国有 40 属，约 187 种，主要分布于我国西北、东北各省区及内蒙古；昆仑地区产 20 属 61 种 3 变种。

分属检索表

1. 小乔木、灌木、半灌木；茎有时退缩成瘤状的肥大茎基。
  2. 叶对生；枝有关节。
    3. 花嵌入肉质的花序轴。
      4. 穗状花序无柄；半灌木 ……………………… **3. 盐节木属 Halocnemum** M. Bieb.
      4. 穗状花序有柄；灌木 ……………………… **4. 盐穗木属 Halostachys** C. A. Mey.
    3. 花不嵌入花序轴；花被片背面果时有发达或不发达的翅状附属物。
      5. 种子直立；半灌木或木质茎退缩成瘤状的肥大茎基 ………………………………………………………………………… **16. 假木贼属 Anabasis** Linn.
      5. 种子横生；小乔木、灌木或半灌木 ……………… **15. 梭梭属 Haloxylon** Bunge
  2. 叶互生；枝无关节。
    6. 植物体多少有毛。
      7. 毛分枝状或星状；花单性，雄花于枝端集成短穗状花序；雌花生于叶腋，2 小苞片两侧压扁，中下部边组合生成筒，筒部表面有 4 束长柔毛［垫状驼绒藜 *Ceratoides compacta*（Losinsk.）Tsien et C. G. Ma 只有分枝状短毛］ ……………………… **7. 驼绒藜属 Ceratoides**（Tourn.）Gagnebin

7. 毛不分枝；花两性，腋生。
8. 花有小苞片，围抱花被；花被圆锥形，膜质 ……………………………………………………………………………… **20. 猪毛菜属 Salsola** Linn.
8. 花无小苞片；花被近球形，草质 ………………… **12. 地肤属 Kochia** Roth
6. 植物体光滑无毛（有时只在叶腋内有毛），或有糠秕被覆物，较少有乳头状突起。
9. 花被片背面果时具翅状附属物。
10. 花通常 3 朵集生于具单节间短枝的顶端 ……………………………………………………………………………… **17. 合头草属 Sympegma** Bunge
10. 花非上述情况。
11. 花被圆锥形；翅状附属物发自花被片的中部；叶基部扩展 ……………………………………………………………… **20. 猪毛菜属 Salsola** Linn.
11. 花被近球形；翅状附属物发自花被片的近顶部；叶基部不扩展 ……………………………………………………………… **19. 戈壁藜属 Iljinia** Korov.
9. 花被片背面果时无翅状附属物，在幼花时也无增厚的分生组织。
12. 花嵌入肉质的花序轴；叶显著下延………… **2. 盐爪爪属 Kalidium** Moq.
12. 花不嵌入花序轴；叶不下延。
13. 叶为平面叶；花单性，雌花无花被，子房着生于 2 枚特化的苞片内 ……………………………………………… **8. 滨藜属 Atriplex** Linn.
13. 叶圆柱状、半圆柱状，或为钻状；花两性 ……………………………………………………………… **14. 碱蓬属 Suaeda** Forsk. ex Scop.
1. 一年生或多年生草本。
14. 叶为平面叶。
15. 植物体多少有毛。
16. 毛分枝状或星状；种子直立。
17. 花两性。
18. 胞果背腹微凸，顶端的 2 喙与果核近等长；叶及苞先端针刺状，锐利；种子与果皮分离……………………………………………………………… **9. 沙蓬属 Agriophyllum** M. Bieb.
18. 胞果腹面平，背面凸，顶端的喙长为果核长的 1/8～1/5；叶及苞先端锐尖，但不为针刺状，锐利；种子与果皮贴生……………………………………… **10. 虫实属 Corispermum** Linn.
17. 花单性，雌雄同株 …………………………… **6. 轴藜属 Axyris** Linn.
16. 毛不分枝；种子横生，较少直立或斜生。
19. 花被片附属物针刺状，无脉 ……………… **13. 雾冰藜属 Bassia** All.
19. 花被片附属物翅状，有脉 ………………… **12. 地肤属 Kochia** Roth
15. 植物体光滑无毛。

20. 花单性，雌雄同株；雌花无花被或花被不明显；子房被苞片包被。

21. 叶长 6～12 cm；雌花的苞 3 裂，而侧裂片内折；每苞片腋部常有雌花 3～7 朵；胞果表面具鸡冠状突起 ……………………………………………………………… **5. 小果滨藜属 Microgynoecium** Hook. f.

21. 叶较大；雌花有 2 苞片，无花被；胞果表面无鸡冠状突起………………………………………………………… **8. 滨藜属 Atriplex** Linn.

20. 花两性；有花被；花下无小苞片 …………… **11. 藜属 Chenopodium** Linn.

14. 叶非平面叶（圆柱状、半圆柱状，或为钻状、疣状、鳞片状）。

22. 花嵌入肉质的花序轴；叶对生；花被果时无附属物 ………………………………………………………………………… **1. 盐角草属 Salicornia** Linn.

22. 花不嵌入肉质的花序轴；花被片背面果时有翅状附属物。

23. 翅状附属物生于花被片的近顶端 ……………………………………………………………………… **18. 盐生草属 Halogeton** C. A. Mey.

23. 翅状附属物生于花被片的中部。

24. 花无小苞片；花被近球形 ……………………… **12. 地肤属 Kochia** Roth

24. 花有小苞片；花被圆锥形 ……………… **20. 猪毛菜属 Salsola** Linn.

1. 盐角草属 Salicornia Linn.

Linn. Sp. Pl. 3. 1753.

草本或小灌木。茎直立或外倾，枝对生，肉质，多汁，有关节。叶鳞片状，对生。花序穗状，有柄，生于枝条的上部；花两性，无柄，通常每 3 朵簇生，陷入肉质的花序轴内；无小苞片；花被肉质，合生，顶端有 3～5 齿列，上部近扁平，呈菱形，果期为海绵质；雄蕊 1～2 枚，花丝外伸；花柱极短，柱头 2 枚。果实为胞果，包藏于花被内。种子直立，两侧扁；胚半环形，无胚乳。

本属约 30 种，分布于亚洲、欧洲、非洲及美洲。我国产 1 种，昆仑地区也有。

1. 盐角草 图版 28：1～4

Salicornia europaea Linn. Sp. P1. 3. 1753；中国植物志 25（2）：12. 图版 1：1. 1979；新疆植物志 2（1）：7. 图版 2：1～2. 1994；青海植物志 1：233. 图版 44：1～4. 1997；青藏高原维管植物及其生态地理分布 174. 2008.

一年生草本，高 10～35 cm。茎直立，多分枝；枝肉质，苍绿色。叶不发育，鳞片状，长约 1.5 mm，顶端锐尖，基部联合成鞘状，边缘膜质。花序穗状，长 1～5 cm，有短柄；花腋生，每一苞片内有 3 朵花，集成 1 簇，陷入花序轴内，中间的花较大，位于上部，两侧的花较小，位于下部；花被肉质，倒圆锥状，上部扁平而呈菱形；雄蕊伸出于花被之外，花药矩圆形；子房卵形，柱头 2 个，钻状，有乳头状小突起。果皮膜质。种子矩圆状卵形，种皮近革质，有钩状刺毛，直径约 1.5 mm。 花果期 8～10 月。

产新疆：莎车、叶城（柯克亚乡普沙至莫莫克，青藏队 870761）。生于海拔1 200～1 400 m 的戈壁荒漠沙砾滩地。

青海：格尔木（盐池，吴征镒和陈书坤 75－233；钾肥厂，植被地理组 207）、都兰（宗加乡，杜庆 383；诺木洪，黄荣福 81－282）。生于海拔 2 500～2 900 m 的荒漠戈壁盐碱地、盐湖旁沙砾草地。

分布于我国的新疆、青海、甘肃、宁夏、陕西、山西、河北、内蒙古、辽宁、山东、江苏北部；朝鲜，日本，俄罗斯，印度，欧洲，非洲，北美也有。

2. 盐爪爪属 **Kalidium** Moq.

Moq. in DC. Prodr. 13（2）：146. 1849.

小灌木，多分枝，无关节。叶互生，叶片圆柱状或不发育，肉质，基部下延。花序穗状，有柄；花两性，基部嵌入肉质的花序轴内，花 3 朵，极少为 1 朵，生于 1 苞片内；苞片肉质，螺旋状排列，无小苞片，花被合生几至顶部，在顶部形成 1 个小孔，在小孔的周围有 4～5 个小齿，果时成海绵状；雄蕊 2 枚；子房卵形，柱头 2 枚，有乳头状突起。果实为胞果，包藏于花被内。种子直立，两侧扁，种皮近革质；胚半环形，有胚乳。

有 5 种，分布于亚洲西北部、欧洲东南部。我国有 5 种 1 变种，昆仑地区产 4 种。

分种检索表

1. 叶长 4～10 mm，开展（与茎相交成直角）或稍下弯；穗状花序粗 3～4 mm ……
……………………………………………………… 1. **盐爪爪 K. foliatum**（Pall.）Moq.

1. 叶长不超过 3 mm，不开展（或稍内弯）或不发育；穗状花序直径 1.5～3.0 mm。
  2. 小枝细弱；每一苞片内有 1 朵花 …………………… 4. **细枝盐爪爪 K. gracile** Fenzl
  2. 小枝粗壮；每一苞片内有 3 朵花。
    3. 叶稍发育，长 1.5～3.0 mm，卵形，顶端急尖，稍内弯 ……………………
    …………………………… 2. **尖叶盐爪爪 K. cuspidatum**（Ung.-Sternb.）Grub.
    3. 叶几不发育，瘤状，长约 1 mm，顶端钝 ……………………………………
    …………………………… 3. **里海盐爪爪 K. caspicum**（Linn.）Ung.-Sternb.

1. 盐爪爪 图版 28：5～8

Kalidium foliatum（Pall.）Moq. in DC. Prodr. 13（2）：147. 1849；中国植物志

25（2）：14. 图版2：1～4. 1979；青海植物志 1：203. 图版 44：5～8. 1997. ——*Salicornia foliata* Pall. Reise 1：422，et app. 482. 1771；青藏高原维管植物及其生态地理分布 172. 2008.

小灌木，高 20～50 cm。茎直立或平卧，多分枝，枝灰褐色，小枝上部近于革质，黄绿色。叶片圆柱状，伸展或稍弯，灰绿色，长 4～10 mm，宽 2～3 mm，顶端钝，基部下延，半抱茎。花序穗状，无柄，长 8～15 mm，直径 3～4 mm，每 3 朵花生于 1 鳞状苞片内；花被合生，上部扁平呈盾伏，盾片宽五角形，周围有狭窄的翅状边缘；雄蕊 2 枚。种子直立，近圆形，直径约 1 mm，密生乳头状小突起。 花果期 7～8 月。

产青海：格尔木（采集地不详，杜庆 020）、都兰（诺木洪，黄荣福 C. G. 81-284；夏日哈乡，黄荣福 C. G. 81-250）。生于海拔 2 500～3 200 m 的盐碱滩、盐湖边。

分布于我国的新疆、青海、甘肃北部、宁夏、内蒙古、河北北部、黑龙江；蒙古，俄罗斯西伯利亚，中亚地区，欧洲东南部也有。

2. 尖叶盐爪爪

Kalidium cuspidatum（Ung.-Sternb.）Grub. in Not. Syst. Herb. Inst. Bot. Acad. Sci. URSS 19：103. 1959；中国植物志 25（2）：16. 图版 3：1～2. 1979；新疆植物志 2（1）：11. 图版 3：5. 1994. ——*K. arabicum*（Linn.）Moq. var. *cuspidatum* Ung.-Sternb. Versuch Syst. Salicorn. 93. 1866.

小灌木，高 20～40 cm。茎自基部分枝；枝近于直立，灰褐色，小枝黄绿色。叶片卵形，长 1.5～3.0 mm，宽 1.0～1.5 mm，顶端急尖，稍内弯，基部半抱茎，下延。花序穗状，生于枝条的上部，长 5～15 mm，直径 2～3 mm；花排列紧密，每一苞片内有 3 朵花；花被合生，上部扁平呈盾状，盾片呈长五角形，具狭窄的翅状边缘。胞果近圆形，果皮膜质。种子近圆形，淡红褐色，直径约 1 mm，有乳头状小突起。 花果期 7～9月。

产新疆：乌恰（县城以东 20 km，刘海源 213）、喀什、若羌（阿尔金山北坡，青藏队吴玉虎 4332）。生于海拔 1 200～3 100 m 的荒漠戈壁盐碱地、山地沟谷。

青海：都兰（英德尔种羊场，杜庆 432；脱土山，郭本兆和王为义 11795）、格尔木（西大滩，青藏队吴玉虎 2911；纳赤台，青藏队 490）。生于海拔 3 000～4 200 m 的戈壁荒漠盐湖边、盐碱滩地、宽谷滩地高寒荒漠草原。

分布于我国的新疆、青海、甘肃、宁夏、陕西、河北、内蒙古；蒙古也有。

3. 里海盐爪爪

Kalidium caspicum（Linn.）Ung.-Sternb. in Atti Congr. Bot. Intern. Firenze 317. 1874；中国植物志 25（2）：18. 图版 3：6～7. 1979；新疆植物志 2（1）：11. 图

版 3：6. 1994. 青海植物志 1：205. 1997；青藏高原维管植物及其生态地理分布 172. 2008. ——*Salicornia caspica* Linn. Sp. P1. 4. 1753.

小灌木，高 20～70 cm。茎近直立，通常自中部分枝，枝灰白色，有纵裂纹，通常在小枝的顶部生花序。叶不发育，瘤状，长约 1 mm，顶端钝，基部凸出，下延，与枝贴生，小枝上的叶片呈鞘状，抱茎，上下 2 叶片彼此相接。花序为圆柱形的穗状花序，长 0.5～2.5 cm，直径 1.5～3.0 mm，每 3 朵花生于 1 苞片内；花被上部扁平呈盾状，顶端有 4 个小齿。种子卵形或圆形，直径 1.2～1.5 mm，红褐色，有乳头状小突起。花果期 7～8 月。

产青海：都兰。生于海拔 2 600～3 000 m 的低洼盐碱滩地及盐湖边。

分布于我国的新疆、青海；中亚地区各国，伊朗，欧洲南部也有。

4. 细枝盐爪爪 图版 28：9～10

Kalidium gracile Fenzl in Ledeb. Fl. Ross. 3（2）：769. 1851；中国植物志 25（2）：18. 图版 3：8～9. 1979；新疆植物志 2（1）：12. 图版 3：7. 1994；青海植物志 1：203. 图版 44：11～12. 1997；青藏高原维管植物及其生态地理分布 172. 2008.

小灌木，高 20～50 cm。茎直立，多分枝；老枝灰褐色，树皮开裂，小枝纤细，黄褐色，易折断。叶不发育，瘤状，黄绿色，顶端钝，基部狭窄，下延。花序为长圆柱形的穗状花序，细弱，长 1～3 cm，直径约 1.5 mm，每一苞片内生 1 朵花；花被合生，上部扁平呈盾状，顶端有 4 个膜质小齿。种子卵圆形，直径 0.7～1.0 mm，淡红褐色，密生乳头状小突起。 花果期 7～9 月。

产新疆：叶城。生于海拔 1 400 m 左右的戈壁荒漠沙砾地。

青海：都兰（香日德乡托勒山，杜庆 482）。生于海拔 2 600～3 200 m 的河谷碱地、芨芨草滩及盐湖边。

分布于我国的新疆、青海、甘肃、宁夏、陕西、内蒙古；蒙古也有。

3. 盐节木属 Halocnemum M. Bieb.

M. Bieb. Fl. Taur.-Cauc. 3：3. 1819.

半灌木。多分枝，小枝对生，有关节。叶不发育，叶片呈鳞片状，对生。花序穗状，无柄；花两性，腋生，每 3 朵花（极少为 2 朵）生于 1 苞片内；苞片为盾状的鳞片，对生，无小苞片；花被 3 深裂，花被片宽卵形，顶端钝；雄蕊 1 枚；子房卵形，两侧扁，柱头 2 枚，钻状，有乳头状小突起，胚珠倒生。果实为胞果。种子直立；胚半环形，有胚乳。

单种属，分布于欧洲南部、亚洲西部及北部、非洲北部。

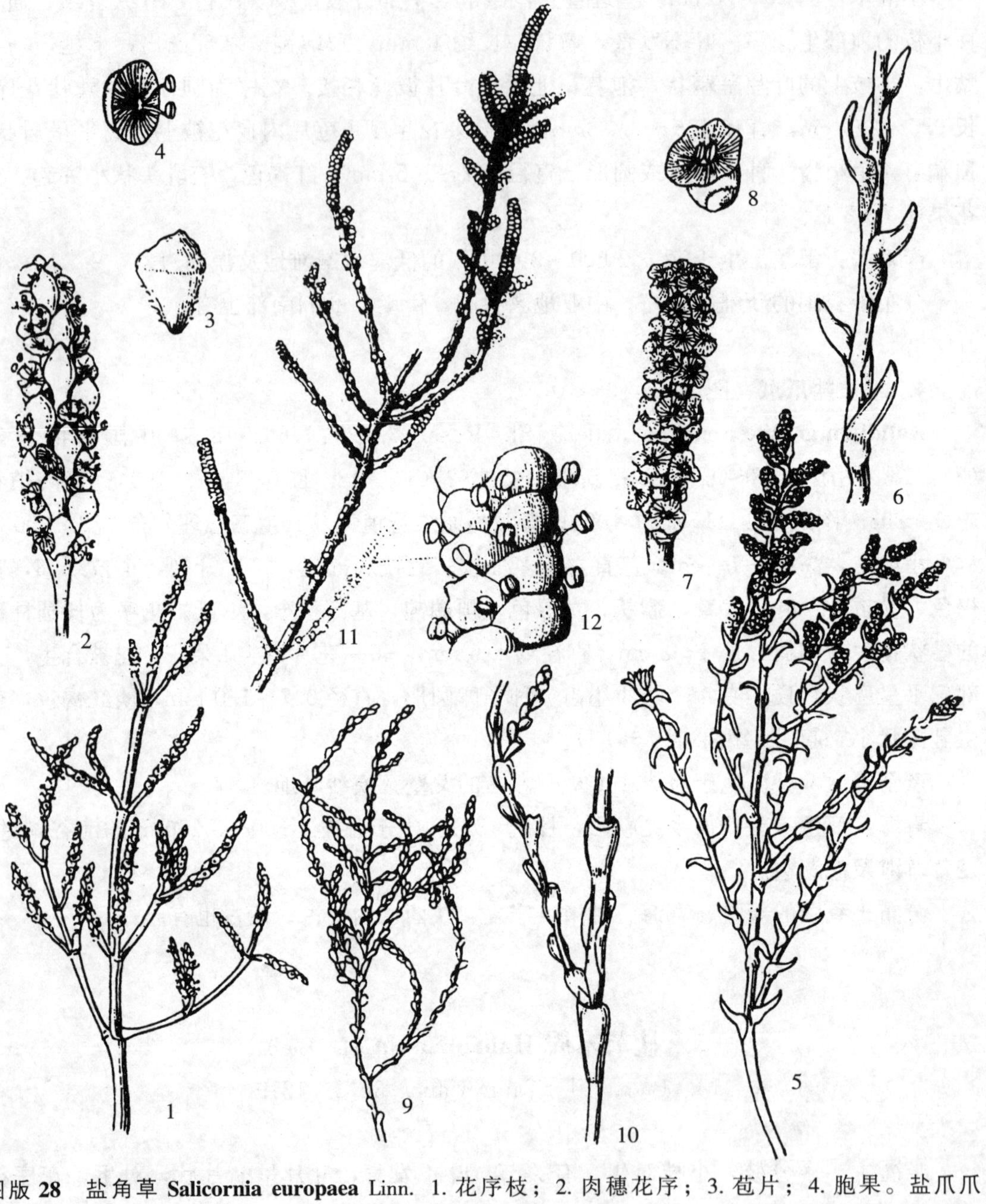

图版 **28** 盐角草 **Salicornia europaea** Linn. 1. 花序枝；2. 肉穗花序；3. 苞片；4. 胞果。盐爪爪 **Kalidium foliatum**（Pall.）Moq. 5. 花序枝；6. 小枝及退化叶；7. 肉穗花序；8. 花。细枝盐爪爪 **K. gracile** Fenzl 9. 枝；10. 小枝。盐节木 **Halocnemum strobilaceum**（Pall.）M. Bieb. 11. 枝条；12. 茎节。（1～10. 阎翠兰绘；11～12. 引自《新疆植物志》，谭丽霞绘）

1. 盐节木 图版 28：11～12

Halocnemum strobilaceum（Pall.）M. Bieb. Fl. Taur.-Cauc. 3：3. 1819；中国植物志 25（2）：19. 图版 1：3. 1979；新疆植物志 2（1）：13. 图版 2：3～4. 1994. ——*Salicornia strobilacea* Pall. Reise 1：412，413. 1771.

半灌木，高 20～40 cm。茎自基部分枝；小枝对生，近直立，有关节，平滑，灰绿色，老枝近互生，木质，平卧或上升，灰褐色，枝上有对生的缩短成芽状的短枝。叶对生，联合。花序穗状，长 0.5～1.5 cm，直径 2～3 mm，无柄，生于枝的上部，交互对生，每 3 朵花（极少为 2 朵）生于 1 苞片内；花被片宽卵形，两侧的 2 片向内弯曲；雄蕊 1 枚。种子卵形或圆形，直径 0.5～0.75 mm，褐色，密生小突起。 花果期 8～10 月。

产新疆：喀什、莎车（莎车林场附近，王焕存 101）。生于海拔 1 200～1 900 m 的宽谷湖盆盐湖边、盐土湿地。

分布于我国的新疆、甘肃北部；俄罗斯，蒙古，阿富汗，伊朗，非洲北部也有。

4. 盐穗木属 Halostachys C. A. Mey.

C. A. Mey. in Bull. Phys. -Math. Acad. Sci. St.-Pétersb. 1：361. 1843.

灌木。茎直立，分枝；枝对生，开展，小枝肉质，有关节，密生小突起。叶不发育，鳞片状，对生。花序穗状，有柄，对生；花两性，腋生，每 3 朵花生于 1 苞片内；苞片鳞片状，对生，无小苞片；花被合生，顶端 3 浅裂，花被裂片内折；雄蕊 1 枚；子房卵形，两侧扁，柱头 2 枚，钻状，有乳头状小突起。果实为胞果。种子直立，卵形，两侧扁；胚半环形，有胚乳。

单种属，分布于亚洲西部、欧洲东南部。

1. 盐穗木

Halostachys caspica（M. B.）C. A. Mey. in Bull. Phys. Math. Acad. Sci. St.-Pétersb. 1：361. 1843；中国植物志 25（2）：20. 图版 1：4. 1979；新疆植物志 2（1）：13. 图版 2：5～6. 1994. ——*H. capsicum* M. B. Fl. Tau.- Cauc. 3：3. 1819.

灌木，高 50～200 cm。茎直立，多分枝；老枝通常无叶，小枝肉质，蓝绿色，有关节，密生小突起。叶鳞片状，对生，顶端尖，基部联合。花序穗状，交互对生，圆柱形，长 1.5～3.0 cm，直径 2～3 mm，花序柄有关节；花被倒卵形，顶部 3 浅裂，裂片内折；子房卵形，柱头 2 枚，钻状，有小突起。胞果卵形，果皮膜质。种子卵形或矩圆状形，直径 6～7 mm，红褐色，近平滑。 花果期 7～9 月。

产新疆：英吉沙、莎车（恰热克乡阿瓦提附近，采集人不详 077）、于田（河玉皇图平克拉克西岸，刘铭庭 152）、民丰、且末（修堂，采集人不详 9556）、若羌（库木库都克西 90 km，沈观冕 094；米兰农场，沈观冕 084）。生于海拔 1 200～1 900 m 的山前盐碱滩、河谷阶地、宽谷盐湖边。

分布于我国的新疆、甘肃北部；俄罗斯西伯利亚，伊朗，阿富汗，蒙古也有。

5. 小果滨藜属 **Microgynoecium** Hook. f.

Hook. f. in Benth. et Hook. f. Gen. Pl. 3：56. 1880.

一年生草本，稍有囊状毛（粉粒）。叶互生，扁平，卵形，具叶柄，全缘或具浅裂片。花极小，单性，雌雄同株，无小苞片，雄花花被近膜质，5 裂，雄蕊 1～4 枚，花丝丝状，花药不具附属物。雌花簇生于具 3 个裂片而 2 个侧裂片内折的叶状苞片的腋部，无柄，通常仅 1～3 朵发育；花被退化，残留 5 个细小的丝状裂片；子房椭圆形，背腹扁，柱头 2 枚，毛发状，花柱极短，胚珠无柄。胞果斜卵形，鼓胀，背腹稍扁，表面有少数鸡冠状突起；果皮薄，贴伏于种子。种子直立，种皮硬壳质，黑色，具点纹；胚细瘦，马蹄形，胚乳粉质。

本属仅 1 种，分布于我国西南部至帕米尔高原及西天山，昆仑地区也产。

1. 小果滨藜 图版 29：1～5

Microgynoecium tibeticum Hook. f. in Benth. et Hook. f. Gen. P1. 3：56. 1880；中国植物志 25（2）：20. 图版 9：10～13. 1979；西藏植物志 1：629. 图版 200：4～6. 1983；青海植物志 1：225. 图版 45：1～5. 1997；青藏高原维管植物及其生态地理分布 173. 2008.

小型草本，高 8～25 cm。茎自基部分枝，多条，通常外倾或平卧。叶宽卵形、卵形或菱状卵形，稍肥厚，长 6～12 mm，宽 5～7 mm，先端急尖或微钝，基部楔形，全缘或呈 3 浅裂状，脉不明显；叶柄长 4～15 mm。雄花隐于枝端叶腋，花被长约 0.8 mm，浅褐色，裂至中部，裂片三角形，有粉粒：雄蕊 1～4 枚，着生于花被基部，花丝伸出于花被外，花药宽椭圆形，长约 0.5 mm。雌花 1～7 朵簇生于叶状苞片的腋部，但通常仅 1～3 朵发育；花被极微小，裂片丝状。胞果斜卵形，长 1.0～1.5 mm，黑褐色。种子有光泽；胚淡绿色或带褐色。 花果期 7～9 月。

产新疆：且末（解放牧场，青藏队吴玉虎 3061）、若羌（阿尔金山保护区鲸鱼湖，青藏队吴玉虎 4105）。生于海拔 4 000～4 900 m 左右的沟谷山坡草甸裸地、宽谷湖滩沙砾质干旱草原。

图版 **29**　小果滨藜 **Microgynoecium tibeticum** Hook. f. 1. 枝条；2. 叶；3. 胞果；4. 雄花；5. 雌花。西伯利亚滨藜 **Atriplex sibirica** Linn. 6. 具花序的枝条；7. 叶；8. 胞果。野滨藜 **A. fera**(Linn.) Bunge 9. 具花序的枝条；10. 叶；11. 胞果。鞑靼滨藜 **A. tatarica** Linn. 12. 具花序的枝条；13. 叶；14. 胞果。(王颖绘)

西藏：改则（县城，高生所西藏队 4288）、尼玛（双湖来多，青藏队藏北分队郎楷永 9751）、班戈。生于海拔 4 200～4 850 m 的沟谷山坡草地、滩地干旱草原砾地。

青海：兴海（黄青河畔，吴玉虎 42725）、曲麻莱（秋智乡，刘尚武和黄荣福 757）、久治（索乎日麻乡，藏药队 531）。生于海拔 3 700～4 000 m 的高山地带、河谷山麓湿沙砾地、山地阴坡高寒灌丛草甸裸地。

分布于我国的新疆、青海、甘肃、西藏。帕米尔高原及西天山也有。

6. 轴藜属 Axyris Linn.

Linn. Gen. Pl. ed. 5. 420. 1754.

一年生草本。茎直立或平卧，被星状毛。叶互生，具柄；叶片扁平，披针形至卵圆形，全缘，被星状毛。花单性，雌雄同株。雄花无柄，数朵簇生，排列于枝上部，呈穗状花序或聚头花序，无苞片和小苞片；花被裂片 3～5 片，膜质，倒卵形或椭圆形，背部密被星状毛，无附属物；雄蕊 2～5 枚。雌花数朵构成紧密的二歧聚伞花序，腋生，具苞片，无小苞片；苞片尖椭圆形，绿色，背部中脉明显，密被星状毛，后脱落；雌花着生于苞片柄上，花被片 3～4 片，膜质，背部被毛后脱落，不具附属物，果时增大，包被果实；子房卵状，腹背压扁，花柱短，柱头 2 枚。果实直生，椭圆形或倒卵形或球形，光滑或具皱纹，顶端通常具附属物，附属物冠状、三角状或乳头状。种子直生，胚马蹄形。

5～6 种。主要分布于亚洲北部、中部、欧洲、美洲北部。我国有 3 种，主要分布于我国东北、华北、西北地区和青藏高原；昆仑地区有 3 种。

分 种 检 索 表

1. 果实顶端 2 个附属物较小，乳头状；雄花序头状；茎、枝通常平卧；叶片较小，宽矩圆形或卵圆形，叶柄明显，与叶片近等长 ………… **3. 平卧轴藜 A. prostrata** Linn.
1. 果实顶端附属物较大，冠状或三角状；雄花序穗状；茎直立，分枝斜升；叶较大，披针形至卵形，具短柄。
   2. 叶披针形，叶片较大，通常长 3～5 cm；果实矩圆状倒卵形，不具同心圆状皱纹，顶端附属物 1 个，冠状，其中央微凹 ………… **1. 轴藜 A. amaranthoides** Linn.
   2. 叶椭圆形或卵形，叶片较小，通常长 0.5～3.0 cm；果实倒卵形，侧面具同心圆皱纹，顶端附属物 2 个，三角状 …………………… **2. 杂配轴藜 A. hybrida** Linn.

1. 轴藜 图版 30：1～3

Axyris amaranthoides Linn. Sp. Pl. 979. 1753；中国植物志 25（2）：22. 图版

4：1～8. 1979；青海植物志 1：215. 图版 47：4～6. 1997；青藏高原维管植物及其生态地理分布 166. 2008.

植株高 20～80 cm。茎直立，粗壮，微具纵纹，毛后期大部脱落；分枝多集中于茎中部以上，纤细，劲直，长 3～13 cm。叶具短柄，顶部渐尖，具小尖头，基部渐狭，全缘，背部密被星状毛，后期全部脱落；基生叶大，披针形，长 3～7 cm，宽 0.5～1.3 cm，叶脉明显，茎生叶、苞叶较小，狭披针形或狭倒卵形，长约 1 cm，宽 2～3 mm，边缘通常内卷。雄花序穗状，花被裂片 3 片，狭矩圆形，先端急尖，向内卷曲，背部密被毛，后期脱落；雄蕊 3 枚，与裂片对生，伸出花被片外。雌花花被片 3 片，白膜质，背部密被毛，后期脱落，侧生的 2 枚花被片大，近圆形，先端全缘或微具缺刻，近苞片处的花被片较小，矩圆形。果实长椭圆状倒卵形，侧扁，长 2～3 mm，灰黑色，有时具浅色斑纹，光滑，顶端具 1 附属物；附属物冠状，其中央微凹，有时亦有发育极好的果实其附属物不显。　花果期 8～9 月。

产青海：曲麻莱（巴干乡，刘尚武和黄荣福 929）。生于海拔 4 000～4 200 m 的砂质地、沟谷山坡湿沙地、河谷山坡草地、荒地、河边和田间或路旁。

分布于我国的新疆、青海、甘肃、陕西、内蒙古、山西、河北、辽宁、吉林、黑龙江；日本，朝鲜，蒙古，俄罗斯西伯利亚，欧洲也有。

2. 杂配轴藜　图版 30：4～6

Axyris hybrida Linn. Sp. Pl. 980. 1753；中国植物志 25（2）：24. 图版 4：9～11. 1979；青海植物志 1：216. 图版 47：7～9. 1997；青藏高原维管植物及其生态地理分布 166. 2008.

植株高 5～40 cm，茎直立，由基部分枝，分枝通常斜展或上升，幼时被星状毛，后期秃净。叶柄较短，叶片卵形、椭圆形或矩圆状披针形，长 0.5～3.5 cm，宽 0.2～1.0 cm，先端钝或渐尖，具小尖头，基部楔形或渐狭全缘，下面叶脉明显，两面皆被星状毛。雄花序穗状，花被片 3 片，膜质，矩圆形，先端钝，基部渐狭，背部被毛，后全部脱落；雄蕊 3 枚，与花被片对生，伸出花被片外。雌花花被片 3 枚，余者与前种相同。果实宽椭圆状倒卵形，长 1.5～2.0 mm，宽约 1.5 mm，两侧面具同心圆状皱纹，顶端具 2 个小的三角状附属物。　花果期 7～8 月。

产青海：玛多、都兰（香日德，郭本兆和王为义 11827）。生于海拔 2 500～4 200 m 的田边、路旁、沟谷河滩草地、河谷阶地草滩、山坡及沙丘。

分布于我国的新疆、青海、甘肃、西藏、云南、山西、内蒙古、河北、河南、黑龙江西部；俄罗斯西伯利亚，蒙古也有。

3. 平卧轴藜　图版 30：7～9

Axyris prostrata Linn. Sp. Pl. 980. 1753；中国植物志 25（2）：24. 图版 4：

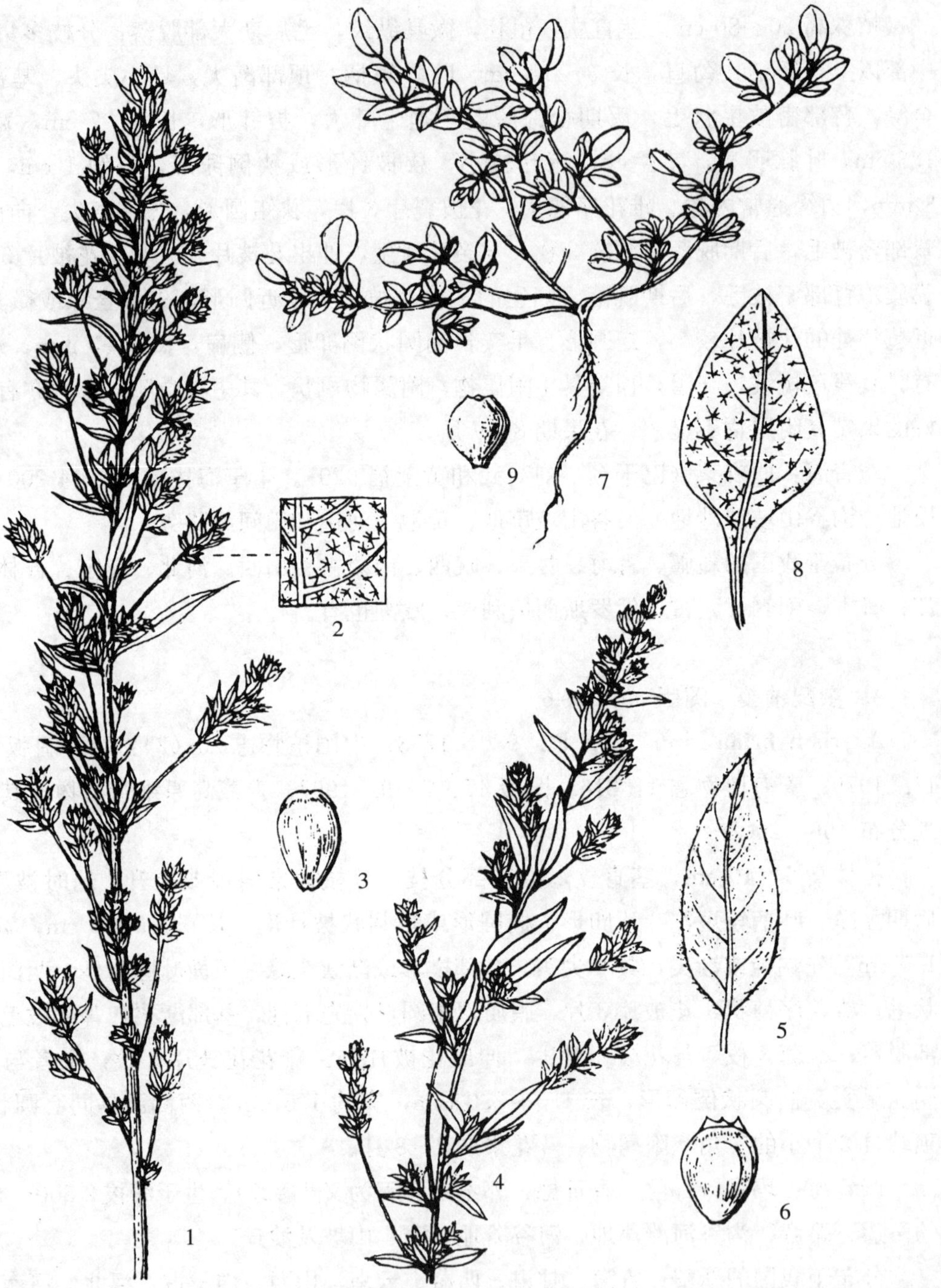

图版 30 轴藜 **Axyris amaranthoides** Linn. 1. 枝条；2. 叶一部分放大；3. 胞果。杂配轴藜 **A. hybrida** Linn. 4. 枝条；5. 叶；6. 胞果。平卧轴藜 **A. prostrata** Linn. 7. 植株；8. 叶放大及星状毛；9. 胞果。
（王颖绘）

12～14. 1979；青海植物志 1：215. 图版 47：1～3. 1997；青藏高原维管植物及其生态地理分布 166. 2008.

植株高 2～8 cm，茎枝平卧或上升，密被星状毛，后期毛大部分脱落。叶柄几与叶片等长，叶片宽椭圆形、卵圆形或近圆形，长 0.5～1.0 cm，宽 0.4～0.7 cm，先端圆形具小尖头，基部急缩并下延至柄，全缘，两面均被星状毛，中脉不明显。雄花花序头状，花被片 3 片，膜质，倒卵形，背部密被星状毛，毛后期脱落；雄蕊 3 枚，与花被片对生，伸出花被片外。雌花花被片 3 片，膜质，被毛；子房卵状，扁平，花柱短，柱头 2 枚，细长。果实圆形或倒卵圆形，侧扁，两侧面具同心圆状皱纹，顶端附属物 2 个，小，乳头状或有时不显。 花果期 7～8 月。

产青海：玛多（扎陵湖乡，吴玉虎 421）、达日（建设乡，陈桂琛 1710）、玛沁。生于海拔 3 700～4 200 m 的河谷阶地高寒草原、沟谷山地多石山坡或草滩。

分布于我国新疆、青海、西藏之高海拔地区；俄罗斯西伯利亚，蒙古也有。

7. 驼绒藜属 **Ceratoides**（Tourn.）Gagnebin

Gagnebin in Acta Helvetica 2：59. 1755.

多年生，灌木，直立或呈垫状，全体密被星状毛，后期毛部分脱落。叶互生、单生或成束，具柄；叶片扁平，条形、条状披针形至卵圆形，先端钝或圆形，基部楔形、圆形或心脏形，全缘。花单性，同株。雄花无柄，数朵成簇在枝顶部排成头状花序，无苞片和小苞片；花被片 4 片，膜质，基部稍联合，裂片卵形或椭圆形，背部被星状毛；雄蕊 4 枚，与花被对生，花药矩圆形，2 室，纵裂，花丝条形。雌花无柄，1～2 朵腋生，具苞片，无花被；小苞片 2 片，合生成雌花管，椭圆形或倒卵形，上部分裂成 2 个角状或兔耳状裂片，果时管外具 4 束长毛或短毛；子房无柄，椭圆形，密被星状毛；花柱短，柱头 2 枚，密被毛状突起，伸出管外。果实扁平，直生。种子直生，胚马蹄形，胚根向下。

6～7 种，除 2 种产于北美洲西部外余者皆分布于欧亚大陆，其中以亚洲中部最多。我国产 4 种 1 变种，昆仑地区产 3 种 1 变种。

我国以往均称本属为优若藜属 *Eurotia* Adans.，由于此名称为晚出名而被废弃。

分 种 检 索 表

1. 矮小垫状灌木；叶柄较长，宿存；雌花管裂片兔耳状，管外被短毛 ………………
…………………………… 3. **垫状驼绒藜 C. compacta**（Losinsk.）Tsien et C. G. Ma

1. 直立灌木；叶柄较短，半圆柱状，与叶片一起脱落；雌花管裂片角状，管外被 4 束长毛。

2. 雌花管裂片较大，为管长的 1/3 至近等长；叶条形、条状披针形或披针形，基部楔形或圆形，叶脉通常 1 条 …………………………………………………………………………………… **1. 驼绒藜 C. latens** (J. F. Gmel.) Reveal et Holmgren

2. 雌花管裂片较小，为管长的 1/5～1/4；叶披针形，羽状叶脉明显 …………………………………… **2. 华北驼绒藜 C. arborescens** (Losinsk.) Tsien et C. G. Ma

1. 驼绒藜 图版 31：1～5

Ceratoides latens (J. F. Gmel.) Reveal et Holmgren in Taxon 21 (1): 209. 1972；中国植物志 25 (2)：26. 图版 5：9. 1979；西藏植物志 1：631. 图 201：4～5. 1983；新疆植物志 2 (1)：17. 图版 4：1～2. 1994；青海植物志 1：189. 图版 40：1～5. 1997；青藏高原维管植物及其生态地理分布 168. 2008. ——*Krascheninnikovia latens* J. F. Geml. in Linn. Systema Naturae 13. ed. 2. 1：274. 1771. ——*Eurotia ceratoides* (Linn.) C. A. Mey. in Ledeb. Fl. Alt. 4：239. 1833；中国高等植物图鉴 1：582. 图 1164. 1972.

植株高 0.1～1.0 m，分枝多集中于下部，斜展或平展。叶较小，条形、条状披针形、披针形或矩圆形，长 1～2 (5) cm，宽 0.2～0.5 (1.0) cm，先端急尖或钝，基部渐狭、楔形或圆形，1 脉，有时近基处有 2 条侧脉，极稀为羽状。雄花序较短，长达 4 cm，紧密。雌花管椭圆形，长 3～4 mm，宽约 2 mm；花管裂片角状，较长，其长为管长的 1/3 到等长。果直立，椭圆形，被毛。 花果期 6～9 月。

产新疆：乌恰（县城以东 20 km，刘海源 216；吉根乡，73-219；托云乡苏约克附近，西植所新疆队 1887）、阿克陶（阿克塔什，青藏队吴玉虎 236、280、810）、塔什库尔干（麻扎到卡拉其古途中，青藏队吴玉虎 4976）、叶城（乔戈里冰川，黄荣福 C. G. 86-174；麻扎达拉，黄荣福 C. G. 86-060；苏克皮亚，青藏队吴玉虎 1060）、皮山（垴阿巴提乡布琼，青藏队吴玉虎 3002）、策勒（昆仑地区阿克奇大队，R1717）、且末（阿羌乡昆其布拉克，青藏队吴玉虎 3851）、若羌（东南库什达坂，阿尔金山考察队克里木 A082；阿雅格库姆，阿尔金山考察队克里木 074；阿尔金山，青藏队吴玉虎 2340、4327，刘海源 013）。生于海拔 1 950～3 600 m 的沟谷山坡砾石地、干旱山坡、沟谷山地砾石质高寒荒漠草原。

西藏：日土（班公湖畔，高生所西藏队 3460；拉龙山，高生所西藏队 3568；班公湖鸟岛，青藏队 76-8742）。生于海拔 4 200～4 600 m 的高原砾石滩地、河谷阶地高寒荒漠草原、宽谷湖滨沙砾地、高原宽谷湖盆高寒草原。

青海：格尔木（西大滩，青藏队吴玉虎 2915；纳赤台，陈世龙 864）、兴海（中铁乡天葬台沟，吴玉虎 45884；中铁林场恰登沟，吴玉虎 45006、45008、45279、45326）、玛多（县城附近，吴玉虎 390）、玛沁（江让乡，吴玉虎 1476；军功乡，H. B. G. 278；大武乡，H. B. G. 624）、称多（称文乡，刘尚武 2288）、茫崖（采集地不详，植被地理组 102）。生于海拔 3 260～4 300 m 的戈壁荒漠、半荒漠、干旱山坡或草原、沟谷山地林缘、河谷山地阴坡灌丛、沟谷山地荒漠草原。

分布于我国的新疆、青海、甘肃、西藏、内蒙古；国外分布较广，在整个欧亚大陆的干旱地区均有分布。

2. 华北驼绒藜

Ceratoides arborescens（Losinsk.）Tsien et C. G. Ma Fl. Reipubl. Popul. Sin. 25（2）：27. t. 5：5～6. 1979；青海植物志 1：189. 1997；青藏高原维管植物及其生态地理分布 167. 2008. ——*Eurotia arborescens* Losinsk. in Bull. Acad. Sci. URSS Phys.-Math. 999. 1930.

植株高 1～2 m，分枝多集中于上部，较长，通常长 35～80 cm。叶较大，柄短；叶片披针形或矩圆状披针形，长 2～5（7）cm，宽约 7～10（15）mm，向上渐狭，先端急尖或钝，基部圆楔形或圆形，通常具明显的羽状叶脉。雄花序细长而柔软，长可达 8 cm。雌花管倒卵形，长约 3 mm，花管裂片粗短，为管长的 1/5～1/4，先端钝，略向后弯；果时管外中上部具 4 束长毛，下部具短毛。果实狭倒卵形，被毛。 花果期 7～9 月。

产青海：兴海（中铁乡附近，吴玉虎 42311、42892、42895、43012）、都兰（英德尔种羊场，杜庆 393）。生于海拔 2 800～3 600 m 的戈壁滩固定沙丘、荒漠沙地、戈壁荒地或山坡、河谷山地灌丛崖壁。

分布于我国的青海、甘肃南部、陕西、四川（松潘）、河北、内蒙古、山西、辽宁、吉林。

我国特有种。

3. 垫状驼绒藜 图版 31：6～10

Ceratoides compacta（Losinsk.）Tsien et C. G. Ma Fl. Reipubl. Popul. Sin. 25（2）：27. 1979；西藏植物志 1：631. 图 201：1～3. 1983；新疆植物志 2（1）：18. 1994；青海植物志 1：191. 1997；青藏高原维管植物及其生态地理分布 167. 2008. ——*Eurotia compacta* Losinsk. in Bull. Acad. Sci. URSS Phys.-Math. 995. 1930.

3a. 垫状驼绒藜（原变种）

var. **compacta**

植株矮小，垫状。高 10～25 cm，具密集的分枝；老枝较短，粗壮，密被残存的黑色叶柄，一年生枝长 1.5～3.0（5.0）cm。叶小，密集，叶片椭圆形或矩圆状倒卵形，长约 1 cm，宽约 3 mm，先端圆形，基部渐狭，边缘向背部卷折；叶柄几与叶片等长，扩大下陷呈舟状，抱茎；后期叶片从叶柄上端脱落，柄下部宿存。雄花序短而紧密，头状；雌花管矩圆形，长约 0.5 cm，上端具 2 个大而宽的兔耳状裂片，其长几与管长相

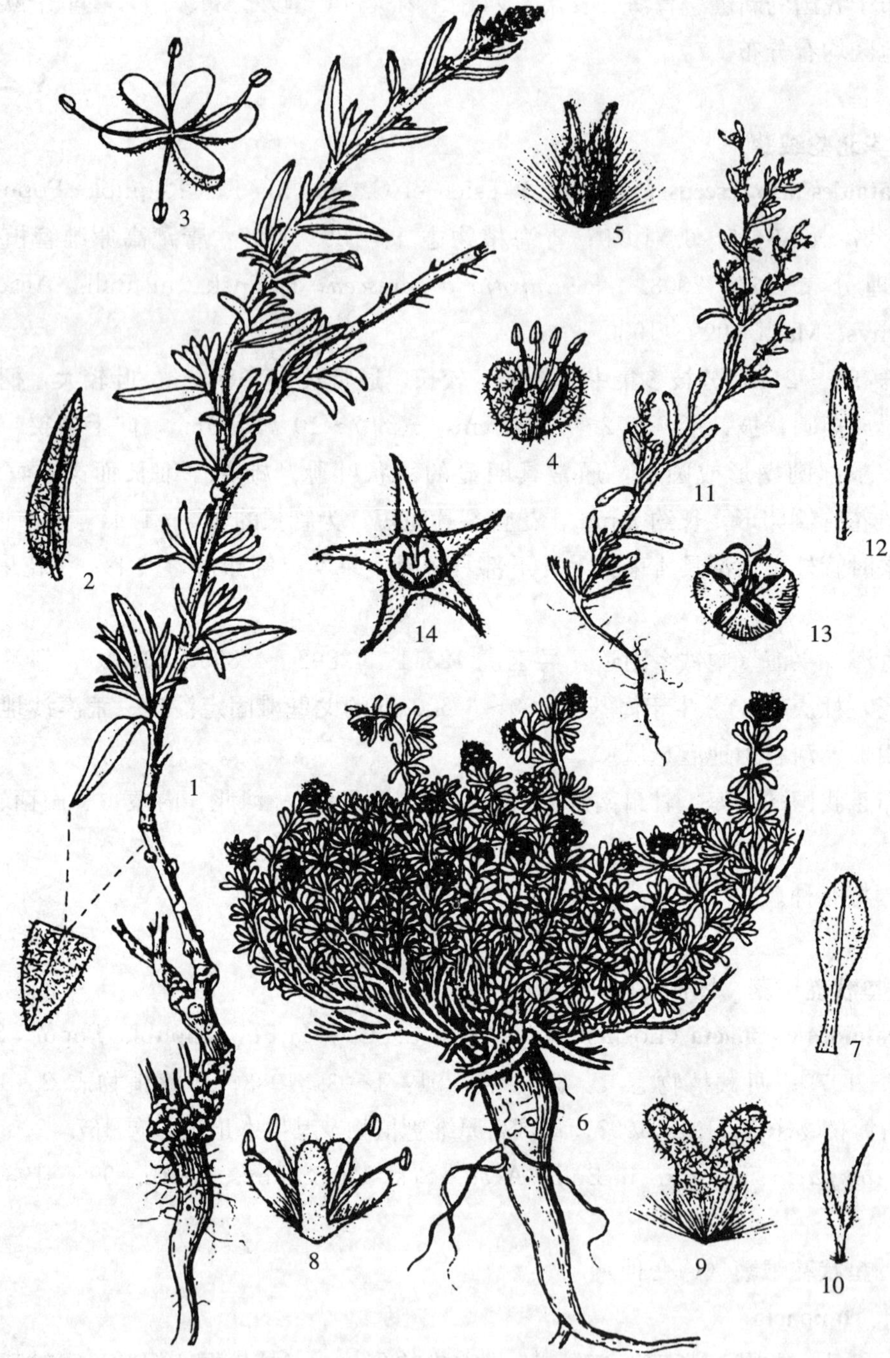

图版 **31** 驼绒藜 **Ceratoides latens**（J. F. Gmel.）Reveal et Holmgren 1. 植株；2. 叶；3. 雄花；4. 雌花；5. 果期花被管。垫状驼绒藜 **C. compacta**（Losinsk）Tsien et C. G. Ma 6. 全株；7. 叶；8. 雄花；9. 雌花被管；10. 雌蕊。雾冰藜 **Bassia dasyphylla**（Fisch. et C. A. Mey.）O. Kuntze 11. 植株 1 枝条；12. 叶；13. 花；14. 胞果。（阎翠兰绘）

等或较管稍长，先端圆形，向下渐狭，平展，果时管外被短毛。果椭圆形，被毛。 花果期 6～8 月。

产新疆：阿克陶（阿克塔什，青藏队吴玉虎 87236）、塔什库尔干（慕士塔格，青藏队吴玉虎 870289；麻扎种羊场，青藏队吴玉虎 380；中巴公路 43 km 处，高生所西藏队 3105）、叶城（岔路口，青藏队吴玉虎 1231、高生所西藏队 3416；麻扎达坂，黄荣福 C. G. 86－042）、和田（天文点，青藏队吴玉虎 1263）、于田（普鲁至火山途中，青藏队吴玉虎 3681；火山区卢克湖畔，青藏队吴玉虎 3714）、且末（阿羌乡昆其布拉克，青藏队吴玉虎 2075）、若羌（阿尔金山保护区，青藏队吴玉虎 2209、3073；鲸鱼湖，青藏队吴玉虎 4055；鸭子泉，青藏队吴玉虎 3095、3922；依夏克帕提，青藏队吴玉虎 4266；阿雅格库姆，阿尔金山考察队克里木 A078；阿尔金山，刘海源 039）。生于海拔 3 000～4 800 m 的湖边沙地、沟谷砾石干山坡、山前冲积扇、高原沙砾质滩地、宽谷滩地高寒荒漠草原、干涸河谷砾地、山地高寒草原。

西藏：日土（龙木错，采集人和采集号不详）。生于海拔 4 600 m 左右的沟谷沙砾山坡、湖滨滩沙砾地。

青海：治多（可可西里太阳湖，黄荣福 K－318、K－922；乌兰乌拉湖，黄荣福 K－140、K－202、K－716；五雪峰，黄荣福 K－061、K－986；西金乌兰湖，黄荣福 K－181、K－768；可可西里湖，黄荣福 K－410；苟鲁山克错，黄荣福 K－064）、曲麻莱（秋治乡，刘尚武 685）、玛多（扎陵湖乡，吴玉虎 1561、黄荣福 C. G. 81－198；布青山，植被地理组 561；黑海乡，杜庆 522）、冷湖（当金山口，植被地理组 094）、都兰（诺木洪，黄荣福 C. G. 81－297、杜庆 312；夏日哈山，植被地理组 331；香日德，黄荣福 C. G. 81－271）。生于海拔 3 500～5 000 m 的沟谷山坡或砾石地带。

分布于我国的新疆、青海、甘肃（祁连山）、西藏。帕米尔高原西部也有。

3b. 长毛垫状驼绒藜（变种）

var. **longipilosa** Tsien et C. G. Ma in Acta Phyttax. Sin. 16：117. 1978；西藏植物志 1：632. 1983；青海植物志 1：191. 1997；青藏高原维管植物及其生态地理分布 167. 2008.

本变种与原变种的主要区别在于：雌花管外之上部具 4 束长毛。

产西藏：改则（县城附近，高生所西藏队 4328）、日土。生于海拔 4 200 m 左右的高原宽谷湖盆、高寒草原砾石地。

分布于我国的青海、西藏。

8. 滨藜属 Atriplex Linn.

Linn. Gen. Pl. ed. 5. 472. 1754.

一年生草本，较少为半灌木，通常被糠秕状被覆物（粉）。叶互生，很少为对生，有柄或近无柄，叶片扁平，稍肥厚，条形、披针形、椭圆形、卵形、三角形、菱形或戟形，边缘具齿，较少全缘。团伞花序腋生；花单性，雌雄同株或异株。雄花无苞片，花被5裂，较少3～4裂，花被裂片矩圆形或倒卵形，先端钝；雄蕊3～5枚，着生于花被基部，花丝离生或下部合生；退化子房狭圆锥状或圆柱状或无。雌花具2苞片，无花被；苞片离生或边缘不同程度合生，果时稍增大，形态多样，表面通常有附属物，有时与雄花相似的雌花（具花被而无苞片）同时存在；无花盘，子房卵形或扁球形；柱头2枚，钻状或丝状，花柱极短。胞果包被于苞片内，果皮膜质，与种子贴伏或贴生。种子直立或倒立，仅在具花被的雌花中横生，扁平，圆形或双凸镜形；胚环形，具块状胚乳。

约180种，分布于世界温带及亚热带。我国产17种2变种。北方各省区，尤以新疆荒漠地区最为丰富，南方沿海各省区产3种；昆仑地区产4种。

分种检索表

1. 苞片果时外形略呈扁筒形，边缘全都合生，或仅顶端离生。
    2. 苞片果时表面有多数棘状突起；叶片卵状三角形至菱状卵形，通常边缘具疏锯齿，上面灰绿色，下面有密粉呈银灰色 ……… **1. 西伯利亚滨藜 A. sibirica** Linn.
    2. 苞片果时表面仅具1～3个棘状突起；叶片卵状矩圆形至卵状披针形，通常全缘，两面均为灰绿色 …………………………………… **2. 野滨藜 A. fera** (Linn.) Bunge
1. 苞片果时非扁筒形，仅中部以下边缘不同程度合生。
    3. 数朵花簇生叶腋，苞片果时菱形至半圆形，附属物肉刺状或无，全表面同色 …………………………………………………………… **3. 中亚滨藜 A. centralasiatica** Iljin
    3. 稠密花朵的穗状花序腋生，再于茎、枝的上部排成圆锥花序；苞片果时背部无附属物或有时有少数附属物，近基部的中心为黄白色，缘部绿色 ……………………………………………………………… **4. 鞑靼滨藜 A. tatarica** Linn.

1. 西伯利亚滨藜 图版29：6～8

Atriplex sibirica Linn. Sp. P1. ed. 2. 1493. 1763；中国植物志25（2）：39. 图版8：6. 1979；新疆植物志2（1）：24. 图版6：2. 1994；青海植物志1：207. 图版45：9～11. 1997；青藏高原维管植物及其生态地理分布166. 2008.

一年生草本，高 20～50 cm。茎通常自基部分枝；枝外倾或斜升，钝四棱形，有粉。叶片卵状三角形至菱状卵形，长 3～5 cm，宽 1.5～3.0 cm，先端微钝，基部圆形或宽楔形，边缘具疏锯齿，近基部的 1 对齿较大而呈裂片状，或仅有 1 对浅裂片而其余部分全缘，上面灰绿色，无粉或稍有粉，下面灰白色，有密粉；叶柄长 3～6 mm。团伞花序腋生；雄花花被 5 深裂，裂片宽卵形至卵形，雄蕊 5 枚，花丝扁平，基部联合，花药宽卵形至短矩圆形，长约 0.4 mm；雌花的苞片联合成筒状，仅顶缘分离，果时膨胀，略呈倒卵形，长 5～6 mm，宽约 4 mm，木质化，表面具多数不规则的棘状突起，顶缘薄，牙齿状，基部楔形。胞果扁平，卵形或近圆形；果皮膜质，白色，与种子贴伏。种子直立，红褐色或黄褐色，直径 2.0～2.5 mm。 花期 6～7 月，果期 8～9 月。

产新疆：乌恰、喀什、疏附、叶城、于田、策勒、和田、莎车（达木斯乡，青藏队吴玉虎 870742）。生于海拔 1 600 m 左右的荒漠戈壁。

青海：格尔木、都兰（香日德，郭本兆 8011）、兴海（河卡乡羊曲，何廷农 446）。生于海拔 2 500～2 900 m 的盐碱荒漠、湖边、渠沿、河岸及固定沙丘等处。

分布于我国的新疆、青海、甘肃西北部、宁夏、陕西北部、内蒙古、河北北部、辽宁、吉林、黑龙江；蒙古，哈萨克斯坦，俄罗斯西伯利亚也有。

2. 野滨藜 图版 29：9～11

Atriplex fera（Linn.）Bunge in Mém. Acad. Sci. St-Pétersb. ser. 7. 27（8）：6. 1880；中国植物志 25（2）：39. 图版 8：11～12. 1979；青海植物志 1：207. 图版 45：6～8. 1997；青藏高原维管植物及其生态地理分布 165. 2008. ——*Spinacia fera* Linn. Sp. P1. cd. 2. 1456. 1763.

一年生草本，高 20～80 cm。茎直立或外倾，四棱形或下部圆柱形，通常自基部起分枝；枝细瘦，斜升，上部通常弯曲，稍有粉。叶片卵状矩圆形至卵状披针形，长 2～7 cm，宽 0.8～2.0 cm，全缘，较少在中部以下具 1 至数对波状钝齿，两面均为灰绿色，先端钝或短渐尖，基部宽楔形至楔形；叶柄长 6～12 mm。团伞花序腋生：雄花 4 基数，早落；雌花在每一团伞花序中有 3～10 朵或更多；苞片边缘全部合生，果时两面膨胀，坚硬，卵形或椭圆形，黄绿色，表面有浮凸的网状脉及 1～2 个位置不规则的棘状突起，稍有粉，顶缘具 3 个短齿，苞柄长 3～4 mm。胞果扁平，圆形；果皮膜质，白色，与种子贴伏。种子直立，棕色，直径 1.5～2.0 mm。 花果期 7～9 月。

产青海：都兰（香日德，杜庆 451）。生于海拔 3 000 m 左右的荒漠戈壁湖边、宽谷河滩、渠沿、路边等含盐碱的地方。

分布于我国的新疆东部、青海、甘肃、陕西、山西、内蒙古、河北、吉林、黑龙江；俄罗斯西伯利亚东部，蒙古也有。

3. 中亚滨藜

Atriplex centralasiatica Iljin in Acta Inst. Bot. Acad. Sci. URSS. ser. 1. 2:

124. 1936；中国植物志 25（2）：40. 1979；西藏植物志 1：635. 1983；新疆植物志 2（1）：26. 图版 6：5. 1994；青海植物志 1：209. 1997；青藏高原维管植物及其生态地理分布 165. 2008.

一年生草本，高 15～30 cm。茎通常自基部分枝，枝钝四棱形，黄绿色，有粉或下部近无粉。叶有短柄，枝上部的叶近无柄；叶片卵状三角形至菱状卵形，长 2～3 cm，宽 1.0～2.5 cm，边缘具疏锯齿，近基部的 1 对锯齿较大而呈裂片状，或仅有 1 对浅裂片而其余部分全缘，先端微钝，基部圆形至宽楔形，上面灰绿色，无粉或稍有粉，下面灰白色，有密粉；叶柄长 2～6 mm。花集成腋生团伞花序；雄花花被 5 深裂，裂片宽卵形，雄蕊 5 枚，花丝扁平，基部联合，花药宽卵形至短矩圆形，长约 0.4 mm；雌花的苞片近半圆形至平面钟形，边缘近基部以下合生，果时长 6～8 mm，宽 7～10 mm，近基部的中心部膨胀并木质化，表面具多数疣状或肉棘状附属物，缘部草质或硬化，边缘具不等大的三角形牙齿；苞柄长 1～3 mm。胞果扁平，宽卵形或圆形。种子直立，红褐色或黄褐色，直径 2～3 mm。 花期 7～8 月，果期 8～9 月。

产新疆：乌恰、喀什、疏勒（牙甫泉乡，Ro 900）、叶城（苏克皮亚，青藏队吴玉虎 1106；林场，R 1264）、策勒（恰哈乡，R 1703、R 1455）。生于海拔 1 400～2 700 m 的农田、荒地、湖边、山坡、荒漠戈壁滩。

西藏：改则（县城附近，高生所西藏队 4320）、日土（班公湖畔，青藏队吴玉虎 1370）。生于海拔 4 400 m 左右的河滩、高原湖边沙砾地。

青海：玛多（扎陵湖乡，吴玉虎 454）、兴海（唐乃亥乡，采集人不详 272）。生于海拔 2 700～4 300 m 的戈壁、荒地、海滨及盐土荒漠。

分布于我国的新疆、青海、甘肃、宁夏、陕西北部、西藏、山西北部、内蒙古、河北、辽宁、吉林；蒙古，中亚地区各国，俄罗斯西伯利亚也有。

4. 鞑靼滨藜 图版 29：12～14

Atriplex tatarica Linn. Sp. Pl. 1053. 1753；中国植物志 25（2）：44. 图版 9：1～5. 1979；青海植物志 1：209. 图版 45：12～14. 1997；青藏高原维管植物及其生态地理分布 166. 2008.

一年生草本，高 20～80 cm。茎直立或外倾，白色，下部茎皮薄片状剥落，通常多分枝；枝较细瘦，斜升。叶片宽卵形、三角状卵形，矩圆形至宽披针形，长 2～7 cm，宽 1～4 cm，边缘具不整齐缺刻状或浅裂状锯齿，先端急尖或短渐尖，具短尖头，基部宽楔形至楔形，上面绿色，无粉，下面灰白色，有密粉，有时两面均有粉而近于同色；叶柄很短或长达 2 cm。花簇生于叶腋，并于茎、枝的上部集成穗状圆锥状花序，花序轴有密粉、薄片状毛丛；雄花花被倒圆锥形，5 深裂，雄蕊 5 枚，花药矩圆形；雌花的苞片果时菱状卵形至卵形，下部的边缘合生，靠基部的中心部黄白色，缘部有绿色网脉，边缘多少有齿。胞果扁，卵形或近圆形；果皮白色，膜质，与种子贴伏。种子直立，直径1.5～2.5 mm，黄褐色至红褐色；胚乳块状，黄褐色。 花果期7～9月。

产新疆：阿克陶（阿克塔什，青藏队吴玉虎266、271）、若羌（阿尔金山保护区鸭子泉，青藏队吴玉虎3909）。生于海拔2 420～3 740 m的沟谷河滩沙砾草地、高原荒漠沙砾河滩。

青海：茫崖。生于海拔3 100 m左右的盐碱荒漠。

分布于我国的新疆、青海北部、甘肃西部；欧洲，地中海沿岸，小亚细亚，西西伯利亚，蒙古西部也有。

9. 沙蓬属 Agriophyllum M. Bieb.

M. Bieb. Fl. Taur.-Cauc. 3: 6. 1819.

一年生草本。茎直立，从基部分枝，光滑或被分枝状茸毛。叶互生，无柄或具柄，条状、披针状条形，披针形或卵圆形，全缘，先端渐尖具小尖头，基部渐狭或圆楔形，具3至多条叶脉。花序穗状，具苞片，无小苞片；苞片覆瓦状排列，基部宽，先端急缩呈锐尖头，后折，背部密被分枝状毛；花两性，无柄，单生于苞片腋部；花被裂片1～5片，分离，膜质，白色，矩圆形或披针形，顶端啮蚀状撕裂；雄蕊1～5枚，下位，花丝扁平，分离或仅基部联合，花药矩圆形；子房上位，无柄，卵状，背腹压扁，无毛或被毛，花柱短，柱头2枚，丝状。果实矩圆形至近圆形，无毛或被毛，上部边缘具翅或无；果实顶端具果喙，果喙分裂成2个小喙，果喙基部外侧具侧翅或无，果皮与种皮分离。种子直生，扁平，圆形或椭圆形；胚环形，胚乳较丰富，胚根向下。

6种，主要分布于中亚及西亚。我国有3种，昆仑地区1种。

1. 沙 蓬 图版32：1～4

Agriophyllum squarrosum (Linn.) Moq. in DC. Prodr. 13 (2): 139. 1849；中国植物志25 (2): 48. 图版13: 8. 1979；新疆植物志2 (1): 29. 图版7: 3～4. 1994；青海植物志1: 218. 图版48: 1～4. 1997；青藏高原维管植物及其生态地理分布165. 2008. ——*Corispermum squarrosum* Linn. Sp. Pl. 4. 1753.

植株高14～60 cm。茎直立，坚硬，浅绿色，具不明显的条棱，幼时密被分枝毛，后脱落；由基部分枝，最下部的一层分枝通常对生或轮生，平卧，上部枝条互生，斜展。叶无柄，披针形、披针状条形或条形，长1.3～7.0 cm，宽0.1～1.0 cm，先端（渐尖具小尖头）向基部渐狭，叶脉凸，纵行，3～9条。穗状花序紧密，卵圆状或椭圆状，无梗，1（～3）个腋生；苞片宽卵形，先端急缩，具小尖头，后期反折，背部密被分枝毛；花被片1～3片，膜质；雄蕊2～3枚，花丝锥形，膜质，花药卵圆形；子房上位，花柱短，柱头2枚，丝状。果实卵圆形或椭圆形，两面扁平或背部稍凸，幼时在背部被毛，后期秃净，上部边缘略具翅缘，果喙深裂成2个扁平的条状小喙，微向外弯，小喙先端外侧各具1小齿突。种子近圆形，光滑，有时具浅褐色的斑点。 花果期8～10月。

产新疆：策勒（恰哈乡，R 1292、R 1619）。生于海拔1 400 m左右的戈壁荒漠沙砾地。

青海：都兰（香日德，郭本兆和王为义11825）。生于海拔2 800 m左右的荒漠戈壁沙丘或流动沙丘。

分布于我国的新疆、青海、甘肃、宁夏、陕西、西藏、内蒙古、山西、河北、河南、东北地区；蒙古，西伯利亚也有。

10. 虫实属 **Corispermum** Linn.

Linn. Gen. Pl. ed. 5. 5. 1754.

一年生草本，植株全体被星状毛。叶条形，稀倒披针形，无柄，扁平，全缘，先端钝或渐尖具小尖头，1（～3）脉。花序穗状，顶生和侧生，具多花，花密集或疏离；具苞片，无小苞片，苞片叶状、狭披针形至近圆形，有1～3脉，具宽或窄的膜质边缘，全缘，先端渐尖或骤尖并具小尖头，基部楔形或圆形。花两性，无柄，单生；花被片白膜质，1或3枚，不等大，近轴花被片1片，直立，较大，远轴花被片2片，较小或缺；雄蕊下位，1、3或5（远轴2、近轴3）枚，花丝条形，扁平，通常长于花被片，稀等长；花药矩圆形，2室，纵裂；子房上位，卵状或椭圆状，背腹压扁，无毛或被毛，花柱短，柱头2枚。果实直立，背腹压扁，矩圆形至圆形，顶端急尖，近圆形或在果喙基部两侧下陷呈缺刻状，基部楔形、近圆形或心脏形；果核通常为倒卵形或椭圆形，稀近圆形，平滑，或具斑纹、疣状或乳头状突起，被星状毛或无；果喙明显，上部具2喙尖，喙尖针状，直立、叉分或弯曲；果具翅，翅宽或窄或几近于无，全缘或蚀状，平直或呈波状皱曲，半透明或不透明；果皮与种皮相联。种子与果核同形，直立，胚马蹄形，胚根向下，胚乳较多。

有60余种，全都分布于北半球温带地区。我国有26种7变种，主要分布于我国的东北、华北、西北、青藏高原等地区；昆仑地区产7种1变种。

分种检索表

1. 穗状花序圆柱状，细长，疏松；苞片叶状逐渐过渡成狭卵形或卵形，膜质边缘较窄，1脉。
  2. 植株矮小，高常5～15 cm ……………………………… **6. 藏虫实 C. tibeticum** Iljin
  2. 植株通常较大，高常15～50 cm；穗状花序较长。

3. 果实较大，长 3～4 mm，顶端急尖；果翅窄或近无翅 ……………………………………………………………… 1. **绳虫实 C. declinatum** Steph. ex Stev.

3. 果实较小，长 1.5～3.0 cm，顶端圆形或近圆形。

4. 近轴花被片宽卵形或近圆形，顶端不规则撕裂状；果核具深紫褐色斑点 ……………………………………………… 4. **帕米尔虫实 C. pamiricum** Iljin

4. 近轴花被片矩圆形或宽椭圆形，顶端急尖或有不等细齿；果核光滑。

5. 果实较大，长 2.5～3.0 mm，宽 1.5～2.0 mm，光滑；果翅较宽 ……………………………………………… 2. **中亚虫实 C. heptapotamicum** Iljin

5. 果实较小，通常长约 2 mm，宽 1.0～1.5 mm，背部有时具瘤状突起；果翅极窄或近无翅 ………………………… 3. **蒙古虫实 C. mongolicum** Iljin

1. 穗状花序棍棒状或圆柱状，粗壮，通常紧密。

6. 叶片条形；果实宽矩圆形，果翅宽为果核的 1/3～1/2 ……………………………………………………………… 7. **华虫实 C. stauntonii** Moq.

6. 叶片条形或倒披针形；果实宽矩圆形，果翅窄，为果核的 1/6～1/5 ……………………………………………………… 5. **粗喙虫实 C. dutreuilii** Iljin

1. 绳虫实

Corispermum declinatum Steph. ex Stev. Mém. Soc. Nat. Mosc. 5: 334. 1817；中国植物志 25（2）：55. 1979；青海植物志 1：222. 1997；青藏高原维管植物及其生态地理分布 170. 2008.

一年生草本，高 15～50 cm，通常高约 35 cm。茎直立，圆柱状，直径 2.5～3.0 mm，分枝较多，最下部者较长，上升，中上部较短，斜展。叶条形，长 2～3（6）cm，宽 2～3 mm，先端渐尖具小尖头，基部渐狭，1 脉。穗状花序顶生、侧生，细长，稀疏，长 5～15 cm，直径约 0.5 cm，圆柱形；苞片较狭，由条状披针形过渡成狭卵形，长 0.5～3.0 cm，宽 2～3 mm，先端渐尖，基部圆楔形，1 脉，具白膜质边缘，除上部苞片较果稍宽外均较果窄；花被片 1 片，稀 3 片，近轴花被片宽椭圆形，先端全缘或齿啮状；雄蕊 1（3）枚，花丝为花被片长的 2 倍；子房上位，花柱短，柱头 2 枚，丝状。果实无毛，倒卵状矩圆形，长 3～4 mm，宽约 2 mm，顶端急尖，稀近圆形，基部圆楔形，背面凸出其中央稍扁平，腹面扁平或稍凹入；果核狭倒卵形，平滑或具瘤状突起；果喙长约 0.5 mm，喙尖为喙长的 1/3，直立；果翅窄或几近于无翅，全缘或具不规则的细齿。　花果期 6～9 月。

产青海：兴海（河卡乡尕玛羊曲，何廷农 447）。生于海拔 2 900 m 左右的砂质荒地和田边、路旁、河滩。

分布于我国的新疆、青海、甘肃、陕西、内蒙古、山西、河北、河南、辽宁；俄罗斯西伯利亚，蒙古也有。

2. 中亚虫实

Corispermum heptapotamicum Iljin in Acta Inst. Bot. Acad. Sci. URSS ser. 1. 3：165. 1936；中国植物志 25（2）：57. 图版 10：7. 1979；新疆植物志 2（1）：33. 1994；青海植物志 1：221. 1997；青藏高原维管植物及其生态地理分布 170. 2008.

一年生草本，高 9～40 cm。茎直立，圆柱形，直径约 2.5 mm，密被毛，后期毛部分脱落，多分枝，下部分枝较长，上升或近平卧。叶条形或倒披针形，长 1.5～4.0 cm，宽 2～4（8）mm，先端急尖具小尖头，基部渐狭，1 脉，被毛。穗状花序顶生和侧生，细长，稍密，长 4～18 cm，通常长 5～10 cm；苞片条形至披针形和卵形，长 4～17 mm，宽 1.5～2.5 mm，先端渐尖或急尖，基部渐狭或近圆形，1 脉，被毛，具狭的膜质缘；花被片 1 片，稀 3 片，近轴花被片矩圆形，顶端急尖，远轴 2 片通常不发育；雄蕊 1 枚，稀 3 枚，中间花丝通常超过花被片；子房上位，花柱短，柱头 2 枚，丝状。果实椭圆形，长 2.5～3.0 mm，宽 1.5～2.0 mm，顶端近圆形，基部宽楔形，背部凸起，腹面凹，无毛；果核倒卵形，光滑，灰绿色；果喙短，圆柱状，喙尖短，直立；果翅窄，不透明；黄绿色，全缘或齿啮状。 花果期 7～9 月。

产新疆：叶城（县城以东 5 km，刘海源 209）、民丰、若羌（阿尔金山保护区土房子，青藏队吴玉虎 2777A）。生于海拔 1 300～4 200 m 的荒漠戈壁沙砾滩地、高原宽谷湖盆沙丘。

青海：格尔木（大柴旦，青藏队吴玉虎 2914）、都兰（查查香卡，杜庆 145）。生于海拔 2 800～3 600 m 的戈壁荒漠沙地、沙丘、河谷滩地荒漠草原。

分布于我国的新疆南部、青海、甘肃西部（河西走廊）；哈萨克斯坦也有。

3. 蒙古虫实

Corispermum mongolicum Iljin in Bull. Jard. Bot. Princ. URSS 28：648. 1929；中国植物志 25（2）：57. 图版 10：5. 1979；新疆植物志 2（1）：33. 1994；青海植物志 1：222. 1997；青藏高原维管植物及其生态地理分布 170. 2008.

一年生草本，高 10～35 cm。茎直立，圆柱形，直径约 2.5 mm，被毛；分枝多集中于基部，最下部分枝较长，平卧或上升，上部分枝较短，斜展。叶条形或倒披针形，长 1.5～2.5 cm，宽 0.2～0.5 cm，先端急尖而具小尖头，基部渐狭，1 脉。穗状花序顶生和侧生，细长，稀疏，圆柱形，长（1.5～）3.0～6.0 cm；苞片由条状披针形至卵形，长 5～20 mm，宽约 2 mm，先端渐尖，基部渐狭，被毛，1 脉，膜质缘较窄，全部掩盖果实；花被片 1 片，矩圆形或宽椭圆形，顶端具不规则的细齿；雄蕊 1～5 枚，超过花被片；子房上位，花柱短，柱头 2 枚，丝状。果实较小，广椭圆形，长 1.5～2.3 mm，宽 1.0～1.5 mm，顶端近圆形，基部楔形，背部强烈凸起，腹面凹入；果喙极短，喙尖为喙长的 1/2；翅极窄，几近无翅，浅黄绿色，全缘。 花果期 7～9 月。

产新疆：策勒（奴尔乡，采集人不详 15；恰哈乡，R 1613；城郊，R 1293）、若羌（阿尔金山北坡，青藏队吴玉虎 4317）。生于海拔 1 400～3 100 m 的戈壁荒漠沙砾地、沟谷山坡干旱草地。

青海：格尔木（采集地不详，郭本兆和王为义 11758）。生于海拔 2 800 m 左右的砂质戈壁或固定沙丘。

分布于我国的新疆东部、青海、甘肃、宁夏、内蒙古西部；俄罗斯西西伯利亚，蒙古也有。

4. 帕米尔虫实 图版 32：5～6

Corispermum pamiricum Iljin in Acta Inst. Bot. Acad. Sci. URSS ser. 1. 3: 165. 1936；中国植物志 25（2）：58. 图版 10：6. 1979；西藏植物志 1：633. 1983；青海植物志 1：222. 图版 48：8～9. 1997；青藏高原维管植物及其生态地理分布 171. 2008.

4a. 帕米尔虫实（原变种）

var. **pamiricum**

一年生草本，高 5～15 cm。茎圆柱形，直径约 1.5 mm，分枝多集中于基部，平卧或上升。叶条形，长 1.0～2.5 cm，宽约 1 mm，顶端急尖具小尖头，基部渐狭，1 脉，被毛，干时皱缩。穗状花序顶生和侧生，圆柱状，稍密集，长 1～6 cm，通常长 3～5 cm；苞片由条状披针形（少数花序基部的）至披针形和卵形，长 1.5～0.5 cm，宽 1～2 mm，先端渐尖或急尖，基部圆形，1 脉，被毛，具明显的膜质边缘，掩盖果实，干时略反折；花被片 1 片，近圆形，顶端不规则撕裂；雄蕊 1～3 枚，超过花被片；子房上位，花柱短，柱头 2 枚，丝状。果实倒卵状广椭圆形，长 2～3 mm，宽 1.5～2.0 mm，背面凸起其中央稍扁平，腹面扁平或凹入，顶端圆形，基部近圆形，无毛；果喙粗短，喙尖为喙长的 1/3，粗壮，直立；果翅极窄，全缘。 花果期 7～8 月。

产西藏：改则（县城附近，高生所西藏队 4304）、日土。生于海拔 4 200 m 左右的沟谷山坡砾石地、河谷阶地沙砾地。

青海：格尔木（采集地不详，植被地理组 107）、都兰（脱土山，植被地理组 241）。生于海拔 2 600～3 000 m 的戈壁荒漠砂质田边。

分布于我国的青海、西藏；俄罗斯西西伯利亚也有。

4b. 毛果帕米尔虫实（变种）

var. **pilocarpum** Tsine et C. G. Ma in Acta Phytotax. Sin. 16: 118. 1978；西藏植物志 1：633. 1983；青藏高原维管植物及其生态地理分布 171. 2008.

本变种与原变种的主要区别在于：果实密被星状毛。

产西藏：日土（热帮区，青藏队 76-9128）。生于海拔 4 200～4 500 m 的高原沟谷河滩沙砾地。

5. 粗喙虫实

Corispermum dutreuilii Iljin in Inst. Bot. Acad. Sci. URSS ser. 1. 3：162. 1936；中国植物志 25（2）：58. 图版 10：9. 1979；青海植物志 1：221. 1997；青藏高原维管植物及其生态地理分布 170. 2008.

一年生草本，高 5～15 cm。茎直立，圆柱形，直径约 3 mm，绿色或紫红色，毛稀疏；分枝少，集中于基部，最下部分枝较长，上升或平卧，上部分枝短，斜展。叶条形或倒披针形，长达 3.5 cm，宽 3～5 mm，先端急尖而具小尖头，基部渐狭，1 脉。穗状花序顶生、侧生，长 2～14 cm，较密；苞片由倒披针形、条形逐渐过渡成披针形，其长从 3 cm 逐渐短为 0.5 cm，宽 2～5 mm，先端急尖具小尖头，基部渐狭或近圆形，1 脉，上部苞片具白膜质边缘，掩盖果实，果期直立。花被片 1 片，卵圆形，顶端具不规则撕裂；雄蕊 1（～3）枚，较花被片长；子房上位，花柱短，柱头 2 枚，丝状。果实矩圆状倒卵形，长 3～4 mm，宽 2.0～2.5 mm，顶端急尖，基部圆形，背部凸起，腹面扁平，灰绿色，无毛；果喙明显，锥状，长约 1.2 mm，直立或向背部稍扭转，喙尖为喙长的 1/3～1/2；翅较宽、厚，不透明，略皱曲，边缘具不规则细齿。 花果期 7～8 月。

产青海：格尔木。生于海拔 2 300～4 250 m 的高山地区河谷沙滩或砂质田边。

分布于我国的新疆、甘肃、西藏（阿里）；俄罗斯西西伯利亚也有。

6. 藏虫实

Corispermum tibeticum Iljin in Bull. Jard. Bot. Princ. URSS 28：644. 1929；中国植物志 25（2）：59. 1979；西藏植物志 1：633. 1983；青海植物志 1：223. 1997；青藏高原维管植物及其生态地理分布 171. 2008.

一年生草本，高 3～20 cm。分枝集中于茎基部，下部分枝较长，上升或平卧，上部分枝斜展。叶条形，长 2.0～3.5 cm，顶端急尖具小尖头，基部渐狭，1 脉。穗状花序顶生和侧生，圆柱状，细长，稀疏，长 1～4（7）cm；苞片由叶状过渡成狭卵形，1 脉，具狭的膜质缘，比果窄或等宽，有时略呈镰刀状弯曲；花被片 1 片，近圆形，顶端具不规则细齿；雄蕊 1～5 枚，中间花丝长超过花被片 1.5～2.0 倍；子房上位，花柱短，柱头 2 枚，丝状。果实广椭圆形或短圆状广椭圆形，长 3～4 mm，宽 2.0～2.5 mm，顶端急尖或近圆形，基部近心形成近圆形；果核椭圆形，黄绿色；果喙长 0.5 mm，果翅宽为果核的 1/6～1/4。 花果期 7～10 月。

产新疆：若羌（阿尔金山保护区土房子，青藏队吴玉虎 2777B）。生于海拔4 200 m 左右的高原宽谷湖盆沙丘。

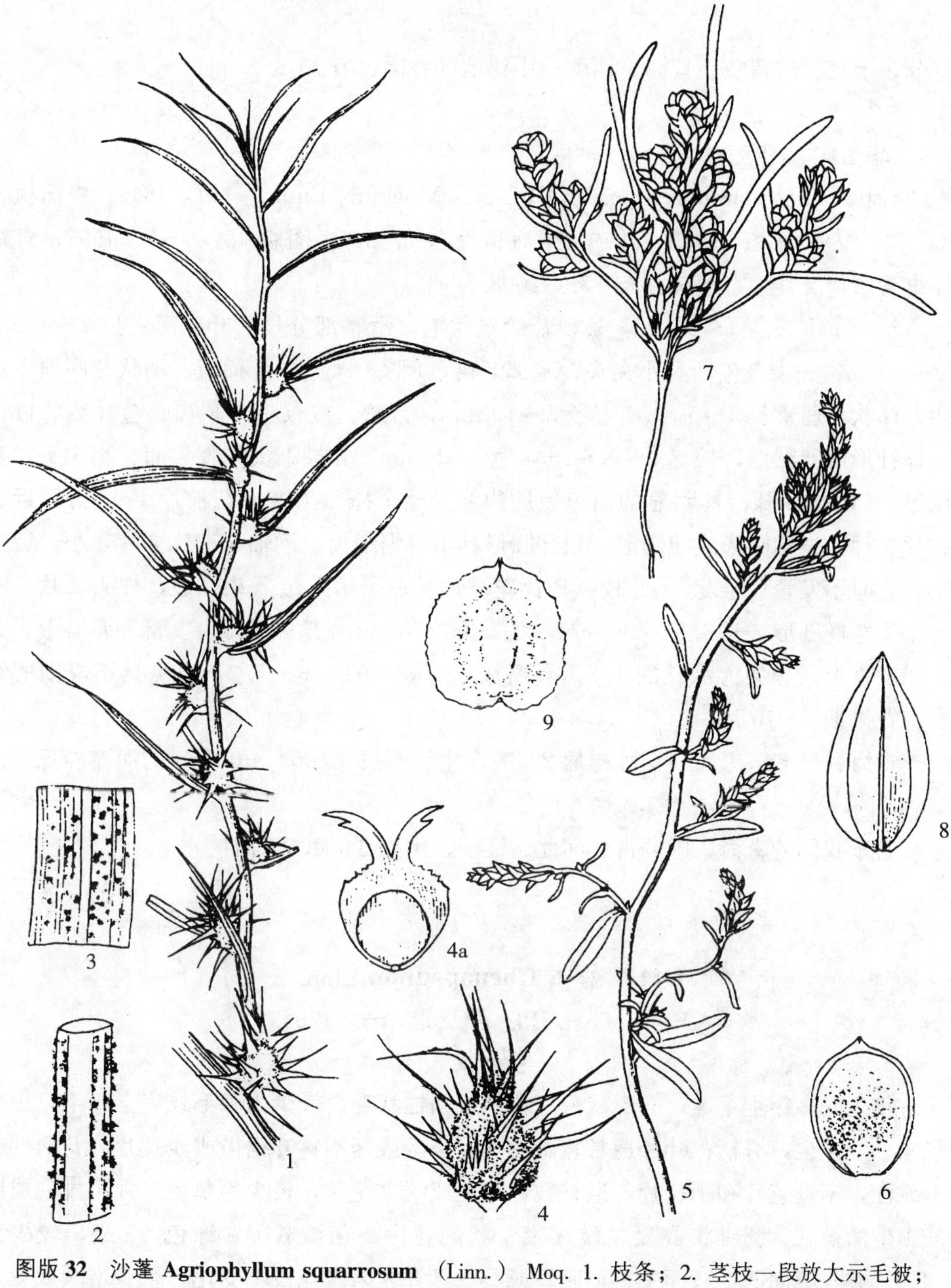

图版 **32** 沙蓬 **Agriophyllum squarrosum** (Linn.) Moq. 1. 枝条；2. 茎枝一段放大示毛被；3. 叶片一段放大示毛被；4. 穗状花序；4a. 胞果。帕米尔虫实 **Corispermum pamiricum** Iljin 5. 枝条；6. 胞果。华虫实 **C. stauntonii** Moq. 7. 植株；8. 苞片；9. 胞果。（刘进军绘）

西藏：日土。生于海拔 4 200 m 左右的高原沟谷河滩沙砾地、高寒草原砾地。

青海：都兰（香日德）。生于海拔 2 600～2 900 m 的戈壁荒漠河谷沙滩或半固定沙丘。

分布于我国的新疆、青海、西藏；中亚地区各国也有。

7. 华虫实 图版 32：7～9

Corispermum stauntonii Moq. in Chenop. Monogr. Enum. 104. 1840；中国植物志 25（2）：66. 图版 11：5. 1979；青海植物志 1：220. 图版 48：5～7. 1997；青藏高原维管植物及其生态地理分布 171. 2008.

一年生草本，高 4～20 cm，被稀疏的星状毛，由基部分枝。叶条形，长 2～4 cm，宽 2～3 mm，先端渐尖而具小尖头，基部渐狭，1 脉，绿色，毛稀疏。穗状花序顶生和侧生，棒状，通常长 1～5 cm，直径 8～10 mm，紧密，或仅下部疏离；苞片线状披针形、披针形或卵圆形，长 1.0～0.5 cm，宽 2～5 mm，先端渐尖或骤尖而具小尖头，基部圆形，（1～）3 脉，具明显的白色膜质边缘，整个掩盖果实；花被片 1～3 片，近轴花被片 1 片，宽椭圆形或卵圆形，顶部圆形具不规则细齿，远轴花被片 2 片，小，近三角形，有时不发育；雄蕊 3～5 枚，均比花被片长；子房上位，花柱短，柱头 2 枚，丝状。果实宽椭圆形，长 3.5～4.0 mm，宽 2.5～3.0 mm，顶端圆形，基部通常心形，无毛；果喙锥形，喙尖为喙长的 1/3；果翅宽，为核宽的 1/3～1/2，边缘具不规则的细齿。 花果期 7～10 月。

产青海：玛多（黑河乡，陈桂琛 2008）。生于海拔 3 600～4 000 m 的河滩沙丘、沙滩。

分布于我国的青海、内蒙古、河北、辽宁、黑龙江。我国特有。

11. 藜属 Chenopodium Linn.

Linn. Gen. Pl. ed. 5. 103. 1754.

一年生或多年生草本，有囊状毛（粉）或圆柱状毛，较少为腺毛或完全无毛，很少有气味。叶互生，有柄；叶片通常宽阔扁平，全缘或具不整齐锯齿或浅裂片。花两性或兼有雌性，不具苞片和小苞片，通常数花聚集成团伞花序，较少为单生，并再排列成腋生或顶生的穗状、圆锥状或复二歧式聚伞状的花序；花被球形，绿色，5 裂，较少为 3～4裂，裂片腹面凹，背面中央稍肥厚或具纵隆脊，果时花被不变化，较少增大或变为多汁，无附属物；雄蕊 5 枚或较少，与花被裂片对生，下位或近周位，花丝基部有时合生，花药矩圆形，不具附属物；花盘通常不存在；子房球形，顶基稍扁，较少为卵形，柱头 2 枚，丝状或毛发状，花柱不明显极少有短花柱；胚珠几无柄。胞果卵形，双凸镜形或扁球形；果皮薄膜质或稍肉质，与种子贴生，不开裂。种子横生，较少为斜生或直立；种皮壳质，平滑或具点洼，有光泽；胚环形、半环形或马蹄形，胚乳丰富，粉质。

约250种，分布遍及世界各处。我国产19种2亚种，昆仑地区产6种。

分种检索表

1. 复二歧式聚伞花序。植物体具腺毛，有强烈气味；花序无针刺状不育枝。
 2. 植物体同时有具节的短柔毛和黄色无柄的颗粒状腺体；花被裂片背面具纵隆脊，果时开展 ………………………………………… **1. 菊叶香藜 C. foetidum** Schrad.
 2. 植物体仅有腺毛；花被裂片背面无纵隆脊，果时直立而不展开 ……………………………………………………………… **2. 香藜 C. botrys** Linn.
1. 非二歧式聚伞花序。
 3. 花被片3～4；种子横生，直立或斜生；植物体有粉；叶片矩圆状卵形至披针形，上面无粉，深绿色，下面有密粉而呈灰白色 ………… **3. 灰绿藜 C. glaucum** Linn.
 3. 花被片多数是5；种子横生（亚种东亚市藜的种子兼有斜生及直立）。
  4. 叶全缘或在中部以下仅具1对侧裂片（不分裂或2裂）。
   5. 叶长1.5～3.0 cm；种子表面具蜂窝状洼点 ……………………………………………………………… **4. 平卧藜 C. prostratum** Bunge
   5. 叶长0.5～1.5 cm；种子表面近平滑或略有沟纹 ……………………………………………………………… **5. 小白藜 C. iljinii** Golosk.
  4. 叶缘多少有齿；叶片菱状卵形至宽披针形，两侧边缘不平行，先端急尖或渐尖；种子双凸镜状，边缘钝 ………………………………… **6. 藜 C. album** Linn.

1. 菊叶香藜 图版33：1～5

Chenopodium foetidum Schrad. Magaz. Ges. Naturf. Freunde Berl. 79. 1808；中国植物志25（2）：80. 图版15：1～3. 1979；西藏植物志1：638. 1983；青海植物志1：228. 图版49：9～13. 1997；青藏高原维管植物及其生态地理分布169. 2008.

一年生草本，高20～60 cm，有强烈气味，全体有具节的疏生短柔毛。茎直立，具绿色色条，通常有分枝。叶片矩圆形，长2～6 cm，宽1.5～3.5 cm，边缘羽状浅裂至羽状深裂，先端钝或渐尖，有时具短尖头，基部渐狭，上面无毛或幼嫩时稍有毛，下面有具节的短柔毛并兼有黄色无柄的颗粒状腺体，很少近于无毛；叶柄长2～10 mm。复二歧聚伞花序腋生；花两性，花被片5片，卵形至狭卵形，有狭膜质边缘，背面通常有具刺状突起的纵隆脊并有短柔毛和颗粒状腺体，果时开展；雄蕊5枚，花丝扁平，花药近球形。胞果扁球形，果皮膜质。种子横生，直径0.5～0.8 mm，红褐色或黑色，有光泽，具细网纹，胚半环形。 花期7～9月，果期9～10月。

产新疆：阿克陶（阿克塔什，青藏队870118）、塔什库尔干（克克吐鲁克，青藏队

870498)。生于海拔 2 500～4 000 m 的林缘草地、沟岸、河沿、人家附近，有时也为农田杂草。

西藏：改则（县城附近，高生所西藏队 4295）、日土（过巴乡，青藏队吴玉虎 1400；班公湖鸟岛，青藏队 76－9141）。生于海拔 4 000～4 300 m 的牲畜圈窝附近、宅旁墙脚、路边、湖边沙砾地。

青海：兴海（中铁林场中铁沟，吴玉虎 45549；曲什安乡大米滩，吴玉虎 41831、41833、41847）。生于海拔 2 800～3 200 m 的河谷台地阳坡砾石地、河滩林下、林缘低湿灌丛草地、荒漠草原潮湿地。

分布于我国的新疆、青海、甘肃、陕西、西藏、云南、四川、山西、内蒙古、辽宁；亚洲，欧洲，非洲也有。

2. 香　藜

Chenopodium botrys Linn. Sp. P1. 219. 1753；中国植物志 25（2）：81. 图版 15：4～5. 1979；新疆植物志 2（1）：37. 图版 8：3～5. 1994；青藏高原维管植物及其生态地理分布 168. 2008.

一年生草本，高 20～50 cm，黄绿色，全株有头状腺毛和强烈气味。茎直立，多自基部分枝。叶片矩圆形，长 2～4 cm，宽 1～2 cm，边缘羽状深裂，先端微钝，有时具短尖头，基部楔形；裂片钝，通常具钝齿，上部叶较小，披针形，全缘；叶柄长 2～10 mm。花两性，复二歧式聚伞花序腋生，在枝条上部再集成尖塔形圆锥状花序；花被裂片 5 片，较少为 4 片，矩圆形，黄绿色，先端渐尖或微钝，背面有蜜腺毛，无纵隆脊，边缘膜质，果时直立，包覆果实；雄蕊 1～3 枚；柱头 2 枚，丝形。胞果扁球形，果皮膜质，带白色。种子横生，黑色，有光泽，几无点纹，直径 0.75～1.0 mm。 花期 7～8 月，果期 8～9 月。

产新疆：策勒（恰哈乡阿克奇大队，R 1680）。生于海拔 2 700 m 的山谷、河岸阶地、人家附近、路旁。

本种仅分布于我国新疆的天山、阿尔泰山及准噶尔盆地。

3. 灰绿藜　图版 33：6～9

Chenopodium glaucum Linn. Sp. P1. 220. 1753；中国植物志 25（2）：84. 图版 19：11～13. 1979；西藏植物志 1：638. 1983；新疆植物志 2（1）：38. 图版 8：8～9. 1994；青海植物志 1：228. 图版 49：5～8. 1997；青藏高原维管植物及其生态地理分布 169. 2008.

一年生草本，高 20～40 cm。茎平卧或外倾，具条棱及绿色或紫红色色条。叶片矩圆状卵形至披针形，长 2～4 cm，宽 6～20 mm，肥厚，先端急尖或钝，基部渐狭，边缘具缺刻状牙齿，上面无粉，平滑，下面有粉而呈灰白色或稍带紫红色；中脉明显，黄绿色；叶柄长 5～10 mm。花两性兼有雌性，通常数花聚成团伞花序，再于分枝上排列成有间断而通常短于叶的穗状或圆锥状花序；花被裂片 3～4 片，浅绿色，稍肥厚，通常无粉，狭矩圆形或倒卵状披针形，长不及 1 mm，先端通常钝；雄蕊 1～2 枚，花丝不伸出花被，花药球形；柱头 2 枚，极短。胞果顶端露出于花被外，果皮膜质，黄白色。种子扁球形，直径 0.75 mm，横生、斜生及直立，暗褐色或红褐色，表面有细点纹。花果期 5～10 月。

产新疆：疏勒、于田（克里雅河附近，采集人不详 110、114）、叶城（麻扎兵站，青藏队吴玉虎 1147）、若羌（米兰农场，沈观冕 078）。生于海拔 1 200～3 000 m 的沟谷山坡草地、路边沙砾地。

西藏：改则、日土（班公湖，高生所西藏队 3064、3468）。生于海拔 4 200 m 左右的沟谷山地村旁、溪流水边等有轻度盐碱的土壤。

青海：都兰、兴海（中铁林场卓琼沟，吴玉虎 45711）。生于海拔 2 800～3 600 m 的田埂地边、滩地、农舍附近、河谷山地圆柏林缘灌丛草甸。

分布于我国的大部分省区；广布于南北半球的温带。

4. 平卧藜 图版 33：10～12

Chenopodium prostratum Bunge in Acta Hort. Petrop. 10 (2): 594. 1889；中国植物志 25（2）：92. 图版 20：3～4. 1979；西藏植物志 1：640. 图版 204：3. 1983；青海植物志 1：230. 图版 50：5～7. 1997；青藏高原维管植物及其生态地理分布 169. 2008.

一年生草本，高 20～40 cm。茎平卧或斜升，多分枝，圆柱状或有钝棱，具绿色色条。叶片卵形至宽卵形，通常 3 浅裂，长 1.5～3.0 cm，宽 1.0～2.5 cm，上面灰绿色，无粉或稍有粉，下面苍白色，有密粉，具互生的离基三出脉，基部宽楔形，中裂片全缘，很少微有圆齿，先端钝或急尖并有短尖头，侧裂片位于叶片中部或稍下，钝而全缘；叶柄长 1～3 cm。花数个簇生，再于小分枝上排列成短于叶的腋生圆锥状花序；花被片 5 片，少为 4 片，卵形，先端钝，背面微具纵脊，边缘膜质并带黄色，果时通常闭合；雄蕊与花被同数，开花时花药伸出花被；柱头 2 枚，很少为 3 枚，丝形。果皮膜质，黄褐色，与种子贴生。种子横生，双凸镜状，直径 1.0～1.2 mm，黑色，稍有光泽，表面具蜂窝状细洼。 花果期 8～9 月。

产西藏：改则、日土。生于海拔 4 000～4 200 m 的沟谷山坡高寒草地、高寒草原沙砾裸地。

青海：兴海（黄青河畔，吴玉虎 42747；中铁乡附近，吴玉虎 42872）。生于海拔 3 600～3 700 m 的沟谷山地阴坡高寒灌丛草甸。

分布于我国的新疆、青海、甘肃、西藏、四川西北部；俄罗斯西伯利亚，蒙古也有。

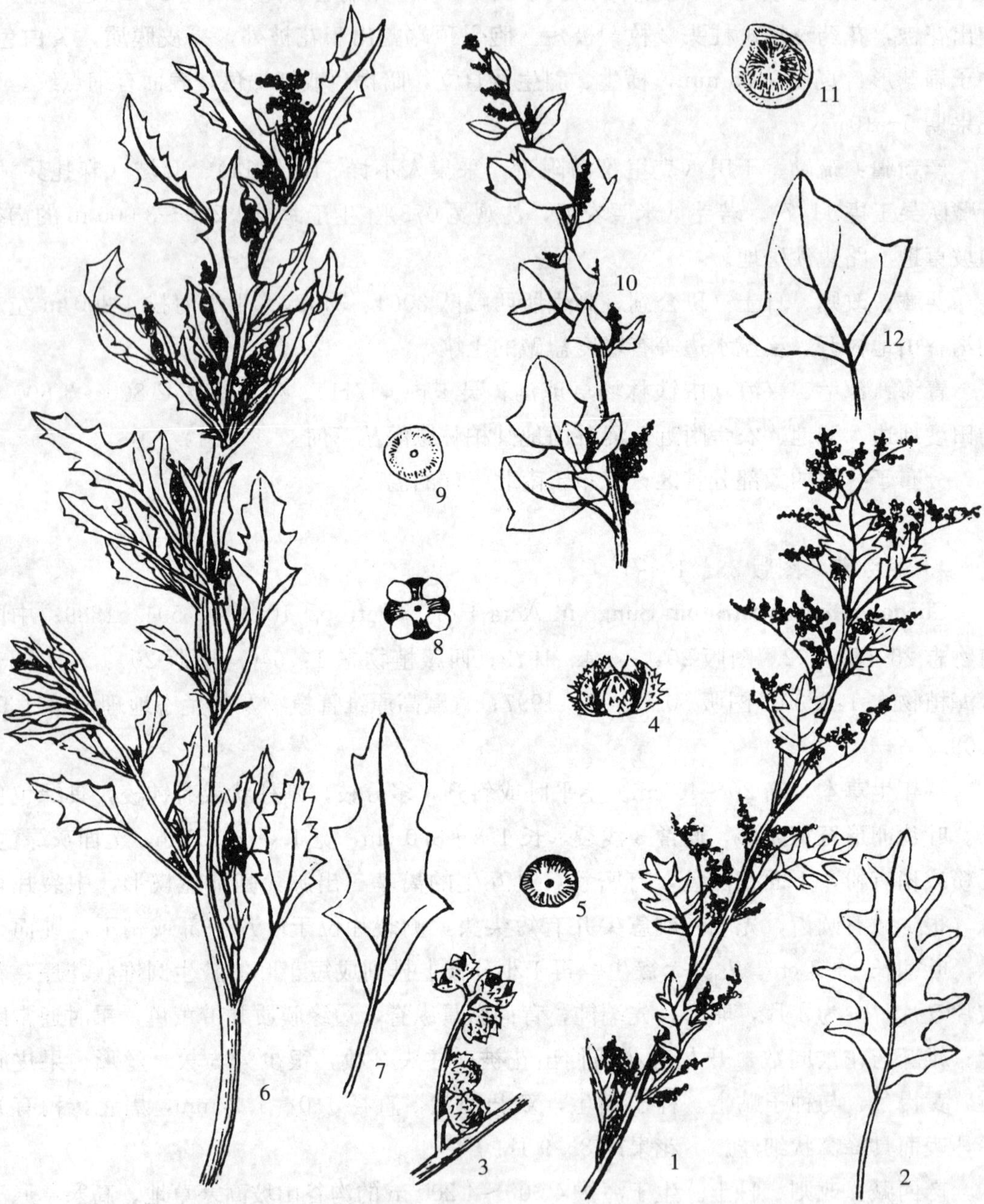

图版 33 菊叶香藜 **Chenopodium foetidum** Schrad. 1. 植株上部；2. 叶；3. 果序枝；4. 花被及胞果；5. 胞果。灰绿藜 **C. glaucum** Linn. 6. 植株上部；7. 叶；8. 花被及胞果；9. 胞果。平卧藜 **C. prostratum** Bunge 10. 枝条；11. 胞果（种子）；12. 叶。（王颖绘）

5. 小白藜

Chenopodium iljinii Golosk. in Not. Syst. Herb. Inst. Bot. Kom. Acad. Sci. URSS 13：65. 1950；中国植物志 25（2）：92. 图版 17：89. 1979；青海植物志 1：232. 1997；青藏高原维管植物及其生态地理分布 169. 2008.

一年生草本，高 10～30 cm，全株有粉。茎通常平卧或斜升，多分枝，有时自基部分枝而无主茎。叶片卵形至卵状三角形，通常长 0.5～1.5 cm，宽 0.4～1.2 cm，两面均有密粉，呈灰绿色，先端急尖或微钝，基部宽楔形，全缘或 3 浅裂，侧裂片在近基部，钝；叶柄细瘦，长 0.4～1.0 cm。花簇于枝端及叶腋的小枝上集成短穗状花序；花被片 5 片，少为 4 片，倒卵状条形至矩圆形，背面有密粉，无隆脊；花药宽椭圆形，花丝稍短于花被；柱头 2 枚，丝状，花柱不明显。种子双凸镜形，有时为扁卵形，横生，较少为斜生，直径 0.8～1.2 mm，黑色，有光泽，表面近平滑或微有沟纹。 花果期 8～10月。

产新疆：塔什库尔干（麻扎种羊场，青藏队吴玉虎 87409）。生于海拔 4 000 m 左右的沟谷山坡牲畜圈窝。

青海：兴海（野马台滩，吴玉虎 41805）、玛沁（拉加乡，吴玉虎 6073）、玛多（县牧场，吴玉虎 238）、久治（智青松多，果洛队 677）。生于海拔 2 000～4 000 m 的河谷阶地、沟谷山坡及较干旱的草地、滩地高寒干旱草原裸地。

分布于我国的新疆、青海、甘肃、宁夏、四川；中亚地区各国也有。

6. 藜

Chenopodium album Linn. Sp. P1. 219. 1753；中国植物志 25（2）：98. 图版 19：1～4. 1979；青海植物志 1：232. 1997；青藏高原维管植物及其生态地理分布 168. 2008.

一年生草本，高 30～150 cm。茎直立，粗壮，具条棱及绿色或紫红色色条，多分枝；枝条斜升或开展。叶片菱状卵形至宽披针形，长 3～6 cm，宽 2.5～5.0 cm，先端急尖或微钝，基部楔形至宽楔形，上面通常无粉，有时嫩叶的上面有紫红色粉，下面多少有粉，边缘具不整齐锯齿；叶柄与叶片近等长，或为叶片长度的 1/2。花两性，花簇于枝上部排列成或大或小的穗状圆锥状或圆锥状花序；花被片 5 片，宽卵形至椭圆形，背面具纵隆脊，有粉，边缘膜质；雄蕊 5 枚，花药伸出花被；柱头 2 枚。果皮与种子贴生。种子横生，双凸镜状，直径 1.2～1.5 mm，边缘钝，黑色，有光泽，表面具横沟纹；胚环形。 花果期 5～10 月。

产新疆：皮山（垴阿巴提乡布琼，青藏队吴玉虎 1852）、且末（阿羌乡解放牧场，青藏队吴玉虎 3876）。生于海拔 2 750～3 100 m 的沟谷山坡草地、河谷山麓沙砾质湿草地。

青海：都兰（香日德，郭本兆 8009）、兴海（中铁乡天葬台沟，吴玉虎 45801；唐乃亥乡，吴玉虎 42038、42056）、玛多（县牧场，吴玉虎 239；黑河乡，陈桂琛 1780）、玛沁（拉加乡塔玛，区划二组 226）、曲麻莱（巴干乡，刘尚武 931）。生于海拔2 780～4 300 m 的高原沟谷山地路旁、村镇边荒地、河滩砾地、疏林田埂、山谷沟谷阴坡灌丛草甸。

分布于我国的各省区；遍及全球温带及热带地区。

12. 地肤属 Kochia Roth

Roth in Schrad. Journ. Bot. 1：307. 1800.

一年生草本，很少为半灌木，有长柔毛或绵毛，很少无毛。茎直立或斜升，通常多分枝。叶互生，无柄或几无柄，圆柱状、半圆柱状，或为窄狭的平面叶，全缘。花两性，有时兼有雌性，无花梗，通常 1～3 个团集于叶腋，无小苞片；花被近球形，草质，通常有毛，5 深裂；裂片内曲，果时背面各具 1 横翅状附属物；翅状附属物膜质，有脉纹；雄蕊 5 枚，着生于花被基部，花丝扁平，花药宽短圆形，外伸，花盘不存在；子房宽卵形，花柱纤细，柱头 2～3 枚，丝状，有乳头状突起，胚珠近无柄。胞果扁球形；果皮膜质，不与种子贴生。种子横生，圆形或卵形；种皮膜质，平滑；胚细瘦，环形，胚乳较少。

约 35 种，分布于非洲、中欧、亚洲温带、美洲的北部和西部。我国产 7 种，昆仑地区有 2 种。

分种检索表

1. 叶为狭窄的平面叶；花被翅状附属物边缘微波状或具缺刻 ……………………………………………………………………………… 1. **地肤 K. scoparia** (Linn.) Schrad.

1. 叶圆柱状或半圆柱状；花被翅状附属物 3 个较大，2 个较小；叶蓝绿色 ……………………………………………………………………………… 2. **黑翅地肤 K. melanoptera** Bunge

1. 地　肤　图版 34：1～4

Kochia scoparia (Linn.) Schrad. in Neues Journ. 3：85. 1809；中国植物志 25(2)：102. 图版 21：1～5. 1979；新疆植物志 2（1）：47. 图版 12：4～7. 1994；青海植物志 1：200. 图版 43：11～14. 1997；青藏高原维管植物及其生态地理分布 173. 2008. ——*Chenopodium scoparia* Linn. Sp. Pl. 221. 1753.

一年生草本，高 50～100 cm。根略呈纺锤形。茎直立，圆柱状，淡绿色或带紫红色，有多数条棱，稍有短柔毛或下部几无毛；分枝稀疏，斜上。叶为平面叶，披针形或条状披针形，长 2～5 cm，宽 3～7 mm，无毛或稍有毛，先端短渐尖，基部渐狭入短柄，通常有 3 条明显的主脉，边缘有疏生的锈色绢状缘毛；茎上部叶较小，无柄，1 脉。花两性或雌性，通常 1～3 朵生于上部叶腋，构成疏穗状圆锥状花序，花下有时有锈色长柔毛；花被近球形，淡绿色，花被裂片近三角形，无毛或先端稍有毛；翅端附属物三角形至倒卵形，有时近扇形，膜质，脉不很明显，边缘微波状或具缺刻；花丝丝状，花药淡黄色；柱头 2 枚，丝状，紫褐色，花柱极短。胞果扁球形，果皮膜质，与种子离生。种子卵形，黑褐色，长 1.5～2.0 mm，稍有光泽；胚环形。 花期 6～9 月，果期 7～10 月。

产新疆：且末、若羌（县城郊区，刘海源 091、100）。生于海拔 1 200～1 600 m 左右的戈壁荒漠沙砾草地、荒漠绿洲。

青海：格尔木（格尔木农场，采集人不详 027）、兴海（唐乃亥乡，吴玉虎 42090、42144、42188；子科滩，采集人不详 214）。生于海拔 2 250～2 800 m 的河谷田边、山地路旁、村镇边荒地、河谷台地疏林田埂湿地。

分布于我国的各省区；欧洲，亚洲也有。

2. 黑翅地肤

Kochia melanoptera Bunge in Acta Hort. Petrop. 6（2）：417. 1880；中国植物志 25（2）：104. 图版 21：6～8. 1979；新疆植物志 2（1）：50. 图版 12：7～9. 1994；青海植物志 1：202. 图版 43：8～10. 1997；青藏高原维管植物及其生态地理分布 173. 2008.

一年生草本，高 15～40 cm。茎直立，多分枝，有条棱及不明显的色条，枝斜上，有柔毛。叶圆柱状或近棍棒状，长 0.5～2.0 cm，宽 0.5～0.8 mm，蓝绿色，有短柔毛，先端急尖或钝，基部渐狭，有很短的柄。花两性，通常 1～3 朵集生叶腋；花被近球形，带绿色，有短柔毛；花被附属物 3 个，较大，翅状，披针形至狭卵形，平展，有粗壮的黑褐色脉，或为紫红色或褐色脉，2 个较小的附属物通常呈钻状，向上伸；雄蕊 5 枚，花药矩圆形，花丝稍伸出花被外；柱头 2 枚，淡黄色，花柱很短。胞果具厚膜质果皮。种子卵形，白色。 花果期 8～9 月。

产新疆：策勒。生于海拔 1 400 m 左右的戈壁荒漠的河谷沙砾地。

青海：都兰（香日德乡托勒山，杜庆 481）。生于海拔 2 800 m 左右的沟谷山坡、沟岸、古河床、荒地、荒漠戈壁沙地。

分布于我国的新疆、青海、甘肃西部、宁夏；蒙古，俄罗斯，哈萨克斯坦也有。

13. 雾冰藜属 Bassia All.

All. Misc. Taur. 3：177. 1766.

一年生草本。叶互生，无柄，条形、倒披针状条形或倒披针形，扁平、半圆柱状或圆柱状，膜质或肉质，密被毛。花两性，无柄，单生或构成穗状花序；无苞片和小苞片：花被筒状，膜质，被毛，上部5裂，裂齿等长，果时在花被背部具5个非翅状的附属物；雄蕊5枚；子房宽卵圆状，无柄，花柱短，柱头2或3枚。胞果卵圆形；果皮膜质。种子横生，圆形；胚环形。

约10种，分布于欧亚大陆的温带地区、大洋洲。我国产3种，分布于北方各省区和青藏高原；昆仑地区产2种。

分种检索表

1. 叶半圆柱状或圆柱状，肉质；花单生或2～3朵团聚，不形成穗状；果时花被有钻状附属物；附属物平展，呈五角星状 ……………………………………………………
……………………… 1. **雾冰藜 B. dasyphylla** (Fisch. et C. A. Mey.) O. Kuntze

1. 叶扁平，倒披针形，窄披针形或条形，草质；花序穗状；果时花被有钩状附属物
…………………………………… 2. **钩刺雾冰藜 B. hyssopifolia** (Pall.) O. Kuntze

1. 雾冰藜 图版31：11～14

Bassia dasyphylla (Fisch. et C. A. Mey.) O. Kuntze Revis. Gen. Pl. 2：546. 1891；中国植物志 25 (2)：106. 图版22：1～3. 1979；西藏植物志 1：642. 1983；新疆植物志 2 (1)：50. 图版13：1～3. 1994；青海植物志 1：224. 图版40：11～14. 1997；青藏高原维管植物及其生态地理分布 166. 2008. ——*Kochia dasyphylla* Fisch. et C. A. Mey. in Schrenk Enum. Pl. 1：12. 1841.

植株高3～50 cm，茎直立，密被水平伸展的长柔毛；分枝多，开展，与茎夹角通常大于45°，有的几成直角。叶互生，肉质，圆柱状或半圆柱状条形，密被长柔毛，长3～15 mm，宽1.0～1.5 mm，先端钝，基部渐狭。花两性，单生或2朵簇生，通常仅1花发育。花被筒密被长柔毛，裂齿不内弯，果时花被背部具5个钻状附属物，三棱状，平直，坚硬，形成平展的五角星状；雄蕊5枚，花丝条形，伸出花被外；子房卵状，具短的花柱、2～3枚长的柱头。果实卵圆状。种子近圆形，光滑。 花果期7～9月。

产新疆：皮山（阔什塔什，青藏队吴玉虎1807）、叶城（采集地不详，高生所西藏队3330）、于田（种羊场，青藏队吴玉虎3808；城南60 km ，刘铭庭155）、策勒（县城西郊，R 1291；恰哈乡二管理区，R 1629）。生于海拔1 400～2 000 m的荒漠戈壁、

砾石滩地、山坡荒漠砾地、河沟草地。

西藏：班戈、日土（班公湖畔，青藏队吴玉虎 1369、高生所西藏队 3635；班公湖鸟岛，青藏队 76－8740；热帮区附近，青藏队 76－9129）。生于海拔 4 000～4 300 m 的沟谷山坡砾石地、河谷阶地草滩、湖岛沙砾地。

青海：格尔木、都兰（英德尔羊场，杜庆 436；诺木洪，黄荣福 C. G. 81－289）。生于海拔 2 300～4 250 m 的荒漠戈壁、宽谷河滩盐碱地、宽谷盆地沙丘、河谷阶地草地、沙砾河滩、山前洪积扇上。

分布于我国的新疆、青海、甘肃、陕西、山西、西藏、内蒙古、河北、山东、辽宁、吉林、黑龙江；俄罗斯西伯利亚，蒙古也有。

2. 钩刺雾冰藜

Bassia hyssopifolia (Pall.) O. Kuntze Revis. Gen. P1. 2：547. 1891；中国植物志 25（2）：108. 图版 22：8～10. 1979. 新疆植物志 2（1）：52. 图版 13：6～7. 1994. ——*Salsola hyssopifolia* Pall. It. 1：491. 1771.

植株高 20～70 cm，幼时密被灰白色卷曲的长柔毛，后期毛大部脱落；分枝多或少，以植株中部的较长。叶扁平，倒披针形、披针状条形或条形，长 8～25 mm，宽1～3 mm，先端钝或急尖，向基部渐狭，两面密被长柔毛或仅背部被毛。花通常由 2～3 朵团集成绵毛状小球再构成紧密的穗状花序；花被筒卵圆形，密被长柔毛，上部具 5 个宽卵形的齿，先端略反折，果时在背部具 5 个钩状附属物，其长较花直径等长或稍短，略被毛。雄蕊 5 枚；子房宽卵圆状，无柄，花柱短，柱头 2～（3）枚。胞果卵圆形。种子横生，光滑。 花果期 7～9 月。

产新疆：于田、策勒、和田（采集地不详，R 1423）。生于海拔 1 200～1 500 m 的戈壁荒漠盐碱地、低洼之河谷草地。

青海：格尔木（西大滩，青藏队吴玉虎 2917）。生于海拔 3 600 m 左右的戈壁荒漠砾地。

分布于我国的新疆、青海、甘肃；蒙古，西欧，伊朗也有。

14. 碱蓬属 Suaeda Forsk. ex Scop.

Forsk. ex Scop. Intr. Hist. Nat. 333. 1777.

一年生草本、半灌木或灌木，无毛，较少有短柔毛，有时有蜡粉。茎直立、斜升或平卧。叶通常狭长，肉质，圆柱形或半圆柱形，较少为棍棒状或略扁平，全缘，通常无柄。花小型，两性，有时兼有雌性，通常 3 至多数集成团伞花序；团伞花序生叶腋或腋生短枝上，有时短枝的基部与叶的基部合并，外观似着生在叶柄上，有小苞；小苞片鳞片状，膜质，白色；花被近球形、半球形、陀螺状或坛状，5深裂或浅裂，稍肉质或草质，裂片内面凹或呈兜状，果时背面膨胀、增厚，或延伸成翅状或角状突起，较少无显著变化；雄蕊5枚，花丝短，扁平，半透明，花药矩圆形、椭圆形或近球形，不具附属物；子房卵形或球形，柱头2～3枚，较少4～5枚，通常外弯，四周都有乳头突起。胞果为花被所包覆；果皮膜质，与种皮分离。种子横生或直立，双凸镜形、肾形、卵形，或为扁平的圆形；种皮薄壳质或膜质；胚为平面盘旋状，细瘦，绿色或带白色；胚乳无或很少。

100余种，分布于世界各处。我国20种，主产于新疆及北方各省区；昆仑地区产7种。

分种检索表

1. 花被片具明显的3脉；柱头5；种子极凸，几无点状纹 ………………………………………………………………………… **1. 五蕊碱蓬 S. arcuata** Bunge

1. 花被片无脉；柱头2；种子略扁，表面多少有点状网纹。

  2. 种子表面具清晰点状纹。

    3. 花被片呈不等长的角状突起 ………………………………………………………… **2. 角果碱蓬 S. corniculata**（C. A. Mey.）Bunge

    3. 花被片非上述情况。

      4. 植株通常直立；叶先端常有芒尖。

        5. 花被片具钝圆横翅，彼此并成圆盘形，总直径2.5～3.5 mm ……………………………………… **3. 盘果碱蓬 S. heterphylla**（Kar. et Kir.）Bunge

        5. 花被片具三角形短翅，彼此并成五角星形，总直径不超过2 mm ……………………………………… **4. 星花碱蓬 S. stellatiflora** G. L. Chu

      4. 植株通常平卧；叶先端无芒尖 ……………… **5. 平卧碱蓬 S. prostrata** Pall.

  2. 种子表面点状纹不清晰。

    6. 叶通常呈镰刀状弯曲 ……………………………… **6. 镰叶碱蓬 S. crassifolia** Pall.

    6. 叶直或不规则弯曲，先端尖或急尖 ……… **7. 盐地碱蓬 S. salsa**（Linn.）Pall.

1. 五蕊碱蓬

Suaeda arcuata Bunge Reliq. Lehmann. 285. 1852；中国植物志 25（2）：124. 1979. 新疆植物志 2（1）：64. 1994.

一年生草本，高10～20 cm。茎直立、细瘦，有少数分枝。叶条形，略扁平，通常长0.5～1.5 cm，宽0.7～2.0 mm，先端急尖，基部渐狭。团伞花序含3～6花，紧密，腋生；小苞片卵形，先端多为尾尖，边缘有微齿；花两性兼有雌性；花被不等大，5深裂，裂片兜状，具3脉，边缘膜质；雄蕊5枚，花药矩圆状椭圆形，长0.5～0.8 mm；

子房狭卵形，顶端微凹，柱头3～5枚，毛发状，伸出花被外，无花柱。 花果期7～9月。

产新疆：莎车、喀什。生于海拔1 400 m左右的盐碱土荒漠、荒漠戈壁湖边、宽谷河滩。

分布于我国的新疆；中亚地区各国也有。

2. 角果碱蓬 图版34：5～11

Suaeda corniculata（C. A. Mey.）Bunge in Acta Hort. Petrop. 6（2）：429. 1880；中国植物志25（2）：128. 图版30：8～10. 1979；西藏植物志1：642. 1983；青海植物志1：214. 图版46：11～17. 1997；青藏高原维管植物及其生态地理分布176. 2008. ——*Schoberia corniculata* C. A. Mey. in Ledeb. Fl. Alt. 1：399. 1829.

一年生草本，高15～60 cm，无毛。茎平卧、外倾或直立，圆柱形。叶条形，半圆柱状，长1～2 cm，宽0.5～1.0 mm，劲直或茎下部的稍弯曲，先端微钝或急尖，基部稍缢缩，无柄。团伞花序通常含3～6花，于分枝上排列成穗状花序；花两性兼有雌性；花被顶基略扁，5深裂，裂片大小不等，先端钝，果时背面向外延伸增厚成不等大的角状突起；花药细小，近圆形，长0.15～0.2 mm，黄白色；花丝短，稍外伸；柱头2枚，花柱不明显。胞果扁，圆形，果皮与种子易脱离。种子横生或斜生，双凸镜形，直径1.0～1.5 mm，种皮壳质，黑色，有光泽，表面具清晰的点状网纹，周边微钝。 花果期7～9月。

产新疆：疏勒（牙甫泉乡，采集人不详R 883；林场，王焕存103）、皮山（三十里营房，青藏队吴玉虎1162A）。生于海拔2 400～3 600 m的沟谷山坡砾石地、河谷阶地沙砾地、沙砾质河滩草地。

西藏：班戈、改则（大滩，高生所西藏队4319）、日土。生于海拔4 000～4 200 m的沟谷河滩草地、山坡沙砾地。

青海：兴海（黄青河畔，吴玉虎42683）、玛多（黑海乡，杜庆546）、都兰（宗家乡，杜庆388）。生于海拔2 800～4 400 m的盐碱土荒漠、荒漠戈壁湖边、沙砾河滩、河谷沙砾地。

分布于我国的新疆、青海、甘肃西部、宁夏、西藏、内蒙古、河北、辽宁、吉林、黑龙江；中亚地区各国，俄罗斯西伯利亚也有。

3. 盘果碱蓬

Suaeda heterophylla（Kar. et Kir.）Bunge in Acta Hort. Petrop. 6（2）：429. 1880；中国植物志25（2）：130. 1979；新疆植物志2（1）：65. 图版17：3～4. 1994；青海植物志1：212. 1997；青藏高原维管植物及其生态地理分布176. 2008. ——

Schoberia heterophylla Kar. et Kir. in Bull. Soc. Nat. Mosc. 14：734. 1841.

一年生草本，高 20～50 cm。茎直立或斜升，圆柱形，有微条棱，多分枝；上部分枝通常上升。叶条形至丝状条形，半圆柱状，长 1～2 cm，宽 1.0～1.5 mm，稍有蜡粉，蓝灰绿色，先端微钝并具短芒尖，基部渐狭，上部的叶较短而宽。团伞花序通常3～5花，腋生；花两性，无柄；花被，绿色，5 裂，裂片三角形，果时基部向外延伸成横翅，翅通常钝圆，彼此并成圆盘形，总直径 2.5～3.5 mm；花药细小，近圆形，直径约 0.2 mm；柱头 2 枚，花柱不明显。种子横生，双凸镜形或扁卵形，直径约 1 mm，黑色或红褐色，稍有光泽，表面具清晰点纹。 花果期 7～9 月。

产新疆：阿克陶（恰克拉克，青藏队吴玉虎 870565）、策勒。生于海拔 1 600～3 240 m 的荒漠戈壁沙砾地、河滩草地、河谷阶地、沟谷盐碱地。

青海：格尔木。生于海拔 2 700 m 左右的荒漠戈壁、宽谷河滩、湖边等重盐碱地区，有时也侵入农田。

分布于我国的新疆、青海、甘肃西部、宁夏；中亚地区各国至东欧也有。

4. 星花碱蓬

Suaeda stellatiflora G. L. Chu in Acta Phytotax. Sin. 16（1）：122. t. 7：1. 1978；中国植物志 25（2）：130. 图版 28：1～3. 1979；新疆植物志 2（1）：65. 1994.

一年生草本，高 20～80 cm。茎平卧或外倾，有微条棱，无色条，通常多分枝。叶条形，半圆柱状，长 0.5～1.0 cm，宽约 1 mm，稍弯曲，先端急尖或钝，具芒尖，基部稍压扁，几无柄，茎上部和分枝上的叶较短，披针形至卵形，上面平，下面凸。团伞花序通常含 2～5 花，腋生；花两性，花被稍肉质，5 深裂，果时花被裂片的基部向外延伸出几等大的钝三角形翅突，彼此并成五角星形，总直径 1.5～2.0 mm；雄蕊 5 枚，花丝丝形，不伸出花被外，花药半球形，直径约 2.5 mm；柱头 2 枚，细小，花柱不明显。果皮与种皮分离。种子横生，双凸镜形，直径 0.9～1.0 mm，种皮薄壳质或膜质，红褐色至黑色，周边钝，表面具清晰点状网纹。 花果期 7～9 月。

产新疆：喀什、英吉莎。生于海拔 1 400 m 左右的沙丘间、盐碱土荒地、湖边、渠沿。

分布于我国的新疆、甘肃西部、宁夏。模式标本采自宁夏中宁。

5. 平卧碱蓬 图版 34：12～15

Suaeda prostrata Pall. Illustr. P1. 55. t. 47. 1803；中国植物志 25（2）：130. 图版 29：9～11. 1979；青海植物志 1：214. 图版 46：18～21. 1997；青藏高原维管植物及其生态地理分布 176. 2008.

一年生草本，高 20～50 cm，无毛。茎平卧或斜升，基部有分枝并稍木质化，具微条棱，上部的分枝近平展并几等长。叶条形，半圆柱状，灰绿色，长 5～15 mm，宽 1.0～1.5 mm，先端急尖或微钝，基部稍收缩并稍压扁。团伞花序 2 至数花，腋生；花两性，花被绿色，稍肉质，5 深裂，果时花被裂片增厚呈兜状，基部向外延伸出不规则的翅状或舌状突起；花药宽矩圆形或近圆形，长约 0.2 mm，花丝稍外伸；柱头 2 枚，黑褐色，花柱不明显。胞果顶基扁；果皮膜质，淡黄褐色。种子双凸镜形或扁卵形，直径 1.2～1.5 mm，黑色，表面具清晰的点状网纹，稍有光泽。　花果期 7～10 月。

产新疆：皮山（三十里营房，青藏队吴玉虎 1162B）、且末（阿羌乡昆其布拉克，青藏队吴玉虎 3855）、若羌（阿尔金山保护区鸭子泉，青藏队吴玉虎 3886、3966；库木库勒湖畔，青藏队吴玉虎 2320；依夏克帕提，青藏队吴玉虎 4259；茫崖以西 20 km，刘海源 008）。生于海拔 2 900～4 150 m 的湖滨滩地高寒荒漠草原沙砾地、山前沼泽草甸、河边草地、高原湖边盐碱湿地、河谷湿草地。

青海：都兰（诺木洪，黄荣福 C. G. 81－280；县城去茶卡途中，陈桂琛 329）、玛多（黑河乡，陈桂琛 1806）。生于海拔 2 700～4 100 m 的河谷滩地重盐碱地、荒漠戈壁低湿草甸。

分布于我国的新疆北部、青海、甘肃西部、宁夏、陕西北部、山西、内蒙古、河北、江苏北部；俄罗斯西伯利亚，中亚地区各国，东欧也有。

6. 镰叶碱蓬

Suaeda crassifolia Pall. Illustr. 54. t. 46. 1803；中国植物志 25（2）：134. 图版 30：4～5. 1979；新疆植物志 2（1）：67. 图版 17：8～9. 1994.

一年生草本，高 20～50 cm。茎直立，通常多分枝，白色或黄白色，无毛，上部具微条棱。叶条形，圆柱状，长 7～15 mm，宽 1.5～2.0 mm，通常蓝绿色，向上呈镰刀状弯曲，先端钝，基部微收缩；枝上部的叶较短，广椭圆形至近圆形。团伞花序 4～12 花或更多，于枝上部集成有间断的穗状圆锥状花序；花两性，有时兼有雌性；花被星状，直径 1.5～2.0 mm；花被裂片卵形，不等大，果时基部向外延伸成角状或三角状突起；小苞片卵形或倒卵形，顶缘有微齿；雄蕊 5 枚，花药宽椭圆形，长约 0.3 mm；柱头 2 枚，黑褐色，花柱不明显。种子横生或斜生，卵形，稍压扁，长约 1 mm，宽约 0.8 mm，红褐色至黑色，有光泽，具细微网纹。　花果期 7～9 月。

产新疆：喀什、英吉莎。生于海拔 1 400 m 左右的盐碱土荒漠、河滩、湖边。

分布于我国的新疆；伊朗，俄罗斯，中亚地区各国，外高加索地区也有。

7. 盐地碱蓬　图版 34：16～20

Suaeda salsa（Linn.）Pall. Illustr. 46. 1803；中国植物志 25（2）：134. 图版 29：5～7. 1979；青海植物志 1：212. 图版 46：6～10. 1997；青藏高原维管植物及其生态地理分布 177. 2008. ——*Chenopodium salsum* Linn. Sp. Pl. 221. 1753.

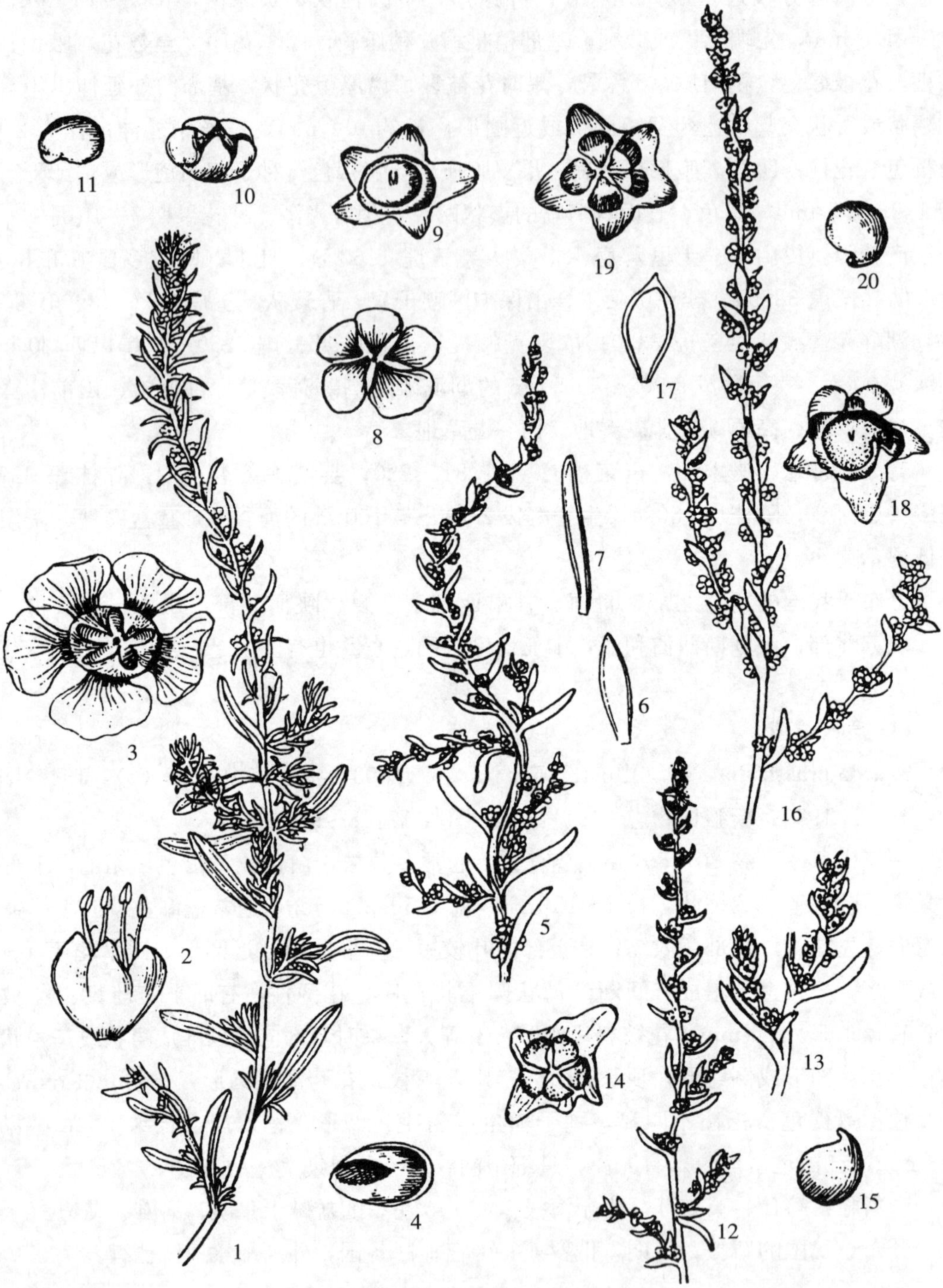

图版 **34** 地肤 **Kochia scoparia**（Linn.）Schrad. 1. 枝条（具花序）；2. 雄花；3. 果期花被；4. 种子。角果碱蓬 **Suaeda corniculata**（C. A. Mey.）Bunge 5. 花序枝；6 ~ 7. 叶；8. 果期花被；9. 花被及胞果；10. 花期花被侧面观；11. 种子。平卧碱蓬 **S. prostrata** Pall. 12. 花序枝；13. 小枝放大；14. 果期花被；15. 种子。盐地碱蓬 **S. salsa**（Linn.）Pall. 16. 枝条；17. 叶片；18，19. 胞果及花被；20. 种子。（阎翠兰绘）

一年生草本，高 20～80 cm，绿色或紫红色。茎直立，圆柱状，黄褐色，有微条棱，无毛；分枝多集中于茎的上部，细瘦，开展或斜升。叶条形，半圆柱状，通常长 1.0～2.5 cm，宽 1～2 mm，先端尖或微钝，无柄，枝上部的叶较短。团伞花序通常含 3～5 花，腋生，在分枝上排列成有间断的穗状花序；小苞片卵形，几全缘；花两性，有时兼有雌性；花被半球形，底面平；裂片卵形，稍肉质，具膜质边缘，先端钝，果时背面稍增厚，有时并在基部延伸出三角形或狭翅状突出物；花药卵形或矩圆形，长 0.3～0.4 mm；柱头 2 枚，有乳头，通常带黑褐色，花柱不明显。胞果包于花被内；果皮膜质，果实成熟后常常破裂而露出种子。种子横生，双凸镜形或歪卵形，直径 0.8～1.5 mm，黑色，有光泽，周边钝，表面具不清晰的点状网纹。 花果期 7～10 月。

产青海：玛沁、茫崖（茫崖镇，刘海源 008）。生于海拔 2 800～3 800 m 的沟谷河滩盐碱土，在海滩及湖边常形成单种群落。

分布于我国的新疆、青海、甘肃北部和西部、宁夏、陕西北部、内蒙古、山西、河北，以及山东、江苏、浙江的沿海地区和东北地区；欧洲，亚洲其他地区也有。

15. 梭梭属 Haloxylon Bunge

Bunge in Ledeb. Fl. Ross. 3：819. 1851.

灌木或小乔木，无毛或仅叶腋内具绵毛。茎直立，多分枝；当年枝绿色或蓝绿色，具关节。叶对生，退化成鳞片状，或几无叶，基部合生，先端钝或具短芒尖。花单生于叶腋，两性，具 2 小苞片；花被片 5 片，离生，纸质或干膜质，内面凹，内面基部常具蛛丝状毛，果时背部上方具横翅状附属物，附属物膜质，平展，具纵脉；雄蕊 5 枚，着生于杯状花盘上，花药椭圆形，不具附属物；子房基部陷于花盘内，花柱极短，柱头 2～5枚。胞果半球形，顶面微凹，果皮肉质，与种子贴伏。种子横生，无胚乳；胚绿色，螺旋状。

约 11 种，分布于地中海至中亚地区。我国产 2 种，昆仑地区产 1 种。

1. 梭　梭 图版 35：1～5

Haloxylon ammodendron（C. A. Mey.）Bunge in Ledeb. F1. Ross. 3：820. 1851；中国植物志 25（2）：140. 图版 32：10～13. 1979；青海植物志 1：187. 图版 39：1～5. 1997；青藏高原维管植物及其生态地理分布 172. 2008. ——*Anabasis ammodendron* C. A. Mey. in Ledeb. F1. Alt. 1：375. 1829.

小乔木，高 1～3 m。树皮灰白色，老枝灰褐色或淡黄褐色，通常具环状裂隙；当年枝细长，节间长 4～12 mm，直径约 1.5 mm。叶鳞片状，宽三角形，稍开展，先端钝，腋间具绵毛。花着生于二年生枝条的侧生短枝上；小苞片舟状，宽卵形，与花被近等长，边缘膜质；花被片矩圆形，先端钝，背面先端之下1/3处生翅状附属物；翅状附属物肾形至近圆形，宽5～8 mm，斜伸或平展，边缘波状或啮蚀状，基部心形至楔形；花被片在翅以上部稍内曲并围抱果实；花盘不明显。胞果黄褐色，果皮不与种子贴生。种子黑色，直径约2.5 mm；胚盘旋成上面平下面凸的陀螺状，暗绿色。 花期5～7月，果期8～9月。

产新疆：乌恰（县城以东20 km，刘海源218）、若羌（阿尔金山，刘海源051；塔什达坂，阿尔金山考察队克里木A026、A032；米兰河东8 km，阿尔金山考察队克里木A013）。生于海拔1 950～2 800 m的宽谷滩地戈壁荒漠、干旱山坡。

青海：格尔木（黄荣福C. G. 89-003）、都兰（诺木洪，郭本兆8017；巴隆乡，杜庆490）。生于海拔2 800～3 100 m的戈壁荒漠沙丘、盐碱土荒漠、河边沙地。

分布于我国的新疆、青海、甘肃西部、宁夏西北部、内蒙古；中亚地区各国，俄罗斯西伯利亚也有。

16. 假木贼属 Anabasis Linn.

Linn. Sp. Pl. 223. 1753.

半灌木。木质茎多分枝或退缩成瘤状肥大的茎基；当年枝绿色，具关节，无毛或有乳头状突起。叶对生，肉质，半圆柱状、钻状、鳞片状或不明显，先端钝或锐，有时并具刺状尖，基部合生，腋部通常有绵毛。花两性，单生叶腋，较少为簇生；小苞片2片，舟状，通常短于花被；花被片5片，膜质，外轮3片宽椭圆形或近圆形，内轮2片卵形，果时每片或仅外轮3片的背面各具1翅状附属物，很少全无翅状附属物；雄蕊5枚，着生于花盘上，花丝钻状，稍扁，花药矩圆状心形，先端钝或具细尖；子房卵状球形，无毛或有乳头状突起，柱头2枚，直立或外弯，花柱短。胞果近球形至宽椭圆形，背腹稍扁，果皮肉质。种子直立，胚螺旋状，无胚乳。

约30种，分布于欧洲、地中海沿岸、中亚地区各国、俄罗斯西伯利亚。我国产8种，昆仑地区产1种。

1. 高枝假木贼

Anabasis elatior（C. A. Mey.）Schischk. in Fl. West Sibiria 4：961. 1930；中国植物志25（2）：145. 图版33：13. 1979；新疆植物志2（1）：74. 图版19：1～3. 1994. ——*Brachylepis elatior* C. A. Mey. in Bull. Acad. Sci. St.-Pétersb. 8：341. 1840.

株高10～20（30）cm。基部木质茎多分枝，灰褐色至灰白色；当年幼枝黄绿色，直立或稍斜升，具10～20节间，多为圆柱状，具稠密的乳头状突起。叶通常钻形，长

2～3 mm，先端具 1～3 mm 长的半透明刺状尖；下部和中部的叶通常开展，少数外弯，上部的叶较短，长约 2 mm，贴生于枝。花单生叶腋，在枝顶形成较短的穗状花序，花序稠密，通常分枝；外轮 3 片花被片宽卵形，果时背部具发达的翅，内轮 2 片较窄，果时通常无翅，翅肾形，直立，淡黄色或粉红色；花盘裂片条形，顶端篦齿状。胞果卵形至宽卵形，黄褐色或粉红色。　花果期 7～10 月。

产新疆：乌恰（县城，刘海源 218）。生于海拔 1 200～1 800 m 的戈壁平原砾质荒漠、撂荒地、干旱山坡。

分布于我国的新疆北部；中亚地区各国，哈萨克斯坦，俄罗斯西伯利亚，蒙古也有。

17. 合头草属 Sympegma Bunge

Bunge in Bull. Acad. Sci. St.-Pétersb. 25：371. 1879.

半灌木，茎皮近木栓质，条裂，多分枝，无毛。叶互生，稀疏，条形，圆柱状，肉质。花两性，不具小苞片，1 至数个簇生于仅具 1 节间的腋生小枝顶端；花被两侧稍扁，花被片 5 片，外轮 2 片，内轮 3 片，矩圆形，腹面凹，果时硬化，背面顶端之下生横翅，翅膜质，有脉纹；雄蕊 5 枚，花丝扁平，狭条形，基部扩展并合生，花药矩圆状心形，先端不具附属物；子房瓶状，稍扁，柱头 2 枚，钻状，外弯，花柱短；胚珠自珠柄顶端悬垂。胞果为花被所包覆，两侧稍扁，圆形；果皮膜质，与种子离生。种子直立，种皮膜质；胚平面螺旋状，无胚乳。

仅 1 种，主要分布于中亚。我国昆仑地区亦有。

1. 合头草　图版 35：6～7

Sympegma regelii Bunge in Bull. Acad. Sci. St.-Pétersb. 25：371. 1879；中国植物志 25（2）：152. 图版 43：13～14. 1979；新疆植物志 2（1）：80. 图版 21：3～4. 1994；青海植物志 1：202. 图版 39：6～7. 1997；青藏高原维管植物及其生态地理分布 177. 2008.

半灌木，茎直立，高可达 1.5 m。根粗壮，黑褐色。老枝多分枝，黄白色至灰褐色，通常具条状裂隙；当年生枝灰绿色，稍有乳头状突起，具多数单节间的腋生小枝；小枝长 3～8 mm，基部具关节，易断落。叶长 4～10 mm，宽约 1 mm，直或稍弧曲，向上斜升，先端急尖，基部收缩。花两性，通常 1～3 个簇生于具单节间小枝的顶端，花簇下具 1 对基部合生的苞状叶，状如头状花序；花被片直立，草质，具膜质狭边，先端稍钝，脉显著浮凸；果时背面的近顶端生横翅，翅宽卵形至近圆形，不等大，淡黄色，具纵脉纹；雄蕊 5 枚，花药伸出花被外；柱头有颗粒状突起。胞果两侧稍扁，圆形，果皮淡黄色。种子直立，直径 1.0～1.2 mm；胚平面螺旋状，黄绿色。　花果期 7～10

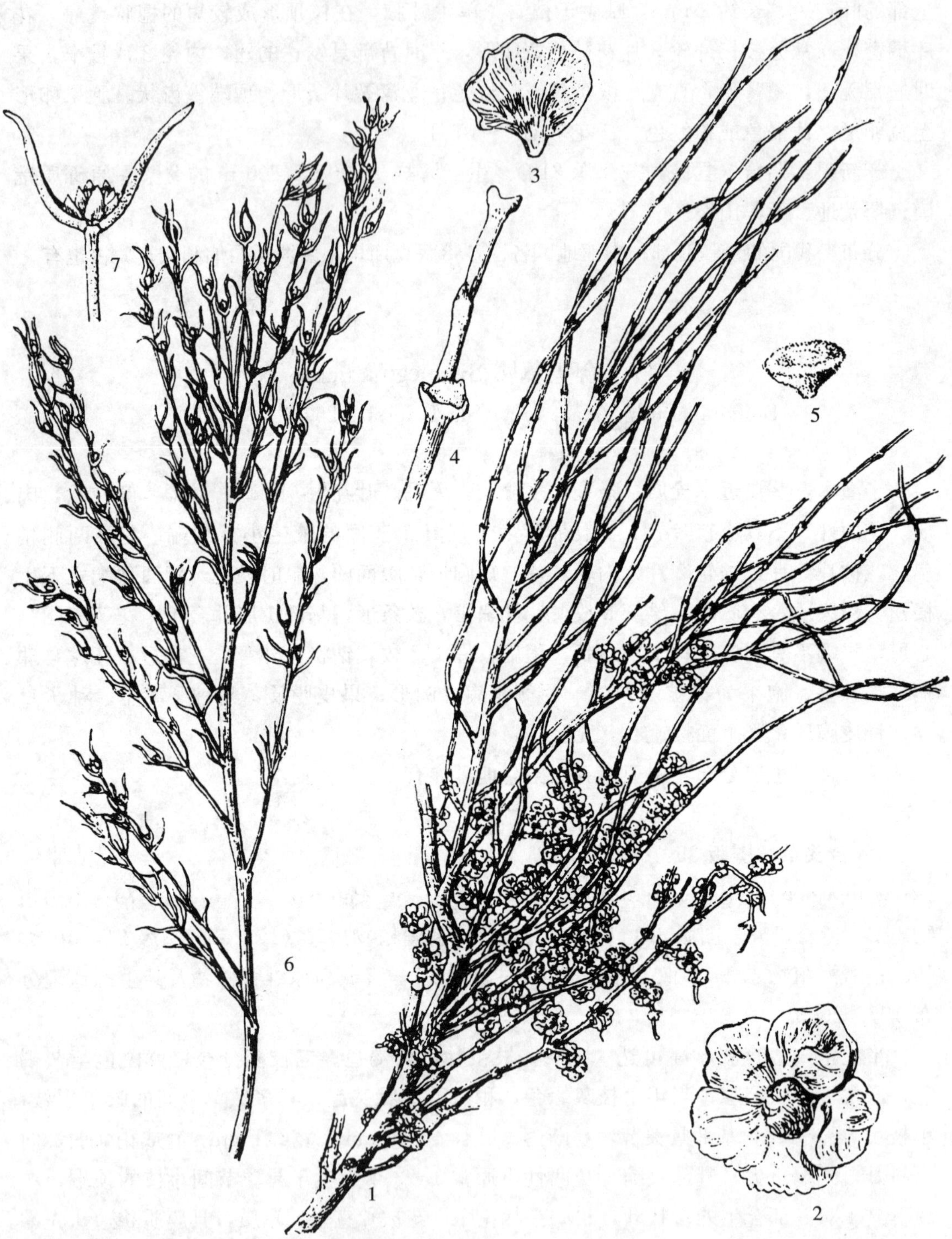

图版 35　梭梭 **Haloxylon ammodendron**（C. A. Mey.）Bunge 1. 果枝；2. 果期花被和胞果；3. 花被片；4. 小枝；5. 胞果。合头草 **Sympegma regelii** Bunge 6. 果枝；7. 着花小枝。（王颖绘）

月。

产新疆：乌恰（吉根乡西姆哈纳，西植所新疆队 2089、刘海源 214）、阿克陶（恰克拉克至木吉途中，青藏队吴玉虎 870595；恰尔隆乡，青藏队吴玉虎 5113；奥依塔克，高生所西藏队 3072）、莎车（喀拉吐孜，青藏队吴玉虎 870729）、于田（城南 60 km，刘铭庭 154）、叶城（麻扎达拉，黄荣福 C. G. 86－072）、策勒（奴尔乡都木，采集人不详 087）、若羌（青海茫崖去鸭子泉途中，青藏队吴玉虎 2133；塔什达坂，阿尔金山考察队克里木 A034；阿尔金山，青藏队吴玉虎 2348、4306、4337，刘海源 016、018、043）。生于海拔 1 900～3 600 m 的沟谷山坡沙砾地、荒漠干山坡、缓坡戈壁荒漠、干旱山坡。

西藏：日土（班公湖，高生所西藏队 3461）。生于海拔 4 200～4 300 m 的高寒荒漠草原、河谷山坡草地。

青海：都兰（香日德托勒山，杜庆 474；诺木洪，黄荣福 C. G. 81－305）、格尔木（西大滩，青藏队吴玉虎 2913、2920；县城郊区，杜庆 021）、兴海（羊曲，王作宾 20016）、茫崖（采集地不详，青藏队吴玉虎 2346、刘海源 016）。生于海拔 2 900～3 900 m 的轻盐碱化的荒漠、沟谷山地荒漠草原、干山坡、冲积扇、沟沿等处。

分布于我国的新疆、青海北部、甘肃西北部、宁夏、西藏；哈萨克斯坦，蒙古也有。

18. 盐生草属 **Halogeton** C. A. Mey.

C. A. Mey. in Ledeb. Ic. Pl. Fl. Ross. 1：10. 1829.

一年生草本。茎直立，多分枝，光滑无毛或有蛛丝状毛。叶互生，无柄，肉质，圆柱状，顶端钝或有刺毛，叶腋簇生柔毛。花小，成簇腋生，杂性；有小苞片 2 枚；花被 5 深裂，圆锥状，花被片披针形，果时自背面的近顶部生翅；雄蕊 5 或 2 枚，花药矩圆形，无附属物；子房卵形，花柱短，柱头 2 枚，丝状。胞果，果皮膜质，与种子附贴，包藏于花被内。种子直立或横生，圆形，种皮膜质或近革质；胚螺旋状，无胚乳。

有 3 种，分布于亚洲西部与中部、欧洲南部及非洲北部。我国有 2 种及 1 变种，昆仑地区均产。

分种检索表

1. 植株无蛛丝状毛；雄蕊通常 2；种子直立 ……………………………………………………
………………………………………… **1. 盐生草 H. glomeratus** (M. Bieb.) C. A. Mey.

1. 植株幼时有蛛丝状毛；雄蕊 5；种子横生 ……… **2. 白茎盐生草 H. arachnoideus** Moq.

1. 盐生草 图版 36：1～7

Halogeton glomeratus（M. Bieb.）C. A. Mey. in Ledeb. Icon. Pl. Fl. Ross. 1：10. t. 40. 1829；中国植物志 25（2）：153. 1979；西藏植物志 1：643. 1983；新疆植物志 2（1）：81. 图版 21：5～6. 1994；青海植物志 1：234. 图版 51：11～17. 1997；青藏高原维管植物及其生态地理分布 172. 2008. ——*Anabasis glomerata* M. Bieb. in Mem. Soc. Nat. Mosc. 1：110. 1806.

1a. 盐生草（原变种）

var. **glomeratus**

一年生草本，高 5～30 cm。茎直立，自基部多分枝：枝互生，基部的枝近对生，灰绿色或淡黄绿色，光滑，无毛，无乳头状小突起。叶互生，圆柱形，通常长 5～10 mm，宽约 2 mm，先端钝，具长刺毛（有时脱落）。花腋生，通常 4～6 朵聚集成团伞花序，遍布全株；花被片膜质，背面有 1 条粗脉，果时自背面近顶部生翅；翅半圆形，膜质，几等大，具多数明显的脉，有时翅不发育而花被增厚成革质；雄蕊通常 2 枚。种子圆形，直立。 花果期 7～9 月。

产新疆：喀什、莎车、叶城（麻扎达坂，青藏队吴玉虎 1144）、策勒（恰哈乡，R 1578）、和田（采集地不详，刘铭庭 156）、若羌（罗布泊，采集人和采集号不详）。生于海拔 3 600～4 500 m 的洪积扇、砾质荒漠、荒漠戈壁沙砾质盐碱地、干旱山坡、河谷沙砾地。

西藏：班戈、改则、日土（班公湖畔，青藏队吴玉虎 1377；班公湖鸟岛，青藏队 76-8741、76-9142）。生于海拔 4 250 m 左右的高寒荒漠、河谷砾石盐碱地、高原湖边低湿砾石地。

青海：格尔木（大柴旦，青藏队吴玉虎 2795、2924）、都兰（香日德，杜庆 557；巴隆乡，杜庆 493）。生于海拔 2 700～3 200 m 的洪积扇、平原砾质荒漠、荒漠戈壁滩。

分布于我国的新疆、青海、甘肃西部、西藏；蒙古，俄罗斯西伯利亚，哈萨克斯坦，中亚地区各国也有。

1b. 西藏盐生草（变种）

var. **tibeticus**（Bunge）Grub. Pl. Asiae Centr. 2：117. 1966；西藏植物志 1：642. 1983；青藏高原维管植物及其生态地理分布 172. 2008. ——*H. tibeticus* Bunge Anab. Rev. 94. 1862.

本变种与原变种的主要区别为：茎、枝生乳头状小突起。

产新疆：若羌（阿尔金山保护区鸭子泉，青藏队吴玉虎 2301；阿尔金山北坡，青藏队吴玉虎 4313；阿尔金山，刘海源 047）。生于海拔 3 100～3 650 m 左右的高寒荒漠沙砾质河岸、河谷砾地、干旱山坡草地。

西藏：日土。生于海拔 4 200 m 左右的湖边沙地。

青海：格尔木（大柴旦，青藏队吴玉虎 2921、2922、2923）。生于海拔 3 100 m 左右的高原荒漠戈壁滩。

分布于我国的新疆、青海、西藏；中亚地区各国也有。

2. 白茎盐生草 图版 36：8～17

Halogeton arachnoideus Moq. in DC. Prodr. 13（2）：205. 1849；中国植物志 25（2）：154. 图版 34：5～6. 1979；新疆植物志 2（1）：81. 图版 21：7～8. 1994；青海植物志 1：234. 图版 51：1～10. 1997；青藏高原维管植物及其生态地理分布 171. 2008.

一年生草本，高 10～40 cm。茎直立，自基部分枝；枝互生，灰白色，幼时生蛛丝状毛，以后毛脱落。叶片圆柱形，长 3～10 mm，宽 1.5～2.0 mm，顶端钝，有时有小短尖。花通常 2～3 朵，簇生叶腋；小苞片卵形，边缘膜质；花被片宽披针形，膜质，背面有 1 条粗壮的脉，果时自背面的近顶部生翅；翅 5 个，半圆形，大小近相等，膜质透明，有多数明显的脉；雄蕊 5 枚；花丝狭条形；花药矩圆形，顶端无附属物；子房卵形；柱头 2 枚，丝状。果实为胞果，果皮膜质。种子横生，圆形，直径 1.0～1.5 mm。花果期 7～8 月。

产新疆：喀什、和田、于田（新节社管理区，R 1518）、若羌（采集地和采集人不详 9039）。生于海拔 1 200～2 000 m 的荒漠戈壁沙砾地。

青海：都兰（香日德，郭本兆 8000；英德尔羊场，杜庆 429）、格尔木（格尔木河西，郭本兆和王为义 11753）、兴海（曲什安乡大米滩，吴玉虎 41823）。生于海拔 2 500～3 300 m 的干旱山坡、戈壁荒漠沙地、宽谷河滩砾地、河谷台地的阳坡湿沙砾地。

分布于我国的新疆、青海、甘肃、宁夏、陕西、内蒙古、山西；蒙古，中亚地区各国也有。

19. 戈壁藜属 **Iljinia** Korov.

Korov. in Fl. URSS 6：877. 1936.

半灌木，枝无关节。叶互生，近棍棒状，稍肉质。花两性，单生于叶腋，无柄，具 2 小苞片；小苞片近圆形；花被球形，背腹稍扁，草质，果时变为纸质；花被片 5 片，离生，彼此靠合，卵形，腹面凹，无脉，边缘膜质，果时背面近先端处生横翅；雄蕊 5

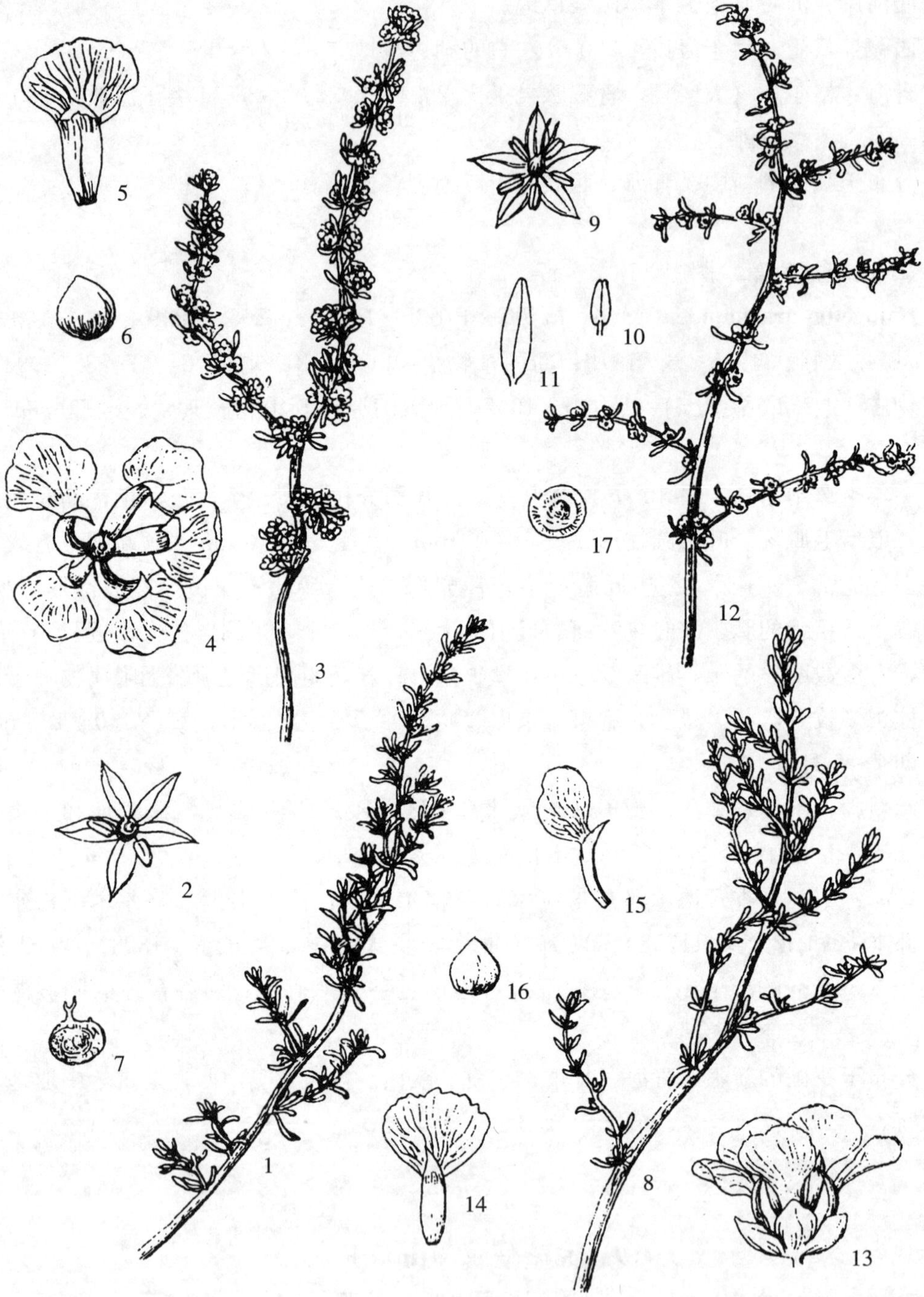

图版 **36** 盐生草 **Halogeton glomeratus**（Bieb.）C. A. Mey. 1. 花枝；2. 花； 3. 果枝； 4. 果被；5. 果被片； 6. 苞片； 7. 种子。白茎盐生草 **H. arachnoideus** Moq. 8. 花枝；9. 花；10. 花药；11. 叶；12. 果枝；13. 果期苞片及花被；14. 果期花被片腹面观；15. 花被片侧面观；16. 苞片；17. 种子。（王颖绘）

枚，着生于花盘上；花丝短，丝形；花盘杯状，5裂，裂片半圆形，边缘稍肥厚；花药卵形，先端具细尖状附属物；子房扁球形；花柱极短；柱头2枚，扩展。种子横生，顶基稍扁；胚平面螺旋状，无胚乳。

仅1种，主要分布于中亚。我国产之，昆仑地区亦有。

1. 戈壁藜

Iljinia regelii (Bunge) Korov. in Fl. URSS 6：878，309. t. 10. f. 8. 1936；中国植物志 25（2）：156. 图版 42：11～13. 1979；新疆植物志 2（1）：83. 图版 21：9～11. 1994. ——*Haloxylon regelii* Bunge in Bull. Acad. Sci. St.-Pétersb. 25：368. 1879.

植株高 20～50 cm。老枝灰白色，平滑无毛，通常具环状裂缝；当年生枝灰绿色，圆柱状，略有棱。叶互生，近棍棒状，肉质，先端钝，基部不扩展而下延，长 5～15 mm，宽 1.5～2.5 mm，无毛，斜升，直或稍向上弧曲，腋间具绵毛。花单生于叶腋；小苞片稍短于花被，背面中部肥厚并隆起，具膜质狭边缘；花被片近圆形或宽椭圆形，边缘膜质，果时稍变硬；翅半圆形，全缘或有缺刻，干膜质，平展或稍反曲；雄蕊5枚，花丝丝状，扁平，花药卵形，先端具细尖状附属物；花盘杯状，稍肥厚，具5个半圆形裂片；子房卵形，平滑无毛，柱头内侧面有颗粒状突起。胞果半球形，顶面平或微凹，果皮稍肉质，黑褐色。种子横生，直径约 1.75 mm；种皮膜质，黄褐色；胚平面螺旋状，无胚乳。 花果期 7～9月。

产新疆：喀什、若羌（阿尔金山保护区鸭子泉，青藏队吴玉虎 2753）。生于海拔 1 400～3 600 m 的砾石戈壁、洪积扇、沙丘及干燥山坡、高原湖边高寒荒漠、戈壁砾地。

分布于我国的新疆、甘肃西部；蒙古，哈萨克斯坦也有。

20. 猪毛菜属 Salsola Linn.

Linn. Sp. Pl. 222. 1753.

一年生草本、半灌木或灌木，无毛，或有柔毛、硬毛或乳头状小突起。叶互生，极少为对生，无柄，叶片圆柱形、半圆柱形，稀为条形，顶端钝圆或有刺状尖，基部通常扩展，有时下延。花序通常为穗状，有时为圆锥状；花两性，辐射对称，单生或簇生于苞腋；苞片卵形或宽披针形；小苞片2枚；花被圆锥形，5深裂，花被片卵状披针形或矩圆形，内凹，膜质，以后变硬，无毛或生柔毛，果时自背面中部横生伸展的、膜质的翅状附属物，有时翅不发育或为鸡冠状、瘤状突起，花被片在翅以上部分内折，包覆果实，通常顶部聚集成圆锥体；雄蕊通常5枚，花丝扁平，钻状或狭条形，花药矩圆形，顶端有附属物，附属物顶端急尖或钝圆，形状各式各样或极小；子房宽卵形或球形，顶基扁，花柱长或极短，柱头2枚，钻形或丝形，直立或外弯，内面有小乳头状突起。果实为胞果，球形，果皮膜质或多汁呈肉质。种子横生、斜生或直立；胚螺旋状，无胚乳。

约有130种，分布于亚洲、非洲及欧洲；我国有36种，昆仑地区有12种。

分种检索表

1. 叶顶端有刺状尖；一年生草本；植株有乳头状小突起、硬毛或无毛。
  2. 花被片果时背面不生翅或具不规则的突起。
    3. 植株无毛；叶片半圆柱形…………………………… **6. 苏打猪毛菜 S. soda** Linn.
    3. 植株有乳头状小突起或短硬毛；叶片丝状或呈狭披针形。
      4. 叶片丝状；花序穗状；苞片及小苞片紧贴花序轴；花药长1.0～1.5 mm …………………………………………………… **7. 猪毛菜 S. collina** Pall.
      4. 叶片狭披针形；花遍布于植株；苞片及小苞片开展；花药长约0.5 mm …………………………………………… **8. 柴达木猪毛菜 S. zaidamica** Iljin
  2. 花被片果时背面生翅。
    5. 花被片果时只有1个背面生翅 ……………… **9. 单翅猪毛菜 S. monoptera** Bunge
    5. 花被片果时背面均生翅；花药长0.1～1.0 mm。
      6. 花被片果时顶端不为刺状，不聚集成长圆锥体 ……………………………………………………………………………… **12. 刺沙蓬 S. ruthenica** Iljin
      6. 花被片果时顶端成刺状，聚集成长圆锥体，极少顶端为膜质的细长尖。
        7. 翅边缘有不整齐的牙齿；花被片在翅以上部分坚硬，聚集成粗壮的长圆锥体；叶片基部显著扩展 ……………………………………………………………… **10. 青海猪毛菜 S. chinghaiensis** A. R. Li
        7. 翅边缘近全缘；花被片在翅以上部分，聚集成细长的圆锥体或顶端为膜质的细长尖；叶片基部稍扩展 …… **11. 薄翅猪毛菜 S. pellucida** Litv.
1. 叶顶端钝，无刺状尖；灌木、半灌木或一年生草本；植株有其他类型的毛或无毛。
  8. 灌木或半灌木，植株无毛。
    9. 花被片果时在翅以上部分膜质，稍反折，呈莲座状；苞片比花被长或与花被等长 ……………………………………… **2. 木本猪毛菜 S. arbuscula** Pall.
    9. 花被片果时在翅以上部分革质，不反折，紧贴果实或聚集成圆锥体状；苞片比花被短。
      10. 老枝上的叶互生；花序圆锥状 ………… **4. 天山猪毛菜 S. junatovii** Botsch.
      10. 老枝上的叶簇生于短枝的顶端；花序穗状 ……………………………………………………… **3. 蒿叶猪毛菜 S. abrotanoides** Bunge

8. 一年生草本。

11. 花单生，遍布于全植株 …………………… **5. 密枝猪毛菜 S. implicata** Botsch.

11. 花序为由多数穗状花序构成的大型圆锥花序 ………………………………
……………………………………… **1. 小药猪毛菜 S. micranthera** Botsch.

1. 小药猪毛菜

Salsola micranthera Botsch. in Not. Syst. Herb. Inst. Acad. Sci. Uzbek. 13：5. 1952；中国植物志 25（2）：162. 图版 35：6～8. 1979；新疆植物志 2（1）：91. 图版 23：3～4. 1994.

一年生草本，高 20～80 cm；茎直立，多分枝，枝斜升，乳白色，密生柔毛及稀疏的长柔毛。叶片半圆柱形，长 1.0～1.5 cm，宽 1.5～2.0 mm，顶端钝，基部稍扩展，不下延，灰绿色，有长柔毛，叶片通常脱落。花序为由多数穗状花序构成的大型圆锥花序；苞片宽卵形，边缘膜质，小苞片近于圆形，短于花被；花被片长卵形，草质，边缘为膜质，有稀疏的缘毛，果时自背面的中上部生翅；翅 3 个为肾形，薄膜质，有多数密集的脉，2 个较小，倒卵形，花被果时（包括翅）直径 5～7 mm；花被片在翅以上部分，边缘膜质，有缘毛，向中央集聚，紧贴果实；花药长约 0.5 mm；柱头丝形，与花柱近等长。种子横生。　花果期 7～10 月。

产新疆：策勒（治沙站附近，克里木 032）。生于海拔 1 300 m 的砾质荒漠、戈壁荒漠沙地。

分布于我国的新疆；俄罗斯，中亚地区各国也有。

2. 木本猪毛菜

Salsola arbuscula Pall. Reise 1：488. t. g. f. 1. 1771；中国植物志 25（2）：164. 图版 36：10～11. 1979；新疆植物志 2（1）：89. 图版 22：3～4. 1994；青海植物志 1：195. 1997；青藏高原维管植物及其生态地理分布 174. 2008.

小灌木，高 40～100 cm，多分枝。枝条开展，老枝淡灰褐色，有纵裂纹，小枝平滑，乳白色。叶互生，老枝上的叶簇生于短枝的顶部，叶片半圆柱形，长 1～3 cm，宽 1～2 mm，淡绿色，无毛，顶端钝或尖，基部扩展而隆起，乳白色，扩展处的上部缢缩成柄状，叶片自缢缩处脱落，枝条上留有明显的叶基残痕。花序穗状；苞片比小苞片长；小苞片卵形，顶端尖，基部的边缘为膜质，比花被长或与花被等长；花被片矩圆形，顶端有小凸尖，背部有 1 条明显的中脉，果时自背面中下部生翅；翅 3 个为半圆形，膜质，有多数细而明显的脉，2 个较狭窄，花被果时（包括翅）直径为 8～12 mm；花被片在翅以上部分，向中央聚集，包覆果实，上部膜质，稍反折，呈莲座状；花药附属物狭披针形，顶端急尖；柱头钻状，长为花柱的 2～4 倍。种子横生。　花果期 7～10 月。

产新疆：若羌（县城去青海茫崖途中，吴玉虎 2935；塔什达坂，阿尔金山考察队克里木 A016)。生于海拔 1 200～2 700 m 的荒漠戈壁河滩沙砾地、山地荒漠戈壁、沟谷山地高寒荒漠沙砾地。

青海：都兰、茫崖（采集地不详，刘海源 018)、格尔木（西大滩，青藏队吴玉虎 2919)。生于海拔 2 400～3 600 m 的干旱沟谷山麓、砾质戈壁荒漠、河谷滩地荒漠草原。

分布于我国的新疆、青海、甘肃西部、宁夏、内蒙古；伊朗，蒙古，俄罗斯也有。

3. 蒿叶猪毛菜

Salsola abrotanoides Bunge in Bull. Acad. Sci. St.-Pétersb. 25：366. 1879；中国植物志 25（2)：164. 图版 36：12～13. 1979；新疆植物志 2（1)：89. 图版 22：5～6. 1994；青海植物志 1：195. 图版 41：10～12. 1997；青藏高原维管植物及其生态地理分布 174. 2008.

匍匐状半灌木，高 15～40 cm。老枝灰褐色，有纵裂纹，小枝草质，密集，黄绿色，有细条棱，密生小突起。叶片半圆柱状，互生，老枝上的叶簇生于短枝的顶端，长 1～2 cm，宽 1～2 mm，顶端钝或有小尖，基部扩展，在扩展处的上部缢缩成柄状，叶片自缢缩处脱落。花序穗状，细弱，花排列稀疏；小苞片长卵形，比花被短，边缘膜质；花被片卵形，背面肉质，边缘膜质，顶端钝，果时自背面中部生翅；翅 3 个较大，膜质，半圆形，黄褐色，有多数粗壮的脉，2 个稍小，为倒卵形，花被果时（包括翅）直径 5～7 mm，花被片在翅以上部分，顶端钝，背部肉质，边缘为膜质，紧贴果实；花药附属物极小；柱头钻状，扁平，长为花柱的 2 倍。种子横生。 花果期 7～9 月。

产新疆：乌恰（县城以东 20 km，刘海源 214)、若羌（县城以东 20 km，刘海源 225；阿雅克格库姆，阿尔金山考察队克里木 A072)。生于海拔 1 400～1 950 m 的荒漠戈壁、沟谷河滩沙砾地、干旱山坡砾地。

青海：格尔木（纳赤台，陈世龙 867)、都兰（旺尕秀沟，郭本兆和王为义 11973；东夏日哈，黄荣福 C. G. 81-249；英德尔，杜庆 431)、兴海（河卡乡塔拉，何廷农 396)。生于海拔 2 900～3 520 m 的沟谷山坡、荒漠戈壁山麓洪积扇、多砾石河滩。

分布于我国的新疆、青海、甘肃西部；蒙古也有。

4. 天山猪毛菜

Salsola junatovii Botsch. in Not. Syst. Herb. Inst. Kom. Acad. Sci. URSS 22：105. 1963；中国植物志 25（2)：165. 图版 36：8～9. 1979；新疆植物志 2（1)：90. 图版 22：7～8. 1994.

半灌木，高 20～50 cm，多分枝。老枝木质，灰褐色，有纵裂纹，小枝草质，下部乳白色，上部为绿色，平滑或密生小突起。叶互生，叶片半圆柱状，长 1.0～2.5 cm，宽 1.5～2.5 mm，平滑或有小突起，微内弯，顶端钝或有小尖，稍膨大，基部扩展，微下延，扩展处的上部缢缩成柄状，叶片自缢缩处脱落。花序穗状，再由数个穗状花序构成圆锥状花序；苞片叶状；小苞片宽三角形，背面肉质，稍隆起，边缘膜质，顶端尖；花被片长卵形，顶端钝，果时变硬，自背面中下部生翅：翅3个较大，半圆形，膜质，棕褐色，具多数细而明显的脉，2个较小，矩圆形，花被果时（包括翅）直径8～9 mm；花被片在翅以上部分，聚集成钝的圆锥体；花药附属物顶端钝；柱头钻状，扁平，长为花柱的2～3倍；花柱稍粗壮。种子横生。 花果期8～10月。

产新疆：喀什。生于海拔1 700～2 200 m的戈壁荒漠干旱山坡、河滩砾质荒漠。

新疆特有种。模式标本采自新疆天山南坡。

5. 密枝猪毛菜

Salsola implicata Botsch. in Not. Syst. Herb. Inst. Bot. Acad. Sci. Uzbek. 13：6. 1952；中国植物志 25（2）：168. 图版 37：9～12. 1979；青海植物志 1：192. 1997；青藏高原维管植物及其生态地理分布 175. 2008.

一年生草本，高10～40 cm。植株自基部分枝，密生粉粒状毛及稀疏的卷曲柔毛；枝细弱而密集，伸展或稍曲折，乳白色。叶片半圆柱形，长0.5～1.0 cm，宽1.0～1.5 mm，顶端钝，基部稍扩展，向下弯曲，通常早落。花单生，遍布于全植株；苞片宽披针形；小苞片宽三角形，顶端尖，边缘膜质；花被片披针形，生粉粒状毛及柔毛，果时自背面中部生翅；翅倒卵形或菱形，近于纸质，半透明，黄褐色，有数条脉，翅与翅之间有空隙，花被果时（包括翅）直径为8～10 mm；花被片在翅以上部分，披针形，近肉质，生粉粒状毛及柔毛，向中央聚集，紧贴果实；花药附属物卵形；柱头狭条形，顶端钝。种子横生。 花果期7～10月。

产新疆：若羌（县城附近，刘海源098）。生于海拔940 m左右的绿洲疏林下。

青海：都兰（夏日哈，黄荣福 C. G. 81-251）。生于海拔2 600 m的戈壁荒漠、河谷沙丘。

分布于我国的新疆、青海；中亚地区各国，伊朗也有。

6. 苏打猪毛菜

Salsola soda Linn. Sp. Pl. 223. 1753；中国植物志 25（2）：175. 图版 39：10～11. 1979；新疆植物志 2（1）：98. 图版 25：5～6. 1994.

一年生草本，高20～70 cm。茎自基部分枝，伸展，茎、枝淡绿色，有时带乳白色，无毛，不具条纹。叶下部的为对生，上部的为互生；叶片半圆柱形，无毛，长2～7 cm，宽2～4 mm，顶端生极细小的小短尖，基部边缘膜质，扩展，微下延。花序穗状，花排列稀疏；苞片长于小苞片；小苞片长卵形，顶端尖，基部有狭窄的膜质边缘；花通常单生；花被片卵形，顶端钝，膜质，无毛，果时变硬，自背面中上部横生三角状突起；花被片在突起以上部分向中央折曲，形成平面，紧贴果实；花药矩圆形，长1.0～1.5 mm，花药附属物极小；柱头丝状，长为花柱的2～3倍。胞果倒卵形，直径

3～4 mm。花果期7～9月。

产新疆：民丰（安迪尔河附近，采集人和采集号不详）。生于海拔1 400 m左右的荒漠戈壁盐湖边、含盐质土壤的草地。

分布于我国的新疆；俄罗斯西伯利亚，哈萨克斯坦，中亚地区各国，欧洲也有。

7. 猪毛菜

Salsola collina Pall. Illustr. 34. t. 26. 1803；中国植物志25（2）：176. 图版39：1～3. 1979；新疆植物志2（1）：100. 图版26：1～3. 1994；青海植物志1：195. 图版41：1～4. 1997；青藏高原维管植物及其生态地理分布174. 2008.

一年生草本，高20～100 cm。茎自基部分枝，枝互生，伸展，茎、枝绿色，有白色或紫红色条纹，生短硬毛或近于无毛。叶片丝状圆柱形，伸展或微弯曲，长2～5 cm，宽0.5～1.5 mm，生短硬毛，顶端有刺状尖，基部边缘膜质，稍扩展而下延。花序穗状，生枝条上部；苞片卵形，顶部延伸，有刺状尖，边缘膜质，背部有白色隆脊；小苞片狭披针形，顶端有刺状尖，苞片及小苞片与花序轴紧贴；花被片卵状披针形，膜质，顶端尖，果时变硬，自背面中上部生鸡冠状突起；花被片顶端为膜质，向中央折曲成平面，紧贴果实，有时在中央聚集成小圆锥体；花药长1.0～1.5 mm；柱头丝状，长为花柱的1.5～2.0倍。种子横生或斜生。花果期7～10月。

产新疆：乌恰、皮山（垴阿巴提乡布琼，青藏队吴玉虎2444）、且末（阿羌乡解放牧场，青藏队吴玉虎3868）、若羌（阿尔金山北坡，青藏队吴玉虎4321）。生于海拔1 800～3 700 m的荒漠河滩沙砾地、沟谷山地荒漠草原、河谷溪流边草地、河沟低湿沙砾地。

西藏：日土（班公湖畔，青藏队吴玉虎1368、1371）。生于海拔4 180 m左右的高原湖边沙砾地。

青海：都兰（香日德，郭本兆8004；查查香卡，杜庆146）、兴海（中铁乡，吴玉虎42767；唐乃亥乡，吴玉虎42053、42135；河卡乡羊曲，何廷农457）、玛沁（拉加乡，吴玉虎等6046）。生于海拔2 400～4 000 m的干旱草原砾地、村边、路边及荒芜场所、戈壁荒漠沙砾地、沙砾质河滩。

分布于我国的东北、华北、西北、西南地区及西藏、河南、山东、江苏；朝鲜，蒙古，俄罗斯西伯利亚，巴基斯坦也有。

8. 柴达木猪毛菜

Salsola zaidamica Iljin in Not. Syst. Herb. Inst. Bot. Kom. Acad. Sci. URSS 17：122. f. 1. 1955；中国植物志25（2）：178. 图版39：4～5. 1979；青海植物志1：196. 图版41：13～16. 1997；青藏高原维管植物及其生态地理分布176. 2008.

一年生草本，高8～15 cm，自基部分枝。枝互生，最基部的枝近对生而伸展，茎、枝密生乳头状小突起。叶互生，多而密集，叶片狭披针形，近扁平，密生乳头状小突起，顶端有刺状尖，基部边缘膜质，通常反折。花单生，几遍布于全植株；苞片长于小苞片，顶端有刺状尖；小苞片卵形，基部边缘膜质，苞片及小苞片均密生乳头状小突起；花被片长卵形，近膜质，无毛，果时变硬成革质，自背面中部生狭窄而稍肥厚的突起；花被片在突起以上部分向中央折曲，紧贴果实，形成截形的面，顶端为薄膜质，通常膜质部分脱落，在截形面的中央形成1个小圆孔，整个花被的外形为杯状；花药矩圆形，长约0.5 mm；柱头丝状，花柱极短。种子横生，直径约1.5 mm。 花果期7～9月。

产新疆：若羌（阿尔金山北坡，青藏队吴玉虎4311；阿尔金山保护区土房子，青藏队吴玉虎2776；县城附近，刘海源097）。生于海拔1 200～4 100 m的干旱山沟沙砾地、绿洲田边、湖滨沙砾滩地、高寒荒漠草原。

青海：格尔木（大柴旦，青藏队吴玉虎2925；青藏公路旁，植被地理组195；铁路边，黄荣福C. G. 81－320）、都兰（脱土山，植被地理组248）、兴海（唐乃亥乡，吴玉虎42099；中铁乡附近，吴玉虎42777）。生于海拔2 800～3 300 m的河滩沙砾湿地、戈壁荒漠含盐质的滩地、沟谷山地阴坡高寒灌丛草甸、高寒荒漠戈壁滩。

分布于我国的新疆东部、青海、甘肃北部；蒙古也有。

9. 单翅猪毛菜 图版37：1～4

Salsola monoptera Bunge in Bull. Acad. Sci. St.-Pétersb. 25：364. 1879；中国植物志25（2）：178. 图版40：1～2. 1979；西藏植物志1：644. 图204：5～6. 1983；青藏高原维管植物及其生态地理分布175. 2008.

一年生草本，高10～30 cm。茎自基部分枝，密生短硬毛；枝互生，伸展，最下部的枝近于对生。叶片丝状半圆柱形，长1.0～1.5 cm，宽0.5～1.0 mm，黄绿色，有短硬毛，顶端有刺状尖，基部稍扩展。花序穗状，有时花遍布于植株；苞片披针形，长于小苞片；花被片长卵形，膜质，无毛，顶端尖，果时变硬，革质，仅1个花被片的背面生翅，其余的背面生齿状突起；花被片顶端尖，向中央聚集，形成平面；雄蕊长于花被，花药长约0.3 mm，附属物极小；柱头丝状，长为花柱的4～6倍，花柱极短。种子横生，直径约1 mm。 花果期7～9月。

产西藏：班戈、改则（大滩，高生所西藏队4306）、日土（兵站，高生所西藏队3561）。生于海拔4 200～4 300 m的沟谷河滩、山麓沙砾地、宽谷湖盆高寒草原沙砾地。

分布于我国的青海、西藏；俄罗斯西伯利亚地区，蒙古也有。

10. 青海猪毛菜 图版37：5～6

Salsola chinghaiensis A. R. Li in Acta Phytotax. Sin. 16：122. 1978；中国植物志25（2）：180. 图版40：7～8. 1979；新疆植物志2（1）：103. 1994；青海植物志

1：197. 图版 42：8～9. 1997；青藏高原维管植物及其生态地理分布 174. 2008.

一年生草本，高 40～50 cm。茎自基部分枝，茎、枝绿色，有白色条纹，密生短硬毛。叶互生，叶片半圆柱形，肉质，有短硬毛，长 2～3 cm，宽 1.5～3.0 mm，顶端有硬的刺状尖，基部显著的扩展。花序穗状，生于枝条的顶部；花单生，苞片宽披针形，顶端延伸，有刺状尖，长于小苞片；小苞片披针形，苞片及小苞片伸展；花被 5 深裂，花被片披针形，膜质，顶端尖，果时变硬，自背面中下部生翅；翅膜质，3 个为半圆形，有粗壮而基部联合的脉，边缘有不整齐的牙齿，2 个较狭窄，花被果时（包括翅）直径 10～12 mm；花被片在翅以上部分近革质，顶端有细长尖，密生极短的硬毛，向中央聚集成粗壮的长圆锥体；花药矩圆形，长约 1 mm；柱头丝状。种子横生，直径约 2 mm。 花果期 7～9 月。

产新疆：若羌（罗布泊，采集人和采集号不详）。生于海拔 2 000 m 左右的戈壁荒漠沙砾滩地。

青海：都兰（诺木洪，高生所西藏队 4418）。生于海拔 2 800 m 左右的草地含盐质土壤、戈壁荒漠石砾地。模式标本采自青海都兰县诺木洪。

11. 薄翅猪毛菜 图版 37：7～9

Salsola pellucida Litv. in Sched. Herb. Fl. Ross. 8：16. 1922；中国植物志 25 (2)：182. 1979；青海植物志 1：199. 图版 42：5～7. 1997；青藏高原维管植物及其生态地理分布 175. 2008.

一年生草本，高 20～60 cm。茎直立，绿色，多分枝；茎、枝粗壮，有白色条纹，密生短硬毛。叶片半圆柱形，长 1.5～2.5 cm，宽 1.5～2.0 mm，顶端有刺状尖。花序穗状；苞片比小苞片长；花被片平滑或粗糙，果时变硬，自背面的中下部生翅；翅薄膜质，无色透明，3 个为半圆形，有数条粗壮而明显的脉，2 个较狭窄，花被果时（包括翅）直径 7～12 mm；花被片在翅以上部分，顶端有稍坚硬的刺状尖或为膜质的细长尖，聚集成细长的圆锥体；柱头丝状，比花柱长。种子横生。 花果期 7～9 月。

产新疆：叶城（黄荣福 C. G. 86－011；叶河大桥附近，刘海源 210）、于田（城南 50 km，刘铭庭 153）。生于海拔 1 200～1 600 m 的戈壁荒漠沙砾地、宽谷河床砾地、水边沙砾地。

青海：都兰（脱土山至香日德，采集人和采集号不详）。生于海拔 2 800～3 100 m 的荒漠戈壁滩、山沟、河谷阶地及河滩沙砾地。

分布于我国的新疆、青海、甘肃、宁夏、内蒙古；中亚地区各国，高加索地区也有。

12. 刺沙蓬 图版 37：10～13

Salsola ruthenica Iljin in Weed Pl. URSS 2：137. f. 127. 1934；中国植物志 25

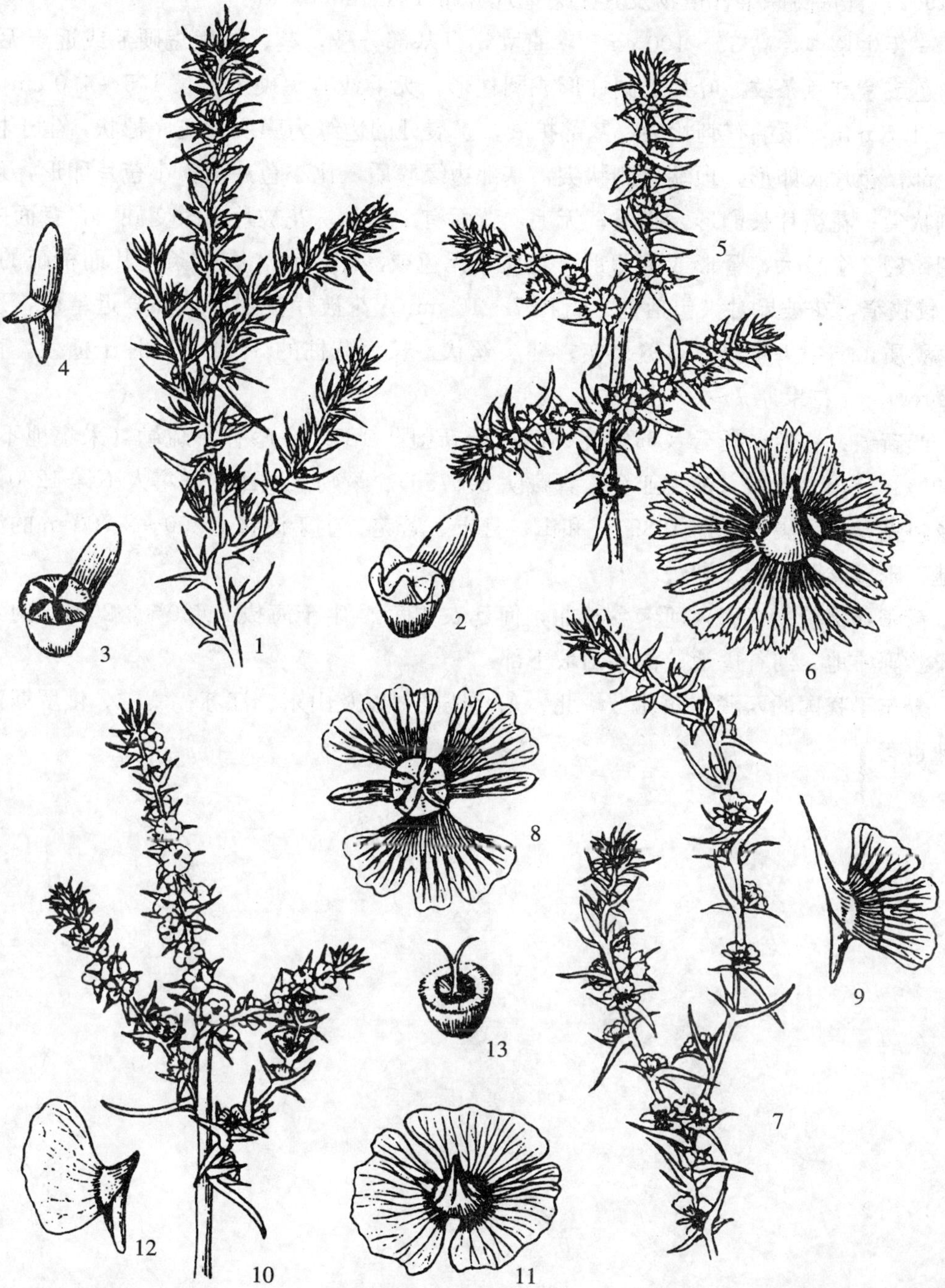

图版 37　单翅猪毛菜 **Salsola monoptera** Bunge 1. 果枝；2 ~ 3. 果期花被；4. 带翅的花被片。青海猪毛菜 **S. chinghaiensis** A. R. Li 5. 果枝；6. 果期花被。薄翅猪毛菜 **S. pellucida** Litv. 7. 果期枝条；8. 果期花被；9. 果期花被片。刺沙蓬 **S. ruthenica** Iljin 10. 枝条；11. 花被及胞果；12. 花被片；13. 胞果。（阎翠兰绘）

(2)：184. 1979；新疆植物志 2 (1)：106. 1994；青海植物志 1：196. 图版 42：1～4. 1997；青藏高原维管植物及其生态地理分布 175. 2008.

一年生草本，高 30～100 cm。茎直立，自基部分枝，茎、枝生短硬毛或近于无毛，有白色或紫红色条纹。叶片半圆柱形或圆柱形，无毛或有短硬毛，长 1.5～4.0 cm，宽 1.0～1.5 mm，顶端有刺状尖，基部扩展，扩展处的边缘为膜质。花序穗状，生于枝条的上部；苞片长卵形，顶端有刺状尖，基部边缘膜质，比小苞片长；小苞片卵形，顶端有刺状尖；花被片长卵形，膜质，无毛，背面有 1 条脉；花被片果时变硬，自背面中部生翅；翅 3 个较大，肾形或倒卵形，膜质，无色或淡紫红色，有数条粗壮而稀疏的脉，2 个较狭窄，花被果时（包括翅）直径 7～10 mm；花被片在翅以上部分近革质，顶端为薄膜质，向中央聚集，包覆果实；柱头丝状，长为花柱的 3～4 倍。种子横生，直径约 2 mm。　花果期 7～10 月。

产新疆：乌恰（托云乡苏约克，西植所新疆队 1857）、喀什、疏勒（采集地不详，R 893）、莎车、叶城（柯克亚乡，青藏队 870756）、策勒（城西，采集人不详 1290；恰哈乡阿克奇，采集人不详 1689）、和田、且末、若羌。生于海拔 1 200～2 700 m 的河谷沙地、砾质戈壁、荒漠湖边。

青海：都兰、兴海（河卡乡羊曲，何廷农 457）。生于海拔 2 600～3 200 m 的戈壁荒漠沙砾滩地、河谷砾地、沟谷山坡下部。

分布于我国的西藏、西北、华北、东北地区，以及山东、江苏；蒙古，俄罗斯西伯利亚也有。

二十二 苋科 AMARANTHACEAE

一年生或多年生草本，稀灌木。叶互生或对生，多全缘，无托叶。花小，两性，单性或杂性，有时退化或不育花；花腋生或顶生，排成穗状、头状花序或呈圆锥状穗状花序或簇生，有时呈聚伞状；苞片 1 枚，小苞片 2 枚，干膜质，宿存，在芽中呈覆瓦状排列；雄蕊 3～5 枚，与花被片对生，花丝分离或合生成杯状或管状，有或无退化雄蕊，花药 1 或 2 室；子房上位，1 室，具 1 或多数胚珠，花柱 1～3 枚，柱头头状或 2～3 裂。果为脆果或小坚果，少数为浆果。种子 1 或多数，圆形或卵形，扁压，种皮革质，胚环形或马蹄铁形，胚乳粉质。

约 60 属，850 种。我国有 12 属，约 39 种；昆仑地区产 1 属 2 种。

1. 苋属 Amaranthus Linn.

Linn. Sp. Pl. 989. 1753.

一年生草本；茎直立，稀伏卧。叶互生，全缘，有叶柄。花单性，雌雄同株或异株，或杂性，腋生或顶生，再集合成简单的或圆锥状穗状花序；花被片 3～5 片，长圆形、狭披针形或芒针状，大小近相等，绿色、黄色或红色，干膜质；雄蕊 3～5 枚，花丝离生，花药 2 室，无退化雄蕊；子房扁，花柱短或无花柱，柱头 2～3 枚，丝状或钻状，胚珠 1 粒，直立。胞果卵球形，侧扁不裂或盖裂，或不规则开裂，胚环形。种子扁球形，黑色或褐色，有光泽。

约 40 种。我国有 13 种，昆仑地区有 2 种。

分种检索表

1. 植株密被短毛；花被片先端急尖或微凹并有小凸尖伸出，长于脆果 ………………………………………………………………………………… 1. **反枝苋 A. retroflexus** Linn.

1. 植株无毛或近无毛；花被片先端急尖或渐尖，与脆果近等长 ………………………………………………………………………… 2. **千穗谷 A. hypochondriacus** Linn.

1. 反枝苋

Amaranthus retroflexus Linn. Sp. Pl. 991. 1753；中国植物志 25（2）：208. 图版 46：4～6. 1979；新疆植物志 2（1）：117. 1994；青海植物志 1：238. 图版 52：

1～3. 1997；青藏高原维管植物及其生态地理分布 178. 2008.

一年生草本，高 25～100 cm。茎直立，单一或分枝，淡黄绿色，有钝棱和紫色纵线条，密生短柔毛。叶互生，卵状长圆形或椭圆状卵形，长 1.5～5.0（10.0）cm，宽 1～3（7）cm，先端钝且微凹，有小尖头突出，边缘全缘、微波状或微有齿，基部广楔形或近圆弧形，背脉和边缘有柔毛；叶柄长 1.0～1.5 cm 或更长，密被短毛。花序腋生或顶生，腋生的为圆锥状穗状花序，茎上部的为复穗状圆锥穗状花序，粗大而分枝，直径 2～3（4）cm；苞片和小苞片钻形，长 4～5（6）mm，背面有呈龙骨状凸起的中脉，顶端伸出成芒刺；花被片 5 片，长圆形或倒卵状长圆形，长约 3 mm，白色膜质，先端急尖或微凹，背面具 1 淡绿色中脉，有的由花被片顶端微伸出小凸尖；雄蕊与花被片稍长；雌蕊藏于花被内，果期柱头伸出。胞果扁卵形，短于花被片，果皮膜质，盖裂。种子极小，卵球形，黑色，长约 1 mm，有光泽。 果期 9 月。

产新疆：墨玉（县城附近，刘海源 179）。生于海拔 1 400 m 左右的荒漠戈壁公路边、田边或荒野山坡。

分布于我国的西北、华北、东北地区，以及河南、山东；世界广布。

2. 千穗谷

Amaranthus hypochondriacus Linn. Sp. Pl. 991. 1753；中国植物志 25（2）：207. 图版 45：4～5. 1979；新疆植物志 2（1）：116. 1994；青海植物志 1：238. 1997；青藏高原维管植物及其生态地理分布 178. 2008.

一年生草本，高（10）20～80 cm。茎绿色或紫红色，分枝，无毛或上部微有柔毛。叶片菱状卵形或矩圆状披针形，长 3～10 cm，宽 1.5～3.5 cm，顶端急尖或短渐尖，具凸尖，基部楔形，全缘或波状缘，无毛，上面常带紫色；叶柄长 1.0～7.5 cm，无毛。圆锥花序顶生，直立，圆柱形，长达 25 cm，直径 1.0～2.5 cm，不分枝或分枝，由多数穗状花序形成，侧生穗较短，可达 6 cm，花簇在花序上排列极密；苞片及小苞片卵状钻形，长 4～5 mm，为花被片长的 2 倍，绿色或紫红色，背面中脉隆起，呈长凸尖；花被片矩圆形，长 2.0～2.5 mm，顶端急尖或渐尖，绿色或紫红色，有 1 深色中脉，呈长凸尖；柱头 2～3 枚。胞果近菱状卵形，长 3～4 mm，环状横裂，绿色，上部带紫色，超出宿存花被。种子近球形，直径 1 mm，白色，边缘锐。 花期 7～8 月，果期 8～9 月。

产新疆：策勒。生于海拔 1 400 m 左右的戈壁荒漠的绿洲、农田边。

我国的新疆、青海、四川、云南、河北、内蒙古等地有栽培供观赏。原产北美，世界各地亦有栽培。

二十三 石竹科 CARYOPHYLLACEAE

一年生或多年生草本，稀亚灌木。茎节通常膨大，具关节。单叶对生，稀互生或轮生，全缘，基部多少联合；托叶有，膜质，或缺。花辐射对称，两性，稀单性，排列成聚伞花序或聚伞圆锥花序，稀单生，少数呈总状花序、头状花序、假轮伞花序或伞形花序，有时具闭花授精花；萼片5枚，稀4枚，草质或膜质，宿存，覆瓦状排列或合生成筒状；花瓣5枚，稀4枚，无爪或具爪，瓣片全缘或分裂，通常爪和瓣片之间具2片状或鳞片状副花冠片，稀缺花瓣；雄蕊10枚，2轮列，稀5或2枚；雌蕊1枚，由2～5个合生的心皮构成，子房上位，3室或基部1室，上部3～5室，特立中央胎座或基底胎座，具1至多数胚珠；花柱（1）2～5枚，有时基部合生，稀合生成单花柱。果实为蒴果，长椭圆形、圆柱形、卵形或圆球形，果皮壳质、膜质或纸质，顶端齿裂或瓣裂，开裂数与花柱同数或为其2倍，稀为浆果状、不规则开裂或为瘦果。种子弯生，多数或少数，稀1粒，肾形、卵形、圆盾形或圆形，微扁；种脐通常位于种子凹陷处，稀盾状着生；种皮纸质，表面具有以种脐为圆心的、整齐排列为数层半环形的颗粒状、短线纹或瘤状突起，稀表面近平滑或种皮为海绵质；种脊具槽、钝圆或锐，稀具流苏状篦齿或翅；胚环形或半圆形，围绕胚乳或劲直，胚乳偏于一侧；胚乳粉质。

约75（80）属，2 000种，世界广布，但主要在北半球的温带和暖温带，地中海地区为分布中心。我国有30属，约400种，几遍布全国，以北部和西部为主要分布区；昆仑地区产12属52种1亚种。

分属检索表

1. 有托叶，膜质；花瓣缺。
  2. 灌木；叶对生或簇生；果实为瘦果；萼片条形，顶端具芒尖；花瓣缺；花柱1 …………………………………………………… **1. 裸果木属 Gymnocarpos** Forssk.
  2. 一年生草本；叶对生；果实为蒴果；萼片卵状长圆形，顶端无芒尖；花瓣有；花柱3 ………………………………… **2. 拟漆姑属 Spergularia** (Pers.) J. et C. Presl
1. 无托叶。
  3. 萼片离生，稀基部微合生，但不呈筒状；花瓣近无爪，稀缺花瓣。
    4. 蒴果裂齿与花柱同数；花柱2；高大的一年生草本植物，高20～65 cm …… ……………………………………………………… **6. 薄蒴草属 Lepyrodidis** Fenzl
    4. 蒴果裂齿为花柱数的2倍；花柱2、3或5；多年生草本植物，如为一年生则植株矮小，高不足5 cm。

5. 花二型：茎顶端的花为完全花，具花瓣，通常不结实；茎基部花为不完全花，花瓣缺，结实；植株具肉质块根 ………………………………………………………………………… **3. 孩儿参属 Pseudostellaria** Pax

5. 花非二型；植株无肉质块根，稀具块根。

6. 花柱 5；蒴果一般长为宿存萼片的 1.5～2.0 倍 ………………………………………………………………… **5. 卷耳属 Cerastium** Linn.

6. 花柱 2 或 3；蒴果短于或稍长于宿存萼片，稀长为宿萼的 1.5～2.0 倍。

7. 花柱 3。

8. 花瓣 2 深裂，或 2 浅裂至 1/5～1/4 处。

9. 花瓣 2 深裂达中部或基部，稀缺花瓣；蒴果卵形或卵圆形 ………………………………… **4. 繁缕属 Stellaria** Linn.

9. 花瓣 2 裂至 1/4 处；蒴果圆柱形或长圆形 ……………………………………………… **5. 卷耳属 Cerastium** Linn.

8. 花瓣全缘或微凹。

10. 萼片离生；种皮非海绵质 …… **8. 无心菜属 Arenaria** Linn.

10. 萼片基部合生，呈倒圆锥形；种皮海绵质 ……………………………………… **7. 囊种草属 Thylacospermum** Fenzl

7. 花柱 2。

11. 花瓣 2 深裂几达基部；多年生垫状植物 …………………………………………………… **4. 繁缕属 Stellaria** Linn.

11. 花瓣全缘或缺；一年生或多年生草本 ……………………………………………………… **8. 无心菜属 Arenaria** Linn.

3. 萼片合生成筒状，萼筒等长或长于萼齿；花瓣明显具爪。

12. 花柱 3 或 5；花萼具联合的纵脉 ……………………… **9. 蝇子草属 Silene** Linn.

12. 花柱 2；花萼无联合的纵脉。

13. 花萼狭卵形，基部膨大，顶端狭，具 5 棱；蒴果不完全 4 室；一年生草本 ………………………………… **10. 麦蓝菜属 Vaccaria** N. M. Wolf.

13. 花萼筒状或钟形，无棱；蒴果 1 室；多年生草本。

14. 萼齿钝，萼脉间膜质；花瓣全缘 …… **12. 石头花属 Gypsophila** Linn.

14. 萼齿尖锐，花萼近革质；花瓣片缝裂 …… **11. 石竹属 Dianthus** Linn.

1. 裸果木属 Gymnocarpos Forssk.

Forssk. Fl. Aegypt Arab. 65. 1775.

亚灌木。茎粗壮，多分枝。托叶膜质透明；叶对生或簇生，叶片线形。花两性，小型，聚伞花序，具苞片；萼片5枚，顶端具芒尖，宿存；花瓣缺；雄蕊10枚，排列成2轮，外轮5枚退化，内轮5枚与萼片对生；雌蕊由3心皮合生，子房上位，1室，具1胚珠，花柱短，基部联合。果实为瘦果，包于宿存萼内。

2种，1种产亚洲中部，另1种产金丝雀群岛（Canaries）、北非、东地中海至巴基斯坦。我国产1种，分布于蒙新荒漠；昆仑地区也有。

1. 裸果木 图版38：1～3

Gymnocarpos przewalskii Bunge ex Maxim. in Bull. Acad. Imp. Sci. St.-Pétersb. sér. 3. 26：502. 1880；新疆植物志2（1）：218. 图版61：1～3. 1994；中国植物志26：51. 图版10：1～7. 1996；Fl. China 6：3. 2001；青藏高原维管植物及其生态地理分布192. 2008.

灌木，高20～100 cm。多分枝，老枝灰色，剥裂；幼枝红褐色，被短毛。托叶膜质，卵状披针形，白色或下部红褐色；叶对生或3～7片簇生，具长于0.5 mm的柄，叶片线形，稍肉质，呈半圆柱状，长5～16 mm，宽约1 mm，无毛，顶端急尖，具短尖头。聚伞花序腋生，总花梗长（3）6～14 cm，被短毛；苞片膜质，透明，下部红褐色，宽卵形，长3.0～5.5 mm，宽2.5～4.0 cm；花萼红褐色，基部联合，裂片5片，条形，长4～6 mm，宽约1 mm，顶端急尖，具长约0.5 mm的芒尖，外面被短毛；花瓣无；雄蕊10枚，生于肉质花盘上，花丝长1～2 mm，与花萼裂片互生者无花药，花药椭圆形；子房近球形，花柱1枚，丝状，长1.5～3.5 mm。瘦果包于宿存花萼内。种子1枚。 花期6～7月，果期8～9月。

产新疆：乌恰（老乌恰附近，吴玉虎87069；乌拉根，吴玉虎87017；康苏，阎平和陆嘉惠4279）、若羌（阿尔金山，吴玉虎2937）。生于海拔2 300～2 800 m的沟谷山地、砾石戈壁、山坡砂质地。

分布于我国的新疆、青海、甘肃、宁夏、内蒙古；蒙古也有。

2. 拟漆姑属 Spergularia (Pers.) J. et C. Presl

J. et C. Presl Fl. Cech. 94. 1819，nom. cons.

一、二年生或多年生草本。茎铺散。托叶干膜质；叶对生，叶片线形。花两性，聚伞花序；萼片5枚，草质，边缘膜质；花瓣5枚，白色或粉红色，全缘，稀无花瓣；雄蕊10枚或较少；子房1室，具多数胚珠，花柱3枚。蒴果卵形，3瓣裂。种子多数，细小，扁平，边缘具翅或无翅。

约20种，分布于温带地区。我国有4种，分布于东北和西北；昆仑地区产1种。

1. 拟漆姑 图版 38：4～6

Spergularia marina（Linn.）Griseb. Spicil. Fl. Rumel. 1：213. 1843；新疆植物志 2（1）：216. 图版 60：1～3. 1994；Fl. China 6：5. 2001. ——*Arenaria rubra* Linn. var. *marina* Linn. Sp. Pl. 423. 1753. ——*Spergularia salina* J. Presl et C. Presl. Fl. Cechica 95. 1819；中国植物志 26：59. 图版 12：6～10. 1996；青藏高原维管植物及其生态地理分布 205. 2008.

一年生草本，高约 10 cm。茎基部多分枝，铺散，顶端被腺毛。托叶膜质，透明，宽卵形或宽卵状三角形，长 2～4 mm；叶无柄，稍肉质，条形，长 6～23 mm，宽1. 0～1. 2 mm，顶端急尖。花单生叶腋，组成疏松的总状聚伞花序；花梗密被腺毛，长约 2 mm，果期伸长达 5 mm；萼片卵状长圆形，长 2. 5～3. 5 mm，宽 1. 3～1. 5 mm，背面密被腺毛，具宽白色膜质边缘，顶端钝；花瓣白色，卵状长圆形，短于萼片，长 1. 8～2. 5 mm，顶端钝；雄蕊 5 枚，稍短于花瓣；子房卵形，花柱 3 枚。蒴果卵形，长 4～5 mm，3 瓣裂。种子卵形，扁平，长约 0. 6 mm，少数种子具白色膜质的翅。 花果期 6～8 月。

产新疆：喀什（城郊，高生所西藏队 3064）。生于海拔 1 400 m 左右的荒漠戈壁沟渠边。

分布于我国的新疆、青海、甘肃、宁夏、陕西、四川、云南、河北、内蒙古、辽宁、吉林、黑龙江、河南、山东、江苏；欧洲，亚洲，非洲北部也有。

3. 孩儿参属 Pseudostellaria Pax

Pax in Engl. et Prantl. Nat. Pflanzenfam. ed. 2. 16c：318. 1934.

多年生草本。具纺锤形、卵形或球形块根。茎直立或上升，有时匍匐，不分枝或分枝。托叶无；叶对生，叶片卵状披针形至线状披针形。花两型：完全花较大，生于茎顶或上部叶腋，单生或数朵组成聚伞花序，常不结实；萼片 5 枚，稀 4 枚；花瓣 5 枚，稀 4 枚，白色，全缘或顶端微凹缺；雄蕊 10 枚，稀 8 枚；花柱通常 3 枚，稀 2～4 枚，线形，柱头头状。不完全花生于茎下部的叶腋，较小，具短梗或近无花梗；萼片 4 枚；花瓣无，雄蕊退化，稀 2 枚；子房具多数胚珠，花柱 2 枚。蒴果 3 瓣裂，稀 2～4 瓣裂，裂瓣再 2 裂。种子稍扁平，具瘤状突起或平滑。

约 15 种，分布于亚洲东部和北部、欧洲东部。我国有 8 种，广布于长江流域以北地区；昆仑地区产 4 种。

分种检索表

1. 叶片全部为线形、线状披针形或卵状披针形。
   2. 叶无柄；叶片线形或线状披针形，长 24～40 mm，宽 1.5～4.0 mm；种子具棘状突起 …………………………………… **1. 细叶孩儿参 P. sylvatica**（Maxim.）Pax
   2. 叶基部渐狭成短柄；叶片披针形或卵状披针形，长 10～27 mm，宽 3～9 mm；种子具锚状突起 ……………………… **2. 石生孩儿参 P. rupestris**（Turczan.）Pax
1. 中部叶与上部叶卵形、宽卵形、卵状长圆形或卵圆形。
   3. 茎匍匐；叶片全为卵形或卵圆形，基部圆形或宽楔形 ……………………………………………………………………………… **3. 蔓孩儿参 P. davidii**（Franch.）Pax
   3. 茎直立；基部和中部的叶片为卵状披针形、卵状长圆形或椭圆形，基部楔形，渐狭成柄（上部叶卵形） …………… **4. 异花孩儿参 P. heterantha**（Maxim.）Pax

1. 细叶孩儿参 图版 38：7～13

Pseudostellaria sylvatica（Maxim.）Pax in Engl. et Prantl Nat. Pflanzenfam. ed. 2. 16c：318. 1934；西藏植物志 1：705. 图 226：10～16. 1983；中国植物志 26：67. 图版 14：1～2. 1996；青海植物志 1：268. 图版 57：13～19. 1997；Fl. China 6：8. 2001；青藏高原维管植物及其生态地理分布 200. 2008. ——*Krascheninikovia sylvatica* Maxim. Prim. Fl. Amur. 57. 1859. ——*Stellaria sylvatica*（Maxim.）Maxim. ex Regel in Bull. Soc. Nat. Mosc. 35（1）：302. t. 2. f. 12～16. 1862.

多年生草本，高 10～20 cm。块根长卵形或纺锤形，常数个串生。茎直立，纤细，近 4 棱，被 2 列柔毛。叶无柄，叶片线形或线状披针形，长（1.5）2.0～4.0 cm，宽 1.5～4.0 mm，顶端渐尖，基部楔形或圆形，无毛或仅基部边缘有缘毛，中脉明显。完全花单生枝顶或上部叶腋；花梗纤细，长 2～3 cm，被 2 列柔毛；萼片 5 枚，披针形，长 3～4 mm，内轮者边缘白色膜质，外轮者无膜质边缘而有缘毛；花瓣白色，倒卵形，稍长于萼片或为萼片的 1.5 倍，顶端浅 2 裂；雄蕊短于花瓣；子房卵形，花柱 2～3 枚。不完全花生于茎的基部或近基部的叶腋，单生或双生；花梗长 0.5～2.0 cm；萼片 4 枚，长 2～4 mm，边缘膜质，外面被柔毛。蒴果卵圆形，稍长于花萼，3 瓣裂。种子肾形，长约 1.5 mm，具棘状突起。 花果期 7～8 月。

产青海：久治（龙卡湖畔，果洛队 577；龙卡湖北岸，藏药队 733）。生于海拔 3 600～4 000 m 的山地沟谷灌丛、山坡柏树林。

分布于我国的新疆、青海、甘肃、陕西、西藏、四川、云南、贵州、河北、辽宁、吉林、黑龙江、河南、湖北；俄罗斯西伯利亚，日本，朝鲜，不丹也有。

2. 石生孩儿参 图版 39：1

Pseudostellaria rupestris（Turczan.）Pax in Engl. et Prantl Nat. Pflanzenfam. ed.

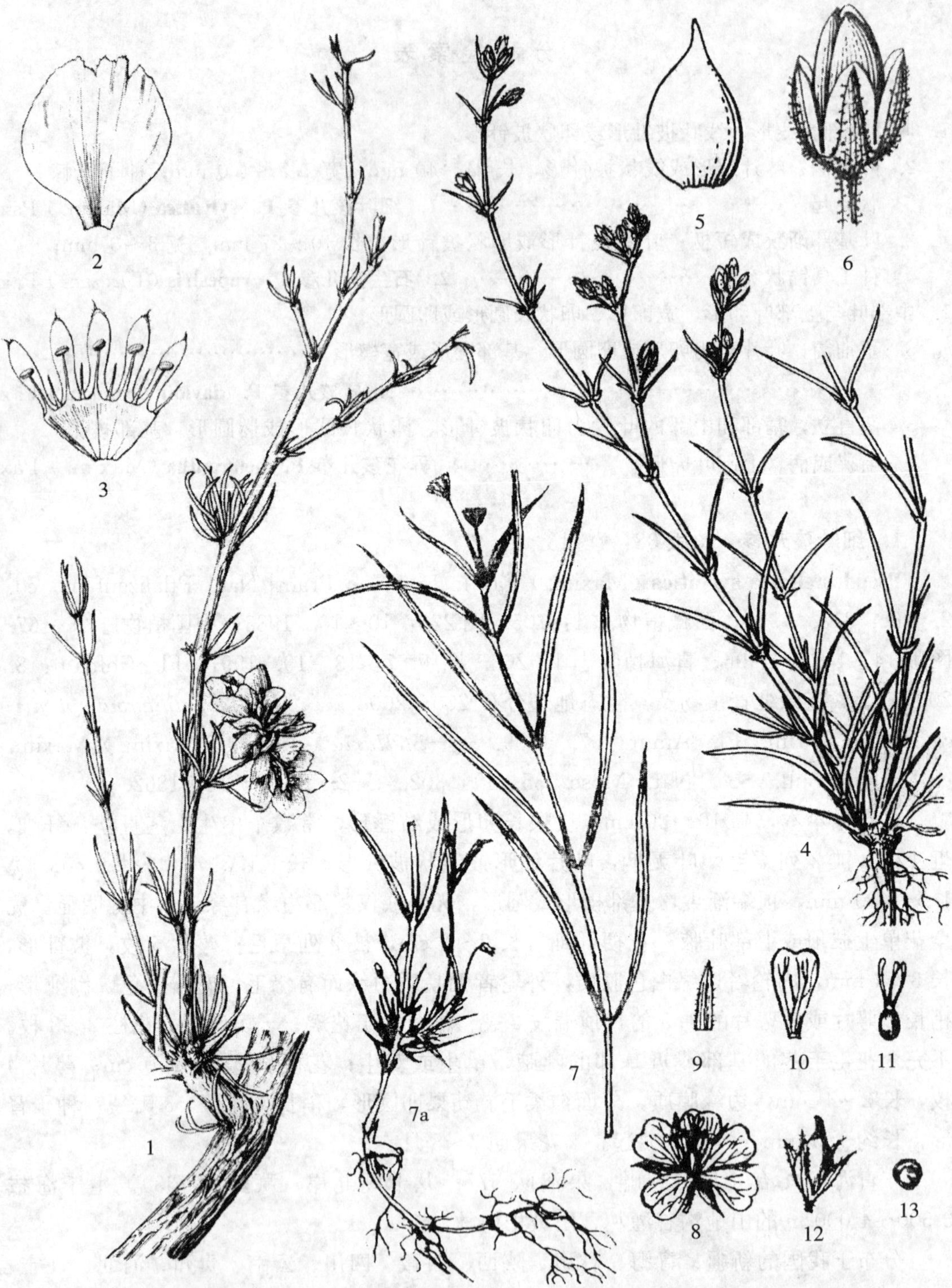

图版 **38** 裸果木 **Gymnocarpos przewalskii** Bunge ex Maxim. 1. 花枝；2. 苞片；3. 花萼展开（包括雄蕊和不育雄蕊）。拟漆姑 **Spergularia marina**（Linn.）Griseb. 4. 植株；5. 苞片；6. 宿存花萼和果实。细叶孩儿参 **Pseudostellaria sylvatica**（Maxim.）Pax 7. 植株；7a. 植株下部；8. 花；9. 萼片；10. 花瓣；11. 雌蕊；12. 宿存花萼和果实；13. 种子。（1～3. 引自《中国植物志》，仲世奇绘；4～6. 引自《新疆植物志》，谭丽霞绘；7～13. 引自《青海植物志》，周箐珺描绘）

2. 16c：318. 1934. 中国植物志 26：72. 图版 14：7～8. 1996；Fl. China 6：9. 2001. ——*Krascheninikovia rupestris* Turczan. Fl. Baical-Dahur. 1：238. 1842.

多年生草本，高 8～20 cm。块根球状或椭圆状，长约 1 cm。茎直立，纤细，无毛或被 1～2 列毛。叶片披针形、卵状披针形或长圆状披针形，有时茎基部叶为倒披针形或近匙形，长 1.0～2.7 cm，宽（3）4～6（9）mm，顶端渐尖或急尖，基部楔形或宽楔形，渐狭成短柄，无毛或基部近叶柄处有缘毛。完全花单生枝顶或上部叶腋；花梗纤细，长 1～3 cm，被毛如茎；萼片 5 枚，披针形，长 3.5～4.5 mm，边缘膜质，无毛；花瓣白色，长圆形，稍长于萼片，全缘，稀顶端微凹；雄蕊 10 枚，稍短于花瓣；花柱 3 枚，稀 2 枚。不完全花生于茎下部叶腋或短侧枝的顶端；花梗长 1.0～1.5 cm；萼片 4 枚，披针形，外弯，长约 2.5 mm。蒴果（未成熟）卵形，长约 3 mm。种子（未成熟）表面具锚状突起。 花期 7～8 月，果期 8～9 月。

产青海：玛沁（大武乡，H. B. G. 842）、久治（龙卡湖北面山上，果洛队 629）。生于海拔 3 900～4 300 m 的柏树林下、石质山坡的石缝中。

分布于我国的青海、内蒙古、吉林；俄罗斯，蒙古也有。

3. 蔓孩儿参 图版 39：2～3

Pseudostellaria davidii（Franch.）Pax in Engl. et Prantl Nat. Pflanzenfam. ed. 2. 16c：318. 1934；西藏植物志 1：705. 1983；中国植物志 26：71. 图版 14：5～6. 1996；青海植物志 1：270. 1997；Fl. China 6：8. 2001；青藏高原维管植物及其生态地理分布 199. 2008. ——*Krascheninikovia davidii* Franch. Pl. David. 1：51. 1884. ——*Stellaria davidii*（Franch.）Hemsl. in Journ. Linn. Soc. Bot. 23：67. 1886.

多年生草本。块根纺锤形。茎匍匐，细弱，长约 25 cm，被 2 列柔毛。叶具长 2～10 mm 的柄；叶卵形或卵圆形，长 10～14 mm，宽 5.5～11.0 mm，基部圆形或宽楔形，顶端急尖或钝圆，通常有小尖头，有缘毛。完全花单生枝顶或上部叶腋；花梗纤细，长 1～2 cm，被毛；萼片 5 枚，线状披针形，长 5～6 mm，宽约 0.8 mm，外面沿中脉被毛，边缘有缘毛；花瓣白色，长倒卵形，全缘，稍短于萼片；雄蕊 10 枚，短于花瓣；花柱 3 枚，稀 2 枚。不完全花单生于茎基部及中部叶腋；花梗极短，长 1～2 mm，密被柔毛；花萼狭披针形，长 2～3 mm，外面沿中脉被毛，边缘有缘毛；花柱 2 枚。蒴果卵圆形或长圆形，长 3～4 mm，4 瓣裂。种子直径约 1.5 mm，表面具棘突。花期 8 月，果期 8～9 月。

产青海：久治（龙卡湖北面山上，果洛队 619）。生于海拔 4 300 m 左右的沟谷山坡岩石缝隙、山地高寒草甸。

分布于我国的新疆、青海、甘肃、陕西、西藏、四川、云南、内蒙古、山西、河北、辽宁、吉林、黑龙江、河南、山东、安徽、浙江；俄罗斯，蒙古，朝鲜也有。

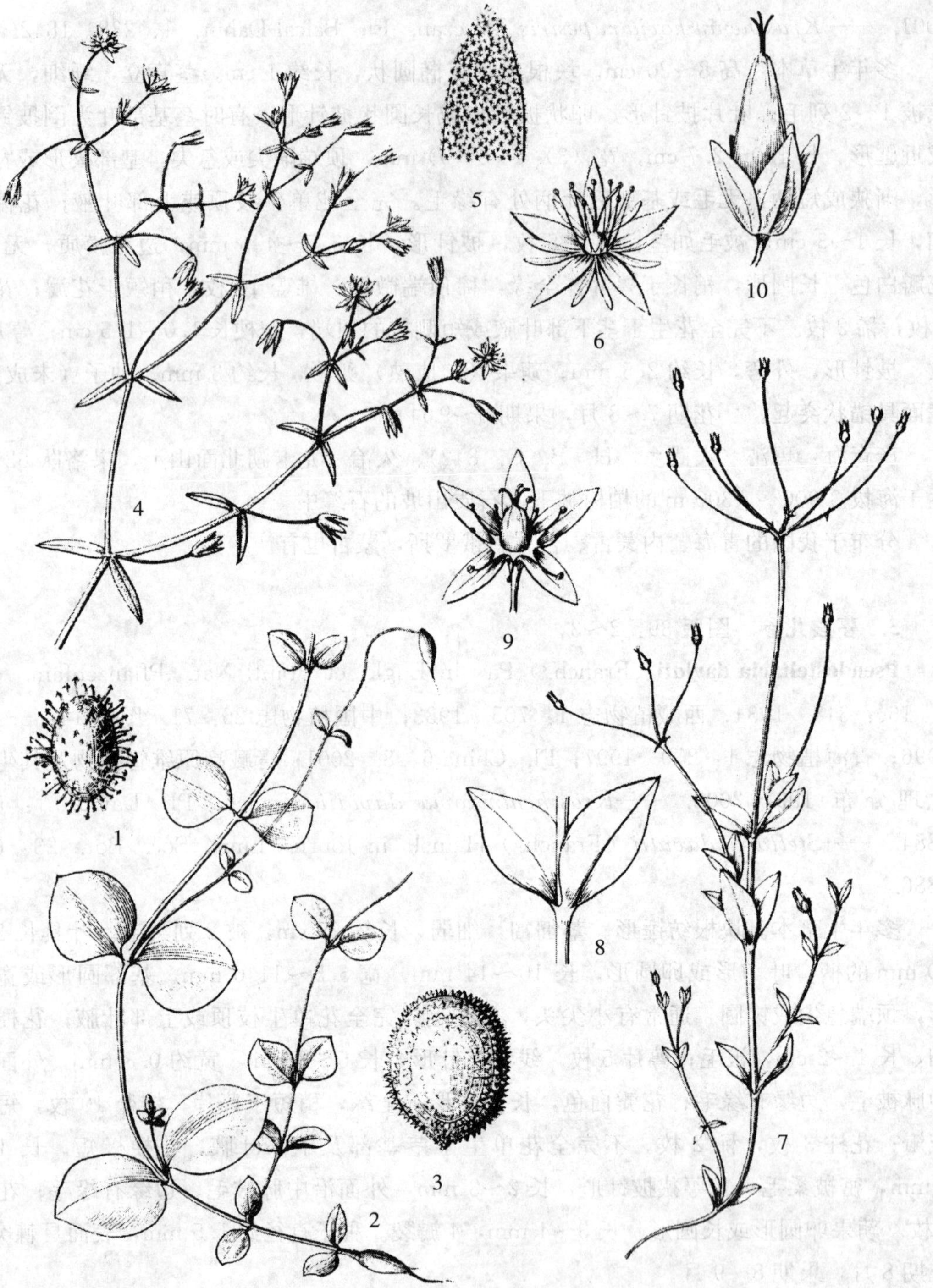

图版 39 石生孩儿参 **Pseudostellaria rupestris**（Turczan.）Pax 1. 种子。蔓孩儿参 **P. davidii**（Franch.）Pax 2. 植株；3. 种子。内弯繁缕 **Stellaria infracta** Maxim. 4. 植株；5. 叶片的一部分（示被毛）；6. 花。伞花繁缕 **S. irrigua** Bunge 7. 植株；8. 茎生叶；9. 花；10. 宿存花萼和果实。

（引自《中国植物志》，1～3. 仲世奇绘；4～10. 钱存源绘）

4. 异花孩儿参

Pseudostellaria heterantha（Maxim.）Pax in Engl. et Prantl Nat. Pflanzenfam. ed. 2. 16c：318. 1934；中国植物志 26：72. 1996；Fl. China 6：9. 2001. ——*Krascheninikovia heterantha* Maxim. in Bull. Acad. Imp. Sci. St.-Pétersb. 18：376. 1873. ——*Pseudostellaria maximowicziana*（Franch. et Sav.）Pax in Engl. et Prantl Nat. Pflanzenfam. ed. 2. 16c：318. 1934；中国植物志 26：73. 1996；青海植物志 1：268. 图版 58：1～3. 1997；青藏高原维管植物及其生态地理分布：200. 2008.

多年生草本，高（3）5～8（15）cm。块根纺锤形。茎单生，直立，被 2 列柔毛。茎基部与下部叶椭圆形、卵状长圆形或卵状披针形，长 8～25 mm，宽（3）5～9 mm，基部楔形或宽楔形，渐狭成叶柄，无毛或基部被缘毛；茎上部叶卵形或宽卵形，长 8～12，宽 5～6 mm，顶端急尖，基部圆形。完全花单生枝顶；花梗细弱，长 8～17 mm，被毛如茎；萼片 5 枚，披针形或长圆状披针形，长 3～4 mm，外面无毛或被毛，外轮萼片边缘有缘毛；花瓣 5 枚，白色，倒卵形，全缘，稀微凹，长为萼片的 1.5 倍；雄蕊 10 枚，短于花瓣；花柱 2～3 枚。不完全花单生于茎下部叶腋或短侧枝的顶端；近无梗或具长 1～6 mm 的梗；萼片 4 枚，狭披针形，长约 3 mm，外面及边缘被毛；花柱 2 枚。蒴果卵圆形，长 3～4 mm，4 瓣裂。种子近圆形，侧扁，直径约 1.5 mm，两侧面被瘤状突起，背腹面具棘突。 花期 6～8 月，果期 8～9 月。

产青海：玛沁（尕柯河岸，玛沁队 151）、久治（龙卡湖北面山上，果洛队 625；索乎日麻乡，藏药队 675）。生于海拔 3 300～4 300 m 的河滩草甸、山坡草地、岩石缝隙。

分布于我国的青海、甘肃、宁夏、陕西、西藏、四川、云南、贵州、内蒙古、山西、河北、河南、安徽；日本，俄罗斯也有。

4. 繁缕属 **Stellaria** Linn.

Linn. Sp. Pl. 421. 1753.

一年生或多年生草本。叶扁平，有各种形状，但很少有针形。花小，多数组成顶生聚伞花序，稀单生叶腋；萼片 5 枚，稀 4 枚；花瓣 5 枚，稀 4 枚，白色，稀绿色，2 深裂，稀微凹或多裂，有时无花瓣；雄蕊 10 枚，有时少数（8 或 2～5 枚）；子房 1 室，稀幼时 3 室，胚珠多数，稀仅 1～2 枚成熟，花柱 3 枚，稀 2 枚。蒴果圆球形或卵形，裂齿数为花柱数的 2 倍。种子多数，稀 1～2 枚，近肾形，微扁，具瘤或平滑；胚环形。

约 120 种，广布于温带至寒带。我国产 63 种 15 变种 2 亚种，广布于全国；昆仑地区产 14 种。

分种检索表

1. 花序伞形；花梗丝状，花瓣无或残缺不全；雄蕊 5 或 10。
  2. 茎丛生，斜倚或斜升，被长柔毛 …… **7. 小伞花繁缕 S. parviumbellata** Y. Z. Zhao
  2. 茎疏丛生，直立或斜升，无毛 ………………………… **8. 伞花繁缕 S. irrigua** Bunge
1. 花单生或二歧聚伞花序；花瓣不缺；雄蕊 10。
  3. 茎下部叶具柄，上部叶无柄或近无柄；萼片被腺柔毛或星状毛。
    4. 茎被 1 列毛，叶基部边缘被长柔毛 …………… **1. 繁缕 S. media**（Linn.）Villars
    4. 植株全部密被星状毛 ………………………… **2. 内弯繁缕 S. infracta** Maxim.
  3. 叶全部无柄；萼片无毛。
    5. 叶片线状披针形或线形。
      6. 植株高 10～35（40）cm；叶片长 1～4 cm 或 2～5 cm。
        7. 茎无毛或被毛；二歧聚伞花序具多数花；花梗长 0.5～2.5 cm；蒴果成熟时禾秆黄色 ……………………… **3. 禾叶繁缕 S. graminea** Linn.
        7. 茎无毛；花单生于茎或分枝的顶端，花梗长 2～6 cm；蒴果成熟时黑色 ………………………………… **4. 准噶尔繁缕 S. soongorica** Roshev.
      6. 植株较矮，高不超过 15 cm；叶片长 5～16 mm。
        8. 植株无毛，稀叶基被极疏的缘毛；叶下面无光泽；花萼长 4.5～5.5 mm，花瓣与花萼近等长或稍长于花萼 ……………………………………………………………… **5. 无毛繁缕**（拟）**S. dilleniana** Moench
        8. 茎被成列卷曲柔毛；叶下面有光泽，基部边缘有柔毛；花萼长 3～4 mm，花瓣长约为萼片的 2/3 ……………… **6. 湿地繁缕 S. uda** Williams
    5. 叶片卵状披针形，或卵状披针形至披针形。
      9. 茎疏丛生；聚伞花序 1～3 花，稀单生；花具明显的梗，光滑无毛；萼片 5，稀 4，长 3 mm 以上；花柱 3。
        10. 叶质软，下面无光泽，无毛或仅基部边缘具缘毛；茎无毛，稀近顶部被稀疏短柔毛；萼片 5。
          11. 全株无毛；花单生叶腋或枝顶；苞片叶质 ……………………………………………… **9. 帕米尔繁缕 S. winkleri**（Briq.）Schischk.
          11. 至少叶基部边缘被毛；聚伞花序具 1 至数朵花；苞片白色，膜质。
            12. 植株高达 10 cm 或更高；叶长 3～12 mm；聚伞花序具 1～3 朵花，花萼长 5～6 mm ………… **10. 小繁缕 S. pusilla** E. Schmid
            12. 植株高 3～5 mm；叶长 4～6 mm；聚伞花序 1～5（12）朵花，花萼长 3.0～4.5 mm ……………………………………………… **11. 矮陷繁缕 S. depressa** E. Schmid

10. 叶质坚硬，下面有光泽，边缘有缘毛；茎上部被稀疏长柔毛；萼片4或5 …… **12. 沙生繁缕 S. arenarioides** S. L. Chen, Rabeler et Turland

9. 垫状植物，茎密集；花单生；花近无梗或具被长柔毛的梗；萼片4，稀5，长2～3 mm；花柱2，稀3。

13. 疏松的垫状植物，茎上部被长柔毛；叶卵状披针形，短渐尖，中部以下或仅基部被缘毛；花梗长2～6 mm，被长柔毛 ……………………………………………………………… **13. 偃卧繁缕 S. decumbens** Edgew.

13. 垫状植物，茎上部无毛或近无毛；叶卵形或卵状披针形，顶端急尖，边缘具缘毛；花近无梗 …………………………………………………………………… **14. 垫状偃卧繁缕 S. maximowiczii** Yu. Kozhevnikov

1. 繁缕 图版40：1～6

Stellaria media（Linn.）Villars Hist. Pl. Dauphiné 3：615. 1789；西藏植物志1：692. 1983；Fl. China 6：15. 2001. ——*Alsine media* Linn. Sp. Pl. 272. 1753. ——*Stellaria media*（Linn.）Cyr. Ess. Pl. Char. Comm. 36. 1784；中国植物志26：104. 图版24：6～9. 1996；青海植物志1：259. 1997；青藏高原维管植物及其生态地理分布209. 2008.

一年生或二年生草本，高10～30 cm。茎斜倚或斜升，基部多少分枝，被1列毛。叶片宽卵形或卵形，长1.0～2.5 cm，宽7～13 mm，顶端渐尖或急尖，基部渐狭或近心形，全缘；基生叶与茎下部叶具柄，长3～12 mm，上部叶常无柄。疏聚伞花序顶生；花梗细弱，具1列短毛，花后伸长，下垂，长3～15 mm；萼片5枚，卵状披针形，长约4 mm，顶端稍钝或近圆形，边缘宽膜质，外面被腺毛；花瓣白色，长椭圆形，比萼片短，深2裂达基部，裂片近线形；雄蕊3～5枚，短于花瓣；花柱3枚，线形。蒴果卵形，稍长于宿存萼，顶端6裂，具多数种子；种子卵圆形至近圆形，稍扁，红褐色，直径1.0～1.2 mm，脊上具棘状突起。 花果期7～8月。

产青海：玛沁。生于海拔3 600 m左右的沟谷山坡草地、高寒草甸裸地。

全国均有分布；世界广布种。

2. 内弯繁缕 图版39：4～6

Stellaria infracta Maxim. in Acta Hort. Petrop. 11：72. 1890；中国植物志26：114. 图版27：1～3. 1996；Fl. China 6：18. 2001；青藏高原维管植物及其生态地理分布208. 2008.

多年生草本，全株被灰白色星状毛。茎铺散，俯仰或上升，下部茎节生不定根，长15～35（～50）cm，分枝，被星状毛。叶片披针形或线状披针形，稀狭卵形，长1.5～3.0 cm，宽3～5 mm，顶端急尖，基部抱茎，全缘，灰绿色，两面星状毛，下面中脉明显突起。二歧聚伞花序顶生，具多数花，密被星状柔毛；苞片草质，被星状毛；花梗细，长 3～15 mm；萼片 5 枚，灰绿色，线状披针形，长 3～4 mm，宽 1.5 mm，边缘膜质，顶端急尖，被星状毛，显灰绿色；花瓣 5 枚，白色，略短于萼片，2 深裂达基部，裂片狭线形；雄蕊 10 枚，稍短于花瓣；花柱 3 枚。蒴果卵形，长约 4 mm，微长于宿存花萼，6 齿裂。种子多数，肾形，长约 0.8 mm，褐色，具突起。 花期 6～7 月，果期 8 月。

产青海：久治（采集地不详，魏振铎 336）、班玛（马柯河林场，王为义等 27254）。生于海拔 3 300～3 650 m 的河谷山地高寒草甸、河谷阶地草甸、山坡石缝。

分布于我国的青海、甘肃、陕西、四川、河北、河南、山西。模式标本采自河北。

3. 禾叶繁缕 图版 40：7～12

Stellaria graminea Linn. Sp. Pl. 422. 1753；中国植物志 26：129. 图版 28：5～8. 1996；青海植物志 1：262. 1997；Fl. China 6：21. 2001；青藏高原维管植物及其生态地理分布 208. 2008.

多年生草本，高 20～30 cm。茎丛生，近直立，具 4 棱，棱粗糙或被柔毛。叶无柄，叶片线形，长 1～4（5）cm，宽 1.5～3.5 mm，顶端渐尖，基部稍狭，基部边缘有疏缘毛，下部叶腋生出不育枝。大型聚伞花序顶生或腋生，具多数花，有时仅具 2～5 花；苞片卵状披针形，长 2～5 mm，白色、膜质，有时中脉绿色；花梗纤细，长 0.5～2.5 cm，无毛；萼片 5 枚，披针形或狭披针形，长约 4.5 mm，宽约 1.5 mm，顶端渐尖，边缘窄膜质，具 3 条脉；花瓣 5 枚，白色，稍短于萼片，2 深裂；雄蕊 10 枚，花丝扁，稍短于萼片；子房卵形，花柱 3 枚，线形。蒴果卵状长圆形，与花萼近等长，6 齿裂。种子近扁圆形，黑褐色，长约 1 mm，具粒状钝突起。 花期 6～8 月，果期 7～9 月。

产青海：兴海（中铁乡前滩，吴玉虎 45428；赛宗寺，吴玉虎 46182、46196、46215、46255；大河坝乡赞毛沟，吴玉虎 47141、47731；中铁林场中铁沟，吴玉虎 45593；唐乃亥乡沙那，弃耕地考察队 195）、称多（尕朵乡，苟新京 83－320）、玛沁（军功乡，区划三组 131；拉加乡，玛沁队 208；大武乡，王为义等 26642；西哈垄河谷，吴玉虎 5682）、久治（哇赛乡，果洛队 215；索乎日麻乡，藏药队 377）。生于海拔 3 200～4 000 m 的沟谷山地岩石缝隙、砾石质山坡、河谷山地高寒灌丛、山坡林缘灌丛。

分布于我国的新疆、青海、甘肃、陕西、西藏、四川、云南、山西、河北、湖北、山东；印度，俄罗斯，阿富汗，欧洲也有。又见于喜马拉雅山地区。

4. 准噶尔繁缕

Stellaria soongorica Roshev. in Kom. Fl. URSS 6：412. t. 21. f. 3. Addenda 5，881. 1936；新疆植物志 2（1）：134. 图版 31：7～8. 1994；中国植物志 26：143. 图版 33：6～9. 1996；Fl. China 6：25. 2001；青藏高原维管植物及其生态地理分布

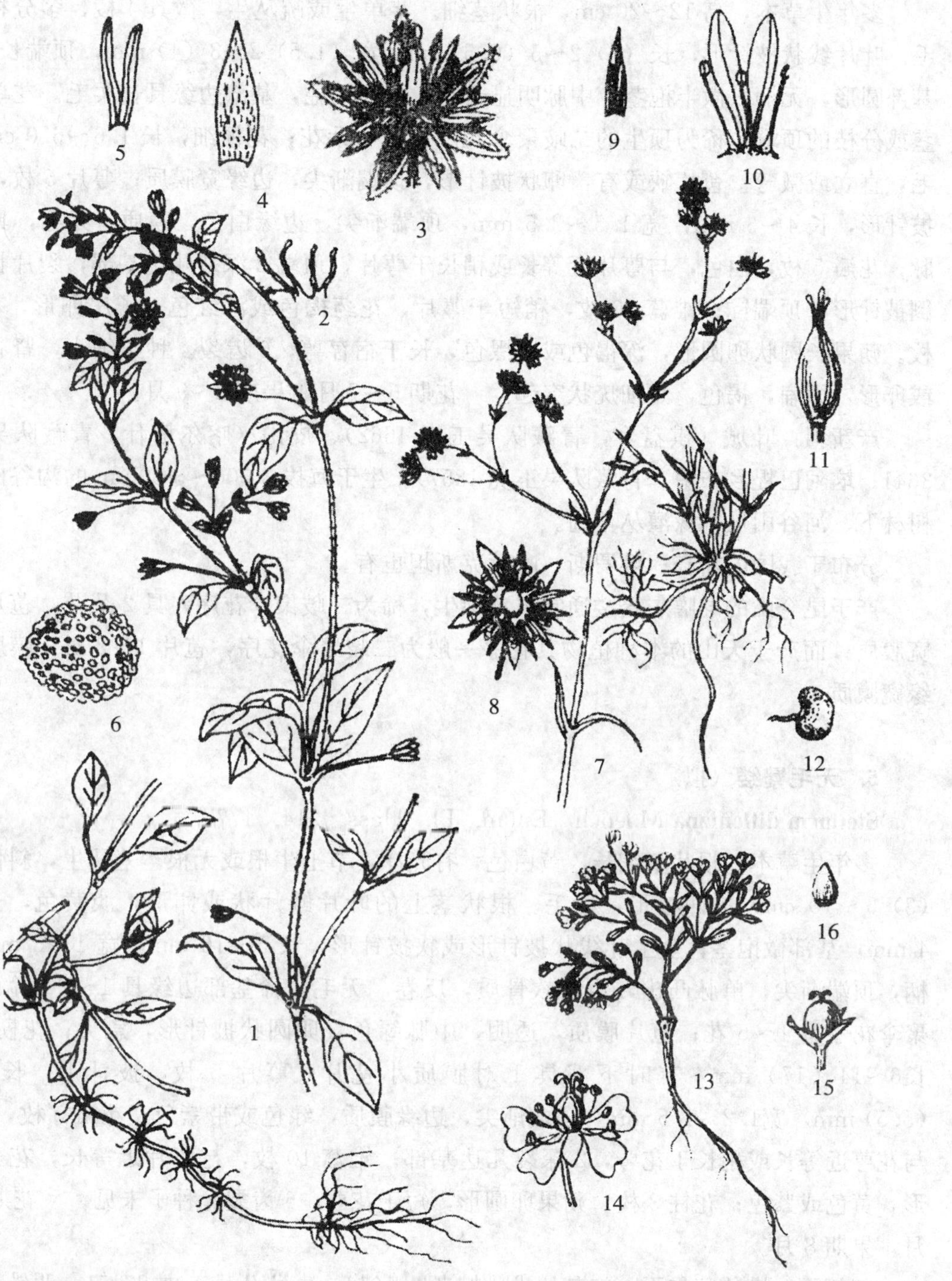

图版 **40** 繁缕 **Stellaria media** （Linn.）Villars 1. 植株；2. 多细胞毛；3. 花；4. 萼片；5. 花瓣；6. 种子。禾叶繁缕 **S. graminea** Linn. 7. 植株；8. 花；9. 萼片；10. 花瓣、雄蕊；11. 雌蕊；12. 胚珠。漆姑无心菜 **Arenaria saginoides** Maxim. 13. 植株；14. 花；15. 宿存花萼和果实；16. 种子。（王颖绘）

192. 2008.

多年生草本，高12～20 cm。根状茎细。茎单生或疏丛生，微具4棱，多分枝，无毛。叶片线状披针形，长（1）2～5（6.5）cm，宽（1.5）2～3（4）mm，顶端长渐尖，基部圆形，无柄，微半抱茎，中脉明显凸起，两面无毛，基部边缘具长柔毛。花单生于茎或分枝的顶端，稀为顶生的二歧聚伞花序，具2朵花；花梗细，长1.6～6.0 cm，无毛，直立或微弯；苞片缺或有，卵状披针形，顶端渐尖，边缘宽膜质；萼片5枚，卵状披针形，长4～6 mm，宽1.5～2.5 mm，顶端渐尖，边缘白色，膜质，无毛，具3条脉；花瓣5枚，白色，与萼片近等长或稍长于萼片，顶端2深裂几达基部，裂片长圆状倒披针形，顶端钝；雄蕊10枚，稍短于萼片，花药褐色或深红色；子房卵形，花柱3枚。蒴果长圆状卵圆形，深褐色或近黑色，长于宿存萼，6齿裂。种子细小，肾状圆形或卵形，微扁，褐色，具细疣状突起。 花期6～7月，果期8～9月。

产新疆：叶城（棋盘乡，青藏队吴玉虎4662）、皮山（喀尔塔什，青藏队吴玉虎3641；垴阿巴提乡布琼，青藏队吴玉虎1857）。生于海拔3 000～3 500 m的沟谷山地柏树林下、河谷山坡林缘灌丛草甸。

分布于我国的新疆；俄罗斯，哈萨克斯坦也有。

产于昆仑山的准噶尔繁缕通常单花顶生，稀为二歧聚伞花序，具2朵花，苞片边缘宽膜质；而产于天山的本种植物其花序一般为二歧聚伞花序，苞片1～2对，膜质或边缘宽膜质。

5. 无毛繁缕（拟）

Stellaria dilleniana Moench Enum. Pl. Hass. 214. 1777.

多年生草本。根状茎细长，黄白色，有光泽，节上生根或无根；茎丛生，斜倚，长（3）5～10 cm，近四棱形，无毛。根状茎上的叶片鳞片状或卵形，淡黄色，长2～4 mm，基部微抱茎；茎生叶线状披针形或狭披针形，长5～16 mm，宽1～3 mm，无柄，顶端渐尖，单脉凸出，边缘软骨质，反卷，无毛，稀基部边缘具1～2对微柔毛。聚伞花序具1～5花；苞片膜质，透明，中脉绿色，卵圆状披针形，急尖；花梗纤细，长6～14（17）mm，有时下部具1对膜质小苞片；萼片5枚，披针形，长4～5（5.5）mm，宽1.2～1.5 mm，顶端渐尖，边缘膜质，绿色或带紫色；花瓣5枚，白色，与花萼近等长或稍长于花萼，2深裂几达基部；雄蕊10枚，与萼片近等长，花药椭圆形，黄色或紫色；花柱3枚。蒴果卵圆形，短于花萼，6齿裂。种子未见。 花期7～8月，果期8月。

产新疆：塔什库尔干（红其拉甫，帕考队5011、青藏队吴玉虎87451；明铁盖，阎平3825；马尔洋，帕考队5246）。生于海拔3 800～4 450 m的砾石质山坡或河谷草甸。

6. 湿地繁缕

Stellaria uda Williams in Journ. Linn. Soc. Bot. 34：435. 1899；西藏植物志1：

700. 图 221：1～5. 1983；中国植物志 26：142. 1996；Fl. China 6：24. 2001；青藏高原维管植物及其生态地理分布 211. 2008.

多年生草本，高（2）5～15 cm。根茎细，具分枝，黄白色，有光泽。茎丛生，纤细，斜倚，上部近直立，被成列柔毛。叶无柄，近基部者短小而较密集，茎上部者较疏松，叶片线状披针形或钻状披针形，挺直，下面有光泽，长 4.5～14.0 mm，宽 1.0～1.5 mm，顶端渐尖，基部近圆形，半抱茎，两面无毛，边缘具卷曲的柔毛，下面中脉凸起。聚伞花序顶生，具 3～9 朵花；苞片最下面 1 对似叶，上部者卵状披针形，白色，膜质，有时花梗下部具 1 对膜质小苞片；花梗纤细，长 5～18 mm，微弯，无毛；萼片 5 枚，披针形，长 3.0～3.5 mm，宽约 1 mm，顶端渐尖，边缘膜质，具 3 脉，中脉较明显；花瓣白色，2 深裂几达基部，短于萼片、与萼片近等长或稍长于萼片；雄蕊 10 枚，短于萼片或与萼片近等长；子房卵圆形，约具 10 胚珠，花柱 3 枚，线形。蒴果长圆形，稍长于宿存萼，6 齿裂。种子扁圆形，长约 0.7 mm，黑褐色，表面皱。 花期 7～8月，果期 8 月。

产青海：玛沁（东倾沟，玛沁队 339；雪山乡，H. B. G. 394；大武乡，H. B. G. 830）、久治（索乎日麻乡，果洛队 270；门堂乡至索乎日麻乡的路上，果洛队 6850）。生于海拔 3 850～4 040 m 的高原山地沟谷河滩、河谷山坡高寒灌丛、山坡岩石缝隙。

分布于我国的新疆、青海、西藏、四川、云南。模式标本采自四川康定。

7. 小伞花繁缕

Stellaria parviumbellata Y. Z. Zhao in Acta Sci. Nat. Univ. Intramongol. 20 (2)：226. 1989；中国植物志 26：144. 1996；Fl. China 6：25. 2001.

多年生草本，高 5～20 cm。茎丛生，细弱，斜倚或斜升，被长柔毛。叶无柄，叶片卵状披针形或卵状长圆形，长 5～14 mm，宽 1.5～4.5 mm，顶端渐尖或急尖，基部楔形至圆形，微抱茎，无毛。聚伞状伞形花序，具（2）3～10 花，花序基部具数枚卵形、白色、膜质苞片；花梗丝状，长 7～20 mm；萼片 5 枚，卵状披针形，长 1.5～2.5 mm，顶端渐尖，边缘膜质；花瓣无或具 1～2 枚极小的瓣片，2 深裂，2 裂片不等长；雄蕊 5 或 10 枚，短于萼片；子房长圆状卵形，花柱 3 枚，稀 4 枚，短线形。蒴果长圆状卵形，长 3～4 mm，6 齿裂；种子近圆形，略扁，黄褐色，长约 0.7 mm，表面具皱纹。 花期 6～7 月，果期 6～8 月。

产青海：称多（扎朵乡，苟新京 83-286）、玛沁（冷许忽，玛沁队 511；大武乡，H. B. G. 792）、达日（吉迈乡，H. B. G. 1282）、久治（索乎日麻乡，藏药队 370、588）。生于海拔 3 850～4 600 m 的河谷山坡高寒沼泽草甸、沟谷河滩沙棘灌丛、山顶砾石地。

分布于我国的新疆、青海、甘肃、宁夏、陕西。模式标本采自宁夏贺兰山。

对产于青海东南部的标本研究发现：小伞花繁缕在同一株上的花既有缺花瓣，又有具1～2枚极小花瓣的；雄蕊既有10枚，又有5枚的。可见本种花瓣有无与雄蕊的数量是不确定的性状，不能作为与其他种的区别点。

8. 伞花繁缕 图版39：7～10

Stellaria irrigua Bunge Verz. Altai Pfl. 35. 1836；Pl. Asiae Centr. 11：28. 2007；Fl. China 6：25. 2001. ——*S. umbellata* Turcz. ex Kar. et Kir. Bull. Soc. Imp. Nat. Mosc. 15：173. 1842；中国植物志 26：145. 图版 29：5～9. 1996. ——*S. subumbellata* Edgew. in Hook. f. Fl. Brit. India 1：233. 1874；西藏植物志 1：698. 1983；中国植物志 26：145. 1996.

多年生草本，高3～12 cm，全株无毛。茎疏丛生，不分枝，直立或斜升。叶片长圆状卵形，长5～15 mm，宽1.5～5.0 mm，顶端钝或急尖，基部宽楔形，微抱茎，无毛。聚伞状伞形花序，具3～6花，稀单生，花序基部具数枚卵形、白色、膜质苞片；花梗丝状，长5～20 mm，果时微伸长，有时花梗下部具1对白色、膜质小苞片；萼片5枚，披针形，长2～3 mm，顶端渐尖，边缘膜质；花瓣无，有时具残缺的花瓣；雄蕊5或10枚，短于萼片；子房长圆状卵形，花柱3枚，短线形。蒴果长圆状卵形，比宿存萼片长近1倍，6齿裂。种子肾脏形，略扁，表面具皱纹。 花期6～7月，果期7～9月。

产新疆：阿克陶（奥依塔克，青藏队吴玉虎4782）。生于海拔2 800 m左右的沟谷山坡草地、河谷阶地。

西藏：日土（过巴乡，青藏队吴玉虎1387）。生于海拔4 350 m左右的河谷山地高寒沼泽草甸、山坡高寒草甸砾地。

青海：格尔木（青藏公路720 km处，青藏队吴玉虎2802）。生于海拔4 200～4 600 m的砾石质山坡、沟谷山坡草地。

分布于我国的新疆、青海、甘肃、陕西、西藏、四川、山西、河北；印度，尼泊尔，巴基斯坦，俄罗斯，哈萨克斯坦也有。

Yu. Kozhevnikov通过对模式标本及文献资料的研究，在*Plants of Central Asia*（Volume 11）中将*Stellaria umbellata* Turcz. ex Kar. et Kir. 与*S. subumbellata* Edgew. 归并到*S. irrigua* Bunge中，我们接受这一见解，因为在对昆仑地区的该类群标本研究中发现，植株高度、苞片大小、花瓣有无、雄蕊的数量都是极不稳定的性状。

9. 帕米尔繁缕

Stellaria winkleri（Briq.）Schischk. in Kom. Fl. URSS 6：403. 1936；中国植物志 26：123. 1996；Fl. China 6：20. 2001；青藏高原维管植物及其生态地理分布 212. 2008. ——*Cerastium winkleri* Briq. in Ann. Cons. Jard. Bot. Géneve 13：382.

1911.

植株高 3～5 cm 或稍高（达 8 cm），柔弱，无毛。叶片卵状披针形，长 5～10 mm，宽约 2（～3）mm，基部楔形，无柄，顶端渐尖，中脉明显。花单生叶腋，花梗纤细，长 7～13 mm，花后俯垂；萼片卵状披针形，长（2.5）3～4 mm，绿色，边缘白色，膜质；花瓣白色，2 深裂，与萼片等长或稍长；雄蕊与花瓣等长，花药黄褐色；子房球形，长仅 1 mm，花柱 3 枚，线形，长约 1.5 mm。蒴果卵形，长约 4 mm。 花期 7～8 月。

产新疆：塔什库尔干（温泉，西植所新疆队 845）。生于海拔 3 000 m 左右的沟谷河滩草甸。

分布于我国的新疆；吉尔吉斯斯坦，塔吉克斯坦也有。

10. 小繁缕

Stellaria pusilla E. Schmid in Fedde Repert. Sp. Nov. 31：41. 1932；中国植物志 26：127. 1996；Fl. China 6：21. 2001.

多年生草本。茎匍卧，丛生，近四棱形，具光泽，无毛，向上被稀疏微柔毛。叶片披针形或狭卵形，长 4～12 mm，无柄，下部者向基部渐狭成柄，顶端渐尖，单脉，无毛，边缘软骨质，基部具缘毛。聚伞花序 1～3 花，花长与花萼相等或较长；苞片卵圆状披针形，急尖，具宽而白色边缘；萼片 5 枚，披针形，长 5～6 mm，顶端渐尖，边缘白色，膜质，绿色或带紫色；花瓣 2 裂，与萼片等长；雄蕊 10 枚，略短于花瓣；花柱 3 枚，子房多胚珠。蒴果卵圆形。

产新疆：塔什库尔干（红其拉甫，青藏队吴玉虎 870451）。生于海拔 4 050 m 的砾石山坡。

西藏：日土（班公湖、楚桑泊，采集人和采集号不详），生于海拔 5 000～5 450 m 的沟谷山坡高寒草地、高山流石滩稀疏植被带。

分布于我国的新疆、西藏。模式标本采自西藏西北部（班公湖、楚桑泊）。

11. 矮陷繁缕

Stellaria depressa E. Schmid in Fedde Repert. Sp. Nov. 31：41. 1932；中国植物志 26：127. 1996；Fl. China 6：21. 2001. ——*S. arenarioides* S. L. Chen et al. in Novon 11：302. 2001，p. p. ——*S. arenaria* act. non. Maxim. 中国植物志 26：146. 1996，p. p.；青海植物志 1：266. 1997，p. p.

多年生草本。根状茎细长，有光泽，节有根或无根；茎疏丛生，高 2～5（10）cm，无毛或被短柔毛。根状茎叶鳞片状或卵形，淡黄色，长 1.0～2.5 mm；茎生叶卵形或卵状披针形，长 3.5～7.0（11.0）mm，宽 1.5～3.0（4.0）mm，顶端急尖，基部近圆形，基部边缘具柔毛或无毛，下面中脉凸起。聚伞花序顶生，具 1～5（12）花；苞片卵形，长2～3（5）mm，最下面1对叶质，上部者白色，膜质；花梗长3～9 mm，无毛，有时中部具1对小苞片；萼片5枚，卵状披针形，长3～5 mm，顶端钝，边缘膜质，无毛；花瓣5枚，白色，稍短于萼片，2深裂几达基部，裂片线形；雄蕊10枚，明显短于花瓣；花盘圆形，具5腺体；子房卵圆形，花柱3枚。蒴果卵圆形，短于宿存萼片，6齿裂，约有5粒种子。种子扁的圆肾形，长约1 mm，具突起。 花期7～8月，果期8～9月。

产新疆：叶城（岔路口，青藏队吴玉虎1221）、和田（635道班，帕考队6097）、于田（乌鲁克库勒，青藏队吴玉虎3737）、若羌（祁漫塔格，青藏队吴玉虎2164、2666、3985；阿尔金山保护区鸭子泉至阿其克库勒湖途中，青藏队吴玉虎2293）。生于4 300～5 160 m的沟谷山地砾石质山坡、宽谷河滩草甸、冰川附近的沙砾地、河谷岩石缝隙、高原滩地高寒草原。

西藏：日土（松西，帕考队6138；过巴乡，青藏队吴玉虎1388；麦卡，高生所西藏队3681；热帮区结沟，高生所西藏队3543；舒木野，阎平和刘鸯7332）。生于海拔4 350～5 400 m的河滩或砾石质坡地、河谷阶地高寒草原。

青海：冷湖（当金山口，青藏队590）、治多（可可西里勒斜武担，黄荣福K-875）。生于海拔4 200～4 800 m的沟谷山坡高寒草地、山坡砾石草地、河谷阶地高寒草原。

分布于我国的新疆、青海、甘肃、西藏。模式标本采自西藏西北部（阿克赛钦拉那克山口附近的楚桑泊）。

12. 沙生繁缕

Stellaria arenarioides S. L. Chen, Rabeler et Turland in Novon 11：302. 2001, et Fl. China 6：25. 2001. ——*S. arenaria* Maxim. Fl. Tangut. 91. t. 29. f. 18. 1889；中国植物志26：146. 1996, p. p.；青海植物志1：266. 1997, p. p.

多年生草本。根状茎细长，茎近白色，有光泽，节有根或无根；茎丛生，铺散，长（2）4～7（9）cm，下部被稀疏的长柔毛，中上部较密。根状茎叶极小，长约2 mm，近白色；茎生叶质硬，卵状披针形或卵形，长（3.5）5.0～11.0 mm，宽1.5～3.0 mm，顶端渐尖，基部宽楔形，无柄，边缘具柔毛，下面具光泽，中脉凸起。聚伞花序顶生，具3～5花；苞片最下面1对如茎生叶，上部者白色膜质，卵状披针形，长3～4 mm；萼片5枚，稀4枚，披针形，长4～5 mm，宽约1.5 mm；花瓣白色，稍短于萼片，2深裂几达基部，裂片线形；雄蕊明显短于花瓣；花盘圆形，具5腺体；子房卵圆形，胚珠多数，花柱3枚。果实未见。 花期6～8月，果期8～9月。

产青海：曲麻莱（秋智乡，刘尚武和黄荣福680、693）、玛多（多曲河畔，吴玉虎482；采集地不详，吴玉虎1133）、玛沁（雪山乡，玛沁队449）、甘德（上贡麻乡，H. B. G. 902）、久治（哇赛乡，果洛队212；门堂乡，藏药队292；门堂乡至索乎日麻乡路上，果洛队 686)。生于海拔 3 600～4 800 m 的高原河谷沙砾滩地、河边沙滩、沟谷山坡砾石地、高寒草甸、河滩或山坡高寒灌丛。

分布于我国的青海、西藏。模式标本采自西藏。

沙生繁缕 *S. arenarioides* S. L. Chen，Rabeler et Turland 与矮陷繁缕 *S. depressa* E. Schmid 相近，但沙生繁缕叶质坚硬，下面有光泽，叶缘被毛达中部以上，茎上部被柔毛等特征易与矮陷繁缕区别。另外，在昆仑地区，这 2 种的分布与生境存在着明显的差异。矮陷繁缕分布于昆仑地区的北部及西部较干旱的内流区域，生境一般为砾石质坡地，海拔较高，向上可达冰川附近，而沙生繁缕分布于昆仑山东南端及喜马拉雅山东部较湿润的外流区域，生境多为河谷沙地，少生于砾石坡或草甸，海拔亦较低。

查看标本发现，《中国植物志》（第二十六卷）的作者将 *S. depressa* E. Schmid（矮陷繁缕）的标本误定为 *S. arenaria* Maxim.，志中对 *S. arenaria* Maxim. 的形态描述也包括两者。关于 *S. arenaria* Maxim. 的分布区，志中记载的它与 *S. depressa* E. Schmid 的实际分布区完全吻合，那么，如果仅从地理分布的角度分析，《中国植物志》记载的 *S. arenaria* Maxim. 就是 *S. depressa* E. Schmid（矮陷繁缕）。

由于 *S. arenaria* Maxim. 与 *S. arenaria* Linn. 是异物同名，Chen Shilong 等发表 *Stellaria arenarioides* S. L. Chen，Rabeler et Turland 以取代 *S. arenaria* Maxim.（是不合法的名字）。尽管他们指出了新名字的模式与 *S. arenaria* Maxim. 相同，但并未看到模式，且新名字的分布区与描述均沿用了《中国植物志》的观点，所以 *Stellaria arenarioides* S. L. Chen，Rabeler et Turland 实际包括了 *S. arenaria* Maxim. 与 *S. depressa* E. Schmid 两个种。

13. 偃卧繁缕

Stellaria decumbens Edgew. in Trans. Linn. Soc. Bot. London 20：35. 1846；西藏植物志 1：702. 1983；中国植物志 26：149. 1996. 青海植物志 1：266. 1997；青藏高原维管植物及其生态地理分布 206. 2008.

多年生草本。根状茎黄白色，有光泽，长 4～10 cm，节上具短小的茎；茎绿色，长 1～2 cm，直立，密集成疏松的垫状，顶端被稀疏的长柔毛；叶在茎上呈密集的覆瓦状排列，叶片披针形或卵状披针形，长 3～5 mm，宽 1.0～1.5 mm，顶端渐尖，基部近圆形，无柄，边缘基部具缘毛，硬质，下面有光泽，中脉明显凸起。花单生；花梗长 2～6 mm，被柔毛；萼片 4 枚，卵状披针形，长约 3 mm，顶端渐尖，基部截形；花瓣 4 枚，白色，长仅萼片之半，2 深裂几达基部，裂片线形；雄蕊 8 枚；子房卵圆形，花柱 2 枚。蒴果短于宿存萼，4 齿裂。种子近圆形，平滑。 花期 7～8 月，果期 8～9 月。

产青海：兴海（河卡乡，何廷农 257、361）、玛多（巴颜喀拉山，黄荣福 3671）。生于海拔 4 050～5 150 m 的高山流石坡、沟谷山坡高寒草甸、山谷砾石坡地。

四川：石渠（菊母乡，吴玉虎 29879）。生于海拔 4 200～4 600 m 的沟谷山地高寒草甸、高山流石滩稀疏植被带。

分布于我国的青海、西藏、四川；印度北部，尼泊尔，不丹也有。

14. 垫状偃卧繁缕

Stellaria maximowiczii Yu. Kozhevnikov in Novit. Syst. Pl. Vasc. 20：104. 1983. ——*S. decumbens* Edgew. var. *pulvinata* Edgew. et Hook. f. in Hook. f. Fl. Brit. Ind. 1：235. 1875；西藏植物志 1：702. 图 223：6～10. 1983；中国植物志 26：150. 1996；青海植物志 1：267. 图版 57：8～12. 1997；青藏高原维管植物及其生态地理分布 207. 2008.

多年生垫状草本。茎直立，高 2～3 cm，节间极短缩，有时混生少数铺散的茎，无毛或近无毛。叶在茎上呈密集的覆瓦状排列，叶片卵形或卵状披针形，稀长圆形，长 3～4 mm，宽约 1.0～1.5 mm，基部近圆形，顶端急尖，有芒尖或无芒尖，边缘具缘毛，下面有光泽，中脉不明显。花单生枝顶；花梗无；萼片 4 枚，卵状长圆形或卵形，长约 2 mm，顶端急尖，基部截形；花瓣 4 枚，白色，长约为萼片的 1/2，2 深裂；雄蕊 8 枚，与萼片近等长；子房卵圆形，花柱 2 枚，线形。蒴果卵圆形，短于宿存萼片，具 2 粒种子，4 齿裂。种子近圆形，长约 0.5 mm，平滑。 花期 7～8 月，果期 8～9 月。

产新疆：若羌（哈舍克雷克河，青藏队吴玉虎 4147）。生于海拔 4 720 m 的砾石质坡地、河谷阶地高寒草原。

西藏：班戈（色哇区岗日贡玛，青藏队郎楷永 9544）。生于海拔 5 200～5 600 m 的冰川附近砾石地、沟谷山坡沙砾质高寒草地。

青海：称多（巴颜喀拉山口，陈世龙 549）、治多（可可西里勒斜武担，黄荣福 K-894；乌兰乌拉，黄荣福 K-732；五雪峰，黄荣福 K-977）。生于海拔 4 820～5 000 m 的高原河滩地、河谷阶地高寒草原、宽谷湖盆沙砾地、高山流石坡。

分布于我国的新疆、青海、西藏、四川、云南；克什米尔地区，印度北部，尼泊尔，不丹也有。

5. 卷耳属 Cerastium Linn.

Linn. Sp. Pl. 437. 1753.

一年生或多年生草本，多数被柔毛和腺毛。叶对生，叶片卵形或长椭圆形至披针形。二歧聚伞花序，顶生；萼片 5 枚，稀为 4 枚，离生；花瓣 5 枚，稀 4 枚，白色，顶端 2 裂，稀全缘或微凹；雄蕊 10 枚，稀 5 枚，花丝无毛或被毛；子房 1 室，具多数胚珠，花柱通常 5 枚，稀 3 枚，与萼片对生。蒴果圆柱形，薄壳状，露出宿存花萼外，顶端齿裂为花柱数的 2 倍。种子多数，近肾形，稍扁，常具疣状突起。

约100种，主要分布于北温带，多见于欧洲至俄罗斯西伯利亚，极少数种见于亚热带山区。我国约18种，产北部至西南地区；昆仑地区产4种1亚种。

分种检索表

1. 花柱3；蒴果6齿裂 ························ **1. 六齿卷耳 C. cerastoides**（Linn.）Britt.
1. 花柱5；蒴果10齿裂。
  2. 全株无腺毛；叶片线状披针形，长2～5（6.5）cm，宽3～6（9）mm；花萼被极稀疏的短毛或无毛 ························ **2. 披针叶卷耳 C. falcatum** Bunge
  2. 至少花梗与花萼具腺毛；叶片长圆形、卵状长圆形或椭圆形。
    3. 植株高13～25 cm；叶片卵状长圆形或椭圆形，长1.5～3.0（4.0）cm，宽3～12 mm ························ **3. 喜泉卷耳 C. fontanum** Baumg.
    3. 植株高不超过15 cm；叶片长5～15（17）mm，宽2.5～5.0 mm。
      4. 多年生草本；茎近无毛；叶两面无毛或上面被稀疏的柔毛；聚伞花序具2～4（5）花；花瓣长为花萼的1.5～2.0倍 ························ **4. 山卷耳 C. pusillum** Ser.
      4. 一年生草本；茎密被较硬的长毛；叶两面均被毛；聚伞花序具3～12花；花瓣稍短于花萼或近等长 ······ **5. 矮卷耳（拟）C. pumilum** Curtis

1. 六齿卷耳 图版41：1～2

Cerastium cerastoides（Linn.）Britt. in Mem. Torrey Bot. Club 5：150. 1894；新疆植物志2（1）：140. 图版32：5～6. 1994；中国植物志26：78. 图版17：1～6. 1996；Fl. China 6：33. 2001；青藏高原维管植物及其生态地理分布190. 2008. ——*Stellaria cerastoides* Linn. Sp. Pl. 422. 1753.

多年生草本。茎丛生，斜倚，基部稍匐生，节上生根，多分枝，茎下部及不育枝被1列直立的短毛，茎上部密生腺毛，并混生少数柔毛。叶片线状披针形，长7～18（22）mm，宽1.0～2.5 mm，顶端急尖，无柄，有时下部叶基部楔形，呈短柄状，无毛。聚伞花序，具2～5花，稀单生；苞片草质，披针形，上面及边缘被短柄的腺毛；花梗长8～20（28）mm，密被短腺毛，直或下弯；萼片长圆形，长5～6 mm，顶端钝圆，具宽达0.5 mm的膜质边缘，被稀疏的短腺毛或无毛；花瓣白色，宽倒卵形或倒心形，长10～12 mm，宽8～10 mm，顶端2浅裂至1/5或1/4；雄蕊10枚，花丝稍短于花萼，花药椭圆形，黄色；子房圆柱形，花柱3枚。蒴果圆柱状，长约10 mm，6齿裂。种子圆肾形，黄褐色，长约1 mm，略扁，具疣状突起。 花期7～8月，果期8月。

产新疆：阿克陶（奥依塔克，阎平4567；恰克拉克铜矿，青藏队吴玉虎87627）、塔什库尔干（明铁盖，青藏队吴玉虎 4984、阎平 3821；克克吐鲁克，高生所西藏队 3296、青藏队吴玉虎 87485）。生于海拔 3 200～4 700 m 的沟谷山地高山草甸、河谷高寒草甸、砾石质山坡、高寒草原砾石地、高山流石坡。

分布于我国的新疆、西藏、辽宁、吉林；全欧洲高山地区，中亚地区各国，俄罗斯西伯利亚，小亚细亚，伊朗，阿富汗，印度，喜马拉雅山地区，蒙古，格陵兰，北美也有。

2. 披针叶卷耳 图版 41：3～4

Cerastium falcatum Bunge in Ledeb. Fl. Ross. 1：398. 1842；Fl. China 6：36. 2001. —— *C. bungeanum* Vved. in Fl. Uzb. 2：353. 1953；新疆植物志 2（1）：140. 图版 33：4～5. 1994.

多年生草本，高 15～30 cm。茎直立或斜升，上部分枝，下部被 1 列短柔毛，上部密被柔毛。基生叶较小，早枯；茎生叶叶片线状披针形，长 2～5（6.5）cm，宽 3～6（9）mm，无毛或仅具缘毛，顶端渐尖，基部无柄，微抱茎。聚伞花序具 3～8 花；花梗长 3～8 mm，密被柔毛，果期伸长达 2.5 cm；萼片 5 枚，披针形，长 6.5～9.0 mm，宽 2～4 mm，顶端急尖，边缘膜质，被极稀疏的短柔毛或无毛；花瓣 5 枚，白色，长圆状卵形，长 9～15 mm，宽 5～9 mm，顶端钝或微凹；雄蕊 10 枚，稍短于花萼，花丝扁线形，无毛；子房椭圆形，花柱 5 枚。蒴果（未成熟）长圆形，10 齿裂，裂齿稍向外卷；种子肾形或圆形，具细疣状突起。 花期 6～8 月，果期 8～9 月。

产新疆：阿克陶（阿克塔什，青藏队吴玉虎 87213）、叶城（柯克亚乡，青藏队吴玉虎 87768；棋盘乡，青藏队吴玉虎 4688A）。生于海拔 2 900～3 200 m 的河谷山地云杉林下、河滩草甸、沟谷山坡林缘灌丛草地。

分布于我国的新疆；吉尔吉斯斯坦，哈萨克斯坦也有。

3. 喜泉卷耳

Cerastium fontanum Baumg. Enum. Stirp. Transs. 1：425. 1816.

3a. 喜泉卷耳（原亚种）

subsp. **fontanum**

产欧洲、亚洲西部和非洲北部。我国无分布。

3b. 簇生喜泉卷耳（亚种）

subsp. **vulgare**（Hartman）Greuter et Burdet in Greuter et Raus Willdenowia 12：37. 1982；Fl. China 6：35. 2001. ——*Cerastium vulgare* Hartman Handb. Skand. Fl. 182. 1820. ——*C. fontanum* subsp. *triviale*（Spenner）Jalas in Bot.

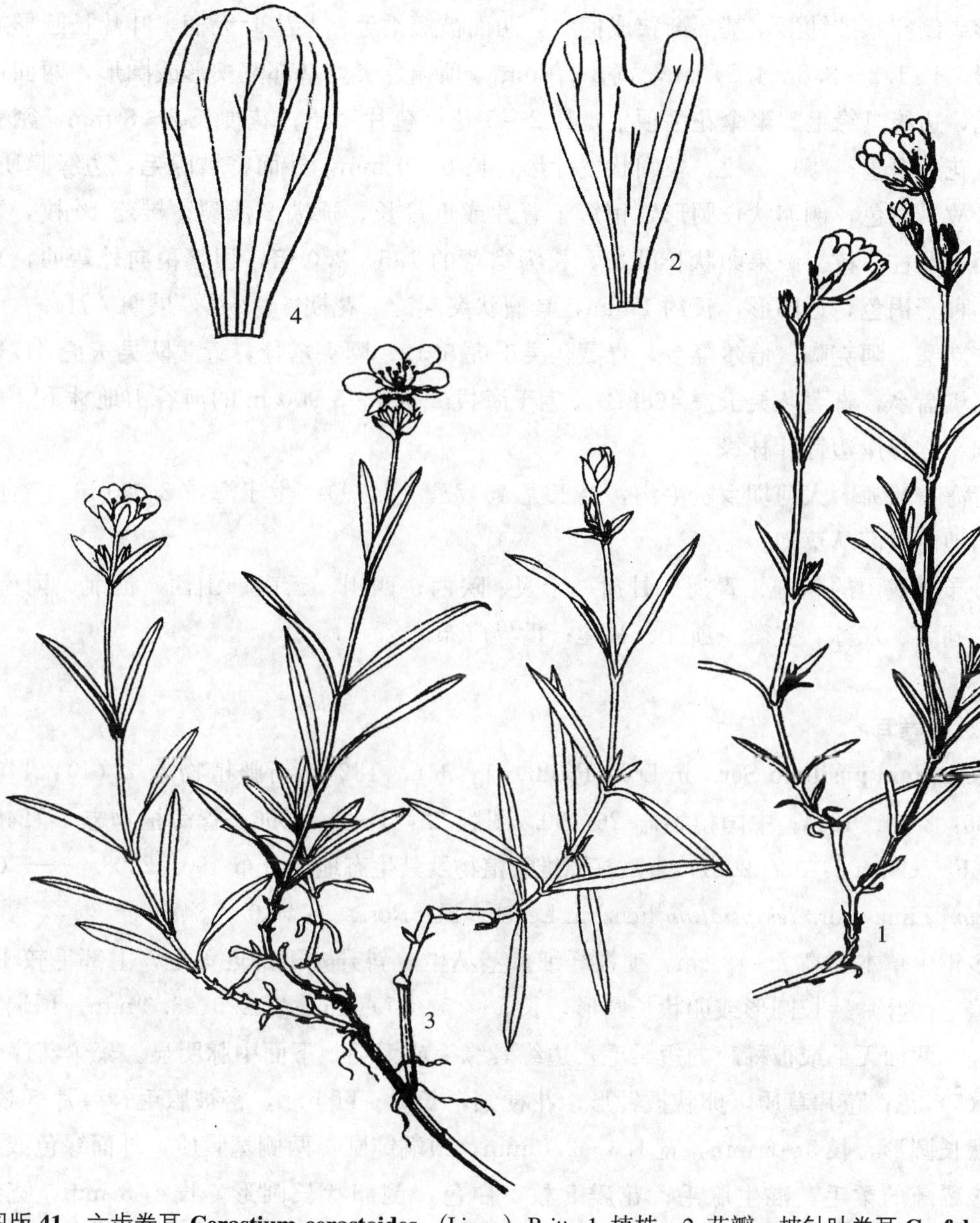

图版 **41** 六齿卷耳 **Cerastium cerastoides**（Linn.）Britt. 1. 植株；2. 花瓣。披针叶卷耳 **C. falcatum** Bunge 3. 植株；4. 花瓣。（引自《新疆植物志》，谭丽霞绘）

Soc. Zool.-Bot. Fenn. Vanamo 18（1）：63. 1963；中国植物志 26：86. 图版 20：1～6. 1996. ——*C. caespitosum* Gilib. Fl. Lithuan. 5：159. 1781，nom. illeg.；青海植物志 1：245. 1997；青藏高原维管植物及其生态地理分布 189. 2008.

多年生草本，高 13～25 cm。茎丛生，近直立，被长柔毛，混生腺毛。基生叶叶片近匙形或倒卵状披针形，基部渐狭成柄状，两面被短柔毛；茎生叶无柄，叶片长圆形或椭圆形，长 1.2～2.8（4.5）cm，宽 3～9 mm，顶端急尖，基部宽楔形或圆形，两面被短柔毛，边缘具缘毛。聚伞花序顶生，具 2～5 花；苞片草质；花梗长 2～8 mm，密被腺毛，花后弯垂；萼片 5 枚，长圆状披针形，长 6～9 mm，外面密被腺毛，边缘膜质；花瓣 5 枚，白色，倒卵状长圆形，稍短于萼片或近等长，顶端 2 浅裂；雄蕊 10 枚，短于花瓣；花柱 5 枚。蒴果卵状长圆形，长为宿萼的 1.5～2.0 倍，顶端稍向外弯曲，10 齿裂。种子褐色，近圆形，长约 1 mm，具瘤状突起。 花期 6～7 月，果期 7 月。

产新疆：阿克陶（恰尔隆乡，青藏队吴玉虎 5019；阿克塔什，青藏队吴玉虎 217）、叶城（棋盘乡，青藏队吴玉虎 4688B）。生于海拔 2 900～3 900 m 的河谷山地林下、山坡草甸、沟谷岸边针叶林缘。

青海：兴海（大河坝乡赞毛沟，吴玉虎 46477、46479）。生于海拔 3 680 m 左右的沟谷山地阴坡灌丛草甸。

分布于我国的新疆、青海、甘肃、宁夏、陕西、四川、云南、山西、河北、河南、湖北、湖南、江苏、安徽、浙江、福建；世界广布。

4. 山卷耳

Cerastium pusillum Ser. in DC. Prodr. 1：418. 1824；新疆植物志 2（1）：146. 图版 36：3～4. 1994；中国植物志 26：90. 图版 22：1～6. 1996；青海植物志 1：245. 1997；Fl. China 6：33. 2001；青藏高原维管植物及其生态地理分布 190. 2008. —— *C. vulgatum* Linn. var. *leiopetalum* Fenzl in Ledeb. Fl. Ross. 1：410. 1842.

多年生草本，高 7～13 cm。须根纤细。茎丛生，斜升，下部近无毛，上部毛较密，混生腺毛。叶片狭长圆形或卵状长圆形，长 5～15（17）mm，宽 2.5～5.0 mm，顶端急尖或钝，两面无毛或被稀疏的短柔毛，边缘具缘毛或无毛，下面中脉明显。聚伞花序具 2～4（5）花；苞片草质，卵状披针形；花梗细，长 6～11 mm，密被腺毛；萼片 5 枚，披针状长圆形，长 5～6 mm，宽 1.3～2.0 mm，顶端钝圆，两侧宽膜质，外面绿色或紫色，被稀疏的柔毛，混生腺毛；花瓣 5 枚，白色，倒卵状长圆形，长约 8 mm，宽约 3 mm，顶端 2 浅裂至 1/4 处；雄蕊 10 枚，短于萼片；子房近球形，花柱 5 枚。蒴果（未成熟）长圆形，稍长于宿萼。 花期 7～8 月，果期 8 月。

产新疆：塔什库尔干（红其拉甫，青藏队吴玉虎 4884、阎平 3553；克克吐鲁克，高生所西藏队 3284）。生于海拔 4 200～4 700 m 的沟谷山地高山草甸、高山冰川附近的砾石坡。

分布于我国的新疆、青海、甘肃、宁夏、云南；俄罗斯，哈萨克斯坦，蒙古也有。

5. 矮卷耳（拟）

Cerastium pumilum Curtis Fl. Londin. 2：6. t. 30. 1794；Pl. Asiae Centr. 11：45. 2007.

一年生草本，高 4～10（15）cm。茎单生或丛生，直立或斜升，密被开展或半开展的长毛，上部混生腺毛。叶片长圆形或卵状长圆形，长 8～15（17）mm，宽 2～5 mm，顶端急尖，两面均被稀疏的长柔毛，边缘具缘毛，下面中脉明显。聚伞花序具 3～12 花；苞片草质，卵状披针形；花梗细，长 2～10 mm，密被腺毛；萼片 5 枚，披针状长圆形，长 4～5（6）mm，顶端急尖，边缘窄膜质，密被腺毛，混生少数长硬毛；花瓣 5 枚，白色，倒卵状长圆形，稍短于萼片或与萼片近等长，长约 4.5 mm，宽约 2.5 mm，顶端 2 浅裂；雄蕊 10 枚，短于萼片；子房近球形，花柱 5 枚。蒴果长圆形，长为宿萼的 1.5～2.0 倍，10 齿裂，裂齿直立或稍向外卷。种子黄褐色，扁圆形，长 0.8～1.0 mm，具疣状突起。花期 6～8 月，果期 7～9 月。

产青海：兴海（河卡乡，郭本兆 6279）、曲麻莱（巴干乡，刘尚武 933）、玛多（黑海乡，吴玉虎 992）、玛沁（尼卓玛雪山垭口，H. B. G. 741；雪山乡，玛沁队 359；军功乡，区划二组 063）、达日（吉迈乡，H. B. G. 1284；建设乡，H. B. G. 1052）、甘德（上贡麻乡，H. B. G. 912）、久治（智青松多，果洛队 052；索乎日麻乡，果洛队 279、324，藏药队 335、369；年宝山，果洛队 397；希门错湖畔，果洛队 492）。生于海拔 3 600～4 800 m 的高山草甸、河谷高寒草甸、沟谷山地灌丛草甸、砾石质山坡。

分布于我国的新疆、青海；欧洲，北美也有。

《青海植物志》（1：245. 图版 53：13～17. 1997.）中的簇生卷耳 *Cerastium caespitosum* Gilib. 属错误鉴定，应为本种。

6. 薄蒴草属 Lepyrodidis Fenzl

Fenzl in Endl. Gen. Pl. 966. 1840.

一年生草本。茎上升或铺散。叶对生，叶片线状披针形或披针形，具 1 条中脉；无托叶。花两性，集为圆锥状聚伞花序；萼片 5 枚（稀 6）枚；花瓣 5 枚，全缘或顶端凹缺；雄蕊 10 枚（稀 12～14）枚；花柱 2 枚，稀 3 枚。蒴果扁球形，2～3 瓣裂，具 1～2 种子。种子小，种皮厚，表面有突起。

约 3 种，分布于亚洲西部（西达高加索、里海和小亚细亚，东达秦岭和内蒙古）。我国有 2 种，产西部；昆仑地区产 1 种。

1. 薄蒴草 图版 42：1～4

Lepyrodidis holosteoides（C. A. Mey.）Fenzl ex Fisch. et C. A. Mey. Enum. Pl. Nov. 1：93. 1841；新疆植物志 2（1）：151. 图版 38：1～5. 1994；中国植物志 26：264. 图版 63：1～5. 1996；青海植物志 1：243. 图版 53：6～12. 1997；Fl. China 6：31. 2001；青藏高原维管植物及其生态地理分布 193. 2008. ——*Gouffeia holosteoides* C. A. Mey. Verz. Caucasus Pfl. 217. 1831. ——*Arenaria holosteoides*（C. A. Mey.）Edgew. in Hook. f. Fl. Brit. Ind. 1：241. 1874.

一年生草本，高 20～65 cm。茎直立或斜升，下部具明显 4 棱，无毛，棱粗糙；上部茎具纵条纹，密被腺毛，混生长柔毛。叶片披针形，稀狭长圆状披针形，长 2～7 cm，宽（2）5～9 mm，顶端渐尖，基部圆形，微抱茎，幼叶两面及边缘密被纤柔毛，老叶仅边缘被毛。圆锥花序，花果期下垂；苞片草质，披针形或线状披针形；花梗细，长 4～12 mm，密被腺柔毛，果期伸长达 3 cm；萼片 5 枚，线状披针形，长 3.5～5.0 mm，宽 1.0～1.5 mm，果期伸长达 9 mm，顶端急尖，边缘膜质，无毛或被白色长柔毛，背面密生腺柔毛；花瓣 5 枚，白色，宽倒卵形，长 6～7 mm，顶端钝圆或微凹；雄蕊 10 枚，短于花瓣；花柱 2 枚，线形。蒴果卵圆形，长 4～5 cm，明显短于宿存花萼，2 瓣裂。种子近圆形，直径约 2 mm，褐色或红褐色，表面具突起。 花期 6～8 月，果期 7～8 月。

产新疆：塔什库尔干（明铁盖，帕考队 5477；达布达尔，阎平 3784；马尔洋，帕考队 5323；卡拉其古，阎平 3909）、皮山（垴阿巴提乡布琼，青藏队吴玉虎 1883）。生于海拔 2 600～3 900 m 的河谷山地草甸、农田。

青海：兴海（河卡草原站附近，郭本兆 6154；河卡乡，吴珍兰 158）。生于海拔 3 200 m 左右的农田、撂荒地。

分布于我国的新疆、青海、甘肃、宁夏、陕西、西藏、四川、内蒙古；土耳其，小亚细亚至高加索，中亚地区，伊朗，克什米尔地区，阿富汗，巴基斯坦，印度西北部，尼泊尔，蒙古也有。

7. 囊种草属 Thylacospermum Fenzl

Fenzl in Endl. Gen. Pl. 967. 1840.

垫状草本。叶小，常呈覆瓦状排列。花两性，单生枝端，近无梗；萼片 5 枚，中部以下合生成倒圆锥形，近直立；花瓣 5 枚，全缘；雄蕊 10 枚，花丝基部具腺体；子房 1 室，胚珠通常 4 粒，花柱 3 枚，丝状。蒴果革质，球形，常 6 齿裂。种子肾形，具海绵质的种皮。

仅1种，分布于中亚（西天山）至喜马拉雅地区。我国的青藏高原、甘肃、新疆等有分布，昆仑地区也有。

1. 囊种草 图版42：5～13

Thylacospermum caespitosum（Camb.）Schischk. in Sched. Herb. Fl. Ross. 9：90. 1932；西藏植物志1：704. 图224：7～12. 1983；新疆植物志2（1）：168. 图版44：5. 1994；中国植物志26：251. 图版60：1～9. 1996；青海植物志1：271. 图版58：4～8. 1997；Fl. China 6：39. 2001；青藏高原维管植物及其生态地理分布212. 2008. ——*Periandra caespitosa* Camb. Voy. Inde 27. 1836. ——*Arenaria caespitosa*（Camb.）Kozhevnikov in Novosti Sist. Vyssh. Rast. 22：101. 1985. ——*A. rupifraga*（Kar. et Kir.）Fenzl ex Ledeb. Fl. Ross. 1：780. 1842. ——*Bryomorpha rupifraga* Kar. et Kir. in Bull. Soc. Nat. Mosc. 15：780. 1842. ——*Thylacospermum rupifragum*（Kar. et Kir.）Schrenk Enum. Pl. Nov. 2：53. 1842.

多年生垫状草本，高1～3 cm，常呈球形，全株无毛。根木质化，自颈部多分枝。茎基部多分枝，节间极短缩。叶排列紧密，呈覆瓦状，叶片卵状披针形或披针形，长2～4 mm，宽1～2 mm，顶端急尖或渐尖，质硬，有光泽。花单生茎顶，无梗；萼片卵状披针形，长2.5 mm，宽约1.3 mm，顶端急尖；花瓣5枚，白色或淡黄色，卵状长圆形，长为萼片的1/2，顶端钝圆；花柱3枚，线形，常伸出萼外。蒴果球形，长约3 mm，草黄色，有光泽，6齿裂。种子近圆形，直径约1.5 mm，种皮海绵质，囊状，淡草黄色。 花期6～7月，果期7～8月。

产新疆：塔什库尔干（乔戈里冰川西侧山坡，黄荣福C. G. 86 186；乔戈里冰川东侧，黄荣福C. G. 86-215）、和田（天文点，青藏队吴玉虎1266；阿克赛钦，高生所西藏队3587；甜水海至界山达坂，高生所西藏队3420；龙巴其保达坂，阎平7296）、于田（乌鲁克库勒湖，青藏队吴玉虎3739）。生于海拔4 400～5 150 m的高山砾石滩、平缓砾石坡、河谷阶地高寒草原。

西藏：日土（芒错，青藏队76-9003；松西，阎平7310）。生于海拔4 200～5 000 m的河谷阶地沙砾地、沟谷山坡高寒草原砾地、高山流石滩稀疏植被带。

青海：格尔木（昆仑山口，吴征镒等75-239）、玛沁（阿尼玛卿山，黄荣福C. G. 81-083）。生于海拔4 600～4 800 m的高原山顶缓坡、高山垫状植被带、沟谷山地高寒草甸、高山流石坡冰缘湿地。

分布于我国的新疆、青海、甘肃、西藏、四川；哈萨克斯坦，吉尔吉斯斯坦，印度西北部也有。

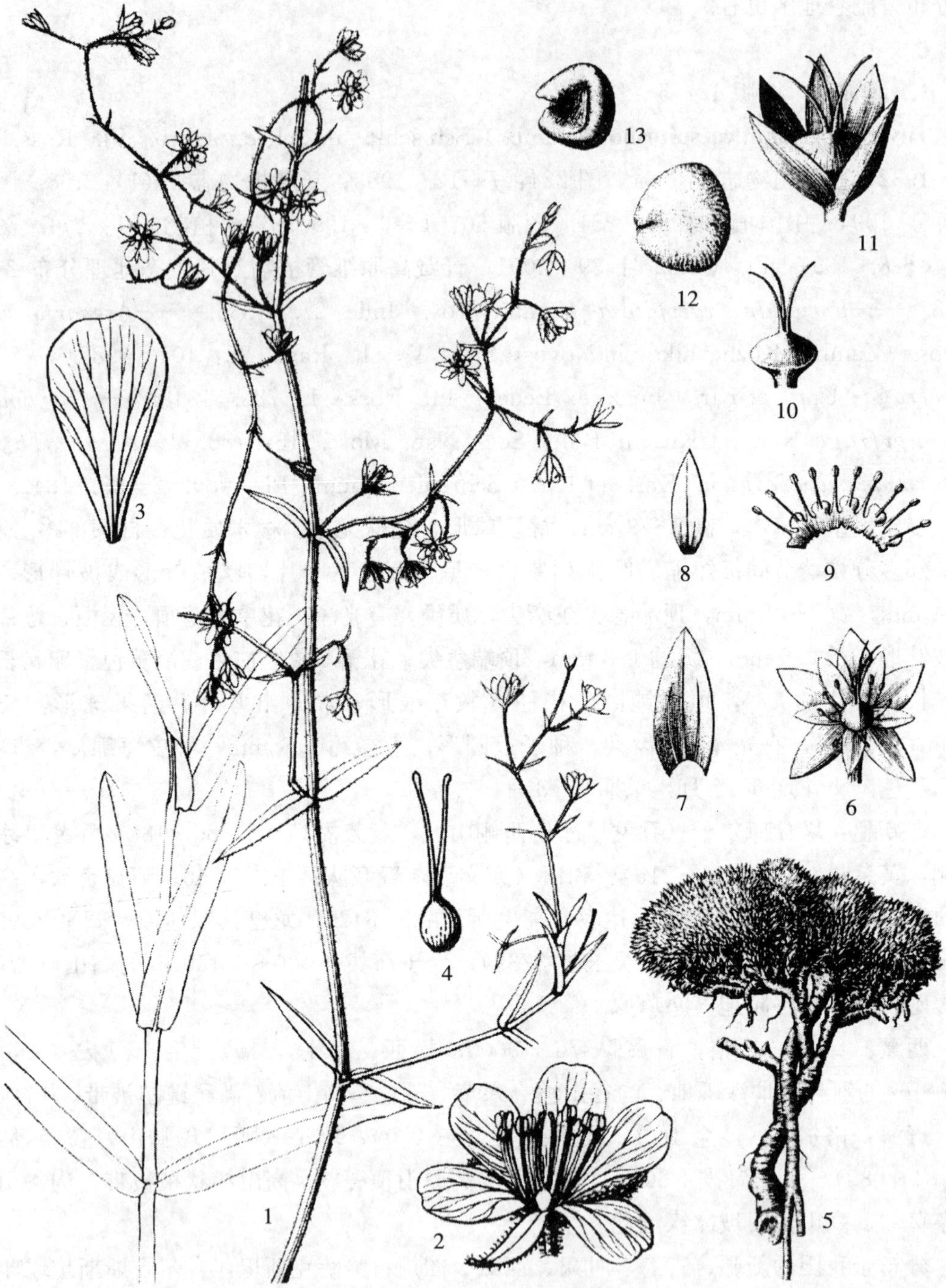

图版 **42** 薄蒴草 **Lepyrodidis holosteoides**（C. A. Mey.）Fenzl ex Fisch. et C. A. Mey. 1. 植株；2. 花；3. 花瓣；4. 雌蕊。囊种草 **Thylacospermum caespitosum**（Camb.）Schischk. 5. 植株；6. 花；7. 萼片；8. 花瓣；9. 雄蕊；10. 雌蕊；11. 果实和宿存花萼；12. 种子；13. 去皮种子。（1～4. 引自《新疆植物志》，谭丽霞绘；5～13. 引自《中国植物志》，李志民绘）

8. 无心菜属 **Arenaria** Linn.

Linn. Sp. Pl. 423. 1753.

一年生或多年生草本。茎直立，稀铺散，常丛生。单叶对生，叶片全缘，扁平，卵形、椭圆形至线形。花单生或多数，常为聚伞花序；花 5 数，稀 4 数；萼片全缘，稀顶端微凹；花瓣全缘或顶端齿裂至缝裂；雄蕊 10 枚，稀 8 或 5 枚；子房 1 室，含多数胚珠，花柱 3 枚，稀 2 枚。蒴果卵形，通常短于宿存花萼，稀较长或近等长，裂片为花柱的同数或 2 倍。种子稍扁，肾形或近圆卵形，具疣状突起，平滑或具狭翅。

约 300 种，分布于北温带或寒带。我国有 104 种 12 变种 4 变型，分布集中于西南至西北的高山、亚高山地区，其他地区较少；昆仑地区产 12 种。

分种检索表

1. 一或二年生草本；茎二歧状分枝。
  2. 花 5 数；茎基部叶鳞片状或舌状；一或二年生草本，高 4～9 cm ………………………………………………………… 9. **雪山无心菜 A. schneideriana** Hand.-Mazz.
  2. 花 4 数或至少一部分花 4 数；茎基部叶线状匙形；一年生草本，高 1.5～4.0 cm ………………………………………………………… 10. **漆姑无心菜 A. saginoides** Maxim.
1. 多年生草本；茎非二歧状分枝。
  3. 垫状或密丛生植物；根与茎基部木质化；叶片线形、针状线形或线状钻形。
    4. 二歧聚伞花序具 1～3 花；萼片被柔毛或腺毛；植株密丛生，稀呈垫状。
      5. 萼片顶端尖，被腺毛；叶片线状钻形，长 5～15 mm，宽不足 1 mm，顶端具刺尖 ………………………………… 1. **点地梅状老牛筋 A. androsacea** Grub.
      5. 萼片顶端钝圆，被黑色的多细胞柔毛；叶片线形，长 14～30 mm，宽 1.0～1.5 mm，顶端无刺尖 ……………… 7. **福禄草 A. przewalskii** Maxim.
    4. 花单生茎顶或叶腋；萼片无毛，稀花萼基部具腺毛（八宿雪灵芝）；垫状植物。
      6. 萼片长 2～3 mm；叶片长 4～9 mm，边缘无毛；花无梗或具长约 3 mm 的梗 ……………………………………… 6. **团状福禄草 A. polytrichoides** Edgew.
      6. 萼片长 3～7（8）mm；叶缘具毛或细锯齿。
        7. 花无梗或具长约 1（3）mm 的梗；花梗无毛；花萼长（4.5）5.0～7.0（8.0）mm；干后，花易从花梗基部脱落 ………………………………………………………… 2. **藓状雪灵芝 A. bryophylla** Fernald
        7. 花具明显的梗；花梗被毛或无毛，如无毛则花萼长 3～4 mm；花不脱落。

8. 花萼无毛；花枝与不育茎近等长，花不高出或稍高出垫状叶丛。

9. 花梗常被毛；花萼长 4.5～7.0（8.0）mm ……………………………………………………… **3. 甘肃雪灵芝 A. kansuensis** Maxim.

9. 花梗无毛，稀被毛；花萼长 3～4 mm ……………………………………………………… **4. 青藏雪灵芝 A. roborowskii** Maxim.

8. 花萼基部具腺毛；花枝明显高出不育茎，花明显高出垫状叶丛 ……………………………………… **5. 八宿雪灵芝 A. baxoiensis** L. H. Zhou

3. 疏丛生草本；根与茎非木质化；叶片长圆形、长圆状披针形或椭圆形。

10. 花瓣顶端全缘，花柱 3；叶紧密排列于花的下方，顶端黄色，增厚；全株无毛 ……………………………………………… **8. 藏西无心菜 A. stracheyi** Edgew.

10. 花瓣顶端微凹或齿裂，花柱 2 或 2～3；叶排列疏松，顶端不变色，不增厚；植株被毛。

11. 花瓣顶端微凹，花柱 2～3；植株被酒红色具节柔毛；直根单一或分枝 ……… **11. 黑蕊无心菜 A. melanandra**（Maxim.）Mattf. ex Hand.-Mazz.

11. 花瓣顶端细齿裂，花柱 2；植株被淡黄色具节长硬毛；根纺锤形，数个簇生 ………… **12. 毛叶无心菜 A. trichophylla** C. Y. Wu ex L. H. Zhou

1. 点地梅状老牛筋

Arenaria androsacea Grub. in Not. Syst. Herb. Inst. Acad. Sci. USSR 17: 12. 1955；中国植物志 26：183. 1996；青海植物志 1：248. 1997；青藏高原维管植物及其生态地理分布 181. 2008.

多年生垫状草本，高 5～10 cm。根粗，具多头，支根极多。茎多分枝，枝细，径约 1 mm，无毛。叶片线状钻形，长 5～15 mm，宽不足 1 mm，顶端具刺尖，边缘稍内卷。花 1～3 朵，呈聚伞状；苞片披针形，长 2～4 mm，顶端渐尖，边缘具宽白色干膜质；花序与花梗密被腺柔毛；萼片 5 枚，卵状，长 3～5 mm，宽 1～2 mm，基部较宽，边缘膜质，顶端急尖，外面被腺毛，具 1 脉；花瓣 5 枚，白色，长圆状倒卵形，长于萼片，顶端稍呈波状；花盘具 5 枚腺体；雄蕊 10 枚，花丝与萼片近等长；子房卵圆形，花柱 3 枚，长约 2 mm。蒴果卵圆形，稍长于宿存萼，3 瓣裂，裂瓣顶端再 2 裂。 花期 7 月，果期 8 月。

产青海：柴达木（当金山，青甘队 596）。生于海拔 4 200 m 左右的沟谷山坡草地。

甘肃：阿克塞（阿尔金山，黄荣福 3415）。生于海拔 3 550 m 左右的河谷干山坡草地。

分布于我国的新疆、青海、甘肃、宁夏、内蒙古；俄罗斯，蒙古也有。又见于阿尔泰山。

2. 藓状雪灵芝 图版 43：1～4

Arenaria bryophylla Fernald in Rhodora 21：5. 1919；西藏植物志 1：677. 图 218：18～22. 1983；中国植物志 26：192. 图版 42：1～5. 1996；青海植物志 1：252. 1997；Fl. China 6：51. 2001；青藏高原维管植物及其生态地理分布 182. 2008. ——*A. musciformis* Wall. ex Edgew. et Hook. f. in Hook. f. Fl. Brit. Ind. 1：237. 1874，not Triana et Planch. (1862). ——*A. qinghaiensis* Y. W. Tsui et L. H. Zhou in Acta Phytotax. Sin. 18 (3)：358. f. 1～5. 1980；青海植物志 1：252. 图版 54：6～10. 1997，syn. nov. ——*A. aksayqingensis* L. H. Zhou in Acta Biol. Plateau Sin. 6：25. t. 1. f. 1～6. 1987；新疆植物志 2 (1)：163. 1994，syn. nov. ——*A. gerzeensis* L. H. Zhou in Rep. Invest. Fl. Fauna Ah Li Reg. Tibet 126. f. 1. 1979 (*gerzensis*)，syn. nov.

多年生垫状草本，高 (2) 4～8 cm。根粗壮木质化。茎紧密丛生，木质化，下部密集枯叶。叶密集成覆瓦状，基部较宽，膜质，抱茎；叶片针状线形，长 (3) 5～16 mm，宽约 0.5 (1.0) mm，下部边缘疏生软骨质缘毛，顶端渐尖或急尖，具刺尖，上面微凹，下面凸起，质稍硬。花单生枝端；苞片卵形、卵状披针形或披针形，长 2～5 mm，宽 1.0～1.5 mm，边缘宽膜质，顶端尖，具 1 脉；花无梗或具长达 3 mm 的梗，无毛，干后易从基部连同花一起脱落；萼片 5 枚，卵状披针形或披针形，稀卵形，长 (4) 5～7 (8) mm，宽约 1.5 (2.0) mm，基部明显增厚，边缘狭膜质，顶端尖，具 1～3 脉；花瓣 5 枚，白色，卵状长圆形或长圆形，稀为倒卵状长圆形，与花萼近等长；花盘碟状，具 5 个长圆形腺体；雄蕊 10 枚，花丝线形，短于花瓣，花药近圆形，子房球形，花柱 3 枚，线形。蒴果卵圆形或椭圆形，长 2.5～3.0 mm，3 瓣裂，裂片顶端 2 裂。种子扁圆形，长 1.0～1.3 mm。 花期 6～7 月，果期 7～8 月。

产新疆：叶城（岔路口，青藏队吴玉虎 1208）、皮山（神仙湾，青藏队吴玉虎 4756、阎平 7238）、和田（天文点，青藏队吴玉虎 1264；阿克赛钦铁隆滩，高生所西藏队 3723；空喀山口，高生所西藏队 3702）、于田（普鲁，青藏队吴玉虎 3713；乌鲁克库勒湖畔，青藏队吴玉虎 3734）、若羌（阿其克库勒，青藏队吴玉虎 2198、4032、4117；慕士塔格，青藏队吴玉虎 2246、2729；鲸鱼湖，青藏队吴玉虎 2228、3083、4052、4086、4103；碧云山，青藏队吴玉虎 2219、2702；冰河，青藏队吴玉虎 4220）。生于海拔 3 300～5 250 m的沟谷山地砾石坡、山坡沙地、宽谷河滩高寒草原、高山流石滩稀疏植被带。

西藏：日土（松西西部 30～50 km，阎平 7303；舒木野，阎平 7330、7337、7355；龙木错，青藏队吴玉虎 1324；多玛区，青藏队 76－8368、76－9017、76－9036；热帮区，高生所西藏队 3538）、改则（扎吉玉湖，高生所西藏队 4337；可拉可山口，高生所西藏队 4364）、班戈（色哇区，青藏队郎楷永 9407、9427、9434、9443、9445、9454、9456、9468、9479、9486、9497、9535、9563）、尼玛（马益尔雪山，青藏队郎楷永

10069；藏北无人区，青藏队郎楷永9611、9637、9671、9683、9886、9916)。生于海拔4 600～5 200 m的高原山地砾石坡、宽谷河滩砾石地、河谷阶地高寒草原砾石地、宽谷湖盆高寒草原、高山流石滩稀疏植被带。

青海：格尔木（昆仑山口，吴征镒等75244；西大滩至五道梁，青藏队吴玉虎2894；唐古拉山乡，吴玉虎17024、17029)、都兰（诺木洪八宝山，杜庆334)、兴海（温泉山，张盍曾1034)、治多（沱沱河上游，蔡桂全3523；可可西里，可可西里考察队黄荣福K-093、K-138、K-186、K-198、K-208、K-223、K-246、K-278、K-330、K-394、K-407、K-496、K-723、K-789、K-834、K-840、K-992)、曲麻莱（考火见，黄荣福051；麻多，刘尚武644、658；曲麻河乡，吴玉虎38731、38736)、玛多（布青山南面，吴玉虎560；黑河乡，陈桂琛等1758；县城西北10 km，陈桂琛等1815；扎陵湖乡，吴玉虎39046、39052、39061、39065；玛多牧场，吴玉虎036)、玛沁（尼卓玛山，玛沁队306；优云乡，植被地理组105)、久治（索乎日麻乡，果洛队175)。生于3 800～5 200 m的高原山地砾石坡、砂质山坡草地、沟谷河滩沙砾地、高寒草原砾石地。

分布于我国的新疆、青海、西藏、四川；印度北部，尼泊尔也有。

3. 甘肃雪灵芝 图版43：5～11

Arenaria kansuensis Maxim. in Bull. Acad. Imp. Sci. St.-Pétersb. sér. 3. 26: 428. 1880；西藏植物志1：675. 1983；中国植物志26：186. 图版：39：5～11. 1996；青海植物志1：249. 图版54：1～5. 1997；Fl. China 6：49. 2001；青藏高原维管植物及其生态地理分布184. 2008. ——*A. kansuensis* var. *acropetala* Y. W. Tsui et L. H. Zhou in Acta Phytotax. Sin. 18 (3)：359. t. 3. f. 8～10. 1980.

多年生垫状草本，高4～5 cm。主根粗壮，木质化，下部密集枯叶。叶密集成覆瓦状，基部较宽，膜质，抱茎；叶片针状线形，长5～15 mm，宽0.5～1.0 mm，边缘狭膜质，下部具细锯齿，稍内卷，顶端急尖或渐尖，具刺尖，上面微凹入，下面凸出，呈三棱形，质稍硬。花单生枝端；苞片披针形或卵状披针形，长3～5 mm，边缘宽膜质，具1脉；花梗长1～5 (8) mm，被柔毛；萼片5枚，披针形，长4.5～7.0 (8.0) mm，基部明显增厚，边缘宽膜质，顶端尖；花瓣5枚，白色，卵形或长圆状卵形，与萼片近等长，基部急狭，呈短柄状，顶端钝圆；花盘杯状，具5个腺体；雄蕊10枚，短于花瓣；子房球形，花柱3枚，线形。 花期6～7月，果期7～8月。

产青海：兴海（鄂拉山垭口，H. B. G. 1389)、称多（清水河乡，苟新京83-62)、玛沁（雪山乡，H. B. G. 449、玛沁队477；大武乡，H. G. B. 698；阿尼玛卿山，黄荣福C. G. 81-103；那木棱吉山，玛沁队101；军功乡，玛沁队245、区划二组083)、达日（吉迈乡，H. B. G. 1275)、甘德（上贡麻乡，H. B. G. 921)、久治（索乎日麻乡，藏药队339、473，果洛队123、343；年宝山，果洛队402、432)。生于海拔 3 500～4 700 m 的沟谷山地砾石坡、干山坡草地、河谷阶地高寒草原。

分布于我国的青海、甘肃、西藏、四川、云南。模式标本采自青海达坂山。

4. 青藏雪灵芝 图版 43：12～15

Arenaria roborowskii Maxim. Fl. Tangut. 1：87. t. 29. f. 8～17. 1889；西藏植物志 1：670. 图 216：20～23. 1983；中国植物志 26：187. 图版 39：12～15. 1996；青海植物志 1：250. 1997；Fl. China 6：49. 2001；青藏高原维管植物及其生态地理分布 187. 2008.

多年生垫状草本，高 3～5 cm。主根粗壮，木质化。叶密集成覆瓦状，基部较宽，膜质，抱茎；叶片针状线形，长 5～15 cm，宽 0.5～1.0 mm，边缘狭膜质，下部具细锯齿，稍内卷，顶端急尖或渐尖，具刺尖，上面微凹入，下面凸出，呈三棱形，质稍硬。花单生枝端；苞片披针形或卵状披针形，长 2.5～4.0 mm，边缘宽膜质，具 1 脉；花梗长 3～5 mm，无毛，稀被柔毛；萼片 5 枚，卵状长圆形，长 3.0～4.0（4.5）mm，基部不增厚，顶端短渐尖，中脉明显突出；花瓣 5 枚，白色，卵形，稍短于萼片，基部急狭，呈短柄状，顶端钝圆；花盘具 5 个腺体；雄蕊 10 枚，短于花瓣或近等长；子房球形，花柱 3 枚。蒴果卵圆形，长为花萼的 2/3。种子黄色，卵状长圆形，长约 1 mm。花果期 7～8 月。

产新疆：和田（阿克赛钦铁隆滩，高生所西藏队 3723）。生于海拔 4 900 m 左右的高原河滩草地。

青海：兴海（温泉山，王为义 136）、治多（长江源头，黄荣福 C. G. 89－285；采集地不详，可可西里考察队黄荣福 K－029）、称多（巴颜喀拉山，藏药队 1037、郭本兆 123）、玛多（巴颜喀拉山口，刘海源 789）。生于海拔 4 600～5 500 m 的河谷阶地高寒草原、沟谷山地砾石坡、高寒干草原、高山流石滩稀疏植被带。

分布于我国的新疆、青海。模式标本采自青海西南部（长江上游）。

本种花梗被毛有过渡，在海拔较高的长江源头，花梗一般被柔毛，而在海拔较低的地区一般无毛。采集号为"刘海源 789"的标本，同一株上的花梗既有无毛的，又有被毛的。

5. 八宿雪灵芝

Arenaria baxoiensis L. H. Zhou Fl. Xizang. 1：676. f. 217：20～23. 1983；中国植物志 26：184. 图版：40：8～11. 1996；Fl. China 6：49. 2001；青海植物志 1：249. 1997；青藏高原维管植物及其生态地理分布 181. 2008.

多年生垫状草本。主根粗壮，木质化，长达 10 cm 以上。茎高 3～8 cm，被腺毛。基生叶密集，叶片针状线形，长 1.0～1.5 cm，宽不足 1 mm，基部较宽，膜质，抱茎，顶端急尖，呈锋芒状，具凸起的 3 脉；茎生叶 1～2 对，叶片钻形，长 5～10 mm，宽约

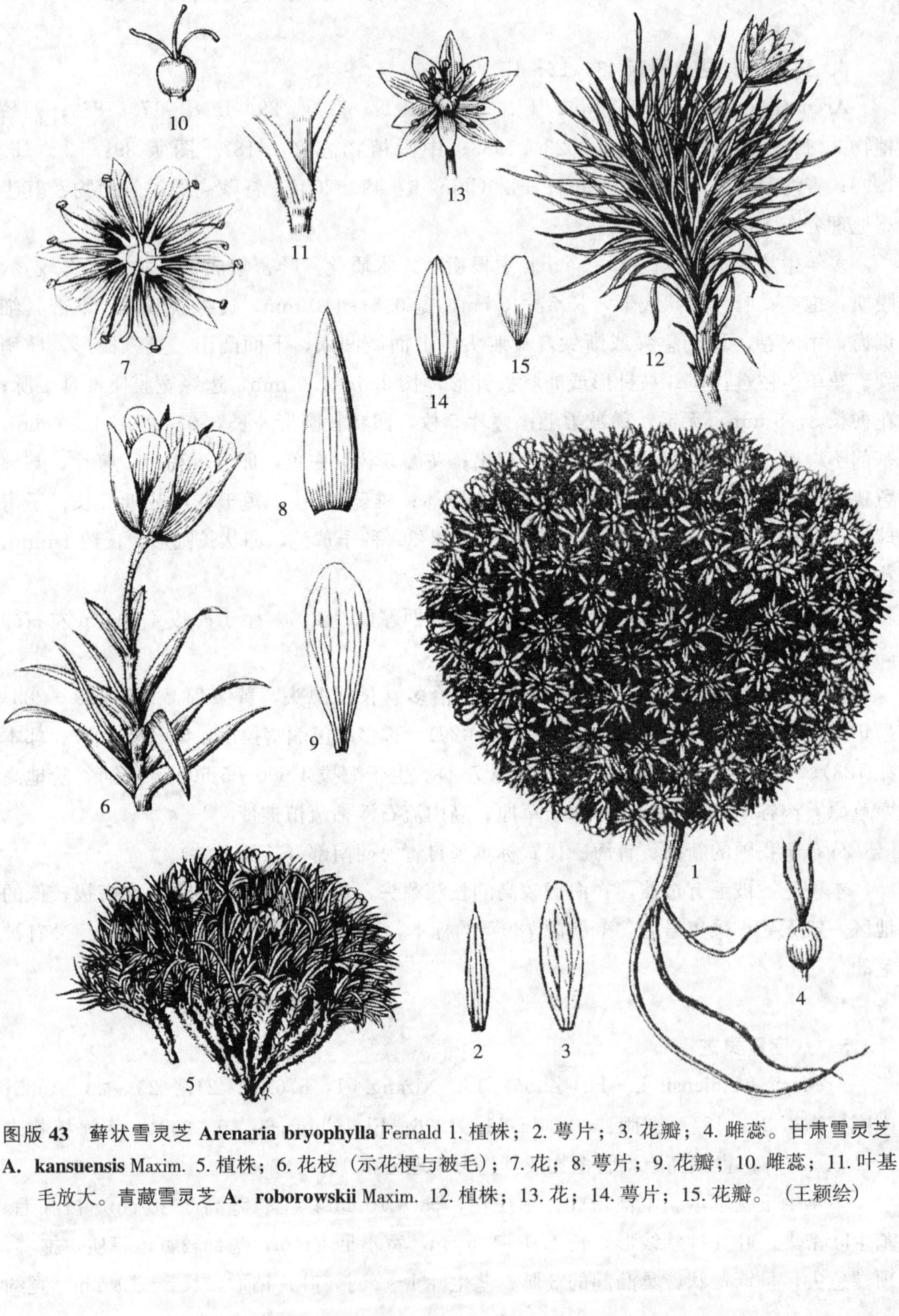

图版 **43** 藓状雪灵芝 **Arenaria bryophylla** Fernald 1. 植株；2. 萼片；3. 花瓣；4. 雌蕊。甘肃雪灵芝 **A. kansuensis** Maxim. 5. 植株；6. 花枝（示花梗与被毛）；7. 花；8. 萼片；9. 花瓣；10. 雌蕊；11. 叶基毛放大。青藏雪灵芝 **A. roborowskii** Maxim. 12. 植株；13. 花；14. 萼片；15. 花瓣。（王颖绘）

0.5 mm，基部较宽，膜质，抱茎，顶端锐尖，具3脉，直立或外弯。花单生于枝端，稀2朵；苞片卵状披针形，长约4 mm，宽约1 mm；顶端长渐尖，边缘宽膜质；花梗长1～2 cm，密被腺毛；萼片5枚，卵状披针形，长6～7 mm，宽约1.5 mm，顶端尖，基部较宽，边缘狭膜质，具1～3脉，外面被腺毛；花瓣5枚，白色，卵形，与萼片近等长，顶端钝；雄蕊10枚，短于花瓣；子房卵形，花柱3枚，线形。 花期7月。

产青海：称多（县城，刘尚武 2245）。生于海拔3 800 m左右的沟谷河滩及山坡草地。

分布于我国的青海、西藏、四川。模式标本采自西藏八宿。

6. 团状福禄草

Arenaria polytrichoides Edgew. in Hook. f. Fl. Brit. Ind. 1：237. 1874；西藏植物志 1：679. 1983；中国植物志 26：200. 1996；青海植物志 1：255. 1997；Fl. China 6：52. 2001；青藏高原维管植物及其生态地理分布 186. 2008.

多年生垫状草本，呈半球形。主根粗壮，木质化。茎圆柱形，紧密丛生，下部木质化，除顶部外，枝上枯叶密集，几成坚硬实体。叶密集排列成覆瓦状，基部较宽，膜质，抱茎；叶片细条形或钻形，长4～9 mm，宽约1 mm，顶端具硬尖，边缘较厚，内卷，无毛。花单生枝端，无梗或具长达3 mm的梗，果期伸长达5 mm；苞片披针形，长2.2～3.0 mm；萼片5枚，长圆形或卵状长圆形，长2～3 mm，顶端钝，中脉清晰；花瓣5枚，白色，倒卵形，与萼片近等长或稍长；花盘碟状，具5个黄色腺体；雄蕊10枚，短于花瓣；子房卵圆形或倒卵形，花柱3枚。蒴果卵圆形，短于萼片或与萼片近等长，3瓣裂，裂瓣顶端2裂。种子椭圆形，长约0.8 mm，黑褐色。 花期6～7月，果期7～8月。

产青海：久治（索乎日麻乡，果洛队 176、藏药队 336；年宝山，果洛队 433）、达日（吉迈乡，H. B. G. 1274）。生于海拔4 350～4 600 m的沟谷山地砾石质山坡、高寒草原砾石地、河谷阶地沙砾草地。

分布于我国的青海、西藏、四川；印度东北部也有。

7. 福禄草

Arenaria przewalskii Maxim. in Bull. Acad. Imp. Sci. St.-Pétersb. sér. 3. 26：428. 1880；中国植物志 26：195. 图版 43：1～4. 1996；青海植物志 1：253. 图版 54：11～15. 1997；Fl. China 6：52. 2001；青藏高原维管植物及其生态地理分布 187. 2008.

多年生草本，密丛生。主根细长，木质化，具多数根茎，每个根茎头生1～3茎。茎高（3）5～12 cm，基部平卧，宿存纤维状枯萎叶鞘，上部直立，密被淡褐色腺毛。基生叶丛生，叶片线形，长14～30 mm，宽1.0～1.5 mm，基部较宽，联合成鞘，顶端急尖，边缘稍反卷，具细小的齿状突起，两面无毛，中脉凸起；茎生叶片披针形至线状披针形，长 6～16 cm，宽边缘具细小的齿状小突起，顶端钝。聚伞花序具 3 朵花，有时 1 花；苞片草质，卵状披针形至卵状椭圆形，长 4～6 mm，宽 1.5～2.0 mm，顶端钝，外面被腺毛；花梗长 3～5 mm，密被黑色具节腺毛，有时上部具 1 对小苞片；萼片 5 枚，紫色，卵状椭圆形，长 4～6 mm，宽 2～3 mm，基部较宽，顶端钝圆，边缘宽膜质，背面密被具节腺毛；花瓣 5 枚，白色，倒卵形，长 8～10 mm，宽约 4 mm，基部渐狭呈楔形，顶端钝圆；花盘碟形，具 5 枚椭圆形的腺体；雄蕊 10 枚，花丝长约 5 mm，花药椭圆形；子房长圆状倒卵形，具柄，花柱 3 枚，长约 3 mm。果实未见。 花期 7～8月。

产青海：兴海（河卡山，郭本兆 6376）、玛沁（大武乡，H. B. G. 661、691）、达日（采集地和采集人不详，057）、甘德（上贡麻乡，H. B. G. 886）。生于海拔 3 700～4 600 m 的高原河谷高寒草甸、沟谷山地高寒草原砾地、高山流石坡。

分布于我国的青海、甘肃。模式标本采自青海祁连山东部。

8. 藏西无心菜

Arenaria stracheyi Edgew. in Hook. f. Fl. Brit. Ind. 1：240. 1874；西藏植物志 1：684. 1983；新疆植物志 2（1）：161. 1994；中国植物志 26：201. 图版 45：1～5. 1996；Fl. China 6：53. 2001；青藏高原维管植物及其生态地理分布 188. 2008.

多年生草本，全株无毛。根状茎黄白色，节间伸长，有时无根状茎；茎疏丛生，高 1～3 cm，直立或斜升，节间极短缩。根状茎叶鳞片状至卵形，黄白色，长 2～4 mm；茎生叶排列紧密，叶片稍肉质，线状长圆形至长圆状披针形，长 5～10 mm，宽 1.5～3.0 mm，基部狭，顶端急尖，叶尖及上部边缘黄色、增厚、较硬，下部边缘具窄的软骨质边，无毛，脉不明显。花单生于茎的顶端；花梗长 2～7 mm；萼片 5 枚，狭长圆形，长 4～6 mm，宽 2～3 mm，基部狭，顶端急尖，黄色，边缘狭膜质；花瓣 5 枚，白色，倒卵形或倒卵状椭圆形，长 7～9 mm，宽 3.0～4.5 mm，基部楔形，顶端钝圆；花盘碟状，具 5 个椭圆形腺体；雄蕊 10 枚，与萼片近等长或稍长于萼片，花药近圆形；子房卵圆形，稍扁，花柱 3 枚，长 2～3 mm。果实卵圆形，短于萼片，顶端 6 裂。 花期 7～8 月，果期 9 月。

产新疆：塔什库尔干（红其拉甫，青藏队吴玉虎 4879）、叶城（岔路口，青藏队吴玉虎 1217）。生于海拔 4 700～5 160 m 的高原沟谷山地砾石质山坡、宽谷河滩草地、河谷阶地高寒草原砾地、高原湖滩草地、高山流石滩。

西藏：日土（界山达坂，青藏队 76 - 9088）。生于海拔 5 000 m 左右的沟谷山坡沙砾地、高寒草原砾地、高山流石滩稀疏植被带。

青海：兴海（河卡乡，何廷农 256）、曲麻莱（秋智乡，刘尚武和黄荣福 705；叶格乡，黄荣福 123）、称多（采集地不详，郭本兆 433）、玛多（黑河乡，吴玉虎 370；清水乡，H. B. G. 1355）、玛沁（雪山乡，玛沁队452）。生于海拔4 300～4 800 m的河谷湿地草丛、沟谷山地砾石坡地、河滩沙砾地、河谷阶地、宽谷河滩高寒草原、高山流石坡。

分布于我国的新疆、青海、西藏。模式标本采自西藏西部（普兰，拉噶池）。

9. 雪山无心菜

Arenaria schneideriana Hand.-Mazz. in Anz. Akad. Wiss. Wien. Math.-Nat. 57：46. 1920；中国植物志26：212. 1996；Fl. China 6：56. 2001.

一或二年生草本，高4～9 cm。根圆锥形，下部细长。茎单一或自根颈部生出2～4茎，直立，二歧状分枝，分枝内侧紫红色或绿色，被1行淡紫色至黑紫色的具节短毛。基部叶片小，鳞片状至舌状，黄白色；上部叶片线状披针形，长6～15 mm，宽1.0～1.5 mm，基部狭，合生成极短的鞘，顶端急尖，稍肉质，无毛，具1脉。聚伞花序具数花；花梗长7～15（25）mm，微下弯，果期增粗，斜升，被毛如茎；萼片5枚，椭圆形，长约4 mm，基部明显呈兜状，顶端圆形，背面无毛，边缘膜质，具缘毛，果期外弯；花盘环形，具5个腺体；花瓣白色，倒卵形至宽倒卵形，具较细的脉纹，稍长于萼片，顶端微凹，基部具极短的爪；雄蕊10枚，稍短于花瓣，花药圆球形；子房倒卵圆形，花柱2枚，长约1.5 mm。蒴果（未成熟）卵圆形，与萼片近等长或稍长于萼片，4裂。种子（未成熟）卵状椭圆形，褐色，长2.0～2.5 mm。 花期7～8月，果期8～9月。

产青海：久治（错那合马湖，藏药队683；措勒赫湖畔，果洛队513）。生于海拔4 100～4 300 m的沟谷山地灌丛草甸、山坡碎石裸地、高寒草原砾地。

分布于我国的青海、云南。模式标本采自云南中甸东南。

10. 漆姑无心菜 图版40：13～15

Arenaria saginoides Maxim. in Fl. Tangut. 1：89. t. 31：1～17. 1889；西藏植物志1：687. 1983；中国植物志26：218. 图版47：16～17. 1996；青海植物志1：255. 图版55：1～4. 1997；Fl. China 6：56. 2001；青藏高原维管植物及其生态地理分布188. 2008. ——*A. karakorensis* Em. Schmid in Fedde Repert. Sp. Nov. 31：42. 1932；中国植物志26：215. 1996；Fl. China 6：57. 2001. ——*Sagina karakorensis*（Em. Schmid）Kozhevnikov in Rast. Tsentral. Azii 11：49. 1994.

一年生小草本，高1.5～4.0 cm。根纤细。茎自基部二歧分枝，直立，无毛，或上部被具节柔毛，混生具节腺毛，绿色或上部酒红色。叶片线状匙形或线状披针形，长4～12 mm，宽1～2 mm，基部较狭，顶端钝，边缘被具节柔毛，混生具节腺毛，中脉不明显，绿色，有时上部者为酒红色。花单生枝顶或叶腋，呈二歧聚伞花序；苞片如叶而较小；花梗纤细，长3～5 mm，果期变粗、稍伸长，弯垂，无毛或被毛；萼片4枚，稀5枚，长圆状卵形，长2.0～2.5 mm，宽1.0～1.5 mm，基部增厚，呈囊状凸出，边缘膜质，顶端钝，具1脉，通常紫色，无毛至密被具节腺毛；花瓣4枚或5枚，白色，狭匙形或倒卵形，顶端微凹，稍短于萼片至长为萼片的1.5倍；花盘碟状，具4个腺体；雄蕊8枚，有时5枚，短于萼片，花药近圆形；子房卵状长圆形，花柱2枚。蒴果卵状长圆形，长于宿存萼片，4瓣裂。种子5～6枚，近扁圆形，长1.0～1.5 mm，种皮纸质、松软，淡黄色或淡黄绿色。 花期7～8月，果期8～9月。

产新疆：若羌（冰河，青藏队吴玉虎4232；阿其克库勒，青藏队吴玉虎4118；祁漫塔格山，青藏队吴玉虎2679；鲸鱼湖西，青藏队吴玉虎2217、4067）。生于海拔4 400～4 500 m的高原山地砾石坡、河谷阶地沙地、河边溪边沙砾地、高寒草原砾石地。

西藏：日土（空喀山口，阎平7364；舒木野，阎平7342）。生于海拔4 950～5 100 m的高原山坡砾石地、高山冻原、沙砾质河谷阶地、宽谷湖盆砾地、高寒草原。

青海：兴海（河卡乡，何廷农294；鄂拉山，张盍曾63-1043）、玛多（黄河乡白马纳，吴玉虎1058）、玛沁（优云桥附近，区划一组181；尼卓玛雪山垭口，H. B. G. 742；大武乡，H. B. G. 676、831；冷许忽，玛沁队513）、治多（可可西里勒斜武担，黄荣福K-266）。生于海拔4 000～4 900 m的沟谷山地砾石坡、高山流石滩、河滩沙砾地、高寒沼泽草甸、溪边沙砾草地、高寒草原砾地。

分布于我国的新疆、青海、西藏、四川。模式标本采自西藏东部（白楚河）。

Em. Schmid根据花萼数目的不同将产于喀喇昆仑山花萼片为5数的该类群标本作为*A. karakorensis* Em. Schmid发表，我国学者也根据萼片数目与叶形的不同将其定为两个种。研究了产自昆仑地区（包括昆仑山和喀喇昆仑山）的所有标本发现，多数标本（同一植株）萼片的数目均为4～5，只是不同植株萼片4数的花与萼片5数的花的比例不同，当然也有少数植株所有花的萼片均为4数或均为5数。如采集号为吴玉虎1058、H. B. G. 676、H. B. G. 831、阎平7342的标本，同一植株上花的萼片数均为4～5，但为5数的花较少；采集号为阎平7364的标本，其植株下部花的萼片多为5数，上部一般4数；采集号为青藏队吴玉虎4118的标本，几乎全株花的萼片都为5数。其次，该类群植物的基生叶与茎生叶异形，基部的两片叶为线状匙形，中上部叶为线状披针形，所以根据叶是否为"线状匙形"将其分为两个种也是不成立的。故接受Yu. Kozhevnikov（1994）的研究结果，将*Arenaria saginoides* Maxim.（漆姑无心菜）与*A. karakorensis* Em. Schmid（克拉克无心菜）归并。

本种植株被毛的多少变化幅度大，中间有过渡，茎、叶、花萼均是无毛至密被毛。但"毛"的特征稳定，均为具节的柔毛或腺毛，且腺毛的"头"一般较小。

11. 黑蕊无心菜

Arenaria melanandra（Maxim.）Mattf. ex Hand.-Mazz. Symb. Sin. 7：202.

1929；西藏植物志 1：680. 1983；中国植物志 26：219. 图版 47：18～20. 1996；青海植物志 1：257. 图版 55：5～7. 1997；Fl. China 6：58. 2001；青藏高原维管植物及其生态地理分布 185. 2008. ——*Cerastium melanandrum* Maxim. in Bull. Acad. Sci. St.-Pétersb. 26：429. 1880.

多年生草本，高 3～8 cm。主根粗壮，单一或分叉，自颈部生出 3 至多数茎。根状茎细，黄白色，一般长 3 cm 以上，有光泽，稀无根状茎。茎直立或斜升，酒红色，下部被白色柔毛，上部被酒红色腺毛，下部叶腋处具不育枝。根状茎叶鳞片状至狭卵形，较小；茎生叶长圆形或长圆状披针形，长 1.0～1.4 cm，宽 2～4 mm，顶端钝，下部者基部通常短柄状，上部者基部较狭，微抱茎，两面幼时具短柔毛，后期无毛，边缘疏生缘毛，中脉明显。花单生枝顶与上部叶腋，1～3 朵，呈聚伞状；苞片如叶，较小；花梗长 1.2～2.5 cm，密被酒红色腺毛；萼片 5 枚，卵状椭圆形，长（3）4.5～7.0 mm，宽 2.0～2.5 mm，顶端钝，边缘狭膜质，具缘毛，外面绿色或黑紫色，疏被酒红色腺毛；花瓣 5 枚，白色，宽倒卵形，长（6）9～12 mm，宽 5～7 mm，基部渐狭成短爪，顶端微凹；花盘碟状，具 5 个椭圆形腺体；雄蕊 10 枚，近等长，与萼片近等长或长于萼片，花药卵形，黑紫色；子房卵形，花柱 2～3 枚，线形，长约 3 mm。蒴果长圆状卵形，稍短于宿存萼，4 或 6 裂，具短柄。种子卵圆形，长约 1 mm，表面具皱纹，灰褐色。 花期 7～8 月，果期 8～9 月。

产青海：玛多（黄河乡，吴玉虎 1043）、玛沁（拉加乡，吴玉虎 5798；大武乡，H. B. G. 669、区划三组 147；桑什尕，玛沁队 336）、达日（吉迈乡，H. B. G. 1283）。生于海拔 3 600～4 600 m 的砾石质坡地、河谷砾石滩、高寒草原砾地。

分布于我国的青海、甘肃、西藏、四川；尼泊尔，不丹，印度东北部也有。

本种花萼长度变化幅度较大，长为 4.5～7.0 mm，甚至在同一居群中花萼长 3～7 mm 不等（吴玉虎 1043 号标本）。

12. 毛叶无心菜

Arenaria trichophylla C. Y. Wu ex L. H. Zhou in Acta Biol. Plateau Sin. 6：27. t. 2：10～13. 1987；中国植物志 26：231. 图版 52：8～12. 1996；Fl. China 6：62. 2001.

多年生草本，全株被长达 1 mm 的淡黄色具节硬毛。根圆锥形，数个簇生。茎纤细，疏丛生，斜倚，分枝，长（2）4～7 cm，被开展的硬毛。叶椭圆形或卵状椭圆形，长 5～11 mm，宽 2～5 mm，基部渐狭成短柄状，顶端急尖，上面绿色被稀疏、平伏或稍开展长硬毛，背面灰白色，近无毛，边缘具长硬毛。花单生枝顶或茎上部叶腋，呈稀疏的聚伞花序；苞片如叶，较小；花梗纤细，长（2）5～12 mm，被毛如茎；萼片 5 枚，卵状披针形，长 3.0～4.5 mm，顶端钝圆，边缘膜质，背面被硬毛；花瓣 5 枚，白色，倒卵状楔形，长 5～6 mm，宽约 1.5 mm，顶端齿裂，基部楔形，具短爪；雄蕊 10

枚，稍短于花瓣，有时少数雄蕊的花丝极短，长约 2 mm，花药椭圆形；子房卵圆形，花柱 2 枚，长约 3 mm。蒴果卵圆形，长约 3 mm，4 裂，具 2 粒种子；种子长圆形，褐色，长约 2.5 mm，表面具皱纹。　花期 8 月，果期 8～9 月。

产青海：久治（上龙卡沟，果洛队 606；龙卡湖上游，藏药队 671；希门错湖畔，果洛队 494、497）。生于海拔 3 850～4 000 m 的沟谷山地灌丛草甸、半阴坡石崖底部。

我们所见标本叶的大小、形状与《中国植物志》原描述有出入，花亦较小，但根、花序、花瓣形状、植株被毛等特征均与《中国植物志》记载相同。

分布于我国的青海、四川。模式标本采自四川木里（华多）。

9. 蝇子草属 **Silene** Linn.

Linn. Sp. Pl. 416. 1753.

一、二年生或多年生草本，稀灌木。茎直立、斜升、斜倚或近平卧。叶对生，线形、披针形、椭圆形或卵形；托叶无。花两性，稀单性，雌雄同株或异株，呈聚伞花序或圆锥花序，稀呈头状花序或单生；花萼筒状、钟形、棒状或卵形，稀呈囊状或圆锥形，花后多少膨大，具 10、20 或 30 条纵脉，萼脉平行，稀网结状，萼齿 5 枚，萼冠间具雌雄蕊柄；花瓣 5 枚，白色、淡黄绿色、红色或紫色，瓣爪无毛或具缘毛，上部扩展呈耳状，稀无耳，瓣片外露，稀内藏，平展，2 裂，稀全缘或多裂，有时微凹缺；花冠喉部具片状或鳞片状副花冠，稀缺；雄蕊 10 枚，2 轮列，外轮 5 枚较长，与花瓣互生，内轮 5 枚基部多少与瓣爪合生，花丝无毛或具缘毛；子房基部 1、3 或 5 室，具多数胚珠；花柱 3 枚，稀 5（偶 4 或 6～8）枚。蒴果基部隔膜常多变化，顶端 6 或 10 齿裂，裂齿为花柱数的 2 倍，稀 5 瓣裂，与花柱同数。种子肾形或圆肾形；种皮表面具短线条纹或小瘤，稀具棘突，有时平滑；种脊平、钝圆、具槽或具环翅；胚环形。

约 400 种，主要分布于北温带，其次为非洲和南美洲。我国约有 110 种，广布长江流域和北部各省区，以西北和西南地区较多；昆仑地区产 10 种。

分种检索表

1. 花柱 3；果实 6 齿裂；花瓣明显露出花萼，如不露出则为一年生或二年生草本。
  2. 花萼圆锥形，具 30 条平行脉，脉微凸 ………………… **6. 米瓦罐 S. conoidea** Linn.
  2. 花萼非圆锥形，具 10 条平行脉，萼脉粗，不凸起。
    3. 一年生或二年生草本；花瓣微露出花萼或与花萼近等长 ……………………………………………… **3. 女娄菜 S. aprica** Turcz. ex Fisch. et C. A. Mey.
    3. 多年生草本；花瓣明显露出花萼。
      4. 总状花序；花萼无毛，萼齿被缘毛。

5. 瓣爪具缘毛 ………………………………… **1. 禾叶蝇子草 S. graminifolia** Otth
5. 瓣爪不具缘毛 ……………………… **2. 细蝇子草 S. gracilicaulis** C. L. Tang
4. 花单生或二歧聚伞花序；花萼密被腺毛。
6. 叶片两面无毛；花单生，雌雄蕊柄长 7～13 mm ………………………
… **4. 帕米尔蝇子草**（拟）**S. pamirensis**（H. Winkl.）Preobr. ex Schischk.
6. 叶片密被短柔毛与腺毛；二歧聚伞花序，雌雄蕊柄长 2～3 mm ……
……………………………………… **5. 糙叶蝇子草 S. trachyphylla** Franch.
1. 花柱 5；果实 10 齿裂或 5 齿裂；花瓣不露出或微露出花萼；多年生草本。
7. 植株矮小，高 5～20（稀～35）cm；花单生，稀 2～3 朵；种子基部具翅 ………
…………………………………………… **7. 隐瓣蝇子草 S. gonosperma**（Rupr.）Bocquet
7. 植株较高大，通常高 15～50 cm；总状花序或圆锥花序，具 2 至多数花；种子具小瘤或棘突。
8. 叶片线状披针形，宽 1.5～4.5 mm；花丝无毛；植株被白色柔毛 …………
……………………………………………… **10. 尼泊尔蝇子草 S. nepalensis** Majumdar
8. 叶片狭披针形或椭圆状倒披针形，宽 4～10 或 7～13 mm；花丝下部具毛；植株上部通常被隔为酒红色的具节柔毛或腺毛。
9. 植株全株被柔毛；花萼狭钟形，长 9～14 mm，萼齿急尖 ………………
… **8. 准噶尔蝇子草 S. songarica**（Fisch.，C. A. Mey. et Avé-Lall.）Bocquet
9. 植株上部被腺毛；花萼钟形，长 11～16 mm，萼齿顶端钝圆 ……………
………………………………………………… **9. 腺毛蝇子草 S. yetii** Bocquet

1. 禾叶蝇子草

Silene graminifolia Otth in DC. Prodr. 1：368. 1824；新疆植物志 2（1）：174. 图版 46：1～2. 1994；中国植物志 26：304. 图版 76：1～4. 1996；Fl. China 6：76. 2001. ——S. *stylosa* Bunge in Ledeb. Icon. Pl. Fl. Ross. Alt. 2：19. t. 160. 1830. ——S. *jenisseensis* Willd. var. *viscifera* Y. C. Chu in Fl. Pl. Herb. Chin. Bor. - Orient. 3：227. 1975. ——S. *pubistyla* L. H. Zhou Fl. Xizang. 1：734. f. 214：7～11. 1983；青藏高原维管植物及其生态地理分布 203. 2008.

多年生草本，高 15～20 cm。根具多数根颈。茎丛生，直立，无毛，上部有黏液。基生叶丛生，叶片线状倒披针形，长 2～5 cm，宽 1.5～2.5 mm，基部渐狭成柄状，顶端急尖，基部边缘具缘毛；茎生叶线状披针形或钻状披针形，长 1～2 cm，无柄，基部微合生，抱茎，顶端渐尖。总状花序具 3～6（11）花；花梗纤细，无毛，长 7～17 mm；苞片卵状披针形，淡草黄色，具缘毛；花萼狭钟形，长约 10 mm，无毛，萼齿三角状卵形，长 1.5～2.0 mm，顶端圆形，微内折成兜状，稀平展，边缘宽膜质，具缘毛；雌雄蕊柄长 2.0～2.5 mm，近无毛；花瓣长 12～13 mm，爪狭倒披针形，长 7～8 mm，边缘具缘毛，具 3 条脉，耳三角形，瓣片白色，露出花萼，长约 5 mm，2 深裂，裂片长圆形，长 2.5～3.0 mm，宽约 1.2 mm；副花冠乳头状；雄蕊外露，花丝扁平；子房狭卵形，花柱 3 枚，外露。蒴果卵形，长 7～8 mm，与宿存花萼近等长。种子肾形。　花期 7～8 月，果期 8 月。

产新疆：阿克陶（木吉乡南部，帕考队 5619）。生于海拔 3 700 m 左右的沟谷山地砾石坡高寒草地。

四川：石渠（真达乡，陈世龙 636）。生于海拔 3 500 m 的河谷草地。

分布于我国的新疆、西藏、四川、内蒙古；哈萨克斯坦，蒙古，俄罗斯西伯利亚也有。

2. 细蝇子草

Silene gracilicaulis C. L. Tang in Acta Bot. Yunnan. 2：434. f. 5. 1980；中国植物志 26：306. 图版 76：5～9. 1996；Fl. China 6：76. 2001. ——*S. tenuis* Willd. f. *rubescens* Franch. in Bull. Soc. Bot. France 33：425. 1886. ——*S. gracilicaulis* C. L. Tang var. *rubescens* (Franch.) C. L. Tang in Acta Bot. Yunnan 2：437. 1980. ——*S. tenuis* Willd. var. *rubescens* (Franch.) Diels in Not. Bot. Gard. Edinb. 7：302. 1912. ——*S. tenuis* auct. non Will. (1809)：西藏植物志 1：734. 图 237. 1983；青海植物志 1：271. 图版 58：4～8. 1997. 青藏高原维管植物及其生态地理分布 204. 2008.

多年生草本，高 (13) 20～40 (55) cm。根粗壮，稍木质，具 1 至多数根颈。茎丛生，直立或斜升，不分枝，无毛。基生叶丛生，叶片线状倒披针形，长 (3) 6～14 cm，宽 2～3 mm，基部渐狭成柄状，顶端渐尖，下部边缘具缘毛，稀无毛；茎生叶线状披针形，长 1.0～5.5 cm，宽约 1.5 mm，基部合生，抱茎，下部边缘具缘毛，顶端渐尖。花序总状，具 (4) 6～13 花；花梗纤细，无毛，长 3～13 mm，果期稍伸长，达 2 cm；苞片卵状披针形，基部合生，顶端渐尖，边缘宽膜质，具缘毛；花萼狭钟形，长 (7) 10～12 mm，无毛，萼齿三角状卵形，长 1.5～2.5 mm，顶端圆形，微内折成兜状，稀平展，边缘宽膜质，具缘毛；雌雄蕊柄长约 2 mm，被短柔毛；花瓣长 11～15 mm，爪倒披针形，长 7～10 mm，边缘无毛，具 3 条脉，耳三角形，瓣片上面白色，下面紫色或紫褐色，露出花萼，长 4～6 mm，2 深裂，裂片狭长圆形，长 3～4 mm，宽约 1 mm；副花冠长圆形；雄蕊露出花萼，花丝扁平；子房狭卵形，花柱外露。蒴果长圆状卵形，长 6～8 mm。种子圆肾形，长约 1 mm。　花期 7～8 月，果期 8～9 月。

产青海：兴海（中铁乡前滩，吴玉虎 45393；大河坝乡赞毛沟，吴玉虎 47077、47188B；赛宗寺后山，吴玉虎 46289、46313、46408；河卡乡，何廷农 316、郭本兆 6289、吴珍兰 070；温泉乡，吴玉虎 17964；中铁林场恰登沟，吴玉虎 45148B）、曲麻莱（东风乡，刘尚武 841）、称多（扎朵乡，苟新京 83-94）、玛多（黑河乡，杜庆 529；吉迈纳，吴玉虎 922）、玛沁（雪山乡，玛沁队 375；拉加乡，吴玉虎 6130；军功乡，吴玉虎 21176；大武乡，H. B. G. 594；江让水电站，吴玉虎 18357；西哈垄河谷，吴玉虎5673；黑土山，吴玉虎18467、18516）、达日（建设乡，H. B. G. 1031；吉迈乡，吴玉虎27050）、甘德（上贡麻乡，H. B. G. 942、992）、久治（索乎日麻乡，藏药队417、果洛队285；白玉乡，吴玉虎26429、26662；哇赛乡，吴玉虎26563、26766、76736；龙卡湖，果洛队602、藏药队760）、班玛（马柯河林场，吴玉虎26109、26163，王为义27608）。生于海拔3 000～4 500 m的高寒草甸草原、沟谷山地高寒灌丛、砾石质山坡、山地岩石缝隙、滩地高寒杂类草草甸、沟谷山地林缘石隙。

甘肃：玛曲（河曲军马场，吴玉虎31854、31906；欧拉乡，吴玉虎32076）。生于海拔3 300～3 450 m的沟谷山地高寒草甸草原、河滩高寒草原砾地、河谷山坡岩石缝隙。

四川：石渠（长沙贡玛乡，吴玉虎29667、29700、29710、29714、29721；新荣乡，吴玉虎30051）。生于海拔4 000～4 200 m的河谷山坡高寒灌丛、沟谷山地岩石缝隙。

分布于我国的青海、甘肃、西藏、四川、云南、内蒙古。模式标本采自四川康定。

3. 女娄菜 图版44：1～3

Silene aprica Turcz. ex Fisch. et C. A. Mey. in Ind. Sem. Hort. Petrop. 38. 1835；中国植物志26：341. 1996；Fl. China 6：77. 2001. ——*Melandrium apricum* (Turcz. ex Fisch. et C. A. Mey.) Rohrb. Monogr. Silene 231. 1868；新疆植物志2（1）：189. 图版51：1～3. 1994；青海植物志1：275. 图版59：5～8. 1997；青藏高原维管植物及其生态地理分布194. 2008.

一年生或二年生草本，高30～70 cm，全株密被灰色短柔毛。主根较粗壮，稍木质。茎单生或数个，直立，分枝或不分枝。基生叶叶片倒披针形或狭匙形，长4～7 cm，宽4～8 mm，基部渐狭成长柄状，顶端急尖，中脉明显；茎生叶叶片倒披针形、披针形或线状披针形，比基生叶稍小。圆锥花序；花梗长5～20（40）mm，直立；苞片披针形，草质，渐尖，具缘毛；花萼卵状钟形，长6～8 mm，密被短柔毛，果期长达12 mm，萼齿三角状披针形，边缘膜质，具缘毛；雌雄蕊柄极短或近无，被短毛；花瓣倒披针形，长7～9 mm，微露出花萼或与花萼近等长，爪具缘毛，瓣片倒卵形，2裂；副花冠片舌状，雄蕊不外露，花丝基部有缘毛；花柱不外露，基部具短毛。蒴果卵形，长8～9 mm，与宿存萼近等长或微长。种子圆肾形，灰褐色，长约0.6 mm，具小瘤。花期7月，果期8月。

产青海：兴海（中铁乡，吴玉虎22885）、称多（称文乡，苟新京83-154）、班玛（马柯河林场，王为义27003）。生于海拔3 200～3 900 m的河谷山坡草地、山地高寒灌丛草甸、沟谷灌丛草甸。

分布于我国大部分省区；朝鲜，日本，蒙古，俄罗斯（西伯利亚、远东地区）也有。

4. 帕米尔蝇子草（拟）

Silene pamirensis（H. Winkl.）Preobr. ex Schischk. in Acta Inst. Bot. Ac. Sci. URSS sér. 1. 2：14. 1936. ——*S. caucasica* var. *pamirensis* H. Winkl. in Vidensk. Meddel. Nature. Foren. Kobhav. 47. 1901. —— *S. karaczukuri* B. Fedtsch. in Trudy Imp. St.-Pétersb. Bot. Sada 28：469. 1909；Fl. China 6：80. 2001；新疆植物志 2（1）：180. 1994；中国植物志 26：362. 1996；青藏高原维管植物及其生态地理分布 202. 2008.

多年生草本，高 10～30 cm。根粗壮，木质或稍木质，具多头根颈。茎丛生，直立，不分枝，基部混生多数不育的短茎，下部被倒生或开展的短柔毛，向上逐渐被腺毛替代。基生叶丛生，叶片线状倒披针形，稀匙状倒披针形，长 1.5～3.5（4.0）cm，宽 1.5～2.5 mm，基部渐狭成柄状，顶端急尖或钝，两面无毛，边缘具稀疏的缘毛；茎生叶线状披针形，长 7～20 mm，基部无柄，联合成短鞘状，抱茎，边缘具缘毛。花单生茎顶，稀 2 朵；花梗长 7～45 mm，密被腺毛；苞片披针形，长 4～10 mm，草质，背面被短毛，边缘有缘毛；花萼筒状棒形，长（15）18～22 mm，宽 2.5～4.0 mm，纵脉 10 条，沿脉密被腺毛，萼齿狭三角状卵形，长约 2.5 mm，顶端钝，边缘膜质；雌雄蕊柄长 7～13 mm，被开展的短毛；花瓣长 16～19 mm，爪长圆状倒披针形，与瓣片近等长或稍短于瓣片，耳三角形或卵状三角形，瓣片白色或淡紫红色，倒卵形，2 深裂达瓣片的 1/2，裂片矩圆形，长 3.5～5.0 mm，宽约 2 mm；副花冠长圆形，长 1.0～1.3 mm；雄蕊露出花萼，花丝无毛；花柱 3 枚，伸出花萼。蒴果卵圆状，长 8～10 mm，顶端 6 齿裂；种子未见。 花期 7～8 月，果期 7～8 月。

产新疆：塔什库尔干（卡拉其古，马森和唐素英 3820）、叶城（柯克亚乡，青藏队吴玉虎 87917；阿克拉达坂，青藏队吴玉虎 871437；乔戈里峰，青藏队吴玉虎 1529）。生于海拔 2 600～4 300 m 的山地草原、沟谷河滩灌丛、河谷砾石坡草地。

分布于我国的新疆；塔吉克斯坦，巴基斯坦也有。

据记载，镰叶蝇子草 *S. incurvifolia* Kar. et Kir. 产昆仑山地区的叶城县，与本种相近，两种的主要区别为：*S. pamirensis*（在《中国植物志》中以 *S. karaczukuri* B. Fedtsch. 为正名）的"雌雄蕊柄无毛，花萼长 15～20 mm"，而 *S. incurvifolia* 的"雌雄蕊柄被柔毛，花萼长 20～25 mm"。研究采自昆仑地区的该类群植物标本发现：雌雄蕊柄均被短毛；花萼长 15～22 mm，中间有过渡，甚至在同一株上花萼长 15～22 mm 不等；其他各部分特征均无明显区别，故认为应为同一种植物。

依据雌雄蕊柄被毛这一特征，似乎可以确定本种为 *S. incurvifolia* Kar. et Kir.，但从植物地理学角度考虑，应定名为 *S. pamirensis*（H. Winkl.）Preobr. ex Schischk.。*S. incurvifolia* 的模式标本采自哈萨克斯坦的阿亚古斯，分布于俄罗斯、哈萨克斯坦、吉尔吉斯斯坦，其绕过中亚帕米尔（位于塔吉克斯坦境内的帕米尔高原）与中国境内的天山而分布到中国帕米尔与昆仑山地区的可能性极小。*S. pamirensis* 的模式标本采自中国帕米尔高原喀拉其库尔河，模式产地与乔戈里峰、柯克亚等区域临近，且其模式产地（喀拉其库尔河沿岸）的标本雌雄蕊柄也被短柔毛，故将昆仑地区的该类群植物定名为 *S. pamirensis*。

5. 糙叶蝇子草

Silene trachyphylla Franch. in Bull. Soc. Bot. France 33：417. 1886；中国植物志 26：374. 1996；Fl. China 6：83. 2001；青藏高原维管植物及其生态地理分布 204. 2008.

多年生草本。茎斜倚，长 26～40 cm，多分枝，密被开展的硬毛，中上部混生腺毛。基生叶早枯，茎生叶叶片狭披针形或披针形，长 2.0～3.5 cm，宽 3～6 mm，基部楔形，稀近圆形，顶端渐尖，两面密被短柔毛和腺柔毛，有时上面近无毛，边缘密生腺毛。二歧聚伞花序，具多数花；花梗长 5.0～14.5 mm，密被腺毛，果期稍伸长；苞片披针形；花萼管状，长 13～15 mm，密被腺毛，萼齿狭三角形，长 3.0～3.5 mm，边缘膜质，具缘毛；雌雄蕊柄长 2～3 mm，无毛；花瓣长约 17 mm，爪长 10 mm，倒披针形，无毛，耳不明显，瓣片白色或黄白色，轮廓倒卵形，长约 7 mm，浅 2 裂，裂片长圆形，瓣片两侧具 1 小齿状裂片，有时无；副花冠长圆形；雄蕊微外露，花丝无毛；花柱 3 枚，微外露。蒴果卵状长圆形，长约 10 mm；种子未见。 花期 7～8 月，果期 8～9月。

产青海：称多（县城郊区，刘尚武 2258；称文乡，苟新京 83-132）。生于海拔 3 800～3 900 m 的沟谷山坡高寒草地。

分布于我国的青海。

6. 米瓦罐

Silene conoidea Linn. Sp. Pl. 418. 1753；新疆植物志 2（1）：184. 图版 49：4～6. 1994；中国植物志 26：401. 图版 104：1～7. 1996；青海植物志 1：283. 1997；Fl. China 6：83. 2001；青藏高原维管植物及其生态地理分布 201. 2008.

一年生草本，高 15～45 cm。主根细长。茎单生，直立，不分枝或自中下部分枝，下部 1～2 节被开展的短柔毛，上部密被腺毛。基生叶匙形，早枯；茎生叶长圆形、长圆状倒披针形或披针形，长（2.0）3.0～6.5 cm，宽 3～8（10）mm，基部楔形或宽楔形，合生，抱茎，顶端渐尖，稀急尖，两面被短柔毛，边缘具缘毛。二歧聚伞花序具 1～4（6）花；苞片披针形，顶端长渐尖；花梗密被腺毛，长 7～12 mm；花萼圆锥形，长19～24 mm，直径 3.0～4.5 mm，果期下部膨大，宽卵形，萼齿钻状披针形，长 7～10 mm，边缘宽膜质，具 30 条纵脉，沿脉被腺毛；雌雄蕊柄几无；花瓣长 28～31 mm，爪狭倒披针形，不露出花萼，长 18～22 mm，无毛，耳三角形，瓣片红色或淡紫红色，倒卵形，长 7～10 mm，宽 3.5～5.0 mm，顶端微凹缺；副花冠狭长圆形，顶端 2 裂或具数浅齿；雄蕊微外露，花丝具稀疏的短毛；花柱 3 枚，外露。蒴果梨状，长 15～18 mm，直径 6～8 mm，顶端 6 齿裂。种子肾形，长约 1.3 mm，暗褐色，表面具疣状突起。 花期 7～8 月，果期 7～8 月。

产新疆：塔什库尔干（县城北，王绍明 4057；马尔洋乡，阎平 3967；瓦恰乡，帕考队 5364）、叶城（苏克皮亚，青藏队吴玉虎 1118）、莎车（喀拉吐孜矿区，青藏队吴玉虎 87726）。生于海拔 2 300～3 600 m 的河谷草甸、河边沙砾地、农田边。

分布于我国的黄河和长江流域各省区，西至新疆和西藏；亚洲其他地区，欧洲，非洲也有。

7. 隐瓣蝇子草 图版 44：4～7

Silene gonosperma（Rupr.）Bocquet in Candollea 22（1）：7. 1967；中国植物志 26：311. 图版 77：1～4. 1996；Fl. China 6：84. 2001；青藏高原维管植物及其生态地理分布 201. 2008. ——*Physolychnis gonosperma* Rupr. in Mém. Acad. Sci. St.-Pétersb. Sav. Etrang. ser. 7. 14（4）：41. 1869. ——*Lychnis pumila* Royle ex Benth. in Royle Illustr. Bot. Himal. 1：80. 1834. ——*Melandrium pumilum*（Benth.）Walp. in Rep. Bot. Syst. 1：280. 1842.

多年生草本，高（2）5～20（35）cm。根粗壮，稍肉质，具多数根颈。茎疏丛或单生，直立，不分枝，下部被白色或具酒红色隔的具节柔毛，向上逐渐被具节的腺毛替代，稀隔全部无色，基部具多数不育茎。不育茎叶与基生叶叶片线状倒披针形，稀匙形，长（1.5）2.0～5.0（6.0）cm，宽（1.5）2.5～6.0 mm，基部渐狭成柄状，顶端急尖或钝，两面被短柔毛，边缘具缘毛，稀无毛；茎生叶 1～3 对，无柄，披针形。花单生，稀 2～3 朵，俯垂；花梗长 2～5（7）cm；苞片叶质，线状披针形，被毛；花萼狭钟形，长 11～15 mm，被具节的柔毛或腺毛，稀被无节的短毛，萼齿宽卵形或卵状三角形，长 3～5 mm，顶端钝圆，具缘毛；雌雄蕊柄极短；花瓣长 8.0～14.5（17.0）mm，内藏，稀微露出花萼，爪长 7～10 mm，楔形或匙状楔形，耳圆形，瓣片长 1.0～4.5（6.0）mm，顶端凹缺或 2 浅裂，副花冠缺或不明显；雄蕊内藏，花丝无毛；花柱 5 枚，内藏。蒴果椭圆状卵形，长 10～15 mm，内藏或微露出花萼，10 齿裂。种子圆形，压扁，褐色，脊具翅，连翅宽 1.5～2.0 mm。 花期 6～8 月，果期 7～9 月。

产新疆：阿克陶（阿克塔什，青藏队吴玉虎 87234；慕士塔格，青藏队吴玉虎 5091）、塔什库尔干（红其拉甫，青藏队吴玉虎 4889、阎平 3547、帕考队 4910；克克吐鲁克，青藏队吴玉虎 87525；托克满苏，帕考队 5428；马尔洋达坂，帕考队 5235、5265）、叶城（阿格勒达坂，黄荣福 C. G. 86－130；岔路口，青藏队吴玉虎 1218；麻扎达坂，黄荣福 C. G. 86－050；赛力亚克达坂，帕考队 6242；色日克达坂，阎平 7094）、皮山（柯克阿特达坂，帕考队 6407；喀瓦克达坂，阎平 7220）、策勒（奴尔乡，青藏队吴玉虎 2471）、和田（龙巴其保达坂，阎平 7294）、若羌（喀沙克力克河，青藏队吴玉虎 4154；阿其克库勒，青藏队吴玉虎 2242、2717；祁漫塔格山，青藏队吴玉虎 2669、3977；阿尔金山保护区鸭子泉，青藏队吴玉虎 3926）。生于海拔 3 100～5 160 m 的高原砾石质山坡、河谷砾石滩、沟谷山地高山草甸、高山冻原、高山流石滩稀疏植被带。

西藏：日土（甲吾山，高生所西藏队 3585；麦卡，高生所西藏队 3678；空喀山口南，阎平 7361；松木西错，青藏队郎楷永 9021；松西，帕考队 6152）。生于海拔 4 600～5 300 m 的高原山地砾石地、高山碎石带、砾石质河滩。

青海：格尔木（昆仑山北坡，吴玉虎 36821、36834）、兴海（大河坝乡赞毛沟，吴玉虎 46445、46474、46500、47728；中铁林场卓琼沟，吴玉虎 45668、45757、47689；河卡乡，何廷农 277、郭本兆 6390）、玛多（巴颜喀拉山北坡，陈桂琛等 1960；花石峡乡，吴玉虎 28971；清水乡，陈桂琛等 1882）、玛沁（军功乡，区划二组 119；雪山乡，玛沁队 346）、达日（德昂乡，陈桂琛等 1683）、久治（索乎日麻乡，藏药队 510、果洛队 370；年宝山北坡，果洛队 417；希门错日拉山，果洛队 484）、治多（可可西里库赛湖，黄荣福 K－429、K－1019；太阳湖，黄荣福 K－304、K－365；马兰山东北坡，黄荣福 345）、曲麻莱（秋智乡，刘尚武 690、748；叶格乡，黄荣福 091）、称多（清水河乡，苟新京 83－006、83－085；珍秦乡，吴玉虎 29202）。生于海拔 3 600～5 000 m 的高原山地砾石坡、沟谷山坡岩石缝隙、河谷阶地高山草甸、河谷高寒草甸、宽谷盆地高寒草原、高山流石滩稀疏植被带、沟谷山地阴坡高寒灌丛、山坡圆柏林缘灌丛草甸。

四川：石渠（菊母乡，吴玉虎 29820、29891、29921）。生于海拔 4 600～4 800 m 的沟谷山地高寒草甸、高山流石滩稀疏植被带石隙。

分布于我国的新疆、青海、西藏、四川、山西和河北等省区；中亚地区各国也有。

本种植株高低、叶片被毛、花瓣长短等的变化幅度较大。野外观察发现，在帕米尔高原，同一山坡上的植株因小生境不同其高度为 2～15 cm、5～20 cm 不等；在叶城县赛力亚克达坂附近，面积不足 20 m^2 内的植株，花瓣伸出花萼 1～4 mm 不等。其次，植物生长的不同时期其变化也较大，在花期，茎柔弱，上部弯曲，花俯垂，花瓣一般露出花萼；果期，茎与果实一般直立，同时由于花萼伸长、花瓣干枯、子房膨大，花瓣明显短于花萼。

本种花序有时具 2～3 花，茎伸长达 20～30 cm，与准噶尔蝇子草 *Silene songarica* (Fisch., C. A. Mey. et Avé-Lall.) Bocquet 相似，但前者种子有翅，后者种子脊部有刺，在种子未成熟时，这一特征也很明显。

8. 准噶尔蝇子草

Silene songarica (Fisch., C. A. Mey. et Avé-Lall.) Bocquet in Candollea 22: 3. 1967；中国植物志 26：323. 图版 79：5～9. 1996；Fl. China 6: 88. 2001. ——*Melandrium songaricum* Fisch., C. A. Mey. et Avé-Lall. in Index Sem. Hort.

Petrop. Suppl. 9：14. 1844. ——*Lychnis brachypetala* Fisch. ex Horn. Suppl. Hort. Bot. Hafn. 51. 1819. ——*Melandrium brachypetalum*（Fisch. ex Horn.）Fenzl in Ledeb. Fl. Ross. 1：326. 1842；新疆植物志 2（1）：192. 图版 52：3～5. 1994；青藏高原维管植物及其生态地理分布 194. 2008.

多年生草本，高（15）25～50 cm。根粗壮，稍肉质。茎疏丛，直立，不分枝，下部被白色短柔毛，向上逐渐被具节的柔毛，上部具节柔毛的隔通常酒红色；基部混生节间极短缩的不育茎。基生叶叶片狭披针形，稀披针形，长 3～12 cm，宽 4～10 mm，基部渐狭成柄状，顶端渐尖，上面被短柔毛，下面沿脉被毛，稀两面全无毛，边缘具缘毛，中脉明显；茎生叶线状披针形，较基生叶小，通常两面被短柔毛。总状花序具 2～8 花，稀单生或更多；花俯垂或直立，花梗长 3～10 mm，果期稍伸长，被具节的柔毛，隔通常酒红色；苞片线状披针形，草质；花萼狭钟形，长 9～14 mm，被具节柔毛，混生短柔毛，萼齿三角形，顶端急尖，边缘宽膜质，具缘毛；雌雄蕊柄长约 1 mm，被柔毛；花瓣长 10～13 mm，爪匙状倒披针形，长 8～10 mm，基部具柔毛，耳圆形，瓣片白色或紫红色，内藏或微露出花萼，长 2.5～3.5 mm，浅 2 裂，瓣片两侧有时具 1 不明显的齿；副花冠卵形，长约 1 mm；雄蕊内藏，花丝基部具柔毛；花柱 5 枚，内藏，线形。蒴果椭圆状卵形，长 10～12（14）mm，10 齿裂，不露出或微露出宿存花萼。种子肾形，暗褐色，长约 1 mm，脊具棘突，两侧具小瘤。 花期 7～8 月，果期 7～8 月。

产新疆：塔什库尔干（明铁盖，帕考队 5492；卡拉其古，王绍明和杨淑萍 3935）、叶城（棋盘乡，青藏队吴玉虎 4679；苏克皮亚，青藏队吴玉虎 1033、1056；柯克亚乡，青藏队吴玉虎 778；采集地不详，帕考队 6010）、策勒（奴尔乡，青藏队吴玉虎 1980、2481、2485、2535）、于田（普鲁，青藏队吴玉虎 3691）。生于海拔 3 200～4 200 m 的沟谷山坡草地、河谷砾石滩、山坡树下的岩石缝隙。

青海：达日（建设乡，H. B. G. 1062）。生于海拔 4 150～4 300 m 的沟谷山地石坡、山坡砾石地。

分布于我国的新疆、青海、内蒙古、吉林；俄罗斯，哈萨克斯坦，蒙古也有。

据记载，昆仑地区的叶城县还产污色蝇子草 *Silene karekirii* Bocquet 和暗色蝇子草 *Silene bungei* Bocquet，我们未见标本。

9. 腺毛蝇子草 图版 44：8～12

Silene yetii Bocquet in Candollea 22：5. 1967；中国植物志 26：328. 图版 78：5～9. 1996；Fl. China 6：89. 2001；青藏高原维管植物及其生态地理分布 205. 2008. ——*Lychnis glandulosa* Maxim. in Fl. Tangut. 83. 1889. ——*Melandrium glandulosum*（Maxim.）F. N. Williams. in Journ. Linn. Soc. Bot. 34：626. 1889；西藏植物志 1：715. 图 230：1～5. 1983；青海植物志 1：277. 图版 59：9～12. 1997.

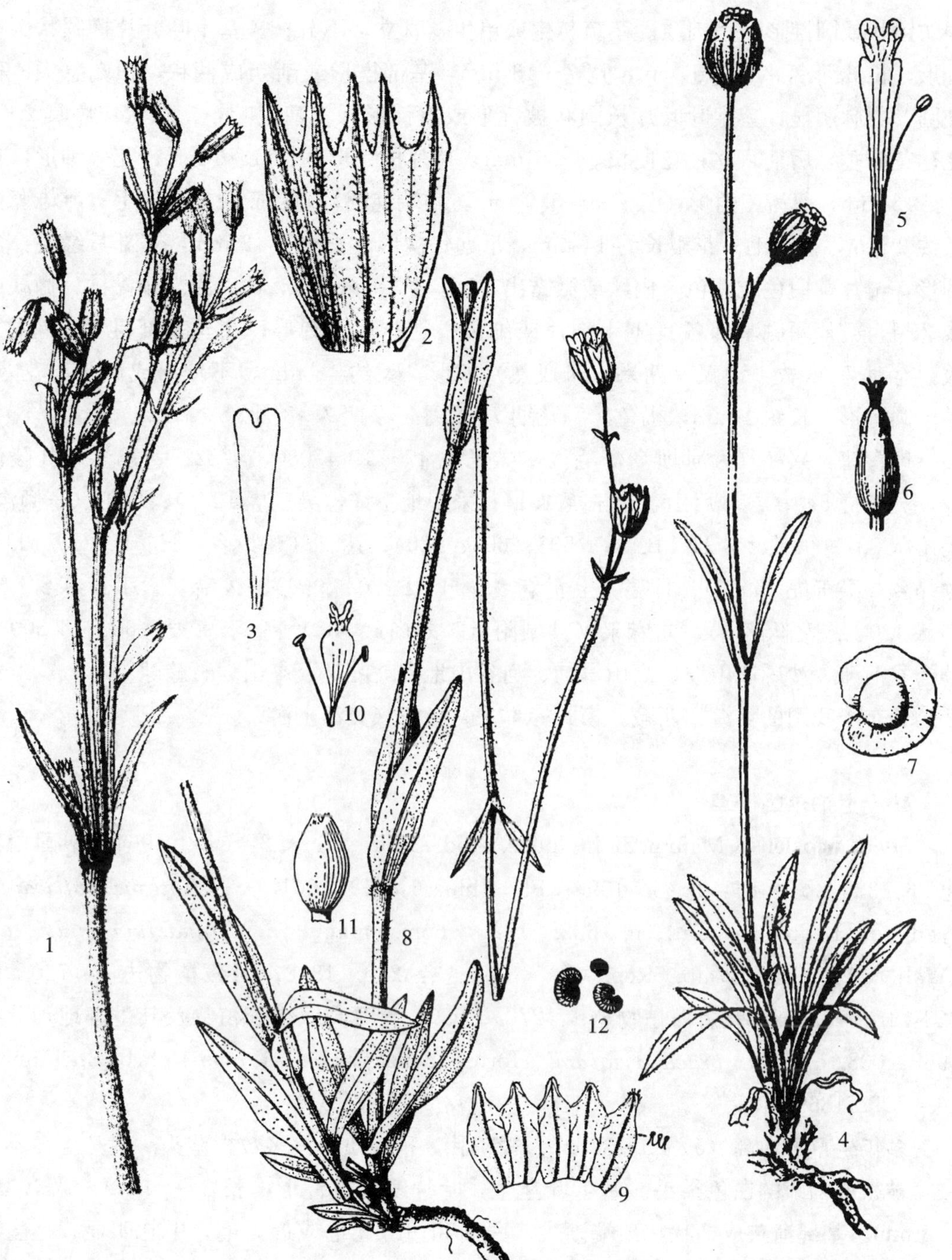

图版 **44** 女娄菜 **Silene aprica** Turcz. ex Fisch. et C. A. Mey. 1. 植株；2. 花萼纵剖；3. 花瓣。隐瓣蝇子草 **S. gonosperma**（Rupr.）Bocquet 4. 植株；5. 花瓣和雄蕊；6. 雌蕊；7. 种子。腺毛蝇子草 **S. yetii** Bocquet 8. 全株；9. 萼展开；10. 花瓣、雄蕊；11. 蒴果；12. 种子。（1～3. 引自《新疆植物志》，谭丽霞绘；4～7. 引自《中国植物志》，李志民绘；8～12. 阎翠兰绘）

多年生草本，高 15～40 cm，植株基部一般密被柔毛，中上被具节的腺毛和柔毛。根纺锤状或圆锥形，稍肉质。茎疏丛生或单生，直立，不分枝。基生叶叶片椭圆状倒披针形，长 3.5～7.0（8.5）cm，宽 7～13 mm，基部楔形或渐狭成柄状，顶端急尖，稀钝圆，中脉明显；茎生叶叶片长圆状披针形或披针形，较基生叶小。总状花序具 2～4 花；花俯垂，后期直立；花梗长 5～30 mm；苞片披针形，长 3～6 mm；花萼钟形，长 11～16 mm，萼齿三角形，长 2.5～3.0 mm，顶端钝圆，边缘膜质，具缘毛；雌雄蕊柄长约 2 mm，被短毛；花瓣长约 14 mm，爪匙状楔形，长 10～12 mm，基部具缘毛，耳圆形，瓣片黄白色或紫色，内藏或微露出花萼，长 2～4 mm，深 2 裂，顶端钝，微缺或浅 2 裂，瓣片两侧基部各具 1 小裂片或细齿；副花冠卵圆形；花丝基部具毛；花柱 5 枚，有时 7～8 枚，内藏。蒴果（未成熟）卵形，长约 12 mm，不伸出或微露出花萼。种子圆肾形，长约 1 mm，褐色。　花期 7～8 月，果期 7～8 月。

产青海：兴海（大河坝乡赞毛沟，吴玉虎 47055、47080、47222）、玛多（扎陵湖乡，吴玉虎 599；县城后山，吴玉虎 1614；采集地不详，吴玉虎 1271）、玛沁（东倾沟，玛沁队 337；大武乡，H. B. G. 503、603、820）、达日（建设乡，H. B. G. 1039；德昂乡，吴玉虎 25936）、甘德（上贡麻乡，H. B. G. 956）、久治（索乎日麻乡，藏药队 420、果洛队 249）、曲麻莱（县城附近，刘尚武 739）。生于海拔 3 600～4 500 m 的沟谷河滩、沙砾质山坡、高山草甸、河谷山地阴坡灌丛、高山岩石缝隙。

分布于我国的青海、西藏。模式标本采自青海（黄河上游）。

10. 尼泊尔蝇子草

Silene nepalensis Majumdar in Journ. Ind. Bot. Soc. 42：649. 1964；中国植物志 26：326. 图版 81：1～8. 1996；Fl. China 6：88. 2001. ——*Lychnis multicaulis* Wall. ex Benth. in Cat. n. 622. 1825，nom. nud. ——*Melandrium multicaule* (Wall. ex Benth.) Walp. Rep. Bot. Syst. 1：280. 1842；西藏植物志 1：720. 图 228：10～13. 1983；青海植物志 1：276. 1997；青藏高原维管植物及其生态地理分布 196. 2008. ——*M. brachypetalum* (Horn.) Fenzl var. *tibetanum* Rohrb. in Linnaea 36：231. 1869.

多年生草本，高（5）15～35 cm。根粗壮，稍肉质，具多数根茎头。茎丛生，不分枝，被密或稀疏的白色柔毛。基生叶丛生，叶片线状披针形，长 3～10 cm，宽 1.5～4.5 mm，基部渐狭成柄状，顶端渐尖，两面和边缘无毛或近无毛，中脉明显；茎生叶与基生叶同形，基部多少合生，两面和边缘被短柔毛或仅边缘被毛。圆锥花序或总状花序，具 2 至多数花；花俯垂，后期直立；花梗长 5～12 mm，密被白色短柔毛；苞片钻状披针形，长 4～8 mm，被毛；花萼钟形，长（5）7～10 mm，密被短柔毛，萼齿三角形状卵形，长 2～3 mm，顶端钝圆，边缘膜质，有缘毛；雌雄蕊柄长约 1 mm，被短柔毛；花瓣微露出花萼，爪楔形，长 5～8 mm，耳卵圆形，瓣片紫色，长 1.5～4.0 mm，微缺或浅 2 裂，裂片全缘，有时具不明显的齿；副花冠小，近圆形，顶端钝或微缺；雄蕊内藏，花丝无毛；花柱 5 枚，有时 4 枚，内藏。蒴果卵状椭圆形，长 6～10 mm，内藏或稍露出花萼，5 瓣裂或 10 齿裂。种子肾形，长约 0.6 mm，灰褐色，两侧具线条纹，脊具小瘤。 花期 6～7 月，果期 7～8 月。

产西藏：日土（班公湖，高生所西藏队 3649）。生于海拔 4 200 m 左右的高原湖边草地。

青海：兴海（河卡山，郭本兆 6427、何廷农 482；温泉乡，吴玉虎 17950）、曲麻莱（东风乡，刘尚武和黄荣福 795）、玛多（县城后山，吴玉虎 1613）、玛沁（军功乡，H. B. G. 215、玛沁队 200；大武乡，H. B. G. 863、玛沁队 263；西哈垄河谷，吴玉虎 5680）、达日（建设乡，吴玉虎 27134）、甘德（上贡麻乡，吴玉虎 25856）、久治（白玉乡，藏药队 621；索乎日麻乡，果洛队 285，藏药队 414、422；康赛乡，吴玉虎 26586、31709；龙卡湖，果洛队 568）、班玛（马柯河林场，吴玉虎 26113，王为义等 27476、27627）。生于海拔 3 000～4 200 m 的高山草甸、河滩高寒草甸、沟谷山坡林地、砾石质山坡。

四川：石渠（长沙贡玛乡，吴玉虎 29593、29639、29721；新荣乡，吴玉虎 30025）。生于海拔约 4 000～4 200 m 的宽谷河滩高寒灌丛。

甘肃：玛曲（齐哈玛大桥附近，吴玉虎 38120）。生于海拔 3 500 m 左右的沟谷山地高寒灌丛草地。

分布于我国的青海、甘肃、西藏、四川、云南；印度北部，不丹，尼泊尔，巴基斯坦也有。

10. 麦蓝菜属 Vaccaria N. M. Wolf

N. M. Wolf Gen. Pl. 3. 1776.

一年生草本。茎直立，二歧分枝。叶对生，叶片卵状披针形至披针形，基部微抱茎；托叶缺。花两性，伞房花序或圆锥花序；花萼狭卵形，具 5 条翅状棱，花后下部膨大，萼齿 5 枚；雌雄蕊柄极短；花瓣 5 枚，淡红色，微凹或全缘，具长爪；副花冠缺；雄蕊 10 枚，通常不外露；子房 1 室，具多数胚珠；花柱 2 枚。蒴果卵形，基部 4 室，顶端 4 齿裂；种子多数，近圆球形，具小瘤。

约 4 种，产欧洲和亚洲（西部和北部）。我国 1 种，分布于北部至长江流域；昆仑地区也有。

1. 麦蓝菜 图版 45：1～3

Vaccaria hispanica（Mill.）Rauschert Wiss. Z. Martin-Luther-Univ. Halle-Wittenberg，Math.-Naturwiss. Reihe 14：496. 1965；新疆植物志 2（1）：204. 图版 56：

2～5. 1994；Fl. China 6：102. 2001. ——*Saponaria hispanica* Mill. Gard. Dict. ed. 8. *Saponaria* no. 4［in errat.］. 1768. ——*Vaccaria segetalis*（Neck.）Garcke in Aschers. Fl. Prov. Brandenb. 1：84. 1864；西藏植物志 1：741. 图 224：1～4. 1983；中国植物志 26：405. 图版 105：1～6. 1996；青海植物志 1：287. 1997；青藏高原维管植物及其生态地理分布 212. 2008.

一或二年生草本，高 35～60 cm，全株无毛。根为主根系。茎单生，直立，上部分枝，稀下部有短小的不育枝。叶片无柄，卵形或卵状长圆形，长 2.0～9.5 cm，宽（0.6）1.0～3.5 cm，顶端急尖，基部圆形或近心形，抱茎，上部叶有白色的膜质边缘，具 3 或 5 基出脉。二歧聚伞花序伞房状；花梗细，长 2.0～3.5 cm，果期伸长达 5 cm；苞片披针形；花萼卵状圆锥形，长于 14～16 mm，宽 5～7 mm，后期膨大成球形，棱绿色，棱间绿白色，近膜质，萼齿卵状三角形，长 2～3 mm，顶端急尖，边缘膜质；雌雄蕊柄极短；花瓣长约 20 mm，瓣片淡红色，楔形，长约 7 mm，宽 3～4 mm，顶端微凹，爪狭楔形，长 12～13 mm；雄蕊 10 枚，内藏；花柱 2 枚，线形，稍伸出萼筒。蒴果近球形，直径约 1 cm，顶端 4 齿裂；种子近球形，直径约 2 mm，黑色，表面生疣状突起。　花期 7～9 月，果期 8～9 月。

产新疆：塔什库尔干（库科西鲁格，王绍明和孙辉 4122、帕考队 5153）、叶城（麻扎达拉，青藏队吴玉虎 1401）。生于海拔 2 400～3 600 m 的河谷草甸、山坡田边草地。

分布于我国除华南外的各省区；广布于欧洲和亚洲。

11. 石竹属 **Dianthus** Linn.

Linn. Sp. Pl. 409. 1753.

多年生草本，稀一年生。根木质化。茎丛生，有关节，节处膨大。叶对生，叶片线形或披针形，脉平行，基部合生。花红色、粉红色、紫色或白色，单生或呈聚伞花序，有时簇生成头状；苞片 1～4 对；花萼筒状，5 齿裂，有脉 7、9 或 11 条，脉间无网结；花瓣 5 枚，具长爪，瓣片边缘具齿或细裂为流苏状，稀全缘；雄蕊 10 枚；花柱 2 枚，子房 1 室，具多数胚珠。蒴果圆筒形或长圆形，稀卵球形，顶端 4 齿裂或瓣裂。种子多数，圆形或盾状；胚直生，胚乳常偏于一侧。

约 600 种，广布于北温带，大部分产欧洲和亚洲，少数产美洲和非洲。我国有 16 种 10 变种，多分布于北方草原和山区草地，大多生于干燥向阳处；昆仑地区产 2 种。

分种检索表

1. 茎生叶线形，长 1～2 cm，宽约 1 mm；雄蕊与柱头明显伸出萼筒 ……………………
……………………………………………… 1. **准噶尔石竹 D. soongoricus** Schischk.

1. 茎生叶线状披针形，长 2.0～7.5 cm，宽 1.5～2.5 mm；雄蕊与柱头微外露 ……
……………………………………………………………… 2. **瞿麦 D. superbus** Linn.

1. 准噶尔石竹

Dianthus soongoricus Schischk. in Kom. Fl. URSS 6：899. 1936；新疆植物志 2 (1)：212. 图版 59：2～3. 1994；中国植物志 26：422. 图版 110：1. 1996；Fl. China 6：105. 2001. ——*D. crinitus* Smith subsp. *soongoricus* (Schischk.) Kozhevnikov Novosti Sist. Vyssh. Rast. 22：112. 1985.

多年生草本，高（6）8～15 cm。根木质，颈部多分枝。茎丛生，直立，无毛，不分枝，稀上部分枝。叶线形，长 1～3 cm，宽 1.0～1.5（2.0）mm，顶端急尖，无毛，叶缘粗糙或光滑。花单生于枝顶；苞片 2 对，倒卵形或椭圆形，顶端尾尖或凸尖，长 4.5～7.0 mm（不包括尖头），宽 2.5～4.5 mm，尖头长 1.5～4.0（6.0）mm，稀下对苞片披针状钻形，长 10～14 mm；花萼圆筒形，长 2.5～3.0 cm，宽 3～5 mm，无毛，萼齿披针形，长 5～7 mm，宽约 1.5 mm，边缘及内侧被短柔毛；花瓣暗红色，瓣片长约 1 cm，缝状深裂；雄蕊伸出萼筒；子房圆柱形，花柱线形。蒴果圆筒形，稍短于宿存花萼，顶端 4 裂。种子椭圆形，长约 3 mm，边缘较宽。 花期 6～7 月，果期 7～8 月。

产新疆：乌恰（吉根乡，马淼和陆嘉惠 4263）。生于海拔 2 700 m 左右的山地草原。

分布于我国的新疆；哈萨克斯坦，蒙古也有。

2. 瞿 麦

Dianthus superbus Linn. Fl. Suec. ed. 2. 146. 1755；中国植物志 26：424. 图版 111：1～5. 1996；青海植物志 1：287. 图版 61：4～7. 1997；Fl. China 6：106. 2001；青藏高原维管植物及其生态地理分布 191. 2008. ——*D. szechuensis* Williams in Journ. Linn. Soc. Bot. 34：428. 1899.

多年生草本，高 20～25 cm，有时可高至 60 cm。茎簇生，绿色，无毛，上部分枝。叶线状披针形，长 2～5 cm，宽 2～4 mm，基部联合成短鞘状，抱于茎上，顶端锐尖，中脉显著，茎基部的叶较短。聚伞花序，具数花；苞片 4 或 6 枚，倒卵形，紧贴于萼基，基部较窄，顶端长渐尖；萼圆筒形，长 1～2 cm，粉绿色，并带淡紫色晕；萼齿 5 个，三角形，花瓣 5 枚，紫红色，长为萼的 2 倍，上缘通常深裂成缝状，裂片线形，有时上部再细线裂；雄蕊 10 枚，花丝线形；子房长椭圆形，花柱常超出于雄蕊之上。花期 7 月。

产青海：玛沁（采集记录不详）、久治（沙柯河，藏药队 860）、班玛（马柯河林场，王为义等 26832、27243、27460；采集地不详，郭本兆 463）。生于 3 200～3 650 m 的沟谷山地阳坡灌丛、山坡高寒草甸。

分布于我国的西北、华北、东北，以及四川、贵州、河南、湖北、山东、江苏、浙江、江西；北欧，中欧，俄罗斯西伯利亚，哈萨克斯坦，蒙古，朝鲜，日本也有。

12. 石头花属 Gypsophila Linn.

Linn. Sp. Pl. 406. 1753.

多年生或一年生草本。茎直立或铺散，有时基部木质化。叶对生，叶片披针形、长圆形、卵形、匙形或线形，有时钻状或肉质。花两性，小型，二歧聚伞花序，有时伞房状、圆锥状或近头状；苞片膜质，稀叶状；花萼钟形或漏斗状，稀筒状，具5条绿色或紫色宽纵脉，脉间白色，稀无白色间隔，顶端5齿裂；花瓣5枚，白色或粉红色，长圆形或倒卵形，长于花萼；雄蕊10枚；花柱2枚，子房球形或卵球形，1室，具多数胚珠，无子房柄。蒴果球形、卵球形或长圆形，4瓣裂。种子多数，扁圆肾形，具疣状突起；胚环形，围绕胚乳，胚根明显。

约150种，主要分布于欧亚大陆温带地区，北美偶见3种，北非东北部（埃及）和大洋洲各1种。我国18种1变种，主要分布于东北、华北和西北地区；昆仑地区产1种。

1. 膜苞石头花 图版45：4～5

Gypsophila cephalotes (Schrenk.) Williams in Journ. Bot. 27：323. 1889. 新疆植物志2（1）：197. 图版53：3～4. 1994；中国植物志26：432. 图版112：6～10. 1996；Fl. China 6：109. 2001；青藏高原维管植物及其生态地理分布192. 2008. ——*G. fastigiata* Linn. var. *cephalotes* Schrenk. in Fisch. et C. A. Mey. Enum. Pl. Nov. 1：92. 1841.

多年生草本，高（5）10～30 cm。根粗壮木质，颈部多分枝。茎丛生，稀单生，直立，上部分枝，中下部无毛，上部被腺毛。叶稍肉质，条形或线状倒披针形，长2.0～5.5 cm，宽（1.0）1.5～4.5 mm，顶端钝圆，具1～3脉，中脉明显；基生叶基部渐狭成短柄，茎生叶无柄，基部联合成短鞘状。二歧聚伞花序密集成头状，总花梗长1～5 cm，密被腺毛；总苞片膜质，卵形或卵圆形，长3～8 mm；花无梗或具长0.5～2.5 mm的梗；苞片膜质；花萼紫色，倒锥形，长2.0～2.5 mm，萼齿卵形，长为萼的1/2，顶端圆，边缘白色膜质；花瓣白色，倒卵状长圆形，长约4 mm，顶端钝；雄蕊10枚，长于花瓣；子房倒卵形，黑色，花柱短于花瓣。蒴果球形，直径3.0～3.5 mm，顶端4（5）裂。种子扁圆形，直径约1.2 mm，黑色或褐色，具疣状突起。 花期6～8月，果期7～8月。

产新疆：塔什库尔干（卡拉其古，青藏队吴玉虎542；明铁盖，阎平3838、帕考队

图版 **45** 麦蓝菜 **Vaccaria hispanica** (Mill.) Rauschert 1. 植株；2. 花萼；3. 花瓣。膜苞石头花 **Gypsophila cephalotes** (Schrenk.) Williams 4. 植株；5. 花序。(引自《新疆植物志》，谭丽霞绘)

5438)。生于海拔 3 600～4 100 m 的沟谷山坡草地、山坡高寒草甸。

分布于我国的新疆；俄罗斯，哈萨克斯坦，蒙古也有。

二十四　毛茛科 RANUNCULACEAE

多年生或一年生草本，稀为灌木或木质藤本。叶常基生、互生，稀对生，单叶或复叶，无托叶。花两性，稀为单性，雌雄同株或异株，辐射对称，稀为两侧对称，单生或数花至多花组成聚伞花序与总状花序；萼片下位，4～5 枚，有时多或少，绿色，或呈花瓣状，常具颜色，罕特化成为分泌器官；花瓣下位，4～5 枚，或无花瓣，有时较多，常具蜜腺，时常特化成为分泌器官，远小于萼片，多呈杯状、筒状、二唇状，基部常呈囊状或呈筒状距；雄蕊多数，稀为少数，下位，螺旋状排列，花药 2 室，纵裂，有时具退化雄蕊；心皮多数分生，稀为合生，罕少数或只 1 个，常在隆起的花托上呈螺旋状排列或轮生，沿花柱腹面生柱头组织，柱头明显或不明显，胚珠多数、少数或 1 枚，侧生。果实多为蓇葖果或瘦果，稀为蒴果或浆果。种子有小的胚和丰富的胚乳。

约 50 属，2 000 余种，世界广布，主要分布于北半球温带和寒温带。我国有 42 属，约 720 种；昆仑地区产 21 属 73 种 1 亚种 17 变种。

分属检索表

1. 子房具 1 胚珠；果实为瘦果。
    2. 萼片 2～3；雄蕊 1～2（3）；一年生小草本，具宿存的条形叶……………………………………………………………………………… **15. 星叶草属 Circaeaster** Maxim.
    2. 萼片 4 枚以上；雄蕊 5 至多数；常为多年生草本或灌木，如为一年生草本，叶不宿存。
        3. 叶对生。
            4. 萼片覆瓦状排列；花柱在果期不伸长；直立草本 ……………………………………………………………… **12. 银莲花属 Anemone** Linn.
            4. 萼片镊合状排列；花柱在果期伸长成羽毛状 … **14. 铁线莲属 Clematis** Linn.
        3. 叶互生或基生。
            5. 花瓣不存在；萼片通常花瓣状，白色、黄色、蓝紫色，稀为淡绿色。
                6. 花下有总苞；瘦果成熟时花柱伸长成羽毛状；叶均基生 ……………………………………………………… **13. 白头翁属 Pulsatilla** Adans.
                6. 花下无苞片；瘦果成熟时花柱不伸长；叶基生或茎生 ……………………………………………………… **11. 唐松草属 Thalictrum** Linn.
            5. 花瓣存在；萼片多为绿色。
                7. 花瓣无蜜槽……………………………… **17. 侧金盏花属 Adonis** Linn.

7. 花瓣有蜜槽。

8. 基生叶羽状多回细裂；胚珠在子房顶部下垂 ……………………………………………………………… **16. 美花草属 Callianthemum** C. A. Mey.

8. 基生叶不为羽状细裂；胚珠在子房底部着生。

9. 瘦果具纵肋。

10. 无匍匐茎；萼片通常宿存；花瓣 13～15；瘦果每侧有 1 条纵肋 ……………………………… **19. 鸦跖花属 Oxygraphis** Bunge

10. 匍匐茎存在；萼片脱落；花瓣 5～10；瘦果每侧有 3 条纵肋 ……………………………… **20. 碱毛茛属 Halerpestes** Green

9. 瘦果平滑、有肿瘤状突起或具横皱褶。

11. 瘦果平滑，或具瘤状突起；花瓣黄色；通常为陆生草本，稀为水生 ………………………… **18. 毛茛属 Ranunculus** Linn.

11. 瘦果具横皱褶；花瓣白色，稀黄色；水生草本…………………………………………… **21. 水毛茛属 Batrachium** S. F. Gray

1. 子房具数颗至多数胚珠；果实多为蓇葖果或浆果状。

12. 花大，直径一般在 10 cm 以上；雄蕊离心发育，心皮基部有离心花盘；果皮革质………………………………………………………… **1. 芍药属 Paeonia** Linn.

12. 花较小，直径在 10 cm 以下；雄蕊向心发育，花盘不存在；果皮膜质或纸质。

13. 花两侧对称。

14. 上萼片无距；花瓣有爪 ………………………… **6. 乌头属 Aconitum** Linn.

14. 上萼片有距；花瓣无爪 ……………………… **7. 翠雀属 Delphinium** Linn.

13. 花辐射对称。

15. 圆锥花序或总状花序，具多数花。

16. 萼片长 8～11 mm，退化雄蕊不存在；花瓣存在 …………………………………………………………… **4. 黄三七属 Souliea** Franch.

16. 萼片长 2.5～4.5 mm，退化雄蕊存在；花瓣不存在 ……………………………………………………… **5. 升麻属 Cimicifuga** Linn.

15. 花单生，或为单歧聚伞花序，具少数花。

17. 叶为单叶。

18. 花瓣不存在 ……………………… **2. 驴蹄草属 Caltha** Linn.

18. 花瓣存在………………………… **3. 金莲花属 Trollius** Linn.

17. 叶为一至三回三出复叶。

19. 退化雄蕊存在……………………… **10. 耧斗菜属 Aquilegia** Linn.

19. 退化雄蕊不存在。

20. 基生叶的枯萎叶柄密集成丛；花单生于花葶顶端……………… **9. 拟耧斗菜属 Paraquilegia** Drumm. et Hutch.

20. 枯叶柄非为密丛；单歧聚伞花序，具少数花……………
………………………………… 8. **扁果草属 Isopyrum** Linn.

1. 芍药属 **Paeonia** Linn.

Linn. Gen. Pl. 2：678. 1737.

多年生草本。根圆柱形。当年生的分枝基部或茎基部常具数枚鳞片。叶多为二回三出复叶，小叶片全缘或分裂；叶片通常全缘。花单一顶生，或数朵生于茎顶部或茎上部的叶腋内；花大，直径在 4 cm 以上；苞片 2～3 枚，披针形，叶状，宿存；萼片 3～5 枚，宽卵形；花瓣 6～9 枚，倒卵形；雄蕊多数，离心发育，花丝窄线形，花药黄色，纵裂；花盘杯状或盘状，革质或肉质，完全包裹或半包裹心皮，有时仅只包裹至心皮之基部；心皮通常 2～3 个，离生，被毛或否，花柱极短，柱头扁平，向外反卷，胚珠多数，沿心皮腹线缝排列成 2 列。蓇葖果成熟时沿心皮的腹缝线开裂。种子数枚，黑色、深黑色，光滑。

约 35 种，分布于欧亚大陆温带地区和北美西部。我国有 11 种，昆仑地区产 1 种。

1. 川赤芍　图版 46：1～4

Paeonia veitchii Lynch in Gard. Chron. ser. 3. 46：2. t. 1. 1909；中国植物志 27：56. 图版 9：1～2. 1979；西藏植物志 2：8. 1985；青海植物志 1：291. 图版 62：1～4. 1997；青藏高原维管植物及其生态地理分布 245. 2008.

多年生草本。根圆柱形，直径 1～2 cm，外皮深褐色。茎粗壮，具棱，无毛。叶为二回三出复叶，长 7～20 cm；小叶羽状分裂，裂片窄披针形至披针形，宽 0.4～1.5 cm，顶端渐尖，全缘，上面深绿色，沿脉疏生短柔毛或无毛，下面淡绿色，无毛；叶片长 3～10 cm。花 1～2（～4）朵，生于顶端及叶腋，直径 4～9 cm；苞片 2～3 枚，分裂或不分裂；萼片宽卵形，长 1.0～1.5 cm，宽 1.0～1.3 cm；花瓣 6～9 枚，倒卵形，长 2.2～4.0 cm，宽 1.5～2.5 cm，紫红色或粉红色；花丝长 5～10 mm，花药黄色；花盘肉质，包于心皮基部；心皮 2～3 个，密被黄色柔毛。蓇葖果长 1～2 cm，密被黄色柔毛。　花期 6～7 月，果期 8～9 月。

产青海：班玛（马柯河林场，王为义 26771、26818、27060，郭本兆 507；马柯河林场宝藏沟，王为义 27341）。生于海拔 3 300～3 700 m 的沟谷山地林下、林缘、灌丛中。

分布于我国的青海、甘肃、陕西、西藏、四川。模式标本采自四川西部。

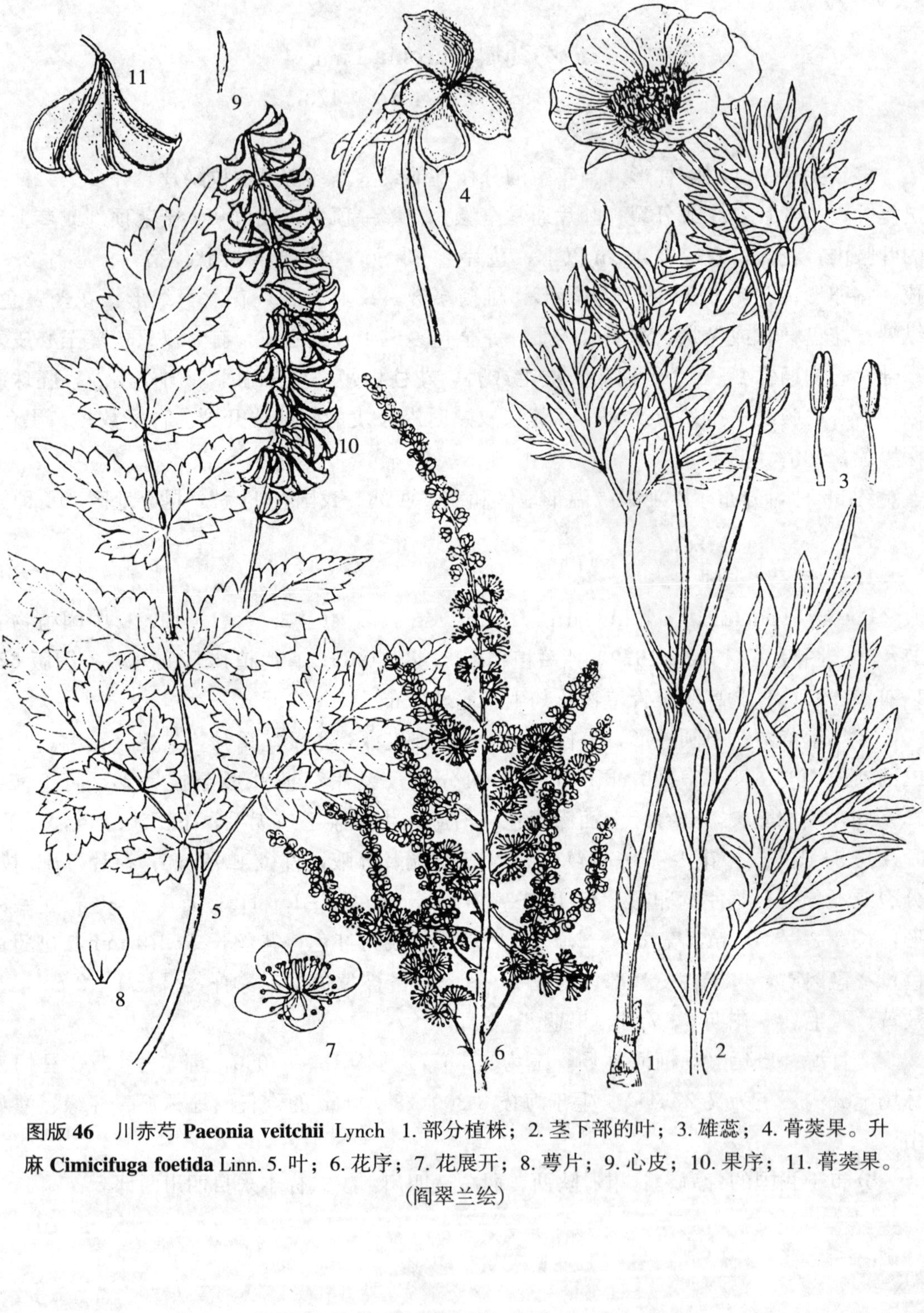

图版**46** 川赤芍 **Paeonia veitchii** Lynch 1. 部分植株；2. 茎下部的叶；3. 雄蕊；4. 蓇葖果。升麻 **Cimicifuga foetida** Linn. 5. 叶；6. 花序；7. 花展开；8. 萼片；9. 心皮；10. 果序；11. 蓇葖果。

(阎翠兰绘)

2. 驴蹄草属 **Caltha** Linn.

Linn. Sp. Pl. 558. 1753.

多年生草本植物。根须状。茎通常不分枝，稀具少数分枝。叶基生，有时具茎生叶，茎生叶互生，一般叶片不分裂，稀茎上部的叶掌状分裂．具齿或全缘；叶柄基部具鞘。花单生于茎顶端或 2 至多数组成单歧聚伞花序；萼片 5 枚或较多，花瓣状，黄色、白色或红色，倒卵形或椭圆形，脱落；花瓣无；雄蕊多数，花药椭圆形，花丝窄线形；心皮数个至多数，无柄或具短柄，顶端渐狭成短花柱；胚珠多数，成 2 列生于子房腹缝线上。蓇葖果开裂，稀不开裂。种子椭圆状球形，种皮光滑或具少数纵皱纹。

约 20 种，分布于南、北半球温带或寒温带地区。我国有 4 种，昆仑地区产 1 种 1 变种。

分种检索表

1. 心皮无柄 …………………………………………………… **1. 驴蹄草 C. palustris** Linn.
1. 心皮具柄 ……………………………… **2. 花葶驴蹄草 C. scaposa** Hook. f. et Thoms.

1. 驴蹄草

Caltha palustris Linn. Sp. Pl. 789. 1753；中国植物志 27：61. 图版 11：1～5. 1979；西藏植物志 2：8. 1985.

1a. 驴蹄草（原变种）

var. **palustris**

昆仑地区不产。

1b. 空茎驴蹄草（变种）

var. **barthei** Hance in Ann. Sci. Nat. ser. 5. 5：205. 1866；中国植物志 27：64. 1979.

多年生小草本，全株无毛。肉质须根多数。茎较高，达 120 cm，粗 12 mm，直立或上升，1 至数条，中空，具细纵沟。基生叶 3～7 枚，具长柄，叶片圆形、圆肾形或心形，长 2.5～5.0 cm，宽 3～9 cm，顶端圆形，基部深心形，边缘密生正三角形小牙齿；叶柄长 7～24 cm。茎生叶与基生叶近等大，形状也相似，具较短的叶柄或最上部叶完全不具柄。茎或分枝顶部有由多朵花组成的简单的单歧聚伞花序；苞片三角状心形，边缘生牙齿；花梗 2～10 cm；萼片 5 枚，黄色，倒卵形或狭倒卵形，长 1.0～

1.8 cm，宽约0.6～1.2 cm，顶端圆形；雄蕊长4.5～7.0 mm，花药长圆形，长1.0～1.6 mm，花丝狭线形；心皮7～12个，与雄蕊近等长，无柄，花柱短。蓇葖果长约1 cm，宽约3 mm，具横脉，喙长约1 mm。种子狭卵圆形，黑色，有光泽，长约1.5～2.0 mm，具少数纵皱纹。 花果期5～9月。

产青海：班玛（马柯河林场，王为义27041、27533）。生于海拔3 200～3 800 m的山地溪边、河谷草坡或林中。

分布于我国的青海、甘肃、西藏、云南、四川；日本，俄罗斯远东地区也有。

2. 花葶驴蹄草 图版47：1～4

Caltha scaposa Hook. f. et Thoms. Fl. Ind. 1：40. 1855；中国植物志27：65. 图版12：1～5. 1979；西藏植物志2：9. 图2：1～3. 1985；青海植物志1：292. 图版63：1～4. 1997；青藏高原维管植物及其生态地理分布228. 2008.

多年生小草本，高5～16 cm，全株无毛。根肉质，多数簇生。茎直立或渐升，单一或数条。基生叶3～10枚，具长柄，叶片心状卵形、三角状卵形或肾形，长1～3 cm，宽1.0～2.5 cm，顶端圆形，基部深心形，叶柄长2～10 cm；无茎生叶或有时在中上部生1枚极小的叶，无柄或具短柄，叶片长仅1 cm过一点。花单生茎顶，稀具2花；萼片黄色，倒卵形、椭圆形或卵形，长1.0～1.5 cm，宽约1 cm，顶端圆形；雄蕊长3～6（8）mm，花丝丝状，花药椭圆形；心皮与雄蕊近等长，具短柄，花柱短。蓇葖果长1.0～1.5 cm，具横脉，喙长约1 mm。种子椭圆状球形或肾状圆形，黑色，长约1 mm，具少数纵裂。 花果期7～9月。

产青海：兴海（河卡山，郭本兆6408、吴珍兰043）、玛多（巴颜喀拉山，陈桂琛等1949）、玛沁（军功乡，吴玉虎26993A；县城附近，玛沁队005；昌马河，陈桂琛等1731；大武乡，H. B. G. 569、区划二组134；县城附近，采集人不详005；德勒龙沟，玛沁队047）、久治（县城附近，藏药队191、陈桂琛等1614；索乎日麻乡，果洛队140；智青松多两河口，果洛队007）、称多（珍秦乡，吴玉虎29185A、29216；清水河乡，周立华003、陈桂琛等1879；竹节寺，吴玉虎32516）。生于海拔3 300～4 850 m的沟谷山地林、河谷林缘、山坡灌丛、溪流沟谷沼泽、河漫滩高寒沼泽草甸。

分布于我国的青海、甘肃、西藏、四川、云南；尼泊尔，不丹，印度北部和东北部也有。

3. 金莲花属 Trollius Linn.

Linn. Sp. Pl. 556. 1753.

多年生草本。单叶多为基生，稀在茎上互生，掌状分裂。花单生顶端或数枚组成聚伞花序；花托稍隆起；萼片 5 枚至多数，花瓣状，倒卵形，常为黄色，稀为淡紫色，通常脱落，稀宿存；花瓣 5 枚或多数，线形，具短爪，在近基部外有蜜槽；雄蕊多数，螺旋状排列，花药椭圆形或长圆形，侧面开裂，花丝窄线形；心皮 5 个至多数，无柄；胚珠多数，沿子房的腹缝线排列成 2 列。蓇葖果开裂，具脉网及短喙。种子近球形，种皮光滑。

约 25 种。我国有 16 种，昆仑地区产 5 种 1 变种。

分种检索表

1. 萼片淡紫色，宿存 …………………………………… **5. 淡紫金莲花 T. lilacinus** Bunge
1. 萼片黄色，通常脱落，少有宿存。
    2. 叶掌状深裂 ……………………………………………… **1. 小金莲花 T. pumilus** D. Don
    2. 叶掌状全裂。
        3. 萼片干时多少变绿色 ………………… **2. 毛茛状金莲花 T. ranunculoides** Hemsl.
        3. 萼片干时不变绿色。
            4. 花瓣与花丝等长；花单一顶生 ………………… **3. 矮金莲花 T. farreri** Stapf
            4. 花瓣比花丝长；花单生或为聚伞花序 ……………………………………
            ………………………………………… **4. 准噶尔金莲花 T. dschungaricus** Regel

1. 小金莲花 图版 47：5～8

Trollius pumilus D. Don Prodr. Fl. Nep. 195. 1825；中国植物志 27：77. 图版 14：4～7. 1979；青海植物志 1：294. 1997；青藏高原维管植物及其生态地理分布 260. 2008.

1a. 小金莲花（原变种）

var. **pumilus**

多年生草本，高 5～10 cm，全株无毛。茎单一，光滑，不分枝。叶 3～6 枚生于茎基部或近基部处，长 3～6 cm，干时不变绿色；叶片五角形或五角状卵形，长 1.0～1.5 cm，宽 1.0～2.5 cm，基部心形，三深裂至距基部 3～4 mm 处，深裂片近邻接，中央裂片倒卵形或扇状倒卵形，3 浅裂，浅裂片 2～3 裂，侧裂片斜扇形，不等 2 深裂；叶柄长 3～8 cm，基部具鞘。花单一顶生，直径约 2 cm；萼片 5 枚，黄色，干时不变绿色，倒卵形或卵形，长 0.9～1.1 cm，宽 5～8 mm；花瓣匙状线形，长 2～3 mm，宽不足 0.5 mm，顶端圆形；雄蕊长 3.5～5.0 mm，花药椭圆形，长约 2.5 mm，黄色；心皮 6～16 个。 花期 6～7 月。

产青海：玛沁（扎木尔山，玛沁队 058)、久治（县城附近，藏药队 187)。生于海拔 3 650～5 200 m 的山坡湿地、河滩草地。

分布于我国的青海、西藏；尼泊尔，印度东北部也有。

1b. 青藏金莲花（变种）

var. **tanguticus** Bruhl in Ann. Bot. Gard. Calc. 5：88. pl. 113. f. 2d. 1896；中国植物志 27：77. 图 14. 1979；西藏植物志 2：11. 1985；青海植物志 1：294. 1997；青藏高原维管植物及其生态地理分布 261. 2008.

本变种与原变种的区别在于：茎较高，20～30 cm；叶干时多少变绿，叶较大，长达 1.7 cm，最宽约 3.3 cm；萼片干时变绿。

产青海：兴海（中铁林场中铁沟，吴玉虎 45703；河卡山，吴珍兰 028、042，郭本兆 6355A，何廷农 025）、玛多（县城附近，吴玉虎 418）、玛沁（大武乡，吴玉虎 1382、1419）、甘德（上贡麻乡，H. B. G. 907）、达日（德昂乡，陈桂琛 1648）、久治（智青松多，果洛队 036；索乎日麻乡，果洛队 1672）。生于海拔 3 150～5 200 m 的沟谷山坡草地、河滩砾石地、高山草甸裸地、阳坡山麓高寒灌丛草甸、山前洪积扇、高山流石坡稀疏植被带、高山冰缘湿地。

甘肃：玛曲（大水军牧场，陈桂琛 1150）。生于海拔 3 400 m 左右的河谷溪流边沼泽草甸。

分布于我国的青海、甘肃、西藏、四川。模式标本采自甘肃。

2. 毛茛状金莲花

Trollius ranunculoides Hemsl. in Journ. Linn. Soc. Bot. 29：301. 1893；中国植物志 27：81. 图版 15：3～5. 1979；西藏植物志 2：13. 图 2：8. 1985；青海植物志 1：296. 1997；青藏高原维管植物及其生态地理分布 261. 2008.

多年生草本，高 4～7 cm，全株无毛。茎 1～3 条，不分枝。基生叶数枚，茎生叶 1～3枚，通常生于下部或近基部处；叶片圆五角形或五角形，长 1.0～1.5 cm，宽 1.3～1.7 cm，基部深心形，三全裂，全裂片近邻接或上部多少互相覆压，干时呈蓝绿色，中央全裂片菱形或菱状宽倒卵形，2 或 3 裂，具 1～2 枚三角状锐齿，侧全裂片斜扇形，宽约为中裂片的 2 倍，不等 2 深裂至近基部，裂片再裂，小裂片具齿；叶柄长 2～5 cm，基部具鞘。花单一顶生，直径 1.5～2.0 cm；萼片 5 枚，黄色，干时多少变绿，倒卵形，长 0.7～1.2 cm，宽 5～9 mm；花瓣匙状线形，长 4～5 mm，宽约 1 mm；雄蕊长 5～7 mm；心皮 7～9 个。 花期 5～7 月。

产青海：玛沁（大武乡，吴玉虎 1419，植被地理组 419，区划三组 033、094，玛沁队 033；野马滩，吴玉虎 1382、植被地理组 382）、玛多（县城附近，吴玉虎 418）、班玛（马柯河林场，王为义 26831）。生于海拔 3 400～4 500 m 的沟谷山坡草地、山坡林下草甸、河谷沼泽草甸。

分布于我国的青海、甘肃、西藏、四川、云南。模式标本采自四川康定。

3. 矮金莲花

Trollius farreri Stapf in Curtis's Bot. Mag. 152：sub. t. 9143. 1928；中国植物志 27：78. 图版 15：6～8. 1979；西藏植物志 2：11. 1985；青海植物志 1：294. 1997；青藏高原维管植物及其生态地理分布 260. 2008.

多年生草本，高 5～25 cm，全株无毛。根须状，细长、坚韧，褐色。茎 1～3 条，不分枝。叶 3～6 条，基生或生于茎下部，有长柄；叶片五角形，长 0.7～1.8 cm，宽 1.0～2.8 cm，基部心形，三全裂，中央裂片菱状倒卵形或楔形，与侧生全裂片通常分开，3 浅裂，小裂片互相裂开，具 2～3 不规则三角形牙齿；叶柄长 1～5 cm，基部具鞘。花单一顶生，直径 1.8～3.5 cm；花萼 5～6 枚，黄色，外面常带暗紫色，干时通常不变绿色，宽倒卵形，长 1.0～1.5 cm，宽 0.8～2.0 cm，顶端圆形或截形，宿存，偶见脱落；花瓣匙状线形，长约 5 mm，宽不足 1 mm，顶端圆形；雄蕊长约 7 mm，花药长椭圆形，黄色；心皮 6～9 个，或更多，子房椭圆状卵形，黑褐色，花柱直，黄色。花期 5～7月。

产青海：兴海（河卡山，郭本兆 6355）、玛多（多曲河畔，吴玉虎 469；黑河公社，刘海源 852）、玛沁（兔子山，吴玉虎 18278；黑土山，吴玉虎 5784，H. B. G. 658、673；雪山乡，黄荣福 C. G. 81－177；阿尼玛卿山，黄荣福 C. G. 81－119）、甘德（东吉乡，吴玉虎 25768）、达日（吉迈乡，H. B. G. 1261）。生于海拔 3 400～4 700 m 的山坡灌丛、高山草甸、高山流石坡、沟谷河滩、山地灌丛、沟谷山麓砾石坡。

四川：石渠（菊母乡，吴玉虎 29829、29858、29946）。生于海拔 4 620 m 左右的山地高寒草甸、高山流石坡稀疏植被带、高山冰缘湿地。

分布于我国的青海、甘肃、陕西、西藏、四川、云南。模式标本采自甘肃南部。

4. 准噶尔金莲花

Trollius dschungaricus Regel in Acta Hort. Petrop. 7：383. 1880；中国植物志 27：75. 图版 14：8～10. 1979；新疆植物志 2（1）：230. 图版 62：1～3. 1994；中国高等植物 3：394. 图 623. 2000.

茎高 20～50 cm，植株全部无毛。疏生 2～3 叶。茎生叶 3～7 枚，有长柄；叶片五角形，长 1.5～4.5 cm，宽 2.0～7.5 cm，基部心形，3 深裂至距基部 1～2 mm 处，深裂片互相覆压，有时近邻接，中央深裂片宽椭圆形或椭圆状倒卵形，上部 3 浅裂，二回裂片互相多少覆压；叶柄长 6～28 cm，基部具狭鞘。花通常单生茎顶，有时 2～3 朵组成聚伞花序，直径 3.0～5.4 cm；花梗长 5～15 cm；萼片黄色或橙黄色，干时不变绿色，8～13 枚，倒卵形或宽倒卵形，有时狭倒卵形，长 1.5～2.6 cm，宽 0.8～1.6 cm，顶端圆形，生少数小齿或近全缘；花瓣比雄蕊稍短或与花丝近等长，线形，顶端圆形或带匙形，长 7～8 mm；雄蕊长 0.9～1.4 cm，花药长 3.0～3.5 mm；心皮 12～18 个，花柱淡黄绿色。蓇葖果长 1.0～1.2 cm，宽约 2 mm，喙长约 1.2 mm。种子长约 1.5 mm，椭圆球形，黑色，光滑。 花果期 6～9 月。

产新疆：乌恰（吉根乡斯木哈纳，中科院新疆综考队 73－122）、阿克陶（阿克塔什，青藏队吴玉虎 870211）、塔什库尔干（麻扎赛赛铁克，采集人不详 3229；红其拉甫，西植所新疆队 1491；明铁盖，西植所新疆队 1158）。生于海拔 1 700～4 600 m 的山地林缘草地、沟谷林下草甸、水沟边草甸。

分布于我国的新疆；中亚天山和帕米尔也有。

5. 淡紫金莲花

Trollius lilacinus Bunge Verz. Pfl. Alt. 33. 1835；中国高等植物图鉴 1：659. 图：1318. 1972；中国植物志 27：87. 图版 15：1～2. 1979；新疆植物志 2（1）：228. 图版 62：4～5. 1994；中国高等植物 3：397. 图 628. 2000.

须根粗长，直径达 2.5 mm，茎高 10～28 cm，疏生 2 叶。基生叶 3～6 枚，在开花时尚未抽出或刚刚抽出，有长柄；叶片五角形，长 1.8～2.5 cm，宽 2.8～4.0 cm，基部心形，3 全裂，中央全裂片菱形，3 裂至中部或近羽状深裂，二回裂片具少数小裂片及三角形或宽披针形的锐牙齿，侧全裂片斜扇形，不等 2 深裂近基部；叶柄长 4～7 cm，基部具狭鞘。茎生叶具鞘状短柄或无柄，比基生叶小。花单一顶生，直径 2.5～3.5 cm；萼片 15～18 枚，淡紫色、淡蓝色或白色，倒卵形、宽椭圆形、椭圆形或卵形，长 1.2～1.6 cm，宽 0.55～1.40 cm，顶端圆形，有时急尖或微钝，生不明显小齿；花瓣约 8 枚，比雄蕊稍短，宽线形，顶端钝或圆形，长 5～6 mm，宽 1.2～1.5 mm；雄蕊长 5～7 mm，花药长 2 mm；心皮 6～11 个。蓇葖果长约 1.2 cm，宽约 2.0 mm，喙长 2.0～2.5 mm。种子长约 1 mm，椭圆球形，光滑，有少数不明显纵棱。 花果期 7～9 月。

产新疆：塔什库尔干（克克吐鲁克，青藏队吴玉虎 870489；红其拉甫，高生所西藏队 3192）。生于海拔 2 600～4 700 m 的沟谷高山草甸、山坡草地。

分布于我国的新疆；俄罗斯西伯利亚，中亚地区也有。

4. 黄三七属 Souliea Franch.

Fuanch. in Morot Journ. Bot. 12：69. 1898.

单种属，特征同种。

1. 黄三七

Souliea vaginata（Maxim.）Franch. in Morot Journ. Bot. 12：69. 1898；中国植

物志 27：91. 图版 18. 1979；西藏植物志 2：14. 1985；青海植物志 1：297. 1997；青藏高原维管植物及其生态地理分布 254. 2008. ——*Isopyrum vaginatum* Maxim. Fl. Tangut. 1：18. t. 30. 1889.

根状茎粗壮，横走，直径 0.4～0.9 cm，分枝，下面疏生纤维状根。茎高 25～75 cm，无毛或近无毛，基部具有 2～4 片膜质宽鞘，并生有 2 枚叶。叶二至三回三出全裂，叶片三角形，长达 24 cm，一回裂片具长柄，卵形至卵圆形，中央二回裂片也具有较长的柄，比侧二回裂片稍大，轮廓为卵状三角形，长 4.0～7.5 cm，宽 3.5～6.5 cm，中央三回裂片菱形，再一至二回羽状分裂，边缘具不等的锯齿，侧生三回裂片与中央三回裂片相似而小，且稍斜；叶柄长 5～34 cm。总状花序，具 4～9 花；苞片膜质，卵形；花梗与花近等长；花先叶开放，直径 1.2～1.4 cm；萼片卵形，长 8～11 mm，宽 4～7 mm，顶端圆形，边缘呈不规则浅波状；花瓣宽倒卵形，长为萼片的 1/3～1/2，顶端稍平或略圆，具多条脉纹；雄蕊长 4～7 mm；心皮长 7～9 mm，柱头面中央微洼陷。蓇葖果 1～2（3）个，长 2～4 cm，基部渐狭成细柄，顶端具短喙，表面具网纹。种子长椭圆状卵形，黑色，表面密具网状洼陷。 花期 5～6 月，果期 7～9 月。

产青海：班玛（马柯河林场，郭本兆 497、王为义 27250）。生于海拔 3 300～3 600 m 的山坡林地、林缘草甸。

分布于我国的青海、甘肃、陕西、西藏、四川、云南；缅甸北部，不丹，印度东北部也有。模式标本采自甘肃南部。

5. 升麻属 Cimicifuga Linn.

Linn. Amoen. Acad. 8：7. 1785.

多年生草本。根状茎粗壮，坚实而稍带木质，外皮深褐色，生许多细根。茎高大，直立，圆柱形，常单生，上部有少数分枝。叶为一回至三回三出或近羽状复叶，具长柄；小叶卵形、菱形至窄椭圆形，边缘具粗锯齿。圆锥花序，通常由数个至多个总状花序构成；花序轴密被腺毛和柔毛；苞片钻形至三角形，甚小；花小而密生，辐射对称，两性或罕为单性雌雄异株；萼片 4～5 枚，白色，花瓣状，倒卵状圆形，早落；花瓣缺；退化雄蕊生于萼片内面，椭圆形至近圆形，顶端常有膜质附属物，全缘、微缺或叉状 2 深裂，并带 2 枚空花药，稀具蜜腺；雄蕊多数，花药宽椭圆形至近圆形，黄色，花丝窄线形至丝状；心皮 1～8 个，有柄或无柄。蓇葖果长圆形至倒卵状椭圆形，顶端具 1 外弯的喙，表面有横向隆起的脉。种子少数，椭圆形至狭椭圆形，黄褐色，通常四周生膜质的鳞翅，背、腹面的横向鳞翅明显或否。

约 18 种。我国有 8 种，昆仑地区产 1 种。

1. 升麻 图版 46：5～11

Cimicifuga foetida Linn. Syst. Nat. ed. 12. 659. 1767；中国植物志 27：101. 图版 19：1～4. 1979；西藏植物志 2：15. 1985；青海植物志 1：298. 1997；青藏高原维管植物及其生态地理分布 229. 2008.

多年生草本，高 1.0～1.5 cm。根状茎粗壮，外皮深褐色。茎分枝，被短柔毛。叶为二至三回三出复叶；茎下部的叶片三角形，宽 20～30 cm；顶生小叶具长柄，菱形，长 6～10 cm，宽 3～6 cm，裂片浅裂，边缘有锯齿，侧生小叶具短柄或无柄，斜卵形，下面沿脉疏被短柔毛；叶柄长达 15 cm；上部的茎生叶小，具短柄或无柄。花序多分枝，轴密被腺毛及短毛；苞片钻形，长 1～2 mm；花梗长 1～3 mm，密被腺毛；萼片倒卵状披针形或卵形，长 3～4 mm，淡绿色；退化雄蕊宽椭圆形，长约 3 mm，近膜质，顶端微凹或浅 2 裂，雄蕊长 3～6 mm；心皮 2～5 个，密被灰色短腺柔毛。蓇葖果矩状长圆形，长 0.5～1.0 cm，外面被短柔毛。 花期 7～8 月，果期 8～9 月。

产青海：班玛（马柯河林场，王为义等 16816、27312、27453、27632）。生于海拔 2 700～3 650 m 的河谷山地林下、林缘草甸、山坡灌丛草甸。

分布于我国的青海、甘肃、陕西、西藏、云南、山西、河南；蒙古，俄罗斯西伯利亚也有。

6. 乌头属 Aconitum Linn.

Linn. Gen. Pl. ed. 5. 236. 1754.

多年生或一年生草本。多为直根，或 2 至数个块根簇生于茎基。茎直立或缠绕。单叶互生，掌状分裂，稀不分裂，少为基生。花序通常总状；花梗具 2 小苞片；花两性，两侧对称；萼片 5 枚，花瓣状，紫色、蓝色或黄色，上萼片 1 枚，船形、盔形或圆筒形，侧萼片 2 枚，近圆形，下萼片 2 枚，较小，近长圆形；花瓣 2 枚，具爪，瓣片通常有唇和距，在距的顶部偶尔沿瓣片外缘生出分泌组织；退化雄蕊通常无；雄蕊多数，花药圆球形，花丝有 1 纵脉，下部有翅；心皮 3～5（6～13）个，花柱短，胚珠多数，沿子房腹缝线排成 2 列。蓇葖果有脉网，花柱宿存。种子呈四面体，沿棱有翅并在表面生有横膜翅。

约 350 种。我国约 180 种，昆仑地区产 6 种 2 变种。

分种检索表

1. 一年生草本；根圆柱形 ································ **1. 露蕊乌头 A. gymnandrum** Maxim.
1. 多年生草本；根圆锥形或为 2 至数个簇生的块根。

2. 根圆锥形 …………………………………………… **2. 高乌头 A. sinomontanum** Nakai
2. 根为2至数个簇生的块根。
3. 叶掌状全裂。
4. 花序被开展的毛；上萼片船状镰刀形或镰刀形 ……………………………
……………………………………………………… **3. 铁棒锤 A. pendulum** Busch
4. 花序被伏贴的毛；上萼片盔状船形 ……………………………………………
…………………………………………… **4. 伏毛铁棒锤 A. flavum** Hand. -Mazz.
3. 叶掌状深裂。
5. 心皮5 ……………………………… **5. 甘青乌头 A. tanguticum**（Maxim.）Stapf
5. 心皮3 ……………………………………… **6. 褐紫乌头 A. brunneum** Hand. -Mazz.

1. 露蕊乌头

Aconitum gymnandrum Maxim. in Bull. Acad. Sci. St. -Pétersb. 23：308. 1876；中国植物志 27：324. 图版 77：1～3. 1979；西藏植物志 2：38. 图 10：1～2. 1985；青海植物志 1：305. 1997；青藏高原维管植物及其生态地理分布 216. 2008.

一年生草本，高 5～65 cm。根圆柱形，外皮褐色。茎上部被短柔毛，下部疏被柔毛或无毛，常分枝。叶片宽卵形，长 3～7 cm，宽 4～5 cm，3 全裂，全裂片二至三回深裂，小裂片狭卵形至披针形，上面被短柔毛，下面沿脉被白色长柔毛，或无毛；下部的叶柄长 2～6 cm，上部的叶柄逐渐变短。总状花序，具数花至多花；基部的苞片似叶，下部的苞片 3 裂，中上部的苞片披针形至线形，有时 3 全裂；萼片蓝紫色，外面疏被长柔毛，具爪，上萼片船形，高 1.5～2.0 cm，侧萼片长 1.2～1.8 cm；花瓣片长 6～8 mm；雄蕊外露，被短毛；心皮 6～13 个，子房有毛。 花期 6～8 月。

产青海：兴海（中铁乡至中铁林场途中，吴玉虎 43063、43173；中铁乡，吴玉虎 42770；赛宗寺，吴玉虎 46170、47711；赛宗寺后山，吴玉虎 46279、46309、46341、46371；大河坝乡赞毛沟，吴玉虎 46447；中铁乡天葬台沟，吴玉虎 45889、45891、45894、45935、45952、45969、47699；中铁林场恰登沟，吴玉虎 44974）、玛多（县牧场后山，吴玉虎 684、1065；黑河公社，刘海源 899）、玛沁（军功乡，吴玉虎 4607；拉加乡，吴玉虎等 6078；雪山乡，H. B. G. 436、玛沁队 398）、达日（窝赛乡，H. B. G. 879；建设乡，H. B. G. 1061、陈桂琛 1702）、甘德（上贡麻乡，H. B. G. 961）、久治（索乎日麻乡，藏药队 521、果洛队 373）、班玛（县城附近，郭本兆 456；马柯河林场宝藏沟，王为义 27291；马柯河林场红军沟，王为义等 26863）、曲麻莱（县城附近，刘尚武和黄荣福 723、刘尚武等 720；乡上木错，黄荣福 156）。生于海拔 3 200～4 500 m 的河谷山地阴坡锦鸡儿灌丛、阴坡云杉疏林缘、山地阔叶林缘、山地高寒灌丛草甸、沟谷山坡砾地、河谷沙砾滩、农田边。

甘肃：玛曲（黄河南岸，陈桂琛 1059）。生于海拔 3 200～3 400 m 的河岸边草地、高寒草甸。

分布于我国的青海、甘肃、西藏、四川、云南。模式标本采自青海大通。

2. 高乌头

Aconitum sinomontanum Nakai in Rep. Ist. Sci. Exp. Manch. 4（2）：146. f. 9. 1935；中国植物志 27：168. 图版 28：1～4. 1979；青海植物志 1：300. 1997；青藏高原维管植物及其生态地理分布 220. 2008.

2a. 高乌头（原变种）

var. **sinomontanum**

直立草本，高 60～70 cm。茎疏被柔毛。基生叶 1 枚，与茎下部的叶均具长柄；叶片肾形或圆肾形，长 6～8 cm，宽 12～14 cm，基部心形，3 深裂至近基部，中央裂片较小，3 裂，边缘具三角形锐齿，侧裂片斜扇形，不等 3 裂达中部，沿脉疏被短柔毛；叶柄长 10～19 cm。总状花序长 16～30 cm，具多花；轴及花梗被紧贴的短柔毛，下部的苞片形状与叶相似而小，上部苞片线形；萼片蓝紫色或淡紫色，外面密被短曲柔毛，上萼片圆筒形，高 2.5～3.0 cm，宽 4～9 mm，外缘中部稍缢缩；花瓣长 1.5～2.0 cm，近舌形，距向后拳卷；花丝常具 1～2 小齿；心皮 3 个，无毛。蓇葖果长 1.0～1.5 cm，具宿存花柱。种子卵圆形，褐色，长 2.0～2.5 mm，密生膜质横翅。 花期 7～8 月，果期 8～9 月。

产青海：班玛（马柯河林场宝藏沟，王为义等 27263）。生于海拔 3 300～3 650 m 的河谷山地林下、山坡草地、河边草甸。

分布于我国的青海、甘肃、陕西、四川、贵州、河北。模式标本采自河北小五台山。

2b. 毛果高乌头（变种）

var. **pilocarpum** W. T. Wang in Acta Phytotax. Sin. Supp. 1：62. 1965；中国植物志 27：170. 1979.

本变种与原变种的区别在于：子房有伏贴的短柔毛；花丝多全缘。

产青海：班玛（马柯河林场可培苗圃，王为义等 27152）。生于海拔 3 700 m 左右的沟谷山地林下。

分布于我国的青海、四川。

3. 铁棒锤 图版 47：9～18

Aconitum pendulum Busch in Bull. Jard. Bot. St.-Pétersb. 5：135. 1905；中国植物志 27：319. 图版 74：7～8. 图版 75：6～9. 1979；西藏植物志 2：36. 图 9：5～7. 1985；青海植物志 1：304. 图版 63：9～17. 1997；青藏高原维管植物及其生态地

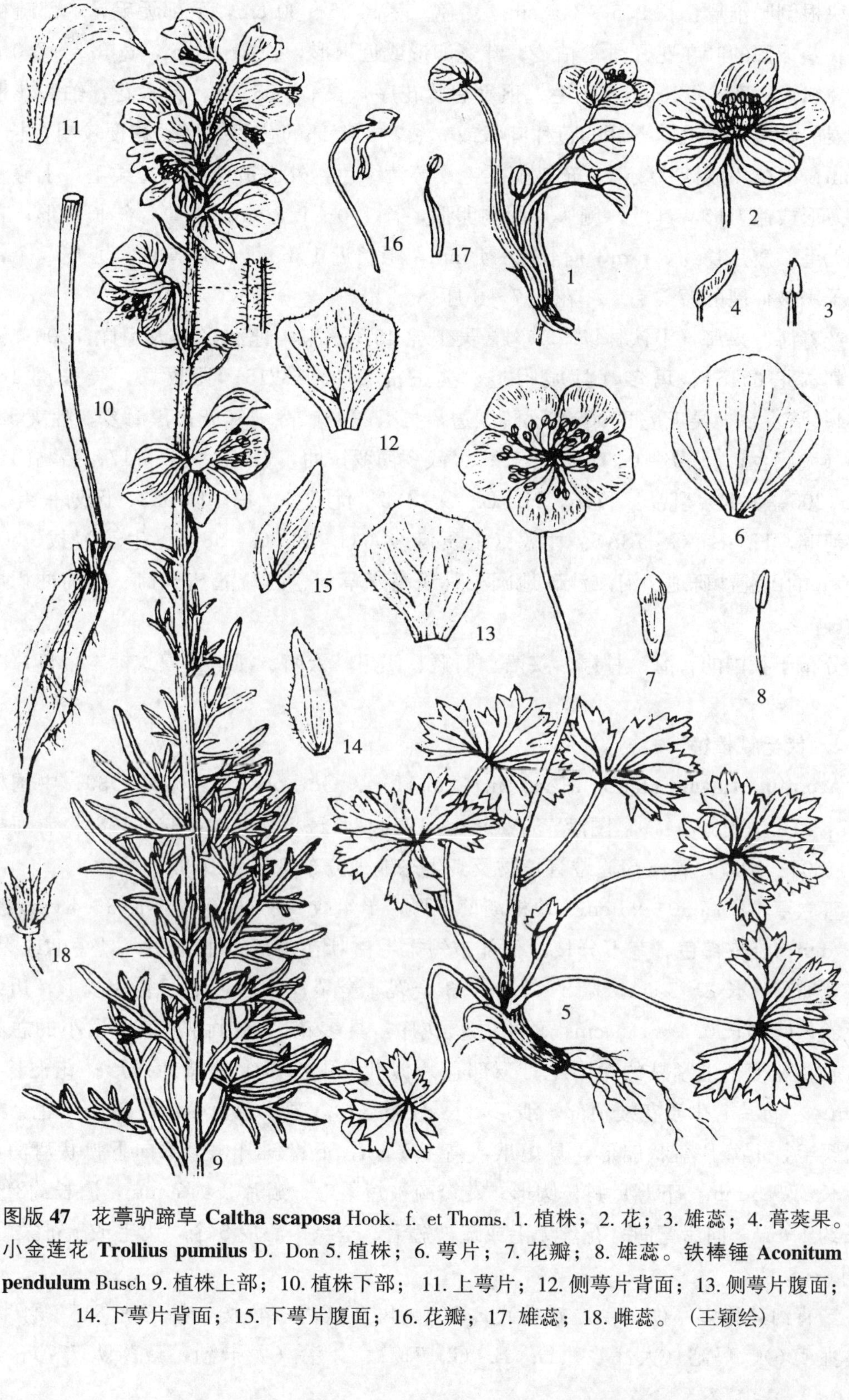

图版 **47**　花葶驴蹄草 **Caltha scaposa** Hook. f. et Thoms. 1. 植株；2. 花；3. 雄蕊；4. 蓇葖果。小金莲花 **Trollius pumilus** D. Don 5. 植株；6. 萼片；7. 花瓣；8. 雄蕊。铁棒锤 **Aconitum pendulum** Busch 9. 植株上部；10. 植株下部；11. 上萼片；12. 侧萼片背面；13. 侧萼片腹面；14. 下萼片背面；15. 下萼片腹面；16. 花瓣；17. 雄蕊；18. 雌蕊。（王颖绘）

理分布 219. 2010.

块根倒圆锥形，长 2.5～7.0 cm，褐色。茎高 25～80 cm，下部无毛，上部疏被短柔毛。茎下部的叶在花开时常枯萎；叶宽卵形或近扇形，长 2～4 cm，宽 3.5～7.0 cm，小裂片线形，宽 1～2 mm，无毛。顶生总状花序，长 8～25 cm，具多花；轴和花梗密被伸展的黄色短柔毛；下部的苞片叶状或 3 裂，最上部的苞片线形；花梗较粗，长 2～10 mm；小苞片披针状线形，疏被短柔毛；萼黄绿色，外面被伸展的短柔毛，上萼片船状镰刀形或镰刀形，具爪，侧萼片圆倒卵形，长 1.0～1.5 cm，下萼片斜长圆形；花瓣几乎无毛，瓣片长约 8 mm，唇长 1～4 mm，距长近 1 mm，向后弯曲；心皮 5 个，无毛或子房被伸展的短柔毛。　花期 7～8 月。

产青海：兴海（中铁林场卓琼沟，吴玉虎 4570；采集地和采集人不详，200；河卡乡，郭本兆 6246）、玛多（县城附近，吴玉虎 241、18215；县牧场，吴玉虎 1606、18084；清水乡，吴玉虎 29000；鄂陵湖边，吴玉虎 18094、18098；黑海乡，杜庆 527）、玛沁（大武乡，H. B. G. 485、719；大武乡德罗拉曲，H. B. G. 717；昌马河，刘海源 1205；大武乡乳品厂牧场，H. B. G. 485；优云乡，玛沁队 533、区划一组 170；东科河畔，H. B. G. 788）、甘德（上贡麻乡，H. B. G. 981）。生于海拔 3 500～4 280 m的山麓沙砾地、河滩沙砾地圆柏林缘高寒草甸、河滩灌丛草甸、山前冲积扇砾石地。

分布于我国的青海、甘肃、陕西、西藏、四川、云南、河南。模式标本采自甘肃。

4. 伏毛铁棒锤

Aconitum flavum Hand.-Mazz. in Acta Hort. Gothob. 13: 87. 1939；中国植物志 27：318. 图版 74：9. 图版 75：1～5. 1979；西藏植物志 2：36. 1985；青海植物志 1：304. 1997；青藏高原维管植物及其生态地理分布 216. 2008.

直立草本，高 30～95 cm。块根胡萝卜形，单生或 2～3 枚簇生，长 3～4 cm，直径 7～8 mm，外皮褐色。茎不分枝，上部被短柔毛。叶在中部以上密集，具短柄或无柄，叶片宽卵形，长 3～5 cm，宽 3～4 cm，3 全裂，全裂片细裂，末回裂片线形，边缘干时反卷；叶柄长 0.3～1.5 cm。顶生总状花序，具多花，有时由叶腋生出小的总状花序；轴及花梗密生紧贴的短柔毛；下部苞片似叶，中部以上的苞片线形；花梗长 2～8 mm；小苞片着生于花梗顶部，线形，长 3～6 mm；萼片黄色带绿，或暗紫色，外面被短柔毛，上萼片盔状船形，具短爪，高 1.5 cm，下缘斜升，上部向下弧状弯曲，侧萼片长约 1.5 mm，下萼片斜长圆形；花瓣疏被短柔毛，瓣片长约 7 mm，唇长约 3 mm，距长约 1 mm，向后弯曲；花丝无毛或疏被短毛，全缘；心皮 5 个，无毛或疏被柔毛。花期 6～8 月。

产青海：称多（称文乡，刘尚武 2330）、玛多（玛多牧场，吴玉虎 815；野牛沟，郭本兆 106）、玛沁（大武乡，H. B. G. 717）、久治（龙卡湖，藏药队 777）、达日

（吉迈乡赛纳纽达山，H. B. G. 1317）。生于海拔 3 600～4 700 m 的山坡草地、沟谷山地林缘、高山灌丛、沙砾质河滩、路边草丛。

分布于我国的青海、甘肃、宁夏、陕西、西藏、四川、内蒙古。模式标本采自四川西北部。

5. 甘青乌头

Aconitum tanguticum（Maxim.）Stapf in Ann. Bot. Gard. Calc. 10：151. 1909；中国植物志 27：182. 图版 33：1～4. 1979；西藏植物志 2：22. 图 5：1～2. 1985；青海植物志 1：301. 图版 65：1～5. 1997；青藏高原维管植物及其生态地理分布 221. 2008. ——*A. rotundifolium* Kar. et Kir. var. *tanguticum* Maxim. Fl. Tangut. 1：26. 1889.

5a. 甘青乌头（原变种）

var. **tanguticum**

多年生草本，高 8～30 cm。块根纺锤形或倒圆锥形，长 1.5～2.5 cm，外皮褐色。茎分枝，密被反曲紧贴的短柔毛。基生叶具长柄；叶片圆形或圆肾形，长 1～4 cm。宽 1.5～4.0 cm，3 深裂，深裂片互相覆压，边缘具圆齿；叶柄长 2～8 cm，基部具鞘；茎生叶 1～2 枚，通常具短柄。顶生总状花序，具数花；轴和花梗密被紧贴的短柔毛；苞片披针形或线形，罕 3 裂；下部花梗长 1～2 cm，上部花梗逐渐变短；小苞片生于花梗上部或与花相接近，卵形至宽线形，长约 2 mm；萼片蓝紫色，外面被短柔毛，上萼片船形，高 1.5～2.5 cm，宽 5～7 mm，下缘稍凹或平直，长 1.2～2.0 cm，下萼片宽椭圆形；花瓣极小，距短；花丝疏被毛，有时具 2 齿；心皮 5 个，无毛。 花期 7～9 月。

产青海：兴海（温泉乡姜路岭，吴玉虎 28196、张盍曾 63106；鄂拉山口，刘海源等 616；河卡乡里都山，何廷农 303）、玛多（县城附近，吴玉虎 596；花石峡乡，H. B. G. 1494；巴颜喀拉山，周国杰 003；巴颜喀拉山口，刘海源 802；清水乡一队，吴玉虎 596）、玛沁（江让水电站，吴玉虎等 18367、18377；黑土山，吴玉虎 18480、18483、18669；兔子山，吴玉虎 18296B；昌马河乡，H. B. G. 1494；雪山乡，采集人不详 002、005；大武乡，区划二组 2263；木错龙沟，区划一组 143；大武乡格曲，H. B. G. 573；尼卓玛雪山垭口，H. B. G. 743）、达日（吉迈乡赛纳纽达山，H. B. G. 1259）、久治（索乎日麻乡扎龙尕玛山，藏药队 319、362，果洛队 362）、曲麻莱（秋智乡，刘尚武 701；叶格乡，黄荣福 124）、称多（巴颜喀拉山口，陈世龙等 541）。生于海拔 3 650～5 820 m 的高山草甸、高山流石坡、沟谷山地林下、河谷沼泽草甸、山坡草地、宽谷河滩高寒草原、山麓砾石地。

四川：石渠（菊母乡，吴玉虎 29862）。生于海拔 4 620 m 的沟谷山地高寒草甸裸地、高寒草原、高山流石坡。

分布于我国的青海、甘肃、陕西、西藏、四川。模式标本采自青海大通。

5b. 毛果甘青乌头（变种）

var. **trichocarpum** Hand.-Mazz. in Acta Hort. Gothob. 13：91. 1939；中国植物志 27：184. 1979；西藏植物志 2：22. 1985；青海植物志 1：302. 1997；青藏高原维管植物及其生态地理分布 221. 2008.

本变种与原变种的区别在于：子房被短柔毛；萼片蓝紫色或偶为淡绿色。

产青海：称多（毛哇山垭口，陈世龙等 577）。生于海拔 4 460～4 600 m 的高山草甸、流石滩。

四川：石渠（菊母乡，吴玉虎 29790、29796、29804、29826、29862、29871、29902）。生于海拔 4 200～4 620 m 的沟谷山地高寒草甸、高山流石坡、阳坡山麓沙砾地。

分布于我国的青海东部、甘肃南部、西藏、四川、云南西北部。模式标本采自四川松潘附近。

6. 褐紫乌头

Aconitum brunneum Hand.-Mazz. in Acta Hort. Gothob. 13：103. 1939；中国植物志 27：201. 图版 37：1～7. 1979；青海植物志 1：302. 1997；青藏高原维管植物及其生态地理分布 214. 2008.

茎高 40～82 cm，具棱，无毛，近花序处被反曲短柔毛。叶片肾形或近五角形，长 2～6 cm，宽 3～8 cm，3 深裂，中央裂片倒卵形、宽楔形或菱形，3 浅裂，侧裂片扇形，不等 2 深裂至近中部，近无毛或无毛，下部叶柄长 12～19 cm，基部具鞘，中部以上叶柄逐渐变短，基部近无鞘。总状花序长 14～29 cm，具 12～20 花；轴或花梗被反曲短柔毛；苞片狭三角形至线形；花梗长 0.5～1.0 cm；小苞片细线形；萼片褐紫色或蓝紫红色，外面疏被短柔毛，上萼片船形，向上斜展，长约 1 cm，下缘稍凹，与斜生的外缘呈喙状；花瓣长约 1 cm，疏被短柔毛，或近无毛，瓣片顶端圆，无距，唇长约 2.5 mm；雄蕊无毛；心皮 3 个，疏被短柔毛或无毛。蓇葖果长 0.7～1.5 cm，无毛。种子灰褐色，长 2.0～2.5 mm，近倒卵形，具 3 条纵棱，沿棱具窄翅，表面有横皱。 花期 7～8 月，果期 8～9 月。

产青海：班玛（马柯河林场，郭本兆 492；马柯河林场烧柴沟，王为义 27507；马柯河林场可培苗圃，王为义 27042）、久治（县城郊区，陈桂琛 1578；龙卡湖，藏药队 690；希门错湖畔，果洛队 447、555，藏药队 535）。生于海拔 3 200～4 000 m 的沼泽湿地、灌丛。

分布于我国的青海、甘肃、四川。模式标本采自四川道孚。

7. 翠雀属 Delphinium Linn.

Linn. Sp. Pl. 530. 1753.

多年生草本，稀为一、二年生草本。单叶互生，稀为基生叶，掌状分裂，罕为近羽状分裂。花序多为总状，稀为伞房状；具苞片；花梗具 2 小苞片；花两性，两侧对称；萼片 5 枚，花瓣状，紫色、蓝色、白色或黄色，卵形或椭圆形，上萼片有距，距囊状至钻形，其余萼片无距；花瓣 2 枚，条形，生于上萼片与雄蕊之间，无爪，有距，黑褐色或与萼片同色，距伸到萼距中，有分泌组织；退化雄蕊 2 枚，分别生于两侧萼片与雄蕊之间，黑褐色或与萼片同色，分化成瓣片与爪两部分，瓣片匙形至圆倒卵形，不裂或 2 裂，腹面中央有 1 簇黄色或白色髯毛，基部有 2 个鸡冠状小突起；雄蕊多数，花药椭圆状球形，花丝披针状线形，具 1 脉；心皮 3～5（～7）个，花柱短，胚珠多数，沿子房室的腹缝线排列成 2 行。蓇葖果有脉网，花柱宿存。种子四面体或近球形，沿棱生膜状翅，或密生鳞状横翅，或生同心的横状膜翅。

300 余种，广布于北温带地区。我国有 113 种，除台湾和海南两省外，各地均有分布；昆仑地区产 13 种 4 变种。

分种检索表

1. 退化雄蕊黑色或黑褐色。
  2. 退化雄蕊无髯毛 ………………………………… **1. 毛翠雀花 D. trichophorum** Franch.
  2. 退化雄蕊中央有 1 簇黄色或白色髯毛。
    3. 总状花序，通常具多花。
      4. 总状花序的花排列紧密；花梗密被白色腺毛 ……………………………… ……………………………………… **2. 密花翠雀花 D. densiflorum** Duthie ex Huth
      4. 总状花序的花排列多少稀疏。
        5. 萼距囊状圆锥形，长约 4 mm，明显短于萼片；叶五角形，基部深心形；小苞片与花邻接，膜质，条状披针形；心皮 4，无毛 …………… ………………………… **13. 四果翠雀花 D. tetragynum** W. T. Wang
        5. 萼距圆锥状钻形，与萼片近等长或较长。
          6. 花序轴、花梗及萼片背面密被开展的白柔毛和黄色腺毛；萼距长于萼片 1.5 倍…… ……………………………………………………………… ……… **12. 昆仑翠雀花 D. kunlunshanicum** C. Y. Yang et B. Wang
          6. 花序轴和花梗无黄色腺毛，仅有白色硬毛；萼片背面有黄色腺毛；萼距与萼片近等长 ……… **11. 乌恰翠雀花 D. wuqiaense** W. T. Wang

3. 花序伞房状，常具少数花，稀1朵。

7. 小苞片较宽，3裂，裂片披针形 ……… **5. 奇林翠雀花 D. candelabrum** Ostf.

7. 小苞片较窄，不分裂。

8. 叶掌状深裂。

9. 心皮3 ……………………… **6. 白蓝翠雀花 D. albocoeruleum** Maxim.

9. 心皮4 …………………………… **14. 帕米尔翠雀花 D. lacostei** Danguy

8. 叶掌状全裂。

10. 花单生于茎顶或分枝顶端；萼距比萼片短 ………………………
……………………… **3. 唐古拉翠雀花 D. tangkulaense** W. T. Wang

10. 伞房花序，具3～7花；萼距比萼片长 …………………………
……………………………… **4. 大通翠雀花 D. pylzowii** Maxim.

1. 退化雄蕊与萼片同色（蓝色、紫色或白色）。

11. 叶掌状全裂 ………………………… **10. 蓝翠雀花 D. caeruleum** Jacp. ex Camb.

11. 叶掌状深裂近基部。

12. 叶各回裂片相互覆压；萼片的脉明显；萼距不足或为萼片长的1/5，囊形或圆锥形，长5～6 mm，粗6～7 mm ……………………………………
……………………………………… **15. 迭裂翠雀花 D. nordhagenii** Wendelbo

12. 叶的裂片多少分开，少有邻接或覆压。

13. 叶小裂片狭披针形至线形 ………… **9. 光序翠雀花 D. kamaonense** Huth

13. 叶小裂片卵形或狭卵形。

14. 种子只沿棱生翅；退化雄蕊的瓣片多为倒卵形 …………………
……………………………… **7. 粗距翠雀花 D. pachycentrum** Hemsl.

14. 种子密生鳞状横翅；退化雄蕊的瓣片椭圆形或狭卵形 …………
……………………………… **8. 川黔翠雀花 D. bonvalotii** Franch.

1. 毛翠雀花 图版48：1～5

Delphinium trichophorum Franch. in Bull. Soc. Philom. Paris. ser. 8. 5：166. 1893；中国植物志27：354. 图版80：1～6. 1979；西藏植物志2：43. 图10：3～4. 1985；青海植物志1：307. 图版66：1～5. 1997；青藏高原维管植物及其生态地理分布242. 2008.

1a. 毛翠雀花（原变种）

var. **trichophorum**

根圆锥形，黑褐色，木质化。茎高20～60 cm，被糙毛，稀无毛。叶3～5枚，生于茎的基部或近基部，具长柄；叶片肾形或圆肾形，长2.5～9.0 cm，宽4～13 cm，深裂片互相覆压或稍分开，两面疏被糙伏毛，有时变无毛；叶柄长5～12 cm；茎中部的叶 1～2 枚，很小，有时不存在。总状花序，密生多花；下部苞片叶状，上部逐渐变小，披针形；轴及花梗被开展的糙毛，花梗近伸直；小苞片卵形至宽披针形，长 5～12 mm，密被长糙毛；萼片灰白色、淡蓝色或紫色，长 1～2 cm，两面均被长糙毛，上萼片船状卵形，距下垂，长 1.5～2.5 cm，基部直径 3～5 mm；花瓣顶端微凹或 2 浅裂，无毛，少疏被硬毛；退化雄蕊瓣片卵形，2 浅裂，无毛或疏被糙毛；雄蕊无毛；心皮 3 个，子房密被紧贴的短毛。蓇葖果长 1.5～2.5 cm。种子四面体状，长约 2 mm，沿棱具窄翅。花期 7～8 月，果期 8～9 月。

产青海：都兰（采集地和采集人不详，1687）、称多（县郊，吴玉虎 29281）、玛沁（城镇附近，区划二组 2259；大武乡格曲，H. B. G. 707）、甘德（上贡麻乡，吴玉虎 25803）、久治（龙卡湖，采集人不详 592、623、697、791；希门错湖畔，采集人不详 495）、达日（满掌乡，吴玉虎 25984、26803；建设乡，吴玉虎 27113；吉迈乡赛纳纽达山，H. B. G. 1264B）、曲麻莱（木同江浪寺，刘尚武 889）、称多（县城附近，刘尚武 2460；扎朵乡，苟新京 83-288、郭本兆 383）。生于海拔 3 650～4 600 m 的沟谷山地高山灌丛、河滩高山草甸、河谷溪流边沼泽草甸、高寒草甸砾石地、山地阳坡、山坡高寒灌丛草甸。

四川：石渠（红旗乡，吴玉虎 29413；菊母乡，吴玉虎 29871；新荣乡雅砻江边，吴玉虎 29988）。生于海拔 4 200 m 左右的山地高寒草甸。

分布于我国的青海、甘肃、西藏、四川。模式标本采自四川康定。

1b. 粗距毛翠雀花（变种）

var. **platycentrum** W. T. Wang in Acta Bot. Sin. 10：75. 1962；中国植物志 27：354. 图版 80：9. 1979；青藏高原维管植物及其生态地理分布 242. 2008.

本变种与原变种的区别在于：萼距较粗，圆锥状钻形，基部粗 6～8 mm，末端钝或圆形。

产青海：达日（满掌乡，吴玉虎 26803）、久治（采集地和采集人不详，851）。生于海拔 4 000～4 290 m 的沟谷高山草甸、山坡草甸砾石地。

分布于我国的青海、四川西南部。模式标本采自四川木里。

2. 密花翠雀花 图版 48：6～10

Delphinium densiflorum Duthie ex Huth in Bot. Jahrb. 20：393. 1895；中国植物志 27：357. 图版 84：1～4. 1979；青海植物志 1：307. 图版 66：6～10. 1997；青藏高原维管植物及其生态地理分布 237. 2008.

根圆锥形，黑褐色。茎直立，高 10～25 cm，直径约 1 cm，上部疏被柔毛，下部近无毛。叶基生和茎生，茎下部的叶具长柄，近花序处叶柄较短；叶片近革质，肾形，长 3～5 cm，宽 5～8 cm，掌状 3 深裂，裂片互相稍覆压，边缘具圆齿，上面近无毛，下

图版 **48** 毛翠雀花 **Delphinium trichophorum** Franch. 1. 植株；2. 花瓣；3. 退化雄蕊；4. 雄蕊；5. 雌蕊。密花翠雀花 **D. densiflorum** Duthie ex Huth 6. 全株；7. 花；8. 花瓣；9. 退化雄蕊；10. 雌蕊。（阎翠兰绘）

面沿脉疏被柔毛；基生叶的叶柄长 7～11 cm。总状花序，具多数密集的花；花梗长 0.7～2.5 cm，密被白色腺毛；小苞片生于花梗上部，线状长圆状，长约 1.5 cm，具长缘毛；萼片宿存，淡灰蓝色，外面被长柔毛，内面无毛，上萼片船状卵形，长 2.5～3.0 cm；花瓣顶端 2 浅裂，具缘毛，退化雄蕊长约 1.4 cm，瓣片卵形，与爪近等长，2 深裂，裂片宽披针形，在腹面中央有 1 丛长柔毛；雄蕊无毛；心皮 3 个，子房被柔毛。花期 7～8 月。

产青海：玛多（清水乡，吴玉虎 570）、玛沁（县城郊区，玛沁队 505；大武乡乳品厂牧场，H. B. G. 501；格曲嘎合玛，H. B. G. 707）、达日（吉迈乡赛纳纽达山，H. B. G. 1264）。生于海拔 3 800～4 600 m 的河滩砾石地、高山流石滩、高寒沼泽草甸、河谷阶地高寒草甸。

分布于我国的青海、甘肃；尼泊尔，印度也有。

3. 唐古拉翠雀花

Delphinium tangkulaense W. T. Wang in Acta Phytotax. Sin. Supp. 1：99. 1965；中国植物志 27：369. 图版 85：1～2. 1979；西藏植物志 2：50. 图 14：1～2. 1985；青海植物志 1：309. 1997；青藏高原维管植物及其生态地理分布 241. 2008.

多年生草本，高 4～10 cm，全株被开展的短柔毛。茎不分枝，有时具 1 分枝。基生叶 2～4 枚，具长柄；叶片圆肾形，长 0.8～1.6 cm，宽 1.5～3.0 cm，3 全裂，二回裂片再分裂，小裂片卵形或宽卵形，顶端钝或圆形，具短尖，侧全裂片斜扇形，不等 2 深裂，两面被短柔毛，叶柄长 2～4 cm。花单生于茎顶端或分枝顶端，长 3～4 cm，被开展的短柔毛，稀混生有黄色短腺毛；小苞片披针形，长 6～8 mm，稀无苞片；萼片蓝紫色，宽椭圆形或倒卵形，长 1.5～2.5 cm，宽 1～2 cm，外面被较密的短柔毛，里面疏被短柔毛，距圆筒形或钻状圆筒形，短于萼片，一般长 1.0～1.3 cm，基部直径约 3 mm，直或末端微向下弯；花瓣顶端 2 浅裂，具少数短毛；退化雄蕊瓣片近卵形，2 裂几至中部，腹面被黄色髯毛；雄蕊无毛；心皮 3 个，子房被短柔毛。 花期 7～8 月。

产青海：格尔木（唐古拉山 110 道班南 4 km，青藏冻土植被队 108、161；各拉丹冬，蔡桂全 015）、玛沁（昌马河，刘海源 1226）、玛多（县城郊区，吴玉虎 500）、治多（可可西里库赛湖畔，黄荣福 427、457、997、1015、1023、1026；勒斜武旦，黄荣福 261、842；西金乌兰，黄荣福 339、797；新青峰，黄荣福 296；楚玛河上游，黄荣福 490；五雪峰，黄荣福 984；卓乃湖，黄荣福 419；太阳湖，黄荣福 934）、曲麻莱（东风乡香日公马，黄荣福 147；秋智乡措池马龙，刘尚武等 702；龙甲山垭口，陈世龙等 822）、称多（巴颜喀拉山，吴玉虎 29113）。生于海拔 4 500～5 000 m 的高原山坡砾石滩、高山流石坡、砾石质河滩草甸、山坡湿地、宽谷高寒草甸、石山顶。

分布于我国的青海、西藏。模式标本采自西藏唐古拉山。

4. 大通翠雀花

Delphinium pylzowii Maxim. in Bull. Acad. Sci. St.-Pétersb. 9：709. 1876；中国植物志 27：376. 1979；青海植物志 1：309. 1997；青藏高原维管植物及其生态地理分布 241. 2008.

4a. 大通翠雀花（原变种）

var. **pylzowii**

多年生草本，高 5～15 cm。茎由下部分枝，被反曲短柔毛。下部叶具长柄；叶片圆五角形，长 1.5～2.5 cm，宽 2.0～2.8 cm，3 全裂，中央裂片一回 3 裂或二至三回近羽状细裂，小裂片窄披针形至线形，两面疏被短柔毛；叶柄长 2～3 cm。花序伞房状，具 2 至数花，或单生茎顶与分枝顶端；基部苞片叶状，上部的苞片 3 裂或钻形；花梗长 1.5～7.0 cm，密被反曲或开展的短柔毛，并混有黄色腺毛；小苞片生花梗中部，线形或钻形，长 3～5 mm；萼片蓝紫色，卵形，长 1.5～2.2 cm，外面被白色柔毛，距钻形，长 2.0～2.5 cm，末端向下弯曲；花瓣无毛，顶端微凹；退化雄蕊瓣片黑褐色，长 6～9 mm，2 裂达中部，腹面被黄色髯毛；心皮 5 个，子房密被柔毛。 花期 7～8 月。

产青海：兴海（河卡乡，郭本兆 6234、6253，何廷农 337；河卡山北坡，采集人不详 431）、曲麻莱（楼黎沟，黄荣福 090）、玛沁（县城郊区，区划一组 153、区划二组 R61、吴玉虎 1410）。生于海拔 3 500～4 700 m 的山坡草地、沟谷山地林下、高原山麓砾地、河谷阶地草甸、高寒草甸裸露地、高山流石坡。

分布于我国的青海、甘肃。模式标本采自青海大通。

4b. 三果大通翠雀花（变种） 图版 49：1～8

var. **trigynum** W. T. Wang in Acta Bot. Sin. 10：78. 1962；中国植物志 27：377. 图版 87：1～5. 1979；西藏植物志 2：52. 图 15：3～4. 1985；青海植物志 1：311. 图版 67：6～8. 1997；青藏高原维管植物及其生态地理分布 241. 2008.

本变种与原变种的区别在于：心皮 3 个；叶的中全裂片二至三回细裂；萼片颜色较淡，常为淡灰蓝色。

产青海：格尔木（西大滩，青藏队吴玉虎 2801）、兴海（河卡乡，郭本兆 6185、6239；河卡乡科学滩开特沟，何廷农 204）、玛沁（昌马河，吴玉虎 18145、18148；大武乡江让水电站，吴玉虎 18432；黑土山，吴玉虎 19017；军功乡，吴玉虎 26930；县城附近，区划一组 153；大武乡乳品厂牧场，H. B. G. 498；雪山乡东科河，H. B. G. 437；大武乡格曲，H. B. G. 581、植被地理队 410）、玛多（县牧场，吴玉虎 18085、18152、18157；鄂陵湖边，吴玉虎 18090；扎陵湖措日尕则，吴玉虎 18101、18103、18104、18105、18269；黑海乡红土坡煤矿，吴玉虎 18073、18075；巴颜喀拉山北坡，吴玉虎 29127；清水乡阿尼玛卿，吴玉虎 18185；县城附近，吴玉虎 18216）、达日（德昂乡，吴玉虎 25926；窝赛乡，H. B. G. 876；吉迈乡，H. B. G. 1281；吉迈乡赛纳纽达山，H. B. G. 1281）、甘德（上贡麻乡，H. B. G. 959）、称多（清水河乡，苟新京 83－53、H. B. G. 1353）、曲麻莱（秋智乡各化鄂色，刘尚武和黄荣福 674）。生于海拔 3 300～4 700 m 的河谷山坡高寒草甸、河谷溪流边沼泽草甸、河滩草甸、沟谷砾石地、河边石隙、河滩沙地、沙砾质山坡草地。

分布于我国的青海、甘肃、西藏、四川。模式标本采自甘肃夏河。

5. 奇林翠雀花

Delphinium candelabrum Ostf. in Hedin South. Tibet 6：80. pl. 2. f. 2～3. 1922；中国植物志 27：377. 1979；西藏植物志 2：52. 图 11：6. 1985.

5a. 奇林翠雀花（原变种）

var. **candelabrum**

昆仑地区不产。

5b. 单花翠雀花（变种）

var. **monanthum**（Hand.-Mazz.）W. T. Wang in Acta Bot. Sin. 10：78. 1962；中国植物志 27：377. 1979；西藏植物志 2：52. 1985；青海植物志 1：311. 1997；青藏高原维管植物及其生态地理分布 237. 2008. ——*D. monanthum* Hand.-Mazz. in Acata Hort. Gothob. 13：50. f. 1. a. 1939.

直立草本，高 10～25 cm。茎下部无毛，上部被短柔毛。基生叶在茎基部簇生，具长柄；叶片肾状五角形，宽 1～3 cm，3 全裂，中央全裂片宽菱形，侧全裂片近扇形，一至二回细裂，小裂片较宽，卵形，彼此相邻接，疏被短柔毛；叶柄长 2～3 cm。花梗长 3～5 cm，上部密被黄色柔毛；小苞片生于花梗中部，3 裂，裂片披针形；花大，萼片蓝紫色，距与萼片近等长或稍长，钻形，向下弧状弯曲；花瓣暗褐色，疏被短柔毛或无毛，顶端全缘；退化雄蕊紫色，有时下部黑褐色，近圆形，2 浅裂，腹面有黄色柔毛，爪与瓣片近等长，基部有短的附属物；雄蕊无毛；心皮 3 个，子房被毛。 花期 7～9月。

产青海：格尔木（唐古拉山乡沱沱河上游，吴玉虎 17108；唐古拉山北坡温泉兵站西面，黄荣福 224；各拉丹冬，蔡桂全 010；唐古拉山北坡，黄荣福 C. G. 89－029；唐古拉山 107 道班，高生所西藏队 4398）、都兰（巴隆乡昆仑山北坡，吴玉虎 36352）、玛多（巴颜喀拉山北坡，吴玉虎 29133、29153，刘海源 773；清水乡，吴玉虎 29014）、玛沁（军功乡，吴玉虎 26937；大武乡，玛沁队 508）、甘德（东吉乡，吴玉虎 25780、25785）、达日（德昂乡，吴玉虎 25912A、25926；吉迈乡赛纳纽达山，H. B. G.

1272)、久治（龙卡湖畔，藏药队 700)、曲麻莱（县城郊区，刘尚武 704)、称多（清水河乡，苟新京 83-225、H. B. G. 1353；县城郊区，郭本兆 413)。生于海拔3 900~5 100 m 的河谷阶地高寒草甸、干旱阳山坡杂类草草甸、山前砾石地、河谷砾石滩、高山流石滩、山坡草地。

四川：石渠（菊母乡，吴玉虎 29948)。生于海拔 4 620 m 的河谷山地高寒草甸砾地。

分布于我国的青海、甘肃、西藏、四川。模式标本采自四川松潘。

6. 白蓝翠雀花

Delphinium albocoeruleum Maxim. in Bull. Acad. Sci. St.-Pétersb. 23：307. 1877；中国植物志 27：380. 图版 84：15~16. 图版 87：6~8. 1979；青海植物志 1：312. 1997；青藏高原维管植物及其生态地理分布 235. 2008.

直立草本，高 25~60 cm。茎粗壮，被反曲的短柔毛。茎下部的叶具长柄，上部的叶柄短；叶片五角形，长 1.5~5.0 cm，宽 2~9 cm，3 深裂，裂片又一至二回深裂，罕浅裂，小裂片窄卵形、披针形至线形，宽 2~5 mm，具 1~2 枚小齿，两面疏被短柔毛；叶柄长 1.5~13.0 cm。伞房花序，具 3~7 花；下部苞片叶状；花梗长 2~8 cm，被反曲毛或近无毛；小苞片生于花梗近顶部或与花邻接，匙状线形，长 7~12 mm；萼片蓝紫色或蓝白色，长 2.0~2.5 cm，外面被短柔毛，上萼片圆卵形，其他萼片椭圆形，距圆筒状钻形或钻形，长 2.0~2.5 cm，末端向下弯曲；花瓣无毛；退化雄蕊黑褐色，2 浅裂，腹面有黄色髯毛；花丝被短柔毛；心皮 3 个，子房被短柔毛。 花期 7~9 月。

产青海：兴海（赛宗寺，吴玉虎 46260；县城附近，采集人不详 20308；宁曲山，何廷农 335)、玛多（县牧场，吴玉虎 518；鄂陵湖畔措日尕则，吴玉虎 481；清水乡活勒果该垭口，H. B. G. 1353)、玛沁（军功乡，吴玉虎 26938、26941；西哈垄河谷，吴玉虎 5592；黑土山，吴玉虎 5750；大武乡格曲，H. B. G. 581、712；雪山乡，玛沁队 451；雪山乡浪日，H. B. G. 415；大武乡，区划二组 261、H. B. G. 498)、达日（窝赛乡，H. B. G. 876)、甘德（上贡麻乡附近，H. B. G. 959)。生于海拔 2 850~4 730 m 的河谷草甸、山坡高寒草甸砾地、沟谷河岸高山草甸、高山流石坡、路边砾质山坡草甸、河滩高寒草甸、干旱草原、干山坡沙砾质草地。

分布于我国的青海、甘肃、西藏、四川。模式标本采自青海大通河流域。

7. 粗距翠雀花

Delphinium pachycentrum Hemsl. in Journ. Linn. Soc. Bot. 29：301. 1892；横断山区维管植物 上册 482. 1993；青海植物志 1：312. 1997；青藏高原维管植物及其生态地理分布 240. 2008.

多年生草本，高 60 cm。根粗壮，黑褐色，木质化。茎密被反曲短柔毛，通常不分枝。下部叶在开花时枯萎，中部的叶具较长的柄；叶片五角形，长 4～5 cm，宽 6～10 cm，3 深裂至近基部，深裂片多少互相覆压，中央深裂片菱形或窄菱形，3 裂，边缘具少数三角形锐尖，侧裂片斜扇形，不等 2 深裂，两面有短伏毛；叶柄与叶片近等长或长于叶片，密被反曲的短柔毛，无鞘。总状花序具数至多数较为密集的花；下部苞片叶状，其他苞片线形；花梗近直展或顶部微弯，长 1.5～5.0 cm，密被反曲的短柔毛；小苞片线形，长 0.9～1.5 cm；萼片蓝紫色，上萼片卵形，其他萼片长圆形或长圆状披针形，长 1.5～2.0 cm，两面均被短柔毛，距近圆筒形，与萼片等长或稍短；花瓣蓝色，顶端圆形；退化雄蕊蓝色，瓣片与爪近等长，宽倒卵形或宽椭圆形，全缘或顶端微凹或 2 裂达中部，腹面有黄色髯毛；雄蕊无毛；心皮 3 个，子房密被柔毛。　花期 7～8 月。

产青海：达日（吉迈乡赛纳纽达山，H. B. G. 1214）、久治（龙卡湖，采集人不详 543、591、617）。生于海拔 3 950～4 600 m 的高山草甸、沟谷山坡石隙间。

分布于我国的青海、四川。

8. 川黔翠雀花

Delphinium bonvalotii Franch. in Bull. Soc. Philom. Paris, sér. 8. 5：165. 1893；中国植物志 27：410. 图版 95：1～5. 1979；青海植物志 1：312. 1997；青藏高原维管植物及其生态地理分布 236. 2008.

根圆锥形，木质化，外皮黑褐色，内部黄色。茎高 60～80 cm，无毛，上部分枝。茎中部以下的叶具长柄，叶片五角形，长 4～9 cm，宽 6～12 cm，基部心形，3 深裂近基部，中央深裂片菱形，顶端渐尖，3 裂，二回裂片边缘浅裂或呈齿状裂，侧深裂片斜扇形，不等 2 深裂，两面被极疏的糙毛；叶柄长 5～10 cm，基部不呈鞘状。花序顶生，总状或伞房状，具数至多花，分枝顶端的花序伞房状；苞片线形；花梗长 2～7 cm；小苞片生花梗中部以上，线形，长 3～7 mm；萼片蓝紫色，椭圆状倒卵形，长 1.2～2.0 cm，外面有黄色短腺毛和白色短伏毛，距钻形，长 0.8～2.5 cm，向下呈马蹄状或螺旋状弯曲，有时向下呈弧形弯曲；花瓣无毛；退化雄蕊与萼片同色，瓣片 2 裂至中部，具长缘毛，腹面有黄色髯毛；雄蕊无毛；心皮 3 个，子房被柔毛。蓇葖果长 7～14 mm。　花果期 7～8 月。

产青海：班玛（马柯河林场，王为义 27058、27194、27692；马柯河林场王柔苗圃，王为义 26760、27265）。生于海拔 3 200～3 700 m 的沟谷山地林缘沟边、田埂。

分布于我国的青海、四川、贵州。模式标本采自四川康定。

9. 光序翠雀花

Delphinium kamaonense Huth in Bull. Herb. Boiss. 1：333. 1893；中国植物志 27：448. 1985.

9a. 光序翠雀花（原变种）

var. **kamaonense**

昆仑地区不产。

9b. 展毛翠雀花（变种）

var. **glabrescens**（W. T. Wang）W. T. Wang Fl. Reipubl. Popul. Sin. 27：449. t. 104：6～9. 1979；西藏植物志 2：58. 图 17：5～7. 1985；青海植物志 1：316. 1997；青藏高原维管植物及其生态地理分布 238. 2008. ——*D. pseudograndiflorum* W. T. Wang var. *glabrescens* W. T. Wang in Acta Bot. Sin. 10：274. 1962.

根圆锥形，肉质，褐色。茎高 50～60 cm，下部密被反曲和开展的白色短柔毛，上部疏被开展柔毛。叶片圆五角形，长 1.5～6.0 cm，宽 2.4～9.0 cm，3 全裂近基部，中裂片楔状菱形，3 深裂，二回裂片具 1～2 狭卵形或线状披针形小裂片，侧裂片扇形，不等 2 深裂，其深裂片再次二回细裂，上面疏被短柔毛，下面沿脉疏被较长的毛；叶柄长 1.5～1.8 cm，疏被开展的柔毛；其他叶细裂，小裂片线形或细线形，宽 2～3 mm。复总状花序，具多花；花序轴疏被开展柔毛或近无毛；基部苞片叶状，其他苞片细线形或钻形；花梗长 1.5～7.0 cm，上部密被短柔毛或近无毛，下部近无毛；小苞片钻形，长 4～6 mm；萼片深蓝色或淡蓝色，罕白色，椭圆形或倒卵状椭圆形，长 1～2 cm，外面有短伏毛，萼距比萼片长，长 1.5～2.5 cm，末端微向下弯；花瓣无毛，顶端圆形；退化雄蕊蓝色，瓣片宽倒卵形，顶端近全缘或微凹，罕 2 裂至中部，腹面基部以上有黄色髯毛；花丝无毛；心皮 3 个，子房密被长柔毛。 花期 7～8 月。

产青海：玛沁（拉加乡，区划一组 R 19；军功乡，吴玉虎 4633）、久治（康赛乡，吴玉虎 26527；哇尔依乡，吴玉虎 26691；白玉乡，藏药队 632）、班玛（江日堂乡，吴玉虎 26077、26082；马柯河林场灯塔乡，王为义 27397；马柯河林场红军沟，王为义 26889）、称多（歇武寺西南沟，杨永昌 726；歇武乡，刘有义 83-397；赛巴沟，刘尚武 2463）、曲麻莱（东风乡车青，刘尚武等 40831）。生于海拔 3 150～4 100 m 的山坡林缘、高寒灌丛、江岸山坡草甸、河谷滩地草甸、高山草甸、山地阳坡草甸。

四川：石渠（新荣乡雅砻江边，吴玉虎 30021）。生于海拔 4 000 m 左右的沟谷山地高山柳灌丛。

甘肃：玛曲（欧拉乡，吴玉虎 31980；河曲军马场，吴玉虎 31851）。生于海拔 3 200～3 400 m 的河谷阶地高寒灌丛草甸、山地岩石缝隙草甸。

分布于我国的青海、甘肃、西藏、四川。模式标本采自西藏波密。

10. 蓝翠雀花 图版 49：9～14

Delphinium caeruleum Jacq. ex Camb. in Jacp. Voy. Bot. 4：7. t. 6. 1844；中

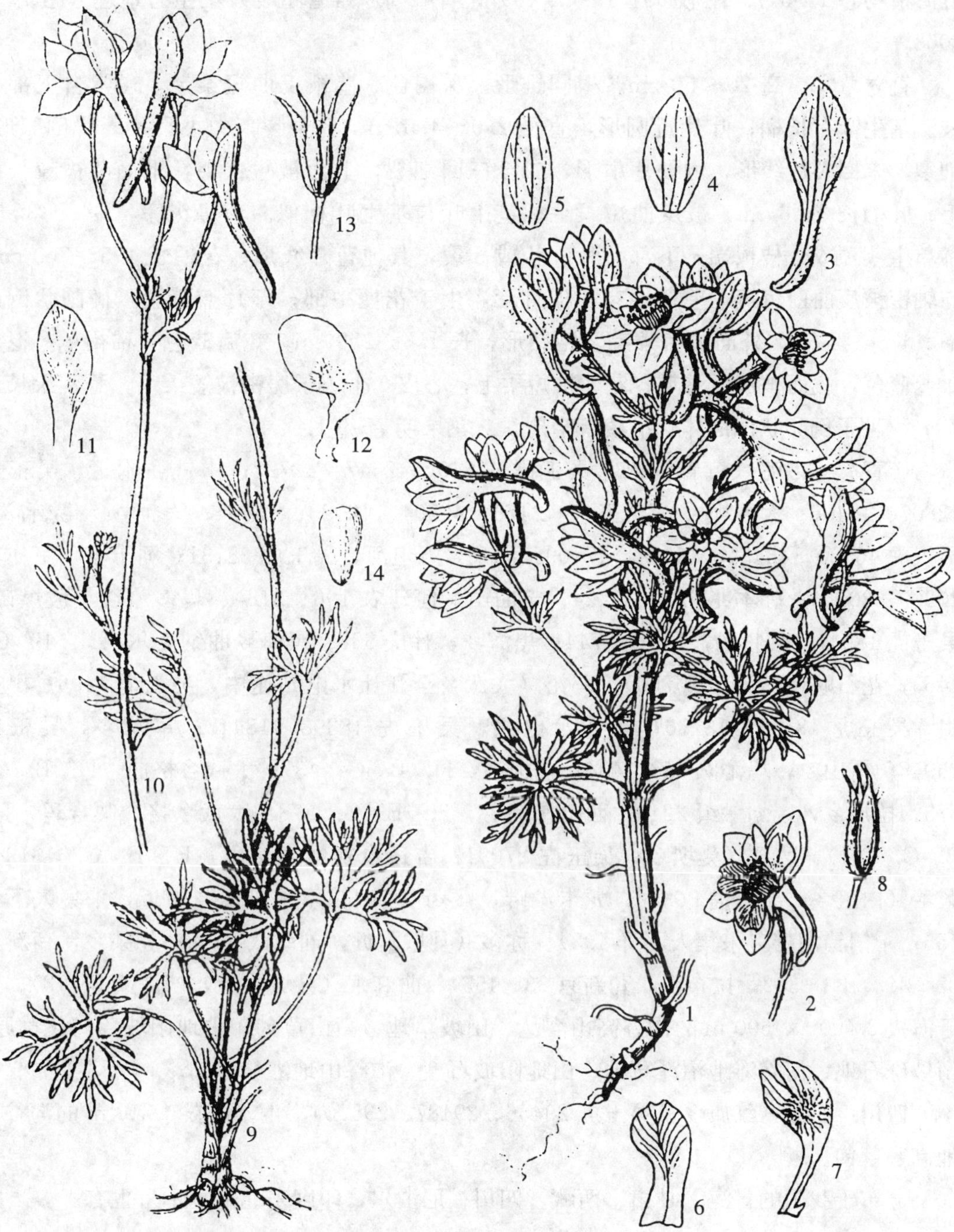

图版 **49**　三果大通翠雀花 **Delphinium pylzowii** Maxim. var. **trigynum** W. T. Wang 1. 全株；2. 花侧面剖开；3. 上萼片；4. 下萼片；5. 侧萼片；6. 花瓣；7. 退化雄蕊；8. 雌蕊。蓝翠雀花 **D. caeruleum** Jacq. ex Camb. 9. 植株下部；10. 植株上部；11. 花瓣；12. 退化雄蕊；13. 蓇葖果；14. 种子。

(阎翠兰绘)

国植物志 27：453. 图版 106：1～4. 1979；西藏植物志 2：58. 图 17：1～4. 1985；青海植物志 1：317. 图版 69：1～4. 1997；青藏高原维管植物及其生态地理分布 236. 2008.

直立草本，高 20～50 cm。根圆锥形，深褐色。茎被反曲短柔毛，通常自下部分枝。基生叶有长柄；叶片近圆形，直径 2.0～4.5 cm，3 全裂，中央裂片菱状倒卵形，细裂，末回裂片线形，侧裂片扇形，二至三回细裂，上面被短伏毛，下面疏被较长的毛；叶柄长 3～6 cm，被反曲短柔毛；茎生叶与基生叶相似。伞房花序，具 2～3 花，稀单生茎顶或分枝顶端；下部苞片叶状或 3 裂，其他苞片线形；花梗长 1.5～7.0 cm，与轴密被反曲白色短柔毛；小苞片披针形，生于花梗中部；萼片蓝紫色，椭圆状倒卵形，长 1～2 cm，外面被短柔毛，距钻形，长 1.6～2.8 cm；花瓣蓝色，稀褐色；退化雄蕊蓝色，腹面被黄色髯毛；花丝被短柔毛；心皮 5 个，子房密被短柔毛。蓇葖果长约 1 cm。种子倒卵状四面体，沿棱有窄翅。 花果期 7～9 月。

产青海：兴海（黄青河畔，吴玉虎 42640、42647、42722；中铁乡附近，吴玉虎 42807、45406；大河坝乡，吴玉虎 42470、42504、42523、42604；大河坝乡赞毛沟，吴玉虎 46450、46451、46464、47109；温泉乡五道河，吴玉虎 28731；河卡乡，王作宾 20200、20266，郭本兆 6220、6424；宁曲山，何廷农 196、318）、玛多（红土坡煤矿，吴玉虎 18041；县牧场，吴玉虎 744；黑海乡，杜庆 537；黑海乡曲纳麦尔，H. B. G. 1463；花石峡乡，吴玉虎 760）、玛沁（大武乡至江让水电站途中，吴玉虎 1496；黑土山，吴玉虎 18536、18786；江让水电站，吴玉虎 18398、18448；军功乡，吴玉虎 26945；雪山乡，玛沁队 358、434；尕柯河，H. B. G. 437；大武乡格曲，H. B. G. 575；拉加乡，区划一组 2219；西哈垄河谷，H. B. G. 873；大武乡格曲嘎合玛，H. B. G. 701）、达日（莫坝乡，吴玉虎 27091；吉迈乡赛纳纽达山，H. B. G. 1319）、久治（白玉乡，吴玉虎 26366；龙卡湖畔，藏药队 764；索乎日麻乡附近，采集人不详 455；希门错湖畔，采集人不详 493）、称多（县城附近，刘尚武 2408；扎朵乡，苟新京 83-247、83-302；拉布乡，苟新京 83-455）、曲麻莱（县城附近，刘尚武等 718）。生于海拔 3 400～4 600 m 的沟谷高山灌丛、山坡草地、高山草甸、山地阳坡草甸化草原、山坡砾石地、河谷滩地沼泽草地、山地阳坡石崖、沟谷山地灌丛草甸。

四川：石渠（红旗乡，吴玉虎 29456、29487、29500）。生于海拔 4 200 m 的沟谷山地高寒草甸。

分布于我国的青海、甘肃、西藏、四川；尼泊尔，印度东北部，不丹也有。

11. 乌恰翠雀花

Delphinium wuqiaense W. T. Wang in Acta Bot. Sin. 3 (1)：32. t. 1：6～8. 1983；新疆植物志 2 (1)：251. 1994.

茎高约 36 cm，基部粗 2.5 mm，不分枝，与叶柄均被开展的白色微硬毛。基生叶约4枚，有长柄；叶片纸质，肾形，长2.0～4.2 cm，宽5.0～6.5 cm，基部心形，3深裂至距基部0.5～1.1 cm处，中央裂片菱形，宽2～2 cm，顶端微尖，再次3浅裂，二回裂片有2～3牙齿，侧裂片斜扇形，不等地2裂近中部，两面沿脉疏被微硬毛，叶柄长4～11 cm。顶生总状花序长约14 cm，约有10花；基部苞片3裂，其他不分裂，条形或狭条形，长0.6～1.0 cm；花序轴与花梗均被开展白色微硬毛；花梗长1.0～4.5 cm，中部以上有2小苞片；小苞片条形，长4～6 mm，宽0.1 mm，被微硬毛；萼片蓝紫色，外面被白色短毛和少数淡黄色短腺毛，长约1 cm，上萼片卵形，侧萼片狭倒卵形，下萼片倒卵状长圆形；花瓣黑色，2浅裂，有少数睫毛；退化雄蕊黑色，瓣片宽卵形，长约4 mm，2裂稍超过中部，边缘有长睫毛，腹面中央有黄色髯毛，爪长6 mm，有疏柔毛；雄蕊多数，花丝有疏柔毛；心皮3个，子房密被短柔毛。 花果期6～8月。

产新疆：乌恰（吉根乡，西植所新疆队2144）、塔什库尔干（克克吐鲁克，帕考队5150）。生于海拔3 200～3 500 m的沟谷山坡草地。

分布于我国的新疆。模式标本采自新疆乌恰县托云乡苏约克。

12. 昆仑翠雀花

Delphinium kunlunshanicum C. Y. Yang et B. Wang in Acta Bot. Sin. 9.（1）: 21. t. 2. 1989；新疆植物志2（1）：252. 1994；青藏高原维管植物及其生态地理分布239. 2008.

茎高30～40 cm，基部粗3～4 mm，疏被开展的白色长硬毛，不分枝。基生叶约5枚，具长柄；叶片肾形，长3.5～5.5 cm，宽7.5～10.0 cm，基部深波状，两面沿脉疏被短硬毛，3深裂至距基部1.3～2.4 cm处，中裂片阔菱形，顶端急尖，中部以上3浅裂，中部裂片三角状卵形，具粗齿，齿牙椭圆形或卵形，顶端钝，有细突尖，侧裂片斜扇形，近中部不对称2裂，位于上方的裂片跟中裂片相似，但较小，位于下方的裂片呈不对称2裂；叶柄长8～10 cm，被开展白色长硬毛，基部具鞘。总状花序长22 cm，约10朵花；花序轴直，伸展，中部以上具2枚小苞片的花梗被短柔毛及开展的密的淡黄色腺毛和混生疏的白柔毛；基部苞片3深裂，其他不裂，线形或狭披针形，长0.9～1.6 cm，被有白色长硬毛；小苞片线形，长5～7 mm，宽1.0～1.2 mm，被短柔毛和长硬毛；花蓝紫色，长3.0～3.5 cm；上萼片卵形，侧萼片倒卵形，下萼片船状卵形，长1.5 cm，有黄色腺点和短硬毛，距较长，长1.5～2.0 cm，圆柱状锥形，基部粗2.5～3.0 mm，末端稍弯；花瓣黑色，顶端2浅裂，无毛；退化雄蕊黑色，瓣片阔卵形，长约4 mm，顶端2裂，边缘有长睫毛，腹面中央有白色髯毛，爪较瓣片长，被短柔毛，基部具小的附属物；雄蕊长6 mm，花丝下部有疏柔毛；心皮3个，子房密被短柔毛。 花果期6～8月。

产新疆：乌恰（波斯坦铁列克乡，王兵93-1624、93-1854）、叶城（棋盘乡，青藏队吴玉虎 4695)。生于海拔 3 100～3 800 m 的沟谷山坡草地、高寒草甸砾地。

分布于我国的新疆。模式标本采自新疆叶城县科克雅尔达坂。

13. 四果翠雀花

Delphinium tetragynum W. T. Wang in Acta Bot. Sin. 3.（1）：26. t. 1：4～5. 1983；新疆植物志 2（1）：253. 1994.

茎高约 30 cm，基部之上粗 4 mm，光滑，与叶柄疏被开展的白色柔毛，自下部分枝。基生叶约 4 枚，具长柄；叶片纸质，五角形，长约 2.6 cm，宽约 5 cm，基部深心形，2 深裂至距基部 8 mm 处，中央裂片宽菱形，宽约 2 cm，顶端微尖，3 浅裂，二回裂片有 2 或 3 个小裂片或牙齿，侧深裂片斜扇形，不等 2 裂近中部，上面无毛，下面被极稀疏的白色柔毛；叶柄长 11～14 cm；茎生叶约 3 枚。顶生总状花序长约 3.5 cm，约有 5 花；下部苞片长 1.0～1.5 cm，3 裂，上部的苞片不分裂，条形，长 0.6～1.0 cm；花梗长 4～10 mm，密被白色柔毛；小苞片与花邻接，膜质，条状披针形，长约9 mm，宽 1.5～1.8 mm，腹面无毛，边缘及背面被短柔毛；萼片蓝色，外面被白色柔毛，卵形或椭圆形，长约 1.2 cm，距囊状圆锥形，长约 4 mm，基部粗 13 mm，末端微钝；花瓣褐色，顶端 2 浅裂，有少数长睫毛。退化雄蕊 2 枚，长约 6 mm，瓣片 2 裂，有长睫毛，腹面有白色髯毛；雄蕊无毛；心皮 4 个，无毛。 花期 7～8 月。

产新疆：塔什库尔干（红其拉甫，克里木 T144）。生于海拔 4 580～4 610 m 的河谷山坡草地、高寒草甸、高山流石坡。

分布于我国的新疆。模式标本采自新疆塔什库尔干塔吉克自治县明铁盖达坂。

14. 帕米尔翠雀花

Delphinium lacostei Danguy in Morot. Journ. Bot. ser. 2. 1：50. 1908；新疆植物志 2（1）：254. 图版 68：1～3. 1994；青藏高原维管植物及其生态地理分布 239. 2008.

茎高 10～35 cm，与叶柄被稍密的白色短柔毛，自上部分枝。叶基生或集生在茎近基部处；叶片圆心形，长 2.5～3.5 cm，宽 3～5（6）cm，3 裂达中部或 3 深裂稍超过叶片的中部，中部裂片倒卵状菱形，2 至 3 浅裂，边缘有稍钝的齿，侧裂片斜扇形，不等地 2 裂，边缘有稍钝的齿，下面有稀疏柔毛，上面沿脉凹陷处有柔毛；叶柄长 5～14 cm。伞房状花序稀疏，2～5 朵花；花序轴被稍密的白色柔毛；下部苞片 3 裂，长 8～12 mm，背面有柔毛；花梗长 2～6 cm，向上斜展，被密的白色柔毛；小苞片线状披针形或线形，距花 5～12 mm；萼片蓝色，椭圆形，长 2～3 cm，宽 1.8～2.1 cm，外面密被贴伏的细长柔毛，距囊状圆锥形，长 0.7～1.2 cm，短于萼片；花瓣褐色，仅在上部有稀疏柔毛；退化雄蕊淡褐色，长 2.0～2.5 cm，宽 2.5～3.0 mm，顶端 2 浅裂，腹面有淡黄色髯毛；雄蕊无毛；心皮 4 个，密被柔毛。 花果期 6～8 月。

产新疆：阿克陶（奥依塔克，阎平 4755）、塔什库尔干（克克吐鲁克，高生所西藏队 3286；马尔洋乡，帕考队 5228；卡拉其古，西植所新疆队 1075；明铁盖，西植所新疆队 1119、吴玉虎 5037；红其拉甫，阎平 3570、3756，西植所新疆队 1495，吴玉虎 4891B；水布浪沟，西植所新疆队 1470）、叶城（阿格勒达坂，黄荣福 C. G. 86-129）。生于海拔 3 100～4 700 m 的帕米尔山地草坡；山地阴坡流水线、沟谷山坡岩石缝隙。

分布于我国的新疆；阿富汗，中亚天山和帕米尔也有。

15. 迭裂翠雀花

Delphinium nordhagenii Wendelbo in Nytt Mag. Bot. 3：227. 1954；中国植物志 27：357. 图版 81：8～10. 1979；西藏植物志 2：45. 图 12：5～7. 1985；青藏高原维管植物及其生态地理分布 240. 2008.

茎高约 18 cm，疏被短柔毛和淡黄色腺毛。茎下部叶有长柄；叶片肾形，长 3.5～4.0 cm，宽约 7 cm，3 深裂，裂片互相稍覆压，中央深裂片扇状倒卵形，3 浅裂，边缘有圆齿，侧深裂片扇形，不等 3 中裂，两面散生短腺毛，沿脉有短柔毛；叶柄长 5.0～6.5 cm。总状花序长约 9 cm，轴和花梗被与茎相同的毛，花梗长 2～4 cm；小苞片与花邻接，长圆状披针形，长 10～18 mm，密被腺毛；萼片蓝色，外面有短柔毛并混生少数腺毛，上萼片宽卵形，长 2 cm，距囊状或圆锥形，长 5 mm，中萼片椭圆形，长约 9 mm，2 裂至中部，中央有黄色腺毛，爪长约 6 mm；心皮 5～10 个，子房有柔毛。花期 7 月。

产西藏：日土（斯潘古尔附近，青藏队 9169；甲吾山，高生所西藏队 3581）。生于海拔 4 900～5 300 m 的高山流石滩、山坡沙砾地、沟谷山地灌丛。

分布于我国的西藏；巴基斯坦也有。

8. 扁果草属 **Isopyrum** Linn.

Linn. Gen. Pl. ed. 2. 245. 1742.

多年生草本，根状茎横走。茎直立，无毛。叶基生和茎生，为二回三出复叶，基生叶具长柄，茎生叶的柄较短，基部具有白色膜质鞘。单歧聚伞花序；苞片 3 浅裂或 3 全裂；花较小，辐射对称；萼片 5 枚，花瓣状，椭圆形或卵形；花瓣 5 枚，比萼小得多，椭圆形，具极短的柄，下部席卷状或合生成管状，基部浅囊状；雄蕊 20～50 枚，花药宽卵圆形，黄色，花丝窄线形，具 1 条脉；心皮 1～5 个，椭圆状卵形，扁平，表面具横脉，顶端具内弯的细喙，近水平状展开。种子数枚，卵圆状球形或椭圆状球形，种子黑色，表面平滑，具光泽。

4 种。我国有 2 种，昆仑地区产 1 种。

1. 扁果草 图版 50：1～6

Isopyrum anemonoides Kar. et Kir. in Bull. Soc. Imp. Nat. Mosc. 15：135. 1842；中国高等植物图鉴 1：670. 图 1340. 1972；中国植物志 27：468. 图版 110：1～5. 1979；新疆植物志 2（1）：260. 图版 70：1～6. 1994；青海植物志 1：320. 图版 70：1～6. 1997；青藏高原维管植物及其生态地理分布 244. 2008.

根状茎细长，直径 1～2 mm，黑褐色。茎直立，纤细，高 8～25 cm，无毛，基部密集褐色枯萎叶柄。基生叶多数，具长柄，二回三出复叶，无毛；叶片轮状三角形，宽 3～6 cm，中央小裂片具细柄，等边菱形至倒卵圆形，长 1.0～1.5 cm，宽与长近相等，3 全裂或 3 深裂，裂片全缘具 3 个粗圆齿，不等的 2 至 3 深裂或浅裂，叶柄长 3～9 cm；茎生叶 2 枚，形状同于基生叶而较小。简单或复杂的单歧聚伞花序，具 2～3 花；苞片卵形，3 全裂或 3 深裂；花梗纤细，长 1.5～4.0 cm，无毛；花直径 1.4～1.6 cm；萼片白色，宽卵形至倒卵形，长 6～8 mm，宽 4～5 mm，顶端圆形或钝；花瓣长圆状船形，长 2～3 mm，基部筒状；雄蕊多数，长 4～5 cm；心皮 2～5 个。蓇葖果扁平，长 3～6 mm，宽 2～3 mm。宿存花柱微外弯或外弯，无毛。种子椭圆状球形，长约 1.5 mm，褐色至黑色。 花果期 7～9 月。

产新疆：乌恰（吉根乡，中科院新疆综考队 73-18；吉根乡斯木哈纳，青藏队吴玉虎 870038）、阿克陶（奥依塔克，杨昌友 750872；阿克塔什，青藏队吴玉虎 870161）、塔什库尔干（明铁盖，青藏队吴玉虎 870534、帕考队 5472；卡拉其古，马淼 4114、西植所新疆队 1050；麻扎，采集人不详 3239）、叶城（苏克皮亚，青藏队吴玉虎 870987；柯克亚乡，吴玉虎 870792）、皮山（垴阿巴提乡布琼，青藏队吴玉虎 1838；喀尔塔什，青藏队吴玉虎 3624；垴阿巴提乡，青藏队吴玉虎 2416）。生于海拔 2 700～3 490 m 的山坡林下岩石隙、沟谷山地圆柏林下、河谷林下湿地。

分布于我国的新疆、青海、甘肃、西藏；克什米尔地区，阿富汗，中亚地区也有。

9. 拟耧斗菜属 **Paraquilegia** Drumm. et Hutch.

Drumm. et Hutch. in Kew Bull. 1920：156. 1920.

多年生草本。根状茎较粗，外皮黑褐色。叶多数，全部基生，为一至二回三出复叶，具长柄，叶柄基部扩大成鞘，外围密被数层老叶柄残基。花葶 1～3 个，直立；苞片对生，罕互生，倒披针形至线状披针形。花单生，辐射对称；萼片 5 枚，淡蓝紫色或白色，椭圆形；花瓣 5 枚，小，黄色，倒卵形至长椭圆状卵形，顶端微凹，基部浅囊状；雄蕊多数，花药椭圆形，黄色；心皮 5～8 个，花柱长约为子房的 1/2，或近等长；胚珠多数，排列成 2 列。蓇葖果直立或稍展开，顶端具细喙，表面有网脉。种子椭圆状卵球形，褐色或灰褐色，一侧生窄翅，光滑或有乳突状小疣状突起。

3种。我国有3种，昆仑地区产3种。

分种检索表

1. 叶为三出复叶，叶上面粗糙，密被乳突状腺毛 …………………………………………………… 3. **密丛拟耧斗菜 P. caespitosa**（Boiss. et Hohen.）Drumm. et Hutch.
1. 叶通常为二回三出复叶，叶上面光滑，无毛。
   2. 种子灰褐色，表面有极短的乳突状腺毛 …………………………………………………… 1. **乳突拟耧斗菜 P. anemonoides**（Willd.）Ulbr.
   2. 种子褐色，表面光滑 …………………………………………………… 2. **小叶拟耧斗菜 P. microphylla**（Royle）Drumm. et Hutch.

1. 乳突拟耧斗菜

Paraquilegia anemonoides（Willd.）Ulbr. in Feddes Repert. Beih. 12：369. 1922；Flora of Afghanistan：129. 1960；中国植物志 27：483. 1979；西藏植物志 2：61. 1985；新疆植物志 2（1）：263. 图版 71：1～3. 1994；青海植物志 1：321. 1997；青藏高原维管植物及其生态地理分布 246. 2008. ——*Aquilegia anemonoides* Willd. in Ges. Naturf. Freunde Berl. Mag. 5：401. t. 9. f. 6. 1811.

多年生草本，高10～18 cm。根状茎粗壮，深褐色，上部宿存极多密集的花葶与叶柄的枯萎残留部分。叶多数，丛生，一至二回三出复叶，叶片轮廓三角形，宽1～4 cm。小叶肾形或半圆形，长约1 cm，宽约1.5 cm，小叶柄长0.2～1.0 cm，小叶片三全裂或三深裂；叶柄长2～9 cm。花葶1至数个，高于叶，长6～18 cm；苞片2枚，生于花下，倒披针形或披针形，长5～8 mm；花直径3～4 mm，萼片浅蓝色或浅堇色，倒卵形或宽椭圆形，长1.2～2.0 cm，宽1～2 cm，顶端钝或圆形，花瓣卵形或倒卵形，长4～5 mm，顶端钝或尖；花丝长5～8 mm，花药黄色，心皮5个，褐色，花柱与子房近等长。 花期7～8月。

产新疆：乌恰（波斯坦铁列克乡，王兵93－1636、93－1757、93－1809）、阿克陶（奥依塔克，杨昌友750127、阎平4584）、塔什库尔干（卡拉其古，西植所新疆队964）、叶城（柯克亚乡，青藏队吴玉虎870815）。生于海拔2 900～4 200 m的山地岩石缝。

青海：曲麻莱（巴干乡，刘尚武576）。生于海拔4 100 m左右的沟谷山地半阴坡石缝。

分布于我国的新疆、青海、甘肃、宁夏、西藏；伊朗，阿富汗，中亚天山和帕米尔也有。

2. 小叶拟耧斗菜 图版50：7～12

Paraquilegia microphylla（Royle）Drumm. et Hutch. in Kew Bull. 1920：157.

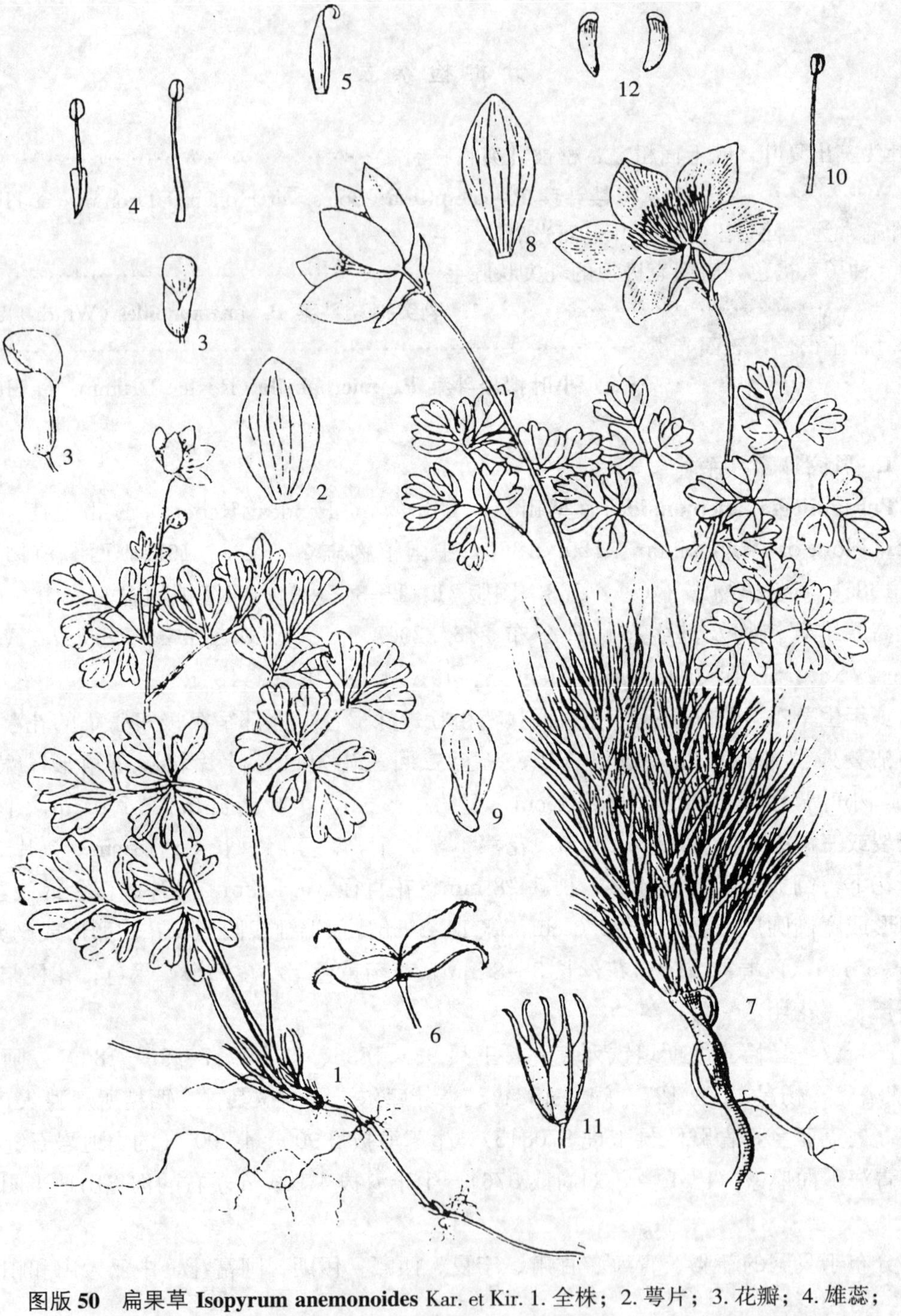

图版 50　扁果草 **Isopyrum anemonoides** Kar. et Kir. 1. 全株；2. 萼片；3. 花瓣；4. 雄蕊；5. 心皮；6. 蓇葖果。小叶拟耧斗菜 **Paraquilegia microphylla**（Royle）Drumm. et Hutch. 7. 全株；8. 萼片；9. 花瓣；10. 雄蕊；11. 蓇葖果；12. 种子。（阎翠兰绘）

1920；中国植物志 27：484. 图版 115：1～5. 1979；西藏植物志 2：60. 图 18：1～3. 1985；新疆植物志 2（1）：263. 图版 71：1～3. 1994；青海植物志 1：323. 1997；青藏高原维管植物及其生态地理分布 246. 2008. ——*Isopyrum microphylla* Royle Ill. Bot. Himal. 54. t. 11. f. 4. 1839～1840.

多年生草本。根状茎圆柱形，稀为近纺锤形。二回三出复叶，无毛，叶片轮廓三角状卵形，长 2～5 cm，宽 2～6 cm，中央小叶宽菱形或肾状宽菱形，长 4～8 mm，宽 4～10 mm，3 深裂，深裂片又 2 至 3 细裂，小裂片椭圆状倒披针形或倒披针形，宽 1～2 mm；叶柄长 2～11 cm。花葶直立，长 3～18 cm；苞片 2 枚，对生或互生，倒披针形，长 4～10 mm，基部具膜质鞘；花直径 2.5～5.0 cm；萼淡堇色或淡紫红色，稀为白色，倒卵形至椭圆状倒卵形，长 1.3～2.5 cm，宽 0.8～1.5 cm，顶端圆形；花瓣倒卵形至倒卵状长椭圆形，长约 5 mm，顶端微凹，下部浅囊状；雄蕊长 6～10 mm，花丝线形；心皮无毛。蓇葖果长 10～14 mm，宽约 4 mm。种子窄卵形，长 1～2 mm，褐色，一侧生窄翅，光滑。 花期 7～8 月，果期 8～9 月。

产新疆：和田（喀什塔什乡，青藏队吴玉虎 2025、2554A）、策勒（奴尔乡，青藏队吴玉虎 1919、2023；奴尔乡亚门，青藏队吴玉虎 2473）、若羌（阿尔金山保护区拉慕祁漫，青藏队吴玉虎 4130；阿其克库勒湖畔，青藏队吴玉虎 4036）。生于海拔 4 000～4 200 m 的砾石质滩地、宽谷河滩沙石地、山坡草甸、砾石质高寒草甸。

青海：兴海（赛宗寺后山，吴玉虎 46383；河卡乡，何廷农 419；阿米瓦阳山，王作宾 20290）、称多（大武乡塞巴沟，刘尚武 2495）、玛沁（尕柯河岸，玛沁队 125；雪山乡，黄荣福 C. G. 81-048）、久治（门堂乡，藏药队 301、果洛队 129）。生于海拔 3 450～4 200 m 的山地阴坡云杉疏林缘灌丛草甸、岩石缝隙、山坡高寒灌丛草甸、沟谷林缘草甸。

分布于我国的新疆、青海、甘肃、西藏、四川、云南；不丹，尼泊尔，中亚地区也有。

3. 密丛拟耧斗菜

Paraquilegia caespitosa（Boiss. et Hohen.）Drumm. et Hutch. in Kew Bull. 1920：158. 1920. 新疆植物志 2（1）：265. 图版 71：4～7. 1994；青藏高原维管植物及其生态地理分布 246. 2008. ——*Isopyrum caespitosa* Boiss. et Hohen. in Boiss. Diagn. Pl. Or. Nov. ser. 1. 8：7. 1849.

植物体呈密丛状，基部叶柄残基密集，植株高 5～8（10）cm，叶、花葶密被极短的乳腺毛。叶多数，全部基生，为三出复叶，叶片轮廓为三角状卵形，宽 6～8 mm；中央小叶卵形或宽卵形，长约 5 mm，宽约 4 mm，3 至 4 深裂或全裂，裂片椭圆形，有时侧裂片再浅裂成钝圆齿，两侧小叶斜卵形，叶呈灰绿色，两面密被极短的乳突状腺毛。花葶 1 至数条，比叶高，长 5～8 cm；苞片 2 枚，生于花下，线状椭圆形，不分裂，长约 3 mm，基部有宽波状的膜质鞘；花直径 2.5～3.0 cm；萼片紫红色或粉红色，宽椭圆形，长约 1.2 cm，宽约 0.7 cm，顶端钝；花瓣长圆状倒卵形，长 4～6 mm，宽 1.5～3.5 mm，顶端微凹，下部浅囊状；花药长不及 1 mm，花丝长约 4 mm；心皮 3～7 个，无毛。果直立，连同细喙长约 1 cm。种子达 2 mm 长，密被极短的乳突状腺毛。花期 6～7 月。果期 7～8 月。

产新疆：乌恰（吉根乡，西植所新疆队 2138、中科院新疆综考队 73-017）、塔什库尔干（卡拉其古，西植所新疆队 972、1082）。生于海拔 2 900～4 100 m 的山地阴坡砾石地。

西藏：日土（甲吾山，高生所西藏队 3582）。生于海拔 5 300 m 的山地石砾质阴坡草地。

分布于我国的新疆、西藏；中亚天山、帕米尔和阿赖依山也有。

10. 耧斗菜属 Aquilegia Linn.

Linn. Sp. Pl. 533. 1753

多年生草本。茎多数，丛生，直立，常上部分枝。基部叶为二至三回三出复叶，具长柄，叶柄基部具鞘；小叶倒卵形或近圆形，中央小叶 3 裂，侧裂片 2 裂；茎生叶与基生叶相似而较小，有短柄或近无柄。聚伞花序；花辐射对称，较美丽；萼片 5 枚，花瓣状，紫色、堇色、黄绿色或白色；花瓣 5 枚，与萼片同色或相异，瓣片宽倒卵形、矩形或近矩形，罕无花瓣，下部常向下延长成距，距末端呈钩状或较直而不弯曲，稀呈囊状，有时无距；雄蕊多数，花药椭圆形，黄色近黑色，花丝窄线形，上部丝状，中央具 1 脉；退化雄蕊少数，白色膜质，生于雄蕊内侧；心皮 5（～10）个，花柱长为子房的 1/2，胚珠多数。蓇葖果近直立，顶端具细喙，表面有明显网脉。种子多数，黑色，窄倒卵形，光滑，有光泽。

约 70 种。我国有 13 种，昆仑地区产 1 种。

1. 无距耧斗菜 图版 51：1～6

Aquilegia ecalcarata Maxim. Fl. Tangut. 1：20. t. 8. f. 12. 1889；中国植物志 27：491. 图版 117：1～5. 1979；西藏植物志 2：61. 图 18：4～5. 1985；青海植物志 1：325. 图版 72：1～6. 1997；青藏高原维管植物及其生态地理分布 226. 2008.

直立草本，高 30～70 cm。根圆柱形，外皮褐色。茎上部分枝，无毛或疏被白色柔毛。基生叶为二回三出复叶，具长柄；叶片宽 5～10 cm，中央小叶楔状倒卵形至扇形，长 1.0～2.5 cm，宽 1～3 cm，3 深裂或 3 浅裂，裂片具 2～3 圆齿，侧面小叶斜卵形，2 裂，无毛或疏被柔毛；叶柄长 6～13 cm；茎生叶与基生叶相同而小。聚伞花序，具数花；苞片线形或窄披针形，长 4～6 mm；花梗被白色柔毛；萼片 5 枚，椭圆状卵形，长

0.5～1.0 cm，紫色；花瓣5枚，矩状椭圆形或宽倒卵形，长约1.5 cm，顶端近截形，无距；雄蕊长约5 mm，花丝丝状，花药中间黄色，边缘黑色；退化雄蕊窄卵形，白色膜质，短于萼片；心皮长约5 mm，疏被白色短柔毛。　花期6～7月。

产青海：玛沁（马柯河林场，王为义17026、27555）。生于海拔3 200～3 800 m的山地高寒灌丛、山坡岩石缝隙。

分布于我国的青海、甘肃、陕西、西藏、四川、贵州、河南、湖北。模式标本采自青海西宁大通河流域。

11. 唐松草属 **Thalictrum** Linn.

Linn. Gen. Pl. 164. 1737.

多年生草本。根须状，较粗。茎圆柱形，具棱，通常分枝。叶基生或茎生，稀全部为基生叶或茎生叶，为一至五回三出复叶；小叶通常掌状浅裂，有少数牙齿，罕不分裂；叶柄基部稍宽成鞘，有托叶或无。聚伞花序，具数花至多花，有时有许多花组成圆锥花序；花通常两性，稀为单性，雌雄异株；萼片4～5枚，椭圆形或窄卵形，较小，早落，黄绿色或白色，有时较大，为粉红色或紫色，呈花瓣状；花瓣缺，雄蕊多数，稀为少数；药隔顶端钝，或突起呈小尖头，花丝窄线形，丝状或上部变粗；心皮2～20（68）个，无柄或有柄，花柱腹面有不明显的柱头组织，或具有明显的柱头，往往柱头两侧延长成翅，呈三角状或箭头状。瘦果椭圆状球形或窄卵形，常两侧稍扁，有时扁平，具纵肋。

约200种。我国有67种，昆仑地区产7种1变种。

分种检索表

1. 花向顶发育，组成顶生总状花序 ………………………… **4. 高山唐松草 T. alpinum** Linn.
1. 花离顶发育，组成聚伞花序、伞房花序或圆锥花序。
    2. 花柱拳卷，呈钩状，腹面生1条柱状组织，无明显柱头 ……………………………………………………………………… **1. 钩柱唐松草 T. uncatum** Maxim.
    2. 花柱直，腹面上部或全部密生柱头组织，形成明显的柱头。
        3. 花丝上部倒披针形或棒形，下部渐变细呈丝形 ……………………………………………………………… **2. 长柄唐松草 T. przewalskii** Maxim.
        3. 花丝狭线形或丝形，稀顶部稍微变宽或变粗。
            4. 植株有毛 ……………………………………… **5. 腺毛唐松草 T. foetidum** Linn.
            4. 植株无毛。

5. 复单歧聚伞花序狭长，近似总状花序 ……………………………………………… 3. **芸香叶唐松草 T. rutifolium** Hook. f. et Thoms.

5. 花序伞房状或圆锥状。

6. 圆锥花序多少呈伞房状；瘦果长5～6 mm ……………………………………………… 7. **展枝唐松草 T. squarrosum** Steph. ex Will.

6. 圆锥花序塔形，不明显二叉状分枝；瘦果长度在4 mm以下 ……………………………………………… 6. **亚欧唐松草 T. minus** Linn.

1. 钩柱唐松草

Thalictrum uncatum Maxim. in Acta Hort. Petrop. 11：14. 1890；中国植物志27：536. 图版119、120：18，图版121：8，图版130：1～4. 1979；西藏植物志2：66. 图19：1～3. 1985；横断山区维管植物 上册499. 1993；青海植物志1：329. 1997；青藏高原维管植物及其生态地理分布259. 2008.

多年生草本，高40～80 cm，全株无毛。茎具细纵槽，上部分枝。茎下部的叶具长柄；四至五回三出复叶，叶片长10～15 cm，顶生小叶楔状倒卵形或宽菱形，长0.8～1.3 cm，宽5～7 mm，顶端钝，基部宽楔形或圆形，3浅裂；叶柄长约7 cm，基部具鞘。花序窄，似总状花序，生于茎和分枝顶端；花梗细，长2～4 mm；萼片4枚，淡紫色，椭圆形，长约3 mm，宽约1 mm，顶端钝；雄蕊10枚，长约7 mm，花丝线状倒披针形，花药长圆形，具短尖；心皮6～12个，花柱与子房近等长，顶端稍弯曲，腹面生柱头组织。瘦果扁平，半月形，具8条纵肋，心皮柄长1～2 mm，宿存花柱长约2 mm，顶端拳卷。 花果期6～8月。

产青海：兴海（中铁乡至中铁林场途中，吴玉虎43192；中铁乡前滩，吴玉虎45417；中铁林场恰登沟，吴玉虎44990、45073）、玛沁（军功乡，吴玉虎21202）。生于海拔3 290～3 500 m的沟谷山坡高寒杂类草草甸、河边砾石地草甸、河谷山地阴坡锦鸡儿灌丛。

分布于我国的青海、甘肃、西藏、四川、云南。模式标本采自甘肃舟曲。

2. 长柄唐松草

Thalictrum przewalskii Maxim. in Bull. Acad. Sci. St.-Pétersb. 23：305. 1877；中国植物志27：548. 图版135：1～4. 1979；西藏植物志2：68. 1985；青海植物志1：330. 1997；青藏高原维管植物及其生态地理分布258. 2008.

多年生草本，高50～80 cm。茎有细棱，通常分枝。茎下部的叶为四回三出复叶，叶片长7～16 cm，顶生小叶片卵形、菱状椭圆形、倒卵形或近圆形，长1～2 cm，宽0.7～1.8 cm，基部圆形、深心形或宽楔形，顶端钝或圆形，3裂，或有时裂至中部，有粗齿，下面脉稍隆起；叶柄长2～6 cm，基部具鞘；托叶膜质，半圆形，边缘不规则开裂。圆锥花序多分枝，无毛；花梗长3～5 mm；萼片白色或稍带黄绿色，狭卵形，长

2.5～4.0 mm，具3脉，早落；雄蕊多数，长4～6 mm，花药长椭圆形，长0.8 mm，比花丝宽，花丝白色，上部线状倒披针形，下部丝状；心皮4～9个，有较长的子房柄，花柱与子房等长。　花期7～8月。

产青海：兴海（大河坝乡赞毛沟，吴玉虎47054、47122、47170、47175；中铁林场恰登沟，吴玉虎44890、45004、45016、45073、45158、45165、45352；赛宗寺，吴玉虎46185、46224；中铁乡，吴玉虎42820、42906、42918、43111、45402、45422、45467、45484、45914）、玛沁（军功乡，区划二组127、吴玉虎4613；西哈垄河谷，吴玉虎5591；黑土山，吴玉虎18793）、久治（龙卡湖畔，果洛队595）、班玛（马柯河林场，王为义26857、27311、27477、27613、27626，藏药队880）。生于海拔3 200～3 900 m的沟谷山地阔叶林缘草甸、山地阴坡高寒灌丛草甸、山坡岩石缝隙。

分布于我国的青海、甘肃、陕西、西藏、四川、山西、河北、内蒙古、河南、湖南。模式标本采自甘肃中部。

3. 芸香叶唐松草　图版51：7～11

Thalictrum rutifolium Hook. f. et Thoms. Fl. Ind. 14. 1855；中国植物志27：559. 图版120：20，图版140：1～3. 1979；西藏植物志2：69. 图21：4～6. 1985；青海植物志1：332. 图版72：7～11. 1997；青藏高原维管植物及其生态地理分布258. 2008.

多年生草本，高10～50 cm，全株无毛。茎直立，具细棱，上部分枝。基生叶和茎下部的叶具长柄，为三至四回近羽状复叶；叶片长3～11 cm；小叶草质，顶生小叶楔状倒卵形、椭圆形或近圆形，有时菱形，长3～8 mm，宽2～7 mm，基部楔形至圆形，顶端圆形或尖，3裂或不分裂，通常全缘，两面脉平，脉网不明显；叶柄长2～6 cm，基部有短鞘；托叶膜质，分裂。单歧聚伞花序，狭长；花梗长2～7 mm；萼片4枚，淡紫色，卵形，长约1.5 mm，宽约1 mm，早落；雄蕊数个至多数，长2～3 mm，花丝丝状，花药椭圆形，长约1 mm，黄色，顶端具短尖；心皮3～5个，基部渐狭成短柄，花柱短，腹面密生柱头组织。瘦果倒垂，稍扁，镰状半月形，长4～6 mm，宿存花柱反曲。　花果期6～7月。

产西藏：日土（上曲龙，高生所西藏队3492A）。生于海拔4 200～4 300 m的高原山地草甸、河谷高寒草甸。

青海：兴海（大河坝乡，吴玉虎42457、42459、42461、42497、42573；大河坝乡赞毛沟，吴玉虎46443、46473、47069、47086、47128、47147；中铁乡附近，吴玉虎43004；中铁乡至中铁林场途中，吴玉虎43026、43028；中铁乡天葬台沟，吴玉虎47703；黄青河畔，吴玉虎42659、42662；河卡山，吴珍兰138、郭本兆6218、王作宾20273；错那乡，采集人不详225；温泉乡，H. B. G. 1404，吴玉虎28150、28750）、玛多（县城附近，吴玉虎79-037、79-231；县牧场，吴玉虎1604；扎陵湖畔，吴玉

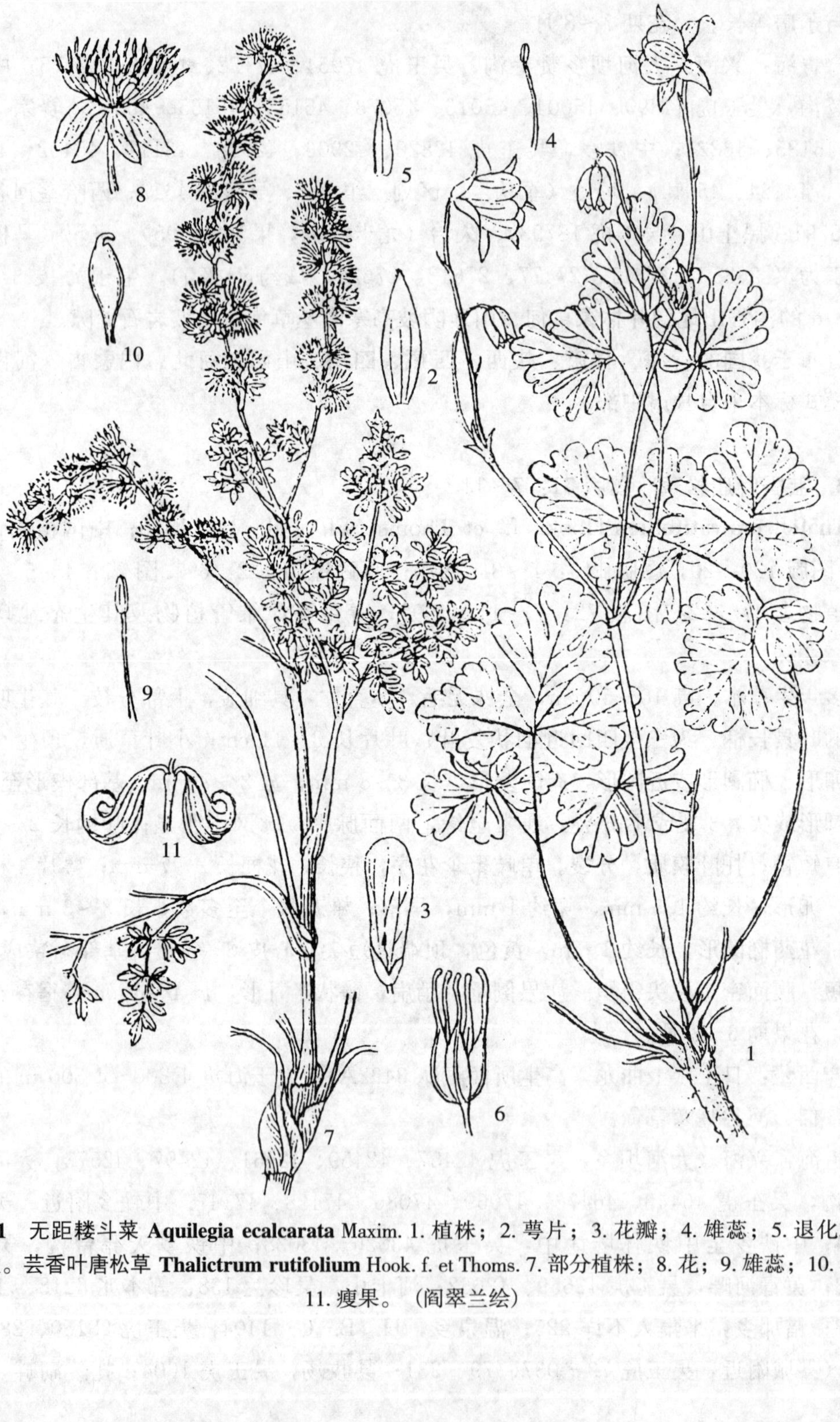

图版 51　无距耧斗菜 **Aquilegia ecalcarata** Maxim. 1. 植株；2. 萼片；3. 花瓣；4. 雄蕊；5. 退化雄蕊；6. 心皮。芸香叶唐松草 **Thalictrum rutifolium** Hook. f. et Thoms. 7. 部分植株；8. 花；9. 雄蕊；10. 心皮；11. 瘦果。（阎翠兰绘）

虎 1562；黄河乡，吴玉虎 1124）、玛沁（黄河岸边，区划一组 048、052；东倾沟，玛沁队 341；大武镇，吴玉虎 1427）、达日（建设乡，H. B. G. 1094）、久治（索乎日麻乡，藏药队 359；哇赛乡，果洛队 328）、曲麻莱（县城附近，黄荣福 060、刘尚武 4163）、称多（清水河乡，苟新京 83-48）。生于海拔 3 200～4 800 m 的山坡草甸、河谷阶地、高原宽谷滩地草地、沟谷山地林下、林缘灌丛草甸、沟谷砾石山坡、山地阴坡灌丛。

分布于我国的青海、甘肃、西藏、四川、云南；印度东北部也有。

4. 高山唐松草 图版 52：1～4

Thalictrum alpinum Linn. Sp. Pl. 545. 1753；中国高等植物图鉴 1：685. 图 1369. 1972；中国植物志 27：589. 图版 121：21. 1979；西藏植物志 2：75. 1985；新疆植物志 2（1）：270. 1994；青海植物志 1：336. 图版 74：1～4. 1997；青藏高原维管植物及其生态地理分布 255. 2008.

4a. 高山唐松草（原变种）

var. **alpinum**

多年生小草本，高 8～20 cm，全株无毛。须根多数，簇生。叶基生，为二回羽状三出复叶，叶 4～5 枚或更多，叶片长 1.5～4.0 cm，小叶薄革质，有短柄或无柄，圆菱形，菱状宽倒卵形或倒卵形，长和宽均 3～5 mm，基部圆形或宽楔形，3 浅裂，裂片全缘；叶柄长 1.5～3.5 cm。花葶 1～2 枝，不分枝；花序总状，长 2.2～9.0 cm；苞片小，狭卵形；花梗向下弯曲，长 1～10 mm；萼片 4 枚，脱落，椭圆形，长约 2 mm；雄蕊 7～10 枚，长约 5 mm，花药狭长圆形，长约 1.2 mm，顶端有短尖头，花丝丝形；心皮 3～5 个，柱头与子房等长，箭头状。瘦果无柄或有不明显的柄，狭椭圆形，稍扁，长约 3 mm，有 8 条粗纵肋。 花果期 7～8 月。

产新疆：乌恰（吉根乡，中科院新疆综考队 73-179）、阿克陶（阿克塔什，青藏队吴玉虎 870138）、塔什库尔干（克克吐鲁克，高生所西藏队 3273；红其拉甫，高生所西藏队 3200、青藏队吴玉虎 4881、王绍明 3591；麻扎种羊场，青藏队吴玉虎 870346；托克满苏，帕考队 5396、西植所新疆队 1421）、且末（昆其布拉克牧场，青藏队吴玉虎 2628）、若羌（阿尔金山保护区冰河，青藏队吴玉虎 4221）。生于海拔 3 000～4 500 m 的高山和亚高山草甸。

西藏：日土（上曲龙，高生所西藏队 3507；过巴乡，青藏队吴玉虎 1394）、改则（县城附近，高生所西藏队 4353）。生于海拔 4 300～4 900 m 的河谷高寒沼泽草甸、山坡湿润草地、高山砾石坡边缘湿地草甸、沟谷溪流边草甸。

青海：兴海（河卡山，吴珍兰 038）、曲麻莱（县城附近，刘尚武 598；叶格乡，黄荣福 114）、玛多（县城附近，黄荣福 388）、玛沁（雪山乡，黄荣福 C. G. 81-162；

大武乡格曲，H. B. G. 585)、达日（吉迈乡，H. B. G. 1297)。生于海拔 3 800～4 500 m 的高山草甸、沟谷山地灌丛、山坡草甸。

分布于我国的新疆、青海、西藏、内蒙古；亚洲其他地区，欧洲，北美洲也有。

4b. 直梗高山唐松草（变种）

var. **elatum** Ulbr. in Notizbl. Bot. Gart. Berl. 10：877. 1929；中国植物志 27：591. 图版 149：1～4. 1979；西藏植物志 2：76. 1985；青海植物志 1：336. 1997；青藏高原维管植物及其生态地理分布 255. 2008.

本变种与原变种的区别在于：花梗不向下弯曲，向上直展；瘦果基部不变细成柄。

产西藏：日土（县城附近，高生所西藏队 3549)。生于海拔 4 200～5 000 m 的沟谷山坡高寒草甸、干旱草原。

青海：兴海（河卡山，何廷农 014)、玛沁（大武乡，玛沁队 003；雪山乡，黄荣福 C. G. 81－039；江让水电站，吴玉虎 1452、植被地理组 452；西哈垄河谷，吴玉虎 5721)、久治（县城附近，藏药队 180；智青松多，果洛队 007)。生于海拔 3 600～5 000 m 的河谷阶地高寒草甸、高原山地草甸。

分布于我国的青海、甘肃、陕西、西藏、四川、云南。模式标本采自四川松潘。

5. 腺毛唐松草

Thalictrum foetidum Linn. Sp. Pl. 545. 1753；中国高等植物图鉴 1：683. 图 1365. 1972；中国植物志 27：580. 图版 119、120：26，图版 147：4～5. 1979；新疆植物志 2（1)：271. 1994；青海植物志 1：333. 1997；青藏高原维管植物及其生态地理分布 257. 2008.

多年生草本，高 30～50 cm。根茎短，须根密集。茎无毛或疏被短柔毛，上部分枝或不分枝。叶具短柄，为三回羽状复叶；叶片长 5～8 cm；小叶菱状宽卵形或卵形，长 3～8 mm，宽 2.5～6.0 mm，裂片全缘或有疏齿，沿脉网有短柔毛和腺毛；叶柄短，有鞘；托叶膜质，褐色。圆锥花序，具多花；花梗细，长 5～16 mm，嫩时被短柔毛和极短的腺毛；萼片 5 枚，卵形，长 2～3 mm，宽约 1.5 mm，外面基部或沿脉疏被短柔毛或无毛；雄蕊花丝上部窄线形，下部丝状，花药狭长圆形，长 2.5～3.5 mm，顶端有短尖；心皮 4～8 个，子房被疏柔毛，柱头三角状箭头形。瘦果近倒卵形，扁平，长 2～4 mm，有柔毛，具 8 条纵肋，宿存柱头长约 1 mm。 花期 6～7 月，果期 7～8 月。

产新疆：乌恰（吉根乡，中科院新疆综考队 73－118)、塔什库尔干（克克吐鲁克，帕考队 5203；明铁盖，西植所新疆队 1127；卡拉其古，吴玉虎 536；红其拉甫，阎平 3735)、策勒（奴尔乡亚门，青藏队吴玉虎 2529)。生于海拔 3 000～4 600 m 的河谷山地阳坡草地、山坡高寒灌丛。

青海：兴海（中铁林场中铁沟，吴玉虎 45543、45564、45573、45578、47599、

47600；中铁乡前滩，吴玉虎 45370、45374、45389；中铁林场恰登沟，吴玉虎 45041、45072、45195；中铁乡附近，吴玉虎 42796、42821、42849、42874；大河坝乡赞毛沟，吴玉虎 47047、47078；赛宗寺，吴玉虎 46241；赛宗寺后山，吴玉虎 46402；县城附近，王作宾 20312；河卡山，何廷农 176、郭本兆 6210）、称多（称文乡，刘尚武 2310）、玛沁（军功乡，区划二组 132、162，H. B. G. 292）。生于海拔 3 400～3 800 m 的高寒草原、宽谷滩地草甸、山坡草地、岩石缝隙、阳坡山麓砾石地、河谷山地阴坡、山地高寒灌丛草甸。

分布于我国的新疆、青海、甘肃、陕西、西藏、四川、山西、河北、内蒙古；蒙古，俄罗斯西伯利亚地区，欧洲也有。

6. 亚欧唐松草

Thalictrum minus Linn. Sp. Pl. 546. 1753；中国植物志 27：583. 1979；青海植物志 1：334. 1997；青藏高原维管植物及其生态地理分布 257. 2008.

多年生草本，高 40～50 cm，全株无毛。茎具细棱，带紫色。叶为四回三出羽状复叶；叶片长 6.5～13.0 cm；小叶纸质或薄革质，楔状倒卵形、近圆形或菱形，长 0.7～2.0 cm，宽 0.4～1.8 cm，3 浅裂或具疏齿；叶柄长 1～4 cm，基部有狭鞘。圆锥花序长达 2.8 cm；花梗长 3～8 mm；萼片 4 枚，淡黄绿色，狭椭圆形，长 2～3 mm；雄蕊多数，长 3～6 mm，花丝丝状，花药狭长圆形，长约 2 mm，顶端有短尖头；心皮 3～5 个，无柄，柱头正三角状尖头形。瘦果狭椭圆状，稍扁，长 2.5～3.5 mm，有 8 条纵肋，宿存花柱长约 1 mm。 花期 6～7 月，果期 7～8 月。

产新疆：皮山（喀尔塔什，青藏队吴玉虎 3620）、策勒（奴尔乡，青藏队吴玉虎 1983）。生于海拔 2 800 m 左右的河谷林下、林缘灌丛草甸、山坡草地。

青海：兴海（中铁乡至中铁林场途中，吴玉虎 42810、42870、42997、43109、43127；中铁林场恰登沟，吴玉虎 44868、44875、44878、44885；赛宗寺，吴玉虎 46264；河卡乡宁曲，何廷农 097）、玛沁（军功乡，吴玉虎 4621、21191，H. B. G. 305；拉加乡，吴玉虎 6076、6080）、班玛（马柯河林场，王为义 27612；马柯河林场可培苗圃，王为义 27094；灯塔乡，王为义 27377）。生于海拔 3 000～3 900 m 的沟谷山地林缘、河谷阶地砾石滩、河谷灌丛草甸、山坡草地、山地高寒灌丛草甸。

分布于我国的新疆、青海、甘肃、四川、山西；亚洲其他地区，欧洲也有。

7. 展枝唐松草

Thalictrum squarrosum Steph. ex Will. Sp. Pl. 2：1299. 1799；中国植物志 27：586. 图版 148. 1979；青海植物志 1：335. 1997；青藏高原维管植物及其生态地理分布 259. 2008.

多年生草本，高 30～90 cm，全株无毛。根状茎细长，具长须根。茎二歧状分枝。

基生叶开花时枯萎；茎生叶为二至三回羽状复叶，叶片长 3～18 cm，小叶楔状倒卵形、长圆形或圆形，长宽 0.3～1.7 cm，3 浅裂，裂片全缘或具 2～3 个小齿；叶柄长 1～4 cm。圆锥花序；花梗细，长 1.0～2.5 cm；萼片 4，淡黄绿色，窄卵形或卵形、长约 3 mm，宽约 1 mm，早落；雄蕊 50～14 枚，长 3～5 mm，花药长圆形，长 2.0～2.5 mm，有短尖头，花丝丝状；心皮 1～6 个，无柄，柱头箭头状。瘦果窄卵形或纺锤形，偏斜，一边突出，一边平直似刀状，长 3.5～5.0 mm，有 8 条粗纵棱，柱头长约 1 mm。 花期 6～7 月，果期 7～8 月。

产青海：玛沁（大武乡，H. B. G. 496）。生于海拔 3 700～3 920 m 的沟谷山地高山草甸。

分布于我国的青海、甘肃、陕西，以及华北、东北；蒙古，俄罗斯西伯利亚和远东地区也有。

12. 银莲花属 **Anemone** Linn.

Linn. Sp. Pl. 538. 1753.

多年生草本。根茎横走，圆柱形，褐色。叶基生，少数至多数，罕无，单叶掌状分裂，或为三出复叶，叶脉掌状，具长柄。花葶直立或渐升；花序聚伞形或伞形，稀只有 1 花：苞片 2 至数枚，对生或轮生，形成总苞片，其形状与基生叶相似而小，掌状分裂或不分裂，有柄或无柄。花辐射对称；萼片 5 枚至多数，花瓣状，白色、蓝紫色；花瓣缺；雄蕊通常多数，花丝丝状或线形；心皮多数或少数，子房被毛或无毛，具 1 粒下垂的胚珠，有花柱或无花柱，具明显的球状柱头或仅在花柱腹面生有柱头的组织。瘦果卵球形或近球形，稀两侧扁压。

约 150 种。我国有 52 种，昆仑地区产 4 种 1 亚种 3 变种。

分种检索表

1. 心皮密集而呈球形，密被绵毛；根状茎块状 ……………………………………………… **5. 块茎银莲花 A. gortschakovii** Kar. et Kir.
1. 心皮被长柔毛或短柔毛，或无毛。
  2. 苞片有柄………………………………… **3. 草玉梅 A. rivularis** Buch.-Ham. ex DC.
  2. 苞片无柄。
    3. 叶基部渐狭，楔形，叶的牙齿顶端尖锐 ……………………………………… **4. 匙叶银莲花 A. trullifolia** Hook. f. et Thoms.
    3. 叶基部心形。
      4. 花单生 ……………………………… **1. 钝裂银莲花 A. obtusiloba** D. Don

4. 花为聚伞或伞形花序。

5. 花葶和叶柄的毛贴伏 ……………… **6. 水仙银莲花 A. narcissiflora** Linn.

5. 花葶和叶柄的毛开展 … **2. 展毛银莲花 A. demissa** Hook. f. et Thoms.

1. 钝裂银莲花

Anemone obtusiloba D. Don Prodr. Fl. Nep. 194. 1825；中国植物志 28：36. 图版 8：11. 1980；西藏植物志 2：80. 图 23：3. 1985.

1a. 钝裂银莲花（原亚种）

subsp. **obtusiloba**

植株高 10～30 cm，基生叶 7～15 枚，有长柄，多少密被短柔毛；叶片肾状五角形或宽卵形，长 1.2～3.0 cm，宽 1.7～5.5 cm，基部心形，3 全裂或偶尔 3 裂近基部，中全裂片菱状倒卵形，二回浅裂，侧全裂片与中全裂片近等大或稍小，各回裂片互相多少邻接或稍覆压，脉近平；叶柄 3～18 cm。花葶 2～5 枝，有开展的柔毛；苞片 3 枚，无柄，稍不等大，宽菱形或楔形，常 3 深裂，长 1～2 cm，多少密被柔毛；花梗 1～2 枝，长 1.5～8.0 cm；萼片 5（～8）枚，白色、蓝色或黄色，倒卵形或狭倒卵形，长 0.8～1.2 cm，宽 5～8 mm，外面有疏毛；雄蕊长约 4 mm，花药椭圆形；心皮约 8 个，子房密被柔毛。 花期 5～7 月。

产青海：兴海（中铁乡附近，吴玉虎 42974）。生于海拔 3 600 m 的河谷山地阴坡灌丛草甸。

分布于我国的西藏南部和东部、四川西部；不丹，尼泊尔，克什米尔地区，印度北部，缅甸也有。

1b. 疏齿银莲花（亚种） 图版 52：5～8

subsp. **ovalifolia** Bruhl in Ann. Bot. Gard. Calc. 5：78. pl. 106B. f. 23, 27～30. 1896；中国植物志 28：36. 图版 9：1～3. 1980；西藏植物志 2：82. 图 23：4. 1985；新疆植物志 2（1）：277. 图版 75：4～6. 1994；青海植物志 1：340. 图版 74：9～12. 1997；青藏高原维管植物及其生态地理分布 224. 2008.

多年生小草本。植株高 5～18 cm。根状茎短粗，具须根；基部残存纤维状枯叶柄鞘。叶基生，3～8 枚，有长柄，柄长 2～5 cm；叶片轮廓心形，长 1.5～2.5 cm，宽 1.6～3.0 cm，基部心形，3 全裂，中裂片菱状倒卵形，3 浅裂，中裂片再浅裂，裂齿钝圆或稍尖，侧裂片较小，通常比中全裂片短 1/2 左右，卵形，3 浅裂，裂齿钝圆，叶两面通常多少密被柔毛。花葶通常 2 枚，有柔毛；苞片 3 枚，无柄，卵形，3 深裂或 3 浅裂，或卵状长圆形，不分裂，全缘或有 1～3 齿；萼片白色或黄色，长圆状卵形，长 7～10 mm，宽 4～6 mm，背面密被柔毛，内面无毛；雄蕊长约 3 mm，花药椭圆形，花丝狭披针形或线形；心皮约 8 个，子房密被柔毛。 花果期 6～8 月。

产新疆：叶城（柯克亚乡，青藏队吴玉虎870800）。生于海拔3 600～4 200 m的沟谷山地林缘、高山砾质坡地。

青海：兴海（河卡山，吴珍兰041、112，何廷农026、075）、玛沁（尕柯河岸，玛沁队130、131；军功乡，区划一组016、吴玉虎等4671；西哈垄河谷，吴玉虎5689；雪山乡，黄荣福C. G. 81-025、C. G. 81-062、C. G. 81-163；大武乡，吴玉虎1373、1424，H. B. G. 618）、久治（白玉乡，吴玉虎26409；县城附近，藏药队185、198、286，果洛队039；索乎日麻乡，果洛队182）、曲麻莱（巴干乡，刘尚武和黄荣福584）、称多（称文乡，刘尚武2329）。生于海拔3 200～4 100 m的宽谷溪流河滩、河谷草甸、沟谷山地林缘、山坡灌丛、阳坡高山草甸、高山流石坡。

甘肃：玛曲（县城附近，吴玉虎1424；欧拉乡，吴玉虎32027；河曲军马场，陈桂琛1107、王学高等155；城南黄河南岸，陈桂琛等1079、1154）。生于海拔3 400～4 000 m的沟谷山地阴坡灌丛草甸、河谷溪流边沼泽湿地。

四川：石渠（红旗乡，吴玉虎29416；长沙贡玛乡，吴玉虎29738）。生于海拔4 000～4 200 m的河谷高寒草甸、山地灌丛石隙。

分布于我国的新疆、青海、甘肃、宁夏、陕西、西藏、四川、云南、河北。模式标本采自四川康定。

2. 展毛银莲花

Anemone demissa Hook. f. et Thoms. Fl. Ind. 1：23. 1855；中国植物志28：48. 图版9：1～3. 1980；西藏植物志2：82. 图22：1. 1985；青海植物志1：341. 1997；青藏高原维管植物及其生态地理分布222. 2008.

根粗壮，圆锥形，黑褐色。茎高15～50 cm，基部具密集的褐色纤维状枯萎叶柄。基生叶具长柄，叶片卵形，长2～4 cm，宽1.5～4.0 cm，基部心形，3全裂，中间的全裂片菱状宽卵形，基部楔形，缢缩成柄状，3深裂，基裂片又浅裂，末回裂片卵形，顶端急尖，侧全裂片卵形，近无柄，不等3深裂，各回裂片多少覆压，上面无毛或疏生柔毛，下面被较密的长柔毛；叶柄长6～15 cm，被开展的长柔毛，基部具窄鞘。花葶1～2枝，被开展的长柔毛；伞辐1～5条，长1～4 cm，有柔毛；苞片3枚，长1.0～2.5 cm，3深裂，裂片线形，被长柔毛；萼片5～6枚，蓝色或紫色，罕为白色，倒卵形或椭圆状倒卵形，长8～14 mm，宽5～9 mm，外面疏被柔毛或近无毛；雄蕊长3～4 mm，花药黄色；心皮无毛。 花期6～8月。

产青海：曲麻莱（通天河畔，刘海源892）、久治（索乎日麻乡，藏药队248、348、706，果洛队250、375；夏木尔，果洛队085）。生于海拔3 900～4 400 m的高山草甸、河谷山地灌丛、河谷阶地高寒草甸、古冰川前阶。

四川：石渠（长沙贡玛乡，吴玉虎29697）。生于海拔4 100 m左右的高山岩石缝隙。

分布于我国的青海、甘肃、西藏、四川；缅甸北部，不丹，印度东北部也有。

3. 草玉梅 图版52：9～13

Anemone rivularis Buch. -Ham. ex DC. Syst. 1：211. 1818；中国植物志28：22. 图版 5：1～5. 1980；西藏植物志2：78. 图22：2. 1985；青海植物志1：339. 1997；青藏高原维管植物及其生态地理分布 224. 2008.

3a. 草玉梅（原变种）

var. **rivularis**

多年生草本，高20～70 cm。根状茎木质，直径0.8～1.2 cm。基生叶具长柄；叶片心形或心状五角形，长5～8 cm，宽4～12 cm，3全裂，中裂片宽菱形，3深裂，侧裂片不等2裂，两面疏被糙状毛；叶柄长6.5～9.0 cm，疏被白色长柔毛。花葶1～3枝，直立，聚伞花序长10～30 cm，二至三回分歧；苞片3（罕2）枚，具柄，近等大，长3～9 cm，宽菱形，3裂近基部，一回裂片3深裂，小裂片边缘具锐齿；花直径1.5～2.0 cm；萼片白色，有时外面带紫色，倒卵形或椭圆状倒卵形，长6～11 mm，外面中部疏被短柔毛，顶部尤密；雄蕊长不足萼片的1/2，花丝丝状，花药椭圆形，黄色；心皮多数，无毛，子房狭长圆形，花柱拳卷。瘦果狭卵球形，稍扁，长5～6 mm，花柱宿存。 花期6～7月，果期7～8月。

产青海：兴海（中铁林场恰登沟，吴玉虎 44871、44903、44918；中铁林场中铁沟，吴玉虎 45527、45565、47598；中铁乡前滩，吴玉虎 45390、45394；河卡乡，何廷农 148、吴珍兰 200；中铁乡至中铁林场途中，吴玉虎 43030、43092）、玛沁（尕柯河岸，玛沁队 121；军功乡，吴玉虎等 4673；江让水电站，吴玉虎等 1457、植被地理组 457；西哈垄河谷，H. B. G. 355）、久治（门堂乡，藏药队 270、果洛队 98；哇赛乡，果洛队 26、210）、曲麻莱（巴干乡，刘尚武 924；龙甲山垭口，陈世龙等 826）、称多（称文乡，刘尚武 2315；歇武乡，陈世龙等 598）。生于海拔 3 300～4 190 m 的河滩高寒草甸、河谷阶地草甸、河谷山地阔叶林缘灌丛草甸、山麓溪流边、山坡草甸高山流石滩、河滩草地、山地阴坡锦鸡儿灌丛。

产甘肃：玛曲（大水军牧场，陈桂琛 1147；欧拉乡，吴玉虎 32075）。生于海拔 3 200～3 400 m 的沼泽湿地、宽谷河滩草甸、溪流河岸边草甸。

分布于我国的青海、甘肃、西藏、四川、云南、贵州、湖北、广西；尼泊尔，印度，不丹，斯里兰卡也有。

3b. 小花草玉梅（变种）

var. **flore-minore** Maxim. Fl. Tangut. 1：6. 1889；中国植物志28：24. 1980；新疆植物志2（1）：279. 1994；青海植物志1：339. 1997；青藏高原维管植物及其生态地理分布 224. 2008.

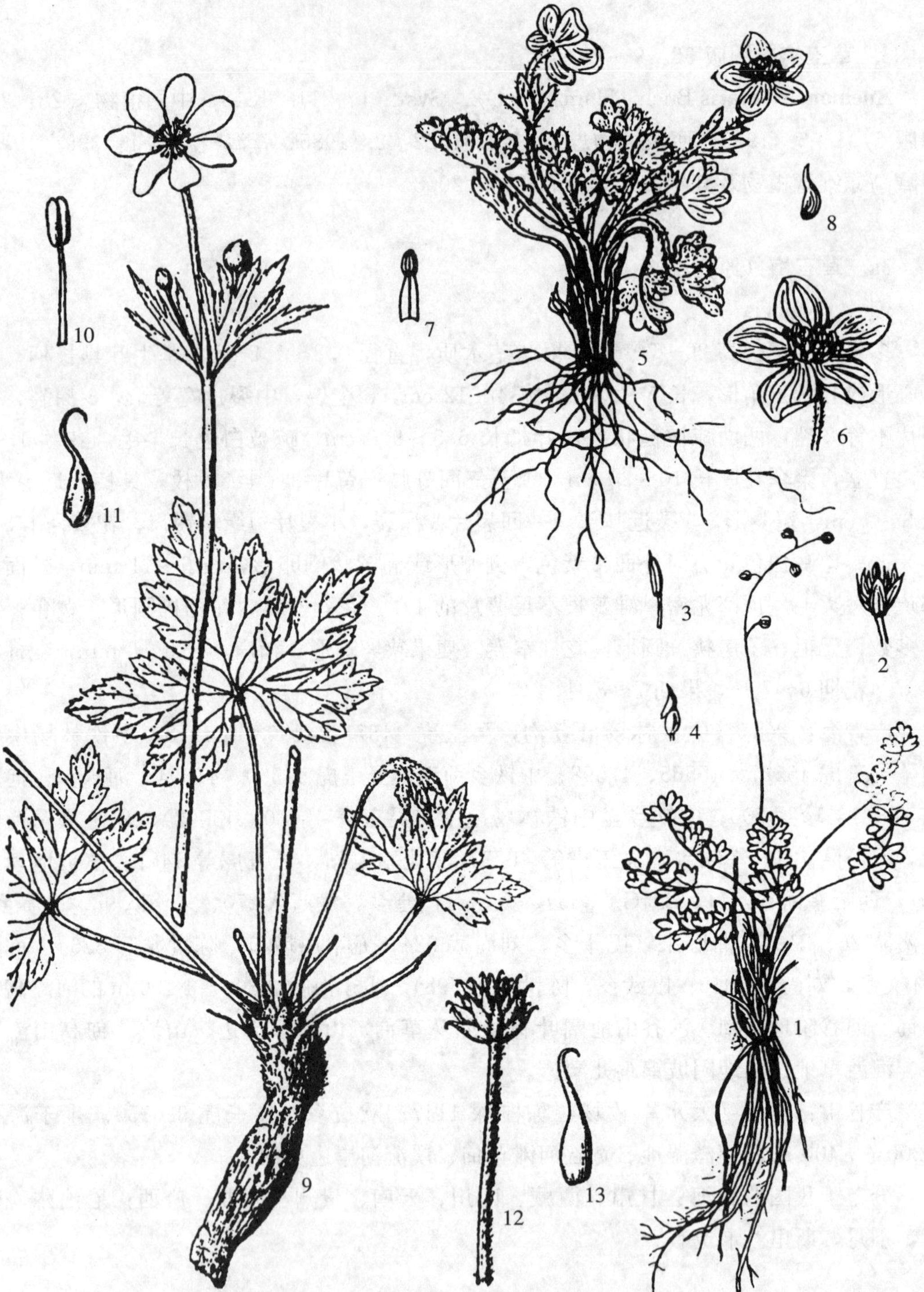

图版 **52**　高山唐松草 **Thalictrum alpinum** Linn. 1. 植株；2. 花；3. 雄蕊；4. 心皮。疏齿银莲花 **Anemone obtusiloba** D. Don. subsp. **ovalifolia** Bruhl 5. 植株；6. 花；7. 雄蕊；8. 心皮。草玉梅 **A. rivularis** Buch.-Ham. ex DC. 9. 植株；10. 雄蕊；11. 心皮；12. 聚合果；13. 瘦果。（1～8. 王颖绘；9～13. 引自《中国植物志》，赵宝恒绘）

本变种与原变种的主要区别在于：苞片的深裂片通常不分裂，披针形至线形；花较小。

产青海：兴海（中铁乡至中铁林场途中，吴玉虎 41920、43093、43124、43133、43135；中铁乡附近，吴玉虎 42973、42976；中铁林场恰登沟，吴玉虎 45259；中铁乡前滩，吴玉虎 45479；中铁乡天葬台沟，吴玉虎 45921、45945、45951、45967；赛宗寺后山，吴玉虎 46214、46284、46301、46363；唐乃亥乡，吴玉虎 42033；大河坝乡赞毛沟，吴玉虎 47169；河卡乡纳滩，吴珍兰 111）、玛沁（大武乡，王为义等 26623）。生于海拔2 800～3 720 m 的河滩草甸、河谷山坡高寒草甸、河谷山地阴坡锦鸡儿灌丛、阴坡云杉疏林缘、沙砾河滩、山地阔叶林缘灌丛草甸。

甘肃：玛曲（河曲军马场，陈桂琛等 1108）。生于 3 400 m 左右的宽谷河滩高寒沼泽湿地。

分布于我国的新疆、青海、甘肃、宁夏、陕西、四川、华北地区、辽宁。模式标本采自青海大通。

4. 匙叶银莲花

Anemone trullifolia Hook. f. et Thoms. Fl. Ind. 1：22. 1855；中国植物志 28：44. 图版 12：18. 1980；西藏植物志 2：82. 1985.

4a. 匙叶银莲花（原变种）

var. **trullifolia**

昆仑地区不产。

4b. 条裂银莲花（变种）

var. **linearia** (Bruhl) Hand.-Mazz. in Acta Hort. Gothob. 13：178. 1939；中国植物志 28：46. 图版 12：15～17. 1980；西藏植物志 2：82. 1985；青海植物志 1：340. 1997；青藏高原维管植物及其生态地理分布 225. 2008.

多年生草本，高 10～25 cm。根状茎粗壮，直径 8～10 mm。基生叶具柄；叶片楔形、倒卵形或匙形，长 2.2～7.5 cm，宽 8～12 mm，基部楔形，顶端具 3 齿，两面密被柔毛。花梗长 0.5～5.0 cm；萼片 5 枚，白色、蓝色或黄色，倒卵形或椭圆形，长 0.7～1.1 cm，宽 2～6 mm，顶端圆形，外面中部被柔毛；雄蕊长 3～4 mm，花药椭圆形，黄色；心皮数个，子房卵形，密被黄色柔毛，花柱长约 2 mm。 花期 7～8 月。

产青海：久治（县城附近，藏药队 188；索乎日麻乡，吴玉虎 26475、藏药队 352）、玛沁（那木棱吉山，玛沁队 103；大武乡，吴玉虎 1421、植被地理组 421；雪山乡，黄荣福 C. G. 81-170）、称多（毛洼营，刘尚武 2385）。生于海拔 3 600～4 300 m 的河滩高寒沼泽草甸、高山草地、山地草甸。

甘肃：玛曲（河曲军马场，陈桂琛等 1109）。生于海拔 3 400 m 左右的宽谷滩地沼泽湿地。

四川：石渠（红旗乡，吴玉虎 29496）。生于海拔 4 200 m 左右的河谷滩地高寒草甸、溪流河畔草甸。

分布于我国的青海、甘肃、西藏、四川、云南。模式标本采自四川康定。

5. 块茎银莲花

Anemone gortschakovii Kar. et Kir. in Bull. Soc. Nat. Mosc. 15：131. 1842；中国植物志 28：34. 图版 8：4～6. 1980；新疆植物志 2（1）：275. 图版 74：1～2. 1994；青藏高原维管植物及其生态地理分布 223. 2008.

多年生小草本。植株高 3～10 cm。根状茎块茎状，呈椭圆球形或圆锥形，长 0.8～18.0 cm，粗 0.5～1.0 cm，有须根。基生叶有长柄，无毛；叶片稍肉质，圆五角形或圆肾形，长 0.6～1.4 cm，宽 0.9～2.2 cm，基部深心形，3 全裂，中裂片扇状倒卵形，再 3 深裂，裂片浅裂或有钝圆齿，侧裂片斜扇形，2 裂；叶柄长 1.2～4.6 cm。花葶直立；苞片 3 枚，无柄，宽菱形，长约 1 cm，掌状深裂，裂片再细裂，背面有散生柔毛；花梗长 1.2～7.6 cm，有向上弯曲的短柔毛；萼片 5 枚，黄色，椭圆形，长 1.1～1.3 cm，宽 4～7 mm，外面疏被贴伏的短柔毛；雄蕊长约 3 mm，花药椭圆形，长约 1.2 mm，花丝线形；心皮约 35 个，生于球形的花托上，子房长约 1 mm，有柔毛，花柱丝形，长约 2 mm。瘦果长约 2.5 mm，密被长绵毛。 花期 4～5 月。

产新疆：乌恰（吉根乡，中科院新疆综考队 73-23）。生于海拔 3 200 m 左右的砾石山坡草甸。

分布于我国的新疆；哈萨克斯坦，吉尔吉斯斯坦也有。

6. 水仙银莲花

Anemone narcissiflora Linn. Sp. Pl. 542. 1753.

6a. 水仙银莲花（原变种）

var. **narcissiflora**

昆仑地区不产。

6b. 伏毛银莲花（变种）

var. **protracta** Ulbr. in Bot. Jahrb. 37：266. 1906；中国植物志 28：47. 1980；新疆植物志 2（1）：279. 图版 74：5. 1994.

多年生草本。植株高 28～40 cm。根状茎长约 6 cm。基生叶 3～6 枚，有长柄；叶片轮廓心状卵形至圆卵形，长 3.5～5.0 cm，宽 4～6 cm，基部心形，3 裂，中裂片有柄（3～8 mm），菱状倒卵形，再次 3 裂超过中部，末回裂片卵状披针形或披针形，全裂片无柄，斜扇形，不等地 2 或 3 深裂，上面近无毛，下面密被紧贴的长柔毛，边缘有密睫毛，叶柄长 10～25 cm，有贴生或近贴生的长柔毛。花葶直立，有与叶柄相同的柔毛；苞片约 4 枚，无柄，菱形或宽菱形，3 深裂，深裂片再裂，末回裂片披针形。花为伞形花序，花 2～6 朵；萼片通常 5 枚，白色，倒卵形，长 1.2～1.5 cm，宽 6～10 mm，外面特别是中部有稍密的柔毛；雄蕊长 2～4 mm，花药椭圆形；心皮无毛。 花期 6～7 月。

产新疆：阿克陶（阿克塔什，吴玉虎 870173）。生于海拔 3 600 m 的山坡草地、沟谷山地林下、林缘灌丛草甸。

分布于我国的新疆；中亚天山和帕米尔也有。

13. 白头翁属 Pulsatilla Adans.

Adans. Fam. 2：460. 1763.

多年生草本，有根状茎，常有长柔毛。叶均基生，有长柄，掌状或羽状分裂。花葶有总苞；苞片 3 枚，分生，有柄或无柄，基部合生成筒状，掌状细裂。花单生于花葶顶端；花托近球形。萼片 5 或 6 枚，花瓣状，卵形、狭卵形或椭圆形，蓝紫色或黄色；雄蕊多数，花药椭圆形，花丝狭线形，有 1 条纵脉，雄蕊全部发育或最外层的转变成退化雄蕊；心皮多数，子房有 1 粒胚珠，花柱长，丝形，有柔毛。聚合果球形；瘦果小，近纺锤形，有柔毛，宿存花柱强烈增长，羽毛状。

约 40 余种。我国有 11 种，昆仑地区产 3 种。

分种检索表

1. 退化雄蕊不存在，雄蕊紫色；叶丝裂 …… **1. 紫蕊白头翁 P. kostyczewii** (Korsh.) Juz.
1. 最外层的雄蕊变为退化雄蕊，雄蕊花药黄色，花丝白色。
   2. 花稍下垂；萼片紫褐色，顶端向外弯 ……………………………………………………
   …………………………… **2. 钟萼白头翁 P. campanulla** Fisch. ex Regel et Tiling
   2. 花近直立；萼片紫色，顶端不向外反曲 ……………………………………………
   ………………………………………… **3. 蒙古白头翁 P. ambigua** Turcz. et Pritz.

1. 紫蕊白头翁

Pulsatilla kostyczewii (Korsh.) Juz. Fl. URSS 7：288. t. 18：1. 1937；中国植物志 28：63. 图版 19：1～2. 1980；新疆植物志 2（1）：282. 图版 76：1～2. 1994；青藏高原维管植物及其生态地理分布 227. 2008. ——*Anemone kostyczewii* Korsh. in

Mém. Acad. Sci. St.-Pétersb. 4：88. t. 1. 1896.

多年生草本。根状茎长，粗约 1 cm。植株高 12～26 cm；灰绿色。基生叶 3～6 枚，长 4.5～6.0 cm；叶片长 1.2～2.0 cm，宽 3～4 cm，3 全裂，全裂片有细柄，再一至二回细裂，末回裂片狭线形，宽约 0.5 mm，与叶柄均密被白色柔毛；叶柄长约 3 cm。花葶 1 枝，有与叶柄相同的毛；总苞长 1.6～2.0 cm，无柄；苞片掌状细裂成狭线形的小裂片，密被柔毛；花梗长约 6 cm；花大，直径 5～6 cm；萼片 6 枚，紫红色，倒卵形或椭圆形，长 2.0～3.5 cm，宽 1.5～3.0 cm，顶端圆或钝，外面有短柔毛；雄蕊长 4～10 mm，花药椭圆形，长约 1.2 mm，花丝狭线形或近丝形，紫色；心皮密被柔毛。花期 6 月。

产新疆：乌恰（吉根乡斯木哈纳，中科院新疆综考队 73－127）。生于海拔 2 900 m 的砾石山坡草地。

分布于我国的新疆；塔吉克斯坦也有。

2. 钟萼白头翁

Pulsatilla campanulla Fisch. ex Regel et Tiling Fl. Ajan. 30. 1859；中国植物志 28：69. 图版 19：6. 1980；新疆植物志 2 (1)：286. 1994；青藏高原维管植物及其生态地理分布 226. 2008.

多年生草本。植株在花期高 14～20 cm，果期高达 40 cm。根状茎粗厚。基生叶多数，有长柄，二至三回羽状复叶；叶片卵形或狭卵形，长 2.8～6.0 cm，宽 2.0～3.5 cm，羽片 3 对，斜卵形，羽状细裂，末回裂片狭披针形或狭卵形，顶端急尖，上面近无毛，下面疏被柔毛；叶柄长 2.5～12.0 cm，有长柔毛。花葶 1～2 枝，直立，有柔毛；总苞长约 1.8 cm，筒长约 2 mm；苞片 3 深裂，深裂片狭披针形，不分裂或有 3 小裂片，背面有长柔毛；总苞以上长 2.5～4.5 cm，结果时长达 22 cm；花稍下垂；萼片紫褐色，椭圆状卵形或卵形，长 1.4～1.9 cm，宽 8～9 mm，顶端稍向外弯，外面有绢状茸毛。聚合果直径约 5 cm；瘦果纺锤形，长约 4 mm，有长柔毛，宿存花柱长 1.5～2.4 cm，下部密被开展的长柔毛，上部有贴伏的短柔毛。 花期 5～6 月。

产新疆：乌恰（吉根乡，司马义 073、中科院新疆综考队 73－22）、阿克陶（阿克塔什，吴玉虎 870190）、塔什库尔干（克克吐鲁克，吴玉虎 870472；麻扎种羊场，吴玉虎 870394；红其拉甫，阎平 3676、3721，吴玉虎 4925；提孜那甫，采集人不详 128）、皮山（垴阿巴提乡布琼，青藏队吴玉虎 1900、3011）、策勒（亚门乡，青藏队吴玉虎 2541）。生于海拔 1 800～4 200 m 的山地阳坡草地、沟谷河滩柏树林缘。

分布于我国的新疆；蒙古北部，俄罗斯西伯利亚，中亚天山和帕米尔也有。

3. 蒙古白头翁 图版 53：1～5

Pulsatilla ambigua Turcz. et Pritz. in Linnaea 15：601. 1841；Fl. URSS 7：307.

1937；中国植物志 28：68. 图版 19：3～5，20：10～11. 1980；青海植物志 1：342. 图版 75：1～5. 1997；青藏高原维管植物及其生态地理分布 226. 2008.

多年生草本。植株高 6～18 cm。根粗壮，暗褐色。基生叶与花同时发育，叶片卵形，二回羽状复叶，羽片通常无柄或仅具短柄，卵状椭圆形，羽状深裂，末回裂片披针形，宽 0.8～1.5 mm. 有 1～2 小齿，叶下面疏被长柔毛；叶柄长 3～7 cm，疏被柔毛。花葶通常单一，直立，有柔毛；苞片 3 枚，基部合生成长约 2 mm 的短筒，长 1.5～2.8 cm，裂片披针形或线状披针形，全缘或有 1～2 小裂片，背面有柔毛；萼片紫色，长圆状卵形，长约 2.5 cm，宽约 1 cm，外面有绢状柔毛；雄蕊长约为萼片之半。聚合果直径约 4 cm；瘦果卵形，有长柔毛，宿存花柱长 2.5～3.0 cm，下部有向上斜展的长柔毛，上部有近贴伏的短柔毛。 6 月开花。

产新疆：叶城（苏克皮亚，青藏队吴玉虎 870998）。生于海拔 3 200 m 左右的山坡草地。

分布于我国的新疆、青海、甘肃、内蒙古、黑龙江；蒙古，俄罗斯西伯利亚也有。

14. 铁线莲属 Clematis Linn.

Linn. Sp. Pl. 543. 1753.

多年生木质或草质藤本，或为直立灌木或草本。叶对生或与花簇生，稀茎下部的叶互生，三出复叶；叶片和小叶片全缘或具有锯齿、牙齿或分裂；叶柄有时基部扩大而联合。花两性，稀单性；聚伞花序或为总状花序、圆锥状聚伞花序，稀单生或 1 至数朵与叶簇生；萼片 4（6～8）枚，直立，呈钟状、管状或开展，花蕾时常呈镊合状排列；花瓣缺；雄蕊多数有毛或无毛，药隔不突出也不延长；有时具退化雄蕊；心皮多数，有毛或无毛，每一心皮中有 1 下垂胚珠。瘦果上的宿存花柱伸长成羽毛状或不伸长成喙状。

约 300 种。我国有 108 种，昆仑地区产 5 种。

分种检索表

1. 最外层雄蕊退化成花瓣状 ………………… **2. 西伯利亚铁线莲 C. sibirica** (Linn.) Mill.
1. 退化雄蕊不存在。
  2. 茎直立；叶为单叶 ……………………………… **4. 准噶尔铁线莲 C. songarica** Bunge
  2. 茎攀缘；叶为一至二回羽状复叶。
    3. 花单生 ………………………………… **3. 甘青铁线莲 C. tangutica** (Maxim.) Korsh.
    3. 花序为聚伞花序。
      4. 萼片内面有毛 ……………………………… **5. 东方铁线莲 C. orientalis** Linn.
      4. 萼片内面无毛 ……………………………… **1. 长花铁线莲 C. rehderiana** Craib

1. 长花铁线莲

Clematis rehderiana Craib in Kew Bull. 1914：150. 1914；中国植物志 28：108. 图 7. 1980；西藏植物志 2：87. 1985；青海植物志 1：345. 1997；青藏高原维管植物及其生态地理分布 233. 2008.

木质藤本，长 2～3 m。茎淡黄绿色或稍带紫红色，六棱形具浅沟纹，疏被开展的曲柔毛至无毛。叶为一至二回羽状复叶，长 8～15 cm，小叶 5～9 枚或更多；小叶片卵状椭圆形或宽卵形，长 4～5 cm，宽 2～4 cm，顶端钝尖，基部心形，稀为截形或楔形，边缘 3 裂，具粗锯齿，稀深裂成 3 小叶，小叶柄长 1～2 cm；叶柄长 3～4 cm。聚伞状圆锥花序，具多花，腋生；花序梗长 6～10 cm，花序分枝处具 1 对膜质苞片；苞片卵状椭圆形或卵圆形，长 1.5～2.0 cm，全缘，稀 3 裂；花萼钟形，顶端稍反卷，具香气；萼片 4 枚，淡黄色，椭圆状矩形或卵状椭圆形，长 1～2 cm，宽 5～10 mm，外面被短柔毛，边缘被白色茸毛；雄蕊长仅为萼片 1/2，花丝线形，被柔毛，花药黄色；心皮被短柔毛，花柱被绢状毛。瘦果扁平，宽卵形或近圆形，长约 3 mm，棕红色，边缘增厚，被短柔毛，宿存花柱长 2.0～2.5 cm，被长柔毛。　花期 7～8 月，果期 8～9 月。

产青海：班玛（马柯河林场红军沟，王为义 26846；马柯河林场宝藏沟，王为义等 27256）。生于海拔 3 300～3 650 m 的沟谷河滩草甸、山坡灌丛草甸、林缘灌丛。

分布于我国的青海、西藏、四川、云南。模式标本采自四川康定。

2. 西伯利亚铁线莲

Clematis sibirica（Linn.）Mill. Gard. Dict. ed. 8. 12. 1768；中国植物志 28：135. 图版 40. 1980；新疆植物志 2（1）：287. 1994；青海植物志 1：345. 1997；青藏高原维管植物及其生态地理分布 234. 2008. ——*Atragene sibirica* Linn. Sp. Pl. 543. 1753.

亚灌木。茎圆柱形，具纵条纹，无毛，当年生的枝基部有宿存的鳞片。二回三出复叶，小叶片或裂片 9 枚，卵状椭圆形或窄卵形，纸质，长 1.5～4.0 cm，宽 8～16 mm，顶端渐尖，基部楔形或近于圆形，两侧的小叶常偏斜，全缘或中部具整齐的锯齿，无毛，下面微隆起，小叶柄极短或无，稍被柔毛；叶柄长 1.5～6.0 cm，被短柔毛。花单生；花梗长 3～8 cm，花基部被柔毛，无苞片；花萼钟状下垂，直径 2～3 cm；萼片 4 枚，淡黄色，长椭圆形或狭卵圆形，长 1.5～3.5 cm，宽 7～15 mm，质薄，脉纹明显，外面疏被短柔毛，内面无毛；退化雄蕊花瓣状，长约萼片之半，条形，顶端较宽，钝圆，呈匙形；花丝扁平，中部增宽，两端渐狭，被短柔毛，花药长方椭圆形，药隔被毛；子房被短柔毛，花柱被绢状毛。　花期 5～7 月。

产新疆：乌恰（吉根乡斯木哈纳，中科院新疆综考队 73－123）、阿克陶（采集地不详，张镱锂 008；奥依塔克，阎平 4561，杨昌友 92－2332、92－2524）、塔什库尔干

(克克吐鲁克，帕考队 5209)；皮山（垴阿巴提乡布琼，青藏队吴玉虎 1839、1891；喀尔塔什，青藏队吴玉虎 3623)、策勒（奴尔乡，青藏队吴玉虎 2413)。生于海拔 2 000～3 600 m的山地林下、林缘灌丛草甸、山坡圆柏灌丛草地、河谷草甸。

分布于我国的新疆、青海、吉林、黑龙江；欧洲，俄罗斯西伯利亚，中亚山区也有。

3. 甘青铁线莲 图版 53：6～10

Clematis tangutica (Maxim.) Korsh. in Bull. Acad. Sci. St.-Pétersb. 9：399. 1898；中国植物志 28：144. 图 17. 1980；西藏植物志 2：89. 图 25：7. 1985；新疆植物志 2 (1)：290. 图版 79：5～6. 1994；青海植物志 1：347. 图版 75：11～15. 1997；青藏高原维管植物及其生态地理分布 234. 2008. ——*C. tangutica* Maxim. Fl. Tangut. 1：3. 1889.

草质藤本，高 0.4～2.5m。茎具棱，幼时被长柔毛。一回羽状复叶，具 5～7 小叶；小叶片基部常浅裂、深裂或全裂，侧生裂片小，中裂片大，卵状长圆形、狭长圆形或披针形，长 1.5～4.0 cm，宽 0.5～1.5 cm，边缘有不整齐缺刻状锯齿，上面无毛，下面被短柔毛；叶柄长 2～6 cm。花单生，罕为腋生 3 花构成的聚伞状花序；花梗长 4.0～15.5 cm，被毛；萼片 4 枚，黄色，外面带紫色，窄卵形或椭圆状长圆形，长 1～3 cm，宽 0.7～1.1 cm，外面边缘密被短茸毛，中间被柔毛或无毛，具褐色细脉纹；花丝披针形，被开展的柔毛；心皮多数，被较密的白色柔毛。瘦果倒卵形，长 3～4 mm，有长柔毛，宿存花柱长达 4 cm，密被灰白色长柔毛。 花期 6～7 月，果期 8～9 月。

产新疆：乌恰（吉根乡，西植所新疆队 2073；吉根乡斯木哈纳，中科院新疆综考队 73-137)、阿克陶（木吉乡，沈观冕 006)、塔什库尔干（卡拉其古，青藏队吴玉虎 553、西植所新疆队 893、阎平 92180；麻扎种羊场，青藏队吴玉虎 870390；瓦恰乡，杨昌友 750096；大同乡，帕考队 5045；中巴公路，高生所西藏队 3096；托克满苏，西植所新疆队 1221)、叶城（麻扎达坂，青藏队吴玉虎 1137；柯克亚乡，青藏队吴玉虎 870939、870946)、于田（普鲁三岔口，青藏队吴玉虎 3786)、若羌（阿尔金山保护区祁漫塔格山麓，青藏队吴玉虎，采集号不详)。生于海拔 2 160～4 200 m 的山地河谷沿岸、干沙砾质河漫滩、干旱河谷砾地。

西藏：日土（班公湖畔，高生所西藏队 3620)。生于海拔 4 200 m 左右的河边灌丛。

青海：格尔木（纳赤台，陈世龙等 869)、都兰（香日德乡沟里，吴玉虎 36236；诺木洪，吴玉虎 36075、36435、36458；巴隆乡，吴玉虎 36354；旺尕秀山，吴玉虎 36201、36208)、兴海（唐乃亥乡，吴玉虎 42012、42021、42022、42042；曲什安乡大米滩，吴玉虎 41817；大河坝沟，吴玉虎 42592；黄青河畔，吴玉虎 42646；中铁林场中铁沟，吴玉虎 45589、45598；河卡乡，何廷农 006、465；温泉乡，何廷农 63121；大河坝乡，采集人不详 350；黄河沿，区划一组 062)、曲麻莱（县城附近，刘尚武 733；叶

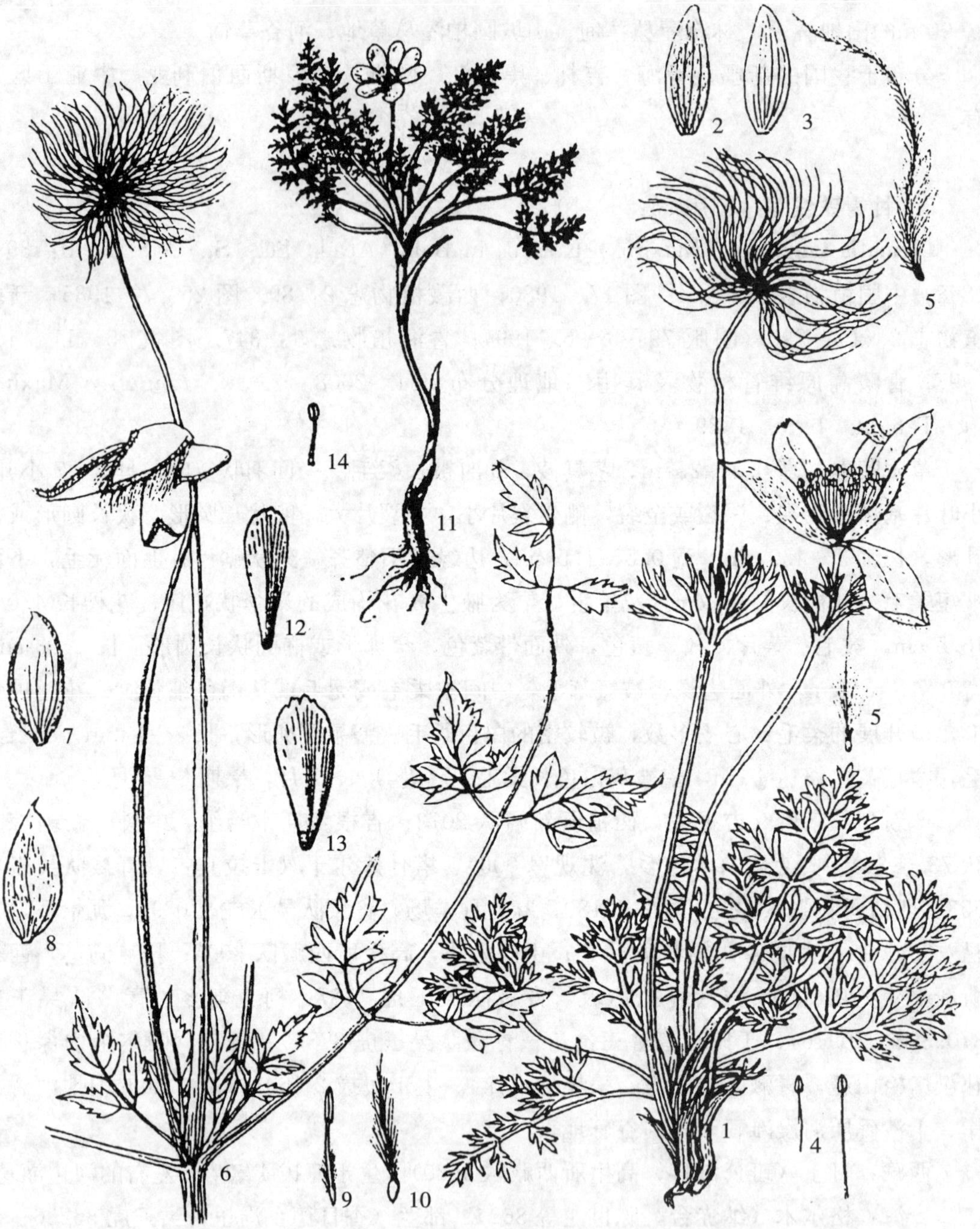

图版 **53** 蒙古白头翁 **Pulsatilla ambigua** Turcz. et Pritz. 1. 部分植株；2. 萼片背面；3. 萼片腹面；4. 雄蕊；5. 瘦果。甘青铁线莲 **Clematis tangutica**（Maxim.） Korsh. 6. 部分植株；7. 萼片背面；8. 萼片腹面；9. 雄蕊；10. 瘦果。蓝侧金盏花 **Adonis coerulea** Maxim. 11. 植株；12～13. 花瓣；14. 雄蕊。（1～10. 王颖绘；11～14. 引自《中国植物志》，吴彰桦绘）

格乡，黄荣福 130)、称多（县城附近，王为义等 218、刘尚武 2250)、玛多（县城附近，吴玉虎 410；黑海乡，杜庆 534)、玛沁（大武乡，吴玉虎 1487、王为义等 26649；雪山乡，黄荣福 C. G. 81-029、区划三组 146、植被地理组 487；拉加乡，吴玉虎等 6047、6136；军功乡，H. B. G. 796、吴玉虎 4611、区划二组 170；江让水电站，吴玉虎 18528；西哈垄河谷，吴玉虎 5620)、久治（索乎日麻乡，藏药队 433；哇赛乡，果洛队 220、688)、甘德（上贡麻乡，H. B. G. 945)、班玛（马柯河林场，郭本兆 494，王为义等 17047、23657)。生于海拔 2 700～4 200 m 的河谷山坡林下、撂荒地、荒漠砾石地、沟谷山地灌丛、山坡草地、沙砾河滩、河谷台地的阳坡砾石地。

甘肃：阿克塞（县城附近，何廷农 3117)。生于海拔 1 800 m 左右的荒漠河滩沙砾地、沙砾质山坡草地。

四川：石渠（真达乡，陈世龙等 630)。生于海拔 3 500 m 左右的干热河谷、砾石质河谷阶地。

分布于我国的新疆、青海、甘肃、陕西、西藏、四川；塔吉克斯坦也有。模式标本采自青海东北部。

4. 准噶尔铁线莲

Clematis songarica Bunge Del. Semin. Hort. Dorpat. 8. 1839；中国植物志 28: 151. 图 19. 1980；新疆植物志 2 (1)：288. 1994.

直立小灌木，高 40～120 cm。枝有棱，无毛或稍有柔毛。单叶对生或簇生；叶片薄革质，长圆状披针形、狭披针形至披针形，长 3～15 cm，宽 0.2～2.0 cm，顶端锐尖或钝，基部渐成柄，叶分裂程度变异较大，茎下部叶子从全缘至边缘具整齐的短齿，茎上部叶子全缘、边缘锯齿裂至羽状裂，两面无毛；叶柄长 0.5～3.0 cm。花序为聚伞花序或圆锥状聚伞花序，顶生；花直径 2～3 cm；萼片 4 枚，开展，白色或淡黄色，长圆状倒卵形至宽倒卵形，长 0.5～2.0 cm，宽 0.3～1.0 cm，顶端常近截形而有凸头或凸尖，外面密生茸毛，内面有短柔毛至近无毛；雄蕊无毛，花丝线形。瘦果略扁，卵形或倒卵形，长 3～5 cm，密生白色柔毛，宿存花柱长 2～3 cm。 花期 6～7 月，果期 7～8 月。

产新疆：乌恰（吉根乡，西植所新疆队 2076、中科院新疆综考队 73-154)、莎车（喀拉吐孜矿区，青藏队吴玉虎 870680)、阿克陶（奥依塔克，采集人不详 049、阎平 4618、张镱锂 012；布伦口乡，沈观冕 034)、塔什库尔干（采集地不详，王绍明和杨淑萍 4038；温泉，西植所新疆队 830；瓦恰乡，阎平和黄先忠 4985；大同乡，帕考队 5047；班迪尔，采集人不详 357)。生于海拔 2 600～4 200 m 的荒漠低山麓前洪积扇、石砾质冲积堆、荒漠河岸沙砾地。

分布于我国的新疆、内蒙古；蒙古，中亚地区也有。

5. 东方铁线莲

Clematis orientalis Linn. Sp. Pl. 543. 1753；Fl. Afghan. 123. 1960；中国植物志 28：140. 1980；新疆植物志 2（1）：291. 图版 79：1～2. 1994；中国高等植物 3：533. 2000.

藤本。茎纤细，有棱。一至二回羽状复叶；小叶有柄，2～3 全裂、深裂至不分裂，中间裂片较大，狭长圆形、狭披针形或卵状披针形，长 1.5～4.0 cm，宽 0.5～1.5 cm，基部圆形或圆楔形，全缘或基部又 1～2 浅裂，两侧裂片较小；叶柄长 4～6 cm；小叶柄长 1.5～2.0 cm。圆锥状聚伞花序或单聚伞花序，多花或少至 3 花；苞片叶状，全缘；萼片 4 枚，黄色、淡黄色或外面稍带紫红色，斜上展，披针形或长椭圆形，长 1.8～2.0 cm，宽 4～5 mm，内外两面有柔毛，背面边缘被有短茸毛；花丝线形，有短柔毛，花药无毛。瘦果卵形、椭圆状卵形至倒卵形，扁，长 2～4 mm，宿存花柱被长柔毛。 花期 6～7 月，果期 8～9 月。

产新疆：乌恰（吉根乡斯木哈纳，西植所新疆队 2207）、阿克陶（奥依塔克，阎平 4619、杨昌友 750820）、塔什库尔干（克克吐鲁克，阎平 4162；大同乡，帕考队 5026；马尔洋乡，马森 3976；班迪尔，帕考队 5220）、叶城（柯克亚乡，青藏队吴玉虎 870764）、若羌（县城附近，刘海源 054）。生于海拔 940～3 600 m 的河漫滩、沟旁、田边。

分布于我国的新疆；欧洲东部，伊朗，阿富汗，巴基斯坦，中亚地区也有。

15. 星叶草属 Circaeaster Maxim.

Maxim. in Bull. Acad. Imp. Sci. St.-Pétersb. 27：556. 1881.

单种属。特征同种。

1. 星叶草 图版 54：1～3

Circaeaster agrestis Maxim. in Bull. Acad. Imp. Sci. St.-Pétersb. 27：557. 1881；中国植物志 28：241. 图版 81：1～4. 1980；西藏植物志 2：93. 图 26：4～7. 1985；新疆植物志 2（1）：350. 图版 101：8～11. 1994；青海植物志 1：347. 图版 75：11～15. 1997；青藏高原维管植物及其生态地理分布 229. 2008.

一年生草本，高 6～9 cm。根须状，簇生。茎细弱而短。宿存子叶 2 枚，线形或披针形，与叶簇生于茎顶，长 4～10 mm，基部渐狭，顶端钝，中脉褐色；叶菱状倒卵形或匙形，长 0.3～1.5 cm，宽 2～6 mm，基部渐狭成细长柄，顶端圆形，具细齿，齿顶端有刺状尖，具放射状褐色细脉。花小；萼片 2～3 枚，长约 0.5 mm；花瓣缺；雄蕊 1～2（3）枚，长 0.5～1.0 mm，花丝线形，花药椭圆状球形；心皮 1～3 个，稍长于雄蕊，长圆形，柱头近椭圆状球形。瘦果长圆形或纺锤形，长 2～4 mm，被钩状毛。 花期 6～7 月，果期 8～9 月。

产青海：玛多（黑海乡，吴玉虎 1136；巴颜喀拉山北坡，陈桂琛 1999）、玛沁（拉加乡，吴玉虎，采集号不详；军功乡，H. B. G. 282；兔子山，H. B. G. 388；大武乡，H. B. G. 835；雪山乡，H. B. G. 440）、久治（白玉乡，吴玉虎 26337B；龙卡湖畔，果洛队 520、藏药队 694）、班玛（灯塔乡，王为义等 27395）。生于海拔 3 600～4 500 m 的沟谷山地林、山坡高寒灌丛、石崖下潮湿处、荫蔽草地、滩地高寒草甸。

分布于我国的新疆、青海、甘肃、陕西南部、西藏、四川、云南；不丹，印度东北部，尼泊尔也有。模式标本采自青海东部。

16. 美花草属 **Callianthemum** C. A. Mey.

C. A. Mey. in Ledeb. Fl. Alt. 2：336. 1830.

多年生草本。根状茎粗壮。茎直立或近直立，不分枝。叶全部基生或具茎生叶，二至三回羽状复叶。花单生于茎和分枝顶端，两性；萼片 5 枚，椭圆形，淡绿色或淡紫色；花瓣 5～16 枚，倒卵形或倒卵状长圆形，白色或稍具淡紫色，基部橙黄色，具蜜槽；雄蕊多数，花药椭圆形，花丝披针状线形；心皮多数，子房具 1 下垂胚珠，具短花柱。聚合果近球形；瘦果卵圆形，具宿存短花柱。

约 12 种。我国有 5 种，昆仑地区产 2 种。

分种检索表

1. 叶片薄，干时草质；花瓣长圆形或倒卵状长圆形 ……………………………………………………………………… **1. 美花草 C. pimpinelloides** (D. Don) Hook. f. et Thoms.
1. 叶片厚，干时近革质；花瓣倒卵形或宽倒卵形 …… **2. 厚叶美花草 C. alatavicum** Freyn

1. 美花草 图版 54：4～6

Callianthemum pimpinelloides（D. Don）Hook. f. et Thoms. Fl. Ind. 1：26. 1855；中国植物志 28：245. 图版 82：47. 1980；西藏植物志 2：93. 图 26：8～10. 1985；青海植物志 1：351. 图版 76：4～6. 1997；青藏高原维管植物及其生态地理分布 228. 2008. ——*Ranunculus pimpinelloides* D. Don in Royle Ill. Bot. Himal. 45. 1839～1840.

短小草本，高 3～5 cm，全株无毛。根状茎短。茎 2～3 枝，直立或渐升，不分枝，有时 1～2 分枝。一回羽状复叶，基生叶与茎近等长，具长柄；叶片卵形或窄卵形，长

1～3 cm，宽 1～2 cm，羽片 2～3 对，无柄，宽菱形或斜卵形，掌状深裂，边缘疏具钝齿，顶生羽片扇形或菱形；叶柄长 1～5 cm，基部具鞘。花单生于茎顶，直径 1.0～1.5 cm；萼片椭圆形，长 3～5 cm，宽 2～3 mm，顶端稍钝，基部囊状；花瓣倒卵状长圆形，长 5～10 mm，宽 1～3 mm，粉红色、淡紫色或白色，下部带橙黄色，顶端圆形；雄蕊长达花瓣中下部，花丝较宽，花药椭圆形；心皮 8～14 个。聚合果直径 5～6 mm；瘦果卵球形，长约 3 mm，表面具皱纹，花柱宿存。 花果期 7～8 月。

产新疆：和田（喀什塔什，青藏队吴玉虎 2554）、若羌（阿尔金山保护区，阿其克库勒湖畔，青藏队吴玉虎 4036）。生于海拔 4 200～4 480 m 的高山流石坡、高原山麓砾石地、山地高寒草甸裸地、河谷山坡砾地。

青海：玛多（黄河乡，吴玉虎 988）、达日（吉迈乡，H. B. G. 1316）、久治（索乎日麻乡，果洛队 144、藏药队 324）。生于海拔 4 200～5 000 m 的宽谷滩地、高山砾石滩稀疏植被带、山坡草地、高山草甸砾地。

分布于我国的新疆、青海、西藏、四川、云南；克什米尔地区，尼泊尔，印度西北部也有。

2. 厚叶美花草

Callianthemum alatavicum Freyn in Bull. Herb. Boiss. 6：882. 1898；中国高等植物图鉴 1：721. 图 1441. 1972；中国植物志 28：242. 图 35. 1980；新疆植物志 2(1)：293. 图版 80：4～5. 1994；青藏高原维管植物及其生态地理分布 228. 2008.

多年生草本。植株全体无毛。根状茎短粗，须根伸长。茎渐升或近直立，长 8～18 cm，有时达 20 cm，不分枝或仅有 1 分枝。基生叶 3～5 枚，有长柄，二至三回羽状复叶；叶片厚，干时近革质，狭卵形或卵状长圆形，长 3.7～8.8 cm，宽 3～5 cm，羽片 4～5 对，最下部小叶有柄，柄长 0.1～1.0 cm，卵形或宽卵形，二回羽片 1～2 对，无柄，末回裂片楔状倒卵形，有钝齿或全缘；叶柄长 3.5～10.0 cm，基部有鞘。茎生叶 2～3 枚，似基生叶，但较小。花直径 1.7～2.5 cm；萼片 5 枚，近椭圆形，长 7～10 mm，宽 4～5 mm；花瓣 6～10 枚，白色，基部橙黄色，倒卵形，长 9～14 mm，宽 8～11 mm，顶端圆形；雄蕊长约为花瓣之半，花药长圆形。聚合果近球形，直径 1.0～1.2 cm；瘦果卵球形，长 3.5～4.0 mm，宽 2～3 mm，表面稍皱，宿存花柱短。 花果期 6～8 月。

产新疆：乌恰（吉根乡，中科院新疆综考队 73-40）、阿克陶（恰尔隆乡，青藏队吴玉虎 4628、5016、5104；阿克塔什，吴玉虎 870169）、塔什库尔干（马尔洋乡，帕考队 5234；卡拉其古，吴玉虎 5059）。生于海拔 3 600～4 400 m 的高山草甸砾地、河谷草甸。

分布于我国的新疆；中亚天山和帕米尔也有。

17. 侧金盏花属 Adonis Linn.

Linn. Gen. Pl. 166. 1737.

多年生或一年生草本。茎不分枝或分枝。基生和茎下部的叶退化成鳞片状，茎生叶互生，数回掌状或羽状细裂。花单生于茎顶及分枝顶端；两性；萼片5～8枚，淡黄色或淡紫色，长圆形或卵形；花瓣5～24枚，黄色、白色或蓝色，倒卵形、倒披针形或长圆形，无蜜腺；雄蕊多数，花药长圆形或椭圆形，花丝窄形或近丝状；心皮多数，螺旋状着生于圆锥形的花托上；子房卵形，具1胚珠，花柱短，柱头小。瘦果倒卵球形或卵形，花柱宿存，短；瘦果外面具隆起的脉网。

约30种。我国有10种，昆仑地区产1种。

1. 蓝侧金盏花 图版53：11～14

Adonis coerulea Maxim. in Bull. Acad. Sci. St.-Pétersb. 22：306. 1877；中国植物志28：247. 图版83：7～10. 1980；西藏植物志2：95. 图26：11～13. 1985；青海植物志1：352. 1997；青藏高原维管植物及其生态地理分布222. 2008.

多年生草本，高10～15 cm。根状茎横卧，粗壮，褐色。根须状，纤细。茎由基部分枝，最下面的具乳白色鳞片，呈鞘状包裹茎基。茎下部的叶具长柄，茎上部叶柄短或无柄；叶片长圆形或长圆状卵形，长2～5 cm，二至三回羽状细裂，羽片4～6对，末回裂片卵形或披针形，顶端具短尖头；叶柄长1～3 cm，基部具鞘。花单生，直径1.5～1.7 cm；萼片5～7枚，倒卵状椭圆形或卵形；花瓣8～10枚，淡蓝色或堇色，窄倒卵形，长5～8 mm，顶端钝，稀具小齿；雄蕊多数，长约为花瓣的1/3，花丝线形，花药黄色；心皮多数，卵形，花柱极短。 花期5～6月。

产西藏：尼玛（双湖区，采集人和采集号不详）、班戈（色哇区至巴尔则途中，青藏队藏北分队郎楷永9428）。生于海拔4 960 m左右的沟谷山坡高寒草甸砾地。

青海：都兰（巴隆乡，吴玉虎36297、36330、36343A、36346A）、兴海（大河坝乡赞毛沟，吴玉虎46485；河卡乡，何廷农149、吴珍兰084）、曲麻莱（麻多乡，刘尚武631）、称多（清水河乡，周立华009）、玛沁（大武乡，玛沁队039；尕柯河岸，玛沁队155；雪山乡，黄荣福81-018；阿尼玛卿山，黄荣福81-070）、久治（县城附近，藏药队171；门堂乡，果洛队110A；索乎日麻乡，藏药队415）。生于海拔3 300～4 500 m的高山草甸、山坡草地、沟谷山地灌丛、河滩草甸、山地阴坡灌丛草甸。

分布于我国的青海、甘肃、西藏、四川。模式标本采自青海东北部。

18. 毛茛属 Ranunculus Linn.

Linn. Syst. ed. 1. 1735; Sp. Pl. 548. 1753.

多年生或一年生草本，陆生或部分水生。须根纤维状簇生，或呈粗壮的纺锤形，少数具根状茎。茎直立，斜升或有匍匐茎。叶多数，基生叶与茎生叶并存，单叶或三出复叶，3浅裂至3深裂、全缘或具齿裂；叶柄伸长，基部扩大成鞘状。花单生或为聚伞状花序；花两性，整齐；萼片5枚，绿色，草质，大多数脱落；花瓣5（～6～10）枚，黄色，基部有爪，蜜槽呈点状或杯状袋穴，或有分离的小鳞片覆盖；雄蕊通常多数，向心发育，花药卵形或长圆形，花丝线形；心皮多数，离生，含1胚珠，螺旋状着生于花托上，花托被毛或无毛，花柱腹面生有柱头状组织。聚合果球形或长圆形；瘦果卵形或两侧压扁，背腹线有纵肋，或边缘具棱至宽翼，果皮有厚壁组织，较厚，无毛或有毛，或具刺及瘤，喙较短，直伸或外弯。

约400种。我国有119种24变种2变型，昆仑地区产14种3变种。

分种检索表

1. 水生植物 …………………………………………… **9. 浮毛茛 R. natans** C. A. Mey.
1. 陆生或沼泽生植物。
  2. 基生叶长椭圆形至线状披针形，全缘。
    3. 叶片无毛；茎细；花小，直径1.0～1.5 cm ……………………………………………… **4. 云生毛茛 R. nephelogenes** Edgew.
    3. 叶片有毛 ………………………………… **6. 棉毛茛 R. membranaceus** Royle
  2. 基生叶椭圆形、卵形、卵圆形或肾形，分裂或叶缘有裂齿。
    4. 萼片被锈褐色柔毛 …………………… **14. 棕萼毛茛 R. rufosepalus** Franch.
    4. 萼片被白色、黄色柔毛或无毛。
      5. 基生叶浅裂或齿裂。
        6. 基生叶叶缘具圆齿………… **11. 宽瓣毛茛 R. alberti** Regel et Schmalh.
        6. 基生叶3～7齿裂，裂齿稍尖。
          7. 花梗、花萼生金黄色柔毛 … **5. 美丽毛茛 R. pulchellus** C. A. Mey.
          7. 花梗、花萼生白色柔毛 … **10. 昆仑毛茛 R. kunlunshanicus** J. G. Liu
      5. 基生叶深裂、全裂或三出复叶。
        8. 植株矮小，高3～10（15）cm。
          9. 萼片外面贴生白色短柔毛 ……………………………………………… **2. 叉裂毛茛 R. furcatifidus** W. T. Wang

9. 萼片外面被长丝状柔毛或极疏的柔毛。

10. 茎及叶密被柔毛 ……………… **1. 鸟足毛茛 R. brotherusii** Freyn

10. 茎有疏毛或无毛；叶无毛；茎生叶 2～3 枚，均邻接于花下呈总苞状 ………………………………… **7. 苞毛茛 R. similis** Hemsl.

8. 植株高 15 cm 以上。

11. 基生叶为三出复叶；瘦果无毛或遍体密生白色短毛 ……………………………………………… **3. 高原毛茛 R. tanguticus**（Maxim.）Ovcz.

11. 基生叶 3 深裂。

12. 基生叶 3 深裂达基部，深裂片裂齿尖………………………………………………………… **12. 新疆毛茛 R. songoricus** Schrenk

12. 基生叶 3 深裂达叶片 2/3～3/4，深裂片裂齿钝圆或疏生尖齿牙。

13. 须根粗厚；瘦果生细毛……………………………………………………………… **8. 多根毛茛 R. polyrhizus** Steph.

13. 须根细；瘦果无毛………………………………………………………… **13. 毛托毛茛 R. trautvetterianus** Regel ex Ovcz.

1. 鸟足毛茛

Ranunculus brotherusii Freyn in Bull. Herb. Boiss. 6：885. 1898；中国植物志 28：295. 1980；新疆植物志 2（1）：312. 图版 87：1～7. 1994；青海植物志 1：359. 1997；青藏高原维管植物及其生态地理分布 247. 2008.

多年生草本，高约 8 cm。根须状，密集。茎丛生，单一或分枝，密被柔毛。基生叶具长柄，叶片肾圆形，长 5～8 mm，宽 7～10 mm，3 深裂，稀 3 全裂，中裂片长圆状倒卵形或披针形，全缘或 3 齿裂，侧裂片 2～3 裂或全缘，疏被柔毛或无毛；叶柄长 2～4 cm，疏被长柔毛或无毛；茎下部的叶与基生叶相似，茎上部的叶无柄，3～5 深裂，裂片 2～3 裂，末回裂片线形或线状披针形。花单生于茎顶，直径 1.0～1.8 cm；花梗长 0.5～2.5 cm，被柔毛；萼片 5 枚，卵形，长 3～4 mm，外面被极疏的柔毛；花瓣 5 枚，宽倒卵圆形，长 1.0～1.5 cm，宽 5～8 mm，蜜槽点状，基部具短爪；雄蕊长约 2 mm，花药长椭圆形，长约 1 mm，黄色；花托圆柱形，长 3～4 mm。 花期 7～8 月。

产青海：格尔木（唐古拉山北坡，黄荣福 028）、兴海（河卡山，郭本兆 6381、吴珍兰 129）、玛沁（雪山乡，H. B. G. 473；人武乡，玛沁队 277；阿尼玛卿山，黄荣福 C. G. 81－129、C. G. 81－131）、玛多（县牧场，吴玉虎 80－133、379；黄河乡，吴玉虎 1086；扎陵湖乡多曲河畔，吴玉虎 485；巴颜喀拉山北坡，吴玉虎 29104）、久治（县城郊区，藏药队 175；门堂乡，果洛队 126；智青松多两河口，采集人不详 042；索乎日麻乡扎龙尕玛山，采集人不详 313）、曲麻莱（麻多乡扎什加山，刘尚武等 650；县城附近，刘尚武等 610）。生于海拔 3 600～5 000 m 的高山草甸、河漫滩沼泽草甸、砾石质杂类草草甸、半阴坡砾石地、沟谷山坡草地、河滩砾石地、溪流河谷高寒沼泽草甸。

分布于我国的新疆、青海；俄罗斯，中亚地区也有。

2. 叉裂毛茛

Ranunculus furcatifidus W. T. Wang in Acta Phytotax. Sin. 32（5）：478. f. 5. 1994；王文采 植物研究 15（3）：276. 图 2：7，图 4a：6，图 5：3. 1995；青海植物志 1：359. 1997；青藏高原维管植物及其生态地理分布 248. 2008.

多年生草本。根状茎短，具纤维状的根。茎高 4～15 cm，分枝，被伏贴短柔毛。基生叶柄长约 5 cm，叶片纸质，轮廓菱形，稀三角形，长 1.0～2.5 cm，宽 0.7～2.3 cm，基部宽楔形，稀近截形，3 深裂，稀 3 全裂，中央裂片长椭圆状倒披针形或线形，通常不裂，或中上部具 1 小裂片，侧裂片斜披针形，不分裂，或斜楔形具不等的 2～3 小裂片，下面被伏贴短柔毛，柄长 1.5 cm，被伏贴短柔毛，基部具窄鞘；茎生叶柄短或无柄，3 全裂，裂片线形或窄线形。花单生顶端，直径 0.5～1.2 cm；萼片 5 枚，长椭圆形或椭圆形，长 2.5～4.5 mm，外面贴生白色短柔毛；花瓣 5 枚，黄色，椭圆状倒卵形，长 3～5（6）mm，宽 2～3 mm，顶端圆形，具极短的爪，蜜槽小；花药长椭圆形。聚合果长椭圆状卵形，长 4～7 mm，直径 2.5～4.0 mm；花托被白色短柔毛；瘦果窄倒卵形或斜倒卵形，长约 1 mm，宽 0.5～0.7 mm，无毛，花柱宿存，长不及 1.5 mm。 花期 6～7 月，果期 7～8 月。

产青海：兴海（河卡山，王作宾 20185、何廷农 027）、玛沁（阿尼玛卿山，黄荣福 C. G. 81-105、C. G. 81-110）、达日（德昂乡，陈桂琛 1662）。生于海拔3 300～4 700 m 的山坡草地、山前洪积扇、溪流河谷沼泽湿地。

甘肃：玛曲（大水军牧场，陈桂琛 1143）。生于海拔 3 200～3 400 m 的宽谷滩地高寒沼泽湿地。

分布于我国的新疆、青海、甘肃、西藏、四川、河北。

3. 高原毛茛 图版 56：1～2

Ranunculus tanguticus（Maxim.）Ovcz. in Kom. Fl. URSS 7：392. 1937；中国植物志 28：295. 图版 92：1～2. 1980；青海植物志 1：359. 图版 77：3～5. 1997；青藏高原维管植物及其生态地理分布 254. 2008. ——*R. affinis* R. Br. var. *tanguticus* lus. *leiocarpus* Maxim. Fl. Tangut. 1：14. 1889.

3a. 高原毛茛（原变种）

var. **tanguticus**

多年生草本，高 10～30 cm。须根基部增厚成纺锤形。茎多分枝，被白色柔毛。基生叶和茎下部的叶具长柄，被长柔毛；叶片圆肾形或倒卵形，长 1.0～2.6 cm，三出复叶，小叶片二至三回全裂或中、深裂，末回裂片披针形至线形，宽 1～3 mm，两面或下面贴生白色柔毛；小叶柄短，或近无柄，茎上部的叶渐小，3～5 全裂，裂片线形，小叶柄基部具被柔毛的膜质鞘。花单生于茎顶或分枝顶端，直径 8～13 mm；花梗被白色柔毛；萼片 5 枚，椭圆形，长 2～4 mm，被柔毛；花瓣 5 枚，倒卵状圆形，长 3～8 mm，蜜槽点状；花托圆柱形，长 4～6 mm，常生细毛。聚合果长圆形，长 5～7 mm；瘦果卵球形，长约 1 mm，喙直伸或稍弯。 花果期 5～8 月。

产青海：兴海（河卡山，王作宾 20249、何廷农 076）、玛多（县牧场，吴玉虎 80-171、1084）、玛沁（军功乡，吴玉虎等 4650；石峡煤矿，吴玉虎 27002B；西哈垄河谷，H. B. G. 032；江让水电站，吴玉虎 1440、植被地理组 440、王为义 26675）、达日（吉迈乡，H. B. G. 1249）、甘德（上贡麻乡，H. B. G. 908）、久治（哇尔依乡，吴玉虎 26780；康赛乡，吴玉虎 26506；白玉乡，吴玉虎 26436；索乎日麻乡，吴玉虎 26456、26476，藏药队 393；门堂乡，藏药队 284）、班玛（多贡麻乡，吴玉虎 25989；县城附近，王为义 26706；马柯河林场宝藏沟，王为义 27297、27325、27356）、称多（县城郊区，刘尚武 2255）。生于海拔 3 300～4 800 m 的山谷草地、河滩高寒沼泽草地、高山流石滩、河滩高寒草甸、沟谷山地灌丛草甸。

甘肃：玛曲（河曲军马场，陈桂琛 1097）。生于海拔 3 200～3 400 m 的宽谷滩地高寒沼泽湿地。

四川：石渠（长沙贡玛乡，吴玉虎 29569、29607、29777、31704）。生于海拔 4 000 m 左右的河滩沼泽草甸、河谷沙棘灌丛。

分布于我国的青海、甘肃、陕西、西藏、四川、云南、山西、河北；尼泊尔，印度北部也有。

3b. 毛果毛茛（变种）

var. **dasycarpus**（Maxim.）L. Liou Fl. Reipubl. Popul. Sin. 28：297. 1980；青海植物志 1：359. 图版 77：3～5. 1997；青藏高原维管植物及其生态地理分布 254. 2008. ——*R. affinis* R. Br. var. *tanguticuslus* lus. *dasycarpus* Maxim. Fl. Tangut. 1：14. 1889.

本变种与原变种的区别在于：瘦果密生白色短毛。

产青海：兴海（中铁林场卓琼沟，吴玉虎 45766）、久治（索乎日麻乡，藏药队 043、416，果洛队 268；扎龙贡玛山，采集人不详 338）、班玛（县城郊区，王为义 2676；马柯河林场，王为义 26973）、称多（清水河乡，苟新京 83-66）。生于海拔 3 400～4 500 m 的山坡高寒草甸、溪流河谷草地、沟谷山地圆柏林缘高寒灌丛草甸。

分布于我国的青海、甘肃、西藏、四川、云南。

4. 云生毛茛

Ranunculus nephelogenes Edgew. in Trans. Linn. Soc. Lond. 20：28. 1846；新疆植物志 2（1）：306. 1994；青海植物志 1：361. 1997；青藏高原维管植物及其生态地理分布 251. 2008. ——*R. longicaulis* C. A. Mey. var. *nephelogenes*（Edgew.）L. Liou Fl. Reipubl. Popul. Sin. 28：269. 1980. 西藏植物志 2：98. 图 27：1. 1985.

4a. 云生毛茛（原变种）

var. **nephelogenes**

多年生草本，高 15～20 cm。根须密集，稍肉质。茎直立，单一或有腋生短分枝，疏生柔毛。叶片披针形或线形，或外层的叶呈长椭圆形或卵形、卵圆形，长 5～7 cm，基部楔形，顶端钝，无毛或疏生柔毛，全缘；叶柄长 3～5 cm。花单生于茎顶或分枝顶端，直径 8～18 mm；花梗贴生黄柔毛；萼片 5 枚，卵形，长约 4 mm，带紫色，外面密生短柔毛；花瓣 5 枚，倒卵形至卵圆形，长于萼片，黄色，蜜槽呈点状袋穴；雄蕊长约 4 mm；花托短圆锥形，被细毛。聚合果卵圆形，直径 4～6 mm；瘦果卵圆球形，稍扁，长 1～2 mm，无毛，背有纵棱，喙伸直，不向下弯。 花期 6～8 月。

产新疆：乌恰（波斯坦铁列克乡，王兵 93 - 1804）、阿克陶（木吉乡，帕考队 5582；奥依塔克，杨昌友 750878）、塔什库尔干（红其拉甫，青藏队吴玉虎 4868、阎平 3748；麻扎种羊场萨拉勒克，青藏队吴玉虎 353、432、436，采集人不详 3163；克克吐鲁克，西植所新疆队 1339、3292；县城郊区，喀什草原队 1152、杨昌友 750206；明铁盖，西植所新疆队 1149；水布浪沟，西植所新疆队 1461）、皮山（神仙湾黄羊滩，青藏队吴玉虎 4749）、于田（阿牙克库勒湖，青藏队吴玉虎 4195）、若羌（月牙湾，青藏队吴玉虎 2740；阿尔金山保护区鸭子泉，青藏队吴玉虎 3899、3935；木孜塔格峰雪照壁东面，青藏队吴玉虎 2263）。生于海拔 3 000～4 800 m 的沟谷高山草甸、高寒沼泽湿地水边、河滩草甸砾石地、宽谷河滩沼泽草甸。

西藏：日土（上曲龙，高生所西藏队 3474；巴沟东尕，高生所西藏队 3558）、班戈（色哇区，郎楷永 9680；阿木岗日雪山，郎楷永 9542；比让彭错，郎楷永 9511；喀拉山至雅曲雅堆山南坡途中，郎楷永 9473）。生于海拔 4 300～5 500 m 的溪流河边高寒草甸、高山砾石坡稀疏植被带、山谷水沟边、盐湖边水沟旁、高寒沼泽草甸。

青海：格尔木（西大滩昆仑山北坡，吴玉虎 36860）、都兰（巴隆乡昆仑山北坡，吴玉虎 36338A）、玛多（县牧场，吴玉虎 486；野牛沟，郭本兆 108；清水乡，刘海源 1174；巴颜喀拉山口，刘海源 803、陈桂琛 1950；清水乡活勒果该垭口，H. B. G. 1345）、玛沁（大武乡，玛沁队 006、区划一组 161；昌马河乡，陈桂琛 1743；雪山乡，黄荣福 C. G. 89 - 172）、久治（年保山北坡，采集人不详 394；县城附近，果洛队

006、009，藏药队 177；索乎日麻乡，果洛队 188)、治多（可可西里，黄荣福 K-082、K-122、K-216、K-299、K-434)、曲麻莱（曲麻河乡，黄荣福 086；六盘山，刘海源 837)、称多（珍秦乡，吴玉虎 29185B、29210、29214；清水河乡，苟新京 83-057)。生于海拔 3 700～5 080 m 的河谷高山草甸、山谷丛林潮湿处、溪流河滩高寒草甸、高寒沼泽草甸。

甘肃：玛曲（欧拉乡，吴玉虎 32037)。生于海拔 3 200～3 430 m 的宽谷河滩高寒沼泽草甸。

四川：石渠（红旗乡，吴玉虎 29466、29473、29488；长沙贡玛乡，吴玉虎 29633)。生于海拔 4 000～4 200 m 的高寒草甸河滩、沙棘灌丛。

分布于我国的新疆、青海、甘肃、西藏、四川、云南、山西；尼泊尔，印度西北部（模式产地)，巴基斯坦北部也有。

4b. 长茎毛茛（变种）

var. **longicaulis** (Trautv.) W. T. Wang in Bull. Bot. Res. Harbin 7 (2): 110. 1987；新疆植物志 2 (1)：306. 图版 84：4～5. 1994；王文采 植物研究 15 (3)：283. 图 1：25～28. 1995；青海植物志 1：361. 1997；青藏高原维管植物及其生态地理分布 252. 2008；——*R. pulchellus* C. A. Mey. var. *longicaulis* Trautv. in Bull. Soc. Nat. Mosc. 33：68. 1860. ——*R. longicaulis* C. A. Mey. in Ledeb. Fl. Alt. 2：308. 1830；中国植物志 28：267. 图版 86：6. 1980.

本变种与原变种的区别在于：茎具二歧长分枝；基生叶线状披针形，茎生叶披针形至线形，宽 1～3 mm，全缘，基部呈膜质宽鞘抱茎，无毛或边缘疏被柔毛；瘦果喙下弯或不弯。

产新疆：阿克陶（阿克塔什，吴玉虎 870113)、塔什库尔干（明铁盖，吴玉虎 5038；麻扎去卡拉其古途中，吴玉虎 4946；克克吐鲁克，吴玉虎 870502；麻扎种羊场，吴玉虎 870353、870432、870436；卡拉其古，阎平 92386；红其拉甫，阎平 92115；昆盖提，采集人不详 153；县城郊区，安峥皙 9581)、皮山（三十里营房，青藏队吴玉虎 1178)。生于海拔 1 800～4 300 m 的山地高寒草甸、河谷滩地高寒沼泽草甸、高山砾石坡地。

西藏：日土（巴沟东尕，高生所西藏队 3558)。生于海拔 4 300 m 左右的河谷滩地高寒沼泽草甸。

青海：兴海（大河坝乡赞毛沟，吴玉虎 42612、47217；温泉乡，吴玉虎 28735；河卡乡，何廷农 101、采集人不详 2006；大河坝乡，采集人不详 3317)、玛多（县城后山，吴玉虎 473；清水乡，陈桂琛 1851、1858、1878；巴颜喀拉山北坡，陈桂琛 1957)、玛沁（大武乡，区划一组 136；昌马河乡，陈桂琛 1719；大武乡戈曲嘎合玛，H. B. G. 713)、达日（德昂乡，陈桂琛 1636)、久治（索乎日麻乡，藏药队 391)。生于海拔

3 600～4 400 m 的河滩高寒沼泽湿地、沟谷山地高山草甸、山地阴坡灌丛草甸、高寒草原、河谷砾石山坡。

甘肃：玛曲（大水军牧场，陈桂琛 1126；河曲军马场，陈桂琛 1088）。生于海拔 3 200～3 400 m 的宽谷滩地高寒沼泽草甸。

分布于我国的新疆、青海、甘肃、西藏、山西、内蒙古；哈萨克斯坦，俄罗斯西伯利亚，蒙古也有。

4c. 沼泽毛茛（变种）

var. **pseudohirculus**（Tuautv.）J. G. Liu Fl. Xinjiang. 2（1）：306. t. 84：6～9. 1994；青藏高原维管植物及其生态地理分布 252. 2008. ——*R. pulchellus* C. A. Mey. var. *pseudohirculus* Trautv. in Bull. Soc. Nat. Mosc. 33：68. 1860. ——*R. pseudohirculus* Schrenk in Fisch. et Mey. Enum. Pl. 2：65. 1842.

本变种区别于原变种的主要特征是：茎粗，直径可达 2 mm；叶片椭圆形或卵圆状椭圆形，长 1.5～2.5（3.5）cm，宽 0.8～1.6 cm；花大，直径 1.6～2.0（2.5）cm；花托显著伸长，在果期长圆形，长 6～10 mm。而植株较矮，高 2～10（15）cm；茎单一或仅有腋生短分枝；叶片椭圆形或卵圆状椭圆形，以及花大等特征，则区别于变种长茎毛茛。

产新疆：乌恰（吉根乡，中科院新疆综考队 73-12、73-32）、塔什库尔干（麻扎种羊场萨拉勒克，青藏队吴玉虎 353；克克吐鲁克，高生所西藏队 3292；西植所新疆队 1361；托克满苏，西植所新疆队 1286、1306；红其拉甫，阎平 3657B、92095，帕考队 4947，克里木 T89，吾吉热牙提 015）、策勒（奴尔乡，吴玉虎 1946）、若羌（阿尔金山保护区鸭子泉，青藏队吴玉虎 3899）。生于海拔 3 600～4 500 m 的高山沼泽草甸、河谷滩地高寒沼泽草甸、溪流河谷草甸。

分布于我国的新疆；塔吉克斯坦，哈萨克斯坦也有。

5. 美丽毛茛

Ranunculus pulchellus C. A. Mey. in Ledeb. Fl. Alt. 2：333. 1830；中国植物志 28：270. 图版 86. 1～2. 1980；新疆植物志 2（1）：308. 图版 84：1～3. 1994；王文采 植物研究 15（3）：283. 图 1：25～28. 1995；青海植物志 1：360. 1997；青藏高原维管植物及其生态地理分布 253. 2008.

5a. 美丽毛茛（原变种）

var. **pulchellus**

多年生草本，高 2.5～18.0 cm，无毛或被白色短柔毛。须根伸长，长达 12 cm，淡灰黄色。茎直立或斜升，单一或上部具 1～2 分枝。基生叶多数，椭圆形至卵状长圆形，长 0.8～2.5 cm，宽 0.3～1.5 cm，其部楔形，具 3～7 个齿裂或缺刻，质地较厚，顶端微尖；叶柄长 2～5 cm，基部有膜质宽鞘；茎生叶 2～3 枚，叶片 3～5 深裂，裂片线形，长 0.6～2.0 cm，宽 1～2 mm，全缘，具短柄至无柄。花单生于茎顶或分枝顶端，直径 1.0～1.6 cm；花梗细长，伏生金黄色柔毛，稀无毛；萼片椭圆形，长 3～5 mm，带紫色，外面被黄色柔毛，边缘膜质；花瓣 5～6 枚，黄色或上面白色，倒卵形，长为萼片的 2 倍，基部具窄爪，蜜槽呈杯状袋穴；花药长圆形，花丝与花药近等长；花托果期伸长成长圆形，无毛或顶端有毛。聚合果椭圆形，直径 4～5 mm；瘦果卵球形，无毛，边缘有纵肋，喙伸直。 花期 6～7 月，果期 7～8 月。

产新疆：塔什库尔干（红其拉甫，马淼 3659）。生于海拔 4 600 m 左右的山地河谷高寒草甸、高寒沼泽草甸。

青海：兴海（黄河沿，区划一组 047；河卡乡，张珍万 044、2036，郭本兆 6328）、曲麻莱（曲麻河乡，刘尚武 608）、玛沁（军功乡，吴玉虎 26932；石峡煤矿，吴玉虎 26997、27002A）、玛多（县牧场，吴玉虎 486；黄河乡，吴玉虎 1028、1090）、达日（德昂乡，陈桂琛 1667）、久治（县城郊区，果洛队 003；索乎日麻乡，果洛队 133；智青松多两河口，果洛队 057；龙卡湖北，藏药队 754）。生于海拔 3 300～4 600 m 的高山草甸、河滩沼泽湿地、河谷阶地河谷草地、河谷山坡草地、干旱阳山坡草甸、山地高寒灌丛草甸。

分布于我国的新疆、青海、甘肃、河北、内蒙古、吉林、黑龙江；蒙古，俄罗斯西伯利亚，印度北部也有。

5b. 深齿毛茛（变种）

var. **stracheyanus**（Maxim.）Hand.-Mazz. in Acta Hort. Gothob. 13：147. f. 4. nr. 1～8. 1939；中国植物志 28：271. 1980. ——*R. affinis* R. Br. var. *stracheyanus* Maxim. Fl. Tangut. 1：14. 1889.

本变种与原变种的区别在于：茎多分枝；基生叶宽卵形至椭圆形，长 1～2（3）cm，基部截形至圆楔形，3 中裂或稍深裂，裂片长圆形，披针形至卵形，全缘或侧裂片 2～3 裂。

产青海：都兰（巴隆乡昆仑山北坡，吴玉虎 36291A）、玛多（县城附近，吴玉虎 131）。生于海拔 4 200～4 500 m 的河谷山地高寒草甸、河谷草地。

分布于我国的青海、甘肃、西藏；印度东北部也有。

6. 棉毛茛 图版 54：7～10

Ranunculus membranaceus Royle Ill. Bot. Himal. Mount. 1：53. 1839；中国植物志 28：269. 图 36. 1980；西藏植物志 2：98. 图 27：2～3. 1985；青海植物志 1：

362. 图版 76：7～10. 1997；青藏高原维管植物及其生态地理分布 251. 2008.

多年生矮小草本。须根多数簇生，稍肉质。茎直立，高 3～20 cm，有分枝，全株被棉毛状柔毛且多呈银白色。基生叶多数，叶片线状披针形或线形，全缘，长 1～3 cm，宽 2～3 mm，常内卷，下面毛较密，上面毛较疏或无毛，有时外层的叶呈卵形，顶端 3 齿裂，边缘疏生白柔毛；叶柄较短，被棉状绢毛，基部扩大成膜质长鞘，长 1～3 cm，老后撕裂成纤维状残存，茎生叶具短柄至无柄，叶片 3 深裂，裂片线形，下面密被棉状白色柔毛，上部的叶不分或呈苞片状。花单生于茎顶或分枝顶端直径 1.0～1.7 cm；花梗密被白绢毛；萼片 5 枚，椭圆形，长 3～6 mm，基部具爪，蜜槽呈棱状袋穴；花药长约 1 mm；花托肥厚，无毛或顶端有白毛。聚合果长圆形，瘦果卵球形，稍扁，喙直伸或稍弯。 花果期 6～9 月。

产青海：都兰（夏日哈，采集人不详 1651）、兴海（大河坝乡赞毛沟，吴玉虎 46506；大河坝沟，采集人不详 337；温泉乡，吴玉虎 28735；河卡乡，吴珍兰 075；河卡山山麓，吴玉虎 28687、何廷农 031、王作宾 20258）、玛多（花石峡长石头山垭口，吴玉虎 28916；扎陵湖乡，黄荣福 C. G. 81－197）、玛沁（西哈垄河谷，H. B. G. 323；大武乡，区划一组 103、104；军功乡，区划二组 007）、甘德（柯曲乡，吴玉虎 25736）、久治（门堂乡，果洛队 119、藏药队 300；年宝山，果洛队 420）、曲麻莱（叶格乡长江边，黄荣福 136；曲麻河乡，黄荣福 011、048；东风乡，刘尚武 806）。生于海拔3 000～4 500 m 的高山草甸、河边滩地高寒沼泽草甸、山前洪积扇、山地阴坡锦鸡儿灌丛、山生柳灌丛草甸、干山坡。

分布于我国的青海、西藏、四川；印度北部也有。

7. 苞毛茛 图版 54：11～14

Ranunculus similis Hemsl. in Hook. Ic. Pl. 26：pl. 2586. 1899；新疆植物志 2(1)：312. 图版 87：13～15. 1994；青海植物志 1：364. 图版 76：11～14. 1997；青藏高原维管植物及其生态地理分布 253. 2008. ——*R. involucratus* Maxim. Fl. Tangut. 1：15. t. 22. f. 7～13. 1889, non Lapeyr. 1813；中国植物志 28：284. 图版 89：3～5. 1980；西藏植物志 2：104. 图 30：1～3. 1985.

多年生矮小草本。须根多数，伸长。茎单一直立，高 3～6（8）cm，肉质较粗厚，平滑无毛。基生叶 2～4 枚，叶片肾状圆形，长 5～12 mm，宽 7～20 mm，基部稍心形或截圆形，顶端有 3～5 个浅圆齿，肉质，无毛，边缘带紫色或偶见有毛，叶柄长 2～4 cm，无毛；茎生叶 2～3 枚，邻接于花下而似总苞，叶片卵圆状楔形，长 1.0～1.5 cm，宽 0.5～1.0 cm，3 深裂或较深裂，顶端钝圆，上面及边缘有丝状长柔毛，无柄。花单生茎顶，直径 1.2～2.0 cm；花梗粗短，长 2～4 mm，果期伸长可达 1.0～1.5 cm；萼片卵圆形，长 4～5 mm，有 3～5 脉，暗紫色，外面生长丝状柔毛，果期增

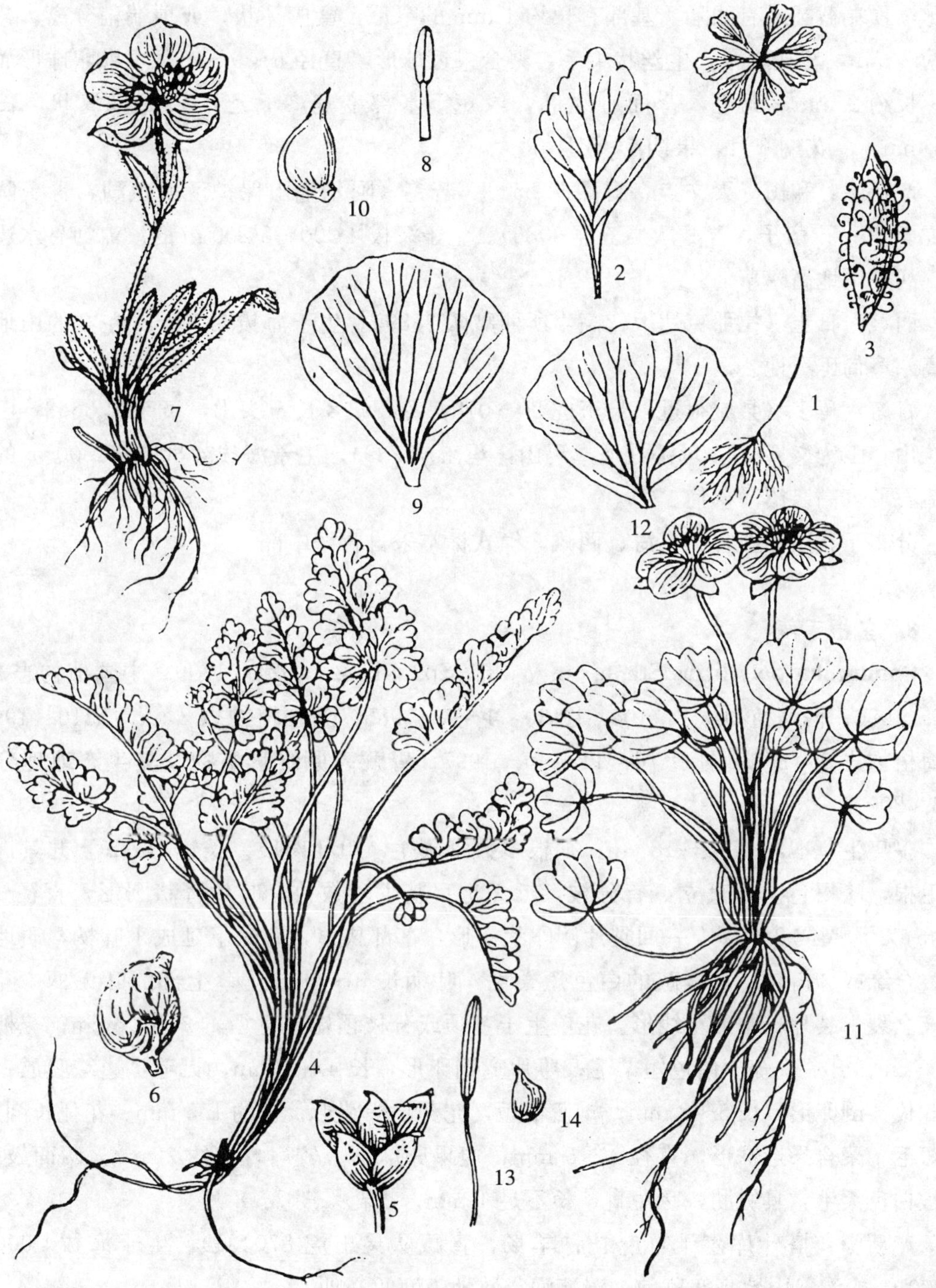

图版 **54** 星叶草 **Circaeaster agrestis** Maxim. 1. 植株；2. 叶；3. 瘦果。美花草 **Callianthemum pimpinelloides**（D. Don）Hook. f. et Thoms. 4. 植株；5. 聚合果；6. 瘦果。棉毛茛 **Ranunculus membranaceus** Royle 7. 植株；8. 雄蕊；9. 花瓣；10. 瘦果。苞毛茛 **R. similis** Hemsl. 11. 植株；12. 花瓣；13. 雄蕊；14. 瘦果。（王颖绘）

大变厚，宿存；花瓣 5 枚，黄色或变紫色，倒卵形，长 8～12 mm，宽 5～8 mm，有多数脉，顶端截圆或有凹陷，基部有长约 1 mm 的窄爪，蜜槽杯状，或顶端稍分离；花药长约 2 mm，花托肥厚，生丝状柔毛。聚合果近球形，直径 6～9 mm；瘦果卵球形而稍扁，长约 2 mm，无毛，背面有纵肋，缘短，基部变扁，下延于果部呈翼状，长约 0.5 mm。 花期 6 月，果期 7～8 月。

产新疆：和田（天文点，青藏队 254）、若羌（阿尔金山保护区鲸鱼湖，青藏队吴玉虎 3080；土房子，青藏队吴玉虎 3086）。生于海拔 4 200～5 200 m 的溪流河谷水边湿地、河谷山地高寒草甸。

西藏：日土（拉那克达坂，高生所西藏队 3589）。生于海拔 4 500 m 左右的山地垭口高寒草甸砾石地。

青海：玛多（县城附近，吴玉虎 80-018；花石峡乡长石头山，黄荣福 3668；巴颜喀拉山，王为义 641）、玛沁（尼卓玛山，玛沁队 289）。生于海拔 4 800～5 300 m 的高山流石坡、高寒沼泽草甸。

分布于我国的新疆、青海、西藏。模式标本采自青海中部。

8. 多根毛茛

Ranunculus polyrhizus Steph. in Willd. Sp. Pl. 2：1324. 1799；中国植物志 28：286. 1980；西藏植物志 2：104. 图 30：1～3. 1985；新疆植物志 2（1）：316. 1994；青海植物志 1：354. 图版 76：11～14. 1997；青藏高原维管植物及其生态地理分布 253. 2008.

多年生草本，高 10～18 cm。须根多数密簇生，粗壮肉质，长达 15 cm，并具许多细毛根，淡褐色。茎直立，有分枝，近无毛。基生叶数枚，叶片肾状圆形，直径 1～2 cm，3 深裂或 3 全裂，一回裂片倒卵状楔形，基部狭窄，有时下延成小叶柄，质地较厚，全缘或 3 齿裂，被极疏的白色短柔毛，叶柄长 3～4 cm；茎上部的叶无柄，叶片 3～5全裂，裂片长圆形至线形。花单生于茎顶或分枝顶端，直径 1.2～1.6 cm；花梗长 2～5 cm，开展，疏生白色短柔毛；萼片宽倒卵形，长 4～5 mm，无毛，边缘膜质；花瓣 5 枚，倒卵形，长 5～8 mm；雄蕊很短，花药长椭圆形，长约 1.5 mm；花托长圆形，生短毛。聚合果近球形，直径 4～5 mm；瘦果卵球形，较扁，长约 2 mm，两面鼓凸，疏被白色柔毛，具纵肋，喙短直，长不足 1 mm。 花果期 7～8 月。

产新疆：塔什库尔干（麻扎种羊场，青藏队吴玉虎 870434）。生于海拔 4 000～4 200 m 的沟谷山地高寒草甸、溪流河谷滩地高寒沼泽地。

青海：格尔木（西大滩昆仑山北坡，吴玉虎 36812、36865）、都兰（巴隆乡昆仑山北坡，吴玉虎 36286、36300、36338B）、兴海（河卡乡，何廷农 300）、玛多（巴颜喀拉山北坡，吴玉虎 29145）、久治（县城附近，藏药队 542）。生于海拔 4 000～4 660 m 的高山冰碛堆、山地高寒草甸砾地、高山流石坡、沟谷山地杂类草草甸、高寒草甸砾石地。

分布于我国的新疆、青海；俄罗斯，中亚地区各国，欧洲也有。

9. 浮毛茛

Ranunculus natans C. A. Mey. in Ledeb. Fl. A1t. 2：315. 1830；中国植物志 28：303. 图版94：1～4. 1980；新疆植物志2（1）：302. 图版82：1～5. 1994；青海植物志 1：365. 1997；青藏高原维管植物及其生态地理分布 251. 2008.

多年生水生草本。茎多数，蔓生，节处生根和有分枝，无毛。叶全部具柄，柄长 2～5 cm；叶片肾形或肾圆形，长 1.0～1.5 cm，宽 1.5～2.5 cm，基部浅心形或近截形，3～5浅裂，裂片钝圆，宽5～10 mm，有时疏生圆齿，质地较厚，无毛，上部叶较小，3浅裂或不分裂。花单生，直径约7 mm；花梗与上部叶对生，长1～4 cm，大多无毛；萼片卵圆形，长3～4 mm，开展，无毛；花瓣5枚，倒卵圆形，稍长于萼片，有3～5脉，下部骤然变窄成长约 1 mm 的爪，蜜槽点状，位于爪的上端；花药长约 0.2 mm；花托肥厚，直径3～5 mm，散生短毛。聚合果近球形，直径7 mm左右，瘦果多，卵球形，稍扁，长约 1.5 mm，宽约1 mm，无毛，背腹纵肋常内凹成细槽，喙短，长约0.2 mm。 花果期6～7月。

产新疆：乌恰（吉根乡，中科院新疆综考队 73-33）、塔什库尔干（麻扎至卡拉其古，青藏队吴玉虎等4950；木孜塔格，青藏队吴玉虎5039；达布达尔乡，高生所西藏队3136；明铁盖，阎平3824；红其拉甫，阎平3636）、若羌（阿尔金山保护区鸭子泉，青藏队吴玉虎 2138、2141、3897；明布拉克东，青藏队吴玉虎 4197）。生于海拔 3 000～4 300 m的山地溪沟浅水中、河滩沼泽水边。

青海：都兰（诺木洪乡布尔汗布达山北坡，吴玉虎36633）。生于海拔3 445 m左右的河谷溪流边水坑。

分布于我国的新疆、青海、西藏、内蒙古、吉林、黑龙江；俄罗斯西伯利亚，中亚地区也有。

10. 昆仑毛茛 图版55：1～3

Ranunculus kunlunshanicus J. G. Liu in Fl. Xinjiang. 2（1）：310. pl. 86：1～8. Addenda 352. 1994；青藏高原维管植物及其生态地理分布 250. 2008.

多年生小草本。须根多数，稍粗厚。茎高 3～10 cm，直立，上部分枝，密被蛛丝状长柔毛，基部有残存叶鞘。基生叶3～5枚，叶片卵状椭圆形或椭圆形，长 1.2～2.0 cm，宽 0.8～1.5 cm，基部楔形，边缘具3～7浅裂齿，有时全缘，叶两面被稀疏长柔毛或无毛，叶缘密生长柔毛，叶柄长3～4 cm，基部具鞘；茎生叶2～3枚，3深裂达基部，裂片长圆状披针形，长 1.2～2.2 cm，宽 0.2～0.4 cm，叶缘密生长缘毛，下部茎生叶具短柄，上部茎叶无柄，基部具膜质鞘。花黄色，直径达 1.3 cm；萼片卵圆形，长0.6 cm，宽0.4 cm，边缘宽膜质，密被蛛丝状长柔毛；花瓣5枚，长圆状倒卵形，长0.8 cm，宽0.4 cm，基部具爪和蜜腺。聚合果卵球形，直径约0.5 cm，花托生疏毛；未成熟的小瘦果扁球形，长约2 mm，宽1.5 mm，有疏柔毛，喙短，伸直。　花期6月，果期7月。

产新疆：塔什库尔干（马尔洋乡，帕考队5256；红其拉甫，阎平3657）、若羌。生于海拔4 000～4 300 m的山坡草地、沟谷河滩高寒草甸。

分布于我国的新疆。模式标本采自新疆若羌。

11. 宽瓣毛茛

Ranunculus alberti Regel et Schmalh. in Acta Hort. Petrop. 5：233. 1877；Фл. СССР. 7：401. 1937；Фл. Казх. 4：98. табл. 12：8. 1961；中国植物志 28：277. 图 37. 1980；新疆植物志 2（1）：318. 图版 85：3～5. 1994；中国高等植物 3：562. 图 903. 2000.

多年生草本。根状茎短，须根多数簇生。茎高8～20 cm，近直立，单一或有1～2分枝，上部散生白色柔毛。基生叶数枚，叶片肾圆形，长1～3 cm，宽稍大于长，基部圆截形或浅心形，不分裂，边缘有圆齿，无毛或疏生缘毛；叶柄长2～8 cm，生白柔毛或无毛，基部有宽鞘；茎生叶2～3枚，5～7（9）掌状中裂，裂片长圆形，顶端钝或稍尖，大多无毛，基部呈鞘状抱茎；上部叶无柄，叶片较小，3～5深裂，裂片线状披针形。花单生茎顶，直径2～3 cm；花梗与萼片外面散生白色或浅黄色柔毛；萼片宽卵形，长5～9 mm，带紫色；花瓣5～8枚，宽倒卵形，长8～14 mm，宽与长近相等，顶端截圆形或有一二个凹缺，基部有短宽的爪，蜜槽呈棱状袋穴；花药长圆形，长约2 mm，花丝稍长于花药；花托生白色细柔毛。聚合果卵球形，直径约5 mm；瘦果卵球形，长1.5～1.8 mm，宽约1.5 mm，无毛，喙稍弯。　花期6～7月，果期8月。

产新疆：乌恰（波斯坦铁列克乡，王兵93-2330）、阿克陶（阿克塔什，青藏队吴玉虎870140）。生于海拔2 700～4 000 m的高山草甸阴湿处、河谷阴湿草地。

分布于我国的新疆；中亚天山也有。

12. 新疆毛茛　图版55：4～6

Ranunculus songoricus Schrenk in Fisch. et C. A. Mey. Enum. Pl. Nov. 2：67. 1842；中国植物志 28：288. 1980；新疆植物志 2（1）：322. 图版 92：1～3. 1994；中国高等植物 3：554. 图 886. 2000.

多年生草本。根状茎斜升，须根多数簇生。茎直立或斜升，高20～35 cm，自下部分枝，无毛或上部有短柔毛。基生叶数枚；叶片圆心形，3深裂几乎达基部，裂片宽楔形，基部狭窄，上部3～5浅齿裂，裂齿稍尖，叶边缘生短的缘毛；下部茎生叶与基生叶相似，上部茎生叶掌状深裂，裂片长披针形至线形，长1～3 cm。花单生，直径

2.0～2.5 cm；花梗细长，生柔毛；萼片椭圆形，长5～7 mm，淡绿色，背面有白色柔毛；花瓣5枚，宽倒卵形，长8～10 mm，基部楔形，形成长约1 mm的爪，蜜槽呈棱状或顶端边缘稍分离；花药长约2 mm；花托长圆形，生白色短毛。聚合卵球形，直径约5 mm；瘦果卵球形，稍扁，长约2 mm，宽约1.2 mm，无毛，喙长约1 mm，顶端呈钩状弯曲。　花果期6～8月。

产新疆：阿克陶（阿克塔什，青藏队吴玉虎870196）、塔什库尔干（克克吐鲁克，青藏队吴玉虎870513）。生于海拔1 800～4 200 m的沟谷山地高寒草甸、河谷滩地草甸。

分布于我国的新疆；中亚地区山区也有。

13. 毛托毛茛

Ranunculus trautvetterianus Regel ex Ovcz. Kom. Fl. URSS 7：403. t. 25：3. 1937；中国植物志28：288. 1980；新疆植物志2（1）：322. 图版93：1～4. 1994；青藏高原维管植物及其生态地理分布254. 2008.

多年生草本。根状茎短，须根多数，簇生。茎近直立或外倾上升，高15～32 cm，基部多分枝，无毛或仅花梗上部被柔毛。基生叶多数；叶片肾状圆形，长（2）3～4 cm，宽（2.5）3.5～4.5 cm，基部心形，3深裂达叶片长的2/3～3/4，中裂片倒卵形，上部3浅裂，裂齿钝圆，侧裂片卵圆形，边缘有4～7个不等的裂齿，裂齿钝圆，质地较厚，无毛或者在叶缘生缘毛；叶柄长3～10 cm，无毛，基部有膜质鞘；茎生叶2～3枚，无柄，掌状深裂，裂片披针形或长圆状披针形。花单生于茎顶或分枝顶端，直径2.0～2.7 cm；花梗长3～6 cm，生白色柔毛；萼片椭圆形或卵状椭圆形，长5～9 mm，宽3～6 mm，淡褐色，背面生柔毛；花瓣5～8枚，宽倒卵形，长10～12 mm，宽约11 mm，基部有短爪，蜜槽呈杯状穴，边缘及内侧有纤毛；花药长约1.5 mm；花托生短毛。聚合果近球形；瘦果卵球形，无毛，缘短而稍弯曲。　花果期6～8月。

产新疆：塔什库尔干（卡拉其古，青藏队吴玉虎5075；红其拉甫，青藏队吴玉虎4865、阎平92096；阿特巴希，采集人不详031；麻扎，采集人不详3256）。生于海拔3 000～4 600 m的宽谷河滩高寒沼泽草甸、山地高寒草甸、河谷溪流边。

分布于我国的新疆；中亚天山和帕米尔也有。

14. 棕萼毛茛　图版55：7～8

Ranunculus rufosepalus Franch. in Ann. Sci. Nat. ser. 6. Bot. 15：217. 1883；Определитеь Растений ПАМИРА ТомXX：121. 1963；新疆植物志2（1）：326. 图版94：1～2. 1994；青藏高原维管植物及其生态地理分布253. 2008.

多年生草本。根状茎短，簇生多数须根。茎高8～19 cm，下部分枝，直立或渐斜上升，基部具残存枯叶柄鞘，呈纤维状，无毛或仅在花梗处生黄色柔毛。基生叶多数，

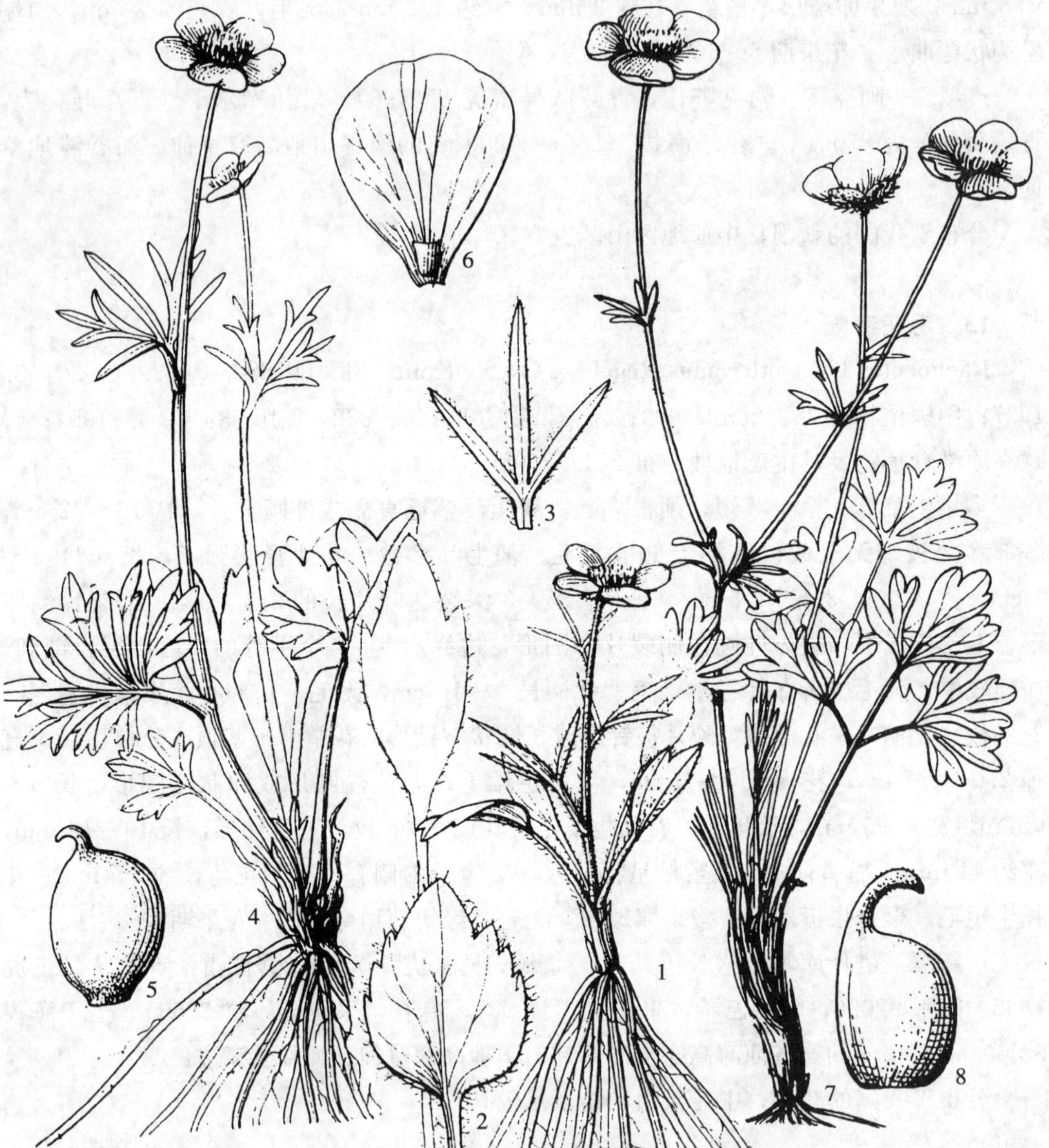

图版 **55** 昆仑毛茛 **Ranunculus kunlunshanicus** J. G. Liu 1. 植株；2. 基生叶；3. 茎生叶。新疆毛茛 **R. songoricus** Schrenk 4. 植株；5. 瘦果；6. 花瓣放大。棕萼毛茛 **R. rufosepalus** Franch. 7. 植株；8. 瘦果（未成熟）。（引自《新疆植物志》，张荣生绘）

三出复叶，叶片肾圆形，长约2.8 cm，宽约4.5 cm，中央小叶有叶柄，柄长约有1 cm，小叶片肾形或宽倒卵状楔形，3深裂，裂片有2～3齿裂，裂齿钝圆，侧生小叶柄长约0.7 cm，2～3深裂，裂片再齿裂，裂齿钝，无毛；叶柄长3～7 cm，无毛，基部有膜质长鞘；茎生叶无柄，3～5深裂，裂片长圆状披针形，长1～2 cm，宽2～3 mm，全缘或有齿裂。花单生于茎顶或分枝顶端，直径1.5～2.4 cm；花梗长3～6 cm，生稀疏黄色柔毛；萼片卵圆形，长约6 mm，密被棕褐色柔毛；花瓣5枚，宽倒卵形，长8～12 mm，顶端截圆形，下部渐窄成短爪，蜜槽呈杯状袋穴；花托长圆状椭圆形，无毛或生短的棕褐色的糙毛。聚合果卵圆形，长约8 mm；瘦果卵球形，长2.0～2.4 mm，喙稍弯曲。　花果期7～8月。

产新疆：乌恰（吉根乡，司马义066）、塔什库尔干（克克吐鲁克，西植所新疆队1390；托克满苏，西植所新疆队1296；红其拉甫，阎平3608；昆盖提，采集人不详194）。生于海拔4 200～4 800 m的山坡高寒草地。

青海：都兰（巴隆乡昆仑山北坡，吴玉虎36291B）。生于海拔4 500 m左右的沟谷山地高寒草甸。

分布于我国的新疆、青海；中亚天山和帕米尔也有。

19. 鸦跖花属 Oxygraphis Bunge

Bunge Suppl. Fl. Alt. 46. 1836.

多年生小草本。叶全部基生，不分裂，全缘或有浅圆齿；叶柄基部扩大成鞘。花葶1～3枝，花单生于花葶上；萼片5～8枚，绿色近革质，果期增大，常宿存，或质地较薄而脱落；花瓣黄色，10～15枚，基部具爪，蜜槽位于爪上端，呈点状或杯状凹穴；雄蕊多数，花药小，卵形，花丝细，长为花药的2～4倍；心皮多数，有1枚直立胚珠，螺旋形密生于花托上，花托无毛。聚合果近球形；瘦果卵状或菱状楔形，果皮厚，无毛，有4条纵肋，喙短，直伸，不缢缩。

约4种。我国均有产，昆仑地区产1种。

1. 鸦跖花　图版56：3～4

Oxygraphis glacialis（Fisch. ex DC.）Bunge Suppl. Fl. Alt. 46. 1836；中国植物志28：331. 图版104：1～4. 1980；西藏植物志2：109. 图33：1～4. 1985；新疆植物志2（1）：339. 1994；青海植物志1：367. 图版77：6～7. 1997；青藏高原维管植物及其生态地理分布244. 2008. ——*Ficaria glacialis* Fisch. ex DC. Prodr. 1：44. 1824.

矮小草本，高15～20 cm。具短根茎。须根细长，簇生。叶基生，宽卵形、卵形或倒卵形，长 0.5～2.5 cm，宽 0.5～2.1 cm，基部宽楔形，顶端钝圆，全缘，质厚，无毛；叶柄长 2～5 cm，扁平，具三条细脉。花葶 2～5 枝，无毛；花单生，直径 1.5～3.0 cm；萼片 5～7 枚，宽倒卵形；花瓣 10～21 枚，黄色，长卵形、倒卵形或倒披针形，长 6～10 mm，宽 3～4 mm，基部楔形，顶端锐或圆形，具褐色细脉纹，蜜槽呈杯状凹穴；雄蕊多数，长约为花瓣的 1/3，花药黄色；花托扁而宽，心皮多数。 花期 6～7月。

产新疆：阿克陶（阿克塔什，青藏队吴玉虎 870218）、塔什库尔干（麻扎种羊场，青藏队吴玉虎 870330）。生于海拔 3 600～4 600 m 的高山草甸、高山流石滩。

西藏：日土、尼玛（双湖马益尔雪山附近，青藏队藏北分队郎楷永 9834）。生于海拔 5 100 m 的沟谷山坡高寒草地。

青海：兴海（县城附近，杨永昌 817）、治多（可可西里，黄荣福 K－036、K－096、K－159）、曲麻莱（东风乡，刘尚武 058；曲麻河乡，黄荣福 017）、称多（清水河乡，周立华 002）、玛沁（大武乡，玛沁队 038；县城附近，吴玉虎 1063；尼卓玛雪山垭口，H. B. G. 756；阿尼玛卿山，黄荣福 C. G. 81－076、C. G. 81－148）、玛多（花石峡乡，吴玉虎 28982）、久治（门堂乡，果洛队 117、藏药队 296；索乎日麻乡，果洛队 151、藏药队 314）。生于海拔 4 000～5 300 m 的高山草甸、高山流石滩、山麓洪积扇、沟谷河滩高寒沼泽草甸。

分布于我国的新疆、青海、甘肃、陕西、西藏、四川、云南；印度，俄罗斯西伯利亚，中亚地区也有。

20. 碱毛茛属 **Halerpestes** Green

Green in Pittonia 4：207. 1900.

多年生小草本。须根细，簇生。匍匐茎伸长，横走，节处生根或簇生数叶。叶多数基生，单叶全缘，有齿或 3 裂，稀多回细裂，质地较厚，罕质地较薄，无毛，叶柄基部较宽成鞘。花葶单一或上部分枝，具苞片或否；花单一顶生；萼片 5 枚，绿色，草质，脱落；花瓣 5～12 枚，黄色，基部有爪，蜜槽呈点状凹穴，位于爪的上端；雄蕊多数，花药卵圆形，花丝细长；花托圆柱形，密生白色短毛。聚合果球形至长圆形；瘦果多数，斜倒卵形，两侧扁，或稍鼓起，有 3～5 条分歧的纵肋，边缘有窄棱，果皮薄，无厚壁组织，喙短，直或外弯。

约 7 种。我国有 5 种，昆仑地区产 2 种 1 变种。

分种检索表

1. 叶片圆心形至宽卵形，边缘有 3～10 圆齿 ··· **1. 水葫芦苗 H. cymbalaria** (Pursh) Green

1. 叶片菱状楔形，3 深裂 …………… **2. 三裂碱毛茛 H. tricuspis**（Maxim.）Hand.-Mazz.

1. 水葫芦苗

Halerpestes cymbalaria（Pursh）Green in Pittonia 4：207. 1900；中国植物志 28：335. 图版 105：4～7. 1980；西藏植物志 2：111. 图 34：1～4. 1985；青海植物志 1：368. 1997. ——*Ranunculus cymbalaria* Pursh Fl. Amer. Sept. 2：292. 1813；东北草本植物志 3：185. 图版 80：5～6. 1975. ——*H. sarmentosa*（Adams）Kom. in Kom. et Aliss. Key Pl. Far East 1：550. 1931；王文采 植物研究 6（1）：36. 1986；新疆植物志 2（1）：342. 图版 100：3～4. 1994；青藏高原维管植物及其生态地理分布 243. 2008.

多年生草本，高 5～15 cm。匍匐茎细长，横走。叶多数，叶片纸质，近圆形、肾形或宽卵形，长 0.5～2.0 cm，宽 0.6～2.2 cm，基部圆心形、截形或宽楔形，边缘具 3～7个圆齿，有时 3～5 裂，无毛；叶柄长 2～8 cm，疏被毛或无毛。花葶直立，无毛；苞片线形，基部较宽；花小，直径 6～8 mm；萼片绿色，卵形，长 3～4 mm，无毛，反折；花瓣 5 枚，窄卵形，与萼片近等长，基部有长约 1 mm 的爪，爪上部有点状蜜槽；花丝线形，长约 2 mm，花药卵形或近圆形，黄色；花托圆柱形，被短柔毛。聚合果椭圆状球形，直径约 5 mm；瘦果小，极多，斜倒卵形，长约 1.5 mm，两面微鼓起，具 3～5条凸起的纵肋，喙极短。 花期 6～7 月，果期 7～8 月。

产新疆：乌恰（吉根乡，中科院新疆综考队 73-34）、莎车（喀拉吐孜煤矿，青藏队吴玉虎 870689）、阿克陶（布伦口乡，采集人不详 083）、塔什库尔干（县城附近，陈永胜 112、中科院新疆综考队 299；麻扎种羊场，采集人不详 177；红其拉甫，阎平 3775）、叶城（柯克亚乡，青藏队吴玉虎 870927）。生于海拔 2 200～4 200 m 的河谷滩地高寒沼泽湿地、河滩草地、山地高寒草甸。

西藏：日土（过巴乡，青藏队吴玉虎 1601）、尼玛（双湖，采集人和采集号不详）。生于海拔 4 200 m 左右的沟谷河滩高寒草甸湿地。

青海：玛沁（昌马河乡，陈桂琛 1723）、玛沁（雪山乡，玛沁队 441）、达日（德昂乡，陈桂琛 1625）。生于海拔 2 200～4 200 m 的溪流河谷高寒沼泽湿地、宽谷河滩高寒草甸。

分布于我国的新疆、青海、甘肃、陕西、西藏、四川、山东，以及华北、东北；亚洲其他地区和北美洲的温带也有。

2. 三裂碱毛茛

Halerpestes tricuspis（Maxim.）Hand.-Mazz. in Acta Hort. Gothob. 13：135. 1939；中国植物志 28：336. 图版 105：8～9. 1980；西藏植物志 2：111. 图 34：5～6. 1985；新疆植物志 2（1）：340. 图版 100：5～6. 1994；青海植物志 1：368. 1997；青藏高原维管植物及其生态地理分布 243. 2008. ——*Ranunculus tricuspis* Maxim.

Fl. Tangut. 1：12. 1889.

2a. 三裂碱毛茛（原变种）

var. **tricuspis**

多年生小草本。须根较粗直。匍匐茎纤细伸长，节处生根和簇生数叶。叶多数，基生，质地较厚，形状多变异，菱状楔形至宽卵形，长1～2 cm，宽0.5～1.0 cm，基部楔形至截圆形，3浅裂至3中裂或3深裂，有时侧裂片2～3裂或有齿，中裂片较长，长圆形，全缘，无毛或有柔毛；叶柄长1.0～3.5 cm，基部有膜质鞘。花葶高2～4 cm，无毛或有柔毛；花单生，直径7～10 mm；萼片卵状长圆形，长3～5 mm，边缘膜质；花瓣5枚，黄色或表面白色，狭椭圆形，长约5 mm，宽1.5～2.0 mm，顶端稍尖，有3～5脉，爪长约0.8 mm，蜜槽点状或上部分离成极小的鳞片；雄蕊约20枚，花药卵圆形，长0.5～0.8 mm，花丝长为花药的2～3倍；花托有短柔毛。聚合果近球形，直径约6 mm；瘦果20多枚，斜倒卵形，长1.2～2.0 mm，宽约1 mm，两面稍鼓起，有3～7条纵肋，无毛，喙长约0.5 mm。 花果期5～8月。

产新疆：于田（乌鲁克库勒湖畔，青藏队吴玉虎3741）、且末（昆其布拉克牧场，青藏队吴玉虎2097、2638）、若羌（阿尔金山保护区库木库勒湖畔，青藏队吴玉虎2316；鲸鱼湖，青藏队吴玉虎3076；鸭子泉，青藏队吴玉虎3892；拉慕祁漫，青藏队吴玉虎4136；阿尔金山土房子，青藏队吴玉虎3089）。生于海拔3 700～4 900 m的沟谷河滩草甸、宽谷盆地高寒沼泽草甸、溪流水边草甸、山地草甸、沼泽水边。

西藏：日土（过巴乡，青藏队386；班公湖畔，高生所西藏队3634；多玛区曲则热都，青藏队9063）、改则（大滩，高生所西藏队4317）、班戈（色哇区切多茶卡附近，青藏藏北队郎楷永9528）。生于海拔4 200～4 500 m的河漫滩高寒沼泽草甸、山地低洼处湿地草甸、山坡温泉边湿润草地、高山流石坡稀疏植被带。

青海：都兰（诺木洪乡布尔汗布达山北坡三岔口，吴玉虎36583、36617）、玛多（黑河乡，陈桂琛等1775；黑河乡野马滩，吴玉虎29019；县牧场，吴玉虎964、陈桂琛等2019；扎陵湖乡多曲河畔，吴玉虎484）、玛沁（当曲河畔，区划一组043；雪山乡，H. B. G. 405；冷许忽，玛沁队518；雪山乡松卡，H. B. G. 405）、久治（县城附近，果洛队004；索乎日麻乡，藏药队395、果洛队189）。生于海拔3 600～4 600 m的河漫滩草甸、溪流河谷高寒沼泽草甸、水坑、山地阴坡的潮湿地。

分布于我国的新疆、青海、甘肃、陕西、西藏、四川；不丹，尼泊尔，印度西北部也有。模式标本采自青海祁连山。

2b. 条叶碱毛茛（变种） 图版56：5～6

var. **linearisecta** L. H. Zhou Fl. Qinghai. 1：369. Addenda 507. 1997.

本变种与原变种的区别是：叶3裂至中部以下，裂片条形或细线形，全缘或有时

2～3齿裂，下面叶脉突起。

产青海：兴海（河卡乡，何廷农 106、391，吴珍兰 076；温泉乡曲隆，H. B. G. 1399）、曲麻莱（秋智乡，刘尚武 682；曲麻河乡，黄荣福 007）。生于海拔 3 100～4 600 m 的河漫滩高寒沼泽草甸、山地灌丛草甸、溪流河谷湿地。

分布于我国的青海。模式标本采自青海门源。

21. 水毛茛属 **Batrachium** S. F. Gray

S. F. Gray Nat. Arr. Brit. Pl. 2：720. 1821.

多年水生草本植物。茎直长，柔软，沉于水中，常分枝。叶为单叶，沉水叶二至六回 2～3 细裂成丝状小裂片，浮水叶掌状浅裂。花单生，着生于叶的对面；花梗较粗且长，伸出水面开花；萼片 5 枚，革质，通常无毛，脱落；花瓣 5 枚，白色，或下部黄色，基部渐窄成爪，蜜槽呈点状凹穴；雄蕊 10 余枚至多数，花药卵形、椭圆形或长圆形，花丝丝状；心皮多数或少数，螺旋状着生于花托上，花托通常有柔毛。聚合果圆球形；瘦果卵球形，两侧稍扁，果皮较厚，有数条横皱纹，有毛或无毛，喙细，直或弯。

约 30 种。我国有 7 种，昆仑地区产 1 种。

1. 水毛茛 图版 56：7～10

Batrachium bungei（Steud.）L. Liou Fl. Reipubl. Popul. Sin. 28：341. t. 106. f. 5～8. 1980；西藏植物志 2：114. 图版 35. 1985；青海植物志 1：370. 1997；青藏高原维管植物及其生态地理分布 227. 2008. ——*Ranunculus bungei* Steud. Nom. Bot. 2：432. 1841；东北草本植物志 3：185. 1975.

多年生沉水草本。茎长约 50 cm，无毛或在节上被极疏的毛。叶有短柄；叶片轮廓近半圆形，直径 2～4 cm，三至五回 2～3 裂，小裂片线状，在水外通常收拢或近叉开，无毛或近无毛；叶柄长 0.7～1.5 cm，基部有鞘，鞘长 3～4 mm，通常多少有短状毛，有时叶柄基部仅有短鞘。花直径 0.7～1.5 cm；花梗长 2～5 cm，无毛；萼片反折，卵状椭圆形，长 2～4 cm，边缘膜质，无毛；花瓣黄色，倒卵形，长 5～6 mm；雄蕊 10 余枚，花药长近 1 mm，黄色；花托有毛。聚合果球形，直径 3.5 mm；瘦果 20～40 枚，斜狭倒卵形，长 1～2 mm，有横纹。 花期 6～8 月。

产西藏：日土（过巴乡，青藏队吴玉虎 1638）。生于海拔 4 200 m 左右的小溪水边高寒沼泽草甸。

青海：玛多（县城郊区，吴玉虎 1146；巴颜喀拉山北坡，陈桂琛等 1990）、称多（拉布乡，刘有义 83-442）、玛沁（大武乡，玛沁队 503；东倾沟，区划一组 164；昌马河乡，陈桂琛等 1713）、达日（德昂乡，陈桂琛等 1634）、久治（希门错湖畔，果洛队

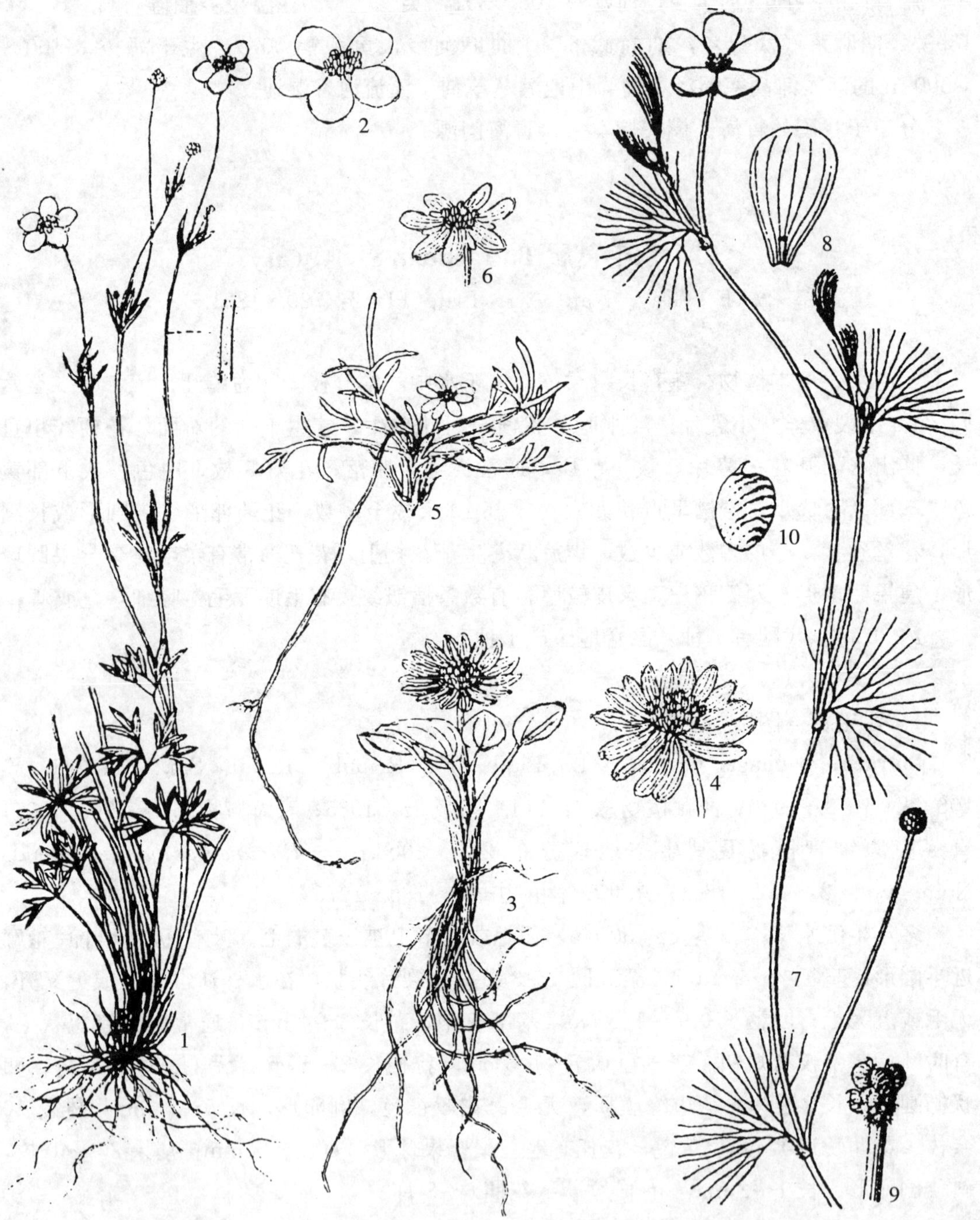

图版 **56** 高原毛茛 **Ranunculus tanguticus**（Maxim.）Ovcz. 1. 植株；2. 花。鸦跖花 **Oxygraphis glacialis**（Fisch. ex DC.）Bunge 3. 植株；4. 花。条叶碱毛茛 **Halerpestes tricuspis**（Maxim.）Hand.-Mazz. var. **linearisecta** L. H. Zhou 5. 植株；6. 花。水毛茛 **Batrachium bungei**（Steud.）L. Liou 7. 植株；8. 花瓣；9. 聚合果；10. 果。（1～6. 王颖绘；7～10. 引自《中国植物志》，刘春荣绘）

459；索乎日麻乡，藏药队 471）。生于海拔 3 900～4 600 m 的宽谷滩地沼泽湿地、河漫滩高寒草甸、湖边高寒沼泽草甸。

分布于我国的青海、甘肃、西藏、四川、云南、山西、河北、辽宁、江苏、江西。模式标本采自北京附近。

二十五　小檗科 BERBERIDACEAE

灌木或多年生草本，稀小乔木，常绿或落叶，有时具根状茎或块茎。茎具刺或无。叶互生，稀对生或基生，单叶或一至三回羽状复叶；托叶存在或缺；叶脉羽状或掌状。花序顶生或腋生，花单生，簇生或组成总状花序、穗状花序、伞形花序、聚伞花序或圆锥花序；花具梗或无；花两性，辐射对称；小苞片存在或阙如；花被通常 3 基数，偶 2 基数，稀阙如；萼片 6～9 枚，常花瓣状，离生，2～3 轮；花瓣 6 枚，扁平，盔状或呈距状，或变为蜜腺状，基部有蜜腺或阙如；雄蕊与花瓣同数而对生，花药 2 室，瓣裂或纵裂；子房上位，1 室，胚珠多数或少数，稀 1 枚，基生或侧膜胎座，花柱存在或阙如，有时结果时缩存。浆果、蒴果、蓇葖果或瘦果。种子 1 至多数，有时具假种皮；富含胚乳；胚大或小。

17 属，约有 650 种，主产北温带和亚热带高山地区。我国有 11 属，约 320 种，全国各地均有分布，但以四川、云南、西藏种类最多；昆仑地区产 2 属 10 种 1 变种。

分属检索表

1. 灌木或小乔木 ………………………………………… **1. 小檗属 Berberis** Linn.
1. 多年生草本……………………………………… **2. 桃儿七属 Sinopodophyllum** Ying

1. 小檗属 **Berberis** Linn.

Linn. Sp. Pl. 330. 1753.

落叶或常绿灌木。枝无毛或被茸毛；通常具刺，单生或 3～5 分叉；老枝常呈暗灰色或紫黑色，幼枝有时为红色，常有散生黑色疣点，内皮层和木质部均为黄色。单叶互生，着生于侧生的短枝上，通常具叶柄，叶片与叶柄连接处常有关节。花序为单生、簇生、总状、圆锥或伞形花序；花 3 数；小苞片通常 3 枚，早落；萼片通常 6 枚，2 轮排列，稀 3 或 9 枚，1 轮或 3 轮排列，黄色；花瓣 6 枚，黄色，内侧近基部具 2 枚腺体；雄蕊 6 枚，与花瓣对生，花药瓣裂，花粉近球形，具螺旋状萌发孔或为合沟，外壁具网状纹饰；子房含胚珠 1～12 枚，稀达 15 枚，基生，花柱短或缺，柱头头状。浆果球形、椭圆形、长圆形、卵形或倒卵形，通常红色或蓝黑色。种子 1～10 枚，黄褐色至红棕色或黑色，无假种皮。

约 500 种，主产北温带，但本属是小檗科中唯一分布于热带非洲山区和南美洲的属，也是唯一在干燥地区得以强度分化的属。我国有 250 多种，主产西部和西南部；昆仑地区产 9 种 1 变种。

分种检索表

1. 枝具显著的棱；花单生或 2～5 朵簇生；子房含胚珠 6～12 或 3～4。
 2. 果实黑色，子房含胚珠 3～4 ……………………… **3. 喀什小檗 B. kaschgarica** Rupr.
 2. 果实红色，子房含胚珠 6～12。
  3. 花单生；叶全缘，下面被白粉 ……………… **1. 刺红珠 B. dictyophylla** Franch.
  3. 花单生或 2～5 朵簇生；叶具 2～12 刺齿，下面淡绿色，偶有全缘或微被白粉 ………………………………………… **2. 鲜黄小檗 B. diaphana** Maxim.
1. 枝棱不明显；花序总状；子房含胚珠 1～2 或 4～6。
 4. 幼枝黄色或黄褐色；叶下面网状脉不明显 ……………… **9. 刺檗 B. vulgaris** Linn.
 4. 幼枝红色、深红色、红褐色、紫红色或紫色；叶下面网状脉明显。
  5. 总状花序的花密集成穗状，具 15～35 花；花梗长 1.5～4.0 mm；叶全缘 …………………………………………………… **4. 匙叶小檗 B. vernae** Schneid.
  5. 总状花序不呈穗状，具 5～10 花；花梗长 4～10 或 9～17 mm，少数花梗长 3～6 mm；叶具刺齿。
   6. 总状花序无总花梗；胚珠 4～6；果实黑色 ………………………………………………………………… **8. 异果小檗 B. heteropoda** Schrenk.
   6. 总状花序具总花梗；胚珠 1～2；果实红色或亮红色。
    7. 叶具刺齿；不具宿存花柱 ………………… **7. 置疑小檗 B. dubia** Schneid.
    7. 叶全缘；具宿存花柱。
     8. 果实球形；宿存柱头孔穴状 …………………………………………… **5. 川滇小檗 B. jamesiana** Forrest et W. W. Smith
     8. 果实卵形椭圆状或近球形；宿存柱头扁平 ……………………………………………… **6. 红果小檗 B. nummularia** Bunge

1. 刺红珠

Berberis dictyophylla Franch. Pl. Delav. 39. t. 11. 1889；西藏植物志 2：150. 1985；横断山区维管植物 上册 556. 1993；青海植物志 1：374. 1997；中国植物志 29：73. 图版 12：1～4. 2001；青藏高原维管植物及其生态地理分布 264. 2008.

1a. 刺红珠（原变种）

var. **dictyophylla**

落叶灌木，高 1.0～2.5 m。老枝黑灰色或黄褐色，幼枝近圆柱形，暗紫红色，常被白粉；茎刺三分叉，有时单生，长 1～3 cm，淡黄色或灰色。叶厚纸质或近革质，狭倒卵形或长圆形，长 1.0～2.5 cm，宽 6～8 mm，先端圆形或钝尖，基部楔形，上面暗绿色，下面被白粉，中脉隆起，两面侧脉和网脉明显隆起，叶缘平展，全缘；近无柄。花单生；花梗长 3～10 mm，有时被白粉；花黄色；萼片 2 轮，外萼片条状长圆形，长约 6.5 mm，宽约 2.5 mm，内萼片长圆状椭圆形，长 8～9 mm，宽约 4 mm；花瓣狭倒卵形，长约 8 mm，宽 3～6 mm，先端全缘，基部缢缩略成爪，具 2 枚分离腺体；雄蕊长 4.5～5.0 mm，药隔延伸，先端突尖；胚珠 3～4 枚。浆果卵形或卵球形，长 9～14 mm，直径 6～8 mm，红色，被白粉，顶端具宿存花柱，有时宿存花柱弯曲。 花期 5～6 月，果期 7～9 月。

产青海：久治（哈嘎牙合，果洛队 083）、班玛（马柯河林场，王为义等 26767）。生于海拔 3 900 m 左右的河谷山地阴坡草丛、半阴坡林缘灌丛。

分布于我国的青海、西藏、四川、云南。模式标本采自云南洱源。

1b. 无粉刺红珠（变种）

var. **epruinosa** Schneid. in Sargent Pl. Wils. 1：353. 1913；Ahrendt in Journ. Linn. Soc. Bot. 57：128. 1961；西藏植物志 2：150. 1985；中国植物志 29：75. 2001；青藏高原维管植物及其生态地理分布 264. 2008. ——*B. ambrozyana* Schneid. in Sargent Pl. Wils. 1：353. 1913.

本变种与原变种的不同之处主要在于：枝略有槽，无白粉；叶椭圆形，先端渐尖，下面不被白粉；胚珠 5～6 枚；果长圆状卵形。

产青海：久治（门堂乡附近，藏药队 277）。生于海拔 3 800 m 左右的沟谷山地阴坡、山沟林缘灌丛。

分布于我国的青海、西藏、四川、云南。模式标本采自四川康定。

2. 鲜黄小檗 图版 57：1～4

Berberis diaphana Maxim. in Bull. Acad. Sci. St.-Pétersb. 23：309. 1877；青海植物志 1：373. 图版 78：6～9. 1997；中国植物志 29：97. 2001；青藏高原维管植物及其生态地理分布 264. 2008.

落叶灌木，高 1～3 m。幼枝绿色，老枝灰色，具条棱和疣点；茎刺三分叉，粗壮，长 1～2 cm，淡黄色。叶坚纸质，长圆形或倒卵状长圆形，长 1.5～4.0 cm，宽 5～16 mm，先端微钝，基部楔形，边缘具 2～12 刺齿，偶有全缘，上面暗绿色，侧脉和网脉凸起，下面淡绿色，有时微被白粉；具短柄。花 2～5 朵簇生，偶有单生，黄色；花梗长 12～22 mm；萼片 2 轮，外萼片近卵形，长约 8 mm，宽约 5.5 mm，内萼片椭圆形，长约 9 mm，宽约 6 mm；花瓣卵状椭圆形，长 6～7 mm，宽 5.0～5.5 mm，先端急尖，锐裂，基部缢缩成爪，具 2 枚分离腺体；雄蕊长约 4.5 mm，药隔先端平截；胚珠 6～10 枚。浆果红色，卵状长圆形，长 1.0～1.2 cm，直径 6～7 mm，先端略斜弯，有时略被白粉，具明显宿存花柱。　花期 5～6 月，果期 7～9 月。

产青海：玛沁（西哈垄河谷，吴玉虎等 5713；军功乡，区划一组 193）、班玛（马柯河林场，王为义 27462）。生于海拔 3 200～3 550 m 的山地沟谷干旱山坡灌丛。

分布于我国的青海、甘肃、陕西。模式标本采自甘肃。

3. 喀什小檗

Berberis kaschgarica Rupr. Sert. Tianshan. 38. 1869；Maxim. Fl. Tangut. 31. t. 23. f. 1～11. 1889；B. Fedtschenko in Kom. Fl. URSS. 7：555. 1937. 新疆植物志 2（2）：2. 图版 1：9～11. 1995；中国植物志 29：198. 2001；青藏高原维管植物及其生态地理分布 267. 2008.

落叶灌木，高约 1 m。枝圆柱形，紫红色，光滑无毛，有光泽；节间约 1 cm；茎刺三分叉，长 1.0～2.5 cm，淡黄色，腹面具浅槽。叶纸质，倒披针形，长 10～25 mm，宽 2～5 mm，先端急尖，具 1 刺尖头，基部楔形，上面绿色，中脉微隆起，侧脉 2～3 对，不显著，下面淡绿色，中脉隆起，两面网脉不显，不被白粉，叶缘平展，全缘，或偶具 1～2 刺锯齿；近无柄。总状花序具 5～9 花，长 1.5～3.0 cm，总梗基部常有 1 至数花簇生，无毛；花梗长 4～10 mm，簇生花梗长达 13 mm；苞片卵状三角形，长约 2 mm；花黄色；小苞片披针形，长约 1.5 mm；萼片 2 轮，外萼片椭圆形，长约 3 mm，宽约 1.5 mm，内萼片倒卵形，长约 4.5 mm，宽约 3 mm；花瓣长圆形，长约 4 mm，宽约 2 mm，先端缺裂，基部楔形，具 2 枚分离腺体；雄蕊长约 2.5 mm，药隔不延伸，先端平截；子房长约 2.3 mm，含胚珠 5 枚。浆果卵球形，黑色，长约 8 mm，直径约 6 mm，顶端具明显宿存花柱，不被白粉。　花期 5～6 月，果期 6～8 月。

产新疆：乌恰（距克曲克 20 km，采集人不详 198；蒙库孜，王宾 93-745）、莎车（喀拉吐孜，青藏队吴玉虎 700、2700）、阿克陶（阿克塔什，青藏队吴玉虎 252；布伦口北，西植所新疆队 517）、塔什库尔干（去中塔边界途中，克里木 T167；麻扎，高生所西藏队 3215；卡拉其古，西植所新疆队 892、986）、叶城（柯克亚乡，青藏队吴玉虎 858；麻扎至麻扎达拉，黄荣福 063；克鲁德河南山，黄荣福 171；库地，黄荣福 024）、皮山（三十里营房，青藏队吴玉虎 1173）、策勒（也可大达尔，采集人不详 142；奴尔乡都木，采集人不详 085）、于田（普鲁南 4 km，采集人不详 068）、且末（吾依拉克，采集人不详 317）。生于海拔 2 100～4 400 m 的山谷砾石地、山坡山麓灌丛、沟谷河滩灌丛。

分布于我国的新疆；俄罗斯也有。

4. 匙叶小檗

Berberis vernae Schneid. in Sargent Pl. Wils. 1：372. 1913；Stapf in Curtis's

Bot. Mag. 151. t. 9089. 1925；Ahrendt in Journ. Linn. Soc. Bot. 57：175. f. 43. 1961；秦岭植物志 1（2）：319. 图 237. 1974；青海植物志 1：375. 1997；中国植物志 29：159；青藏高原维管植物及其生态地理分布 271. 2008. ——*B. caroli* var. *hoanghensis* Schneid. in Bull. Herb. Boiss. ser. 2. 5：459. 1905.

落叶灌木，高 0.5～1.5 m。老枝暗灰色，细弱，具条棱，无毛，散生黑色疣点，幼枝常带紫红色；茎刺粗壮，单生，淡黄色，长 1～3 cm。叶纸质，倒披针形或匙状倒披针形，长 1～5 cm，宽 0.3～1.0 cm，先端钝圆，基部渐狭，上面亮暗绿色，中脉扁平，侧脉微显，下面淡绿色，中脉和侧脉微隆起，两面网脉显著，无毛，不被白粉，也无乳突，叶缘平展，全缘，偶具 1～3 刺齿；叶柄长 2～6 mm，无毛。穗状总状花序具 15～35 花，长 2～4 cm，包括总梗长 5～10 mm，无毛；花梗长 1.5～4.0 mm，无毛；苞片披针形，短于花梗，长约 1.3 mm；花黄色；小苞片披针形，长约 1 mm，常红色；萼片 2 轮，外萼片卵形，长约 1.5～2.1 mm，宽约 1 mm，先端急尖，内萼片倒卵形，长 2.5～3.0 mm，宽 1.5～2.0 mm；花瓣倒卵状椭圆形，长 1.8～2.0 mm，宽约 1.2 mm，先端近急尖，全缘，基部缢缩略成爪，具 2 枚分离腺体；雄蕊长约 1.5 mm，药隔先端不延伸，平截；胚珠 1～2 枚，近无柄。浆果长圆形，淡红色，长 4～5 mm，顶端不具宿存花柱，不被白粉。 花期 5～6 月，果期 8～9 月。

产青海：都兰（英德尔羊场，杜庆 407）、兴海（河卡乡羊曲东浪沟，何廷农 475）、称多（歇武乡争托，刘有义 378）、班玛（马柯河林场，王为义等 26792）。生于海拔 2 300～4 000 m 的沟谷山地灌丛、山坡林缘灌丛、山地草原。

分布于我国的青海、甘肃、四川。模式标本采自甘肃岷县。

5. 川滇小檗

Berberis jamesiana Forrest et W. W. Smith in Not. Bot. Gard. Edinb. 9：81. 1916；Stapf in Curtis's Bot. Mag. 156. t. 9298. 1933；Ahrendt in Journ. Linn. Soc. Bot. 57：179. f. 43. 1961；Hsiao in Acta Phytotax. Sin. 12（4）：397. 1974；西藏植物志 2：130. 图 40：18～19. 1985；青海植物志 1：376. 1997. 中国植物志 29：181. 2001；青藏高原维管植物及其生态地理分布 267. 2008.

落叶灌木，高 1～3 m。枝圆柱形，老枝暗灰色或紫黑色，幼枝紫色，无疣点；茎刺单生或三分叉，粗壮，长 1.5～3.5 cm，腹面具浅槽。叶近革质，椭圆形或长圆状倒卵形，长 2.5～8.0 cm，宽 1～4 cm，先端圆形或微凹，基部楔形，上面亮绿色，中脉微凹陷，下面灰绿色，中脉明显隆起，两面侧脉和网脉显著，无乳突，叶缘平展，全缘，或具疏细刺齿或具密细刺齿；叶柄长 1～3 mm。总状花序通常由 9～20 花组成，有时可达 40 朵，长 7～10 cm，花序下部花常轮列，光滑无毛；总梗长 0.5～3.0 cm；花梗细弱，长 7～10 mm，无毛；花黄色；小苞片卵形，长 2.0～2.5 mm，宽约1.5 mm，先端急尖；萼片 2 轮，外萼片长圆状倒卵形，长约 3 mm，宽约 2 mm，内萼片狭倒卵形，长约4.5 mm，宽约 2.5 mm；花瓣倒卵形或狭长圆状椭圆形，长约4.5 mm，宽约 2 mm，先端缺裂，裂片急尖，基部缢缩成爪，具 2 枚分离腺体；雄蕊长约 3 mm，药隔延伸，先端微突尖；胚珠 2 枚。浆果初时乳白色，后变为亮红色，近卵球形，长约 10 mm，直径 7～8 mm，顶端无宿存花柱，外果皮透明，不被白粉。 花期 4～5 月，果期 6～9 月。

产青海：兴海（大河坝乡赞毛沟，吴玉虎 46431；中铁林场恰登沟，吴玉虎 45236、45245）、玛沁。生于海拔 3 200～3 700 m 的沟谷山坡灌丛、山地阔叶林缘灌丛。

分布于我国的新疆、西藏、四川、云南。模式标本采自云南中甸。

6. 红果小檗

Berberis nummularia Bunge in Del. Sem. Horti. Bot. Dorpat. 4：?. 1843；Fl. Kazachst. 4：142. t. 19. f. 3. 1961；新疆植物志 2（2）：4. 图版 1：7～8. 1995；青藏高原维管植物及其生态地理分布 268. 2008.

落叶灌木，高 1～4 m。分枝，老树皮灰色，幼枝红褐色。叶刺 1～3 叉，一年生萌枝上有 5～6 叉者，刺长 1.5～4.0 cm，土黄色。叶革质，倒卵形、倒卵状匙形或椭圆形，长 1.5～5.0 cm。宽 1.0～2.5 cm，顶端圆或急尖，基部渐窄或楔形成柄，多全缘，并有多少不等的疏锯齿，齿端有刺，叶柄长 6～30 mm. 网状脉清楚。总状花序长 3～5 cm，花多，每花有苞片 2 枚，披针状线形，长 1.5～2.0 mm，宿存；萼片黄色，花瓣状，3～4 枚，长圆状倒卵形，长约 3 mm，宽约 1.5 mm，顶端圆；花瓣黄色，6 枚，长圆形或狭长圆形，长 4.0～4.5 mm，宽 2.0～2.5 mm；雄蕊 6 枚，长约2.5 mm；雌蕊子房筒状，花柱近无，柱头盘状。果梗宿存，斜展开，长 4～7 mm，浆果长圆状卵形，长 6～7 mm，直径 3～4 mm，淡红色，成熟后淡红紫色。种子窄长卵形，长 3～4 mm，灰褐色，种脐端稍细，种脉弯向一侧。 花期 4～5 月，果期 5～7 月。

产新疆：阿克陶、英吉沙、皮山、和田、策勒（昆仑山北麓巧卡区，采集人不详 130；恰哈乡五管区，采集人和采集号不详）。生于海拔 1 600～2 400 m 的河谷山麓、戈壁荒漠绿洲路旁。

分布于我国的新疆；中亚地区各国也有。

7. 置疑小檗

Berberis dubia Schneid. in Bull. Herb. Boiss. ser. 2. 5：663. 1905；Ahrendt in Journ. Linn. Soc. Bot. 57：164. 1961；秦岭植物志 1（2）：318. 图 272. 1974；青海植物志 1：374. 1997；中国植物志 29：191. 2001；青藏高原维管植物及其生态地理分布 264. 2008.

落叶灌木，高 1～3 m。老枝灰黑色，稍具棱槽和黑色疣点，幼枝紫红色，有光泽，明显具棱槽；茎刺单生或三分叉，长 7～20 mm，与枝同色。叶纸质，狭倒卵形，长

1.5～3.0 cm，宽 5～18 mm，先端近渐尖，基部渐狭，上面深绿色，中脉和侧脉隆起，下面淡黄色，中脉和侧脉明显隆起，两面网脉显著隆起，无毛，也无白粉，叶缘平展，每边具 6～14 细刺齿；叶柄长 1～3 mm。总状花序由 5～10 朵花组成，长 1～3 cm，总梗长 0.5～1.0 cm；花梗长 3～6 mm，细弱，无毛；花黄色；小苞片披针形，长约 1.5 mm，宽约 1 mm，先端急尖；萼片 2 轮，外萼片卵形，长约 2.5 mm，宽约 1.5 mm，内萼片阔倒卵形，长约 4.5 mm，宽约 3.5 mm；花瓣椭圆形，长约 3.5 mm，短于内萼片，先端浅缺裂，基部楔形，具 2 枚腺体；雄蕊长约 2.5 mm，药隔延伸，先端短突尖；胚珠 2 枚。浆果倒卵状椭圆形，红色，长约 8 mm，直径约 4 mm，顶端不具宿存花柱，不被白粉。　花期 5～6 月，果期 8～9 月。

产青海：兴海（中铁乡，吴玉虎，采集号不详）、称多（县城附近，苟新京和刘有义 85－333）、玛沁（军功乡，玛沁队 186）、班玛（马柯河林场，王为义等 26898、26936、27274、27313、27419、27574、27677）。生于海拔 3 300～3 950 m 的沟谷山坡山麓灌丛、山地林缘灌丛。

分布于我国的青海、甘肃、宁夏、陕西、内蒙古。模式标本采自甘肃西部。

8. 异果小檗

Berberis heteropoda Schrenk. in Enum. Pl. Nov. 1：102. 1841；新疆植物志 2（2）：2. 图版 1：1～2. 1995；中国植物志 29：197. 2001；青藏高原维管植物及其生态地理分布 266. 2008.

落叶灌木，高 2～3 m。枝暗红色，圆柱形，无疣点；茎刺单生或三分叉，淡紫红色，近圆柱形、长 5～30 mm。叶厚纸质，倒卵状椭圆形，长 2～6 cm，宽 1～4 cm，先端圆形，基部阔楔形，上面绿色，中脉扁平或微隆起，侧脉隆起，下面淡绿色，微有光泽，中脉微隆起，侧脉 2～4 对，显著，两面网脉隆起，无毛，不被白粉，叶缘平展，全缘，或偶有不明显刺齿；叶柄长 3～10 mm。总状花序或伞形状总状花序，由 4～9 花组成，长 2～5 cm，基部常有数花簇生，光滑无毛；花梗长 9～17 mm；苞片卵状披针形，长 1.5～3.0 mm；花黄色，萼片 2 轮，外萼片椭圆形，长约 5 mm，宽约 4 mm，先端圆形，内萼片倒卵形，长约 7 mm，宽约 5 mm；花瓣倒卵状匙形，长约 6 mm，宽约 4 mm，先端圆形，全缘，基部楔形，具 2 枚分离腺体；雄蕊长约 4.5 mm，药隔延伸，先端突尖；胚珠 4～6 枚，具柄。浆果近球形，黑色，长 10～12 mm，直径 9～10 mm，顶端不具宿存花柱，微被白粉。　花期 5～6 月，果期 7～10 月。

产新疆：阿克陶、叶城、皮山（垴阿巴提乡布琼，青藏队吴玉虎 1836；喀尔塔什，青藏队吴玉虎 3617）、于田（种羊场，青藏队吴玉虎 3805）、策勒（奴尔乡布藏河东岸，青藏队吴玉虎 2491）、和田（喀什塔什，青藏队吴玉虎 2570；城郊，采集人和采集号不详）。生于海拔 2 400～3 100 m 的沟谷山坡及山麓灌丛、山地河谷岸边、宽谷河滩。

分布于我国的新疆；俄罗斯也有。模式标本采自新疆。

9. 刺　檗

Berberis vulgaris Linn. Sp. Pl. 330. 1753；青海植物志 1：377. 1997；青藏高原维管植物及其生态地理分布 271. 2008.

落叶灌木，高 1.5～2.0 m。幼枝黄色、黄褐色，老枝灰色；刺三叉或单生，长 0.5～2.0 cm。叶簇生，椭圆状倒卵形或倒卵形，长 1～2 cm，宽 0.5～1.0 cm，基部楔形，具短柄，顶端钝，边缘具细刺状齿或全缘，下面不具网状脉纹。总状花序，具数花至多花；小花梗长 2～10 mm；苞片卵形，长约 2 mm，橘红色，基部较宽，顶端具细长尖；萼片 6 枚，花瓣状，宽卵形或近圆形，长 3～4 mm，宽 2.0～3.5 mm；花瓣 6 枚，深黄色，椭圆形，长 3～4 mm，宽 2～3 mm，基部具 2 蜜腺，顶端钝；雄蕊 6 枚，黄褐色；子房椭圆形，具 2 胚珠。浆果椭圆形，红色。　花期 6～7 月，果期 8～9 月。

产青海：都兰（香日德，青甘队 1268）、兴海（中铁林场恰登沟，吴玉虎 45236；大河坝乡赞毛沟，吴玉虎 46440、47059；河卡乡，何廷农 090、463，刘尚武和罗达尚 63-548）、玛沁（拉加乡，吴玉虎等 6066；江让水电站北面山上，吴玉虎 475）、曲麻莱（东风乡，刘尚武 860）、班玛（马柯河林场，王为义 27124、27667）。生于海拔 3 260～4 100 m 的沟谷山地阴坡、河谷林缘灌丛、山坡林地边缘、沟谷山麓灌丛。

分布于我国的青海、甘肃、宁夏、四川、河北、河南；欧洲和亚洲温带也有。

2. 桃儿七属 Sinopodophyllum Ying

Ying in Acta Phytotax. Sin. 17 (1)：15. 1979

多年生草本。根状茎粗壮，横走；茎直立，基部被褐色大鳞片。叶 2 枚，具长柄，基部心形，3 或 5 深裂几达中部，裂片有时 2～3 小裂。花大，单生，两性，整齐，粉红色，先叶开放；萼片 6 枚，早萎；花瓣 6 枚，开张；雄蕊 6 枚，花药直立，线形，纵裂；雌蕊 1 枚，子房 1 室，有多数胚珠。果为大浆果。种子多数，无肉质假种皮。四合花粉。

单种属。分布于中国、尼泊尔、不丹、印度北部和东北部、巴基斯坦、阿富汗东部、克什米尔地区。昆仑地区亦有。

1. 桃儿七　图版 57：5～9

Sinopodophyllum hexandrum (Royle) Ying Fl. Xizang. 2：119. 1985；横断山区维管植物 上册 558. 1993；青海植物志 1：380. 图版 80：1～3. 1997；中国植物志 29：249. 图版 51. 2001；青藏高原维管植物及其生态地理分布 273. 2008. ——*Podophyllum hexandrum* Royle in Ill. Bot. Himal. 2 (1)：64. 1834.

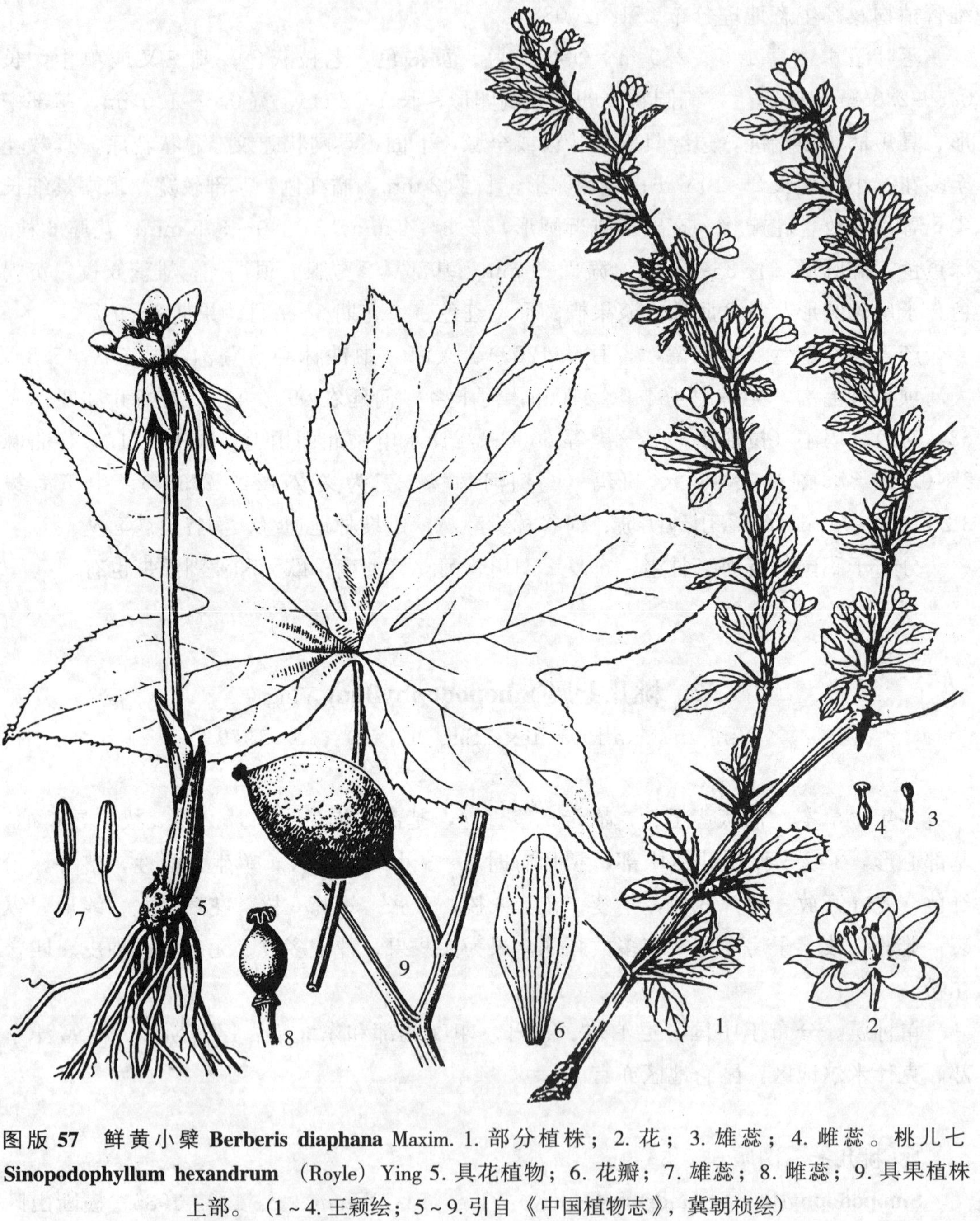

图版 **57** 鲜黄小檗 **Berberis diaphana** Maxim. 1. 部分植株；2. 花；3. 雄蕊；4. 雌蕊。桃儿七 **Sinopodophyllum hexandrum** （Royle）Ying 5. 具花植物；6. 花瓣；7. 雄蕊；8. 雌蕊；9. 具果植株上部。（1～4. 王颖绘；5～9. 引自《中国植物志》，冀朝祯绘）

多年生草本，植株高 20～50 cm。根状茎粗短，节状，多须根；茎直立，单生，具纵棱，无毛，基部被褐色大鳞片。叶 2 枚，薄纸质，非盾状，基部心形，3～5 深裂几达中部，裂片不裂或有时 2～3 小裂，裂片先端急尖或渐尖，上面无毛，下面被柔毛，边缘具粗锯齿；叶柄长 10～25 cm，具纵棱，无毛。花大，单生，先叶开放，两性，整齐，粉红色；萼片 6 枚，早萎；花瓣 6 枚，倒卵形或倒卵状长圆形，长 2.5～3.5 cm，宽 1.5～1.8 cm，先端略呈波状；雄蕊 6 枚，长约 1.5 cm，花丝较花药稍短，花药线形，纵裂，先端钝圆，药隔不延伸；雌蕊 1 枚，长约 1.2 cm，子房椭圆形，1 室，侧膜胎座，含多数胚珠，花柱短，柱头头状。浆果卵圆形，长 4～7 cm，直径 2.5～4.0 cm，熟时橘红色。种子卵状三角形，红褐色，无肉质假种皮。 花期 5～6 月，果期 7～9 月。

产青海：班玛（马柯河林场，王为义等 27490、陈世龙等 0361）。生于海拔3 200～3 450 m 的沟谷山地云杉林缘灌丛、河谷山坡灌丛。

分布于我国的青海、甘肃、陕西、西藏、四川、云南；尼泊尔，不丹，印度北部和东北部，巴基斯坦，阿富汗东部，克什米尔地区也有。

二十六 罂粟科 PAPAVERACEAE

草本，稀为亚灌木、小灌木或灌木，极稀乔木状（但木材软），一年生、二年生或多年生，无毛或被长柔毛，有时具刺毛，常有乳汁或有色液汁。主根明显，稀纤维状或形成块根，稀有块茎。基生叶通常莲座状，茎生叶互生，稀上部对生或近轮生状，全缘或分裂，有时具卷须，无托叶。花单生或排列成总状花序、聚伞花序或圆锥花序。花两性，规则的辐射对称至极不规则的两侧对称；萼片2或不常为3～4枚，通常分离，覆瓦状排列，早脱；花瓣数通常2倍于花萼，4～8枚（有时近12～16枚）排列成2轮，稀无，覆瓦状排列，芽时皱褶，有时花瓣外面的2或1枚呈囊状或成距，分离或顶端黏合，大多具鲜艳的颜色，稀无色；雄蕊多数，分离，排列成数轮，源于向心系列，或4枚分离，或6枚合成2束，花丝通常丝状，或稀翅状或披针形或3深裂，花药直立，2室，药隔薄，纵裂，花粉粒2或3核，3至多孔，少为2孔，极稀具内孔；子房上位，由2至多数合生心皮组成，标准的为1室，侧膜胎座，心皮于果时分离，或胎座的隔膜延伸到轴而构成数室，或假隔膜的联合而成2室，胚珠多数，稀少数或1枚，倒生至有时横生或弯生，直立或平伸，具2层珠被，厚珠心，珠孔向内，珠脊向上或侧向，花柱单生，或短或长，有时近无，柱头通常与胎座同数，当柱头分离时，花柱与胎座互生，当柱头合生时，则贴生于花上面，或子房先端形成具辐射状裂片的盘，裂片与胎座对生。果为蒴果，瓣裂或顶孔开裂，稀成熟心皮分离开裂或不裂或横裂为单种子的小节，稀有蓇葖果或坚果。种子细小，球形、卵圆形或近肾形；种皮平滑、蜂窝状或具网纹；种脊有时具鸡冠状种阜；胚小，胚乳油质，子叶不分裂或分裂。

约38属700多种，主产北温带，尤以地中海、西亚、中亚至东亚地区，以及北美洲西南部为多。我国有18属362种，南北均产，但以西南部最为集中；种类较多的紫堇属 *Coydalis* DC. 和绿绒蒿属 *Meconopsis* Vig.，其分布中心在我国西南部；昆仑地区产5属30种。

对本科的范围有不同的处理，这里采纳了Airy-Shaw（1973）的主张，包括3个亚科：罂粟亚科 Papaveroideae A. Br.、角茴香亚科 Hypecooideae K. Prantl et J. Kundig 和荷包牡丹亚科 Fumarioideae（DC.）Endlicher。

分属检索表

1. 雄蕊多数，分离；雌蕊多心皮至2心皮；花冠辐射对称，花瓣同形，无距；蒴果瓣裂或稀顶孔开裂；植株具浆汁。（罂粟亚科 Papaveroideae A. Br.）
   2. 雌蕊2心皮（稀4）；花单个顶生；蒴果2～4瓣裂；子房1室；种子卵球形，具网纹；植株常具黄色液汁 ………… 3. **秃疮花属 Dicranostigma** Hook. f. et Thoms.

2. 雌蕊3至多心皮；花单生或组成总状花序，稀圆锥状花序；蒴果3～12瓣裂或顶孔开裂。

3. 花柱通常明显，柱头棒状或头状，分离或联合，呈辐射状下延；蒴果3～12瓣自先端开裂；植株具黄色液汁 …………………… 1. **绿绒蒿属 Meconopsis** Vig.

3. 花柱无，柱头辐射状，联合成扁平或尖塔形的盘状体；蒴果顶孔开裂；植株具白色液汁 ………………………………………… 2. **罂粟属 Papaver** Linn.

1. 雄蕊4，分离或6枚合成2束；雌蕊2心皮；花瓣不同形；蒴果或坚果；植株无浆汁。

4. 雄蕊4，分离，与花瓣对生；花冠近辐射对称，花瓣4，2轮排列，无距，外轮和内轮异形；蒴果长角状，节间分离或开裂为2果瓣。（角茴香亚科 Hypecooideae K. Prantl et J. Kundig） …………………… 4. **角茴香属 Hypecoum** Linn.

4. 雄蕊6，合成2束；花冠两侧对称，花瓣4，2轮排列，外花瓣中的1或2枚基部呈囊状或距，内轮异形；蒴果2瓣裂或为不开裂的坚果（荷包牡丹亚科 Fumarioideae（DC.）Endlicher） ………………………………… 5. **紫堇属 Corydalis** DC.

1. 绿绒蒿属 Meconopsis Vig.

Vig. Hist. Nat. Pavots. 48. fig. 3. 1814.

一年生或多年生草本，具黄色液汁。主根明显，肥厚而延长或萝卜状增粗。茎分枝或不分枝，或为基生花葶，被刺毛、硬毛、柔毛或无毛。叶全部基生成莲座状或也生于茎上，莲座状叶在冬季通常宿存；叶片全缘、具锯齿、羽状浅裂至羽状全裂，无毛至具刺毛；基生叶和下部茎生叶具长柄，上部茎生叶具短柄或无柄，有时抱茎。花生于花葶上或生于无苞片或具苞片的花序上，单生或总状、圆锥状排列。花大而美丽，蓝色、紫色、红色或黄色，稀白色；萼片2枚，极稀在顶生花上为3～4枚，早落；花瓣通常4枚，有时5～10枚；雄蕊多数，花丝大多丝状，稀下部或整个为条形；子房近球形、卵形、倒卵形至狭圆柱形，1室，3至多心皮，胚珠多数，花柱明显，通常短，有时近消失，上下等粗或基部扩大成盘而盖于子房上，柱头分离或联合，头状或棒状，常呈辐射状下延，与胎座对生。蒴果近球形、卵形、倒卵形、椭圆形至狭圆柱形，被刺毛、硬毛或无毛，3～12瓣自顶端向基部微裂或开裂至全长的1/3或更多，稀裂至基部。种子多数，卵形、肾形、镰状长圆形或长椭圆形，平滑或具纵凹痕，无种阜。

共49种，1种产西欧，其余48种均分布于东亚的中国—喜马拉雅地区，但最原始的种在华中。我国有38种，集中分布于西南部；昆仑地区产7种。

分种检索表

1. 叶基生及茎生；多花组成聚伞状或总状圆锥花序或具苞片的总状花序。
  2. 须根纤维状；茎基部具宿存叶基，其上被有具多短分枝的刚毛 ……………………………………………………… **1. 全缘叶绿绒蒿 M. integrifolia**（Maxim.）Franch.
  2. 主根萝卜状或细长；茎基部无宿存叶基或有而无毛 …………………………………………………………………… **2. 总状绿绒蒿 M. racemosa** Maxim.
1. 叶全部基生；花数朵排列成无苞片的总状花序或单生于基生花葶上。
  3. 须根纤维状；茎基部具宿存的叶基，其上被有具多短分枝的刚毛。
    4. 花瓣红色，花丝条形 ………………………… **3. 红花绿绒蒿 M. punicea** Maxim.
    4. 花瓣蓝色或紫色，花丝丝状。
      5. 蒴果长 2.5～5.0 cm，被稀疏通常反曲的刚毛；花瓣 5～8，花直径 5～8 cm；子房狭椭圆形或长圆状椭圆形 …………………………………………… **4. 单叶绿绒蒿 M. simplicifolia**（D. Don）Walp.
      5. 蒴果长 1.5～2.5 cm，密被紧贴的刚毛或无毛；花瓣 4～6，花直径 2.5～5.0 cm；子房近球形、卵球形或长圆形 ………………………………………………………………… **5. 五脉绿绒蒿 M. quintuplinervia** Regel
  3. 明显具主根。
    6. 主根萝卜状；花丝整个丝状；叶片两面被刚毛；子房被刚毛，刚毛基部具数枚倒向的分枝 ……………………………………………………………………………… **6. 久治绿绒蒿 M. barbiseta** C. Y. Wu et H. Chuang ex L. H. Zhou
    6. 主根肥厚延长或细长；叶片被硬刺或刺毛；子房被平展或斜展的硬刺 …… ………………………………… **7. 多刺绿绒蒿 M. horridula** Hook. f. et Thoms.

1. 全缘叶绿绒蒿　图版 58：1～3

Meconopsis integrifolia（Maxim.）Franch. in Bull. Soc. Bot. France 33：389. 1886；Maxim. Fl. Tangut. 1：35. 1889；西藏植物志 2：232. 图 78：1～2. 1985；横断山区维管植物 上册 592. 1993；青海植物志 1：389. 图版 82：4～6. 1997；中国植物志 32：20. 图版 4：1～2. 1999；Fl. China 7：267. 2008；青藏高原维管植物及其生态地理分布 308. 2008. ——*Cathcartia integrifolia* Maxim. in Bull. Acad. Imp. Sc. St.-Pétersb. 23：310. 1887.

一年生至多年生草本，全体被锈色和金黄色平展或反曲、具多短分枝的长柔毛。主根粗约 1 cm，向下渐狭，具侧根和纤维状细根。茎粗壮，高达 150 cm，粗达 2 cm，不分枝，具纵条纹，幼时被毛，老时近无毛，基部盖以宿存的叶基，叶基密被具多短分枝的长柔毛。基生叶莲座状，其间常混生鳞片状叶，叶片倒披针形、倒卵形或近匙形，连叶柄长 8～32 cm，宽 1～5 cm，先端圆或锐尖，基部渐狭并下延成翅，至叶柄近基部又逐渐扩大，两面被毛，边缘全缘且毛较密，通常具 3 至多条纵脉并在翅上延伸；茎生叶下部者同基生叶，上部者近无柄，狭椭圆形、披针形、倒披针形或条形，比下部叶小，最上部茎生叶常呈假轮生状，狭披针形、倒狭披针形或条形，长 5～11 cm，宽 0.5～1.0 cm。花通常 4～5 朵，稀达 18 朵，生最上部茎生叶腋内，有时也生于下部茎生叶腋内；花梗长（3～）6～37（～52）cm，果时延长；花芽宽卵形；萼片舟状，长约 3 cm，外面被毛，里面无毛，具数十条明显的纵脉；花瓣 6～8 枚，近圆形至倒卵形，长 3～7 cm，宽 3～5 cm，黄色或稀白色，干时具褐色纵条纹；花丝线形，长 0.5～1.5 cm，金黄色或成熟时为褐色，花药卵形至长圆形，长 1～2（～4）mm，橘红色，后为黄色至黑色；子房宽椭圆状长圆形、卵形或椭圆形，密被金黄色、紧贴、通常具多短分枝的长硬毛，花柱极短至长 1.3 cm，无毛，柱头头状，4～9 裂下延至花柱上，略辐射于子房顶。蒴果宽椭圆状长圆形至椭圆形，长 2～3 cm，粗 1.0～1.2 cm，疏或密被金黄色或褐色、平展或紧贴、具多短分枝的长硬毛，4～9 瓣自顶端开裂至全长 1/3。种子近肾形，长 1.0～1.5 mm，宽约 0.5 mm，种皮具明显的纵条纹及蜂窝状孔穴。 花果期 5～9月。

产青海：格尔木（唐古拉山口，青藏冻土植物队 183）、兴海（中铁林场卓琼沟，吴玉虎 45746、45752、45763）、玛多（花石峡乡，吴玉虎等 18130、18135、18143；清水乡，吴玉虎等 18127；黄河乡白玛纳，吴玉虎 1004；野牛沟，郭本兆 126）、玛沁（大武乡黑土山，吴玉虎 25688；阿尼玛卿山，黄荣福 81－009，吴玉虎 29032、29039B；县城后山，玛沁队 026；江让水电站，吴玉虎 18454）、达日（满掌乡，吴玉虎 25946、28613；德昂乡，吴玉虎 25892；吉迈乡，吴玉虎 27070；建设乡，吴玉虎 27139）、甘德（东吉乡，吴玉虎 25743、25747；上贡麻乡，H. B. G. 913）、久治（县城附近，藏药队 197）、班玛（志昂沟，陈謇 003）、称多（毛洼营，刘尚武 2373）。生于海拔2 700～5 200 m 的沟谷山坡高寒灌丛、山地高寒草甸、河谷滩地、草坡或林下、高山砾石滩、山麓砾石地、河谷山地圆柏林缘。

分布于我国的青海东部至南部、甘肃西南部、西藏东部、四川西部和西北部、云南西北部和东北部；缅甸北部也有。模式标本采自云南鹤庆及洱源。

2. 总状绿绒蒿

Meconopsis racemosa Maxim. Mél. Biol. 9：713. 1876；Fl. Tangut. 1：36. t. 9. f. 1～6，t. 23. f. 26. 1889；C. Y. Wu et H. Chuang in Acta Bot. Yunnan. 2（4）：375. 1980；中国植物志 32：28. 图版 5：2～3. 1999. ——*M. horridula* var. *racemosa*（Maxim.）Prain in Journ. As. Soc. Bengal 64（2）：313. 1896；西藏植物志 2：236. 1985；横断山区维管植物 上册 592. 1993；青海植物志 1：391. 1997；中国植物志 32：27. 1999；Fl. China 7：270. 2008；青藏高原维管植物及其生态地理分

布 308. 2008.

一年生草本，高 20～50 cm，全体被黄褐色或淡黄色坚硬而平展的硬刺。主根圆柱形，长达 20 cm，上部粗 0.5～1.5 cm，向下渐狭。茎圆柱形，不分枝，有时混生基生花葶，近基部粗 0.5～1.0 cm，基部盖以光滑、宿存的叶基。基生叶长圆状披针形、倒披针形或稀狭卵形、条形，长 5～20 cm，宽 0.7～4.2 cm，先端急尖或钝，基部狭楔形，下延至叶柄基部，边缘全缘或波状，稀具不规则的粗锯齿，两面绿色，被黄褐色或淡黄色平展或紧贴的刺毛，有时刺毛基部呈紫色，中脉在下面隆起，侧脉在两面均明显，叶脉延伸至翅，叶柄长 3～8 cm；下部茎生叶同基生叶，上部茎生叶长圆状披针形，有时条形，长 3～17 cm，宽 0.6～3.0 cm，全缘，两面被刺毛，具短柄、近无柄至最上部者无柄。花生于上部（约 1/3）茎生叶腋内，最上部花无苞片，有时也生于基生叶腋的花葶上；花梗长 2～5 cm；花芽近圆形或卵形，直径约 1 cm；萼片长圆状卵形，外面被刺毛；花瓣 5～8 枚，倒卵状长圆形，长 2～3 cm，宽 1～2 cm，天蓝色或蓝紫色，有时红色，无毛；花丝丝状，长约 1 cm，紫色，花药长圆形，黄色；子房卵形，长 5～8 mm，密被刺毛，花柱圆锥形，长 2～4 mm，具棱，无毛，柱头长圆形，长 1～2 mm。蒴果卵形或长卵形，长 0.5～2.0 cm，粗 0.4～1.2 cm，密被刺毛，4～6 瓣自顶端开裂至全长的 1/3；果梗长 1～15 cm，被刺毛；宿存花柱长 0.7～1.0 cm，粗达 2 mm。种子长圆形，长 1～2 mm，种皮具窗格状网纹。　花果期 5～11 月。

产青海：兴海（中铁林场卓琼沟，吴玉虎 45660）、玛沁、玛多、达日、久治、称多、曲麻莱。生于海拔 3 200～5 000 m 的高原山地林缘灌丛草甸、河谷山地阴坡高寒灌丛草甸、沟谷高寒灌丛下、河谷阶地草地、高山流石滩、高原山麓砾石地、山麓砾石地、山地圆柏林下。

分布于我国的青海、甘肃东南部、西藏、四川西部和西北部、云南西北部。模式标本采自四川北部和青海交界处。

3. 红花绿绒蒿　图版 58：4～6

Meconopsis punicea Maxim. Fl. Tangut. 1：34. 1889；Prain in Journ. As. Soc. Bengal 64（2）：321. 1896；Fedde in Engl. et Prantl Nat. Pflanzenfam. ed. 2. 17b：104. fig. 51. H. 1935；中国高等植物图鉴 2：6. 图 1741. 1972；C. Y. Wu et H. Chuang in Acta Bot. Yunnan. 2（4）：376. 1980；西藏植物志 2：227. 1985；青海植物志 1：389. 图版 82：1～3. 1997；中国植物志 32：34. 图版 7：3～4. 1999；Fl. China 7：273. 2008；青藏高原维管植物及其生态地理分布 309. 2008.

多年生草本，高 30～75 cm，基部盖以宿存的叶基，其上密被淡黄色或棕褐色、具多短分枝的刚毛。须根纤维状。叶全部基生，莲座状，叶片倒披针形或狭倒卵形，长 3～18 cm，宽 1～4 cm，先端急尖，基部渐狭，下延入叶柄，边缘全缘，两面密被淡黄色或棕褐色、具多短分枝的刚毛明显具数条纵脉；叶柄长 6～34 cm，基部略扩大成鞘。

花葶1～6枝，从莲座叶丛中生出，通常具肋，被棕黄色、具分枝且反折的刚毛。花单生于基生花葶上，下垂；花芽卵形；萼片卵形，长1.5～4.0 cm，外面密被淡黄色或棕褐色、具分枝的刚毛；花瓣4枚，有时6枚，椭圆形，长3～10 cm，宽1.5～5.0 cm，先端急尖或圆，深红色；花丝条形，长1～3 cm，宽2.0～2.5 mm，扁平，粉红色；花药长圆形，长3～4 mm，黄色；子房宽长圆形或卵形，长1～3 cm，密被淡黄色、具分枝的刚毛，花柱极短，柱头4～6圆裂。蒴果椭圆状长圆形，长1.8～2.5 cm，粗1.0～1.3 cm，无毛或密被淡黄色、具分枝的刚毛，4～6瓣自顶端微裂。种子密具乳突。花果期6～9月。

产青海：曲麻莱（六盘山，刘海源874）、称多（毛洼营，刘尚武2372；扎朵乡，苟新京83－280）、玛沁（拉加乡，玛沁队085；黑土山，吴玉虎等5777；雪山乡，黄荣福C. G. 81－169；县城后山，吴玉虎1418；西哈垄沟，H. B. G. 375；大武乡，吴玉虎25690、植被地理组418）、达日（县城附近，陈世龙等266；吉迈乡，H. B. G. 1216；满掌乡，吴玉虎26804；德昂乡，陈世龙等306）、久治（年保山，果洛队392；智青松多南山，果洛队064；多和日麻，藏药队392；德黑日麻，藏药队234；康赛乡，吴玉虎26560、26574）、班玛（马柯河林场，王为义等26770）。生于海拔3 600～4 600 m的高山阴坡高寒灌丛、沟谷山地高寒草甸、山麓及山坡砾石地。

四川：石渠（菊母乡，吴玉虎29801、29818、29836、29851、29863、29915）。生于海拔4 600～4 700 m的高山流石坡、沟谷山地阴坡高寒灌丛。

分布于我国的青海南部、甘肃西南部、西藏东北部、四川西北部。模式标本采自四川西北部和西藏东北部的邻近地区。

4. 单叶绿绒蒿

Meconopsis simplicifolia（D. Don）Walp. Rep. Bot. Syst. 1：110. 1842；Hook. f. et Thoms. in Hook. f. Fl. Brit. Ind. 1：118. 1872；西藏植物志 2：229. 图 76：2. 1985；H. Koba et al. Name List Fl. Pl. Gymnosp. Nepal 317. 1994；青海植物志 1：388. 1997；中国植物志 32：34. 图版 7：1～2. 1999；Fl. China 7：273. 2008；青藏高原维管植物及其生态地理分布 310. 2008. ——*Papaver simplicifolium* D. Don Prodr. Fl. Nepal 197. 1825. ——*Meconopsis nyingchiensis* L. H. Zhou in Bull. Bot. Lab. Northeast Forest. Inst. 8（8）：98. fig. 2. 1980.

一年生或多年生草本，高20～50 cm，基部覆盖密集残枯的叶基，其上密被棕色或金黄褐色、具多短分枝的刚毛。纤维根细，长约13 cm。叶全部基生，莲座状，叶片倒披针形、披针形至卵状披针形，长达16 cm，宽达5 cm，先端急尖或钝，基部渐狭而入叶柄，边缘全缘或具不规则的锯齿或圆齿，两面被具多短分枝的长柔毛，下面中脉和侧脉均明显；叶柄条形，长达20 cm，基部扩大。花半下垂，单生于基生花葶上，花葶1～5枝，被刚毛，刚毛初时紧贴或伸展，后反折。花芽宽卵形；萼片外面密被具分枝的刚毛；花瓣5～8枚，倒卵形，长4～5 cm，宽3～4 cm，紫色至天蓝色；花丝丝状，长1.0～1.5 cm，与花瓣同色，花药长圆形，长约2 mm，橘黄色；子房狭椭圆形至长圆状椭圆形，长1.5～2.0 cm，无毛或被刚毛，花柱明显，长约7 mm，柱头头状或近棒状，4～9裂，绿色。蒴果狭长圆形至长圆状圆形，长2.5～5.0 cm，被反折的刚毛，4～9瓣自顶端开裂至全长的1/3。种子椭圆形或肾形，种皮具乳突。 花果期6～9月。

产青海：久治（年保山，藏药队538、果洛队395）。生于海拔3 300～4 500 m的沟谷山地灌丛、高山流石滩、山坡灌丛草地或石缝中。

分布于我国的青海、西藏东南部至中南部；尼泊尔中部，印度东北部，不丹也有。

5. 五脉绿绒蒿

Meconopsis quintuplinervia Regel in Gartenflora 25：291. t. 880. f. 1. b～d. 1876；西藏植物志2：229. 1985；横断山区维管植物 上册593. 1993；青海植物志1：388. 图版81：7～10. 1997；中国植物志32：36. 1999；Fl. China 7：273. 2008；青藏高原维管植物及其生态地理分布310. 2008. ——*M. simplicifolia* auct. non (D. Don) Walp. L. H. Zhou in Bull. Bot. Lab. Northeast Forest. Inst. 8 (8)：97. 1980.

多年生草本，高30～50 cm，基部盖以宿存的叶基，其上密被淡黄色或棕褐色、具多短分枝的硬毛。须根纤维状，细长。叶全部基生，莲座状，叶片倒卵形至披针形，长2～9 cm，宽1～3 cm，先端急尖或钝，基部渐狭并下延入叶柄，边缘全级，两面密被淡黄色或棕褐色、具多短分枝的硬毛，明显具3～5条纵脉；叶柄长3～6 cm。花葶1～3枝，具肋，被棕黄色、具分枝且反折的硬毛，上部毛较密。花单生于基生花葶上，下垂；花芽宽卵形；萼片长约2 cm，宽约1.5 cm，外面密被棕黄色、具分枝的硬毛；花瓣4～6枚，倒卵形或近圆形，长3～4 cm，宽2.5～3.7 cm，淡蓝色或紫色；花丝丝状，长1.5～2.0 cm，与花瓣同色或白色，花药长圆形，长1.0～1.5 mm，淡黄色；子房近球形、卵球形或长圆形，长5～8 mm，密被棕黄色、具分枝的刚毛，花柱短，长1.0～1.5 mm，柱头头状，3～6裂。蒴果椭圆形或长圆状椭圆形，长1.5～2.5 cm，密被紧贴的刚毛，3～6瓣自顶端微裂。种子狭卵形，长约3 mm，黑褐色，种皮具网纹和皱褶。 花果期6～9月。

产青海：玛沁（军功乡，区划二组061、吴玉虎26924；黑土山，吴玉虎5780；拉加乡，玛沁队092）、达日（德昂乡，陈世龙等299；吉迈乡，吴玉虎27057）、久治（康赛乡，吴玉虎26516、26519；哇尔依乡，吴玉虎26673；夏德尔定，果洛队088、果洛草原站105）。生于海拔3 250～4 600 m的高原河谷山地阴坡灌丛、高寒草甸、山地阳山坡。

分布于我国的青海、甘肃南部、陕西西部、西藏东北部、四川西北部、湖北西部。模式标本采自甘肃。

6. 久治绿绒蒿

Meconopsis barbiseta C. Y. Wu et H. Chuang ex L. H. Zhou in Acta Phytotax. Sin. 17 (4): 113. fig. 2. 1979; C. Y. Wu et H. Chuang in Acta Bot. Yunnan. 2 (4): 376. 1980; 青海植物志 1: 391. 1997; 中国植物志 32: 38. 1999; Fl. China 7: 274. 2008; 青藏高原维管植物及其生态地理分布 307. 2008.

一年生草本，植株基部盖以密集的莲座叶残基。主根萝卜状，长约 2 cm，粗约 1.2 cm。叶全部基生，叶片倒披针形，长 3～5 cm，宽 0.7～1.0 cm，先端钝或圆，基部渐狭而入叶柄，两面被黄褐色刚毛，边缘全缘或微波状；叶柄宽条形，长 2～3 cm，近基部扩大成膜质鞘，无毛或疏被黄褐色刚毛。花葶高 30～40 cm，先端细，向基部逐渐增粗，被黄褐色、通常反曲的刚毛，花下毛较密。花单生于基生花葶上；花瓣 6 枚，倒卵形至倒卵状长圆形，长 4.0～4.5 cm，宽 2.0～2.5 cm，顶端平截，边缘微波状，蓝紫色，基部紫黑色；花丝丝状，长的 1.5 cm，花药长圆形，长约 1.6 mm；子房卵形，长约 1 cm，密被锈色刚毛，刚毛近基部具数枚倒向的短分枝，花柱圆柱状，长约 4 mm，粗约 2 mm，柱头 4～6 裂，裂片下延。果未见。 花期 7～9 月。

产青海：久治（年保山，果洛队 438、果洛草原站 289），生于海拔 4 200～4 400 m 的沟谷山坡高山草甸。模式标本采自青海久治。

7. 多刺绿绒蒿

Meconopsis horridula Hook. f. et Thoms. Fl. Ind. 252. 1855; Hook. f. Fl. Brit. Ind. 1: 118. 1872; 西藏植物志 2: 234. 图 79: 4～5. 1985; 横断山区维管植物 上册 594. 1993; H. Koba et al. Name List Fl. Pl. Gymnosp. Napel 317. 1994; 青海植物志 1: 391. 1997; 中国植物志 32: 46. 图版 10: 3～4. 1999; Fl. China 7: 276. 2008; 青藏高原维管植物及其生态地理分布 308. 2008. ——*M. horridula* var. *typica* Prain in Journ. As. Soc. Bengal 64 (2): 313. 1896.

一年生草本，全体被黄褐色或淡黄色、坚硬而平展的刺，刺长 0.5～1.0 cm。主根肥厚而延长，圆柱形，长达 20 cm 或更多，上部粗 1.0～1.5 cm，果时达 2 cm。叶全部基生，叶片披针形，长 5～12 cm，宽约 1 cm，先端钝或急尖，基部渐狭而入叶柄，边缘全缘或波状，两面被黄褐色或淡黄色平展的刺；叶柄长 0.5～3.0 cm。花葶 5～12 枝或更多，长 10～20 cm，坚硬，绿色或蓝灰色，密被黄褐色平展的刺，有时花葶基部合生。花单生于花葶上，半下垂，直径 2.5～4.0 cm；花芽近球形，直径约 1 cm 或更大；萼片外面被刺；花瓣 5～8 枚，有时 4 枚，宽倒卵形，长 1.2～2.0 cm，宽约 1 cm，蓝紫色；花丝丝状，长约 1 cm，色比花瓣深，花药长圆形，稍旋扭；子房圆锥状，被黄褐色平伸或斜展的刺，花柱长 6～7 mm，柱头圆锥状。蒴果倒卵形或椭圆状长圆形，稀宽卵形，长 1.2～2.5 cm，被锈色或黄褐色、平展或反曲的刺，刺基部增粗，通常 3～5

瓣自顶端开裂至全长的1/4～1/3。种子肾形，种皮具窗格状网纹。 花果期6～9月。

产西藏：改则（至措勤县途中，青藏队藏北分队10270），生于海拔5 300～5 400 m的山坡砾石地。

青海：格尔木（唐古拉山，高生所西藏队4402，青藏冻土植物队110、119；各拉丹冬，黄荣福C. G. 89-321；可可西里队黄荣福K-625、蔡桂全017）、都兰（加覓北山，青甘队1689）、兴海（鄂拉山，张盍曾1042，刘海源619，吴玉虎38987、38990、38997；温泉乡，吴玉虎28764；河卡山，何廷农189、350、381，王作宾20159）、玛多（野牛沟，郭本兆131；巴颜喀拉山口，吴玉虎29040、29049、29087A、29116、29118、29128，刘海源779；花石峡乡，吴玉虎28941）、玛沁（西哈垄河谷，吴玉虎5659；雪山乡，H. B. G. 460；尼卓玛山，H. B. G. 754、玛沁队296；红土山，吴玉虎1500、19037；优云乡，区划一组089；大武至江让，吴玉虎300；军功乡，区划一组107，马柄奇1089、2107，吴玉虎26938）、达日（吉迈乡，H. B. G. 1258；德昂乡，吴玉虎25900、25907、33340；满掌乡，吴玉虎26798、26819）、甘德（上贡麻乡，H. B. G. 916）、久治（哇赛乡，果洛队219；索乎日麻乡，藏药队343）、班玛（赛来唐西山，陈骞056）、治多（可可西里乌兰乌拉湖畔，可可西里队黄荣福K-155、K-733；库赛湖，可可西里队黄荣福K-446；岗齐曲，可可西里队黄荣福K-672；马兰山，可可西里队黄荣福K-167）、曲麻莱（玛多乡，刘尚武和黄荣福653；曲麻莱乡，吴玉虎38768、38871，刘海源847，黄荣福047）、称多（竹节寺，吴玉虎32518、32533；扎朵乡，苟新京83-246；清水河乡，吴玉虎18184；称文乡，吴玉虎29285；扎麻乡，陈世龙567；巴颜喀拉山口，陈世龙547；毛漥营，刘尚武2374）。生于海拔3 500～5 100 m的沟谷山地高寒灌丛、山坡高寒草甸裸地、山麓砾石地、高山流石坡。

四川：石渠（红旗乡，吴玉虎29422、29430；长沙贡玛乡，吴玉虎29754）。生于海拔4 000～4 200 m的河谷山地高寒灌丛、山坡高寒草甸、河谷草坡、高山砾石坡地。

分布于我国的青海东部至南部、甘肃西部、西藏、四川西部；尼泊尔，印度东北部，不丹也有。

2. 罂粟属 **Papaver** Linn.

Linn. Sp. Pl. 506. 1753.

一年生、二年生或多年生草本，稀亚灌木。根纺锤形或渐狭，单式。茎1或多，圆柱形，不分枝或分枝，极缩短或延长，直立或上升，通常被刚毛，稀无毛，具乳白色、恶臭的液汁，具叶或不具叶。基生叶形状多样，羽状浅裂、深裂、全裂或二回羽状分裂，有时为各种缺刻、锯齿或圆齿，极稀全缘，上面通常具白粉，两面被刚毛，具叶柄；茎生叶若有，则与基生叶同形，但无柄，有时抱茎。花单生，稀为聚伞状总状花序；具总花梗或有时为花葶，延长，直立，通常被刚毛。花蕾下垂，卵形或球形；萼片2枚，极稀3枚，开花前即脱落，大多被刚毛；花瓣4枚，极稀5或6枚，着生于短花托上，通常倒卵形，2轮排列，外轮较大，大多红色，稀白色、黄色、橙黄色或淡紫色，鲜艳而美丽，常早落；雄蕊多数，花丝大多丝状，白色、黄色、绿色或深紫色，花药近球形或长圆形；子房1室，上位，通常卵球形，稀圆柱状长圆形，心皮4～8个，联合，被刚毛或无毛，胚珠多数，花柱无，柱头4～18枚，辐射状，联合成扁平或尖塔形的盘状体盖于子房之上；盘状体边缘圆齿状或分裂。蒴果狭圆柱形、倒卵形或球形，被刚毛或无毛，稀具刺，明显具肋或无肋，于辐射状柱头下孔裂。种子多数，小，肾形，黑色、褐色、深灰色或白色，具纵向条纹或蜂窝状；胚乳白色、肉质且富含油分；胚藏于胚乳中。

约100种，主产中欧、南欧至亚洲温带，少数种产美洲、大洋洲和非洲南部。我国有7种3变种和3变型，分布于东北部和西北部，许多地方亦有庭院栽培供观赏，有些种类入药；昆仑地区栽培1种。

1. 虞美人

Papaver rhoeas Linn. Sp. Pl. 507. 1753；Fl. URSS 7：636. 1937；Fl. Europ. 1：248. 1964；中国高等植物图鉴 2：7. 图 1744. 1972；秦岭植物志 1（2）：364. 1974；Fl. Taiwan 2：663. 1976；新疆植物检索表 2：334. 1980；青海植物志 1：393. 1997；中国植物志 32：53. 1999；Fl. China 7：279. 2008；青藏高原维管植物及其生态地理分布 311. 2008.

一年生草本，全体被伸展的刚毛，稀无毛。茎直立，高25～90 cm，具分枝，被淡黄色刚毛。叶互生，叶片披针形或狭卵形，长3～15 cm，宽1～6 cm，羽状分裂，下部全裂，裂片披针形和二回羽状浅裂，上部深裂或浅裂、裂片披针形，最上部粗齿状羽状浅裂，顶生裂片通常较大，小裂片先端均渐尖，两面被淡黄色刚毛，叶脉在下面凸起，在上面略凹；下部叶具柄，上部叶无柄。花单生于茎和分枝顶端；花梗长10～15 cm，被淡黄色平展的刚毛。花蕾长圆状倒卵形，下垂；萼片2枚，宽椭圆形，长1.0～1.8 cm，绿色，外面被刚毛；花瓣4枚，圆形、横向宽椭圆形或宽倒卵形，长2.5～4.5 cm，全缘，稀圆齿状或顶端缺刻状，紫红色，基部通常具深紫色斑点；雄蕊多数，花丝丝状，长约8 mm，深紫红色，花药长圆形，长约1 mm，黄色；子房倒卵形，长7～10 mm，无毛，柱头5～18枚，辐射状，联合成扁平、边缘圆齿状的盘状体。蒴果宽倒卵形，长1.0～2.2 cm，无毛，具不明显的肋。种子多数，肾状长圆形，长约1 mm。　花果期3～8月。

产青海：玛沁（江让水电站，吴玉虎等 18705、18708；军功乡，吴玉虎 20352）。栽培于海拔3 100～3 600 m的河谷山地砾石地、庭院苗圃。

3. 秃疮花属 Dicranostigma Hook. f. et Thoms.

Hook. f. et Thoms. Fl. Ind. 1：255. 1855.

草本，蓝灰色，被短柔毛或无毛，常具黄色液汁。根木质，狭纺锤形。茎圆柱形，具多数分枝。基生叶多数，羽状浅裂或深裂或二回羽状分裂，裂片疏离，边缘波状或具齿，具叶柄；茎生叶互生，羽状分裂或为不规则的大型粗齿，无叶柄。花单生或几朵于茎或分枝先端排成聚伞花序；具花梗，通常无毛；无苞片；萼片 2 枚，卵形或宽卵形，先端渐尖成距状或为匙形，无毛或被短柔毛；花瓣 4 枚，倒卵形或近圆形，黄色或橙黄色；雄蕊多数，花丝丝状，花药长圆形，2 室，纵裂，基着；子房 1 室，2 心皮，圆柱形或狭圆柱形，疏被短柔毛或具瘤状突起，花柱极短，柱头头状。蒴果圆柱形或线形，被短柔毛或无毛，2 瓣自顶端开裂至近基部。种子小，多数，通常卵球形，具网纹，无种阜。

3 种。我国均产，2 种分布于我国西南部至热带以外的喜马拉雅地区，1 种分布到我国黄土高原；昆仑地区产 1 种。

1. 秃疮花

Dicranostigma leptopodum (Maxim.) Fedde in Engl. Bot. Jahrb. 36. Beibl. 82：45. 1905；西藏植物志 2：224. 图 75：3. 1985；in Engl. Pflanzenr. 4：212. 1909；中国高等植物图鉴 2：2. 图 1734. 1972；青海植物志 1：386. 1997；中国植物志 32：63. 1999；Fl. China 7：281. 2008；青藏高原维管植物及其生态地理分布 306. 2008. ——*Glaucium leptopodum* Maxim. in Mél. Biol. 9：714. 1876. ——*Dicranostigma franchetianum* (Prain) Fedde in Engl. Pflanzenr. 4：210. fig. 25. R～T. 1909；横断山区维管植物 上册 590. 1993.

通常为多年生草本，高 25～80 cm，全体含淡黄色液汁，被短柔毛，稀无毛。主根圆柱形。茎多，绿色，具粉，上部具多数等高的分枝。基生叶丛生，叶片狭倒披针形，长 10～15 cm，宽 2～4 cm，羽状深裂，裂片 4～6 对，再次羽状深裂或浅裂，小裂片先端渐尖，顶端小裂片 3 浅裂，上面绿色，下面灰绿色，疏被白色短柔毛；叶柄条形，长 2～5 cm，疏被白色短柔毛，具数条纵纹；茎生叶少数，生于茎上部，长 1～7 cm，羽状深裂、浅裂或二回羽状深裂，裂片具疏齿，先端三角状渐尖；无柄。花 1～5 朵于茎和分枝先端排列成聚伞花序；花梗长 2.0～2.5 cm，无毛；具苞片；花芽宽卵形，长约 1 cm；萼片卵形，长 0.6～1.0 cm，先端渐尖成距，距末明显扩大成匙形，无毛或被短柔毛；花瓣倒卵形至圆形，长 1.0～1.6 cm，宽 1.0～1.3 cm，黄色；雄蕊多数，花丝丝状，长 3～4 mm，花药长圆形，长 1.5～2.0 mm，黄色；子房狭圆柱形，长约

6 mm，绿色，密被疣状短毛，花柱短，柱头 2 裂，直立。蒴果线形，长 4.0～7.5 cm，粗约2 mm，绿色，无毛，2 瓣自顶端开裂至近基部。种子卵球形，长约 0.5 mm，红棕色，具网纹。　花期 3～5 月，果期 6～7 月。

产青海：兴海（中铁乡前滩，吴玉虎 45416、45468、45476；中铁林场恰登沟，吴玉虎 44970、44983、45045、45065、45081、45083、45088；中铁乡天葬台沟，吴玉虎 45388、45906、45966；中铁乡至中铁林场途中，吴玉虎 43170、43181、43182；中铁乡附近，吴玉虎 42888、42897、42900）、班玛（马柯河林场，郭本兆 513、吴玉虎 26104；亚尔堂乡王柔，吴玉虎 26236、26258）。生于海拔 3 100～3 600 m 的沟谷山坡草地、山地林缘灌丛下、沟谷阴坡高寒灌丛草甸。

分布于我国的青海东部、甘肃南部至东南部、陕西秦岭北坡、西藏南部、四川西部、云南西北部、山西南部、河北西南部和河南西北部。模式标本采自甘肃。

4. 角茴香属 Hypecoum Linn.

Linn. Sp. Pl. 124. 1753.

一年生草本，矮小，常呈灰绿色，无毛，极稀在叶片及叶柄上被长柔毛，具微透明的液汁。茎直立，具分枝，分枝直立至平卧。基生叶近莲座状，二回羽状分裂，具叶柄。花小，直径 0.5～2.0 cm，稀较大，排列成二歧式聚伞花序。花萼小，萼片 2 枚，披针形或卵形，先端通常具细牙齿，早落；花瓣 4 枚，大多黄色，2 轮排列，外面 2 枚 3 浅裂或全缘，基部楔形，里面 2 枚 3 深裂，极稀近全缘，侧裂片狭窄，中裂片匙形，常具柄，边缘被短缘毛；雄蕊 4 枚，花丝大多具翅，有时基部呈披针形，花药往往由于药隔延伸而至少具 2 短尖；子房 1 室，2 心皮。蒴果长圆柱形，大多具节，节内有横隔膜，成熟时在节间分离，或者不具节而裂为 2 果瓣。种子多数，卵形，表面具小疣状突起，稀近四棱形并具“十”字形的突起。

约 15 种，分布于地中海地区至中亚及我国。我国有 3 种，主产北部、西北部至西南部；昆仑地区产 1 种。

1. 细果角茴香　图版 58：7～10

Hypecoum leptocarpum Hook. f. et Thoms. Fl. Ind. 1：276. 1855；Hook. f. Fl. Brit. Ind. 1：120. 1875；Franch. in Bull. Soc. Bot. France 33：291. 1886；Mexim. Fl. Tangut. 37. 1889；Franch. Pl. Delav. 42. 1889；Hand.-Mazz. Symb. Sin. 7：338. 1931；中国高等植物图鉴 2：9. 图 1748. 1972；西藏植物志 2：242. 图 82：1～3. 1985；青海植物志 1：393. 1997；中国植物志 32：81. 1999；Fl. China 7：289. 2008；青藏高原维管植物及其生态地理分布 307. 2008.

图版 58　全缘叶绿绒蒿 **Meconopsis integrifolia**（Maxim.）Franch. 1. 植株；2. 雄蕊；3. 雌蕊。红花绿绒蒿 **M. punicea** Maxim. 4. 植株；5. 雄蕊；6. 雌蕊。细果角茴香 **Hypecoum leptocarpum** Hook. f. et Thoms. 7. 植株；8. 雄蕊；9. 雌蕊；10. 蒴果。（王颖绘）

一年生草本，略被白粉，高 4～60 cm。茎丛生，长短不一，铺散而先端向上，多分枝。基生叶多数，蓝绿色，叶柄长 1.5～10.0 cm，叶片狭倒披针形，长 5～20 cm，二回羽状全裂，裂片 4～9 对，宽卵形或卵形，长 0.4～2.3 cm，疏离，近无柄，羽状深裂，小裂片披针形、卵形、狭椭圆形至倒卵形，长 0.3～2.0 mm，先端锐尖；茎生叶同基生叶，但较小，具短柄或近无柄。花茎多数，高 5～40 cm，通常二歧状分枝；苞叶轮生，卵形或倒卵形，长 0.5～3.0 cm，二回羽状全裂，向上渐变小，至最上部者为线形。花小，排列成二歧聚伞花序，花直径 5～8 mm；花梗细长，每花具数枚刚毛状小苞片；萼片卵形或卵状披针形，长 2～3（～4）mm，宽 1.0～1.5（～2.0）mm，绿色，边缘膜质，全缘，稀具小牙齿；花瓣淡紫色，外面 2 枚宽倒卵形，长 0.5～1.0 cm，宽 4～7 mm，先端绿色，全缘，近革质，里面 2 枚较小，3 裂几达基部，中裂片匙状圆形，具短柄或无柄，边缘内弯，极全缘，侧裂片较长，长卵形或宽披针形，先端钝且极全缘；雄蕊 4 枚，与花瓣对生，长 4～7 mm，花丝丝状，黄褐色，扁平，基部扩大，花药卵形，长约 1 mm，黄色；子房圆柱形，长 5～8 mm，粗约 1 mm，无毛，胚珠多数，花柱短，柱头 2 裂，裂片外弯。蒴果直立，圆柱形，长 3～4 cm，两侧压扁，成熟时在关节处分离成数小节，每节具 1 种子。种子扁平，宽倒卵形。 花果期 6～9 月。

产新疆：莎车（喀拉吐孜，青藏队吴玉虎 87676）、叶城（麻扎，高生所西藏队 3378、青藏队吴玉虎 871420；柯克亚乡，青藏队吴玉虎 87961）、和田（采集地不详，青藏队吴玉虎 3066）、策勒（奴尔乡，青藏队吴玉虎 1955、1976、2498）、于田（普鲁，青藏队吴玉虎 3370）、且末（解放牧场，青藏队吴玉虎 3064）、若羌（阿尔金山保护区鸭子泉，青藏队吴玉虎 4267）。生于海拔 2 600～3 600 m 的沟谷山地砾石坡、河谷阶地草地砾地、高寒草甸、山麓沙砾质草地、河滩草地。

西藏：日土（县城附近，西藏队 1032；空喀山口，高生所西藏队 3699；上曲龙，高生所西藏队 3483；多玛区，高生所西藏队 3455）、改则（康托区，西藏队藏北分队 10221）、班戈（县城后山，青藏队 10596），生于海拔 4 300～5 000 m 的高原山坡砂质地、沟谷山地、河谷阶地高寒草甸砾地。

青海：格尔木（唐古拉乡，吴玉虎 16988）、都兰（查查香卡，杜庆 139）、兴海（中铁林场恰登沟，吴玉虎 44978、45027、45053；赛宗寺后山，吴玉虎 46290、47718；中铁乡至中铁林场途中，吴玉虎 43029、43098、43195、43213；黄青河畔，吴玉虎 42692、42756；河卡乡，张珍万 1963，郭本兆 6143、6146，吴珍兰 071；温泉乡，刘海源等 589）、治多（可可西里勒斜武担湖，可可西里队黄荣福 K-262、K-854；五雪峰，可可西里队黄荣福 K-391、K-397；库赛湖，可可西里队黄荣福 K-462、K-1024）、曲麻莱（曲麻莱乡，黄荣福 077、刘尚武和黄荣福 624；错池，吴玉虎 38838）、称多（野牛沟，郭本兆 134；清水河乡，吴玉虎 18175、29253、32440，刘尚武 2265；竹节寺，吴玉虎 32541、32547；珍秦乡，吴玉虎 32503）、玛多（扎陵湖乡，吴玉虎 408、1640、5190，黄荣福 C. G. 81-201；黑河乡，陈桂琛等 2013；巴颜喀拉山北坡，吴玉虎26163、29079、29143）、玛沁（军功乡，H. B. G. 308，吴玉虎21259、25659，玛沁队188；大武乡，H. B. G. 708；大武至江让途中，吴玉虎494、495；江让水电站，吴玉虎等18685；雪山乡，黄荣福C. G. 81－181；当洛乡，区划一组111）、达日（吉迈乡，H. B. G. 1337，吴玉虎27045、27064、27070；建设乡，H. B. G. 1081，吴玉虎26826、27153；德昂乡，陈桂琛等2013、吴玉虎25917；满掌乡，吴玉虎25949）、甘德（上贡麻乡，吴玉虎25830；黄河边，H. B. G. 996；东吉乡，吴玉虎25730、25742、25751）、久治（索乎日麻乡，藏药队249、357，果洛队180，吴玉虎25830；白玉乡，吴玉虎26333、26368），生于海拔2 800～5 100 m的河谷山地高寒灌丛、山坡高寒草地砾石地、河谷阶地沙地、高原山坡林缘草甸、高寒草地、山谷河滩、砾石坡、砂质地、沟谷山地阴坡高寒灌丛草甸。

甘肃：玛曲（河曲军马场，吴玉虎31926），生于海拔3 440 m左右的沟谷山坡、河谷滩地高寒草甸。

四川：石渠（长沙贡玛乡，吴玉虎29562、29587、29642；红旗乡，吴玉虎19471、29514、29567；新荣乡，吴玉虎30053），生于海拔4 000～4 200 m的宽谷河滩沙砾地水柏枝灌丛、山坡高寒草甸砾地。

分布于我国的新疆、青海、甘肃、陕西、西藏、四川、云南、河北、山西、内蒙古；蒙古，印度东北部也有。

5. 紫堇属 Corydalis DC.

DC. in Lamarck et DC. Fl. Franc. ed. 3. 4: 657. 17 Sept. 1805.

一年生、二年生或多年生草本，或草本状半灌木，无乳汁。主根圆柱状或芜菁状增粗，有时空心或分解成马尾状，如为簇生的须根，则须根纺锤状增粗、棒状增粗或纤维状；根茎缩短或横走，有时呈块茎状，块茎空心或逐年更新。茎分枝或不分枝，直立、上升或斜升，单轴或合轴分枝。基生叶少数或多数（稀1枚），早凋或残留宿存的叶鞘或叶柄基。茎生叶1至多数，稀无叶，互生或稀对生，叶片一至多回羽状分裂或掌状分裂或三出，极稀全缘，全裂时裂片大多具柄，有时无柄。花排列成顶生、腋生或对叶生的总状花序，稀为伞房状或穗状至圆锥状，极稀形似单花腋生；苞片分裂或全缘，长短不等，无小苞片；花梗纤细；萼片2枚，通常小，膜质，早落或稀宿存；花冠两侧对称，花瓣4枚，紫色、蓝色、黄色、玫瑰色或稀白色，上花瓣前端扩展成伸展的花瓣片，后部成圆筒形、圆锥形或短囊状的距，极稀于返祖现象中无距，下花瓣大多具爪，基部有时呈囊状或具小囊，两侧内花瓣同形，先端黏合，明显具爪，有时具囊，极稀呈距状；雄蕊6枚，合生成2束，中间花药2室，两侧花药1室，花丝长圆形或披针形，基部延伸成线形的或长或短、先端尖或钝的蜜腺体伸入距内，极稀蜜腺退化至无；子房

1室，2心皮，胚珠少数至多数，排成1列或2列，花柱伸长，柱头各式，上端常具数目不等的乳突，乳突有时并生或具柄。果多蒴果（稀扭曲或具节），形状多样，通常线形或圆柱形，极稀圆而囊状，不裂，个别种向上卷裂，裂后留下框架（replum）。种子肾形或近圆形，黑色或棕褐色，通常平滑且有光泽；种阜（油质Elaiosome）各式，通常紧贴种子。

约400余种，除北极地区外，广布于北温带地区，南至北非—印度沙漠区的边缘，个别种分布到东非的草原地区。我国有298种，南北各地均有分布，但以西南部最集中；昆仑地区产20种。

分种检索表

1. 植物为矮小旱生的亚灌木 ……… **20. 疆堇 C. mira** (Batalin) C. Y. Wu et H. Chuang
1. 植物为草本。
  2. 植物具主根。
    3. 花紫红色 ……………………………………………… **1. 红花紫堇 C. livida** Maxim.
    3. 花黄色。
      4. 茎铺散。
        5. 叶柄宽1～2 mm；上花瓣长1.6 cm以下，柱头具4～6乳突 ……… …………………………………………… **2. 尖突黄堇 C. mucronifera** Maxim.
        5. 叶柄宽4～6 mm；上花瓣长1.8 cm以上，柱头具2乳突 ………… …………………………………………… **3. 尼泊尔黄堇 C. hendersonii** Hemsl.
      4. 茎直立。
        6. 自茎基部开始具多数粗壮的分枝 …………………………………… ……………………… **4. 蔓生黄堇 C. brevirostrata** C. Y. Wu et Z. Y. Su
        6. 自茎下部和中部开始分枝。
          7. 花距囊状，约占花瓣片的1/5～1/4。
            8. 叶二回羽状全裂；柱头圆形，具较多乳突；种子的种阜部位无短柱状突起，种阜贴生。
              9. 茎挺直，粗壮；蒴果下垂；柱头具10乳突……………… ……………………… **5. 直茎黄堇 C. stricta** Steph. ex Fisch.
              9. 茎细瘦；蒴果直立或斜升；柱头具6乳突 ………………… ……………………………… **6. 灰绿黄堇 C. adunca** Maxim.
            8. 叶一回羽状全裂；柱头不呈圆形，具较少乳突；种子的种阜部位常具短柱状突起，种阜贴生于突起的一侧或顶端。
              10. 叶的羽片扇形或肾形，3～5浅裂 ………………………… ……… **7. 铁线蕨叶黄堇 C. adiantifolia** Hook. f. et Thoms.

10. 叶的羽片近圆形，3深裂，裂片常2～3浅裂，有时全缘
……………………………… **8. 喀什黄堇 C. kaschgarica** Rupr.

7. 花距圆筒形，与花瓣片等长或稍长，稀稍短。

11. 柱头扁四方形，前端2裂。

12. 二年生草本；柱头扁四方形，前端具2或4乳突……………
…………………………… **9. 赛北紫堇 C. impatiens**（Pall.）Fisch.

12. 多年生草本；柱头非上述情况。

13. 叶一回羽状全裂，羽片较大………………………………
………………………… **10. 迭裂黄堇 C. dasyptera** Maxim.

13. 叶二回羽状全裂。

14. 花亮黄色；叶质较厚；叶和苞片边缘及背脉上具透明的小瘤状突起…………………………………………
……………… **11. 革吉黄堇 C. moorcroftiana** Wall.

14. 花橙黄色；叶质较薄；叶和苞片无小瘤状突起……
………………… **12. 新疆黄堇 C. gortschakovii** Schrenk

11. 柱头扁圆形，边缘具8～10乳突……………………………………
………………………… **13. 草黄堇 C. straminea** Maxim. ex Hemsl.

2. 植物不具主根，有明显的根状茎和须根。

15. 肉质须根不具柄，棒状。

16. 茎铺散。

17. 叶二回羽状全裂，小裂片覆瓦状排列；花淡黄色，具棕色斑点，距与花瓣等长 ……………………… **14. 斑花黄堇 C. conspersa** Maxim.

17. 叶二回羽状深裂，小裂片不为覆瓦状排列；花乳黄色、鲜黄色、橘红色，距短于花瓣……………… **15. 粗糙黄堇 C. scaberula** Maxim.

16. 茎直立。

18. 花乳白色或灰色……………… **16. 糙果紫堇 C. trachycarpa** Maxim.

18. 花黄色 ……………………… **17. 扇苞黄堇 C. rheinbabeniana** Fedde

15. 肉质须根具柄，中部或末端纺锤状增粗。

19. 花黄色 ……………………………… **18. 条裂黄堇 C. linarioides** Maxim.

19. 花蓝色 …………………… **19. 曲花紫堇 C. curviflora** Maxim. ex Hemsl.

1. 红花紫堇

Corydalis livida Maxim. Fl. Tangut. 1: 49. 1889；青海植物志 1: 405. 1997；中国植物志 32: 295. 图版 65: 1～10. 1999；Fl. China 7: 321. 2008；青藏高原维管植物及其生态地理分布 297. 2008. ——*C. punicea* C. Y. Wu 中国高等植物图鉴 补编 1: 666, 682. f. 8732. 1982, nom. seminud.；西藏植物志 2: 284. 图 94: 1～

9. 1985，nom. nov. subst. of *C. rosea* Maxim.；横断山区维管植物 上册 603. 1993，nom. Tantum；青海植物志 1：398. 1997；青藏高原维管植物及其生态地理分布 301. 2008.

多年生丛生草本，高 19～30（～60）cm。主根多少扭曲，顶部具鳞片和叶柄残基。茎发自基生叶腋，下部裸露，上部具叶分枝。基生叶少数，约长达茎的 1/2；叶柄约与叶片等长，基部鞘状宽展；叶片上面绿色，下面苍白色，一至二回羽状全裂，末回羽片具短柄至无柄，楔状卵圆形，长 15～20 mm，宽 8～15 mm，3 深裂，裂片卵圆形，多少具短尖，有时 3 裂。茎生叶通常为一回羽状全裂，具柄至近无柄；羽片 3 深裂至二回 3 深裂。总状花序疏具 10～15 花。下部苞片叶状，长 7～8 mm，3 深裂或二回 3 深裂，上部的较小，卵圆形，具短尖，明显短于花梗；花梗长 5～7 mm，果期伸长达 1.5 cm，顶端稍增粗、萼片心形或卵圆形，长 1.0～2.5 mm，具齿，有时近全缘，顶端尾状渐尖；花冠紫红色或淡紫色，平展。上花瓣长 1.8～2.5 cm，鸡冠状突起浅而全缘，有时不明显；距约与瓣片等长，有时稍长或稍短于瓣片，圆筒形，末端钝圆，稍下弯；蜜腺体约贯穿距长的 2/3；下花瓣舟状，后部多少囊状，近基突然缢缩；内花瓣淡黄色，具鸡冠状突起；爪稍长于瓣片；雄蕊束狭卵状披针形；子房线形，具较短的花柱；柱头扁圆形，具 8 乳突。蒴果线形，长 1.5～2.0 cm；常自弯曲的果梗上俯垂或反折，具 1 列种子。种子扁圆形，直径约 3 mm；种阜大，帽状，约包裹种子的 1/3。

产青海：兴海（中铁乡前滩，吴玉虎 45379、45398；赛宗寺后山，吴玉虎 46286；中铁乡天葬台沟，吴玉虎 45814、45886；中铁林场恰登沟，吴玉虎 44889、44915、44942、44957、44985、44991、45059；中铁乡至中铁林场途中，吴玉虎 43058、43075、43201；中铁乡附近，吴玉虎 42797、42835、42996、43002、43011）、玛沁（军功乡，吴玉虎 4613、H. B. G. 376、区划二组 006；江让水电站，吴玉虎 1439，植被地理组 439、467；大武乡，H. B. G. 376）。生于海拔 3 200～4 100 m 的沟谷山坡高寒灌丛、山坡石缝、河谷山地半阴坡、山地针叶林下、林缘石缝、山地阔叶林缘灌丛草甸石隙、河边石隙。

分布于我国的青海、甘肃。模式标本采自青海湖附近。

2. 尖突黄堇

Corydalis mucronifera Maxim. Fl. Tangut. 1：51. pl. 24. f. 19～20. 1889；中国高等植物图鉴 补编 1：668. 图 8748. 1986；西藏植物志 2：291. 1985；青海植物志 1：396. 1997；中国植物志 32：360. 图版 83：10～20. 1999；Fl. China 7：347. 2008；青藏高原维管植物及其生态地理分布 298. 2008.

垫状草本，高约 5 cm，幼叶常被毛，具主根。茎数条发自基生叶腋，不分枝，具叶。基生叶多数，长约 5 cm，叶柄长约 4 cm，宽 2～3 mm，扁，叶片卵圆形或心形，约长 1 cm，宽 1.2 cm，三出羽状分裂或掌状分裂，末回裂片长圆形，具芒状尖突；茎生叶与基生叶同形，常高出花序。花序伞房状，少花。苞片扇形，多裂，下部的约长1.2 cm，宽1.0 cm，裂片线形至匙形，具芒状尖突；花梗长约1 cm，果期顶端钩状弯曲。花黄色，先直立，后平展；萼片长约1 mm，宽约2 mm，具齿；外花瓣具鸡冠状突起；上花瓣长约8 mm；距圆筒形，稍短于瓣片，轻微上弯；蜜腺体约贯穿距长的2/3；内花瓣顶端暗绿色；柱头近四方形，两侧常不对称，具6乳突，顶生2枚短柱状，侧生的较短，较靠近。蒴果椭圆形，约长6 mm，宽2.3 mm，常具4种子及长约2 mm的花柱。

产新疆：叶城（采集地不详，青藏队吴玉虎1211）、皮山（采集地不详，青藏队吴玉虎4733）。生于海拔5 100～5 200 m的高山流石滩稀疏植被带。

西藏：日土（空喀山口，高生所西藏队3684，青藏队76－8387、76－9093）、尼玛（双湖，青藏队藏北分队907、9640）、班戈（采集地不详，青藏队藏北分队9449、9491）。生于海拔5 000～5 500 m的高山流石滩。

青海：格尔木（唐古拉乡，吴玉虎16982、17096，青藏队吴玉虎2855）、治多（勒斜武担湖，可可西里队黄荣福K－841；五雪峰，可可西里队黄荣福K－955、K－3385；库赛湖，可可西里队黄荣福K－468；太阳湖，可可西里队黄荣福K－938；各拉丹冬，黄荣福C. G. 89－251、C. G. 89－329）、称多（清水河乡，吴玉虎等18236、苟新京83－81）、玛多（扎陵湖乡，吴玉虎405、1603、29002；黑河乡，陈桂琛等1828、杜庆554）、玛沁（优云乡，区划一组179；兔子山，吴玉虎等18254）、达日（吉迈乡，H. B. G. 1332；建设乡，吴玉虎27178；满掌乡，吴玉虎26829）。生于海拔4 000～5 500 m的高原沙砾质河滩、山坡沙砾地、河谷沙地、河谷阶地草地、高山流石滩稀疏植被带。

四川：石渠（长沙贡玛乡，吴玉虎29550）。生于海拔4 000～4 200 m的河谷阶地高寒草地、沟谷山坡草地、高山流石坡。

分布于我国的新疆、青海、甘肃、西藏、四川。模式标本采自西藏东北部（召曲）的河谷。

3. 尼泊尔黄堇

Corydalis hendersonii Hemsl. in Journ. Linn. Soc. Bot. 30：108. 134. 1894, et 35：165. 1902；Dried Pl. Tibet 9. 1913；Whitmore in Hara et al. Enum. Fl. Pl. Nepal 2：34. 1979；中国高等植物图鉴 补编 1：667. 图 8764. 1982；西藏植物志 2：288. 图 96：1～9. 1985；新疆植物志 2（2）：29. 图版 7：8～11. 1995；中国植物志 32：362. 图版 81：1～5. 1999；Fl. China 7：348. 2008；青藏高原维管植物及其生态地理分布 295. 2008. ——*C. nepalensis* Kitam. in Fauna et Pl. Nepal Himal. 1：174. f. 81. 1955.

丛生小草本，高5～8 cm，肉质而易脆裂。主根直生，柱状，长于地上部分的3倍以上。茎不分枝或少分枝，基部常环生枯朽的老叶，中部以上具密集环生的叶丛。叶肉质，苍白色，长 4～8 cm；叶柄约与叶片等长，薄而扁平，宽 4～6 mm；叶片卵圆形至三角形，三回三出全裂，末回裂片线状长圆形，长 2～3 mm，宽 1 mm。总状花序具 3～6花，伞房状。苞片扇形，多裂，边缘具缘毛，下部的长 2～3 cm；花梗长 1.2～1.8 cm，果期顶端钩状弯曲。花黄色，直立，仅顶端伸出叶和苞片之外；萼片狭线形；外花瓣宽展，菱形，具急尖，鸡冠状突起浅或无；上花瓣长 1.8～2.2 cm；距圆筒形，约与瓣片等长；蜜腺体约贯穿距长的 1/3；下花瓣长约 1 cm，具 3 条明显的纵脉；子房卵圆形，长约 2 mm，花柱长约 4.5 mm，柱头扁四方形，前端 2 裂，具 2 短柱状乳突。蒴果长圆形，长 5～11 mm，宽约 3 mm，具1～9 种子和细长弯曲的花柱，成熟时俯垂，藏于苞片中。种子黄褐色，近圆形，直径 1.5～2.0 mm，种阜小。

产新疆：乌恰（乌恰至康苏，青藏队吴玉虎 87016）、叶城、和田。生于海拔 2 600 m 左右的荒漠戈壁砾石地和砂质地。

青海：格尔木（唐古拉山乡岗加曲巴，吴玉虎 16992、17009、17067、17071；各拉丹冬，黄荣福 C. G. 89－194、可可西里队黄荣福 K－635）、治多（乌兰乌拉湖，可可西里队黄荣福 K－120；西金乌兰湖，可可西里队黄荣福 K－814；马兰山，可可西里队黄荣福 K－163）。生于海拔 4 200～5 300 m 的高原宽谷湖盆、高寒草原砾石地、高山冰碛砾石滩、河谷阶地沙地、河滩地、高山流石滩。

分布于我国的新疆、青海、西藏；克什米尔地区，尼泊尔也有。模式标本采自新疆叶城。

4. 蔓生黄堇

Corydalis brevirostrata C. Y. Wu et Z. Y. Su in Acta Bot. Yunnan. 2（2）：205. f. 1～13. 1980；中国植物志 32：355. 图版 82：1～7. 1999；Fl. China 7：321. 2008. ——*C. capnoides*（Linn.）Pers. var. *tibetica* Maxim. Fl. Tangut. 1：50. t. 24. f. 13～17. 1889；西藏植物志 2：301. 1985，excl. specim. syn. nov.

球形垫状草本，灰绿色，高 5～10 cm，具主根。茎肉质，近基垫状分枝，具叶。基生叶多数，长约 5 cm，具长柄；叶柄扁平，宽约 2 mm；叶片宽卵圆形，长 1.0～1.5 cm，宽 1.0～1.3 cm，二回三出全裂，末回裂片卵圆形至倒卵形，约长 5 mm，宽 2 mm，顶端具短尖，边缘具半透明的乳突状缘毛；茎生叶与基生叶同形。总状花序生茎和枝顶端，具 5～6 花，伞房状。下部苞片叶状，具长柄，长约 1.5 cm，二回三出，上部的较小，3 裂，全部边缘具乳突状缘毛。花淡黄色，先直立，后近平展；萼片盾形，直径约 1 mm，具齿；上花瓣长约 1.6 cm，鸡冠状突起伸达距中部；距圆筒形，近直，约与瓣片等长；蜜腺体长约 5 mm；下花瓣长约 1.1 cm，具鸡冠状突起；瓣片宽展，近圆形，约长 5 mm，宽 4 mm；爪宽约 1 mm；子房卵圆形，长约 2 mm，花柱纤细，长约 5 mm，柱头近四方形，前端具 4 乳突。蒴果卵圆形，约长 4 mm，宽 2 mm，具2枚种子和弯曲的花柱，成熟时下弯。种子圆形，直径约1.5 mm，珠柄具短喙，种阜帽状，约包裹种子的1/2。

产青海：曲麻莱（曲麻莱乡，刘尚武和黄荣福814）、称多（采集地不详，玉普队328）、玛沁（马柯河林场，王为义等27719）。生于海拔3 300～4 300 m的沟谷山地林缘、山坡草地、山坡砾石地。

分布于我国的青海、四川。模式标本采自四川邓柯。

5. 直茎黄堇

Corydalis stricta Steph. ex Fisch. in DC. Syst. 2：123. 1821；in DC. Prodr. 1：123. 1824；Ledeb. Icon. Altai t. 56. 1829；Fl. Alt. 3：244. 1832；Hook. f. Fl. Brit. Ind. 1：126. 1872；Maxim. Fl. Tangut. 1：46. 1889；中国高等植物图鉴2：22. 图1774. 1972；Jafri in Nasir et Ali Fl. W. Pakist. 73：31. f. 9. 1974；Whitmore in Hata et al. Enum. Fl. Pl. Nepal 2：35. 1979；新疆植物检索表2：346. 1983；西藏植物志2：321. 1985；新疆植物志2（2）：31. 1995；中国沙漠植物志2：7. 图版3：1～6. 1987；青海植物志1：400. 1997；中国植物志32：402. 图版98：1～5. 1999；Fl. China 7：301. 2008；青藏高原维管植物及其生态地理分布303. 2008.

多年生灰绿色丛生草本，高30～60 cm，具主根和多头根茎。根茎具鳞片和多数叶柄残基。茎具棱，劲直，多少具白粉，不分枝或少分枝，疏具叶。基生叶长10～15 cm，具长柄，叶片二回羽状全裂，一回羽片约4对，具短柄，二回羽片约3枚，宽卵圆形，约长1.2 cm，宽1.0～1.2 cm，质较厚而多少具白粉，3深裂，裂片卵圆形，近具短尖，有时羽片较小，二回3深裂，末回裂片狭披针形至狭卵圆形，长3～6 mm，宽1～3 mm，质较薄，无白粉；茎生叶与基生叶同形，具短柄至无柄。总状花序密具多花，长3～7 cm，宽2～4 cm；苞片狭披针形，长6～8 mm，近白色；花梗长4～5 mm，果期不伸长，下弯。花黄色，背部带浅棕色；萼片卵圆形，长2～4 mm，有时基部具流苏状齿；外花瓣不宽展，具短尖，无鸡冠状突起，上花瓣长约1.6～1.8 cm；距短囊状，约占花瓣全长的1/5；蜜腺体粗短，长约1 mm；下花瓣长约1.4 cm；内花瓣长约1.2 cm，具鸡冠状突起；雄蕊束披针形，具中脉；柱头小，近圆形，具10乳突。蒴果长圆形，长1.5～2.0 cm，宽3～4 mm，下垂。

产青海：兴海（黄青河畔，吴玉虎42669、42754；大河坝乡，吴玉虎42478、42527、42541、42548）、称多（采集地不详，苟新京83－134）。生于海拔3 700～4 400 m的沟谷山坡草地、河谷阶地、滩地高寒草原、高山砾石坡、山地阴坡高寒灌丛草甸石隙。

分布于我国的新疆、青海、甘肃、西藏、四川；蒙古，巴基斯坦，中亚地区，尼泊尔也有。

6. 灰绿黄堇

Corydalis adunca Maxim. in Bull. Acad. Sci. St.-Pétersb. 24：29. 1878；中国高等植物图鉴 2：22. 图 1775. 1972；西藏植物志 2：31. 1985；青海植物志 1：400. 1997；中国植物志 32：405. 图版 98：6～9. 1999；Fl. China 7：302. 2008；青藏高原维管植物及其生态地理分布 290. 2008.

多年生灰绿色丛生草本，高 20～60 cm，多少具白粉。主根具多头根茎，向上发出多茎。茎不分枝至少分枝，具叶。基生叶高达茎的 1/2～2/3，具长柄，叶片狭卵圆形，二回羽状全裂，一回羽片 4～5 对，二回羽片 1～2 对，近无柄，长 5～8 mm，宽 5～6 mm，3 深裂，有时裂片 2～3 浅裂，末回裂片顶端钝圆，具短尖；茎生叶与基生叶同形，上部的具短柄，近一回羽状全裂。总状花序长 3～15 cm，多花，常较密集；苞片狭披针形，约与花梗等长，边缘近于膜质，顶端渐狭成丝状；花梗长约 5 mm。花黄色，外花瓣顶端浅褐色，先近直立，后渐平展；萼片卵圆形，长约 3 mm，渐尖，基部多少具齿；外花瓣顶端兜状，具短尖，无鸡冠状突起；上花瓣长约 1.5 cm；距占花瓣全长的 1/4～1/3，末端钝圆；蜜腺体约占距长的 1/2；下花瓣长约 1 cm，舟状内凹；内花瓣长约 9 mm，具鸡冠状突起，爪约与瓣片等长；雄蕊束披针形；柱头小，近圆形，具 6 短柱状突起。蒴果长圆形，直立或斜升，约长 1.8 cm，宽 2.5 mm，具长约 5 mm 的花柱和 1 列种子。种子黑亮，具小凹点，直径约 2 mm，种阜大。

产青海：兴海（曲什安乡大米滩，吴玉虎 41912、41937；河卡乡羊曲，王作宾 20005、何廷农 065；温泉乡，黄荣福 C. G. 81－211）、玛多（鄂陵湖畔，吴玉虎 1158；黑河乡，杜庆 528）。生于海拔 2 600～4 300 m 的高山流石坡、河谷台地砾石坡、高原山麓沙砾地、山坡路边草地、河谷干旱山地、河滩砾地、山坡石缝。

分布于我国的青海、甘肃、宁夏、陕西、西藏、四川、内蒙古。模式标本采自内蒙古大青山。

7. 铁线蕨叶黄堇

Corydalis adiantifolia Hook. f. et Thoms. Fl. Ind. 1：271. 1855；Hook. f. Fl. Brit. Ind. 1：127. 1872；Fedde in Engl. et Prantl Nat. Pflanzenfam. ed. 2. 17b：134. 1936；Kitam. Fl. W. Pak. et Afham. 67. 1964；R. R. Stewart in Ann. Cat. Vas. Pl. W. Pak. et Kash. 288. 1972；Jafri in Nasir et Ali Fl. W. Pak. 73：36. 1974；西藏植物志 2：319. 1985；新疆植物志 2（2）：29. 图版 8：5～7. 1995；中国植物志 32：406. 图版 99：1～4. 1999；Fl. China 7：301. 2008；青藏高原维管植物及其生态地理分布 289. 2008.

多年生直立坚硬草本，灰绿色，高 20～40 cm。主根粗大，具多头的根茎和叶柄残基。茎不分枝或上部疏分枝，直立。基生叶一回羽状全裂，具柄，常疏具 2 对侧生的、

1枚顶生的羽片，羽片肾形，直径1～2 cm，3～5裂，边缘或多或少具齿，无柄或近无柄；茎生叶与基生叶同形，较小。总状花序长5～10 cm，多花，先密集，后疏离；苞片钻形，长4～6 mm，约与花梗等长或较长，顶端渐细成丝状，伸出花芽；花梗长2～5 mm，果期不伸长，下弯。花黄色，顶端带浅棕色，先直立，后平展，萼片披针形，长3～4（～5）mm，下部具小齿；外花瓣顶端盔状，具短尖，上花瓣长约1.8 cm；距占花瓣全长的1/3，末端钝圆，稍下弯；蜜腺体占距长的2/3；柱头近圆形，具6～8乳突。蒴果长圆形，长1.5 cm，宽2～3 mm，下弯，具长约6 mm的花柱。

产新疆：叶城、乌恰。生于海拔2 300～5 000 m的高原山坡砾石地、高寒荒漠草原、河谷阶地沙砾滩、高山流石坡。

分布于我国的新疆、西藏；克什米尔地区，巴基斯坦也有。

8. 喀什黄堇

Corydalis kaschgarica Rupr. in Mém. Acad. Sci. St.-Pétersb. ser. 7. 14（4）：38. 1869；M. Popov in Kom. Fl. URSS 7：695. 1937；新疆植物志 2（2）：34. 图版 8：1～4. 1995；中国植物志 32：409. 1999；Fl. China 7：301. 2008；青藏高原维管植物及其生态地理分布 296. 2008.

多年生丛生草本，高10～30 cm。主根粗大，约长10 cm，粗1.5 cm，顶生1至多头根茎。根茎具少数茎枝和叶残基。茎坚硬挺拔，分枝，具叶。基生叶较早枯死；茎生叶长4～10 cm，具长柄，叶片卵圆形至长圆形，长2～4 cm，宽1.5～2.0 cm，下面多少具白粉，一回羽状全裂；羽片3～7枚，卵圆形，肉质，约长1 cm，宽1.0～1.2 cm，3深裂，裂片2～3浅裂，末回裂片钝圆。总状花序生茎和枝顶端，常不分枝，多花，密集，果期疏离；苞片短卵圆形至短披针形，草质，具干膜质的边缘；花梗长约5 mm，约长于苞片的1倍。萼片近卵圆形，长约3 mm，具纤毛状齿；花黄色，近平展，长16～18 mm；距长4～6 mm。外花瓣顶端兜状，具短尖；柱头近四方形，较浅，前端具4短柱状突起。蒴果线形，直立或斜升，长约1.6 cm，具1列种子和长约4 mm的花柱。种子光滑，种阜部位具直立的短突起，种阜贴生于突起的一侧。

产新疆：喀什。生于海拔1 200～1 800 m的荒漠戈壁多石山地、荒漠草原。

分布于我国的新疆；中亚地区各国也有。

9. 赛北紫堇

Corydalis impatiens（Pall.）Fisch. in DC. Syst. 2：124. 1821；in Prodr. 1：128. 1824；Ledeb. Fl. Ross. 1：103. 1824；Fedde in Engl. et Prantl Nat. Pflanzenfam. ed 2. 17b：131. 1936；M. Popov in Kom. Fl. URSS 7：705. 1937；中国高等植物图鉴 2：19. 图 1786. 1972；横断山区维管植物 上册 604. 1994；青海植物志 1：402. 1997；中国植物志 32：344. 图版 79：1～5. 1999；Fl. China 7：340.

2008；青藏高原维管植物及其生态地理分布 295. 2008.

无毛草本，高 20～65 cm。主根明显，细长，具少数纤维状分枝；根茎短，被少数叶残基。茎直立，具棱，自基部多分枝，略带紫色。基生叶数枚，叶柄长 4～6 cm，基部扩大成鞘，叶片轮廓卵形，二至三回三出分裂，第一回全裂片具柄，第二回近无柄或无柄，2～3 深裂或浅裂，小裂片倒卵形至倒披针形，先端圆或钝，具短尖，背面具白粉；茎生叶数枚，疏离，互生，均具叶柄且基部扩大成鞘，叶片同基生叶。总状花序生于茎和分枝先端，长 2.5～8.0 cm，果时延长达 14 cm，多花，先密后疏；苞片最下部者二回羽状分裂，中部者深裂至缺刻，最上部者披针形至钻形全缘；花梗纤细，与苞片近等长或稍短。萼片鳞片状，边缘撕裂状，早落；花瓣黄色，上花瓣长 7～8 mm，花瓣片舟状卵形，先端具短尖，边缘微波状，背部具矮鸡冠状突起，距圆筒形，短于花瓣片，下花瓣舟状倒披针形，长约 5 mm，先端钝，具短尖，背部鸡冠状突起矮，内花瓣长 3～4 mm，花瓣片倒卵形，具 1 侧生囊，爪线形，与花瓣片近等长；雄蕊束长 3～4 mm，花药极小，花丝披针形，蜜腺体贯穿距的 1/2；子房线状长圆形，长约 2 mm，具 1 列胚珠，花柱比子房短，柱头 2 裂，具 4 个长乳突。蒴果狭圆柱形，长 1.0～1.2 cm，粗约 2 mm，有 3～7 枚种子，排成 1 列，成熟时自果梗基部反折。种子近圆形，直径约 1.5 mm，黑色，具光泽。 花果期 6～10 月。

产青海：兴海（中铁林场恰登沟，吴玉虎 44895、45233）、称多（采集地不详，刘尚武 2264）、玛沁（西哈垄河谷，H. B. G. 351；雪山乡，H. B. G. 442；当洛尼亚，区划一组 112）、达日（建设乡，H. B. G. 1164）、甘德（上贡麻乡黄河边，H. B. G. 973）、久治（索乎日麻乡，藏药队 372、522、735，果洛队 246、525、579）、班玛（马柯河林场，王为义等 26996、27031、27365）。生于海拔 3 260～4 000 m 的沟谷河滩高寒草甸、河谷山地高寒灌丛、高原山坡碎石地、山地林、山坡灌丛、河谷草丛、沟谷山地阔叶林缘灌丛草甸。

分布于我国的青海、山西、内蒙古；蒙古，俄罗斯西伯利亚也有。

10. 迭裂黄堇 图版 59：1～6

Corydalis dasyptera Maxim. in Bull. Acad. Sci. St.-Pétersb. 24：28. 1877，et in Mél. Biol. 10：45. 1877；Forbes et Hemsl. in Journ. Linn. Soc. Bot. 23：37. 1886（Ind. Fl. Sin.）；Maxim. Fl. Tangut. 1：t. 7. f. 14～21，t. 24. f. 18. 1889；Fedde in Engl. et Prantl Nat. Pflanzenfam. ed. 2. 17b：129. 1936；中国高等植物图鉴 2：17. 图 1763. 1972；西藏植物志 2：298. 图 100：11～12. 1985；横断山区维管植物 上册 603. 1993；青海植物志 1：401. 图版 84：7～12. 1997；中国植物志 32：306. 图版 69：1～6. 1999；Fl. China 7：353. 2008；青藏高原维管植物及其生态地理分布 292. 2008.

多年生铅灰色草本，高 10～30 cm。主根粗大，长 10～15 cm，粗 1 cm，老时多少呈鸡爪状或马尾状分裂，顶端常具多头的根茎。根茎长 2～10 cm，粗 2～3 mm，上部具淡棕色鳞片和叶柄残基。茎 1 至多条，发自基生叶腋，花葶状，无叶或具 1～3 枚退化的苞片状叶。基生叶多数，长 10～15 cm；叶柄约与叶片等长，基部鞘状宽展；叶片长圆形，一回羽状全裂，羽片 5～7 对，无柄，近对生至对生，通常较密集，彼此叠压，宽卵形，长 1.2～1.6 cm，宽 1 cm，3 深裂，裂片卵圆形或倒卵形，顶端钝圆。总状花序多花、密集，下部苞片约长 2 cm，宽 1 cm，羽状深裂，上部的具齿至全缘，全部长于花梗；花梗长约 1 cm，果期下弯。萼片小，椭圆形，具齿；花污黄色，直立或斜升，后渐平展，外花瓣龙骨突起部位带紫褐色，具高而全缘的鸡冠状突起；上花瓣长约 2 cm，鸡冠状突起延伸至距中部；距约与瓣片等长，圆筒形，末端稍下弯；蜜腺体约长达距的 1/2；下花瓣稍向前伸出，瓣片近爪下弯；爪宽展，下凹；内花瓣具粗厚的鸡冠状突起；爪稍短于瓣片；雄蕊束披针形，向上渐狭；子房长圆形，稍长于花柱，柱头扁四方形，顶端 2 裂，具 2 短柱状突起，两侧基部下延。蒴果下垂，长圆形，长 1.0～1.4 cm，宽 2.5～3.5 mm。种子少数，1 列，近圆形，直径约 2.5 mm，种阜小，宽卵形，紧贴种子。

产青海：都兰（巴隆乡，吴玉虎 36285、36290、36318、37274）、兴海（河卡乡，吴珍兰 120，何廷农 122、158，吴玉虎 28663、28689、28701；温泉乡，刘海源等 610）、治多（可可西里乌兰乌拉湖，可可西里队黄荣福 K-134、K-722）、称多（歇武乡，苟新京和刘有义 83-439）、玛多（采集地不详，吴玉虎 571、984）、玛沁（军功乡，H. B. G. 295；尼卓玛山，玛沁队 236、302，H. B. G. 748，王为义等 639；大武至江让途中，吴玉虎 1483、1501；雪山乡，黄荣福 C. G. 81-094、C. G. 81-122、C. G. 81-178；当洛尼亚，区划一组 130）、久治（索乎日麻乡，藏药队 312、果洛队 139；年宝山，果洛队 427）。生于海拔 2 700～5 100 m 的高原沟谷山地高寒灌丛、山坡灌丛草甸、高山河滩砾石地、高山流石滩稀疏植被带。

四川：石渠（新荣乡，吴玉虎 29950；菊母乡，吴玉虎 29792A、29918、29930）。生于海拔 3 900～4 800 m 的高山流石坡、河谷阶地流石滩、高原山坡草地、沟谷山地疏林下。

分布于我国的青海、甘肃、西藏、四川。模式标本采自青海湖附近。

11. 革吉黄堇

Corydalis moorcroftiana Wall. Cat. 1432. 1826, nom. nud. ex Hook. f. et Thoms. Fl. Ind. 1: 266. 1855; Hook. f. Fl. Brit. Ind. 1: 125. 1872, p. p. maj.; Hemsl. et Pears. in Journ. Linn. Soc. Bot. 35: 165. 1902；中国高等植物图鉴 补编 1：670. 图 8755. 1982；西藏植物志 2：307. 图 104：11～21. 1985；中国植物志 32：312. 图版 72：11～21. 1999；Fl. China 7：354. 2008；青藏高原维管植物及其生态地理分布 298. 2008. ——*C. onbrychoides* Fedde in Fedde 18：31. 1922；

R. R. Stewart Ann. Cat. Vas. Pl. W. Pakist. et Kashmir 291. 1972.

多年生丛生草本，高 20～40 cm，叶轴、叶和苞片边缘具透明的小瘤状突起。主根粗大，扭曲，长 20～30 cm，粗 1～2 cm，具单头或多头的根茎。根茎长 3～5 cm，上部具叶柄残基。茎 2～4 条，发自基生叶腋，具棱，疏具 2～3 叶，上部常分枝。基生叶约高达茎的 2/3；叶柄约与叶等长，基部具膜质宽展的边缘，消失在近叶柄的中部；叶片长圆形，二回羽状全裂；一回羽片具短柄，宽卵形，二至一回羽状深裂，末回裂片披针形或倒卵形，长 5～18 mm，宽 3～5 mm；茎生叶与基生叶相似，但通常为一回羽状全裂。花序总状，长约 3～7 cm，多花，密集；苞片长于花梗，下部的羽状分裂，上部的披针形，全缘；下部花梗长约 1 cm。萼片小，具流苏状齿；花亮黄色，外花瓣龙骨状突起部位棕褐色，斜伸至近平展；外花瓣具高而伸出顶端的鸡冠；上花瓣长 2.0～2.2 cm，渐尖；距圆筒形，近直，约与瓣片等长；蜜腺体约贯穿距长的 1/2；下花瓣基部多少呈浅囊状；内花瓣匙形，具鸡冠状突起；爪较短狭；雄蕊束披针形，具 3 纵脉；子房卵圆形，约与花柱等长，柱头扁四方形，前端微凹，具 2 短柱状突起，两侧基部下延。蒴果下垂，狭椭圆形，约长 1 cm，宽 3 mm，具 2 列种子。种子肾形，黑亮。

产西藏：日土（上曲龙，高生所西藏队 3502、3512；班公湖，高生所西藏队 3619）。生于海拔 4 300～4 900 m 的高原山坡砾石草地、河谷阶地砾石地、高山流石坡、宽谷河滩砾石地。

分布于我国的西藏西部；克什米尔地区，巴基斯坦，阿富汗，中亚地区各国也有。模式标本采自西藏西部。

12. 新疆黄堇

Corydalis gortschakovii Schrenk in Enum. Pl. Nov. 1：100. 1841；Ledeb. Fl. Ross. 746. 1841；Prain in Journ. As. Soc. Bengal 65（2）：35. 1896；M. Popov in Kom. Fl. URSS 7：688. 1939；Kitam. Pl. West Pakist. et Afgan. 68. 1964；Wendelbo in Rech. f. Fl. Iran. 110：5. 1974；Jafri in Fl. West Pakist. 73：28. 1974；新疆植物志 2（2）：33. 图版 7：1～3. 1995；中国植物志 32：314. 图版 72：1～10. 1999；Fl. China 7：354. 2008；青藏高原维管植物及其生态地理分布 294. 2008.

多年生丛生灰绿色草本，高 10～40（～80）cm。主根粗大，具多头根茎。根茎上部具棕色鳞片和叶柄残基。茎具棱，不分枝或少分枝，通常具 1～2 叶。基生叶多数，稍低于茎；叶柄约与叶片等长，基部鞘状宽展；叶片长圆形，二回羽状全裂，一回羽片 4～5 对，具短柄；二回羽片 3～5 枚，近无柄，卵圆形至宽卵形，羽状分裂，裂片倒卵形，长（2～）4～7 mm，宽 1.5～4.0 mm，近具短尖；茎生叶与基生叶同形，有时近一回羽状全裂。总状花序长 3～10 cm，多花，密集，近穗状圆柱形；苞片叶状或倒卵状楔形，羽状分裂，上部的近披针形，全缘，全部稍长于花梗；花梗长约 1～2 cm，果期弧形下弯。萼片小，直径约 1 mm，具齿；花冠橙黄色，长 1.8～2.5 cm；外花瓣具高而伸出瓣片顶端的鸡冠状突起；上花瓣较宽展，渐尖；距圆筒形，约与瓣片等长；蜜腺体约贯穿距长的 1/2；下花瓣基部多少呈浅囊状；内花瓣近匙形，具鸡冠状突起；爪较宽展，约与瓣片等长；雄蕊束近长圆形，渐尖，具 3 脉；子房长圆形，约与花柱等长，柱头扁四方形，顶端钝圆，微凹，具 2 短柱状突起，两侧基部下延。蒴果下弯，长圆形，长（8～）10～15 mm，宽 3 mm，具 2 列种子。种子 8～10 枚，直径约 1.5 mm，黑亮。花期 6～8 月。

产新疆：乌恰。生于海拔 2 100～3 600 m 的沟谷山坡云杉林缘、山地林缘灌丛、多石阴湿地。

分布于我国的新疆；中亚地区各国也有。

13. 草黄堇 图版 59：7～12

Corydalis straminea Maxim. ex Hemsl. in Journ. Linn. Soc. Bot. 23：38. 1996；Maxim. Fl. Tangut. 1：44. t. 20. f. 17～24. 1889；中国高等植物图鉴 2：22. 图 1773. 1972；横断山区维管植物 上册 602. 1993；青海植物志 1：401. 图版 84：1～6. 1997；中国植物志 32：289. 图版 61：8～15. 1999；Fl. China 7：322. 2008；青藏高原维管植物及其生态地理分布 303. 2008.

多年生丛生草本，高 30～60 cm。主根粗大，老时多少扭曲，顶部具紫褐色鳞片和叶柄残基。茎发自鳞片或基生叶腋，具棱，中空，下部裸露，上部分枝、具叶。基生叶约长达茎的 1/2，具长柄，叶片卵圆形或卵状长圆形，上面绿色，下面苍白色，二回羽状全裂；一回羽片约 4 对，具短柄；二回羽片约 3 枚，无柄，3 深裂，有时裂片再 2～3 裂，末回裂片披针形，长 1～2 cm，宽 5～10 mm；茎生叶与基生叶同形，具短柄至无柄。总状花序多花、密集，长 3～10 cm；下部苞片叶状或 3 裂，其余的披针形全缘，约与花梗等长；花梗长约 1 cm。萼片宽卵形，具尾状短尖，边缘具啮蚀状齿，有时近于全缘，长（2～）4～5 mm；花草黄色，平展；上花瓣长 1.8～2.5 cm，无鸡冠状突起；距圆筒形，长于瓣片，末端钝圆，稍下弯；蜜腺体约贯穿距长的 1/2；下花瓣舟状，后部近具囊，基部缢缩；内花瓣具鸡冠状突起；爪约与瓣片等长；雄蕊束披针形；柱头扁圆形，具 8 乳突。蒴果线形，具 1 列种子。种子圆形，黑亮；种阜扁平，宽展，贴生。

产青海：玛沁（西哈垄河谷，H. B. G. 196、277、286、363，吴玉虎 4620、5597、5650、5714，玛沁队 122）。生于海拔 3 300～3 850 m 的沟谷山坡林下、林缘灌丛、山坡灌丛草甸、河谷山坡岩石上。

分布于我国的青海、甘肃、四川。模式标本采自青海。

14. 斑花黄堇

Corydalis conspersa Maxim. Fl. Tangut. 1：42. t. 25. f. 1～6. 1889；中国高

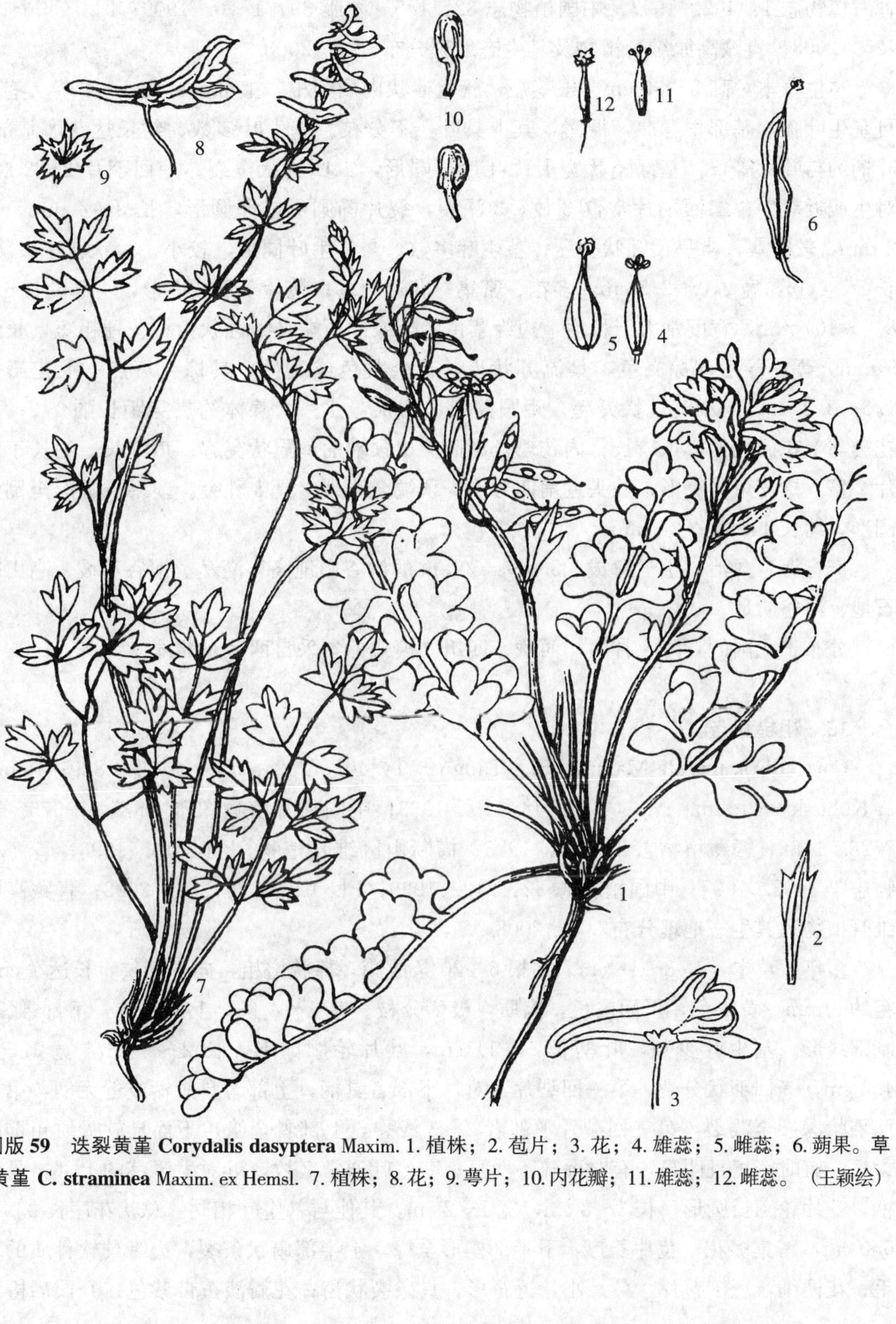

图版 **59**　迭裂黄堇 **Corydalis dasyptera** Maxim. 1. 植株；2. 苞片；3. 花；4. 雄蕊；5. 雌蕊；6. 蒴果。草黄堇 **C. straminea** Maxim. ex Hemsl. 7. 植株；8. 花；9. 萼片；10. 内花瓣；11. 雄蕊；12. 雌蕊。（王颖绘）

等植物图鉴 补编 1：667，668. 图 8743. 1982；西藏植物志 2：267. 图 89：10～17. 1985；Liden in Bull. Brit. Mus. （Nat. Hist.）18（6）：495. f. 11E，12A. 1989；青海植物志 1：402. 1997；中国植物志 32：185. 图版 39：1～6. 1999；Fl. China 7：425. 2008；青藏高原维管植物及其生态地理分布 291. 2008.

丛生草本，高 5～30 cm。根茎短，簇生棒状肉质须根，上部具叶和 1～4 茎。茎发自基生叶腋，基部稍弯曲，裸露，其上具叶，不分枝。基生叶多数，约长达花序基部；叶柄约与叶片等长，基部鞘状宽展；叶片长圆形，二回羽状全裂；一回羽片 2～8 对，对生或近对生；二回羽片常仅 3 枚，3 深裂，裂片椭圆形或卵圆形，长 3～4 mm，宽 2 mm，较密集，常呈覆瓦状叠压；茎生叶多数，与基生叶同形，较小。总状花序头状，长 2～4 cm，宽 2.0～2.5 cm，多花、密集；花近俯垂；苞片菱形或匙形，下部的长 6～8（～10）mm，宽度常大于长度，边缘紫色，全缘或顶端具啮蚀状齿；花梗粗短，长约 5 mm。萼片菱形，棕褐色，具流苏状齿；花淡黄色或黄色，具棕色斑点；上花瓣长 1.5～2.0 cm，具浅鸡冠状突起；距圆筒形，钩状弯曲；蜜腺体约贯穿距长的 1/2；下花瓣与上花瓣相似，爪较长；内花瓣具高而伸出顶端的鸡冠状突起；爪细长，约长于瓣片 2 倍；雄蕊束披针形；柱头近扁四方形，顶端 2 浅裂，具 8 乳突。蒴果长圆形至倒卵圆形，约长 1 cm，宽 4 mm。

产青海：久治。生于海拔 3 500～4 500 m 的沟谷山地高寒灌丛、河谷草坡、高山砾石地、河谷阶地。

分布于我国的青海、甘肃、西藏、四川。模式标本采自西藏东北部。

15. 粗糙黄堇

Corydalis scaberula Maxim. Fl. Tangut. 1：40. t. 24. f. 1～11. 1889；Rehd. et Kobuski in Joum. Am. Arb. 14：15. 1933；中国高等植物图鉴 补编 1；679. 图 8728. 1982；西藏植物志 2：276. 1985；横断山区维管植物 上册 613. 1993；青海植物志 1：402. 1997；中国植物志 32：212. 1999；Fl. China 7：383. 2008；青藏高原维管植物及其生态地理分布 302. 2008.

多年生草本，高 8～15 cm。须根 6～20 条成簇，棒状增粗，向下渐狭，长达 7 cm，粗约 3 mm，黄褐色，里面白色，肉质，极稀分枝。茎 1～4 条，上部具叶，下部裸露，基部线形。基生叶少数，叶柄长 5～11 cm，叶片轮廓卵形，长 2～6 cm，宽 1.5～4.0 cm，三回羽状分裂，第一回裂片 4 对，下部者具柄，上部者具短柄或近无柄，第二回羽状深裂至浅裂，第三回裂片下部者 2～3 浅裂，上部者全缘，下面具软骨质粗糙的柔毛，有时密集且明显，有时稀疏不明显；茎生叶通常 2 枚，近对生于茎的上部，具短柄，叶片轮廓长圆形，长 3～8 cm，宽 1～2 cm，其他与基生叶相同。总状花序长 2.5～5.0 cm，密集多花；苞片菱形，下半部楔形全缘，上半部扇状条裂，边缘具软骨质的糙毛；花梗细，短于苞片。萼片小，近肾形，具条裂状齿；花瓣淡黄带紫色，开放后橙黄色，上花瓣长 1.5～2.0 cm，花瓣片舟状倒卵形，背部具绿色的鸡冠状突起，距圆筒形，0.7～0.8 cm，粗 0.3～0.4 cm，钝；下花瓣长 0.8～1.0 cm，背部具鸡冠状突起，内花瓣长约 0.8 cm，先端深紫色；雄蕊束长约 0.8 cm，花丝椭圆形，宽约 2 mm；子房椭圆形，长约 0.6 cm，粗约 2 mm，具 2 列胚珠，花柱纤细，长约 2 mm，柱头近肾形。蒴果长圆形，长约 0.8 cm，粗约 2 mm，具 8～10 粒种子，排成 2 列。种子圆形，直径约1.5 mm；种阜具细牙齿。 花果期 6～9 月。

产青海：格尔木（西大滩，吴玉虎 36800、36811、36818、36840、36863、36888，青藏队 472、2845；唐古拉山乡，秦志业 1009、青藏冻土植物队 182）、都兰（夏日哈，青甘队 1635）、兴海（河卡乡，王作宾 20153，何廷农 150、250、298、353；温泉乡，王为义 122）、治多（可可西里库赛湖，可可西里队黄荣福 K-1018）、曲麻莱（曲麻莱乡，黄荣福 018、101，刘尚武和黄荣福 629；错池，吴玉虎 38895、38931）、称多（县城，郭本兆 395、428、431，刘海源 724，苟新京 83-134，玉树草原站 2201；歇武乡，刘尚武 2487；毛洼营，刘尚武 2361；竹节寺，吴玉虎 32523、32530、32535）、玛多（扎陵湖乡，黄荣福 C. G. 81-200；巴颜喀拉山北坡，吴玉虎 499、1296、28952、29079、29143、29158，王为义等 626、945）、玛沁（军功乡，区划二组 082、玛沁队 242；大武乡，H. B. G. 675；雪山乡，H. B. G. 475、黄荣福 C. G. 81-095）、达日（吉迈乡，H. B. G. 1257）、久治（索乎日麻乡，藏药队 334；年保山，藏药队 564）。生于海拔 3 400～5 600 m 的河谷山坡高寒灌丛、山地草坡、沟谷山坡砾石地、高山流石滩稀疏植被带。

四川：石渠（长沙贡玛乡，吴玉虎 29785；菊母乡，吴玉虎 29841、29856、29861、29867、29898）。生于海拔 4 400～4 600 m 的高山流石坡、沟谷山地高寒草地、山坡及河谷阶地高山草甸。

分布于我国的青海、西藏、四川。模式标本采自青海塔拉曲。

16. 糙果紫堇 图版 60：1～6

Corydalis trachycarpa Maxim. in Bull. Acad. Sci. St.-Pétersb. 24：27. 1878; et Fl. Tangut. 1：42，t. 10. f. 16～23. 1889；中国高等植物图鉴 2：16. 图 1762. 1972；西藏植物志 2：269. 1985；横断山区维管植物 上册 611. 1993；青海植物志 1：404. 1997；中国植物志 32：195. 图版 42：1～4. 1999；Fl. China 7：382. 2008；青藏高原维管植物及其生态地理分布 268，304. 2008.

粗壮直立草本，高（15～）25～35（～50）cm。须根多数成簇，棒状增粗，长达 8 cm，上部粗约 2 mm，下部粗达 5 mm，具少数纤维状分枝，根皮黄褐色，里面白色。茎 1～5，具少数分枝，上部粗壮，下部通常裸露，基部变线形。基生叶少数，叶柄长达 10 cm，上部粗壮，下部 2/3 渐细，叶片轮廓宽卵形，长 2.5～3.0（～6.0）cm，宽 2.0～2.5（～4.0）cm，二至三回羽状分裂，第一回全裂片通常 3～4 对，具长 0.3～

0.8 cm 的柄，第二回深裂片无柄，深裂，小裂片狭倒卵形至狭倒披针形或狭椭圆形，长 0.5～1.0 cm，先端具小尖头，下面具白粉；茎生叶 1～4 枚，疏离互生，下部叶具柄，上部叶近无柄，其他与基生叶相同。总状花序生于茎和分枝顶端，长 3～10 cm，多花密集；苞片下部者扇状羽状全裂，上部者扇状掌状全裂，裂片均为线形；花梗明显短于苞片。萼片鳞片状，边缘具缺刻状流苏；花瓣紫色、蓝紫色或紫红色，上花瓣长 2.5～3.2 cm，花瓣片舟状卵形，先端钝，背部鸡冠状突起高 1～2 mm，自先端开始至瓣片中部消失，距圆锥形，锐尖，长为花瓣片的 2 倍或更多，平伸或弯曲，下花瓣长 1.0～1.3 cm，鸡冠状突起同上瓣，下部稍呈囊状，内花瓣长 0.9～1.1 cm，花瓣片倒卵形，具 1 侧生囊，爪与花瓣片近等长；雄蕊束长 7～9 mm，花药极小，黄色，花丝披针形，膜质，白色，蜜腺体贯穿距的 2/5；子房绿色，椭圆形，长 2～4 mm，具肋，肋上有密集排列的小瘤，胚珠 2 列，花柱比子房长，柱头双卵形，上端具 2 乳突。蒴果狭倒卵形，长 0.8～1.0 cm，粗约 3 mm，具多数淡黄色的小瘤密集排列成 6 条纵棱。种子少数，近圆形，黑色，具光泽。 花果期 4～9 月。

产青海：都兰（青藏队 632）、兴海（赛宗寺后山，吴玉虎 46317、46397、46403）、玛沁（江让水电站，吴玉虎 1460、植被地理组 460；大武乡，H. B. G. 580、621）、久治（哇赛乡，果洛队 214、218）、称多（采集地不详，郭本兆 429；珍秦乡，苟新京 83-185）。生于海拔 3 500～4 400 m 的沟谷山地林下、山坡林缘灌丛、高山草甸、山地高寒灌丛、高山流石滩、山坡石缝。

分布于我国的青海、甘肃、西藏、四川。模式标本采自青海大通。

17. 扇苞黄堇

Corydalis rheinbabeniana Fedde in Fedde Repert. Sp. Nov. 20：294. tab. 2B. 1924；中国高等植物图鉴 补编 1：677. 图 8725. 1982；西藏植物志 2：261. 1985；横断山区维管植物 上册 608. 1993；青海植物志 1：405. 1997；中国植物志 32：246. 1999；Fl. China 7：382. 2008；青藏高原维管植物及其生态地理分布 302. 2008.

无毛草本，高 20～40 cm。须根多数成簇，纺锤状肉质增粗，长 1.0～1.5 cm，粗 3～4 mm，深褐色，具柄，末端骤然变狭成丝状。茎 1～3 条，不分枝或稀上部具 1 分枝，上部具叶，下部裸露，基部丝状。基生叶未见；茎生叶 2～5 枚，互生于茎上部，具极短柄或近无柄，叶片轮廓宽卵形至近圆形，长 2～8 cm，宽 2～7 cm，一回奇数羽状全裂，全裂片 2～4 对，狭披针形，长 1～5 cm，宽 3～4 mm，全缘，稀最下部裂片 2～3裂，上面绿色，下面具白粉，3 条纵脉明显。总状花序顶生，长达 10 cm，密集多花；苞片扇形，下部者二回羽状深裂，向上渐小，至最上部者披针形具缺刻，边缘及沿背脉被软骨质平展的小刺毛；花梗粗壮，长于或等长于苞片。萼片鳞片状，白色，圆形，稍具齿；花瓣黄色，上花瓣呈“S”形，长 2.0～2.3 cm，花瓣片卵形，边缘浅波状，背部鸡冠状突起高 2.5～3.0 mm，先端突出于花瓣之外，距圆筒形，约占上花瓣长的 3/5，末端下弯，下花瓣长 0.9～1.0 cm，边缘具浅波状齿，背部鸡冠状突起高约 3 mm，超出花瓣先端，内花瓣提琴形，长 7～9 mm，花瓣片先端圆，中部具 1 侧生囊，基部具 1 耳垂；雄蕊束长 6～7 mm，花药极小，花丝披针形，蜜腺体贯穿距的 2/3；子房椭圆形，长 3～4 mm，具 2 列胚珠，花柱长 2～3 mm，先端弯曲，柱头 4 裂，上端具 4 乳突，两侧各具 1 乳突，基部两侧圆锥状下延。蒴果狭倒卵形，长 0.8～1.0 cm，成熟时自果梗基部反折，排列于果轴一侧。种子肾状圆形，直径约 1.5 mm，黑色，具光泽。　花果期 6～9 月。

产青海：久治（措勒赫湖畔，果洛队 506）。生于海拔 3 950～4 200 m 的沟谷山地草丛、河谷山坡灌丛。

分布于我国的青海、甘肃、四川。模式标本采自四川松潘黄龙寺。

18. 条裂黄堇　图版 60：7～9

Corydalis linarioides Maxim. in Mél. Biol. Acad. Sci. St.-Pétersb. 10：45. 1887；et in Bull. Acad. Sci. St.-Pétersb. 24：27. 1877；Maxim. Fl. Tangut. 1：42. t. 10. f. 9～15，t. 24. f. 12. 1889；中国高等植物图鉴 2：15. 图 1759. 1972；西藏植物志 2：261. 图 84：1～6. 1985；横断山区维管植物 上册 608. 1993；青海植物志 1：406. 图版 85：7～9. 1997；中国植物志 32：251. 图版 53：1～6. 1999；Fl. China 7：372. 2008；青藏高原维管植物及其生态地理分布 297. 2008.

直立草本，高 25～50 cm。须根多数成簇，纺锤状肉质增粗，长达 6 cm，黄色，味苦，具柄。茎 2～5 条，通常不分枝，有时具 1～3 分枝，上部具叶，下部裸露，基部变线形。基生叶少数，叶柄长达 14 cm，基部变线形，叶片轮廓近圆形，长约 4 cm，宽约 3.5 cm，二回羽状分裂，第一回 3 全裂，顶生裂片具柄，5～7 深裂，侧生裂片无柄，3 裂，小裂片线形，下面具白粉，有时与茎生叶同形；茎生叶通常 2～3 枚，互生于茎上部，无柄，叶片一回奇数羽状全裂，全裂片 3 对，线形，长 3～6 cm，宽 2～3 mm，全缘，下面明显具 3 条纵脉。总状花序顶生，多花，花时密集，果时稀疏；苞片下部者羽状分裂，上部者狭披针状线形，最上部者线形。萼片鳞片状，边缘撕裂状，白色，微透明；花瓣黄色，上花瓣长 1.6～1.9 cm，花瓣片舟状卵形，背部鸡冠状突起高约 2 mm，自花瓣片先端稍后开始，延伸至距，距圆筒形，长 0.9～1.1 cm，下花瓣倒卵形，长 0.9～1.0 cm，背部鸡冠状突起较上花瓣的小，内花瓣提琴形，长 7～8 mm，爪与花瓣片近等长；雄蕊束长 6～7 mm，花药小，长圆形，花丝披针形，蜜腺体贯穿距的 1/2；子房狭椭圆状线形，长 4～5 mm，花柱长 2～3 mm，先端弯曲，柱头双卵形，上端具 2 乳突。蒴果长圆形，长约 1.2 cm，粗（1.5～）2.0 mm，成熟时自果梗基部反折。种子 5～6 枚，排成 1 列，近圆形，直径约 1.5 mm，黑色，具光泽。　花果期 6～9 月。

产青海：称多（歇武乡，刘有义 83-412）、玛沁（拉加乡，玛沁队 056、095）、久治（索乎日麻乡，藏药队 259、326、468、522，果洛队 124、142、155、246；年保山，果洛队 434)。生于海拔 3 850～4 500 m 的山地阴坡草地、沟谷山坡林下、林缘灌丛、河谷阶地草坡、山坡石缝。

分布于我国的青海、甘肃、陕西、西藏、四川。模式标本采自青海大通。

19. 曲花紫堇 图版 60：10～14

Corydalis curviflora Maxim. ex Hemsl. in Journ. Linn. Soc. Bot. 13：37. 1886，nom. nud.；Maxim. Fl. Tangut. 1：41. t. 20. f. 1～11. 1889；中国高等植物图鉴 2：14. 图 1785. 1972；中国高等植物图鉴补编 1：664. 1982；西藏植物志 2：258. 1985；青海植物志 1：408. 图版 85：10～14. 1997；中国植物志 32：220. 图版 46：1～5. 1999；Fl. China 7：389. 2008；青藏高原维管植物及其生态地理分布 292. 2008.

无毛草本，高 7～25（～50）cm。须根多数成簇，狭纺锤状肉质增粗，有时粗线形，长 1～4 cm，具细长柄，末端线状延长，淡黄色或褐色。茎 1～4 条，不分枝，上部具叶，下部裸露，基部丝状，绿色或下部带紫红色。基生叶少数，叶柄长（2～）4～7（～13）cm，叶片轮廓圆形或肾形，3 全裂，全裂片 2～3 深裂，有时指状全裂，裂片长圆形、线状长圆形或倒卵形，长 0.5～1.8 cm，宽 0.2～0.8 cm，先端钝或圆，基部渐狭；茎生叶 1～4 枚，疏离，互生，具极短柄或近无柄，掌状全裂，裂片宽线形或狭倒披针形，长 1～5 cm，宽 0.1～0.6 cm，先端急尖，下面具白粉。总状花序顶生或稀腋生，长 2.5～12.0 cm，有 10～15 花或更多，花期密集，果期较稀疏；苞片狭卵形、狭披针形至宽线形，全缘，稀最下部者 3～5 深裂；花梗短于或有时等长于苞片，果期长于苞片，淡褐色。萼片小，不规则的撕裂至中部，常早落；花瓣淡蓝色、淡紫色或紫红色，上花瓣长 1.2～1.4 cm，花瓣片舟状宽卵形，先端具短尖，背部鸡冠状突起高 0.5～1.5 mm，距圆筒形，粗壮，长 5～6 mm，末端略渐狭并向上弯曲，下花瓣宽倒卵形，长 0.7～0.9 cm，先端圆，具短尖，背部鸡冠状突起较矮，内花瓣提琴形，长 0.6～0.8 cm，具 1 侧生囊，爪宽线形，与花瓣片近等长；雄蕊束长约 6 mm，花药黄色，花丝狭椭圆形，淡绿色，蜜腺体贯穿距的 1/2；子房线状长圆形，长约 3 mm，绿色，具 2 列胚珠，花柱略长于子房，柱头 2 裂，具 6 个乳突。蒴果线状长圆形，长 0.5～1.2 cm，粗 2～3 mm，先端锐尖，基部渐狭，绿色转褐红色，成熟时自果梗先端反折，有 4～7 枚种子。种子近圆形，黑色，具光泽。 花果期 5～8 月。

产青海：久治（浪麻沟垴，果洛队 092；索乎日麻乡，果洛队 137)。生于海拔 4 000～4 600 m 的滩地高寒沼泽草甸、沟谷山坡高寒草地、山坡云杉林下、沟谷林缘灌丛。

分布于我国的青海、甘肃、宁夏。模式标本采自青海大通。

20. 疆 堇

Corydalis mira (Batalin) C. Y. Wu et H. Chuang in Acta Bot. Yunnan. 14 (2)：

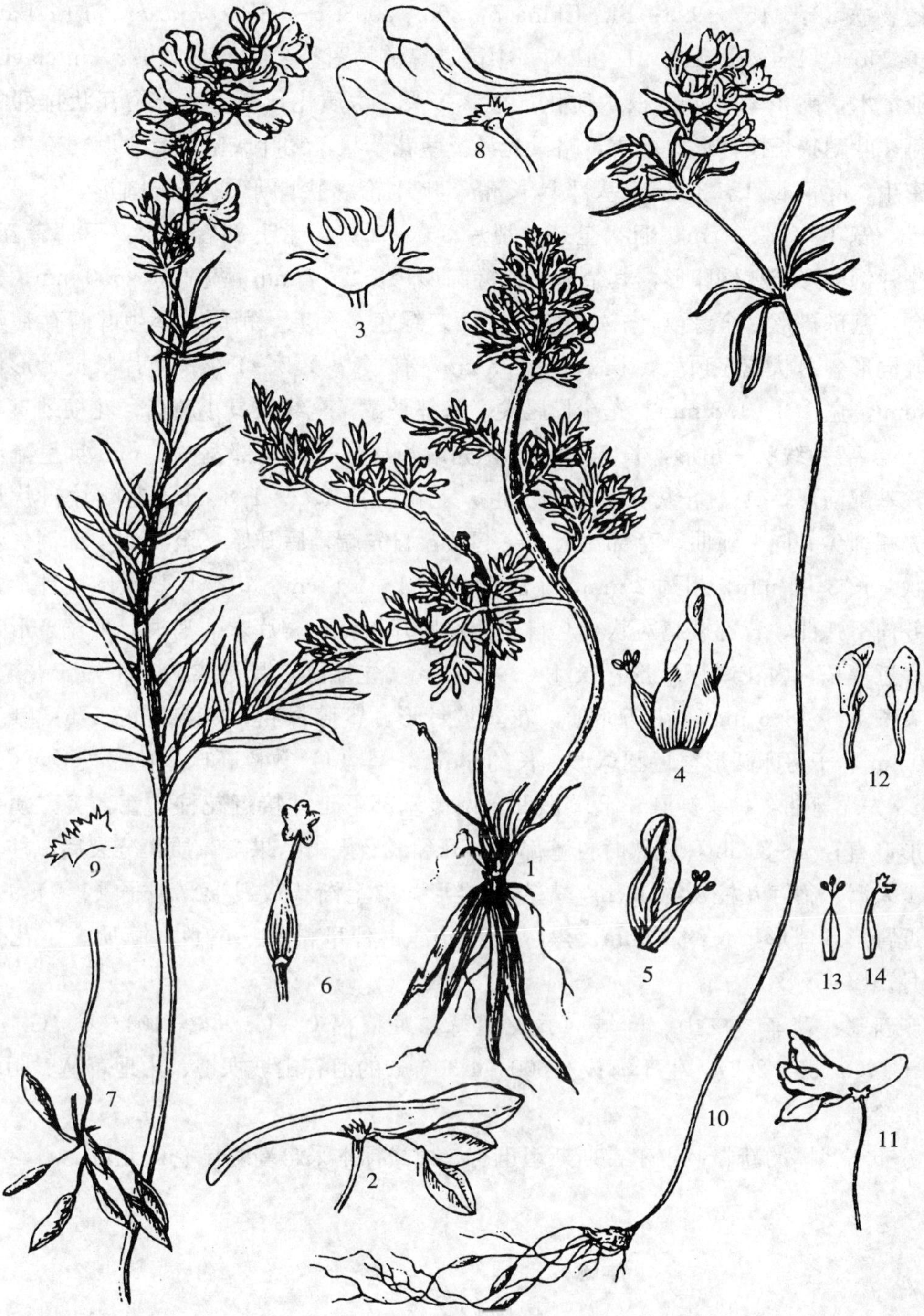

图版 **60** 糙果紫堇 **Corydalis trachycarpa** Maxim . 1. 植株；2. 花；3. 萼片；4. 内花瓣背面观；5. 内花瓣腹面观；6. 雌蕊。条裂黄堇 **C. linarioides** Maxim. 7. 植株；8. 花；9. 萼片。曲花紫堇 **C. curviflora** Maxim. ex Hemsl . 10. 植株；11. 花；12. 内花瓣；13. 雄蕊；14. 雌蕊。（王颖绘）

141. fig. 1. 1992, descr. emend.；青藏高原维管植物及其生态地理分布 298. 2008. 中国植物志 32：415. 1999；Fl. China 7：300. 2008. ——*Roborowskia mira* Batalin in Acta Hort. Petrop. 13：91. 1893；中国高等植物图鉴 2：1116. 1972，in clavi.

亚灌木，高 2～10 cm。根木质化；根茎多头，木质化，覆盖密集覆瓦状排列的残枯叶鞘，叶鞘狭长披针形，革质，略具光泽。茎花葶状，无叶或基部具 1 叶。基生叶多数，密生，叶柄长 1～3 cm，基部具长鞘，叶片轮廓狭卵形或狭长圆形，长 2.0～3.5 cm，宽 1.0～1.5 cm，羽状全裂，裂片 3～4 对，通常上部者对生，下部者互生，顶生裂片倒卵形或狭倒卵形，其余卵形或椭圆形，长 2～7 mm，宽 1.5～5.0 mm，先端钝或圆，基部楔形，全缘或 2～4 深裂，两面灰绿色，无毛，稍厚；茎生叶若存在则与基生叶同形。总状花序顶生，长 1.0～2.5 cm，有（1～）2～4 花；苞片长披针形，长 5～7 mm，宽 1.2～1.8 mm，先端长尾尖，基部平截，全缘或具小疏齿；花梗劲直，长 1～2 cm。萼片线状三角形，长 7～8 mm，先端长尾尖，近基部宽约 1 mm 且呈流苏状撕裂，基部箭形，具 3 条纵脉；花瓣黄色，上花瓣长 1.7～1.8 cm，花瓣片舟状长圆形，先端渐尖并向上弧曲，背部鸡冠状突起矮，自先端稍后开始，至瓣片中部消失，距短囊状，长 3～5 mm，粗约 2 mm，下花瓣长 1.4～1.6 cm，花瓣片舟状倒披针形，先端钝并向下弧曲，背部矮鸡冠状突起自先端稍后开始，至瓣片末端消失，爪宽条形，与花瓣片近等长，内花瓣提琴形，长 1.0～1.2 cm，先端圆，具钝尖头，爪短于花瓣片；雄蕊束长 7.6～8.6 mm，花药卵形，花丝披针形，蜜腺体粗，贯穿距的 5/6；雌蕊长 9～10 mm，子房卵圆形至近圆球形，长约 1 mm，具（1）数枚胚珠，花柱线形，长 8～9 mm，先端弯曲，柱头钝圆，上端微凹，两侧基部下延并接近花柱，无乳突。蒴果近圆球形，直径 7～8 mm，成熟时自基部向上开裂成 2 果瓣，果瓣革质，分裂后花柱仅并存于 1 果瓣；宿存花柱长约 1 cm，基部圆锥形，向上渐狭成线形。种子（1～）9～11 粒，近肾形或球形，长约 2 mm，黑色，具光泽；种阜帽状，白色，膜质。 花果期 6～8月。

产新疆：莎车、皮山、叶城（乔戈里峰，黄荣福 C. G. 86 - 104、C. G. 86 - 173、C. G. 86 - 202）。生于海拔 2 600～4 300 m 的河谷山坡裸地、山地草丛、阴坡潮湿石崖缝隙。

分布于我国的新疆；吉尔吉斯斯坦也有。模式标本采自新疆昆仑山北坡。

二十七　山柑科 CAPPARIDACEAE

草本、灌木或乔木，有时为木质藤本。叶互生，稀对生，单叶或掌状复叶；常有托叶，细小，少数刺状，有时无托叶。花序为顶生或腋生的总状、伞房状或圆锥状花序，稀单花腋生；花两性，少单性或杂性，辐射对称或两侧对称，常有苞片；萼片4～8枚，排成2轮或1轮，分离或基部连生，稀外轮或全部萼片连生成帽状；花瓣4～8枚，基部无爪或有爪，有时无花瓣；雄蕊6至多数；雌蕊常有柄，多具腺体，子房卵形或柱形，由2（～8）心皮组成，一般为1室，有2至数个侧膜胎座，少数3～6室，中轴胎座；花柱部明显，胚珠多数。果实球形或椭圆形，为浆果或蒴果。种子1至多数，肾形或多角形，胚乳少或无。

约45属，约1 000种，主产热带、亚热带，少数产温带。我国有5属42种，昆仑地区产1属1种。

1. 山柑属 Capparis Linn.

Linn. Sp. Pl. 503. 1753.

乔木或灌木，直立或攀缘。单叶，常有刺状托叶。花单生或少数簇生，腋生，花大，白色、蓝色或红色；萼片4枚，2轮，覆瓦状排列；花瓣4枚；雄蕊多数；子房1室，2～6个侧膜胎座。果为浆果，近球形或椭圆形，稀由果瓣开裂。种子小，多数，包埋在果肉，种皮革质。

约250种，广布热带和温带。我国有30种，昆仑地区产1种。

1. 山　柑

Capparis spinosa Linn. Sp. Pl. 503. 1753；西藏植物志 2：323. 1985；新疆植物志 2（2）：36. 图版 9：7～8. 1995；青藏高原维管植物及其生态地理分布 311. 2008.

蔓生半灌木；枝条辐射状平卧，长2～3 m，无毛或被稀疏的毛。单叶互生，肉质，宽椭圆形或近圆形，长2～4 cm，宽2～3 cm，先端钝圆，由中脉顶端伸出1小尖头，全缘，基部楔形或广楔形，幼时微被毛，后脱落，无光泽；叶柄明显，长6～20 mm，微被毛；托叶2片，刺状，直立或稍弯。花单生叶腋；花梗长约2 cm，近等长于带柄的叶，稀疏被毛；花大开展，直径3～4 cm，长2.0～2.5 cm；萼片4枚，2轮，外轮卵状长圆形，内弯成弧形，干后呈龙骨状，长 1.5～1.8 cm，内轮狭椭圆形，长 1.8 cm，先端钝圆，表面无毛或微有毛，基部被柔毛；花瓣白色，近椭圆形，长约 2 cm，外被白色柔毛；雄蕊多数，长于花瓣，花丝丝状，直或不规则弯曲，花药小，长圆形；子房倒卵状长圆形或卵形，长约 2.5 mm，基部渐缩成柄，子房柄长约 2 mm，花柱和柱头很小；腺体为不规则圆形，长约 3 mm。果实椭圆形、长圆形或倒卵状长圆形，基部楔形，长 2～4 cm，宽 1.5～3.0 cm，无毛，果肉红色，花后果柄伸长，长约 5 cm。种子肾形，具斑点。 花果期 5～6 月。

产新疆：喀什（香妃墓，青藏队吴玉虎 87086）；阿克陶（奥依塔克，高生所西藏队 3069）。生于海拔 1 400～2 000 m 的戈壁荒漠沙砾地、山地沟谷干山坡。

分布于我国的新疆、西藏；哈萨克斯坦，阿富汗，伊朗，土耳其，巴尔干半岛，欧洲南部也有。

二十八　十字花科 CRUCIFERAE

一年生、二年生或多年生草本植物，少为半灌木，常具1种特殊的辛辣气味。有毛或无毛，有毛时毛单一或复杂。根有时膨大或成大的块根。茎直立或铺散。叶二型，基生叶多有柄，有的莲座状，茎生叶无柄或有柄，单叶互生，全缘，有齿或分裂，少为复叶，无托叶。花整齐，两性，少为单性；总状花序顶生或腋生，偶有单生；花下苞叶有或无；萼片4枚，离生，排列成2轮，直立或斜升，有时基部成囊状；花瓣4枚，分离，基部常有爪，有的花瓣不等大，有的花瓣退化；雄蕊通常6枚，排列成2轮，外轮2枚，花丝短，内轮4枚，花丝长，有的长花丝两两相连，有的花丝有齿或翅；花丝基部有蜜腺，在短花丝两侧有2个侧蜜腺，在长花丝之间有中蜜腺，蜜腺分离或作种种联合；雌蕊1枚，由2心皮组成，子房上位，多由假隔膜分割成2室，每室胚珠1至多枚，生于胎座框上，排成2行或1行，花柱短或缺。果实为长角果或短角果，有的有翅，有的具刺或其他附属物，有的前端有喙；角果成熟后由下向上裂开，有的不裂，有的逐节横断；果瓣扁平或隆起，有1～3（～5～7）脉。种子小，有的有翅，有的湿时发黏，无胚乳；子叶与胚根横折，胚根倚靠于子叶边缘或背部，有的2子叶向同侧折叠，将胚根夹于其中。

300属以上，约3 200种，主要产于北温带，以地中海地区分布较多。我国有95属，430种，130多个变种，10多个变型，各地均有分布，以西南、西北、东北的高山地区及丘陵地区为多，平原及沿海地区较少；昆仑地区产42属，109种，28变种，2变型。

分属检索表

1. 植物无毛或有单毛与腺毛。
  2. 果实为长角果。
    3. 长角果明显有喙。
      4. 长角果不开裂，明显于种子间缢缩。
        5. 果实横断为若干节，每节含1种子；花瓣不具深色脉纹……………………………………………………… **24. 离子芥属 Chorispora** R. Br. ex DC.
        5. 果实不横断，其中形成海绵状横隔；花瓣有深色脉纹 ……………………………………………………………………… **3. 萝卜属 Raphanus** Linn.
      4. 长角果开裂。

6. 花瓣黄色或黄白色，有深色脉纹；种子每室2行；叶厚…………………………………………………………………………………… **2. 芝麻菜属 Eruca** Mill.

6. 花瓣黄色，但无深色脉纹；种子每室1行 …… **1. 芸薹属 Brassica** Linn.

3. 长角果无喙。

7. 长角果呈念珠状，不纵裂而逐节横断；花黄色或紫色 ………………………………………………………… **24. 离子芥属 Chorispora** R. Br. ex DC.

7. 长角果圆筒状或扁压，一般纵行开裂。

8. 花瓣白色或淡黄色。

9. 长角果扁平或扁压。

10. 叶为羽状复叶，具柄。

11. 草本有根状茎、鳞茎或珠芽，种子1～2行…………………………………………… **14. 碎米荠属 Cardamine** Linn.

11. 草本无根状茎、鳞茎或珠芽，种子1行 ……………………………………… **20. 豆瓣菜属 Nasturtium** R. Br.

10. 叶为单叶，全缘，抱茎，基部箭形 ……………………………………………………… **4. 线果芥属 Conringia** Adans.

9. 长角果圆筒状或四棱状。

12. 叶完全基生 ……………… **32. 簇芥属 Pycnoplinthus** O. E. Schulz

12. 茎上有叶。

13. 植物被腺毛或杂有单毛 ……………………………………………………………… **21. 异蕊芥属 Dimorphostemon** Kitag.

13. 植株无毛或仅有单毛。

14. 叶大头羽状裂 ………… **34. 大蒜芥属 Sisymbrium** Linn.

14. 叶不裂或具齿 …………… **33. 山萮菜属 Eutrema** R. Br.

8. 花瓣紫色或淡紫色。

15. 种子有宽边（翅） ………………………… **25. 条果芥属 Parrya** R. Br.

15. 种子无边（翅） ……………… **22. 丛菔属 Solms - Laubachia** Muschl.

2. 果实为短角果。

16. 短角果开裂。

17. 短角果具翅或其他形状的附属物。

18. 角果之附属物为瘤状或小刺状；叶线形；矮小高山植物 …………………………………………………………… **11. 双脊荠属 Dilophia** Thoms.

18. 角果的附属物为翅状。

19. 角果周围翅微小，仅形成于果实的前端。

20. 每室种子1～2枚 ……………… **5. 独行菜属 Lepidium** Linn.

20. 每室种子4枚以上 ……………………… **8. 菥蓂属 Thlaspi** Linn.

19. 短角果周围有翅较宽。

21. 每个果瓣扁平，圆形，2 个果瓣横向连接成“∞”字形；有粗壮的直根与宿存的叶柄；多年生植物 …………………………………………… **7. 高河菜属 Megacarpaea** DC.

21. 每个果瓣扁压成舟状，2 个果瓣横连成圆形或倒披针状楔形；一年生植物 ……………………… **8. 菥蓂属 Thlaspi** Linn.

17. 短角果不具任何形式的附属物。

22. 一年生植物；疏展的总状花序；生于平地 …………………………………………………………………… **19. 蔊菜属 Rorippa** Scop.

22. 矮小的高山植物，多年生。

23. 茎上有叶 ……………… **36. 寒原荠属 Aphragmus** Andrz. ex DC.

23. 茎上无叶，偶尔有叶并呈苞叶状 ………………………………………………………………… **38. 肉叶荠属 Braya** Sternb. et Hoppe

16. 短角果不开裂。

24. 子房 1 室。

25. 茎缩短；基生叶倒披针形至窄匙形；花葶具单花 …………………………………………… **15. 单花荠属 Pegaeophyton** Hayek et Hand. -Mazz.

25. 茎伸长；叶卵形或匙形；总状花序 … **39. 无隔芥属 Staintoniella** Hara

24. 子房 2 室

26. 角果近四棱状；种子间缢缩，表皮多皱纹 ………………………………………………………………… **29. 四棱荠属 Goldbachia** DC.

26. 短角果心形或近球形，膨胀 ……………… **6. 群心菜属 Cardaria** Desv.

1. 植物被分枝毛、分叉毛或星状毛，有时也杂有单毛与腺毛，也可能以单毛为主，但一定杂有分枝毛或分叉毛。

27. 果实为长角果。

28. 长雄蕊花丝联合 ……………………… **28. 棒果芥属 Sterigmostemum** M. Bieb.

28. 雄蕊花丝不联合。

29. 长角果不开裂，镰状弯曲，坚硬 ……………………………………………………………………… **27. 隐子芥属 Cryptospora** Kar. et Kir.

29. 长角果开裂。

30. 植株被毛全为“丁”字毛或以“丁”字毛为主。

31. 花中等大小，黄色、橘黄色，少数紫色，有中蜜腺；长角果两侧扁压 ………………………………… **30. 糖芥属 Erysimum** Linn.

31. 花较大，紫色，无中蜜腺；长角果背腹压扁…………………………………………………… **31. 桂竹香属 Cheiranthus** Linn.

30. 植株被毛中也可能杂有“丁”字毛，但不以它为主。

32. 长角果扁压或扁平。

33. 长角果条形或长圆形，宽；叶具柄。

34. 花单生于叶腋，或具叶的总状花序；植株多平铺或仰卧 ……………………… **10. 藏荠属 Hedinia** Ostenf.
34. 花序中无叶或仅有数叶，绝不会每花1叶。
35. 叶厚，前端具大齿………………………………………………………… **18. 高原芥属 Christolea** Camb.
35. 叶一般，边缘有齿或全缘…………………………………………………………… **13. 葶苈属 Draba** Linn.
33. 长角果线形，窄。
36. 叶条形，具稀疏的长齿1～2对 ………………………………… **35. 小蒜芥属 Microsisymbrium** O. E. Schulz
36. 叶匙形或长椭圆形。
37. 每子房室种子1行 ……… **16. 南芥属 Arabis** Linn.
37. 每子房室种子2行 ……… **13. 葶苈属 Draba** Linn.
32. 长角果不扁压。
38. 叶二至三回羽状分裂。
39. 多年生植物；雄蕊短于花瓣…………………………………………… **42. 芹叶荠属 Smelowskia** C. A. Mey.
39. 一年生植物；雄蕊长于花瓣……………………………………………… **40. 播娘蒿属 Descurainia** Webb et Berth.
38. 叶不分裂，全缘或具齿。
40. 长角果前有4个角状或刺芒状附属物……………………………………… **23. 四齿芥属 Tetracme** Bunge
40. 长角果无任何附属物。
41. 花冠玫瑰红色或紫红色，有时有深色脉纹………………………………… **26. 涩荠属 Malcolmia** R. Br.
41. 花冠白色，很少为淡紫红色。
42. 叶全缘；长角果圆筒状，直……………… **17. 鼠耳芥属 Arabidopsis** (DC.) Heynh.
42. 下部茎叶有齿；长角果常呈念珠状，常弯曲…… **37. 念珠芥属 Neotorularia** (Coss.) Hedge et J. Léonard
27. 果实为短角果。
43. 花具葶，即茎上无叶，小的高山植物。
44. 果实不扁压；叶厚或肉质；子叶背倚胚根 ……………………………………………… **38. 肉叶荠属 Braya** Sternb. et Hoppe
44. 果实扁压；叶一般；子叶缘倚胚根 ……………… **13. 葶苈属 Draba** Linn.
43. 茎上有发育正常的叶。

45. 茎生叶无柄；短角果扁压，倒心形或倒三角形 …………………………………………………………………………………… 9. 荠属 **Capsella** Medic.

45. 茎生叶有柄；角果其他形状。

46. 叶二回羽状裂，裂片小。

47. 花单生于叶腋；角果扁压 ………… **10. 藏荠属 Hedinia** Ostenf.

47. 花成总状花序；角果不扁压。

48. 多年生植物；种子遇水无胶黏物质………………………………………………… **42. 芹叶荠属 Smelowskia** C. A. Mey.

48. 一年生或二年生植物；种子遇水发黏……………………………………………… **41. 羽裂叶荠属 Sophiopsis** O. E. Schulz

46. 叶不裂，最多边缘具齿。

49. 短角果膨胀，卵形 …… **12. 燥原荠属 Ptilotrichum** C. A. Mey.

49. 短角果扁压或扁平，圆形、椭圆形或长圆形 ………………………………………………………………… **13. 葶苈属 Draba** Linn.

1. 芸薹属 **Brassica** Linn.

Linn. Sp. P1. 666. 1753.

一年生、二年生或多年生草本，无毛或有单毛。根细或呈块状。茎细或肉质变粗或呈球状。基生叶莲座状，茎生叶无柄抱茎。总状花序果时伸长；萼片近相等，内轮基部囊状；花瓣黄色或白色，倒卵形或椭圆形，具长爪；侧蜜腺联合成柱状，位于短雄蕊内侧，中蜜腺近球形，长圆形，位于长雄蕊外侧；子房柱形，柱头 2 浅裂。长角果长圆形，圆筒状，少近扁压，有时稍扭曲，喙多为锥形，少数近无喙；果瓣无毛，中脉明显；柱头头状，近 2 裂；假隔膜完整，近透明。种子每室 1 行，球形，少卵形，表面网孔状，子叶对折。

40 种，分布于地中海地区。我国有 16 种 11 变种 1 变型，昆仑地区产 8 种 5 变种。

分种检索表

1. 叶厚，稍肉质，被蜡粉；花白色至浅黄色，大，直径 1.5～3.0 cm，花序中花蕾高于盛开的花；角果较长；种子黑褐色。

2. 植物具球形或扁球形的地上块茎；茎生叶具细柄 ……… **2. 苤蓝 B. caulorapa** Pasq.

2. 植物具正常的茎；茎生叶无柄或抱茎。

3. 花序在花期呈伞房状；花较小，直径 1.0～1.5 cm，淡黄色；幼叶有少数刺毛 …………………………………………………… **3. 欧洲油菜 B. napus** Linn.

3. 花序在花期不为伞房状；花较大，直径 2.0～2.5 cm，淡黄色或白色；幼叶无毛 …………………………………………………… **1. 甘蓝 B. oleracea** Linn.

1. 叶薄，不被或稍被蜡粉；花黄色，小，直径 4～20 mm；角果较短；种子褐色、黄褐色、黄色或红色。

4. 花序中花蕾低于盛开之花；植物无辛辣味；种子表面不具明显窝孔；植物有时稍被蜡粉。

5. 基生叶大头羽状裂；叶柄不变宽。

6. 地下有块根；茎生叶多具细齿缘 ……………………… **4. 芜青 B. rapa** Linn.

6. 地下无块根；茎生叶具不整齐的弯缺牙齿或全缘 ……………………………………………………………………… **7. 芸薹 B. campestris** Linn.

5. 基生叶不裂；叶柄宽或很宽，或有 1～2 对不显著的裂片。

7. 基生叶叶柄无翅，叶无毛 ……………………… **6. 青菜 B. chinensis** Linn.

7. 基生叶叶柄很宽，并具叶片下延于叶柄上所形成的翅，下面沿叶脉有疏生的刺毛……………………………… **5. 白菜 B. pekinensis**（Lour.）Rupr.

4. 花序中花蕾高于盛开的花；植物有辛辣味；种子表面有明显窝孔 ……………………………………………………… **8. 芥菜 B. juncea**（Linn.）Czern. et Coss.

1. 甘　蓝

Brassica oleracea Linn. Sp. Pl. 667. 1753；中国植物志 33：16. 1987；新疆植物志 2（2）：50. 1995；Fl. China 8：17. t. 6：4～7. 2001.

1a. 甘　蓝（原变种）

var. **oleracea**

二年生或多年生草本，高 60～100 cm。茎下部叶大，大头羽状深裂，长达 40 cm，具有色叶脉，有柄；顶端裂片大，顶端圆形，基部心形，边缘波状，具细圆齿，侧裂片 3～5 对，倒卵形；上部叶长圆形，全缘，抱茎，所有叶肉质，无毛，具白蜡粉。总状花序果时可长达 30 cm 或更长；萼片长圆形，直立，长 8～11 mm；花瓣浅黄色，倒卵形，长 15～20 mm，顶端圆，具爪。长角果圆筒状，长 5～10 cm；喙长 5～10 mm，其中无种子；果梗长约 2 cm。种子球形，直径约 2 mm，灰棕色。

昆仑山北麓多数县有栽培。

我国各地栽培；英国，地中海地区有野生。

1b. 莲花白（变种）

var. **capitata** Linn. Sp. Pl. 667. 1753；西藏植物志 2：328. 1985；中国植物志 33：17. 1987；新疆植物志 2（2）：50. 1995；青海植物志 1：416. 1997；Fl. China 8：18. 2001；青藏高原维管植物及其生态地理分布 311，316. 2008.

二年生植物，被蜡粉，不分枝。茎肉质。基生叶多数，厚，层层包裹成球状体，扁球形，直径 10～40 cm，乳白色或淡绿色。 花期 5～6 月。

昆仑山北麓多数县有栽培，作蔬菜。

1c. 花椰菜（变种）

var. **botrytis** Linn. Sp. Pl. 667. 1753；中国植物志 33：17. 1987；新疆植物志 2（2）：51. 1995；青海植物志 1：418. 1997；青藏高原维管植物及其生态地理分布 316. 2008.

本变种与原变种的区别在于：二年生植物的第 1 年茎顶有 1 个由花序、花梗、未发育的花芽密集成的乳白色肉质头状体（即商品菜花）。 花期 5 月。

昆仑山地区多数县有栽培。

2. 苤 蓝

Brassica caulorapa Pasq. Catal. Ort. Bot. Nap. 17. 1867；中国植物志 33：18. 图版 5：5～8. 1987；新疆植物志 2（2）：51. 1995. ——*B. oleracea* var. *gongylodes* Linn. Sp. Pl. 667. 1753；Fl. China 8：18. t. 4：5～8. 2001.

二年生草本，高 20～60 cm，全体无毛，被蜡粉。茎短，在离地面 2～5 cm 处膨大成 1 个实心长圆球体或扁球体，绿色，其上有叶。叶略厚，有柄，长 6.5～20.0 cm，其上有少数小裂片；叶片宽卵形至长圆形，长 13.5～20.0 cm，基部两侧各有 1 裂片，或仅一侧有裂片，边缘具浅波状齿；茎生叶长圆形至线状长圆形，边缘具浅波状齿。总状花序顶生，直径 1.5～2.5 cm；萼片长圆形，直立；花瓣黄色，倒卵形。长角果圆筒状，喙很短，基部膨大。种子直径 1～2 mm，有棱角。 花期 5 月。

昆仑山北麓多数县有栽培。

全国各地均有栽培。

3. 欧洲油菜

Brassica napus Linn. Sp. Pl. 666. 1753；西藏植物志 2：328. 1985；中国植物志 33：19. 图版 2：1～2. 1987；新疆植物志 2（2）：51. 1995；青海植物志 1：418. 1997；Fl. China 8：21. t. 6：1～3. 2001；青藏高原维管植物及其生态地理分布 316. 2008.

一年生或二年生草本，高 30～50 cm，具蜡粉，仅幼叶有少数散生刚毛。茎直立，自中部分枝。下部叶大头羽状裂，长 5～25 cm，宽 2～6 cm，顶端叶片卵形，长 7～9 cm，顶端圆形，基部近截平，边缘具钝齿，侧裂片 2 对，卵形，长 1.2～2.5 cm，叶柄长 2.5～6.0 cm，基部有裂片；中部及上部茎生叶长圆状椭圆形渐变成披针形，基部心形，抱茎。总状花序花时伞房状；花直径 10～15 mm，花梗长 6～12 mm；萼片卵形，长 5～8 mm；花瓣浅黄色，倒卵形，长 10～15 mm，爪长 4～6 mm。长角果线形，长 4～8 cm，果瓣具 1 中脉，喙细，长 1～2 cm；果梗长约 2 cm。种子球形，黄棕色，近种脐处常带黑色，有网状窝点。　花期 6 月。

昆仑山北麓多数县有栽培。

全国各地栽培。

4. 芜　青

Brassica rapa Linn. Sp. Pl. 666. 1753；西藏植物志 2：328. 1985；中国植物志 33：21. 图版 3：1～5. 1987；新疆植物志 2（2）：52. 1995；青海植物志 1：418. 图版 86：4～8. 1997；Fl. China 8：19. t. 2：1～5. 2001；青藏高原维管植物及其生态地理分布 316. 2008.

二年生植物，高 50～100 cm。块根肉质，球形、扁圆形或长圆形，白色、淡黄色或紫红色，无辣味。茎直立，分枝下部稍有毛，上部无毛。基生叶与下部茎生叶大头羽状裂或为复叶，长 20～35 cm，顶端裂片或小叶很大，边缘波状齿或浅裂，侧裂片或小叶 5 对，向下渐小，上面有少数刺毛，下面有白色锐刺毛，叶柄长 10～16 cm，有小裂片；中上部茎生叶长圆状披针形，长 3～12 cm，无毛，基部宽心形，抱茎。总状花序顶生；花梗长 10～15 mm；萼片长圆形，长 4～6 mm；花瓣鲜黄色，倒披针形，长 4～8 mm，有短爪。果梗长 3 cm，长角果线形，长 3.5～8.0 cm；果瓣中脉显著；喙长 1～2 cm。种子球形，直径约 1.8 mm，淡黄棕色，近脐处黑色，有细网状窝点。　花期 4～5 月。

昆仑山地区有栽培。

5. 白　菜

Brassica pekinensis（Lour.）Rupr. Fl. Ingr. 96. 1860；西藏植物志 2：328. 1985；中国植物志 33：23. 1987；新疆植物志 2（2）：52. 1995；青海植物志 1：419. 1997；青藏高原维管植物及其生态地理分布 316. 2008. ——*Sinapis pekinensis* Lour. Fl. Cochin. 400. 1790. ——*Brassica rapa* var. *glabra* Regel Gartenflora 9：9. 1860；Fl. China 8：20. t. 3：5～8. 2001.

二年生草本，高 40～60 cm，全株无毛或在叶下面中脉上有少数刺毛。基生叶多数，大型，倒卵状长圆形至宽倒卵形，长 30～60 cm，顶端圆形，边缘波状、皱波状，有时有不明显的牙齿，中脉白色，很宽，有多数粗壮的侧脉，叶柄白色，扁平，长 5～9 cm，宽 2～8 cm，有叶片下延所成的翅，翅薄，具缺刻；上部茎生叶长圆状卵形、长圆状披针形至披针形，顶端钝至急尖，全缘或有裂齿，有柄或无柄，有蜡粉。总状花序顶生，花时伞房状；花梗长 4～6 mm；萼片长圆形或卵状披针形，长 4～5 mm，直立，淡绿至淡黄色；花瓣亮黄色，倒卵形，长 7～8 mm，基部渐窄成爪。果梗开展或上升，长 2.5～3.0 cm，较粗；长角果长 3～6 cm，稍两侧压扁；喙圆锥形，长 4～10 mm。种子球形，直径 1.0～1.5 mm，棕色。 花期 5 月。

昆仑山北麓多数县有栽培。

全国各地广泛栽培，是冬季的主要蔬菜。

6. 青 菜

Brassica chinensis Linn. Gen. Pl. 1：19. 1754；中国植物志 33：25. 1987；新疆植物志 2（2）：52. 1995；青海植物志 1：420. 1997；青藏高原维管植物及其生态地理分布 315. 2008. ——*B. rapa* var. *chinensis*（Linn.）Kitamura Mem. Coll. Sci. Univ. Kyoto ser. B. 19：79. 1950；Fl. China 8：20. t. 4：1～4，t. 5：6～10. 2001.

二年生草本，高 25～70 cm，无毛。根粗，直立，分枝。基生叶倒卵形或宽倒卵形，长 20～30 cm，深绿色，有光泽，顶端圆形，全缘或有不明显的圆齿或波状齿，中脉白色，宽达 1.5 cm，有多脉，基部渐窄成宽柄，柄长 3～5 cm，有窄边或无；下部茎生叶与基生叶相似；上部茎生叶倒卵形或椭圆形，长 3～7 cm。宽 1.0～3.5 cm，全缘，基部宽展成耳垂状，抱茎，微带蜡粉。总状花序顶生，呈圆锥状；花梗细，长约 5 mm；萼片长圆形，长 3～4 mm，直立开展，白色或黄色；花瓣浅黄色，长圆形，长约 5 mm，顶端圆形，有宽爪，有脉纹。果梗长 8～30 mm，长角果线形，长 2～6 cm，宽 3～4 mm；果瓣无毛，有明显的中脉与侧脉，喙为细长的锥形，长 8～12 mm。种子球形，直径 1.0～1.5 mm，紫褐色，有蜂窝状纹理。 花期 6 月。

昆仑山北麓多数县有栽培。

全国各地栽培。

7. 芸 薹

Brassica campestris Linn. Sp. Pl. 666. 1753；西藏植物志 2：329. 1985；中国植物志 33：21. 图版 4：1～3. 1987；新疆植物志 2（2）：53. 1995；青海植物志 1：419. 1997；青藏高原维管植物及其生态地理分布 316. 2008. ——*B. rapa* var. *oleifera* DC. Syst. Nat. 2：591. 1821；Fl. China 8：20. t. 3：1～4. 2001.

二年生草本，高 30～90 cm，无毛或近无毛，稍带蜡粉。茎粗壮，直立。分枝或不分枝。基生叶大头羽状裂，叶柄宽，长 2～6 cm，基部抱茎，叶片顶裂片圆形或卵形，边缘有不整齐的弯缺牙齿，侧裂片 1 至数对，卵形；下部茎生叶羽状半裂，长 6～10 cm，基部扩大，抱茎，两边有硬毛及缘毛；上部茎生叶长圆状倒卵形、长圆形或长圆状披针形，长 2.5～3.0 cm，宽 0.5～5.0 cm，基部心形，具耳垂，抱茎，全缘或具波状齿。总状花序在花时伞房状，在果时伸长；萼片长圆形，长 3～5 mm，直立开展，顶端圆形，边缘透明，稍有毛；花瓣鲜黄色，倒卵形，长 7～9 mm，顶端近微缺，基部具爪。果梗长 5～15 mm；长角果线形，长 3～8 cm，宽 2～4 mm；果瓣有中脉及网纹，喙直立，长 9～24 mm。种子球形，直径 1.5 mm，紫褐色。　花期 5～6 月。

昆仑山北麓多数县有栽培。

全国各地栽培。

8. 芥　菜

Brassica juncea（Linn.）Czern. et Coss. in Czern. Conspect. Fl. Chark. 8. 1859；西藏植物志 2：328. 1985；中国植物志 33：28. 1987；新疆植物志 2（2）：53. 1995；青海植物志 1：418. 图版 87：1～4. 1997；Fl. China 8：17. t. 4：9～10. 2001；青藏高原维管植物及其生态地理分布 315. 2008. ——*Sinapis juncea* Linn. Sp. Pl. 668. 1753.

8a. 芥　菜（原变种）

var. **juncea**

一年生草本，高 30～150 cm，常无毛，有时幼茎及叶有刺毛，带蜡粉，有辣味。茎直立；分枝，基生叶卵圆形到倒卵形，长 13～35 cm，大头羽状裂，顶端裂片宽卵形，顶端钝圆形，基部楔形，具 2～3 对裂片或不具裂片，周缘具缺刻或牙齿，有时具钝锯齿，不抱茎；上部茎生叶窄披针形，长 2.5～5.0 cm，宽 4～9 mm，边缘具不明显的疏齿或全缘。总状花序顶生，花后伸长；花梗长 8～10 mm；萼片淡黄色，长圆状椭圆形，长 4～5 mm，直立开展；花瓣黄色，倒卵形，长 8～10 mm，爪长 4～5 mm。果梗长 5～15 mm；长角果线形，长 3.0～5.5 cm，宽 2.0～2.5 mm，果瓣具突出中脉；喙长 6～12 mm。种子球形，直径约 1 mm，紫褐色。　花期 5～6 月。

昆仑山北麓多数县有栽培。

全国各地栽培。

8b. 大头菜（变种）

var. **megarrhiza** Tsen et Lee in Hort. Sin. 2：21. 1942；中国植物志 33：30. 图版 6：1～3. 1987；新疆植物志 2（2）：54. 1995. ——*B. juncea* var. *napiformis* (Pailleux et Bois) Kitamura Mem. Coll. Sci. Univ. Kyoto ser. B. 19：76. 1950；Fl. China 8：21. t. 5：1～5. 2001.

本变种与原变种的区别在于：块根肉质，粗大，长圆球形、长卵形，外皮及根肉均为黄棕色，下面生有多数须根。基生叶及下部茎生叶为长圆状卵形，长 20～30 cm，羽状裂，裂片有锯齿，稍具蜡粉。

昆仑山北麓各县有栽培。

全国各地栽培。

8c. 雪里蕻（变种）

var. **multicepas** Tsen et Lee in Hort. Sin. 2：20. 1942；中国植物志 33：29. 图版 5：9～10. 1987；新疆植物志 2（2）：54. 1995；青海植物志 1：419. 图版 87：5～7. 1997；青藏高原维管植物及其生态地理分布 316. 2008. ——*B. juncea* var. *juncer*（Linn.）Czern. et Coss. in Czern. Conspect. Fl. Chark. 8. 1859；Fl. China 8：21. t. 4：9～10. 2001.

本变种与原变种的区别在于：基生叶倒披针形或长圆状倒披针形，不裂或有缺刻，有不整齐的锯齿或重锯齿，上部及顶生叶小，长圆形，全缘，皱缩。

昆仑山地区多数县有栽培。

全国各地栽培。

8d. 油芥菜（变种）

var. **gracilis** Tsen et Lee in Hort. Sin. 2：26. 1942；中国植物志 33：30. 1987；新疆植物志 2（2）：54. 1995；青海植物志 1：419. 图版 87：5～7. 1997；青藏高原维管植物及其生态地理分布 316. 2008. ——*B. juncea* var. *juncer*（Linn.）Czern. et Coss. in Czern. Conspect. Fl. Chark. 8. 1859；Fl. China 8：21. 2001.

本变种与原变种的区别在于：基生叶长圆形或倒卵形，边缘有重锯齿或缺刻。

昆仑山北麓多数县有栽培。

全国各地栽培。

2. 芝麻菜属 Eruca Mill.

Mill. Gard. Dict. abridged ed. 4. 1. 1754.

一年生或多年生草本，被白色硬单毛，少数无毛。叶羽状浅裂。总状花序，花大；萼片稍直立，内轮基部略呈囊状；花瓣黄色，有棕色或紫色脉纹，短倒卵形，有长爪；侧蜜腺不会合，位于短雄蕊两内侧，中蜜腺半球形或长圆形，位于长雄蕊外侧。长角果长圆形或近椭圆形，有 4 棱，喙扁平，果瓣有 1 脉。种子每室 2 行，子叶对折。

5 种，分布于欧洲及亚洲。我国有 1 种及 1 变种，昆仑地区均产。

1. 芝麻菜 图版 61：1～3

Eruca sativa Mill. Gard. Dict. ed. 8. n. 1. 1768；中国植物志 33：34. 图版 1：6～8. 1987；新疆植物志 2（2）：58. 图版 12：1～3. 1995；青海植物志 1：420. 1997；青藏高原维管植物及其生态地理分布 334. 2008. ——*E. vesicaris*（Linn.）Cavanilles subsp. *sativa*（Mill.）Thellung in Hegi Ill. Fl. Mitt.-Eru. 4（1）：201.

1918；Fl. China 8：24. t. 1：7～10. 2001.

1a. 芝麻菜（原变种）

var. **sativa**

一年生草本，高 30～60 cm。茎直立，多分枝，被白色扁平的单毛。基生叶与下部茎生叶大，具柄，柄长 4～7 cm，叶片倒卵形，长 6～10 cm，宽 3～6 cm，大头羽状深裂或不裂，裂片顶端圆，全缘，有钝齿或波状缘，侧裂片向叶基渐小，条状或披针形，叶片下面脉上有时有白色扁平的单毛，叶柄向基部有睫毛；上部茎生叶渐小，柄渐短至无，倒披针状卵形到椭圆形，锯齿缘到有 1～2 大锯齿。总状花序花时伞房状；花梗长约 3 mm；萼片椭圆形，长 8～10 mm，外轮稍窄于内轮，外轮顶端背侧呈兜状，内轮基部呈囊状；花瓣黄色，有紫色脉纹，瓣片倒卵状长圆形，长 8～9 mm，宽 5～8 mm，爪长约 1 cm；雄蕊 6 枚，花丝细，短、长花丝分别长约 9、10 mm，花药条形，长约 3 mm，基部略叉开；侧蜜腺外侧联合，两外侧有新月形突起，与中蜜腺相连，中蜜腺短柱状，位于长雄蕊间外侧。果梗粗，长 2～3 mm，上弯；长角果圆柱状，长 2.0～3.5 cm，粗约 4 mm，有窄边；果瓣隆起，厚，中脉显著，网状小脉微显，两端圆形，假隔膜半透明，有明显的大网格脉纹；喙扁的长三角形，长约 7 mm，有纵行脉纹。种子每室 2 行，棕色，近圆形，长约 2 mm。 花期 5～6 月。

产新疆：英吉沙、和田。生于海拔 1 400～1 900 m 的戈壁荒漠草原地带的路边、沟谷山坡以及农田。

青海：玛沁（江让水电站北面 5 km，植被地理组 477）。生于海拔 3 600 m 左右的坡地、河谷林溪。

分布于我国的东北、华北、西北各省区及四川；欧洲北部，亚洲的北部、中部与西部也有。

1b. 绵果芝麻菜（变种）

var. **eriocarpa** Boiss. in Post Fl. Syr. Palest. Sin. 79. 1883～1896；中国植物志 33：35. 1987；新疆植物志 2（2）：59. 1995；青海植物志 1：421. 1997；青藏高原维管植物及其生态地理分布 334. 2008. ——*E. vesicaris*（Linn.）Cavanilles subsp. *sativa*（Mill.）Thellung in Hegi Ill. Fl. Mitt.-Eru. 4（1）：201. 1918；Fl. China 8：24. t. 1：7～10. 2001.

本变种与原变种的区别在于：长角果有白色反曲的柔毛及乳头状的腺毛。

产新疆：和田地区有栽培，也有逸为野生的。生于海拔 1 000～2 000 m 的沟谷山坡草地、农田水渠边。

青海：玛沁。生于海拔 3 600 m 左右的沟谷山坡草地。

分布于我国的新疆、青海、甘肃、陕西、四川、山西、河北（栽培或常逸为野生）；

中亚地区各国，地中海地区，非洲北部，墨西哥也有。

3. 萝卜属 **Raphanus** Linn.

Linn. Sp. Pl. 696. 1753.

一年生或二年生草本，有时有肉质根，常有单毛。茎直立，叶大头羽状半裂，上部多有钝齿。总状花序花时伞房状；花大，白色或紫色；萼片直立，长圆形，近相等，内轮基部稍呈囊状；花瓣倒卵形，常有紫色脉纹，具长爪；侧蜜腺内侧联合，向外具缺刻，中蜜腺球形或筒形；子房钻状，2 节，具多数胚珠；柱头头状。长角果圆筒状，下节极短，无种子，上节伸长，于种子间缢缩，顶端有细喙，成熟时不裂或裂成含 1 粒种子的节，或裂成几个不开裂的部分。种子 1 行，球形或卵形，棕色，子叶对折。

约 8 种，多分布于地中海地区。我国有 2 种 2 变种，昆仑地区产 2 种。

分种检索表

1. 花瓣粉红色或紫色，有时白色；根肉质；长角果平滑，果瓣横隔肥厚海绵质，在种子间稍缢缩 ………………………………………………………… 1. 萝卜 **R. sativus** Linn.
1. 花瓣黄色或白色，稀粉红色；根不为肉质；长角果具棱，果瓣坚实，在种子间稍缢缩，呈念珠状 ……………………………………… 2. 野萝卜 **R. raphanistrum** Linn.

1. 萝　卜

Raphanus sativus Linn. Sp. Pl. 669. 1753；西藏植物志 2：329. 1985；中国植物志 33：36. 图版 7：1～4. 1987；新疆植物志 2（2）：60. 1995；青海植物志 1：421. 1997；Fl. China 8：25. t. 7：1～4. 2001；青藏高原维管植物及其生态地理分布 348. 2008.

一年生或二年生植物，高 20～100 cm，无毛，稍具蜡粉。直根肉质，长圆形、球形或圆锥形。茎直立，分枝。基生叶、下部茎生叶大头羽状半裂，长 5～30 cm，宽 3～8 cm，侧裂片 4～6 对，长圆形，有钝齿，疏生粗毛，上部叶长圆形，有锯齿或近全缘。总状花序顶生及腋生，花时伞房状，果时伸长成总状；花梗长 5～15 mm；萼片直立，长圆状倒卵形，长 7～11 mm，不相等，外轮窄，宽 1.2～1.5 mm，背侧顶端隆起，内轮宽约 3 mm，基部略呈囊状，均具膜质边缘，向顶端渐窄；花瓣白色或红色，具紫色脉纹，爪长 0.5～1.0 cm；雄蕊 6 枚，花丝扁，长 7～9 mm，花药窄长圆形，长约 2 mm。果梗长 1.0～1.5 mm；长角果圆柱状，长 3～6 cm，宽 3～10 mm，在种子间缢缩成念珠状，中间具海绵质横隔；喙长 1.0～1.5 cm。种子 1～6 粒，球形，微扁，长约 3 mm，红棕色，有细网纹。　花期 5～6 月。

昆仑地区多数县有栽培。

全国各地栽培。模式标本采自中国。

2. 野萝卜

Raphanus raphanistrum Linn. Sp. Pl. 669. 1753；中国植物志 33：39. 1987；青海植物志 1：422. 1997；Fl. China 8：25. 2001；青藏高原维管植物及其生态地理分布 347. 2008.

一年生草本，高 30～40 cm。直根细弱，不为肉质。茎直立或下部具分枝。茎基有粗毛。下部叶大头羽状浅裂或中裂，小裂片 1～4 对，顶裂片近圆形或卵形，有浅齿；茎上部叶长圆形，大头羽状裂或具浅齿。总状花序生于枝端；花白色或浅紫堇色；萼片椭圆状披针形，长 5～10 mm；花瓣倒宽卵形，长 15～20 mm，顶端平截，基部呈长爪。长角果圆柱状，长 2～6 cm，宽 3～6 mm，于种子间缢缩，顶端具细长的喙；果瓣坚硬，逐节断落。中间种子球形或近球形，直径 1.5～2.5 mm。 花期 6～7 月，果期 7～8 月。

产青海：班玛（马柯河林场，郭本兆 444）。生于海拔 3 500 m 左右的河谷草地。

分布于我国的青海、四川；欧洲，亚洲北部，北美洲也有。

4. 线果芥属 Conringia Adans.

Adans. Fam. 2：418. 1763.

一年生草本，少二年生，无毛。叶卵形或卵状椭圆形，全缘，下部茎生叶具短柄或无柄，上部叶无柄，基部心形，抱茎。总状花序疏松；花梗短，果期稍加粗；萼片直立，内轮基部囊状；花瓣白色或带黄色，倒卵状长圆形，基部具爪；侧蜜腺不会合，内“八”字形，位于短雄蕊两内侧，中蜜腺常无；柱头头状，常 2 裂，或裂片稍下延。长角果线形，具 4 棱或略扁压，2 室，开裂，果瓣具 1 脉或 3 脉，喙扁平或无。种子每室 1 行，长圆状椭圆形，棕色，无翅，表面有细颗粒，子叶背倚胚根，少数缘倚胚根。

约 8 种，主产欧洲、地中海、中亚及西南亚地区。我国产 1 种，昆仑地区亦产。

1. 线果芥 图版 61：4～5

Conringia planisiliqua Fisch. et C. A. Mey. in Sem. Hort. Petrop. 3：32. n. 564. 1837；西藏植物志 2：330. 1985；中国植物志 33：44. 1987；新疆植物志 2（2）：62. 图版 12：4～5. 1995；Fl. China 8：28. 2001；青藏高原维管植物及其生态地理分布 324. 2008.

一年生草本，高 10～40 cm，无毛；茎单一，直立，少有分枝，苍白色。基生叶或茎下部叶倒卵形，长 3～10 cm，宽 1～3 cm，顶端渐尖，有小尖，全缘或有时具不显明

图版 **61** 芝麻菜 **Eruca sativa** Mill. 1. 植株；2. 花；3. 果。线果芥 **Conringia planisiliqua** Fisch. et C. A. Mey. 4. 果枝；5. 果的上半部。（引自《新疆植物志》，谭丽霞绘）

齿；上部叶长圆状卵形，长 2～4 cm，宽 7～10 mm，基部心形，耳状抱茎。总状花序伞房状，果期伸长；花直径约 5 mm；花梗长 5～10 mm；萼片线形，长约 3 mm；花瓣白色或带黄色，有紫色条纹，长圆形，长约 5 mm，顶端钝圆，基部成长爪。长角果线形，长 5～8 cm，扁压，果瓣的中脉仅在下部明显，花柱极短，长约 1 mm；果梗长 10～12 mm。种子长圆状椭圆形，长约 1.5 mm。　花果期 5～8 月。

产新疆：塔什库尔干（瓦恰乡，周桂玲 087）。生于海拔 3 200 m 左右的沟谷山地农田边。

分布于我国的新疆、西藏；中亚地区，伊朗，阿富汗，巴基斯坦，土耳其也有。

5. 独行菜属 **Lepidium** Linn.

Linn. Sp. Pl. 643. 1753.

一年生、二年生或多年生草本，无毛、具单毛或腺毛。茎单一或多数，直立或铺散。叶有柄或无柄而抱茎，全缘、有锯齿或牙齿、或羽状分裂。总状花序顶生；花小，萼片椭圆形或卵圆形，背部无毛或具短柔毛，具宽的膜质边缘；花瓣倒卵形、匙形或长圆形，2～4 枚或无花瓣；雄蕊 6 枚，有的退化成 2～4 枚；侧蜜腺不联合，中蜜腺有或无，三角形或丝状；花柱短或无，柱头头状。短角果卵形、倒卵形、圆形或椭圆形，开裂，两侧扁压，顶端全缘，或因具微翅而呈微缺。种子每室 1 枚，子叶背倚胚根。

约 152 种，全世界广布。我国有 16 种 1 变种，昆仑地区产 6 种 1 变种。

分种检索表

1. 多年生草本。
  2. 基生叶密集，莲座状，肉质；成熟的果实具显著的脉纹，使表面呈网状或蜂窝状 ………………………… **1. 盐独行菜 L. cartilagineum** (J. May.) Thell.
  2. 基生叶少，不为肉质；成熟果实平滑或稍呈网状。
    3. 叶顶端渐尖；花梗无毛，萼片脱落，总状花序在果时不密集；短角果基部钝圆 ………………………………………… **2. 宽叶独行菜 L. latifolium** Linn.
    3. 叶顶端钝；花梗有毛，萼片宿存，花序在果期密集成头状；短角果基部心形 ………………………………………… **3. 钝叶独行菜 L. obtusum** Basin.
1. 一年生或二年生草本。
  4. 花序在果期略成头状，不伸长或稍伸长，长不超过 2 cm ………………………… ………………………………………… **6. 头花独行菜 L. captatum** Hook. f. et Thoms.
  4. 花序在果期伸长成总状，长 5～10 cm。
    5. 植株有短柱状毛；基生叶二回羽状裂 ………… **4. 柱毛独行菜 L. ruderale** Linn.

5. 植株有头状腺毛；基生叶一回羽状裂 …………… **5. 独行菜 L. apetalum** Willd.

1. 盐独行菜

Lepidium cartilagineum（J. May.）Thell. in Vierteljahr. Naturf. GeselL. Zürich 51：178. 1906；中国植物志 33：50. 1987；新疆植物志 2（2）：65. 1995；Fl. China 8：30. 2001. ——*Thlaspi cartilagineum* J. May. in Abhandl. Böhm. Ges. Wiss.（Math. -Nat.）235. t. 7. 1786.

多年生草本，高 16～38 cm。茎直立，不分枝或仅上部分枝，密被单毛。基部有枯叶柄所成之纤维。基生叶密集，肉质，近圆形、椭圆状卵形或长圆形，长 2.5～5.5 cm，宽 1.0～3.2 cm，顶端锐尖或钝，基部近圆形，全缘，掌状三出脉，叶脉明显突出、两面被稀疏的单毛，背部有盐粒，叶柄长 2.5～6.0 cm，密被单毛、基部扩大成鞘状，常宿存；茎生叶无柄，长 1.0～2.5 cm，椭圆形、长圆形或披针形，顶端锐尖或钝，基部箭形，抱茎，全缘。圆锥花序，每一总状花序下均有 1 叶状苞片；花小，密集；萼片黄绿色，卵形，外轮长约 1.2 mm，宽约 0.7 mm，背侧顶端呈兜状，内轮长约 1 mm，宽约 0.5 mm，均有宽的膜质边缘，背部具柔毛；花瓣长圆形，白色，长 1.5～2.0 mm，基部具爪。短角果卵状椭圆形，长约 2.5 mm，宽约 2 mm，顶端微具翅，基部圆形，果瓣具脉纹，表面呈网状或蜂窝状，花柱粗短；果梗长 3～4 mm，被柔毛。种子卵状椭圆形，长约 1.5 mm，黄褐色，遇水发黏。 花期 5～6 月，果期 6～8 月。

产新疆：且末（胜利乡，采集人不详 008；药达里克，采集人不详 116）。生于海拔 1 300～3 800 m 的荒漠地带盐渍化土壤。

分布于我国的新疆、内蒙古西部；中亚地区，巴基斯坦，欧洲东南部也有。

2. 宽叶独行菜 图版 62：1～3

Lepidium latifolium Linn. Sp. Pl. 644. 1753；中国植物志 33：51. 图版 10：5～7. 1987；西藏植物志 2：330. 图 110：5～7. 1985；青海植物志 1：426. 图版 88：3～5. 1997；Fl. China 8：30. t. 10：5～7. 2001；青藏高原维管植物及其生态地理分布 339. 2008.

2a. 宽叶独行菜（原变种）

var. **latifolium**

多年生草本，高 30～85 cm。茎直立，多分枝，基部木质化，无毛或仅基部有稀疏毛。叶革质，基生叶及下部茎生叶长圆形或卵形，长 3～6 cm，宽 3～5 cm，顶端急尖或钝圆，基部楔形，全缘或有牙齿，两面有柔毛；叶柄长 1～3 cm；茎上部叶披针形或长椭圆，长 2～5 cm，宽 5～15 mm，无柄。总状花序分枝，呈圆锥状；萼片卵状长圆形或近圆形，长约 1 mm，顶端圆形；花瓣白色，长约 2 mm，瓣片近圆形，爪明显或不明显；雄蕊 6 枚。短角果宽卵形或近圆形，长 1.5～3.0 mm，顶端全缘，基部钝圆，无翅，有柔毛。花柱极短。果梗长2～3 mm。种子宽椭圆形，长约1 mm，红褐色，遇水发黏。 花期5～7月，果期7～9月。

产新疆：阿克陶（琼块勒巴什，青藏队870643）、莎车（达木斯乡，青藏队870745）、皮山（三十里营房，青藏队1167）。生于海拔1 500～4 000 m的河边滩地。

西藏：日土（班摩掌，青藏队1636、76－8750）。生于海拔4 100～4 250 m的沟谷山坡田边荒地。

青海：茫崖（阿拉尔以西，植被地理组125）。生于海拔2 980 m左右的滩地、河谷山沟草地。

分布于我国的新疆、青海、西藏、内蒙古；欧洲南部，非洲北部，亚洲西部和中部，巴基斯坦也有。

2b. 光果独行菜（变种）

var. **affine** C. A. Mey. in Ledeb. Fl. Alt. 3：189. 1831；中国植物志33：51. 1987；新疆植物志2（2）：67. 图版15：4. 1995；青海植物志1：426. 1997；青藏高原维管植物及其生态地理分布 339. 2008. ——*L. latifolium* Linn. Sp. Pl. 644. 1753；Fl. China 8：30. t. 10：5～7. 2001.

本变种与原变种的区别在于：短角果无毛或近无毛。

产新疆：乌恰（吉根乡，司马义036）、英吉沙（菜地，英071）、阿克陶（琼块勒巴什，青藏队吴玉虎87643）、塔什库尔干（塔合曼乡，采集人不详113）、莎车（达木斯乡，青藏队吴玉虎87745）、皮山（Keyikequ，青藏队吴玉虎1813）、策勒（奴尔乡，青藏队吴玉虎1910）、且末（采集地和采集人不详，145）、若羌（县城附近，高生所西藏队3008；果园，崔乃然132）。生于海拔1 280～4 250 m的农业区田边、果园、含盐的沙滩、低山带的冲积扇、宽谷河漫滩、沟谷山坡草地。

青海：格尔木。生于海拔2 200～3 000 m的戈壁荒漠盐碱沙滩、干旱山麓、农田边及路边。

分布于我国的新疆、青海、甘肃、陕西北部、西藏；亚洲的中部、西部与北部也有。

3. 钝叶独行菜

Lepidium obtusum Basin. in Bull. Phys.-Math. Acad. Sc. St.-Pétersb. 2：203. 1844；中国植物志33：53. 1987；新疆植物志2（2）：67. 图版15：1～3. 1995；青海植物志1：426. 1997；Fl. China 8：31. 2001；青藏高原维管植物及其生态地理分布 339. 2008.

多年生草本，高20～60 cm。茎直立，多分枝，无毛。叶革质，宽卵形、长圆形或宽披针形，长1.5～9.0 cm，宽0.5～4.0 cm，顶端钝或渐尖，基部渐窄或具耳抱茎，全缘或具疏锯齿，两面均被稀疏单毛，叶脉明显隆起。总状花序在果期呈头状，在果期各总状花序不伸长，近头状；萼片近圆形或宽卵形，长 0.6～1.0 mm，宽 0.6～0.8 mm，具宽的膜质边缘，背部具柔毛；侧蜜腺三角形，不联合，中蜜腺锥形。短角果宽卵形，长宽均约 2 mm，顶端钝圆，先端无翅，基部心形，花柱极短；果梗长 2～4 mm，被短柔毛。种子每室 1 枚，黄褐色，卵形，长约 1 mm，遇水发黏。 果期 7～8 月。

产新疆：叶城（依力克其牧场，黄荣福 C. G. 86－079）、塔什库尔干（班迪乡，周桂玲 092）、阿克陶（奥依塔克林场，杨昌友 75830）。生于海拔 2 300 m 左右的河边草地。

青海：格尔木（采集地不详，植被地理组 217）。生于海拔 2 800 m 左右的戈壁荒漠沟边、沙地，以及绿洲田边、荒地。

分布于我国的新疆、青海；中亚地区各国，蒙古也有。

4. 柱毛独行菜

Lepidium ruderale Linn. Sp. Pl. 645. 1753；中国植物志 33：56. 图版 11：4～7. 1987；新疆植物志 2（2）：69. 图版 16：5～7. 1995；青海植物志 1：425. 1997；Fl. China 8：32. t. 10：4～7. 2001；青藏高原维管植物及其生态地理分布 340. 2008.

一年生或二年生草本，高 6～30 cm。茎直立或斜升，多分枝，密被短柱状毛。基生叶长圆形或披针形，长 2～7 cm，宽 0.5～2.5 cm，二回羽状深裂，顶端裂片披针形，侧裂片披针形、倒披针形或三角形，叶上面无毛，下面、边缘具短柱状毛，叶柄长 0.5～2.0 cm，基部扩大成鞘状，抱茎；茎生叶无柄，抱茎，长 1～4 cm，宽 0.3～1.0 cm，一回或二回羽状浅裂或深裂，有的近全缘。花序花时近头状，果时伸长成总状；萼片倒卵状披针形，长 0.6～1.0 mm，宽约 0.4 mm，黄绿色，有膜质边缘；花瓣无；雄蕊 2 枚，花丝长约 1 mm，花药卵状球形，小；侧蜜腺圆丘状，不联合，中蜜腺无。角果卵圆形，长约 2 mm，宽 1.3～1.5 mm，扁平，无毛，顶端有不明显的微翅，花柱极短，不超出微翅；果梗长 2～3 mm，具柱状毛。种子每室 1 粒，长圆状卵形，长约 1 mm，黄褐色。 花期 4～5 月，果期 5～7 月。

产新疆：乌恰（乌鲁克恰提乡库尔干，司马义 160）、策勒（恰哈乡，青藏队吴玉虎 1653）、塔什库尔干（采集地不详，崔乃然 52）、莎车（达木斯乡，青藏队 870744）。生于海拔 1 800～3 500 m 的沟谷山地、平原、河边沙地、山地草原人畜活动处。

分布于我国的东北、华北、西北、华东、华中各省区；中业地区各国，蒙古，亚洲西部，北美也有。

5. 独行菜

Lepidium apetalum Willd. Sp. Pl. 3：439. 1800；西藏植物志 2：330. 1985；中

国植物志 33：57. 1987；新疆植物志 2（2）：70. 图版 16：1～4. 1995；青海植物志 1：423. 1997；Fl. China 8：33. 2001；青藏高原维管植物及其生态地理分布 338. 2008.

一年生或二年生草本，高 10～60 cm。茎直立或斜升，多分枝，密被微小的头状毛。基生叶窄匙形，长 2～5 cm，羽状浅裂或深裂，顶端裂片长三角形或披针形，侧裂片披针形或条形，两面均无毛，叶柄长 1～2 cm，有时叶片下延成翅；茎生叶条形，窄披针形或披针形，长 1～4 cm，宽 0.4～1.5 cm，羽状深裂、浅裂或全缘，有的有锯齿，无柄。花序为头状，果期伸长成总状，长 5～7 cm；萼片长卵形，长约 1 mm，宽约 0.3 mm，无毛或有柔毛，具宽的膜质边缘；花瓣白色，极小，卵形或线状，或无；雄蕊 4 或 2 枚；侧蜜腺锥形，不联合，中蜜腺无。短角果扁平，宽椭圆形，长约 2.5 mm，宽约 2 mm，无毛，先端有短翅，无花柱；果梗长约 2 mm，有柱状毛。种子每室 1 粒，椭圆形，长约 1 mm，红褐色。 花期 5～7 月。

产新疆：阿克陶（恰尔隆乡，青藏队吴玉虎 4528；恰克拉克至木吉途中，青藏队吴玉虎 870592）、莎车（达木斯乡，青藏队吴玉虎 87744）、塔什库尔干（麻扎种羊场，青藏队吴玉虎 87389、870398；慕士塔格，青藏队吴玉虎 870299）、策勒（解放牧场，青藏队吴玉虎 3962）、于田（普鲁坎羊，青藏队吴玉虎 3772）、且末（阿羌乡昆其布拉克，青藏队吴玉虎 2064）、阿克陶（阿克塔什，青藏队 870117）、皮山（采集地不详，青藏队吴玉虎 1808）、叶城（柯克亚乡，青藏队吴玉虎 87862；依力克其牧场峪谷沟，黄荣福 C. G. 86－106；普沙附近，青藏队吴玉虎 870979；柯克亚山，青藏队吴玉虎 870862；阿克拉达坂北叶恩大湾，青藏队吴玉虎 1540）、和田（火箭乡，安峥皙 181）。生于海拔 2 000～4 200 m 的沟谷山地及平原的山坡、山沟、沙砾地、砾石地及村落附近。

西藏：日土（县城郊区，青藏队吴玉虎 1348）、改则（麻米区附近湖畔，青藏队 10140），生于海拔 4 200～4 500 m 的山坡草地、沟谷山前沙砾滩地、河滩草地。

青海：格尔木（西大滩，青藏队吴玉虎 2905；昆仑桥，吴玉虎 36728；野牛沟，陈世龙 875）、都兰（查查香卡，杜庆 143；俐革旦河，青甘队 1675）、兴海（中铁林场卓琼沟，吴玉虎 45709；唐乃亥乡，吴玉虎 42037、42041、42044、42050、42129；野马台滩，吴玉虎 42189；河卡乡，吴珍兰 089）、玛沁（拉加乡，吴玉虎 6104；拉加乡塔玛沟，区划二组 235）、甘德（黄河北面赛欠河谷，吴玉虎 5831）、玛多（县国营牧场，吴玉虎 226；县城后山，吴玉虎 1632）。生于海拔 2 780～4 300 m 的沟谷山坡撂荒地、山谷路口崖下、山前荒地、河谷阶地、滩地高寒干旱草原、河谷滩地疏林田埂、山地圆柏林缘草地。

分布于我国的东北、华北、西北、西南诸省区；亚洲及欧洲也有。

6. 头花独行菜 图版 62：4～7

Lepidium captatum Hook. f. et Thoms. in Journ. Linn. Soc. Bot. 5：175.

图版 **62** 宽叶独行菜 **Lepidium latifolium** Linn. 1. 植株；2. 果实；3. 花。头花独行菜 **L. captatum** Hook. f. et Thoms. 4. 植株；5. 果实；6. 花；7. 毛。（引自《中国植物志》，王金凤绘）

1861；西藏植物志 2：331. 图 110：1～4. 1985；中国植物志 33：54. 1987；青海植物志 1：423. 图版 88：1～2. 1997；Fl. China 8：32. t. 10：1～4. 2001；青藏高原维管植物及其生态地理分布 339. 2008. ——*L. kunlunshanicum* G. L. Zhou et Z. X. An in Acta Coll. Agric. August-1 Xinjiang. 13（3）：48. 1990.

一年生或二年生草本；茎匍匐或近直立，长达 20 cm，多分枝，铺散，具腺毛。茎生叶及下部叶羽状半裂，长 2～6 cm，基部渐窄成柄或无柄，裂片长圆形，长 3～5 mm，宽 1～2 mm，顶端急尖，全缘，两面无毛；上部叶相似但较小，羽状半裂或仅有锯齿，无柄。总状花序腋生，花紧密排列成近头状，果期长达 3 cm；萼片长圆形，长约 1 mm；花瓣白色，倒卵状楔形，与萼片等长或稍短，顶端凹缺；雄蕊 4 枚。短角果卵形，长 2.5～3.0 mm，宽约 2 mm，顶端微缺，无毛，有不明显翅；果梗长 2～4 mm。种子 10 粒，长圆状卵形，长约 1 mm，浅棕色。 花果期 5～6 月。

产西藏：改则（康托区米巴，青藏队 10140）。生于海拔 4 570 m 左右的沟谷山坡草地、沟谷山地高寒草地。

青海：兴海（青根桥，王作宾 20122）、久治（白玉乡，藏药队 628）、玛沁（雪山乡，玛沁队 382）、曲麻莱（城郊，刘尚武 722），生于海拔 3 600～4 200 m 的沟谷河滩、山坡草地、干旱河谷草地。

分布于我国的青海、西藏、四川、云南；印度，尼泊尔，不丹，巴基斯坦，克什米尔地区也有。

6. 群心菜属 Cardaria Desv.

Desv. in Journ. Bot. 3：163. 1814.

多年生草本，有单毛。茎直立或近直立，多从基部分枝。基生叶有柄，长圆状椭圆形；茎生叶无柄，披针形至卵状长圆形，基部耳状，抱茎，全缘或有齿。总状花序伞房状；萼片长圆形，有宽的白色膜质边缘；花瓣白色；雄蕊 6 枚。短角果不开裂，宽卵形至心形，膨胀，无翅，花柱宿存，明显。种子卵形，垂生，红褐色，遇水发黏；子叶背倚胚根。

约 3 种，分布于欧洲及亚洲。我国有 3 种，昆仑地区产 1 种。

1. 球果群心菜 图版 63：1～2

Cardaria chalepensis（Linn.）Hand.-Mazz. in Ann. Nat. Hofmus. Wien. 27：55. 1913；西藏植物志 2：332. 1985；中国植物志 33：61. 图版 12：4～6. 1987；新疆植物志 2（2）：72. 图版 17：4～5. 1995；Fl. China 8：34. 2001；青藏高原维管植物及其生态地理分布 320. 2008. ——*Lepidium chalepense* Linn. Gen. Pl. 2. 1756.

多年生草本，高 17～40 cm，密被柔毛，向上渐少。茎直立，多分枝。基生叶有柄，匙形或倒卵形，连柄长 4～8 cm，宽 0.6～2.0 cm，全缘或有波状齿，早枯；茎生叶匙形，倒卵形、披针形或长圆形，长 3.0～9.5 cm，宽 2～4 cm，顶端钝、渐尖或有小尖头，基部渐窄或具耳，抱茎，全缘，波状齿或不规则锯齿。总状花序顶生及腋生，形成圆锥状或伞房状花序；萼片矩圆形，长 2.0～2.5 mm，宽约 1.2 mm，有宽的膜质边缘；花瓣白色，长 3～4 mm，宽约 1.4 mm，瓣片倒卵形或椭圆形，具爪；雄蕊 6 枚；侧蜜腺三角形，不联合，中蜜腺锥形。短角果宽卵形或近球形，膨胀，长 4～5 mm，宽 5～6 mm，无毛，有不明显的脉纹；花柱长约 1.5 mm；果梗无毛，长 0.6～1.0 cm。种子每室 1 粒，椭圆形，长 2.5 mm，褐色。　花期 5～6 月，果期 7～8 月。

产新疆：阿克陶（奥依塔克林场，采集人不详 92 - 2327）、且末（县城郊区，杨昌友 75720）、皮山（跃进卡尔苏，安峥皙 055）、喀什（前进三牧场，R 1121）。生于海拔 1 400～3 500 m 的戈壁滩草原带、荒漠带的河谷草地、路边、农田旁、河谷林带下、山前冲积扇。

分布于我国的新疆、甘肃、西藏；亚洲的中部与西部，欧洲也有。

7. 高河菜属 Megacarpaea DC.

DC. Syst. Nat. 2：417. 1821.

多年生草本，根粗壮。茎直立，分枝。基生叶大，羽状分裂，裂片长圆状披针形或线形，全缘或有锯齿，被柔毛；茎生叶相似，较小。圆锥花序，果期伸长，花两性或单性，雌雄同株；花白色、黄色或紫色；萼片宽椭圆形；花瓣倒卵形，长于萼片，顶端有时有钝齿；雄蕊 6～16 枚，近相等；侧蜜腺半环形，内侧敞开，中蜜腺与侧蜜腺相接；子房倒卵圆形，2 室，每室胚珠 1 枚，顶端凹陷，花柱短或近无。短角果大，2 果瓣横向连接成“∞”形，成熟时分离，每果瓣内包裹 1 粒种子；假隔膜很窄，近膜质。种子大，近圆形，棕色或黑棕色，子叶缘倚胚根。

约 7 种，主要分布于中亚及喜马拉雅地区。我国有 3 种 4 变种 1 变型，昆仑地区产 1 变种。

1. 高河菜

Megacarpaea delavayi Franch. in Bull. Soc. Bot. France 33：406. 1886；中国植物志 33：73. 图版 14：4～7. 1987.

1a. 高河菜（原变种）

var. **delavayi**

昆仑地区不产。

1b. 短羽裂高河菜（变种） 图版 63：3～6

var. **pinnatifida** P. Danguy in Bull. Mus. Nat. Hist. Nat. Paris 17：266. 1911；中国植物志 33：75. 1987；青海植物志 1：428. 图版 88：6～9. 1997；青藏高原维管植物及其生态地理分布 341. 2008. ——*M. delavayi* Franch. Bull. Soc. Bot. France 33：406. 1886；Fl. China 8：39. t. 17：4～7. 2001.

多年生草本，高 20～30 cm。根粗壮，纺锤形或圆锥形，长约 15 cm，粗约 3 cm；根颈密被残存的革质叶柄。茎直立，单一或上部分枝，无毛或近无毛。基生叶长椭圆形，长 9～15 cm，宽 2～4 cm，一回羽状裂，密被白色柔毛，以叶缘为多，具长叶柄。圆锥花序，每一总状花序下均有 1 枚叶状苞片，苞片三角形，全缘或有齿，基部具耳，抱茎，两面密被白色柔毛；萼片卵状长圆形，长约 7 mm，宽约 2 mm，基部呈囊状，具明显脉纹及柔毛，有宽膜质边缘；花瓣紫红色，线状长圆形，长 9～10 mm，宽约 2.5 mm；雄蕊 6 枚，花药顶端三角形。短角果两果瓣横排成"∞"形，果瓣近圆形或卵圆形，长约 1.6 cm，宽 1.5～2.0 cm，周围有宽 5～6 mm 的翅；果柄长 10～15 mm，被柔毛。种子卵形，长约 1 cm、宽约 6 mm，黄褐色。 花期 6～7 月，果期 7～8 月。

产青海：久治（年宝山北坡，果洛队 400；龙卡湖，藏药队 750；年宝山希门错湖，藏药队 23920）。生于海拔 4 100～4 200 m 的沟谷山地灌丛草甸、山涧河谷林缘草甸。

分布于我国的青海、甘肃、四川。

8. 菥蓂属 Thlaspi Linn.

Linn. Sp. Pl. 645. 1753.

一年生、二年生或多年生草本，全株无毛。茎直立，不分枝或分枝。基生叶莲座状，倒卵形或长圆形，叶柄短；茎生叶多为卵形或披针形，基部心形，抱茎，全缘或有锯齿。总状花序顶生，结果时伸长；萼片直立，基部不呈囊状，常有宽的膜质边缘；花瓣白色或粉红色；侧蜜腺半月形、不会合，外侧具附属物，中蜜腺无；子房 2 室，有 2～16胚珠，柱头头状。短角果开裂，扁压，倒卵状长圆形、圆形、倒心形或倒三角形，微有翅或宽翅，顶端常稍凹陷，无毛；假隔膜窄，膜质。种子椭圆形，子叶缘倚胚根。

约 60 种，多产于欧亚大陆的温带。我国有 6 种，昆仑地区产 1 种。

1. 菥蓂 图版 63：7～9

Thlaspi arvense Linn. Sp. Pl. 646. 1753；西藏植物志 2：334. 1985；中国植物志 33：80. 图版 17：14. 1987；青海植物志 1：430. 1997；新疆植物志 2（2）：83.

图版 63　球果群心菜 **Cardaria chalepensis**（Linn.）Hand. - Mazz.1. 果枝；2. 果。短羽裂高河菜 **Megacarpaea delavayi** Franch. var. **pinnatifida** P. Danguy 3. 叶；4. 花；5. 果；6. 花（果）枝。菥蓂 **Thlaspi arvense** Linn. 7. 植株；8. 花；9. 果。（1～2. 引自《新疆植物志》，谭丽霞绘；3～6. 王颖绘；7～9. 引自《中国植物志》，吴彰桦绘）

图版 21：1～3. 1995；Fl. China 8：41. t. 16：1～4. 2001；青藏高原维管植物及其生态地理分布 352. 2008.

一年生草本，高 18～40 cm，无毛。茎直立，通常不分枝，或仅中上部分枝，具棱。基生叶长圆状倒卵形、倒披针形或披针形，长 4～5 cm，宽 1.0～1.5 cm，基部箭形，抱茎，全缘或有疏齿。总状花序顶生；萼片卵形，长约 2 mm，黄绿色，具宽的膜质边缘；花瓣白色，长圆状倒卵形，长 2.0～2.5 mm；雄蕊 6 枚，花药卵球形；侧蜜腺不联合，三角形，中蜜腺宽三角形。短角果近圆形，长约 1.5 cm，宽约 1.4 cm，扁压，周围具宽约 3 mm 的翅，花柱两侧无翅而下凹。种子每室 6～8 粒，倒卵形，长约 1.5 mm，稍扁平，黄褐色，有指纹状条纹。 花期 4～5 月，果期 5～7 月。

产新疆：乌恰（吉根乡，采集人不详 73-166）、塔什库尔干（县城郊区，采集人不详 306；瓦恰乡，周桂玲 090）。生于海拔 2 800 m 左右的农田边、山坡路旁。

西藏：日土（县城郊区，青藏队吴玉虎 1630）。生于海拔 4 200 m 左右的高原湖滨滩地农田边、山坡撂荒地。

青海：兴海（中铁林场恰登沟，吴玉虎 44922）、久治（索乎日麻乡斗曲，果洛队 273；索乎日麻乡附近，藏药队 397、399；县城附近，藏药队 172；智青松多，果洛队 673）、玛沁（军功乡，吴玉虎等 4625；军功乡附近，H. B. G. 303）、曲麻莱（巴干乡拉交沟，刘尚武 930；东风乡上年错，黄荣福 158）。生于海拔 3 000～4 100 m 的河谷阶地、荒地和河滩草丛、山地阔叶林缘草地。

分布于我国的各省区；亚洲，欧洲，非洲也有。

9. 荠属 **Capsella** Medic.

Medic. Pflanzengatt. 85，99. 1792.

一年生或二年生草本；茎直立或近直立，单一或从基部分枝，无毛、具单毛或分枝毛。基生叶莲座状，大头羽状、羽状裂或全缘，有柄，茎生叶无柄，具齿或全缘，基部具耳，抱茎。总状花序伞房状，果期伸长；萼片直立，同型；花瓣白色，匙形；雄蕊 6 枚；侧蜜腺不会合，半月形，外侧常有 1 附属物，中蜜腺无；子房 2 室，花柱极短。短角果倒三角形或倒心形，扁压，开裂，无翅，无毛，果瓣舟状，具网状脉。种子每室 6～12 粒，椭圆形，棕色，子叶背倚胚根。

约 5 种，主产地中海地区、欧洲及亚洲中部。我国仅 1 种，遍布全国；昆仑地区也产。

1. 荠

Capsella bursa-pastoris（Linn.）Medic. Pflanzengatt. 1：85. 1792；Фл. Казах.

4：338. 1961；西藏植物志 2：337. 图 113：4～6. 1985；中国植物志 33：85. 图版 14：1～3. 1987；青海植物志 1：431. 1997；新疆植物志 2（2）：85. 1995；Fl. China 8：43. t. 17：1～3. 2001；青藏高原维管植物及其生态地理分布 318. 2008. ——*Thlaspi bursa-pastoris* Linn. Sp. Pl. 647. 1753.

一年生或越年生草本，高 10～45 cm，无毛、有单毛或分枝毛。茎直立或于基部分枝。基生叶多数，丛生呈莲座状，连柄长 1～9 cm，宽 2～20 mm，全缘或有疏牙齿、羽状浅裂、深裂或大头羽状裂；茎生叶无柄，条形或披针形，长 1.5～7.0 cm，宽 3～15 mm，顶端锐尖，基部箭形，抱茎。总状花序顶生或腋生，果期伸长，可达 25 cm；萼片卵状长圆形，长约 1.5 mm，宽约 0.7 mm，有宽的膜质边缘；花瓣白色，倒卵形，长约 2 mm，有短爪。短角果倒三角形或倒心脏形，长约 6 mm，宽约 5 mm，扁压，无毛，先端微凹，果瓣上具网脉；花柱长约 0.5 mm；果梗长 1.0～1.2 cm。种子每室 2 行，多数，长椭圆形，长约 1 mm，宽约 0.5 mm，黄褐色。 花果期 5～7 月。

产新疆：乌恰（吉根乡，李振武 73-105）。生于海拔 3 000 m 左右的农业区山坡、农田及其附近荒地。

青海：兴海（大河坝乡赞毛沟，吴玉虎 47220；中铁林场中铁沟，吴玉虎 45618、45624；赛宗寺后山，吴玉虎 46410；中铁乡附近，吴玉虎 42828、42829；唐乃亥乡，吴玉虎 42003、42008、42112；中铁乡至林场途中，吴玉虎 43039、43050、43140）。生于海拔 2 790～3 720 m 的河滩砾地、沟谷山地阴坡高寒灌丛草甸、河谷阳坡山麓灌丛。

分布于我国的各省区。世界温带地区均有。

10. 藏荠属 Hedinia Ostenf.

Ostenf. in Sven Hedin Southern Tibet 77. t. 1. f. 2. 1922.

多年生草本，被白色单毛或分枝毛。茎于基部分枝，向四周平卧或铺散。叶羽状全裂，有多对裂片，裂片披针形；基生叶与下部茎生叶有短柄，上部茎生叶无柄。花序花时伞房状，每花下均有 1 叶状苞片，果时伸长成总状，或花单生于叶腋；萼片开展，长圆状椭圆形；花瓣白色，小，匙形，具爪；侧蜜腺不联合，呈外“八”字形，中蜜腺无；子房胚珠多数，花柱短，柱头头形。短角果圆形、椭圆形、纺锤形或条形，扁压，常扭曲，2 室、稍开裂，果瓣具龙骨状脊，无翅，无毛或稍有毛。种子每室 10～16 粒，长圆状椭圆形，子背倚胚根。

约 4 种，分布于阿尔泰山、天山及喜马拉雅山的高山区。我国有 1 种，昆仑地区亦有。

1. 藏 荠 图版 64：1～4

Hedinia tibetica（Thoms.）Ostenf. in Sven Hedin Southern Tibet 77. 1922；西藏

植物志 2：337. 图 113：4～5. 1985；中国植物志 33：86. 图版 18：1～3. 1987；新疆植物志 2（2）：86. 图版 22：1～4. 1995；青海植物志 1：431. 图版 89：1～2. 1997；Fl. China 8：45. t. 18：1～3. 2001；青藏高原维管植物及其生态地理分布 338. 2008. ——*Hutchinsia tibetica* Thoms. in Hook. f. Icon. Pl. 9. t. 900. 1852. ——*H. rotundata* Z. X. An in Acta Bot. Bor.-Occ. Sin. 10（4）：322. f. 1. 1990. ——*H. taxkorganica* G. Linn. Zhou et Z. X. An in Acta Bot. Bor.-Occ. Sin. 10（4）：323. f. 2. 1990.

多年生草本，密被白色柔毛及分枝毛。茎于基部分枝，铺散，上升，长 5～15 cm。叶同型，二回羽状裂，长约 1.3 cm，宽约 8 mm，顶端裂片较大，钝圆，侧裂片小，锯齿状；基生叶柄长 1.3～15.0 cm，茎生叶无柄。总状花序每花下均有 1 叶状苞片，在结果时伸长；萼片长圆状卵形，长约 2 mm，宽约 1 mm，背部具白色柔毛，有宽的白色边缘；花瓣白色，卵圆形，长约 3 mm，基部有爪。短角果长圆状椭圆形，长 4.5～6.0 mm，扁压，开裂，两端钝圆，成熟果瓣具明显的网纹，背部具 1 显著的脊，边缘直或稍起伏，无毛；果梗长约 3 mm，花柱长 0.5 mm。种子每室多数，椭圆形或卵形，红褐色，长约 1 mm。 花果期 6～8 月。

产新疆：阿克陶（慕士塔格峰下，青藏队吴玉虎 5095）、塔什库尔干（红其拉甫，周桂玲 028）、和田（阿克赛钦，安峥皙 089；天文点，青藏队吴玉虎 1247）、于田（普鲁火山区，青藏队吴玉虎 3708）、且末（解放牧场，青藏队吴玉虎 3063）、若羌（木孜塔格峰雪照壁东面，青藏队吴玉虎 2262；祁漫塔格北坡，青藏队吴玉虎 2678；喀什克勒河，青藏队吴玉虎 4176）。生于海拔 4 000～5 160 m 的高山及亚高山带荒漠草原、沟谷山地高山草甸、高山流石滩稀疏植被带、高山垫状植被带。

西藏：日土（热帮区，高生所西藏队 3522、3526）、班戈（到申扎途中，青藏队那曲分队 10626），生于海拔 4 000～4 700 m 的沟谷山坡草地、宽谷河滩高寒草甸、高原湖边沙砾地、河谷阶地草地、高山流石坡。

青海：格尔木（昆仑山北坡，黄荣福 C. G. 81-314、青藏队吴玉虎 2822；昆仑山，吴玉虎 36923；西大滩对面玉珠峰北坡，吴玉虎 36843、36847、36858、36861、36871、36876、36905；昆仑山北坡，吴玉虎 36935）、都兰（巴隆乡昆仑山北坡，吴玉虎 36343B）、兴海（鄂拉山，张盍曾 63-096；河卡山，郭本兆 6320、6730；河卡乡科学滩开特沟，何廷农 203；温泉乡曲隆，H. B. G. 1395）、玛沁（大武乡冬场，玛沁队 313；大武乡乳品厂牧场，H. B. G. 528）、达日（建设乡，陈桂琛等 1706）、久治（索乎日麻乡，果洛队 280；索乎日麻乡附近，藏药队 532）、玛多（城郊，吴玉虎等 1164；黑河乡，陈桂琛等 1781；黑河乡大野马岭，吴玉虎 39021；野马滩，李秉文 72-193；布青山南面，植被地理组 544；县城，吴玉虎 1164；扎陵湖畔，吴玉虎 1544；巴颜喀拉山北坡，陈桂琛等 1994；黑海乡，吴玉虎 28881；清水乡，吴玉虎 28995；野牛沟，郭本兆 132）、曲麻莱（东风乡，黄荣福 157；县城附近，刘尚武 623、625；秋智乡政府附近，刘尚武和黄荣福 753)、称多（巴颜喀拉山南坡，吴玉虎 41356、41361；清水河乡，苟新京 83－4)。生于海拔 3 600～4 600 m 的沟谷山坡草甸、高寒草甸裸地、高山流石滩稀疏植被带、河谷滩地、阳山坡砾石地低湿处、山谷河岸边沙砾地。

分布于我国的新疆、青海、甘肃、西藏、四川；印度，尼泊尔也有。

11. 双脊荠属 **Dilophia** Thoms.

Thoms. in Hook. f. Kew Journ. 4 (5)：19. 1853.

一年生至多年生草本，无毛或具单毛。茎直立，多分枝。叶肉质，匙形或线形，全缘或具数齿，基部渐窄成柄。花序花密集，多数，近头状或伞房状；萼片卵形，开展，常宿存，有膜质边缘；花瓣白色，匙形，侧蜜腺半月形，不联合，具等长的附属物，从基部伸出，弯曲，中蜜腺无。短角果近倒心形，扁压，开裂，果瓣背部浅囊状，常有 2 脊，无毛，假隔膜不完全。种子每室 2 行，小，长圆形，棕色，子叶背倚胚根。

约 5 种，分布于中亚至喜马拉雅地区。我国产 3 种，昆仑地区均产。

分 种 检 索 表

1. 二年生草本；花序中无苞叶 ………………………… **2. 无苞双脊荠 D. ebracteata** Maxim.
1. 多年生草本；花序中杂有苞叶。
    2. 果瓣附属物翅状，假隔膜上有孔 …………………… **3. 盐泽双脊荠 D. salsa** Thoms.
    2. 果瓣附属物为不整齐的小刺或小瘤，无假隔膜 …… **1. 双脊荠 D. fontana** Maxim.

1. 双脊荠 图版 64：5～7

Dilophia fontana Maxim. in Bull. Acad. Sci. St.-Pétersb. 26：423. 1880；西藏植物志 2：339. 图 114：1～3. 1985；中国植物志 33：92. 图版 19：1～3. 1987；新疆植物志 2 (2)：90. 图版 24：4～6. 1995；青海植物志 1：433. 1997；青藏高原维管植物及其生态地理分布 325. 2008. ——*Taphrospermum fontanum* (Maxim.) Al-Schehbaz et G. Yang in Al-Schehbaz Harvard Pap. Bot. 5 (1)：104. 2000；Fl. China 8：173. 2001.

多年生草本，高 6～10 cm。茎直立或铺散，丛生，被短柔毛。基生叶早枯，茎生叶卵形成长圆形，肉质，长 7～14 mm，宽 2～5 mm，顶端钝圆，基部圆形或楔形，全缘或有 1 不明显的齿，无毛；叶柄长 6～15 mm。花序伞房状，结果时不伸长或稍伸长；下部花生于叶腋；萼片宽卵形，长约 1.5 mm，微有柔毛；花瓣白色或紫色，匙形，长约 2 mm，顶端尖凹，具爪。短角果宽卵形或倒心形，长 3～5 mm，宽 5～8 mm，顶端凹陷，基部圆形或截形；果瓣舟状，有瘤状突起、白色小刺，背部具 1 条不明显的脊；

花柱长约 2 mm；无假隔膜；果梗长 4～5 mm，直立。种子 6～7 枚，宽卵形，长约 2 mm。 花期 6～7 月，果期 8 月。

产新疆：策勒（奴尔乡亚门，采集人不详 121）、且末（药达里克，采集人不详 064）。生于海拔 3 800～4 700 m 的沟谷山坡草地、河谷阶地草地、山坡砾石地。

青海：格尔木（西大滩对面昆仑山北坡，吴玉虎 36836、36837B、36883）、都兰（诺木洪乡布尔汗布达山北坡三岔口，吴玉虎 36577、36611、36616、36620、36624、36627、36635）、兴海（温泉乡，刘海源等 560）、曲麻莱（麻多乡，刘尚武等 633；县城附近，刘尚武 741）、达日（吉迈乡，H. B. G. 1246；德昂乡，陈桂琛等 1666）、甘德（上贡麻乡，H. B. G. 888）、玛沁（大武乡，H. B. G. 570；当项尼亚嘎玛沟，区划一组 110；大武乡冬场，玛沁队 311）、称多（珍秦乡，苟新京 83-198；毛洼营，刘尚武 2362）。生于海拔 3 500～4 300 m 的高原草甸、河谷阶地草甸裸地、河滩潮湿沙砾地、河溪畔草甸、高山流石坡下部湿地、泉水出露处砾石草甸。

分布于我国的新疆、青海、甘肃、四川。模式标本采自甘肃。

2. 无苞双脊荠 图版 64：8～9

Dilophia ebracteata Maxim. Fl. Tangut. 1：72. t. 28. f. 34～35. 1889；西藏植物志 2：339. 图 114：4～6. 1985；中国植物志 33：94. 图版 19：4～6. 1987；新疆植物志 2（2）：91. 图版 24：7～8. 1995；青海植物志 1：434. 图版 89：3～5. 1997；Fl. China 8：47. t. 120：4～6. 2001；青藏高原维管植物及其生态地理分布 324. 2008.

二年生草本，高 1～4 cm，无毛，有时带红色。茎单一或多数丛生，肉质，基部有上一年的残余叶。基生叶线形，早枯；茎生叶常聚集在茎的顶端，线状匙形，连叶柄长 5～20 mm，全缘或每侧有 1～3 齿。花序密集如头状，无苞叶；花梗长约 1 mm；萼片宽卵形，长 2～3 mm，顶端圆形，外面有少数柔毛；花瓣白色，倒卵形。长 3.0～3.5 mm。短角果近圆形，长约 2 mm，果瓣具 1 脉，上部有数个鸡冠状突出物。

产新疆：叶城（麻扎，青藏队吴玉虎 1157；柯克亚达坂，青藏队吴玉虎 1473）、和田（大红柳滩，高生所西藏队 3413）、若羌（喀什克勒河，青藏队吴玉虎 4140、青藏队 3079）、且末（采集地不详，青藏队吴玉虎 2082、2609、2611）、策勒（奴尔乡，青藏队吴玉虎 88-1936）。生于海拔 3 900～4 800 m 的高山河谷草甸、河滩碱地、盐生沼泽、沟谷山坡草甸。

西藏：班戈（色哇区，青藏队 2690）。生于海拔 5 100 m 左右的河谷滩地草甸、高山流石滩稀疏植被带。

青海：格尔木（格尔木河，采集人不详 049）、兴海（温泉乡，H. B. G. 1414；鄂拉山垭口，H. B. G. 1383）、玛沁（大武乡，H. B. G. 832）、玛多（县城郊区，吴玉虎 430；花石峡镇，H. B. G. 1499；黄河乡白玛纳，吴玉虎 1008）、曲麻莱（巴银热若山，黄荣福 043)、称多（县城附近，郭本兆 410)。生于海拔 2 780～4 700 m 的沟谷河滩高寒沼泽草甸、溪流河沟草甸、河滩湿地、河谷阶地高寒草甸、高山冰缘湿草甸、泉水出露处。

分布于我国的新疆、青海、西藏。模式标本采自西藏东北部。

3. 盐泽双脊荠 图版 64：10～11

Dilophia salsa Thoms. in Kew Journ. Bot. 5：20. t. 12. 1853；西藏植物志 2：339. 图 114：7～8. 1985；中国植物志 33：94. 图版 19：7～3. 1987；新疆植物志 2 (2)：86. 图版 24：9～10. 1995；青海植物志 1：443. 1997；Fl. China 8：47. t. 120：7～8. 2001；青藏高原维管植物及其生态地理分布 325. 2008.

多年生草本，高 2.0～4.5 cm，无毛。茎多数，丛生。基生叶线形或线状长圆形，肉质，长 1～2 cm，宽 1～2 mm，顶端钝，基部渐窄，全缘或有少数齿，无柄；茎生叶线形，长 1.0～1.5 cm，肉质，绿色或紫色，上部的混入花序成苞叶。花序伞房状；萼片卵形，长约 2 mm，宿存；花瓣白色，匙形，长约 3 mm，顶端微缺。短角果倒心形，直径约 2 mm；果瓣上有 2 翅状突起；花柱长约 1 mm；假隔膜有孔；果梗长约4.5 mm。种子每室 2 粒，卵圆形，长约 1 mm。 花期 6～8 月。

产新疆：叶城（岔路口，青藏队吴玉虎 1215；麻扎达坂，黄荣福 C. G. 86－047；乔戈里山峰，青藏队吴玉虎 1506)、和田（大红柳滩，青藏队吴玉虎 1185)、且末（阿羌乡昆其布拉克，青藏队吴玉虎 2639)、若羌（阿其克库勒，青藏队吴玉虎 2714)、皮山（神仙湾，青藏队吴玉虎 4735)、塔什库尔干（县城，安峥皙 228)。生于海拔3 100～5 100 m 的高山河谷盐化草甸、河谷阶地低洼砾石湿地、高山冰缘湿草甸。

西藏：日土（多玛乡龙木错，青藏队 76－9047)。生于海拔 4 600～5 100 m 的高山湿土沙滩、河谷山坡流水线、山坡下部低湿地、高山冰缘湿地。

青海：玛多（黑河乡，陈桂琛 1783，吴玉虎 430、1008；多曲河畔，吴玉虎 503)、曲麻莱（城郊，刘尚武等 604)；格尔木（采集地不详，青藏队 2859)、兴海（明海长，郭本兆 181)、玛沁（优云乡附近，区划一组 183)。生于海拔 3 200～4 200 m 的河漫滩、沟谷山坡高寒草甸、山麓水湿处、沟谷山坡低洼多盐碱处、河滩砾地、沙砾河滩湿草甸。

分布于我国的新疆、青海、西藏；中亚地区，巴基斯坦，尼泊尔也有。

12. 燥原荠属 Ptilotrichum C. A. Mey.

C. A. Mey. in Ledeb. Fl. Alt. 3：64. 1831.

多年生草本或小半灌木，密被小的星状毛。萼片直立，基部不呈囊状；花瓣白色或

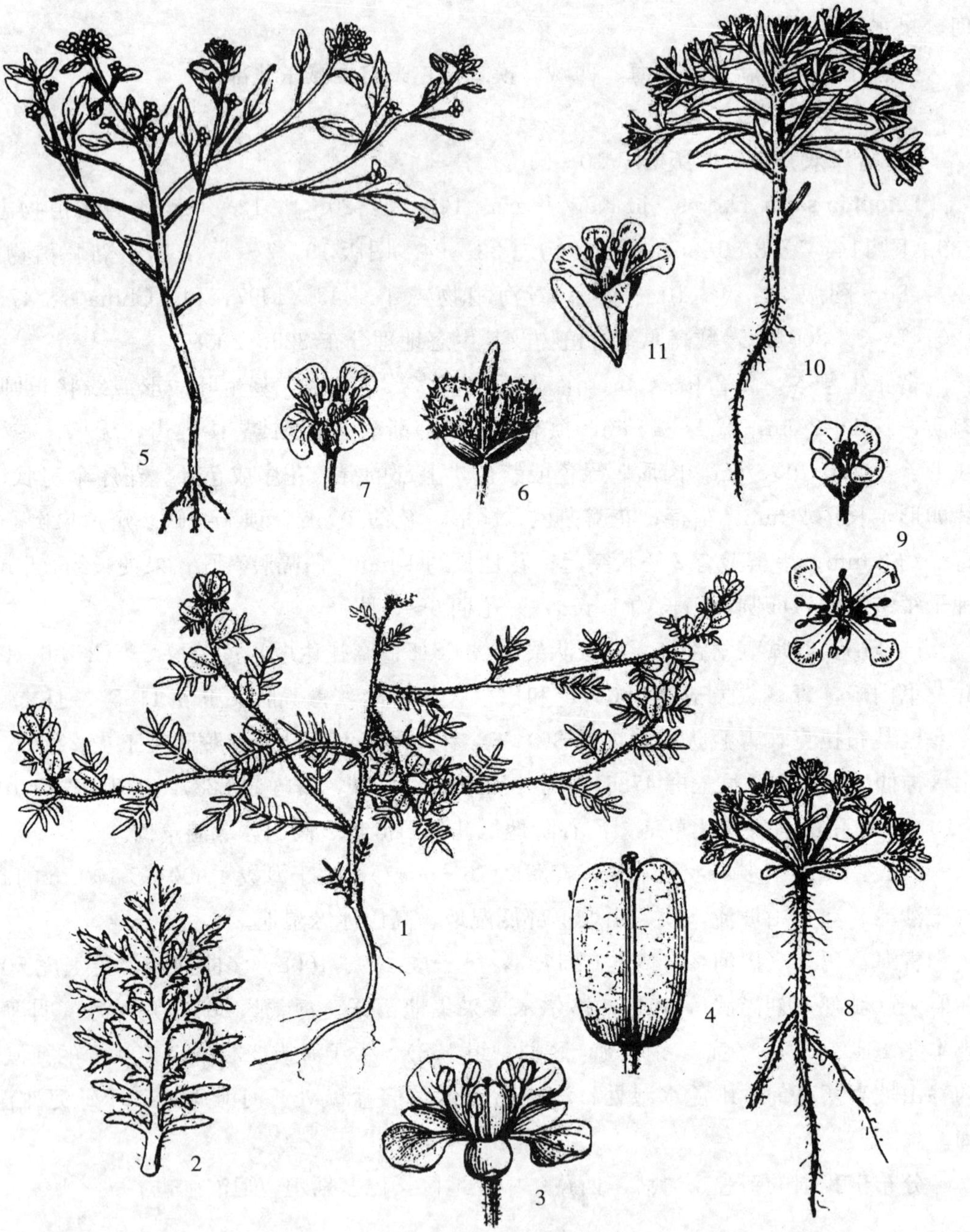

图版 64　藏荠 **Hedinia tibetica**（Thoms.）Ostenf. 1. 植株；2. 叶；3. 花；4. 果。双脊荠 **Dilophia fontana** Maxim. 5. 植株；6. 果；7. 花。无苞双脊荠 **D. ebracteata** Maxim. 8. 植株；9. 花。盐泽双脊荠 **D. salsa** Thoms. 10. 植株；11. 花。（1～7. 引自《新疆植物志》，陈荣道、张荣生绘；8～11. 引自《中国植物志》，吴彰桦绘）

玫瑰红色，基部渐窄成爪；雄蕊花丝无翅或齿；侧蜜腺三角形，不会合，向外伸出长渐尖，中蜜腺无；花柱短，柱头钝，2 浅裂。短角果圆形或宽卵形，果瓣扁平或膨胀；假隔膜柔软。种子每室 2 粒，有边，子叶扁平，缘倚胚根。

12 种，分布于地中海及中亚地区。我国有 2 种，产北部及西部；昆仑地区均产。

分 种 检 索 表

1. 短角果卵形，假隔膜完整 …………………… **1. 燥原荠 P. canescens** (DC.) C. A. Mey.
1. 短角果椭圆形，假隔膜有大的穿孔，仅四周留 1 窄边 … **2. 西藏燥原荠 P. wageri** Jafri

1. 燥原荠 图版 65：1～6

Ptilotrichum canescens (DC.) C. A. Mey. in Ledeb. Fl. Alt. 3：64. 1831；西藏植物志 2：342. 图 116：1～3. 1985；中国植物志 33：126. 图版 30：1～6. 1987；新疆植物志 2 (2)：105. 图版 30：8～13. 1995；青海植物志 1：434. 1997；青藏高原维管植物及其生态地理分布 347. 2008. ——*Alyssum canescenum* DC. var. *abbreviatum* DC. et var. *elongatum* DC. Syst. Nat. 2：322. 1821. ——*A. canescenum* DC. in Syst. Nat. 2：322. 1821；Fl. China 8：62. t. 30：1～6. 2001.

半灌木，高 5～10 cm，密被小的星状毛、分枝毛、分叉毛，植株呈灰绿色。茎直立或基部稍微铺散而上部直立，近地面处分枝，基部木质化。叶密生，条形或条状披针形，长 7～15 mm，宽 0.7～1.0 (1.2) mm，顶端急尖，全缘。花序花时伞房状，果时伸长而为总状；花梗长 1.0～3.5 mm；萼片长 1.5～2.0 (3.0) mm，外轮宽于内轮，被星状毛，灰绿色或淡紫色，边缘白色；花瓣白色，宽倒卵形，长 3～5 mm，宽 2.0～3.5 mm，顶端圆形，基部渐窄成爪；子房密被小星状毛，花柱长，柱头头状。短角果卵形，长 3～4 (5) mm，宽 2～3 mm；花柱宿存，长约 2 mm；果梗长 2～5 mm。种子每室 1 粒，悬垂于室顶，长圆卵形，长约 2 mm，深棕色。 花期 6～8 月。

产新疆：塔什库尔干（克克吐鲁克，西植所新疆队 1351）、阿克陶（布伦口乡，青藏队吴玉虎 3085）、叶城（岔路口，青藏队吴玉虎 1227）、若羌（阿其克库勒湖南面，青藏队吴玉虎 2202；祁漫塔格山，采集人不详 2148；祁漫塔格山北坡，采集人不详 3964；阿尔金山保护区鸭子泉至阿其克库勒途中，采集人不详 2652）、且末（阿羌乡昆其布拉克，青藏队吴玉虎 265）。生于海拔 3 000～4 900 m 的高寒草原、高寒荒漠草原、沟谷干旱山坡、高山荒漠带、宽谷沙砾滩地。

西藏：日土（班公湖，高生所西藏队 3659；采集地不详，青藏队吴玉虎 1333）、改则（大米滩，高生所西藏队 4303）。生于海拔 4 200～4 450 m 的高原沙地、高寒荒漠草原、山坡沙砾地。

青海：格尔木（三岔河大桥，吴玉虎 36743、36790）。生于海拔 3 445 m 的河谷滩地、河滩荒漠砾地。

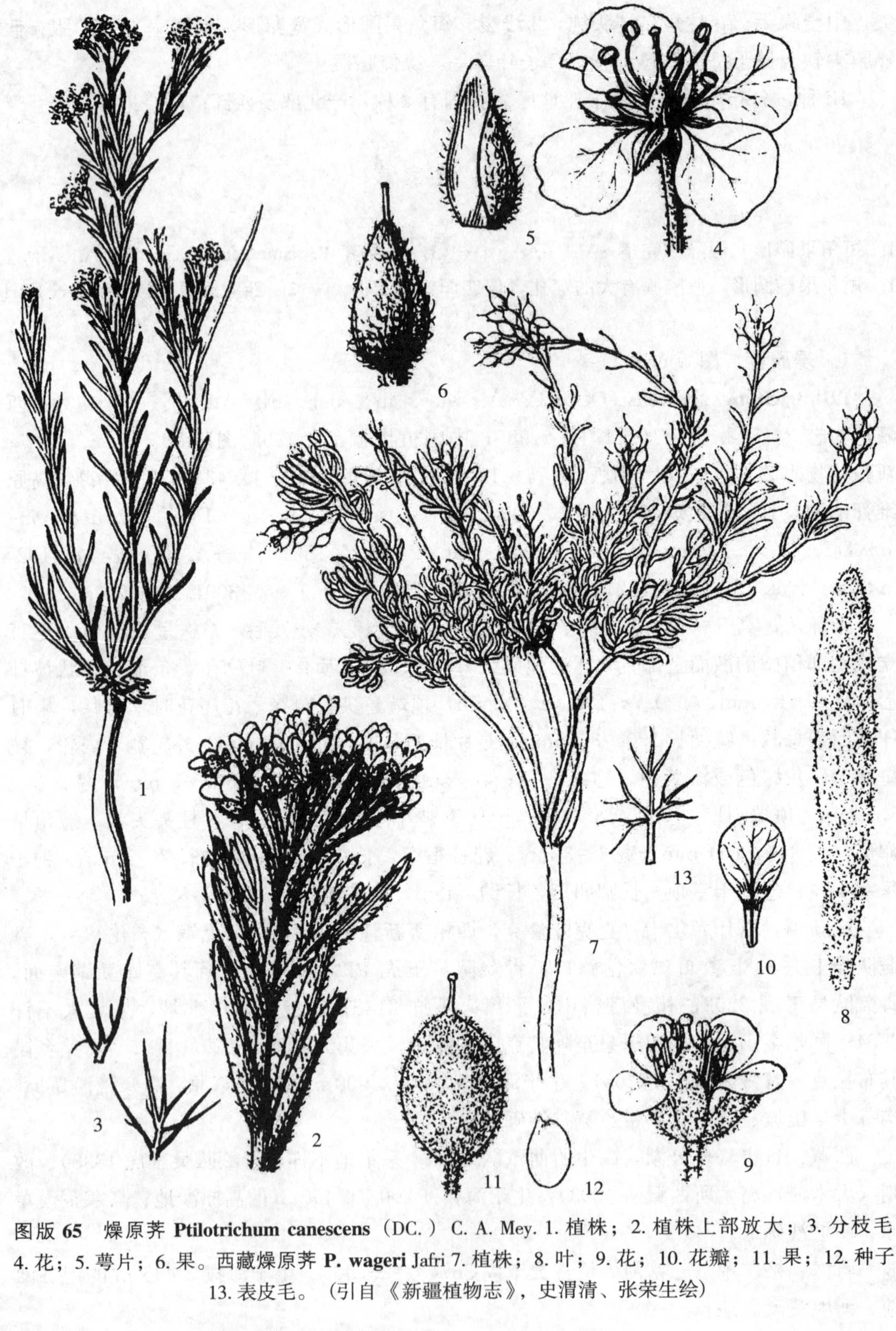

图版 **65**　燥原荠 **Ptilotrichum canescens**（DC.）C. A. Mey. 1. 植株；2. 植株上部放大；3. 分枝毛；4. 花；5. 萼片；6. 果。西藏燥原荠 **P. wageri** Jafri 7. 植株；8. 叶；9. 花；10. 花瓣；11. 果；12. 种子；13. 表皮毛。（引自《新疆植物志》，史渭清、张荣生绘）

分布于我国的华北、西北各省区，以及西藏、黑龙江；俄罗斯西伯利亚也有。

2. 西藏燥原荠 图版 65：7～13

Ptilotrichum wageri Jafri in Not. Roy. Bot. Gard. Edinb. 22（3）：208. 1957；西藏植物志 2：344. 1985；中国植物志 33：127. 1997；新疆植物志 2（2）：105. 图版 30：1～7. 1995；青藏高原维管植物及其生态地理分布 347. 2008. ——*Draba winterbottomii*（Hook. f. et Thoms.）Pohle in Fedde Repert. Spec. Nov. Beih. 32：138. 1925；Fl. China 8：73. t. 33：1～5. 2001.

多年生草本，高 6～8 cm，全株密被星状毛，植株呈灰绿色。于根颈处分枝，有不育枝。茎直立，基部有宿存的枯叶柄。叶线形，长 7～15 mm，宽 1～2 mm，或茎上叶稍小，稍肉质，两边内卷，顶端急尖。花序花时伞房状，果时伸长成总状；花梗长约 3 mm；萼片长圆状倒卵形，长约 2 mm，常带紫色，边缘白色，外轮较内轮窄；花瓣白色，椭圆形，长约 3 mm，顶端圆形，基部突窄成爪；雄蕊花丝细，长约 2 mm，花药卵状长圆形，长约 0.5 mm，基部略为叉开，侧蜜腺不联合，三角形，位于短雄蕊两侧，中蜜腺为小的突起，位于长雄蕊之间；子房卵形，密被毛，稍长于花柱。果梗长 3～7 mm；短角果椭圆形，长约 5 mm，宽约 3 mm，扁压，果瓣扁平，无脉，顶端急尖，基部钝；假隔膜中央有大穿孔，花柱长约 1.5 mm。种子每室 1 粒，长圆形，长约 2 mm，棕色；无边。 花期 6～7 月。

产新疆：阿克陶（布伦山，西藏考察队 3085）、塔什库尔干（克克吐鲁克，西植所新疆队 1351）。生于海拔 3 560～4 300 m 的沟谷山地高寒荒漠、宽谷湖盆高寒草原、沟谷山坡水蓼草地、河谷沙滩。

西藏：日土（班公湖西段，高生所西藏队 3659；多玛区，高生所西藏队 3450）。生于海拔 4 200～4 500 m 的宽谷湖盆沙砾地、高原湖边高寒草原砾地。

分布于我国的新疆、西藏。模式标本采自西藏定日绒布寺。

13. 葶苈属 Draba Linn.

Linn. Sp. Pl. 642. 1753.

一年生、二年生或多年生草本。植株矮小，多呈稠密或疏松的草丛，茎与叶多被有单毛、叉状毛、星状毛、分枝毛。单叶，有柄或无柄，基生叶呈莲座状。花序花时伞房状，果时伸长成总状，或不伸长而为头状；苞片有或无；萼片长圆形或椭圆形，内轮较外轮宽，基部不呈囊状或稍囊状，边缘透明，白色；花瓣黄色或白色，倒卵状楔形，顶端常微凹，基部大多呈窄爪；雄蕊花丝细或基部扩大，花药卵形或长圆形，侧蜜腺不联合，位于雄蕊两侧，中蜜腺无；雌蕊花柱圆锥状或丝状，柱头头状或 2 浅裂。果实多为短角果，多卵形或长圆形，部分为披针形或条形而为长角果状，直或扭转，具假隔膜，扁平或扁压，开裂。种子小，每室 2 行，卵形或椭圆形，子叶缘倚胚根。

约 300 种，主要分布于北半球的北部高山地带。我国有 54 种 25 变种 3 变型，主要分布于西南、西北高山地区；昆仑地区产 21 种 15 变种。

分种检索表

1. 植株矮小，高（1）2～6（10）cm；花葶无叶或有 1～3 叶。
  2. 花黄色。
    3. 根状茎很长，其上有宿存的叶柄 …………………………………………………… 1. **总苞葶苈 D. involucrata**（W. W. Smith）W. W. Smith
    3. 根状茎不是很伸长，众多的分枝密集在一起。
      4. 花序在结果时伸长成总状。
        5. 叶椭圆状披针形，质薄，无硬纤毛 ………… 2. **高山葶苈 D. alpina** Linn.
        5. 叶条形，稍粗糙，有硬纤毛 ……………… 3. **刚毛葶苈 D. setosa** Royle
      4. 花序在结果时不伸长，呈伞房状或头状。
        6. 叶长圆形至倒披针形，被单毛、叉状毛、少量分枝毛 ……………………………………………………… 4. **喜山葶苈 D. oreades** Schrenk
        6. 叶窄倒卵形或长倒卵形。
          7. 被长单毛、叉状毛 ……………… 5. **沼泽葶苈 D. rockii** O. E. Schulz
          7. 密被长单毛、叉状毛、星状分叉毛 …………………………………………………… 19. **衰老葶苈 D. senilis** O. E. Schulz
  2. 花白色。
    8. 花序在果时伸长成总状。
      9. 茎中下部被稀疏的星状毛、分枝毛；角果扁平 …………………………………………………… 6. **屠氏葶苈 D. turczaninowii** Pohle et N. Busch
      9. 茎上被星状毛直至花梗；角果稍膨胀，有时扭转 …………………………………………………… 7. **西藏葶苈 D. tibetica** Hook. f. et Thoms.
    8. 花序轴在结果时不伸长或稍伸长。
      10. 短角果密集成伞房状。
        11. 基生叶倒披针形，顶端渐尖，全缘或稍有锯齿，基部渐窄成柄；两面被星状毛、单毛及叉状毛；短角果卵形 …………………………………………… 20. **丽江葶苈 D. lichiangensis** W. W. Smith
        11. 基生叶披针形或长圆形，顶端渐尖，全缘或两缘有 1～2 锯齿，基部渐窄；两面被长单毛、叉状毛为主，少量分枝毛；短角果椭圆形、长椭圆形或卵形 ……… 8. **阿尔泰葶苈 D. altaica**（C. A. Mey.）Bunge

10. 短角果密集成圆头状 ……………………… **9. 球序葶苈 D. glomerata** Royle

1. 植株中等高，一般在 10 cm 以上；茎上通常有叶 3 枚以上。

12. 花黄色。

13. 植株下垂或直立，铺散，茎从基部分枝 ……………………………………………………………… **21. 椭圆果葶苈 D. ellipsoidea** Hook. f. et Thoms.

13. 植株劲直，单一或分枝。

14. 果实为卵形之短角果……………………… **16. 毛葶苈 D. eriopoda** Turcz.

14. 果实为条形之长角果，或为椭圆形、长椭圆状之短角果，如为短角果，果梗长于角果。

15. 果梗上有长单毛，至少在近角果处如此 ………………………………………………… **17. 狭果葶苈 D. stenocarpa** Hook. f. et Thoms.

15. 果梗无毛 ………………………………… **18. 葶苈 D. nemorosa** Linn.

12. 花白色。

16. 果实为条形、宽披针形或长椭圆状披针形。

17. 花序下面数花常有苞叶；长角果条形 … **10. 苞序葶苈 D. ladyginii** Pohle

17. 花序中各花无苞叶；长角果长圆披针形 ………………………………………………………………………… **11. 锥果葶苈 D. lanceolata** Royle

16. 果实为椭圆形或卵圆形。

18. 茎上密生长单毛，杂有有柄的 2 叉毛、星状毛或分枝毛。

19. 茎生叶宽卵形或长椭圆形；叶被单毛、叉状毛与 4 辐枝星状毛…………………………………………………… **12. 北方葶苈 D. borealis** DC.

19. 茎生叶长卵形或披针形；叶被长单毛与叉状毛 ……………………………………………………………… **13. 灰白葶苈 D. incana** Linn.

18. 茎被各种毛，有的也有单毛，但毛均小。

20. 角果有种子 16～36 粒 ………………………………………………… **15. 半抱茎葶苈 D. subamplexicaulis** C. A. Mey.

20. 角果卵形或窄披针形，有种子 10～20 粒。

21. 总状花序稍密，有花 10～20 朵；角果卵形或披针形，无毛 ……………………………… **14. 蒙古葶苈 D. mongolica** Turcz.

21. 总状花序疏松，有花 5～20 朵；角果卵形，被单毛、叉状毛 ……………………………… **22. 毛叶葶苈 D. lasiophylla** Royle

1. 总苞葶苈 图版 66：1～5

Draba involucrata（W. W. Smith）W. W. Smith in Not. Roy. Bot. Gard. Edinb. n. 56：206. 1919；西藏植物志 2：349. 1985；中国植物志 33：140. 图版 11：6～11. 1987；新疆植物志 2（2）：112. 图版 32：6～10. 1995；青海植物志 1：

438. 图版 90：3～5. 1997；Fl. China 8：81. t. 39：6～11. 2001；青藏高原维管植物及其生态地理分布 329. 2008. ——*D. alpina* Linn. var. *involucrata* W. W. Smith 8：121. 1913.

多年生垫状草本，绿色部分高 0.5～1.2 cm。根状茎分枝密，细长，被残留的鳞片状叶柄，上部有莲座状叶丛。花葶无叶，密被单毛与叉状毛，呈灰色。基生叶倒卵状披针形，长 3～12 mm，宽 1.2～1.5 mm，顶端急尖或钝，基部下延成宽柄，两面无毛或有稀疏的长单毛，边缘有单毛所成睫毛，睫毛下延至叶柄两侧。花序有花 3～10 朵，密集成伞房状；花梗长 2～3 mm；萼片卵状长圆形，长约 2 mm，膜质白色边缘窄，被稀疏的白色单毛；花瓣黄色，连爪长约 3.5 mm，瓣片圆形或椭圆形，顶端圆，基部突窄成爪，爪长约 1.5 mm；雄蕊花丝向基部变宽变扁，长 1.8～2.1 mm，花药心形。短角果椭圆形或卵形，长 3～4 mm，果瓣薄，无毛；花柱短，长约 2 mm。种子卵圆形。花期 6 月。

产新疆：塔什库尔干（红其拉甫达坂，高生所西藏队 3190）、策勒（奴尔乡亚门，采集人不详 83）、若羌（阿尔金山，采集人不详 84A-230）。生于海拔 3 600～4 800 m 的高山草甸、山坡沟谷草甸、河滩沙砾草地、高山流石滩稀疏植被带。

青海：曲麻莱（秋智乡，刘尚武和黄荣福 770）。生于海拔 4 600～4 900 m 的高山流石坡、河谷阶地沙砾草地、高原滩地、高寒草原。

分布于我国的新疆、青海、西藏、四川、云南。模式标本采自云南丽江。

2. 高山葶苈 图版 66：6～9

Draba alpina Linn. Sp. Pl. 642. 1753；西藏植物志 2：348. 1985；中国植物志 33：135. 图版 32：12～14. 1987；新疆植物志 2（2）：114. 图版 33：10～13. 1995；青海植物志 1：439. 1997；青藏高原维管植物及其生态地理分布 326. 2008.

多年生草本，高（2～）7（～21）cm。根状茎，分枝短，不多，下部有宿存的鳞片状叶柄，上部有莲座状叶丛。茎单一，不分枝，无叶或有时有 1 叶，下部被长单毛，上部被叉状毛、分枝毛与小的星状毛，向上毛渐少渐小。基生叶椭圆状倒披针形，长 8～20 mm，宽 2～5 mm，顶端钝或急尖，基部渐窄成宽柄，全缘或有细锯齿 1～2 对，上面疏生单毛、有柄的叉状毛，下面为星状毛、分枝毛、单毛、有柄的叉状毛，近叶柄端边缘及叶柄上部有长单毛及叉状毛；茎生叶长椭圆形，顶端渐尖，无柄，被毛同基生叶。花序花时伞房状，果时伸长成总状；花梗长 1～4 mm；萼片长 2.5～3.0 mm，外轮椭圆形，顶端钝，内轮长卵形，顶端圆，背面均有长单毛及叉状毛；花瓣淡黄色，窄倒卵形，长 4.0～4.5 mm，顶端微缺，基部具爪；雄蕊花丝宽线形，长 2.5～3.0 mm，基部扩大，花药近四方形；雌蕊瓶状，子房椭圆形。果梗长 2.0～2.5 mm，被毛密于花序轴；短角果长卵形，长 5～7 mm，宽 3～4 mm；果瓣无毛，顶端渐尖，基部圆，花柱长 0.2～0.3 mm。种子橘褐色，种脐端色深，椭圆形，长约 1 mm。 果期 7 月。

产新疆：塔什库尔干（红其拉甫，青藏队吴玉虎 87471）、策勒（奴尔乡亚门，采集人不详 120）。生于海拔 4 100～4 500 m 的沟谷山地高山石缝、山坡高山草甸、宽谷滩地高寒草原。

青海：玛沁（阿尼玛卿山，黄荣福 C. G. 81-114）、曲麻莱（巴银热若山，黄荣福 042）。生于海拔 4 700～4 900 m 的河谷山地高山灌丛、沟谷山坡高寒草甸、高山流石坡。

分布于我国的新疆、青海、西藏、云南；蒙古，俄罗斯西伯利亚，中亚地区，克什米尔地区也有。

3. 刚毛葶苈

Draba setosa Royle in Illustr. Bot. Himal. Mts. 1：71. 1839；西藏植物志 2：348. 1985；中国植物志 33：136. 图版 34：5～7. 1987；新疆植物志 2（2）：114. 1995；Fl. China 8：81. t. 33：6～9. 2001；青藏高原维管植物及其生态地理分布 333. 2008.

多年生草本，高 10～40 cm。根状茎分枝，被宿存的纤维状枯叶柄，上部有莲座状叶丛。花葶纤细，无叶，基部被极小的叉状毛至星状毛，毛向上渐稀至无。基生叶条形，长 6～8 mm，宽 1.0～1.5（2.0）mm，顶端极尖，基部渐窄，全缘，中脉显著，上面毛少于下面或无毛，或仅前端有单毛、分叉毛，下面毛密，近于星状毛或 2 叉毛，边缘有粗单毛与 2 叉毛。花序花时伞房状，果时伸长成总状；花梗长 1～2 mm；萼片椭圆形，长 2.0～2.5 mm，被单毛及 2 叉毛，边缘白色；花瓣黄色，窄倒卵状楔形，长 3.0～3.5 mm，前端微凹；雄蕊 6 枚，花丝基扩大，长 1.5～2.0 mm，花药宽卵形。短角果长椭圆形，长 7～9 mm，果瓣两端钝，扁平，无毛；花柱长 0.50～0.75 mm。 花期 6～7 月。

产新疆：塔什库尔干（红其拉甫，周桂玲 040；明铁盖达坂，采集人和采集号不详）。生于海拔 4 200～4 500 m 的河谷山坡高山草地、高寒草原沙砾湿地。

分布于我国的新疆、西藏；克什米尔地区也有。

4. 喜山葶苈 图版 66：10～11

Draba oreades Schrenk in Fisch. et C. A. Mey. Enum. Pl. Nov. 2：56. 1842；西藏植物志 2：348. 1985；中国植物志 33：135. 图版 32：12～14. 1987；新疆植物志 2（2）：116. 图版 33：6～9. 1995；青海植物志 1：439. 图版 90：1～2. 1997；Fl. China 8：79. t. 39：1～10. 2001；青藏高原维管植物及其生态地理分布 331. 2008.

4a. 喜山葶苈（原变种）

var. **oreades**

多年生草本，高2～10 cm。根状茎分枝多，下部有宿存的鳞片状叶柄，上部有莲座状叶丛。叶片长圆形至倒披针形，长6～25 mm，宽3～6 mm，顶端渐尖，基部渐窄成柄，全缘或有时有少数齿，下面和叶缘被有单毛、叉状毛、少量不规则的分枝毛，上面近无毛或有少数单毛。花葶无叶或偶有1叶，密生单毛、叉状毛、分枝毛；花序花时密集近头状，结果时稍微疏松但不延伸；花梗长1～2 mm；萼片长卵形到椭圆形，长约2.5 mm，边缘白色膜质；背面有单毛；花瓣黄色，倒卵形，长3～5 mm，顶端微缺；雄蕊花丝细，花药长圆形。果梗长3～5 mm；短角果宽卵形，长4～6 mm，宽3～4 mm；果瓣无毛，顶端渐尖，基部圆；花柱短，长0.2～0.3 mm。种子卵形，褐色。花期6～7月。

产新疆：阿克陶（恰克拉克铜矿，青藏队吴玉虎87632）、塔什库尔干（克克吐鲁克，高生所西藏队3282）、叶城（柯克亚乡，青藏队87901）、和田（甜水海至界山达坂，高生所西藏队3433）、且末（阿羌乡昆其布拉克，青藏队吴玉虎2626）、若羌（鲸鱼湖，青藏队3082；木孜塔格，青藏队吴玉虎2727）、皮山（国庆桥，安峥晳035）、于田（阿什库勒湖畔，青藏队3752）。生于海拔3 900～5 000 m的高山草甸、沟谷山坡草地、河滩草地向阳处、河谷山地石缝、山前砾石滩、高山流石滩稀疏植被带。

西藏：日土（拉那克达坂，高生所西藏队3590）。生于海拔5 300 m左右的沟谷山坡高寒草甸、山坡石隙、高寒灌丛草甸、高山流石坡。

青海：玛沁（大武乡，H. B. G. 665、677；尼卓玛雪山垭口，H. B. G. 774；拉加乡塔玛沟，区划二组059）、兴海（河卡山，何廷农185、郭本兆6405；鄂拉山垭口，H. B. G. 1374；温泉山，张盍曾63103）、玛多（黄河乡，吴玉虎1006；巴颜喀拉山，周国杰013）、玛沁（玛积雪山，王为义等27697）、称多（清水河乡，苟新京83-42）。生于海拔4 400～5 200 m的高山冰缘流石坡、沟谷山地泥石沟谷坡、高山泥石高寒灌丛地。

分布于我国的新疆、青海、甘肃、陕西、西藏、四川、云南、内蒙古；中亚地区各国，克什米尔地区，印度也有。

4b. 中国喜山葶苈（变种）

var. **chinensis** O. E. Schulz ex Limpr. in Fedde Repert. Sp. Nov. Beih. 12: 388. 1922；西藏植物志2：349. 1985；青海植物志1：441. 1997；青藏高原维管植物及其生态地理分布311，332. 2008. ——*D. oreades* Schrenk in Fisch. et Mey. Enum. Pl. Nov. 2: 56. 1842; Fl. China 8: 79. t. 38: 1～10. 2001.

本变种与原变种的区别在于：植株大，果枝高达15 cm，常有1叶；莲座状基生叶薄，长达3 cm；总状花序有花10～18朵；角果尖卵形，长7～9 mm，宽3.5～

5.5 mm；花柱宿存，长约 1 mm。　花期 6～8 月。

产新疆：且末（阿羌乡昆其布拉克，青藏队吴玉虎 2612）。生于海拔 4 200～4 500 m的沟谷山地岩石边、河谷草甸石隙。

青海：兴海（河卡山，何廷农 185）。生于海拔 3 900～4 000 m 的高山冷湿流石滩、沟谷高寒灌丛、山地高寒草甸石隙。

分布于我国的新疆、青海、甘肃、陕西、西藏、四川、云南。模式标本采自陕西太白山。

4c. 长纤毛喜山葶苈（变种）

var. **tafellii** O. E. Schulz in Engl. Pflanzenr. 89（4. 105）：108. 1927；西藏植物志 2：348. 1985；中国植物志 33：138. 1987；新疆植物志 2（2）：117. 1995；青海植物志 1：441. 1997；青藏高原维管植物及其生态地理分布 332. 2008. ——*D. oreades* Schrenk in Fisch. et Mey. Enum. Pl. Nov. 2：56. 1842；Fl. China 8：79. t. 38：1～10. 2001.

本变种与原变种的区别在于：叶两面无毛或疏生单毛、叉状毛，边缘之单毛尤长；花葶常变紫，有毛；结果时花序轴略伸长。　花期 6 月。

产新疆：若羌（阿尔金山保护区鲸鱼湖，青藏队吴玉虎 4079）。生于海拔5 000 m左右的高寒草原裸地、沟谷山坡岩石缝隙、高山流石坡。

青海：玛沁（拉加乡，玛沁队 082）、久治（年宝山北坡，果洛队 424）。生于海拔 3 840～4 500 m 的沟谷山坡高山灌丛、高山草甸。

分布于我国的新疆、青海、陕西、西藏、内蒙古。

4d. 毛果喜山葶苈（变种）

var. **ciliolata** O. E. Schulz in Engl. Pflanzenr. 89（4. 105）：108. 1927；中国植物志 33：138. 1987；新疆植物志 2（2）：117. 1995；青藏高原维管植物及其生态地理分布 332. 2008. ——*D. oreades* Schrenk in Fisch. et Mey. Enum. PL. Nov. 2：56. 1842；Fl. China 8：79. t. 38：1～10. 2001.

本变种与原变种的区别在于：叶显著小，长 8～12 mm，睫毛也小；短角果被单毛、叉状毛，花枝长 0.8～0.9 mm。　花期 6 月。

产新疆：若羌（祁漫塔格山北坡，青藏队吴玉虎，采集号不详）。生于海拔 3 800～4 500 m 的高山垫状植被带的石缝、高山流石坡。

分布于我国的新疆；巴基斯坦也有。

4e. 矮喜山葶苈（变种）

var. **commutata**（Regel）O. E. Schulz in Engl. Pflanzenr. 89（4. 105）：109.

1927；西藏植物志 2：348. 1985；中国植物志 33：139. 1987；新疆植物志 2（2）：117. 1995；青海植物志 1：441. 图版 90：6～8. 1997；青藏高原维管植物及其生态地理分布 332. 2008. ——*D. oreades* Schrenk in Fisch. et Mey. Enum. Pl. Nov. 2：56. 1842；Fl. China 8：79. t. 38：1～10. 2001.

本变种与原变种的区别在于：基生叶倒卵状楔形，长 4～12 mm，宽 1.5～2.0 mm，顶端极尖，基部渐窄；萼片长约 2 mm；花瓣长约 3 mm；短角果长约 4 mm。

产新疆：策勒（奴尔乡，青藏队吴玉虎 1925）、叶城（胜利达坂，高生所西藏队 3366）、若羌（阿其克库勒湖，青藏队吴玉虎 3752）。生于海拔 4 100～5 100 m 的沟谷山地高山草甸、高原面的宽谷滩地高寒草原、河谷阶地草地。

青海：兴海（鄂拉山垭口，H. B. G. 1374）、玛多（黑河乡，吴玉虎 1006）、玛沁（大武乡，H. B. G. 677；尼卓玛雪山垭口，H. B. G. 778；阿尼玛卿山，黄荣福 C. G. －092）、久治（门堂乡，果洛队 121）、久治（索乎日麻乡，果洛队 161）。生于海拔 4 400～4 600 m 的高山岩屑坡、高寒草甸、沟谷山地灌丛草甸。

分布于我国的新疆、青海、甘肃、西藏；中亚地区各国，蒙古西部，克什米尔地区也有。

4f. 喜高山葶苈（变种）

var. **alpicola**（Klotzsch）O. E. Schulz in Engl. Pflanzenr. 89（4. 105）：110. 1927（pro prol.）；中国植物志 33：139. 1987；青海植物志 1：442. 1997；青藏高原维管植物及其生态地理分布 332. 2008. ——*D. alpicola* Klotzsch Bot. Erdgehn. Reise Prinz. Waldemar 128. t. 34. f. A. 1862. ——*D. oreades* Schrenk in Fisch. et Mey. Enum. Pl. Nov. 2：56. 1842；Fl. China 8：79. t. 38：1～10. 2001.

本变种与原变种的区别在于：植株矮小；根状茎分枝多，下部留存枯叶，呈柱状，形成草丛；基生叶长 0.5～1.5 cm，被单毛、叉状毛及少量分枝毛；花葶高 0.5～1.0 cm，密被长单毛、叉状毛；总状花序有花 2～3 朵，花小；短角果未见。

产青海：曲麻莱（麻多乡，刘尚武等 659）。生于海拔 4 700～5 300 m 的高生所冰缘砾石地、冻土沙砾地。

分布于我国的青海、西藏、四川北部；喜马拉雅山地区至伊朗也有。

5. 沼泽葶苈

Draba rockii O. E. Schulz in Notizbl. Bot. Gart. Mus. 10：555. 1927～1930；中国植物志 33：139. 1987；新疆植物志 2（2）：117. 1995；青海植物志 1：442. 1997；青藏高原维管植物及其生态地理分布 333. 2008. ——*D. oreades* Schrenk in Fisch. et Mey. Enum. Pl. Nov. 2：56. 1842；Fl. China 8：79. t. 38：1～10. 2001.

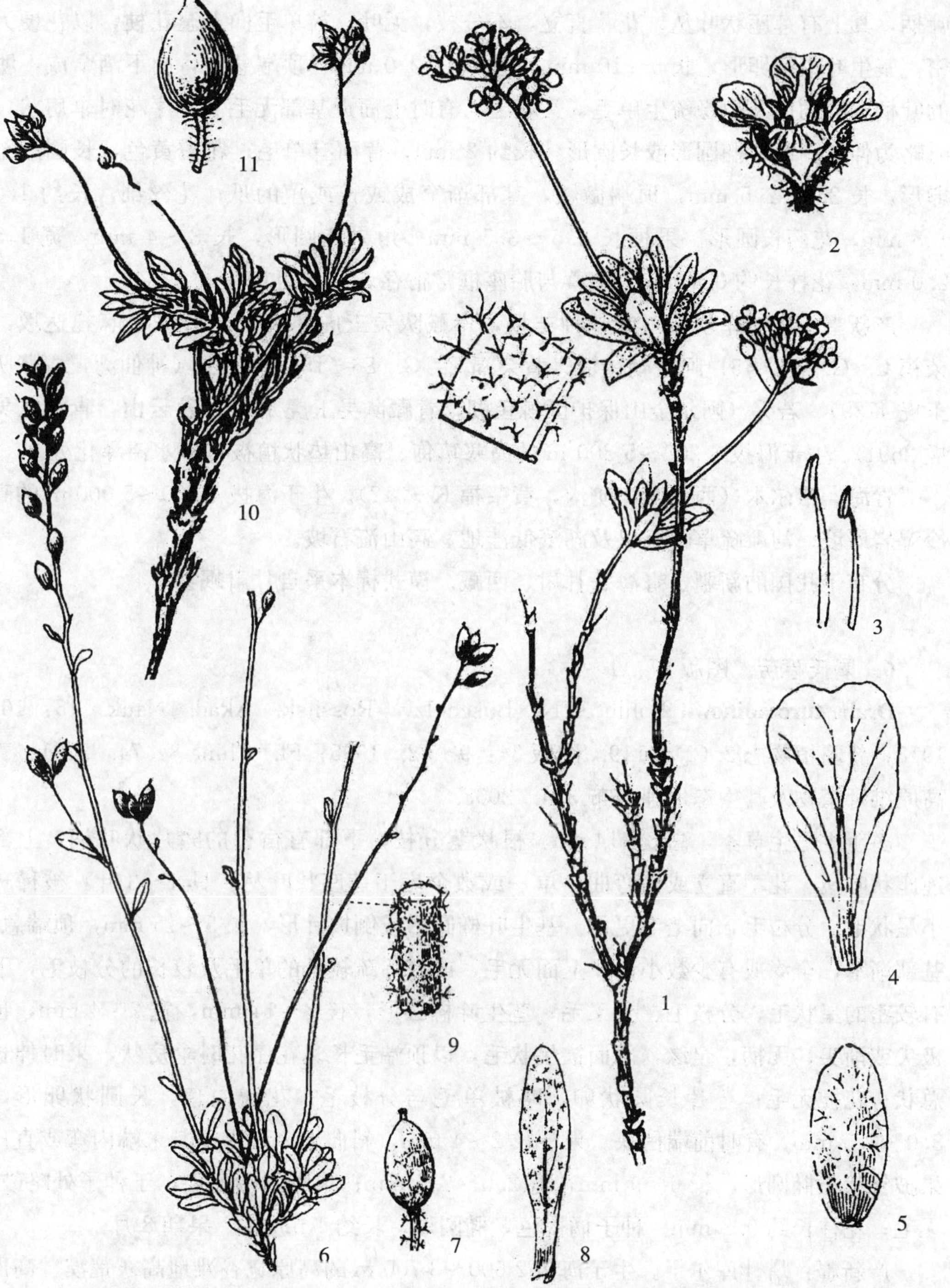

图版 **66** 总苞葶苈 **Draba involucrata**（W. W. Smith）W. W. Smith 1. 植株；2. 花；3. 雄蕊；4. 花瓣；5. 花萼。高山葶苈 **D. alpina** Linn. 6. 植株；7. 果；8. 叶；9. 茎部放大。喜山葶苈 **D. oreades** Schrenk 10. 植株；11. 角果。（1～9. 引自《新疆植物志》，陈荣道绘；10～11. 王颖绘）

多年生草本，高 0.5～4.0 cm，植株呈垫状。根状茎分枝多，密，被宿存的鳞片状叶柄，其上有莲座状叶丛。花葶直立，不分枝，无叶，被单毛向上至花梗，以花梗为最密。基生叶窄倒卵形，长 5～10 mm，宽 1.2～2.0 mm，顶端急尖，向下渐窄成不明显的叶柄，叶两面及边缘疏生单毛、叉状毛，有时上面近基部无毛。花序花时伞房状，果时略为伸长；萼片椭圆形或长圆形，长约 2 mm，背面有单毛；花瓣黄色，长圆形至倒卵形，长 2.0～2.5 mm，顶端微缺，基部渐窄成或长或短的爪；花丝细，长约 1.0～1.5 mm，花药长圆形。果梗长 2.5～3.5 mm；角果椭圆形，长 3～4 mm，宽 1.5～2.0 mm，花柱长约 0.4 mm。花葶与胎座框常宿存。 花期 6 月。

产新疆：塔什库尔干（麻扎种羊场，青藏队吴玉虎 87319）、叶城（麻扎达坂，黄荣福 C. G. 86－45；阿格勒达坂，黄荣福 C. G. 86－156）、皮山（神仙湾，青藏队吴玉虎 4739）、若羌（阿尔金山保护区鲸鱼湖，青藏队吴玉虎 4059；碧云山，青藏队吴玉虎 2691）。生于海拔 3 200～5 200 m 的高寒草甸、高山垫状植被带多水沼泽化处。

青海：格尔木（西大滩煤矿沟，黄荣福 K－012）。生于海拔 4 500～5 000 m 的高山冷湿岩屑坡、河滩疏草甸，以及湖滨低洼地、高山流石坡。

分布于我国的新疆、青海、甘肃、西藏。模式标本采自甘肃岷县。

6. 屠氏葶苈 图版 67：1～4

Draba turczaninowii Pohle et N. Busch Izv. Rossijsk. Akad. Nauk. 15：1633. 1918；新疆植物志 2（2）：119. 图版 34：9～12. 1995；Fl. China 8：74. 2001；青藏高原维管植物及其生态地理分布 334. 2008.

多年生丛生草本，高 8～14 cm。根状茎分枝，下部有宿存的鳞片状叶柄，上部有莲座状叶丛。花葶直立或稍弯曲，单一或数个生于莲座状叶丛，具 1～3 叶，被稀疏的小星状毛、分枝毛，向上毛更稀。基生叶椭圆形或倒披针形，长 5～15 mm，顶端急尖，基部渐窄，全缘或有少数小齿，上面无毛，或有稀疏较长的单毛及较长的分枝毛，下面有较密的星状毛、分枝毛、分叉毛；茎生叶椭圆形，长 8～14 mm，宽 2～4 mm，顶端极尖或渐尖，无柄，全缘，两面被星状毛，以顶端毛长。花序花时伞房状，果时伸长成总状；花梗无毛；萼片长圆状卵，略被单毛与分枝毛；花瓣白色，长圆状卵形，长 3.0～3.5 mm，有时前端稍缺。果梗长 2～4 mm，斜向上，角果于其末端内弯或直；角果披针状长椭圆形，长 6～9 mm，宽 2.0～2.5 mm；果瓣两端渐尖，于种子处略鼓起，无毛；花柱长约 0.3 mm。种子橘褐色，椭圆形，长约 1 mm。 果期 8 月。

产新疆：塔什库尔干。生于海拔 2 600～3 700 m 的高原宽谷滩地高寒荒漠、高山草甸、沟谷山地高寒草原。

分布于我国的新疆；俄罗斯西伯利亚和远东地区，中亚地区各国，蒙古也有。

7. 西藏葶苈

Draba tibetica Hook. f. et Thoms. in Journ. Linn. Soc. Bot. 5：152. 1861；西藏植物志 2：355. 1985；中国植物志 33：171. 1987.

7a. 西藏葶苈（原变种）

var. **tibetica**

昆仑地区没采到标本。

7b. 光果西藏葶苈（变种）

var. **duthiei** O. E. Schulz in Engl. Pflanzenr. 89（4. 105）：300. 1927；西藏植物志 2：355. 1985；中国植物志 33：171. 1987；新疆植物志 2（2）：120. 1995；青藏高原维管植物及其生态地理分布 334. 2008. ——*D. tibetica* Hook. f. et Thoms. in Journ. Linn. Soc. Bot. 5：152. 1861；Fl. China 8：78. 2001.

多年生丛生草本，高约 14 cm。根状茎分枝，下部有宿存的鳞片状叶柄，上部有莲座状叶丛。花葶细，无叶或有 1～2 叶，被星状毛、分枝毛。基生叶长椭圆形或窄的卵状楔形，长 5～15 mm，宽 1.5～2.0 mm，顶端渐尖，基部渐窄，全缘，被星状毛、分枝毛、少数单毛，毛前端密，向后渐稀，至叶柄则仅有单毛所成睫毛；茎生叶卵形，长 5～7 mm，宽约 2.5 mm，顶端极尖或渐尖，无柄，全缘或前端有齿，被毛同基生叶。花序花时伞房状，果时伸长成总状；萼片长椭圆形，长 2.0～2.1 mm，被单毛；花瓣白色或黄白色，长倒卵形，长约 3.5 mm，顶端圆，基部渐窄成不明显的爪；雄蕊花丝细，基部扁平，扩大，长约 2 mm，花药宽卵形。果梗长 3～4 mm，被毛同花序轴；短角果披针形，长 6～7 mm，宽约 2 mm，微膨胀，直或为稍扭转，前端渐尖，基部圆，无毛。种子棕色，卵圆形，长约 0.9 mm。 果期 8 月。

产新疆：塔什库尔干。生于海拔 3 300～4 350 m 的沟谷山坡高山草甸、山地荒漠草原。

分布于我国的新疆、西藏；中亚地区各国也有。

8. 阿尔泰葶苈 图版 67：5～9

Draba altaica（C. A. Mey.）Bunge in Delect. Sem. Hort. Dorpat. 8. 1841；西藏植物志 2：349. 图 118. 1985；中国植物志 33：158. 1987；新疆植物志 2（2）：120. 图版 34：1～5. 1995；青海植物志 1：445. 1997；Fl. China 8：71. t. 34：6～8. 2001；青藏高原维管植物及其生态地理分布 326. 2008. ——*D. rupestris* R. Br. *β. altaica* C. A. Mey. in Ledeb. Fl. Alt. 3：71. 1831.

8a. 阿尔泰葶苈（原变种）

var. **altaica**

多年生草本，高 2～7（15）cm。根状茎分枝短，植物常呈丛状，根状茎被宿存的干膜质、纤维状叶柄，常有光泽，上部有莲座状叶丛。花葶单一，直立，大多有 1～2 叶，很少无叶，被长单毛、叉状毛与分枝毛。基生叶披针形或长圆形，长 6～20 mm，宽 1～2 mm，顶端渐尖或急尖，基部渐窄，全缘或具 1～2 对小锯齿，两面被长单毛与叉状毛，杂有星状毛与分枝毛；茎生叶无柄，披针形，全缘或具 1～2 对锯齿。花序常密集成头状，果时不伸长，下面 1～2 花有苞片；苞片长椭圆形，长 1～2 mm；花瓣白色，长倒卵状楔形，长 2.0～2.5 mm，顶端微缺；雄蕊花丝细，长 1.0～1.5 mm，花药卵形。短角果椭圆形、长椭圆形或卵形，长 3～6 mm，宽 1.5～2.0 mm，果瓣微膨胀，无毛，顶端钝，基部圆，花柱近无。种子淡褐色，椭圆形，长约 0.6 mm。 花期 6～7 月。

产新疆：阿克陶（阿克塔什，青藏队吴玉虎 870159）、塔什库尔干（麻扎，高生所西藏队 3224；红其拉甫达坂，高生所西藏队 3193）、策勒（奴尔乡亚门，采集人不详 122；恰哈乡，采集人不详 322）。生于海拔 3 400～4 100 m 的高山草甸、荒漠地带的石缝、沙砾地等向阳之处。

青海：都兰（江群沟郭拉山，魏振铎 21599）、兴海（河卡山，何廷农 208；河卡乡日干山，何廷农 274）、玛多（巴颜喀拉山，陈桂琛等 1967；布青山南面，植被地理组 555；黄河乡，吴玉虎 1131、1555）、玛沁（那木棱吉山，玛沁队 112B）。生于海拔 4 100～4 950 m 的沟谷山坡草地、山顶，以及河谷、宽谷湖滨碎石滩地。

分布于我国的新疆、青海、甘肃、西藏；俄罗斯西伯利亚，中亚地区各国，克什米尔地区也有。

8b. 总序阿尔泰葶苈（变种）

var. **racemosa** O. E. Schulz in Engl. Pflanzenr. 89 (4. 105): 219. 1927；西藏植物志 2：350. 1985；中国植物志 33：159. 1987；新疆植物志 2（2）：121. 1995；青海植物志 1：446. 1997；青藏高原维管植物及其生态地理分布 327. 2008. ——*D. altaica* (C. A. Mey.) Bunge in Delect. Sem. Hort. Dorpat. 8. 1841；Fl. China 8：71. t. 34：6～8. 2001.

本变种与原变种的区别在于：植株高 5～10 cm；角果排列成总状，有时可长达 3～4 cm。

产新疆：策勒。生于海拔 2 600～3 700 m 的高山荒漠、高山垫状植被带。

青海：玛沁（县郊，吴玉虎 1611）。生于海拔 3 600～4 400 m 的沟谷山坡高寒草甸、河谷阶地高寒草原。

分布于我国的新疆、青海、西藏。

8c. 苞叶阿尔泰葶苈（变种）

var. **modesta**（W. W. Smith）O. E. Schulz in Engl. Pflanzenr. 89（4. 105）：219. 1927；西藏植物志 2：351. 1985；中国植物志 33：159. 1987；新疆植物志 2（2）：121. 1995；青海植物志 1：446. 1997；青藏高原维管植物及其生态地理分布 327. 2008. ——*D. modesta* W. W. Smith in Not. Roy. Bot. Gard. Edinb. n. 55：208. 1919. ——*D. altaica*（C. A. Mey.）Bunge in Delect. Sem. Hort. Dorpat. 8. 1841；Fl. China 8：71. t. 34：6～8. 2001.

本变种与原变种的区别在于：植株高 2～4 cm；茎纤细；基生叶条状披针形或近于匙形，长 1.0～2.5 cm；茎生叶常为花序下部的叶状苞片，有 1～3 枚；花序有花 5～10 朵。

产新疆：阿克陶（阿克塔什，青藏队吴玉虎 87159）、塔什库尔干（麻扎种羊场，青藏队 87324）。生于海拔 3 200～4 400 m 的河谷山地草甸、沟谷山坡草甸、宽谷湖盆高寒草原、高寒荒漠草原。

青海：玛多（扎陵湖畔，吴玉虎 1555；县牧场，吴玉虎 1131）、玛沁（那木棱吉山，玛沁队 112）、治多（可可西里地区：乌兰乌拉湖，黄荣福 K-157；五雪峰，黄荣福 K-413、K-387a；太阳湖南，黄荣福 K-310）。生于海拔 3 700～5 100 m 的山顶草地、山麓，以及河边碎石草滩、高山流石滩稀疏植被带。

分布于我国的新疆、青海、西藏、四川、云南。

9. 球序葶苈 图版 67：10～13

Draba glomerata Royle in Illustr. Bot. Himal. Mts. 1：71. 1839；西藏植物志 2：351. 图 119：1～4. 1985；中国植物志 33：160. 1987；新疆植物志 2（2）：121. 1995；青海植物志 1：443. 图版 91：5～6. 1997；Fl. China 8：73. t. 32：1～5. 2001；青藏高原维管植物及其生态地理分布 328. 2008.

多年生草本，高 2～9 cm。根状茎分枝短，被宿存的枯叶柄，其上具莲座状叶丛。花葶上有叶 1～3 枚，被稀疏的单毛与少数的叉状毛。基生叶窄椭圆形，长 6～10 mm，前端渐尖，基部渐窄成宽柄，全缘或前端有 1 对小锯齿；茎生叶长椭圆形或卵形，长 6～8 mm，最上面数叶常混入花序成苞叶，顶端渐尖，无柄，前端有小锯齿 1～2 对，所有叶密被单毛、叉状毛。花序密集成头状，果时亦不伸长，下面数花，果有时较疏远；萼片椭圆形或卵形，长 1.2～1.5 mm，有白色膜质边缘，被稀疏的单毛；花瓣白色，楔状倒卵形，长 1.5～1.8 mm，顶端有细小的缺刻，基部渐窄成短爪；雄蕊 6 枚，花丝细，长约 1.5 mm，花药卵形。果梗长 1.5～2.5 mm，无毛。 花期 5～6 月。

产新疆：皮山（神仙湾，青藏队吴玉虎 4757）。生于海拔 4 900 m 的高山草甸、山坡砾地、河谷阶地草甸。

青海：玛多（县牧场，吴玉虎 243）。生于海拔 4 200～4 660 m 的高山流石坡、沟

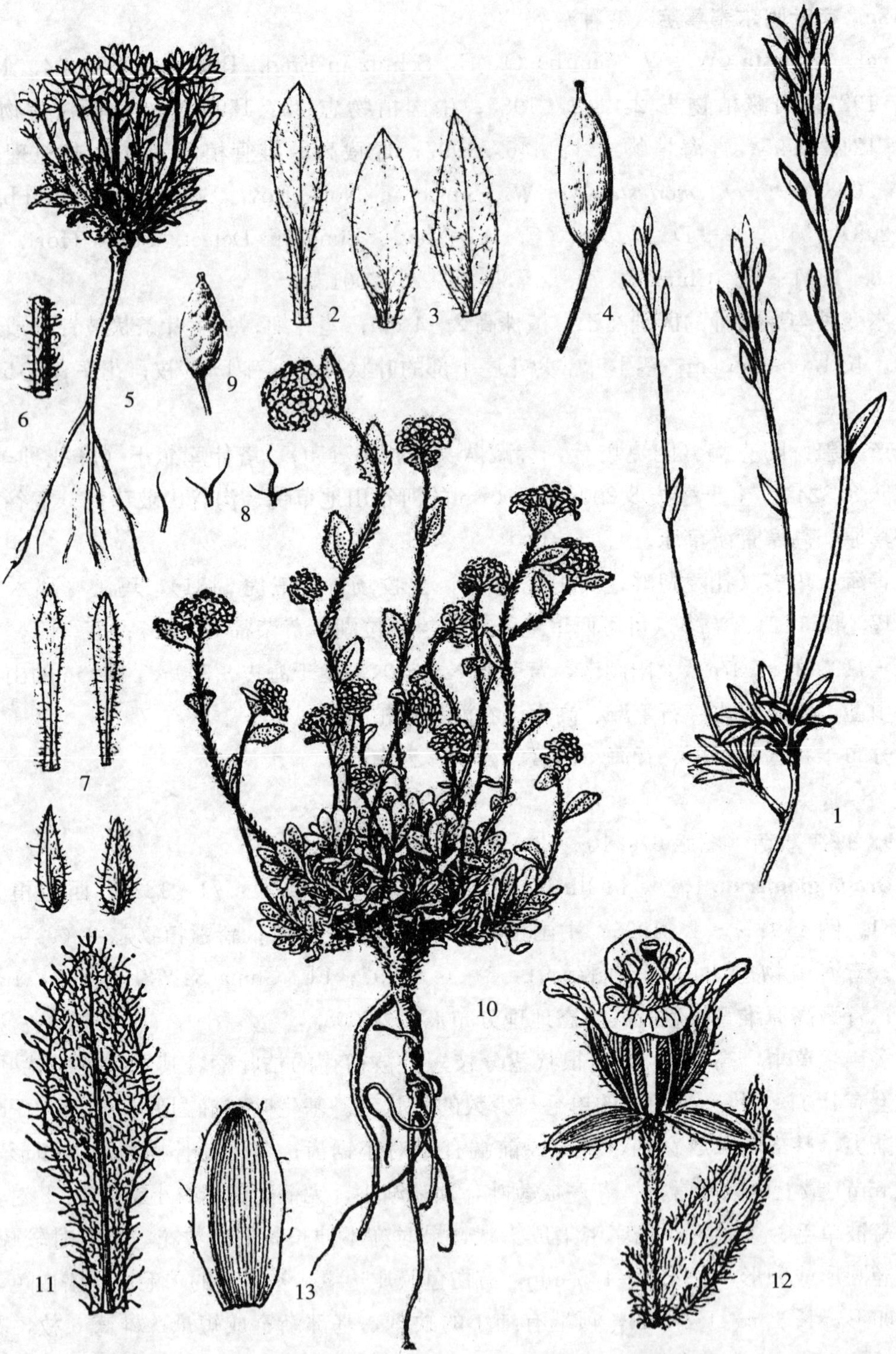

图版 67　屠氏葶苈 **Draba turczaninowii** Pohle et N. Busch 1. 植株；2. 基生叶；3. 茎生叶；4. 果。阿尔泰葶苈 **D. altaica**（C. A. Mey.）Bunge 5. 植株；6. 茎的一段；7. 叶；8. 叶上的毛；9. 果。球序葶苈 **D. glomerata** Royle 10. 植株；11. 叶；12. 花；13. 萼片。（1～9. 引自《新疆植物志》，张荣生绘；10～13. 引自《西藏植物志》，陈荣道绘）

谷山坡草地、河谷阶地高寒草甸。

分布于我国的新疆、青海、西藏、四川；克什米尔地区，尼泊尔西部也有。

10. 苞序葶苈

Draba ladyginii Pohle in Bull. Jard. Bot. Pétersb. 15：472. 1914；中国植物志 33：171. 1987；新疆植物志 2（2）：122. 1995；青海植物志 1：450. 1997；Fl. China 8：69. 2001；青藏高原维管植物及其生态地理分布 329. 2008.

10a. 苞序葶苈（原变种）

var. **ladyginii**

多年生丛生草本，高 10～30 cm。根状茎分枝，其上被宿存的鳞片状叶柄，上部有莲座状叶丛。茎直立，单一或上部有分枝，被叉状毛、星状毛、少数单毛。基生叶椭圆状倒披针形，长 1.0～1.5 cm，宽 1～3 mm，顶端急尖或渐尖，基部渐窄，前端有 1 对小锯齿或全缘，密被星状毛、少数单毛；茎生叶卵形或长卵形，长 5～10 mm，宽 2～4 mm，顶端急尖，基部宽，有 1～2 对微锯齿，密被星状毛、少量的单毛与叉状毛。花序花时伞房状，果时伸长成总状，下部数花有苞叶；花梗长约 1 mm，密被较长的单毛与叉状毛；萼片卵状长椭圆形，长约 2 mm，边缘白色，背部密被较多的单毛；花瓣白色，倒卵形，长约 3 mm，顶端圆形，中间微凹，基部渐窄成不明显的短爪；花丝细，基部稍加宽，长 1.50～1.75 mm，花药卵状矩圆形。果梗长 4～5 mm；角果（未成熟）披针状条形，长 6～7 mm，宽约 1.2 mm，直或扭转；果瓣无毛，前端渐尖，基部急尖；花柱长约 0.2 mm。种子褐色，椭圆形。 花期 6 月。

产青海：都兰、兴海（河卡乡，何廷农 129）、曲麻莱（秋智乡，刘尚武等 770）、玛多（布青山，木古气象组 545；扎陵湖畔，吴玉虎 1545）、玛沁（大武乡，H. B. G. 856；军功乡，H. B. G. 211、290）、达日（建设乡，H. B. G. 1006）。生于海拔 3 450～4 600 m 的沟谷山地高山嵩草芜原、高山垫状植被带。

分布于我国的华北、西北诸省区，以及西藏、四川、云南、湖北；俄罗斯西伯利亚也有。

10b. 毛果苞序葶苈（变种）

var. **trichocarpa** O. E. Schulz in Engl. Pflanzenr. 89（4. 105）：302. 1927；中国植物志 33：172. 1987；青海植物志 1：450. 1997；青藏高原维管植物及其生态地理分布 329. 2008. ——*D. lasiophlla* Royle Illustr. Bot. Himal. Mts. 1：71. 1839；Fl. China 8：719. 2001.

本变种与原变种的区别在于：角果边缘有单毛。

产青海：兴海（河卡山，郭本兆 11567）、玛沁（西哈垄河谷，H. B. G. 171、

562)。生于海拔 3 400～4 300 m 的沟谷冲积滩地。

分布于我国的青海、甘肃、陕西。模式标本采自陕西太白山。

11. 锥果葶苈

Draba lanceolata Royle in Illustr. Bot. Himal. Mts. 1：72. 1839；西藏植物志 2：355. 1985；中国植物志 33：169. 1987；新疆植物志 2（2）：122. 1995；Fl. China 8：69. 2001；青藏高原维管植物及其生态地理分布 329. 2008.

11a. 锥果葶苈（原变种）

var. **lanceolata**

二年生或多年生草本，高 6～35 cm。茎直立，多单一，有时呈紫色，密生小分枝毛，并杂有少数单毛。基生叶莲座状，窄披针形，倒披针形或窄长圆形，长 1.0～2.5 cm，宽 3～5 mm，顶端渐尖，基部渐窄，边缘有锯齿或全缘；茎生叶长卵形或宽披针形，顶端渐尖，基部渐窄，无柄，边缘有锯齿 1～4 对或全缘，所有叶密生小星状毛及分枝毛。花序花时伞房状，果时极为伸长而呈总状；花梗长 1.0～1.5 mm；萼片长圆形，长约 2 mm，内轮基部略呈囊状，背部被单毛及分枝毛，远较他处稀疏；花瓣白色，倒卵状楔形，长 3～4 mm。果梗长 3～5 mm，与茎夹角小，角果稠密，使角果常呈辫状排列；长角果长 6～12 mm，宽 1.5 mm，密被分枝毛与星状毛。种子淡黄褐色，种脐端色较深，卵形，长 0.6～0.7 mm。 花期 6～7 月。

产新疆：塔什库尔干（明铁盖，青藏队吴玉虎 4987；克克吐鲁克，青藏队吴玉虎 870511）、阿克陶（阿克塔什，青藏队吴玉虎 870200）、且末（阿羌乡昆其布拉克，青藏队吴玉虎 2629）、若羌（阿尔金山保护区明布拉克东，青藏队吴玉虎 4235）；生于海拔 2 800～4 600 m 的沟谷山地草甸、宽谷河滩高寒草原、山坡砾石草地。

青海：玛多（扎陵湖乡多曲河畔，吴玉虎 470）、玛沁（军功乡哲尔沟，区划二组 049；尕柯河岸，玛沁队 134）、兴海（河卡山，何廷农 018、159、182；河卡乡满丈沟，吴珍兰 064）、久治（采集地不详，藏药队 173；索乎日麻乡，藏药队 385）。生于海拔 2 800～4 500 m 的阴坡或河滩灌丛草甸，以及湿润沙砾地、河谷阶地沙砾滩。

分布于我国的新疆、青海、甘肃、西藏；俄罗斯西伯利亚，中亚地区，克什米尔地区，印度西北部也有。

11b. 光锥果葶苈（变种） 图版 68：1～3

var. **leiocarpa** O. E. Schulz in Engl. Pflanzenr. 89（4. 105）：297. 1927；中国植物志 33：170. 1987；新疆植物志 2（2）：123. 1995；青海植物志 1：450. 1997；青藏高原维管植物及其生态地理分布 330. 2008. ——*D. lanceolata* Royle in Illustr. Bot. Himal. Mts. 1：72. 1839；Fl. China 8：69. 2001.

本变种与原变种的区别在于：角果无毛，直立或扭转；茎上部及小花梗无毛或毛较少。

产新疆：阿克陶（恰尔隆乡，青藏队吴玉虎 5022）、若羌（阿尔金山保护区姆兹克苏河畔，青藏队吴玉虎 4235）。生于海拔 2 700～4 200 m 的高山嵩草芜原、山地草甸草原及灌丛。

青海：兴海（大河坝乡，吴玉虎 42475B、42534、42536、42590；河卡山，何廷农 182）、称多（扎朵乡，苟新京 83－109）、玛多（县郊，吴玉虎 470）、玛沁（雪山乡，黄荣福 C. G. 81－047；军功乡，区划二组 049）。生于海拔 2 800～4 500 m 的阴坡或河滩灌丛，以及湿润沙砾地、沟谷山麓沙砾地。

分布于我国的新疆、青海。

11c. 紫茎锥果葶苈（变种）

var. **chingii** O. E. Schulz in Engl. Pflanzenr. 89 (4. 105)：298. 1927；中国植物志 33：170. 1987；新疆植物志 2 (2)：123. 1995；青海植物志 1：451. 1997；青藏高原维管植物及其生态地理分布 330. 2008. ——*D. ladyginii* Pohle in Bull. Jard. Bot. Pétersb. 15：472. 1914；Fl. China 8：69. 2001.

本变种与原变种的区别在于：茎高 20～30 cm，呈紫色，被灰白色；茎生叶较密，长 5～12 mm，宽 4～5 mm；叶均被分枝毛、星状毛、单毛；角果长 7～12 mm，与果序轴近直角展开。 花期 7 月。

产新疆：塔什库尔干（克克吐鲁克，青藏队吴玉虎 870511）、且末（阿羌乡昆其布拉克，青藏队吴玉虎 2108）、若羌（祁漫塔格山，青藏队吴玉虎 3984）。生于海拔 4 100～4 600 m 的高山垫状植被带、沟谷山地草甸的灌木林下、河谷阶地高寒草原。

青海：兴海（河卡山，何廷农 018）、久治（城郊，藏药队 173）。生于海拔 3 650～3 950 m 的沟谷山坡高寒灌丛下、河滩砾石地、高寒草原。

分布于我国的新疆、青海、甘肃、四川。模式标本采自甘肃。

12. 北方葶苈

Draba borealis DC. in Syst. Nat. 2：342. 1821；中国植物志 33：168. 1987；新疆植物志 2 (2)：125. 1995；青海植物志 1：449. 1997；青藏高原维管植物及其生态地理分布 327. 2008.

多年生草本，高 4～15 cm。根状茎多分枝，密集，被宿存的鳞片状叶柄，上面有数目较少的莲座叶丛。花葶单一，直立，密生长单毛、有柄的叉状毛与较小的星状毛，有叶 2～7 片，常达于花序下。基生叶倒披针形至倒卵状长圆形，长 1.2～1.5 cm，宽 2～3 mm，顶端渐尖，基部渐窄成柄，全缘，被单毛、2 叉毛及少数星状毛，叶缘、叶柄为单毛，边缘毛长；茎生叶卵形或卵状披针形，长 1.0～1.5 cm，顶端渐尖，无柄，全缘，被毛同基生叶。花序花时伞房状，果时略微伸长；萼片卵形或长卵形，长约1.7 mm，被单毛，边缘白色；花瓣白色，倒卵形，长2.0～2.2 mm，顶端微缺；雄蕊6枚，花丝扁，长1.00～1.25 mm，花药宽心形。果梗长1.0～1.5 mm；短角果卵形，长约4 mm，宽约2 mm，扁平，无毛；花柱长0.4 mm；果梗与胎座框常宿存。种子橘褐色，椭圆形，长约0.75 mm。　花期6月。

产新疆：塔什库尔干。生于海拔4 300 m左右的嵩草芜原、沟谷山坡高寒草原、高山垫状植被带。

分布于我国的新疆、青海、陕西、四川；日本，俄罗斯西伯利亚也有。

13. 灰白葶苈

Draba incana Linn. Sp. Pl. 643. 1753；O. E. Schulz in Pflanzenr. 89（4. 105）：282. 1927；西藏植物志 2：354. 1985；中国植物志 33：168. 1987；新疆植物志 2（2）：126. 1995；青海植物志 1：449. 1997；青藏高原维管植物及其生态地理分布 328. 2008.

多年生草本，高8～30 cm。茎单一或丛生，基部分枝，直立，被长单毛与小分叉毛，毛向上渐稀，有的至花序则无毛，毛灰白色。基生叶莲座状排列，长圆状倒卵形、披针形，长8～16 mm、宽3～5 mm，顶端渐尖，基部渐窄成柄，边缘被长单毛与叉状毛，有的还有星状毛；茎生叶1～4枚，长卵形或披针形，顶端渐尖，基部渐窄，无柄，全缘或有1～3齿。花序花时伞房状，果时伸长成总状；花梗长3～12 mm；萼片椭圆形，长约2 mm，背面有稀疏的单毛，以上部为多；花瓣白色（干时发黄），倒卵状楔形，长3～4 mm。果梗长8 mm以上，短角果（未成熟）披针形或长圆形，长7 mm，有较小的纤毛。　花期6～7月。

产青海：称多、玛多。生于海拔3 600～4 000 m的河滩砂质草地、沟谷山坡岩石缝、河谷阶地沙砾地、宽谷河滩高寒草原。

分布于我国的新疆、青海、西藏；印度，蒙古，俄罗斯西伯利亚，欧洲北部高山地区，北极地区也有。

14. 蒙古葶苈

Draba mongolica Turcz. in Bull. Soc. Nat. Mosc. 15：256. 1842；中国植物志 33：165. 1987；新疆植物志 2（2）：126. 1995；青海植物志 1：448. 图版 91：7～8. 1997；Fl. China 8：71. 2001；青藏高原维管植物及其生态地理分布 331. 2008.

14a. 蒙古葶苈（原变种）

var. **mongolica**

多年生草本，高6～15 cm。根状茎分枝，有宿存的叶柄纤维，上部有莲座状叶丛。

茎直立、单一或分枝，有叶，被稀疏的小星状毛与分枝毛，以花序轴为最密。基生叶披针形，长1.5～20.0 mm，宽2～5 mm，顶端极尖，基部渐窄成柄，每侧有1～2齿或全缘，无毛或仅于叶柄两侧有少数单毛，与偶见的叉状毛形成缘毛；茎生叶长椭圆形或倒披针形，顶端急尖或钝，无柄，基部宽，有的近于抱茎，全缘或有少数微锯齿，边缘有单毛、叉状毛所组成的缘毛，两面无毛至有上述毛。花序花时伞房状，果时伸长成总状，下面数花有时有苞叶；花梗无毛，长1.0～1.8 mm，萼片椭圆形，长1.9～2.2 mm，边缘白色膜质；花瓣白色，长圆状倒卵形，长约1.5 mm，宽约1.2 mm，顶端圆，基部渐窄成爪；雄蕊短，花丝细，长约1.75 mm，长花丝扁平，向基部渐宽，长约2 mm，花药椭圆状宽卵形。果梗长2～5 mm，呈直角展开或贴向花序轴；短角果卵形或披针形，长5～10 mm，宽1.5～3.0 mm。种子黄色。　花期5～6月。

产青海：兴海（大河坝乡，吴玉虎 42475、42534、42536）、玛多（牧场，吴玉虎 264；巴颜喀拉山北坡，陈桂琛等 1992）、达日（建设乡，H. B. G. 1037、1064，陈桂琛 1692）、甘德（上贡麻乡，H. B. G. 924）、兴海（河卡山，王作宾 20171A）。生于海拔 3 600～4 300 m 的山顶石缝、沟谷草坡、山地灌丛，以及山沟边湿地、河谷山麓砾石地。

分布于我国的新疆、青海、甘肃、陕西、西藏、四川、内蒙古、河北、黑龙江；俄罗斯远东地区和西伯利亚，蒙古也有。

14b. 毛果蒙古葶苈（变种）

var. **trichocarpa** O. E. Schulz in Meddel. Göteborgs Bot. Trädgård 1：164. 1924；中国植物志 33：167. 1987；青海植物志 1：449. 1997；青藏高原维管植物及其生态地理分布 331. 2008.

本变种与原变种的区别在于：茎生叶以单毛、叉状毛为主；短角果被短单毛、叉状毛。

产青海：兴海（河卡山，王作宾 20171B）。生于海拔 3 600～3 800 m 的山沟水边沼泽地、沟谷河滩草地、河谷阶地草原。

分布于我国的青海、甘肃、河北。

15. 半抱茎葶苈

Draba subamplexicaulis C. A. Mey. in Ledeb. Fl. Alt. 3：77. 1831；中国植物志 33：164. 图版 40：5～7. 1987；新疆植物志 2（2）：127. 1995；青海植物志 1：447. 1997；Fl. China 8：70. t. 40：5～8. 2001；青藏高原维管植物及其生态地理分布 334. 2008.

多年生或二年生草本，高 6～25 cm。根状茎分枝，被宿存纤维状枯叶柄，上部有莲座状叶丛。茎直立，具3～8叶，被小单毛、分叉毛与星状毛。基生叶披针形或长圆状披针形，长15～20 mm，宽2～5 mm，顶端渐尖，基部渐窄成柄，全缘或有不明显的锯齿，两面密生小分叉毛、分枝毛与少量的星状毛、单毛；茎生叶长圆形或长圆倒卵形，长达18 mm，宽达5 mm，前端急尖或渐尖，基部宽而略为抱茎或为楔形而不抱茎，全缘或有1对齿，被毛同基生叶。花序花时伞房状，果时伸长成总状；花梗长1～2 mm，被长单毛、叉状毛；萼片长圆形，长2.0～2.1 mm，边缘前端膜质，背面有少数单毛与叉状毛；花瓣白色，长约3 mm，前端微缺，瓣片倒心状卵形，基部渐窄成短爪；雄蕊6枚，花丝近相等，长1.8～2.0 mm，花药卵圆形，小。果梗长2～3 mm；长角果淡黑紫色，窄长椭圆形，长6～12 mm，宽1.8～2.0 mm，通常无毛，果瓣两端渐尖或急尖，花柱长0.5～0.7 mm。种子椭圆形，长约1 mm，橘黄色。 花期6～7月。

产新疆：塔什库尔干（麻扎，陈英生14）。生于海拔3 600～4 200 m的高山砾石地、沟谷山坡高寒草地、河谷阶地草原。

青海：玛沁（大武乡，H. B. G. 840）。生于海拔4 500～4 600 m的沟谷山坡高寒草甸、河谷山地岩石下阴湿处。

分布于我国的新疆、青海、陕西、四川；俄罗斯西伯利亚，中亚地区各国也有。

16. 毛葶苈 图版68：4～6

Draba eriopoda Turcz. in Bull. Soc. Nat. Mosc. n. 164. 1838. nomen, et 15: 260. 1842, et Fl. Baic.-dah. 1: 142. 1824；西藏植物志 2：357. 图 122：1～4. 1985；中国植物志 33：176. 图版 41：1～3. 1987；新疆植物志 2（2）：128. 1995；青海植物志 1：453. 图版 92：1～3. 1997；Fl. China 8：85. t. 42：1～4. 2001；青藏高原维管植物及其生态地理分布 328. 2008.

一年生草本，高10～40 cm。茎直立或近于直立，单一或分枝，被长单毛、叉状毛与星状毛，有时达于花梗。基生叶莲座状，披针形或倒披针形，顶端渐尖，基部突窄，全缘或具锯齿；茎生叶较多，常10枚以上，下部的长卵形或长倒卵形，上部的卵形或宽披针形，先端渐尖或急尖，基部宽，无柄或近于抱茎，全缘或有1～4对小锯齿，被毛同茎。花序花时伞房状，果时伸长成疏松的总状；花梗长2～5 mm；萼片椭圆形或卵形，长约2 mm，顶部有单毛；花瓣黄色，倒卵形，长3～4 mm，顶端微凹，基部有短爪；雄蕊花丝长1.8～2.0 mm，花药卵形。果梗长3～7 mm，斜展开或几与果序轴成直角；短角果卵形，长6～10 mm，宽2.5～3.0 mm，扁压；果瓣与两种子间略下凹，两端急尖，花柱极短。种子卵形，长约1 mm，淡黄褐色。 花期6月。

产新疆：阿克陶（阿克塔什，青藏队吴玉虎87200B）。生于海拔3 200 m左右的高山草甸、垫状植被的阴湿山坡。

青海：兴海（大河坝乡赞毛沟，吴玉虎46505；河卡山，王作宾20193，郭本兆6189、6280、6399，吴珍兰130）、玛多（黄河乡，吴玉虎031）、玛沁（拉加乡，玛沁队081；大武乡，H. B. G. 559）、达日（建设乡，H. B. G. 1185）、久治（索乎日

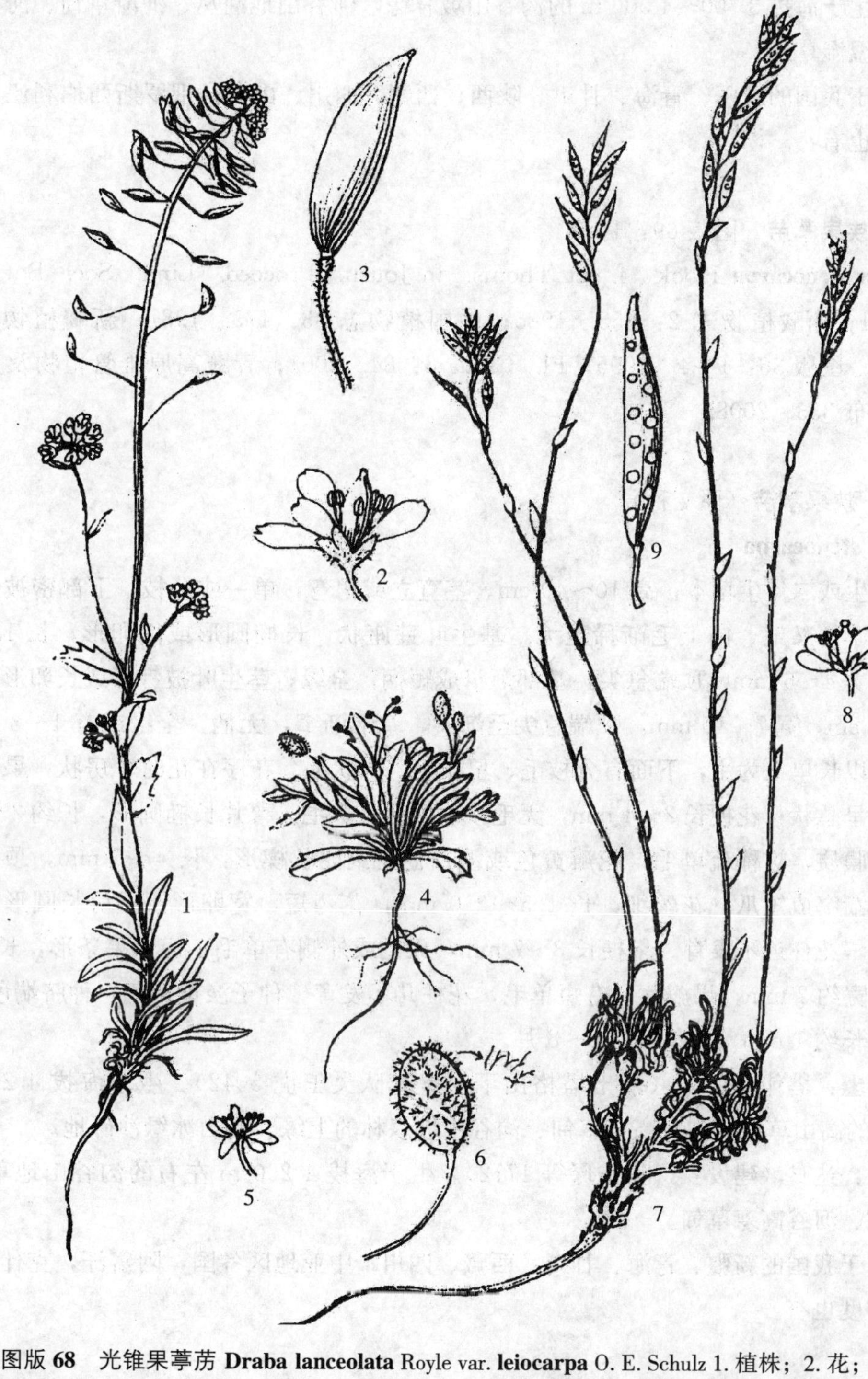

图版 **68** 光锥果葶苈 **Draba lanceolata** Royle var. **leiocarpa** O. E. Schulz 1. 植株；2. 花；3. 短角果。毛葶苈 **D. eriopoda** Turcz. 4. 植株；5. 花；6. 短角果。椭圆果葶苈 **D. ellipsoidea** Hook. f. et Thoms. 7. 植株；8. 花；9. 短角果。（王颖绘）

麻乡，果洛队 307、318；门堂乡，果洛队 125）、班玛（马柯河林场，王为义等 27534、27630）。生于海拔 3 700～4 500 m 的沟谷山坡林缘、河谷山地灌丛、河滩草甸、河谷山坡岩隙、温湿草地。

分布于我国的新疆、青海、甘肃、陕西、西藏、四川、山西；俄罗斯西伯利亚，蒙古，印度也有。

17. 狭果葶苈 图版 69：1～4

Draba stenocarpa Hook. f. et Thoms. in Journ. Proceed. Linn. Soc. Bot. 5：153. 1861；西藏植物志 2：355. 1985；中国植物志 33：175. 1987；新疆植物志 2（2）：128. 图版 36：1～4. 1995；Fl. China 8：84. 2001；青藏高原维管植物及其生态地理分布 333. 2008.

17a. 狭果葶苈（原变种）

var. **stenocarpa**

一年生或二年生草本，高 10～40 cm。茎直立或稍弯，单一或分枝，下部密被长单毛及少数小 2 叉毛，向上毛渐稀至无。基生叶莲座状，长椭圆形或倒卵形，长 1.0～1.5 cm；宽 4～6 mm，顶端急尖，基部渐窄成短柄，全缘；茎生叶披针形或长卵形，长 1.7～3.5 cm，宽 7～10 mm，顶端急尖至渐尖，基部渐窄，无柄，全缘或有 1～3 对锯齿，上面以长单毛为主，下面有分枝毛、星状毛、叉状毛。花序在花时伞房状，果时极为伸长而呈总状；花梗长 2～4 mm，无毛或外侧有长单毛；萼片长椭圆形，长约 2 mm，边缘白色膜质，被稀疏单毛；花瓣黄色或淡白色，倒卵状楔形，长 4～5 mm，顶端微缺，基部渐窄成短爪；花丝细，长 1.5～2.0 mm，花药短，宽卵形；子房长圆形或条形，有毛，花柱近不发育。果梗长 3～7 mm，无毛或外侧有单毛；短角果条形，长 7～18 mm，宽约 2 mm，果瓣薄，有短单毛，花柱几不发育。种子淡黄褐色，种脐端色深，椭圆形，长约 1 mm。 花果期 6～8 月。

产新疆：塔什库尔干（慕士塔格山下，青藏队吴玉虎 5042）。生于海拔 4 200～5 000 m 的高山草原、沟谷高寒草甸、沟谷山坡森林的上缘、高山冰缘沙砾地。

青海：达日（建设乡，陈桂琛等 1712）。生于海拔 4 200 m 左右的沟谷山地草甸、山坡石隙、河谷高寒草甸。

分布于我国的新疆、青海、甘肃、西藏、四川；中亚地区各国，阿富汗，克什米尔地区，印度也有。

17b. 无毛狭果葶苈（变种）

var. **leiocarpa**（Lipsky）O. E. Schulz in Engl. Pflanzenr. 89（4. 105）：319. 1927（pro subvar.）；西藏植物志 2：357. 1985；中国植物志 33：176. 1987；新疆植

物志 2（2）：130. 1995；青海植物志 1：453. 1997；青藏高原维管植物及其生态地理分布 333. 2008. ——*D. media* Litw. var. *leiocarpa* Lipsky in Acta Hort. Petrop. 23：56. 1904. ——*D. stenocarpa* Hook. f. et Thoms. in Journ. Proceed. Linn. Soc. Bot. 5：153. 1861；Fl. China 8：79. 2001.

本变种与原变种的区别在于：植株高 5～8 cm，叶全缘或有齿，果实无毛。

产新疆：阿克陶（阿克塔什，青藏队吴玉虎 87200A）。生于海拔 4 100 m 左右的沟谷山坡高山草甸、河谷阶地高寒草原、山坡沙砾地。

青海：兴海（大河坝乡，吴玉虎 42467、42475A）、达日（德昂乡，陈桂琛等 1654）。生于海拔 3 500～4 300 m 的沟谷山坡高寒草甸、高原山地高寒灌丛边、河谷砾石山麓。

分布于我国的新疆、青海、西藏。

18. 葶苈 图版 69：5～6

Draba nemorosa Linn. Sp. Pl. 643. 1753；西藏植物志 2：355. 1985；中国植物志 33：173. 1987；新疆植物志 2（2）：130. 图版 36：5～6. 1995；青海植物志 1：445. 1997；Fl. China 8：85. 2001；青藏高原维管植物及其生态地理分布 331. 2008.

18a. 葶苈（原变种）

var. **nemorosa**

一年生或二年生草本，高 2～45 cm。茎直立，单一或分枝，叶稀疏，很少无叶，下部密生单毛、叉状毛、星状毛，向上毛渐稀至无。基生叶莲座状，常早枯，倒卵形或长倒卵形，长 5～15 mm，顶端急尖或钝，全缘或有细锯齿，基部楔形；茎生叶长卵形或卵形，长 5～25 mm，顶端急尖，基部楔形、宽楔形或近圆形，边缘有小锯齿，无柄，上面无毛或仅于边缘和近基部有单毛与叉状毛，下面以星状毛为多，有毛时，于毛基处叶面稍下陷。花序花时伞房状，果时极为伸长而呈总状；花梗细，长 5～10 mm；萼片椭圆形，长 1.2 mm，边缘白色膜质，背面有稀疏单毛；花瓣黄色，后期白色，楔状倒卵形，长约 2 mm，前端微缺，基部渐窄成爪；花丝细，短、长花丝分别长约 1.5、2.0 mm，花药短心形。果梗显著长于果实，长 8～25 mm，与果序轴构成直角或近直角展开；短角果椭圆形或长椭圆形，长 4～10 mm，宽 1.1～2.5 mm，被短单毛。种子褐色，椭圆形，长 0.50～0.75 mm。 花期 5～6 月，果期 6～7 月。

产新疆：阿克陶（阿克塔什，青藏队吴玉虎 870246）。生于海拔 2 200～4 750 m 的沟谷山地林缘、山坡高寒灌丛草地、砾石山坡草地、河谷阶地高寒草原。

青海：玛沁（大武乡，H. B. G. 508）、达日（建设乡，H. B. G. 1058）、甘德（上贡麻乡，H. B. G. 931）。生于海拔 3 900～4 200 m 的山涧河谷荒地、沟谷河滩草坡、河谷山地林缘灌丛草甸。

图版 **69** 狭果葶苈 **Draba stenocarpa** Hook. f. et Thoms. 1. 植株下部；2. 植株上部；3. 茎生叶；4. 果。葶苈 **D. nemorosa** Linn. 5. 果枝；6. 果。（引自《新疆植物志》，张荣生绘）

分布于我国的东北、华北、西北、西南各省区，以及江苏、浙江地区；北温带也有。

18b. 光果葶苈（变种）

var. **leiocarpa** Lindl. in Linnaea 8：33. 1839；中国植物志 33：175. 1987；新疆植物志 2（2）：131. 1995；青海植物志 1：453. 1997；青藏高原维管植物及其生态地理分布 331. 2008. ——*D. nemorosa* Linn. Sp. Pl. 643. 1753；Fl. China 8：79. 2001.

本变种与原变种的区别在于：基生叶较小；短角果无毛。

产青海：兴海（中铁林场卓琼沟，吴玉虎 45784）、达日（采集地和采集人不详，065）。生于海拔 2 300～3 000 m 的沟谷山坡林缘草地、山地灌丛草甸、宽谷河边湿草地。

分布于我国的新疆、青海、甘肃、西藏、四川；俄罗斯西伯利亚也有。

19. 衰老葶苈

Draba senilis O. E. Schulz in Notizblatt Bot. Gart. Berlin-Dahlem 9：475. 1926；中国植物志 33：139. 1987；青海植物志 1：442. 1997；Fl. China 8：80. t. 39：4～5. 2001；青藏高原维管植物及其生态地理分布 333. 2008.

多年生草本。根状茎分枝多，下部宿存疏生的枯叶柄，呈三角形鳞片状，上部着生莲座状叶丛。花葶矮，高 1～4 cm，无叶，被单毛及星状分叉毛，毛灰白色。莲座状叶窄倒卵形或长倒卵形，长 6～10 mm，顶端钝，基部缩窄成短柄，密生单毛、有柄星状分叉毛，边缘有长单毛、叉状毛，毛灰白色。总状花序着花 3～5 朵，聚集成伞房状；萼片卵形，顶端钝，背面有毛；花瓣淡黄色，倒卵形，长 5～6 mm，顶端钝，爪短；子房卵形，花柱长约 0.75 mm。角果卵形，长 3～4 mm，果梗长约 4 mm，常略扭转。花果期 6～8 月。

产西藏：日土。生于海拔 4 000～4 960 m 的沟谷山坡大石隙中、高寒草甸、高山流石滩稀疏植被带。

青海：称多（清水河乡，苟新京 83-217）。生于海拔 4 200～5 100 m 的沟谷山坡草甸、山地石隙、高寒草甸裸地、高山流石坡。

分布于我国的青海、西藏、云南。模式标本采自云南丽江。

20. 丽江葶苈 图版 70：1～2

Draba lichiangensis W. W. Smith in Not. Roy. Bot. Gard. Edinb. n. 55：208. 1919；西藏植物志 2：349. 1985；中国植物志 33：157. 1987；青海植物志 1：445. 图版 91：3～4. 1997；Fl. China 8：72. 2001；青藏高原维管植物及其生态地理分布 330. 2008.

多年生丛生草本。矮小。主根木质化，根茎分枝多，下部宿存条状披针形枯叶，呈覆瓦状，上部着生莲座状叶丛。莲座状叶近于等长，叶片倒披针形，长 8～10 mm，宽 1～2 mm。顶端渐尖，全缘或略有锯齿，基部缩窄成柄，两面被星状毛、单毛或叉状毛，毛灰白色。花葶短，被单毛、叉状毛，有 1 至数叶，有时无叶。总状花序有花 5～10 朵，密集成伞房状，下面数花有叶状苞片；花小，萼片椭圆形，顶端钝圆，长 1.2～1.5 mm，背面有毛；花瓣白色，倒卵圆形，长 2.0～2.5 mm，顶端微凹；雄蕊长 1.2～1.5 mm，花药椭圆形；子房卵圆形，无毛；花柱短。短角果卵形，长 3.5～4.0 mm。宽 1.5～2.0 mm；果梗纤细，长 1～4 mm。种子卵形，深褐色，长约 1 mm。 花果期 6～9 月。

产青海：兴海（鄂拉山垭口，H. B. G. 1390）、玛多（清水乡，H. B. G. 1356）、玛沁（尼卓玛山垭口，H. B. G. 776；阿尼玛卿山，黄荣福 C. G. 81-139）、称多（清水河乡，H. B. G. 1390）。生于海拔 4 400～5 250 m 的河谷山坡高寒草甸、高山冰缘流石坡稀疏植被带。

分布于我国的青海、西藏、四川北部、云南西北部。模式标本采自云南丽江西部。

21. 椭圆果葶苈 图版 68：7～9

Draba ellipsoidea Hook. f. et Thoms. in Journ. Linn. Soc. Bot. 5：153. 1861；西藏植物志 2：358. 图 123：1～4. 1985；中国植物志 33：180. 图版 41：4～6. 1987；青海植物志 1：451. 图版 92：4～6. 1997；Fl. China 8：85. t. 42：5～8. 2001；青藏高原维管植物及其生态地理分布 327. 2008.

一年生草本，矮小，高 1.5～8.0 cm，主根细。茎从基部分枝，被星状毛。叶膜质，基部的叶狭匙形或窄倒卵形，长 0.5～2.0 cm，宽 2～4 cm，顶端钝或渐尖，基部渐窄成柄，全缘或有 1～3 锯齿；茎生叶少，被叉状毛及星状毛。总状花序有花 3～12 朵，疏松；花梗长 3～5 mm；花小，白色。短角果椭圆形或近圆形，长 3～9 mm，宽 3.0～3.5 mm，几无花柱；果瓣薄，被单毛、叉状毛或少量星状毛。种子短椭圆形，深褐色。 花果期 6～9 月。

产青海：兴海（河卡草原站，王作宾 20271）、曲麻莱（东风乡，刘尚武等 797）、久治（索乎日麻乡，藏药队 530）。生于海拔 3 200～4 000 m 的沟谷山坡高寒草甸、河谷湿润草地、河岸阶地草甸、河沟坡地草丛。

分布于我国的青海、甘肃、西藏、云南、四川；印度也有。

22. 毛叶葶苈

Draba lasiophylla Royle in Illustr. Bot. Himal. Mts. 1：71. 1839；西藏植物志 2：354. 1985；中国植物志 33：167. 1987；青海植物志 1：447. 1997；Fl. China 8：70. 2001；青藏高原维管植物及其生态地理分布 330. 2008.

22a. 毛叶葶苈（原变种）

var. **lasiophylla**

多年生丛生草本，高 4～20 cm。茎单一，纤细，被星状毛、分枝毛，直达小花梗。莲座状基生叶长圆形，长 8～15 mm，宽 2～3 mm，全缘或有细齿，两面密生小星状毛、分枝毛，毛灰白色，边缘近基部有单缘毛；茎生叶卵形或长卵形，全缘或略有细齿。无柄，被有与基生叶相同的毛。总状花序有花 5～20 朵。密集成近于头状，下面数花有叶状苞片，结实时略伸长，但通常在顶端的果实排列仍较紧密；小花梗短；萼片椭圆形，有单毛及叉状毛；花瓣白色，长倒卵形，长 3.0～3.5 mm。短角果卵形，顶端渐尖。长 7～10 mm，宽 2～3 mm，被单毛及叉状毛，花柱细，长约 0.5 mm。果梗丝状，长 3～4 mm，斜向上伸展。 花果期 7～8 月。

产西藏：日土（热帮区，高生所西藏队 3540）。生于海拔 4 200～5 000 m 的高原阴湿山坡、沟谷山地石隙间、高山流石滩。

分布于我国的青海、西藏；克什米尔地区，尼泊尔，印度也有。

22b. 光果毛叶葶苈（变种）

var. **leiocarpa**（Pampan.）O. E. Schulz in Engl. Pflanzenr. 279. 1927；中国植物志 33：168. 1987；青海植物志 1：448. 1997；青藏高原维管植物及其生态地理分布 330. 2008. ——*D. glomerata* Royle var. *leiocarpa* Pampan. in Nuov. Giorn. Bot. Ital. 23（1）：46. 1916. ——*D. lasiophlla* Royle Illustr. Bot. Himal. Mts. 1：71. 1839；Fl. China 8：79. 2001.

本变种与原变种的区别在于：果实无毛。

产青海：玛多（黑海乡，吴玉虎 1268）。生于海拔 3 800～4 200 m 的岩屑山坡、沟谷山地石缝、多石滩地、河谷阶地高寒草原。

分布于我国的青海、西藏。

14. 碎米荠属 Cardamine Linn.

Linn. Sp. Pl. 654. 1753.

一年生、二年生或多年生草本，有单毛或无毛。地下多有根状茎。茎单一，不分枝或分枝。叶为单叶、各种羽状裂叶或羽状复叶，多具叶柄。总状花序通常无苞片，花时伞房状；萼片直立或稍展开，卵形或长圆形，边缘膜质，内轮基部多呈囊状；花瓣白色，淡紫红色或紫色，卵形或倒心形，有时具爪；雄蕊花丝细弱或扁平而稍扩大；侧蜜腺环形或半环形，有时呈 2 鳞片状，中蜜腺乳突状或鳞片状；雌蕊柱状。长角果线形，扁平，果瓣平坦，无脉或基部有 1 不明显的主脉。种子每室 1 行，扁压，椭圆形或长圆形，无翅或有窄翅；子叶扁平，缘倚胚根。

约 100 种，分布于全球，主产温带地区。我国有 39 种 29 变种，昆仑地区产 2 种 1 变种。

分种检索表

1. 花白色 …………………………………………………… 3. **弹裂碎米荠 C. impatiens** Linn.
1. 花紫色。
   2. 花序顶生；茎生叶 1～3 枚，生于茎中上部 ……………………………………………
   …………………………………………… 1. **紫花碎米荠 C. tangutorum** O. E. Schulz
   2. 花序顶生或腋生；茎生叶 3～12 枚，生于整个茎上 ………………………………
   …………………………………………………… 2. **大叶碎米荠 C. macrophylla** Willd.

1. 紫花碎米荠

Cardamine tangutorum O. E. Schulz Bot. Jahrb. 32：360. 1903；中国植物志 33：189. 图版 44：1～4. 1987；青海植物志 1：455. 1997；青藏高原维管植物及其生态地理分布 320. 2008.

多年生草本，高 10～40 cm。地下具鞭状、短节、匍匐根状茎。茎单一、不分枝，基部弯斜，上部直立，下部常无毛，上部有贴伏或开展的疏柔毛。基生叶有长柄；小叶 3～5 对，长椭圆形，长 1.5～5.0 cm，宽 5～20 mm，边缘具钝锯齿，无柄；茎生叶通常 3 枚，着生于茎中上部，叶柄长 1～4 cm，小叶 3～5 对，与基叶相似，较狭小，无毛或贴生疏柔毛。总状花序顶生，伞房状，花后延伸，花梗长 5～20 mm；外轮萼片长圆形，内轮萼片长椭圆形，基部稍呈囊状，长 5～7 mm，边缘白色膜质，中央带紫红色，被柔毛；花瓣紫红色或淡紫红色，倒卵状楔形或匙形，长 8～16 mm，顶端钝或近平截，基部渐窄成爪；花丝扁宽；雌蕊柱状。长角果线形，长 30～35 mm，宽 2 mm。种子长椭圆形，长 2.5～3.0 mm，褐色。 花期 6 月，果期 7～9 月。

产青海：都兰、格尔木、兴海（中铁乡附近，吴玉虎 45408；赛宗寺后山，吴玉虎 46400）、玛沁、甘德、久治、班玛、达日、玛多、称多、曲麻莱、治多（可可西里）。生于海拔 2 800～4 800 m 的阴坡云杉疏林草甸、河滩草甸砾地、山坡林缘及林下、河谷灌丛草甸。

分布于我国的青海、甘肃、陕西、西藏东部、四川、云南、山西、河北。

2. 大叶碎米荠

Cardamine macrophylla Willd. Sp. Pl. 3：484. 1800；中国植物志 33：194. 图版 44：5～9. 1987；青海植物志 1：455. 1997；青藏高原维管植物及其生态地理分布 320. 2008.

2a. 大叶碎米荠（原变种）

var. **macrophylla**

昆仑地区不产。

2b. 多叶碎米荠（变种）

var. **polyphylla**（D. Don）T. Y. Chen et R. C. Fang in Bull. Bot. Lab. Northeast Forest. Inst. Harbin 6：19. 1980；中国植物志 33：194. 1987；青海植物志 1：457. 1997；青藏高原维管植物及其生态地理分布 320. 2008. ——*C. polyphlla* D. Don Prodr. Fl. Nepal 201. 1825. ——*C. macrophylla* Willd. subsp. *polyphylla*（D. Don）O. E. Schulz in Engl. Bot. Jahrb. 32：401. 1903；西藏植物志 2：359. 图 124：1～3. 1985. ——*C. macrophylla* Willd. Sp. Pl. 3：484. 1800；Fl. China 8：89. t. 44：7～13，t. 45：6～12. 2001.

多年生草本，高 30～60 cm，植株无毛。根状茎匍匐或斜升，被纤维状须根。茎较粗壮，具明显的棱槽，下部无毛或几无毛，上部分枝。茎生叶为羽状复叶，有 8 枚以上，小叶多为 4～8 对，狭长椭圆形或椭圆状披针形，顶端渐尖或尾状渐尖，边缘具不整齐的锯齿。花序伞房状，结果后伸长为总状；花梗长 5～15 mm；萼片长圆卵形或长椭圆形，长约 5 mm，淡黄色，背侧上部呈淡紫色，有白色膜质边缘，基部微呈囊状；花瓣倒卵状披针状，长约 1.8 mm，淡紫红色，顶端圆形或为凹，基部具短爪。角果直立，长 3～4 cm，宽 2.0～2.5 mm。种子椭圆形，长 3 mm，褐色。 花期 6～7 月，果期 7～8 月。

产青海：兴海（中铁乡前滩，吴玉虎 45408；中铁林场卓琼沟，吴玉虎 45729）、玛沁（西哈垄河谷，吴玉虎等 5593）。生于海拔 3 200～3 600 m 的山谷灌丛草地、沟谷山坡林下草地、山坡圆柏林缘灌丛草甸。

分布于我国的青海、甘肃、陕西、四川、云南；尼泊尔，不丹，印度，喜马拉雅山地区西北部也有。

3. 弹裂碎米荠 图版 70：3～7

Cardamine impatiens Linn. Sp. Pl. 655. 1753；西藏植物志 2：362. 图 125：1～2. 1985；中国植物志 33：209. 1987；新疆植物志 2（2）：126. 图版 37：1～5. 1995；Fl. China 8：103. t. 63：1～10. 2001；青藏高原维管植物及共生态地理分布 319. 2008.

一年生草本，高 30～80 cm。茎直立，不分枝或于上部分枝，表面有叶柄下延所成之棱，无毛。基生叶早枯，下部茎生叶长 10 cm 以上，叶柄近基部及叶耳边缘有白色柔毛，小叶边缘有缘毛，叶柄基部扩大，叶耳条状披针形，长 5 mm 左右，小叶 15 枚，侧生小叶多对生，亦有互生，大小相差悬殊，小叶卵形，顶端小叶大，长 10～15 mm，两侧有大锯齿 2～3 对，顶端急尖，基部楔形，侧生小叶两侧有锯齿或浅裂到半裂；中上部叶变小，小叶数目亦减少，披针形至条形，全缘，叶耳更窄更长，缘毛显著。总状花序花多数，腋生或顶生，花时伞房状；花梗纤细，长 2～6 mm；萼片长椭圆形，长约 2 mm；花瓣白色，窄长椭圆形，长 2～3 mm，花药长圆形。果梗斜上升，长 8～10 mm；长角果线形，扁，长 1.5～2.0 cm，果瓣淡黄色，于种子间略凹下、顶端渐尖，基部钝。种子黄褐色，矩圆形，长 1.0～1.2 mm，种脐黑褐色，周缘具窄边，以远种脐端为宽，或仅两端有窄翅。 花果期 5～8 月。

产新疆：策勒。生于海拔 2 560～3 300 m 的森林带、草原带、高山草原带的山区、河谷阶地草甸、沟谷山坡草地。

分布于我国的大部分省区；朝鲜，日本，俄罗斯，欧洲也有。

15. 单花荠属 Pegaeophyton Hayek et Hand.-Mazz.

Hayek et Hand.-Mazz. in Anzeig. Akad. Wiss. Wien. Math.-Nat. 59：245. 1922.

多年生草本，茎短缩，根多粗壮。叶多数，旋叠状着生于基部，线状披针形或长匙形，全缘或具疏齿，光滑无毛，少有具白色扁刺毛。花大，多数，单生；花梗宽线形；萼片宽椭圆形，内轮 2 枚，基部呈囊状，无毛或具白色扁刺毛；花瓣白色或淡蓝色，宽倒卵形，顶端全缘或微凹，基部具短爪；雄蕊 6 枚，花丝分离，向下渐扩大，侧蜜腺半环形，向内开口，中蜜腺与侧蜜腺相连。短角果宽卵形或椭圆形，扁压，肉质，1 室，不开裂，具狭翅状边缘，花柱短粗。种子 2 行，子叶缘倚胚根。

约 3 种，分布于印度、尼泊尔、不丹，经我国青藏高原及西南山区至缅甸；我国有 2 种 2 变种，昆仑地区产 1 种 1 变种。

1. 单花荠 图版 70：8～10

Pegaeophyton scapiflorum（Hook. f. et Thoms.）Marq. et Shaw in Journ. Linn. Soc. Bot. 48：229. 1929；西藏植物志 2：365. 图 116：4～5. 1985；中国植物志 33：242. 1987；青海植物志 1：459. 图版 89：8～10. 1997；Fl. China 8：106. t. 66：3～9. 2001；青藏高原维管植物及其生态地理分布 346. 2008. ——*Cochlearia scapiflorum* Hook. f. et Thoms. in Journ. Linn. Soc. Bot. 5：154. 1861.

1a. 单花荠（原变种）

var. **scapiflorum**

多年生草本，茎短缩，植株光滑无毛，高 2～5 cm。根粗壮，表皮多皱缩。叶多

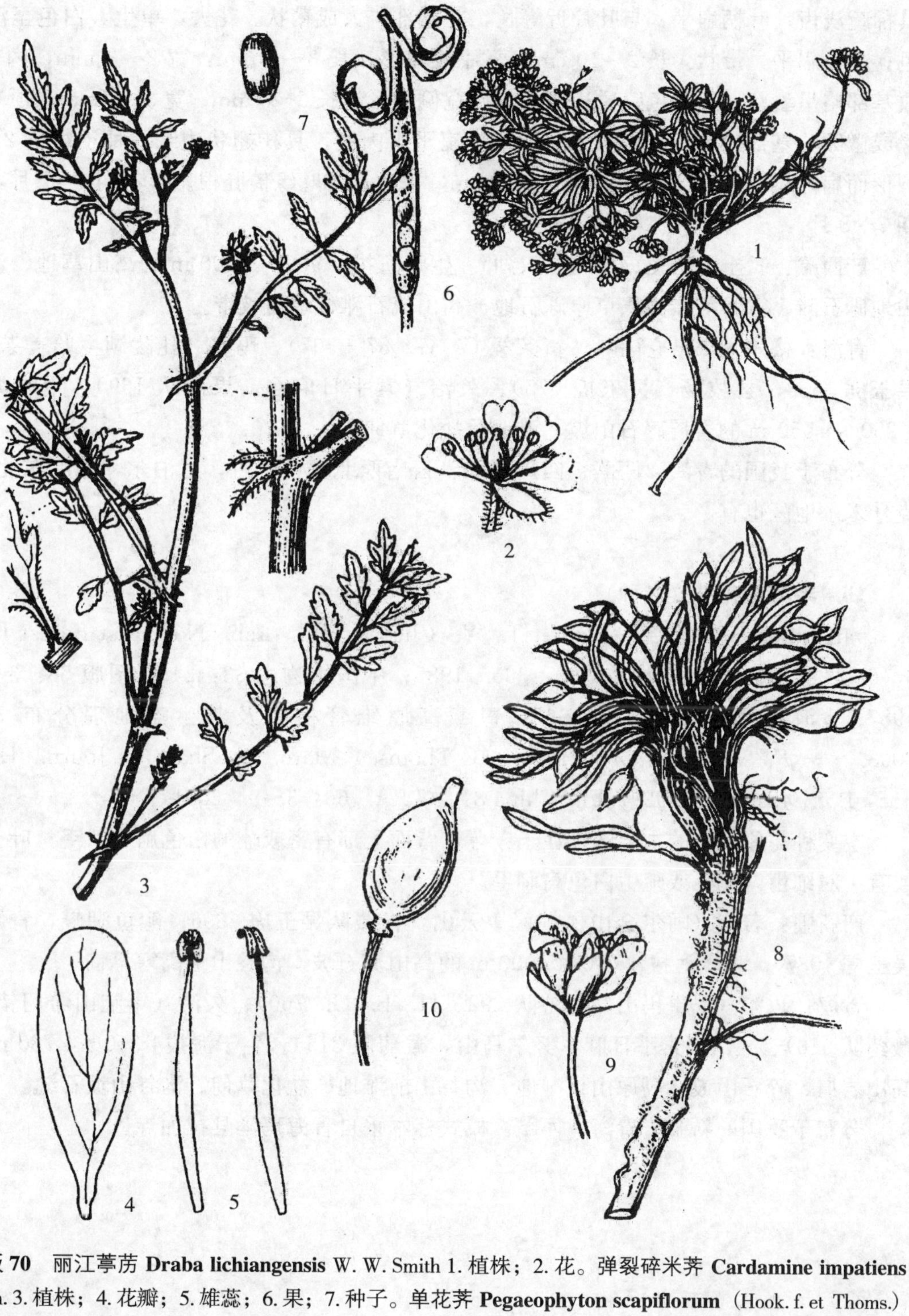

图版 70　丽江葶苈 **Draba lichiangensis** W. W. Smith 1. 植株；2. 花。弹裂碎米荠 **Cardamine impatiens** Linn. 3. 植株；4. 花瓣；5. 雄蕊；6. 果；7. 种子。单花荠 **Pegaeophyton scapiflorum**（Hook. f. et Thoms.）Marq. et Shaw 8. 植株；9. 花；10. 果。（1～2，8～10.王颖绘；3～7. 引自《新疆植物志》，陈荣道绘）

数，旋叠状着生于基部，叶片线状披针形或长匙形，长1～5 cm，宽3～6 mm，全缘或具稀疏浅齿；叶柄扁平，与叶片近等长，在基部扩大成鞘状。花大，单生，白色至淡蓝色；花梗扁平，带状，长2～10 cm；萼片长卵形，长3～5 mm，宽2～3 mm，内轮2枚基部略呈囊状，具白色膜质边缘；花瓣宽倒卵形，长5～8 mm，宽3～7 mm，顶端全缘或微凹，基部稍具爪。短角果宽卵形，扁平，肉质，具狭翅状边缘。种子每室2行，圆形而扁，长1.8～2.0 mm，宽约1.5 mm，褐色，子叶缘倚胚根。 花期6～7月，果期7～8月。

产西藏：日土、班戈、尼玛（双湖）。生于海拔4 900～5 500 m的高山草地、沟谷山地砾石滩、宽谷河滩高寒草原砾石地、高山流石滩稀疏植被带。

青海：格尔木（昆仑山口，黄荣福 C. G. 87-307）、玛多（扎陵湖乡哈姜茶卡，吴玉虎 1588；县牧场，吴玉虎 675）、久治（索乎日麻乡，果洛队 169）。生于海拔4 250～4 550 m的岩屑碎石山坡、滩地及盐化草甸。

分布于我国的青海、西藏、四川西部、云南西北部；不丹，尼泊尔，印度东北部，克什米尔地区也有。

1b. 毛萼单花芥（变种）

var. **pilosicalyx** R. L. Guo et T. Y. Cheo in Bull. Lab. Northeast Forest Inst. 6 (6): 28. 1980；西藏植物志 2：365. 1985；中国植物志 33：243. 图版 63：3～6. 1987；青海植物志 1：459. 1997；青藏高原维管植物及其生态地理分布 346. 2008. ——*P. scapiflorum* (Hook. f. Thoms.) Marq. et Shaw in Journ. Linn. Soc. Bot. 48: 229. 1929; Fl. China 8: 107. t. 66: 3～9. 2001.

本变种与原变种的主要区别在于：萼片背面上部有密或疏的白色扁刺状毛；叶全缘或有1对细齿，无毛或疏生白色扁刺毛。

产新疆：若羌（阿尔金山保护区碧云山，青藏队吴玉虎 2696；鲸鱼湖畔，青藏队吴玉虎 4087）。生于海拔4 600～5 000 m的高山流石坡、沟谷山地高寒草甸。

青海：玛沁（尼卓玛山，玛沁队 292、H. B. G. 760）、久治（年宝山希门错湖，藏药队 546）、久治（索乎日麻乡努尔马山，藏药队 315）。生于海拔4 300～4 780 m的高山岩屑、碎石山坡、高原山顶湿地、沟谷山前滩地、盐化草甸、沟谷山坡石缝。

分布于我国的新疆、青海、西藏。模式标本采自青海玛沁县拉加寺。

16. 南芥属 Arabis Linn.

Linn. Sp. Pl. 653. 1753.

一年生、二年生或多年生草本，少数小灌木状。茎直立，被单毛、2～3叉毛、星状毛或分枝毛。基生叶簇生，有柄或无，叶多为椭圆形，全缘，有牙齿或疏齿；茎生叶有短柄或无柄，基部楔形、钝圆或箭形，具耳而抱茎、半抱茎。总状花序顶生或腋生；萼片直立，卵形至椭圆形，内轮基部呈囊状，边缘白色膜质，背面有毛或无毛；花瓣白色，很少紫色、蓝紫色或淡红色，倒卵形到楔形，顶端钝，有时略凹入，基部具爪；雄蕊6枚，花药顶端钝，常反曲。长角果线形，顶端钝或渐尖，直立或下垂，果瓣扁平，开裂，中脉显或不显。种子每室1～2行，边缘有的有翅，表面具小颗粒状突起；子叶背倚胚根。

约100种，分布于北半球的亚洲及欧洲，南半球很少。我国有21种8变种，昆仑地区产1种。

1. 帕米尔南芥 图版71：1～4

Arabis pamirica Y. C. Lan et Z. X. An Fl. Xinjiang. 2 (2)：142. 图版39：1～4. 1995；青藏高原维管植物及其生态地理分布 314. 2008. ——*Sisymbriopsis pamirica* (Y. C. Lan et Z. X. An) Al-Schehbaz et al. in Novon 9：311. 1999；Fl. China 8：119. 2001.

多年生草本，高10～25 cm，全株密被单毛、叉状毛与分枝毛，使植物成灰绿色。茎于基部分枝，分枝多，呈丛状。基生叶倒卵状长圆形，长1.5～2.6 cm，宽3～6 mm，两侧有不规则的锯齿3～5对，基部渐窄成长1 cm的柄；茎生叶与之同形而渐小，条形，齿明显地变短而呈微齿，具短柄。花序花时伞房状，果时伸长成总状；萼片长椭圆形，长约2 mm，背面密被毛；花瓣粉红色（原记录），卵圆形，长约2.5 mm，顶端圆，基部具爪；雄蕊6枚，花丝扁，短、长花丝分别长约1.2和1.6 mm。长角果线形，长3～4 cm，宽约1 mm；果瓣密被毛，扁平，两端钝，中脉清楚；花柱几不发育，柱头头状；果梗长1～3 mm，与果序轴夹角小。种子椭圆形，长约1.1 mm；子叶斜背倚胚根。 花果期6～8月。

产新疆：塔什库尔干（卡拉其古，青藏队吴玉虎 1031）。生于海拔3 700 m左右的沟谷山地、河谷砾石草地。模式标本采自新疆塔什库尔干。

17. 鼠耳芥属 Arabidopsis（DC.）Heynh.

Heynh. in Fl. Sachs. 1：538. 1842.

一年生、二年生或多年生草本，无毛或有混杂的单毛与分枝毛。萼片斜向上展开，近相等；花瓣白色、淡紫色或淡黄色；雄蕊6枚，花丝无齿，花药长圆形或卵形，侧蜜腺联合成环形或半环形，中蜜腺瘤状，常与侧蜜腺联合；雌蕊子房近无柄，花柱短而粗，柱头扁头形，很少近2裂。长角果近圆筒状，开裂；果瓣有1中脉与网状侧脉，假隔膜有光泽。种子每室1行或2行。种子卵形，近光滑，棕色，遇水有胶黏物；子叶宽，长圆形，背倚胚根。

约16种，主要分布于欧洲与亚洲。我国有12种1变种，昆仑地区产2种。

分种检索表

1. 茎生叶有柄或否，但绝不会变宽或耳状而抱茎 ……………………………………………………………… **1. 策勒鼠耳芥 A. qaranica** Z. X. An

1. 茎生叶基部明显变宽，抱茎 ……………………………………………… **2. 柔毛鼠耳芥 A. mollisiima**（C. A. Mey.）N. Busch

1. 策勒鼠耳芥

Arabidopsis qaranica Z. X. An Fl. Xinjiang. 2（2）：145，376. 1995；青藏高原维管植物及其生态地理分布 313. 2008. ——*Sisymbriopsis mollipila*（Maxim.）Botschantzev in Novosti Sist. Vyssh. Rast. 3：122. 1966；Fl. China 8：119. 2001.

一年生草本，高50～60 cm，全株被分枝毛。茎于基部常淡紫色。基生叶早枯，叶柄基部变宽，宿存；茎生叶线形，长3～5 cm，宽2 mm，顶端急尖；全缘，基部渐窄成短柄，柄于基部变宽。总状花序顶生；萼片条形，长约1.5 mm，宽0.5～0.6 mm；花瓣白色，卵圆形，长约2.5 mm，顶端钝，基部渐窄成短爪；雄蕊花丝细，短、长花丝分别长约1.4和1.5 mm；子房圆柱形，扁压。长角果线形，长4～6 cm，宽约1 mm；果瓣略有起伏，中脉显著，顶端急尖，基部钝；假隔膜半透明，无脉，表皮细胞平行。种子每室1行，黄褐色，长圆形，长约1.5 mm，远种脐端有翅状附属物。 花期6月，果期7月。

产新疆：策勒（采集地不详，安峥皙 088)。生于海拔3 100 m左右的荒漠草原带河谷农田旁。模式标本采自新疆策勒。

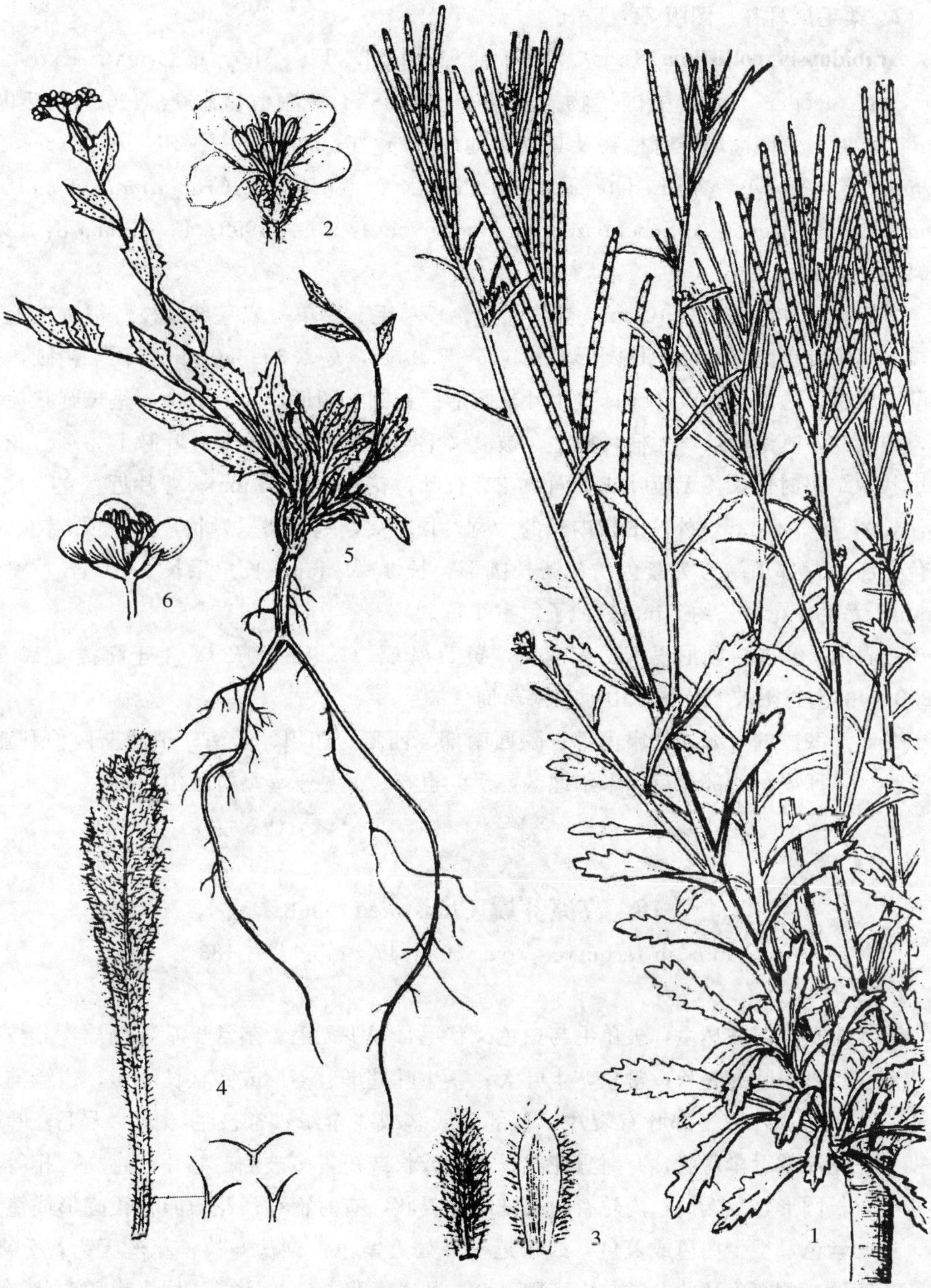

图版 **71**　帕米尔南芥 **Arabis pamirica** Y. C. Lan et Z. X. An 1. 植株；2. 花；3. 萼片；4. 叶及表皮毛。柔毛鼠耳芥 **Arabidopsis mollisiima**（C. A. Mey.）N. Busch 5. 植株；6. 花。（1～4. 引自《新疆植物志》，张荣生绘；5～6. 王颖绘）

2. 柔毛鼠耳芥 图版 71：5～6

Arabidopsis mollisiima（C. A. Mey.）N. Busch Fl. Sibir. et Orient. Extr. 1：136. fig. geogr. 1913；中国植物志 33：285. 1987；青海植物志 1：466. 图版 96：4～5. 1997；青藏高原维管植物及其生态地理分布 313. 2008. ——*Sisymbrium mollissimum* C. A. Mey. in Ledeb. Fl. Alt. 3：140. 1831. ——*Crucihimalaya mollissima*（C. A. Mey.）Al-Schehbaz et al. in Novon 9：299. 1999；Fl. China 8：122. 2001.

多年生草本，高 10～40 cm，被分叉毛、长单毛。茎单一或基部分枝，很少在上部分枝。基生叶莲座状，叶片长圆形，长 1.5～5.0 cm，宽 1.3～3.0 mm，顶端钝圆，基部渐窄成柄，边缘具齿或全缘；茎生叶长圆形或长圆状卵形，向上渐小，呈长圆状披针形，顶端钝，基部箭形，无柄，抱茎，被 2 叉毛与 3 叉毛，以边缘、叶脉上为多。花序伞房状，结果时伸长，无苞叶或下面数花有苞叶；花梗长 2～3 mm；萼片近直立，长圆形，长 2.0～2.5 mm，外轮的较内轮的为宽，顶端尖，基部略呈囊状，内轮顶端钝，有白色边缘，背部顶端常为紫色；花瓣长圆形，长 3～4 mm。长角果长 2～4 cm，宽约 1 mm，无毛，花柱长约 1 mm。种子每室 1 行。

产青海：玛沁（阿尼玛卿山东南坡，黄荣福 C. G. 81-073）。生于海拔 4 100～4 200 m 的沟谷阴坡灌丛下、山地高寒草甸。

分布于我国的青海、甘肃南部、陕西南部、西藏、四川、云南；俄罗斯西伯利亚，中亚地区，印度东北部，克什米尔地区，伊朗也有。又见于喜马拉雅山地区。

18. 高原芥属 Christolea Camb.

Camb. in Jacquen. Voy. Bot. 17. tab. 17. 1837.

多年生草本，常丛生，被单毛与白色叉状毛，很少无毛。茎常于基部分枝，分枝横卧或直立。基生叶莲座状，常较茎生叶大；茎生叶匙形、菱形或卵状长圆形，边缘前端有 1～5（10）齿，或上部叶有裂片，下部叶或多或少全缘，常被毛，很少无毛；叶脉 1～5条。花序常近伞房状，有时具花葶；花梗或长或短，多被毛；萼片近直立，相等或近相等，长圆形，顶端钝，内轮有时基部略呈囊状，有时宿存；花瓣卵状长圆形或篦齿形，通常紫色，很少白色或黄色，或于近基部处近紫色；雄蕊 6 枚，花丝无齿，分离，花药长圆形；侧蜜腺环状，常与中蜜腺会合；雌蕊条形，很少卵形，柱头扁压头状。长角果条形、披针形或倒披针形，开裂，果瓣扁压或扁平，有毛或无毛，具 1 明显中脉和网状侧脉。种子每室 1～2 行，假隔膜完整，膜质；子叶背倚或缘倚胚根。

约 21 种，分布于喜玛拉雅山、昆仑地区，以及中亚高山区。我国有 16 种 1 变种，昆仑地区产12种1变种。

分种检索表

1. 植株有明显的茎或有多花的花葶。
    2. 花大，花瓣长1.0～1.3 mm。
        3. 植株被白色长柔毛；叶椭圆状披针形，全缘 ………………………………………………………………………… **10. 柔毛高原芥 C. villosa** (Maxim.) Jafri
        3. 植株上部密被白色扁平长单毛；叶倒宽卵形，顶端有大齿 ………………………………………… **2. 长毛高原芥 C. flabellate** (Regel et Herd.) N. Busch
    2. 花小，花瓣长不及9 mm；叶前端两侧有锯齿。
        4. 花序排列成总状；长角果长1～4 cm。
            5. 植株高10～40 cm。
                6. 长角果常扭向花序轴的一侧；叶非肉质 ………………………………………… **3. 喜马拉雅高原芥 C. himalayensis** (Camb.) Jafri
                6. 长角果均匀地着生在花序轴上；叶稍肉质 ……………………………………………………………… **1. 高原芥 C. crassifolia** Camb.
            5. 植株高5～10 cm。
                7. 长角果线形，疏被单毛 ………………………………………………………… **4. 线果高原芥 C. parkeri** (O. E. Schulz) Jafri
                7. 长角果条形，无毛……… **12. 少花高原芥 C. stewartii** (T. Anders.) Jafri
        4. 花生于花葶顶端；长角果长4 cm以上。
            8. 一年生植物 ……………………………… **6. 尼亚高原芥 C. niyaica** Z. X. An
            8. 多年生植物。
                9. 花葶顶端有花5～10朵；种子每室2行………………………………………… **5. 喀什高原芥 C. kashgarica** (Botsch.) Z. X. An
                9. 花葶顶端有花多数；种子每室1行 ………………………………………………………… **8. 丛生高原芥 C. prolifera** (Maxim.) Jafri
1. 花单生于基生叶叶丛的花葶上。
    10. 叶倒卵状长圆形或卵状长圆形，羽状半裂，裂片7～11；子房无毛 ………………………………………………………… **11. 羽裂高原芥 C. pinnatifida** R. F. Huang
    10. 叶楔形、椭圆形、倒卵状长圆形；全缘或有3～7齿；子房被毛。
        11. 长角果线形、线状披针形或窄长圆形；叶上有单毛与分叉毛 ………………………………………… **7. 藏北高原芥 C. baiogoinensis** K. C. Kuan et Z. X. An
        11. 长角果宽长椭圆形；叶上被白色单毛 ………………………………………………………… **9. 莲座高原芥 C. rosularis** K. C. Kuan et Z. X. An

1. 高原芥 图版 72：1～3

Christolea crassifolia Camb. in Jacquen. Voy. Bot. 4：16. t. 17. 1844；西藏植物志 2：391. 图 136：1～3. 1985；中国植物志 33：291. 图版 81：1～3. 1987；新疆植物志 2（2）：147. 图版 42：5～7. 1995；青海植物志 1：468. 1997；Fl. China 8：127. t. 85：1～3. 2001；青藏高原维管植物及其生态地理分布 321. 2008.

多年生草本，高 10～40 cm，全株被白色单毛，很少无毛。地下有粗直的根，于根颈处分枝。茎直立，丛生。茎生叶肉质，菱形、长圆状倒卵形、长圆状椭圆形至匙形，长 1～3 cm，宽（3）5～20（25）mm，顶端 3～5 大齿，基部楔形渐窄。总状花序结果时可长 5～8 cm；萼片长圆形，长 3.5～4.0 mm，边缘白色膜质；花瓣白色或淡紫色，常于基部紫红色，干时淡黄色。长角果线形至条状披针形，长 1.0～2.3 cm，宽 3.0～4.5 cm，种子间略凹下；果瓣顶端渐尖，基部中脉明显，网状侧脉可见，假隔膜有明显或不明显的 2 脉，花柱近无，柱头扁压，微 2 裂。种子每室 1 行，长圆形，长约 2 mm，宽约1.5 mm，黑褐色，扁压，子叶缘倚胚根。

产新疆：叶城（麻扎达坂，青藏队吴玉虎 1145；高生所西藏队 3375；阿格勒达坂，黄荣福 C. G. 86－121）、阿克陶（恰克拉克到木吉途中，青藏队吴玉虎 87589；布伦口乡恰克拉克，采集人不详 004；布伦口去塔什库尔干途中，西植所新疆队 738、739）、塔什库尔干（县城北面 65 km，克里木 T127、T264、T266、T270；麻扎，陈英生 003；卡拉苏，周桂玲 002）。生于海拔 3 270～4 800 m 的高原荒漠、河谷山坡砾石地、河滩砾地、河谷阶地草甸。

西藏：日土（多玛乡，青藏队吴玉虎 1328；班公湖畔，青藏队吴玉虎 1338）、改则（扎吉玉湖，高生所西藏队 4346）；尼玛（双湖区，采集人和采集号不详）。生于海拔 3 500～5 100 m 的山坡沙砾地、河滩草甸、高原河滩砾石地、河谷阶地高寒草原、高山流石滩稀疏植被带。

分布于我国的新疆、青海、西藏；中亚地区，阿富汗，巴基斯坦也有。

2. 长毛高原芥 图版 72：4～8

Christolea flabellata（Regel et Herd.）N. Busch Fl. URSS 8：333. t. 15：1. 1939；中国植物志 33：294. 1987；新疆植物志 2（2）：147. 图版 43：1～5. 1995. 青藏高原维管植物及其生态地理分布 322. 2008. ——*Parrya flabellata* Regel et Herd. in Bull. Soc. Nat. Mosc. 2：261. 1870. ——*Desideria flabellata*（Regel）Al-Shehbaz Ann. Missouri Bot. Gard. 87：558. 2001；Fl. China 8：129. 2001.

多年生草本，高 5～8 cm，下部无毛，向上渐有毛，至密被白色、扁平的长单毛。地下茎直立或倾斜，其上有退化叶所形成的鳞片；地上茎具显著或不显著的棱槽，常呈紫红色。叶无明显的柄，叶片肉质，倒宽卵形，长 7～12 mm，宽 5～8 mm，顶端圆浅裂或有圆齿至深裂，基部楔形。总状花序短；萼片淡黄色，长约 3.4 mm，外轮长圆形，宽 0.8～1.0 mm，内轮长圆状倒卵形，宽约 1.4 mm，顶端钝圆，基部囊状，边缘膜质，背部有白色扁平的长单毛；花瓣干后淡蓝色，长约 1.3 cm，宽 4.5～5.0 mm，顶端钝圆，基部楔形渐窄或具短爪；雄蕊 6 枚，短、长花丝分别长约 3 和 4 mm，花药长约 1 mm。角果扁平，长 4～6 mm，宽 2～5 mm，果瓣具中脉，侧脉可见。种子每室 1 行，长圆形，长 1.3～2.0 mm，宽 0.75～1.00 mm，无边或有边，子叶缘倚胚根。 花期 7 月。

产新疆：阿克陶（恰尔隆乡，青藏队吴玉虎 4641，阿特巴希达，采集人不详 032）、塔什库尔干。生于海拔 4 000～4 200 m 的高山荒漠流石坡、沟谷河滩砾石坡地、沟谷干山坡草甸。

分布于我国的新疆；中亚地区也有。

3. 喜马拉雅高原芥 图版 72：9

Christolea himalayensis（Camb.）Jafri in Not. Roy. Bot. Gard. Edinb. 22：53. f. 1. 1955；西藏植物志 2：390. 图 136：7. 1985；中国植物志 33：296. 图版 81：4～6. 1987；新疆植物志 2（2）：149. 图版 43：6～7. 1995；青海植物志 1：468. 图版 94：2. 1997；青藏高原维管植物及其生态地理分布 322. 2008. ——*Cheiranthus himalayensis* Camb. in Jacq. Voy. Bot. 4：14. 1844. ——*Desideria himalayensis*（Camb.）Al-Shehbaz in Ann. Missouri Bot. Gard. 87：555. 2001；Fl. China 8：128. t. 85：4～6. 2001.

多年生草本，高 5～15 cm，全株被白色单毛或分枝毛，茎、叶较果实上为密。地下有直立的深根。茎于基部分枝，外倾或直立。基生叶莲座状，连柄长 1.0～2.5 cm，宽 5～10 mm，叶片倒楔形或长圆状倒卵形，顶端具条状齿 3～4（5）个，基部楔形渐窄成柄；茎生叶条形，窄长圆形到窄楔形，上部者混入花序成苞片，均肉质化。总状花序在果时长可达 7 cm 或更长，花未见。长角果条状长圆形至条状披针形，长 2～3 cm，宽2～6 mm，果瓣顶端渐尖，基部钝，扁平，淡黄白色或有时为暗紫色，中脉及网状侧脉均明显可见；果梗长 4～8 mm。 花期 7～9 月。

产新疆：策勒（恰哈乡玉龙河上游，采集人不详 330）、和田、若羌（鲸鱼湖，青藏队吴玉虎 2233）。生于海拔 4 000～5 000 m 的高山垫状植被带的流石坡、沟谷河川砾石堆、山坡砾地。

西藏：日土（多玛区曲则热都，青藏队 76－9061）、尼玛（双湖区，采集人和采集号不详）、班戈（鲸鱼湖，青藏队吴玉虎 2233、4075）。生于海拔 4 200～4 800 m 的沟谷山地岩隙、高山流石坡稀疏植被带砾石缝隙。

青海：治多（可可西里，黄荣福 K－929）。生于海拔 4 900～5 200 m 的山谷或平滩沙砾湿地、河滩碎石屑地、高原沙砾滩地草甸、高山流石坡稀疏植被带砾石缝隙。

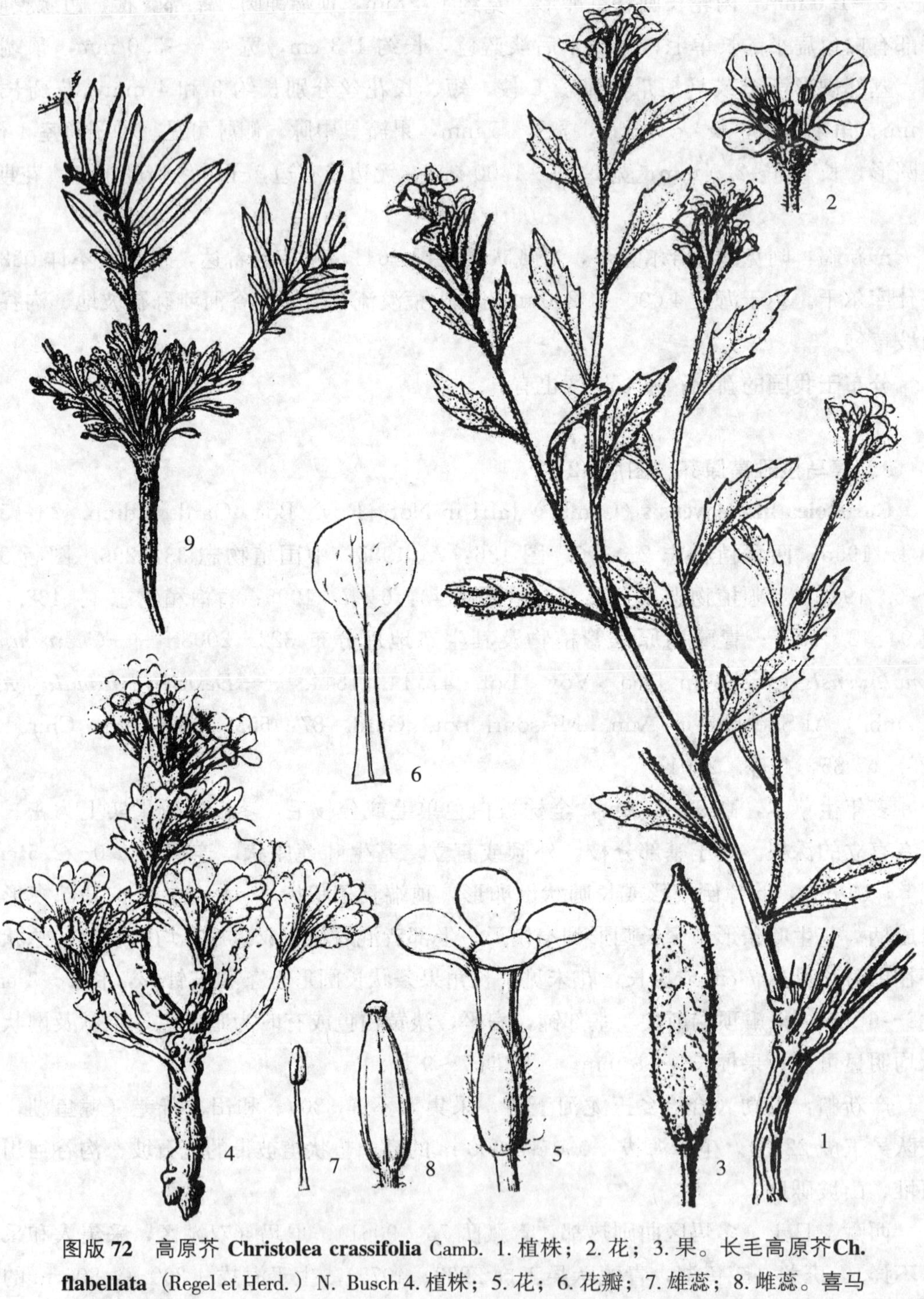

图版 72 高原芥 **Christolea crassifolia** Camb. 1. 植株；2. 花；3. 果。长毛高原芥 **Ch. flabellata**（Regel et Herd.）N. Busch 4. 植株；5. 花；6. 花瓣；7. 雄蕊；8. 雌蕊。喜马拉雅高原芥 **Ch. himalayensis**（Camb.）Jafri 9. 植株。（1～8. 引自《新疆植物志》，张荣生、谭丽霞绘；9. 引自《西藏植物志》，路桂兰绘）

分布于我国的新疆、青海、西藏；中亚地区，阿富汗，巴基斯坦，克什米尔地区也有。

4. 线果高原芥 图版 73：1～3

Christolea parkeri（O. E. Schulz）Jafri in Not. Roy. Bot. Gard. Edinb. 22：52. 1955；西藏植物志 2：389. 1985；中国植物志 33：296. 1987；新疆植物志 2（2）：149. 图版 43：8～10. 1995；青藏高原维管植物及其生态地理分布 322. 2008. ——*Remania parkeri* O. E. Schulz in Fedde Repert. Sp. Nov. Reget. Veget. 31：333. 1933. ——*Desideria linearis*（N. Busch）Al-Shehbaz in Ann. Missouri Bot. Gard. 87：556. 2001；Fl. China 8：129. 2001.

多年生草本，高 10～15 cm，全株密被单毛，使植株呈灰绿色。自根颈有多个分枝，茎外倾，中部分枝或否。茎生叶下部者匙形，长 10～15 mm，宽 3～5 mm，前端有 1～4 对小锯齿，基部渐窄成柄；上部叶短小，齿更少或全缘，披针形至线形。花序顶生或腋生，花时伞房状，果时伸长成总状；萼片长圆或倒卵状条形。长约 3 mm，外轮背端微隆，内轮基部略呈囊状；花瓣白色，有时稍带紫色；雄蕊 6 枚，花丝基部变宽，短、长花丝分别长约 1.8、2.2 mm，花药窄卵状椭圆形；雌蕊子房四棱状柱形。果梗长约 2 mm；长角果线形，长 1.5～1.8 cm，宽约 1 mm，直或略向内弧曲；果瓣扁压，基部钝，上部渐尖，顶端钝，多带紫色，被毛较稀疏；花柱长 0.5 mm，柱头头状。种子椭圆形，长约 1.2 mm，橘黄色。 花期 6～7 月。

产新疆：皮山（神仙湾，青藏队吴玉虎 4738）、皮山（叶阿公路康西瓦段，高生所西藏队 3401）。生于海拔 3 900～3 950 m 的河谷山坡草甸、宽谷河滩砾石地、冲积扇石坡。

分布于我国的新疆、西藏；巴基斯坦，克什米尔地区也有。

5. 喀什高原芥 图版 73：4

Christolea kashgarica（Botsch.）Z. X. An Fl. Reipubl. Popul. Sin. 33：298. 1987；新疆植物志 2（2）：151. 图版 42：8. 1995；青藏高原维管植物及其生态地理分布 322. 2008. ——*Vvedenskyella kaschgarica* Botsch. in Бот. Мат. Герб. Бин. АН СССР 7：174. 1955. ——*Phaeonychium kashgaricum*（Botsch.）Al-Shehbaz Nordic J. Bot. 20：162. 2000；Fl. China 8：109. 2001.

多年生草本，高 10～20 cm，全株无毛。叶基生，莲座状，具柄，连柄长 1.2～6.5 cm，叶片椭圆形，宽 2～11 mm，顶端钝或急尖，全缘，中下部至叶柄有短毛所成的睫毛，稀疏。花葶直或略弯曲，花序花时伞房状，果时伸长成总状；花多数，花梗细，展开；萼片开展，宽椭圆形，长 2.5～4.5 mm，宽 1.0～1.5 mm；花瓣紫色，长 6～9 mm，宽 3.0～4.5 mm，顶端圆，基部楔状成爪；雄蕊花丝分离，基部宽。果梗长

8～17 mm，上部外弯，长角果长圆状条形，长 1.0～1.5 cm，宽 3～4 mm；果瓣膜质，中脉清楚，侧脉细弱；假隔膜薄，白色，半透明；花柱长 3～4 mm。种子未见。 花果期 6～8 月。

产新疆：喀什、塔什库尔干（瓦恰乡，采集人不详 268）。生于海拔 3 300 m 左右的高山荒漠、河谷阶地草原砾地。

分布于我国的新疆；中亚地区各国也有。模式标本采自新疆喀什。

6. 尼亚高原芥 图版 73：5～8

Christolea niyaica Z. X. An Fl. Xinjiang. 2（2）：151. t. 42：1～4. 1995；Fl. China 8：127. 2001；青藏高原维管植物及其生态地理分布 322. 2008.

一年生草本，高约 25 cm，全株无毛。茎直立，自基部分枝。分枝多，多呈“之”字形弯曲。叶茎生，有短柄或柄不明显，长圆形成椭圆形，长 1.0～1.5 cm，宽 3～6 mm，顶端急尖，中上部两侧具大齿，基部渐窄。花序顶生或腋生，花时伞房状，花后伸长成总状；花梗长约 2 mm；萼片斜展开，长圆形，长约 2 mm，背部隆起，边缘白色膜质；花瓣白色，倒卵状长圆形，长约 3.5 mm，顶端圆，基部渐窄成短爪；雄蕊 6 枚，花丝细，长 1～2 mm，花药大，长卵状三角形，长约 1 mm。果梗展开或下弯，长约 5 mm，短角果长圆形，长 1.0～1.1 cm，宽 3.0～3.5 mm，直或稍呈镰状弯曲；花柱短；果瓣扁平，薄，两端钝，中脉清楚，侧脉网状，假隔膜白色，半透明，有明显的 2 条脉。种子每室 2 行，扁平，长约 1.5 mm，淡黄褐色；子叶缘倚胚根，种皮上有颗粒纹理。 花果期 6～8 月。

产新疆：民丰（萨勒吾则克乡大完土，采集人不详 055）。生于海拔 2 700 m 左右的山地荒漠草原、沟谷山坡砾石地。模式标本采自新疆民丰（尼亚）。

7. 藏北高原芥

Christolea baiogoinensis K. C. Kuan et Z. X. An Fl. Xizang. 2：388. f. 135：4～6. 1985；中国植物志 33：294. 图版 82：4～6. 1987；青海植物志 1：467. 1997；青藏高原维管植物及其生态地理分布 321. 2008. ——*Desideria baiogoinensis*（K. C. Kuan et Z. X. An）Al-Shehbaz in Ann. Missouri Bot. Gard. 87：561. 2001；Fl. China 8：130. t. 91：4～6. 2001.

多年生草本，高 3～5 cm；地下有直立的粗根，近地面处分枝，分枝能育或不育。叶簇生于分枝顶端，稍肉质；楔形或椭圆形，顶端钝；全缘或有 3～4（5）齿，基部渐窄成短柄，柄被白色单毛，连柄长 1.0～1.8 cm，宽 2～10 mm。花单生于基生叶丛的花葶上；萼片窄长圆形，长 5.0～5.5 mm，宽 2.0～2.5 m；有白色膜质边缘，顶端钝尖，被单毛；花瓣圆形，长 9～11 mm，宽约 5 mm，顶端截形或微缺，基部骤窄成爪，爪与瓣片约等长。长角果长椭圆形，长 1.5～2.5 mm，宽 5～8 mm，扁平；果瓣顶端渐尖，基部钝，中脉明显，网状侧脉可见；无花柱，柱头头状，近2裂。种子每室2行，长圆形至长圆状卵形，长约2 mm，黑褐色或棕色；子叶背倚胚根。 花期6～7月，果期7～8月。

产西藏：班戈（色哇区宫位山至雅曲雅土南坡途中，青藏队藏北分队郎楷永9469）。生于海拔4 000 m左右的沟谷山坡高寒草原、宽谷河滩砾石地。

青海：治多（可可西里马章错琼，黄荣福K-105）、玛沁（采集地不详，黄荣福K-661）。生于海拔4 800～5 000 m的高原山坡、高寒荒漠草原。

分布于我国的青海、西藏。模式标本采自西藏班戈。

8. 丛生高原芥 图版73：9～10

Christolea prolifera（Maxim.）Jafri in Not. Bot Gard. Edinb. 22：53. 1955；西藏植物志2：389. 图136：4～5. 1985；中国植物志33：294. 1987；青海植物志1：469. 图版94：1. 1997；青藏高原维管植物及其生态地理分布323. 2008. ——*Parrya prolifera* Maxim. Fl. Tangut. 1：56. t. 27. f. 1～15. 1889. ——*Desideria prolifera*（Maxim.）Al-Shehbaz in Ann. Missouri Bot. Gard. 87：559. 2001；Fl. China 8：129. 2001.

多年生草本，高5～6 cm，地下有深长的根和直立的根茎，并有分枝。叶多基生，根茎具少数叶，叶片匙形，有短柄；基生叶具柄，长1.0～2.5 cm；叶片呈菱状卵圆形，长5～10 mm，宽4～10 mm，全缘或前端有3～7个微齿，被白色长单毛与较短的2叉毛。花葶数个丛生，具白色长单毛，顶端有花5～10朵；萼片长圆形，长约6 mm，宽约2.2 mm，内轮的较外轮的略宽，基部略呈囊状，背面及顶端均隆起，有窄的白色膜质边缘；花瓣匙形，长约8 mm，顶端钝圆，爪长为瓣片的1.5倍。长角果条形或条状披针形，长4～7 cm，宽4～6 mm，被白色长单毛，尤以边缘为显；果瓣扁平，顶端钝尖，中脉可见。种子每室2行，长圆形，长约2.5 mm，棕褐色；子叶背倚胚根。花期6月，果期6～8月。

产青海：玛多（清水乡，吴玉虎641）、曲麻莱（秋智乡，刘尚武686）。生于海拔4 700～5 100 m的高山岩屑流石坡、宽谷河滩砾石地、河谷山地碎石堆、河谷阶地高寒草原。

分布于我国的青海、西藏。模式标本采自西藏东北部。

9. 莲座高原芥

Christolea rosularis K. C. Kuan et Z. X. An Fl. Xizang. 2：386. f. 135：1～3. 1985；中国植物志33：298. 图版82：1～3. 1985；青藏高原维管植物及其生态地理分布323. 2008. ——*Lepidostemon rosularis*（K. C. Kuan et Z. X. An）Al-Shehbaz in Novon 10：332. 2000；Fl. China 8：137. t. 91：1～3. 2001.

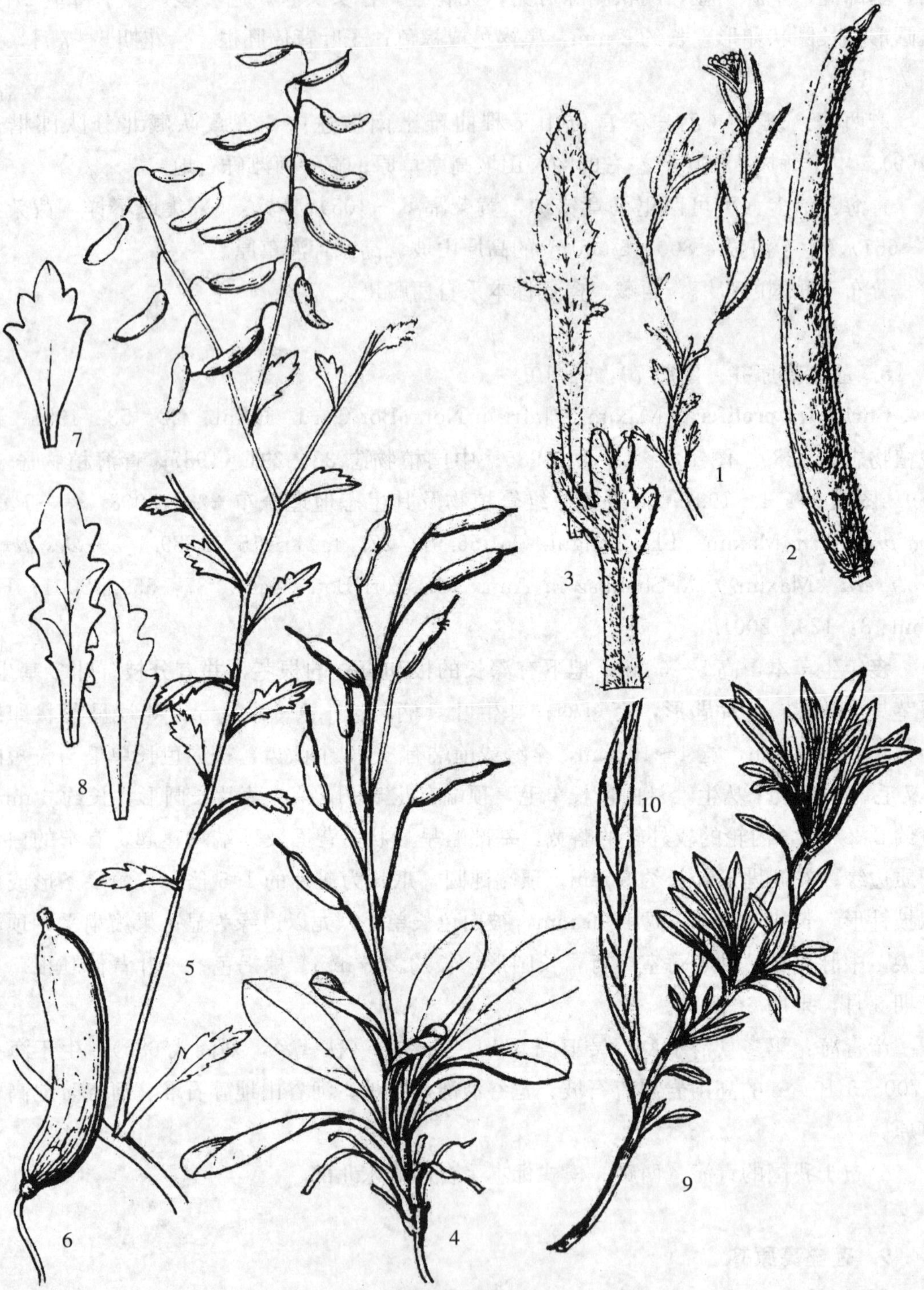

图版 **73** 线果高原芥 **Christolea parkeri** (O. E. Schulz) Jafri 1. 果枝；2. 果；3. 叶。喀什高原芥 **Ch. kashgarica** (Botsch.) Z. X. An 4. 植株。尼亚高原芥 **Ch. niyaica** Z. X. An 5. 植株一段；6. 果；7～8. 叶。丛生高原芥 **Ch. prolifera** (Maxim.) Jafri 9. 植株；10. 果。（1～8. 引自《新疆植物志》，张荣生、谭丽霞绘；9～10. 引自《西藏植物志》，路桂兰绘）

一年生矮小草本，高 3～5 cm，全株均被较长白色单毛，并杂有少数分枝毛。叶全部基生，叶片倒卵状长圆形或宽卵形，顶端钝圆或具 3～5（～7）钝齿，基部渐窄成柄，柄长 10～25（～30）mm。花多数，自叶丛簇生，花梗长约 5 mm，结果时伸长至 6～8 mm；萼片长圆形，长 3～4 mm，有很窄的白色膜质边缘；花瓣黄绿色而带紫色（据记录），长圆状倒卵形，长 4.0～4.5 mm，基部渐窄成爪。长角果线形、线状披针形或窄长圆形，压扁；果瓣顶端渐尖，基部钝圆，中脉隐约可见；花柱短或近于无，柱头与花柱同粗。种子每室 1 行，种子椭圆形，长 1.5～2.0 mm，淡黄褐色；子叶缘倚胚根。 花果期 6～8 月。

产西藏：班戈（色哇区拉尔登尔加拉，青藏队郎楷永，采集号不详）。生于海拔 4 750 m 左右的沟谷山坡草地、河谷滩地高寒草原。

分布于我国的西藏。模式标本采自西藏南日至错那途中。

10. 柔毛高原芥

Christolea villosa（Maxim.）Jafri in Not. Bot. Gard. Edinb. 22：52. 1955；中国植物志 33：292. 图版 82：7～8. 1987；青海植物志 1：469. 1997；青藏高原维管植物及其生态地理分布 323. 2008. ——*Parrya villosa* Maxim. Fl. Tangut. 55. n. 89. t. 27. f. 25～38. 1889. ——*Phaeonychium villosa*（Maxim.）Al-Shehbaz in Nordic J. Bot. 20：161. 2000；Fl. China 8：109. t. 91：7～8. 2001.

10a. 柔毛高原芥（原变种）

var. **villosa**

多年生草本，高 5～16 cm。被白色柔软长单毛。地下斜生根茎，近地面处分枝，茎数个丛生，茎基部有残存的淡黄白色或黑褐色叶柄。基生叶具柄，柄长 3.5～8.0 cm，近基部宽约 8 mm，边缘淡白色，近膜质；叶片长椭圆状披针形，长 1～5 cm，宽 3～8 mm，顶端急尖或钝尖，基部渐窄成柄，全缘，边缘有白色而柔软的睫毛；茎生叶向上渐小，柄亦渐短。花序伞房状，花梗长 1.0～1.8 cm，被较密单毛；萼片长 5～6 mm，外轮的较内轮的为宽，外轮萼片为椭圆状卵形，内轮等片为窄椭圆状卵形，淡黄绿色，顶端色深，被毛，有宽的白色膜质边缘，宿存；花瓣淡紫色，倒卵形，长 1.0～1.1 cm，宽 4～5 mm，顶端微缺，基部楔状成爪。长角果长圆状卵形，弯曲，长 8～10 mm，宽约 3 mm，果瓣稍呈龙骨状，顶端钝尖；假隔膜半透明，完整。种子每室 1 行，种子宽卵状圆形，长约 3 mm，棕褐色；子叶背倚胚根。 花期 6 月。

产青海：玛沁（郊区，玛沁队 024；尼卓玛雪山垭口，H. B. G. 777A）、久治（浪麻沟垴，果洛队 091；门堂乡，果洛队 118A）。生于海拔 3 300～4 500 m 的沟谷山地阴坡灌丛下、山地河滩草原、高山流石滩。

分布于我国的青海、西藏。模式标本采自西藏东北部。

10b. 宽丝高原芥（变种）

var. **platyfilamenta** K. C. Kuan et Z. X. An Fl. Reipubl. Popul. Sin. 33: 243. 1987；青海植物志 1：470. 1997；青藏高原维管植物及其生态地理分布 323. 2008.

本变种的特征是：花小。萼片长 4.0～4.5 mm，花瓣卵形至长圆卵形，长 6～8 mm，花丝下部加宽。

产青海：玛沁（尼卓玛雪山垭口，H. B. G. 777B）、久治（门堂乡，果洛队 118B）。生于海拔 3 300～4 600 m 的山地阴坡草甸、沟谷山坡灌丛、山顶岩屑砾地、高山沙砾坡。

分布于我国的青海。

11. 羽裂高原芥

Christolea pinnatifida R. F. Huang Fl. Qinghai. 1：468. 1997；青藏高原维管植物及其生态地理分布 323. 2008. ——*Desideria flabellata*（Regel）Al-Shehbaz in Ann. Missouri Bot. Gard. 87：558. 2001；Fl. China 8：129. 2001.

多年生矮小草本，高 3～4 cm，全株密被白色长单毛。叶全部基生，叶片倒卵形或倒卵状长圆形，长 8～11 mm，宽 5～6 mm，羽状半裂，裂片 7～11 枚，基部渐狭成长柄，两面密被白色长单毛，并杂有少数叉状短毛；叶柄长 12～18 mm。花多数，簇生于叶丛中，花梗长 8～14 mm；萼片淡黄褐色，外轮 2 片狭长圆形，内轮 2 片披针形，长 8.0～8.5 mm，宽约 2 mm，顶钝，有淡黄色膜质边缘；花瓣宽倒卵匙形，上部绿色或淡紫色，下部淡黄色，长 12～13 mm，宽 4～5 mm，顶端截形微凹，基部渐窄成长爪，爪长 8～9 mm；雄蕊 6 枚，花丝线形，扁，基部加宽，长花丝长 7～8 mm，短花丝长 5～6 mm，花药线形，长约 1.5 mm；侧蜜腺深褐色，半卵球形，成对联合成环状；子房狭椭圆形，有黄褐色腺点，柱头 2 裂。角果未见。 花期 6～7 月。

产青海：玛沁（阿尼玛卿山，黄荣福 C. G. 81-154）。生于海拔 4 200～4 800 m 的高山冰雪线下湿地、高山砾石坡、河谷阶地高寒草原。模式标本采自青海玛沁阿尼玛卿山。

12. 少花高原芥

Christolea stewartii（T. Anders.）Jafri in Not. Roy. Bot. Gard. Edinb. 22（1）：f. 1：E. 1955；西藏植物志 2：389. 1985；中国植物志 33：297. 1987；青藏高原维管植物及其生态地理分布 323. 2008. ——*Cheiranthus stewartii* T. Anders. in Hook. f. Fl. Brit. Ind. 1：132. 1872. ——*Desideria stewartii*（T. Anders.）Al-Shehbaz in Ann. Missouri Bot. Gard. 87：556. 2001；Fl. China 8：129. 2001.

多年生草本，高 3～5（～8）cm，除长角果外全株被毛。茎伸展或近伸展。基生叶莲座状，近肉质，叶片匙形，长 1～3 cm，宽 5～10 mm，全缘或有 5～10 个钝圆齿，被白色长单毛与分枝毛。总状花序有花 8～15 朵，有苞叶，果期可长达 6 cm；萼片长约 2.5 mm；花瓣长约 5 mm。长角果条形，长 25～40 mm，宽 2.5～3.5 mm，压扁，无毛，花柱无或近无，柱头压扁，2 浅裂；果梗长约 6 mm，上升或偏向一侧。种子多数，长约 5 mm。

产西藏：班戈（色哇区黑愁布达，青藏队植被组 11750）、改则（夏岗江雪山，青藏队植被组 12560）。生于海拔 5 100～5 400 m 的高原冰川冰台下、高山泥质坡地、高山流石坡。

分布于我国的西藏；克什米尔地区也有。

19. 蔊菜属 Rorippa Scop.

Scop. Fl. Carn. 520. 1760.

一年生、二年生或多年生草本，植株无毛或具单毛。茎直立或铺散，多有分枝。叶全缘、浅裂或羽状裂。总状花序顶生，有时各花均有叶状苞片，花小，多数；萼片展开，长圆形或宽披针形；花瓣 4 枚，或有时缺，黄色，倒卵形，基部较窄，少具爪；雄蕊 6 枚或较少；侧蜜腺外侧联合，中蜜腺为 1 突起。长角果多数，圆柱状，直或微曲，也有为短角果者，椭圆形或球形；果瓣凸出，无脉或仅于基部有脉，有时裂成 4 瓣；柱头不裂或 2 浅裂。种子每室 1 行或 2 行，细小，多数，子叶缘倚胚根。

约 90 种，广布于北半球温暖地区。我国有 9 种，南北各省均有产；昆仑地区产 1 种。

1. 蔊　菜

Rorippa indica (Linn.) Hiern in Cat. Afr. Pl. Welw. 1: 26. 1896；中国植物志 33：301. 图版 84：1～3. 1987；青海植物志 1：471. 1997；Fl. China 8：133. t. 87：1～3. 2001；青藏高原维管植物及其生态地理分布 348. 2008. ——*Sisymbrium indicum* Linn. Sp. Pl. ed. 2. 2：917. 1763.

一年生、二年生或多年生草本，高 30～60 cm，植株无毛。茎单一或于基部分枝，直立或铺散。叶羽状全裂，下部茎生叶有柄，连柄长 7～8 cm，叶柄基部变宽抱茎，裂片披针形或窄长圆形，顶端裂片稍大，两侧各具 2～3 锯齿，向上叶渐小，裂片变窄变长，全缘或近全缘。花序顶生或腋生，花时伞房状，果时伸长成总状，总体成圆锥状；花梗细长，长 5～10 mm；萼片淡黄色，长椭圆形，长 2.0～2.5 mm，边缘白色膜质；花瓣黄色，宽匙形，长 4.0～4.5 mm，宽约 1.5 mm，顶端圆形，基部具爪，脉纹色较深；雄蕊 6 枚，短花丝细，长 2.5～2.6 mm，长花丝扁平，向下渐宽，长 2.7～

3.0 mm，花药长圆形，长约1 mm，基部略叉开；子房柱状，花柱短，柱头显著大。果梗纤细，长8～12 mm，近水平展开，长角果圆柱状。

产青海：称多（竹节寺，吴玉虎 32521）、久治（白玉乡索科沟，藏药队 637）、班玛（马柯河林场宝藏沟，王为义 27819）。生于海拔 3 800～4 300 m 的沟谷山地林缘、宽谷河高寒滩草甸、河谷阶地高寒草原砾地、高寒沼泽草甸。

分布于我国的青海、甘肃、陕西、四川、云南、湖南、河南、广东，以及华东各省；印度，菲律宾，日本，朝鲜也有。

20. 豆瓣菜属 Nasturtium R. Br.

R. Br. in W. et W. T. Aiton, Hort. Kew. ed. 2. 4: 109. 1812.

一年生或多年生草本，具多数分枝，水生或陆生。植株光滑无毛或具糙毛。羽状复叶或为单叶，叶片篦齿状深裂或为全缘。总状花序顶生，短缩或花后延长，花白色或白带紫色。长角果近圆柱形或稍与假隔膜呈平行方向压扁。种子每室1～2行，多数；子叶缘倚胚根。

2种，分布于欧洲、非洲、北美及亚洲地区。我国均产，昆仑地区产1种。

1. 西藏豆瓣菜 图版 74：1～3

Nasturtium tibeticum Maxim. Fl. Tangut. 1：54. t. 26. f. 12～30. 1889；西藏植物志 2：378. 图 131：5. 1985；中国植物志 33：312. 图版 87：5～8. 1987；青海植物志 1：473. 图版 97：4～6. 1997；Fl. China 8：136. 2001；青藏高原维管植物及其生态地理分布 342. 2008.

二年生矮小草本，高2～8 cm。茎基部具多数分枝，铺散或斜升。全株皆具白色硬糙毛。叶基生，具柄，叶片披针形或长圆状披针形，长1～3 cm，宽4～8 mm，叶缘篦齿状深裂。总状花序短缩，结果时延长；萼片宽椭圆形，长2.5～3.5 mm，宽1.2～1.8 mm，具膜质边缘；花瓣白色，瓣片下部带紫色，宽楔形，长3～5 mm，宽1.5～3.0 mm，顶端凹缺或截形，基部具细爪。长角果近圆柱形，长1.0～1.8 cm，具硬毛。种子每室1行，椭圆形，直径约1 mm，无膜质边缘，褐色；子叶缘倚胚根。 花果期6～8月。

产青海：曲麻莱（秋智乡政府附近，刘尚武 754；县城附近，采集人不详 621；珍秦乡，吴玉虎 32793）、称多（清水河乡巴颜喀拉山南坡，吴玉虎 32451、41355B）、玛多（野牛沟，郭本兆 130；黑河乡，吴玉虎 32422）、达日（建设乡，H. B. G. 1065；吉迈乡，H. B. G. 1248）、治多（可可西里库赛湖，黄荣福 K-463、K-1005）、甘德（上贡麻乡，H. B. G. 895）。生于海拔 3 800～4 600 m 的河滩砾石地、湖滩沙砾地、高原山顶、沟谷山坡草地。

分布于我国的青海、西藏。模式标本采自西藏。

21. 异蕊芥属 Dimorphostemon Kitag.

Kitag. in Lineam. Fl. Manch. 239. 1939.

一年生或二年生草本，植株具腺毛和单毛。茎直立，单一或基部呈铺散状分枝。有时基部叶丛生，茎生叶通常无柄，边缘篦齿状分裂或羽状深裂。总状花序顶生，果时伸长；萼片4枚，内轮基部略呈囊状；花瓣白色或淡紫色，倒卵状楔形或宽楔形，具短爪；雄蕊花丝分离，长花丝自上而下渐扁平，花柱短，柱头极短。长角果圆柱形，果瓣凸出。种子每室1行，褐色，椭圆形，远种脐端具膜质边缘或无；子叶背倚或斜背倚胚根。

3种，1变种，分布于俄罗斯、哈萨克斯坦、蒙古、印度东北部及我国。我国有3种，产于北方及西南部；昆仑地区产2种。

分种检索表

1. 种子长圆形，顶端具膜质边缘……………………… **1. 异蕊芥 D. pinnatus** (Pers.) Kitag.
1. 种子椭圆形，顶端无膜质边缘 … **2. 腺异蕊芥 D. glandulosus** (Kar. et Kir.) Golubk.

1. 异蕊芥 图版74：4～7

Dimorphostemon pinnatus (Pers.) Kitag. Neo-Lineam. Fl. Manshur. 332. 1979; 西藏植物志 2：380. 图 132：1～4. 1985；中国植物志 33：323. 图版 92：1～9. 1987；青海植物志 1：475. 1997；青藏高原维管植物及其生态地理分布 325. 2008. ——*Hesperis pinnata* Pers. Syn. Pl. 2：203. 1807. ——*Dontostemon pinnatifidus* (Pers.) Al-Shehbaz et H. Ohba in Novon 10：96. 2000；Fl. China 8：141. t. 96：1～9. 2001.

一年生或二年生草本，高4～15 cm，被腺毛与单毛。茎直立或铺散，多于下部分枝。基生叶早枯，倒卵状长圆形，长3.0～5.5 cm，宽5～10 mm，羽状深裂，裂片线形或窄长圆形，长3～6 mm，叶轴宽3 mm，向下渐窄成柄，被腺毛及少数白色单毛，尤以裂片顶端为多；茎生叶同形而小，或窄长圆形，边缘具1～3对锯齿状齿。花序生于枝端，花时伞房状，果时总状；花梗长2～3 mm；萼片倒卵状长圆形，长约2.2 mm，宽约1 mm，边缘白色膜质，背侧顶端有少数白色单毛；花瓣紫色，倒卵状长三角形，长约4 mm，宽约2 mm，顶端截形，基部渐窄成爪；雄蕊6枚，花丝扁，短、长花丝分别长约2.2和2.5 mm，花药卵状三角形，基部略叉开；侧蜜腺不联合，半圆形，位于短雄蕊两侧，中蜜腺缺。果梗长 3～5 mm，斜上升，长角果于柄端上翘，果与果序轴近平行；长角果圆筒状，长 1.5～1.8 cm；果瓣线形，中脉不显，有纵行脉纹，被腺毛，上端钝，下端圆。种子长圆形，长约 1 mm，淡棕褐色，顶端具膜质边缘。子叶背倚胚根。 花期 6～8 月。

产西藏：日土（去错那途中，青藏队 751477；上曲龙，高生所西藏队 3492）。生于海拔 2 700～4 200 m 的山坡草地、河谷山坡灌丛。

青海：兴海（河卡乡也隆沟，何廷农 143）、玛多（县城附近，吴玉虎 230）、久治（智青松多两河口，果洛队 002）、曲麻莱（麻多乡，刘尚武等 637）。生于海拔2 700～4 300 m 的山坡草甸、沟谷山地灌丛、山沟砾地。

分布于我国的青海、甘肃、宁夏、西藏、四川、云南；中亚地区，印度东北部也有。

2. 腺异蕊芥 图版 74：8～12

Dimorphostemon glandulosus（Kar. et Kir.）Golubk. in Bot. Zur. 59（10）：1453. 1974；西藏植物志 2：379. 图 132：5～8. 1985；中国植物志 33：323. 图版 92：10～13. 1987；新疆植物志 2（2）：157. 图版 46：1～5. 1995；青海植物志 1：474. 图版 97：11～13. 1997；青藏高原维管植物及其生态地理分布 325. 2008. —— *Arabis glandulosa* Kar. et Kir. in Bull. Soc. Nat. Mosc. 15（l）：146. 1842. —— *Dontostemon glandulosus*（Kar. et Kir.）O. E. Schulz in Notizbl. Bot. Gart. Berlin-Dahlem 10：554. 1930；Fl. China 8：141. t. 96：10～13. 2001.

一年生草本，高 3～15 cm。茎多数呈铺散状分枝或直立，植株具腺毛、单毛。单叶互生，长椭圆形，长 1～4 cm，宽 2～5 mm，边缘具 2～3 对篦齿状缺刻或羽状深裂，两面皆被黄色腺毛和白色单毛。总状花序生枝顶，花序短缩，结果时渐延长；萼片长椭圆形。长 2.0～2.5 mm，宽约 1 mm，具白色膜质边缘，背面常具白色单毛及腺毛；内轮 2 枚，基部略呈囊状；花瓣宽楔形，长 3～4 mm，顶端全缘，基部具短爪；长雄蕊花丝自顶端向下逐渐扩大，扁平，无齿。长角果圆柱形，长 1.5～2.0 cm，具腺毛；果梗长 3～6 mm，在总轴上斜上着生。种子每室 1 行，种子褐色而小，椭圆形，无膜质边缘；子叶斜背倚胚根。 花果期 6～9 月。

产新疆：皮山（三十里营房，高生所西藏队 3389）、若羌（阿尔金山保护区姆兹克苏河畔，青藏队吴玉虎 4212；阿尔金山保护区土房子，采集人不详 84-A-341；祁漫塔格山南面，采集人不详 88065；阿其克库勒湖东面，采集人不详 88086）。生于海拔 4 300 m 左右的高山砾石地、亚高山草甸、山沟灌丛草地、高原滩地沙砾质高寒草原、沟谷山坡高寒草原砾地。

西藏：改则、尼玛（双湖区）。生于海拔 4 400～5 000 m 的沟谷山坡草地。

青海：兴海（河卡乡叶龙沟，何廷农 143）、玛多（县城郊区，吴玉虎 230）。生于

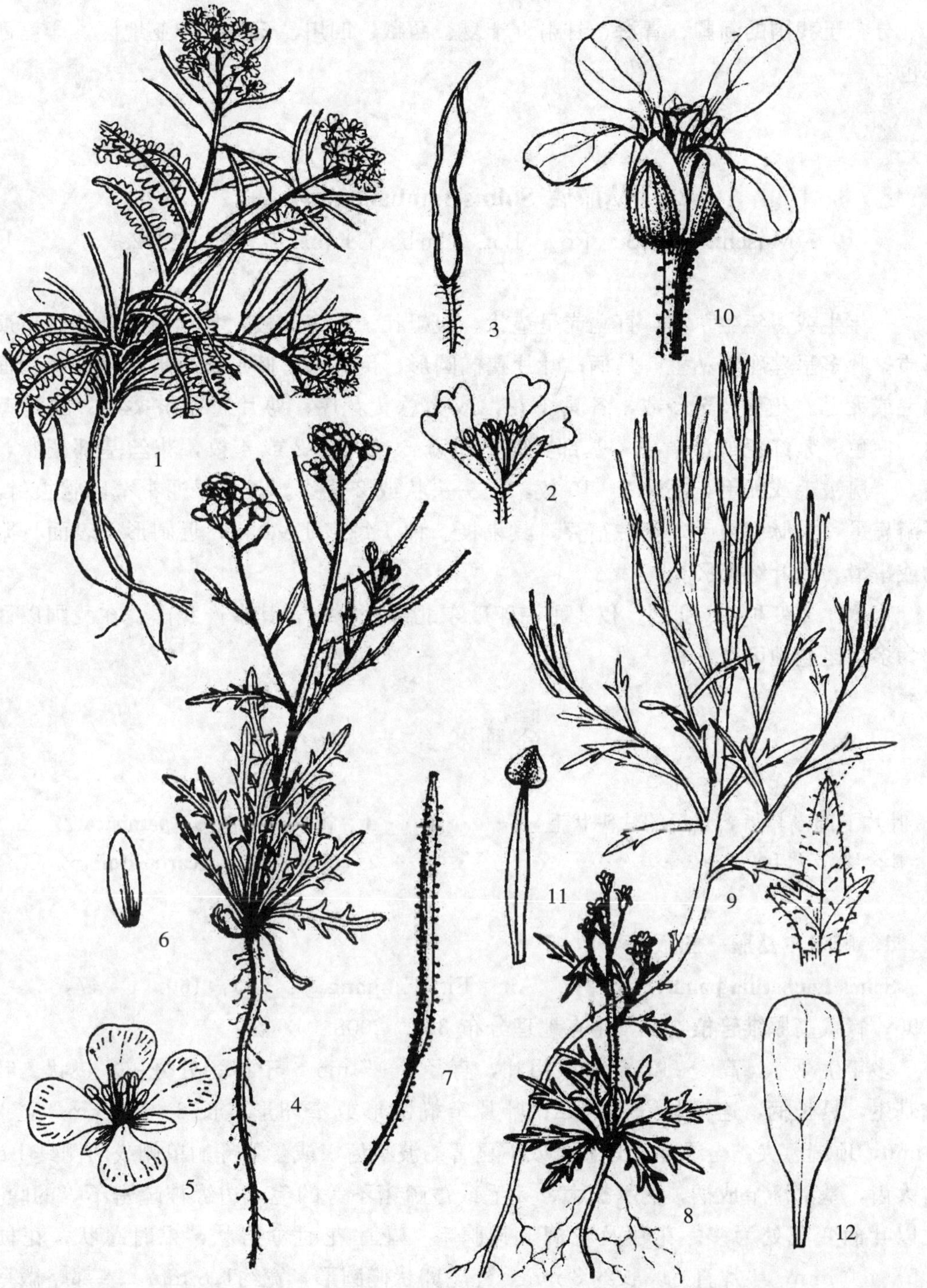

图版 **74** 西藏豆瓣菜 **Nasturtium tibeticum** Maxim. 1. 植株；2. 花；3. 果。异蕊芥 **Dimorphostemon pinnatus**（Pers.）Kitag. 4. 植株；5. 花；6. 萼片；7. 果。腺异蕊芥 **D. glandulosus**（Kar. et Kir.）Golubk. 8～9. 植株；10. 花；11. 雄蕊；12. 花瓣。（1～3. 王颖绘；4～7. 引自《西藏植物志》，吴彰桦绘；8～12. 引自《新疆植物志》，张荣生绘）

海拔 3 200～4 900 m 的河滩草甸、湖滩沙砾地、沟谷山坡砂质草地。

分布于我国的新疆、青海、甘肃、宁夏、西藏、四川、云南；中亚地区，印度西北部也有。

22. 丛菔属 **Solms-Laubachia** Muschl.

Muschl. in Not. Roy. Bot. Garb. Edinb. 5：205. 1912.

一年生或多年生草本，直立或呈垫状。根粗壮。茎多分枝，具残留的叶柄，草质或革质。叶多呈莲座状丛生，具柄；叶片狭椭圆形、倒卵形、圆形或匙形，全缘，两面均被毛或无毛。花葶 2 至多数，各具 1 花，或为总状花序；萼片背面被柔毛；花瓣蓝紫色、白色、紫红色或淡黄色，基部具爪；雄蕊 6 枚，少 2 或 4 枚，花丝基部翅状，分离；子房被毛或无毛，胚珠 2～10 枚，柱头头状或 2 浅裂。长角果通常窄卵状披针形，果瓣扁平，具脉和被毛，花柱宿存，具果梗。种子每室 1～2 行，近圆形，表面具附属物或平滑，子叶缘倚胚根。

15 种，2 变种，1 变型。仅 1 种在印度东北部有分布，其余产我国。在我国以西南部为多，昆仑地区产 2 种。

分种检索表

1. 叶片下部多具齿，具短的柱头状毛 ………………… **1. 帕米尔丛菔 S. pamirica** Z. X. An
1. 叶全缘，无毛 ……………………………………… **2. 线叶丛菔 S. carnosifolia** Z. X. An

1. 帕米尔丛菔　图版 75：1～5

Solms-Laubachia pamirica Z. X. An Fl. Xinjiang. 2（2）：160. t. 47：6～10. 1995；青藏高原维管植物及其生态地理分布 350. 2008.

多年生草本，高 5～10 cm。根粗壮，直径 6～7 mm，于根颈处分枝，垫状。叶完全基生，具长柄，连柄长 3～4 cm；叶片窄椭圆形或窄卵形，长 6～12 mm，宽 3～4 mm，顶端急尖，全缘，或具显著或不显著的波状齿，或于下部的单侧或两侧具 1 或 1 对大齿，基部渐窄成柄，柄基扩大，无毛或被疏密不等的毛，边缘被疏密不等的睫毛，尤以叶柄变宽处为多。花葶及花柄上具腺毛；花序花时伞房状，果时总状；花梗长 2.5～4.0 mm；萼片直立，长约 3 mm，外轮卵状椭圆形，宽约1.8 mm，基部略微呈囊状，内轮长椭圆形，宽约 1.5 mm，顶端微呈兜状，多具扁平白色单毛，边缘膜质；花瓣淡黄色，长 6.5～6.8 mm，瓣片等长于爪部，倒卵形，顶端多凹陷或成缺刻，亦可圆形或平截，基部渐窄成楔状爪；雄蕊 6 枚，花丝扁平，花药长圆形；侧蜜腺内侧联合而下凹，中蜜腺分裂为 2，位于长雄蕊外侧；子房无毛，花柱短。　花果期 6～9 月。

产新疆：塔什库尔干（托克满苏老营房，XJA－82854、西植所新疆队 1425）。生于海拔 4 500～4 600 m 的高山垫状植被带、高山流石坡。模式标本采自新疆塔什库尔干。

2. 线叶丛菔 图版 75：6～10

Solms-Laubachia carnosifolia Z. X. An Fl. Xinjiang. 2（2）：160. t. 47：1～5. 1995. ——*Braya scharnhorstii* Regel et Schmalhausen in Trudy Imp. St.-Pétersb. Bot. Sada 5：241. 1877；Fl. China 8：186. 2001.

多年生垫状植物，高 3～6 cm，根状茎直立，被残存的扁平叶柄。地上分枝或不分枝。叶基生，稍肉质，窄条形，长 2.0～5.5 cm，前端 2/5 稍变宽，宽 1.0～1.5 mm，顶端渐尖，边全缘有扁平睫毛，叶柄基部变宽。花葶直立，密被单毛与分枝毛，上部有少数叶，总状花序顶生，花时伞房状，果时伸长，下部数花常有苞叶；萼片斜展开，椭圆形或长圆形，长约 3.5 mm，宽 1.5～2.0 mm，外轮略宽于内轮，基部微呈囊状，被白色分枝毛或单毛，白色膜质边宽；花瓣黄色，长圆状倒卵形，长 5～6 mm，宽约 4 mm，前端近截形，基部渐窄成短爪；雄蕊花丝具翅，紫色，长 2.0～2.5 mm，花药黄色，矩圆形，基部略叉开；侧蜜腺与中蜜腺联合成环状，包于雄蕊之外；雌蕊瓶状。角果未熟。 花期 7 月。

产新疆：塔什库尔干（苏巴什达坂，崔乃然 82202）。生于海拔 4 000 m 左右的高山草原、高寒荒漠。模式标本采自新疆塔什库尔干。

23. 四齿芥属 Tetracme Bunge

Bunge in Delect. Semin. Hort. Dorpat. 7. 1836.

一年生草本，被星状毛、分枝毛及单毛。茎自基部分枝。叶长披针形或宽线形，全缘或羽状裂，有柄或无柄。花序花时伞房状，果时伸长成总状；花微小；萼片直立；花瓣白色或淡黄色，倒卵形或楔形，基部具短爪；雄蕊花丝分离，花丝基部有时变宽；侧蜜腺小，金字塔形，位于短雄蕊两侧，中蜜腺缺。长角果近四棱状，直立或弯曲，果瓣顶端有 2 齿状附属物；角果紧贴果序轴或稍展开；果梗粗短，紧贴果序轴。种子每室 1 行，卵形，子叶背倚胚根。

约 8 种，分布于地中海地区与我国之间。我国有 3 种，昆仑地区产 1 种。

1. 四齿芥

Tetracme quadricornis（Steph.）Bunge in Delect. Semin. Hort. Dorpat. 7. 1836；中国植物志 33：341. 图版 99：1～4. 1987；新疆植物志 2（2）：162. 1995；Fl. China 8：145. t. 103：1～5. 2001. ——*Erysimum quadricorne* Steph. in Willd. Sp. Pl.

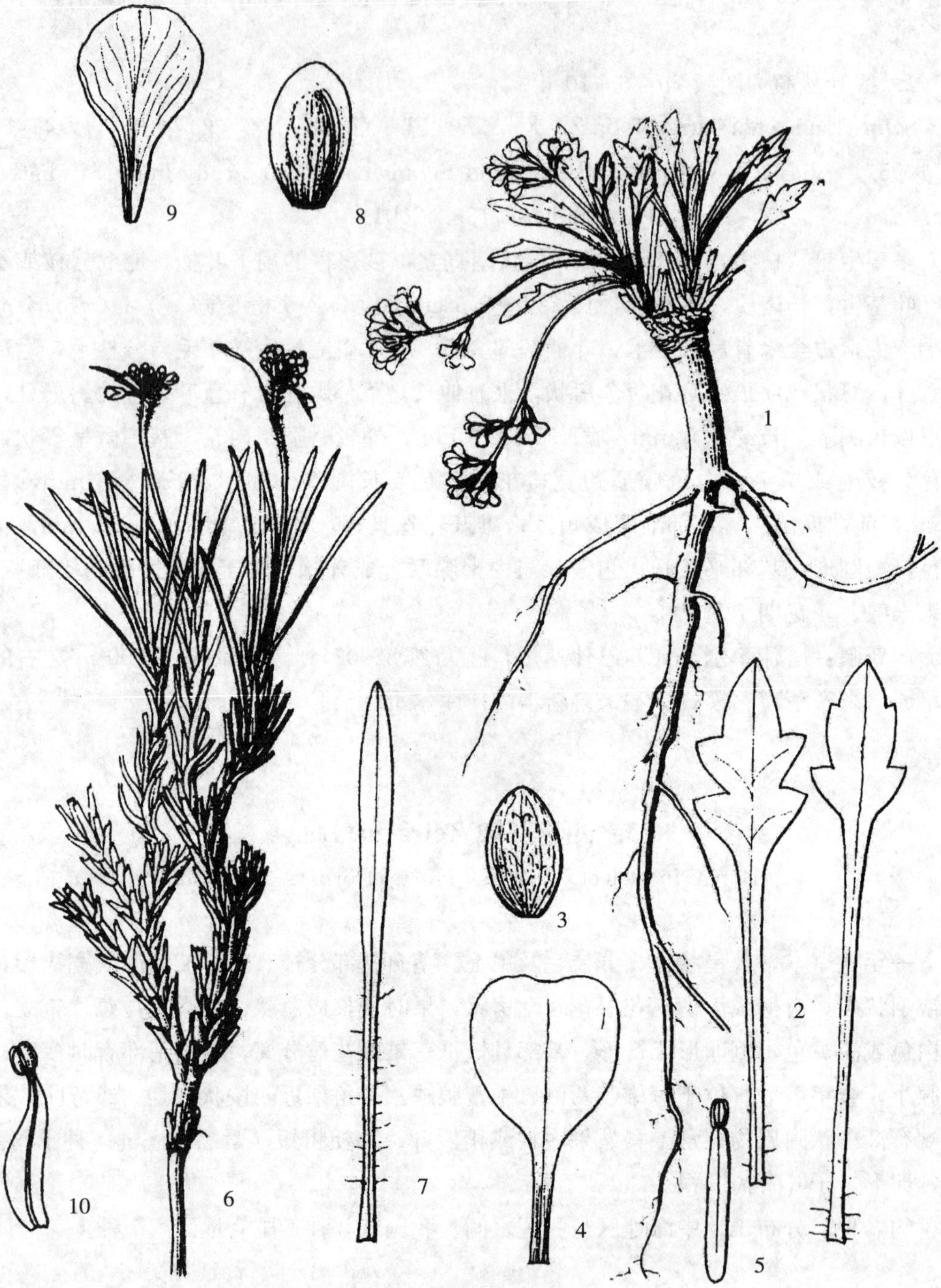

图版 **75**　帕米尔丛菔 **Solms - Laubachia pamirica** Z. X. An 1. 植株；2. 叶；3. 花萼；4. 花瓣；5. 雄蕊。线叶丛菔 **S. - L. carnosifolia** Z. X. An 6. 植株；7. 叶；8. 萼片；9. 花瓣；10. 雄蕊。（引自《新疆植物志》，谭丽霞绘）

541. 1800.

一年生草本，高 5～8（20）cm，全株密被分枝毛，并杂有稀疏单毛，以叶缘为最多。茎直立，分枝。叶窄长圆形，长 2～3 cm，宽 3～4 mm，前端钝或急尖，基部楔形，全缘。花序花时伞房状，果时伸长成总状；花梗不明显；萼片长圆形，长约 1 mm，背部隆起，密被分枝毛与单毛，白色边缘窄；花瓣白色，线形，略短于萼片；雄蕊 6 枚，花丝披针形，短、长花丝分别长 0.4 和 0.5 mm，花药长圆形，长约 0.2 mm，基部略叉开；子房长圆形，无花柱，周周有 4 个小突起，绿色，无毛。果梗稍细于果实，长约 1.5 mm，毛多于果实；长角果向外微弧曲，长 6.0～7.5 mm，微扁压，两端圆，背部有微小的分枝毛，中部以下有稀疏的分枝或不分枝毛，前端有 4 个角状附属物，向外展开；假隔膜麦秆黄色；无花柱。种子每室 1 行，淡黄褐色，长圆形，长约 1 mm，种脐端略暗。 花期 4～5 月。

产新疆：乌恰、塔什库尔干（瓦恰乡，周桂玲 083）。生于海拔 3 500 m 左右的沟谷山地荒漠、高山流石坡。

分布于我国的新疆；中亚地区，巴基斯坦，阿富汗也有。

24. 离子芥属 Chorispora R. Br. ex DC.

R. Br. ex DC. Syst. Nat. 2: 435. 1821.

一年生、二年生或多年生草本，有单毛、腺毛或无毛。茎直立，或近直立开展，由基部分枝或茎短缩。叶有柄或茎生叶无柄，羽状深裂或具波状齿。花序花时伞房状，生于枝端，果时伸长成总状；萼片内轮基部囊状；花瓣紫色，紫红色或黄色，具长爪；侧蜜腺圆锥形或月形，不联合，中蜜腺无。长角果具喙，多呈念珠状，不纵裂而横断，少不整齐开裂。种子每室 1 行，椭圆形，子叶背倚胚根。

约 11 种，主产亚洲与欧洲东南部。我国有 7 种，昆仑地区产 1 种。

1. 大果离子芥

Chorispora macropoda Trautv. in Bull. Soc. Nat. Mosc. 33（1）：109. 1860；中国植物志 33：349. 图版 103：10～12. 1987；新疆植物志 2（2）：169. 1995；Fl. China 8：149. t. 108：10～12. 2001；青藏高原维管植物及其生态地理分布 321. 2008.

多年生草本，高 3～10 cm。直根粗壮。茎短缩，密被腊肠状腺毛，幼叶裂片前端及萼片前端具少数白色单毛。叶基生，具柄，连柄长 3～4 cm，叶片长椭圆形，长 2～3 cm，边缘具浅齿或羽状深裂，裂片对生或近对生。花序花时伞房状，果时伸长成总状；花梗长 1.0～1.5 mm；萼片长椭圆形，长 3～4 mm，边缘白色膜质，内轮基部略呈囊状；花瓣淡黄色，线状匙形，长5～9 mm，宽1.2～2.0 mm，顶端近平截，基部具爪，瓣片脉纹显著；雄蕊花丝扁，短、长花丝分别长约3、4 mm，花药条状长卵形，长约1.2 mm。果梗粗短，长3～4 mm；长角果念珠状，长1.0～2.5 cm，具腺毛，前端喙长2.5～3.5 mm。种子淡褐色，宽椭圆形，长约1.5 mm。花期6～7月。

产新疆：乌恰、塔什库尔干（红其拉甫，周桂玲048；麻扎，高生所西藏队3169；县城以北65 km，克里木T273）。生于海拔3 200～3 700 m的沟谷山地荒漠、高原山坡砾石地、沟谷山地高寒草原。

分布于我国的新疆；巴基斯坦，阿富汗，伊朗，中亚地区也有。

25. 条果芥属 Parrya R. Br.

R. Br. in Append. Parry's Voy. Bot. 268. 1824.

多年生草本，稍呈丛生状，无毛或有单毛、分叉毛或腺毛。具根状茎。基生叶莲座状，全缘或羽状裂，有柄。无茎，花葶通常无叶或很少有叶，花少数至多数，少为单花；花梗粗，果时伸长；萼片直立，内轮基部囊状；花瓣粉红色、紫色或白色，匙形或倒卵形，顶端圆或微缺；花丝分离，花药线形，侧蜜腺联合成环状，有时外侧不联合，中蜜腺有或无；子房线形，花柱短，柱头2裂，圆锥状。长角果条状至长圆形，扁压，2室，开裂，通常无毛；果瓣扁平，中脉明显，假隔膜膜质，有纤维状脉纹。种子每室2行或1行，扁压，卵形、圆形或长圆形，边缘有翅或无，子叶缘倚胚根。

约30种，主产中亚。我国约8种2变种1变型，昆仑地区产3种。

分种检索表

1. 花葶具数花；叶羽裂………………………… **3. 羽裂条果芥 P. pinnatifida** Kar. et Kir.
1. 花葶具单花；叶不裂，前端钝。
   2. 叶较大，倒卵形，上面近无毛，下面及边缘被白色单毛；花葶多数，高出基生叶 ………………………………………… **1. 无茎条果芥 P. exscapa** C. A. Mey.
   2. 叶较小，窄匙形，上面及边缘有伏生白单毛，下面近无毛；花葶少数，与基生叶等高 ……………………………… **2. 毛萼条果芥 P. eriocalyx** Regel et Schmalh.

1. 无茎条果芥 图版76：1～4

Parrya exscapa C. A. Mey. in Ledeb. Fl. Alt. 3：28. 1831；中国植物志33：354. 图版104：6～9. 1987；新疆植物志2（2）：173. 图版51：1～4. 1995；青藏高原维管植物及其生态地理分布345. 2008. ——*Leiospora exscapa*（C. A. Mey.）Dvorak Spisy Prir. Fak. Univ. J. E. Purkinje Brne 497：357. 1968；Fl. China 8：

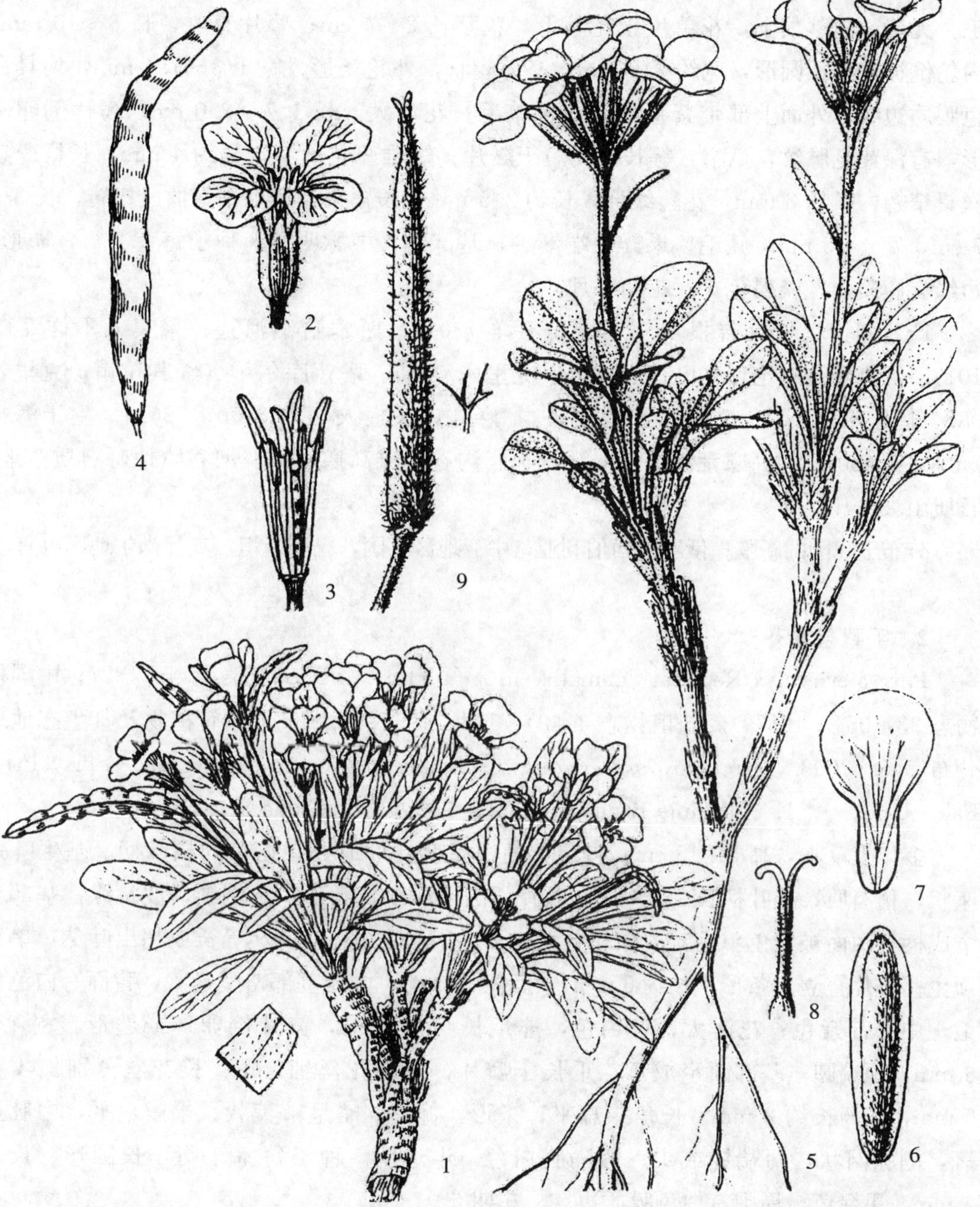

图版 **76**　无茎条果芥 **Parrya exscapa** C. A. Mey. 1. 植株；2. 花；3. 去掉花被的花；4. 果。无腺棒果芥 **Sterigmostemum eglandulosum**（Botsch.）H. L. Yang 5. 植株；6. 萼片；7. 花瓣；8. 花柱与柱头；9. 果。（引自《新疆植物志》，陈荣道、张荣生绘）

153. t. 109：8～11. 2001.

多年生草本，高 5～8 cm，垫状植物。根状茎粗壮。叶基生，呈莲座状，长圆状倒卵形或倒披针形，连柄长 2～5 cm，顶端急尖或钝，基部渐窄成柄，全缘，被白色短单毛。无茎，花葶数个，花单生于花葶上，花葶长 2～4 cm；萼片直立，长 8～10 mm，内轮倒披针状长圆形，宽约 2.5 mm，基部囊状，外轮条形，宽 1.3～1.4 mm，均具白色膜质边缘，外面上部带紫色，被白色单毛；花瓣大，长 1.7～2.0 cm，瓣片倒卵圆形，有深紫色脉纹，爪窄，等长或稍短于瓣片；短雄蕊花丝细，长约 4 mm，长雄蕊花丝具窄翅，长约 8 mm，花药线形，长约 2.5 mm。长角果条形，稍弯曲或扭转，长 3～7 cm，宽 4～5 mm，无毛；果瓣顶端渐尖，基部钝，中脉明显。种子每室 2 行，卵形，边缘有膜质翅，淡褐色。　花期 7 月。

产新疆：乌恰（吉根乡，采集人不详 73019；斯木哈纳河边，采集人不详 73-101）、阿克陶（布伦口乡巴什农牧场，克里木 026）、塔什库尔干（红其拉甫，克里木 086、周桂玲 049；卡拉苏，周桂玲 091；麻扎，采集人不详 3150、3261）。生于海拔 2 800～4 600 m 的高寒荒漠带河滩沙砾地、沟谷河滩高寒草原、河谷阶地砾石质草地、石质山坡。

分布于我国的新疆；俄罗斯西伯利亚，中亚地区各国，巴基斯坦，克什米尔地区也有。

2. 毛萼条果芥

Parrya eriocalyx Regel et Schmalh. in Acta Hort. Petrop. 5：234. 1877；中国植物志 33：354. 1987；新疆植物志 2（2）：173. 1995；青藏高原维管植物及其生态地理分布 345. 2008. ——*Leiospora eriocalyx*（Regel et Schmalh.）Dvorak Spisy Prir. Fak. Univ. J. E. Purkinje Brne 497：357. 1968；Fl. China 8：153. 2001.

多年生草本，高 5～15 cm。具粗壮的根状茎；近地处有宿存的枯叶柄。基生叶莲座状，稍肉质，连叶柄长 2～5 cm，叶片长圆形或窄长圆形，顶端钝，波状缘，基部渐窄成柄，两面被白色单毛，边缘和上面较多。花葶数个，与叶丛等长或超出叶丛，单花顶生；萼片直立，条形，长约 6 mm，宽约 1.5 mm，内轮基部略呈囊状，背面有白色单毛，中部带紫色；花瓣大，黄白色，连爪长约 1.5 cm，瓣片倒卵形或匙形，宽 4～6 mm，顶端圆，基部渐窄成爪，爪长于瓣片；雄蕊花丝细，短、长花丝分别长 4 和 6 mm，花药长约 2 mm。长角果扁平，条形，镰形，略呈节荚状；果瓣扁平，中脉显著，侧脉网状，两端钝或尖；假隔膜白色，半透明。种子每室 1 行，长圆形，长约 2 mm，黑绿色，周围有白色膜质边。　花期 6～7 月。

产新疆：乌恰（吉根乡斯木哈纳，采集人不详 73-101）、塔什库尔干（红其拉甫，克里木 T86；水布浪沟，西植所新疆队 1477）、阿克陶（布伦口乡，克里木 026）、叶城（叶阿公路科克阿尔特达坂，高生所西藏队 3387）。生于海拔 3 600～4 610 m 的沟谷山坡高山草甸、河谷阶地高寒草原、宽谷河滩砾石质草地。

分布于我国的新疆；俄罗斯西伯利亚，中亚地区，巴基斯坦，克什米尔地区也有。

3. 羽裂条果芥

Parrya pinnatifida Kar. et Kir. in Bull. Soc. Nat. Mosc. 15：147. 1842；中国植物志 33：355. 1987；新疆植物志 2（2）：173. 1995；Fl. China 8：151. t. 109：1～4. 2001；青藏高原维管植物及其生态地理分布 346. 2008.

多年生草本，丛生，全株无毛。地下根状茎斜升，被残留枯叶柄。叶基生，长 4～6 cm，宽 7～14 mm，羽状全裂，裂片稀疏，小三角形或长圆形，互生或近互生。花葶超过基生叶；萼片直立，淡紫色，长约 8 mm，有白色膜质边缘，内轮窄长圆形，宽约 3 mm，基部略呈囊状，外轮线形，宽 1.0～1.2 mm；花瓣蓝紫色，干后黄白色，有深色脉纹，倒卵状长圆形，长约 2 cm，宽约 6 mm，顶端钝，基部渐窄成爪，爪长等于瓣片；花丝向基部渐宽，短、长花丝分别长 5.0 和 5.5～6.0 mm，花药长 1.5 mm。长角果条形，长 4～5 cm，宽约 4 mm；果瓣扁平，中脉清楚，侧脉可见，两端钝或急尖；假隔膜白色，半透明。种子每室 1 行，扁压，近圆形，长约 2.5 mm（不计翅），黑褐色，周围有白色翅，以远种脐端为宽，并有橘黄色窄边。　花期 5～6 月。

产新疆：乌恰（吉根乡，采集人不详 73-41；吉根乡斯木哈纳，西植所新疆队 2159）。生于海拔 2 900～3 200 m 的河流沟谷山地草甸草原、山坡草地。

分布于我国的新疆；中亚地区也有。

26. 涩荠属 Malcolmia R. Br.

R. Br. in W. et W. T. Aiton, Hort. Kew ed. 2. 4：121. 1812.

一年生草本，常有单毛、分枝毛，少数无毛。茎直立或展开。叶倒披针形或长圆形，羽状深裂至近全缘，有柄或无柄。总状花序常疏松；花梗短，果期增粗，开展或上升；萼片直立，内轮基部囊状；花瓣白色、粉红色到紫色，线形至倒披针形；雄蕊分离或长花丝联合；侧蜜腺锥状，不联合，位于短雄蕊两侧，中蜜腺无；子房胚珠多数，花柱近无。长角果圆筒状，或近圆筒状，2 室；不易开裂，果瓣稍坚硬，有单毛，分枝毛或无毛，中脉显著。种子每室 1～2 行，长圆形，子叶背倚胚根。

约 30 种，主产亚洲及地中海地区。我国有 4 种，昆仑地区产 2 种。

分种检索表

1. 长角果圆柱状或近圆柱状，具长或短分叉毛，或具刚毛，少数无毛；花瓣长 8～10 mm …………………………………………………… **1. 涩荠 M. africana**（Linn.）R. Br.

1. 长角果线形，密生硬单毛及分叉毛；花瓣长 5～6 mm ……………………………………………………………………………………………… 2. 刚毛涩荠 **M. hispida** Litw.

1. 涩荠 图版 77：1～3

Malcolmia africana（Linn.）R. Br. in W. T. Aiton Hort. Kew ed. 2. 4：121. 1812；中国植物志 33：362. 1987；新疆植物志 2（2）：178. 图版 52：1～3. 1995；青海植物志 1：480. 1997；青藏高原维管植物及其生态地理分布 340. 2008. ——*Hesperis africana* Linn. Sp. Pl. 663. 1753；Fl. China 8：155. t. 110：1～8. 2001.

一年生草本，高 5～35 cm，被分枝毛与少数单毛。茎直立或近直立，多分枝，有细棱。叶具柄，长 5～10 mm，有时近无柄，叶片长圆形或椭圆形，长 1.5～8.0 cm，宽 5～18 mm，顶端急尖，基部楔形，边缘有波状齿或全缘。总状花序，排列疏松，果时特长；花梗短，不及 1 mm；萼片线状长圆形，长 4～5 mm，内轮基部略呈囊状，外轮顶端略作兜状；花瓣淡紫色或粉红色，窄倒卵状长圆形，长 8～9 mm，顶端截形或钝圆，基部渐窄成爪；雄蕊花丝扁，短、长花丝分别长约 2.8 和 4.0 mm，花药长圆形，前端有小尖头，基部略叉开；子房圆筒形，花柱近无，柱头长锥形，显著。果梗加粗，长 1～2 mm；长角果细线状圆柱形，长 3.5～7.0 cm，宽 1～2 mm，直或弯曲。种子每室 1 行，长圆形，长约 1 mm，浅棕色。 花期 5～6 月。

产新疆：乌恰（托云乡苏约克附近，西植所新疆队 1897；吉根乡斯木哈纳，西植所新疆队 2119）、塔什库尔干（县城附近，高生所西藏队 3113；县城以西 2 km，冯惠兰 329；明铁盖，周桂玲 054；县城北面 145 km，克里木 T 31）、莎车（坎平烧附近，采集人不详 011）、叶城（棋盘乡，青藏队吴玉虎 5114）、阿克陶（阿克塔什，青藏队吴玉虎 87263）、皮山（桑耕巴扎，采集人不详 163）、且末（阿羌乡昆其布拉克，青藏队吴玉虎 3828）、策勒（县城附近，采集人不详 K－38；县城西南巧卡区，采集人不详 133；恰哈乡阿克奇，采集人不详 R 1632、R 1690）。生于海拔 2 100～3 750 m 的沟谷山地农田、绿洲路旁、冲击乱石滩，也进入草场人畜活动处。

青海：都兰（香日德，郭本兆 8012）、兴海（中铁林场卓琼沟，吴玉虎 45785；中铁乡天葬台沟，吴玉虎 45796、45808、45826、45833、45895、47617；黄青河畔，吴玉虎 42686；去中铁林场途中，吴玉虎 43095、43101、43193、43438；野马台滩，吴玉虎 42200；中铁乡附近，吴玉虎 42766、42946、43016；河卡乡，吴珍兰 159）。生于海拔 2 900～3 700 m 的沟谷山地阴坡高寒灌丛草甸、田边、沟边、河滩高寒杂类草草甸。

分布于我国北方诸省区；亚洲其他地区，非洲，欧洲也有。

2. 刚毛涩荠 图版 77：4

Malcolmia hispida Litw. in Тр. Бот. Муз. АН 1：37. 1902；中国植物志 33：362. 图版 105：12～14. 1987；新疆植物志 2（2）：179. 图版 57：5. 1995；青海植物

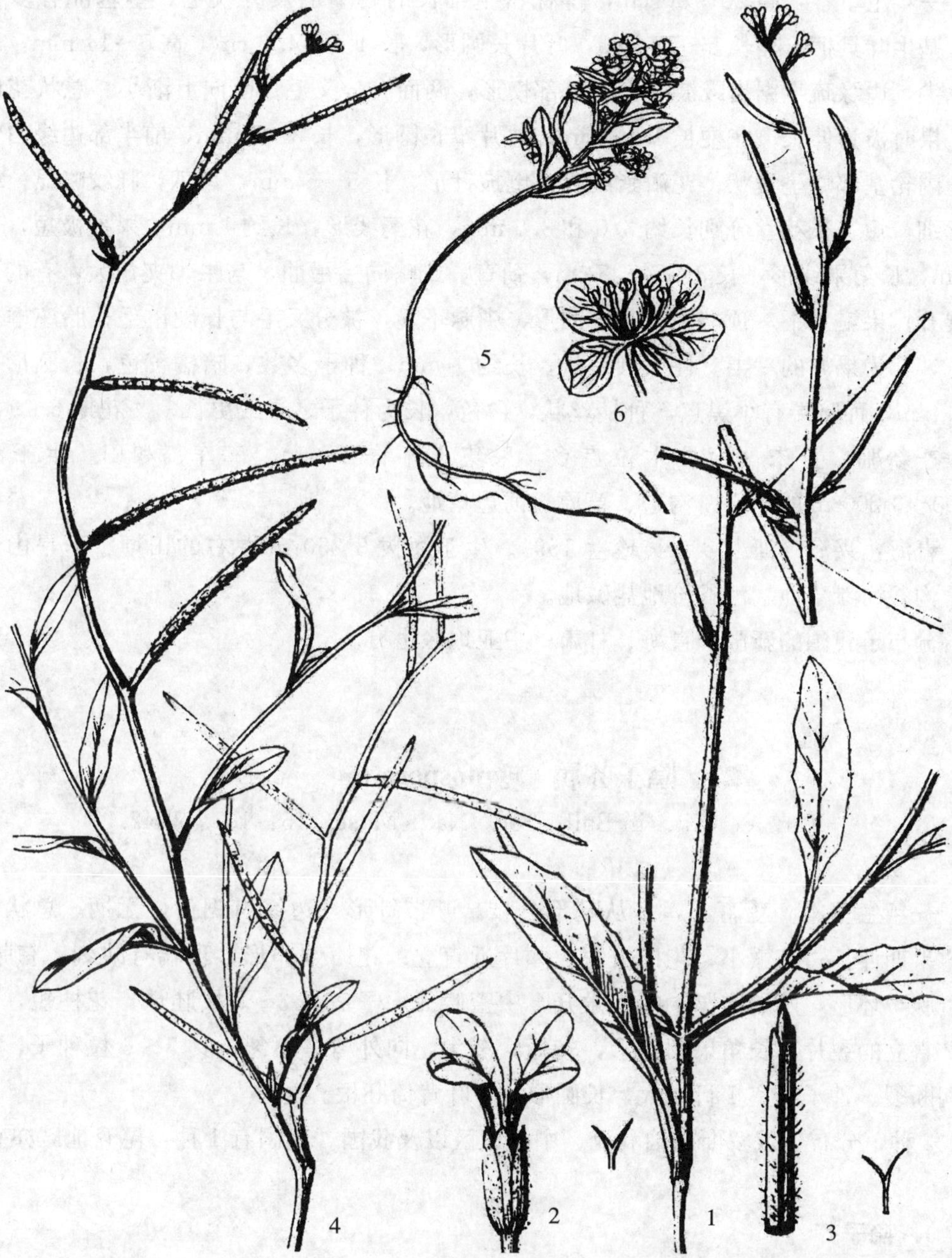

图版 **77** 涩荠 **Malcolmia africana**（Linn.）R. Br. 1. 植株；2. 花；3. 果实上部（示柱头）。刚毛涩荠 **M. hispida** Litw. 4. 果枝。轮叶无隔芥 **Staintoniella verticillata**（Jeffrey et W. W. Smith）Hara 5. 植株；6. 花。（1～4. 引自《新疆植物志》，谭丽霞绘；5～6. 王颖绘）

志 1：480. 图版 98：5～8. 1997；Fl. China 8：155. t. 110：12～14. 2001；青藏高原维管植物及其生态地理分布 341. 2008.

一年生草本，高 20～30 cm，全株密生细长的硬单毛及分枝毛。茎基部有多数分枝。基生叶具柄，柄长 5～15 mm，叶片长圆形，长 1.5～4.0 cm，宽 5～14 mm，顶钝或急尖，边缘疏生锯齿或波状齿，基部楔形，两面有分叉毛；叶向上渐小。总状花序顶生，果时极为伸长；花梗长 1～2 mm；萼片窄长圆形，长 3～4 mm，前半部边缘白色膜质，内轮基部略呈囊状；花瓣紫红色，倒披针形，长 5～6 mm，具爪，脉纹略显；雄蕊花丝细，短、长花丝分别长约 3.0 和 3.5 mm，花药线形，长约 1 mm。果梗极短，长约 1 mm，长角果线形，长 3.5～5.5 cm，劲直，或略向后弓曲，与果轴夹角大，有的近水平展开；果瓣扁平，顶端钝，基部圆形，中脉不显，被分叉毛与长硬单毛；胎座框外侧面宽，几为果瓣的一半；柱头圆锥状，长约 1 mm。种子多数，暗橘黄色，长圆形，长约 1 mm，种脐端有小黑点，种柄丝状，白色，长为种子之半或更长。 花期 6～9 月。

产新疆：且末（库拉木拉克乡，采集人不详 1465）、库车、和田。生于海拔 2 600～3 200 m 的旱田、沟边、草原、河边草地。

青海：兴海（河卡乡，吴珍兰 159）。生于海拔 3 250 m 左右的田埂、干旱山坡草地、沟谷河滩草地、河谷阶地盐碱地。

分布于我国的新疆、青海、甘肃；中亚地区也有。

27. 隐子芥属 **Cryptospora** Kar. et Kir.

Kar. et Kir. in Bull. Soc. Nat. Mosc. 15：161. 1842.

一年生草本。茎直立，多从基部分枝。叶披针形，边缘有锯齿，无柄。总状花序短，果期伸长；花微小，花梗极短；萼片近直立；花瓣倒卵形，顶端有缺刻，有脉纹；侧蜜腺半环形，两端增厚，向外敞开，中蜜腺无；子房具 3～7 枚胚珠，花柱短，柱头具 2 直立的裂片。长角果圆柱形，较短，渐尖，向外弯，不裂，具 3～6 粒种子，在种子间断裂。种子每室 1 行，大，长圆形，子叶背倚胚根。

2 种，分布于俄罗斯西伯利亚、中亚地区以及我国。我国有 1 种，昆仑地区亦有。

1. 隐子芥

Cryptospora falcata Kar. et Kir. in Bull. Soc. Nat. Mosc. 15：161. 1842；中国植物志 33：371. 1978；新疆植物志 2（2）：183. 1995；Fl. China 8：159. 2001.

一年生草本，高 10～40 cm，全株密被小分叉毛及长单毛。茎直立，分枝。叶长圆状披针形，全缘或少数有锯齿，具缘毛。花序花时伞房状，果时伸长成总状；花梗长 1～2 cm；萼片近直立，披针形，长 2～3 mm，边缘白色膜质，外轮窄于内轮，顶端略呈兜状，内轮基部囊状；花瓣白色，干时微带紫色，倒卵形，长 4.0～4.5 mm，顶端钝，几截形，基部渐窄成爪，爪略短于瓣片；雄蕊花丝扁，短、长花丝分别约长 2.0 和 2.5 mm，花药长圆形，基部略叉开；雌蕊棒状，花柱无，柱头头状，微 2 裂。长角果（未成熟）镰形或弧形，长 1.5～3.5 cm，宽 1.8～2.5 mm，向顶端渐窄，密生叉毛；果梗长 3～5 mm，紧贴茎。种子长圆形，长约 3 mm，棕红色。 花期 7 月。

产新疆：阿克陶（布伦口乡，采集人和采集号不详）、民丰（大完土布拉克，采集人和采集号不详）、若羌（由县城去青海茫崖途中，采集人不详 84－A06）。生于海拔 3 000～3 800 m 的荒漠草原、亚高山草原、沟谷山地高寒荒漠草原、河谷阶地高寒草原砾石地。

分布于我国的新疆；俄罗斯西伯利亚，中亚地区，伊朗也有。

28. 棒果芥属 Sterigmostemum M. Bieb.

M. Bieb. Fl. Taur.-Cauc. Suppl. 444. 1819.

一年生、二年生或多年生草本，密生单毛、分叉毛、有时杂有腺毛或腺体，长、短毛相间。茎直立或上升，多从基部分枝。叶长圆形或披针形，羽状深裂，疏生牙齿或近全缘。总状花序，果时伸长；花中等大小，萼片近直立；花瓣黄色，少数白色或紫色，宽、长为萼片的 2 倍，具细脉，下部楔形，爪短；长雄蕊花丝成对联合；侧蜜腺联合，有棱角，中蜜腺无；子房被柔毛，胚珠多数，花柱明显，柱头 2 裂。长角果近圆柱形，不易开裂或不裂。种子小，长圆形，稍扁压，子叶背倚胚根。

10 种，主要分布于亚洲。我国有 8 种，昆仑地区产 2 种。

分种检索表

1. 植株密被分枝毛，无腺毛；花暗红色 ……………………………………………………………………………………… 1. **无腺棒果芥 S. eglandulosum** (Botsch.) H. L. Yang
1. 植株密被分枝毛，并杂有腺毛；花黄色 ………………………………………………………………………………………… 2. **大花棒果芥 S. grandiflorum** K. C. Kuang

1. 无腺棒果芥 图版 76：5～9

Sterigmostemum eglandulosum (Botsch.) H. L. Yang Fl. Deser. Reipubl. Popul. Sin. 2：66. 1987；新疆植物志 2（2）：185. 图版 53：1～5. 1995；青藏高原维管植物及其生态地理分布 351. 2008. ——*Oreoloma eglandulosum* Botsch. in Journ. Bot. URSS 65：427. 1980；Fl. China 8：161. t. 113：4～6. 2001.

多年生草本，高 15～25 cm，密被分枝毛。茎直立，自基部分枝。基生叶莲座状，叶矩圆形或卵状矩圆形，连柄长 4～8 cm，顶端圆，基部渐窄成柄，全缘或具波状齿；茎生叶少数或无。花序花时伞房状，果时更为伸长，花柄长 2 mm；萼片长圆形，长 9～13 mm；花瓣暗红色，卵圆形，长约 18 mm，顶端圆，基部渐窄成宽爪；雄蕊短花丝细，长 9～10 mm，长花丝扁平，联合，长 11～12 mm，上部 1.5～2.0 mm，分离，花药条形，长约 3 mm，基部叉开，常宿存；侧蜜腺内侧联合。果梗粗 1.5 mm，长 3～5 mm；长角果圆棒状，长 2.5～5.0 cm，下部粗约 2 mm，向上渐细，直或稍向内弯成弓形，喙长约 3 mm，顶端裂片长约 2 mm。 花期 5～7 月。

产新疆：若羌（阿尔金山：阿吾拉孜沟、乌鲁木苏沟，采集人和采集号不详）。生于海拔 3 500～4 300 m 的亚高山草原、高山垫状植被带。

青海：茫崖。生于海拔 3 600 m 左右的沟谷荒漠、高寒荒漠冲沟。

分布于我国的新疆、青海。

2. 大花棒果芥

Sterigmostemum grandiflorum K. C. Kuang in Bull. Bot. Lab. Northeast Forest. Inst. 8 (8)：43. f. 10. 1980；中国植物志 33：374. 图版 108：4～6. 1987；新疆植物志 2 (2)：157. 1995；青海植物志 1：480. 图版 99：1～3. 1997；青藏高原维管植物及其生态地理分布 351. 2008. ——*Oreoloma eglandulosum* Botsch. in Journ. Bot. URSS 65：427. 1980；Fl. China 8：161. t. 113：4～6. 2001.

多年生草本，高 4～18 cm，全株灰绿色，密被星状毛，杂有具粗柄的腺毛。根粗，茎单一或数个，不分枝或于下部有少数分枝。基生叶莲座状，大，匙形或倒披针形，长 4～10 cm，宽 5～25 mm，顶端钝圆或有不明显的小尖头，基部渐窄成长柄，中脉宽，显著，全缘或有 1～4 对大齿；茎生叶线形或披针形，长 1～3 cm。花序花时伞房状，果时伸长成总状，下面 1～2 花有时有苞叶；萼片长圆形，长 10～12 mm，宽 2.0～2.5 mm，基部略呈囊状，膜质边缘窄；花瓣黄色，倒卵形，长 17～21 cm，顶端圆形，基部渐窄成长爪，爪几与瓣片等长，雄蕊短花丝细，长 8～10 mm，长花丝宽扁，长9～13 mm，联合，仅上部 1～2 mm 分离，花药条形，长 2.5～3.0 mm，基部叉开；子房长 10～12 mm，花柱长约 2 mm，柱头 2 裂。果实柱状，长 2.5～3.5 mm，向顶端渐细；果梗粗，长 7～10 mm。种子棕色，长圆形，长约 1 mm。 花期 5～7 月。

产青海：冷湖（当金山口，采集人和采集号不详）、都兰（香日德至沟里乡途中，吴玉虎 36232、36244、36245；旺尕秀山下，吴玉虎 36202A、36204、36216；托尕修，郭本兆等 11944）、格尔木（三岔河大桥附近，吴玉虎 36729、36733、36736、36740、36744、36749；西大滩附近，吴玉虎 36770、36966、36984、36991、37000、37603、37610；野牛沟口，吴玉虎 37624）。生于海拔 3 100～4 270 m 的宽谷河滩高寒荒漠地带的砾石地和山麓草地、河谷山地荒漠地带、砾石质沟谷河滩沙棘灌丛、戈壁荒漠河边草地、戈壁砾地。

分布于我国的新疆、青海。模式标本采自青海。

29. 四棱荠属 Goldbachia DC.

DC. Syst. Nat. 2：576. 1821.

一年生或二年生草本。茎分枝，常无毛。叶倒披针形或长圆状椭圆形，边缘有凹波齿至近全缘；基生叶下部渐窄，上部茎生叶无柄，基部楔形至耳状抱茎。总状花序；花梗丝状，果期不增粗；萼片近直立，基部稍呈囊状；花瓣白色或粉红色，匙形，长约为萼片的2倍；侧蜜腺内侧联合，中蜜腺与侧蜜腺相接；子房有2～4（6）胚珠，花柱短，柱头头状，增粗。短角果四棱状椭圆形或长圆状椭圆形，中部常变细，稍弯曲，常横断成2节，或在种子间横裂，裂瓣草质，增厚。种子2～3枚，子叶背倚胚根。

约6种，产亚洲温带地区。我国1种，昆仑地区亦产。

1. 四棱荠 图版78：1～3

Goldbachia laevigata（M. Bieb.）DC. Syst. Nat. 2：577. 1821；中国植物志33：375. 图版109：1～3. 1987；新疆植物志2（2）：189. 图版55：1～4. 1995；青海植物志1：483. 图版99：4～7. 1997；Fl. China 8：162. 2001；青藏高原维管植物及其生态地理分布 337. 2008. ——*Raphanus laevigata* M. Bieb. Fl. Taur.-Cauc. 2：129. 1808.

一年生草本，高10～40 cm，无毛，少数于下部、叶缘，尤其在叶柄边缘有短单毛。基生叶莲座状，叶片长圆状倒卵形、长椭圆形或倒披针形，长5～15 cm，宽5～20 mm，顶端钝圆，基部渐宽，全缘或具波状齿，叶柄长5～20 mm；茎生叶长圆形、披针形或线状长圆形，长1～4 cm，宽2～15 mm，顶端急尖或渐尖，基部耳状抱茎，全缘或具浅牙齿。总状花序花时伞房状，果时极为伸长而呈总状；萼片长圆形，长约1 mm，膜质边缘下窄而上宽，内轮基部略呈囊状；花瓣白色或粉红色，倒卵状匙形，长约3 mm，顶端圆形，基部渐窄成短爪；雄蕊短花丝细，长约1.5 mm，长花丝扁平，向基部渐宽，长约1.8 mm，花药卵状矩圆形。果梗细，下垂或下弯，长5～10 mm。短角果长圆形，长7～10 mm，宽2～3 mm，具4棱，于种子间缢缩，平滑，前端扁平，喙状，花柱无，2室，室间有横壁，无假隔膜，果壁厚。种子每室1粒，短圆柱形，长约2 mm，橘黄色；种脐端胚根尖突出，褐色。 花期6～7月。

产新疆：塔什库尔干（达什达，高生所西藏队3138；瓦恰乡，周桂玲088）。生于海拔3 200～3 460 m的田边草地。

青海：称多（城郊，刘尚武2256）、兴海（河卡乡，郭本兆171）、曲麻莱（麻多乡，刘尚武等651）。生于海拔3 800～4 050 m的高寒荒漠、河谷冲沟、宽谷滩地荒漠带。

分布于我国的新疆、青海、甘肃、宁夏、西藏、内蒙古；亚洲北部和西部，欧洲西南部也有。

30. 糖芥属 **Erysimum** Linn.

Linn. Sp. Pl. 660. 1753.

一年生、二年生或多年生草本，有时基部木质化，且呈灌木状。茎稍具 4 棱或圆筒状，多从基部分枝，具贴生 2～4 叉“丁”字毛，少数具星状毛。单叶全缘至羽状浅裂，条形至椭圆形，有柄至无柄。总状花序具多数花，呈伞房状，果期伸长；花中等大，黄色或橘黄色，少数白色或紫色；花梗短，果期增粗，上升或开展；萼片直立，内轮基部稍呈囊状；花瓣长为萼片的 2 倍，具长爪；雄蕊 6 枚，花丝无附属物，花药线状长圆形；侧蜜腺环状或半环状，中蜜腺短，常 2～3 裂，不和侧蜜腺联结；子房有多数胚珠，柱头头状，稍 2 裂。长角果稍具 4 棱或圆筒状，有柔毛，果瓣具 1 显明中脉，隔膜膜质，常坚硬，无脉。种子多数，排成 1 行，长圆形，常有棱角，子叶背倚胚根，有时缘倚胚根。

约 100 种，多产欧洲及亚洲。我国有 17 种，昆仑地区产 2 种。

分种检索表

1. 花紫色 ………………………………………… **1. 紫花糖芥 E. chamaephyton** Maxim.
1. 花黄色 ………………………………………… **2. 小花糖芥 E. cheiranthoides** Linn.

1. 紫花糖芥

Erysimum chamaephyton Maxim. Fl. Tangut. 1：63. t. 28. f. 1～10. 1889；西藏植物志 2：393. 图 137：4～6. 1985；中国植物志 33：390. 图版 111：4～6. 1987；青海植物志 1：484. 1997；青藏高原维管植物及其生态地理分布 335. 2008. ——*E. funiculosum* J. D. Hook. et Thoms. in Journ. Proc. Linn. Soc. Bot. 5：165. 1861；Fl. China 8：165. t. 117：5～7. 2001.

多年生草本，高 2～3 cm。全株被“丁”字毛；根粗，直径达 6 mm。茎短缩，根颈多头，或再分歧，在地面有多数叶柄残余。基生叶莲座状，叶片长圆状线形，长 1～2 cm，宽 1～2 mm，顶端急尖，基部渐狭，全缘；叶柄长 1～2 cm。花葶多数，直立，长约 1 cm，果期不外折；萼片长圆形，长 2～3 mm，背面凸出；花瓣浅紫色，匙形，长 5～6 mm，顶端圆形或平截，有脉纹，具爪。长角果长圆形，长 1～2 cm，宽 1～2 mm，4 棱，坚硬，顶端稍弯曲；果梗长 6～8 mm，斜上。种子卵形或长圆形，长约

1 mm。　花期 6～7 月，果期 7～8 月。

产新疆：若羌（阿尔金山保护区鲸鱼湖东北部，青藏队吴玉虎 2230、2713、3077）。生于海拔 4 200～5 060 m 的高原湖边沙砾质滩地、干旱草原、高山流石坡、宽谷滩地草原。

西藏：日土（龙木错，青藏队吴玉虎 1304）、噶尔（门士乡野马沟，青藏队 76－7970）、改则、尼玛、班戈（色哇区岗日贡玛，青藏队藏北分队郎楷永 9552）。生于海拔 4 600～5 500 m 的沟谷山地高山草甸、河谷阶地高寒草原砾石地、高山流石滩。

青海：格尔木（各拉丹冬，黄荣福 C. G. 89－281）、治多（可可西里苟鲁山克错附近，黄荣福 K－056；可可西里岗齐曲南侧，黄荣福 K－084、K－089；乌兰乌拉湖畔，黄荣福 K－759；可可西里链湖地区，黄荣福 K－200；可可西里库赛湖南部，黄荣福 K－450；当江乡，周立华 68）、曲麻莱（麻多乡，刘尚武 683）、称多（清水河乡，王为义 001；巴颜喀拉山南坡，苟新京 83－220、王为义 638）、玛多（扎陵湖乡哈姜盐池，植被地理组 579、吴玉虎 1579；野牛沟，郭本兆 8345）、玛沁（大武镇，吴玉虎 1409；扎尖扎龙沟，区划一组 154；雪鸡拉山，郭本兆 539）、久治（索乎日麻乡，藏药队 442）。生于海拔 3 900～5 400 m 的高寒砾石山坡、河滩砾石地、沟谷山地高寒草原、高山流石滩、高寒草甸砾石地。

分布于我国的新疆、青海、甘肃、西藏。模式标本采自西藏东北部。

2. 小花糖芥

Erysimum cheiranthoides Linn. Sp. Pl. 611. 1753；中国植物志 33：387. 图版 112：5～8. 1987；新疆植物志 2（2）：194. 图版 56：5～8. 1995；青海植物志 1：485. 1997；Fl. China 8：168. t. 118：6～10. 2001；青藏高原维管植物及其生态地理分布 335. 2008.

一年生草本，高 15～50 cm。茎直立，分枝或不分枝，有棱角，具 2 叉毛。基生叶莲座状，无柄，平铺地面，叶片长 1～4 cm，宽 1～4 mm，有 2～3 叉毛；叶柄长 7～20 mm；茎生叶披针形或线形，长 2～6 cm。宽 3～9 mm，顶端急尖，基部楔形，边缘具深波状疏齿或近全缘，两面具 3 叉毛。总状花序顶生，果期长达 17 cm；萼片长圆形或线形，长 2～3 mm，外面有 3 叉毛；花瓣浅黄色，长圆形，长 4～5 mm，顶端圆形或截形，下部具爪。长角果圆柱形，长 2～4 cm，宽约 1 mm，侧扁，稍有棱，具 3 叉毛；果瓣有 1 条不明显中脉；花柱长约 1 mm，柱头头状；果梗粗，长 4～6 mm。种子每室 1 行，卵形，长约 1 mm，淡褐色。　花期 5 月，果期 6 月。

产新疆：叶城（库地，高生所西藏队 3359）。生于海拔 3 600 m 左右的沟谷山坡草地、河谷山地高寒草原砾石地。

青海：称多（歇武乡，刘尚武 2508）、曲麻莱（玛多乡，刘尚武等 651）。生于海拔 3 700～4 000 m 的沟谷山坡砾石地、河谷田边、河谷阶地高寒草原。

分布于我国的新疆、青海、甘肃、宁夏、陕西、四川、云南、内蒙古、山西、河北、辽宁、吉林、湖北、湖南、河南、山东、江苏、安徽；蒙古，朝鲜，欧洲，非洲，北美洲中部也有。

31. 桂竹香属 **Cheiranthus** Linn.

Linn. Sp. Pl. 661. 1753.

多年生草本或半灌木，具贴生 2 叉"丁"字毛，少数有 3～4 叉分叉毛。萼片直立，具白色膜质边缘，内轮基部呈囊状；花瓣大，黄色、白色、紫色或玫瑰红色，具宽网脉及长爪；侧蜜腺杯状，有时两侧浅裂，无中蜜腺：子房少数有极短柄，柄线形，有多数胚珠；花柱短，柱头呈二极叉开、深裂。长角果宽或窄线形，四棱状，背面极压扁，果瓣具显明中脉。种子每室近 2 行排列，大，顶端有翅；子叶背倚胚根。

约 10 种，欧洲及亚洲有分布。我国有 3 种，昆仑地区产 1 种。

1. 红紫桂竹香 图版 78：4～6

Cheiranthus roseus Maxim. Fl. Tangut. 1：57. t. 21. f. 1～13. 1889；西藏植物志 2：396. 图 138：1～3. 1985；中国植物志 33：393. 图版 113：1～3. 1987；青海植物志 1：486. 图版 99：8～10. 1997；青藏高原维管植物及其生态地理分布 321. 2008. ——*Erysimum roseum* (Maxim.) Polatschek Phyton (Hom) 34：201. 1994；Fl. China 8：165. t. 115：1～3. 2001.

多年生草本，高 10～20 cm，全体有贴生的二叉状分叉毛。茎直立，不分枝，基部具残存叶柄。基生叶披针形或线形，长 2～7 cm，宽 3～5 mm，顶端急尖，基部渐狭，全缘或具疏生细齿；叶柄长 1～4 cm；茎生叶较小，具短柄，上部叶无柄。总状花序有多数疏生花，长达 9 cm；花粉红色或红紫色，直径 1.5～2.0 cm；花梗长 5～10 mm，开展，密生叉状毛或无毛；萼片直立，长圆形、披针状长圆形或卵状长圆形，长 7～8 mm；花瓣倒披针形，长 12～15 mm，有深紫色脉纹，具长爪。长角果线形，具 4 棱，长 2.0～3.5 cm，宽 1.5～2.0 mm，稍弯曲；花柱长约 1 mm；果梗增粗，长 4～5 mm。种子卵形，长约 1 mm，褐色。 花期 6～7 月，果期 7～8 月。

产新疆：若羌（阿尔金山保护区鲸鱼湖畔，青藏队 1091）。生于海拔 4 300～4 900 m的山坡草地、砂质石坡、河谷阶地高寒草原砾石地。

西藏：班戈。生于海拔 4 700～5 200 m 的山坡草地。

青海：兴海（河卡山，何廷农 011）、曲麻莱（曲麻河乡昂拉，黄荣福 014）、称多（采集地不详，郭本兆 435）、玛多（扎陵湖乡，黄荣福 C. G. 81－205）、玛沁（扎木台山北，玛沁队 057；江让水电站，植被地理组 438、吴玉虎 1438）、达日（窝赛乡，

图版 **78** 四棱荠 **Goldbachia laevigata**（Bieb.）DC. 1. 植株；2. 花；3. 果。红紫桂竹香 **Cheiranthus roseus** Maxim. 4. 植株；5. 花；6. 果。（1～3.《新疆植物志》，张荣生绘；4～6. 王颖绘）

H. B. G. 882)、久治（门堂乡，果洛队 114）。生于海拔 3 950～4 300 m 的山地高山草甸、沟谷山坡高寒灌丛、高山岩屑碎石坡，以及湖滨沙砾质高寒草原、河滩湿润沙砾地。

分布于我国的新疆、青海、甘肃、西藏、四川西北部。模式标本采自甘肃至西藏西北部。

32. 簇芥属 **Pycnoplinthus** O. E. Schulz

O. E. Schulz in Engl. Pflanzenr. 86 (4. 105)：198. 1924.

多年生草本，密丛生，无毛。根状茎粗，无茎。基生叶莲座状，线形，近肉质，无毛，顶端急尖，常全缘，无柄。花葶多数，丝状，约与叶等长，具单花；花大，高超出叶；萼片近直立。内轮基部囊状；花瓣白色，倒卵形，长为萼片的 2 倍，基部楔形或具短爪；花药长圆形，略钝；侧蜜腺半环状，中蜜腺呈节状，联结侧蜜腺；子房长圆形，约有 12 胚珠，花柱短，稍增粗，具扁压近 2 裂柱头。长角果短，近窄圆柱形，上部常弯曲，近念珠状，2 室，开裂，无毛；果瓣稍凸出，隔膜有 1 不明显脉，带白色。种子 1 行，卵形；子叶背倚胚根。

仅 1 种，喜马拉雅地区有分布；昆仑地区也产。

1. 簇芥 图版 79：1～3

Pycnoplinthus uniflorus (Hook. f. et Thoms.) O. E. Schulz Engl. Pflanzenr. 86 (4. 105)：199. 1924；西藏植物志 2：397. 1985；中国植物志 33：395. 1987；新疆植物志 2 (2)：199. 图版 55：5～7. 1995；青海植物志 1：487. 图版 100：1～3. 1997；Fl. China 8：170. 2001；青藏高原维管植物及其生态地理分布 347. 2008. ——*Braya uniflora* Hook. f. et Thoms. in Journ. Linn. Soc. Bot. 5：168. 1861.

多年生小草本，垫状。根状茎粗直，直径 5～7 mm，稍呈纺锤形，被宿存残叶柄。叶莲座状，线形，长 15～30 mm，宽 1.5～2.0 mm，顶端急尖，基部下延，柄长 1～2 cm。花葶多数，花单生，高出叶丛；萼片长圆形，长 3.0～3.5 mm；花瓣白色，喉部略带紫红色或淡黄色，干后淡紫色，倒卵形，长 7～9 mm。长角果细圆柱形，长 10～15 mm，粗 1.5～2.0 mm，近顶端稍弯曲。种子每室 2～6 枚，椭圆形，长 1.0～1.5 mm，淡黄棕色。 花期 6～7 月。

产新疆：叶城（库地至胜利达坂途中，刘国钧等 3359）、和田（甜水海至黑山达坂途中，高生所西藏队 3432；阿克赛钦林济塘，高生所西藏队 3722）、皮山（神仙湾，青藏队吴玉虎 4754）、于田（普鲁，青藏队吴玉虎 3698）、且末（阿羌乡昆其布拉克，青藏队吴玉虎 2071)、若羌（阿其克库勒湖冷水泉，青藏队吴玉虎 2190；阿其克库勒湖北面，采集人不详 88021；阿尔金山保护区鸭子泉，青藏队吴玉虎 2288；阿牙克库木，采集人不详 079；阿尔金山保护区土房子，采集人不详 84－A085；祁漫塔格山北坡，采集人不详 84－A077)。生于海拔 3 690～5 000 m 的沟谷山地高寒荒漠、高山垫状植被、高山流石坡稀疏植被带。

西藏：日土（松木西错，青藏队 76－9020)、尼玛（双湖区，采集人和采集号不详)。生于海拔 4 600～5 000 m 的高山流石坡阴湿处、沟谷山坡盐碱地。

青海：格尔木（西大滩，青藏队吴玉虎 2893)。生于海拔 4 500 m 的沟谷河滩盐碱地、沙砾山坡、山前盐碱滩地、山顶盐碱滩。

分布于我国的新疆、青海、西藏；喜马拉雅地区也有。模式标本采自西藏西北部。

33. 山萮菜属 **Eutrema** R. Br.

R. Br. in Bot. Parry's Voy. App. 276. 1824.

多年生草本，无毛或有单毛。叶为单叶，不裂，基生叶具长柄，茎生叶有柄或无柄。萼片直立，外轮宽长圆形或卵形，内轮宽卵形，边缘膜质；花瓣白色，很少带红色，卵形，顶端钝圆，基部具爪；雄蕊 6 枚，花丝近基部稍变宽，花药长圆形；侧蜜腺半环状，向内敞口，外侧常呈波状，中蜜腺位于长雄蕊内侧，近圆锥形，二者会合；雌蕊花柱多数短，柱头扁头状，稍 2 裂。角果短，条状长圆形、披针形、棒状或近圆筒状，有的略呈念珠状，2 室，开裂，果瓣中脉明显，常呈龙骨状隆起，两侧网脉可见；假隔膜常穿孔。种子椭圆形；子叶背倚胚根或近缘倚胚根。

有 15 种，分布于亚洲及北美洲西南部。我国有 10 种，昆仑地区产 2 种。

分种检索表

1. 角果无宿存花萼 ………………………………… **1. 西北山萮菜 E. edwardsii** R. Br.
1. 角果有宿存花萼 …………………………… **2. 密序山萮菜 E. compactum** O. E. Schulz

1. 西北山萮菜 图版 79：4～5

Eutrema edwardsii R. Br. in Bot. Parry's Voy. 267. 1824；中国植物志 33：403. 1987；新疆植物志 2（2)：202. 图版 59：1～2. 1995；青海植物志 1：490. 1997；青藏高原维管植物及其生态地理分布 336. 2008. ——*E. heterophyllum* (W. W. Smith) H. Hara in Journ. Jap. Bot. 48：97. 1973；Fl. China 8：175. t. 129：4～6. 2001.

多年生草本，高 6～18 cm，光滑无毛。根茎粗，有残存叶柄。茎单一或数个丛生，基部常带淡紫色。基生叶具长柄，柄长 1.5～5.0 cm，叶片长卵状圆形至卵状三角形，长 7～15 mm，顶端钝或急尖，基部截形，略呈心形或渐窄；下部茎生叶柄宽，上部叶无柄，叶片卵状长圆形、窄卵状披针形或条形，顶端钝，基部渐窄，全缘。总状花序花时伞房状，果时伸长；花梗长 1～2 mm；萼片长约 2 mm，外轮宽卵状长圆形，内轮卵形；花瓣白色，长圆状倒卵形，长 3～4 mm，顶端钝圆。果梗长 2～6 mm；角果纺锤形，长 7～8 mm，宽约 1.5 mm，果瓣中脉明显，顶端尖，基部钝圆。种子卵形，长约 2 mm，黑褐色，种柄丝状，悬垂。 花期 7～8 月。

产新疆：乌恰、塔什库尔干（红其拉甫，高生所西藏队 3204）。生于海拔 4 700 m 左右的高山流石坡、沟谷山坡高寒草甸。

青海：兴海（河卡乡日干山，何廷农 287）、玛多（清水乡，吴玉虎 271、陈桂琛 181）、久治（索乎日麻乡，藏药队 246）。生于海拔 3 600～4 300 m 的沟谷山坡高寒草甸裸地、高山砾石地、山顶草甸石隙。

分布于我国的新疆、青海、甘肃、陕西、四川西部、云南西北部；俄罗斯西伯利亚，欧洲北部，不丹，尼泊尔，中亚地区也有。

2. 密序山萮菜 图版 79：6～7

Eutrema compactum O. E. Schulz in Fedde Repert. Sp. Nov. Beih. 12：387. 1922；西藏植物志 2：399. 图 139：7. 1985；新疆植物志 2（2）：204. 图版 59：3～4. 1995. ——*E. heterophyllum*（W. W. Smith）H. Hara in Journ. Jap. Bot. 48（4）：97. 1973；中国植物志 33：403. 1987；青海植物志 1：490. 图版 100：4～6. 1997；Fl. China 8：175. t. 129：4～6. 2001；青藏高原维管植物及其生态地理分布 337. 2008.

多年生草本，高 3～20 cm，无毛。根粗大，根颈处有宿存枯叶柄，于根颈处分枝。基生叶具长柄，长 1.5～7.0 mm，叶片长圆形，长 1.0～1.5 cm，宽 7～15 mm，两端钝，边缘有不明显的齿；茎生叶下部者有柄，向上渐短至无柄，叶片长圆状披针形、披针形或条形，长 1.0～2.2 cm，先端钝或渐尖，基部渐窄，全缘。花序花时伞房状，果时稍伸长成紧密的总状；花梗长 2～3 mm；萼片倒卵形，长 2 mm，边缘宽白色膜质，宿存；花瓣白色，卵圆形，长 3 mm，顶端圆，基部渐窄成爪。果梗长 2～4 mm；角果直或微曲，长圆状椭圆形或长圆状条形，长 6～12 mm，先端渐尖，花柱近无；果瓣有 1 中脉，假隔膜有纵长的穿孔。种子长圆状椭圆形，长 1.5 mm，黑褐色。 花期 6 月。

产新疆：塔什库尔干（红其拉甫，克里木 T212；托克苏满老营房，西植所新疆队 1141）。生于海拔 4 400～4 500 m 的高山草地、沟谷山坡草甸。

青海：兴海（河卡山，何廷农 207）、久治（浪麻沟垴，果洛队 090；索乎日麻乡，果洛队 173）。生于海拔 3 000～4 040 m 的高山草甸、亚高山草原地带、沟谷山坡草甸裸地。

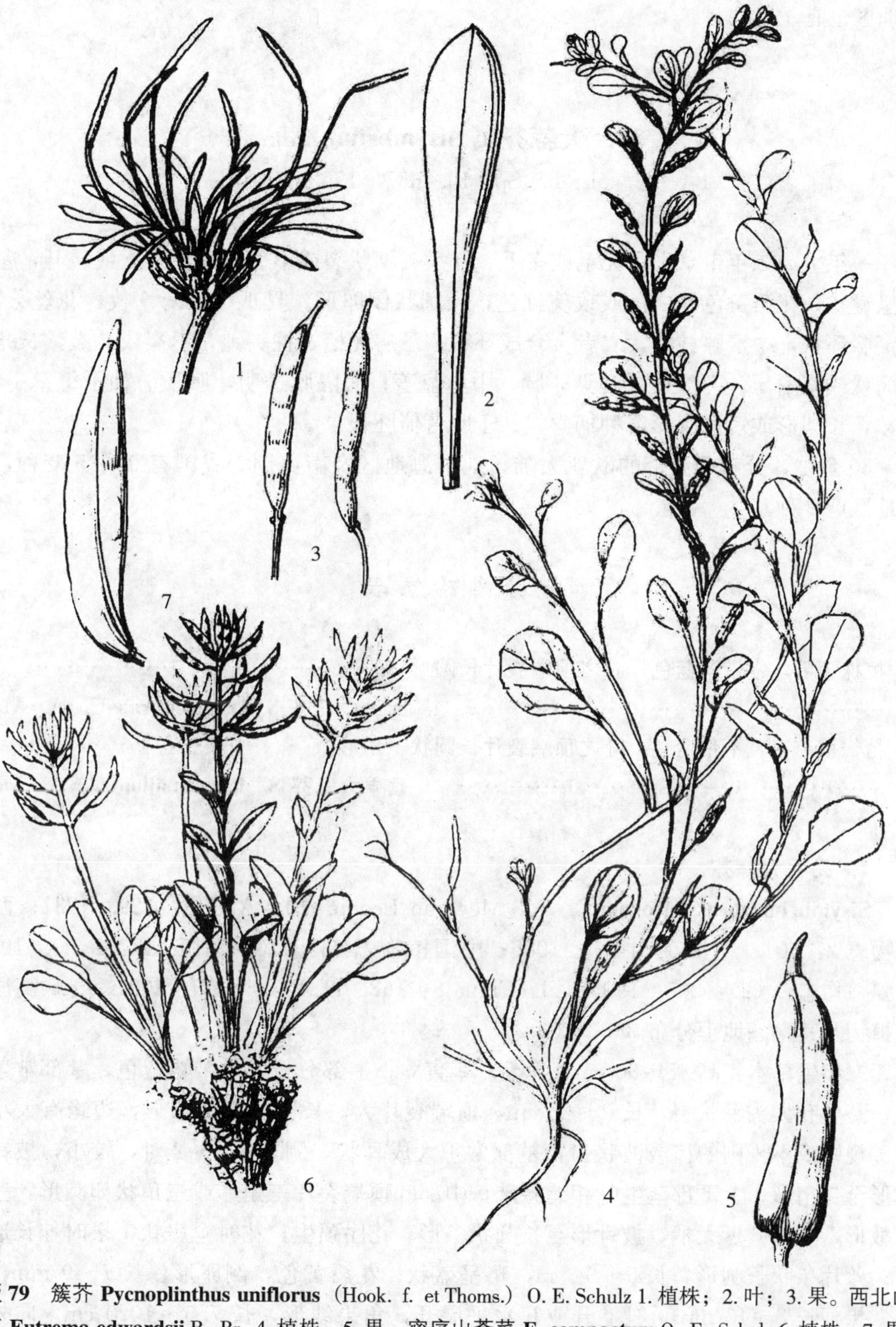

图版 **79** 簇芥 **Pycnoplinthus uniflorus**（Hook. f. et Thoms.）O. E. Schulz 1. 植株；2. 叶；3. 果。西北山萮菜 **Eutrema edwardsii** R. Br. 4. 植株；5. 果。密序山萮菜 **E. compactum** O. E. Schulz 6. 植株；7. 果。
（引自《新疆植物志》，张荣生、谭丽霞绘）

分布于我国的新疆、青海、甘肃、宁夏、陕西、西藏、四川西部、云南西北部；中亚地区也有。

34. 大蒜芥属 Sisymbrium Linn.

Linn. Sp. Pl. 657. 1753.

一年生或二年生草本，无毛或有毛。叶大头羽状裂或不裂。萼片直立或展开，基部不呈囊状；花瓣黄色、白色或玫瑰红色，长圆状倒卵形，具爪；雄蕊 6 枚，花丝分离；侧蜜腺环状，中蜜腺柱状，二者会合成环状；子房无柄，柱头钝，不裂或 2 裂。长角果圆筒状或略扁压，开裂；果瓣具 3 脉，中脉显著；假隔膜透明，膜质。种子每室 1 行，多数，长圆形或短椭圆形，种柄丝状；子叶背倚胚根。

80 余种，分布于温带的欧亚大陆、地中海地区及南美洲。我国有 9 种 5 变种，昆仑地区产 2 种。

分种检索表

1. 植株无毛，常带淡蓝色；叶之顶端裂片长圆形 ……………………………………………… **1. 无毛大蒜芥 S. brassiciforme** C. A. Mey.
1. 植株被疏毛，不带蓝色；叶之顶端裂片长圆状三角形 ……………………………………… **2. 垂果大蒜芥 S. heteromallum** C. A. Mey.

1. 无毛大蒜芥

Sisymbrium brassiciforme C. A. Mey. in Ledeb. Fl. Alt. 3：129. 1831；西藏植物志 2：401. 图 140：4～5. 1985；中国植物志 33：410. 图版 117：1～3. 1987；新疆植物志 2（2）：205. 1995；Fl. China 8：168. t. 123：1～3. 2001；青藏高原维管植物及其生态地理分布 348. 2008.

二年生草本，高 45～80 cm，无毛。茎直立，上部分枝，常带淡蓝色，基部常紫红色。基生叶大头羽状裂，长 2～25 cm，顶端裂片大，长圆形至长卵形，边缘有大小不等、规则或不规则的齿或波状齿，基部常扩大成耳状，侧裂片 1～2 对，较小，披针状卵形至三角形；上下部茎生叶相差悬殊，中部叶顶端裂片三角形或三角状卵圆形，基部常戟形，上部叶近无柄，披针形至长圆状条形。花序顶生，花时伞房状，果时伸长成总状；萼片条状长圆形，长 5～6 mm，略呈盔状；花瓣黄色，倒卵形，长 7～9 mm，具爪。果梗长 8～10 mm，斜上升或几水平展开；角果线形，长 7.5～10.0 cm，向外弓曲，水平展开或略下垂。种子小，长约 1 mm，淡褐色。 花期 6～7 月。

产新疆：乌恰（托云乡，克里木 137；吉根乡，采集人不详 73－58；吉根乡斯木哈纳，西植所新疆队 2111)、阿克陶（布伦口以北 30 km，克里木 041)、塔什库尔干（卡拉其古，西植所新疆队 924；明铁盖，周桂玲 055)。生于海拔 2 700～3 600 m 的高山荒漠、砾石质山坡、沟谷山坡砾石地、河漫滩砾石地。

分布于我国的新疆、西藏；中亚地区，俄罗斯西伯利亚，克什米尔地区，尼泊尔，阿富汗也有。

2. 垂果大蒜芥

Sisymbrium heteromallum C. A. Mey. in Ledeb. Fl. Alt. 3：132. 1831；西藏植物志 2：401. 图 140：1～3. 1985；中国植物志 33：411. 图版 118：1～7. 1987；新疆植物志 2（2)：206. 1995；青海植物志 1：492. 1997；Fl. China 8：168. t. 124：1～9. 2001；青藏高原维管植物及其生态地理分布 348. 2008.

一年生或二年生草本，高 30～90 cm。茎直立，不分枝或分枝，具疏毛。基生叶羽状深裂或全裂，叶片长 5～15 cm，顶端裂片大，长圆状三角形或长圆状披针形，渐尖，基部常与侧裂片会合，全缘或具齿，侧裂片 2～6 对，长圆状椭圆形或卵状披针形，下面中脉有微毛，叶柄长 2～5 cm，上部叶无柄，羽状浅裂，裂片披针形或宽条形。花序花时伞房状，果时伸长成总状；花梗长 3～10 mm；萼片淡黄色，长圆形，长 2～3 mm，内轮基部略呈囊状；花瓣黄色，长圆形，长 3～4 mm，顶端圆，具爪；雄蕊花丝窄披针形。果梗长 1.0～1.5 cm；长角果线形，长 4～8 cm，宽约 1 mm，常下垂；果瓣略隆起。种子长圆形，长约 1 mm，黄棕色。　花期 4～5 月。

产青海：兴海（中铁林场中铁沟，吴玉虎 45554、47682；黄青河畔，吴玉虎 42675；大河坝乡，吴玉虎 42542、42567)、曲麻莱（叶格乡，刘尚武 732)、称多（毛洼营，刘尚武 2398)、玛沁（西哈垄河谷，吴玉虎 5684)、久治（白玉乡，藏药队 603)。生于海拔 2 500～4 300 m 的沟谷山地林下、阳坡山麓灌丛、山坡林缘、河谷灌丛、河滩草甸、沟谷山麓砾石地、山地阴坡高寒灌丛草甸。

分布于我国的新疆、青海、甘肃、陕西、西藏、四川、云南、山西；蒙古，俄罗斯西伯利亚，印度西北部，欧洲北部也有。

35. 小蒜芥属 **Microsisymbrium** O. E. Schulz

O. E. Schulz in Engl. Pflanzenr. 86（4. 105)：159. 1924.

一年生草本，具单毛及分枝毛。茎直立，自基部分枝，分枝稀疏；基生叶大头羽状深裂或羽状全裂，裂片大，条形；茎生叶少数或无。总状花序在果期伸长；花小、少，白色或淡红色；萼片同形，基部不呈囊状；花瓣稍长于萼片或为其 2 倍；蜜腺小，侧蜜腺略呈环状，中蜜腺念珠状，与侧蜜腺会合。长角果线形，果瓣略隆起，具 1 脉；花柱短，柱头稍扁压。种子每室1行，长圆形或卵圆形，遇水有胶黏物质；子叶背倚胚根。

有9种，主产亚洲，1种产北美。我国有4种，昆仑地区产2种。

分种检索表

1. 果梗细，长1.5～1.6 cm，果实无毛 ……… **1. 叶城小蒜芥 M. yechengicum** Z. X. An
1. 果梗短，贴茎，长1.0～1.5 mm，果实被小的分枝毛与丛卷毛 ……………………
……………………………………………… **2. 葱岭小蒜芥 M. taxkorganicum** Z. X. An

1. 叶城小蒜芥 图版80：1～4

Microsisymbrium yechengicum Z. X. An in Bull. Bot. Res. Harbin 1（1～2）：99. 1981；中国植物志33：418. 图版120：4～7. 1987；新疆植物志2（2）：209. 图版60：7～10. 1995；青藏高原维管植物及其生态地理分布342. 2008. ——*Sisymbriopsis yechengica*（Z. X. An）Al-Sehbaz et al. in Novon 9：1981；Fl. China 8：168. t. 125：1～7. 2001.

一年生或二年生草本，高30～40 cm。茎直立，自基部分枝，具稀疏的长单毛，基部常紫色。基生叶早落，叶片条状长圆形，长约3.5 cm，宽约4 mm，有篦齿状齿，齿长三角形；下部茎生叶宽条形，长约4 cm，宽2～4 mm，向上渐次变小成条形，具疏齿，齿于下部叶对生或互生，条形，向上齿渐小至无。花序花时伞房状，果时伸长成总状；花梗长5～8 mm，斜向上展开；萼片长圆状椭圆形，顶端钝，边缘白色膜质；花瓣白色，长圆状卵形，长6～8 mm，宽5～6 mm，顶端圆，基部渐窄成爪；花丝基部宽，花药长圆状三角形。果梗细，长1.5～1.6 cm；长角果稍扁，条形，长3～4 cm，宽1.0～1.2 mm，直或略曲；果瓣扁压而于种子间略为下凹，两端钝；假隔膜半透明，膜质。种子长圆形，长约2 mm，宽约1 mm，黄褐色，表面有颗粒状沟纹，远种脐端有小的白色翅，长约1.75 mm；子叶细长。 花期6～7月。

产新疆：和田、叶城（柯克亚乡，青藏队吴玉虎87754）、皮山（垴阿巴提乡布琼，青藏队吴玉虎1842）、和田。生于海拔2 800～3 200 m的亚高山荒漠的北坡、沟谷河畔草甸。模式标本采自新疆叶城。

2. 葱岭小蒜芥 图版80：5～10

Microsisymbrium taxkorganicum Z. X. An Fl. Xinjiang. 2（2）：209. t. 60：1～6. 1995；青藏高原维管植物及其生态地理分布342. 2008. ——*Sisymbriopsis mollipila*（Maxim.）Botschantzev in Novosti Sist. Vyssh. Rast. 3：122. 1966；Fl. China 8：119. 2001.

一年生草本，高30～55 cm，全株密被单毛、叉状毛与分枝毛，使植株呈灰白色。茎直立，中部分枝，常变紫。基生叶早枯，披针形，长3～5 cm，宽约3 mm，顶端急

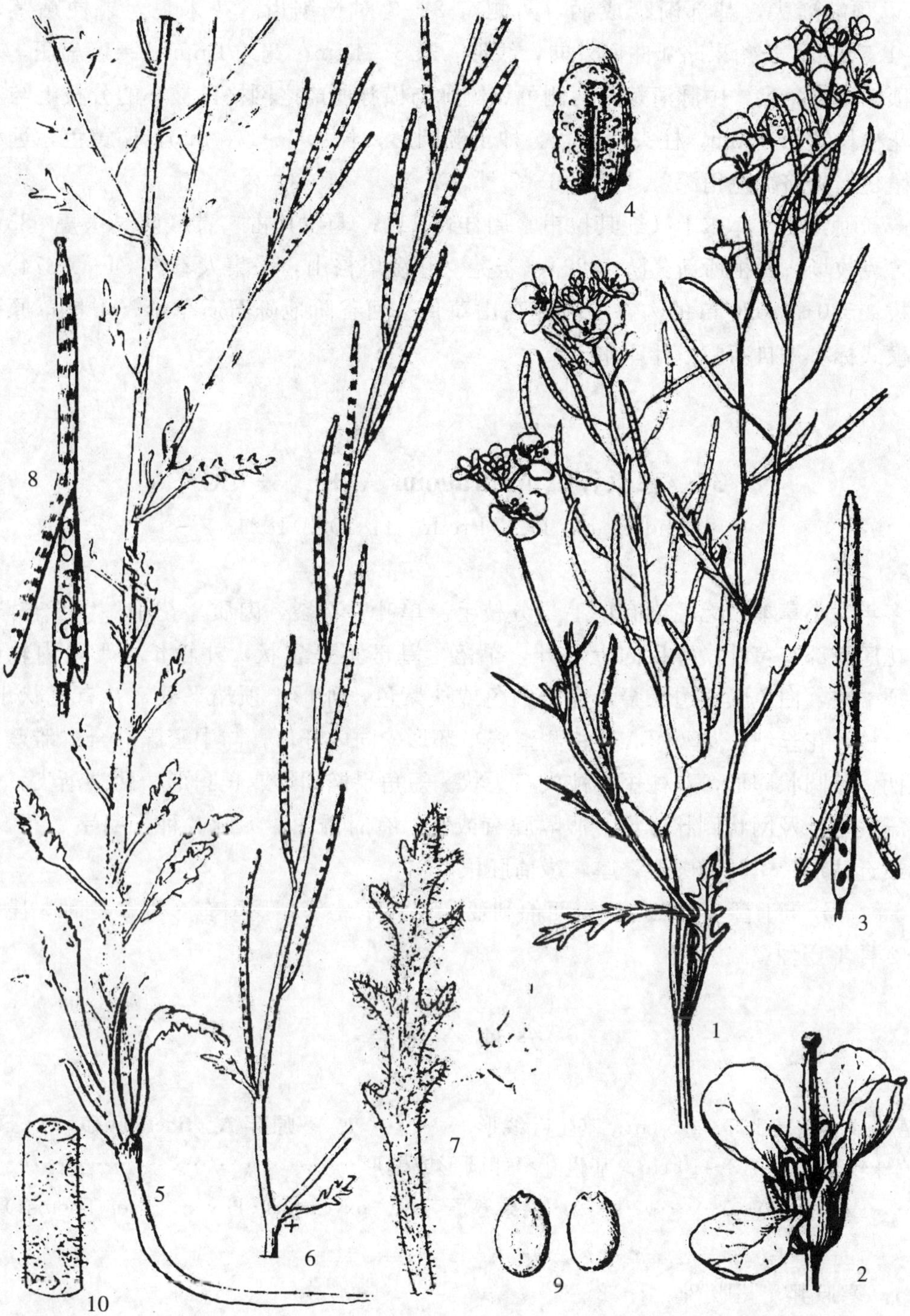

图版 **80** 叶城小蒜芥 **Microsisymbrium yechengicum** Z. X. An 1. 植株；2. 花；3. 果；4. 种子。葱岭小蒜芥 **M. taxkorganicum** Z. X. An 5 ~ 6. 植株；7. 叶；8. 果；9. 种子；10. 茎的一段。

（引自《新疆植物志》，史渭清、张荣生绘）

尖，基部渐窄成柄，柄于基部变宽；茎生叶线形，下部者长 3～5 cm，（不计齿）宽 2 mm，顶端渐尖，基部渐窄成柄，两侧有 2～3 对长锯齿。花未见。果梗贴茎，长 1.0～1.5 mm；长角果略弧曲而外向，线形，长 3～4 cm，宽约 1 mm；果瓣扁压，基部钝，顶端钝或急尖，中脉清楚，两侧可见侧脉与横脉所成之网格，被小的分枝毛与丛卷毛，花柱长约 0.3 mm，柱头扁头状。种子椭圆形，长 1.0～1.5 mm，橘黄色，远种脐端有微翅，种脐端色稍深。 果期 6～7 月。

产新疆：塔什库尔干（红其拉甫，周桂玲 111；卡拉其古，青藏队吴玉虎 985；克克吐鲁克牧场，西植所新疆队 1429）、若羌（祁漫塔格山，采集人不详 84－A374）。生于海拔 3 520～4 520 m 的沟谷山坡亚高山草甸、河谷阶地砾石质草地、干旱草原砾石地。模式标本采自新疆塔什库尔干。

36. 寒原荠属 **Aphragmus** Andrz. ex DC.

Andrz. ex DC. Prodr. 1：209. 1824.

多年生小草本，无毛或有单毛与分枝毛。单叶，不裂，肉质。花小，生于花葶上，仅在花序下部有苞叶；萼片向上展开，早落，基部不呈囊状，外轮长圆形，内轮卵圆形，顶端钝，白色膜质边缘窄；花瓣白色或淡紫色，卵形，顶端平截，并有毛状小齿；雄蕊 6 枚，花丝细，花药短心形；侧蜜腺半环形，向内开口，与中蜜腺会合；雌蕊基部近无柄，长圆状卵形，花柱短，柱头扁头状。短角果椭圆形或长圆形，两端渐尖；果瓣略扁压，中脉及网状侧脉可见，假隔膜有或无，有时透明，无脉。种子每室 2 行，大，卵形或近球形；子叶椭圆形，厚，缘倚胚根。

6 种，分布于喜马拉雅地区至西伯利亚、亚洲东北部。我国有 3 种 2 变种，昆仑地区产 2 种 1 变种。

分种检索表

1. 植株矮小，高 1.5～4.5 cm；基生叶线形 ………… **1. 寒原荠 A. tibeticus** O. E. Schulz
1. 植株较高大，高 3～10 cm；基生叶窄卵圆形或匙形…………………………………… …………………………… **2. 尖果寒原荠 A. oxycarpus**（Hook. f. et Thoms.）Jafri

1. 寒原荠 图版 81：1～2

Aphragmus tibeticus O. E. Schulz in Fedde Repert. Sp. Nov. Beih. 12：387. 1922；西藏植物志 2：403. 图 142：4～5. 1985；中国植物志 33：422. 1987；新疆植物志 2（2）：211. 图版 61：1～2. 1995；青海植物志 1：494. 1997；青藏高原维管植物及其生态地理分布 312. 2008. ——*A. oxycarpus*（Hook. f. et Thoms）Jafri in

Not. Bot. Gard. Edinb. 22 (2): 96. 1956; Fl. China 8: 181. t. 126: 1～3. 2001.

多年生草本，高 1.5～4.5 cm，无毛，基部有残留的鳞片状叶柄。茎直立，不分枝或偶有 1～2 分枝。叶多基生，略肉质，窄线形，长 2～5 cm，宽 0.9～1.0 mm，上部略宽，向下渐窄成细柄，柄基部变宽；茎生叶稍短。花序伞房状；花梗长 1.8～2.0 mm；萼片短圆形或倒卵状矩圆形，长 1.5～2.0 mm，膜质边缘前端稍宽；花瓣白色，干时变紫色，匙形或匙状倒卵形，长约 2.5 mm，瓣片圆形，前端圆，基部突窄或渐窄成宽爪；短花丝长约 1.5 mm，长花丝长约 1.8～2.0 mm，花药宽而短，基部略叉开，长约 0.3 mm。短角果长圆状椭圆形，长 6～8 mm；假隔膜完整。种子长约 1.5 mm。 花期 5 月。

产新疆：乌恰（托云乡，西植所新疆队 2240）、塔什库尔干（采集地不详，高生所西藏队 3415）、若羌、策勒。生于海拔 3 500～3 900 m 的高寒垫状植被、山地高寒荒漠地带。

西藏：尼玛（双湖区，采集人和采集地不详）、班戈、日土（热那，高生所西藏队 3542）。生于海拔 4 200～4 500 m 的沟谷山坡草甸、河谷山地高寒草甸裸地。

青海：曲麻莱（玛多乡，刘尚武和黄荣福 657）、玛多（巴颜喀拉山，陈桂琛 1984）。生于海拔 4 900～5 000 m 的沟谷山坡冷湿草地、山地高寒草甸、砾石山坡草甸。

分布于我国的新疆、青海、西藏、四川。模式标本采自四川康定。

2. 尖果寒原荠

Aphragmus oxycarpus (Hook. f. et Thoms.) Jafri in Not. Bot. Gard. Edinb. 22 (2): 96. 1956; 西藏植物志 2: 404. 图 127: 4～6. 1985; 中国植物志 33: 421. 1987; 青海植物志 1: 494. 图版 100: 6～8. 1997; Fl. China 8: 181. t. 126: 1～3. 2001; 青藏高原维管植物及其生态地理分布 312. 2008. ——*Braya oxycarpa* Hook. f. et Thoms. in Journ. Linn. Soc. 5: 169. 1861.

2a. 尖果寒原荠（原变种）

var. **oxycarpus**

多年生草本，高 2～7 cm，被单毛与 2 叉毛，尤以花梗上为密。茎直立，近地面分枝，基部有残存叶柄。茎下部深红色。基生叶密集，叶片窄卵圆形或匙形，顶端钝，某部渐窄成柄，全缘或有 1 对齿，上部茎生叶入花序的呈苞片状。花序呈疏松的伞房状，花梗长 3～6 mm；萼片长宽近相等，长约 2 mm，无毛，常为紫色；花瓣白色或淡紫色，卵圆形，长 4.5～5.0 mm，顶端钝或微缺。短角果长圆状披针形，长 6～8 mm，宽 1.5～2.0 mm，顶端渐细；果梗长 4～6 mm，花序轴不伸长，短角果密集。种子卵圆形，长约 1 mm，淡棕色。 花期 7 月。

产青海：治多、称多、玛沁。生于海拔 3 900～5 000 m 的沟谷山坡草甸、河滩草甸裸地、山顶碎石地。

分布于我国的青海、西藏、四川、云南；中亚地区也有。

2b. 小果寒原荠（变种） 图版 81：3～4

var. **microcarpus** Z. X. An in Bull. Bot. Res. Harbin 1（1～2）：102. 1981；中国植物志 33：422. 1987；新疆植物志 2（2）：211. 图版 61：3～4. 1995. ——*A. oxycarpus*（Hook. f. et Thoms.）Jafri in Not. Bot. Gard. Edinb. 22（2）：96. 1956；Fl. China 8：181. t. 126：1～3. 2001.

本变种与原变种的区别在于：短角果小，常为蓝黑色，长约 2 mm，宽约 1 mm。花期 6 月。

产青海：称多（歇武乡，苟新京 83－438）、玛沁（大武镇，植被地理组 413）。生于海拔 3 200～3 800 m 的沟谷山坡草甸、河谷草甸、山坡草甸裸地。

分布于我国的新疆、青海、云南。模式标本采自新疆天山。

37. 念珠芥属 Neotorularia（Coss.）Hedge et J. Léonard

Hedge et J. Léonard in Bull. Jard. Bol. Nat. Belg. 56：393. 1986.

一年生或多年生草本，具分枝毛或单毛。叶长圆形，具齿。花序中有苞片或否；萼片近直立，展开，基部不呈囊状；花瓣白色，黄色或淡蓝色；雄蕊花丝细，分离；侧蜜腺球形或半卵形，位于短雄蕊两侧，不会合，中蜜腺无；雌蕊子房无柄，花柱短或近无。长角果柱状，于种子间缢缩成念珠状，直或略弯曲，或扭曲成“之”字状，果瓣中脉清楚，种子每室 1 行，子时背倚或缘倚胚根。

本属 14 种，主要分布于中亚地区。我国有 6 种，昆仑地区产 4 种。

分种检索表

1. 花序中所有花均有苞叶；茎平铺或外倾 ……………………………………………… **4. 短果念珠芥 N. brachycarpa**（Vass.）Hedge et J. Léonard

1. 花序中无苞叶，或仅下面数花有苞叶；茎直立或外倾。
    2. 果柄短，长 1.5 mm 以下；花小，花瓣长不及 2.5 mm …………………………………………………… **1. 念珠芥 N. torulosa**（Desf.）Hedge et J. Léonard
    2. 果梗较长，长 2.0 mm 以上；花大，花瓣长 2.5 mm 以上。
        3. 花序中下部数花常有苞叶；花柱末端较粗 ……………………………………… **2. 蚓果芥 N. humilis**（C. A. Mey.）Hedge et J. Léonard

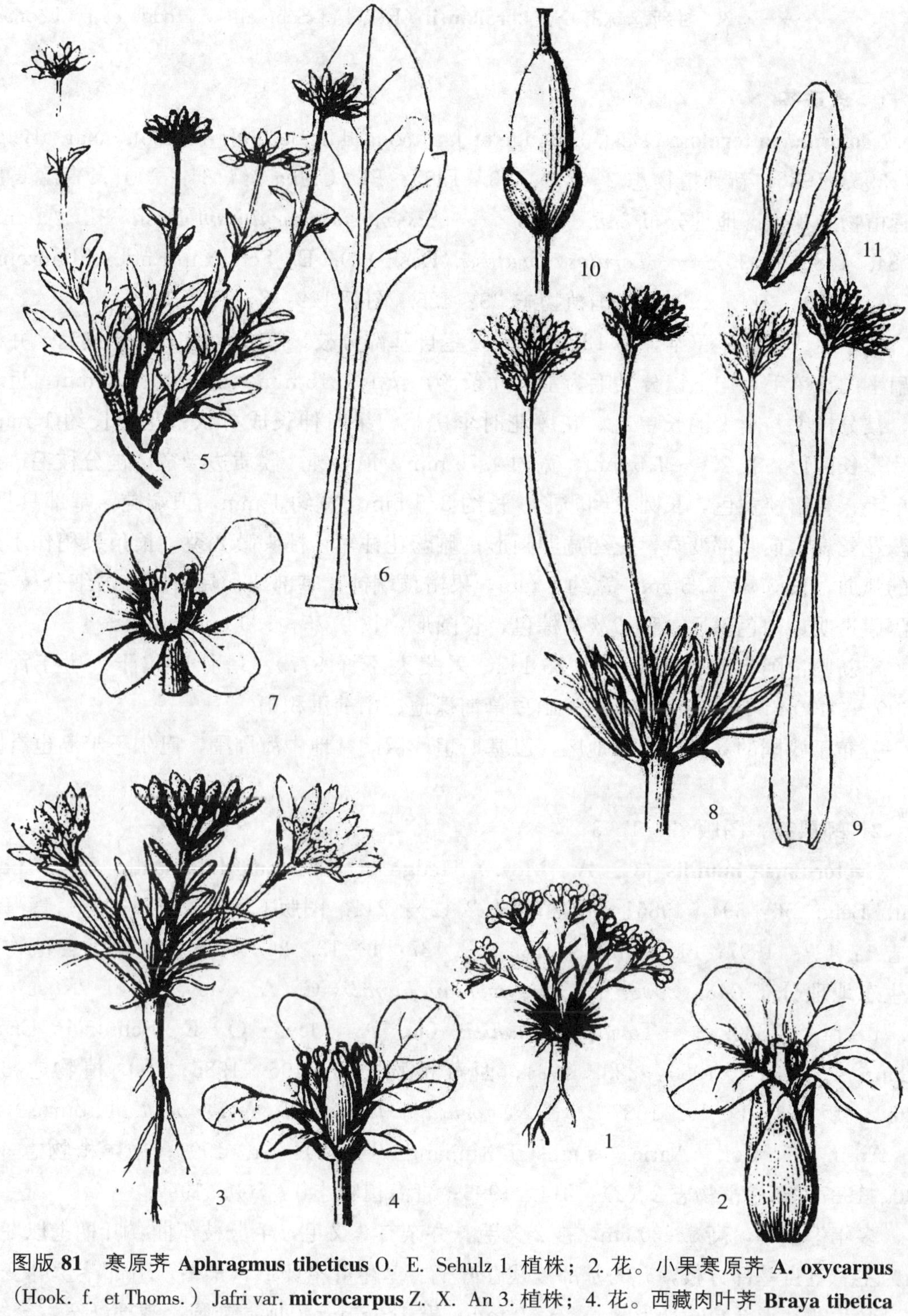

图版 **81**　寒原荠 **Aphragmus tibeticus** O. E. Sehulz 1. 植株；2. 花。小果寒原荠 **A. oxycarpus** (Hook. f. et Thoms.) Jafri var. **microcarpus** Z. X. An 3. 植株；4. 花。西藏肉叶荠 **Braya tibetica** Hook. f. et Thoms. 5. 植株；6. 叶；7. 花。红花肉叶荠 **B. rosea** (Turcz.) Bunge 8. 植株；9. 叶；10. 果；11. 苞片。（引自《新疆植物志》，谭丽霞绘）

3. 花序中无苞叶；花柱上下同粗 ……………………………………………………
……… **3. 甘新念珠芥 N. korolkowii**（Regel et Schmalh.）Hedge et J. Léonard

1. 念珠芥

Neotorularia torulosa（Desf.）Hedge et J. Léonard in Bull. Jard. Bot. Nat. Belg. 56：395. 1986；新疆植物志 2（2）：213. 1995；Fl. China 8：184. 2001；青藏高原维管植物及其生态地理分布 345. 2008. ——*Sisymbrium torulosum* Desf. Fl. Atlant. 2：84. 1889～1890. ——*Torulosa torulosa*（Desf.）O. E. Schulz in Engl. Pflanzenr. 86（4. 105）：214. 1924；中国植物志 33：426. 图版 122：8～11. 1987.

一年生或二年生草本，高 12～25 cm。茎自基部分枝，直立，基部被分枝毛，并杂有扁平的长单毛，向上以分叉毛为主。叶条形，长 10～15 mm，宽 1.0～1.5 mm，近无柄，被分枝毛与扁平的长单毛。花序花时伞房状，果时伸长成总状；花梗长约 1 mm；萼片窄长圆形，长 2.0～2.5 mm，宽约 0.75 mm，顶端钝，膜质边缘窄，被分枝毛，杂有单毛；花瓣淡黄色，长圆状倒卵形，长约 3.5 mm，宽约 1 mm，顶端钝，基部具爪；雄蕊花丝扁，向基部变宽，花药宽卵圆形；雌蕊花柱短，柱头微 2 裂。长角果稍作不规则的弧曲，长 3.0～3.5 cm，宽约 1 mm，果瓣顶端钝，基部圆，具中脉，被细分枝毛；假隔膜透明，白色膜质。种子淡黄棕色，长圆形，长 0.75～1.0 mm。

产新疆：阿克陶（乌帕以西 25 km，采集人不详 577）、塔什库尔干。生于海拔 3 600～4 400 m 的沟谷山坡草甸、山顶草甸裸地、山前洪积扇。

分布于我国的新疆；中亚地区，巴基斯坦，伊朗，地中海周围，巴尔干半岛也有。

2. 蚓果芥 图版 82：1～6

Neotorularia humilis（C. A. Mey.）Hedge et J. Léonard in Bull. Jard. Bot. Nat. Belg. 56：394. 1986；新疆植物志 2（2）：211. 图版 63：6～11. 1995；青海植物志 1：497. 1997；Fl. China 8：183. t. 127：1～13. 2001；青藏高原维管植物及其生态地理分布 343. 2008. ——*Sisymbrium humilis* C. A. Mey. in Fl. Ross. 2：16. t. 147. 1830. ——*Torularia humilis*（C. A. Mey.）O. E. Schulz in Engl. Pflanzenr. 86（4. 105）：223. 1924；西藏植物志 2：405. 1985；中国植物志 33：426. 图版 123：1～10. 1987. ——*Neotorularia humilis* f. *hygrophyla*（Fourn.）Z. X. An in Acta Coll. Agric. August-1 Xinjiang. 14（2）：14. 1991；中国植物志 33：430. 1987；新疆植物志 2（2）：214. 1995；青海植物志 1：500. 1997.

多年生草本，高 5～30 cm，被 2 叉毛，并杂有 3 叉毛，毛分枝弯曲，叶柄上以 3 叉毛为主。茎自基部分枝，有的基部被残存叶柄。基生叶窄卵形，早枯；下部茎生叶变化大，叶片宽匙形至窄长卵形，长 5～30 mm，宽 1～6 mm，顶端钝圆，基部渐窄，全缘，或具 2～3 对明显或不明显的钝齿，近无柄；中上部叶条形，最上部叶混入花序成苞叶。花序花时为紧密的伞房状，果时伸长成总状；花梗长 1～2 mm；萼片长圆形，长 1.5～

2.5 mm，外轮窄于内轮，有的顶端隆起，内轮的基部有的略呈囊状，均具膜质边缘；花瓣倒卵状或宽楔形，白色，长 2～3 mm，顶端近平截或微缺，基部渐窄成爪；雄蕊花丝扁，中部较两端宽，花药宽卵形。果梗长 3～6 mm；长角果筒状，长 8～20 (30) mm，略呈念珠状，两端渐细，直或略曲，或作“之”字形弯曲；花柱短，柱头 2 浅裂；果瓣被 2 叉毛。种子长圆形，长约 1 mm，橘红色。 花期 4～6 月。

产新疆：塔什库尔干（县城郊区，采集人不详 322）、阿克陶（盖孜，周桂玲 001）、乌恰（托云乡苏约克，西植所新疆队 038、关克俭 1872）。生于海拔 2 100～3 200 m 的荒漠草原到高山荒漠草原、阳坡石缝、山地灌丛、宽谷河边、山坡沙地、田野。

青海：兴海（中铁乡天葬台沟，吴玉虎 45827、45870、45896、45898、45916、47679；中铁乡附近，吴玉虎 42992；中铁林场恰登沟，吴玉虎 45232；赛宗寺后山，吴玉虎 46310；黄青河畔，吴玉虎 42526、42616、42651、42731、42752、42753；大河坝乡，吴玉虎 42504、42526；大河坝乡赞毛沟，吴玉虎 46469、46491）。生于海拔 3 250～3 700 m 的沟谷山地阴坡高寒灌丛草甸、沟谷山麓砾石地、滩地高寒干旱草原、山谷林缘灌丛草地。

分布于我国的华北、西北各省区，以及西藏、四川；朝鲜，蒙古，俄罗斯西伯利亚，中亚地区，北美洲也有。

3. 甘新念珠芥 图版 82：7～10

Neotorularia korolkowii (Regel et Schmalh.) Hedge et J. Léonard in Bull. Jard. Bot. Belg. 56：394. 1986；新疆植物志 2（2）：215. 图版 62：1～4. 1995；青海植物志 1：497. 1997；Fl. China 8：183. t. 128：1～7. 2001；青藏高原维管植物及其生态地理分布 344. 2008. ——*Sisymbrium korolkowii* Regel et Schmalh. in Hort. Peterop. 5：240. 1889. ——*Torularia korolkowii* (Regel et Schmalh.) O. E. Schulz in Engl. Pflanzenr. 86（4. 105）：220. 1924；中国植物志 33：431. 图版 122：1～3. 1987.

一年生或二年生草本，高 10～25 cm，密被分枝毛，或杂有单毛，有时毛较少。茎于基部分枝，稍斜上升，或铺散而后上升。基生叶大，有长柄，叶片长圆状披针形，长 2～6 cm，宽 4～6 mm，顶端急尖，基部渐窄成柄，边缘有不规则的波状至长圆形裂片；茎生叶叶柄向上渐短至无，叶片长圆状卵形，长 1～5 cm，宽 2～6 mm，其他同基生叶。花序花时伞房状，果时伸长成总状；萼片长圆形，长 2～3 mm，内轮基部略呈囊状；花瓣白色，干后土黄色，倒卵形，长 4～6 mm，顶端平截或微缺，基部渐窄。果梗长 3～6 mm，略弧曲或末端卷曲，成熟后在种子间略缢缩。种子长圆形，长约 1 mm，黄褐色。 花期 5～6 月。

产新疆：阿克陶（木吉乡琼壤，克里木 007；布伦口乡，高生所西藏队 3074、3085A；慕士塔格山口，高生所西藏队 3304）、莎车（喀拉吐孜矿区，青藏队吴玉虎

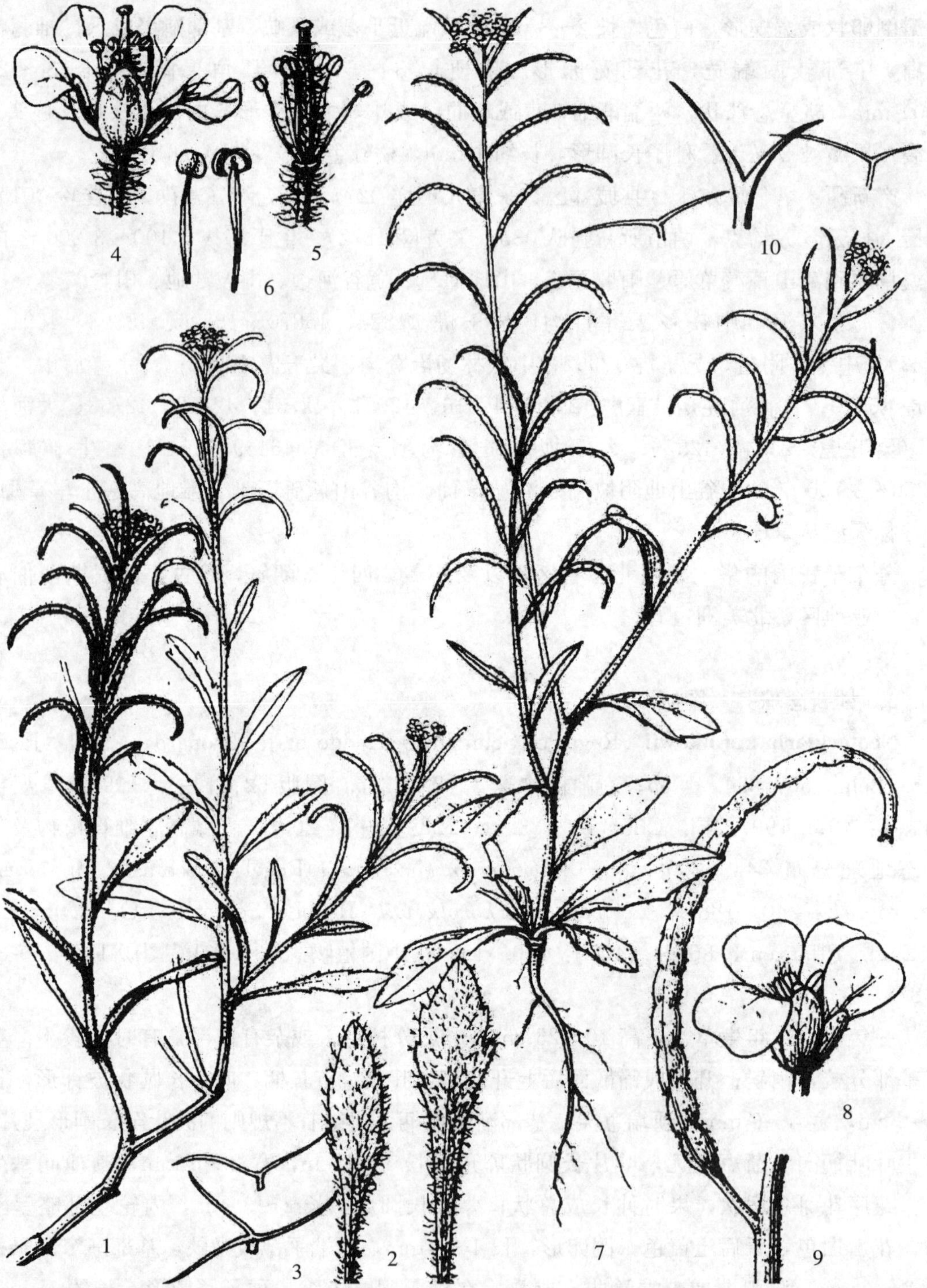

图版 82　蚓果芥 **Neotorularia humilis**（C. A. Mey.）Hedge et J. Léonard 1. 植株一段；2. 叶；3. 表皮毛；4. 花；5. 去掉花被的花；6. 雄蕊。甘新念珠芥 **N. korolkowii**（Regel et Schmalh.）Hedeg et J. Léonard 7. 植株；8. 花；9. 果；10. 表皮毛。（引自《新疆植物志》，张荣生绘）

87699)、策勒（奴尔乡亚门兵团一牧场，采集人不详 047)。生于海拔 2 600～4 200 m 的高山荒漠带的绿洲草原及田边、山坡砾石地。

青海：兴海（中铁乡至中铁林场途中，吴玉虎 43061、43083、43096；黄青河畔，吴玉虎 42758；中铁乡附近，吴玉虎 42769、42786、42972；大河坝乡，吴玉虎 42762)。生于海拔 3 300～3 700 m 的河谷山坡高寒灌丛草甸、山麓沙砾地。

分布于我国的新疆、青海、甘肃；蒙古，中亚地区，土耳其也有。

4. 短果念珠芥

Neotorularia brachycarpa (Vass.) Hedge et J. Léonard in Bull. Jard. Bot. Belg. 56：393. 1986；Fl. China 8：183. t. 128：8～11. 2001. ——*Torularia brachycarpa* Vass. Fl. URSS 8：635. 1939. ——*N. bracteata* (S. L. Yang) Z. X. An in Acta Coll. Agric. August-1 Xinjiang. 14 (2)：48. 1991；新疆植物志 2 (2)：219. 图版 62：8～9. 1995. ——*N. parva* (Z. X. An) Z. X. An in Acta Coll. Agric. August-1 Xinjiang. 14 (2)：48. 1991；西藏植物志 2：405. 图 141：1～4. 1985；新疆植物志 2 (2)：219. 图版 62：5～7. 1995；青海植物志 1：496. 图版 101：4～5. 1997；青藏高原维管植物及其生态地理分布 344. 2008. ——*Torularia bracteata* S. L. Yang in Acta Phytotax. Sin. 18 (4)：2431. 1981；中国植物志 33：434. 1987. ——*Torularia parva* Z. X. An in Bull. Bot. Res. Harbin 1 (1～2)：104. 1981；中国植物志 33：432. 1987.

多年生矮小草本，高 3～10 cm，疏被或密被有柄或近无柄鞭状毛，稀被 2 叉毛。茎数条或多条从基部生出，半卧或倾斜。基生叶莲座状，倒披针形或长圆形，长 0.3～1.5 cm，被柔毛，先端尖锐或钝，基部渐窄或楔形，边缘有齿或羽状半裂，柄长 1～6 mm；茎生叶与基生叶相似，向上逐渐变小，最上部茎生叶无柄或近无柄。总状花序的花全有苞片，稀仅下半部的花有苞片；苞片附着在花序轴上或花柄上；萼片长圆形，长 0.7～1.5 mm，内轮 2 枚基部不呈囊状；花瓣白色，匙形，长 1.0～2.5 mm；花丝长 1.0～1.5 mm，花药卵圆形，顶端具细尖头；子房有 20～40 枚胚珠。长角果长圆形、线状披针形或线形，近基部最粗，长 0.3～1.0 cm，通常基部贴向果序轴，而上部离轴外弯，圆柱形，念珠状，被"丁"字毛，宿存花柱 0.1～0.5 mm，柱头不裂。种子 2 行，长圆形，长 0.5～0.8 mm。　花期 6～8 月，果期 7～9 月。

产新疆：叶城（柯克亚乡，青藏队吴玉虎 87839)、塔什库尔干（红其拉甫，西植所新疆队 1520)、且末（阿羌乡昆其布拉克，青藏队吴玉虎 2074)。生于海拔 3 500～5 300 m 的沟谷山地高寒荒漠、高寒草甸、河谷山坡草甸裸地。

西藏：日土、改则。生于海拔 4 100～5 000 m 的山坡草地、河滩灌丛、沟谷山地岩石缝隙、高山流石坡。

青海：曲麻莱（县郊，刘尚武 596)、玛多（黑海乡南果滩，吴玉虎 987)。生于海拔4 100～5 000 m 的沟谷山坡草甸、高寒草甸裸地、山麓岩屑坡、宽谷河滩，以及湖盆岩屑沙砾地、沙丘、高山流石坡。

分布于我国的新疆、青海、甘肃、西藏；塔吉克斯坦也有。

38. 肉叶荠属 **Braya** Sternb. et Hoppe

Sternb. et Hoppe in Denkschr. Bot. Gesllsch. Regensb 1 (1): 65. 1815.

多年生矮小草本，被分枝毛与单毛。单叶，全缘或具疏齿，稍肉质。花小，花梗粗；萼片斜向上展开，基部不呈囊状，边缘透明膜质；花瓣白色或淡黄色，常于干后变为紫红色；雄蕊 6 枚，花丝细；侧蜜腺半环状，向内开口，很少呈环状，中蜜腺无；子房无柄，宽，常有毛，花柱明显，柱头为扁头状或稍 2 裂。短角果长圆形或宽椭圆形，少数为条形长角果；果瓣顶端钝，基部钝圆，中脉明显，较细的网状侧脉可见；假隔膜完整或于基部穿孔。种子每室 2 行，种柄丝状，种子表面光滑；子叶长圆形，背倚胚根。

11 种，分布于东欧亚大陆的高山与北极。我国有 4 种 2 变种 3 变型，昆仑地区产 4 种 1 变种 2 变型。

分种检索表

1. 花序在结果时不伸长，花萼宿存 …… **1. 西藏肉叶荠 B. tibetica** Hook. f. et Thoms.
1. 花序在结果时多少伸长，花萼脱落。
  2. 长角果条形，长约 1.8 cm，宽约 2 mm，花柱长 0.20～0.75 mm ……………………………………………………………………… **4. 长角肉叶荠 B. siliquosa** Bunge
  2. 短角果长圆形或椭圆形。
    3. 叶全部基生；短角果长 3～4 mm …… **2. 红花肉叶荠 B. rosea**（Turcz.）Bunge
    3. 除基生叶外，茎上有叶 5～6 片；短角果长 6～14 mm ……………………………………………………… **3. 青海肉叶荠 B. kokonorica** O. E. Schulz

1. 西藏肉叶荠 图版 81：5～7

Braya tibetica Hook. f. et Thoms. in Journ. Linn. Soc. Bot. 5: 168. 1861; 西藏植物志 2：408. 图 142：1～3. 1985；中国植物志 33：438. 1987；新疆植物志 2（2）：220. 图版 61：5～7. 1995；青海植物志 1：500. 1997；青藏高原维管植物及其生态地理分布 317. 2008. ——*B. rosea*（Turcz.）Bunge Del. Sem. Hort. Dorpat. 8. 1839; Fl. China 8: 187. t. 126: 4～7. 2001.

1a. 西藏肉叶荠（原变型）

f. **tibetica**

多年生草本，高 5～8 cm，密被白色 2 叉毛，分枝等长或不等长。根状茎密被残存叶柄，近地面处分枝，地上茎外倾或直立。叶全部基生，莲座状，叶片匙形、窄长卵形、椭圆形或倒卵状披针形，长 1～4 cm，宽 1.0～3.5 mm，顶端钝或急尖，基部渐窄成宽柄，叶缘具稀疏的波状齿或近全缘；叶柄具睫毛，常变为深红色。花葶偶具 1 或数枚苞片；花序常为紧密的头状花序；萼片长约 2.5 mm，宿存，常为深红色，顶端有长单毛；花瓣白色，后变为淡紫红色，长圆状楔形，长约 3 mm，顶端圆，基部渐窄成爪；子房具单毛与 2 叉毛。果梗短；短角果椭圆形，长 3.5～4.0 mm，宽 1.0～1.2 mm，膨胀，花柱长 0.50～0.75 mm。

产新疆：乌恰（吉根乡斯木哈纳，采集人不详 73－129、73－130）、塔什库尔干（红其拉甫，周桂玲 041）、叶城（库地至胜利达坂途中，高生所西藏队 3357）、若羌（阿尔金山保护区鲸鱼湖，青藏队吴玉虎 2223；鸭子达坂，采集人不详 84－A283；祁漫塔格山北坡，采集人不详 84－A416；阿其克库勒湖北面，采集人不详 88023；茶德尔塔格东部，采集人不详 88052）。生于海拔 2 800～4 300 m 的沟谷山地高寒荒漠、高山草原、高山流石坡、沙砾质河滩、山地干旱草原沙砾地。

西藏：日土（多玛区，青藏队 76－9004）。生于海拔 4 500～5 000 m 的河谷山地石隙、高山流石坡潮湿处、高山冰缘湿地。

青海：兴海（河卡山，何廷农 199）、玛多（县城郊区，吴玉虎 888）。生于海拔 3 500～4 600 m 的高山流石坡、高山冰缘湿地、高寒草甸石隙。

分布于我国的新疆、青海、西藏。模式标本采自西藏。

1b. 羽叶肉叶荠（变型）

f. **sinuate**（Maxim.）O. E. Schulz in Engl. Pflanzenr. 86（4. 105）：236. 1924；中国植物志 33：439. 图版 121：4～5. 1987；新疆植物志 2（2）：221. 1995；青海植物志 1：501. 1997；青藏高原维管植物及其生态地理分布 318. 2008. ——*B. sinuata* Maxim. Fl. Tangut. 1：69. t. 28：23～24. 1889. ——*B. rosea*（Turcz.）Bunge Del. Sem. Hort. Bot. Dorpat. 7. 1839；Fl. China 8：187. t. 126：4～7. 2001.

本变型与原变型的区别在于：叶全缘或有 1～2 对不明显锯齿，大头羽状裂的顶端裂片长圆形，侧裂片三角形或长圆形。

产新疆：若羌（木孜塔格，青藏队吴玉虎 2271）、塔什库尔干（红其拉甫，青藏队吴玉虎 4910；水布浪沟，高生所西藏队 3183）。生于海拔 2 900～4 000 m 的亚高山草原到高山垫状植被地带。

青海：曲麻莱（玛多乡，刘尚武 664）、玛多（扎陵湖乡多曲河畔，吴玉虎 458）、玛沁（阿尼玛卿山，黄荣福 81－132）。生于海拔 4 300～4 800 m 的宽谷河岸、湖滩沙石地及沙石灌丛、河谷阶地草滩、沟谷山坡高寒草甸。

分布于我国的新疆、青海、甘肃、西藏、四川。

1c. 条叶肉叶荠（变型）

f. **linearfolia** Z. X. An in Bull. Bot. Res. Harbin 1（1～2）：102. 1981；西藏植物志 2：403. 图 142：4～5. 1985；中国植物志 33：439. 1987；新疆植物志 2（2）：221. 1995；青海植物志 1：501. 1997；青藏高原维管植物及其生态地理分布 318. 2008. ——*B. rosea*（Turcz.）Bunge Del. Sem. Hort. Bot. Dorpat. 7. 1839；Fl. China 8：187. t. 126：4～7. 2001.

本变型与原变型的区别在于：叶条形，边缘无波状齿。

产新疆：叶城（黑卡达坂，青藏队吴玉虎 1151）、若羌（阿尔金山保护区鲸鱼湖畔，青藏队吴玉虎 4070）。生于海拔 4 200～4 400 m 的高寒荒漠河谷地带、宽谷湖盆草甸、山地干旱草原。

青海：兴海（河卡山，何廷农 199）。生于海拔 3 850～5 300 m 的高原湖畔碎石草地、沟谷山坡草甸裸地。

分布于我国的新疆、青海、甘肃、西藏、四川。

2. 红花肉叶荠 图版 81：8～11

Braya rosea（Turcz.）Bunge Del. Sem. Hort. Bot. Dorpat. 7. 1839；西藏植物志 2：407. 1985；中国植物志 33：439. 1987；新疆植物志 2（2）：221. 图版 61：8～11. 1995；青海植物志 1：502. 1997；Fl. China 8：187. t. 126：4～7. 2001；青藏高原维管植物及其生态地理分布 317. 2008. ——*Draba rosea* Turcz. in Bull. Soc. Nat. Mosc. 87. n. 140. 1838.

2a. 红花肉叶荠（原变种）

var. **rosea**

多年生丛生草本，高 2～5 cm，被单毛与短分枝毛。叶全部基生，叶片椭圆形、长椭圆形或长圆状倒卵形，长 1.5～2.0 cm，顶端渐尖，全缘或具 1～2 小齿。花序花时为紧密的头状，果时稍伸长；萼片黄色，顶端黑紫色，长 2.0～2.5 mm，顶端隆起，具单毛及分枝毛；花瓣淡黄色，窄倒卵形或匙形，长约 3 mm，顶端圆，基部楔形。果梗长 2～4 mm；短角果卵形或长圆形，长 3.0～4.5 mm，宽约 1 mm；花柱长 0.5～1.0 mm。花期 6～7 月，果期 7～9 月。

产新疆：塔什库尔干（红其拉甫，高生所西藏队 3202、克里木 T123）、叶城（库地，高生所西藏队 3357；麻扎东达坂，青藏队吴玉虎 1158）、阿克陶（奥依塔克，青藏队吴玉虎 4785）、若羌（阿尔金山碧云山，青藏队吴玉虎 4184；鲸鱼湖，青藏队吴玉虎

2694)。生于海拔 4 500～5 000 m 的亚高山草原向阳山坡、高山草甸裸地、高寒草原潮湿处、山坡岩隙、高山流石坡。

青海：格尔木（昆仑山口冰川大草滩，黄荣福 81－0314）、兴海（温泉乡，H. B. G. 1427）、曲麻莱（秋智乡，刘尚武等 745）、玛沁（大武乡，玛沁队 482）。生于海拔 3 600～4 800 m 的沟谷山坡高寒草甸、河谷滩地草甸、高山流石坡、山地草甸裸露处、砾石山坡草甸。

分布于我国的新疆、青海、西藏、四川；蒙古，俄罗斯西伯利亚也有。

2b. 古铜色肉叶荠（变种）

var. **aenea** (Bunge) Malysch Высокоярн Фл. Вост. Сажна 141. 1865；中国植物志 33：440. 1987；新疆植物志 2（2）：221. 1995；青藏高原维管植物及其生态地理分布 317. 2008. ——*B. aenea* Bunge Del. Sem. Hort. Dorpat. 8：1841. 1839. ——*B. rosea* (Turcz.) Bunge Del. Sem. Hort. Bot. Dorpat. 7. 1839；Fl. China 8：186. 2001.

本变种与原变种的区别在于：叶为条形，古铜色；短角果宽约 1.2 mm。

产新疆：阿克陶、塔什库尔干。生于海拔 3 100～3 600 m 的亚高山草甸及草原地带、沟谷山地高寒草甸。

分布于我国的新疆、四川。

3. 青海肉叶荠

Braya kokonorica O. E. Schulz in Fedde Repert. Sp. Nov. 12：209. 1934；中国植物志 33：440. 1987；青海植物志 1：502. 1997；青藏高原维管植物及其生态地理分布 317. 2008. ——*Phaeonychium villosum* (Maxim.) Al-Shehbaz in Nordic Journ. Bot. 20：161. 2000；Fl. China 8：109. t. 91：7～8. 2001.

多年生草本，高 6～15 cm，全株被单毛，并杂有少数白色 2 叉毛，稍长，稍扁。地下有根茎，地上茎 1～2 个，丛生，粗 2～3 mm，直立或稍外倾，茎下部有多数呈鳞片状或纤维状枯叶柄。基生叶窄长圆形，长 2～3 cm，宽 5～6 mm，顶端钝，基部渐窄成叶柄，叶片全缘；茎生叶 3～6 枚，形状与基生叶相似而较小，叶柄短或无柄。花序伞房状，果期稍伸长；花梗长 2～4 mm；萼片长圆形，长 5.0～5.6 mm，宽 3～4 mm，有白色膜质边缘，顶端钝圆，背面顶端稍隆起；花瓣倒卵圆形，长约 7 mm，顶端钝圆，基部具宽楔状爪，淡紫色。短角果窄长圆形或窄长圆状卵形，长 6～14 mm，稍作镰状弯曲，略扁压，花柱长约 1 mm；果梗长 1～2 mm。种子每室 2 粒，卵形，长 2.0～2.5 mm，黑褐色。果期 7 月。

产青海：称多（扎朵乡，采集人和采集号不详）、玛沁（积石山，采集人和采集号不详）。生于海拔 4 000～4 850 m 的高山流石坡、沟谷山地高寒灌丛、山坡高寒草甸。

分布于我国的青海。模式标本采自青海玛沁阿尼玛卿山。

4. 长角肉叶荠

Braya siliquosa Bunge Del. Sem. Hort. Dorpat. 7. 1839；中国植物志 33：437. 1987；青海植物志 1：501. 1997；青藏高原维管植物及其生态地理分布 317. 2008.

多年生草本，高 5～15 cm，具紧贴的“丁”字毛；根粗长。叶全部茎生，花葶无叶，偶有 1～3 枚苞片；叶片长圆条形，长 1.5～3.0 cm，宽 1.5～6.0 mm，顶端钝圆，基部渐窄成柄，全缘。花序伞房状，果期稍伸长；花梗长 1～4 mm；萼片长圆形，长 3～4 mm，顶端钝或尖；花瓣白色，后变紫色，匙形，长 9～10 mm，顶端钝圆，基部渐窄成爪；花丝扁，向下渐宽。长角果长 1.7～2.0 cm，宽 2.5～3.0 mm，稍作镰状弯曲；果瓣稍呈龙骨状凸起，顶端尖，基部钝，被“丁”字毛；果梗长 5～8 mm。种子每室为不明显的 2 行，种子表面光滑，红褐色；胚根长于子叶，长 2.5～3.0 mm。 花期 7 月。

产西藏：日土（拉那克达坂，高生所西藏队 3592）。生于海拔 4 600～5 300 m 的山坡砾石质高寒草甸、山坡草甸裸地。

青海：玛沁。生于海拔 4 200～4 600 m 的高山山麓草原、沟谷山坡高寒草甸、高山流石坡、高寒草甸裸地。

分布于我国的青海、西藏、云南；俄罗斯远东和西伯利亚，北美洲也有。

39. 无隔芥属 Staintoniella Hara

Hara in Journ. Jap. Bot. 49：196. 1974.

多年生矮小草本，无毛；根茎长。叶基生，多卵形或匙形，不裂，具长柄。花葶无叶，很少有叶状苞片；花常紫红色或白色，中等大小；萼片直立展开，基部不呈囊状；花瓣倒卵形；花丝线形，花药宽椭圆形；蜜腺会合成环伏。短角果扁压，花柱细弱；果瓣薄，具脉，隔膜完整或无隔膜。种子每室 2 行，约 10 粒。

2 种，我国仅 1 种，产昆仑地区。

1. 轮叶无隔芥 图版 77：5～6

Staintoniella verticillata（Jeffrey et W. W. Smith）Hara in Journ. Jap. Bot. 49：196. 1974；西藏植物志 2：409. 1985；中国植物志 33：441. 1987；青海植物志 1：504. 图版 101：6～7. 1997；青藏高原维管植物及其生态地理分布 351. 2008. —— *Cardamine verticillata* Jeffrey et W. W. Smith in Not. Bot. Gard. Edinb. 8：120. 1914. ——*Taphrospermum verticillatum*（Jeffrey et W. W. Smith）Al-Shehbaz in Harvard Pap. Bot. 5（1）：106. 2000；Fl. China 8：173. t. 126：9～10. 2001.

多年生草本，高 5～15 cm；根粗长。茎幼时多匍匐，后直立，1 至数株丛生，常有小而稀疏的白色单毛，基部常有细小的鳞片状叶。叶柄宿存，淡白色或灰色；叶肉质，茎下部的常 4～8 枚轮生，叶片匙形，连柄长 5～35 mm，宽 3～10 mm，顶端钝圆，基部渐窄成柄，全缘，两面无毛，叶脉不明显。花序伞房状，花后伸长，每花均具苞片；花梗长 3～6 mm；萼片卵状长圆形，长 2.5～3.0 mm，顶端钝圆或钝尖，有白色膜质边缘；花瓣白色，倒卵形，长 6～8 mm，顶端截形或微缺；花丝近等长，长约 4 mm，向基部变宽。短角果倒卵形或圆形，长 1.0～1.2 cm，无毛，压扁；果瓣薄，有网状脉纹；无假隔膜；果梗长约 2.2 mm。种子 6～8 粒。深红褐色，长圆形，长 2.0～2.5 mm，种脐黑色；子叶缘倚胚根。 花期 7～8 月。

产青海：玛沁（军功乡，区划二组 102)。生于海拔 3 800～4 700 m 的高山碎石坡、碎石草甸及河滩地、沟谷山坡高寒草甸裸地。

分布于我国的青海、西藏、四川、云南西北部；尼泊尔也有。

40. 播娘蒿属 Descurainia Webb et Berth.

Webb et Berth. Phytogr. Vanar. 1：72. 1836.

一年生或二年生草本，被单毛、分枝毛或腺毛，有时无毛。茎于上部分枝。叶二至三回羽状分裂，下部叶有柄，上部叶近无柄。花序伞房状，花小而多，无苞片；萼片近直立，早落；花瓣黄色，卵形，具爪；雄蕊 6 枚，花丝基部宽，多长于花被片；侧蜜腺环状或半环状，向内开口，中蜜腺“山”字形，二者常会合成封闭的环；雌蕊子房圆柱形，花柱短，柱头呈扁压的头状。长角果圆筒状，果瓣 1～3 脉；假隔膜透明。种子每室 1～2 行，细小，长圆形或椭圆形，遇水有胶黏物质，子叶背倚胚根。

40 多种，主产于北美洲。我国有 2 种，昆仑地区产 1 种。

1. 播娘蒿

Descurainia sophia（Linn.）Webb ex Prantl in Engl. et Prantl Nat. Pflanzenfam. 3（2）：192. 1891；西藏植物志 2：410. 图 113：1～3. 1985；中国植物志 33：448. 1987；新疆植物志 2（2）：225. 图版 58：4～8. 1995；青海植物志 1：505. 1997；Fl. China 8：190. 2001；青藏高原维管植物及其生态地理分布 324. 2008. ——*Sisymbrium sophora* Linn. Sp. Pl. 659. 1753.

一年生草本，高 20～80 cm，有毛或无毛，毛为叉状毛，以下部茎生叶为多，向上渐少。茎直立，分枝多，常于下部呈淡紫色。叶为三回羽状深裂，长 2～12 cm，末回裂片条形或长圆形，裂片长 2～6 mm，宽 0.8～1.5 mm；下部叶具柄，上部叶无柄。花序花时伞房状，果时伸长成总状；萼片直立，早落，长圆状条形，背面有分叉的细柔毛；花瓣黄色，长圆状倒卵形，长2.0～2.5 mm，或稍短于萼片，具爪；雄蕊长于花瓣1/3。果梗长1～2 cm；长角果圆筒状，长2.5～3.0 cm，宽约1 mm，无毛，稍内曲，与果梗不成直线；果瓣中脉明显。种子小，长圆形，长约1 mm，稍扁，淡红褐色，表面有细网纹。　花期4～5月。

产新疆：乌恰（吉根乡斯木哈纳黄土坡，西植所新疆队2200；铁列克乡，采集人不详73-167）。生于海拔2 800 m左右的河谷阶地、沟谷草地。

青海：兴海（中铁乡至中铁林场途中，吴玉虎43162；河卡草原工作站，王作宾20328）、称多（城郊，郭本兆405）、玛沁（西哈垄河谷，吴玉虎5605）。生于海拔2 100～4 600 m的高山沟谷田边、山地路旁、宽谷河边、山坡砂质草地、沟谷山地高寒草甸砾石地、山地阴坡高寒灌丛草甸。

分布于我国除华南外的广大地区；亚洲其他地区，欧洲，非洲，北美洲均有分布。

41. 羽裂叶荠属 **Sophiopsis** O. E. Schulz

O. E. Schulz in Engl. Pflanzenr. 86 (4. 105): 346. 1924.

一年生或二年生草本，被分枝毛及单毛。茎直立或斜上升，不分枝或分枝。叶常一至二回羽状全裂，有柄，上部叶无柄或近无柄，裂片长圆形或线形。总状花序短，花小，黄色或污白色；花梗丝状，果时开展或上升；萼片斜向上，近相等，长圆形；花瓣倒卵形，顶端钝或微缺；雄蕊6枚，花丝分离；侧蜜腺半环状，向内开口，中蜜腺“山”字形，二者会合。短角果椭圆形或披针形，开裂；果瓣呈龙骨状凸起，假隔膜薄，白色，基部穿孔。种子每室1行，卵形，暗棕色，遇水有胶黏物；子叶背倚胚根或斜背倚胚根。

5种，主要分布于中亚山地。我国有1种，产昆仑地区。

1. 羽裂叶荠

Sophiopsis sisymbrioides (Regel et Herd.) O. E. Schulz in Engl. Pflanzenr. 86 (4. 105): 346. f. 70: A～F. 1924；中国植物志 33：450. 图版 114：1～4. 1987；新疆植物志 2 (2)：225. 1995；青藏高原维管植物及其生态地理分布 350. 2008. ——*Hutchinsia sisymbrioides* Regel et Herd. in Bull. Soc. Nat. Mosc. 39 (2): 143. 1866. ——*Braya rosea* (Turcz.) Bunge Del. Sem. Hort. Bot. Dorpat. 7. 1839; Fl. China 8: 187. t. 126: 4～7. 2001.

二年生草本，高20～50 cm，被短分枝毛与丛卷毛。茎直立或稍弯曲，基部分枝。基生叶三回羽状分裂，叶柄长约2 cm，叶片长约7 cm；中下部茎生叶具柄，二回羽状深裂或全裂，一回羽片3～5对，二回羽片2～3对，末回裂片窄长圆形；上部叶一回羽状分裂，裂片长圆状条形。花序花时伞房状，果时极为伸长而呈总状，几达高度之半；萼片淡黄色，长圆形，长约2 mm，背面基部偶有长单毛，内轮基部略呈囊状；花瓣黄色，长约4 mm，瓣片圆形或稍长，长约2.5 mm，具爪。果梗细，斜上升，被稀疏单毛；短角果直立，几与果序轴平行，倒披针形或窄长圆形，近四棱状，长3.0～3.5 mm，宽约1 mm；果瓣膨胀，两端钝尖。种子红褐色，长圆形，长约2 mm。花果期7～8月。

产新疆：阿克陶、塔什库尔干（红其拉甫，周桂玲 030；水布浪沟，高生所西藏队3177）、乌恰（吉根乡哈拉铁列克，采集人不详 72-203）。生长于海拔3 800～4 850 m的亚高山草原带的河谷山坡、沟谷山坡高寒草甸、高山带的草甸裸地、山坡沙砾质草地。

分布于我国的新疆；中亚地区也有。

42. 芹叶荠属 Smelowskia C. A. Mey.

C. A. Mey. in Ledeb. Fl. Alt. 3: 165. 1831.

多年生矮小草本，被单毛或杂有少数分枝毛。花梗丝状，细；萼片直立，长圆形，内轮略宽于外轮，顶端有宽膜质边缘；花瓣白色或红色，长圆形，顶端钝；侧蜜腺环状，内侧开口或略具缺刻，中蜜腺位于长雄蕊外侧，二者会合；子房无柄，柱头为扁压的头状或近2浅裂。短角果条形或椭圆形，近四棱状或圆筒状，开裂；果瓣有龙骨状突起，假隔膜极透明或厚，有时穿孔。种子每室有1行，长圆形或椭圆形，遇水无胶黏物质，种柄丝状；子叶背倚胚根。

5种，分布于亚洲中部、北美洲。我国有3种，昆仑地区均有。

分种检索表

1. 长角果，条形，长8～14 mm；子房有胚珠14～18枚；种子窄长圆形 ………………………………………… 2. 灰白芹叶荠 **S. alba** (Pall.) Regel
1. 短角果，椭圆形，长7 mm以下；子房有胚珠6～10枚；种子椭圆形。
    2. 花萼宿存；子房有胚珠9～10枚，花柱长0.75～1.00 mm ………………………………………… 1. 芹叶荠 **S. calycina** (Steph.) C. A. Mey.
    2. 花萼脱落；子房有胚珠6枚，花柱近无 …… 3. 高山芹叶荠 **S. asplenifolia** Turcz.

1. 芹叶荠

Smelowskia calycina (Steph.) C. A. Mey. in Ledeb. Fl. Alt. 3: 170. 1831; 中国植物志 33: 452. 图版 126: 1～4. 1987; 新疆植物志 2 (2): 228. 1995; Fl. China 8: 192. t. 133: 1～6. 2001; 青藏高原维管植物及其生态地理分布 349.

2008. ——*Lepidium calycinum* Steph. in Willd. Sp. Pl. 3（1）：433. 1800.

多年生草本，高 5～30 cm，被丛卷毛与长单毛。根状茎粗长，近地面处分枝，植株呈密丛状，基部被残存叶柄。茎生叶具柄，长 3～5 cm，叶片长圆形，长 5～10 cm，宽 6～12 mm，二回羽状分裂，第 1 回羽状深裂，羽片长椭圆形，互生；第 2 回 3 裂或单侧具大齿；茎生叶向上渐小，叶柄渐短，叶片二回羽状裂，第 1 回羽片条状长圆形，上部叶一回羽状裂或不裂，裂片均为长圆形。花序花时伞房状，果时伸长成总状；萼片淡黄色，长圆状椭圆形，长约 3 mm，宽约 1.5 mm，边缘白色膜质，外轮顶端隆起，内轮基部略呈囊状，被白色单毛；花瓣白色，长圆状倒卵形，长 4.5～6.0 mm，宽 1.5～2.5 mm，顶端圆，基部渐窄成爪。果梗长 8～13 mm，被白色单毛；短角果四棱状椭圆形，长 4～8 mm，果瓣龙骨状，中脉明显，侧脉隐约可见，两端渐细，末端钝尖；假隔膜白色，半透明。种子淡红棕色，长圆状卵形，长约 1.25 mm。 花期 7～8 月。

产新疆：阿克陶（布伦口乡，克里木 T027；苏巴什农牧场，克里木和冯惠兰 027）、塔什库尔干（县城南面，克里木 T035、T076；红其拉甫，克里木 T117、T128；克克吐鲁克牧场，西植所新疆队 1380；水布浪沟，西植所新疆队 1434；采集地不详，高生所西藏队 3179）。生于海拔 3 200～4 850 m 的亚高山草甸、沟谷山坡砾石草地、山地缓坡沙砾地、山前洪积扇。

分布于我国的新疆；俄罗斯远东地区、西伯利亚，中亚地区也有。

2. 灰白芹叶荠

Smelowskia alba（Pall.）Regel in Bull. Soc. Nat. Mosc. 34（3）：208. 1861；中国植物志 33：453. 1987；新疆植物志 2（2）：228. 1995；Fl. China 8：79. 2001；青藏高原维管植物及其生态地理分布 349. 2008. ——*Sisymbrium album* Pall. Reise 3：293. 1776.

多年生草本，高 10～18 cm，密被短分枝毛，并杂有长单毛。根状茎分枝极多，地上能育枝与不育枝丛生，基部包以残存叶柄。基生叶莲座状，具柄，柄长约 2 cm，近基部变宽，密被细丛卷毛及睫毛，叶片羽状全裂，长 1.0～1.5 cm，裂片 5～8 对，卵状椭圆形，顶端裂片与其下的侧裂片会合；茎生叶向上裂片数目变多变长，呈条状披针形，其下侧有 1 齿状小裂片。花序花时伞房状，果时伸长成总状；萼片卵圆形，长 2.5～3.0 mm，顶端钝，背面有长单毛，近顶端处带淡紫红色；花瓣白色，长 1.0～1.5 mm，瓣片近圆形，爪细。长角果条形，长 8～9 mm，宽约 1 mm；果瓣中脉显著，两端急尖。种子黑色，长圆形，长约 1 mm。 花期 6 月。

产新疆：乌恰（吉根乡斯木哈纳，采集人不详 73－88）。生于海拔 3 100 m 左右的沟谷山地草原。

分布于我国的新疆；蒙古，俄罗斯西伯利亚也有。

3. 高山芹叶荠

Smelowskia asplenifolia Turcz. Fl. Bac.-Dahr. 1：167. 1842；新疆植物志 2（2）：229. 1995. ——*S. bifurcata*（Ledeb.）Botsch. in Nov. Syst. Pl. Vasc. 140. 1868；中国植物志 33：453. 1987.

多年生草本，高 5～20 cm，被弯曲的长单毛，并杂有分枝毛。根状茎粗长，于近地面处分枝，地上呈密丛，被宿存的枯叶柄。茎与基生叶柄呈淡紫色。基生叶具柄，长 4～8 cm，叶柄向基部变宽，变宽处有较长的睫毛，叶片及叶柄密被一至二（三）回分枝的小分枝毛；茎生叶叶柄短或无柄，叶片均为羽状深裂，末端或近末端的裂片再作二回分裂，小裂片 2～3 个，近基部裂片不再分裂，裂片倒卵形或卵状椭圆形。花序花时伞房状，果时伸长成总状，下部数花常有苞叶；花梗长 3～4 mm；萼片长圆状卵形，长约 3 mm；花瓣白色，后变黄色，圆形或长圆状倒卵形，长 4～5 mm，具长爪。短角果无毛，长倒卵形，长 3.5～6.0 mm，果瓣舟状，紫褐色，中脉明显，两端钝尖；假隔膜完整或下部穿孔。种子每室 1～2 粒，悬垂于室顶，褐色，长圆形，长 1.8～2.0 mm。花期 6～7 月。

产新疆：阿克陶（布伦口乡，克里木 T027）、塔什库尔干（红其拉甫，克里木 T077、T078，西植所新疆队 1509；克克吐鲁克，西植所新疆队 1376；水布浪沟附近，西植所新疆队 1460）、和田（阿克赛钦，高生所西藏队 3721）。生于海拔 3 800～5 300 m 的沟谷山坡亚高山草甸、河谷山地高寒草甸、山坡砾石草地。

分布于我国的新疆；俄罗斯西伯利亚，中亚地区也有。

中名索引

（按笔画顺序排列）

二画

三画

四画

五画

六画

七画

八画

九画

十画

十一画

十二画

十三画

十四画

十五画

十六画

十七画

十八画

十九画以上

拉丁名索引

（按字母顺序排列）

A

B

C

D

L

M

N

O

P

R

S

重庆出版集团（社）科学学术著作出版基金资助书目

第一批书目

蜱螨学　李隆术　李云瑞　编著
变形体非协调理论　郭仲衡　梁浩云　编著
胶东金矿成因矿物学与找矿　陈光远　邵　伟　孙岱生　著
中国天牛幼虫　蒋书楠　著
中国近代工业史　祝慈寿　著
自动化系统设计的系统学　王永初　任秀珍　著
宏观控制论　牟以石　著
法学变革论　文正邦　程燎原　王人博　鲁天文　著

第二批书目

中国自然科学的现状与未来　全国基础性研究状况调研组　中国科学院科技政策局　编著
中国水生杂草　刁正俗　著
中国细颚姬蜂属志　汤玉清　著
同伦方法引论　王则柯　高堂安　著
宇宙线环境研究　虞震东　著
难产（《头位难产》修订版）　凌萝达　顾美礼　主编
中国现代工业史　祝慈寿　著
中国古代经济史　余也非　著
劳动价值的动态定量研究　吴鸿城　著
社会主义经济增长理论　吴光辉　陈高桐　马庆泉　著
中国明代新闻传播史　尹韵公　著
现代语言学研究——理论、方法与事实　陈　平　著
艺术教育学　魏传义　主编
儿童文艺心理学　姚全兴　著
从方法论看教育学的发展　毛祖桓　著

第三批书目

奇异摄动问题数值方法引论	苏煜城　吴启光　著
结构振动分析的矩阵摄动理论	陈塑寰　著
中国古代气象史稿	谢世俊　著
临床水、电解质及酸碱平衡	江正辉　主编
历代蜀词全辑	李　谊　辑校
中国企业运行的法律机制	顾培东　著
法西斯新论	朱庭光　主编
《易》与人类思维	张祥平　著

第四批书目

计算流体力学	陈材侃　著
中国北方晚更新世环境	郑洪汉等　著
质点几何学	莫绍揆　著
城市昆虫学	蒋书楠　主编
马克思主义哲学与现时代	李景源　主编
马克思主义的经济理论与中国社会主义	项启源　主编
科学社会主义在中国	李凤鸣　张海山　主编
马克思主义历史观与中华文明	王戎笙　主编
莎士比亚绪论——兼及中国莎学	王佐良　著
中国现代诗学	吕　进　著
汉语语源学	任继昉　著
中国神话的思维结构	邓启耀　著

第五批书目

重磁异常波谱分析原理及应用	刘祥重　著
烧伤病理学	陈意生　史景泉　主编
寄生虫病临床免疫学	刘约翰　赵慰先　主编
国民革命史	黄修荣　著
现代国防论	王普丰　王增铨　主编
中国农村经济法制研究	种明钊　主编
走向21世纪的中国法学	文正邦　主编
复杂巨系统研究方法论	顾凯平　高孟宁　李彦周　著
辽金元教育史	程方平　著

中国原始艺术精神　张晓凌　著
中国悬棺葬　陈明芳　著
乙型肝炎的发病机理及临床　张定凤　主编

第六批书目

非线性量子力学理论　庞小峰　著
胆道流变学　吴云鹏　主编
中国蚜小蜂科分类　黄　建　著
中国历史时期植物与动物变迁研究　文焕然等　著
中国新闻传播学说史　徐培汀　裘正义　著
列宁哲学思想的历史命运　张翼星　编著
唐高僧义净生平及其著作论考　王邦维　著
中国远征军史　时广东　冀伯祥　著
历代蜀词全辑续编　李　谊　辑校

第七批书目

亚夸克理论　焦善庆　蓝其开　著
肝癌　江正辉　黄志强　主编
计算机系统安全　卢开澄　郭宝安　戴一奇　黄连生　编著
声韵语源字典　齐冲天　著
幼儿文学概论　张美妮　巢　扬　著
黄河上游地区历史与文物　芈一之　主编
论公私财产的功能互补　忠　东　著

第八批书目

长江三峡库区昆虫（上、下册）　杨星科　主编
小波分析与信号处理——理论、应用及软件实现　李建平　主编
世界首例独立碲矿床的成矿机理及成矿模式　银剑钊　著
临床内分泌外科学　朱　预　主编
当代社会主义的若干问题
——国际社会主义的历史经验和中国特色社会主义　江　流　徐崇温　主编
科技生产力：理论与运作　刘大椿　主编
世界语言词典　黄长著　著

第九批书目

法医昆虫学　胡　萃　主编

储藏物昆虫学　　李隆术　朱文炳　编著
15 世纪以来世界主要发达国家发展历程　　陈晓律等　著
重庆移民实践对中国特色移民理论的新贡献　　罗晓梅　刘福银　主编
中华人民共和国科技传播史　　司有和　主编
高原军事医学　　高钰琪　主编
现代大肠癌诊断与治疗　　孙世良　温海燕　张连阳　主编
城市灾害应急与管理　　王绍玉　冯百侠　著

第十批书目

当代资本主义新变化　　徐崇温　著
全球背景下的中国民主建设　　刘德喜　钱　镇　林　喆　主著
费孝通九十新语　　费孝通　著
中国政治体制改革的心声　　高　放　著
中国铜镜史　　管维良　著
中国民间色彩民俗　　杨健吾　著
发髻上的中国　　张春新　苟世祥　著
科幻文学论纲　　吴　岩　著
人类体外受精和胚胎移植技术　　黄国宁　池　玲　宋永魁　编著

第十一批书目

邓小平实践真理观研究　　王强华等　著
汉唐都城规划的考古学研究　　朱岩石　著
三峡远古时代考古文化　　杨　华　著
外国散文流变史　　傅德岷　著
变分不等式及其相关问题　　张石生　著
子宫颈病变　　郎景和　主编
北京第四纪地质导论　　郭旭东　著
农作物重大生物灾害监测与预警技术　　程登发等　著

第十二批书目

马克思主义国际政治理论发展史研究　　张中云　林德山　赵绪生　著
现代交通医学　　王正国　主编
昆仑植物志　　吴玉虎　主编
河流生态学　　袁兴中　颜文涛　杨　华　著

“三农”续论：当代中国农业、农村、农民问题研究　　陆学艺　著
中国古代教学活动简史　　熊明安　熊　焰　著

人们所熟悉的天气预报（见图2.1.2）就包含着一个完整的信息处理过程。首先是天气数据采集，通过遍布全球的天气雷达和太空中的气象卫星，对全球气象进行全方位、多层次的观测，并将观测数据迅速汇集到气象中心，供进一步处理。由于气象运动遵循一定的物理定律，根据这些定律就可以计算出天气变化的规律。只要输入当前的大气状况，就可以计算出大气未来的状况。计算机的性能越强，得到的计算结果越精确，可预报天气的时间也越长。最后，把这些计算结果通过广播、电视、网站等发布出去，就成了天气预报。

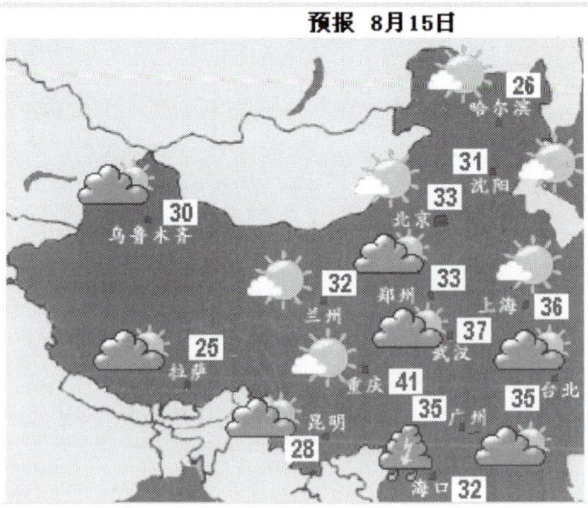

图2.1.2　网上天气预报

可见，信息处理是按照数据输入→数据处理→数据输出的顺序进行的。

各种信息通过载体得以传播。不同载体所传播的信息可以是对同一事物的不同侧面的描述，通过对这些不同侧面信息的综合，就可以构成事物的整体特征。通过对各种信息的综合和处理，就可以产生新的信息，并通过新的载体传播（见图2.1.3），这一过程就是信息的处理。

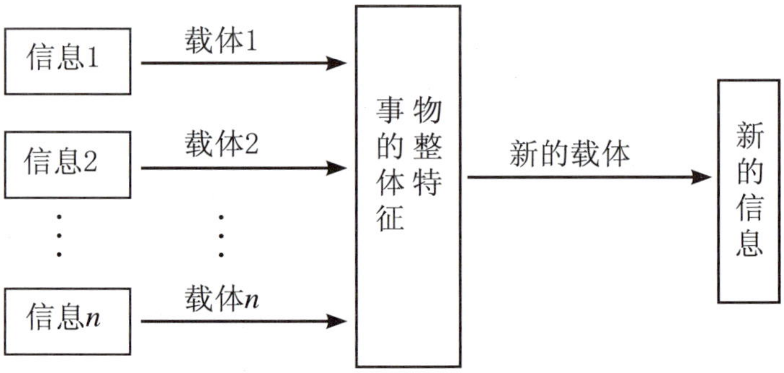

图2.1.3　信息的处理

4.信息的发布

①制作及演示作品。依照定义问题阶段所要求的格式完成作品。

②评价作品。当你完成了最后作品后，与设定的要求进行比对：你的作品是否实现了给定的任务？作品是否完全符合要求？收集的信息是否真实？

2.1.3 知识链接

1. 信息革命与社会发展

人类第1次信息革命——语言的发明

远古时候，人们在共同的社会劳动和生活中，渐渐有了彼此交际的需要，从而决定了语言的产生（见图2.1.4）。这是人类信息传播史上第一个重要的里程碑，人类依靠语言的发明，形成了人类社会的最初形式——渔猎时代。语言极大地提高了人们相互交流沟通的能力，使经验信息得以口耳相传、隔代相传。通过这种方式，后代能够在最短的时间内学习、掌握和继承远祖世世代代的经验信息，极大地推进了人类社会的进程。

图2.1.4　语言的产生

人类第2次信息革命——文字的发明

图2.1.5　甲骨文

文字的出现是人们在长期的社会生活中不断积累、不断总结的必然结果。早在七八千年前，中国先民就开始在龟甲上刻画符号，这就是文字的雏形（见图2.1.5）。经过无数代人的努力实践，经历了漫长的演变（见图2.1.6），形成了真正的文字。从拥有真正的文字算起，最早的古埃及已经有5000多年的历史，中国有3000多年的历史。

文字的出现是人类信息传播史上第2个重要里程碑，它标志着人类原始时代的结束，文明时代的开始。文字的发明被摩尔根称作是人类文明史的起端。人类依靠文字来交流信息，用文字来长久地、准确地存储大量的历史文化信息，使人类社会有了长足发展；文字的发明，更突破了信息传播中时空的局限，大大完善了人类交往传播的手段，使人类文明得以传承。

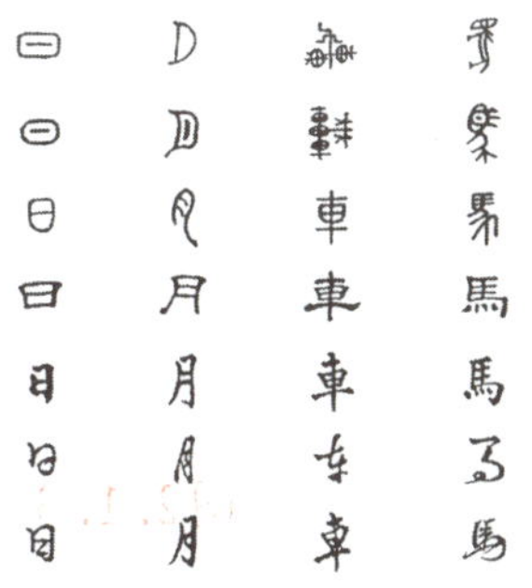

图2.1.6　汉字的演变

人类第3次信息革命——造纸和印刷术的发明

造纸和印刷术同为我国古代四大发明之一。1800多年前，东汉发明家蔡伦以树皮、麻头、破布、破鱼网等为原料，制成“蔡侯纸”。公元7世纪初期（隋末唐初）造纸术开始东传至朝鲜、日本，17世纪传到英